"十二五"普通高等教育本科国家级规划教材

 普通高等教育"十一五"国家级规划教材

有机化学

第4版

王彦广　吕　萍　傅春玲　马　成　主编

化学工业出版社

·北京·

内容提要

《有机化学》（第4版）为"十二五"普通高等教育本科国家级规划教材，本版根据《中国化学会有机化合物命名原则》（2017版）全面更新了有机化合物命名。全书共17章，主要介绍有机化合物分子结构基础，各类有机化合物的命名、结构和性质、基本有机反应及其机理，立体化学，有机波谱分析基础知识及周环反应等内容。本版强调了分子轨道理论的引领作用，增加了轨道系数概念，并用于解释和预测一些反应的区域选择性，增加了轨道方向性原理用于解释一些反应的立体化学。本次再版对各章后的习题进行了全面改编，大部分习题来自于文献报道，并附有参考文献。此外，与本书内容相关的一些彩图、阅读资料、重难点的教学视频等，读者可扫描二维码进行学习。

《有机化学》（第4版）可作为高等院校化学、应用化学、化工、材料、生物、药学、环境、医学等专业基础有机化学课程的教材，也可供其它相关专业选用。

图书在版编目（CIP）数据

有机化学/王彦广等主编. —4版. —北京：化学工业
出版社，2020.8（2025.3重印）
"十二五"普通高等教育本科国家级规划教材 普通
高等教育"十一五"国家级规划教材
ISBN 978-7-122-37120-1

Ⅰ.①有… Ⅱ.①王… Ⅲ.①有机化学-高等学校-
教材 Ⅳ.①O62

中国版本图书馆CIP数据核字（2020）第091832号

责任编辑：宋林青 李 琰 文字编辑：刘志茹
责任校对：宋 玮 装帧设计：关 飞

出版发行：化学工业出版社（北京市东城区青年湖南街13号 邮政编码100011）
印 装：大厂回族自治县聚鑫印刷有限责任公司
880mm×1230mm 1/16 印张 33½ 字数 1153千字 2025年3月北京第4版第8次印刷

购书咨询：010-64518888 售后服务：010-64518899
网 址：http://www.cip.com.cn
凡购买本书，如有缺损质量问题，本社销售中心负责调换。

定 价：79.80元

前 言

　　本书自 2015 年再版以来，有机化学学科取得了长足发展，特别是中国化学会颁布了新版有机化合物命名原则，为此我们对本书进行了修订。

　　首先，根据《中国化学会有机化合物命名原则》（2017 版），本书全面更新了各章节的有机化合物命名系统。

　　第四版强调了分子轨道理论的引领作用，增加了轨道系数概念，并用于解释和预测一些反应的区域选择性，增加了轨道方向性原理对一些反应的立体化学的解释。

　　第四版对各章习题进行了全面改编，大部分习题来自于文献报道，并附有参考文献。 并且在各重要章节中插入了"问题"，以便学生及时自我检查所学知识。

　　此外，第四版教材增加了电子资源，包括课程思政、彩图、阅读资料、教学视频等，读者可通过扫描二维码进行阅读。

　　本书由王彦广教授（第 10~13 章、第 15~17 章）、吕萍教授（第 1~7 章）、傅春玲教授（第 8 章、第 9 章）和马成教授（第 14 章）编写，全书由王彦广教授和吕萍教授通读并定稿。 洪鑫研究员帮助修订了书中部分分子轨道图、反应势能图及相关的文字描述，吕金泽、吴镕凯等同学协助核对了全部习题，特此致谢。

　　修订过程中，虽进行了反复通读修改，但疏漏之处仍恐难免，请读者多提宝贵意见。

编者

2020 年 1 月

▶ 微信扫码 ◀

参考答案
浙大有机开讲了
读者交流群

第一版前言

20世纪，高速发展的有机化学不仅揭示了构成物质世界的有机化合物分子中原子键合的本质以及有机分子转化的规律，而且创造了无数具有特定性能或生物活性的有机分子（如医药、农药、材料等），为相关学科（如生命科学、材料科学、环境科学等）的发展提供了理论、技术和材料，为推动科技发展和社会进步，提高人类生活质量，改善人类生存环境等作出了独特贡献。 进入21世纪以后，为适应学科的发展和人才培养的需要，我们认为有必要编写一本内容新颖的有机化学参考书。 本书是我们在原有讲稿、讲义的基础上，经过精心整理、删改、充实、提高，并吸取了国内外同类教学参考书的优点编写而成的，它是我们多年从事有机化学教学改革的成果，也是我们多年教学实践经验的结晶。 取材新颖、内容精炼、通俗易懂、风格独特是本书的主要特色。

在有机化学中，烷烃、烯烃、炔烃、二烯烃和脂环烃的结构、命名等是初学者应掌握的重点内容，但它们有许多共同之处。 为此，本书将这些内容放在同一章中介绍，而将这五类化合物的反应按照"碳碳重键的加成反应"和"自由基反应"两种机理分章单独介绍。 与目前的大多数有机化学教材编写体系相比，这种编写体系不仅压缩了篇幅，而且强调了有机化学的系统性和规律性，有利于初学者尽快掌握有机化合物之间的内在联系和学习方法。

本书按照"推陈出新、少而精"的原则，在编写材料取舍方面，删减了一般性的反应，加强了有代表性的典型反应；摒弃了陈旧内容，增加了一些能够反映当今有机化学发展的新内容，如已得到广泛应用的卤代烃与有机金属化合物的交叉偶联反应，以及醇的催化、氧化制备醛、酮的新方法等。

为增强本书的实用性和趣味性，我们在介绍重要反应时，大多列举了典型的实例，重点是已经工业化的反应，并附有产率数据，同时强调反应的使用范围和反应条件。 根据我们的教学经验，这正是学生非常需要而在一般教科书中不易找到的知识。 如果缺乏这些知识，则在运用有机反应时极易出现各种错误。 此外，本书还以独立的知识专栏的编排形式，介绍了一些有机精细化学品（如医药、农药、染料等），以及与生活和环境、生命、材料和能源等交叉学科相关的化学知识（如绿色化学、致癌物质、维生素、光合作用等）。

我们在突出上述主要特色方面做了一定努力，在有些方面可能是成功的，但在某些方面可能还不令人满意。 由于作者水平有限，时间仓促，书中不尽如人意之处在所难免，恳切希望同行及读者批评、指正。

本书由浙江大学王彦广教授（第1章、第10章、第11章、第12章、第13章、第14章、第15章、第16章、第17章）和张殊佳副教授（第1章、第2章、第3章、第4章、第5章、第6章、第7章、第8章、第9章）合编，全书由王彦广教授统稿。

已故中国科学院院士陈耀祖教授生前曾对本书的编写工作提出了不少宝贵意见和建议，特别是他亲自参与了本书编写大纲的制定。 本书在编写过程中还得到了马成、张玉红副教授的支持和帮助，特表衷心感谢。

编者

2003 年 10 月

第二版前言

本书自 2004 年出版以来，在浙江大学作为材料、化工、生物、药学、环境等专业教材和研究生入学考试的参考资料，已使用三年。 在此期间，一些任课教师、学生和读者提出了许多很好的意见和建议，如有个别地方取材不当、内容欠缺或出现重复等。 为此，作者及化学工业出版社均认为本书有修改再版的必要。

第二版保持了第一版主要特色和编排体系，但考虑到第一版中的难点（如第 12 章活泼亚甲基反应）过于集中，第二版对此内容进行了分解，将有关反应分别并入第 10 章醛和酮以及第 11 章羧酸及其衍生物中。 此外，第二版在某些内容的安排和取材方面与第一版有所不同。 例如，质谱是重要的有机结构分析工具，故第二版在第 7 章中加大了对有机质谱分析的介绍；核磁共振碳谱虽然也很重要，但限于篇幅，同时考虑到各校开设波谱分析等后续专业课程，第二版未能深入讨论。 在第二版中我们还改写了第 8 章卤代烃的偶联反应一节，并增加了一些新反应和新方法（如 Sonogashira 反应和 Suzuki 反应等）。 杂环化合物是一大类重要的有机化合物，对其制备方法的研究近年已取得长足进展，为此，本版增加了各类杂环化合物的化学性质和重要合成方法。 同时我们还全面改写了涉及有机电子理论的内容，将有关的概念和原理贯穿于全书之中。

为便于学生及时自我检查所学知识，在第二版中，我们在各章节增加了"问题"栏目，并对章后的习题部分进行了较大幅度改写，增加了综合性习题的数量；所有问题和习题均不附答案，但部分习题附了参考文献，通过查阅相关文献，读者不仅可以获得答案，而且可全面了解这些题目的背景知识和所用方法的适用范围及优缺点。 希望教师在教学过程中指导学生掌握这样的学习方式，注意培养学生自我获取知识的能力。 此外，为增强本书的实用性和趣味性，第二版仍保留了第一版中的"知识卡片"栏目，对其内容也进行了精心取舍。 本版"知识卡片"的内容涉及有机化学的一些亮点（如重大研究成果）和明星分子简介等。

本书由王彦广教授（第 1 章、第 10 章、第 11 章、第 14 章、第 15 章、第 16 章）、吕萍教授（第 2 章、第 3 章、第 4 章、第 6 章、第 7 章）、张殊佳教授（第 8 章、第 9 章）和吴军教授（第 5 章、第 12 章、第 13 章）编著，全书由王彦广教授和吕萍教授通读并定稿。

由于作者水平有限，书中不妥之处在所难免，敬请同行及读者批评指正。

编著者
2008 年 7 月

第三版前言

　　本书是"十二五"普通高等教育本科国家级规划教材。鉴于近年来有机化学学科的发展，以及当今化学教学改革的深入开展，结合本书第二版出版六年来各兄弟院校和我校在使用过程中所发现的问题，编者进行了再次修订。

　　第三版在保持第二版特色的基础上，增加了大部分有机反应机理方面的内容，以便学生准确、全面地理解这些反应，并引起深入思考。此外，第三版还增加了分子表面静电势图和"阅读材料"栏目，加强了分子轨道理论等相关知识。

　　在这次修订中，我们还基于多年来的教学经验，调整了部分内容的编排顺序。例如，将有机化合物的分子结构基础知识单独编为第1章，将共振论的知识由原来的第6章调至第1章介绍，将发生在羰基化合物 α-碳上的反应单独编排为第12章。

　　为便于学生及时自我检查所学知识，我们对各章的习题进行了较大幅度的改编，加大了综合性习题的比例。所有习题均不附答案，但部分习题附有参考文献。读者通过查阅相关文献，不仅可以获得答案，还可了解这些题目的背景知识和所用方法的适用范围及优缺点。

　　本书由王彦广教授（绪论、第10~13章、第15~17章）、吕萍教授（第1~7章）、傅春玲教授（第8章、第9章）和马成教授（第14章）编写，全书由王彦广教授和吕萍教授通读并定稿。

　　由于作者水平有限，书中疏漏之处在所难免，敬请同行及读者批评指正。

编者

2014 年 12 月

目 录

第 3 章　对映异构 / 67

第 4 章　碳碳重键的加成反应 / 86

第 5 章　自由基反应 / 125

第6章 芳香烃 / 143

第7章 有机波谱分析基础 / 180

第8章 卤代烃 / 222

第 12 章 羰基化合物 α-碳上的反应 / 365

第 13 章 胺及其衍生物 / 391

第 17 章 周环反应 / 497

参考文献 / 522

▶ 微信扫码 ◀

参考答案
浙大有机开讲了
读者交流群

本书二维码视频材料目录

绪 论

0.1 有机化学和有机化合物

有机化学（Organic Chemistry）是研究有机化合物（organic compound）的组成、结构、性质、制备、功能以及应用的一门学科，是化学学科的一个重要分支。有机化合物与人类社会的发展和日常生活密切相关。构成生命物质基础的核酸、蛋白质和碳水化合物是有机化合物；人类赖以生存的矿物质能源如煤炭、石油和天然气，其可燃成分也属于有机化合物；数以万计的有机化合物作为治疗药物广泛用于临床治疗各种疾病，保障人类健康，或作为农作物生长调节剂、保护剂（如杀虫剂、杀菌剂等）用于农业生产，提高粮食、果蔬产量。近年来，越来越多的有机化合物被开发成为光电功能材料，用于平板显示、太阳能电池等领域。与此同时，生产和制备这些有机化合物离不开有机反应，离不开简洁、高效、绿色的合成方法。由此可见，人类生存离不开有机化合物和有机化学。

从元素组成来看，有机化合物都含有碳，所以 1848 年 L. Gmelin 将有机化合物定义为含碳的化合物，将有机化学定义为研究碳的化学。当然，这一定义也包括了一些含碳的无机化合物如二氧化碳、碳酸盐等。后来，C. Schorlemmer 提出碳的四个价键除各自相连外，其余都与氢相连，于是有了烃（hydrocarbon）的概念，而其它含碳化合物都是由别的元素取代烃中的氢衍生出来的，故烃及其衍生物被称为有机化合物，有机化学则被定义为研究烃及其衍生物的化学，这一概念一直沿用至今。

组成有机化合物的元素并不多，绝大多数有机化合物是由碳、氢、氧、氮、卤素、硫、磷等少数元素组成，但有机化合物的数目非常庞大，已超过 3000 万种。有机化合物数目庞大的一个原因是碳原子处于第ⅣA族，结合力很强，碳与碳之间可以通过单键、双键、叁键连接成链状或环状化合物，并且参与的碳原子数可多可少。另一个原因是有机化合物普遍存在同分异构现象，即具有相同的分子式而结构不同的现象。例如，乙醇（CH_3CH_2OH）和甲醚（CH_3OCH_3）具有相同的分子式，即 C_2H_6O，但两者的结构和性质截然不同。

有机化合物与无机化合物相比，除了在元素组成和结构上有差别外，在性质上也有明显的不同。例如，大多数有机化合物都容易燃烧；有机化合物熔点低，一般在 400℃ 以下；大多数有机化合物难溶于水，易溶于有机溶剂；有机化合物热稳定性差，受热易分解；有机化合物反应速率慢，通常需加热或加催化剂，且副反应多。

0.2 有机化学的发展简史

"有机化学"一词首次由瑞典化学家 J. J. Berzelius 于 1806 年提出。当时是作为"无机化学"（Inorganic Chemistry）的对立物而命名的。由于条件限制，早期有机化学研究的对象只能是从动植物有机体中提取的天然有机物。因而当时的化学家认为，在生物体内由于存在所谓"生命力"，才能产生有机化合物，而在实验室里是不能由无机化合物合成有机化合物的。1828 年，德国化学家 F. Wöhler 用加热的方法使氰酸铵转化为尿素。

$$NH_4(OCN) \xrightarrow{\triangle} \underset{\text{尿素}}{H_2N-\overset{\displaystyle O}{\overset{\|}{C}}-NH_2}$$

F. Wöhler及其人工合成尿素的故事

氰酸铵是无机化合物，而尿素是有机化合物。Wöhler 的实验结果给予生命力学说一次有力的反击。此后，人们由含碳、氢等元素的原料相继合成出乙酸等有机化合物，生命力学说才逐渐被人们抛弃，但"有机化学"这一名词沿用至今。

从 19 世纪初到 1858 年的半个世纪是有机化学的萌芽时期。在这个时期，人们已经分离出许多有机化合物，制备了一些衍生物，并对它们作了定性描述，认识了一些有机化合物的性质，但对原子如何组成有机物分子无从得知。

1858 年，德国化学家 A. Kekulé 和 A. Couper 分别提出了"碳四价和碳原子之间可以连接成链的学说"，第一次提出了价键概念，并用短线（"—"）表示"键"。他们认为有机物分子是由其组成的原子通过键结合而成的。由于在所有的已知化合物中，一个氢原子只能与一个其它元素的原子结合，氢就被选作价的单位。因此，氢是一价的，其它元素的价数就是其能够结合的氢原子的个数。由此得知，碳是四价的，氧则是二价的。

1865 年，A. Kekulé 提出了苯的环状结构，即碳原子首尾相接连成环状，每个碳原子上连一个氢原子。

从 1858 年价键学说的建立到 1916 年价键的电子理论的引入，被称为经典有机化学时期。在此期间，1874 年法国化学家 J. A. Le Bel 和荷兰化学家 J. H. van't Hoff 分别提出了"立体异构体"的概念。他们认为，分子是个三维实体，碳的四个价键在空间是对称的，分别指向一个正四面体的四个顶点，碳原子则位于正四面体的中心。当碳原子与四个不同的原子或基团连接时，就产生一对异构体，它们互为实物与镜像关系，称为对映异构体。这两个互呈实物与镜像关系的分子在三维空间不能完全重合，就像左右手一样，故称为手性分子。Le Bel 和 van't Hoff 的学说是当今立体化学的基础。

20 世纪初，虽然有机化学在结构测定以及反应和分类方面都取得很大进展，但价键只是化学家从实践经验得出的一种概念，它的本质仍然是个谜。直到 1916 年，美国物理化学家 G. N. Lewis 等人在物理学家发现电子并阐明原子结构的基础上提出了价键的电子理论。该理论认为，各原子外层电子的相互作用是导致各原子结合在一起的原因。相互作用的外层电子如从一个原子转移到另一个原子，则形成离子键；两个原子如果共用外层电子，则形成共价键。通过电子的转移或共用，使相互作用的原子的外层电子都获得惰性气体的电子构型。从此之后，表示价键的短线就代表两个原子之间的共用电子对了。

价键的电子理论创立标志着现代有机化学的到来。此后，德国物理学家 W. H. Heitler 和 F. W. London 等用量子力学处理 H_2 分子结构问题，为化学键提出了一个数学模型。20 世纪 30 年代，L. Pauling 等化学家将量子力学的原理与化学的直观经验相结合，创立了价键理论。与此同时，美国物理化学家 R. S. Mulliken 等创立了分子轨道理论，进一步阐明了分子的共价键本质和电子结构，利用该理论解决了许多价键理论所不能解决的问题。

在过去的 100 多年间，有机化学从实验方法到基础理论都取得了巨大的进展，显示出蓬勃发展的强劲势头和活力。世界上每年合成的近百万个新化合物中约 70% 以上是有机化合物，其中许多已应用于材料、能源、医疗、农业、工业、国防、食品、环境、生命科学与生物技术等各领域，直接或间接地为人类提供了大量的必需品。20 世纪有机化学的迅猛发展，产生了许多新的分支学科（或称三级学科）和交叉学科，如天然有机化学、有机合成化学、物理有机化学、金属有机化学、生物有机化学、元素有机化学、有机分析化学、药物化学、高分子化学、化学生物学等。

0.3 有机化学的主要分支简介

(1) 天然有机化学

大自然创造的各种有机化合物使生命能够存在于陆地、高山、海洋和冰川之中，认识和发掘自然界的这一丰富资源是人类生存和社会发展的需要，是有机化学的研究任务之一。实际上，人类最初研究有机化学就是从天然有机化合物开始的。从 18 世纪中到 19 世纪末，人类先后从动植物中提取出许多天然有机化合物，如从葡萄汁中提取出酒石酸，从柠檬汁中得到柠檬酸，由尿中提取到尿酸和尿素，从酸牛奶中分离出乳酸，从鸦片中提取到吗啡生物碱等。

有机化学对天然产物的研究导致了一大批具有生物活性的有机化合物的发现，其中许多在后来发展为治疗疾病的药物。例如，20 世纪 70 年代国外从植物紫杉树皮中提取的紫杉醇是一种天然抗癌药物，用于治疗卵巢癌和乳腺癌。80 年代初我国从民间抗疟疾草药黄花蒿中发现了具有抗疟活性的青蒿素，对恶性疟疾疗效显著，目前已在疟疾多发地区（如非洲）广泛使用。

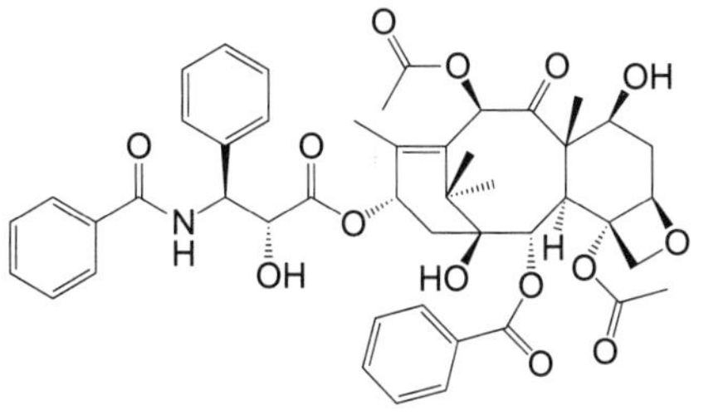

紫杉醇

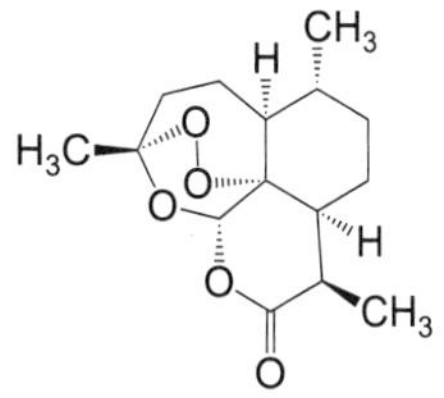

青蒿素

抗疟疾药物青蒿素的发现

(2) 有机合成化学

有机合成化学是有机化学中最具创造性的研究方向之一。如上所述，早在 1828 年，F. Wöhler 就由无机物氰酸铵合成出尿素；1845 年，H. Kolbe 用木炭、硫磺、氯气和水作原料合成出醋酸；1854～1861 年，P. E. M. Berthelot 等合成出在生命过程中具有重要作用的油脂和糖类化合物，从此诞生了有机合成化学。在 1850～1900 年间，有机化学家以煤焦油中得到的一系列芳香族化合物为原料合成了成千上万的药品（如阿司匹林、非那西丁等）、香料、染料（如茜素、偶氮橙、次甲基蓝、孔雀绿等）和炸药（如硝化棉），不仅导致了有机合成工业的崛起，而且推动了纺织工业的发展。有机合成化学向人们展示出无比诱人的前景，成为有机化学中最活跃和最富有生命力的分支学科。19 世纪中叶以后，有机化学的繁荣昌盛首先应归功于有机合成的发展。

20 世纪初，由于对分子结构和药理作用的深入研究，药物合成迅速发展，成为有机合成的一个重要领域。1909 年，P. Ehrlich 合成出治疗梅毒的特效药物“胂凡纳明”。1933～1935 年间，G. Domagk 合成出“百浪多息”，它是磺胺类药物的前身，对传染病有惊人的疗效。此后，有机化学家先后创造出一系列磺胺药、抗生素以及目前临床上使用的大多数化学药物，为人类的健康作出了巨大贡献。

合成橡胶、合成塑料和合成纤维三大有机材料的发明是 20 世纪中期合成化学的骄傲，它为人类的衣、食、住、行及日常生活提供了必不可少的材料。这一领域后来发展成为一个新的二级学科——高分子化学。

有机合成新反应、新试剂、新方法、新技术的研究是有机合成化学的重要内容之一。20 世纪有机化学家发展了许多特殊的合成技术，如低温合成、高压合成、电解合成、光合成、声合成、微波合成、固相合成等，创造了无数的有机合成反应，如 Grignard 反应、Diels-Alder 反应、Michael 加成、Hofmann 重排、Clasien 重排等已成为经典反应，发明了许多高选择性的合成方法特别是不对称合成，还将这些基元反应巧妙地组合起来，形成了合成复杂结构有机化合物的方法学，如逆合成分析法，这在现代有机合成中被称为"合成艺术"。

在人类目前已拥有的 3000 多万种化合物中，大多数是有机化学家合成的。正如有机合成大师 R. B. Woodward 所说："自从合成化学创始人 M. Berthelot 提出了合成的概念以后，有机化学在旧的自然界旁又建起了一个新的自然界，改变了人类社会物质及商品的面貌，使人类的饮食起居发生了巨大的革命"。

（3）物理有机化学

物理有机化学的主要任务是研究反应机理，以加深对有机反应的理解，从而通过合理改变实验条件达到提高合成效率的目的。此外，物理有机化学还研究化学键的成键特征、键能、有机化合物的结构与性质的关系。

随着量子化学的发展，1952 年福井谦一提出了前线轨道理论，认为分子的许多性质是由最高已占轨道（HOMO）和最低空轨道（LUMO）在化学反应中起主导作用，从而较好地解释了一系列化学反应问题。1965 年，R. B. Woodward 和 R. Hofmann 以前线轨道理论为工具讨论了周环反应的立体选择性规律，判断和预测了一些周环反应进行的可行性和产物的立体构型，把量子力学由静态发展到动态，从而提出了分子轨道对称守恒原理。这一理论被认为是认识化学反应发展史上的一个里程碑。20 世纪有机化学由浅入深，认识了分子的本质及其相互作用的基本原理，在此基础上发展了一系列量子化学计算方法，从而使人们进入了分子设计的高层次领域。如今，通过合理的分子设计创造出新的功能分子（如新材料、新药物、新农药）已成为现实。

（4）金属有机化学

早在 1827 年，化学家就发现了第一个金属有机化合物——Zeise 盐 $K[PtCl_3C_2H_4]$，但它的结构则是在 100 多年后才得到阐明的。1849 年，Frankland 用锌和碘乙烷合成出乙基锌，并发现该化合物有很好的反应性能。1855 年，C. A. Wurtz 发现金属钠与卤代烃作用生成长链烃，称为 Wurtz 反应，其中间体为有机钠。1901 年，法国化学家 Grignard 发现了一类重要的金属有机化合物——有机镁试剂，即 Grignard 试剂（简称格氏试剂）。在此后的半个多世纪中又陆续发现了锂、铝、汞、锡、硅、硼等的金属有机化合物，以及著名的 Ziegler-Natta 催化剂、Wilkinson-Fischer 茂金属催化剂、Wittig 试剂，从而打破了无机化学和有机化学之间的界限。金属有机化合物参与的有机合成反应和均相催化剂的使用，导致一系列高选择性、高原子经济性反应的发展，使惰性化学键的活化成为可能，从而推动有机合成化学、高分子化学以及现代化学工业发展到一个新的水平。

（5）生物有机化学

20 世纪初有机化学家就开始研究单糖、血红素、叶绿素、维生素等生物小分子的化学结构与合成，其后开始向生物大分子——蛋白质和核酸进军。首先建立了蛋白质结晶、分离纯化方法，在此基础上化学家用研究小分子结构的理论和方法去研究生物大分子的结构，并且从 50 年代起取得了一系列重大突破。例如，蛋白质类结晶技术、蛋白质电泳分离技术、多肽固相合成技术和多聚酶链式反应技术（PCR 基因扩增技术）的发明，牛胰岛素、鲸肌红蛋白和马血红蛋白结构的测定，以及核酶的发现等重要成果均先后获得了诺贝尔化学奖。1953 年 J. D. Watson 和 H. C. Crick 提出的 DNA 分子双螺旋结构模型，对于生命科学具有划时代的贡献，它为分子生物学和生物工程的发展奠定了基础，为整个生命科学带来了一场深刻的革命。

有机化学家对蛋白质（包括酶）和核酸的研究成果不仅使生物化学迅速发展，而且由此诞生了结构生物学和分子生物学，并导致了后来围绕基因的一系列研究。20 世纪中期因化学和生物学一起攻克遗传信息分子结构与功能关系问题，才使生命科学的研究轨迹进入以基因组成、结构、功能为核心的新阶段。

目前，有机化学的新理论、新反应、新方法不仅推动了化学学科的发展，也促进了有机化学与生命科学、材料科学、信息科学和环境科学等学科的交叉与渗透。当今有机化学研究的特点主要体现在以下六个方面：①有机化学中的分子设计、识别与组装等概念正在影响着多个科学研究领域的发展；②有机化学与生命科学的交叉为研究和认识生命体系中复杂现象提供了新的方法和手段；③有机化学和材料科学的交叉促进了新型有机功能物质的发现、制备和利用，在满足人类的需求方面做出重要贡献；④选择性反应尤其是催化不对称合成，已成为有机合成研究的热点和前沿；⑤绿色化学正成为合成化学研究中具有战略意义的前沿领域，将推动人类社会的可持续发展，如合理应用资源、解决环境污染等；⑥新技术的发展与应用推动了有机反应机理研究的深入，反过来又促进了有机化学的进一步发展。

0.4 如何学习有机化学？

结构与反应是有机化学的核心，也是难点。有机物结构的复杂性和有机反应的多样性往往让初学者深感苦闷和茫然。然而，结构和反应都是有规可循的，只是需要学生在学习过程中不断地总结这些规律。迄今发现的有机反应的数目虽然很庞大，而且每天都有新的反应和新的合成方法不断被报道，但其所涉及的基元反应的类型仅少数几种，而本质上多数是以均裂或异裂两种化学键断裂方式之一进行的。初学者应尝试了解反应的机理，并尽可能写出反应机理，运用反应机理这样一种化学语言来描述一个反应的过程。这是准确掌握有机反应的诀窍。

电子效应（如诱导效应、共轭效应、超共轭效应等）和立体效应是构成有机化学基本原理的核心知识，准确、自如地运用这些原理和概念分析反应活性、反应速率和选择性等问题，是学好有机化学的重要标志。此外，初学者还应尽可能熟练掌握共振论的基本原理，善于运用共振结构来分析共轭体系的基本化学问题，如电荷分布情况、稳定性、反应活性、反应的选择性等问题。

问题和习题是检测学习效果的最好办法，建议学生学完每个章节之后及时完成节后的问题和章后的习题。本书的习题参考答案可扫描书后二维码获取，希望同学在做完习题、深入思考之后，再查阅参考答案。部分习题附有原始文献来源，必要时可查阅相关文献，以了解题目的背景知识和答案。

▶ 微信扫码 ◀

参考答案
浙大有机开讲了
读者交流群

第1章

有机化合物分子结构基础

自然界中存在着无数的有机化合物，它们是人类、动植物以及微生物赖以生存的基础，有些是维持生命体的必需物质。人们的日常生活也离不开有机化合物。从具有上千年历史的酿造术生产出来的酒和醋的有效成分（前者为乙醇，后者为乙酸），到通过万里之遥的管道输送到千家万户的天然气（主要成分为甲烷），从诸如阿司匹林（乙酰水杨酸）、青霉素这样的治疗药物，到电视机、电脑和手机屏幕中所用的液晶光电显示材料，都属于有机化合物。有机化合物有哪些类型？有机化合物分子中的原子是如何连接在一起构成一个分子的？为什么有些有机化合物是气体（如甲烷和乙炔），而有些是液体（如乙醇和乙酸）或固体（如阿司匹林和葡萄糖）？本章将对这些问题给予初步解答。

1.1 有机化合物的基本类型

有机化合物数目庞大，并且它们的分子结构与性质之间有着密切的关系。对有机化合物进行科学的分类，对于学习和研究有机化学是十分必要的。有机化合物的分类方法主要有两种，一是按分子的骨架分类，二是按分子所含原子和官能团分类。通常是将两种方法结合起来进行分类的。

最简单的一大类有机化合物，只含碳和氢两种元素，称为碳氢化合物，简称烃（hydrocarbon）。烃类化合物包括烷烃（alkane）、烯烃（alkene）、炔烃（alkyne）和芳香烃（aromatic hydrocarbon）。根据分子中碳架结构的不同，可把烃分为开链烃和环烃，前者称为脂肪烃（aliphatic hydrocarbon），后者则包括脂环烃（aliphatic cyclic hydrocarbon）和芳香烃。

例如，下列化合物中己烷、丙烯和丙炔依次属于烷烃、烯烃和炔烃，它们都属于脂肪烃；环丙烷、环己烷和环己烯均属于脂环烃，苯则属于芳香烃。

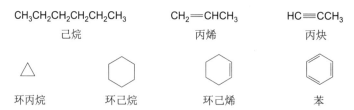

有些环烃的碳环上一个或多个碳原子被其它原子（如 O、N、S 等称为杂原子）代替，称为杂环化合物，如环氧乙烷、四氢呋喃、呋喃、吡咯、吡啶均属于杂环化合物（heterocyclic compound），其中呋喃、吡咯和吡啶具有芳香性，故也称为芳杂环化合物（aromatic heterocyclic compound）。

烷烃分子中的氢原子被某些原子或基团取代生成烷烃的衍生物。取代的原子或基团将极大地影响化合物的性质，在分子中相对活泼，且决定化合物的主要性质、反映化合物的主要特征，这些原子或基团称为官能团（functional group），2017版《有机化合物命名原则》也将官能团称为特性基团（characteristic group）。如乙醇（CH_3CH_2OH）分子可看成是羟基（—OH）取代了乙烷分子中的氢而得到的，羟基就是乙醇分子的官能团，并决定了乙醇的主要性质。含有相同官能团的化合物，性质相似。因此，按官能团分类有机化合物，能够比较容易地掌握每一类有机化合物的性质。表1-1列出了常见的官能团结构、官能团名称、相应化合物类型和代表化合物。

表 1-1　常见官能团及相应的化合物类型

官能团结构	官能团名称	化合物类型	代表化合物
C=C	烯基	烯烃	$CH_2=CH_2$　乙烯
—C≡C—	炔基	炔烃	HC≡CH　乙炔
（以苯基为例）	苯基	芳香烃	$C_6H_5CH_3$　甲苯
—X(F, Cl, Br, I)	卤素	卤代烃	$CHCl_3$　氯仿 C_6H_5Cl　氯苯
—OH	羟基	醇，酚	CH_3OH　甲醇 C_6H_5OH　苯酚
—OR	烷氧基	醚	$(CH_3CH_2)_2O$　乙醚
O—O	过氧基	过氧化物	t-BuOOH　叔丁基过氧化氢
—SH	巯基	硫醇，硫酚	CH_3CH_2SH　乙硫醇 C_6H_5SH　苯硫酚
—SR	烷硫基	硫醚	CH_3SCH_3　二甲硫醚
S—S	二硫基	二硫醚	$C_6H_5SSC_6H_5$　二苯基二硫醚
—NH₂	氨基	胺	CH_3NH_2　甲胺 $C_6H_5NH_2$　苯胺
—NO₂	硝基	硝基化合物	CH_3NO_2　硝基甲烷
醛基（甲酰基）	醛基（甲酰基）	醛	CH_3CHO　乙醛
羰基	羰基	酮	CH_3COCH_3　丙酮
羧基	羧基	羧酸	CH_3COOH　乙酸 C_6H_5COOH　苯甲酸
酰卤基	酰卤基	酰卤	CH_3COCl　乙酰氯
酸酐基	酸酐基	酸酐	$(CH_3CO)_2O$　乙酸酐
酯基	酯基	酯	$CH_3COOCH_2CH_3$　乙酸乙酯
酰胺基	酰胺基	酰胺	CH_3CONH_2　乙酰胺

官能团结构	官能团名称	化合物类型	代表化合物
—C≡N	氰基	腈	CH_3CN　乙腈 C_6H_5CN　苯甲腈
亚砜基结构 ($\overset{O}{\underset{}{S}}$)	亚砜基	亚砜	CH_3SOCH_3　二甲亚砜
砜基结构	砜基	砜	$CH_3SO_2CH_3$　二甲砜
—S—OH	次磺酸基	次磺酸	C_6H_5SOH　苯次磺酸
亚磺酸基结构	亚磺酸基	亚磺酸	$C_6H_5SO_2H$　苯亚磺酸
磺酸基结构	磺酸基	磺酸	$C_6H_5SO_3H$　苯磺酸

★ 问题 1-1 官能团是如何定义的？己烷、环己烷、苯、甲苯、二氯甲烷、氯仿、乙醇、乙醚、丙酮、乙腈、二甲亚砜等是常用的有机溶剂，它们是否含有官能团？若有，请指出含有哪些官能团？

★ 问题 1-2 乙酰水杨酸含有哪些官能团？

1.2 共价键

　　组成有机化合物的基本元素之一是碳，碳处于元素周期表中第二周期第ⅣA族的位置。碳核外有 6 个电子，其电子结构（electronic configuration）为：$1s^2 2s^2 2p^2$。其中 4 个电子处于价电子层（valence shell），称为价电子（valence electron），在与其它元素成键时，它既不易失去电子，也不易得到电子，而是通过其价电子和其它元素的价电子形成共享电子对而成键的。所以有机化合物分子中的化学键主要是共价键（covalent bond），以共价键结合是有机化合物分子基本的、共同的结构特点，和以离子键结合的离子化合物相比（如 NaCl）有着显著的差别。因此，要了解碳化合物的结构，必须先讨论碳化合物中的共价键。

　　19 世纪中叶，人们开始用"短线"来表示化学结构式中原子间成键的方式，从而产生了化学键（chemical bond）的概念。但当时人们对这个"短线"的物理意义仍然是不清楚的。1916 年，G. N. Lewis 提出了共价键理论，他把有机化合物结构式中原子之间的"短线"与"电子对"联系起来，从此"短线"就代表了"电子对"，初步揭示了短线的物理意义。

　　由共价键连接而成的有机化合物分子中，除氢原子外，其余原子通过共用电子对而达到 8 电子外层结构，具有惰性气体的结构（它们特别稳定），称为"八隅体规律"（octet rule）。碳原子有 4 个价电子，在甲烷分子中它分别与 4 个氢原子共享电子而获得八隅体结构。同样，水分子中的氧原子（有 6 个价电子）分别与 2 个氢原子共享电子而获得八隅体结构；溴分子中的 2 个溴原子（有 7 个价电子）则通过共享一对电子而获得八隅体结构。这样的化学键就是共价键。

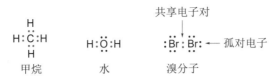

甲烷　　　　水　　　　溴分子

上式中，用"·"表示电子，":"表示一对电子，两个原子之间的共享电子对 （shared electrons）表示一个单键，未被共享的电子对则称为孤对电子（lone pair electrons）。甲烷中有四对共享电子对，无孤对电子；水分子中有 2 对共享电子对（构成了 2 个共价单键），还有 2 对孤对电子；溴分子中则只有一个共享电子对（构成 1 个共价单键），以及 6 对孤对电子。

20 世纪 30 年代，著名化学家 L. Pauling 和物理学家 J. C. Slater 将量子力学的原理与化学的直观经验相结合，创立了价键理论（valence bond theory），在经典化学中引入了量子力学理论和一系列新的概念，如杂化、共振、σ 键、π 键、电负性、电子配对等。

价键理论认为，共价键的形成是由于成键原子的原子轨道（电子云）相互重叠或交盖的结果，或者说共价键的形成是自旋反平行的两个电子配对的结果。因此，价键理论又称为电子配对理论。两个原子轨道中自旋反平行的两个电子，在轨道重叠区域内运动，为两个原子所共有，此时两个原子核相互吸引，体系能量降低。

如图 1-1 所示，两个氢原子的 1s 轨道（球形）相互重叠，形成了 H—H 共价键，从而组成 H_2 分子。两个氢原子的能量要比 H_2 分子高 436kJ/mol，这就意味着形成一个 H—H 键可释放出 436kJ/mol 的能量；反之，断裂一个 H—H 键则需要吸收 436kJ/mol 的能量。

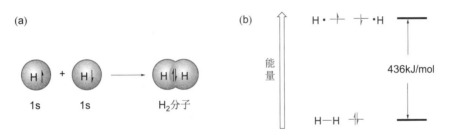

图 1-1　由氢原子组成 H_2 分子的轨道重叠示意图（a）和氢原子与 H_2 分子的相对能量（b）

共价键具有两个特点：一是方向性，两原子轨道必须沿某一方向（即原子轨道对称轴的方向）相互重叠时，重叠程度越大，形成的键越牢固；二是饱和性，两个原子的未成对电子自旋反平行配对后，再不能与第三个电子配对。成键电子只能在轨道重叠的区域内运动，是"定域"的，故称为定域电子（localized electron）。有关杂化理论和分子轨道理论将在下面进行讨论。

★ 问题 1-3　用电子配对理论描述三氟化硼的结构特征，判断三氟化硼是缺电子的还是富电子的物种？

★ 问题 1-4　NH_3 和 CO_2 是如何通过电子配对理论满足八隅体规则的？分别指出这两个结构中的共享电子对和孤对电子。

1.3　有机化合物结构的表示方式

1.3.1　Lewis 结构式

上述以电子对的形式来表示共价键的分子结构式称为 Lewis 结构式（Lewis structure）。在用 Lewis 结构式表示多重键时，双键用两对电子来表示，叁键则用三对电子来表示。例如，乙烯和乙炔的结构可表示如下：

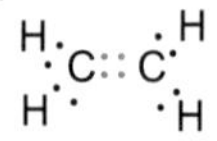

乙烯 　　　　乙炔

书写 Lewis 结构式时可以用"短线"表示成键电子对，用"："表示孤对电子。例如：

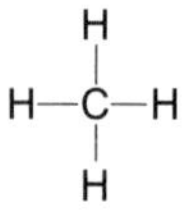

甲烷 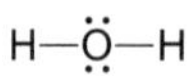　　　　水 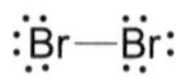　　　　溴 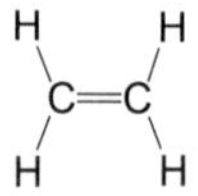　　　　乙烯 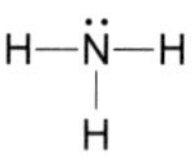　　　　氨 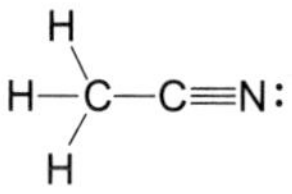　　　　乙腈

成键电子对可以来自于同一个原子，如乙腈氮氧化物中氮和氧之间形成的共价键均来自于氮原子，可以理解为氮原子给出电子带正电荷，而氧原子得到电子带负电荷，分别用"＋"和"－"表示。用"＋"和"－"表示原子所带的电荷也称式电荷（formal charge，FC）。

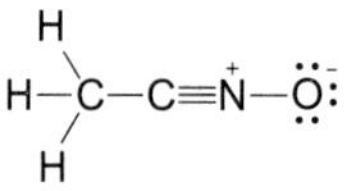

乙腈氮氧化物 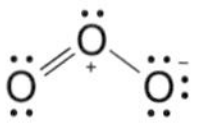　　　　　　臭氧

通常情况下，对于拥有八隅体价电子结构的共价键合的原子，如果共价键的数目大于其正常化合价（碳、氮、氧和氟的化合价依次为＋4、＋3、－2 和－1），它将带有正的式电荷；若共价键的数目小于该原子的正常化合价，它将带有负的式电荷。其大小等于分子中原子的价电子数减去成键后实际拥有的价电子数，即：

$$FC = V - (N + S/2)$$

式中，FC 代表原子的式电荷；V 代表中性原子的价电子数；N 代表分子中该原子的未共享电子（即孤对电子）的数目；S 代表共享电子（即成键电子）的数目。例如，臭氧分子中，中心氧原子有 2 个孤对电子和 6 个共享电子（即 3 个共价键），其式电荷为：$6 - (2 + 6/2) = +1$，故标记为"＋"；右端氧原子有 6 个孤对电子和 2 个共享电子，其式电荷为：$6 - (6 + 2/2) = -1$，故标记为"－"；左端的氧原子有 4 个孤对电子和 4 个共享电子，其式电荷为：$6 - (4 + 4/2) = 0$。

式电荷可用来判断反应过程中电子的得失，但用它来判断化学反应性是不可靠的。例如，四甲基铵离子和叔丁基碳正离子的中心原子都拥有一个正式电荷，但二者的反应性完全不同。后者中心碳原子缺电子，是亲电物种，前者中心氮原子则不缺电子，故无亲电反应活性。

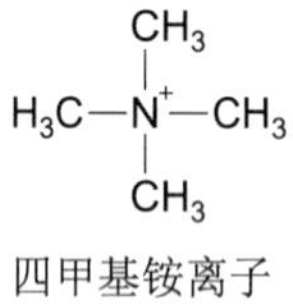

四甲基铵离子 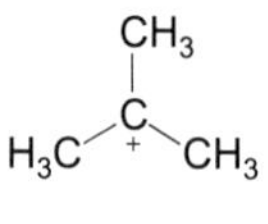　　　　叔丁基碳正离子

★ 问题 1-5　给下面结构式中的原子（N、B、O）填上正确的式电荷：

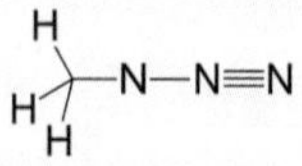

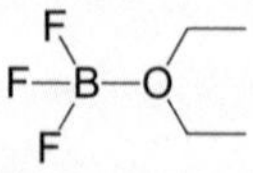

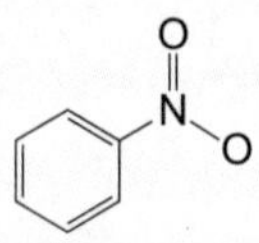

★ 问题 1-6　四甲基铵离子的中心氮原子为什么不能接受富电子物种（亲核试剂）的直接进攻？若接受富电子物种进攻，反应的位点应该在哪里？

1.3.2　Kekulé结构式

用"短线"代替 Lewis 结构式中的成键电子对，同时省去孤对电子的结构式称为

Kekulé 结构式（Kekulé structure）。例如，甲烷、乙烯、乙炔和氨气的结构可表示如下：

甲烷　　　　乙烯　　　　乙炔　　　　氨

为方便起见，人们通常将 Kekulé 结构式中的短线省去，使得分子结构式的表示进一步简化，多重键可以保留，也可以省去。这是目前最常用的结构简式（condensed formula）。例如，甲烷、乙烯、乙炔和氨可表示为：

CH_4　　　$H_2C{=}CH_2$　　　$HC{\equiv}CH$　　　NH_3

甲烷　　　　乙烯　　　　乙炔　　　　氨

此外，人们还常用键线式，又称骨架结构（skeletal structure），来表示有机化合物的结构。键线式中只保留共价键，而省去与碳相连的氢原子，但杂原子和与杂原子相连的氢不能省去。例如，2-氯丙烷、乙醇、环己烷可表示如下：

2-氯丙烷　　乙醇　　　环己烷

Kekulé 结构式、结构简式和键线式三者之间的转换实例见表 1-2。

表 1-2　Kekulé 结构式、结构简式和键线式之间的转换

Kekulé 结构式	结构简式	键线式
	$CH_3{-}CH_2{-}\overset{\displaystyle H}{\underset{\displaystyle CH_3}{C}}{-}CH_3$ 或　$CH_3CH_2\underset{\displaystyle CH_3}{C}HCH_3$	
	$CH_3{-}\underset{\displaystyle CH_3}{C}H{-}O{-}CH_2{-}CH{=}CH_2$ 或　$CH_3CHOCH_2CH{=}CH_2$ 　　　$\underset{\displaystyle CH_3}{\;}$	
	$CH_3{-}CH_2{-}CH_2{-}OH$ 或　$CH_3CH_2CH_2OH$	

1.4　杂化轨道理论

价键理论能很好地解释共价键形成的本质、成键规则、成键能力等，但不能解释空间构型问题，例如，碳原子的价电子层有 4 个电子，价电子的填充为：$(2s)^2(2p_x)^1(2p_y)^1$，但甲烷分子具有四面体结构（tetrahedron structure）。为了解释分子空间构型的问题，

1931 年，L. Pauling 提出了杂化轨道理论。杂化轨道理论认为：成键时碳原子的 2s 轨道中一个电子先激发到 $2p_z$ 轨道中，然后，$(2s)^1$、$(2p_x)^1$、$(2p_y)^1$ 和 $(2p_z)^1$ 四个原子轨道重新组合，称为杂化，形成 4 个能量相等的杂化轨道（hybrid orbital）。参与杂化的有 1 个 s 轨道和 3 个 p 轨道，因此，形成的杂化轨道称为 sp^3 杂化轨道，有 4 个 sp^3 杂化轨道。

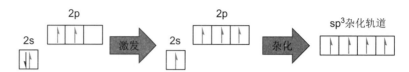

如图 1-2 所示，杂化后形成的每一个 sp^3 杂化轨道的形状为一瓣大，另一瓣小，4 个 sp^3 杂化轨道各有 1 个电子，且能量相同。要使 4 个杂化轨道之间的排斥作用最小，必须保持它们在三维空间彼此距离最远，就只能采取四面体形状了，即碳在四面体的中心，4 个杂化轨道伸向四面体的 4 个顶点，轨道与轨道之间的夹角为 $109°28'$。

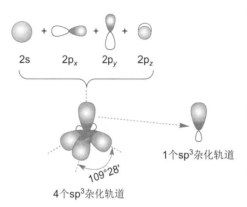

图 1-2 碳原子的 sp^3 杂化轨道

形成甲烷分子时，每个 sp^3 轨道上大的一瓣与一个氢原子的 1s 轨道重叠，4 个 sp^3 轨道上的电子和 4 个氢原子中 1s 轨道上的电子配对形成 4 个共价键，即形成甲烷分子的 4 个 C—H σ 键（见图 1-3）。通过杂化轨道所形成的甲烷分子的立体结构与四面体结构相符，即 4 个氢原子处于四面体的 4 个顶点，碳原子则位于四面体的中心。

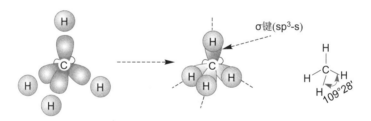

图 1-3 由 1 个 sp^3 杂化碳原子和 4 个 1s 轨道氢原子组成的甲烷分子

除了 sp^3 杂化外，碳原子还可以 sp^2 和 sp 杂化，前者出现在平面的乙烯分子中，后者则出现在线型的乙炔分子中。如图 1-4 所示，碳原子的 sp^2 杂化轨道是由碳的一个 2s 轨道和两个 2p 轨道（$2p_x$ 和 $2p_y$）杂化而成的，三个 sp^2 杂化轨道在三维空间的空间形状为平面三角形，轨道与轨道之间的夹角为 $120°$，未参与杂化的 $2p_z$ 轨道垂直于 sp^2 杂化轨道所处的平面。

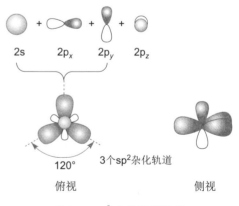

图 1-4 sp^2 杂化轨道形状

形成乙烯分子时，两个碳原子各拿出一个 sp^2 杂化轨道"头对头"重叠，形成一个 C—C σ 键；另外 4 个 sp^2 杂化轨道分别与 4 个氢原子的 1s 轨道重叠，形成 4 个 C—H σ 键。由于原子在同一平面，未参与杂化的两个 $2p_z$ 轨道垂直于这个平面，它们相互平行，通过肩并肩重叠形成一个 C—C π 键。

乙炔分子有个 C≡C 键，为线形分子，即两个碳原子和两个氢原子处于一条线上。在这种结构中，碳原子只有采取 sp 杂化才能满足线形结构的要求。如图 1-6 所示，sp

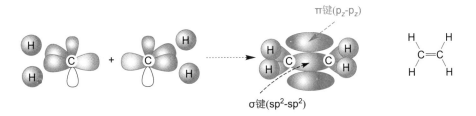

图 1-5　乙烯分子中 1 个 C═C 键和 4 个 C—H 键

杂化轨道是由 2s 轨道和一个 2p 轨道（$2p_x$）参与杂化形成的，sp 杂化轨道的空间形状为直线形，未参与杂化的两个 p 轨道（$2p_y$ 和 $2p_z$）彼此垂直，且都垂直于 sp 杂化轨道的对称轴。

　　如图 1-7 所示，形成乙炔分子时，两个碳原子各用一个 sp 杂化轨道以头对头的形式相互重叠，形成一个 C—C σ 键；它们的另外两个 sp 杂化轨道分别与氢原子的 1s 轨道重叠，形成 2 个 C—H σ 键；两个碳原子未参与杂化的 p 轨道（$2p_y$ 和 $2p_z$）分别与另一个碳同方向的 p 轨道肩并肩重叠，形成 2 个 C—C π 键。

图 1-6　sp 杂化轨道形状

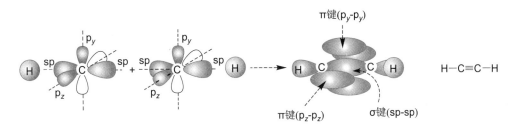

图 1-7　乙炔分子中 1 个 C≡C 键和 2 个 C—H 键

★　问题 1-7　指出下列分子中碳原子的杂化类型（sp^3、sp^2 或 sp）：

★　问题 1-8　指出 H_2O、CH_3OH、CH_3CN 和 NH_3 分子中杂原子（N 和 O）的杂化类型（sp^3、sp^2、sp），根据杂化类型判断分子的几何构型。

1.5　共价键的键长、键能和键角

　　有机化合物以共价键为特征，其性质取决于共价键断裂和形成的难易程度。共价键有三个要素：键长、键能和键角。

1.5.1　键长

　　如图 1-8 所示，当两个氢原子相互作用时，能量将随着核间距的变化而变化。能量随着两个自由的氢原子逐渐靠近下降到波谷，此时氢原子之间的核间距为 74pm。

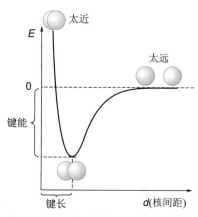

氢原子继续靠近，两个核之间会产生相互排斥，能量将迅速上升。能量达到波谷时的核间距称为共价键的键长（bond length），氢分子的键长是 74pm。

图 1-8　两个氢原子相互作用时能量
和核间距之间的相互关系

1.5.2　键能

两个氢原子逐渐靠近形成 H—H 共价键时共释放 436kJ/mol 的能量，反之均裂 H—H 共价键需要 436kJ/mol 的能量（见图 1-1），这个能量值称为 H—H 共价键的键能（bond energy）。

有机化合物中通常含有多个共价键，每一个共价键在分子中都不是孤立的，受其它键的影响，同一类型的共价键的键长和键能在不同分子中可能稍有不同。通常给出的键长和键能的数据都是平均值。表 1-3 列出了一些常见的共价键的键长和键能。

表 1-3　一些常见共价键的键长和键能

键型	键长/pm	键能/(kJ/mol)	键型	键长/pm	键能/(kJ/mol)
H—H	74	436	C—I	212	218
C—C	154	347	C=C	134	611
C—H	109	414	C≡C	120	837
C—N	147	305	C=O	123	695
C—O	143	360	C=N	127	749
C—F	142	485	C≡N	116	866
C—Cl	177	339	O—H	96	463
C—Br	191	285	N≡N	110	945

共价键的强弱通常还用解离能来表示。气态时均裂一个共价键所需要的能量称为键解离能（bond dissociation energy，BDE）。表 1-4 列出了一些化合物不同共价键的解离能。

表 1-4　一些化合物不同共价键的键解离能数据

键型	解离能/(kJ/mol)	键型	解离能/(kJ/mol)	键型	解离能/(kJ/mol)
H—H	436	CH_3CH_2—F	444	CH_2=CH—H	452
F—F	159	CH_3CH_2—Cl	341	C_6H_5—H	460
Cl—Cl	243	CH_3CH_2—Br	289	HC≡C—H	523
Br—Br	192	CH_3CH_2—I	224	CH_3—CH_3	368
I—I	151	$(CH_3)_2$CH—H	395	CH_3CH_2—CH_3	356
H—F	569	$(CH_3)_2$CH—F	439	$(CH_3)_2$CH—CH_3	351
H—Cl	431	$(CH_3)_2$CH—Cl	339	$(CH_3)_3$C—CH_3	335
H—Br	366	$(CH_3)_2$CH—Br	285	HO—H	498
H—I	297	$(CH_3)_2$CH—I	222	CH_3—OH	383
CH_3—H	435	$(CH_3)_3$C—H	381	CH_3—OCH_3	335
CH_3—F	452	$(CH_3)_3$C—Cl	328	$(CH_3)_2$CH—OCH_3	337
CH_3—Cl	349	$(CH_3)_3$C—Br	264	$(CH_3)_3$C—OCH_3	326
CH_3—Br	293	$(CH_3)_3$C—I	207	HOO—H	377
CH_3—I	234	$C_6H_5CH_2$—H	356	CH_3CH_2O—H	431
CH_3CH_2—H	410	CH_2=CHCH_2—H	356	HO—OH	213

键能和键解离能之间是什么关系？从表 1-4 中的数据看，相同类型的键（如 C—H 键）在不同化合物中的解离能数据略有不同，而且同一分子中相同类型键的解离能也不同。例如，甲烷分子中有 4 个 C—H 键，每一个键的解离能都不同，断裂第一个 C—H 键时所需要的能量（称为第一解离能）为 435kJ/mol，断裂第二、第三、第四个 C—H 键时所需要的能量依次为 443kJ/mol、443kJ/mol 和 338kJ/mol，分别称为第二、第三和第四解离能。因此，解离能指的是解离某一分子某一特定键所需的能量，而键能则是断裂相同类型键的解离能的平均值。

$$CH_4 \longrightarrow \cdot CH_3 + H\cdot \qquad \Delta H=435kJ/mol \text{（第一解离能）}$$

$$\cdot CH_3 \longrightarrow \cdot\overset{\cdot}{C}H_2 + H\cdot \qquad \Delta H=443kJ/mol \text{（第二解离能）}$$

$$\cdot\overset{\cdot}{C}H_2 \longrightarrow \cdot\overset{\cdot}{C}H + H\cdot \qquad \Delta H=443kJ/mol \text{（第三解离能）}$$

$$\cdot\overset{\cdot}{C}H \longrightarrow \cdot\overset{\cdot}{C}\cdot + H\cdot \qquad \Delta H=338kJ/mol \text{（第四解离能）}$$

1.5.3 键角

两价以上的原子与其它原子成键时，键与键之间的夹角称为键角（bond angle）。例如甲烷分子中任意两个 C—H 键之间的夹角均为 $109°28'$。

乙烷、乙烯和乙炔的键长、键角如下所示，这些分子分别呈四面体形、平面形和直线形。

四面体形　　　　　平面形　　　　　直线形

1.5.4 分子模型

对于初学者，学会一些简单的分子模型有助于了解分子的三维形状。常用来表现分子三维空间分布的模型是球棍模型（ball-and-stick model）和空间填充模型（space-filling model）。空间填充模型也称为 calotte 模型，其中"球"的半径与原子的范德华半径成正比，"球"与"球"中心间距与相应的原子核之间的距离成正比。甲烷和乙醇分子的楔形式及其球棍模型和空间填充模型如下所示，在球棍模型中，"棍"代表共价键，不同颜色的"球"代表不同的原子。

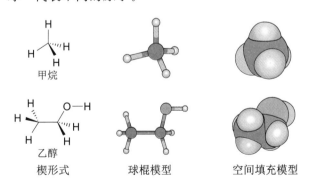

甲烷

乙醇

楔形式　　　　　球棍模型　　　　　空间填充模型

尽管由塑料制成的球棍模型和空间填充模型等实物分子模型已得到广泛应用，但一些计算机软件提供了获取分子模型的另一途径，如使用 ChemBio 3D 软件，不仅能够模拟分子的三维结构，还可进行一些简单的计算。

★ **问题 1-9** 查阅文献，给出一氟甲烷、二氟甲烷、三氟甲烷和四氟甲烷中 C—F 键的键长、键能，解释其变化规律。

1.6 共价键的极性、分子的偶极矩和诱导效应

1.6.1 元素的电负性与共价键的极性

对于相同原子形成的共价键，其成键电子对处于两原子的中间，正、负电荷中心重叠，这样的共价键没有极性，称为非极性共价键（nonpolar covalent bond）。不同原子形成共价键时，由于各元素的电负性（electronegativity，EN）不同，即吸引电子的能力不同，电子云偏向电负性较大原子的一端，从而导致了键的极化（bond polarization），使电负性较大的原子带有部分负电荷，而另一原子带部分正电荷，正、负电荷中心不重叠，这样的共价键为极性共价键（polar covalent bond）。常用 δ^+/δ^- 表示极性共价键带电荷的情况，用箭头表示电子对偏移的情况，箭头方向是从带正电原子指向带负电原子（页边图）。

通常来讲，当两个原子的电负性差值大于等于 2 时，可以发生电子的转移，形成离子键（ionic bond）。如钠的电负性为 0.9，氯的电负性为 3.0，钠失去一个电子成正离子，氯得到一个电子成负离子，最终形成离子型氯化钠。

事实上，共价键和离子键不是绝对的，如下所示，随着两个原子的电负性差值逐渐增大，从左到右离子型增强。

离子性增强

衡量共价键的极性大小用键矩——键的偶极矩（dipole moment），用符号 μ 表示。键矩（μ）等于正、负电荷中心的距离（d）与正或负电荷（q）的乘积，单位是 D（Debye，德拜）。

键矩是一矢量，有方向性，通常规定由正到负，用符号"⟼"表示，箭头指向带负电荷原子的一端。

键矩的大小与原子的电负性有关，电负性差值越大，键矩也越大。表 1-5 列出了有机化合物中常用元素的电负性数据。

表 1-5 一些常用元素的电负性数据

H						
2.1						
Li	**Be**	**B**	**C**	**N**	**O**	**F**
1.0	1.5	2.0	2.5	3.0	3.5	4.0
Na	**Mg**	**Al**	**Si**	**P**	**S**	**Cl**
0.9	1.2	1.5	1.8	2.1	2.5	3.0
K	Ca		Ge	As	Se	Br
0.8	1.0		1.8	2.0	2.4	2.8
						I
						2.5

碳的电负性随着杂化轨道的类型不同而略有不同。对于 s 轨道和 p 轨道组成的杂化轨道，由于 s 轨道是球形对称的，s 轨道上的电子受核的束缚在球形轨道内运动；p 轨道似一对长春花叶子的两瓣，是面对称的，其中心节点的电子云密度为 0，电子在舒展的叶瓣内运动，受核的束缚小。所以，杂化轨道中 s 成分越多，对核外电子的束缚力越大。sp、sp^2 和 sp^3 杂化轨道中的 s 成分分别为 50%、33% 和 25%，因此，不同杂化轨道碳原子的电负性大小顺序为：$C_{sp} > C_{sp^2} > C_{sp^3}$。

页边图：

$\overset{\delta^+}{H} \longrightarrow \overset{\delta^-}{F}$

$\overset{\delta^+}{H} \overset{\overset{\delta^-}{O}}{} \overset{\delta^+}{H}$

$\overset{\delta^+}{H_3C} \longrightarrow \overset{\delta^-}{F}$

$\mu = q \times d$

$\overset{\delta^+}{H} \longleftrightarrow \overset{\delta^-}{F}$

$\mu = 1.75D$

1.6.2 分子的偶极矩

分子的极性大小用偶极矩表示。对于双原子分子，其键矩就是分子的偶极矩。对于多原子分子，分子的偶极矩是各键矩的矢量和。甲烷分子中四个 C—H 键的键矩均由 H 指向 C，分子偶极矩是四个 C—H 键的键矩矢量和，净结果为 0，是非极性分子。氯甲烷中 C—Cl 键是极性共价键，键矩由 C 指向 Cl，分子偶极矩是三个 C—H 键和一个 C—Cl 键的键矩矢量和，为 1.94D，是极性分子。当所有 H 都被氯取代时，四氯化碳为四面体对称的分子，各键矩的矢量和为 0，所以，分子的偶极矩为 0，是非极性分子。由此可见，含有极性键的分子不一定是极性分子。

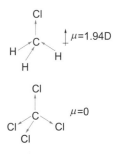

卤代甲烷在气相条件下测得的分子偶极矩数据如下：

	CH₃→F	CH₃→Cl	CH₃→Br	CH₃→I
偶极矩 μ/D（气相）	1.82	1.94	1.79	1.64

氟的电负性最大，但氟甲烷的偶极矩比氯甲烷的偶极矩还小，这是因为氟与氯处于不同周期，氟原子的体积比氯原子小，所以 C—F 键的键长（142pm）比 C—Cl 键的键长（177pm）短得多。而键长越短，其正、负电荷中心之间的距离越小，故 CH₃F 的偶极矩比 CH₃Cl 小。碘甲烷中虽然 C—I 键的键长较长，但碘的电负性小，所带电荷少，所以分子偶极矩小。

分子的极性导致整个分子电子云密度分布不均匀。一种直观的表示分子中各区域电子云密度分布情况的方法称为静电势图（electrostatic potential map）。静电势图是通过范德华表面点电荷的势能来描述分子电子云分布的手段，一般用红色表示电子云密度较高的区域，蓝色表示电子云密度较低的区域；颜色深浅表示势能的高低，所以红颜色越深，表示电子云密度越大，蓝颜色越深，表示电子云密度越小。甲烷、溴甲烷、氯甲烷和氟甲烷的静电势图见彩图 1-1。

彩图1-1

1.6.3 诱导效应

如上所述，由于原子的电负性不同，共价键的电子发生偏移，这种偏移不仅存在于直接相连的原子上，也可以通过分子链（通常为碳链）传递到邻近原子上，从而使整个分子发生极化，这种效应称为诱导效应（inductive effect，用 I 表示）。

戊烷和 1-氯戊烷中各 C—C 键的键矩如下所示：

受氯的电负性影响，和氯直接相连的碳（C1）表现出缺电子，继而影响 C1—C2 共价电子发生偏移，随着链的增长，偏移的能力迅速减弱。如上图所示，1-氯戊烷中 C1—C2 的键矩为 0.19D，而 C2—C3、C3—C4 和 C4—C5 键矩和戊烷中相应的键矩相比，变化不大。诱导效应是一种由于原子电负性不同引起的静电作用，是永久性的。其特征是电子云发生偏移并沿着 σ 键传递，并随着碳链的增长而迅速减弱或消失。正戊烷、1-氯戊烷和 1-氟戊烷分子的静电势图及其甲基和亚甲基所带电荷数见彩图 1-2。

彩图1-2

诱导效应的大小和方向与原子（或基团）及其电负性有关。在比较各种原子或基团的诱导效应时，通常以 C—H 键中的氢原子为标准（规定 $I=0$）。如果原子（或基团）Y 的吸电子能力比氢强，C—Y 键电子云偏向 Y（即 C→Y），则 Y 具有吸电子诱导效应（用 $-I$ 表示）；反之，Y 的吸电子能力比氢弱，则 Y 具有给电子诱导效应（用 $+I$ 表示）。上述例子中，氯原子具有 $-I$ 效应。一些常见原子（或基团）的吸电子诱导作用相对顺序如下：

$$NH_3^+ > NO_2 > SO_2R > CN > SO_3H > CHO > CO > COOH > COCl > CONH_2 >$$
$$F > Cl > Br > I > OH > OR > NR_2 > NH_2 > C_6H_5 > CH=CH_2 > H$$

烷基通常表现出给电子诱导效应。例如，在丙烯分子中，双键碳为 sp^2 杂化，甲基碳为 sp^3 杂化，sp^2 碳比 sp^3 碳的电负性大，故 C2—C3 键的电子云偏向于 C2，导致碳碳双键电子云密度增加，甲基具有 $+I$ 效应。与乙烯相比，丙烯更易接受亲电试剂的进攻。丙烯分子的静电势图及其各双键碳原子所带电荷分布见彩图 1-3。

一些常见原子（或基团）的给电子诱导作用相对顺序如下：

$$O^- > COO^- > CH_3 > D > H$$

既然诱导效应能够改变分子链（或骨架）上的电子云密度分布，它就能够改变分子的物理性质和化学性质。诱导效应能够使某些反应速率加快，而另一些反应速率则降低；能够使有些活性物种稳定，而另一些不稳定。此外，诱导效应还能够改变有机物的碱性与酸性、亲核性与亲电性，以及核磁共振谱中的化学位移（见第 7.3 节）等。总之，诱导效应作为一种电子效应，在分析有机物的性质、有机反应的活性与选择性等方面，通常是考虑的重要因素之一。例如，乙酸是一种弱的有机酸（$pK_a=4.76$），其衍生物氯乙酸的酸性比乙酸明显增强（$pK_a=2.82$）。这是因为氯原子的 $-I$ 效应导致 O—H 键电子云更加偏向氧原子，从而更容易电离出质子，换句话说，与乙酸相比，氯乙酸的共轭碱（氯乙酸根）更稳定（见第 11.3 节）。

乙酸($pK_a=4.76$)

氯乙酸($pK_a=2.82$)

彩图1-3

> ★ 问题 1-10　写出三氟化硼、二氧化碳、水和苯的结构简式，预测分子偶极矩的方向。
> ★ 问题 1-11　检索氟乙酸、溴乙酸、碘乙酸的 pK_a 值，与乙酸和氯乙酸一起，比较它们的相对酸性，并解释之。

1.7　分子轨道理论

1932 年，美国化学家 R. S. Mulliken 和德国化学家 F. Hund 创立了一种新的共价键理论——分子轨道理论（molecular orbital theory，MO 理论），该理论是处理双原子分子及多原子分子结构的一种有效的近似方法，它与价键理论不同，强调分子的整体性，认为分子中的电子围绕整个分子运动，而价键理论着重于用原子轨道的重组成键来理解共价键和分子的三维结构。因此，分子轨道理论较好地说明了多原子分子的结构，解决了许多价键理论所不能解决的问题。

原子轨道是描述原子中电子运动的状态函数，用 φ 来表示。分子轨道是描述整个分子中电子运动的状态函数，用 Ψ 来表示。分子轨道常用原子轨道线性组合法导出。线性组合时，原子轨道波函数各乘以某一系数后相加或相减，得到分子轨道波函数。组合时原子轨道对分子轨道的贡献体现在系数上，组合前后轨道总数不变。如果两个符号相同（即相位相同）的原子轨道波函数相加，得到的分子轨道能量比原子轨道能量低，称为成键轨道（bonding orbital），用 Ψ 表示。如果相减，则得到的分子轨道犹如波峰和波谷相遇而相互减弱一样，中间出现节面（node），电子出现在节面上的概率为零，这样的分子轨道比原子轨道能量高，称为反键轨道（anti-bonding orbital），用 Ψ^* 表示。以 H_2 分子轨道的形成为例：两个氢原子的 1s 轨道线性组合，形成 σ 键（σ bonding），其中成键轨道用 σ 表示，反键轨道用 σ^* 表示。电子在分子轨道中的填充也遵循能量最低原理、Pauli 不相容原理和 Hund 规则。因此，氢分子的两个电子填充在能量低的成键轨道上，反键轨道是空的，如图 1-9 所示。

原子轨道有效重叠才能成键，称为轨道方向性（orbital orientation）。如图 1-10 所示，如果两个原子轨道是沿原子轨道对称轴的方向相互叠加，即"头对头"重叠，形成的键称为 σ 键。σ 键具有轴对称性，可以沿轴自由旋转，旋转过程不影响轨道重叠的效果。如果两个原子轨道的对称轴相互平行相叠加，即"肩并肩"重叠，形成的键称为 π 键（π bonding）。成键轨道用 π 表示，反键轨道用 π^* 表示。π 键具有面对称性，不可以沿轴自由旋转，旋转过程将影响轨道重叠的效果。

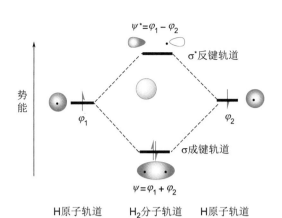

图 1-9　氢分子轨道能级示意图

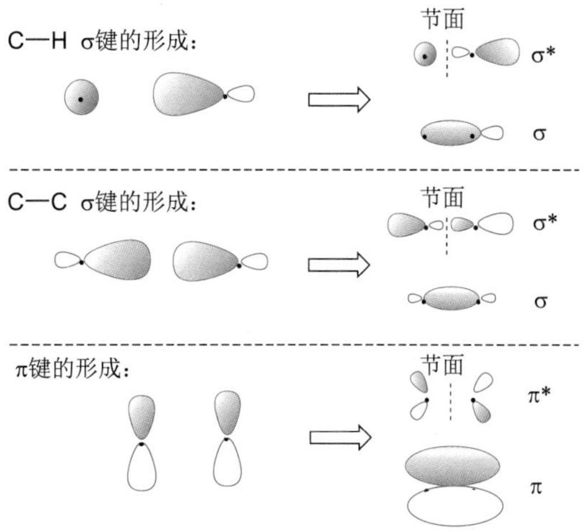

C—H σ键的形成：

C—C σ键的形成：

π键的形成：

图 1-10　σ键和 π键的分子轨道形成示意图

原子轨道线性组合成分子轨道必须具备下列三个条件：

① 只有对称性相同的原子轨道，即"对称匹配"，才能有效成键。

② 只有能量相近的原子轨道，才能有效成键。如图 1-11 所示，如果两原子轨道的能量相差太大，则成键轨道的能量与原子轨道能量相比降低得少，不能形成稳定的分子轨道。

③ 原子轨道重叠程度越大，形成的键越牢固。

对于多原子的有机化合物，它们的分子轨道要比氢分子的复杂得多，而且原子越多越复杂。因此分子轨道的应用受到很大限制。1931 年，由 E. Hückel 提出了一种用简化的近似分子轨道模型处理共轭分子中的 π 电子的方法，称为休克尔分子轨道（Hückel molecular orbital，简称 HMO）法。

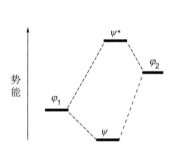

图 1-11　能量相差较大的原子轨道组成分子轨道

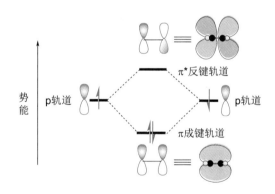

图 1-12　两个碳原子的 p 轨道线性组合为乙烯 π 分子轨道

在烯烃、芳香烃等共轭分子中，参与共轭的碳原子都在同一平面上，碳原子间依赖 σ 分子轨道连接在一起，形成分子的骨架。每个碳原子都有一个垂直于分子平面的 p 原子轨道，它们以"肩并肩"的方式组成 π 分子轨道。Hückel 提出，π 轨道能级和 σ 轨道能级相差较大，可以相互独立地简化处理，即认为 π 电子在 σ 键构成的分子骨架上运动，占据一系列的 π 分子轨道 Ψ。如图 1-12 所示，乙烯分子的两个 π 轨道为两个碳原子的 p 轨道组合而成，其中一个为 π 成键轨道，另一个为 π^* 反键轨道；π 成键轨道能量低，故 2 个 π 电子首先填充这个轨道。

休克尔分子轨道法是一种最简单的分子轨道处理方法，在有机化学中得到广泛应用。本书中有关共轭体系的分子轨道均采用休克尔分子轨道。

★　问题 1-12　以乙烷和乙烯为例，描述 σ 键和 π 键的特征和差别。

1.8 共轭体系和共轭效应

常见的共轭体系有三种，p-p 共轭、p-π 共轭和 π-π 共轭。

1.8.1 p-p 共轭

羰基中的碳氧双键是如何成键的？根据上述休克尔分子轨道理论，一个 sp^2 碳原子的 p 轨道和一个 sp^2 氧原子的 p 轨道线性组合成为羰基的 2 个 π 轨道，一个是羰基的 π 成键轨道，另一个是羰基的 π^* 反键分子轨道，两个 p 轨道上的电子填充到低能级的 π 成键分子轨道中，如图 1-13 所示。由于碳和氧的电负性不同（见表 1-5），组成的 π 成键分子轨道能级更靠近氧原子的 p 轨道能级，氧在成键轨道中所占份额大，成键轨道上的 2 个电子更偏向氧原子。这种电子偏向某一个原子的运动，称为 π 电子的离域（delocalization），电子离域只能在共轭体系中进行。羰基的共轭体系涉及碳氧两个原子，其 π 键由 p-p 轨道形成，故称为 p-p 共轭（p-p conjugation）。

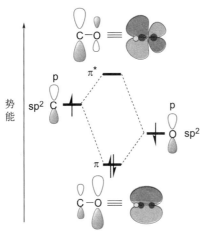

图 1-13 碳原子 p 轨道和氧原子 p 轨道线性组合为羰基的 π 分子轨道

1.8.2 p-π 共轭

如果与 π 键相连的原子具有一个与 π 键平行的 p 轨道，那么这个 p 轨道就可与 π 键共轭，形成 p-π 共轭体系。例如，在页边所示的氯乙烯分子中，氯原子若采取 sp^2 杂化，剩下一个未参与杂化的 p 轨道与形成碳碳 π 键的 2 个 p 轨道平行，从而可以重叠形成更大 π 键，p 轨道上的 4 个电子在大 π 体系上做离域运动，使体系能量降低。也就是说，氯原子的 p 轨道上的一对孤对电子能够离域到 π 键上，形成三原子四电子的 p-π 共轭体系，称为 p-π 共轭（p-π conjugation）。

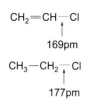

p-π 共轭体系的形成导致 C—Cl 键具有部分双键的性质，C—Cl 键长变短。氯乙烯中的 C—Cl 键长为 169pm，而氯乙烷中的 C—Cl 键长为 177pm。氯乙烯中的 C—Cl 键长比氯乙烷中的 C—Cl 键长短的另外一个可能原因是氯乙烯中的碳为 sp^2 杂化，吸电子能力较强，而氯乙烷中的碳为 sp^3 杂化，吸电子能力较弱。

1.8.3 π-π 共轭

丁-1,3-二烯是最简单的共轭二烯，分子结构中所有的碳原子和氢原子都处于同一平面 [如图 1-14(a) 所示]，物理方法测得丁-1,3-二烯的键长和键角如图 1-14(b) 所示。

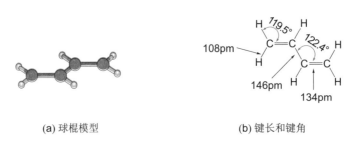

(a) 球棍模型　　　　　　　　(b) 键长和键角

图 1-14 丁-1,3-二烯分子的结构

从上述数据看，丁-1,3-二烯的两个 C=C 键的键长与乙烯的碳碳双键的键长（133pm）相近，但 C2—C3 键的键长比碳碳单键的平均键长（154pm）短，这是由于两个碳碳双键产生 π-π 共轭造成的。共轭使得参与共轭的共价键的键长趋于平均化，这是共轭体系

的特点之一。

丁-1,3-二烯分子中的键长平均化可以用休克尔分子轨道理论进行解释。图 1-15 是休克尔分子轨道法处理丁-1,3-二烯所得到的 4 个 π 分子轨道。从能级图可以看出，4 个 sp^2 杂化碳原子的 4 个 p 轨道线性组合给出了丁-1,3-二烯的 4 个 π 分子轨道后，4 个 p 轨道上的电子将填充在成键轨道（即 π_1 和 π_2）上。4 个 π 键电子不再局限在某个单一 π 键内运动，而是在大 π 键内产生离域运动，使得 C2—C3 键具有部分双键的性质，键长趋于平均化。另一方面，由于 4 个 π 电子填充在 2 个成键轨道上，使得体系的能量下降，稳定性增加，这是共轭体系的特点之二。像丁-1,3-二烯分子一样，两个 π 键通过一个单键相连组成的共轭称为 π-π 共轭（π-π conjugation）。

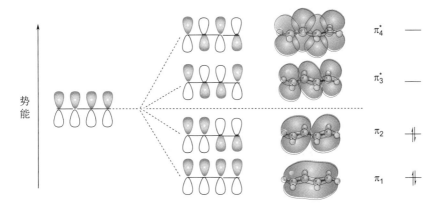

图 1-15　四个碳原子的 p 轨道线性组合为 4 个丁-1,3-二烯的分子轨道

不饱和化合物的相对稳定性可以用不饱和键的氢化热（heat of hydrogenation）进行判断。加氢反应是放热反应（断裂 H—H σ 键和 C—C π 键所消耗的能量总是小于形成两个 C—H σ 键所放出的能量，见表 1-3），1mol 不饱和化合物加氢时放出的热量称为氢化热。烯烃分子的氢化热小，则表明它的势能较低，稳定性好。因此，从氢化热数据可以看出共轭体系和非共轭体系的能量差别，如己-1,3-二烯（共轭体系）和己-1,5-二烯（非共轭体系）加氢均生成己烷，它们的氢化热分别为 226kJ/mol 和 252kJ/mol（图 1-16）。己-1,3-二烯的氢化热比己-1,5-二烯的氢化热小 26kJ/mol，说明己-1,3-二烯比己-1,5-二烯稳定 26kJ/mol 的能量。26kJ/mol 的能量差值可以看成己-1,3-二烯的共轭能（conjugation energy）或离域能（delocalization energy）。共轭能越大，分子的内能越低，分子越稳定。

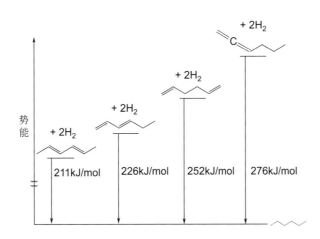

图 1-16　四种己二烯异构体的氢化热及相对稳定性

π-π 共轭体系可以完全由碳原子组成，也可以由碳原子和其它原子共同组成。只要是两个不饱和键通过一个单键相连，就可以形成 π-π 共轭体系。例如，下列化合物中都具有 π-π 共轭体系。

双键和三键形成的
π-π共轭体系

碳碳双键和碳氧双键形成的
π-π共轭体系

碳碳双键和氮氧双键形成的
π-π共轭体系

碳碳双键和碳氮叁键形成的
π-π共轭体系

1.8.4 共轭效应

如上所述，氯乙烯分子中存在三原子四电子的 p-π 共轭体系，直接导致 C—Cl 键具有部分双键的性质，键长比在氯乙烷中的 C—Cl 键的键长短，除此之外，氯的存在使得 C=C 键的电子云偏向于末端碳原子，电荷不再均匀地分布在两个碳原子上，这一效应称为氯的共轭效应（conjugative effect）。和诱导效应一样，共轭效应也有正、负之分。如果某个原子或基团在共轭体系中能够给出电子，这个原子或基团所具有的共轭效应称为正效应，用"+C"表示。如果是吸引电子的，称为负效应，用"−C"表示。

氯乙烯的氯原子通过和碳的电负性差异（Cl_{EN}：3.0，C_{EN}：2.5）表现出吸电子，是吸电子的诱导效应（$-I$），但通过 p-π 共轭而给出电子，是给电子的共轭效应（$+C$）。净结果，氯的诱导吸电子降低了烯烃的电子云的密度，当它和亲电试剂（缺电子性物种）作用时，它的反应速率要比烯烃的反应速率慢；氯共轭给电子提高了末端碳的电子云密度，使得末端碳原子更易进攻亲电试剂，反应具有区域选择性。

羰基（C=O）中存在两个键，一个 σ 键，另一个 π 键。由于电负性不同（O_{EN}：3.5，C_{EN}：2.5），σ 键上的 σ 电子偏向于氧，使得和氧直接相连的碳原子变成缺电子，因此，羰基氧具有吸电子诱导效应（$-I$）；同时，π 电子也流向氧原子，发生 π 电子的离域，使得和氧直接相连的碳原子更加缺电子，体现出羰基氧的吸电子共轭效应（$-C$）。当羰基（C=O）和 C=C 直接相连时，如在 CH_2=CH—CH=O 共轭体系中，和氧直接相连碳原子的电正性使得 C=C 双键上的 π 电子通过诱导和共轭的双重作用远离末端碳原子，因此羰基（作为一个整体）具有吸电子的诱导效应（$-I$）和吸电子的共轭效应（$-C$）。

常见给电子诱导效应（$+I$）基团有：R。

常见吸电子诱导效应（$-I$）的基团有：OH，OR，X，NH_2，NHR，NR_2、C=O，NO_2，CN 等。

常见给电子共轭效应（$+C$）基团有：OH，OR，X，NH_2，NHR，NR_2 等。

常见吸电子共轭效应（$-C$）基团有：C=O，NO_2，CN 等。

★ 问题 1-13 指出下列分子结构中含有的共轭体系类型：

★ 问题 1-14 判断下列取代烯烃的电子云密度的相对大小：

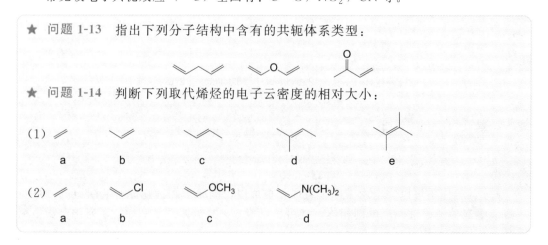

1.9 共振理论

1.9.1 共振结构与共振杂化体

有时很难用一种 Lewis 结构式来表示某个化合物的结构。例如，人们通常用单双键间隔的六元环来表示苯的结构。然而，苯分子的真实结构是六个碳原子和六个氢原子处于同一平面，六个碳原子构成平面正六边形，所有碳碳键的键长均为 140pm，比一般的 C=C 键（键长 134pm）长，而比一般的 C—C 键（键长 154pm）短，所有碳氢键的键长均为 108pm，所有的键角都为 120°。

苯的结构   苯的真实结构

当一个分子、离子或自由基按价键规则可以写出一个以上的 Lewis 结构式时，它们的真实结构式就是这些 Lewis 结构式的加权平均。每个 Lewis 结构式代表一种极限结构，又称为共振结构（resonance structure）。真实的分子、离子或自由基是所有共振结构的加权平均形式，称为共振杂化体（hybrid structure）。例如，可以写出如下 2 种苯的共振结构：

a   b

共振杂化体

其中，式 a 和式 b 对真实分子结构的贡献是均等的。苯的真实结构不是这两个共振结构中的任何一个，而是它们的共振杂化体，可以认为是式 a 和式 b 平均化的结构，用虚实线表示该键处于单、双键之间。

1.9.2 共振结构的书写

书写共振式和共振杂化体时，应注意以下几点：

① 共振结构之间用双箭头"⟷"（共振符号）联系，共振杂化体是所有共振式的加权平均。不同共振结构对共振杂化体的贡献可以是不同的，共振杂化体比任何一个共振结构都稳定。

② 共振的本质是共轭体系中电子的离域，即电子的合理运动。因此，共轭是共振的前提。共轭体系上的电子可以离域（包括 π 电子、孤对电子和未成对的单个电子），σ 键的电子是定域电子，不能离域。离域电子发生合理的离域运动，原子核的相对位置不能改变，即骨架不变。一对电子的离域用弯箭头（即"⌢"）表示，单个电子的离域用鱼钩（即"⌢"）表示。例如，对于丙烯醛，分子中存在 π-π 共轭体系，3 个碳原子和 1 个氧原子同处一个平面，由于氧的电负性大于碳，共轭体系上的离域电子可以做如下合理运动，可以写出 4 个共振结构（a～d）：

a   b   c   d

但不能改变分子的骨架写成环状结构，如页边所示。

丙烯醛的真实分子结构是上述所有共振结构（a～d）的加权平均，可以用虚实线表示键长平均化，用 δ^+ 和 δ^- 表示原子所带的相对电荷密度，因此丙烯醛的共振杂化

错误的共振式

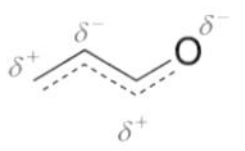

共振杂化体

体可用页边图表示。

③ 所有共振结构中的原子必须符合价键理论的规则，碳原子不能超过四价，第二周期元素（B、C、N、O 和 F）的价电子不能超过 8 个。例如，重氮甲烷（CH_2N_2）的正确和错误共振结构式如下：

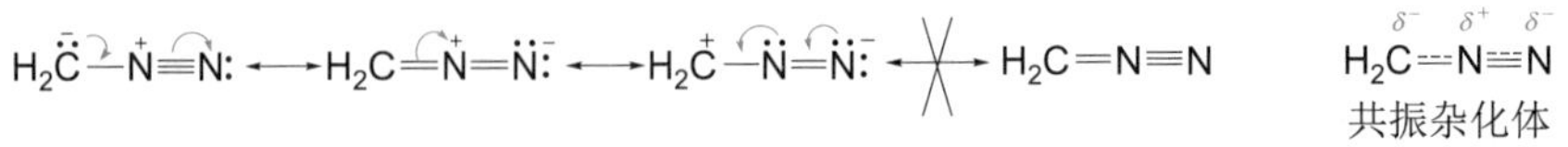

（正确）　　　（正确）　　　（正确）　　　（错误）　　　共振杂化体

乙酸根的正确和错误共振结构如下：

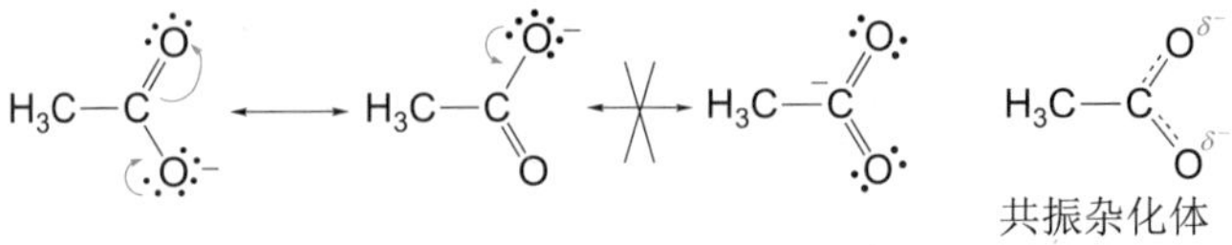

（正确）　　　（正确）　　　（错误）　　　共振杂化体

需要指出的是，对于第三、四周期元素（如 S 和 P），八隅体规则就不再那么神圣了，而且八隅体规则对过渡金属更是无能为力。在一些含 S 或 P 分子的共振结构中，由于 S 和 P 的价层能够用较低能级的 3d 轨道来接纳电子，所以其价电子数可超过 8。例如，二甲亚砜（DMSO）的两个共振结构中的 S 原子均拥有孤对电子，在含 S=O 键的共振结构中，S 拥有 10 个价电子。在含 P=O 键的共振结构中，P 也拥有 10 个价电子。

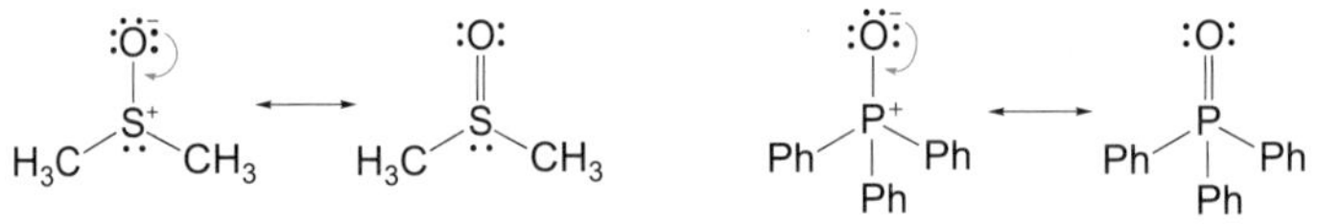

④ 所有共振结构中的净电荷数必须相同，如带一个负电荷的氢氰酸根阴离子（CN^-）和电中性的硝基甲烷（CH_3NO_2）的共振结构分别为：

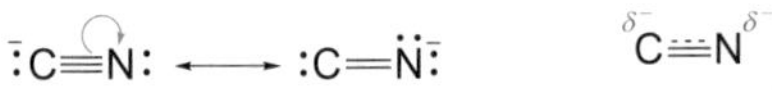

共振杂化体

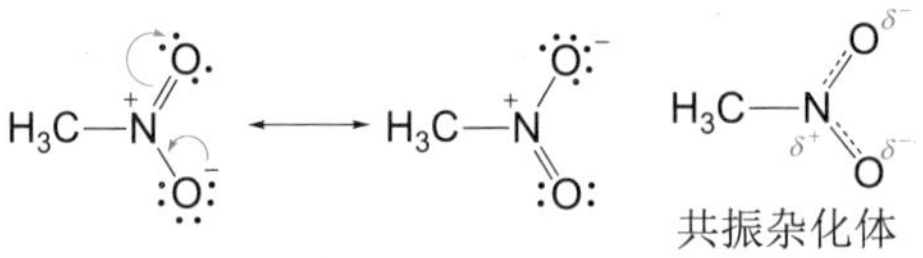

共振杂化体

⑤ 所有共振结构中的未成对电子数必须相同，如含有 p-π 共轭的烯丙基自由基的共振结构：

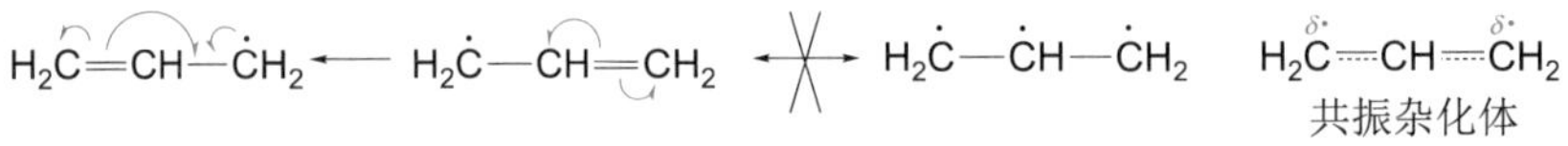

（正确）　　　（正确）　　　（错误）　　　共振杂化体

⑥ 对于两个不同原子构成的双键或叁键，在电荷分离时，π 电子对向电负性较大的原子发生偏移。也就是说，在电荷分离的共振结构中，电负性较大的原子拥有负电荷，而电负性较小的原子拥有正电荷。例如，在丙酮分子中，氧原子的电负性比碳大，C=O 键上的 π 电子对向氧原子发生偏移，而不是碳原子。因此，在丙酮的共振杂化体中，氧带部分负电荷，羰基碳带部分正电荷。

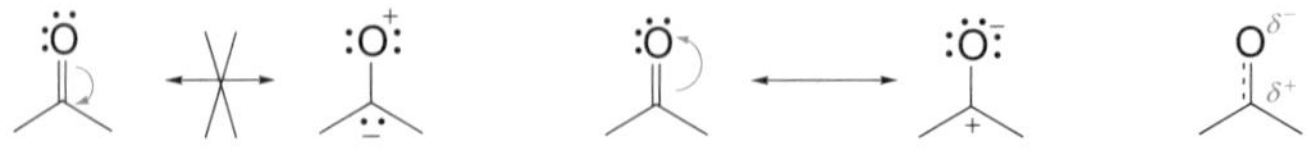

（错误）　　　（正确）　　　共振杂化体

由相同电负性原子形成的双键或叁键，电荷分离时其电子向带正电荷的原子一边偏移。烯丙基碳正离子拥有 p-π 共轭体系，π 键上共轭电子流向缺电子碳正中心，两个末端碳原子分担了一个正电荷。

共振杂化体

⑦ 书写共振式的时候，需要满足轨道方向性的要求。如下所示的正离子 A，虽然氮原子上有孤对电子，邻位是一个拥有空 p 轨道的缺电子碳正中心，但由于孤对电子所占据的 sp^3 杂化轨道和邻位碳正离子的空的 p 轨道是垂直的，2 个轨道不能发生有效重叠，即不存在 p-p 共轭，所以，氮原子上的孤对电子不能发生如图所示的离域运动。

除 1.8 节所述氯乙烯以外，能形成 p-π 共轭体系的例子很多，只要未杂化的 p 轨道能直接与形成 π 键的 2 个 p 轨道发生平行而有效重叠，都可以形成 p-π 共轭：

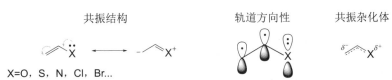

但是，如果受到空间因素的影响，孤对电子所处的轨道与 π 电子所处的轨道不能平行而发生相互作用，也就是满足不了轨道方向性的要求，这些孤对电子和 π 电子之间是不能离域的。例如，3-乙酰吡啶不可以发生如图所示的电子离域，因为孤对电子所占的 sp^2 轨道和形成大 π 体系的 p 轨道是垂直的，不共平面的。

> ★ 问题 1-15　写出 3-乙酰吡啶的共振式和共振杂化体。
> ★ 问题 1-16　指出下列分子结构中含有的共轭体系类型，并写出它们的共振式和共振杂化体。
>
>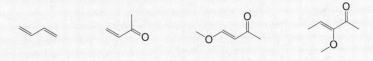

读者可观看视频材料 1-1，进一步学习如何书写合理的共振结构式。

1.9.3　共振稳定作用

不同的共振结构具有不同的稳定性能，对真实分子的贡献也不同。越稳定的共振结构对真实分子的贡献就越大，真实分子体现这些共振式性质的程度也越大。真实分子的能量低于任何一个共振结构的能量。共振结构稳定性的基本规律如下：

① 当两个电子配对形成共价键时，能量降低。因此共振结构中所含的共价键越多，其结构越稳定。

② 共振结构中具有八隅体结构的原子越多，越稳定，其对真实分子的贡献也就越大。在甲氧基甲基碳正离子共振结构 a 中，带正电荷的碳原子最外层只有 6 个电子，而共振结构 b 中所有的原子均具有八隅体结构，故 b 式比 a 式稳定，b 式对真实分子结构的贡献较大。

视频材料1-1

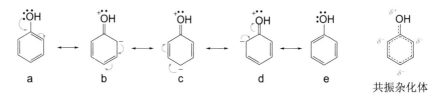

③ 键角和键长变形较大的共振式稳定性大大降低，对真实分子的贡献显著变小。

④ 原子的式电荷越接近零越稳定。电荷分离使正、负电荷相对集中，导致稳定性降低。相反电荷距离越近越稳定，相同电荷距离越远越稳定。

⑤ 负电荷在电负性较大原子上的共振结构要比负电荷在电负性较小原子上的共振结构稳定。如下所示，碳负离子 a 和烯醇负离子 b 互为共振结构，共振式 b 能量低，更稳定，对真实分子的贡献增大。

⑥ 参与共振的结构式越多，分子越稳定。

正确书写共振式和共振杂化体，判断共振结构的相对稳定性非常重要，将有助于理解分子结构中各原子的相对电子云密度，进而能进一步分析参与反应时的反应位点。如下所示，苯酚有 5 个共振结构（a、b、c、d、e），其中 a 和 e 对真实分子的贡献最大。当苯酚和亲电试剂作用时，除了氧上的孤对电子能接受亲电试剂进攻以外，共振杂化体显示羟基的邻、对位也具有富电子的性质，可以和亲电试剂发生作用。

★ 问题 1-17　写出苯胺的共振式和共振杂化体，判断苯胺中氮原子的杂化类型。

★ 问题 1-18　指出下列几组共振式中哪一个最稳定，对真实分子的贡献最大：

1.10　分子间弱的作用力

1.10.1　范德华力

分子之间存在非定向的、无饱和性的、较弱的相互吸引的作用力，称为范德华力（van der Waals force）。范德华力是一种电性引力，但它比化学键或氢键弱得多，通常其能量小于 5kJ/mol。此外，分子的大小和范德华力的大小成正比。

根据产生机制的不同，可将范德华力分为以下三种类型。

① 非离子型的极性分子具有永久偶极矩，它们之间存在偶极-偶极相互作用力（dipole-dipole interaction），也称为取向力（orientation force）。由于它们偶极的同极相斥，异极相吸，因此两个分子必将发生相对转动，从而使相邻偶极子的相反的极相互靠近，这就是"取向"作用。例如，极性分子氯甲烷之间通过偶极-偶极相互吸引作用缔合在一起：

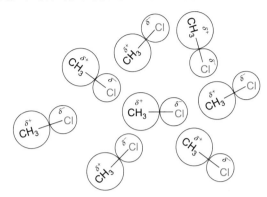

② 极性分子对非极性分子（如 Br_2）有极化作用，使非极性分子的电子云变形，产生诱导偶极矩，永久偶极矩与其诱导出的瞬间偶极矩相互作用，这种偶极-诱导偶极相互作用力称为诱导力（induction force）。

③ 非极性分子（如烷烃）之间由于电子的概率运动，可以相互配合产生一对方向相反的诱导偶极矩，这种诱导偶极-诱导偶极相互作用力称为色散力（dispersion force）或伦敦力（London force），它是范德华力的主要来源。

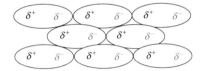

色散力的大小与分子的电子云可变形性有关，可变形性越大，色散力越大。一般情况下，同种化合物的分子量越大，可变形性越大，色散力越大，沸点越高。具体实例见脂肪烃的物理性质（见第 2.7.1 节）。

范德华力的大小会影响有机化合物的熔点、沸点和密度等物理性质。分子间作用力越大，分子相互缔合的程度就越大，分子由液态（缔合状态）转变为气态（自由分子）所需要克服的能量就越大，故沸点就越高。

1.10.2 氢键

氢原子与电负性大、半径小的原子 X 以共价键结合，由于 H 的电负性小，共价电子通常偏向于 X，使得 H 缺电子。若与电负性大的原子 Y 接近，Y 的孤对电子则可以补充到缺电子的 H 原子上。这种在 X 与 Y 之间以氢为媒介形成的一种特殊的分子间或分子内作用力，称为氢键（hydrogen bond），用 X—H---Y 表示。含 Y 的分子称为氢键受体（或称质子受体），含 H—X 的分子称为氢键给体（或称质子给体）。

X 与 Y 通常为 F、O、N 原子，C、S、Cl、Br 和 I 原子在某些情况下亦可形成氢键，但氢键能很小。X 与 Y 可以是不同种原子，也可以是同一种原子。例如，常温下液态水中水分子之间通过氢键形成 $(H_2O)_n$ 缔合分子（其中 $n = 2, 3, 4 \cdots$），降低温度，有利于水分子的缔合，温度降至 0℃时，全部水分子结成巨大的缔合物——冰。形成的氢键中，X 和 Y 为同一种原子，均为氧原子。水既作氢键给体，又作氢键受体。

氢键的本质是强极性 X—H 键上的氢核与电负性较大的、含孤对电子的杂原子 Y 之间的静电作用力。H---Y 的强度随 X 电负性的增加而增加。在 HF 分子中，由于 F 原子的电负性很大，共用电子对严重偏向 F 一边，而 H 原子核外只有一个电子，其电子云向 F 原子偏移的结果，使得它几乎要呈质子状态。这个半径很小、带部分正电荷的氢原子，使附近另一个 HF 分子中带部分负电荷的 F 原子靠近它，从而产生静电吸引作用，这就是 F—H---F 氢键。在液态，HF 分子通过氢键缔合形成 (HF)$_n$（其中 $n=2$，3，4…）。

氢键比共价键弱，但比范德华力强。氢键能大多为 $25\sim40$kJ/mol。一般认为氢键能小于 25kJ/mol 的氢键属于较弱氢键，氢键能在 $25\sim40$kJ/mol 的属于中等强度氢键，而氢键能大于 40kJ/mol 的氢键属于较强氢键。HF_2^- 阴离子中的氢键能非常大，为 161.5kJ/mol。氢键（X—H---Y）中，H—X 的共价键键长大约为 110pm，H---Y 的距离大约为 $160\sim200$pm，其形状取决于氢键受体 Y 的结构特性。

氢键不同于范德华力，它具有饱和性和方向性。H 只有一个 1s 轨道，只能和一个 Y 发生相互作用形成氢键；Y 作为氢键的受体，有几对孤对电子，理论上就可以形成几个氢键，这是氢键的饱和性。由于 X 和 Y 之间的相互排斥，$\angle XHY$ 为 180°或接近 180°时，氢键能最大；Y 沿着孤对电子所占据的杂化轨道的对称轴方向和 H 发生相互作用时，氢键能最大，这就是氢键的方向性。因此，氢键的形状取决于氢键受体 Y 的结构特征，即 Y 的杂化轨道类型。氢键越强，H---Y 距离（即键长）越短。

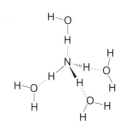

氢键不仅可以在分子间形成，也可以在分子内形成。分子内氢键由于受环状结构的限制，X—H---Y 往往不能在同一直线上。在 2-氟苯酚分子中，羟基的 H 与 F 之间距离为 223.5pm，小于 H 和 F 原子的范德华半径之和（255pm），这是 OH 与 F 之间形成氢键的一个重要证据。

分子间的氢键增加了分子相互缔合的程度，因而对有机化合物的熔点、沸点、溶解度、密度等物理性质的影响比较大。例如，水（H_2O）比硫化氢（H_2S）的分子量小，因此范德华力比后者弱，但由于水分子间存在更强的氢键，熔点和沸点反而更高。一分子氨（NH_3）作为氢键给体，可与三分子水形成氢键，作为氢键受体可以和一分子水形成氢键，故氨在水中的溶解度很大（20℃时氨的溶解度为 56g/100g 水）。

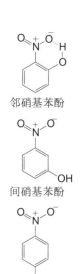

邻硝基苯酚

间硝基苯酚

对硝基苯酚

具有分子内氢键的邻硝基苯酚的沸点（216℃）比具有分子间氢键的间硝基苯酚（194℃，70mmHg）和对硝基苯酚（279℃，分解）低得多。邻硝基苯酚在 25℃水中的溶解度（0.25g/100g）也要比间硝基苯酚（1.35g/100g）和对硝基苯酚（1.56g/100g）小得多，这是因为间硝基苯酚和对硝基苯酚能够与溶剂（即 H_2O）分子之间形成氢键，溶剂化作用增强；邻硝基苯酚因形成了分子内氢键，则大大降低了它与水分子之间的氢键作用。

HF 在常温常压下是无色有刺激性气味的气体（沸点 19.5℃），常用的氟化试剂三乙胺三氢氟酸盐（又名氟化氢三乙胺）是由 1 分子三乙胺和 3 分子 HF 所形成的盐，其中 HF 通过氢键与三乙胺氢氟酸盐缔合，它是一种无色至浅黄色液体（沸点 70℃/15mmHg）。

$$C_2H_5\overset{\overset{\displaystyle C_2H_5}{|}}{\underset{\underset{\displaystyle C_2H_5}{|}}{N}}\text{—}H\text{---}F\text{---}H\text{---}F\text{---}H\text{—}F$$

氢键对有机分子的光谱性质（如红外吸收频率、化学位移等）亦有较大影响。氢键形成使得 X—H 距离增长，结构变化反映在 X—H 红外伸缩频率红移（见第 7.2 节）。氢键中 X—H 键长增加得越多，H---Y 氢键就越牢固。在 NMR 氢谱中，X—H---Y 氢键的形成导致 X—H 上 H 的电子云密度降低，去屏蔽作用增强，化学位移移向低场变化（见第 7.3 节）。

1.10.3 π-π 堆积作用

具有芳香性的有机化合物可以通过另外一种弱的相互作用力形成特殊的空间排布，这种弱的作用力称为 π-π 堆积作用（π-π stacking interaction），其能量大小约为 $1\sim50$kJ/mol。π-π 堆积的概念在 DNA 和 RNA 分子中的碱基堆积（见第 16.5.4 节）、蛋白质分子的折叠、分子识别与组装、材料科学、药物设计等领域具有重要应用。

芳环的典型堆积方式有三种：一是错位面对面堆积（offset face-to-face stacking），又称平行错位堆积，即两个芳环基本平行；二是边对面堆积（edge-to-face stacking），即 T-型堆积，两个芳香体系互相垂直；三是完全相对的芳香体系的面对面堆积（face-

平行错位堆积

T-型堆积

三明治型堆积

to-face stacking），即三明治型堆积。理论和实验研究表明平行错位堆积和 T-型堆积相对比较稳定，而三明治型堆积键能较低。据理论研究估算，平行错位堆积、T-型堆积和三明治型堆积的键能 $D_e(D_0)$ 依次为 2.8(2.7)kcal/mol、2.7(2.4)kcal/mol 和 1.8(2.0)kcal/mol。在具有 π-π 堆积作用的芳香分子二聚体中，两个完全平行的芳环平面之间的垂直距离一般在 0.35nm 左右，心心之间距离一般为 0.33～0.40nm。

★ **问题 1-19** 碳、氮、氧、氟同处一个周期，其氢化物甲烷、氨、水和氟化氢的沸点分别为 −161℃、−33℃、100℃ 和 19℃，变化非常大，试进行解释之。

★ **问题 1-20** 下列分子，哪些可以作为氢键的受体，哪些可以作为氢键的给体？哪一个既可以作为氢键受体，又可以作为氢键给体？

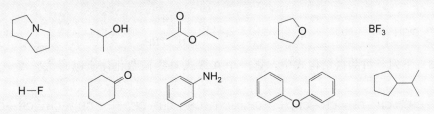

关键词

烃	hydrocarbon	键角	bond angle
烷烃	alkane	键解离能	bond dissociation energy
烯烃	alkene	球棍模型	ball-stick model
炔烃	alkyne	空间填充模型	space-filling model
芳香烃	aromatic hydrocarbon	非极性共价键	nonpolar covalent bond
脂肪烃	aliphatic hydrocarbon	电负性	electronegativity
脂环烃	aliphatic cyclic hydrocarbon	键的极化	bond polarization
杂环化合物	heterocyclic compound	极性共价键	polar covalent bond
芳杂环化合物	aromatic heterocyclic compound	离子键	ionic bond
官能团	functional group	键矩	dipole moment
特性基团	characteristic group	诱导效应	inductive effect
电子结构	electronic configuration	分子轨道理论	molecular orbital theory
价电子层	valence shell	成键轨道	bonding orbital
价电子	valence electron	反键轨道	anti-bonding orbital
共价键	covalent bond	节面	node
化学键	chemical bond	σ 键	σ bonding
八隅体规则	octet rule	轨道方向性	orbital orientation
共享电子对	shared electrons	π 键	π bonding
孤对电子	lone pair electrons	Hückel 分子轨道	Hückel molecular orbital
价键理论	valence bond theory	p-p 共轭	p-p conjugation
定域电子	localized electron	p-π 共轭	p-π conjugation
离域电子	delocalized electron	π-π 共轭	π-π conjugation
Lewis 结构式	Lewis structure	氢化热	heat of hydrogenation
式电荷	formal charge	共轭效应	conjugative effect
Kekulé 结构式	Kekulé structure	共振结构	resonance structure
结构简式	condensed structure	共振杂化体	hybrid structure
键线式	skeletal structure	范德华力	van der Waal's force
四面体结构	tetrahedron structure	取向力	orientation force
杂化轨道理论	hybrid orbital theory	色散力	dispersion force
键长	bond length	氢键	hydrogen bonding
键能	bond energy	π-π 堆积作用	π-π stacking interaction

1-1 写出下列分子或离子的 Lewis 结构式：

(1) NH_4^+　(2) H_2CO_3　(3) CH_3OH　(4) CH_2N_2　(5) CH_3CN

(6) CO　(7) HCN　(8) $H_2C\!=\!CHCl$　(9) CH_2O　(10) $HOBr$

1-2 写出下列分子或离子的共振结构式：

(1) 　(2) CH_3ONO_2　(3) HSO_4^-　(4) $\equiv\!\!-Br$

(5) 　(6) 　(7) 　(8) CH_3SO_3H

(9) $ClCN$　(10) 　(11) 　(12)

1-3 下列各组共振结构式中，哪一个共振式对共振杂化体贡献最大？哪一个贡献最小？

1-4 国产电影《我不是药神》曾轰动全国，这部由真实故事改编的影片中所描述的天价药物"格列宁"的原型"格列卫"是由瑞士诺华研发的全球首个癌症靶向药物，用于治疗白血病，通用名为甲磺酸伊马替尼（Imatinib Mesylate，印度 Natco 公司生产的商品名为 Veenat），其结构式如下。这个分子中存在哪些官能团？

1-5 下列分子中哪些具有极性（永久偶极矩）？

1-6 比较下列各组化合物的物理性质：

（1）比较下面化合物的沸点高低（由高到低排序）：

(a) $CH_3CH_2CH_2CH_3$；(b) CH_3CH_2OH；(c) $CH_3CH_2OCH_2CH_3$；(d) CH_3CO_2H

（2）比较下面化合物的沸点高低（由高到低排序）：

(a) CH_3CH_2Cl；(b) CH_3CH_2I；(c) CH_3CH_3；(d) CH_3CH_2Br

（3）比较下面化合物在水中的溶解度大小（由大到小排序）：

(a) CH_3CH_3；(b) CH_3CH_2OH；(c) CH_3OCH_3；(d) $HC{\equiv}CH$

1-7* 正十八烷（$M=254$）与苯并[e]芘（$M=252$）的分子量非常接近，但前者的熔点（mp=28℃）远远低于后者（mp=181℃）。试解释其原因。

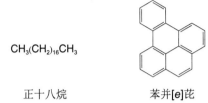

$CH_3(CH_2)_{16}CH_3$

正十八烷   苯并[e]芘

▶ 微信扫码 ◀

参考答案
浙大有机开讲了
读者交流群

第2章

脂肪烃和脂环烃

阅读资料2-1

最简单的一类有机化合物只含碳和氢两种元素，称为碳氢化合物，简称烃。根据分子中碳架结构的不同，可以把烃分为开链烃和环烃，前者称为脂肪烃，后者又可分为脂环烃和芳香烃。烃在有机化学中占有重要地位，它们的碳碳键骨架提供了含其它官能团化合物的基本骨架，烃还是重要的能源和基本化工原料，其主要来源为石油、天然气等天然矿物原料（阅读资料2-1）。本章先讨论脂肪烃和脂环烃，芳香烃将在第6章介绍。

2.1 脂肪烃的分类和构造异构

2.1.1 脂肪烃的分类和同系列

脂肪烃分为烷烃、烯烃和炔烃。烷烃含碳碳单键（C—C）和碳氢单键（C—H），其通式为 C_nH_{2n+2}，碳上连有氢的数目达到最大值，因此，也称饱和烃（saturated hydrocarbon）。例如：

名称	分子式	结构简式
甲烷	CH_4	CH_4
乙烷	C_2H_6	CH_3CH_3
丙烷	C_3H_8	$CH_3CH_2CH_3$

阅读资料2-2

烯烃碳链中含有碳碳双键（C=C），分子链中只含一个双键的称为单烯烃，比相应的烷烃要少两个氢，不饱和度（unsaturated degree）为1，其通式为 C_nH_{2n}。不饱和度的计算方法见阅读资料2-2。有两个双键的称为二烯烃，含两个不饱和度，通式为 C_nH_{2n-2}；含有多个双键的称为多烯烃。例如：

名称	分子式	结构简式
乙烯	C_2H_4	$CH_2=CH_2$
丙烯	C_3H_6	$CH_3CH=CH_2$
丁-1-烯	C_4H_8	$CH_3CH_2CH=CH_2$
戊-1,3-二烯	C_5H_8	$CH_2=CH-CH=CH-CH_3$
己-2,4-二烯	C_6H_{10}	$CH_3CH=CH-CH=CH-CH_3$

炔烃的碳链中含有碳碳叁键（C≡C）。只含有一个叁键的炔烃的通式为 C_nH_{2n-2}。例如：

名称	分子式	结构简式
乙炔	C_2H_2	$HC≡CH$
丙炔	C_3H_4	$CH_3C≡CH$
丁-1-炔	C_4H_6	$CH_3CH_2C≡CH$

当分子中存在双键和叁键时，氢的数目未能像烷烃一样达到饱和，故烯烃或炔烃又称不饱和烃（unsaturated hydrocarbon），其碳碳键又称为不饱和键（unsaturated bond）。

烷烃的通式为 C_nH_{2n+2}。每增加一个碳原子就增加两个氢原子，两个烷烃之间总是相差一个或多个 CH_2。由于烷烃的物理性质具有规律性的变化，其化学性质相似，可以将这样含有不同碳原子数的烷烃称为烷烃同系列（analog）。同理，符合 C_nH_{2n} 通式的烯烃也称为烯烃同系列，符合 C_nH_{2n-2} 通式的炔烃称为炔烃同系列。同系列中的每个成员称为同系物（analogues），CH_2 称为系差。同系列中的各化合物性质极为相似，故了解同系列中其中一个化合物的性质，对其它同系物的性质就有了近似的认识。

2.1.2 脂肪烃的构造异构

组成有机化合物的元素并不多（主要有 C、H、O、N、S、P 等），但有机化合物的数目极其庞大，其原因之一是因为有机化合物具有同分异构（isomerism）现象，即分子式相同而结构不同的现象。分子式相同而结构不同的化合物则称为同分异构体（isomers）。例如丁烷有下列两个异构体：

$$CH_3CH_2CH_2CH_3 \qquad\qquad CH_3CHCH_3$$
$$| \atop CH_3$$

正丁烷　　　　　　　　　　　　　　异丁烷
bp −0.5℃，mp −138.3℃　　　　　bp −11.7℃，mp −159.4℃

戊烷有三个异构体：

正戊烷　　　　　　　异戊烷　　　　　　　新戊烷
bp 36.1℃　　　　　bp 29.9℃　　　　　bp 9.4℃
mp −129.8℃　　　　mp −159.8℃　　　　mp −16.8℃

上述异构都是由于碳的连接顺序不同而产生的。分子中各原子的连接方式和连接顺序称为构造，由于分子中各原子的连接方式和连接顺序不同产生的异构现象称为构造异构（constitutional isomerism）。烷烃中的构造异构都是由于碳的连接顺序不同而产生的，这样的异构体又称为骨架异构（skeleton isomerism）。

随着碳数的增加，异构体的数目急剧增加。不同的碳原子数相对应的异构体数目列于表 2-1 中。

表 2-1　烷烃的可能构造异构体数目

碳原子数	分子式	名称	可能异构体的数目	碳原子数	分子式	名称	可能异构体的数目
1	CH_4	甲烷	1	8	C_8H_{18}	辛烷	18
2	C_2H_6	乙烷	1	9	C_9H_{20}	壬烷	35
3	C_3H_8	丙烷	1	10	$C_{10}H_{22}$	癸烷	75
4	C_4H_{10}	丁烷	2	11	$C_{11}H_{24}$	十一烷	159
5	C_5H_{12}	戊烷	3	15	$C_{15}H_{32}$	十五烷	4347
6	C_6H_{14}	己烷	5	20	$C_{20}H_{42}$	二十烷	366319
7	C_7H_{16}	庚烷	9	30	$C_{30}H_{62}$	三十烷	4111846763

分子中如果有官能团，官能团在碳链中的位置不同也可产生异构，称为官能团位置异构（position isomerism）。例如，戊烯、戊炔的异构体中均有官能团位置异构现象。

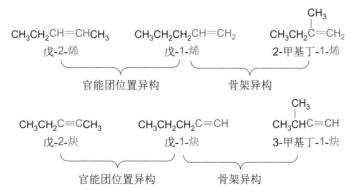

戊-1-炔和戊-1,3-二烯都具有相同的分子式 C_5H_8，两个异构体是由于官能团不同而产生的，像这样由于官能团的不同而产生的异构现象称为官能团异构（functional group isomerism）。

$$CH_2=CH-CH=CH-CH_3 \qquad HC\equiv C-CH_2-CH_2-CH_3$$

戊-1,3-二烯   戊-1-炔

官能团异构

骨架异构、官能团位置异构和官能团异构，都是由于分子中各原子的连接方式及连接顺序不同（即构造不同）所引起的，因此统称为构造异构（constitutional isomerism）。

烷烃碳上的氢分别被其它基团取代可形成四种类型的碳：①与一个碳原子和三个氢原子相连的称为伯碳或一级碳（primary carbon），用 1°C 表示，伯碳上所连的氢称为伯氢（primary hydrogen），用 1°H 表示；②与两个碳原子和两个氢原子相连的称为仲碳或二级碳（secondary carbon），用 2°C 表示，仲碳上所连的氢称为仲氢（secondary hydrogen），用 2°H 表示；③与三个碳原子和一个氢原子相连的碳称为叔碳或三级碳（tertiary carbon），用 3°C 表示，叔碳上所连的氢称为叔氢（tertiary hydrogen），用 3°H 表示；④与四个碳原子相连的是季碳或四级碳（quaternary carbon），用 4°C 表示。例如，在 2,3,3-三甲基戊烷分子结构中，有 5 个一级碳原子，二、三和四级碳原子各一个。

2,3,3-三甲基戊烷

> ★ 问题 2-1　写出戊烷的 3 个异构体，并指出每一个异构体中碳的种类和氢的种类。

2.2　脂肪烃的命名

根据国际纯粹与应用化学联合会（International Union of Pure and Applied Chemistry，IUPAC）推荐的有机化合物命名原则（简称 IUPAC 系统命名法）和中国化学会制定的《有机化合物命名原则》（2017 版），一般有机化合物的名称采用 IUPAC 系统命名（简称"系统名"），还有少数化合物按照习惯采用俗名、半俗名或半系统名。以下首先介绍烷烃、烯烃和炔烃的 IUPAC 系统命名法。

2.2.1　直链烷烃、烯烃和炔烃的命名

直链烷烃的名称由"碳数 ＋（碳）烷（后缀）"组成，命名为"某（碳）烷"，"碳"字通常省略。对于 1～10 个碳的烷烃，碳数用天干——甲、乙、丙、丁、戊、己、庚、辛、壬、癸表示，如甲烷、乙烷等；超过 10 个碳的脂肪烃用汉字数字表示碳数，如十一烷、三十烷等。相应的英文名均以"-ane"为后缀。烯烃和炔烃分别以"烯"（-ene）和"炔"（-yne）为后缀，以取代相应碳数烷烃名中的后缀"烷"字，但对于超过十个碳的不饱和烃，"碳"字通常不能省略。如乙烯、乙炔、丙炔、十一碳烯等。超过 3 个碳原子时，因存在不饱和键位置异构体，需标出不饱和键在链中的位次。如丁-2-烯、戊-1-炔、十一碳-4-烯等。表 2-2 列举了一些简单直链脂肪烃的中英文名。

表 2-2 一些简单直链脂肪烃的中英文名

碳数	烷烃		烯烃		炔烃	
	中文名	英文名	中文名	英文名	中文名	英文名
1	甲烷	methane				
2	乙烷	ethane	乙烯	ethene	乙炔	ethyne
3	丙烷	propane	丙烯	propene	丙炔	propyne
4	丁烷	butane	丁烯	butene	丁炔	butyne
5	戊烷	pentane	戊烯	pentene	戊炔	pentyne
6	己烷	hexane	己烯	hexene	己炔	hexyne
7	庚烷	heptane	庚烯	heptene	庚炔	heptyne
8	辛烷	octane	辛烯	octene	辛炔	octyne
9	壬烷	nonane	壬烯	nonene	壬炔	nonyne
10	癸烷	decane	癸烯	decene	癸炔	decyne
11	十一烷	undecane	十一碳烯	undecene	十一碳炔	undecyne
12	十二烷	dodecane	十二碳烯	dodecene	十二碳炔	dodecyne
13	十三烷	tridecane	十三碳烯	tridecene	十三碳炔	tridecyne
20	二十烷	icosane	二十碳烯	icosene	二十碳炔	icosyne
30	三十烷	tricontane	三十碳烯	tricontene	三十碳炔	tricontyne

2.2.2 支链脂肪烃的命名

一些简单的脂肪烃拥有支链，它们是直链烃的构造异构体。为了区分这些异构体，常用一些不同的前缀来表示，如"正"（normal）表示直链（常省略），"异"（iso-）表示具有 $(CH_3)_2CH$— 或 $(CH_3)_2C$= 结构的异构体，"新"（neo—）表示具有 $(CH_3)_3C$— 结构的异构体。在分子式中"正"和"异"可分别用字母 n- 和 i- 表示。例如：

| (正)己烷 hexane | 异己烷 isohexane | 新己烷 neohexane | 异丁烯 isobutene | 异戊烯 isopentene |

用添加正、异、新前缀的办法只能命名含上述特征结构的化合物，对于其它结构的化合物，就需要用系统命名法来命名了，有机化合物的名称通常由"前缀＋母体＋后缀"组成。支链脂肪烃的系统名即由"取代基名（前缀）＋主链（母体）名（后缀）"组成。

（1）取代基的命名

烷烃（alkane）去掉一个氢原子后剩余部分称为烷基（alkyl），其中文名称由"烷烃名＋基"组成，"烷"字省略，如甲基、丙基、丁基等；英文名称为去掉 alkane 中的 -ane 加 -yl。有些简单的烷基也常用俗名，如用"正"（常省略）、"异"（iso-）、"新"（neo-）表示取代基端基的结构类型；用"仲"（sec-）、"叔"（tert-）表示取代基上直接与主链相连碳原子的类型，如异丙基、叔丁基等。在结构式和分子式中，"正、异、仲、叔"可分别用 n-、i-、s- 和 t- 表示。一些常见简单烷基的中英文名称如表 2-3 所示。

表 2-3 一些常见简单烷基的中英文名称

结构	中文系统名	中文俗名	英文系统名	英文俗名	缩写
—CH₃	甲基		methyl		Me
—CH₂CH₃	乙基		ethyl		Et
—CH₂CH₂CH₃	丙基		propyl		Pr
CH₃ | —CHCH₃	丙-2-基	异丙基	prop-2-yl	isopropyl	i-Pr

结构	中文系统名	中文俗名	英文系统名	英文俗名	缩写
—$CH_2CH_2CH_2CH_3$	丁基	正丁基	butyl	butyl	Bu
—CH_2CHCH_3 （CH_3）	2-甲基丙基	异丁基	2-methylpropyl	isobutyl*	i-Bu
—$CHCH_2CH_3$ （CH_3）	1-甲基丙基或丁-2-基	仲丁基	1-methylpropyl	sec-butyl*	s-Bu
—C—CH_3 （CH_3, CH_3）	1,1-二甲基乙基	叔丁基	1,1-dimethylethyl	tert-butyl	t-Bu
—$CH_2CH_2CHCH_3$ （CH_3）	3-甲基丁基		3-methylbutyl		
—CH_2CCH_3 （CH_3, CH_3）	2,2-二甲基丙基		2,2-dimethylpropyl		
环戊基结构	环戊基		cyclopentyl		
环己基结构	环己基		cyclohexyl		

同样，烯烃和炔烃去掉一个氢原子后的基团分别称为烯基（alkenyl）和炔基（alkynyl）。一些常见烯基和炔基的中英文名称如表 2-4 所示。在有机化合物命名法中，烃类分子去掉一个氢原子后剩余的部分统称为基或取代基（substituent）。

表 2-4 一些常见烯基和炔基的中英文名称

结构	中文系统名	中文俗名	英文系统名	英文俗名
—CH=CH_2	乙烯基		ethenyl	vinyl
—C≡CH	乙炔基		ethynyl	acetylenyl
—CH_2C≡CH	丙-2-炔-1-基	炔丙基	prop-2-yn-1-yl	propargyl
—C≡CCH_3	丙-1-炔-1-基		prop-1-yn-1-yl	
—CH=$CHCH_3$	丙-1-烯-1-基		prop-1-en-1-yl	
—CH_2CH=CH_2	丙-2-烯-1-基	烯丙基	prop-2-en-1-yl	allyl
—C=CH_2 （CH_3）	丙-1-烯-2-基	异丙烯基	prop-1-en-2-yl	isopropenyl
—CH_2CH=$CHCH_3$	丁-2-烯-1-基	巴豆基	but-2-en-1-yl	crotyl

烷烃中同时去掉两个氢原子后剩余的基团称为"叉基"和"亚基"，英文后缀分别为"-diyl"和"-ylidene"或"-ylene"。叉基有两种不同的结构：一种是去掉的两个氢来自于同一个 sp^3 碳原子，另一种是去掉的两个氢来自于不同的 sp^3 碳原子；亚基只有一种结构，去掉的两个氢来自于同一个 sp^2 碳原子。叉基和亚基在命名时必须标明去掉氢原子的位置（若无异构体存在，则不必编号）。一些常见叉基和亚基的中英文名称如表 2-5 所示。

表 2-5 一些常见的叉基和亚基的中英文名称

结构	中文系统名	中文俗名	英文名
—CH_2—	甲叉基	亚甲基	methanediyl
=CH_2	甲亚基		methylidene
—CH_2CH_2—	乙-1,2-叉基	亚乙基	ethane-1,2-diyl

结构	中文系统名	中文俗名	英文名
=CHCH₃	乙亚基		ethylidene
—CH₂CH₂CH₂—	丙-1,3-叉基		propane-1,3-diyl

=C—CH₃
  |
  CH₃
	丙-2-亚基	异丙亚基	propane-2-ylidene
			isopropylidene

=CHCH₂CH₃	丙亚基	亚丙基	propylidene
=CH(C₆H₅)	苯甲亚基	亚苄基	benzylidene
⬡	环己亚基		cyclohexylidene

（2）脂肪烃的命名

脂肪烃的系统命名法命名按以下步骤和规则进行（进一步学习可观看视频材料2-1相关内容）。

步骤一：确定主链。按以下自上而下的原则选择主链，并以此为母体。

原则1：选择一条含碳数最多的碳链为主链，简称为"碳链最长原则"。例如：

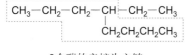

视频材料2-1(1)

$$CH_3-CH_2-CH_2-CH-CH_2-CH_3$$
$$CH_2CH_2CH_3$$

8个碳的辛烷为主链　　　　　　　　　　　6个碳的己烷为主链
（正确选择）　　　　　　　　　　　　　　（错误选择）

原则2：如果有碳碳重键，且用原则1不能确定主链时，则选择含有最多数量重键的链为主链，简称为"重键最多原则"。例如：

主链含1个不饱和键　　　　　　　　　　　主链不含不饱和键
（正确选择）　　　　　　　　　　　　　　（错误选择）

主链含3个不饱和键　　　　　　　　　　　主链含2个不饱和键
（正确选择）　　　　　　　　　　　　　　（错误选择）

原则3：如果两条链的碳数、重键数均相同，用上述原则不能确定主链时，则选择含有最多数量双键的链为主链，简称为"双键最多原则"。例如：

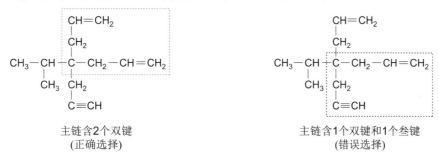

主链含2个双键　　　　　　　　　　　　　主链含1个双键和1个叁键
（正确选择）　　　　　　　　　　　　　　（错误选择）

原则4：如果两条链的碳数、双键数和叁键数都相同，用上述规则不能确定主链时，则选择重键编号的数字位次组最低的链为主链。此规则简称为"重键位次组最低原则"。主链编号的规则见下述步骤二。位次组按数字由小到大排列，不同组相比较时，由首位开始，依次比较至分出大小，小者位次组在前，称为低位次组。如下两条链所含重键数均为3，其编号位次组分别为（2，3，6）和（2，3，7），前者为低位次组，故选择该链为主链。

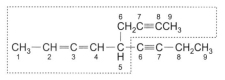

$$\begin{array}{c} {}^{6}_{} {}^{7}_{} {}^{8}_{} {}^{9}_{} \\ CH_2C{\equiv}CCH_3 \\ \end{array}$$

$$\underset{1}{CH_3}-\underset{2}{CH}=\underset{3}{C}-\underset{4}{CH}=\underset{\underset{H}{|}}{\underset{5}{C}}-\underset{6}{C}{\equiv}\underset{7}{C}-\underset{8}{CH_2}\underset{9}{CH_3}$$

主链重键位次组(2, 3, 6)
（正确选择）

主链重键位次组(2, 3, 7)
（错误选择）

原则 5：如果两条链的碳数、双键数、叁键数，以及重键的位次组数字均相同，则选择双键位次组最低的链为主链，简称"双键位次组最低原则"。例如：

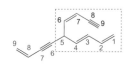

主链重键位次(1, 3, 6, 8)
主链双键位次组(1, 3, 6)
（正确选择）

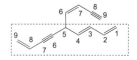

主链重键位次组(1, 3, 6, 8)
主链双键位次组(1, 3, 8)
（错误选择）

原则 6：如果两条链碳数相同，且用上述规则仍不能确定主链时，则考虑取代情况，选择含取代基数目最多的碳链为主链。简称为"取代基最多原则"。例如：

8个碳的主链上有4个取代基
（正确选择）

8个碳的主链上有2个取代基
（错误选择）

原则 7：如果两条链碳数和取代基数都相同，且用上述规则仍不能确定主链时，则选择含取代基位次组最低的碳链为主链，简称"取代基位次组最低原则"。例如：

取代基位次组(2, 5, 6)
（正确选择）

取代基位次组(2, 5, 7)
（错误选择）

原则 8：如果两条链的碳数、取代基数和取代基的位次都相同，且用上述规则仍不能确定主链时，则选含有英文名排序在前的取代基的链为主链。例如：

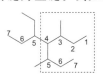

3位取代基为乙基(ethyl)
（正确选择）

3位取代基为甲基(methyl)
（错误选择）

步骤二：主链编号。从主链的一端开始，依次用阿拉伯数字标出每个碳原子的编号，即位次。按以下自上而下的原则进行编号。

原则 1：如果主链含有重键，则从距离重键最近的一端开始编号，使重键位次最低，简称"重键位次最低原则"。例如：

$$\begin{array}{c} CH_3 \\ | \\ \underset{1}{CH_3}\underset{2}{CH}=\underset{3}{CH}\underset{4}{CH}_2\underset{5}{CH}_2\underset{6}{CH}\underset{7}{CH_3} \end{array}$$

双键位次为2
（正确编号）

$$\begin{array}{c} CH_3 \\ | \\ \underset{7}{CH_3}\underset{6}{CH}=\underset{5}{CH}\underset{4}{CH}_2\underset{3}{CH}_2\underset{2}{CH}\underset{1}{CH_3} \end{array}$$

双键位次为5
（错误编号）

$$\underset{1}{CH_3}\underset{2}{CH}=\underset{3}{CH}\underset{4}{CH}_2\underset{5}{CH}_2\underset{6}{CH}_2\underset{7}{CH}=\underset{8}{CH}\underset{9}{CH}=\underset{10}{CH}\underset{11}{CH}_2\underset{12}{CH}_3$$

双键位次最低为2
（正确编号）

$$\underset{12}{CH_3}\underset{11}{CH}=\underset{10}{CH}\underset{9}{CH}_2\underset{8}{CH}_2\underset{7}{CH}_2\underset{6}{CH}=\underset{5}{CH}\underset{4}{CH}=\underset{3}{CH}\underset{2}{CH}_2\underset{1}{CH}_3$$

双键位次最低为3
（错误编号）

原则 2：如果主链含有多个重键，且从主链两端编号时遇到的第一个重键位次相同，则看两端第二个重键的相对位次，使第二重键的位次最低，以此类推，该原则简称为"重键位次组最低原则"。例如：

$$\overset{9}{C}H_3-\overset{8}{C}H=\overset{7}{C}H-\overset{6}{C}H_2-\overset{5}{C}H=\overset{4}{C}H-\overset{3}{C}H=\overset{2}{C}H-\overset{1}{C}H_3 \qquad \overset{1}{C}H_3-\overset{2}{C}H=\overset{3}{C}H-\overset{4}{C}H_2-\overset{5}{C}H=\overset{6}{C}H-\overset{7}{C}H=\overset{8}{C}H-\overset{9}{C}H_3$$

重键位次组为(2, 4, 7)　　　　　　　　　重键位次组为(2, 5, 7)
(正确编号)　　　　　　　　　　　　　(错误编号)

原则 3：如果重键位次组也相同，则采取双键具有低位次的编号方式，简称为"双键位次最低原则"。例如：

$$\overset{6}{H}C\equiv\overset{5}{C}-\overset{4}{C}H_2-\overset{3}{C}H_2-\overset{2}{C}H=\overset{1}{C}H_2 \qquad \overset{1}{H}C\equiv\overset{2}{C}-\overset{3}{C}H_2-\overset{4}{C}H_2-\overset{5}{C}H=\overset{6}{C}H_2$$

双键位次为1　　　　　　　　　　　　双键位次为5
(正确编号)　　　　　　　　　　　　　(错误编号)

$$\overset{6}{H}C\equiv\overset{5}{C}-\overset{4}{C}H=\overset{3}{C}H-\overset{2}{C}H=\overset{1}{C}H_2 \qquad \overset{1}{H}C\equiv\overset{2}{C}-\overset{3}{C}H=\overset{4}{C}H-\overset{5}{C}H=\overset{6}{C}H_2$$

双键位次组为(1, 3)　　　　　　　　　双键位次组为(3, 5)
(正确编号)　　　　　　　　　　　　　(错误编号)

原则 4：对于带有取代基（或支链）的主链，在遵循上述原则 1～3 的基础上，编号时应使取代基（或支链）的位次最低，简称"取代基位次最低原则"。例如：

取代基的最低位次为2　　　　　　　　取代基的最低位次为3
(正确编号)　　　　　　　　　　　　　(错误编号)

$$\overset{1}{C}H_3\overset{2}{C}H\overset{3}{C}H=\overset{4}{C}H\overset{5}{C}H_2\overset{6}{C}H_3 \qquad \overset{6}{C}H_3\overset{5}{C}H\overset{4}{C}H=\overset{3}{C}H\overset{2}{C}H_2\overset{1}{C}H_3$$
　　　　|　　　　　　　　　　　　　　　　|
　　　　CH_3　　　　　　　　　　　　CH_3

取代基位次为2　　　　　　　　　　　取代基位次为5
(正确编号)　　　　　　　　　　　　　(错误编号)

取代基位次为3　　　　　　　　　　　取代基位次为4
(正确编号)　　　　　　　　　　　　　(错误编号)

原则 5：如果主链上存在三个或更多取代基（或支链），从主链两端编号时遇到的第一个取代基（或支链）位次相同，则看两端第二取代基（或支链）的相对位次，使第二取代基（支链）的位次最低。若第二取代基（支链）位次也相同，则使第三取代基（支链）位次最低，以此类推。此原则简称"取代基位次组最低原则"。例如：

取代基位次组为(2, 3, 8, 8, 10)　　　　取代基位次组为(2, 4, 4, 9, 10)
(正确编号)　　　　　　　　　　　　　(错误编号)

取代基位次组为(2, 3, 5, 9, 10)　　　　取代基位次组为(2, 3, 7, 9, 10)
(正确编号)　　　　　　　　　　　　　(错误编号)

原则 6：如果主链上连有两个不同的取代基，且距主链两端的距离都相同，按照上述原则不能确定时，则按取代基英文名字母顺序排序，排序优先者位次为小。表示复数的前缀（如"di"、"tri"、"tetra"等）和表示连接方式的前缀（如"sec-"、"tert-"等）不参与字母排序，但表示端基骨架结构类型的"iso"、"neo"被认为是基团名称的一部分，故参与字母排序。如下所示，乙基（ethyl）比甲基（methyl）排序优先：

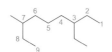 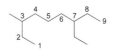

乙基(ethyl)位次为3　　　　　　　甲基(methyl)位次为3
（正确编号）　　　　　　　　　　（错误编号）

原则7：当两个取代基英文名相同，但其位次数字不同时，则按其位次数字从小到大排序。如下所示，1-氯乙基比2-氯乙基排序优先：

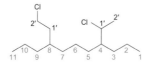 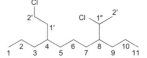

1-氯乙基(1-chloroethyl)位次为4　　　2-氯乙基(2-chloroethyl)位次为4
（正确编号）　　　　　　　　　　　（错误编号）

步骤三：命名。烷烃的系统名由"取代基名（前缀）＋主链烷烃名（后缀）"组成。取代基的位次用阿拉伯数字表示，位次数字置于相应的取代基名之前，并与取代基名之间用短线"-"隔开。如果主链带有几个相同的取代基，则可以将它们合并，在取代基名前用"一"（mono-，常省略）、"二"（di-）、"三"（tri-）、"四"（tetra-）等数字表明取代基的数目，它们的位次数字之间用逗号"，"隔开。需要注意的是，相同位次的相同取代基也要标出取代基的位次，有多少个取代基就有多少个阿拉伯数字表明位次。如果取代基不同，则按取代基英文名字母排序，依次作为前缀列出。例如：

4-乙基辛烷
4-ethyloctane

3, 6-二乙基-2, 7-二甲基辛烷
3, 6-diethyl-2, 7-dimethyloctane

2, 3, 5-三甲基己烷
2, 3, 5-trimethylhexane

2, 7, 8-三甲基癸烷
2, 7, 8-trimethyldecane

5-乙基-3, 3-二甲基庚烷
5-ethyl-3, 3-dimethylheptane

3-乙基-4, 6-二甲基壬烷
3-ethyl-4, 6-dimethylnonane

3-乙基-5-甲基庚烷
3-ethyl-5-methylheptane

4-乙基-6-异丙基壬烷
4-ethyl-6-isopropylnonane

如支链上还有支链（取代基）时，则从与主链直接相连的碳开始，选择支链中最长的碳链依次进行编号，按系统命名法将支链命名并用括号括起来，将这个取代基的位次及名称放在母体名之前。例如：

支链的编号从与主链直接相连的碳开始

10-乙基-2-甲基-6-(2, 2, 3-三甲基丁基)十二烷
10-ethyl-2-methyl-6-(2, 2, 3-trimethylbutyl)dodecane

对于链状的取代基，虽然通常将与主链连接的支链碳原子编号为 1 位，但 2017 版系统命名原则也允许按照最长支链原则来命名支链，并使连接点的位次最低。如下 5-(1-乙基丙基) 壬烷亦可命名为 5-(戊-3-基) 壬烷。

5-(1-乙基丙基)壬烷
5-(1-ethylpropyl)nonane

5-(戊-3-基)壬烷
5-(pentan-3-yl)nonane

当两个或多个带有支链（取代基）的取代基英文名相同，但其位次数字不同时，则按其位次数字由小到大依次排序列作为前缀。例如：

4-(1-氯乙基)-8-(2-氯乙基)十一烷
4-(1-chloroethyl)-8-(2-chloroethyl)undecane

6-(戊-2-基)-5-(戊-3-基)十一烷
6-(pentan-2-yl)-5-(pentan-3-yl)undecane

对于主链不含双键或叁键的烯烃和炔烃，其系统命名方法同烷烃。例如：

3-乙基-4-乙炔基庚烷
3-ethyl-4-ethynylheptane

4-甲基-3-甲亚基庚烷
4-methyl-3-methyleneheptane

主链包含双键或叁键的烯烃和炔烃的系统名则由"取代基名（前缀）＋主链烯（炔）烃名（后缀）"组成，称为"某烯"或"某炔"。将不饱和键编号较小的碳原子的位次写在后缀"烯"或"炔"之前，取代基的位次和名称作为前缀，表示方法与烷烃类似。如果不饱和键的位置在 1 位，在不引起误会的情况下，位次数字"1"可以省略。换句话说，在命名中，如果未标出不饱和键的位次，则表示不饱和键的位置在末端。例如：

3-甲基丁-1-烯(3-甲基丁烯)
3-methylbut-1-ene(3-methylbutene)

十二碳-6-炔
dodec-6-yne

如果主链上含有两个双键，称为"二烯"（-diene），如果含有三个双键，则称为"三烯"（-triene），以此类推。如果是两个或三个叁键，则称分别称为"二炔"（-diyne）和"三炔"（-triyne）。命名时每个不饱和键的位次都必须用阿拉伯数字标注，数字之间用逗号分开，并用连字符插在母体名与后缀之间。例如：

$CH_2{=}CHCH_2CHCH{=}CH_2$
$\quad\quad\quad\quad|$
$\quad\quad\quad CH_2CH_3$

3-乙基己-1,5-二烯
3-ethylhexa-1,5-diene

$CH_2{=}CHCHCH{=}CHCH{=}CH_2$
$\quad\quad\quad|$
$\quad\quad\quad CH_3$

5-甲基庚-1,3,6-三烯
5-methylhepta-1,3,6-triene

$CH_3C{\equiv}CCH_2C{\equiv}CCH_3$

庚-2,5-二炔
hepta-2,5-diyne

$HC{\equiv}C{-}CH{-}CH{=}CHCH_3$
$\quad\quad\quad\quad|$
$\quad\quad\quad\quad{}_5CH$
$\quad\quad\quad\quad\|$
$\quad\quad\quad CHCH_2CH_3$
$\quad\quad\quad{}_7\;\;{}_8$

4-乙炔基辛-2,5-二烯
4-ethynylocta-2,5-diene

$$\overset{6}{C}H_3\overset{5}{C}H_2\overset{4}{C}H=\overset{3}{C}=\overset{2}{C}H\overset{1}{C}H_3$$

己-2,3-二烯
hexa-2, 3-diene

$$\overset{8}{C}H_3\overset{7}{C}H_2\overset{6}{C}H=\overset{5}{C}=\overset{4}{C}H\overset{3}{C}H_2\overset{2}{C}H=\overset{1}{C}H_2$$

辛-1,4,5-三烯
octa-1, 4, 5-triene

当主链同时含有双键和叁键时，系统名的后缀改为"烯炔"（-enyne），"烯"在前，"炔"在后。主链碳原子的数目在"烯"字前；双键的位次编号置于"烯"之前，而叁键的位次编号置于"炔"之前。例如：

$$\overset{5}{C}H_3\overset{4}{C}H=\overset{3}{C}H-\overset{2}{C}\equiv\overset{1}{C}H$$

戊-3-烯-1-炔
pent-3-en-1-yne

6-甲基庚-1-烯-4-炔
6-methylhept-1-en-4-yne

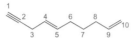

癸-4,9-二烯-1-炔
deca-4, 9-dien-1-yne

戊-1-烯-4-炔
pent-1-en-4-yne

★ 问题 2-2 写出庚烷的 9 个异构体，并用系统命名法命名。
★ 问题 2-3 画出下列化合物的结构。
4-乙基-2-甲基己烷　　　1-氯-3,3-二乙基戊烷　　　2-溴-4,4-二氯-5,5-二甲基庚烷
4-叔丁基庚烷　　　　　5-异丁基壬烷　　　　　　5-仲丁基-3-甲基壬烷

2.3 脂肪烃的结构和顺反异构

2.3.1 烷烃、烯烃和炔烃的结构

如图 2-1 所示，烷烃分子中，碳原子都是以 sp³ 杂化轨道与其它原子成键的。每个 sp³ 杂化轨道可与氢原子的 s 轨道重叠形成 C—H σ 键［图 2-1(a)］。除了 C—H 键之外，还存在 C—C 键。形成 C—C 键的两个碳原子各用一个 sp³ 杂化轨道沿键轴方向"头对头"重叠，形成 C—C σ 键［图 2-1(b)］。烷烃分子中 C—H 键和 C—C 键平均键长为 110pm 和 154pm 或与此相近，∠CCC 在 111°～113°之间。

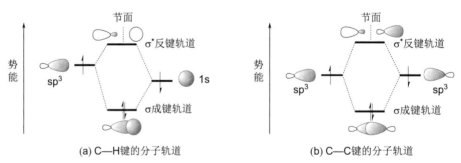

(a) C—H键的分子轨道　　　　　　　　(b) C—C键的分子轨道

图 2-1　烷烃分子中 C—H 键和 C—C 键的分子轨道示意图

其它烷烃除乙烷外，碳链的排布并不在一条直线上，而是曲折地排布在空间。烷烃分子中各原子都是以 σ 键相连，所以两个碳原子之间可以绕 C—C 单键自由旋转，故而形成了多种空间排布。丙烷和正戊烷分子的球棍模型如下：

丙烷分子的球棍模型　　　　　　戊烷分子的球棍模型

经 X 射线研究证明，高级烷烃在晶体中碳链排列成锯齿状。

烯烃分子中成双键的碳原子为 sp² 杂化，三个 sp² 杂化轨道处于同一平面，未参与杂化的 p 轨道垂直于 sp² 杂化轨道平面（见图 1-4）；两个 sp² 杂化碳原子各用一个 sp² 杂化轨道以"头对头"的形式结合形成一个 σ 键，其余 4 个 sp² 杂化轨道可与氢原子的 s 轨道重叠，形成 C—H σ 键成乙烯（图 1-5），也可以和其它碳原子的杂化轨道沿轨道对称轴方向"头对头"重叠，形成 C—C σ 键；没有参与杂化的 p 轨道以"肩并肩"的形式平行重叠形成 π 键（图 1-12）。以乙烯分子为例，两个碳原子和四个氢原子均处于一个平面，π 电子云处于平面的上、下方，其分子表面电荷密度如图 2-2(a) 所示，球棍模型如图 2-2(b) 所示。

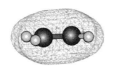 

(a) 分子表面电荷密度　　　　　(b) 球棍模型

图 2-2　乙烯分子的结构

如上所述，C═C 键由两个 sp² 杂化碳原子构成，sp² 杂化轨道中 s 成分占 1/3；和 s 成分占 1/4 的 sp³ 杂化碳原子相比，sp² 杂化碳原子能更好地将电子束缚在核的周围。因此乙烯的碳碳键长（133pm）要比乙烷的 154 pm 短一些。然而，由于 π 键是由 p 轨道以"肩并肩"的形式平行重叠形成的，重叠程度小，所以 π 键的牢固性很差，容易断裂。从 π 键的键能上也可以看出这一点。C═C 键的平均键能为 611kJ/mol，C—C 键的平均键能为 376kJ/mol，π 键的键能大约为 611－376＝235kJ/mol。π 键的键能比 σ 键的键能小得多，π 键很容易断裂发生加成反应，生成两个新的 σ 键，化合物的稳定程度增加，放出热量，内能降低。

正如 1.8.3 节所述，烯烃化合物的稳定性可以用氢化热来判断，氢化 1mol 相应烯烃放出的热量（kJ/mol）越高，烯烃分子的内能越高，稳定性越差。顺-丁-2-烯的氢化热为 120kJ/mol，反-丁-2-烯的氢化热为 116kJ/mol，两者氢化后都生成丁烷，反-丁-2-烯的氢化热小，说明反-丁-2-烯比顺-丁-2-烯稳定。

炔烃分子中炔键的碳原子是 sp 杂化的（图 1-6），两个 sp 杂化的碳原子各用一个 sp 杂化轨道以"头对头"的形式重叠形成一个 σ 键，另外 2 个 sp 杂化轨道可与氢原子的 s 轨道重叠，形成 C—H σ 键成乙炔（图 1-7）；也可以与其它碳原子的杂化轨道沿轨道对称轴方向"头对头"重叠，形成 C—C σ 键；两个相互垂直的、未参与杂化的 p 轨道（即 p_y 和 p_z）彼此以"肩并肩"的形式重叠形成两个 π 键，从而构成了碳碳叁键。以乙炔分子为例，乙炔分子的两个碳原子和两个氢原子在一条直线上，碳碳之间形成的两个 π 键，其电子云呈圆柱形轴对称结构，其分子表面电荷密度如图 2-3(a) 所示，分子的球棍模型如图 2-3(b) 所示。

(a) 分子表面电荷密度　　　　　(b) 球棍模型

图 2-3　乙炔分子的结构

碳碳叁键的键能为835kJ/mol，比三个 σ 键的平均键能（376kJ/mol×3＝1128kJ/mol）小得多，因此与烯烃一样，C≡C 键也容易发生加成反应。炔烃化合物的稳定性也可以用炔烃的氢化热来判断。

上一章中曾讨论过，随着 s 成分增加，不同杂化轨道碳原子的电负性增大，电负性顺序为 $C_{sp}>C_{sp^2}>C_{sp^3}$（见 1.6.1 节）。烷、烯、炔中 C—H 键和 C—C 键的键长可以证实这一点。随着 s 成分的增加，乙烷、乙烯和乙炔的 C—H 键和 C—C 键的键长逐渐变短。表 2-6 列出了烷、烯、炔的键参数。

表 2-6　烷、烯、炔键参数比较

名称	结构	键	键能/(kJ/mol)	键长/pm
甲烷	CH_4	C—H	438	110
乙烷	CH_3—CH_3	C—C	376	154
		C—H	420	109
乙烯	CH_2=CH_2	C=C	611	133
		C—H	444	108
乙炔	CH≡CH	C≡C	835	120
		C—H	552	106

2.3.2　烯烃的构型异构

烯烃的双键由一个 $\sigma(C_{sp^2}-C_{sp^2})$ 键和一个 $\pi(C_p-C_p)$ 键组成。π 键是两个 p 轨道肩并肩重叠而形成的，具有面对称性。若 C=C 键扭转，其两个 p 轨道之间的电子云重叠程度将削弱，键的强度也随之削弱，因此，π 键不可以自由扭转。如果双键碳上所连的基团不同，就能写出两种结构。例如：

两个甲基处于双键的同侧　　　　　　　两个甲基处于双键的两侧
顺-丁-2-烯(cis-but-2-ene)　　　　　　反-丁-2-烯(trans-but-2-ene)

戊-1-烯
pent-1-ene

2-甲基丁-2-烯
2-methylbut-2-ene

在这两个结构中，原子的连接方式及连接顺序都相同，即构造相同，但取代基在空间的位置是不同的，这样的两种异构体称顺反异构体（<i>cis/trans</i> isomer）。顺反异构现象属于构型异构（configurational isomerism），即构造相同但各基团在空间的排列方式不同所产生的异构现象。

产生顺反异构有两个条件：一是有限制碳碳键扭转的因素，如双键；二是同个碳原子上所连的取代基不同。如果双键的某一个碳所连的两个基团相同，就没有顺反异构。如末端烯烃没有顺反异构，因为末端碳原子连有两个氢原子；2-甲基丁-2-烯也没有顺反异构，因为该分子中的一个碳连有两个甲基。

2.3.3　烯烃构型的命名

（1）顺/反命名法

有顺反异构体的烯烃，如果两个碳上连有一对相同基团，可以用顺/反命名法来命名。如果两个相同基团在双键的同侧，称为顺式（<i>cis-</i>）；如果两个相同基团在双键的异侧，则称为反式（<i>trans-</i>）。命名时，在名称前加"顺"、"反"来表示构型。如果是多烯烃，则每个双键的构型都要标明，前面的构型表示编号较小的双键构型，后面的则表示编号较大的双键构型。例如：

顺-己-3-烯　　　　　　　　　　　　反-己-3-烯
cis-hex-3-ene　　　　　　　　　　trans-hex-3-ene

顺,顺-己-2,4-二烯
cis, cis-hexa-2,4-diene

顺,反-辛-2,5-二烯
cis, trans-octa-2,5-diene

（2）次序规则

如果两个双键碳上有 3 个或 4 个不同的基团，则不能用顺/反来标注双键的构型，应该依据次序规则（sequence rule）对 4 个基团进行排序，然后用 Z/E 命名法来标记。

次序规则是 20 世纪 50 年代提出，60 年代后进一步完善，被人们用于确定有关原子或基团的排列次序，从而表达化合物立体化学关系的一种规则，是通用的构型标识系统方法。次序规则有以下五条基本规则：

① 原子序数大的优先于原子序数小的。
② 原子质量高的优先于原子质量低的。
③ 顺（*cis*）优先于反（*trans*），Z 优先于 E。
④ R 优先于 S，M 优先于 P，r 优先于 s。
⑤ R, R 或 S, S 优先于 R, S 或 S, R。

根据上述基本规则，在比较两个（或多个）取代基的优先次序时，首先将各取代基的第一层级原子按原子序数大小排列，大者为较优基团。例如：

$-I > -Br > -Cl > -F > -OCH_3 > -N(CH_3)_2 > -C(CH_3)_3 > D > H$；
$-SR > -OR$。

如果两个基团的第一层级原子相同，则比较与它直接相连的其它原子，即第二层级原子。比较时，按原子序数的大小排列成组，然后用上述规则继续比较，先比较各组中最大者；若仍相同，再依次比较第三、第四层级原子。这一方法称为树状图或导向图（diagraph）。如下所示，取代基 $-CH_2Cl$ 与 $-CHF_2$ 的第一层级原子均为碳，故需要进入第二层级，比较与碳相连的其它原子，$-CH_2Cl$ 的第二层级为（Cl，H，H），$-CHF_2$ 为（F，F，H）。由于 Cl > F，即（Cl，H，H）>（F，F，H），故 CH_2Cl 优先于 CHF_2。同理，$-C(CH_3)_3 > -CH(CH_3)_2 > -CH_3$。

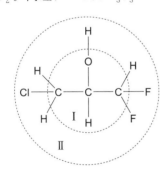 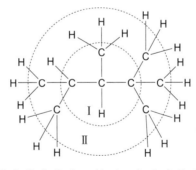

由第二层级进入第三层级比较时，应先确定优先分支，然后，仅考虑优先分支上第三层级的原子，而不考虑其它分支。必要时用同样的方式进入第四或更高层级。在下面的例子中，第一层级（Ⅰ）的 4 个原子（3 个 C 和 1 个 H）中只能确定 C > H，但无法判断 3 个碳原子的优先顺序，因而进入第二层级（Ⅱ）进行比较。第二层级上方为（H，H，H），左右两侧均为（C，C，H），故可以确定（C，C，H）>（H，H，H），但仍无法判断左右两侧的（C，C，H），需要进入第三层级（Ⅲ）进行比较。左右两侧均有两个分支进入第三层次，右侧为 A 分支（F，C，H）和 A′ 分支（C，H，H），由于（F，C，H）>（C，H，H），故 A 为优先分支。同理，左侧 B 为优先分支。接下来就考虑这两个优先分支的第三层级，由于它们的第三层级均为（F，C，H），需进入第四层级进行比较。A 和 B 两个分支的第四层级分别为（H，H，H）和（Cl，H，H），由于（Cl，H，H）>（H，H，H），故左侧基团优先于右侧基团。值得指出的是，虽然 A′ 分支第四层级为（I，H，H），优先于（H，H，H），（Cl，H，H）和（Br，H，H），但 A′ 分支不是优先分支，不予考虑。

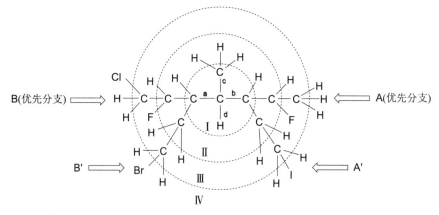

一些常见烷基的优先次序为：—C（CH$_3$）$_3$＞—CH（CH$_3$）CH$_2$CH$_2$CH$_3$＞—CH(CH$_3$)$_2$＞—CH$_2$CH(CH$_3$)$_2$＞—CH$_2$CH$_2$CH(CH$_3$)$_2$＞—CH$_2$CH$_2$CH$_2$CH$_2$CH$_3$＞—CH$_2$CH$_2$CH$_2$CH$_3$＞—CH$_2$CH$_2$CH$_3$＞—CH$_2$CH$_3$＞—CH$_3$。

含有双键和叁键的基团，可采用"复制原子"和"假想原子"的办法来处理。双键或叁键的碳原子除了以单键连有一个真实的原子外，还连有一个或两个复制的同样原子，复制原子在结构式中用其元素符号加括号表示。此复制碳原子也假设为四价，且有假想原子与它相连，但假想原子的原子序数规定为 0。据此，常见的碳碳双键、碳碳叁键、羰基、氰基和苯环可表示如下：

$$H_2C=CH\text{-} \equiv H-\overset{H}{\underset{H}{C}}-\overset{(C)}{\underset{C}{C}}\text{-} \qquad HC\equiv C\text{-} \equiv H-\overset{(C)}{\underset{(C)}{C}}-\overset{(C)}{\underset{(C)}{C}}\text{-}$$

$$N\equiv C\text{-} \equiv \overset{(C)}{\underset{(C)}{N}}-\overset{(N)}{\underset{(N)}{C}}\text{-} \qquad O=CH\text{-} \equiv \overset{(C)}{\underset{H}{O}}-\overset{(O)}{C}\text{-}$$

根据上述处理方法，下列各组基团的优先次序为：

—CHO＞—CH$_2$OH，因第二层级（O,(O),H）＞（O,H,H）；

—C≡CH＞—C(CH$_3$)$_3$，因第二层级（C,(C),(C)）和（C,C,C）相同，但第三层级（(C),(C),H）＞（H,H,H）。

—CH=CH$_2$＞—CH(CH$_3$)$_2$，因第二层级（C,(C),H）和（C,C,H）相同，但第三层级（(C),H,H）＞（H,H,H）。

—C$_6$H$_5$＞—C≡CH，因第二层级（C,C,(C)）和（C,(C),(C)）相同，第三层级（C,(C),H）和（(C),(C),H）相同，但苯基还有第四层级，而乙炔基没有第四层级（复制原子上的假想原子原子序数为 0）。

对于环系基团，可将环处理为分叉的原子链，链的两端均延伸至分叉的端点，并将此作为连有假想原子的复制原子。例如：

故环己基优先于 1-戊基己基：

此外，N、S、P 等原子上的孤对电子可处理为原子序数为 0 的假想原子。

（3）Z/E 命名法

对于烯烃碳碳双键构型的标识，首先需要按次序规则比较出每个双键碳上所连的两个原子或基团的优先次序，如果两个碳原子的较优基团在双键的同侧，则为 Z（德文 Zusammen，同的意思）构型，在两侧则为 E（德文 Entgegen，反的意思）构型。若烯烃双键碳上基团的优先顺序为：a＞b，且 c＞d，则其构型分别标记为：

命名时，将 Z 或 E 加上圆括号，置于烯烃的名称之前。若有多个双键，则需在 Z 或 E 标记前加上其对应的位次，按位次大小依次列出，并用逗号隔开。例如：

(Z)-丁-2-烯   (Z)-2-氯-3-甲基戊-2-烯   (E)-6-氯-4-乙基-3-甲基庚-3-烯
(Z)-but-2-ene   (Z)-2-chloro-3-methylpent-2-ene   (E)-6-chloro-4-ethyl-3-methylpent-3-ene

(E)-丁-2-烯   (2E, 5Z)-3-甲基庚-2, 5-二烯   (Z)-4-氯-2, 3-二甲基己-3-烯
(E)-but-2-ene   (2E, 5Z)-3-methylchepta-2, 5-diene   (Z)-4-chloro-2, 3-dimethylhex-3-ene

鉴于次序规则第三条规定顺（cis）优先于反（trans），Z 优先于 E，当两个构型不同的双键距主链两端位次相同，且无取代基或取代基也距两端位次相同时，应使优先双键位次最低。例如：

(2Z, 4E)-己-2, 4-二烯   (2E, 4Z)-己-2, 4-二烯
(2Z, 4E)-hexa-2, 4-diene   (2E, 4Z)-hexa-2, 4-diene
cis, trans-hexa-2, 4-diene   trans, cis-hexa-2, 4-diene
（正确命名）   （错误命名）

顺/反命名法和 Z/E 命名法都可用于双键构型的标记，但顺/反命名法是有局限的，只有当两个双键碳上有一对相同基团时，才能用顺反命名法命名。Z/E 命名法则是通用的，所有具有构型异构体的双键都可用 Z/E 来标记双键的构型。顺/反命名法中的顺式并不一定是 Z 构型，两者不能混淆。例如，（Z）-2-氯丁-2-烯在顺反命名法中称为反-2-氯丁-2-烯。

Z/E命名法：(Z)-2-氯丁-2-烯；(Z)-2-chlorobut-2-ene
顺/反命名法：反-2-氯丁-2-烯；trans-2-chlorobut-2-ene

2.3.4 烯烃的稳定性与超共轭效应

烯烃的稳定性与其双键所处的位置有关，也与其构型有关。从丁-1-烯、顺-丁-2-烯和反-丁-2-烯的氢化热数据可以看出，反-丁-2-烯最稳定，丁-1-烯最不稳定。

反-丁-2-烯比顺-丁-2-烯稳定的原因可从立体位阻方面得到合理解释。在顺式异构体中，两个共平面的甲基之间的距离很近，二者之间有较大的空间排斥作用（立体位阻）；在反式异构体中，两个甲基虽共平面，但方向相反，距离远，故排斥作用小。

氢化热
126kJ/mol
120kJ/mol
116kJ/mol

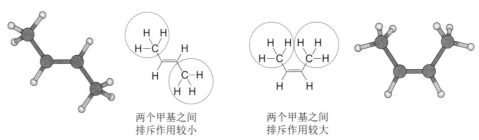

两个甲基之间
排斥作用较小

两个甲基之间
排斥作用较大

丁-1-烯为何不如丁-2-烯稳定？为了回答这个问题，我们讨论一种称为超共轭效应（hyperconjugation）的电子效应。分子轨道理论认为，σ键的成键轨道（或π键的成键轨道或孤对电子的非键轨道）与相邻的 π^* 轨道（或 σ^* 轨道或空的或半空的 p 轨道）之间相互作用，形成较低能级的分子轨道，从而产生稳定化作用，这种作用就是超共轭效应。两个轨道相互作用意味着它们能够在空间上发生一定程度的重叠，是一种部分离域现象。常见的超共轭效应有以下三种：①由 σ 轨道与 π^* 轨道作用产生的 σ-π^* 超共轭；②由 σ 轨道与空的或半空的 p 轨道之间作用产生的 σ-p 超共轭；③由 σ 轨道与相邻 σ^* 轨道作用产生的 σ-σ^* 超共轭。本节先介绍 σ-π^* 超共轭效应，σ-σ^* 和 σ-p 超共轭将分别在第 2.4.1 节和 4.2.1 节中讨论。超共轭效应的进一步学习可观看视频材料 2-2。

以丙烯的 σ-π^* 超共轭效应为例（如图 2-4 所示），当双键碳与含有氢的 sp^3 杂化碳原子相连时，充满 2 个电子的 C—H 键成键轨道（即 σ 轨道）可以与空的 C=C 键反键轨道（即 π^* 轨道）重叠，相互作用产生出新的分子轨道，2 个电子的能量降低，体系稳定性增加，这种现象称为 σ-π^* 超共轭效应。σ(C—H) 轨道不能与两个 p 轨道完全平行，其轨道对称轴和形成 π 键的 p 轨道对称轴存在一定的角度，轨道重叠程度较小，因此超共轭效应一般较共轭效应（见第 1.8.4 节）弱。

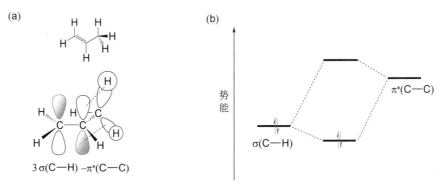

图 2-4　丙烯的 σ-π^* 超共轭效应（a）及分子轨道能级变化示意图（b）

因为 C_{sp^2}—C_{sp^3} 单键可以自由旋转，每个 σ(C_{sp^3}—H) 键都可与 π 键形成 σ-π^* 超共轭体系，所以丙烯分子中可以形成三个 σ-π^* 超共轭。形成超共轭作用的 C—H 数目越多，分子越稳定。丁-1-烯只有 2 个 C—H 能形成 σ-π^* 超共轭作用，而丁-2-烯有 6 个 C—H 能形成 σ-π^* 超共轭作用，所以丁-2-烯就比丁-1-烯稳定，其氢化热较小。

C_{sp^3}—H 键的 σ 轨道与碳碳叁键的 π^* 轨道也可发生超共轭效应，例如，$CH_3C≡CCH_3$ 分子中 6 个 C—H 键都可与碳碳叁键发生 σ-π^* 超共轭效应。

★ 问题 2-4　写出 C_5H_{10} 的同分异构体，并用系统命名法命名之。

2.4　烷烃的构象

2.4.1　乙烷的构象

乙烷是烷烃中最简单的含碳碳单键的化合物，其分子中的 C—C 键可以自由旋转。

如果使乙烷中一个甲基固定不动，而使另一个甲基绕碳碳键轴旋转，则两个甲基中氢原子的相对空间位置将不断改变，这种由于单键旋转而导致分子中原子或基团在空间产生不同排列的现象称为构象异构（conformational isomerism），由此而产生的不同结构称为构象（conformer），相互之间称为构象异构体（conformational isomer）。乙烷分子的两种空间构象（a）和（b）可用如下球棒模型来表示。（a）和（b）中，原子的连接方式及连接顺序都相同，即构造相同，但原子在空间的位置是不同的。对构象异构体（a）而言，从碳碳键的一端观察另一端，两个碳原子上的所有氢原子都处于彼此重叠的形式，称为重叠式（eclipsed form）；对构象异构体（b）而言，从碳碳键的一端观察另一端，前一个碳原子上的任何一个氢原子正好投影在后一个碳原子上两个氢原子的中间，称为交叉式（staggered form）。通过 C—C 键的自由旋转，除了（a）和（b）两种极端构象外，随着 H—C—C—H 二面角不同，乙烷还存在无数种构象。

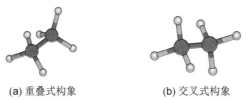

（a）重叠式构象　　　　　（b）交叉式构象

　　构象用球棍模型表示比较麻烦，在纸面上可用木架式（sawhorse representation）、楔形式（conventional drawing）和纽曼投影式（Newman projection）等形式表示。木架式是 C—C 键轴与纸面呈 45°角的投影式。楔形式是 C—C 键轴平行于纸面的投影式，虚线表示所连原子在纸面后方，楔线表示所连原子在纸面前方，实线表示所连原子在纸面上。纽曼式是 C—C 键轴垂直于纸面的投影式，用一点表示前面的碳原子，与点相连的线表示前面碳原子所连的键；用圆圈表示后面的碳原子，从圆圈向外伸出的线表示后面碳原子所连的键。以上几种构象的表示方法，以后经常要用到，需熟悉每一种表示方法及各种表示法之间的互换。

重叠式：　　　　木架式　　　　≡　　　　楔形式　　　　≡　　　　纽曼式

交叉式：　　　　木架式　　　　≡　　　　楔形式　　　　≡　　　　纽曼式

　　在乙烷的重叠式构象中，相邻两个碳原子上氢之间距离最近，只有 229pm，而氢原子的范德华半径为 120pm，两个氢原子之间的距离小于两个氢原子的范德华半径之和（240pm），相互排斥作用最大，因此这种构象势能最高。而交叉式构象中，相邻两个碳原子上氢之间距离最大化（250pm），排斥力最小；C—C 键的键长比重叠式中 C—C 键的键长略短，势能也最低。

　　重叠式和交叉式之间能量相差 12.5kJ/mol，这个能量差称为单键的旋转能垒（rotational barriers）。若以 H—C—C—H 的二面角为横坐标，以分子势能为纵坐标，瞬间构象的势能和 H—C—C—H 的二面角之间的关系可以用能量曲线图表示（见图 2-5）。

　　图中任何一点都代表一种瞬间构象及相应的能量。交叉式构象所处的能量最低，重叠式构象所处的能量最高。从一个交叉式构象通过碳碳单键旋转到另一个交叉式构象，分子必须克服 12.5kJ/mol 的旋转能垒。如果考虑有三个相邻 C—H 键上共价电子对之间的静电排斥作用——扭曲力（torsional strain）的贡献，则每个相邻 C—H 键之间的扭曲力约为 4kJ/mol。因此，C—C 单键旋转也不是完全"自由"的。虽然常温下这个能量完全可以由分子的运动提供，但 99% 的乙烷分子以交叉式或接近交叉式的构

229pm
110pm
154pm
重叠式

250pm
153pm
110pm
交叉式

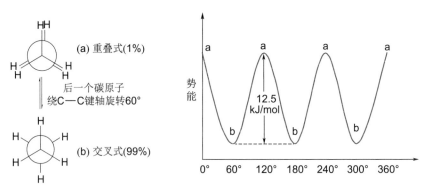

图 2-5　乙烷分子各种构象的能量曲线图

象存在，只有1％的乙烷分子以接近重叠式的构象存在。

对乙烷构象的这种解释从1936年提出后，就一直被人们接受，成为有机化学中的基础内容。然而，2001年，V. Pophristic 和 L. Goodman（*Nature* 2001，*411*，565）以及 F. Weinhold（*Nature* 2001，*411*，539）的研究表明，导致乙烷具有交叉式稳定构象的主要原因不仅是空间位阻和扭曲力，更重要的是相邻 $\sigma(C—H)$ 和 $\sigma^*(C—H)$ 轨道之间的超共轭作用（见图2-6）。在乙烷交叉式构象中，一个 C—H 键的成键轨道（即 σ 轨道）可以和相邻 C—H 键的反键轨道（即 σ^* 轨道）互相作用，产生的新分子轨道中电子的势能降低（如图2-7所示），C—C 键长随之变短。因此，这种构象更稳定。

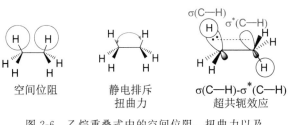

图 2-6　乙烷重叠式中的空间位阻、扭曲力以及
乙烷交叉式构象中 $\sigma\text{-}\sigma^*$ 超共轭效应

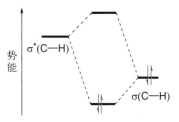

图 2-7　超共轭效应使乙烷
交叉式构象能量降低

类似的 $\sigma\text{-}\sigma^*$ 超共轭效应也存在于1,2-二氟乙烷的邻位交叉式构象中。在1,2-二氟乙烷的各种构象中，由于强的极性 C—F 键的偶极排斥作用，反交叉式理应是最稳定的构象，但研究表明邻位交叉式构象要比反位交叉式构象稳定，稳定化能约为2.5～4.2kJ/mol。这是因为在邻位交叉式构象中 C—F 键的 $\sigma^*(C—F)$ 能够和处于反式共平面的 C—H 键的 $\sigma(C—H)$ 发生超共轭作用，这种超共轭作用要比乙烷中 $\sigma(C—H)$ 和 $\sigma^*(C—H)$ 的超共轭作用更强，而且有两对这样的键。氟的这种立体电子效应称为**邻位交叉效应**（gauche effect）。理论上讲，对处于反式共平面的 X—C—C—Y 来讲，两端原子（X，Y）的电负性差值越大，超共轭作用越强。

反交叉式　　　　　　　　　　　　　邻交叉式

C—F键偶极排斥最小　　　　　　　C—F键偶极排斥较大　　　　X—C—C—Y
$\sigma\text{-}\sigma^*$超共轭效应弱　　　　　　　$\sigma\text{-}\sigma^*$超共轭效应强　　　　反式共平面

在卤素中，随着电负性的降低，C—X 键发生超共轭作用的能力会明显减弱。例如，在1,2-二氯乙烷中，具有最小偶极排斥的反位交叉式构象要比具有超共轭效应的邻位交叉式构象稳定，稳定化能约为5.0kJ/mol。与其它卤素相比，氟原子具有最小的立体位阻，同时较大的电负性也赋予 $\sigma^*(C—F)$ 轨道较低的能量，这都有利于增强 C—H 键的 σ 轨道与 C—F 键的 σ^* 轨道之间的超共轭相互作用。

2.4.2　丁烷的构象

以丁烷的 C2—C3 键为基准，C1 和 C4 为取代基，通过 C2—C3 键轴的旋转可以得到无数种构象，用纽曼投影式表示几种典型的构象如图 2-8 所示，包括两种重叠式构象——全重叠式构象（eclipsed conformer）和部分重叠式构象（partial eclipsed conformer），两种交叉式构象——邻位交叉式构象（gauche conformer）和反位交叉式构象（anti-staggered conformer）。

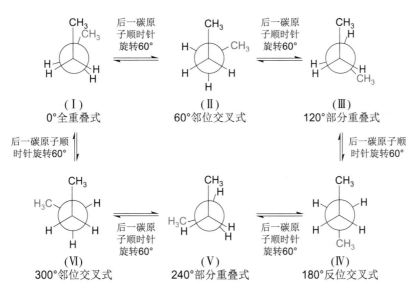

图 2-8　丁烷的典型构象

在丁烷的各种构象中，全重叠式构象（Ⅰ）中两个甲基距离最近，不仅存在键的扭曲力，而且存在两甲基之间的空间排斥力（steric repulsion），即立体位阻（steric hindrance），能量最高。当后一个碳原子顺时针旋转 60°时，成为邻位交叉式构象（Ⅱ），虽然键的扭曲力得到释放，但还是存在一定的甲基间空间排斥力；当后一个碳原子继续旋转到 120°时，成为部分重叠式构象（Ⅲ），键的扭曲力随之增大，并带有甲基和氢之间的空间排斥力；当后一个碳原子继续旋转到 180°时，得到最稳定构象，即反位交叉式构象（Ⅳ），两个甲基处于最远离的状态，键的扭曲力和基团间的空间排斥力都为最小。进一步旋转到 240°，可再次得到部分重叠式构象（Ⅴ）；继续旋转到 300°，再次得到邻位交叉式构象（Ⅵ）；继续旋转到 360°，则回到全重叠式构象（Ⅰ）。能量随 C1—C2—C3—C4 两面角的变化而变化，如图 2-9 所示。室温下，分子的热运动能克服构象之间变化所需的能垒，丁烷主要以反位交叉式构象存在。

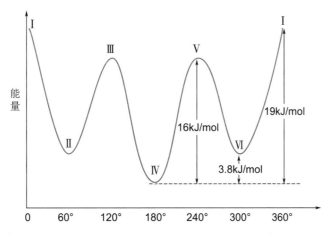

图 2-9　丁烷构象能量曲线图

2.5 脂肪烃的物理性质

2.5.1 沸点

化合物的沸点与分子间作用力有关。烷烃为非极性分子，分子偶极矩为零，但分子在运动过程中，电子云在某一瞬间可偏向于分子的某一端，产生瞬间偶极矩，从而具有色散力（见1.10.1）。分子的质量越大，色散力越强。所以直链烷烃随碳原子数增加，沸点也不断升高（见表2-7）。

表 2-7 直链烷烃的物理常数

化合物	英文名	熔点/℃	沸点/℃	相对密度(d_4^{20})
甲烷	methane	−182.6	−161.6	
乙烷	ethane	−172.0	−88.5	
丙烷	propane	−187.1	−42.2	0.501
丁烷	butane	−138.4	−0.5	0.579
戊烷	pentane	−129.7	36.1	0.557
己烷	hexane	−94.0	68.7	0.659
庚烷	heptane	−90.5	98.4	0.684
辛烷	octane	−56.8	125.7	0.703
壬烷	nonane	−53.7	150.8	0.718
癸烷	decane	−29.7	174.1	0.730
十一烷	undecane	−25.6	195.9	0.741
十二烷	dodecane	−9.7	216.3	0.749
十三烷	tridecane	−6.0	235.5	0.757
十四烷	tetradecane	5.5	253.6	0.764
十五烷	pentadecane	10.0	270.7	0.769
二十烷	eicosane	36.4	—	0.778
三十烷	triacontane	66	—	—
四十烷	tetracontane	81		

$CH_3CH_2CH=CH_2$

bp −6.5℃

bp 3.7℃

bp 0.9℃

烯烃的沸点也同烷烃一样，随碳原子数的增加，沸点升高（见表2-8）。直链烯烃，相同碳原子数的端烯比中间烯沸点低；反式构型烯烃比顺式构型烯烃沸点低。这是因为顺式构型的偶极矩比反式构型的偶极矩大，存在微弱的偶极-偶极相互作用，分子间作用力大，故沸点高。

表 2-8　烯烃的物理常数

化合物	英文名	熔点/℃	沸点/℃	相对密度(d_4^{20})
乙烯	ethene	−169.1	−103.7	
丙烯	propene	−185.0	−47.6	
丁-1-烯	but-1-ene	−185.0	−6.5	
反-丁-2-烯	trans-but-2-ene	−105.6	0.9	0.604
顺-丁-2-烯	cis-but-2-ene	−138.9	3.7	0.621
异丁烯	isobutene(2-methylpropene)	−140.3	−6.9	0.594
戊-1-烯	pent-1-ene	−138.0	30.2	0.641
反-戊-2-烯	trans-pent-2-ene	−136.0	36.4	0.648
顺-戊-2-烯	cis-pent-2-ene	−151.4	36.9	0.656
2-甲基丁-1-烯	2-methylbut-1-ene	−137.6	31.1	0.651
3-甲基丁-1-烯	3-methylbut-1-ene	−168.5	20.7	0.627
2-甲基丁-2-烯	2-methylbut-2-ene	−133.8	38.5	0.662
己-1-烯	hex-1-ene	−139.8	63.3	0.673
2,3-二甲基丁-2-烯	2,3-dimethylbut-2-ene	−74.3	73.2	0.708
庚-1-烯	hept-1-ene	−119.0	93.6	0.697
辛-1-烯	oct-1-ene	−101.7	121.3	0.715
壬-1-烯	non-1-ene		146.0	0.729
癸-1-烯	dec-1-ene	−81.0	170.5	0.741

　　炔烃的沸点也随碳原子数的增加而升高（见表 2-9）。由于炔烃极性比烯烃大些，且分子细长，分子之间可以靠得很近，故分子间作用力大。所以，炔烃的沸点比相同碳原子数的烷烃和烯烃的高些。

表 2-9　炔烃的物理常数

化合物	英文名	熔点/℃	沸点/℃	相对密度(d_4^{20})
乙炔	ethyne	−80.8(压力下)	−84.0 升华	
丙炔	propyne	−101.5	−23.2	
丁-1-炔	but-1-yne	−125.7	8.1	
丁-2-炔	but-2-yne	−32.3	27.0	0.691
戊-1-炔	pent-1-yne	−106.5	40.2	0.690
戊-2-炔	pent-2-yne	−109.5	56.1	0.711
3-甲基丁-1-炔	3-methylbut-1-yne	−89.7	29.0	0.666
己-1-炔	hex-1-yne	−132.4	71.4	0.716
己-2-炔	hex-2-yne	−89.6	84.5	0.730
己-3-炔	hex-3-yne	−103.2	81.4	0.725
庚-1-炔	hept-1-yne	−81.0	99.7	0.733
辛-1-炔	oct-1-yne	−79.3	126.2	0.747
壬-1-炔	non-1-yne	−50.0	150.8	0.760
癸-1-炔	dec-1-yne	−36.0	174.0	0.765

　　对于所有的脂肪烃，相同碳原子数的支链烃比直链烃沸点都低。而且支链越多，沸点越低。这是因为支链阻碍了分子之间的接触，分子间的色散力减小。表 2-10 列出几个化合物的支链烃和直链烃的沸点。

表 2-10　几个相同碳原子数烷烃、烯烃、炔烃化合物的沸点

化合物	正戊烷	异戊烷	新戊烷	戊-1-烯	3-甲基丁-1-烯	戊-1-炔	3-甲基丁-1-炔
沸点/℃	36.1	25	9	30.2	20.7	40.2	29.0

2.5.2　熔点

　　化合物的熔点高低除了与分子间作用力有关外，还与分子在晶格中的排列情况有

关。分子对称性越好，分子在晶格中排列越整齐，晶格能越大，熔点越高。总体来说，直链脂肪烃随碳原子数的增加，熔点逐渐升高。相同碳原子数的同分异构体中，对称性好的异构体熔点相对高些。

烷烃是非极性分子，分子间作用力只有色散力。正烷烃中，含偶数碳原子的分子对称性好，故偶数碳原子比奇数碳原子熔点的升高值大一些。偶数碳原子分子和奇数碳原子分子的熔点各形成两条曲线。偶数碳原子分子的熔点在曲线上方，奇数碳原子分子的熔点在曲线下方。随着碳原子数的不断增加，两条曲线逐渐接近，如图 2-10 所示。

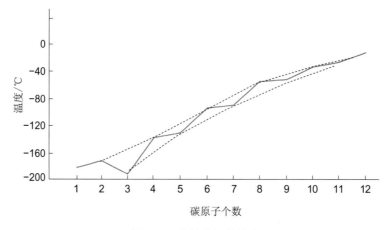

图 2-10 直链烷烃的熔点

对于烯烃和炔烃，由于有不饱和键的存在，偶数碳和奇数碳分子熔点变化没有像烷烃那样有强的变化规律，但总的规律是随着碳原子数的增加，熔点逐渐升高。

2.5.3 密度

开链脂肪烃的相对密度都小于 1，随碳原子数增加，相对密度也增大。但增加到一定值后，随碳原子数增加相对密度变化很小。相同碳原子数的烷、烯、炔，相对密度为 $d_烷 < d_烯 < d_炔$。相对密度的大小也是由分子间作用力决定的。

2.5.4 溶解度

烷烃是非极性分子（nonpolar molecule）。烯烃和炔烃虽然大多数是偶极分子，但偶极矩较小，分子的极性很小，因此，也可以将烯烃和炔烃认为非极性分子。根据相似相溶原理，开链脂肪烃易溶于极性小的有机溶剂中，如石油醚、苯、四氯化碳、乙醚等。不溶于极性大的溶剂如乙醇、水等。

★ 问题 2-8　为什么全氟烷烃既是疏水的，又是疏脂的？

2.6　脂环烃的命名

脂环烃是一类环状化合物。由于其性质类似于脂肪烃，所以称为脂环烃。饱和的脂环烃称为环烷烃（cycloalkane），含有双键的称为环烯烃（cycloalkene），含有叁键的称为环炔烃（cycloalkyne）。

2.6.1　单环化合物的命名

根据环的大小可将脂环烃分为小环（三、四元环）、普通环（五至七元环）、中环（八至十一元环）和大环（十二元环以上）。命名与脂肪烃相似，只是在母体烃名称前加前缀"环"（cyclo-）即可。如：

当环上只有一个取代基或一个不饱和键时，位次编号固定为"1"，通常省略。例如：

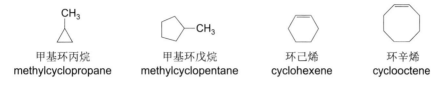

对于既有环又有链的化合物，当链所含原子数大于环所含原子数时，以链为母体，环则作为取代基。这与英文命名原则中选择母体的规则不同，IUPAC-2013 版命名原则规定：环总是优先于链。例如，下面的化合物中文名（*E*）-6-环己基庚-3-烯以链为母体，但其英文名（*E*）-hept-4-en-2-ylcyclohexane 以环为母体。

（*E*）-6-环己基-3-烯　　　　　　　　　（*E*）-hept-4-en-2-ylcyclohexane

当环上有两个或多个取代基时，编号应首先遵循最低位次（组）原则。若依此原则仍不能确定，则按照英文名字母顺序依次编号。

1,3-二甲基环己烷	1-乙基-3-甲基环己烷	1-氯-4-乙基-2-甲基环戊烷
1,3-dimethylcyclohexane	1-ethyl-3-methylcyclohexane	1-chloro-4-ethyl-2-methylcyclopentane

当环上同时有取代基和重键时，应首先使重键的位次最低（即规定为 1 位，常省略），然后再依次考虑取代基位次（组）最低原则和取代基英文名字母顺序排序原则。例如：

3-甲基环己烯　　　　　　　4-乙基环戊烯
3-methylcyclohexene　　　　4-ethylcyclopentene

若环上有多个不饱和键，应使不饱和键的位次加和最低。例如：

环辛-1,3-二烯　　　　　　　环辛-1,7-二烯
cycloocta-1,3-diene　　　　cycloocta-1,7-diene
（正确命名）　　　　　　　（错误命名）

环状化合物连有多取代基时，由于环状结构限制了碳碳键的自由旋转，脂环烃可产生顺反异构体。与烯烃的顺反异构相似，当两个相同取代基在环的同侧时，称为顺式构型，用"顺"（*cis-*）标记，在环的异侧，则称为反式构型，用"反"（*trans-*）标记。例如：

顺-1,3-二甲基环己烷
cis-1,3-dimethylcyclohexane

反-1,3-二甲基环己烷
trans-1,3-dimethylcyclohexane

顺-1,3-二甲基环戊烷
cis-1,3-dimethylcyclopentane

反-1-乙基-3-甲基环丁烷
trans-1-ethyl-3-methylcyclobutane

顺-3,6-二甲基环己烯
cis-3,6-dimethylcyclohex-1-ene

2.6.2　螺环化合物的命名

螺[2.4]庚烷
spiro[2.4]heptane

两个单环共用一个碳原子的化合物称为螺环化合物（spiro compound），共用的碳原子称为螺原子（spiro atom）。

螺环化合物的编号是从小环邻近螺原子的碳开始编号，由小环经过螺原子到大环，简称为"由小环到大环原则"。命名时，根据组成螺环的碳原子数目称"某烃"，并以"螺"（spiro-）为前缀。将经过的碳原子数目（不包括螺碳）由小环到大环放在方括号内，数字之间用小圆点隔开，将方括号置于"螺"和"某烃"之间。螺环化合物的系统名称组成为"螺[*m.n*]某烃"。

如有取代基，编号时应在遵守由小环到大环原则的基础上，遵循取代基位次最低原则，取代基的位次及名称放在"螺"字前。例如：

4-甲基螺[2.4]庚烷
4-methylspiro[2.4]heptane

2-甲基-6-乙烯基螺[3.3]庚烷
2-methyl-6-vinylspiro[3.3]heptane

如果环上同时有取代基和重键，应首先满足重键的位次（组）最低原则要求，再依次遵循取代基位次（组）最低原则和取代基英文字母顺序排序原则。将不饱和键的位次放在"某烃"中间。例如：

7-甲基螺[4.4]壬-2-烯
7-methylspiro[4.4]non-2-ene

6-甲基螺[4.6]十一碳-8-烯
6-methylspiro[4.6]undec-8-ene

当螺环化合物有两个、三个螺原子时，其名称分别用"双螺"（bispiro-）、"三螺"（trispiro-）作为前缀。编号时从较小的端基环与螺原子邻近的原子开始，沿螺原子间较短的原子链进行编号，到另一个端基环，再经过其余原子链回到第一个螺原子。尽可能给螺原子最小的编号，即螺碳位次组最小原则。所经过的螺原子间的碳原子数依次用圆点分隔并置于方括号内。例如：

双螺[2.1.4.2]十一烷
bispiro[2.1.4.2]undecane

三螺[2.2.2.2.2.3]十六烷
trispiro[2.2.2.2.2.3]hexadecane

2.6.3　桥环化合物的命名

二个（或多个）单环通过共用二个（或多个）碳原子构成的多环化合物称为桥环化合物（bridged compound）。如下由二个单环通过共用两个桥头碳原子构成的化合物称为双环桥环化合物，其中共用的碳原子称为桥头碳（bridgehead carbon）；两个桥头碳原子之间可以是碳链，也可以是一个键，称为桥（bridge）；包括两个桥头碳在内的最大碳数的环称为主环（用粗线表示）。下面以双环体系为例介绍桥环化合物的系统命名原则。

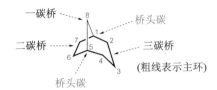

一碳桥 → 8
二碳桥 → 7
桥头碳
桥头碳 → 1
三碳桥
（粗线表示主环）

桥环的编号从第一个桥头碳开始，沿着主环编号，即先编最长桥，然后到第二个桥头碳，再沿次长桥回到第一个桥头碳，最后是最短桥。命名时，根据组成环骨架的碳原子数称为"某烃"，加上前缀"双环"（bicyclo-）。将经过的碳原子数（桥的长度）用阿拉伯数字表示由大到小写到方括号内，数字之间"."隔开，将方括号写在"双环"与"某烃"之间。有两个桥头碳原子的桥环化合物母体的名称格式为"双环[n.m.l]某烃"，例如：

双环[3.2.1]辛烷
bicyclo[3.2.1]octane

双环[4.2.0]辛烷
bicyclo[4.2.0]octane

如果有取代基，在遵循上述桥环编号原则的前体下，应使取代基的位次最低，并将取代基的位次和名称写在母体名之前。例如：

2-甲基双环[3.2.1]辛烷
2-methylbicyclo[3.2.1]octane

7-乙烯基双环[4.2.0]辛烷
7-vinylbicyclo[4.2.0]octane

如果同时有不饱和键和取代基，应首先遵循桥环编号原则，其次考虑不饱和键位次最低原则，最后考虑取代基位次最低原则。命名时将不饱和键的位次编号写在后缀"烯"或"炔"之前，并用短线与碳数隔开。例如：

11-甲基双环[4.3.2]十一碳-7-烯
11-methylbicyclo[4.3.2]undec-7-ene
（正确命名）

10-甲基双环[4.3.2]十一碳-8-烯
10-methylbicyclo[4.3.2]undec-8-ene
（错误命名）

8-甲基双环[3.3.0]辛-2-烯
8-methylbicyclo[3.3.0]oct-2-ene
（正确命名）

2-甲基双环[3.3.0]辛-7-烯
2-methylbicyclo[3.3.0]oct-7-ene
（错误命名）

脂环烃命名的进一步学习可观看视频材料 2-1(4)～(5)。

视频材料2-1(4)

视频材料2-1(5)

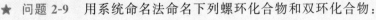

★ 问题 2-9　用系统命名法命名下列螺环化合物和双环化合物：

2.7 环烷烃的构象

2.7.1 环的张力与稳定性

(1) 拜尔张力学说 (Baeyer Strain Theory)

烷烃中碳是 sp^3 杂化的，各键之间夹角近似为 $109°28'$，如果碳链的两端连成环，各键之间的夹角和环的稳定性会发生变化。许多实验证明，小环（三、四元环）稳定性较差，容易与某些试剂发生反应，开环生成链状化合物，其反应性能与双键差不多。为了解释这一事实，拜尔（A. Baeyer）于 1885 年提出了张力学说。他根据正四面体碳的模型，假设成环后，所有的碳原子都在同一平面上，并形成正多边形。如果成环后所有键与键的夹角是 $109°28'$，那么这个环很稳定；如果成环后，键与键之间的夹角偏离了 $109°28'$，则产生向内或向外的扭曲力，称为**角张力**（angle strain）或**拜尔张力**（Baeyer strain）。对于三、四元环，键与键之间的夹角分别为 $60°$ 和 $90°$，要成环必须使键角向内弯曲。形成三元环，每个键要向内弯曲 $(109°28'-60°)/2=24°44'$；要形成四元环，每个键向内弯曲 $(109°28'-90°)/2=9°44'$。所以小环的键角都偏离了正常的角度 $109°28'$，存在角张力。偏离的越大，角张力越大，化合物的稳定性越差，也越容易开环。

根据上述同样的计算方法，五元环每个键向内弯曲 $0°44'$，六元环则向外扩张 $5°16'$。环再大一些扩张的角度更大。按张力学说，似乎五元环比六元环稳定。但事实上，六元环及六元环以上的化合物稳定性很好，与张力学说不符合。不符合的原因在于张力学说把环状化合物所有碳原子固定在同一平面上，但事实上，除三元环外，其它环状化合物的碳原子并不都在同一平面上。因此，张力学说是有局限性的，它能解释小环化合物的不稳定性，但对于大环化合物，张力学说就不适用了。

(2) 燃烧热与张力能

燃烧热（combustion heat）是在标准状态（298K，0.1MPa）下，1mol 物质完全燃烧成二氧化碳和水时所放出的热量，用 ΔH_c 表示。燃烧热数据可以表示分子内能的相对大小，燃烧热越高，物质的内能越高，稳定性越差。

从环烷烃的燃烧热数据可以判断环状化合物的稳定性。烷烃化合物燃烧时，每增加一个 CH_2，就增加 658.6kJ/mol 燃烧热，这个数值称为系差热，即为烷烃的每个 CH_2 完全燃烧放出的热量。环烷烃的通式为 C_nH_{2n}，因此环烷烃分子中每个 CH_2 的燃烧热为 $\Delta H_c/n$。烷烃是没有张力的化合物，所以环烷烃的 CH_2 的燃烧热与 658.6kJ/mol 差值即是每个 CH_2 由于环张力所产生的能量，称为**张力能**（strain energy），总的张力能即为 $n\times(\Delta H_c/n-658.6)$kJ/mol。这个数值越大，表示环的稳定性越差。表 2-11 列出了一些环烷烃的燃烧热及张力能数值。

表 2-11　环烷烃的燃烧热和张力能　　　　　单位：kJ/mol

环烷烃	ΔH_c	每个 CH_2 燃烧热 （$\Delta H_c/n$）	每个 CH_2 张力能 （$\Delta H_c/n-658.6$）	总张力能 $n\times(\Delta H_c/n-658.6)$
环丙烷	2091.6	697.1	38.5	115.5
环丁烷	2744.1	686.0	27.4	110.4
环戊烷	3320.1	664.0	5.4	27.0
环己烷	3951.7	658.6	0	0
环庚烷	4636.7	662.4	3.8	26.5
环辛烷	5310.3	663.8	5.2	41.5
环壬烷	5981.0	664.6	6.0	53.6
环癸烷	6635.8	663.6	5.0	50.0
环十四烷	9220.4	658.6	0	0
环十五烷	9984.7	659.0	0.4	5.7
正烷烃	—	658.6	—	—

从上述数据看，环丙烷、环丁烷的总张力能较大，故稳定性差，易开环。环戊烷和环庚烷的张力能不太大，比较稳定。环己烷是个没张力的化合物。中环尺寸的环烷烃（如环辛烷、环壬烷、环癸烷）总张力能比环戊烷、环庚烷大，再大一些的环烷烃总张力能很小或等于零。

2.7.2 环己烷的构象

从 2.7.1 中环烷烃的燃烧热数据看，环己烷的张力能为零，是一个无张力的环状化合物。1918 年，E. Mohr 借助 X 射线单晶衍射技术发现，环己烷的碳原子仍保持正常的键角，六个碳原子不在同一平面上，可以形成椅式（chair form）和船式（boat form）两种经典构象。

椅式构象：

透视式　　　　　　　　　　纽曼投影式

船式构象：

透视式　　　　　　　　　　纽曼投影式

(1) 椅式构象

椅式构象中，C—H 键可分成两类，每个碳原子上都有一个键与对称轴（用 C 表示）相平行，称为直立键（axial bond），简称 a 键。其中 C2、C4 和 C6 上的 C—H 键方向朝上，C1、C3 和 C5 上的 C—H 键方向朝下。另一类是与对称轴大致垂直的键，称平伏键（equatorial bond），简称 e 键。其中 C1、C3 和 C5 的 C—H 键方向朝上，C2、C4 和 C6 的朝下。从上述环己烷的纽曼投影式可见，椅式构象中所有的 C—C 键都处于交叉式，没有扭曲力；六个碳原子均满足碳的四面体结构，没有角张力；所有氢距离最远，空间排斥力最小。所以，椅式构象是最稳定的。

a键

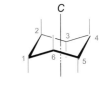

e键

(2) 船式构象

从上述船式构象的透视式来看，C2、C3、C5 和 C6 四个碳原子都在同一平面上，可看作是"船底"，C1 和 C4 可看成是"船头"和"船尾"。C1 和 C4 两个碳上靠内的氢距离只有 180pm，小于范德华半径之和 240pm，故相互排斥，使体系能量升高，存在空间排斥力；从纽曼投影式看，C2—C3 键和 C5—C6 键均处于重叠式构象，存在扭曲力。所以，船式构象能量很高。根据计算，船式比椅式构象能量高 30kJ/mol。因此，室温下环己烷绝大多数以椅式构象存在（99.9%以上）。

(3) 环己烷构象间的转化

环己烷的椅式构象并不是固定不动的，提供一定的能量时，一种椅式构象可以翻转成另一种椅式构象。转换之后，原来的 a 键变成 e 键，原来的 e 键变成 a 键，但方向不会改变。原来 e 键是朝上的，翻转后变成 a 键还是朝上的。

两种椅式构象翻转所需的能量为 45kJ/mol，常温下分子的热运动即可提供这一能量，故常温下两种椅式构象可以迅速转换。降低温度，翻转速度降低。当达到-100℃时，两种椅式构象就不能互相转换了。

从一种椅式构象翻转至另一种椅式构象，经过无数环己烷的构象异构体，能量也随之发生变化，如图 2-11 所示。从图中看出，半椅式是最不稳定的构象，存在 4 组 C—C 键的重叠式构象，具有最大的扭曲力；将船式构象扭曲，能释放一定的扭曲力，得到扭船式，体系的能量下降 7kJ/mol，是仅次于椅式构象的稳定构象。

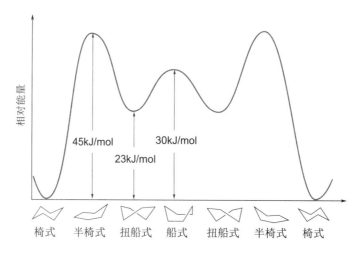

图 2-11　环己烷构象转化相对能量图

七元环以及更大环，不像环己烷那样有一个特别稳定的构象，它们的构象一般比较复杂。

2.7.3　取代环己烷的构象

环己烷通常状况下以椅式构象存在，且两种椅式构象可以迅速翻转。当环上连有一个取代基后，两种构象还能不能等量存在？以甲基环己烷为例进行分析：

Ⅰ式(5%)　　　　　　　Ⅱ式(95%)

在Ⅰ式中，甲基处于 a 键，甲基上的三个氢与 C3 和 C5 的 a 键氢距离很近，相互排斥，存在两个 1,3-直立键相互作用（1,3-diaxial interaction），使体系能量升高。当Ⅰ式经翻转转换为Ⅱ式后，甲基处于 e 键，伸向外边，甲基和氢之间不存在 1,3-直立键排斥力，因此Ⅱ式构象稳定，称为优势构象。它们的相对稳定性还可以从纽曼投影式得到佐证。Ⅰ式中甲基和亚甲基属于邻位交叉，使体系不稳定。平衡体系中Ⅰ式占 5%，Ⅱ式占 95%。两构象之间的势能差为 7.6kJ/mol。对于一取代的环己烷，优势构象都是取代基处于 e 键。取代基体积越大，平衡体系中 a 键取代的构象含量越少。例如，叔丁基环己烷的两种构象异构体势能差为 22.8kJ/mol，叔丁基在平伏键的构象（Ⅰ式）比例为 99.99%，几乎全部以Ⅰ式构象存在。

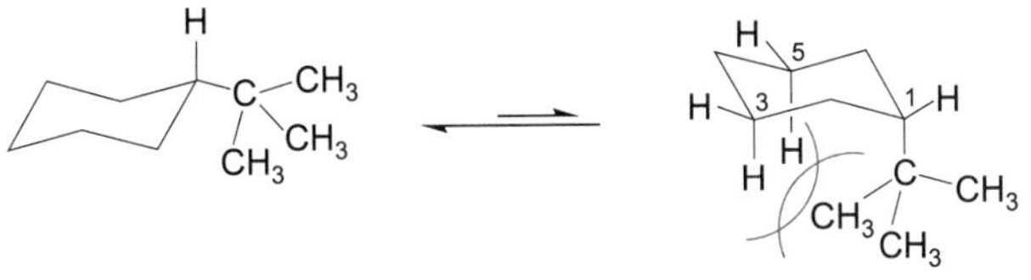

I (>99.99%)　　　　　　　Ⅱ(0.01%)

对于二取代基及多取代基环己烷，用上述同样的方法可推知，e 键取代基越多的构象越稳定，而且大基团在 e 键上稳定。例如，1,2-二甲基环己烷有顺式和反式两种结构。顺式异构体中一个处于 a 键，另一个处于 e 键，因此平衡体系中两种构象含量相同。而对于反式异构体，两个甲基或者都在 a 键上（aa 型），或者都在 e 键上（ee 型）。后者比较稳定。因此反-1,2-二甲基环己烷主要以 ee 型构象存在，为优势构象。

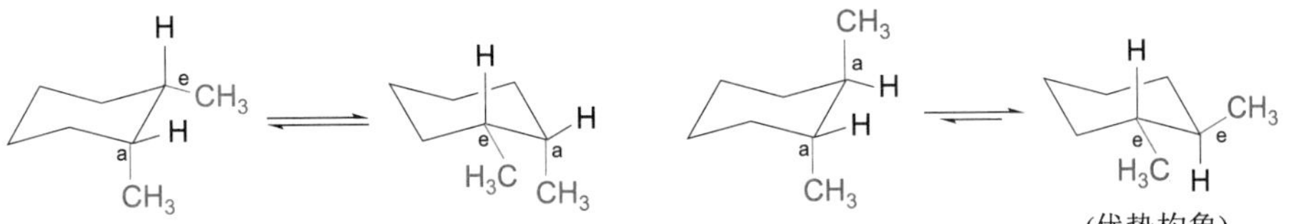

(50%)　　　　(50%)　　　　　　　　　(优势构象)

反-1-叔丁基-4-甲基环己烷主要以 ee 型构象存在，而顺-1-叔丁基-4-甲基环己烷的优势构象是将叔丁基放在 e 键上：

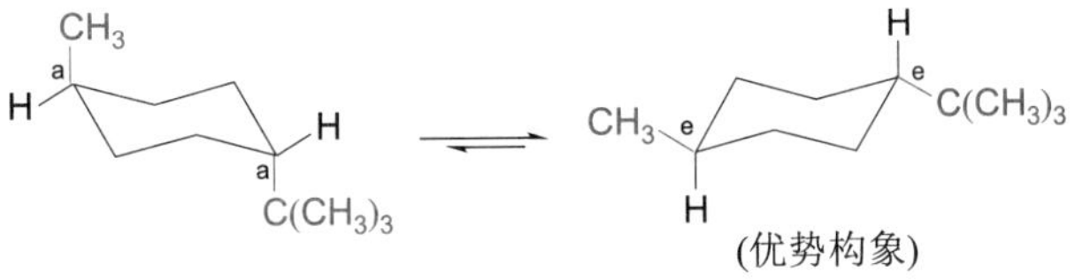

(优势构象)

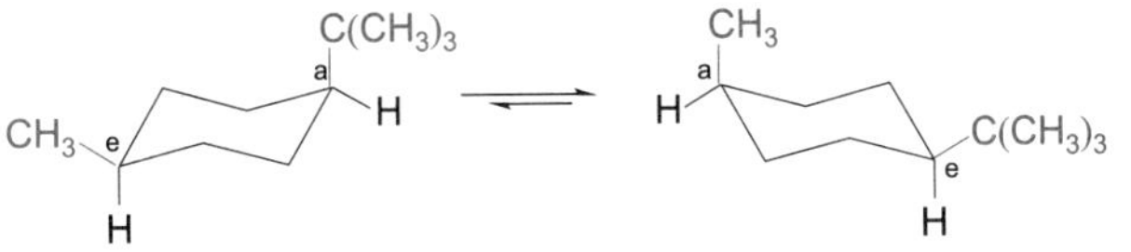

(优势构象)

2.7.4　十氢萘的构象

十氢萘（decahydronaphthalene），系统名为双环[4.4.0]癸烷，是由两个环己烷构成的桥环化合物。两个环都以椅式构象存在，它们的连接方式有两种：一种是反式构型，即两个桥头碳上的氢为反式构型，称为反-十氢萘；另一种是顺式构型，即两个桥头碳上的氢为顺式构型，称为顺-十氢萘。两者的构象表示如下：

反-十氢萘　　　　　　　顺-十氢萘

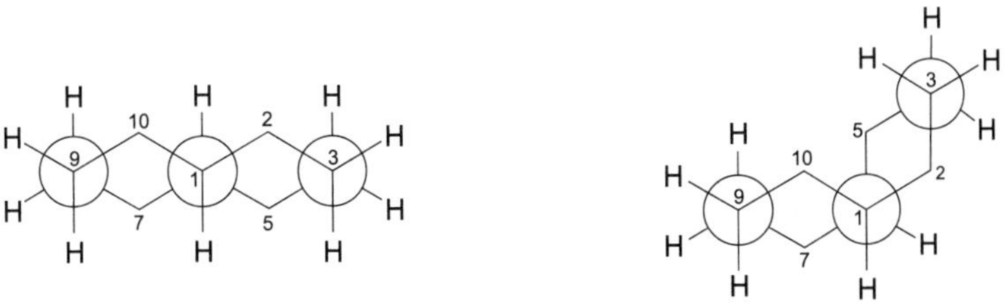

由于反-十氢萘中 C1—C6 键采用交叉式构象，而在顺-十氢萘中 C1—C6 键采用邻位交叉式构象，所以反-十氢萘比顺-十氢萘稳定。

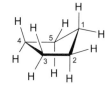

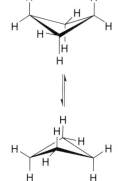

2.7.5 环戊烷的构象

环戊烷的五个碳原子不处于同一平面，四个碳原子近似处在同一平面，另一个碳原子则伸向平面外，像一个开启的信封，称为信封式构象。结构中，C1—C2 键和 C1—C5 键采用交叉式构象，C2—C3 键、C3—C4 键和 C4—C5 键采用重叠式构象。

2.7.6 环丁烷的构象

环丁烷并非以正四边形构象存在。为了减小碳上氢原子间彼此排斥作用，环丁烷四个碳原子并不处于同一平面，而是一个碳原子处于另外三个碳原子所在平面之外。这种构象称为"蝴蝶式"构象。室温下，两种"蝴蝶式"构象迅速转换，犹如蝴蝶的两翼上下飞舞。

在"蝴蝶式"环丁烷分子中，每个碳原子尽可能地保持了 sp^3 杂化碳原子的结构，但与上述环己烷和环戊烷相比，环丁烷分子中∠CCC 键角偏离标准 sp^3 碳结构较大，角张力较大，所以稳定性下降。

2.7.7 环丙烷的构象

环丙烷的三个碳原子在同一平面上，形成正三角形结构。采取正三角形结构的结果是环丙烷分子的∠CCC 键角只有 60°，这要比正常的 sp^3 杂化轨道的夹角小近 50°，所以环丙烷具有很大的角张力。此外，采取正三角形结构还导致所有 C—C 键均采用全重叠式构象，这使得环丙烷具有最大的扭曲力和排斥力。因此，与环己烷和环戊烷相比，环丙烷内能高，不稳定。在环丙烷燃烧时，平均每个 CH_2 质量单位所产生的燃烧热（697.1kJ/mol）远高于环己烷（658.6kJ/mol）和环戊烷（664.0kJ/mol），也高于环丁烷（686.0kJ/mol），其中角张力对此贡献最大。

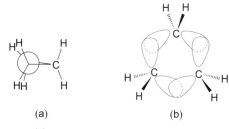

图 2-12 环丙烷的纽曼式（a）和弯曲的 C—C 键结构（b）

环丙烷中碳原子是如何成键的？过去认为，环丙烷分子中碳原子依然采取 sp^3 杂化，相邻碳原子之间通过两个 sp^3 杂化重叠形成 σ 键，只不过为了满足 60°的内角，两个 sp^3 杂化轨道不能以最有效沿键轴方向的"头对头"方式重叠，而是部分重叠形成"弯曲键"，如图 2-12 所示。正因为不是最有效的方式重叠，这种"弯曲键"是很不稳定的，加上角张力和 C—H 键的扭曲力的存在，环丙烷内能较高，不稳定，易发生开环反应。

近期的理论和实验研究显示，环丙烷分子本应具有较大的环张力却能稳定存在，可能因为其存在"σ 芳香性"，详见阅读资料 2-3。

★ 问题 2-10　画出顺-1,4-二叔丁基环己烷的优势构象。
★ 问题 2-11　将异丙基环己烷中的异丙基分别放在平伏键和直立键产生的两种构象异构体的势能差是 9.2kJ/mol。根据 $\Delta E = -RT\ln K$，计算室温下异丙基环己烷优势构象所占的比例。
★ 问题 2-12　画出顺-1,3-二甲基环丁烷的两个构象异构体，哪一个更稳定？

2.8 脂肪烃的酸性

根据 Brønsted 酸碱理论，凡是能够给出质子的物质都是酸（acid），凡是能够接受质子的物质都是碱（base）。酸给出质子后形成的负离子称为共轭碱（conjugated base），而碱获得质子后形成的物种称为**共轭酸**（conjugated acid）。酸性和碱性通常是在水中测量的，酸提供质子给水形成水合质子，成为水的共轭酸。

$$A\!-\!H + H_2O \rightleftharpoons A^- + H_3O^+$$
$$\text{酸} \quad \text{碱} \quad \text{共轭碱} \quad \text{共轭酸}$$

强酸的共轭碱是弱碱，而强碱的共轭酸是弱酸。弱酸（如甲醇）解离为质子和共轭碱的过程是不利的，而其逆反应是有利的。相反，强酸（如 HCl）解离为质子和共轭碱的过程是有利的，其逆反应是不利的。在酸碱平衡反应中，强酸（如 HCl）与弱碱（如甲醇）的反应以及强碱（如丁基锂）与弱酸（如甲醇）的反应都是有利的。弱酸与弱碱的反应则是不利的，其逆反应则是有利的。

$$HCl + CH_3OH \rightleftharpoons Cl^- + CH_3\overset{+}{O}H_2$$
$$\text{强酸} \quad \text{弱碱} \quad \text{弱共轭碱} \quad \text{强共轭酸}$$

$$C_4H_9Li + CH_3OH \longrightarrow C_4H_{10} + CH_3OLi$$
$$\text{强碱} \quad \text{弱酸} \quad \text{弱共轭酸} \quad \text{强共轭碱}$$

$$CH_3OH + H_2O \longleftarrow CH_3O^- + H_3O^+$$
$$\text{弱酸} \quad \text{弱碱} \quad \text{强共轭碱} \quad \text{强共轭酸}$$

在酸分子（用 AH 表示）中，A—H 键极化程度越高，质子越容易电离出去，酸性就越强。此外，共轭碱（A^-）越稳定，平衡越有利于质子电离方向，酸性也就越强。基于这两点，影响酸碱性的因素主要有元素的电负性、原子杂环轨道类型、共轭效应、诱导效应等电子效应，以及溶剂化作用，其中溶剂化作用能够影响共轭碱的稳定性，从而影响酸性。在以后的章节中，我们会深入讨论这些影响因素（见第 9 章和第 11～14 章）。

对于不同原子上的氢，其元素的电负性越大，A—H 键极化程度越大，共轭碱越稳定（原子核对核外电子的束缚力越强），故给出质子的能力越强，即酸性越强。周期表中同一周期从左到右不同元素随着电负性的增大，酸性增强。例如，甲烷、氨、水和氢氟酸的酸性强弱顺序为：$CH_4 < NH_3 < H_2O < HF$，而其共轭碱的碱性强弱顺序为：$^-CH_3 > ^-NH_2 > ^-OH > F^-$。一些常见酸的 pK_a 值见表 2-12。表中强酸和强碱的 pK_a 值仅供参考。

表 2-12 　一些常见酸的酸性

酸	pK_a	酸	pK_a
HI	-5.2	CH_3CO_2H	4.7
H_2SO_4	-5	HCN	9.2
HBr	-4.7	NH_4^+	9.3
HCl	-2.2	CH_3SH	10
H_3O^+	-1.7	CH_3OH	15.5
HNO_3	-1.4	H_2O	15.7
CH_3SO_3H	-1.2	NH_3	38
HF	3.2	CH_4	48

在烃类化合物中，由于 C—H 键的极性，电子偏向电负性较大的碳原子一端，导致在一定条件下质子电离而表现出酸性。由于 C—H 键的键矩较小，烃的酸性一般比较弱。烃类化合物的酸性强弱可用 pK_a 值来定量评价，饱和烃的 pK_a 一般大于 50。酸性越弱，其共轭碱的碱性就越强。甲烷、乙烷和丙烷解离成甲基负离子、乙基负离子和异丙基负离子的 pK_a 的值分别为 48、50 和 51。

烃类化合物提供质子的能力与其碳原子的杂化轨道类型密切相关，可通过比较碳原子的杂化轨道类型来判断烃类分子的相对酸性。通常情况下，s 成分越多，原子核对核外电子的束缚力越强，给出质子的能力越强，即酸性越强。例如，乙炔、乙烯和乙烷随碳原子杂化轨道 s 成分的减少，酸性依次减弱；电离质子后碳负离子的稳定性降低，共轭碱的碱性增强。碳负离子的结构与稳定性可观看视频材料 2-3 进一步学习。

视频材料2-3

$$\text{酸：} \quad \underset{sp}{HC\equiv C-H} \qquad \underset{sp^2}{H_2C=\overset{H}{\overset{|}{C}}H} \qquad \underset{sp^3}{H_3C-\overset{H}{\overset{|}{C}}H_2}$$

$$pK_a = \quad 25 \qquad\qquad 44 \qquad\qquad\quad 50$$

→ s成分减少，酸性减弱

$$\text{共轭碱：} \quad \underset{}{H-C\equiv \overset{sp}{C}:} \qquad CH_2=\overset{sp^2}{\overset{\cdot\cdot}{C}}{\underset{H}{}} \qquad H_3C-\overset{sp^3}{\overset{\cdot\cdot}{C}}{\underset{H}{}}H$$

→ s成分减少，碳负离子稳定性降低，碱性增强

由此可见，末端炔烃的炔键碳为 sp 杂化，其 C—H 键极化程度较大，质子容易电离，从而表现出一定的酸性（$pK_a \approx 25$）。因此，末端炔烃遇到强碱时可生成炔盐。例如，末端炔与氨基钠发生酸碱中和反应，生成氨（$pK_a = 38$）和炔化钠：

$$R-C\equiv C-H + NaNH_2 \xrightarrow{\text{液}NH_3} \underset{\text{炔化钠}}{R-C\equiv CNa} + NH_3$$

乙炔分子有两个活泼氢，使用 2 倍量的氨基钠可将乙炔转化为二钠盐：

$$H-C\equiv C-H \xrightarrow[\text{液}NH_3]{NaNH_2} H-C\equiv CNa \xrightarrow[\text{液}NH_3]{NaNH_2} NaC\equiv CNa$$

在上述炔化钠产物中，炔负离子（即炔的共轭碱）中心碳原子仍然采用 sp 杂化，孤对电子处于一个 sp 杂化轨道上。这个碳负离子既是一种 Brønsted 碱，又是一种 Lewis 碱。作为 Lewis 碱，炔负离子能够与 Ag^+、Cu^+ 等 Lewis 酸结合，形成配合物。因此，末端炔烃能够与银氨溶液 $[Ag(NH_3)_2]^+$ 和亚铜氨溶液 $[Cu(NH_3)_2]^+$ 作用，生成重金属炔化物，即炔化银和炔化亚铜：

$$R-C\equiv C-H \xrightarrow{[Ag(NH_3)_2]^+} \underset{\text{炔化银}}{R-C\equiv CAg} \downarrow$$

$$R-C\equiv C-H \xrightarrow{[Cu(NH_3)_2]^+} \underset{\text{炔化亚铜}}{R-C\equiv CCu} \downarrow$$

生成的炔银和炔化亚铜都是沉淀，故可用此法鉴别末端炔。炔化银和炔化亚铜干燥后，经撞击会发生强烈爆炸，故反应后必须加稀硝酸使之分解为炔烃和硝酸银。

$$R-C\equiv CAg \xrightarrow{H^+} R-C\equiv C-H + Ag^+$$

★ 问题 2-13　质子化醛和质子化醇的 pK_a 值分别为 -10 和 -2，试解释之。

$$\underset{R}{\overset{+}{O}}\overset{H}{\underset{\overset{|}{\underset{}{}}}{}} H \qquad\qquad R-\overset{H}{\underset{H}{\overset{+}{O}H}}$$

关键词

饱和烃	saturated hydrocarbons	同分异构体	isomers
不饱和度	unsaturated degree	构造异构	constitutional isomerism
不饱和烃	unsaturated hydrocarbons	骨架异构	skeleton isomerism
不饱和键	unsaturated bonds	官能团位置异构	position isomerism
同系列	analog	官能团异构	functional group isomerism
同系物	analogues	构造异构	constitutional isomerism
同分异构	isomerism	伯碳或一级碳	primary carbon

伯氢	primary hydrogen	全重叠式构象	eclipsed conformer
仲碳或二级碳	secondary carbon	部分重叠式构象	partial eclipsed conformer
仲氢	secondary hydrogen	邻位交叉式构象	gauche conformer
叔碳或三级碳	tertiary carbon	反位交叉式构象	anti-staggered conformer
叔氢	tertiary hydrogen	空间排斥力	steric repulsion
季碳或四级碳	quaternary carbon	立体位阻	steric hindrance
烷基	alkyl	非极性分子	nonpolar molecule
烯基	alkenyl	环烷烃	cycloalkane
炔基	alkynyl	环烯烃	cycloalkene
取代基	substituent	环炔烃	cycloalkyne
顺反异构体	*cis/trans* isomers	螺环化合物	spiro compound
构型异构	configurational isomerism	桥环化合物	bridged compound
次序规则	sequence rule	桥头碳	bridgehead carbon
树状图	diagraph	角张力	angle strain
超共轭效应	hyperconjugation	拜尔张力	Baeyer strain
构象异构	conformational isomerism	燃烧热	combustion heat
构象	conformer	张力能	strain energy
构象异构体	conformational isomers	椅式	chair form
重叠式	eclipsed form	船式	boat form
交叉式	staggered form	直立键	axial bond
木架式	sawhorse representation	平伏键	equatorial bond
楔形式	conventional drawing	1,3-直立键相互作用	1,3-diaxial interaction
纽曼投影式	Newman projection	酸	acid
旋转能垒	rotational barriers	碱	base
扭曲力	torsional strain	共轭碱	conjugated base
邻位交叉效应	gauche effect	共轭酸	conjugated acid

习 题

2-1 用系统命名法命名下列化合物（双键和取代环烷烃的构型用顺/反或 Z/E 标记）：

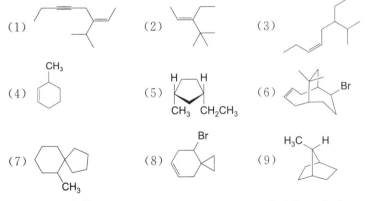

2-2 天然产物 dictyotene、ectocarpene、multifidene 和 hormosirene 是一类含有十一个碳的多烯类信息素，试用系统命名法给这些化合物命名。

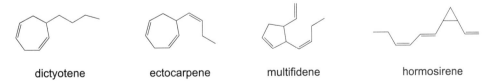

2-3 写出下列化合物的结构式：

（1）反-1-叔丁基-4-甲基环己烷

（2）（2E,4Z）-2,4-庚二烯

（3）3,3-二甲基戊-1-烯-4-炔

（4）（E）-庚-1,3-二烯-6-炔

（5）2,6-二甲基螺[3.4]辛-5-烯

（6）3,4-二甲基-5-(戊-2-基)十二碳-1-烯

2-4 将下列化合物的结构式改写为纽曼投影式，并用纽曼投影式表示每个化合物

的优势构象。

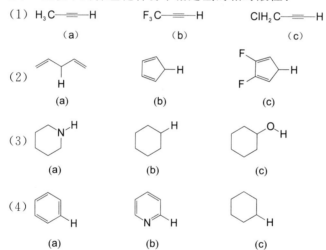

（1）H₃C—CH...Br （C1—C2键）

（2）Br...CH—CH...Br （C1—C2键）

（3）H₃C...CH—CH...H （C2—C3键）

（4）Cl...CH—CH...H （C2—C3键）

2-5　写出下列化合物的优势构象：

（1）反-1-异丙基-2-甲基环己烷

（2）顺-1,3-二异丙基环己烷

（3）顺-1-乙基-3-甲基环己烷

（4）1-叔丁基-1-甲基环己烷

（5）2-甲基戊烷（C3—C4 键）

2-6　标出下列方程中的 Brønsted 酸和 Brønsted 碱，并判断平衡向右（正反应）还是向左（逆反应）进行。

（1）CH₃OH + OH⁻ ⇌ CH₃O⁻ + H₂O

（2）Ph—≡—H + n-C₄H₉Li ⇌ Ph—≡—Li + n-C₄H₁₀

（3）HCN + H₂O ⇌ H₃O⁺ + CN⁻

（4）NH₃ + ⁻CH₃ ⇌ NH₂⁻ + CH₄

（5）CH₃Li + H₂O ⇌ CH₄ + LiOH

2-7　比较下列各组化合物中指定氢的相对酸性：

（1）H₃C—≡—H　　F₃C—≡—H　　ClH₂C—≡—H
　　　　（a）　　　　　（b）　　　　　　（c）

（2）（a）　　　（b）　　　（c）

（3）（a）　　　（b）　　　（c）

（4）（a）　　　（b）　　　（c）

第3章

对映异构

第 2 章中讨论环状化合物 1,3-二甲基环己烷的命名时，仅写出了顺-1,3-二甲基环己烷和反-1,3-二甲基环己烷两种异构体（见第 2.6.1 节）。实际上，除了顺、反异构之外，反-1,3-二甲基环己烷还具有如下两种不同的几何结构：

顺-1,3-二甲基环己烷　　　　　　反-1,3-二甲基环己烷

这三种 1,3-二甲基环己烷分子中原子排列的顺序相同，即构造相同，但原子在空间的排列不同，如此产生的同分异构体称为立体异构体（stereomer）。立体异构现象包括对映异构（enantiomerism）和非对映异构（diasteromerism）两类，第 2 章中所述顺反异构则属于非对映异构。顺反异构体是因双键或成环单键不能自由旋转而引起的，顺-1,3-二甲基环己烷和反-1,3-二甲基环己烷、顺-丁-2-烯和反-丁-2-烯之间就属于这种立体关系；而上述反-1,3-二甲基环己烷的两种不同的异构体则属于对映异构，它们互为镜像关系。

结构决定性质是有机化学中的一个定律，构型的变化不仅能够影响有机化合物的理化性质，而且往往显著影响其功能或生物活性。例如，（S）-香芹酮存在于香菜种子，具有香菜的气味，而（R）-香芹酮存在于荷兰薄荷中，具有薄荷的气味，它们都是重要的香料，广泛应用于食品工业中，特别是牙膏、硬糖、口香糖和各种饮料中。L-抗坏血酸具有抗坏血酸作用，称为维生素 C，但 D-抗坏血酸则无此作用。因此，研究有机化合物的立体化学是非常有意义的。

（S）-香芹酮　　（R）-香芹酮　　　　L-抗坏血酸(维生素C)　　D-抗坏血酸

对映异构体　　　　　　　　　　　对映异构体

3.1　分子的旋光性

立体异构体通常具有不同的旋光活性（optical activity），简称旋光性。当平面偏振光通过含（R）-或（S）-香芹酮的溶液时，其平面偏振光的传播方向会发生一定程度的偏转。在相同的测定条件下，一对对映异构体能使平面偏振光向相反的方向偏转，而偏转的角度大小相同。如（R）-香芹酮能使平面偏振光发生左旋，（S）-香芹酮则使平面偏振光发生右旋。

3.1.1　旋光性的测定

用作测定物质旋光性的仪器称为旋光仪（polarimeter），其工作原理如图 3-1 所示。

首先，光是一种电磁波，普通光源发出的光在各个方向上都有传播，如果让普通光通过一个尼科尔棱镜，则透过棱镜的光只在一个方向上传播。这样的光称为平面偏振光（plane polarized light）。当平面偏振光穿过某一物质时，有些物质（如水、乙醇、甲烷等）不会改变光的传播方向，但有些物质［如（R）-或（S）-香芹酮、葡萄糖、果糖、乳酸等］能够改变光的传播方向，它们被称为旋光性物质。不同的旋光性物质能使偏振光产生不同大小的偏转角度和不同的偏转方向。

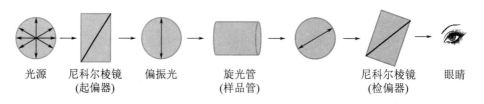

图 3-1　旋光仪的工作原理

在常用的旋光仪中，两个尼科尔棱镜是平行放置的，光通过第一个棱镜后产生平面偏振光，这个棱镜称为起偏器（polarizer）。第二个棱镜可以旋转，且连有刻度盘。这个棱镜称为检偏器（analyzer）。如果在盛样品的旋光管内装入水或乙醇等非旋光性物质，平面偏振光的传播方向不改变，眼睛能看到光，视窗内是亮的。如果旋光管内放入旋光性物质，则必须将检偏器旋转一定的角度 α，眼睛才能看到光。旋转的角度 α 称为旋光度（rotation degree），如果检偏器向右旋转可以看到光，称为右旋（dextro-rotatory，用"＋"表示），如向左旋转则称为左旋（levorotatory，用"－"表示）。旋光度用符号 α_λ^t 表示，t 为测定时的温度，λ 为光的波长。

3.1.2　比旋光度

旋光度 α 不仅与物质本身的结构有关，而且与物质的浓度以及旋光管的长度都有关。为了消除这些外界因素的干扰，而只考虑物质本身的结构对旋光度的影响，人们提出了比旋光度（specific rotation）的概念。比旋光度是指某物质在单位物质浓度、单位旋光管长度下测得的旋光度，用 $[\alpha]_\lambda^t$ 表示，t 为测定时的温度，λ 为测定时所用的波长，一般采用钠光（波长为 589.3nm，用符号 D 表示）。

$$[\alpha]_\lambda^t = \frac{\alpha}{l \cdot c}$$

式中，α 是旋光仪上测得的旋光度；l 是旋光管长度，dm；c 是溶液浓度，g/mL。若所测的旋光物质是纯溶液，把上式中的 c 换成液体的密度 d 即可：

$$[\alpha]_\lambda^t = \frac{\alpha}{l \cdot d}$$

例如，在 10mL 水中，加入某旋光物质 1g，在 1dm 长的旋光管内，用钠灯作光源，温度为 25℃时测得它的旋光度 α 为 −4.64°，则该物质的比旋光度为：

$$[\alpha]_D^{25} = \frac{-4.64}{\frac{1}{10} \times 1} = -46.4$$

比旋光度是旋光性物质特有的物理常数，许多物质的比旋光度值可从手册中查找。如葡萄糖为 $[\alpha]_D^{25} = +52.5$（水）；果糖为 $[\alpha]_D^{25} = -93$（水）。

★　问题 3-1　如果你测得的旋光度是 45°，你怎么知道是右旋 45°，还是左旋 315°？
★　问题 3-2　将化合物 A 的氯仿溶液（0.500g/mL）装在长度为 1dm 的样品池中，测得的旋光度是 ＋2.5°，试计算化合物 A 的比旋光度值。将浓度变为 0.250g/mL，得到的旋光度值是多少？

3.2 分子的手性与对称性

3.2.1 分子的手性

物质具有旋光性是其分子本身结构所引起的。早在 1849 年 Louis Pasteur 就发现酒石酸钠铵盐有两种几何形状不同的晶体，这两种晶体制成的溶液分别能使偏光向左或向右旋，但旋光度是相同的，这两种晶体的几何形状互为实体和镜像的对映关系，但不能重合，就像人的两只手一样呈镜面对映，但不能重合。人们将这种实体与其镜像不能重合的特性称为手性（chirality）。如果实体能够与它的镜像等同重合，则是无手性的。实体与其镜像不能重合的分子称为手性分子（chiral molecule）；反之，则称为非手性分子（achiral molecule）。

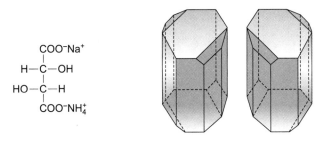

酒石酸钠铵盐及其两种不同晶体形状

互为实体和镜像关系的两个异构体称为对映异构体，简称对映体。乳酸的两个对映异构体（下图中的实体和镜像）在三维空间不能重合，它们都是手性分子：

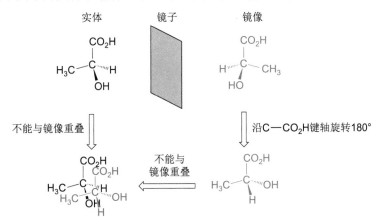

乳酸分子的中心碳原子连有 H、COOH、CH_3、OH 四个不同的基团，将连有四个不同基团的碳原子称为手性碳（chiral carbon），可用 C^* 表示。手性碳属于手性中心（chiral center）之一，氮、硅、磷、硫等原子也都有可能成为是手性中心。

3.2.2 分子的对称因素与手性的判断

判断分子是否具有手性，最直接的办法是看其实体能否与镜像重合，如果不能重合，则该分子为手性分子，如果能重合，则为非手性分子。但如果判断每个分子是否具有手性都将其镜像画出，再与实体相比，这样做很麻烦。实际上，用分子所具有的对称元素（symmetrical element）就可以判断分子是否具有手性。常用于讨论有机分子立体化学的对称元素有对称轴、对称面、对称中心等。

（1）对称轴（C_n）

设想分子中有一条直线，当以此直线为轴旋转 $360/n$（n 为正整数）后，得到的分子与原来的分子相同，这条直线称为 n 重对称轴（symmetric axle），用 C_n 表示。如反-丁-2-烯分子中存在一个垂直于分子平面的二重对称轴（C_2）：

顺-1，2，3，4-四氯环丁烷中有一个四重对称轴（C_4）：

甲烷分子中沿着任一 C—H 键轴都有一个三重对称轴（C_3）：

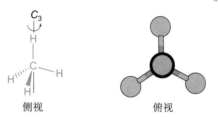

侧视　　　　　俯视

（2）对称面（σ）

对于有些分子，在其立体结构某个部位放一个平面，分子的一半正好是另一半的镜像，这个平面就是分子的对称面（symmetric plane），用 σ 表示。如二溴氟甲烷分子中沿着 H—C—F 平面有一个对称面：

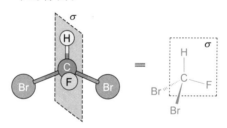

二溴氟甲烷分子中的对称面

对于平面形分子（如乙烯、苯、萘等），分子所处的平面本身就是一个对称面：

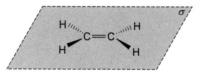

乙烯分子中的对称面

具有对称面的分子一定能够与其镜像重叠，如上述二溴氟甲烷能够与其镜像完全重叠，故属于非手性化合物。

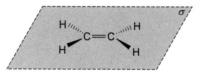

(3) 对称中心（i）

分子中有一点，从分子中任何一个原子出发，通过这个点作一直线，在该直线上这个点的另一方向相同距离处能找到相同的原子，这个点就称为对称中心（symmetric center），用 i 表示。如反-1,3-二氯环丁烷和苯分子中都有一个对称中心。

如果一个分子存在对称面或对称中心，这个分子一定无手性。然而，如果一个分子存在对称轴，这个分子可能有手性，也可能无手性。因此，对称轴不能作为判断分子有无手性的依据。例如，反-1,2-二氯环丙烷分子内有一个 C_2 对称轴，但其实体和镜像不能重合，属于手性分子。

镜面

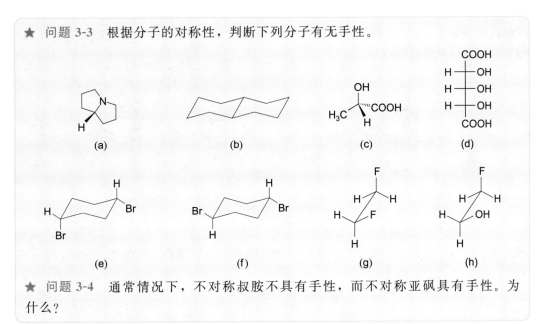

★ 问题 3-3　根据分子的对称性，判断下列分子有无手性。

(a)　(b)　(c)　(d)

(e)　(f)　(g)　(h)

★ 问题 3-4　通常情况下，不对称叔胺不具有手性，而不对称亚砜具有手性。为什么？

3.3　含有一个手性碳原子的化合物

如果一个分子的手性是由连有四个不同基团（或原子）的碳原子所引起的，这个不对称的碳原子则称为手性碳。除了手性碳之外，一些有机物分子的手性是由不对称的氮、硅、磷、硫等原子引起的，它们统称为"手性中心"。本章仅讨论含有手性碳原子的立体异构现象。

3.3.1　对映异构体和外消旋体的性质差异

含有一个手性碳原子的分子一定是手性分子。对一对对映体而言，每个对映体都具有旋光性，一个对映体使平面偏振光右旋，另一个分子则使平面偏振光左旋。一对对映体的性质与其所处环境有密切关系。在非手性环境中，两个对映体的性质是完全相同的，例如，对映异构体的熔点、沸点、溶解度以及在非手性条件下反应时的反应速率都相同。但在手性环境中，一对对映体的性质就不同了。就好像螺丝钉一样，螺丝钉有左螺旋和右螺旋之分，两者是一对对映体。当它们拧到木板上时（非手性环境），二者都可拧进去，不分彼此，但当它们拧到螺母上（手性条件）时，就分左螺旋和右螺旋了。再如，人的左右脚呈实体和镜像关系，是一对对映体，两者在穿袜子

（非手性环境）时，不分左右脚，而在穿鞋（手性环境）时，就要分左右脚了。葡萄糖也有左旋和右旋之分，天然存在的葡萄糖为右旋，它可以在人体内代谢，而左旋的葡萄糖就不能在人体内代谢。

当等量的左旋体和右旋体混在一起时，混合物无旋光性，称为外消旋体（racemate），用"（±）"表示。外消旋体和纯的对映体除旋光性质不同外，其它物理性质如熔点、沸点、密度、在同种溶剂中的溶解度等也不同，例如（＋）-乳酸和（－）-乳酸的熔点都是 53℃，而（±）-乳酸的熔点是 18℃。

3.3.2 构型的表示方法

透视式、楔形式和纽曼投影式都可以用来表示分子的空间构型，另一种常用的构型表示方法是 Fischer 投影式（Fischer projection）。下面以乳酸为例，用模型来说明 Fischer 投影式的表示方法。

设想手持一个分子的球棍模型，使其中横键的两个基团朝前，竖键的两个基团朝后，将这样摆放的分子投影到平面上，用十字交叉线表示，中间的碳原子不写出，这样的投影式称为 Fischer 投影式。在乳酸的 Fischer 投影式中，氢和羟基在纸平面前，羧基和甲基在纸平面后：

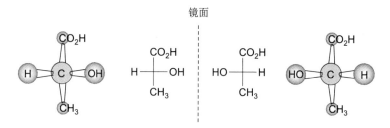

乳酸分子的Fischer投影式

Fischer 投影式虽用平面图形表示分子的立体结构，但却严格地表示了各基团的空间关系，因为规定横键的两个基团朝前，竖键的两个基团朝后。在使用 Fischer 投影式时要注意以下几点。

① Fischer 投影式不能离开纸面翻转，例如：

$$
\begin{array}{ccc}
& CO_2H & \\
H & \!\!\!-\!\!\! & OH \\
& CH_3 &
\end{array}
\xrightarrow{\text{离开纸面翻转}}
\begin{array}{ccc}
& CO_2H & \\
HO & \!\!\!-\!\!\! & H \\
& CH_3 &
\end{array}
$$

$$
\begin{array}{ccc}
& CO_2H & \\
H & \!\!\!-\!\!\! & OH \\
& CH_3 &
\end{array}
\qquad
\begin{array}{ccc}
& CO_2H & \\
HO & \!\!\!-\!\!\! & H \\
& CH_3 &
\end{array}
$$

对映异构体

② Fischer 投影式不能在纸面上旋转 90° 或 270°，但可以旋转 180°，例如：

$$
\begin{array}{ccc}
& CO_2H & \\
H & \!\!\!-\!\!\! & OH \\
& CH_3 &
\end{array}
\xrightarrow[\text{旋转90°}]{\text{纸面上顺时针}}
\begin{array}{ccc}
& H & \\
H_3C & \!\!\!-\!\!\! & CO_2H \\
& OH &
\end{array}
$$

$$
\begin{array}{ccc}
& CO_2H & \\
H & \!\!\!-\!\!\! & OH \\
& CH_3 &
\end{array}
\quad
\begin{array}{ccc}
& CO_2H & \\
HO & \!\!\!-\!\!\! & H \\
& CH_3 &
\end{array}
\equiv
\begin{array}{ccc}
& H & \\
H_3C & \!\!\!-\!\!\! & CO_2H \\
& OH &
\end{array}
$$

对映异构体

CO₂H ... (Fischer projections)

纸面上顺时针
旋转180°

③ Fischer 投影式不能将两个基团互换奇数次，但可以互换偶数次，例如：

CH₃和H对调1次

对映体关系

CH₃和H对调1次

OH和H对调1次

此外，在画 Fischer 投影式时，习惯上把含碳原子的基团放在竖键的方向，并把命名时编号最小的碳原子放在上端。

3.3.3　构型的标记

（1）*R/S* 标记法

首先将与手性碳原子相连的四个原子或基团（a，b，c，d）按次序规则（见 2.3.3 节）排序：a＞b＞c＞d。然后，沿着从中心碳原子到最小基团 d 的键轴观察，并使最小基团 d 远离观察者，其它三个基团按 a→b→c 的顺序观察；如果 a→b→c 是顺时针方向排列，称为 *R* 构型（*R* 为拉丁文 Rectus 的字首，"右"的意思）；若为逆时针方向排列，则称为 *S* 构型（*S* 为拉丁文 Sinister 的字首，"左"的意思）。命名时，将斜体的字母 *R* 或 *S* 加上圆括号，置于化合物名称前作为词头，并通过连字符"－"相连，即可明确标识手性碳原子的绝对构型（absolute configuration）。

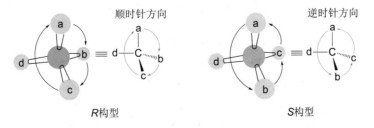

顺时针方向　　　　　　　逆时针方向

R 构型　　　　　　　　　*S* 构型

根据次序规则，乳酸分子中，手性碳原子所连的四个基团的优先次序为 OH（a）＞COOH（b）＞CH₃（c）＞H（d），因此（*R*）-乳酸和（*S*）-乳酸分别为：

顺时针方向
R

逆时针方向
S

顺时针方向
S

逆时针方向
R

当手性中心上带有两个除构型外相同的烯烃取代基时，需按照次序规则中的第三条进行排序，即（Z）>（E），顺>反，然后利用上述方法判断手性碳原子的绝对构型。例如，下面左侧化合物手性中心的构型为 R，命名为（2Z,5R,7E）-5-氯壬-2,7-二烯。右侧螺环化合物也具有手性中心，可命名为（R）-3,3-二甲基螺[4.4]壬-1,6-二烯。

（2Z，5R，7E）-5-氯壬-2，7-二烯
(2Z, 5R,7E)-5-chloronona-2, 7-diene

（R）-3, 3-二甲基螺[4.4]壬-1, 6-二烯
(R)-3, 3-dimethylspiro[4.4]nona-1, 6-diene

用 Fischer 投影式表示分子构型时，可用下列简单的方法判断 R/S 构型：如果最小基团在竖键上，表示最小基团在纸面后，观察者从前面看，如果 a→b→c 顺序是顺时针方向转，即为 R；如果是逆时针方向转，即为 S。

如果最小基团在横键上，表示最小基团在纸面前，观察者从前面看时，则最小基团离观察者最近，若从 a→b→c 为顺时针方向转，则手性碳的构型为 S；若为逆时针方向转，则手性碳的构型为 R。

用 Fischer 投影式表示的（S）-乳酸和（R）-乳酸如左边页边所示。

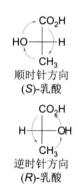

顺时针方向
(S)-乳酸

逆时针方向
(R)-乳酸

需要指出的是，R/S 标记法仅表示手性分子中四个基团在空间的相对位置。对于一对对映体来说，一个异构体的构型为 R，另一个则必然是 S，但它们的旋光方向（"+"或"−"）是不能通过构型来推断的，与 R/S 标记无关，只能通过旋光仪测定得到。R 构型的分子，其旋光方向可能是左旋的，也可能是右旋的。因此，分子的构型与分子的旋光性没有直接关系。只有测定出其中一个手性分子的旋光方向后，才能推测出其对映体的旋光方向。对于已知旋光方向的手性化合物，命名时可在其 R/S 标记与名称之间加入旋光方向符号。

（2）D/L 标记法

借助于 X 射线单晶衍射技术可以确定一个手性分子的绝对构型。然而，由于分子的构型与其旋光方向无关，早期人们无法确定手性分子的绝对构型。为解决这一问题，Fischer 提出了以（＋）-甘油醛的构型为标准来标记其它与甘油醛相关联手性化合物的相对构型（relative configuration）的一种方法，称为 D/L 标记法。Fischer 指定了（＋）-甘油醛的投影式是碳氧化数高的 CHO 在手性碳的上方，碳氧化数低的 CH_2OH 在下方，OH 在右方，H 在左方，构型用 D 标记；而（－）-甘油醛的 CHO 和 CH_2OH 不变，OH 在左方，H 在右方，构型用 L 标记。

其它手性化合物通过化学反应与甘油醛相关联，如化学转化不涉及手性碳四个键断裂的，手性碳的构型保持不变。由此分别得到与 D 和 L-甘油醛相关联的一系列化合物，如：

CHO
H——OH
CH_2OH
(R)-(+)-甘油醛

CHO
HO——H
CH_2OH
(S)-(−)-甘油醛

CHO
H——OH
CH_2OH
D-(+)-甘油醛

CHO
HO——H
CH_2OH
L-(−)-甘油醛

D-(+)-甘油醛 →[O]→ D-(−)-甘油酸 →[H]→ D-(−)-乳酸

L-(−)-甘油醛 →[O]→ L-(+)-甘油酸 →[H]→ L-(+)-乳酸

1951 年，J. M. Bijvoet 用 X 射线单晶衍射法成功地测定了右旋酒石酸铷钠的绝对构型，并由此推断出（＋)-甘油醛的绝对构型。有趣的是实验测得的绝对构型正好与 Fischer 任意指定的相对构型相同。显然，D/L 标记法有其局限性，因为这种标记法只能准确知道与甘油醛相关联的手性碳的构型，对于含有多个手性碳的化合物，或不能与甘油醛相关联的一些化合物，这种标记法就无能为力了。因此，对于多个手性碳的化合物（除了糖和氨基酸等天然化合物外），用 R/S 标记每个手性碳的构型较为适用。

> ★ 问题 3-5　指出下列分子结构中的手性碳原子，并判断它们的绝对构型（R 或 S）。
>
> ★ 问题 3-6　指出 Amoxicillin 分子中的手性碳原子，并判断它们的绝对构型（R 或 S）。

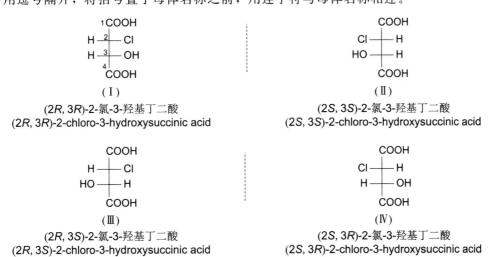

3.4　含两个手性碳原子的化合物

3.4.1　含两个不同手性碳原子的化合物

含一个手性碳的分子有两个立体异构体，含两个不相同手性碳的分子就有 4 个立体异构体，如果分子内有 n 个不同的手性碳，立体异构体的数目应是 2^n（n 为正整数），外消旋体的数目为 2^{n-1} 个。例如，2-氯-3-羟基丁二酸（即氯代苹果酸）有 2 个手性碳，有 4 个立体异构体。命名时将两个手性碳的 R/S 构型及其位次写在圆括号内，并用逗号隔开，将括号置于母体名称之前，用连字符与母体名称相连。

（Ⅰ）

(2R, 3R)-2-氯-3-羟基丁二酸
(2R, 3R)-2-chloro-3-hydroxysuccinic acid

（Ⅱ）

(2S, 3S)-2-氯-3-羟基丁二酸
(2S, 3S)-2-chloro-3-hydroxysuccinic acid

（Ⅲ）

(2R, 3S)-2-氯-3-羟基丁二酸
(2R, 3S)-2-chloro-3-hydroxysuccinic acid

（Ⅳ）

(2S, 3R)-2-氯-3-羟基丁二酸
(2S, 3R)-2-chloro-3-hydroxysuccinic acid

上述 4 个异构体中，Ⅰ和Ⅱ为对映异构体，Ⅲ和Ⅳ为对映异构体，Ⅰ和Ⅱ的等量混合物为外消旋体，同理，Ⅲ和Ⅳ的等量混合物也为外消旋体。Ⅰ和Ⅲ的一个手性碳构型相同，另一个相反，因此Ⅰ与Ⅲ之间不存在对映的关系，这样的两个化合物称为非对映异构体（diastereomer），简称非对映体。Ⅰ与Ⅳ、Ⅱ与Ⅲ、Ⅱ与Ⅳ之间均属于非对映体关系。非对映体之间不仅旋光能力不同，许多物理性质如沸点、熔点、溶解

度等也不同。非对映体具有相同的基团，只是各基团之间的相对位置不同，因此它们有相似的化学性质。此外，由于非对映体的沸点、熔点及溶解度不同，故一般可用分馏、重结晶、色谱等方法将它们分离。

如果分子内含有两个手性碳，且两个手性碳至少含有一个相同的基团时，常用赤式（erythr）和苏式（thre）表示两个非对映异构体的相对构型。这种方法是以赤藓糖（erythrose）和苏阿糖（threose）为基础命名的。用 Fischer 投影式表示构型时，将碳链写在竖键上，两个手性碳中相同的基团写在横键上，如果相同基团在同侧，称为"赤式"，在两侧则称为"苏式"。

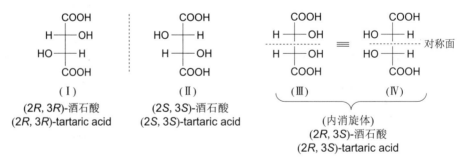

例如，赤式-和苏式-2,3-二氯戊烷的 4 个 Fischer 投影式表示如下：

对于有两个或多个手性中心的分子，如果部分手性中心位于侧链，则将其构型标记置于相应的侧链（取代基）名称前，例如：

(S)-3-((R)-1-氯乙基)环己-1-烯
(S)-3-((R)-1-chloroethyl)cyclohex-1-ene

3.4.2 含有两个相同手性碳原子的化合物

酒石酸（tartaric acid）含有两个手性碳原子，每个手性碳原子都连有 COOH、OH、H 和 CH(OH)COOH 四个基团，属于含有两个相同手性碳的化合物。酒石酸的 3 个立体异构体的 Fischer 投影式及其命名如下：

Ⅰ 和 Ⅱ 是实体与镜像关系，是一对对映体，各自有手性，当两者以等摩尔量混合时，成为外消旋体（±）。Ⅲ 和 Ⅳ 表面上是实体与镜像的关系，但两者能重合，将Ⅲ在纸面上旋转 180°便得到Ⅳ，所以Ⅲ和Ⅳ是同一个化合物。分析Ⅲ和Ⅳ的分子对称性，它们分子内都有一个对称面，是非手性分子，故无光学活性。这样的化合物称为内消旋体（meso compound），英文名用前缀"meso-"表示。因此，含有两个相同手性碳的分子都只有 3 个立体异构体，即一对对映体和一个内消旋体。表 3-1 列出酒石酸的左旋体、右旋体、外消旋体和内消旋体的物理性质。

表 3-1　各种酒石酸立体异构体的物理性质

酒石酸	mp/℃	$[\alpha]_D^{25}$(水)	溶解度/(g/100g 水)	pK_{a_1}	pK_{a_2}
(＋)-	170	+12	139	2.93	4.23
(－)-	170	−12	139	2.93	4.23
(±)-	204	0	20.6	2.96	4.24
meso-	104	0	125	3.11	4.80

3.4.3　构象与光学活性

以上分析各化合物的立体异构体时，都是用 Fischer 投影式表示的，而 Fischer 投影式是一种重叠的构象形式，真实存在的分子并不是以重叠式存在，而是以交叉式存在的。那么不同的构象是否会影响化合物的光学活性呢？现以 2,3-二氯丁烷为例进行分析，(2S,3S)-2,3-二氯丁烷和它的对映异构体 (2R,3R)-2,3-二氯丁烷的交叉式构象表示如下，二者分子内虽然有一个 C_2 对称轴，但都无对称面和对称中心，所以二者为实体和镜像的关系，均具有手性。

(2S,3S)-2,3-二氯丁烷　　　　　　　　　　(2R,3R)-2,3-二氯丁烷

从 (2R,3S)-2,3-二氯丁烷的 Fischer 投影式可以看出，分子内存在对称面，从其交叉式构象可以看出分子内有一个对称中心，所以该分子是非手性分子，无光学活性：

(2R,3S)-2,3-二氯丁烷

从以上分析来看，分子的构象存在形式并不会影响分子的手性。如果分子是手性的，不管以哪种构象形式存在都是手性的；如果分子是非手性的，总有一种构象具有对称面或对称中心，因而是非手性的。因为用 Fischer 投影式分析光学活性问题比较简单，因此以后再讨论此类问题时，只用 Fischer 投影式来分析即可。

★　问题 3-7　将下列结构转化成 Newman 投影式和 Fischer 投影式，并判断分子的手性。

★　问题 3-8　判断下列各结构式之间的相互关系：

(1)　属于同一化合物的有：_____

(2)　属于对映异构体的有：_____

(3)　属于非对映异构体的有：_____

(4)　属于内消旋体的有：_____

(5)　属于外消旋体的有：_____

3.5 环状化合物的立体异构

3.5.1 二取代环己烷的立体异构

（1）1,2-二取代环己烷

1,2-二甲基环己烷有两个相同的手性碳，立体异构体的数目为 3，即 1 个内消旋的顺式异构体和 2 个反式的对映异构体。顺式结构中有一个对称面，分子无手性；反式结构中虽有 C_2 对称轴，但无对称面和对称中心，实体与镜像不能重合，是手性分子，故存在一对对映异构体。

  镜面

(1*R*, 2*S*)-1, 2-二甲基环己烷 (1*R*, 2*R*)-1, 2-二甲基环己烷 (1*S*, 2*S*)-1, 2-二甲基环己烷
(1*R*, 2*S*)-1, 2-dimethylcyclohexane (1*R*, 2*R*)-1, 2-dimethylcyclohexane (1*S*, 2*S*)-1, 2-dimethylcyclohexane

1-乙基-2-甲基环己烷因有两个不同的手性碳，存在如下 4 个立体异构体，其中两对对映异构体：

(1*R*, 2*S*)-1-乙基-2-甲基环己烷 (1*S*, 2*R*)-1-乙基-2-甲基环己烷
(1*R*, 2*S*)-1-ethyl-2-methylcyclohexane (1*S*, 2*R*)-1-ethyl-2-methylcyclohexane

(1*R*, 2*R*)-1-乙基-2-甲基环己烷 (1*S*, 2*S*)-1-乙基-2-甲基环己烷
(1*R*, 2*R*)-1-ethyl-2-methylcyclohexane (1*S*, 2*S*)-1-ethyl-2-methylcyclohexane

（2）1,3-二取代环己烷

1,3-二甲基环己烷与1,2-二甲基环己烷相似，有两个相同的手性碳原子，故有 3 个立体异构体：一个内消旋的顺式异构体和两个反式的对映异构体。

  镜面

(1*R*, 3*S*)-1, 3-二甲基环己烷 (1*R*, 3*R*)-1, 3-二甲基环己烷 (1*S*, 3*S*)-1, 3-二甲基环己烷
(1*R*, 3*S*)-1, 3-dimethylcyclohexane (1*R*, 3*R*)-1, 3-dimethylcyclohexane (1*S*, 3*S*)-1, 3-dimethylcyclohexane

（3）1,4-二取代环己烷

反式和顺式的 1,4-二取代环己烷，无论两个取代基是否相同，都有对称面或对称中心，故为非手性分子。例如：

反-1, 4-二甲基环己烷 顺-1, 4-二甲基环己烷 反-1-氯-4-甲基环己烷 顺-1-氯-4-甲基环己烷
trans-1, 4-dimethyl *cis*-1, 4-dimethyl *trans*-1-chloro-4-methyl *cis*-1-chloro-4-methyl
cyclohexane cyclohexane cyclohexane cyclohexane

3.5.2 二取代环戊烷的立体异构

（1）1,3-二甲基环戊烷

1,3-二甲基环戊烷有两个相同的手性碳，故有 3 个立体异构体：1 个顺式异构体和

2 个反式构体，顺-1,3-二甲基环戊烷分子存在对称面，是内消旋的，故无手性。反式异构体分子中不存在对称面和对称中心，故有手性。

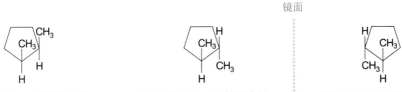

(1*R*, 3*S*)-1, 3-二甲基环戊烷 | (1*R*, 3*R*)-1, 3-二甲基环戊烷 | (1*S*, 3*S*)-1, 3-二甲基环戊烷
(1*R*, 3*S*)-1, 3-dimethylcyclopentane | (1*R*, 3*R*)-1, 3-dimethylcyclopentane | (1*S*, 3*S*)-1, 3-dimethylcyclopentane

（2）1,2-二甲基环戊烷

1,2-二甲基环戊烷有两个相同的手性碳，故有 3 个立体异构体：1 个顺式异构体和 2 个反式构体，顺式异构体分子存在对称面，是内消旋的，故无手性。反式异构体分子中不存在对称面和对称中心，故为手性分子。

(1*R*, 2*S*)-1, 2-二甲基环戊烷 | (1*S*, 2*S*)-1, 2-二甲基环戊烷 | (1*R*, 2*R*)-1, 2-二甲基环戊烷
(1*R*, 2*S*)-1, 2-dimethylcyclopentane | (1*S*, 2*S*)-1, 2-dimethylcyclopentane | (1*R*, 2*R*)-1, 2-dimethylcyclopentane

3.5.3　二取代环丁烷的立体异构

对于 1,3-二取代的环丁烷，无论是顺式还是反式异构体，无论两个取代基是否相同，都有一对称面，反式异构体尚有对称中心，故均无手性。例如：

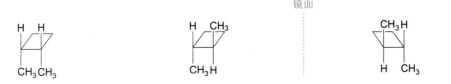

顺-1, 3-二甲基环丁烷 | 反-1, 3-二甲基环丁烷
cis-1, 3-dimethylcyclobutane | *trans*-1, 3-dimethylcyclobutane

1,2-二甲基环丁烷有 3 种立体异构体，其中顺式异构体具有对称面，无手性；反式异构体仅有 C_2 对称轴，但无对称面和对称中心，故存在一对对映异构体。

镜面

(1*R*, 2*S*)-1, 2-二甲基环丁烷 | (1*R*, 2*R*)-1, 2-二甲基环丁烷 | (1*S*, 2*S*)-1, 2-二甲基环丁烷
(1*R*, 2*S*)-1, 2-dimethylcyclobutane | (1*R*, 2*R*)-1, 2-dimethylcyclobutane | (1*S*, 2*S*)-1, 2-dimethylcyclobutane

当两个取代基不同时，则有以下 4 种立体异构体：

(1*S*, 2*R*)-1-氟-2-甲基环丁烷 | (1*R*, 2*S*)-1-氟-2-甲基环丁烷
(1*S*, 2*R*)-1-fluoro-2-methylcyclobutane | (1*R*, 2*S*)-1-fluoro-2-methylcyclobutane

(1*R*, 2*R*)-1-氟-2-甲基环丁烷 | (1*S*, 2*S*)-1-氟-2-甲基环丁烷
(1*R*, 2*R*)-1-fluoro-2-methylcyclobutane | (1*S*, 2*S*)-1-fluoro-2-methylcyclobutane

3.5.4 二取代环丙烷的立体异构

1,2-二氯环丙烷分子也有两个手性碳，应有 3 种立体异构体，顺-1,2-二氯环丙烷分子有一称面，是非手性分子；反式异构体无对称面和对称中心，属于手性分子，有一对对映异构体。

镜面

(1R, 2S)-1, 2-二氯环丙烷   (1S, 2S)-1, 2-二氯环丙烷   (1R, 2R)-1, 2-二氯环丙烷
(1R, 2S)-1, 2-dichlorocyclopropane   (1S, 2S)-1, 2-dichlorocyclopropane   (1R, 2R)-1, 2-dichlorocyclopropane

★ 问题 3-9　如右所示，顺-1,2-二溴环己烷既没有对称面也没有对称中心，为什么该分子没有手性？

3.6 含手性轴化合物的对映异构

前面所讨论的对映异构现象都是由分子中的手性中心所引起的。有些化合物虽然分子内没有手性中心，但有手性轴或手性面，其实体与镜像不能重合，这样的分子也具有手性。

3.6.1 丙二烯型化合物的对映异构

丙二烯分子中 C2 是 sp 杂化，C1 和 C3 是 sp^2 杂化，C2 用两个 sp 杂化轨道分别与 C1 和 C3 的两个 sp^2 杂化轨道形成两个 σ 键，剩余两个未参与杂化的 p_y 和 p_z 轨道分别与 C1 的 p_y 轨道和 C3 的两个 p_z 轨道形成两个 π 键，这两个 π 键互相垂直。这个分子具有一个沿着 C—C—C 键轴的 C_2 对称轴，和两个沿着 H—C—H 平面（即双键平面）的对称面，故不具有手性。

丙二烯的分子结构

如果两端的碳原子（即 C1 和 C3）分别连有两个不同的基团，则这个分子没有对称面和对称中心，从而具有手性。原来的 C_2 对称轴变为 C_2 手性轴（chiral axle）。如戊-2,3-二烯是一个具有 C_2 手性轴的手性化合物，已分离出它的两个对映异构体。

镜面

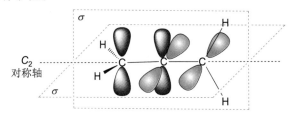

手性轴可以看成是手性中心的延伸，由于其结构中的取代基团是拉长了的四边形，分子具有手性的条件不再需要 4 个不同的基团，如上图所示，仅需要 a≠b 且 c≠d。即使 a=c 和/或 b=d 时也仍具有手性。对于这样的轴手性分子的构型，也可以根据次序规则用 R/S 来标记。次序规则规定：近端基团优先于远端基团。据此，当我们沿着 C_2 手性轴从一端向另一端观察上述两个戊-2,3-二烯异构体时，近端的甲基（a）和氢（b）均优

先于远端的甲基（c）和氢（d），它们的优先次序为 a＞b＞c＞d，从近端观察 a→b→c 的排列顺序，若为顺时针排列，则标记为 Ra；若为逆时针，则标记为 Sa 构型，这里的 a 是指轴手性。需要指出的是，构型的确定与观察的方向无关，如从反方向观察，也会得出相同的结果。

(Sa)-戊-2，3-二烯
(Sa)-penta-2, 3-diene

Sa

Ra

(Ra)-戊-2，3-二烯
(Ra)-penta-2, 3-diene

手性轴的构型亦可应用螺旋规则（helicity rule）来标记。这种标记法的符号为 P（即 pluse）和 M（即 minus），分别相当于上述 Sa 和 Ra。判断时，由手性轴轴向观察，近端的两个取代基的次序为 a＞b，远端的为 c＞d，只需直接判断 a→c 的方向，若为顺时针旋转，标记为 P 构型；若为逆时针，标记为 M 构型。因此，上述（Sa)-戊-2,3-二烯和（Ra)-戊-2,3-二烯可分别命名为（P)-戊-2,3-二烯和（M)-戊-2,3-二烯。

P

Sa

Ra

M

3.6.2 联苯型化合物的对映异构

未取代联苯的两个苯环在同一平面上，但当苯环两个邻位连有体积较大的取代基时，两个苯环之间的单键旋转受阻，不再共平面。如每个苯环邻位所连的基团不同，这个分子就具有手性。6,6′-二硝基联苯-2,2′-二甲酸就属于这类旋转受阻型手性分子，不存在对称面和对称中心，存在 C_2 手性轴，可分离出两个对映体来。同样，可采用上述两种方法来标记这两个对映体的构型。

(Sa)-6, 6′-二硝基联苯-2, 2′-二甲酸
(P)-6, 6′-二硝基联苯-2, 2′-二甲酸
(Sa)-6, 6′-dinitrobiphenyl-2, 2′-dicarboxylic acid

P

Sa

(Ra)-6, 6′-二硝基联苯-2, 2′-二甲酸
(M)-6, 6′-二硝基联苯-2, 2′-二甲酸
(Ra)-6, 6′-dinitrobiphenyl-2, 2′-dicarboxylic acid

Ra

M

联萘酚（简称 BINOL）与上述 6,6′-二硝基联苯-2,2′-二甲酸相似，是具有 C_2 手性轴的分子，目前已工业化生产，并广泛用作手性催化剂配体。

(Ra)-1, 1′-联萘-2, 2′-二酚
(Ra)-1, 1′-binaphthyl-2, 2′-diol

(Sa)-1, 1′-联萘-2, 2′-二酚
(Sa)-1, 1′-binaphthyl-2, 2′-diol

3.6.3 环外双键型化合物的对映异构

当一个双键与一个环直接相连（即环外双键），其情况与丙二烯型分子相似，如果整个分子没有对称面和对称中心，也属于具有 C_2 手性轴的分子，如下两个对映体早在 1909 年就被成功拆分：

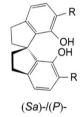

(Ra)-2-(4-甲基环己亚基)乙酸
(Ra)-2-(4-methylcyclohexylidene)acetic acid

(Sa)-2-(4-甲基环己亚基)乙酸
(Sa)-2-(4-methylcyclohexylidene)acetic acid

3.6.4 螺环化合物的对映异构

一些螺环化合物分子不具有对称面和对称中心，但具有 C_2 手性轴，是可拆分的手性化合物。例如：

(Sa)-6-甲基螺[3.3]庚烷-2-甲酸
(Sa)-6-methylspiro[3.3]heptane-2-carboxylic acid

(Ra)-6-甲基螺[3.3]庚烷-2-甲酸
(Ra)-6-methylspiro[3.3]heptane-2-carboxylic acid

有些具有螺环骨架的手性化合物已被作为手性催化剂或催化剂配体用于光学纯手性化合物的不对称合成中，例如：

按手性轴命名（旧方法）：
近端基团为a和b，远端基团为c和d。故此构型为 Ra。

按手性中心命名（新方法）：
在两环中各取优先基团为a和b，与a同环的另一基团为c，剩下的为d。故此构型为 S。

(Sa)-/(P)-

需要指出的是，有些化合物分子没有手性中心，也无手性轴，但也有手性。它们具有手性面（chiral plane），对映体可拆分，有些还用作手性催化剂（配体）。如下"柄状化合物"就是一类含手性面的化合物。没有羧基取代时，分子含有对称面；当有羧基取代，且与苯环相连的碳链短至取代的苯不能自由旋转时，实体和镜像不能重叠，即存在对映异构现象，对称面成为手性面。

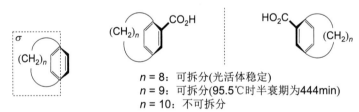

n = 8：可拆分(光活体稳定)
n = 9：可拆分(95.5℃时半衰期为444min)
n = 10：不可拆分

当含两个苯环的对环芳烷和"夹心面包型化合物"分子中一个芳环上连有取代基而导致分子无对称面时，这些化合物也具有手性面。例如：

此外，"螺旋型化合物"分子是一类特殊的手性分子，如六螺并苯：

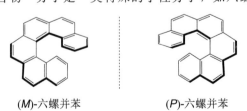

(M)-六螺并苯

(P)-六螺并苯

面手性化合物构型的标记比较复杂，对一般初学者来说有较大难度，不易掌握，故在此不做介绍。感兴趣的读者可学习阅读资料 3-1。

阅读资料3-1

★ 问题 3-10　判断下列分子有没有手性；若有手性，判断其绝对构型。

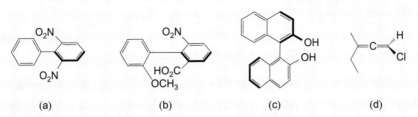

　　(a)　　　　　　(b)　　　　　　(c)　　　　　　(d)

★ 问题 3-11　画出反-环辛烯的结构，并判断其有无手性。

3.7　外消旋体的拆分

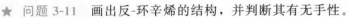

　　自然界的手性分子绝大多数是以单一对映异构体的形式存在，例如天然的氨基酸几乎全部是 L-构型的。手性化合物的生理活性与其构型密切相关，如合成甜味剂阿斯巴甜的 (S,S)-异构体的甜度是蔗糖的 200 倍，而它的对映异构体却呈现苦味。手性药物的两个对映体往往表现出很不相同的药理和毒理作用。例如，L-多巴（L-DOPA）是治疗帕金森综合征的有效药物，而其对映异构体 D-多巴则由于不能透过血脑屏障而产生严重毒副作用；(S,S)-乙胺丁醇是治疗结核病的药物，而它的 (R,R)-对映异构体却会导致失明。

(S, S)-阿斯巴甜　　　　　　L-多巴　　　　　　(S, S)-乙胺丁醇

　　由此可见，将手性药物以外消旋的形式使用是具有潜在危险的，甚至有可能导致严重的医疗事故。因此，制备纯的手性化合物具有实际意义。纯的手性化合物制备方法主要包括外消旋体的拆分、不对称合成以及从天然产物中获得。以下仅简单介绍外消旋体拆分法。

　　等量的左旋体和右旋体混合在一起组成外消旋体。一对对映体除旋光方向相反外，其它的物理性质以及在非手性条件下的化学反应都相同，因此不能用分馏、重结晶等方法分开。将外消旋体分离成右旋体和左旋体的过程称为拆分（resolution）。拆分的方法一般有以下几种方法。

（1）用手性试剂拆分法

　　这种化学方法应用最广。此法是将对映体转变为非对映体，而非对映体具有不同的物理性质，可以通过分步结晶或其它方法分开，最后再把分离得到的两种衍生物变回原来的旋光化合物。拆分剂类型的选择要根据外消旋体分子中的官能团而定，例如：要拆分外消旋酸，可用旋光性的碱。常用的旋光性碱主要是天然的生物碱，如（−）-奎宁，（−）-马钱子碱，（−）-番木鳖碱等。要拆分外消旋的碱，可用天然的旋光性酸，如酒石酸、苹果酸、樟脑磺酸等。

　　图 3-2 描述了手性试剂拆分外消旋羧酸的基本过程。

（2）动力学拆分

　　在手性环境下，如手性催化剂或手性试剂存在下，一对对映体能够选择性发生反应，转变为非对映异构体。由于二者发生反应的速率不同，可以利用催化剂或不足量的手性试剂与外消旋体作用，反应速率快的对映体优先完成反应，而剩下反应速率慢

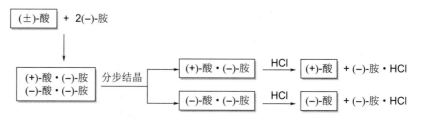

图 3-2 手性试剂拆分法流程示意图

的对映体，从而达到拆分的目的。这种方法称为动力学拆分（kinetic resolution）。

酶都是手性催化剂，而且具有很强的化学反应专一性，故可选用某些酶与外消旋体中的某个异构体反应，将这个异构体消耗掉，而剩余另一异构体，从而达到分离的目的。例如青霉素菌在含有外消旋体的酒石酸培养液中生长时，可将右旋酒石酸消耗掉，只剩下左旋酒石酸。

（3）诱导结晶法（晶种结晶法）

在外消旋体的过饱和溶液中加入一定量的某一种旋光体的纯晶种。与晶种相同的旋光体先结晶出来，将这种结晶过滤出来。此时滤液中另一旋光体的量相对较多。再加入一些消旋体制成过饱和溶液，于是另一种旋光体优先结晶出来，如此反复进行结晶，就可把一对对映体完全分开。

★ 问题 3-12　除了文中所述的手性试剂拆分法、动力学拆分法和诱导结晶拆分法以外，还有哪些方法可拆分对映体？

关键词

立体异构体	stereomers	对称元素	symmetric element
对映异构体	enantiomers	对称轴	symmetric axle
旋光活性	optical activity	对称面	symmetric plane
旋光仪	polarimeter	对称中心	symmetric center
平面偏振光	plane polarized light	外消旋体	racemates
旋光度	rotation degree	Fischer 投影式	Fischer projection
右旋	dextrorotatory	绝对构型	absolute configuration
左旋	levorotatory	相对构型	relative configuration
比旋光度	specific rotation	非对映异构体	diastereomers
手性	chirality	内消旋体	meso compound
手性分子	chiral molecule	手性轴	chiral axle
非手性分子	achiral molecule	螺旋规则	helicity rule
手性碳	chiral carbon	手性面	chiral plane
手性中心	chiral center	外消旋体的拆分	resolution of racemates

习 题

3-1　青蒿素是 20 世纪 70 年代我国科学家从中草药黄花蒿中发现和分离提取出的一种具有抗疟疾作用的天然有机化合物，目前已在全世界范围内广泛使用。请指出青蒿素分子中每一个手性碳原子的 R/S 构型。

青蒿素

3-2　将下列化合物转换成 Fischer 投影式，并标出各手性碳的 R/S 构型。

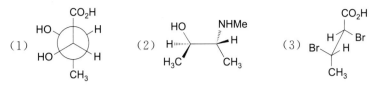

3-3　用 Fischer 投影式表示下列化合物的结构：

(1) (S)-3-甲基戊-1-炔　　　　(2) (3R,4R)-3-氟-4-甲基己烷

(3) (2S,3R)-2-溴-3-氯丁烷　　(4) (2S,3R)-2-氯-3-氟戊烷

(5) meso-2,3-二溴丁烷　　　　(6) (2Z,4S,5R,6E)-4,5-二氯辛-2,6-二烯

(7) (S)-2-溴丁烷

3-4　下列化合物中哪些有手性？若有手性，请标出其构型（R/S 或 P/M）。

(1)

(2)

(3)

(4)

(5)

(6)

(7)

(8)

(9)

(10)

3-5　用系统命名法命名下列化合物（用 R/S、Z/E 标记构型）：

(1)

(2)

(3)

3-6　长尾粉蚧壳虫信息素 A 是雌性长尾粉蚧壳虫（一种植物害虫）分泌的性激素，其外消旋体目前已被人工合成，并商业化用于农田害虫的控制和诱杀。最近，化学家通过全合成途径确定了天然长尾粉蚧壳虫信息素的绝对构型（J. Org. Chem. 2013，78，6281—6284）。通过全合成方法分别得到了 A 的 2 种立体异构体，发现其中的 (S)-(+)-异构体具有吸引雄性长尾粉蚧壳虫的活性，而它的对映体 (R)-(−)-A 则无此生物活性。此结果表明雌性长尾粉蚧壳虫分泌的天然长尾粉蚧壳虫信息素为 (S)-A。商业化使用的外消旋体与纯的 (S)-对映体生物活性相似，说明 (R)-A 对 (S)-A 的生物活性无抑制作用。写出 (R)-A 和 (S)-A 的结构式。

A

第4章

碳碳重键的加成反应

碳碳双键（C═C）由一个 σ 键和一个 π 键组成，碳碳叁键（C≡C）则是由一个 σ 键和二个 π 键组成。由于 π 键是 p 轨道以"肩并肩"的形式重叠成的键，重叠程度比 σ 键小，键的牢固性差，易断裂而发生反应。烯烃和炔烃最典型的反应就是加成反应（addition reaction），加成后断裂一个 π 键生成二个 σ 键，放出热量，产物稳定性增大。最常见的碳碳重键加成反应包括亲电加成、亲核加成、加氢（常称作还原反应）、加氧（常称为氧化反应）、环加成（属于周环反应）等。

4.1 共价键的断裂方式与有机反应的基本类型

有机反应是旧键断裂和新键生成的过程。根据共价键断裂与形成的方式不同，可将有机反应分为离子型反应（ionic reaction）、自由基型反应（radical reaction）和协同反应（concerted reaction）三大基本类型。

（1）离子型反应

共价键断裂时，成键电子对完全属于一个原子或基团，产生了正离子和负离子，这样的断裂方式称为异裂（heterolytic cleavage）。

$$A\!-\!B \xrightarrow{\text{异裂}} \begin{cases} A^+ + :B^- \\ \quad \text{或} \\ A\!:^- + B^+ \end{cases}$$

如果成键的原子 A 和 B 之一是碳，带正电荷的碳称为碳正离子（carbocation）；带负电荷的碳则称为碳负离子（carbanion）。

$$\underset{R}{\overset{R}{\underset{|}{\overset{|}{C}}}}\!-\!Br \xrightarrow{\text{异裂}} \underset{R}{\overset{R}{\underset{|}{\overset{|}{C}}}}{}^+ + :\!\ddot{\underset{\cdot\cdot}{Br}}:^-$$

碳正离子

$$\underset{R}{\overset{R}{\underset{|}{\overset{|}{C}}}}\!-\!H \xrightarrow{\text{异裂}} \underset{R}{\overset{R}{\underset{|}{\overset{|}{C}}}}:^- + H^+$$

碳负离子

反应过程中共价键发生异裂产生离子的反应称为离子型反应。根据反应试剂的类型不同，离子型反应分为亲电反应（electrophilic reaction）和亲核反应（nucleophilic reaction）两大类。在亲电反应中，反应的试剂为缺电性物种，称为亲电试剂（electrophile），它能接受电子对或"亲近"电子对，反应物（或底物）则提供电子对。相反，在亲核反应中，反应的试剂为亲核试剂（nucleophile）提供电子对，反应物（或底物）接受电子对。

亲电反应还可以进一步分为亲电加成（electrophilic addition）和亲电取代（electrophilic substitution）两类；亲核反应亦可分为亲核加成（nucleophilic addition）和亲核取代（nucleophilic substitution）两类。本章将主要讨论一些经典的碳碳重键的亲电加成反应，亲电取代（第 6 章）、亲核加成（第 10 章）和亲核取代（第 8 和 11 章）将在以后章节中讨论。

（2）自由基型反应

共价键断裂时，成键的一对电子平均分给成键的两个原子或基团，产生了带有未成对电子的原子或基团，称为自由基（free radical）。这样的断裂方式称为共价键的均裂（homolytic cleavage）。

$$A-B \xrightarrow{\text{均裂}} A\cdot + \cdot B$$

例如，溴分子在加热或光照下发生均裂，产生两个溴自由基，即溴原子：

$$Br-Br \xrightarrow[\triangle \text{或} h\nu]{\text{均裂}} Br\cdot + \cdot Br$$
$$\text{溴自由基}$$
$$\text{(溴原子)}$$

如果成键的原子 A 和 B 之一是碳原子，产生自由基称为碳自由基（carbon radical），如三氯甲基自由基：

$$Cl_3C-Br \xrightarrow{\text{均裂}} Cl_3C\cdot + \cdot Br$$
$$\text{三氯甲基自由基}$$

在反应过程中，共价键发生均裂产生自由基中间体的反应称为自由基型反应。这一大类反应将在第 5 章中讨论。

碳正离子、碳负离子和碳自由基都是反应过程中产生的高活性物种，通常极不稳定，很难分离，只能瞬间存在，有时可被仪器检测到，故统称为反应的活性中间体（reactive intermediate）。

（3）协同反应

一些反应不生成任何活性中间体，旧键的断裂和新键的生成同时进行，这样的反应称为协同反应。例如，溴甲烷与氢氧化钠发生亲核取代生成甲醇的反应没有中间体产生，反应经历了一个假想的"五价碳"的过渡态。在这个过渡态结构中，虚线表示即将断裂或即将形成的共价键，亲核试剂（OH^-）的一个负电荷分散在 OH 和 Br 原子上，用部分负电荷"δ^-"表示。

溴甲烷　　　　过渡态　　　　甲醇

一些协同反应经历了一个环状的过渡态，它们称为周环反应（pericyclic reaction），如 [4+2] 环加成反应经过了六元环状过渡态。这类协同反应将在第 17 章中详细讨论。

六元环状过渡态

4.2 烯烃和炔烃的亲电加成反应

烯烃的 π 键电子云分布在碳碳键轴的上下两侧，电子云裸露在外，易极化，为富电子体系，容易与缺电子性的亲电试剂（用"E^+"表示）结合，发生 π 键断裂，生成两个新的 σ 键。这类反应属于亲电加成反应，它们是不饱和烃最典型的反应。通常反应分两步进行：①碳碳重键 π 电子进攻缺电子的亲电试剂，形成碳正离子中间体，这是反应的决速步骤（rate determining step，RDS）；②体系中的亲核试剂将碳正离子捕获，形成加成产物。由于烯烃和炔烃是富电子体系，属于 Lewis 碱，而亲电试剂是缺电子体系，属于 Lewis 酸，故亲电加成反应本质上是 Lewis 碱和 Lewis 酸之间的反应。常见的亲电试剂包括 Brønsted 酸（即质子酸，如 HX 和 H_2SO_4 等）和 Lewis 酸（如 X_2、BH_3、Hg^{2+} 盐等）。

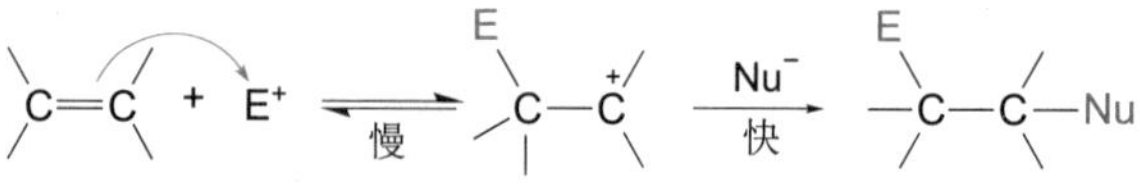

4.2.1 烯烃和炔烃与卤化氢的加成

(1) 烯烃与卤化氢的加成

烯烃的碳碳双键与卤化氢发生亲电加成反应，生成卤代烷。

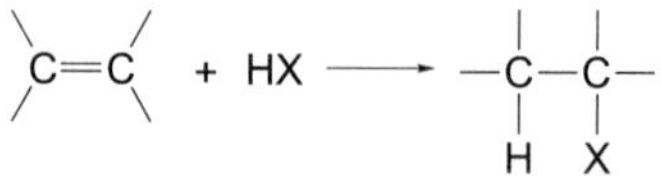

例如：

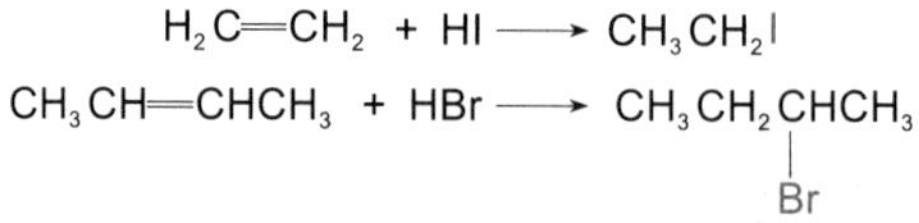

不同卤化氢与烯烃亲电加成反应的速率取决于卤化氢的解离能力，卤化氢酸性越强，解离能力越强，与烯烃亲电加成的速率越快。不同卤化氢的相对反应速率大小顺序为：

$$HI > HBr > HCl$$

对于不同的底物，双键碳上的烷基越多，双键电子云密度越高，反应速率越快：

$$(CH_3)_2C{=}CH_2 > CH_3CH{=}CHCH_3 > CH_3CH{=}CH_2 > CH_2{=}CH_2$$

如果底物是对称烯烃，生成的产物只有一种；若为不对称的烯烃，则可能生成两种产物。例如，丙烯加卤化氢生成 2-卤代丙烷和 1-卤代丙烷的混合物，但前者为主要产物，后者为次要产物。

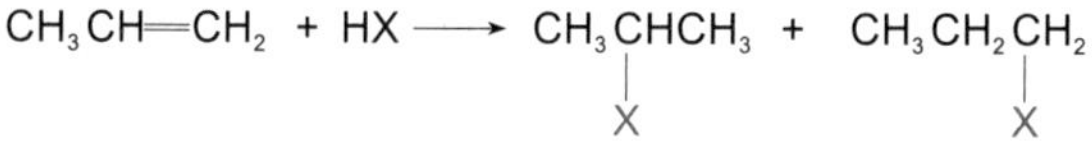

主要产物　　次要产物

2-卤代丙烷和 1-卤代丙烷属于构造异构体，这种生成某种构造异构体为主要产物的选择性称为区域选择性（regioselectivity）。不对称烯烃加卤化氢的这种区域选择性是普遍的，即氢总是加到含氢较多的碳上。这一经验规律是由马可尼可夫（V. V. Markovnikov）在 19 世纪 60 年代末发现和总结出的，后来称为马可尼可夫规则（Markovnikov rule），简称马氏规则。根据这一规则，可预测烯烃亲电加成反应的主要产物。

马氏规则是一个普遍规律，例如异丁烯在醋酸（AcOH）中加 HBr，反应几乎定量生成叔丁基溴（即 2-甲基-2-溴丙烷），而没有得到 1-溴-2-甲基丙烷。类似的高区域选择性也发生在 1-甲基环己烯与 HI 的反应中。

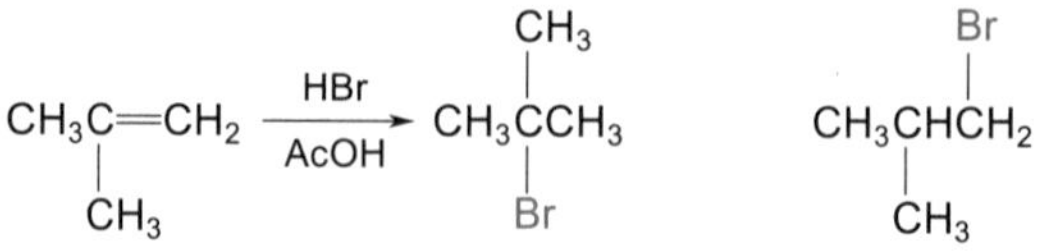

异丁烯　　叔丁基溴（100%）　　异丁基溴（未发现）

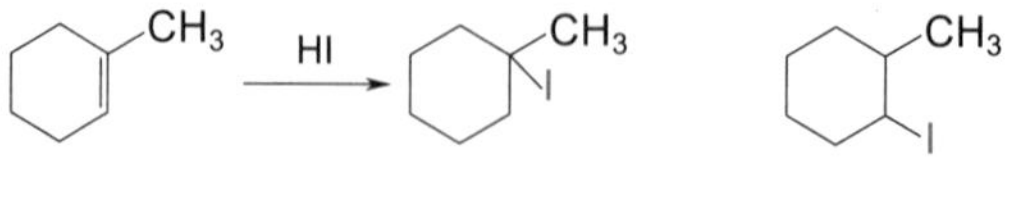

1-甲基环己烯　　1-碘-1-甲基环己烷（100%）　　1-碘-2-甲基环己烷（未发现）

(2) 烯烃与卤化氢反应的机理

烯烃与溴化氢加成时，首先 H^+ 加到双键碳上，生成碳正离子中间体；然后，负电性的 Br⁻ 亲核进攻碳正离子，生成加溴化氢产物。

第一步反应是吸热的，活化能较高，反应较慢，是决速步骤；第二步反应活化能较低，反应快，碳正离子中间体一旦形成，便立即与 Br⁻ 结合。既然第一步反应是决速步骤，那么碳正离子的形成应对反应的快慢和反应的区域选择性负主要责任，因此了解碳正离子的结构与稳定性是非常必要的。

有机反应的机理与反应势能图

如何用化学语言来表述有机反应的过程，即如何书写有机反应机理（reaction mechanism）？下面先对一些基本概念和表示方法给予简要介绍，详细内容将结合具体的例子在以后章节中展现。

有机反应包括了共价键的断裂和形成，键的断裂有均裂和异裂两种方式。均裂时共价键中的单个电子转移到一个原子上，描述机理时用鱼钩箭头（fish-hook arrow）表示单电子转移（single electron transfer，SET），箭头指向单个电子流动（或偏移）的方向。异裂时，共价键中的一对电子转移到一个原子上，用弯箭头（full-headed arrow）表示电子对的转移，箭头指向电子对流动（或偏移）的方向。

一般来讲，电子总是从富电子中心（electron-rich center）流向贫电子中心（electron-deficient center），并遵守八隅体规则。以上述异丁烯加溴化氢的反应机理为例，这个反应的第一步是异丁烯的双键作为富电子中心，一对 π 电子流向溴化氢分子中的氢，与此同时，H—Br 键发生异裂，形成碳正离子和溴负离子。这个过程可用如下两个弯箭头表示：

在第二步反应中，溴负离子为富电子中心，而碳正离子为贫电子中心，所以弯箭头是由溴负离子指向碳正离子，溴给出电子形成 C—Br 键：

20 世纪 30 年代中期，Eyring 和 Polany 等人提出了反应速率的过渡态理论（theory of transition state）。该理论认为，从反应物转变为产物需要经过一个高能的过渡态（transition state，TS），即由反应物分子形成的活化络合物（activated complex）。在有机反应过程中，当活化络合物形成时，自由能升高至最大值；经过过渡态后能量回落，生成产物或中间体。过渡态不能被检测或捕获，而中间体有一定的寿命，可以被检测或捕获。过渡态是旧的化学键尚未完全断裂（用虚线表示），而新的键尚未完全形成（用虚线表示）的一种状态，因此过渡态的结构往往不符合八隅体规则和价键规律。书写时过渡态的结构需要加方括号，括号的右上角用符号"‡"标注。例如，上述第一步反应过渡态（即第一过渡态，用 TS-1 表示）和第二步反应过渡态（即第二过渡态，用 TS-2 表示）可表示如下：

TS-1　　　　TS-2

反应通过过渡态所要克服的能垒就是活化自由能，用 $\Delta G^{\ddagger}$ 或 E_a 表示。通常有机反应的活化自由能在 $40\sim150\mathrm{kJ/mol}$ 范围。反应物与产物之间的能量差为反应的自由能变化，用 ΔG° 表示，多数有机反应的熵变（$T\Delta S$）较小，可忽略不计，故也可近似用焓变（ΔH°）表示。常用反应坐标（reaction coordinate）来描述反应过程中底物、中间体和过渡态的相对自由能变化情况。如图 4-1 所示，反应坐标中的纵坐标为各物种的相对自由能，横坐标为反应的进程，从反应物到过渡态的自由能变化就是活化自由能（$\Delta G^{\ddagger}$ 或 E_a）。图 4-1（a）中的 ΔG° 为负值，则表示是放能反应（exergonic reaction），图 4-1（b）中的 ΔG° 为正值，表示这个基元反应是吸能反应（endergonic reaction）。

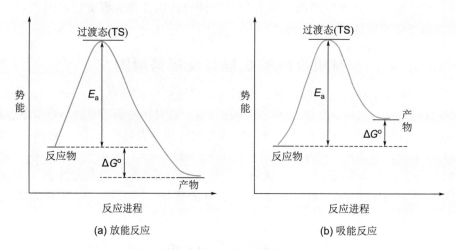

图 4-1　有机基元反应的势能变化图

大部分有机反应是分步进行的，即由若干个基元反应组成，前一步反应的产物是下一步反应的反应物，故称为中间体。以异丁烯与溴化氢的亲电加成反应为例，其反应机理和反应坐标如图 4-2 所示。图中 TS-1 和 TS-2 分别为第一步和第二步反应的过渡态；E_{a_1}（或 $\Delta G_1^{\ddagger}$）和 E_{a_2}（或 $\Delta G_2^{\ddagger}$）分别为第一步反应和第二步反应的活化自由能；ΔG° 为整个反应自由能变化。这个图中产物的势能低于底物的势能，即产物较底物稳定，故反应为放能反应。

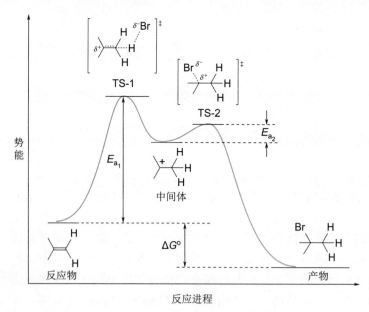

图 4-2　异丁烯与溴化氢亲电加成反应的势能变化图

从反应势能图中可以比较直观地获得一个反应的许多重要信息，包括以下几个方面。

① 反应的步骤：一步反应的峰形通常为单峰（见图 4-1），两步反应的峰形为"驼峰"，即双峰（见图 4-2），以此类推。

② 决速步骤：反应的速率取决于活化自由能，活化自由能越高，速率越小。对于一个多步反应，通常情况下，过渡态自由能最高的一步反应为决速步骤。例如，图 4-2 中，TS-1 比 TS-2 的能量高，故反应的第一步为决速步骤。

③ 反应物、产物、中间体的相对稳定性。

④ 反应放能/吸能情况：如上所述，当产物比反应物稳定时，ΔG° 为负值，这个反应是放能的；相反，当反应物比产物稳定时，ΔG° 为正值，该反应是吸能反应。

（3）碳正离子的结构与稳定性

最简单的烷基碳正离子为 sp^2 杂化，每个 sp^2 杂化轨道分别与三个原子形成三个 σ 键，一个未参与杂化的 p 轨道为空轨道，垂直于 sp^2 杂化轨道平面。所以碳正离子周围只有六个电子，是一个缺电子的活泼中间体。

甲基碳正离子的结构

影响碳正离子稳定性的因素包括取代基的诱导效应和共轭效应，以及邻位碳氢键的超共轭效应。由于碳正离子是缺电子的活泼中间体，当它连有给电子基团（electron donating group，EDG）时，给电子基团可以分散正电荷，从而使碳正离子更稳定。甲基具有给电子诱导效应（+I），它的存在使得碳正离子的稳定性增强；三氟甲基具有吸电子诱导效应（−I），属于吸电子基团（electron withdrawing group，EWG）。三氟甲基的存在使得碳正离子的稳定性降低。甲基正离子、乙基正离子、2,2,2-三氟乙基正离子的相对稳定性如下：

$$^+CH_3 < {}^+CH_2CH_3 ; {}^+CH_2CF_3 < {}^+CH_2CH_3$$

与正离子中心碳原子相连的烷基越多，给电子诱导效应越强，碳正离子越稳定。因此，基于烷基的给电子诱导效应，一些碳正离子的相对稳定性次序如下：

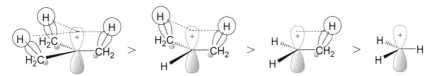

与碳正离子相邻碳原子上 C—H σ 键的成键轨道能够与中心碳原子空的 p 轨道部分重叠，这种作用使得 σ 轨道的成键电子对能够离域到空的 p 轨道，电子的势能降低，体系稳定性增加，此作用称为 σ-p 超共轭效应。这与我们在第 2.3.4 节中所讨论的 σ-π* 超共轭效应相似。

乙基碳正离子的σ-p
超共轭效应

对于乙基碳正离子，和碳正离子相邻碳上有 3 个 C—H σ 键，从而可以形成 3 个 σ-p 超共轭。以此类推，异丙基碳正离子有 6 个相邻碳氢 σ 键，碳正离子更稳定；叔丁基碳正离子有 9 个相邻碳氢 σ 键，碳正离子的稳定性进一步提高。这些碳正离子的 σ-p 超共轭效应强弱顺序为：

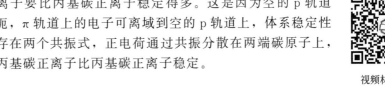

由此可见，超共轭效应对碳正离子稳定性的影响与上述甲基给电子诱导效应的影响结果一致。进一步学习超共轭效应对碳正离子稳定性的影响可观看视频材料 4-1 和 4-2。

视频材料4-1

除了上述诱导效应和超共轭效应影响碳正离子的稳定性之外，共轭效应也是一个重要因素。例如：烯丙基碳正离子要比丙基碳正离子稳定得多。这是因为空的 p 轨道可与相邻的 π 轨道发生 p-π 共轭，π 轨道上的电子可离域到空的 p 轨道上，体系稳定性增强。因此，烯丙基碳正离子存在两个共振式，正电荷通过共振分散在两端碳原子上，如共振杂化体所示。所以，烯丙基碳正离子比丙基碳正离子稳定。

视频材料4-2

烯丙基碳正离子
的p-π共轭

烯丙基碳正离子
的共振结构

共振杂化体

苄基碳正离子的正电荷可分散在四个碳原子上，因此它也是比较稳定的。

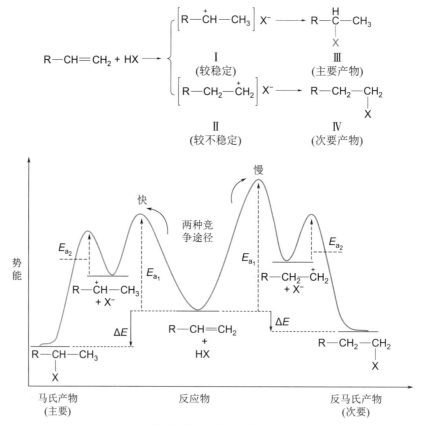

共振杂化体

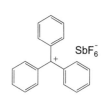

实际上，二苯基甲基碳正离子和三苯基甲基碳正离子相当稳定，它们的六氟锑酸盐或四氟硼酸盐是稳定的固体，可被分离出来进行结构鉴定。

综合考虑诱导效应、共轭效应和超共轭效应，一些常见类型碳正离子相对稳定性的大致顺序如下：

视频材料4-3

甲基碳正离子既无共轭效应、超共轭效应，也没有给电子诱导效应，因此它极其不稳定。实际上，人们迄今尚未获得甲基碳正离子的直接证据。读者可观看视频材料4-3，进一步了解碳正离子的结构与稳定性。

（4）烯烃亲电加成反应区域选择性的理论解释

不对称的末端烯烃加卤化氢，第一步反应可得到两种碳正离子中间体Ⅰ和Ⅱ，它们在第二步反应中分别与亲核试剂 X⁻ 结合生成Ⅲ和Ⅳ。如图 4-3 所示，由于Ⅰ为仲碳正离子，较伯碳正离子Ⅱ稳定；根据 Hamond 假说，形成Ⅰ的过渡态为类碳正离子的后过渡态，其活化能（E_{a_1}）比形成Ⅱ的活化能低，故形成Ⅰ要比形成Ⅱ快，最终产物中马氏产物为主要产物，反马氏产物为次要产物。由此可见，这个反应的区域选择性是动力学控制的。

图 4-3　末端烯烃与 HX 加成的两种可能途径

以 3,3,3-三氟丙烯为例，三氟甲基为吸电子诱导效应，从 π 电子云密度来讲，其电子云密度受到吸电子基的影响而降低，因此，它的亲电加成反应速率比丙烯加成要慢。另一方面，由于三氟甲基的强吸电子诱导效应，产生的碳正离子Ⅱ要比碳正离子Ⅰ稳定，故生成的产物以 1-卤-3,3,3-三氟丙烷为主。在碳正离子Ⅰ中，三氟甲基直接与中心碳原子相连，吸电子诱导效应较强；而在Ⅱ中，三氟甲基与中心碳原子之间相隔一个亚甲基，诱导效应明显减弱。这种情况下，区域选择性显然不符合马氏规则，称为反马氏加成。常见的吸电子基还有 CN、$COOH$、NO_2 等，它们都有可能导致反马氏加成。

$$F_3C—CH=CH_2 + HX \longrightarrow \begin{cases} [F_3C—\overset{+}{C}H—CH_3]\ X^- \longrightarrow F_3C—\overset{\underset{X}{|}\ H}{C}—CH_3 \\ \quad\quad\quad\quad \text{I} \\ \quad\quad\quad\quad \text{(较不稳定)} \quad\quad\quad\quad\quad\quad \text{(次要产物)} \\ \\ [F_3C—CH_2—\overset{+}{C}H_2]\ X^- \longrightarrow F_3C—CH_2—\underset{\underset{X}{|}}{CH_2} \\ \quad\quad\quad\quad \text{II} \\ \quad\quad\quad\quad \text{(较稳定)} \quad\quad\quad\quad\quad\quad\quad \text{(主要产物)} \end{cases}$$

3,3,3-三氟丙烯
3,3,3-trifluoropropene

如果双键上含有 O、N、X 等具有孤对电子的原子或基团时，加成产物符合马氏规则。例如，氯乙烯加 HCl 时，得到的产物为 1,1-二氯乙烷：

$$Cl—\underset{1}{CH}=\underset{2}{CH_2} + HCl \longrightarrow Cl_2CHCH_3$$

氯乙烯   1,1-二氯乙烷

卤素为吸电子诱导效应（$-I$ 效应），但卤素的孤对电子可与双键形成 p-π 共轭，具有给电子的共轭效应（$+C$ 效应），氯乙烯的共轭效应可用如下共振结构来表示：

$$H_2C=CH—\ddot{C}l: \longleftrightarrow H_2\overset{-}{C}—CH=\overset{+}{C}l:$$

一方面，氯的吸电子诱导作用（$-I$）使得 π 电子云密度降低，从而导致氯乙烯的亲电加成反应速率比乙烯慢。另一方面，由于氯原子的给电子共轭作用（$+C$），使得 π 电子云偏向 2-位碳，2-位碳具有富电子性。因此，当双键接受质子时，2-位碳比 1-位碳更易接受质子，生成马氏加成产物。

从生成中间体的相对稳定性角度分析：卤乙烯与 HCl 的加成可生成 I 和 II 两个碳正离子中间体。对于中间体 I 来讲，未参与杂化的 p 轨道不仅可以和三个相邻的碳氢键产生 σ-p 超共轭，而且可以和卤素 p 轨道形成 p-p 共轭，卤素上的孤对电子由于共轭流向空的 p 轨道，从而共振得到更稳定的正离子 III。对于中间体 II 来讲，只有两个邻位碳氢键形成 σ-p 超共轭，碳正离子和卤素相隔一个 sp³ 杂化碳原子，不能发生 p-p 共轭。因此，中间体 I 比 II 稳定，产物 1,1-二氯乙烷为主要产物。

p-p共轭

$$H_2C=CH—\ddot{C}l: \longrightarrow \begin{cases} [H_3C—\overset{+}{C}H—\ddot{C}l: \longleftrightarrow H_3C—CH=\overset{+}{C}l:]\ Cl^- \longrightarrow H_3C—\underset{\underset{Cl}{|}}{CH}—Cl \\ \quad \text{I (较稳定)} \quad\quad\quad \text{III (更稳定)} \quad\quad\quad\quad\quad \text{(主要产物)} \\ \\ [H_2\overset{+}{C}—CH_2—\ddot{C}l:]\ Cl^- \longrightarrow H_2\underset{\underset{Cl}{|}}{C}—CH_2—Cl \\ \quad \text{II (较不稳定)} \quad\quad\quad\quad\quad\quad\quad \text{(次要产物)} \\ \quad \text{无p-p共轭} \end{cases}$$

（5）炔烃与卤化氢的加成

炔烃与卤化氢加成首先生成卤代烯烃，卤代烯烃继续与卤化氢加成生成二卤代烷。

$$R—\!\!\!\equiv\!\!\!—R \xrightarrow{HX} \overset{R}{\underset{X}{}}C=C\overset{H}{\underset{R}{}} \xrightarrow{HX} \overset{R}{\underset{X}{}}\overset{}{C}\!\!—\!\!\overset{H}{\underset{R}{}}\overset{}{C}\!\!—H$$

不对称炔烃与卤化氢加成也遵从马氏规则。例如，己-1-炔与 HBr 加成，先生成 2-溴己-1-烯，再加 HBr 得到 2,2-二溴己烷：

己-1-炔   2-溴己-1-烯   2,2-二溴己烷

（6）过氧化物存在下烯烃和 HBr 的加成

不对称的烯烃与 HX 加成遵循马氏规则，但在过氧化物的作用下，不对称的烯烃与 HBr 的加成却得到反马氏规则产物，即溴加到含氢较多的碳上。炔烃与 HBr 的加成也是如此。如丁-1-烯和己-1-炔在过氧化物存在下加溴化氢，分别得到反马氏规则的产物 1-溴丁烷和反-1-溴己-1-烯：

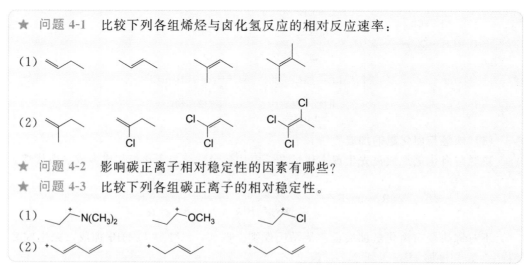

这种由过氧化物而引起的不饱和烃加成区域选择性改变，生成反马氏加成产物的作用，称为过氧效应（peroxy effect）。显然，在过氧化物存在下，HBr 与烯烃的加成已不属于离子型的亲电加成反应历程，而是自由基加成反应，将在第 5.6 节中详细讨论。需要指出的是，过氧效应仅限于 HBr，其它卤化氢如 HCl 和 HI 与烯烃在过氧化物存在下的加成没有过氧效应，反应依然按亲电加成反应历程进行，生成马氏产物。

（7）环丙烷与卤化氢的加成

如前所述，环丙烷由于存在很大的环张力，碳碳键容易断裂开环，生成链状化合物。环丙烷的化学性质与烯烃相似，容易发生亲电加成反应。例如：

反应同样经历碳正离子中间体，因此如果三元环上有取代基，断键的位置是在连有取代基最多和最少的键上，区域选择性符合马氏规则。

★ 问题 4-1　比较下列各组烯烃与卤化氢反应的相对反应速率：

（1）

（2）

★ 问题 4-2　影响碳正离子相对稳定性的因素有哪些？

★ 问题 4-3　比较下列各组碳正离子的相对稳定性。

（1） $\overset{+}{}$N(CH$_3$)$_2$　　　$\overset{+}{}$OCH$_3$　　　$\overset{+}{}$Cl

（2）

4.2.2　烯烃和炔烃的水合

与加卤化氢相似，烯烃与浓硫酸的加成生成硫酸氢酯，反应的区域选择性也遵循马氏规则，反应产生的硫酸氢酯经水解生成醇。烯烃加浓硫酸后再水解得到醇，这种制备醇类化合物的方法称为烯烃间接水合法。

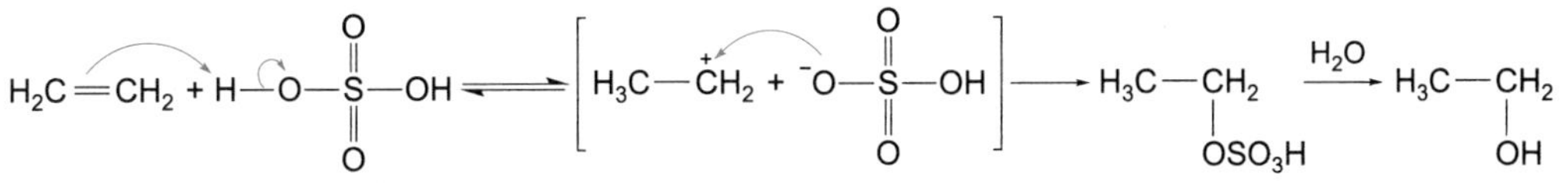

硫酸氢乙酯
ethyl hydrogen sulfate

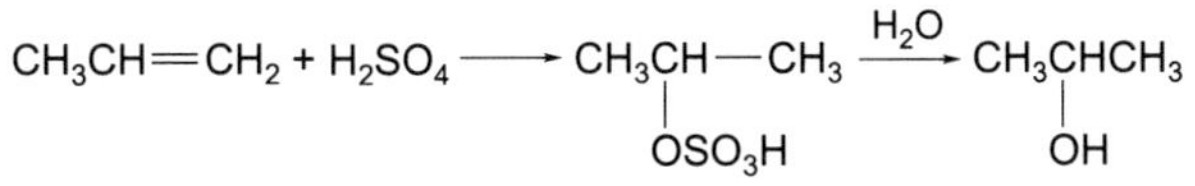

硫酸氢异丙酯
isopropyl hydrogen sulfate

烯烃与浓硫酸反应很快，可以通过此法提纯混有烯烃的烷烃。例如，当甲烷气中含有少量乙烯时，可将此混合气体通过浓硫酸溶液，乙烯与浓硫酸反应生成硫酸氢酯，溶解在浓硫酸中，甲烷气得到纯化。

水的酸性太弱，一般情况下烯烃与水不发生反应，但在一些质子酸催化下，烯烃也可以直接加水得到醇，这是制备醇的另一种方法，称为烯烃直接水合法。

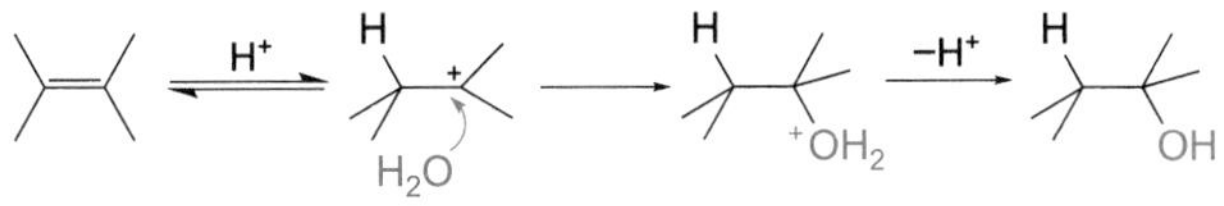

由于乙烯和丙烯来源充足，工业上用直接水合法大规模生产乙醇和异丙醇：

$$CH_2{=\!=}CH_2 + H_2O \xrightarrow[\substack{280\sim300℃ \\ 7\sim8MPa}]{H_3PO_4} CH_3CH_2OH$$

$$CH_3CH{=\!=}CH_2 + H_2O \xrightarrow{H_3PO_4} (CH_3)_2CHOH$$

炔烃直接水合是比较困难的，但在汞盐存在下可与水加成生成酮，详见第4.2.4节。

4.2.3　烯烃和炔烃与卤素的加成

除了 Brønsted 酸之外，一些 Lewis 酸也可作为亲电试剂与烯烃、炔烃发生亲电加成。容易发生此类反应的 Lewis 酸包括卤素、硼烷和一些过渡金属的盐等。

（1）烯烃与卤素的加成

在无水的惰性溶剂中，烯烃与卤素进行加成生成邻二卤代烃。

此反应在室温下和惰性溶剂中进行，反应速率很快。例如，将乙烯或丙烯气体通入溴的四氯化碳溶液中，立即生成 1,2-二溴乙烷或 1,2-二溴丙烷，溴的红棕色褪去，故可用此反应鉴定烯烃的存在。

卤素与烯烃发生加成反应时，不同卤素的相对反应活性顺序为：$F_2 > Cl_2 > Br_2 > I_2$。不过，烯烃与 F_2 的反应过于激烈，很难控制；与 I_2 也容易发生反应，但是可逆的，而且平衡偏向烯烃。因此，烯烃加卤素通常是指加 Cl_2 或 Br_2。

下列不同的烯烃与溴发生加成反应，其相对反应速率为：

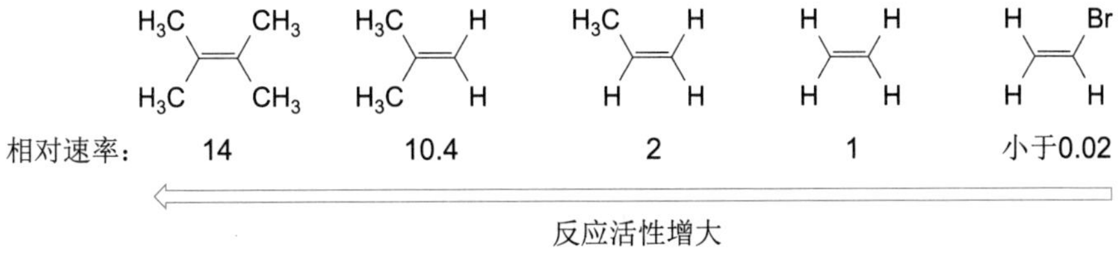

相对速率：　　14　　　　　10.4　　　　　2　　　　　1　　　　小于0.02

反应活性增大

上述数据表明，烯烃双键碳上的烷基越多，亲电加成反应速率越快。这是因为烯烃发生亲电加成反应的速率取决于双键上电子云密度的大小。如果双键上连有给电子基团，双键上电子云密度增大，亲电试剂更易进攻 π 电子云而发生加成反应。而烷基是一类给电子基，具有给电子诱导效应（+I），同时还具有超共轭效应，所以烯烃所连烷基越多，给电子能力越强，双键上电子云密度越大，亲电加成反应越容易，故 2,3-二甲基丁-2-烯反应速率最快。

对于溴乙烯，溴原子具有吸电子诱导效应（−I），虽然溴与双键可形成给电子的 p-π 共轭（+C），但溴的诱导作用比共轭作用大，即溴的吸电子作用比给电子作用强，净的结果是溴为吸电子基团，它导致双键的电子云密度降低，与溴加成时反应活性比乙烯低。

（2）烯烃和卤素亲电加成反应的机理

人们对烯烃与溴加成反应的机理研究最深入，因此，以烯烃与溴的加成为例来讨论亲电加成反应的机理。

在机理研究中，人们发现了一些有趣的现象。首先，当乙烯与溴的加成反应在中性氯化钠水溶液中进行时，得到的产物除 1,2-二溴乙烷外，还有 1-溴-2-氯乙烷。但如果不加入溴，乙烯与氯化钠不反应。

$$H_2C=CH_2 + Br_2 \xrightarrow[\text{H}_2\text{O}]{\text{NaCl}} Br\diagdown Br + Br\diagdown Cl$$

这说明烯烃与溴的加成是分步进行的，而且第一步必定是溴先加到双键上。因为 π 键电子云暴露在外，故溴应该以 Br^+ 形式先加到双键上。第二步加上一个阴离子时，由于溶液中存在 Br^- 和 Cl^- 两种阴离子，两者都可以加到中间体上，最后生成 1,2-二溴乙烷和 1-溴-2-氯乙烷的混合物。

另一个有趣的现象是反应具有立体专一性。顺-丁-2-烯和反-丁-2-烯与溴的反应，前者生成外消旋体产物，而无其它异构体产物；后者生成一内消旋体产物，而无其它异构体产物：

顺-丁-2-烯 $\xrightarrow[\text{CCl}_4]{\text{Br}_2}$ 外消旋体

反-丁-2-烯 $\xrightarrow[\text{CCl}_4]{\text{Br}_2}$ 内消旋体

这说明溴与烯烃加成生成的中间体，必定有一种空间因素，阻碍了两个溴原子从同一个方向进攻。因此，推测中间体是一个环状正离子。只有这样，Br^- 只能从环的背面进攻碳原子，得到反式加成产物。

基于上述事实，推测烯烃与溴加成是分两步进行的。

第一步：Br_2 分子在烯烃 π 电子的诱导下发生极化，双原子分子溴受到烯烃 π 电子云的影响而产生诱导偶极，靠近双键的溴原子带部分正电荷，另一溴原子则带部分负电荷。发生反应时，烯烃的最高已占 π 轨道（即 HOMO）与 Br_2 分子的最低空 σ^* 轨道（即 LUMO）作用形成 C—Br 键。由于最大 π 电子密度处于 C=C 键的中心位置，因此最有效的成键方式应该是 Br—Br 键通过端头与 C=C 键垂直成键，形成三元环状中间体——溴鎓离子（bromonium）。

也可认为反应先形成经典碳正离子，但由于溴原子半径大，容易极化，它能够迅速提供孤对电子稳定相邻的碳正离子，形成的溴鎓离子正电荷集中到溴原子上，要比正电荷集中在碳原子上更为稳定。

第二步：缺电子的 C—Br 键通过 σ^* 轨道（LUMO）与富电子的 Br$^-$ 的孤对电子轨道（HOMO）作用，按照最有效的"头对头"轨道重叠方式，Br—C—Br 三个原子应在同一条线上，这是典型的 S$_N$2 反应（见第 8.4.2 节）。因此，Br$^-$ 从 C—Br 键轴延伸的方向进攻溴鎓离子三元环的碳原子，三元环开环，两个溴反式加成到烯烃上，并保持 Br—C—C—Br 在同一平面上。这种加成的方式称为反式共平面加成（anti-coplanar addition）。

在这两步反应中，生成溴鎓离子这一步比较慢，是决速步骤。一旦形成溴鎓离子，体系中的 Br$^-$ 即可进攻溴鎓离子，开环生成加成产物，这一步是比较快的。如果反应在 NaCl 水溶液中进行，那么 Cl$^-$ 可与 Br$^-$ 竞争，参与第二步反应生成 1-溴-2-氯乙烷。

溴鎓离子机理能很好地解释烯烃与溴加成的立体化学。以上述顺-丁-2-烯和反-丁-2-烯与溴的加成为例，顺-丁-2-烯加溴第一步反应所形成的溴鎓离子中间体被 Br$^-$ 亲核进攻开环时有两种方式：（a）Br$^-$ 进攻三元环上左边的碳原子，与此同时左边的 C—Br 键断裂，得到（2S,3S）-2,3-二溴丁烷；（b）Br$^-$ 进攻三元环上右边的碳原子，与此同时右边的 C—Br 键断裂，生成（2R,3R）-2,3-二溴丁烷。由于（2S,3S）-2,3-二溴丁烷和（2R,3R）-2,3-二溴丁烷是一对对映体，而（a）和（b）两种方式开环的概率相等，故以 1∶1 的比例得到二者的外消旋体。

反-丁-2-烯所形成的溴鎓离子中间体同样有两种方式开环：（a）Br$^-$ 进攻三元环上左边的碳原子，与此同时左边的 C—Br 键断裂；（b）Br$^-$ 进攻三元环上右边的碳原子，与此同时右边的 C—Br 键断裂。然而，这次两种方式开环所得到的产物完全相同，即（2R,3S）-2,3-二溴丁烷，它是一个内消旋体。

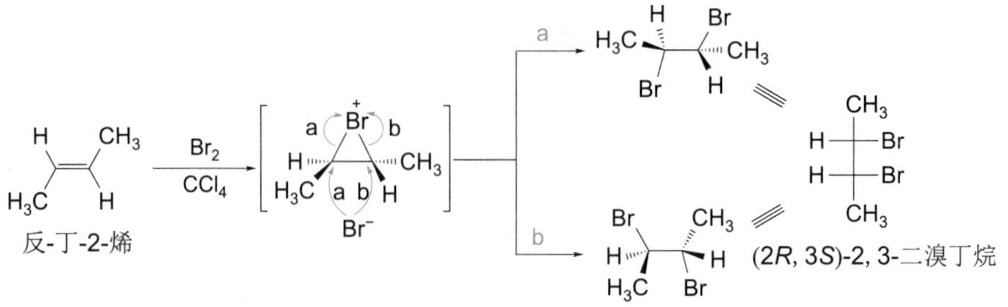

反-丁-2-烯

(2R,3S)-2,3-二溴丁烷

如果一个反应有可能产生两个或两个以上的立体异构体，但优先得到其中一个或少数几个立体异构体产物，这样的反应称为立体选择性反应（stereoselective reaction）。上述的亲电加成反应中，反式加成产物优先于顺式加成产物而生成，故属于立体选择性反应。

环烯烃与溴加成的立体化学同样可以用溴鎓离子机理来解释。如下所示，环己烯的构象是一个扁平的椅式构象，由于成键的轨道方向性——反式共平面加成的要求，两个溴以反式双直立键加成（anti-diaxial addition）的形式加到双键上，得到 A 和 B，并迅速翻转成更稳定的双平伏键的构象，得到一对对映体。

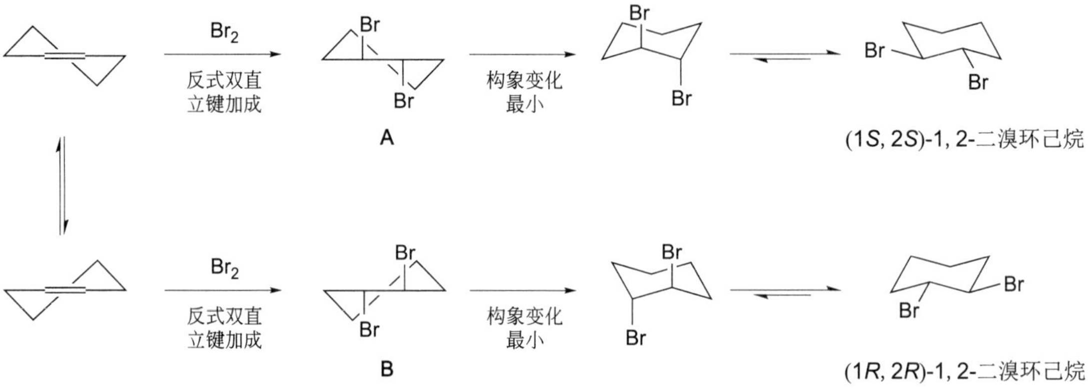

(1S,2S)-1,2-二溴环己烷

A

(1R,2R)-1,2-二溴环己烷

B

当环己烯上有叔丁基时，由于叔丁基的存在，环不能自由翻转，导致双键的亲电加成具有进一步的立体选择性。叔丁基由于空间位阻的原因，只能放在平伏键上；当溴以反式双直立键的形式加到双键上时，可以有两种取向得到 C 和 D；C 到产物的椅式构象变化不大，而 D 必须通过扭船式构象（D′）才能到产物的椅式构象，构象变化比较大，需要更多的能量。因此，4-叔丁基环己烯得到两个溴在直立键上的主要产物。

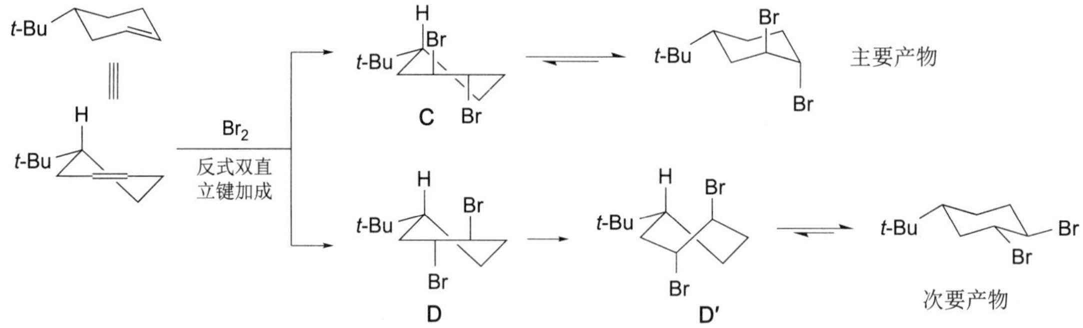

主要产物

C

D

D′

次要产物

Cl₂ 与烯烃亲电加成反应的立体化学与溴有不同，一般没有立体选择性。例如，环己烯加氯得到所有立体异构体的混合物：

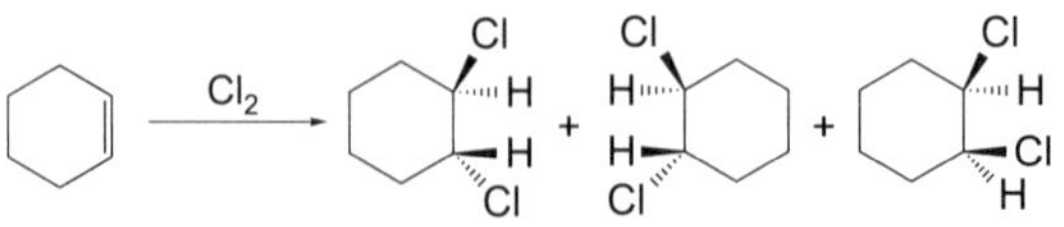

这是因为氯的共价半径（99pm）比溴（114pm）小，氯的电负性比溴大，不易形成三元环的氯鎓离子中间体，而是形成较稳定的经典碳正离子中间体。

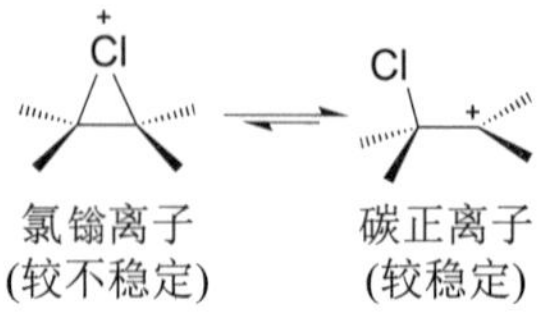

氯鎓离子
(较不稳定)

碳正离子
(较稳定)

由于容易发生逆反应，单质碘（I_2）与不饱和烃一般不发生加成反应。氯化碘（ICl）和溴化碘（IBr）比较活泼，因为在这两种亲电试剂中，碘原子是正性的，可定量地与不饱和键发生反应。因此，可利用这个反应测定石油或脂肪中不饱和化合物的含量。不饱和程度一般用碘值来表示。碘值的定义是：100g汽油或脂肪所吸收的碘量（g）。碘值越高，说明石油或脂肪中的不饱和度越大。

（3）在水或醇存在下烯烃与卤素的亲电加成

上述烯烃加卤素反应的第二步是亲核试剂（Cl⁻ 或 Br⁻）与碳正离子或溴鎓离子中间体的结合，这是在无水的惰性溶剂中加成时的情况。如果反应在水或醇等亲核性溶剂存在下进行，这些溶剂将与 Cl⁻ 或 Br⁻ 竞争，从而参与第二步反应。例如，环己烯在水中加溴生成反-2-溴环己醇的外消旋体：

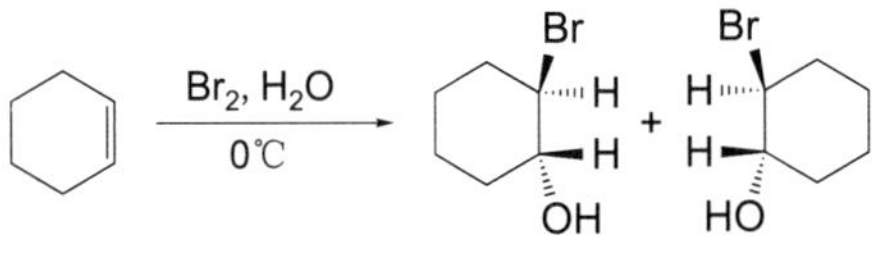

反-2-溴环己醇
(外消旋体)

反应的机理如下：

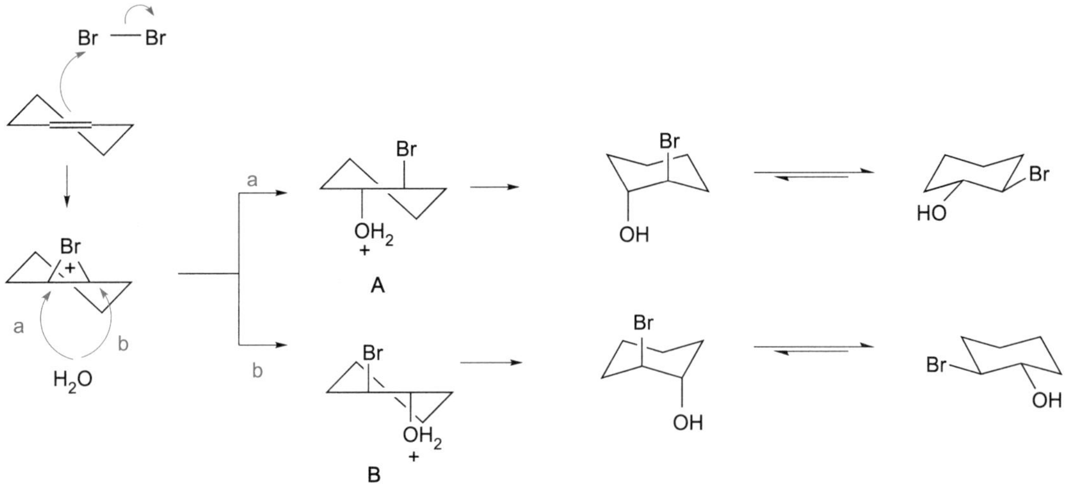

环己烯在水中加氯生成 2-氯环己醇的所有立体异构体，即一对顺式的对映体和一对反式的对映体。显然，加次氯酸的反应是通过经典碳正离子机理进行的。

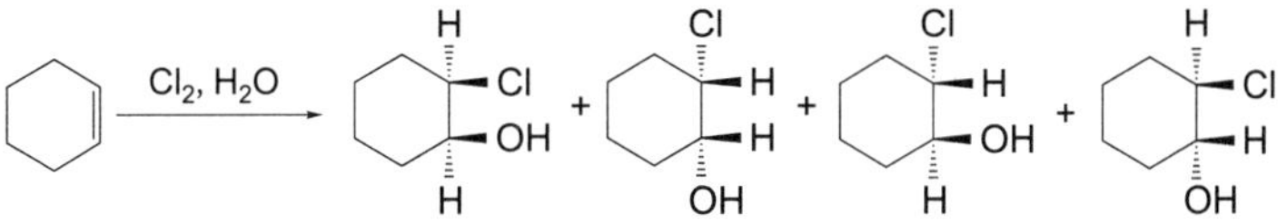

烯烃在水存在下与卤素反应生成 β-卤代醇，相当于在 C=C 键上加成了一分子次卤酸（HOX）。实际上，卤素与水之间可形成如下平衡，从而有一定浓度的次卤酸产生。因此，反应机理也可用如下方式描述。

$$X_2 + H_2O \rightleftharpoons HX + HOX$$

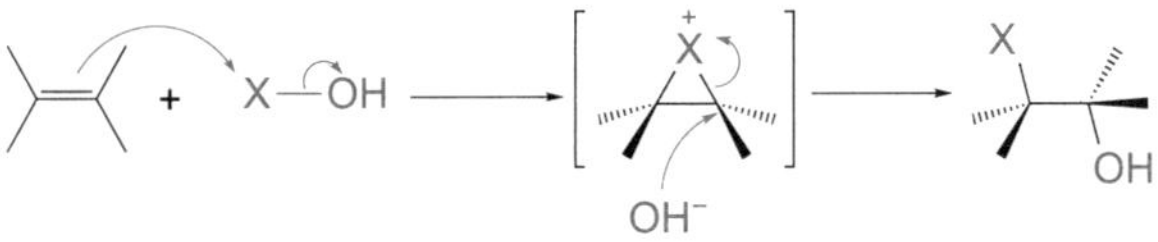

不对称烯烃与次卤酸加成的区域选择性规律是：亲电试剂（X⁺）加在含氢多的碳上，亲核试剂（OH⁻）加在含氢少的碳上，如异丁烯加次溴酸，主要生成 1-溴-2-甲基丙-2-醇。

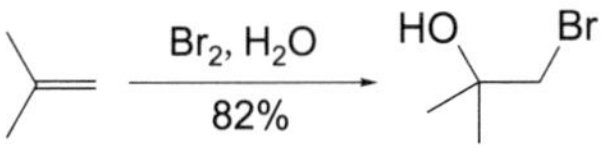

1-溴-2-甲基丙-2-醇
1-bromo-2-methylpropan-2-ol

异丁烯所形成的三元环溴鎓离子中间体结构是不对称的，其中一个 C—Br 键较长，另一个则较短。较长的 C—Br 键较弱，其碳原子分担较多的正电荷，被连有的两个甲基给电子基所稳定。因此，当溴鎓离子中间体接受亲核试剂进攻时，带较正电荷的碳原子接受亲核试剂的进攻，有利于过渡态的形成并得到马氏加成产物。

较稳定　　　　　　有利的过渡态　　　　　主要产物

较不稳定　　　　　　不利的过渡态　　　　　次要产物

不对称烯烃 1-甲基环己烯加次氯酸的反应虽然没有立体选择性，但有区域选择性：

如果加卤素的反应在醇溶剂中进行，则醇作为亲核试剂与正离子中间体反应，生成醚。例如，异丁烯在甲醇中加溴，生成 1-溴-2-甲氧基-2-甲基丙烷。

1-溴-2-甲氧基-2-甲基丙烷
1-bromo-2-methoxy-2-methylpropane

当反应物分子中含有醇羟基时，这种亲电加成可发生在分子内，如 1-烯丙基环己醇与碘反应，生成 2-碘甲基-1-氧杂螺[3.5]壬烷：

1-烯丙基环己醇
1-allylcyclohexanol

2-碘甲基-1-氧杂螺[3.5]壬烷
2-(iodomethyl)-1-oxaspiro[3.5]nonane

烯烃与卤素加成的进一步学习可观看视频材料 4-4。

（4）炔烃与卤素的加成

炔烃与卤素的加成反应机理与烯烃相似。根据条件，炔烃可加一分子或二分子卤素。加一分子卤素生成的产物绝大多数是反式的二卤烯烃。

例如，丁-1-炔加一分子溴生成 (E)-1,2-二溴丁-1-烯，继续加溴得到 1,1,2,2-四溴丁烷：

控制温度和试剂的用量，可以选择性地得到二卤代烯烃或四卤代烷烃，如：

$$CH_3C{\equiv}CCH_3 + Br_2 \xrightarrow[Et_2O]{-20℃} \begin{matrix} H_3C \\ Br \end{matrix} C{=}C \begin{matrix} Br \\ CH_3 \end{matrix}$$

66%

$$CH_3C{\equiv}CCH_3 + 2Br_2 \xrightarrow[CCl_4]{20℃} CH_3CBr_2CBr_2CH_3$$

视频材料4-4

炔烃亲电加成反应的机理通常比较复杂，可能通过烯基碳正离子（vinylic carbocation）机理，也可能通过三元环溴鎓离子机理（与烯烃加溴类似），还有人提出了一种协同的三分子反应机理（称为 Ad_E3）。若亲电试剂为 Br_2，反应经历溴鎓离子中间体机理，可以合理解释反式加成的立体化学。

然而，当第一步形成的烯基碳正离子能够因苯环共轭而稳定性增加时，烯基碳正离子机理的可能性会大增。例如，苯乙炔在乙酸（亲核性溶剂）中的加溴反应，除主要生成反式产物外，也得到了顺式加成产物。在此过程中，顺式加成在空间上是不利的（亲核试剂与溴原子之间的立体位阻较大），故主要得到反式加成产物。

虽然炔烃和烯烃都可以发生亲电加成反应，但前者比后者反应活性低得多，前者的反应速率一般比后者慢 $10^3 \sim 10^7$ 倍。例如，戊-1-烯-4-炔在加一分子溴时选择性地生成 4,5-二溴戊-1-炔。

从底物结构上分析，形成叁键的碳原子是 sp 杂化，比 sp^2 杂化的碳原子电负性大，更不易给出电子而成键；从中间体的相对稳定性分析，由叁键形成的烯基碳正离子中间体不如双键形成的烷基碳正离子中间体稳定。烯基碳正离子的中心碳原子采用 sp 或 sp^2 杂化。若采用 sp 杂化，有两个相互垂直的 p 轨道，其中一个 p 轨道与相邻碳原子的 p 轨道平行，形成 π 键，另一个是空的 p 轨道，和 π 轨道相互垂直，正电荷不能通过共轭分散而稳定。若采用 sp^2 杂化，空的 sp^2 轨道和烯烃的 π 轨道是垂直的，正电荷也不能通过共轭分散而稳定。此外，烷基碳正离子往往同时受到烷基推电子诱导效应和 σ-p 超共轭效应的稳定化作用。因此，叁键一般比双键的亲电加成反应活性低。

（5）环丙烷与卤素的加成

环丙烷与卤素亦可发生亲电加成，开环生成 1,3-二卤代烷，如：

烷基取代环丙烷的断键位置为连有取代基的碳碳键，断裂所形成的正离子相对比较稳定：

（6）共轭双烯的亲电加成反应

共轭烯烃（conjugated diene）能发生单烯烃所有的反应，但由于其单双键交替的结构特性，共轭烯烃还能发生特殊的反应。在与亲电试剂加成时，亲电试剂可以加到某一双键上，发生 1,2-加成反应，还可以加到共轭体系的两端，发生 1,4-加成反应，也称共轭加成（conjugate addition）。例如，丁-1,3-二烯与溴加成不仅可得到 3,4-二溴丁-1-烯（1,2-加成产物），还可得到 1,4-二溴丁-2-烯（1,4-加成产物）；丁-1,3-二烯与溴化氢的加成同样可得到 1,2-加成产物和 1,4-加成产物；反应温度升高，1,4-加成产物的比例也随之增大。

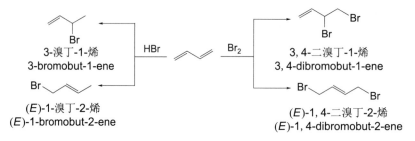

1,4-加成产物如何产生？为什么随着温度升高得到的比例也随之增大？下面以丁-1,3-二烯与 HBr 的加成为例，来解释其中的奥秘。

首先，π 电子进攻亲电试剂（H^+），得到两种可能的碳正离子，即烯丙基型正离子Ⅰ和伯碳正离子Ⅱ。由于Ⅰ中存在 p-π 共轭，比伯碳正离子Ⅱ稳定，故反应首先形成符合马氏规则的中间体Ⅰ。Ⅰ可共振为另一烯丙基型碳正离子Ⅲ，Ⅰ和Ⅲ为同一物种，其共振杂化体如下所示。正离子Ⅰ和Ⅲ都有可能与亲核试剂（Br^-）结合，若 Br^- 进攻碳正离子Ⅰ，得到 1,2-加成产物，但若 Br^- 进攻碳正离子Ⅲ，则得到 1,4-加成产物。

温度对这个反应的区域选择性有显著影响。当反应在 $-80\ ℃$ 下进行时，1,2-加成和 1,4-加成产物的比例为 4:1，但当反应温度提高到 $40\ ℃$，则 1,2-加成和 1,4-加成产物的比例变为 1:4。

$$-80\ ℃：\quad (80\%) \qquad (20\%)$$
$$40\ ℃：\quad (20\%) \qquad (80\%)$$

下面采用反应坐标来解释这一原因。如图 4-4 所示，1,4-加成产物比 1,2-加成产物势能低，前者是热力学稳定产物，这与甲基的超共轭效应有关（见 2.3.4 节）。在第二步反应中，进行 1,2-加成需要克服的反应活化能（E_a）较小，动力学上比较有利，但生成的末端烯烃产物稳定性差；与此相反，虽然 1,4-共轭加成需要克服的反应活化能（E_a'）较大，但生成的非末端烯烃产物较稳定，热力学上比较有利。因此，如果希望产物以动力学有利的 1,2-加成为主，则应在低温下进行反应；要使产物以热力学有利的 1,4-加成为主，则在较高温度下进行反应。

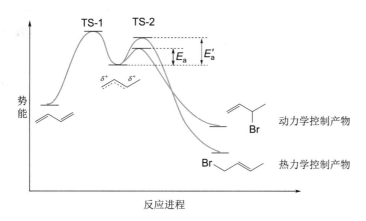

图 4-4　丁二烯与 HBr 加成的反应势能变化图

在上述反应中，1,2-加成反应需要克服的活化能较小，反应速率快，因此 1,2-加成产物称为动力学控制产物（kinetically controlled product）；1,4-加成反应速率较慢，但产物较稳定，在升高反应温度和延长反应时间的条件下，1,4-加成产物为主要产物，故称为热力学控制产物（thermodynamically controlled product）。需要指出的是，实现热力学控制的前提是反应必须可逆，即两个异构体产物是可以相互转变的。上述反应符合这个要求，1,2-加成产物在加热到 40℃ 时可转变为 1,4-加成产物，二者之间达到一定平衡。

$$\text{Br} \quad \xrightarrow{40℃} \quad \text{Br}$$

★　问题 4-4　完成下列反应方程式

（1）　$\xrightarrow{\text{HBr}}$

（2）　$\xrightarrow{\text{Br}_2, \text{MeOH}}$

（3）　Ph～Ph $\xrightarrow[\text{H}_2\text{O, DMSO}]{\text{NBS}}$

（4）　$\xrightarrow{\text{HBr}}$

★　问题 4-5　提出下列反应可能的机理

（1）　$\xrightarrow[\text{HO}\text{—}]{\text{NBS}}$

（2）　$\xrightarrow[\text{Br}_2, \text{NaHCO}_3]{}$

4.2.4　羟汞化-还原反应

（1）烯烃的羟汞化-还原反应

许多过渡金属离子是强的 Lewis 酸，具有缺电子性质，能够与富电子性的烯烃发生亲电加成反应，二价汞（Hg^{2+}）就是其中之一。烯烃和醋酸汞在四氢呋喃-水溶液中反应，生成邻羟基烷基汞化合物，称为羟汞化反应（oxymercuration）。

$$\xrightarrow[\text{THF-H}_2\text{O}]{\text{Hg(OAc)}_2} \quad \text{HO}\cdots\text{HgOAc}$$

与水存在下烯烃加溴的反应类似，羟汞化反应首先形成三元环状汞正离子中间体；

然后，水作为亲核试剂，从 C—Hg 键轴的延伸方向进攻三元环汞正离子的碳原子（满电子的氧原子 sp^3 杂化轨道与空的 C—Hg 键 σ^* 轨道作用），开环生成反式加成产物。

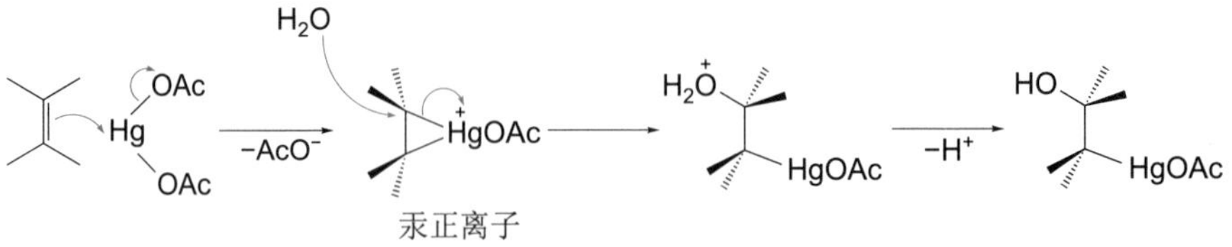

汞正离子

对于不对称的烯烃，如 1-甲基环己烯，第二步反应有两种可能的开环方式：一种是水进攻甲基取代的碳原子（C1），生成符合马氏规则的羟汞化产物；另一种是水进攻取代基较少的碳原子（C2），生成反马氏规则的羟汞化产物。由于甲基的给电子诱导效应，汞正离子中两个 C—Hg 键的键长并不相等，C1 带部分正电荷的准碳正离子（A）要比 C2 带部分正电荷的准碳正离子（B）稳定，前者所对应的过渡态比较有利。因此，羟汞化反应的区域选择性是生成马氏产物，立体选择性是反式加成。

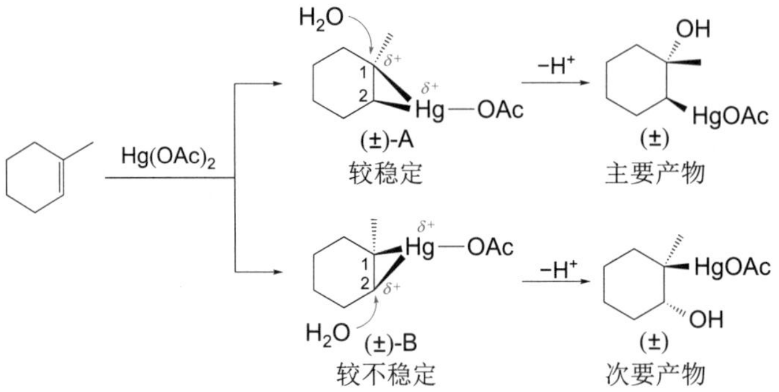

羟汞化反应产物的 C—Hg 键可被 $NaBH_4$ 进行还原，转化为 C—H 键。

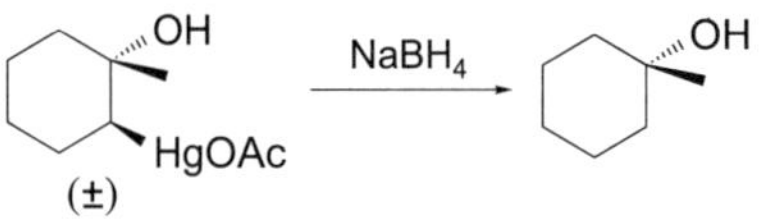

羟汞化反应和还原反应组合在一起，称为羟汞化-还原反应，净的结果相当于烯烃的水合，反应的区域选择性符合马氏规则，但在还原反应一步失去了立体选择性。与酸催化烯烃水合相比，羟汞化还原反应避免游离碳正离子中间体的生成，从而避免了重排副反应的发生，因此在实验室制备醇方面具有应用价值。

（2）炔烃的羟汞化反应

炔烃也能发生羟汞化反应，而且只需要催化量的 Hg^{2+} 盐，反应生成酮（乙炔反应生成乙醛除外）。常用催化量的 $HgSO_4$ 在硫酸水溶液中进行反应。这个反应也称为 Hg^{2+} 催化的炔烃的水合。

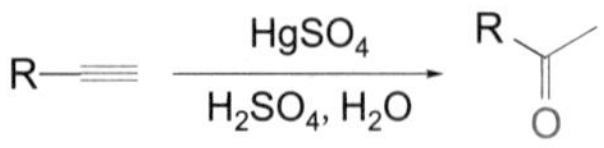

反应首先形成羟汞化产物 A；然后，A 由烯醇式互变异构成酮式 B；接着，B 在质子酸存在下生成烯醇 C，后者互变异构为酮。

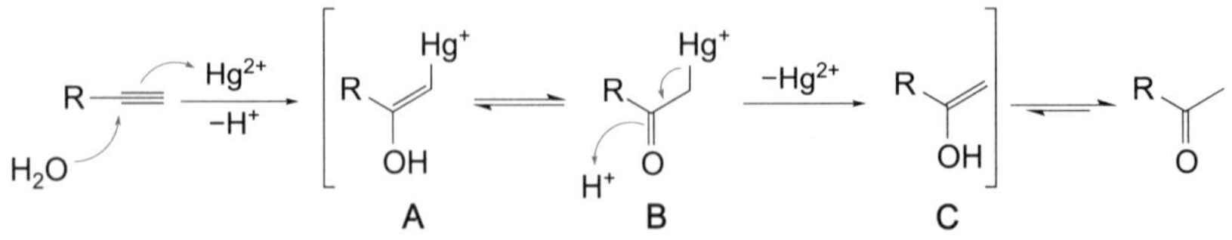

上述过程中，中间体 A 和 C 的结构称为烯醇式（enol），B 和最终产物的结构称为酮式（keto form），烯醇式和酮式互为构造异构体，在一定条件下能够相互转变，这种转化称为互变异构（tautomerism）。在平衡体系中，一般情况下酮式比烯醇式稳定，故上述产物以酮式存在。

★ 问题 4-6 解释下列羟汞化-还原反应的区域选择性和立体选择性：

(1) $\xrightarrow[\text{THF, H}_2\text{O}]{\text{Hg(OAc)}_2}$ $\xrightarrow[\text{THF, NaOH}]{\text{NaBH}_4}$ +

(54 : 46)

(2) $\xrightarrow[\text{THF, H}_2\text{O}]{\text{Hg(OAc)}_2}$ $\xrightarrow[\text{THF, NaOH}]{\text{NaBH}_4}$

4.2.5 硼氢化-氧化反应

硼烷（BH₃）不稳定，硼只有六个电子，为缺电子化合物，能接受电子，属于强的 Lewis 酸。通常它以二聚体形式存在，称为乙硼烷（B_2H_6，沸点为 $-92.5℃$）。乙硼烷的结构以"三中心二电子键"为基础，满足八隅体规则，故较硼烷稳定。作为强的 Lewis 酸，硼烷能够与醚类化合物（Lewis 碱）结合，形成络合物，如有机合成中常用的硼试剂为硼烷-四氢呋喃（THF）络合物。硼烷作为亲电试剂与烯烃的加成反应在有机合成中得到广泛应用，是经典的亲电加成反应之一。

乙硼烷   硼烷   BH₃-THF络合物
diborane   borane

烯烃和硼烷能够发生亲电加成反应，氢和硼分别加在双键两个碳原子上，生成含 C—B 键的烷基硼烷这个反应称为硼氢化反应（hydroboration）。烷基硼烷分子中仍有 B—H 键，故能够进一步与两分子烯烃发生硼氢化反应，得到三烷基硼烷。

烷基硼烷   三烷基硼烷

三烷基硼是可以分离的稳定化合物，但用过氧化氢的碱性溶液处理，C—B 键断裂，氧化、水解生成醇。

烯烃与乙硼烷加成生成三烷基硼，然后在碱性溶液中氧化生成醇，这个反应组合称为硼氢化-氧化反应。硼氢化-氧化反应的净结果相当于烯烃水合，故是烯烃间接水合制备醇的方法之一。

硼氢化-氧化反应具有区域选择性和立体专一性。如果反应物是末端烯烃，反应得到伯醇；非末端烯烃反应则得到顺式加成的产物。例如，丁-1-烯反应生成丁-1-醇，1-甲基环己烯反应得到反-2-甲基环己醇的外消旋体：

丁-1-烯   丁-1-醇

1-甲基环己烯

反-2-甲基环己醇

为什么会有这样的立体选择性和区域选择性？要回答这一问题，必须先讨论硼氢化反应的机理。一般认为，硼氢化反应是一个协同过程，一步完成，反应经历一个四元环过渡态。如下所示，由于甲基的推电子诱导效应（$+I$），1-甲基环己烯的1-位碳带部分正电荷，2-位碳则带部分负电荷；在硼烷中，硼原子是缺电子的中心。当硼烷（Lewis 酸）和1-甲基环己烯（Lewis 碱）作用时形成两种可能的四元环状过渡态，即TS-A 和 TS-B。与 TS-B 相比，TS-A 的空间位阻比较小，且部分正电荷能够被甲基的给电子诱导效应分散，势能较低，比较有利，故反应的区域选择性是硼加在含氢多的双键碳上，而氢加在含氢少的双键碳上。另一方面，由于反应是通过四元环状过渡态一步进行的，硼烷中的硼和氢只能同面加到烯烃的双键上，故反应的立体选择性为顺式加成。值得注意的是，硼氢化反应是可逆的，提高反应温度将得到较稳定的硼氢化产物。

四中心过渡态

TS-A（有利的）　　（主要产物）

TS-B（不利的）　　（次要产物）

硼氢化反应是顺式加成，与硼原子相连的碳的构型在氧化反应一步是保持的，因此，硼氢化-氧化反应的总结果仍是顺式加成。硼烷氧化机理如下：首先，双氧水在碱性条件下解离成过氧负离子；然后，过氧负离子进攻缺电性的三烷基硼的硼原子，形成硼负离子中间体 A，后者经历 1,2-迁移，烷基带着一对电子由硼原子迁移至氧原子上，OH⁻ 基团离去，形成烷氧基硼烷中间体 B；B 再次经历过氧负离子进攻和 1,2-烷基迁移，形成二烷氧基硼中间体 D；再重复一次得到三烷氧基硼中间体 F。最后，三烷氧基硼 F 经碱水解得到醇。由于 1,2-烷基迁移时，烷基是带着一对电子迁移到缺电子性的氧原子上，经历了一个三元环状过渡态，所以迁移基团（即烷基）在氧化水解过程中构型保持不变。

$$H-O-O-H + OH^- \longrightarrow H-O-O^- + H_2O$$

过氧负离子

炔烃的硼氢化反应也是区域选择性的，但反应很难停留在烯基硼烷阶段，因为两个 π 键可连续被硼氢化，使得产物比较复杂。若使用立体位阻的硼烷可得到烯基硼烷，继而氧化水解成醛。例如，用双(1,2-二甲基丙基)硼烷（disiamylborane，Sia₂BH）作为硼氢化试剂，可与炔烃发生亲电加成，生成双(1,2-二甲基丙基)烯基硼烷，后者经氧化水解形成烯醇，烯醇式结构互变异构为稳定的酮式结构，即醛。若为非末端炔烃，则生成酮。

（图：异戊烯 经 B₂H₆ 生成 双(1,2-二甲基丙基)硼烷，再与 R—≡ 反应生成烯基硼烷，经 H₂O₂/NaOH,H₂O 生成烯醇，互变异构为醛）

异戊烯　双(1,2-二甲基丙基)硼烷　　　　　　　　　　　　　　烯醇　　　　　醛

二环己基硼烷（dicyclohexylborane）也是常用的具有空间位阻的硼氢化试剂，和上述 Sia_2BH 相比，具有更好的热稳定性。它与辛-1-炔的硼氢化-氧化反应最终得到辛醛：

（反应图：辛-1-炔 + 二环己基硼烷 —THF, 94%→ 二环己基(辛-1-烯-1-基)硼烷 —H₂O₂, HO⁻→ 辛醛 ⇌ 互变异构 ⇌ 烯醇中间体）

辛-1-炔　　　二环己基硼烷　　　　二环己基(辛-1-烯-1-基)硼烷

辛醛，70%

具有空间位阻的硼氢化试剂还有 9-BBN、$ThBH_2$ 等，通过相应的硼氢化反应而获得。

（反应图：环辛二烯 —BH₃·SMe₂→ 9-BBN；2-甲基-2-丁烯 —B₂H₆→ ThBH₂）

9-BBN

ThBH₂

末端烯烃或末端炔烃水合反应的区域选择性与其硼氢化-氧化反应的区域选择性相反，这两种方法可作为互补的方法用于制备伯醇与仲醇（或叔醇），或者醛与酮。例如，甲亚基环己烷经硫酸水合生成 1-甲基环己醇，而经硼氢化-氧化则生成环己基甲基醇：

（反应图：1-甲基环己醇 ←1) H₂SO₄ 2) H₂O— 甲亚基环己烷 —1) B₂H₆ 2) H₂O₂, NaOH→ 环己基甲基醇）

1-甲基环己醇　　　　　　甲亚基环己烷　　　　　　环己基甲基醇
1-methylcyclohexanol　　methylenecyclohexane　　cyclohexylmethanol

末端炔可通过硼氢化-氧化制备醛，而通过汞盐催化的直接水合只能制备酮（除乙炔外）。例如：

（反应图：己-2-酮 ←Hg²⁺, H₂SO₄, H₂O— 己-1-炔 —1) B₂H₆ 2) H₂O₂, OH⁻, H₂O→ 己醛 CHO）

己-2-酮　　　　　　己-1-炔　　　　　　己醛
hexan-2-one　　　　hex-1-yne　　　　　hexanal

上述硼氢化反应所得三烷基硼烷对水、醇和稀的无机酸都不敏感，不易水解，但对羧酸容易发生质子解反应生成加氢产物。这个反应组合称为硼氢化-质子解反应，详见阅读资料 4-1。烯烃、炔烃的硼氢化-氧化反应进一步学习可观看视频材料 4-5。

阅读资料4-1

视频材料4-5

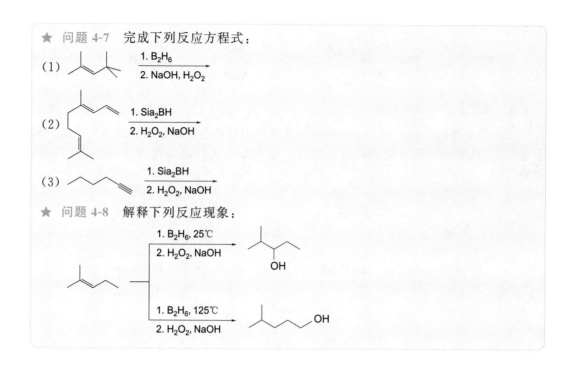

★ 问题 4-7 完成下列反应方程式：

(1) 1. B_2H_6　2. NaOH, H_2O_2

(2) 1. Sia_2BH　2. H_2O_2, NaOH

(3) 1. Sia_2BH　2. H_2O_2, NaOH

★ 问题 4-8 解释下列反应现象：

1. B_2H_6, 25℃　2. H_2O_2, NaOH

1. B_2H_6, 125℃　2. H_2O_2, NaOH

4.3 Diels-Alder 反应

（1）Diels-Alder 反应的基本特征和机理

共轭烯烃除了可以发生 1,4-共轭加成外，还可以与某些含碳碳双键的化合物进行环加成反应（cycloaddition），生成环己烯及其衍生物，这个反应称 Diels-Alder 反应。共轭双烯称为双烯体（diene），与它反应的烯烃称为亲双烯体（dienophile）。反应经历了一个六元环过渡态，属于协同过程：

双烯体　亲双烯体

实验表明，如果亲双烯体的双键上连有吸电子基团（如 CHO、COR、COOR、CN、NO_2 等）时，反应比较容易进行。例如，丁二烯与乙烯的反应需要 200℃的高温和高压下，将乙烯改为丙烯酸甲酯，则反应在 150℃即可进行，若用顺丁烯二酸酐作为亲双烯体，则反应温度可降低至 100℃，而且产率是定量的。

200℃ 高压

CO_2Me　150℃　CO_2Me

丙烯酸甲酯
methyl acrylate

100℃　100%

顺丁烯二酸酐
maleic anhydride

（2）Diels-Alder 反应的立体选择性

Diels-Alder 反应的立体化学特征为同面的顺式加成，反应具有立体专一性。

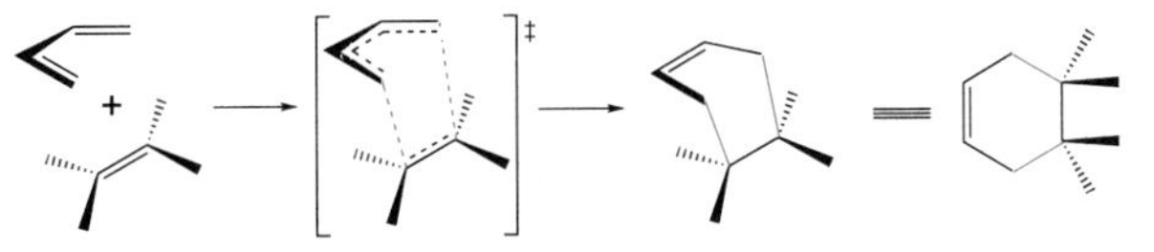

顺式加成

由此可见，在这个反应过程中亲双烯体的 C=C 双键的构型将保持。例如，反-丁烯二酸二甲酯与丁-1,3-二烯加成生成反-环己-4-烯-1,2-二甲酸二甲酯，而顺-丁烯二酸二甲酯反应得到顺-环己-4-烯-1,2-二甲酸二甲酯。由于双烯体从亲双烯体的 C=C 键平面上下两侧均可进行加成，而且概率相等，故得到的反式异构体为外消旋体，而顺式异构体为内消旋体。

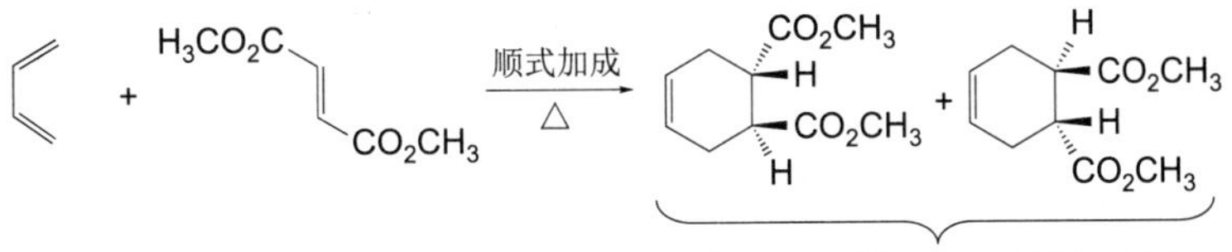

反丁烯二酸二甲酯　　　　反-环己-4-烯-1,2-二甲酸二甲酯
（外消旋体）

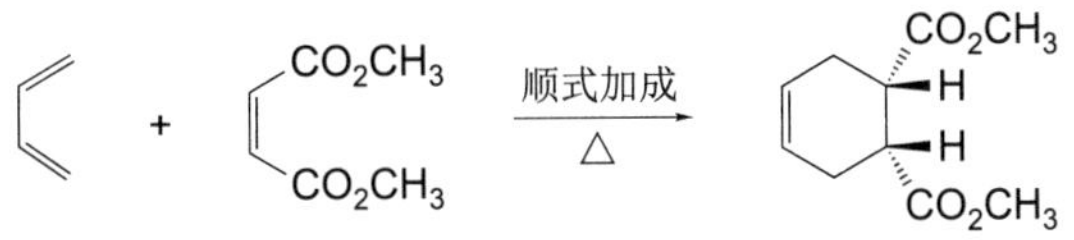

顺丁烯二酸二甲酯　　顺-环己-4-烯-1,2-二甲酸二甲酯
（内消旋体）

当双烯体为环状化合物时，加成产物可以有两种取向：一是取代基 R 与较长碳桥处于反式，称为外型产物（exo product），另一种为取代基 R 与较长碳桥处于顺式，称为内型产物（endo product）。

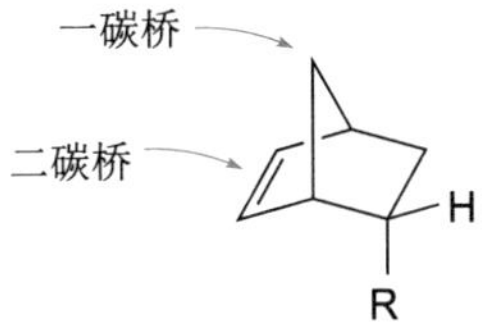

通常情况下，Diels-Alder 反应的产物以内型为主。例如，环戊二烯和顺丁烯二酸酐反应主要生成的双环化合物为内型产物：

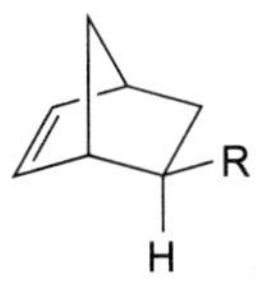

内型　　　　　　　　外型

呋喃是富电子体系，是好的双烯体，它能够在室温下与 N-乙基顺丁烯二酰亚胺作用，以几乎定量的产率和 6:1 的比例得到内型和外型环加成产物：

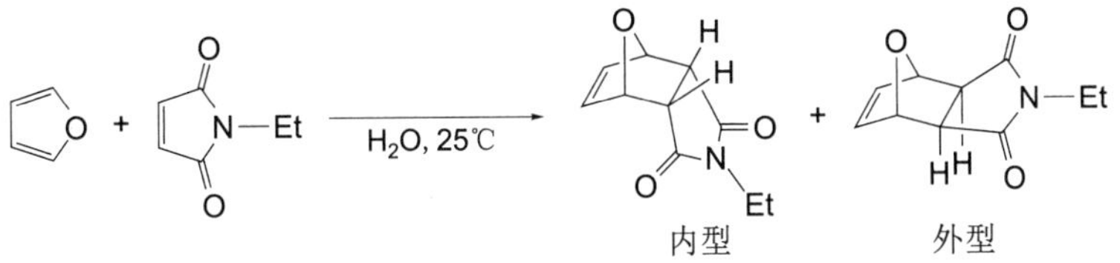

内型　　　外型
内型:外型=6:1

（3）Diels-Alder 反应的区域选择性

当双烯体和亲二烯体均有取代基时，得到产物的区域选择性取决于取代基的电子效应。例如，1-甲氧基丁-1,3-二烯与丙烯酸甲酯反应，主要生成 1,2-加合物。

从共振结构和共振杂化体可以看出，由于甲氧基的给电子共轭效应（+C），1-甲氧基丁-1,3-二烯的 2,4-位带更多的负电荷；相反，由于酯羰基的吸电子共轭效应（-C），丙烯酸甲酯的 1,3-位更缺电子：

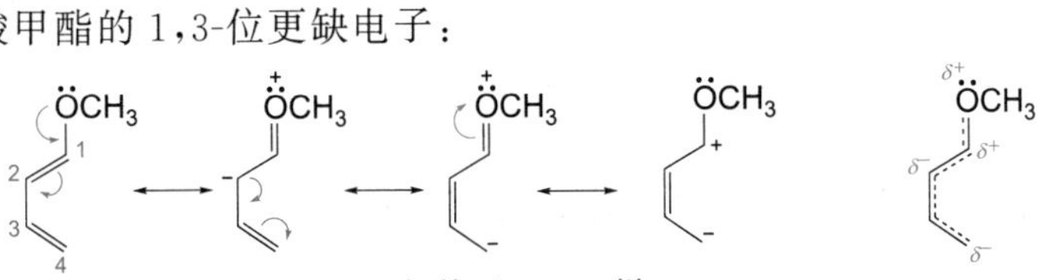

1-甲氧基丁-1,3-二烯

一碳桥
二碳桥

内型产物
endo product

外型产物
exo product

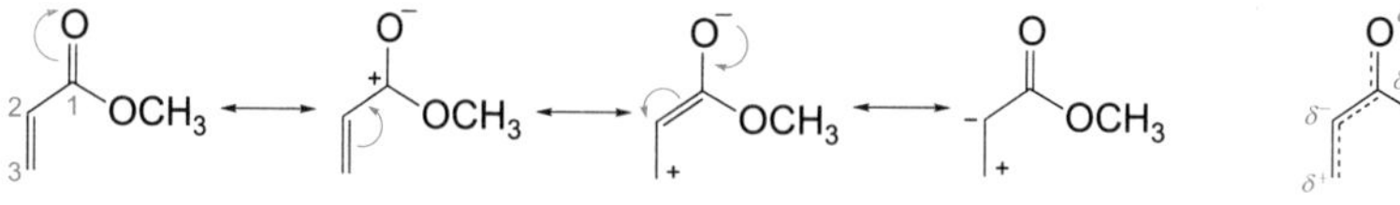

丙烯酸甲酯

在形成两种可能加和物（1,2-加和物和1,3-加和物）的反应过渡态中，1-甲氧基丁-1,3-二烯的C4（δ^-）与丙烯酸甲酯的C3（δ^+）结合的过渡态（即TS-A）在能量上是有利的，而1-甲氧基丁-1,3-二烯的C1（δ^+）与丙烯酸甲酯的C3（δ^+）结合的过渡态（即TS-B）则是不利的，故反应生成的主要产物为1,2-加和物。

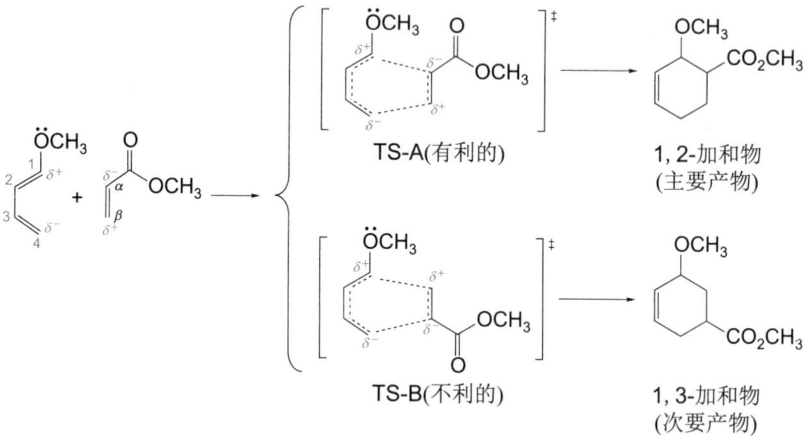

连有吸电子基的炔烃亦可作为亲二烯体发生Diels-Alder反应。例如，（2Z,4E)-己-2,4-二烯与丁炔二酸二甲酯反应，生成外消旋的反-3,6-二甲基环己-1,4-二烯-1,2-二甲酸二甲酯：

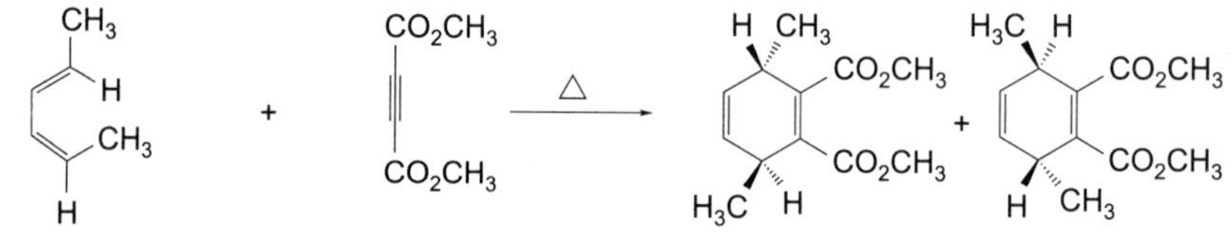

(2Z, 4E)-己-2, 4-二烯
(2Z, 4E)-hexa-2,4-diene 丁炔二酸二甲酯 dimethyl butynedioate

反-3, 6-二甲基环己-1, 4-二烯-1, 2-二甲酸二甲酯
trans-3, 6-dimethylcyclohexa-1, 4-diene-1, 2-dicarboxylate

必须指出的是，由于Diels-Alder反应的过渡态为六元环，在发生反应时双烯体中的C2—C3单键必须处于s-顺式构象：

s-反式构象   s-顺式构象

如果一个共轭双烯无法将其构象调整为s-顺式，则不能发生Diels-Alder反应，1,2,3,5,6,7-六氢萘就是其中一例，这是由于两个双键分别处于桥环结构的两个桥上，是"刚性"的s-反式构象。

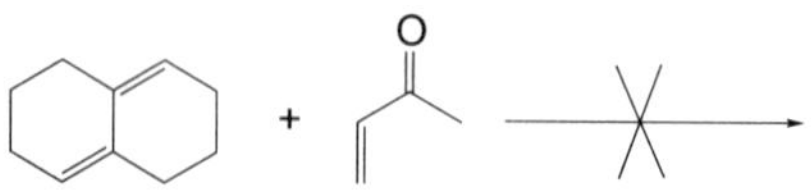

1, 2, 3, 5, 6, 7-六氢萘
1, 2, 3, 5, 6, 7-hexahydronaphthalene

有关Diels-Alder反应的机理将在第17章进行详细讨论。

★ 问题 4-9 预测下列二烯烃和丙烯酸酯进行 Diels-Alder 反应的相对速率。

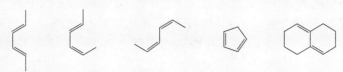

★ 问题 4-10 给出下列 Diels-Alder 反应的产物。

(1) [结构式] OCH₃ + [结构式] NO₂ $\xrightarrow{\triangle}$

(2) H₃CO [结构式] + [结构式] NO₂ $\xrightarrow{\triangle}$

(3) [结构式] O + [结构式] OCH₃ $\xrightarrow{\triangle}$

(4) [结构式] + [结构式] $\xrightarrow{\triangle}$

(5) 2 [结构式] $\xrightarrow{\triangle}$

4.4 烯烃和炔烃与氢的加成反应

4.4.1 烯烃的催化氢化

烯烃在铂、钯或镍等金属催化剂的存在下，与氢加成生成烷烃，称为催化氢化（catalytic hydrogenation）。

$$RCH=CHR + H_2 \xrightarrow{\text{催化剂}} RCH_2CH_2R$$

如图 4-5 所示，加氢反应是在催化剂的表面上进行的。一般认为催化剂把烯烃和 H_2 吸附在催化剂表面上，烯烃与催化剂络合，生成金属与烯烃的络合物；氢分子在催化剂作用下分解成氢原子，氢原子从烯烃的同面加成到双键上，顺式加成生成烷烃；最后，生成的烷烃脱离催化剂表面。值得一提的是，烯烃的催化加氢是可逆的。

[图示：催化加氢过程]
H₂吸附在金属催化剂表面 → 烯烃在催化剂表面与金属配位 → 两个H同面加到 C═C 键两端 → 顺式加氢产物脱离催化剂表面

图 4-5 烯烃催化加氢示意图

所用催化剂的表面积越大，反应效率越高。实验室中常采用 Raney 镍作催化剂。Raney 镍的制法是将铝镍合金用碱处理后，铝与碱反应并溶解在碱液中，未反应的镍出现空洞，成骨架镍，表面积增大，催化活性较高。

由于这个反应的立体化学是顺式加氢，故催化氢化具有立体专一性。例如，1,2-二甲基环己烯经 Pd/C 催化氢化，主要产物为顺式的 1,2-二甲基环己烷：

[反应式] 1,2-二甲基环己-1-烯 $\xrightarrow[\text{Pd/C}]{H_2}$ 顺-1,2-二甲基环己烷

1,2-二甲基环己-1-烯
1,2-dimethylcyclohex-1-ene

顺-1,2-二甲基环己烷
cis-1,2-dimethylcyclohexane

烯烃比芳香烃、醛、酮、酯、酰胺、腈等官能团容易发生氢化反应，故烯烃的催化氢化一般具有官能团选择性，也称为化学选择性（chemoselectivity）。

烯烃加氢属于放热反应，1mol 烯烃催化氢化生成烷烃所放出的热量称为氢化热，氢化热越大，烯烃分子的内能越高，越不稳定。表 4-1 列出不同烯烃的氢化热数值。

表 4-1　烯烃氢化热数值

化　合　物	氢化热/(kJ/mol)	化　合　物	氢化热/(kJ/mol)
$CH_2=CH_2$	136	$CH_3CH=CH_2$	125
$(CH_3)_2C=CH_2$	117	$(CH_3)_2C=C(CH_3)_2$	110
顺-$CH_3CH=CHCH_3$	120	顺-$CH_3CH=CHCH_2CH_3$	117
反-$CH_3CH=CHCH_3$	116	反-$CH_3CH=CHCH_2CH_3$	113
$CH_3CH_2CH=CH_2$	126	$CH_3CH_2CH_2CH=CH_2$	126

4.4.2　炔烃的催化氢化

炔烃在铂、钯、镍等催化剂作用下，可加氢生成烯烃和烷烃。

一般情况下，氢气过量，催化剂活性高时，炔烃加氢可直接生成烷烃。如果降低催化剂的活性，如使用 Lindlar 催化剂（钯附着在碳酸钙或硫酸钡及少量氧化铅上，铅可使催化剂活性降低，即催化剂钝化），炔烃加氢可得到烯烃。在 Lindlar 催化剂的作用下，炔烃加氢得到的烯烃为顺式构型，其机理和烯烃加氢类似。如丁-2-炔在 Lindlar 催化剂催化下加氢得到顺-丁-2-烯：

丁-2-炔　　　　　　　　　　　　　　　　　　顺-丁-2-烯

醋酸镍在乙醇溶液中被 $NaBH_4$ 还原得到 Ni_2B，称为 P-2 催化剂，它也能够促进炔烃加氢得到顺式烯烃。例如，己-3-炔用 P-2 催化剂催化加氢，生成顺-己-3-烯：

己-3-炔　　　　　　　　　　　　　　　　　顺-己-3-烯

叁键和双键加氢的反应活性是不一样的，可以通过氢化热进行判断。

4.4.3　炔烃的金属还原

催化氢化只能把非末端炔烃转化为顺式烯烃，而不能转化为反式烯烃。若用金属 Na、K 或 Li 作还原剂，以液氨为溶剂，炔烃可被还原为反式烯烃。

例如，丁-2-炔在液氨中被金属 Li 还原为反-丁-2-烯，辛-3-炔在液氨中被 Na 还原为反-辛-3-烯。

丁-2-炔　　　　　　　　　　　　　　　　反-丁-2-烯

辛-3-炔　　　　　97%　　　　反-辛-3-烯

Na 在液氨中形成蓝色溶液（有自由电子存在），在此溶液中炔烃得到一个电子生成负离子自由基 A；然后，这个负离子自由基从氨分子中得到一个质子而形成烯基自由基 B；接着，自由基 B 再获得一个电子生成碳负离子 C；最后，碳负离子 C 从氨分子中得到一个质子生成烯烃。在此过程中所形成的中间体 B 和 C 虽然可能存在相应的顺式异构体 B′和 C′，但立体位阻较小的反式异构体 B 和 C 较稳定，优先生成，故最终产物为反式烯烃。

★ 问题 4-11　完成下列反应：

1) $\xrightarrow{\text{H}_2,\ \text{Pd/C}}$

2) $\xrightarrow{\text{H}_2,\ \text{Lindlar}}$

3) $\xrightarrow{\text{H}_2,\ \text{Pd/C}}$

4) $\xrightarrow{\text{H}_2,\ \text{Pd/C}}$

5) $\xrightarrow{\text{H}_2,\ \text{Lindlar}}$

★ 问题 4-12　丙二烯氢化生成丙烷的氢化热是 295kJ/mol，丙烯的氢化热是 126kJ/mol。联烯和孤立二烯烃相比，哪一个更稳定？

★ 问题 4-13　催化加氢 1,2-二甲基环己烯得到 82％顺-1,2-二甲基环己烷的同时，得到 18％反-1,2-二甲基环己烷。试解释反式产物生成的原因。

4.5　烯烃和炔烃与氧的亲核加成反应

炔烃在发生亲电加成反应时没有烯烃活性高，但炔烃比烯烃更容易发生亲核加成反应。如乙炔可在碱或路易斯酸催化下与醇（ROH）、羧酸（RCOOH）、氢氰酸（HCN）、胺（R_2NH）等化合物发生亲核加成，生成乙烯衍生物。例如：

$$HC\equiv CH + HOCH_3 \xrightarrow[2\sim 2.5MPa]{\substack{KOH \\ 160\sim 165℃}} CH_2=CH-OCH_3$$
甲基乙烯基醚
methyl vinyl ether

$$HC\equiv CH + CH_3COOH \xrightarrow[170\sim 210℃]{Zn(OAc)_2/C} CH_3COOCH=CH_2$$
醋酸乙烯酯
vinyl acetate

$$\text{HC}\!\equiv\!\text{CH} + \text{HCN} \xrightarrow[\text{H}_2\text{O, 70℃}]{\text{CuCl}_2} \text{CH}_2\!=\!\text{CHCN}$$

丙烯腈

acrylonitrile

在碱性条件下，甲氧基负离子（CH_3O^-）亲核进攻乙炔的叁键碳原子，形成烯基负离子中间体 A。后者是较强的碱，从水分子中获得质子后生成甲基烯基醚产物。总的结果相当于在乙炔的两端碳原子上分别加了甲醇的甲氧基和氢。

$$\text{CH}_3\text{OH} + \text{OH}^- \rightleftharpoons \text{CH}_3\text{O}^- + \text{H}_2\text{O}$$

$$\text{HC}\!\equiv\!\text{CH} + {}^-\text{OCH}_3 \rightleftharpoons \text{HC}\!=\!\text{CH}\!-\!\text{OCH}_3$$
$$\text{A}$$

$$\text{HO}\!-\!\text{H} + \text{HC}\!=\!\text{CH}\!-\!\text{OCH}_3 \longrightarrow \text{H}_2\text{C}\!=\!\text{CH}\!-\!\text{OCH}_3 + \text{HO}^-$$
$$\text{A}$$

末端炔烃在碱催化下与亲核试剂加成时，通常亲核基团加在末端碳上。由于立体位阻的原因，在第一步反应形成的两种可能烯基碳负离子中间体 A 和 B 中，前者位阻较小，较稳定，故优先形成。

例如，苯乙炔在催化量的氢氧化铯存在下与苯胺衍生物反应，区域选择性地生成 2-芳氨基-1-苯乙烯：

炔烃与胺的亲核加成亦可发生在分子内，例如 2-(苯基乙炔基)苯胺在叔丁醇钾促进下发生分子内亲核加成，生成 2-苯基吲哚：

2-(苯乙炔基)苯胺
2-(phenylethynyl)aniline

2-苯基吲哚
2-phenyl-1H-indole

炔烃亲核加成生成的烯基碳负离子中间体的负电荷在 sp^2 杂化碳上，而烯烃亲核加成生成的烷基碳负离子中间体的负电荷在 sp^3 杂化碳上，由于 sp^2 杂化碳比 sp^3 杂化碳电负性高，负电荷在 sp^2 杂化碳上比较稳定，所以烯基碳负离子中间体比烷基碳负离子中间体容易生成，故炔烃通常比烯烃容易发生亲核加成反应。实际上，简单烯烃一般很难发生亲核加成，但当碳碳双键上连有强吸电子基团时，可发生亲核加成。例如，1-氯-1,2,2-三氟乙烯在乙醇中与乙醇钠作用，得到亲核加成产物 2-氯-1-乙氧基-1,1,2-三氟乙烷。

1-氯-1，2，2-三氟乙烯　　　　　　2-氯-1-乙氧基-1，1，2-三氟乙烷
1-chloro-1，2，2-trifluoroethene　　2-chloro-1-ethoxy-1，1，2-trifluoroethane

在上述反应的反应物分子中，三个氟原子和一个氯原子具有强的吸电子作用，碳碳双键的电子云密度要比乙烯的电子云密度小得多，其中 C2 比 C1 更缺电子，所以亲核试剂优先进攻 C2，从而导致反应具有区域选择性。1-氯-1,2,2-三氟乙烯分子中各原子所带电荷的计算数据如页边图所示。

当烯烃的碳碳双键与羰基等吸电子基团共轭时，亲核试剂可进攻缺电性的烯基碳，从而发生亲核加成反应，称为 Michael 加成，详细内容将在 12.6 节讨论。

★ **问题 4-14**　氟化试剂 A 是通过如下反应制备的，写出反应的机理。

4.6　烯烃和炔烃与氧的加成反应

不饱和键在氧化剂作用下，π 键断裂形成 C—O 键，生成邻二醇、环氧化合物等产物。

4.6.1　双羟基化反应

（1）用高锰酸钾氧化

在冷的稀碱性 $KMnO_4$ 水溶液中，烯烃 π 键断裂生成邻二醇，$KMnO_4$ 的紫色溶液褪去，生成 MnO_2。

反应经历了一个五元环状锰酸酯中间体，经水解生成邻二醇和锰酸根阴离子，后者进一步转化为 MnO_2。在此过程中，Mn 由 +7 价变为 +4 价。

这种氧化相当于二个羟基从烯烃的同侧加成到双键上，因此，这个双羟化反应能够立体专一性地生成顺式邻二醇。例如，环己烯被氧化为顺-环己-1,2-二醇。

（2）用四氧化锇氧化

OsO_4 也可将烯烃氧化为邻二醇。反应通常在叔丁醇和水的混合溶剂中进行。该反应与高锰酸钾氧化类似，经历五元环状锇酸酯中间体，后者水解生成顺式邻二醇和锇酸，锇酸则进一步转化为 OsO_3。反应过程中，锇由 +8 价被还原为 +6 价。

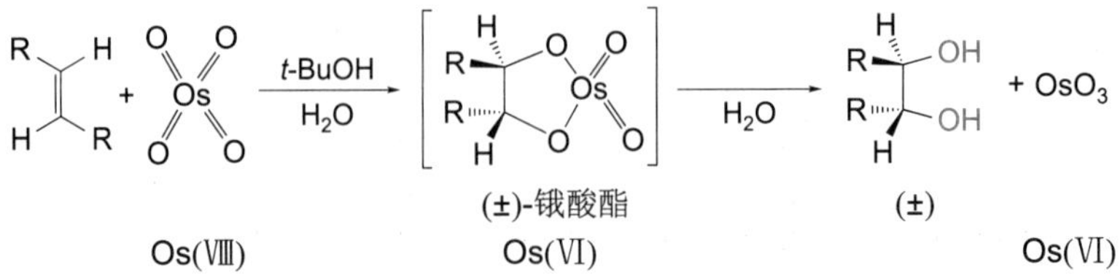

在大多数情况下，锇酸酯是不能分离得到的，但当反应在吡啶（Pyridine，Py）存在下进行时，锇酸酯与两分子吡啶配位，所形成的锇配合物是可以分离得到的。将这个配合物水解即得到顺式双羟化产物。例如：

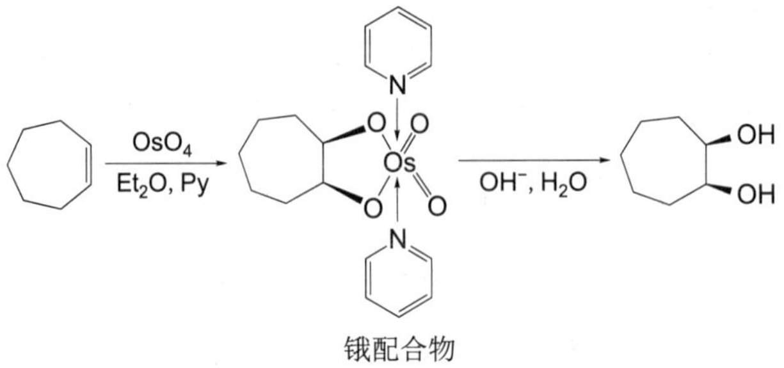

锇配合物

（3）用碘-醋酸银氧化

在无水条件下，I_2 的四氯化碳溶液与等摩尔量的醋酸银（AgOAc）能够将烯烃氧化为邻二醇的二醋酸酯，酯水解后生成邻二醇，称为 Prevost 反应。这个反应具有立体专一性，生成反式邻二醇。

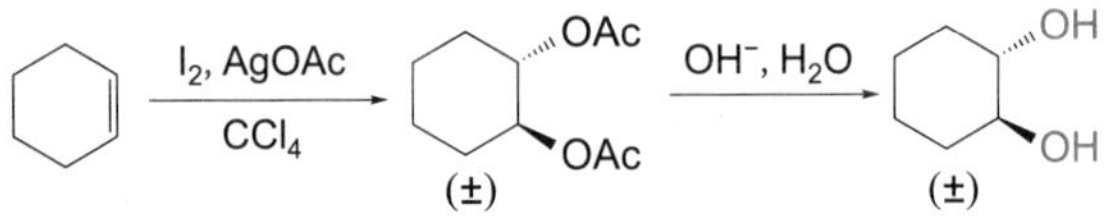

如果这个反应在有水介质中进行，则得到顺式邻二醇的单醋酸酯，水解后得到顺式邻二醇。这是 Woodward 改进的反应，称为 Woodward-Prevost 反应。

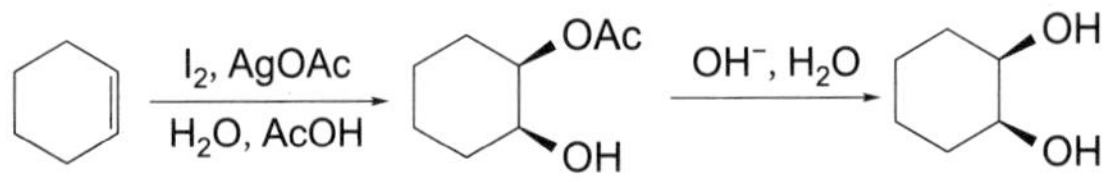

这个氧化反应也属于亲电加成反应。首先，烯烃与亲电试剂 I_2 作用形成碘鎓离子中间体 A 和 AgI 沉淀；然后，醋酸根阴离子亲核进攻与碘相连的一个碳，开环形成醋酸酯中间体 B；接着，B 经历邻基参与（neighbouring group participation，NGP）的亲核取代反应，经氧鎓离子中间体 C 生成反式邻二醇的二醋酸酯 D；最后，酯水解得到反式邻二醇。

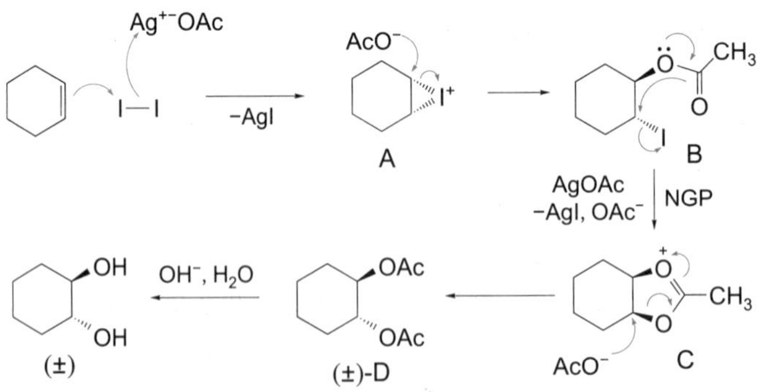

中间体 C 中的正电荷不是集中在一个氧原子上，而是通过共振分散在 OCO 上，形成三中心四电子的共轭体系，如以下共振杂化体所示，这样的结构具有稳定性。

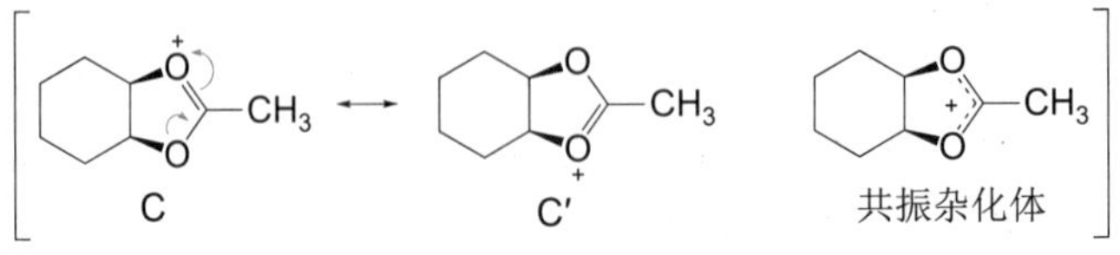

共振杂化体

如果反应在有水介质中进行，则中间体 C 先与水反应形成中间体 E，开环后经过质子转移（proton transfer，PT），得到顺式二醇的单酯 F，最后水解后生成顺式邻二醇：

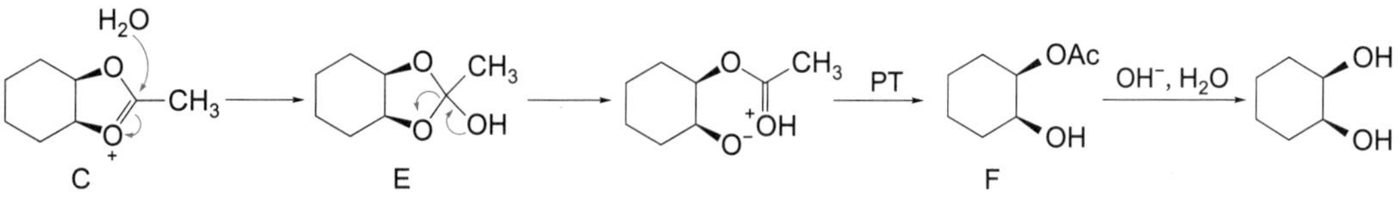

4.6.2 环氧化反应

烯烃与过氧化物反应生成环氧化合物，称为环氧化反应（epoxidation）。常用的过氧化物包括过氧酸、过氧化氢和烷基过氧化氢等。

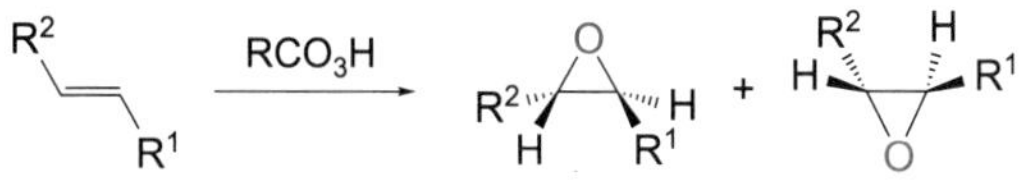

在这个过程中，过氧化物将一个氧原子转移给烯烃。一般认为，这是一个协同反应，通过三元环过渡态，立体专一性地生成构型保持的加氧产物。

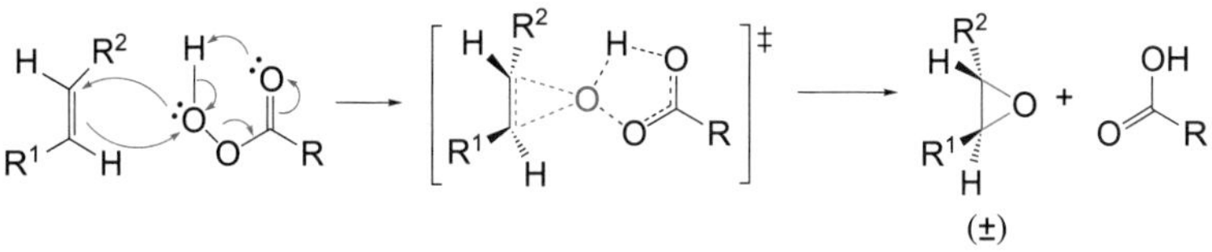

环氧化反应具有立体专一性，氧从碳碳双键两侧加成的概率一般是相等的（反应物中的手性碳原子或手性催化剂等不对称因素除外），故不对称的烯烃发生环氧化时生成外消旋体，例如：

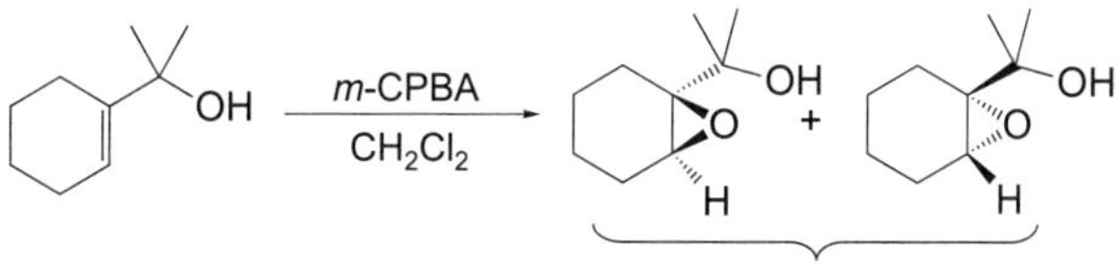

上式中的 *m*-CPBA 为间氯过氧苯甲酸的缩写，*m*-CPBA 是最常用的固体过氧酸之一。

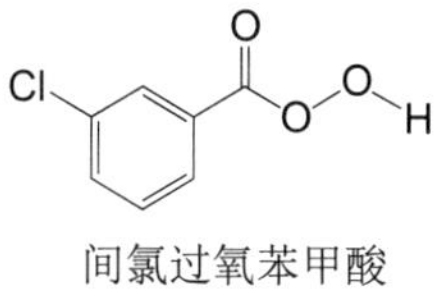
间氯过氧苯甲酸
m-chloroperbenzoic acid
m-CPBA

烯烃与过氧酸反应的环氧化物相当于亲电加成反应，因此双键上的电子云密度越高，越容易被过氧酸氧化。如果一个分子内有多个双键，则电子云密度高的双键优先发生环氧化反应。例如：

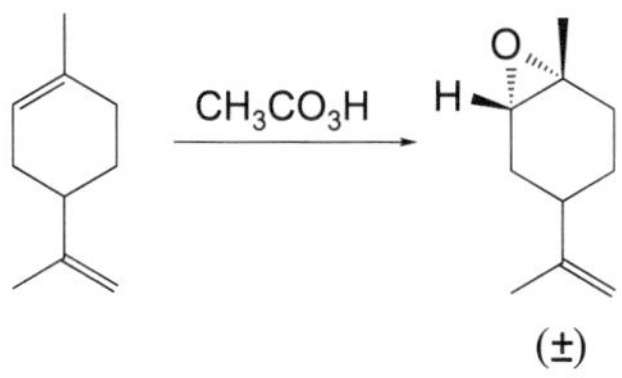

工业上，在银或氧化银催化剂的存在下，乙烯可被空气中的氧气氧化生成环氧化合物。例如，乙烯在银催化氧化的条件下生成环氧乙烷。这是工业上生产环氧乙烷的主要方法，但必须严格控制温度。如果超过 300℃，则碳碳双键断裂，生成 CO_2 和 H_2O。

$$H_2C{=}CH_2 \xrightarrow[200\sim280℃]{Ag,\ O_2} \text{环氧乙烷}$$

4.6.3 氧化断裂

(1) 高锰酸钾氧化断裂

烯烃在浓的或酸性 $KMnO_4$ 溶液中被氧化时，其 π 键和 σ 键均发生断裂，称为氧化断裂（oxidative cleavage），生成酮、羧酸或二氧化碳：

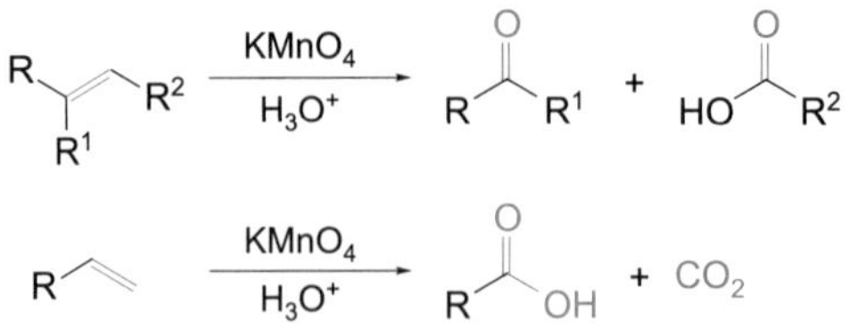

炔烃被 $KMnO_4$ 氧化，无论是在碱性还是酸性条件下，碳碳叁键都发生断裂，生成羧酸或二氧化碳。

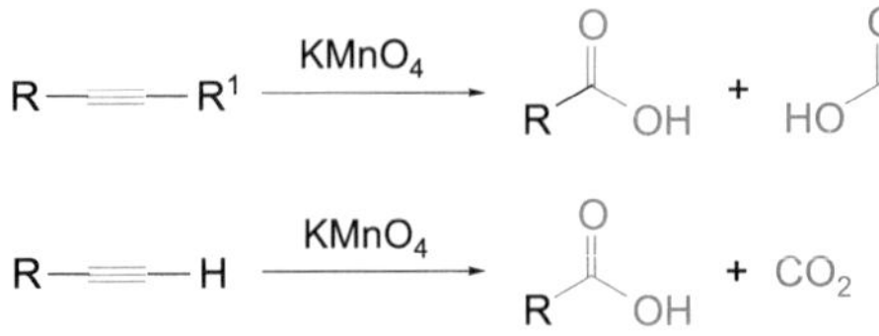

（2）臭氧化-还原水解反应

直链烯烃经臭氧氧化，继而在还原条件下水解，生成二分子羰基化合物；若为环状烯烃，则生成二羰基化合物。

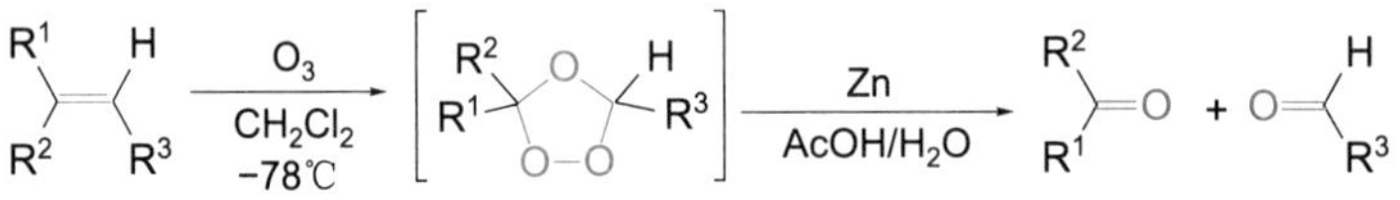

例如：

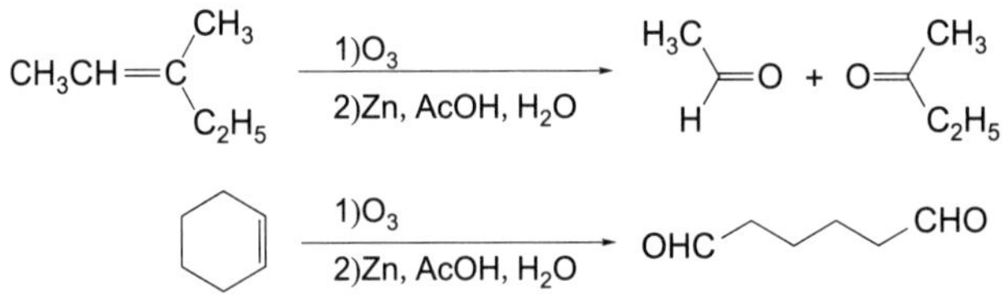

这个反应由臭氧氧化和还原水解两个阶段组成。

第一阶段：烯烃与臭氧发生 1,3-偶极环加成反应，生成 1,2,3-三氧五环中间体 A；A 极不稳定，立即开环生成羰基化合物 B 和 1,3-偶极体 C；B 和 C 进一步经历 1,3-偶极环加成生成比较稳定的 1,2,4-三氧杂五环中间体 D。

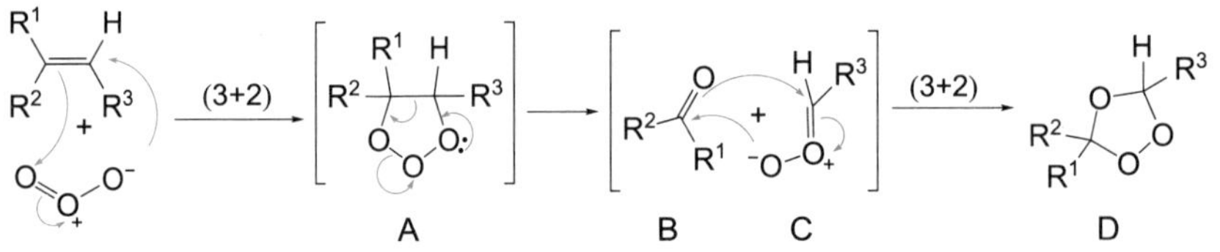

第二阶段：在水存在下，D 开环分解为产物醛或酮，并产生一分子 H_2O_2，H_2O_2 可进一步将生成的醛氧化为羧酸。若在水解过程中加入还原剂锌粉，锌粉将消耗 H_2O_2，水解所生成的醛则可以得到保留。

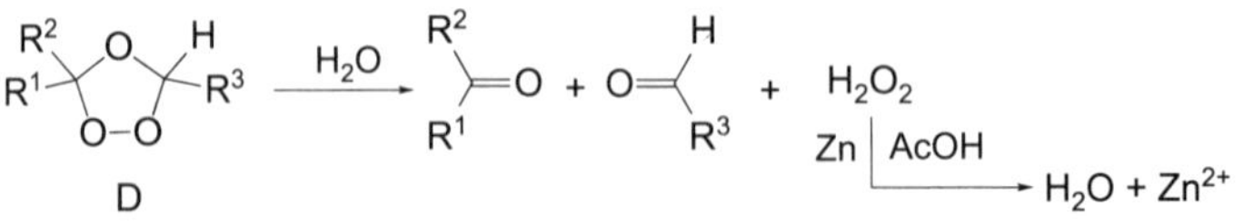

二甲硫醚也是常用的还原剂，反应时它被氧化为二甲基亚砜（DMSO）：

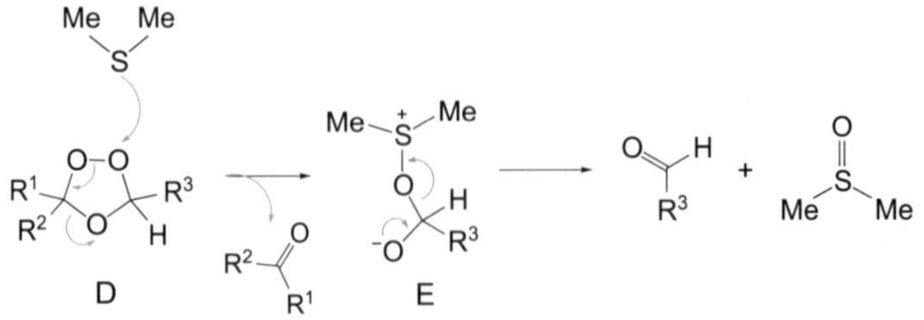

炔烃的臭氧氧化水解反应，叁键断裂生成二分子羧酸，环状炔烃生成二酸。例如：

$$CH_3CH_2C\equiv CCH_3 \xrightarrow[2)H_2O]{1)O_3} CH_3CH_2COOH + CH_3COOH$$

炔烃的反应活性低于烯烃，因此烯炔与臭氧反应时，得到 $C=C$ 键氧化产物，如：

$$\xrightarrow[2) Zn, AcOH]{1) O_3, CH_2Cl_2, -78℃}$$

94%

臭氧氧化还原水解反应曾被用来测定有机分子碳链中碳碳不饱和键的位置，推断不饱和烃的结构。例如：某分子式为 C_6H_{10} 的不饱和烃，经臭氧氧化还原水解后生成乙醛（CH_3CHO）、丙二醛（$CHO—CH_2—CHO$）和甲醛（$HCHO$）。从分子式可知，此不饱和化合物的不饱和度为 2。共生成四个醛基，所以不饱和度应是二个双键带来的。将两个碳氧双键的氧去掉变成碳碳双键，可推断出不饱和烃的构造式为 $CH_3CH=CHCH_2CH=CH_2$。

$$C_6H_{10} \xrightarrow[2) Zn, AcOH, H_2O]{1) O_3}$$

乙醛　　　丙二醛　　　甲醛

$$CH_3CH=CHCH_2CH=CH_2$$

除了上述经典的氧化反应之外，烯烃可在水存在下，在二价钯和一价铜共同催化下被氧气（或空气）氧化为醛或酮，这个反应称为 Wacker 氧化（Wacker oxidation）。工业上利用这个方法生产乙醛、丙酮等一系列重要的醛和酮类化工产品。Wacker 氧化反应简介见阅读资料 4-2。

阅读资料4-2

★ 问题 4-15　写出下列烯烃用 *m*-CPBA 氧化时的相对反应速率，为什么？

★ 问题 4-16　不饱和化合物 A（$C_{10}H_{20}$），经臭氧氧化/锌粉还原水解仅得到异戊醛（3-甲基丁醛），问化合物 A 的结构。

★ 问题 4-17　Prevost 反应关键中间体 C 可以被乙醇捕获，得到化合物 A（$C_{10}H_{18}O_3$），该分子具有面对称性。请推测化合物 A 的结构。

$$\xrightarrow[-H^+]{C_2H_5OH} A (C_{10}H_{18}O_3)$$

C

4.7　炔烃和烯烃的聚合反应

在催化剂或引发剂的作用下，烯烃和炔烃可通过 π 键断裂自身加成，生成分子量较大的化合物，这种反应称为聚合反应（polymerization）。

4.7.1　烯烃的聚合

烯烃通过聚合反应生成聚合物（polymer），又称高分子化合物。能发生聚合反应的小分子化合物称为单体（monomer）。现代合成工业中常用的烯烃单体有乙烯、丙烯、异丁烯、苯乙烯、醋酸乙烯酯、丙烯腈等，如乙烯单体聚合生成聚乙烯（polyethylene，PE）。聚乙烯塑料在人们的日常生活、工业、农业和国防等领域具有广泛应用，其性能和应用简介见阅读资料 4-3。

阅读资料4-3

$$n\ H_2C{=}CH_2 \xrightarrow{\text{催化剂}} \text{\textbf{[}}CH_2{-}CH_2\text{\textbf{]}}_n$$

乙烯　　　　　　　　　　聚乙烯
ethene　　　　　　　polyethylene(PE)

上式中—CH_2—CH_2—为聚合物中重复结构单元，称为链节；n 为链节重复的数目，称为聚合度。在聚合过程中，乙烯通过 π 键断裂而相互加成。这种聚合反应叫做加成聚合反应（简称加聚反应）。

由同一种单体聚合得到的高分子化合物称为均聚物（homopolymer），由两种或两种以上不同单体聚合得到的高分子化合物称共聚物（copolymer），如 ABS 树脂是由丙烯腈（A）、丁二烯（B）和苯乙烯（S）共聚而成的：

丙烯腈　　　　　　丁二烯　　　　　　苯乙烯
acrolein(A)　　butadiene(B)　　styrene(S)　　　　　　ABS

共聚物往往在性能上有取长补短的效果。如 ABS 树脂既保持了聚苯乙烯优良的绝缘性能和易加工成型性，又由于其中的丁二烯可提高弹性和冲击性，丙烯腈可增加耐热、耐腐蚀性能和表面硬度，使之成为综合性能优良的工程材料。ABS 塑料常用于制造家用电器的外壳、箱包、装饰板材、汽车飞机的零部件等。

烯烃的聚合大多属于链聚合反应，根据反应过程中所形成的活性中间体的不同，链聚合反应可分为正离子聚合、负离子聚合、自由基聚合，此外，还有配位聚合反应。正离子聚合反应的催化剂通常为强质子酸，也可用 Lewis 酸，如 BF_3、$AlCl_3$、$TiCl_4$、$SnCl_4$ 等，除这些催化剂外，还需加助催化剂（如 H_2O、ROH、HX 等），组成引发体系，其中水只需吸收空气中的水分即可。下面以异丁烯的阳离子聚合为例来介绍烯烃的离子型聚合反应的机理。

在三氟化硼催化下，异丁烯能够在液态乙烯（作为溶剂）中于 $-100\,^\circ\!C$ 聚合得到聚异丁烯——一种广泛应用的橡胶材料。这个链聚合过程包括以下三个阶段。

① 引发（initiation）：在链引发阶段，亲电试剂与烯烃作用，首先形成碳正离子。

② 增长（propagation）：引发阶段所形成碳正离子与另一分子烯烃发生亲电加成反应，形成新的碳正离子；这个过程不断重复，直到聚合物的链增长到一定长度。

③ 终止（termination）：上述链式反应的终止是通过亲核取代和转移方式实现，其中转移反应对聚合物而言属于 β-H 消除反应。

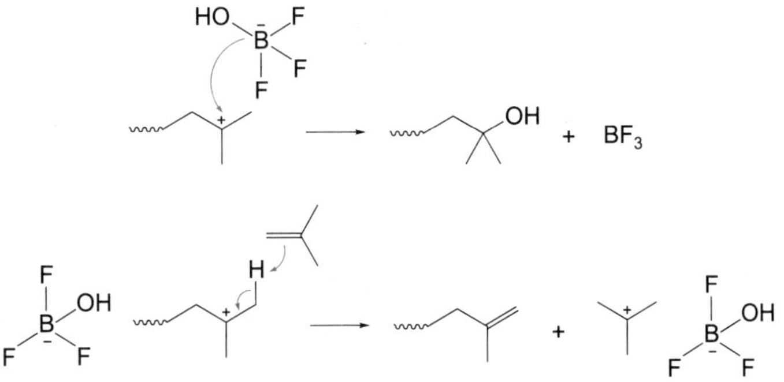

烯烃的自由基聚合反应机理将在第 5 章中介绍。

4.7.2 共轭二烯烃的聚合

橡胶是具有高弹性的高分子聚合物。橡胶分为天然橡胶和合成橡胶。天然橡胶是由橡胶树得到的白色胶乳经加工制得的。在 20 世纪初测定出天然橡胶的结构，它是由异戊二烯单体 1,4-加成聚合而成的高分子化合物，化学名为顺-1,4-聚异戊二烯。

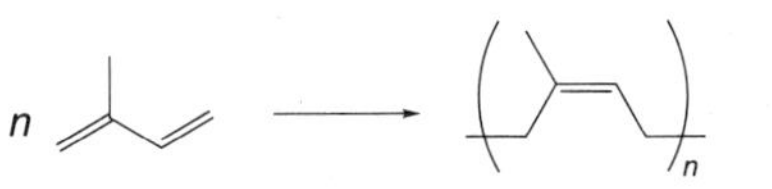

异戊二烯　　　　　顺-1, 4-聚异戊二烯
isoprene　　　　　natural rubber(Z)

天然橡胶弹性好，但其数量及在某些方面的应用，远远不能满足现代工业的发展。合成橡胶的出现，不仅弥补了天然橡胶数量上的不足，而且各种合成橡胶往往具有比天然橡胶优越的性能，如顺丁橡胶的耐磨性和耐寒性比天然橡胶好。

合成橡胶是由一种共轭二烯聚合或由共轭二烯与其它烯烃共同聚合得到的高分子聚合物。共轭二烯的聚合可通过酸催化的阳离子机理进行，也可通过配位聚合或自由基聚合机理进行。例如，丁二烯在 Et_3Al-$TiCl_4$（称为 Ziegler-Natta 催化剂）催化下得到顺-1,4-聚丁二烯，即顺丁橡胶，它具有优良的耐磨性，其弹性、耐老化性和耐低温性都超过天然橡胶，是合成橡胶的第二大品种。其产品 60% 以上用于制造轮胎。

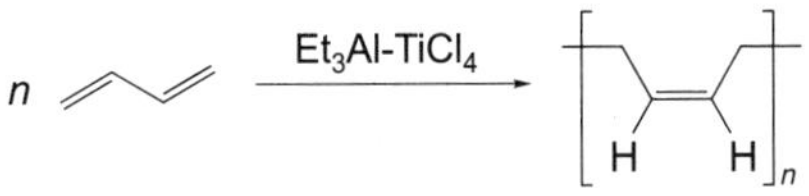

顺-1, 4-聚丁二烯

4.7.3 炔烃的聚合

与烯烃不同，炔烃一般不易聚合为高分子化合物。在不同的催化剂和反应条件下，炔烃可以自身加成，生成链状的二聚、三聚或四聚体。例如，乙炔在氯化亚铜和氯化铵促进下可发生二聚或三聚，生成丁-1-烯-3-炔和己-1,5-二烯-3-炔，它们是合成橡胶的重要原料。

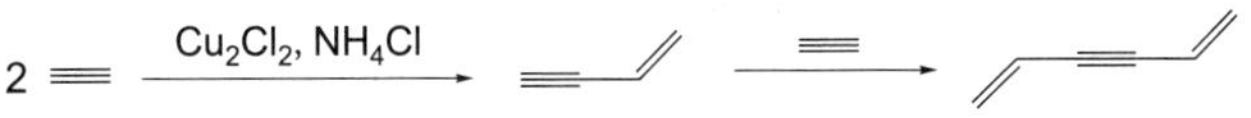

丁-1-烯-3-炔　　　　　己-1, 5-二烯-3-炔
but-1-en-3-yne　　　　　hexa-1, 5-dien-3-yne

乙炔在特殊条件下还可聚合生成环状化合物，如形成苯和环辛四烯：

环辛四烯
cyclooctatetraene

加成反应	addition reaction	给电子基团	electron donating group，EDG
离子型反应	ionic reaction	吸电子基团	electron withdrawing group，EWG
自由基型反应	radical reaction	过氧效应	peroxy effect
协同反应	concerted reaction	溴镓离子	bromonium
异裂	heterolytic cleavage	反式共平面加成	anti-coplanar addition
均裂	homolytic cleavage	反式双直立键加成	anti-diaxial addition
碳正离子	carbocation	共轭烯烃	conjugated diene
碳负离子	carbanion	共轭加成	conjugated addition
亲电反应	electrophilic reaction	动力学控制产物	kinetically controlled product
亲核反应	nucleophilic reaction	热力学控制产物	thermodynamically controlled product
亲电试剂	electrophile		
亲核试剂	nucleophile	羟汞化反应	oxymercuration
亲电加成	electrophilic addition	烯醇式	enol form
亲电取代	electrophilic substitution	酮式	keto form
亲核加成	nucleophilic addition	互变异构	tautomerism
亲核取代	nucleophilic substitution	硼氢化反应	hydroboration
自由基	free radical	环加成反应	cycloaddition
碳自由基	carbon radical	Diels-Alder 反应	Diels-Alder reaction
活性中间体	reactive intermediate	双烯体	diene
周环反应	pericyclic reaction	亲双烯体	dienophile
决速步骤	rate determining step，RDS	外型产物	endo product
化学选择性	chemoselectivity	内型产物	exo product
区域选择性	regioselectivity	催化氢化	catalytic hydrogenation
立体选择性	stereoselectity	化学选择性	chemoselectivity
马可尼可夫规则	Markovnikov rule	邻基参与	neighbouring group participation，NGP
反应机理	reaction mechanism		
鱼钩箭头	fish-hook arrow	质子转移	proton transfer，PT
单电子转移	single electron transfer，SET	环氧化反应	epoxidation
弯箭头	full-headed arrow	氧化断裂	oxidative cleavage
富电子中心	electron-rich center	聚合反应	polymerization
贫电子中心	electron-deficient center	聚合物	polymer
过渡态理论	theory of transition state	单体	monomer
过渡态	transition state，TS	均聚物	homopolymer
活化络合物	activated complex	共聚物	copolymer
反应坐标	reaction coordinate	引发	initiation
放能反应	exergonic reaction	增长	propagation
吸能反应	endergonic reaction	终止	termination

习　题

4-1　预测下列各组化合物发生亲电加成反应的相对活性大小顺序：

(1)

(a) CF_3　　(b) CH_3　　(c) Cl　　(d) CH_3—C—CH_3

(2)

(a) CH_3 / CH_3　　(b)　　(c) CH_3　　(d)

4-2 预测下列反应的主要产物，若有立体异构体生成，请写出其结构。

(1) 1-甲基环己烯 $\xrightarrow{\text{HI}}$

(2) 1-甲基环戊烯 $\xrightarrow[\text{2)}H_2O_2,\ OH^-,\ H_2O]{\text{1)}B_2H_6}$

(3) 1-乙基-2-甲基环己烯 $\xrightarrow[\text{EtOH,}\ 25℃]{H_2,\ PtO_2}$

(4) CH_3CH_2—CH=CH—CH_3 (顺式) $\xrightarrow[\text{CCl}_4]{\text{Br}_2}$

(5) 亚甲基环戊烷 $\xrightarrow[\text{2)Zn, }CH_3CO_2H]{\text{1)}O_3}$

(6) 环庚三烯 $\xrightarrow[\text{2)Zn, }H_3O^+]{\text{1)}O_3}$

(7) 戊-1-炔 $\xrightarrow[H_2O,\ H_2SO_4]{\text{催化量}HgSO_4}$

(8) 3,4,5-三甲氧基-... $\xrightarrow[\text{喹啉}]{H_2,\ \text{Lindlar Pd}}$

(9) 1,3-丁二烯 + MeO$_2$C—CH=CH—CO$_2$Me (反式) $\xrightarrow{\triangle}$

(10) H_3C—CH=CH—CH=CH—CH_3 + $\equiv$—CO$_2CH_3$ $\xrightarrow{\triangle}$

(11) 萜品醇类 $\xrightarrow[CH_2Cl_2]{m\text{-CPBA}}$

(*J.Org.Chem.* 1999，*64*，629)

(12) 1,2-二甲基环己-1,3-二烯 $\xrightarrow[\text{CHCl}_3]{m\text{-CPBA}}$

4-3 丁-3-炔-1-醇与 PhSeCl 反应生成如下亲电加成产物（*J.Org.Chem.* 1980，45，1313-1315）。试写出该反应的机理，并解释其区域选择性和立体选择性。

丁-3-炔-1-醇 $\xrightarrow{\text{PhSeCl}}$ 产物（含 SePh、Cl、OH 基团）

4-4 3-甲基环己烯与 HBr 加成，生成顺式和反式 1-溴-2-甲基环己烷以及顺式和反式 1-甲基-3-溴环己烷的混合物，结构类似的 3-溴环己烯与 HBr 加成时只生成反-1,2-二溴环己烷的外消旋体，而无顺式异构体和 1,3-二取代产物生成。试解释其原因。

3-甲基环己烯 $\xrightarrow{\text{HBr}}$ 2-甲基-1-溴环己烷（顺式和反式） + 3-甲基-1-溴环己烷（顺式和反式）

3-溴环己烯 $\xrightarrow{\text{HBr}}$ 反-1,2-二溴环己烷（两个对映体）

4-5 化合物 A、B 和 C 的分子式都为 C_6H_{12}，经催化加氢都生成 3-甲基戊烷，A 是一个旋光性物质，为 R 构型，B 和 C 都无旋光性。B 可被 $KMnO_4/H^+$ 氧化，并有气体放出；C 亦可被 $KMnO_4/H^+$ 氧化，但无气体放出。试推测 A、B 和 C 的结构。

4-6 化合物 A 分子式为 C_8H_{14}，经 O_3 氧化和 Zn-AcOH 还原后得到化合物 B，试推测化合物 A 的结构。

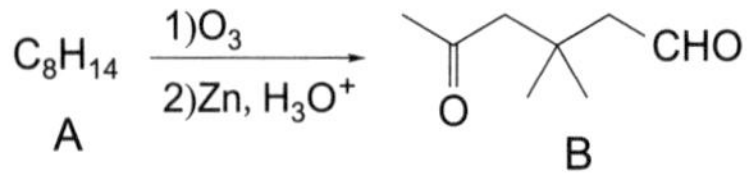

4-7 试推测下列反应的机理：

(1)

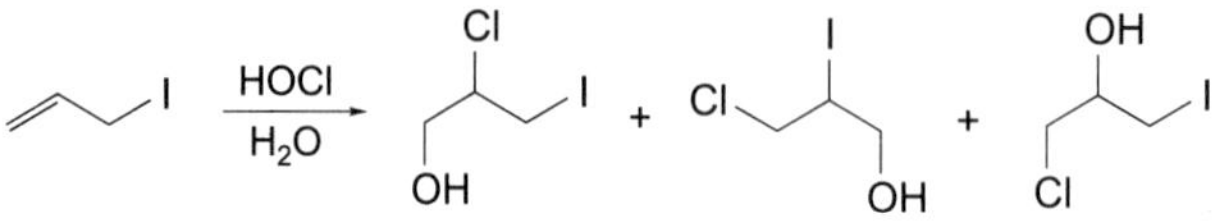

(2)

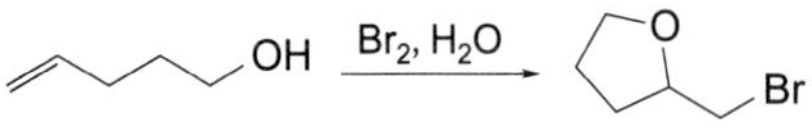

(3)

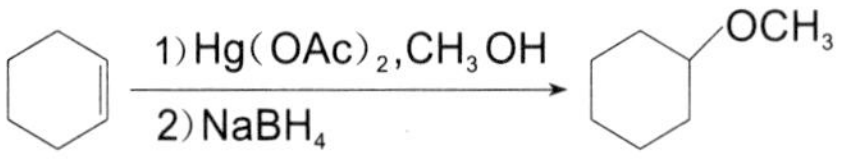

(4)

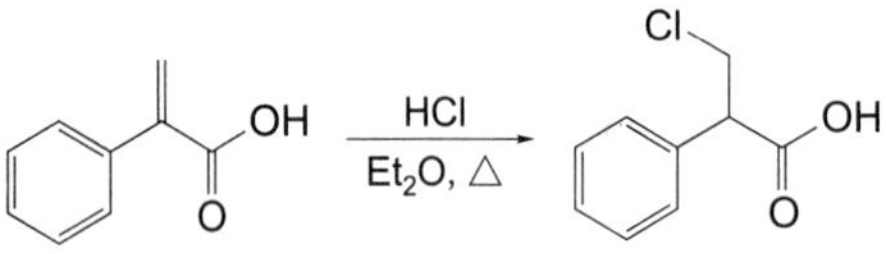

($J. Chem. Educ.$ 2017，94，$936-940$)

(5)

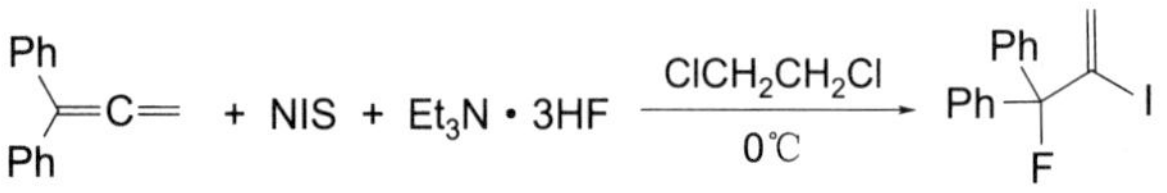

($Chem. Commun.$ 2013，49，$5651-5653$)

(6)

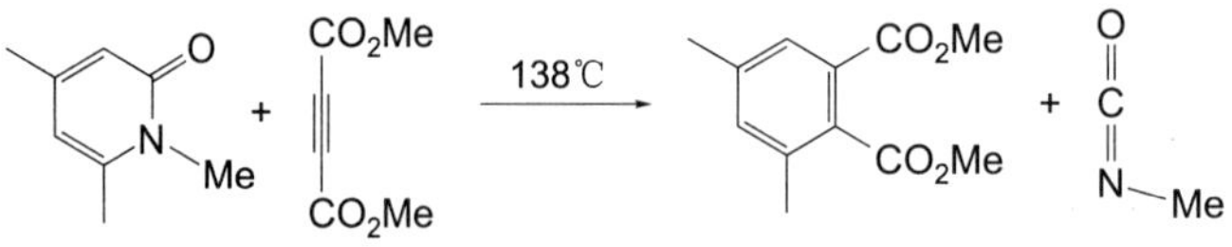

($Tetrahedron$ 1992，48，9111)

4-8 如何实现下列转化？试写出相应的试剂和反应条件。

(1)

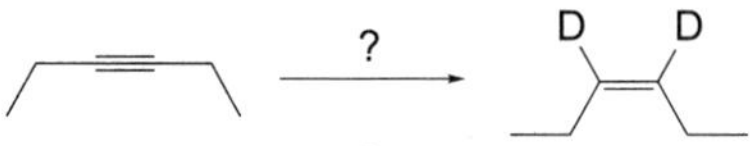

(2)

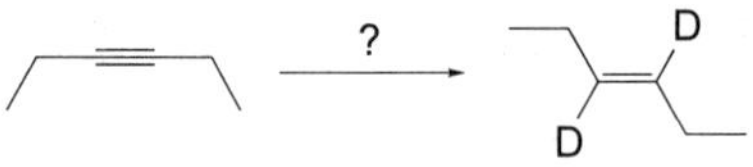

(3)

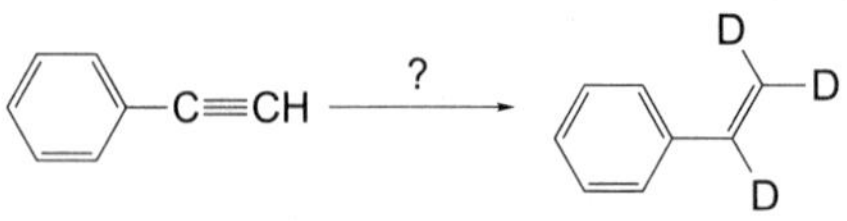

第5章

自由基反应

分子在光、热等条件下因共价键发生均裂而形成的具有未成对电子的原子或基团称为自由基。此定义包含了某些稳定的无机分子（如 NO_2 和 NO 等）和许多原子（如 H 和 Cl 等）。在书写时，一般在原子或基团符号旁加上符号"·"表示未成对的电子，如氯自由基（即氯原子）表示为"·Cl"，甲基自由基表示为"·CH_3"，烷基自由基表示为"R·"。简单的烷基自由基是反应的中间体，很不稳定，反应活性非常高，它们在溶液中的寿命很短，但当冻结在其它分子的晶格中时，也能保存较长时间，并可测定它们的光谱。橡胶的老化、石油的裂解、涂料的干燥、脂肪的变质等都与自由基有关。生命代谢过程、细胞的凋亡、某些疾病（如癌症）的产生、机体的衰老等也与体内的自由基有很大关系。本章主要讨论自由基的产生方法、碳自由基的结构与稳定性，以及经典的自由基取代和自由基加成等反应。

5.1 自由基的产生

大多数自由基是不稳定的，它们容易与另一自由基发生反应，生成符合八隅体规则的稳定物种，因此用于化学反应的自由基通常需要原位产生。σ键的均裂、π键的光化学激发以及单电子转移是产生自由基的常用方法。

5.1.1 σ键的均裂

σ键的均裂可通过光解（photolysis）或热解（pyrolysis）来实现。

在一定波长的可见光或紫外线照射下，当照射的能量等于或大于σ键均裂的能量（键解离能，BDE）时，σ键可发生均裂而形成自由基。例如，Cl_2（Cl—Cl 键的键解离能为243kJ/mol）在吸收波长为487.5nm的光（光子能量为274kJ/mol）的辐射后，其Cl—Cl键均裂，产生出氯自由基。光照产生自由基有两个优点：①反应可以在任何温度下进行；②自由基产生的速率可以通过光强度的调节和吸收物种的浓度加以控制。由两个电负性大的原子形成的共价键容易发生均裂产生自由基，如 O—O 键、O—Cl 键、O—N 键等：

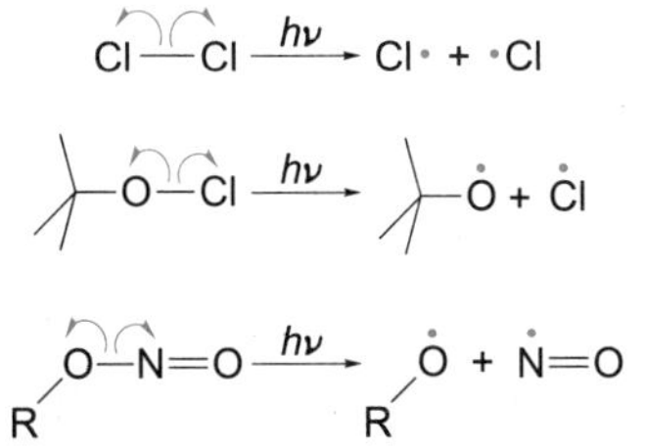

如果σ键比较弱或者产生的自由基比较稳定，加热亦可使σ键均裂成为自由基，这种方法称为热解。例如，1,2-二苯基环丙烷在加热条件下能够发生 C1—C2 键均裂，形成如下双自由基物种：

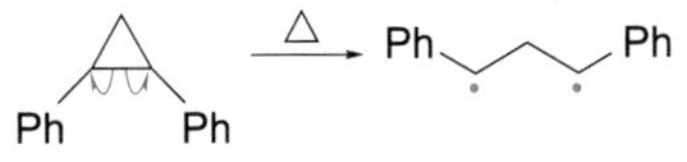

过氧苯甲酰（benzoyl peroxide，BPO）和偶氮二异丁腈（azodiisobutyronitrile，AIBN）是两个被广泛应用的自由基引发剂（radical initiator）。BPO 中的 O—O 键（键解离能为 139kJ/mol）比较弱，AIBN 易分解出氮气，它们在热反应或光照条件下均可以产生自由基：

BPO

AIBN

在有些自由基反应中，一些化合物分子中的 σ 键很强，直接加热很难均裂，但加入 BPO 或 AIBN 等作为引发剂，可促进这些反应发生。一般情况下，过氧化物分子中的 O—O 键都比较弱，常用作自由基引发剂，如表 5-1 所列举为一些过氧化物分中 O—O 键的解离能。

表 5-1　一些过氧化物分子中 O—O 键的解离能

化合物	解离能/(kJ/mol)	化合物	解离能/(kJ/mol)
HO—OH	213	C_6H_5COO—$OOCC_6H_5$	139
$(CH_3)_3CO$—$OC(CH_3)_3$	157	CH_3CH_2O—OCH_3	184

阅读资料5-1

1,2-二苯基环丙烷结构中的 C1—C2 键比较容易断裂开环，其它烷烃的 C—C 键发生均裂则需要提供更大的能量。烷烃在无氧高温条件下发生热解反应（thermal cracking），热解形成的烷基自由基可以相结合生成新的烷烃，也可以再断裂 C—H 键生成烯烃，从而使大分子化合物变成小分子化合物（如乙烯、丙烯、丁二烯、乙炔等）。烷烃的热解过程构成了石油化学工业的基础，参见阅读资料 5-1。

己烷在高温下热解可产生如下烷基自由基：

$$CH_3CH_2CH_2CH_2CH_2CH_3$$

C1—C2断裂 → $CH_3 \cdot + \cdot CH_2CH_2CH_2CH_3$

C2—C3断裂 → $CH_3CH_2 \cdot + \cdot CH_2CH_2CH_3$

C3—C4断裂 → $CH_3CH_2CH_2 \cdot + \cdot CH_2CH_2CH_3$

★ **问题 5-1**　为什么 1,2-二苯基环丙烷结构中的 C1—C2 键比 C1—C3 键更容易发生均裂？

5.1.2　π 键的光化学激发

当一定波长的光照射到含有 π 键的分子上，π 轨道中的一个电子被激发到 π^* 轨道上，这个激发态的分子可看作一个 1,2-双自由基。处于激发态的烯烃分子中两个自由基中心之间没有 π 键，所以 C—C 键可以自由旋转。顺式的烯烃可由此光化学机理异构化为反式烯烃。然而，这个过程的逆反应不容易发生，因为激发态的反式烯烃和激发态的顺式烯烃处于平衡过程，而该平衡偏向于热力学稳定的反式烯烃。

顺-1,2-二苯乙烯　　　　　　　　　　　　　　　　　反-1,2-二苯乙烯

脊椎动物、软体动物和节肢动物的眼睛利用烯烃的顺-反异构化反应来检测光。当光进入眼睛之后，11-顺-视黄醛亚胺接收光子，并通过双自由基过程异构化为较低能量的异构体，即全反式视黄醛亚胺。检测到异构化的酶随即发出电脉冲，并通过光神经进入大脑。同时，全反式的视黄醛被转运至肝脏，在肝脏中视黄醛异构酶利用酸和 ATP 将全反式的视黄醛再生为高能量的 11-顺-异构体，然后被送回眼睛，准备接收下一个光子。

11-顺-视黄醛亚胺 $h\nu$（眼睛中） →   视黄醛异构酶，ATP（肝脏中）   11-反-视黄醛亚胺

★ 问题 5-2   顺-1,2-二苯乙烯通常可以被用来证明某一有机反应是不是通过自由基中间体进行的，为什么？

5.1.3 单电子转移

一些金属（如 Na、Li 和 Mg）或还原性金属的盐（如 SmI_2）能够将其高能轨道的一个电子转移给含 π 键分子的 π^* 轨道，接收一个电子后的分子即成为负离子自由基。例如，炔烃用金属钠或锂/液氨还原的例子中（见 4.4.3 节），还原过程的第一步为 Na 或 Li 提供一个电子给炔烃的 π 键，形成负离子自由基，后者从氨分子夺取质子后形成烯基自由基，烯基自由基再从金属中获得一个电子，生成烯基负离子，再夺一个质子后得到还原产物烯烃。

$$R-C\equiv C-R \xrightarrow{+e^-} R-\dot{C}=\ddot{C}-R \xrightarrow[-NH_2^-]{NH_3} \cdots \xrightarrow{+e^-} \cdots \xrightarrow[-NH_2^-]{NH_3} \cdots$$

一些过渡金属的盐也是常用的还原剂，它们可以在相对较低温度下分解过氧化物产生自由基，如 Fenton 试剂（即亚铁离子和过氧化氢的混合物）可以产生羟基自由基。

$$Fe^{2+} + HOOH \longrightarrow Fe^{3+} + OH^- + \cdot OH$$

★ 问题 5-3   写出丙酮在 300～340nm 光照下产生甲基自由基的机理。

5.2 自由基的结构及稳定性

5.2.1 烷基自由基的结构

最简单的烷基自由基（R·）为甲基自由基（·CH_3），其结构近似于平面三角形。因此，可认为甲基自由基的中心碳原子近似于 sp^2 杂化，每个 sp^2 杂化轨道分别与三个氢原子形成三个 σ 键，一个 p 轨道垂直于此平面，p 轨道被一个单电子占据。其它简单烷基自由基的结构与甲基自由基相似。尽管如此，理论研究表明，平面三角形和角锥形结构烷基自由基之间的能量差很小，故不能排除 sp^3 杂化的可能。实际上，三氟甲基自由基和桥头碳自由基可能采用 sp^3 杂化，它们具有角锥形结构。

从结构上看，自由基中心碳的周围只有 7 个电子，未达到八隅体要求，故一般很不稳定，属于缺电子的活泼中间体。不过，碳自由基的势能通常比相应的碳正离子的低，后者中心碳原子周围只有 6 个电子。因此，很不稳定的芳基和一级烷基碳正离子

~sp^2 杂化

~sp^3 杂化

~sp^3 杂化

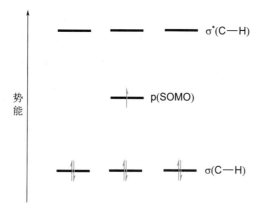

图 5-1 甲基自由基的分子轨道能级示意图

几乎没有报道过，而芳基和一级烷基自由基却比较常见。

如图 5-1 所示，甲基自由基的分子轨道除了 3 个充满电子的 C—H 键 σ 成键轨道和 3 个空的 σ* 反键轨道之外，还有一个单个电子占据的 p 轨道（即 SOMO，single occupied molecular orbital）。任何能够降低 SOMO 势能的作用都将有利于增加自由基的稳定性；反之，则稳定性降低，反应活性增加。下面将讨论的超共轭效应和共轭效应就具有这样的作用。

★ 问题 5-4　如何理解甲基自由基比甲基碳正离子稳定？

5.2.2　自由基的稳定性

（1）电子效应对自由基稳定性的影响

中性的自由基是缺电子的物种，其中心原子的电负性越大，能量越高，稳定性越差。因此，卤素自由基的稳定性顺序为：I·＞Br·＞Cl·＞·F。

一般来讲，共价键均裂产生自由基，共价键强度，即气态时断裂一个共价键所需要的能量（见 1.5.2 节），可以用来判断所形成的自由基的相对稳定性。键解离能越小，打断共价键形成自由基时所需的解离能就越小，自由基越稳定。H—H 键的解离能比较高（436kJ/mol），因此氢自由基（即氢原子）的能量很高，很不稳定，通常难以检测到。碳自由基结构与稳定性的进一步学习可观看视频材料 5-1。

视频材料5-1

烷烃中 C—H 键均裂生成烷基自由基。一般情况下，各类烷基自由基的稳定性顺序为：$R_3C·＞R_2CH·＞RCH_2·＞·CH_3$，它们的 C—H 键的键离解能则依次增大。

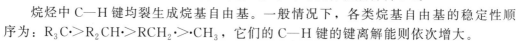

一些烷烃分子中 C—H 键的解离能数据如下：

$$(CH_3)_3C—H \quad (CH_3)_2CH—H \quad CH_3CH_2—H \quad CH_3—H$$

键解离能/（kJ/mol）：　　381　　　　　395　　　　　410　　　　435

如上所述，烷基自由基的结构与碳正离子相似，中心碳原子均为 sp^2 杂化，且都缺电子，因此，能稳定碳正离子的 σ-p 超共轭效应（见第 4.2.1 节）也能稳定碳自由基。σ-p 超共轭效应导致 C—H 键 σ 轨道的成键电子对能够离域到自由基中心碳原子部分空的 p 轨道，从而增加了自由基的稳定性。与中心碳原子相连的烷基越多，超共轭效应越强，自由基越稳定。上述叔丁基自由基有 9 个 C—H 键可以形成 σ-p 超共轭，所以最稳定。异丙基自由基和乙基自由基分别只有 6 个和 3 个 C—H 键有超共轭效应，故稳定性降低。对于甲基自由基，没有超共轭效应，故最不稳定。烷基自由基的相对稳定性如下：

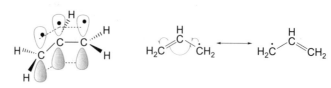

与烯丙基碳正离子相似，烯丙基自由基要比其它的烷基自由基稳定。丙烯 α-H 的解离能（368kJ/mol）比异丁烷分子中 3°氢的解离能（381kJ/mol）小。这是因为烯丙基自由基中的 p 轨道可与双键 π 轨道形成 p-π 共轭，通过共振，两个端基碳均具有自由基的性质，从而降低了体系的能量，增强了它的稳定性。

$$\overset{\delta·}{H_2C} = \overset{H}{\underset{\overset{|}{C}}{}} - \overset{\delta·}{CH_2}$$

烯丙基自由基

与烯丙基自由基相似，苄基自由基也因共轭效应而稳定。甲苯中苄位 C—H 键解离能为 356kJ/mol。苄基自由基的共轭稳定作用可用如下共振结构来表示：

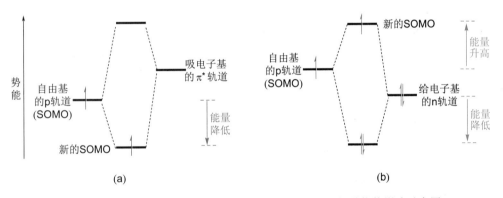

（贡献最大）　　　　　　　　　　　　　　　　（贡献最大）

烯烃和芳烃双键上 C—H 键的解离能要比烷烃高，如乙烯的 C—H 键解离能为 452kJ/mol，而苯的解离能高达 460kJ/mol，乙炔的则更高（523kJ/mol）（表 1-4）。因此，烯基自由基（如 $CH_2\!=\!CH\cdot$）和芳基自由基（如 $C_6H_5\cdot$）的稳定性一般低于烷基自由基。迄今还未发现炔基自由基的例子。一些常见自由基稳定性的大致顺序为：

$$PhCH_2\cdot \approx CH_2\!=\!CHCH_2\cdot \approx R_3C\cdot > R_2CH\cdot > RCH_2\cdot > \cdot CH_3 > RCH\!=\!CH\cdot > C_6H_5\cdot > RC\!\equiv\!C\cdot$$

当自由基中心碳原子与羰基（C=O）、氰基（C≡N）等吸电子基团，或烷氧基（RO）等给电子基团相连时，或者中心碳原子为羰基碳原子时（即酰基自由基），这些自由基甚至比三级烷基自由基更稳定。由此可见，不论是给电子基（烷氧基），还是吸电子基（羰基、氰基）都能很好地稳定邻位碳自由基。

如图 5-2(a) 所示，当吸电子基团与自由基中心碳原子的 p 轨道（SOMO）共轭时，吸电子基团提供 π^* 轨道与自由基的 p 轨道作用组成新的分子轨道，新的 SOMO 轨道能级能量降低，故稳定性增加。当烷氧基与自由基中心碳原子相连时，如图 5-2 (b) 所示，氧原子上孤对电子的 n 轨道与自由基的 p 轨道作用，组合成新的分子轨道，其中 2 个电子的能量降低，1 个 SOMO 电子的能量升高，3 个电子总体上能量降低，故烷氧基也是能够稳定自由基的。

图 5-2　吸电子基（a）和给电子基（b）对自由基分子轨道势能影响示意图

从稳定的分子到碳正离子，必须吸收解离能和电离能两部分能量。如图 5-3 所示，异丁烷的解离能为 381kJ/mol，电离能为 716kJ/mol，其 C—H 键断裂生成叔丁基碳正离子总共吸收 $381+716=1097$kJ/mol 的能量。由此可见，一种碳自由基与相应的碳正离子相比，前者的势能要比后者低得多，故碳自由基一般较相应的碳正离子稳定。

此外，孤对电子、π键、σ键对碳自由基的稳定作用要比它们对碳正离子的稳定化作用小。其原因可通过二者的分子轨道中电子的能量变化来解释。如图 5-4(a) 所示，在由已占原子轨道（或分子轨道）与自由基中心碳原子的 p 轨道（SOMO）作用组成新的分子轨道后，虽然 2 个电子能量降低，但有 1 个电子能量升高。碳正离子则不同，新的分子轨道中 2 个电子的能量降低，而无能量升高的电子 ［图 5-4(b)］。

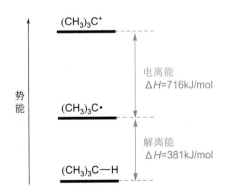

图 5-3　自由基和碳正离子势能关系示意图

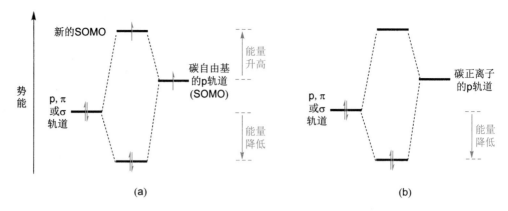

图 5-4　给电子基对碳自由基（a）和碳正离子（b）势能影响示意图

（2）立体位阻对自由基稳定性的影响

尽管超共轭效应和共轭效应能够稳定自由基，但立体位阻稳定自由基的作用往往不可忽视。这是因为两个活泼的自由基很容易结合成为稳定的二聚体。例如，两分子的 1-苯基乙基自由基可发生二聚，生成 2,3-二苯基丁烷。

三苯甲基自由基的苯溶液在室温下是稳定的，这是共轭效应和立体效应共同作用的结果。三苯甲基自由基的三个苯环并非共平面，而是每个苯环都与中心碳原子所处平面有一定夹角（如同电风扇的叶片），由此而产生的立体位阻能有效抑制自由基的二聚。结构类似的三（2,6-二甲氧基苯基）甲基自由基的位阻则几乎完全阻止了它的二聚。

（贡献最大）　　　　　三苯甲基自由基　　　　　（贡献最大）

三苯甲基自由基　　　三(2,6-二甲氧基苯)甲基自由基

三苯甲基自由基在溶液中虽然也能二聚，并与其二聚体之间达到一种平衡，但这种自由基反应并未发生在两个自由基的中心碳原子之间，而是其中的一个采用苯环 4-位碳原子进行反应的。

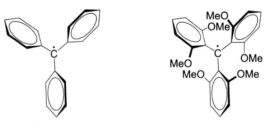

一些未配对电子在杂原子上的自由基稳定性很高，例如 2,2,6,6-四甲基哌啶-1-氧基（TEMPO）及其衍生物相当稳定，可在室温下长期放置。TEMPO 的稳定性除了由于氮原子上孤对电子 p 轨道对氧自由基的稳定化作用以外，还与其自由基周围

四个甲基的空间位阻有关。空间位阻越大，自由基越稳定。将 TEMPO 通过共价键连接到生物分子（如蛋白质）上，可借助电子顺磁共振波谱（electron paramagnetic resonance，EPR）来检测生物分子所处微环境的变化。这种技术称为自旋标记（spin labeling）。目前，自旋标记技术已用于生物膜的流动性、酶的结构和动力学、核酸的结构等生物学研究领域。

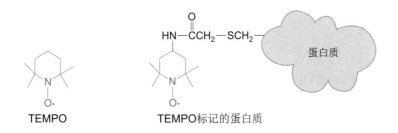

TEMPO   TEMPO标记的蛋白质

★ 问题 5-5　2,4,6-三叔丁基苯氧自由基是非常稳定的自由基，在室温下它是深蓝色固体，熔点为 97℃。简述叔丁基对此自由基稳定性的贡献。

5.3　烷烃的自由基取代反应

自由基可经历多种反应，如对 π 键的加成、从 σ 键上夺取原子或基团、自由基-自由基偶联、断裂、歧化、电子转移等。烷烃在光照下可与卤素发生反应生成卤代烃，烷烃中的氢原子被卤素原子取代，这类反应称为卤代反应或卤化反应（halogenation），属于取代反应，反应涉及自由基中间体，属于自由基取代反应（radical substitution reaction）。

5.3.1　甲烷的氯化反应

在室温下的黑暗环境中，甲烷与氯气混合在一起不会发生任何反应，但在紫外线照射下或在加热条件下（250～400℃），甲烷能够与氯气作用生成氯甲烷和氯化氢，同时，放出热量，是放热反应（exothermic reaction）。

$$CH_4 + Cl_2 \xrightarrow[\text{或} h\nu]{\triangle} CH_3Cl + HCl \qquad \Delta H = -102 kJ/mol$$

甲烷的氯化（chlorination）较难停留在一取代阶段，所生成的氯甲烷可以继续进行氯化反应生成 CH_2Cl_2、$CHCl_3$、CCl_4，甚至乙烷及其氯代物。

$$CH_3Cl + Cl_2 \longrightarrow CH_2Cl_2 + HCl$$
$$CH_2Cl_2 + Cl_2 \longrightarrow CHCl_3 + HCl$$
$$CHCl_3 + Cl_2 \longrightarrow CCl_4 + HCl$$

因此，甲烷氯化常得到混合物。可以控制反应物的投料比，从而得到其中一种主要产物。例如，工业上在 400～450℃下，甲烷与氯的摩尔比为 10∶1，主要产物为一氯甲烷；如甲烷与氯的摩尔比为 0.263∶1，主要产物则为四氯化碳。

5.3.2　氯代反应的机理

将甲烷和氯气按下列不同方法混合得到如下结果：①混合物在室温暗处放置，反应不发生；②混合物加热高于 250℃时，反应可发生；③混合物在室温光照下，反应能发生；④将 Cl_2 光照后，在暗处与 CH_4 混合，反应可发生；⑤将 CH_4 光照后，暗处与 Cl_2 混合，反应不发生；⑥用光引发时，吸收一个光子就能产生几千个氯甲烷分子；⑦如有氧或一些捕捉自由基的杂质存在，反应有个诱导期（induction period），诱导期时间的长短与这些杂质的量有关；⑧产物中含有乙烷及氯代乙烷。

依据上述事实，可得到如下实验结论：①反应引发条件是光或加热；②氯气首先发生反应；③反应一旦引发起来，进行得相当迅速；④甲烷的氯化是一个自由基型的取代反应，甲基自由基是反应的中间体。反应机理如下。

链引发：光照或高温产生Cl·，引发反应。

$$Cl—Cl \xrightarrow[\text{或}h\nu]{\triangle} 2Cl· \tag{1}$$

链增长：一个自由基消失，产生另一个自由基，反复循环，生成产物。

$$H_3C—H + ·Cl \longrightarrow ·CH_3 + HCl \tag{2}$$

$$CH_3· + Cl—Cl \longrightarrow CH_3Cl + ·Cl \tag{3}$$

链终止：任意两个自由基结合，自由基消失，反应结束。

$$Cl· + ·CH_3 \longrightarrow CH_3Cl + HCl \tag{4}$$

$$Cl· + Cl· \longrightarrow Cl_2 \tag{5}$$

$$·CH_3 + ·CH_3 \longrightarrow CH_3CH_3 \tag{6}$$

在光照或加热条件下，氯分子吸收能量，共价键均裂分解为两个氯自由基。氯自由基非常活泼，碰撞中从甲烷分子中夺得一个氢原子，生成氯化氢，同时又产生一个新的甲基自由基；甲基自由基又夺得氯分子中的一个氯原子生成氯甲烷，又产生一个氯自由基。这样，重复进行（2）和（3）两步反应，最后生成大量的氯甲烷分子和氯化氢分子。当反应进行到一定程度时，反应物分子浓度很小时，自由基之间碰撞概率明显增加，任意两个自由基结合生成中性分子，消耗掉自由基，反应终止。

氯分子分解为氯自由基，必须吸收能量，这一步反应是慢的，是反应速率的控制步骤，取决于反应条件；氯自由基一旦引发起来，反应就快速进行下去，故自由基反应又称为链反应（chain reaction）。如上所述氯代反应机理中，反应（1）产生自由基，称为链的引发阶段；反应（2）和（3）生成产物，称为链增长阶段；反应（4）、（5）和（6）使自由基消失，称为链终止阶段。

如果氯分子浓度比较大，甲烷分子基本耗尽以后生成的氯自由基可以夺得氯甲烷分子中的氢原子，同时产生氯甲基自由基（·CH$_2$Cl），氯甲基自由基与氯分子反应，生成二氯甲烷和氯自由基，氯自由基再与其它的分子进行反应。这样就可以逐步生成二氯甲烷、三氯甲烷和四氯甲烷，得到混合物。

如果反应体系中含有少量氧，可以使自由基链反应推迟进行，这是因为甲基自由基与氧生成过氧甲基自由基（CH$_3$OO·），它的活性比甲基自由基差得多，几乎不能进行链反应。待氧消耗完后，自由基链反应又开始进行。这种由于氧的存在使反应时间推迟的阶段叫自由基反应的诱导期。能使自由基反应减慢或停止的物质（如氧），称为抑制剂（inhibitor）。

甲烷氯化反应的每一步反应热如下。

第一步：

$$Cl—Cl \longrightarrow 2Cl· \qquad \Delta H = 243kJ/mol$$

第二步：

$$Cl· + H_3C—H \longrightarrow ·CH_3 + H—Cl \qquad \Delta H = (+435)-(+431) = +4kJ/mol$$

第三步：

$$·CH_3 + Cl—Cl \longrightarrow Cl—CH_3 + Cl· \qquad \Delta H = (+243)-(+349) = -106kJ/mol$$

第一步反应要吸收较大能量（+243kJ/mol）才能使反应进行，这个能量可以通过高温或光照供给；第二步反应只需吸收+4kJ/mol的热量，但此反应需要克服+16.7kJ/mol的活化能（E_{a_1}）；第三步反应放热−106kJ/mol的能量，但也需要+8.3kJ/mol的活化能（E_{a_2}）。第二步和第三步总体上是放热反应，共放出−102kJ/mol。氯自由基与甲烷反应的能量变化曲线图5-5所示。

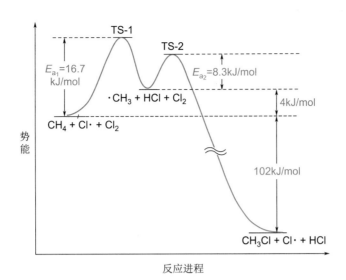

图 5-5　氯自由基与甲烷反应的势能变化图

★ 问题 5-6　甲烷自由基氯代反应中，氯自由基夺取甲烷中的氢产生甲基自由基，为什么不是氯自由基夺取甲烷中的甲基产生氢自由基？

★ 问题 5-7　画出图 5-5 中 TS-1 和 TS-2 的结构。

5.3.3　甲烷与其它卤素的卤代反应

甲烷与 F_2、Cl_2、Br_2、I_2 反应的总反应热 ΔH 以及第 2 步和第 3 步反应的反应热、第 2 步反应的活化能数据列于表 5-2。

表 5-2　甲烷与不同卤素反应相关的反应热及第 2 步反应的活化能

反应过程	ΔH/(kJ/mol)				E_a/(kJ/mol)			
	F	Cl	Br	I	F	Cl	Br	I
$X\cdot + CH_4 \longrightarrow HX + \cdot CH_3$　(2)	−134	+4	+69	+138	+5.0	+16.7	+78	+140
$\cdot CH_3 + X_2 \longrightarrow CH_3X + X\cdot$　(3)	−293	−106	−100	−84				
$X_2 + CH_4 \longrightarrow HX + CH_3X$	−427	−102	−31	+54				

从上述反应热及活化能的数据来看，4 种卤素与甲烷反应活性顺序为：$F_2 > Cl_2 > Br_2 > I_2$。氟与甲烷反应时，两步反应都放出大量的热，反应过于剧烈，难以控制；而碘与甲烷的反应为吸热反应（endothermic reaction），且第 2 步反应的活化能较大，故反应难以进行。因此，烷烃的卤代通常是指氯代（chlorination）或溴代（bromination）。

5.3.4　其它烷烃的卤代反应

其它烷烃与卤素在光照或加热条件下的反应也是自由基取代反应，甲烷和乙烷的一卤代产物只有一种，含三个及以上碳的烷烃，一卤代物都在两种以上。含碳数越多的烷烃，取代产物越复杂。例如，丙烷与 Cl_2 反应的两种一氯代产物为 1-氯丙烷和 2-氯丙烷，两者的百分产率如下：

$$CH_3CH_2CH_3 + Cl_2 \xrightarrow[25℃]{h\nu} CH_3CH_2CH_2 + CH_3CHCH_3$$

　　　　　　　　　　　　　　　　　　　|　　　　　　|
　　　　　　　　　　　　　　　　　　Cl　　　　Cl
　　　　　　　　　　　　　　　　1-氯丙烷　　2-氯丙烷
　　　　　　　　　　　　　　　　　（43%）　　（57%）

丙烷中，伯氢有 6 个，仲氢有 2 个，如果两者的活性相同，那么，伯氢与仲氢的取代产物之比应为 3 : 1。事实上，仲氢的取代产物比伯氢的取代产物多，这说明在相同条件下伯氢和仲氢的反应活性是不同的。伯氢和仲氢活性之比为：

$$\frac{伯氢}{仲氢}=\frac{43/6}{57/2}\approx\frac{1}{4}$$

即仲氢的活性为伯氢的 4 倍，仲氢更容易反应。

异丁烷中也有两种氢，伯氢和叔氢，两种氢被氯取代后生成产物的产率为：

1-氯-2-甲基丙烷　　2-氯-2-甲基丙烷
(64%)　　　　　　　(36%)

异丁烷有 9 个伯氢和 1 个叔氢。伯氢和叔氢活性之比为：

$$\frac{伯氢}{叔氢}=\frac{64/9}{36/1}\approx\frac{1}{5}$$

即叔氢的活性为伯氢的 5 倍。因此，伯、仲、叔氢与 Cl_2 反应的活性之比约为 1：4：5。这一实验结果可由自由基反应历程加以解释。

丙烷与氯反应时，在第二步生成两种可能的自由基 A 和 B，其中 A 为伯碳自由基（即 1°碳自由基），B 为仲碳自由基（即 2°碳自由基）。由于仲碳自由基 B 较伯碳自由基 A 稳定，形成 B 的反应活化能也相对较小，故 2°氢被取代生成 2-氯丙烷的反应速率快一些。

异丁烷与 Cl_2 反应时也生成两种可能的自由基 C 和 D，但由于叔碳自由基 D 比伯碳自由基 C 稳定，D 优先生成，故 3°氢被取代的反应速率快，生成产物的相对产率高。

丙烷和异丁烷在发生溴代时，各单取代产物的相对产率为：

按上述同样的计算方法，溴代时三种氢的活性之比为：3° ：2°：1°＝1600：82：1。

以上实验事实表明，无论是氯代还是溴代，三种氢的活性顺序都为：3°＞2°＞1°，和碳自由基的相对稳定性一致（见 5.2.2 节）。而且，烷烃和溴发生自由基取代反应的选择性更高。

环烷烃只有一种氢，它与卤素的自由基取代反应获得的一取代产物只有一种，可以用来制备卤代烃。例如，环戊烷氯代，以很高的产率得到氯代环戊烷。使用过量的环戊烷进行反应，可使多取代产物生成的概率降到最小。若产生少量多氯代环戊烷，可通过蒸馏的方法除去。

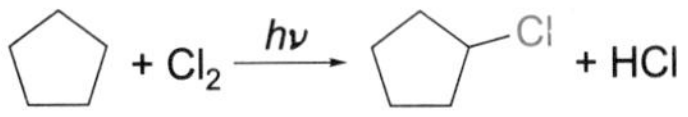

93%

当环烷烃上有取代基时，反应的选择性同样取决于碳自由基中间体的稳定性。例如：

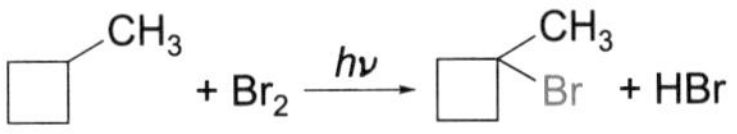

★ 问题 5-8　丙烷二氯代产物有几种？画出它们的结构并命名。

★ 问题 5-9　烷烃自由基卤代反应中，烷烃和氯的反应速率远大于和溴的反应速率，但选择性远没有和溴反应的选择性好，即活性越高选择性越低。试解释之。

★ 问题 5-10　(S)-1-氯-2-甲基丁烷在光照下和氯反应可以得到哪几种二氯代物？写出它们的结构，并命名。其中哪几个二氯代物将没有手性，为什么？

★ 问题 5-11　2,2-二甲基戊烷在光照下和氯反应，生成的一氯代物中有大量的 1-氯-4,4-二甲基戊烷，为什么？

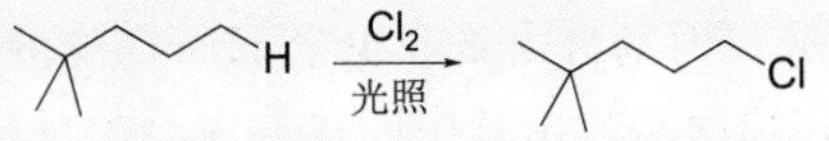

2, 2-dimethylpentane　1-chloro-4, 4-dimethylpentane

5.4 不饱和烃的 α-H 卤代反应

5.4.1 烯烃的 α-H 卤代

烯烃或炔烃的 α-碳（又称烯丙基碳或炔丙基碳）上如果有氢原子，在高温下，α-H 可被卤素取代，例如：

$$CH_2{=}CH{-}CH_3 + Cl_2 \xrightarrow{\text{高温}} CH_2{=}CH{-}CH_2Cl$$

$$CH_2{=}CH{-}CH_3 + Br_2 \xrightarrow{\text{高温}} CH_2{=}CH{-}CH_2Br$$

这种 α-H 卤代反应也是经过自由基机理进行的。以丙烯与氯的取代反应为例：首先，Cl_2 在高温下均裂生成 Cl·。然后，氯自由基与丙烯反应，夺取丙烯 α-H，生成烯丙基自由基和 HCl。接着，烯丙基自由基与 Cl_2 反应，生成 α-氯代产物，并产生一个 Cl·，进入下一轮氯代。由于共轭效应，链增长反应所形成的烯丙基自由基较简单的烷基自由基稳定，故反应高选择性地生成烯丙基氯化物。

链引发：

$$Cl{-}Cl \xrightarrow{500℃} 2Cl\cdot$$

链增长：

$$Cl\cdot + CH_2{=}CH{-}CH_3 \longrightarrow CH_2{=}CH{-}\dot{C}H_2 + HCl$$

烯丙基自由基

$$CH_2=CH-\dot{C}H_2 + Cl_2 \longrightarrow CH_2=CH-CH_2 + Cl\cdot$$
$$\underset{Cl}{|}$$

链终止：

$$Cl\cdot + Cl\cdot \longrightarrow Cl_2$$

$$CH_2=CH-\dot{C}H_2 + Cl\cdot \longrightarrow CH_2=CH-CH_2$$
$$\underset{Cl}{|}$$

烯烃与卤素既可以发生离子型的亲电加成反应（见 4.2 节），也可以发生 α-H 的自由基型取代反应，那么，如何控制这两个竞争性反应呢？通常亲电加成反应在溶液中进行，需要较高浓度的卤素。α-H 的卤化反应一般需要光照或高温条件，在溶液或气相中进行，并保持低浓度的卤素。N-溴代丁二酰亚胺（NBS）可以作为溴代试剂，在四氯化碳溶剂中提供低浓度的溴，对烯烃的 α-H 进行溴代，得到取代产物。加入适量自由基引发剂，如过氧化物，反应更易进行。

反应第一步是 NBS 中 N—Br 键的均裂产生少量的 Br·，一旦生成溴自由基，它就会从丙烯中获得一个氢，生成烯丙基自由基和少量 HBr；少量的 HBr 与 NBS 作用，生成丁二酰亚胺和 Br₂。然后，烯丙基自由基中间体与溴分子反应生成溴代产物，同时产生一个溴自由基，从而实现链增长。在此过程中，NBS 提供了低浓度的 Br₂，有效避免加成反应的发生。

第一步：

第二步：

$$CH_3CH=CH_2 + Br\cdot \longrightarrow \dot{C}H_2CH=CH_2 + HBr$$

第三步：

第四步：

$$\dot{C}H_2CH=CH_2 + Br_2 \longrightarrow \underset{CH_2CH=CH_2}{\overset{Br}{|}} + Br\cdot$$

从上述机理可以看出，使用 NBS 的好处在于它能够保持体系中有低浓度的 Br₂ 和 HBr，这对于避免 C＝C 键与 Br₂ 和 HBr 的亲电加成非常有益。另外一个可能的竞争反应是自由基加成。然而，溴原子对烯烃的自由基加成是可逆的，而且低浓度的溴有利于取代，而不利于加成。

$$CH_3CH=CH_2 + Br\cdot \rightleftharpoons CH_3\dot{C}H-CH_2 \xrightarrow{Br_2} CH_3CH-CH_2 + Br\cdot$$

由于烯丙基自由基中间体会发生重排，不对称烯烃的 α-H 卤代往往得到含有重排产物的混合物。例如，1-戊烯与 NBS 的溴代反应生成了 3-溴戊-1-烯和 1-溴戊-2-烯（重排产物）的混合物。

$$CH_3CH_2CH_2CH=CH_2 \xrightarrow[CCl_4, \triangle]{NBS, (PhCOO)_2} CH_3CH_2\overset{Br}{CH}CH=CH_2 + CH_3CH_2CH=CH\overset{Br}{CH_2}$$

重排产物

产生重排产物的原因是，反应所形成的自由基中间体 A 可共振为 B，二者都属于烯丙基型自由基，稳定性差别较小，故同时存在，并分别生成 3-溴戊-1-烯和 1-溴戊-2-烯。

$$CH_3CH_2\overset{\cdot}{CH}-CH=CH_2 \longrightarrow CH_3CH_2CH=CH-\overset{\cdot}{CH_2}$$

A　　　　　　　　　　　B

★ 问题 5-12　写出下列烯烃在 CCl_4 溶剂中和溴发生自由基取代反应的单取代产物。

5.4.2 烷基苯的 α-H 卤代

烷基苯的 α-H（又称苄基氢）亦可发生自由基卤代反应：

$$\text{PhCH}_2\text{R} \xrightarrow[h\nu\text{或}\triangle]{Br_2} \text{Ph}\overset{Br}{\underset{}{CH}}\text{R} + HBr$$

与烯丙基自由基相似，由于共轭效应，上述反应所产生的苄基自由基中间体要比其它位置的自由基稳定得多，故反应的区域选择性为 α-卤代。

（贡献最大）　　　　　　　　　　　　　　　　　　　　（贡献最大）

★ 问题 5-13　根据以下 C—H 键的键解离能判断苯基自由基和苄基自由基的相对稳定性，并用共振理论解释之。

自由基	CH_3-H $\overset{\cdot}{C}H_3$	C_2H_5-H $\overset{\cdot}{C}_2H_5$	$(CH_3)_2CH-H$ $(CH_3)_2\overset{\cdot}{C}H$	$(CH_3)_3C-H$ $(CH_3)_3\overset{\cdot}{C}$	C_6H_5-H $\overset{\cdot}{C}_6H_5$	$C_6H_5CH_2-H$ $C_6H_5\overset{\cdot}{C}H_2$	$CH_2=CHCH_2-H$ $CH_2=CH\overset{\cdot}{C}H_2$	$CH_2=CH-H$ $CH_2=\overset{\cdot}{C}H$
BDE(C—H) /(kJ/mol)	431	410	398	389	460	356	368	452

5.5 卤代烃的脱卤反应

自由基取代反应亦可用于将卤代烃分子中的卤原子脱去，即卤原子被 H 取代，相当于卤代烃的还原。实现这一转化的常用试剂为三丁基氢化锡（Bu_3SnH）。与 Sn—Br 键（键能=552kJ/mol）相比，Sn—H 键（键能=308kJ/mol）比较弱，因此 Bu_3SnH 能够将卤代烃的 C—Br 键（键能=280kJ/mol）转变为较强的 C—H 键（键能=418kJ/mol）。显然，这在能量上是有利的。因为两个新生成的键（C—H、Sn—Br）要比两个断裂的键（C—Br、Sn—H）强得多。例如：

$$\xrightarrow[C_6H_6]{Bu_3SnH(1.2equiv.) \quad AIBN(0.05equiv.)}$$

97%

首先，Bu_3SnH 在光照或引发剂促进下形成自由基 $Bu_3Sn\cdot$。然后，$Bu_3Sn\cdot$ 夺取卤代烷分子中的卤原子，生成 Bu_3SnBr 和烷基自由基。接着，烷基自由基从 Bu_3SnH 分子中夺取氢原子，生成最终的取代产物和 $Bu_3Sn\cdot$。

链引发：

$$H{-}SnBu_3 \xrightarrow{h\nu} H\cdot + \cdot SnBu_3$$

或者

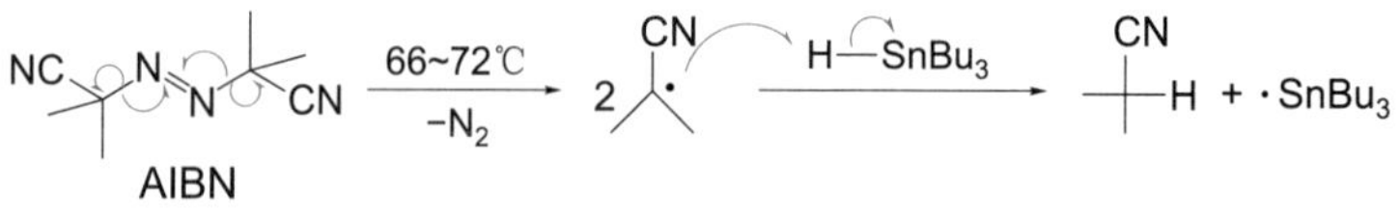

链增长：

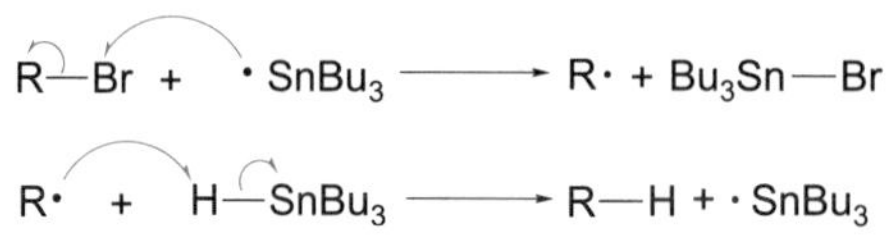

$$R{-}Br + \cdot SnBu_3 \longrightarrow R\cdot + Bu_3Sn{-}Br$$

$$R\cdot + H{-}SnBu_3 \longrightarrow R{-}H + \cdot SnBu_3$$

5.6 烯烃和炔烃与溴化氢的自由基加成

自由基能够对碳碳双键或其它一些 π 键发生加成，生成新的自由基。新生成的 σ 键中，一个电子来自于原来的自由基，另一个来自于 π 键。这类反应称为自由基加成（free-radical addition），是一种常见的自由基反应类型。下面首先以烯烃与 HBr 的自由基加成为例来讨论这类有机反应的基本特征。

在第 4 章中，了解到不对称烯烃与 HBr 的加成是遵循马氏规则的，但在过氧化物作用下，生成的产物是反马氏规则的产物。例如：

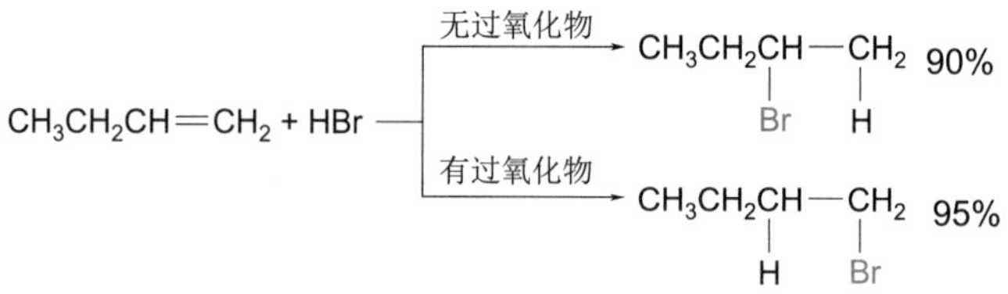

这种由于过氧化物的存在而引起烯烃加成取向的改变，称为过氧化物效应（peroxide effect）。无过氧化物存在时，烯烃与 HBr 的加成经过亲电加成反应历程，而有过氧化物存在时，由于过氧键受热时很容易均裂产生自由基，反应按自由基加成机理进行。HBr 与丙烯的自由基加成机理如下。

链引发：

$$R{-}O{-}O{-}R \xrightarrow{\triangle} 2R{-}O\cdot$$
$$R{-}O\cdot + HBr \longrightarrow R{-}OH + Br\cdot$$

链增长：

溴自由基加到双键碳上所生成的仲碳自由基 A 比伯碳自由基 B 稳定，故反应主要形成仲碳自由基 A，A 从 HBr 中夺得一个氢生成 1-溴丙烷，得到反马氏规则的加成产物，并再生出溴自由基，从而实现链增长。

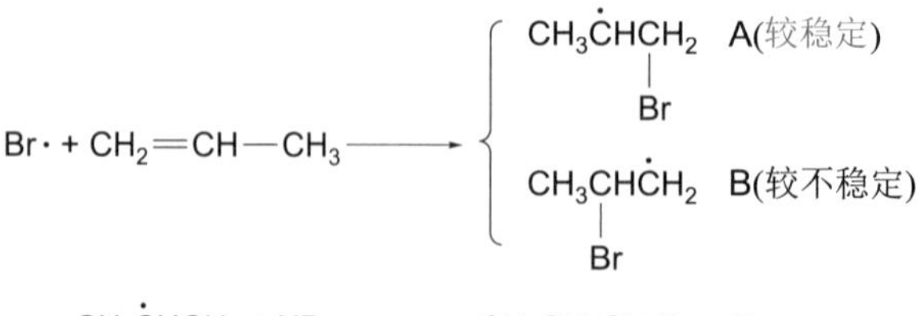

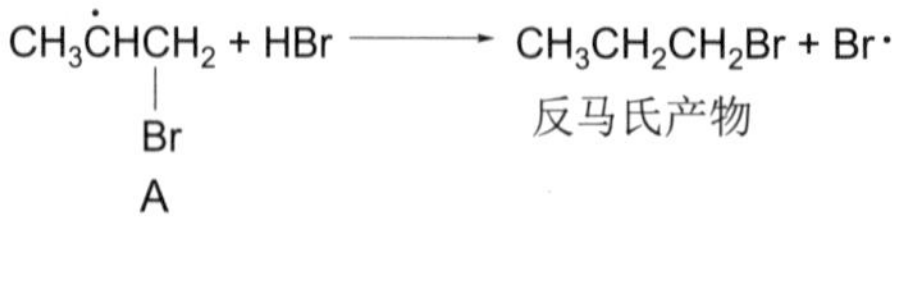

HCl 和 HI 没有过氧化物效应，不能进行自由基加成反应。这是因为 H—Cl 键较强，难以均裂生成氯原子。H—I 键虽然较弱，容易断裂生成碘原子，但其活性不够，不能加到双键上（或加到双键上为可逆）。因此，HCl 和 HI 无论有无过氧化物存在，烯烃和 HCl 或 HI 只能发生亲电加成反应，生成符合马氏规则的加成产物。

在过氧化物存在下，HBr 与炔烃的加成也生成反马氏规则的产物，也是按自由基加成反应历程进行的。例如：

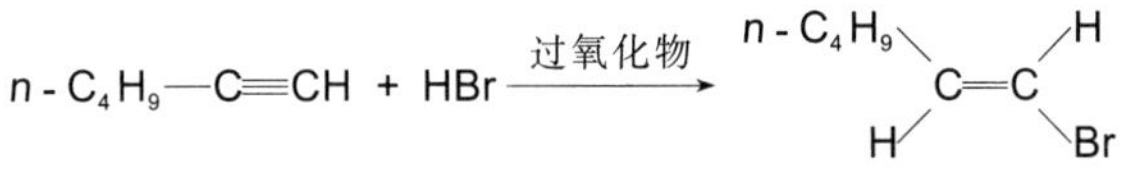

（E）-1-溴己-1-烯

★ 问题 5-14　写出下列反应机理：

（1）

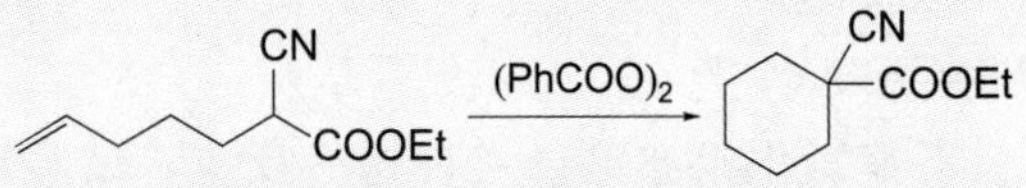

（2）

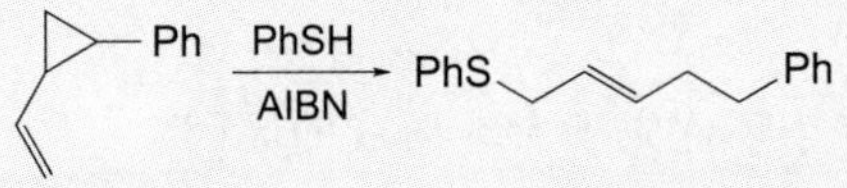

5.7　烯烃与卤代烷的自由基加成

在光照、加热或自由基引发剂存在下，一溴三氯甲烷与烯烃发生自由基加成，末端烯烃反应时具有区域选择性（regioselectivity），烷基加在末端碳原子上。例如，BrCCl₃ 在光照下区域选择性地加成到末端烯烃的双键上，生成多卤代烷烃。

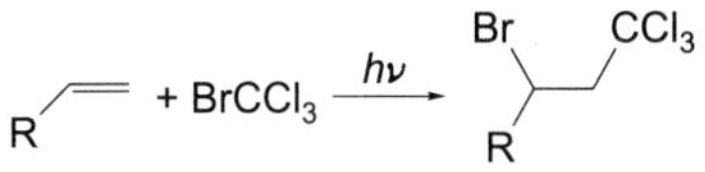

反应机理与加 HBr 相似。首先，在光照下 $BrCCl_3$ 中最容易断裂的 C—Br 键均裂，形成两个自由基，即 Br· 和 $Cl_3C·$。然后，$Cl_3C·$ 不可逆地加成到烯烃末端碳上（需要指出的是溴自由基对烯烃的加成是可逆的），形成较稳定的二级碳自由基，后者夺取另一分子 $BrCCl_3$ 的溴原子，形成加成产物，并产生新的 $Cl_3C·$，从而实现链增长。

链引发：

链增长：

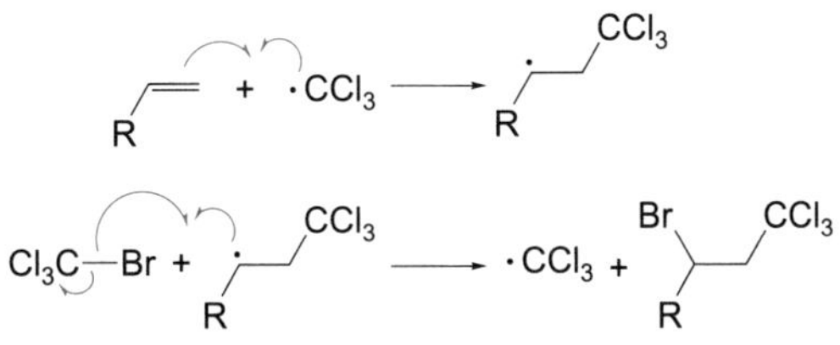

上述反应之所以能够顺利进行主要是因为 $BrCCl_3$ 分子中 C—Br 键很容易断裂，三氯甲基自由基先加到烯烃上引起自由基加成的选择性。对于其它的卤代烷，反应将生成多种聚合物的混合物。为克服这一问题，可用 Bu_3SnH 脱卤的方法将卤代烷转变为烷基自由基。Bu_3SnH 首先在自由基引发剂 AIBN 引发下形成自由基 $Bu_3Sn·$；$Bu_3Sn·$ 与卤代烷作用生成烷基自由基和 Bu_3SnX；烷基自由基进而与烯烃加成，形成新的烷基自由

基；后者再与 Bu$_3$SnH 作用生成加成产物，同时产生新的 Bu$_3$Sn·，进入新一轮反应。

链引发：

$$Bu_3SnH \xrightarrow{AIBN} Bu_3Sn\cdot$$

链增长：

$$Bu_3Sn\cdot + I{-}R \longrightarrow Bu_3SnI + R\cdot$$

★ 问题 5-15　三氯甲基自由基优先于溴自由基加到烯烃上，为什么？

★ 问题 5-16　写出下面反应的机理。

使用过量的硼氢化钠和催化量的三丁基氯化锡亦可以实现这一反应，试写出三丁基氯化锡催化循环的机理。

★ 问题 5-17　写出下列反应的机理，并解释小环优先于大环形成的原因

5.8　烯烃的自由基聚合反应

上一章中讨论了烯烃在催化剂的作用下聚合生成高分子化合物。聚合反应的类型有很多种，其中常见的一种就是利用自由基加成反应聚合得到高分子化合物，称为自由基聚合反应（radical polymerization）。反应也是按三个阶段——链引发、链增长、链终止进行的。由乙烯聚合生成聚乙烯的反应过程如下。

链引发：

链增长：

链终止：

$$PhCO_2-(CH_2-CH_2)_m^{\cdot} + PhCO_2-(CH_2-CH_2)_n^{\cdot} \longrightarrow PhCO_2-(CH_2-CH_2)_n$$

$$+ PhCO_2-(CH_2-CH_2)_{m-1}CH=CH_2 \ \text{或} \ PhCO_2-(CH_2-CH_2)_n(CH_2-CH_2)_mO_2CPh$$

这是典型的自由基聚合反应的反应机理。自由基聚合常用的引发剂还有偶氮二异丁腈、过氧化异丙苯、过氧苯甲酸叔丁酯等。

关键词

自由基	free radical	链引发	initiation
单电子转移	single electron transfer	链增长	propogation
光解	photolysis	链终止	termination
热解	pyrolysis	链反应	chain reaction
自由基引发剂	radical initiator	诱导期	induction period
热裂过程	thermal cracking	抑制剂或阻抑剂	inhibitor
单电子占据轨道	single occupied Molecular orbital(SOMO)	氯代	chlorination
		溴代	bromination
电子顺磁共振波谱	electron paramagnetic resonance	自由基加成	free-radical addition
自旋标记	spin labeling	过氧化物效应	peroxide effect
卤代反应或卤化反应	halogenation	区域选择性	regioselectivity
取代反应	substitution reaction	自由基聚合反应	radical polymerization
自由基取代反应	radical substitution reaction		

习 题

5-1　2-甲基丁烷在300℃高温下氯化，以不同的比例生成下列产物。计算不同氢原子被氯取代的相对反应速率。

CH₃CHCH₂CH₃ (CH₃) $\xrightarrow[300℃]{Cl_2}$ ClCH₂CHCH₂CH₃ (CH₃) 33.5% + CH₃CCH₂CH₃ (Cl)(CH₃) 22% + CH₃CHCHCH₃ (Cl)(CH₃) 28% + CH₃CHCH₂CH₂Cl (CH₃) 16.5%

5-2　等物质的量的乙烷和新戊烷的混合物与少量氯反应，得到的乙基氯和新戊基氯的摩尔比为1：2.3，试比较乙烷和新戊烷中伯氢的相对活性。

5-3　试预测下列反应能否发生，并说明理由。

（1）乙烷与氯气的混合物在室温黑暗处长期储存；

（2）先用光照射氯气，然后迅速在黑暗处与乙烷混合；

（3）先用光照射乙烷，然后迅速在黑暗处与氯气混合；

（4）先用光照射氯气，然后在黑暗处放置一段时间后再与乙烷混合。

5-4　预测下列反应的主要产物：

（1）　/\/\SH + /\CO₂Et $\xrightarrow{\text{cat. AIBN, (BzO)}_2}$

（2）　$\xrightarrow[h\nu]{Br_2}$

（3）　$\xrightarrow[\text{高温}]{Cl_2}$

（4）　$\xrightarrow[h\nu]{NBS}$

（5）　$\xrightarrow[500℃]{Br_2}$

（6） $\xrightarrow[\text{ROOR}]{\text{HBr}}$

（7） $BrCCl_3 \ + \ CH_2=C(C_2H_5)_2 \xrightarrow{(PhCO_2)_2}$

（8） $+ \ CCl_4 \xrightarrow[\text{80℃}]{(PhCO_2)_2}$

　　　（*J.Am.Chem.Soc.* 1968，90，5806）

5-5　试写出环戊烯与氯在高温下发生 α-H 取代反应的机理。

5-6　异丁烷和四氯化碳在光和少量叔丁基过氧化物作用下很快发生反应，主要产物为叔丁基氯、三氯甲烷及少量叔丁醇，叔丁醇的量与过氧化物的量相当。试写出该反应的可能机理。

5-7　试推测下面两步反应的机理，并解释反应的区域选择性和立体选择性。

5-8　写出下面反应的机理：

5-9 * 　由于过渡态的分子轨道对称性不匹配，碳自由基的 1，2-H 迁移是不能够发生的。

然而，不饱和基团（如苯基）能够发生自由基的 1,2-C 迁移，试解释其原因。

第6章

芳香烃

芳香烃（aromatic hydrocarbon）最初是指从天然香树脂、香精油中提取出来的有芳香气味的烃类物质，"芳香烃"由此而得名。芳香烃与脂肪烃相比，虽然具有高度的不饱和性，但不易发生不饱和烃所特有的反应，如加成反应和氧化反应，芳香烃容易发生取代反应，保留原有的、相对稳定的芳香体系。芳香烃具有的这种特殊稳定性称为芳香性（aromaticity）。苯及其衍生物称为苯系芳烃（benzenoid）。随着有机化学的发展，发现有些环状烃类化合物不含苯环，但其结构也相对稳定，化学性质上也表现出易取代，而不易加成和氧化的性质，也属于芳香烃，称为非苯芳烃（non-benzenoid）。此外，许多杂环化合物也具有芳香性，常称为芳杂环化合物（aromatic heterocycles）。本章主要讨论苯系芳烃，对非苯系芳烃只做简单的介绍，而芳杂环化合物将在第14章讨论。

6.1 苯系芳烃的分类和命名

6.1.1 苯系芳烃的分类

芳烃可根据苯环的数目分为单环芳烃和多环芳烃两大类。单环芳烃是指分子中只含有一个苯环的芳烃，如苯、甲苯和对二甲苯。

苯
benzene

甲苯
toluene

对二甲苯
p-xylene

多环芳烃指分子中含有二个或多个苯环的芳烃。根据芳环的连接方式不同，多环芳烃又分为联苯、多苯脂肪烃和稠环芳烃三类。许多多环芳烃都是强致癌物（阅读资料6-1）。

① 联苯类化合物：即两个或多个苯环通过单键直接相连的化合物，如联苯和联三苯。

阅读资料6-1

联苯
biphenyl

联三苯
1,4-diphenylbenzene

② 多苯脂肪烃类化合物：即两个或多个苯环通过 sp^3 杂化的碳原子相连的化合物，如二苯甲烷、三苯甲烷、三蝶烯和杯芳烃。

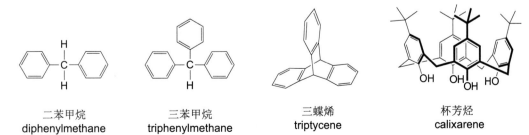

二苯甲烷
diphenylmethane

三苯甲烷
triphenylmethane

三蝶烯
triptycene

杯芳烃
calixarene

③ 稠环芳烃类化合物：两个或多个苯环共用两个相邻碳原子稠合而成的化合物，如萘、蒽、菲、芘和苯并芘。

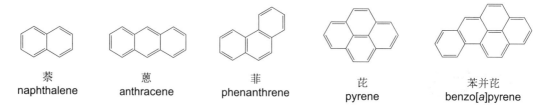

萘	蒽	菲	芘	苯并芘
naphthalene	anthracene	phenanthrene	pyrene	benzo[a]pyrene

6.1.2 单环芳烃的同分异构和命名

（1）单取代苯

苯的一元取代物只有一种，命名时将"苯"（benzene）作为母体名。取代基为简单烷基时，"基"字常省略。如甲苯、氯苯、硝基苯。

甲苯	氯苯	硝基苯
toluene	chlorobenzene	nitrobenzene

当与苯环相连的基团比较复杂时，如超过六个碳原子的侧链、稠环芳烃、含有母体官能团（或主官能团）的基团，可将取代基（链或环）作母体，而将苯环作为取代基，称为苯基（phenyl，简写为Ph），如5-乙基-6-甲基-4-苯基辛-1-烯和1-苯基萘的母体分别为侧链和萘环，而苯环作为取代基。

5-乙基-6-甲基-4-苯基辛-1-烯
5-ethyl-6-methyl-4-phenyloct-1-ene

1-苯基萘
1-phenylnaphthalene

此外，苯甲基（phenylmethyl）也可作为一个整体取代基，俗称苄基（benzyl），简写为Bn。如2-苄基十氢萘：

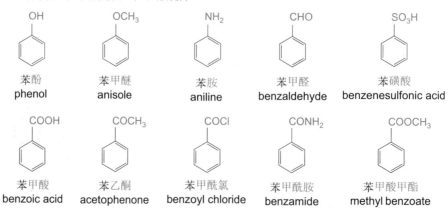

2-苄基十氢萘
2-benzyldecahydronaphthalene

羟基、甲氧基、氨基、甲醛基、磺酸基、羧基、乙酰基、卤羰基、酰氨基、酯基取代的苯类化合物分别命名为苯酚、苯甲醚、苯胺、苯甲醛、苯磺酸、苯甲酸、苯乙酮、苯甲酰氯、苯甲酰胺和苯甲酸酯。

苯酚	苯甲醚	苯胺	苯甲醛	苯磺酸
phenol	anisole	aniline	benzaldehyde	benzenesulfonic acid

苯甲酸	苯乙酮	苯甲酰氯	苯甲酰胺	苯甲酸甲酯
benzoic acid	acetophenone	benzoyl chloride	benzamide	methyl benzoate

苯的一元取代物中与取代基相连的碳原子编号为 1，苯环的其它位置依次编为 2、3、4、5 和 6。与 1-位碳相邻的 2 和 6 位亦可称为邻位（ortho-，简写 o-），3-和 5-位称为间位（meta-，简写 m-），4-位称为对位（para-，简写 p-）。

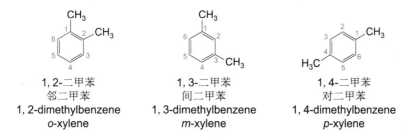

（2）双取代苯

苯的二元取代物有邻、间、对三种异构体。编号时，将与取代基相连的碳编号定为 1，并使另一取代基位次最低。命名时，将取代基及其数目和位次编号置于母体名"苯"之前。若有两个取代基不同，则按照取代基英文名字母顺序原则，排序在前者位次为 1。例如：

1-氯-2-乙基苯
1-chloro-2-ethylbenzene

1-乙基-3-甲基苯
1-ethyl-3-methylbenzene

1-甲基-4-硝基苯
1-methyl-4-nitrobenzene

两个取代基在苯环上的相对位置也可用邻、间、对来表示，英文分别为 ortho-、meta-、para-，简写为 o-、m-、p-。例如，1,2-二甲苯、1,3-二甲苯和 1,4-二甲苯可分别命名为邻二甲苯、间二甲苯和对二甲苯。

1,2-二甲苯
邻二甲苯
1,2-dimethylbenzene
o-xylene

1,3-二甲苯
间二甲苯
1,3-dimethylbenzene
m-xylene

1,4-二甲苯
对二甲苯
1,4-dimethylbenzene
p-xylene

下列化合物常用"萘"（母体名）加"氢化"（前缀）的方法来命名，称为 1,4-二氢(化)萘和 1,2,3,4-四氢(化)萘，其中的"化"字通常可省略。加氢的位次编号和数目置于"氢化"之前。萘的编号规则见第 6.1.3 节。

1,4-二氢萘
1,4-dihydronaphthalene

1,2,3,4-四氢萘
1,2,3,4-tetrahydronaphthalene

（3）多取代苯

对于苯的三元取代物，如果取代基相同，将有 3 种异构体，如 1,2,3-、1,2,4-和 1,3,5-三甲苯。

1,2,3-三甲苯
1,2,3-trimethylbenzene

1,2,4-三甲苯
1,2,4-trimethylbenzene

1,3,5-三甲苯
1,3,5-trimethylbenzene

若取代基不同，则需首先遵循最低位次组原则编号。例如：

2-氯-1,3-二甲基苯
2-chloro-1,3-dimethylbenzene

4-溴-2-乙基-1-甲基苯
4-bromo-2-ethyl-1-methylbenzene

1-氯甲基-2,4-二甲基苯
1-(chloromethyl)-2,4-dimethylbenzene

若依据最低位次组原则仍不能确定，有两种选择时，则按照取代基英文名字母顺序确定出1号位，然后再依次考虑最低位次组原则和取代基英文名字母顺序原则。例如：

1-溴-2,5-二乙基-4-甲基苯
1-bromo-2,5-diethyl-4-methylbenzene

1-溴-3-乙基-5-甲基苯
1-bromo-3-ethyl-5-methylbenzene

（4）母体官能团选择顺序

如上所述，当苯环上连有羧基、甲酰基、羟基等取代基时，通常作为"苯甲酸""苯甲醛""苯酚"等来命名。可见这些基团是与苯环一起作为母体的，称为主官能团或母体官能团，其名称作为化合物名的后缀。命名时首先选择主官能团，并将其位次定为1，其它取代基的编号需依次遵循最低位次（组）原则和取代基英文名字母顺序原则。在各类取代基中，哪些是母体官能团？当有多个不同类型取代基时，该如何选择？对此，系统命名法是有规定的。表6-1列出了一些常见官能团作为母体时的优先顺序以及母体名称。同一苯环上排序在前的官能团作为母体，在后的则作为取代基。

表 6-1　常见母体官能团优先顺序（按递减方式排列）

官能团结构	—CO₂H	—SO₃H	—COOOC—	—CO₂—	—COX	—CONH₂
取代基名（作前缀）	羧基 carboxy-	磺酸基 sulfo-	酰氧羰基 -yloxycarbonyl-	（烃）氧羰基 -oxycarbonyl-	卤羰基 halocarbonyl-	氨基羰基 carbamoyl-
母体名称（作后缀）	酸 carboxylic acid	磺酸 sulfonic acid	酸酐 anhydride	酯 ester	酰卤 acid halide	酰胺 amide
官能团结构	—C≡N	—CHO	—CO—	—OH	—NH₂	—O—
取代基名（作前缀）	氰基 cyano-	甲酰基 formyl-	氧亚基 oxo-	羟基 hydroxy-	氨基 amino-	（烃）氧基 -oxy-
母体名称（作后缀）	腈 nitrile	醛 aldehyde	酮 ketone	醇，酚 alcohol, phenol	胺 amine	醚 ether

当烷基（—R）、卤素（—F、—Cl、—Br、—I）、硝基（—NO₂）等连在苯环上时，一般只作为取代基，苯环作为母体。例如：

3-羟基-4-甲基苯甲酸
3-hydroxy-4-methylbenzoic acid

3-氨基-5-甲氧基苯磺酸
3-amino-5-methoxybenzenesulfonic acid

4-溴-1-甲基-2-硝基苯
4-bromo-1-methyl-2-nitrobenzene

5-氯-4-羟基-2-甲基苯甲酸
5-chloro-4-hydroxy-2-methylbenzoic acid

3-乙基-5-甲基-4-硝基苯胺
3-ethyl-5-methyl-4-nitroaniline

★ 问题 6-1　用系统命名法命名下列化合物：

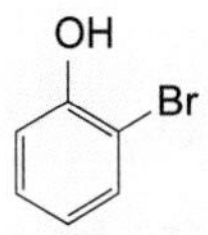

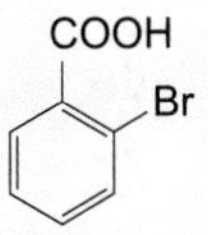

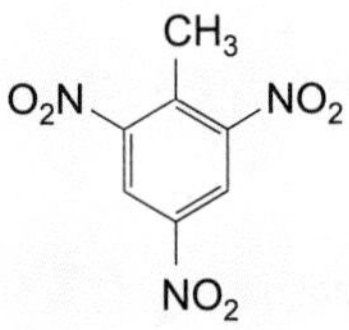

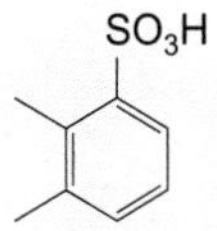

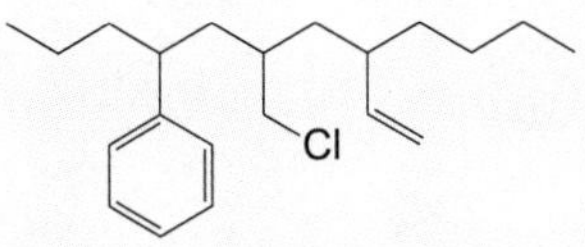

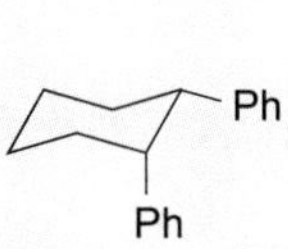

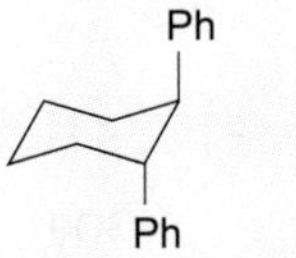

6.1.3　多环芳烃的同分异构和命名

（1）联苯

两个苯环以单键连接的化合物称为“联苯”（biphenyl），三个苯环相连，则称为“三联苯”（terphenyl）。联苯类化合物命名时，依次考虑主官能团最多原则、取代基最多原则、最低位次（组）原则和取代基英文名字母顺序原则，选择其中一个苯环作为母体并进行编号。从两个苯环直接相连的母环碳原子开始编号，依次编为1～6；另一个苯环的编号需加上撇号，即依次编为1′～6′。例如：

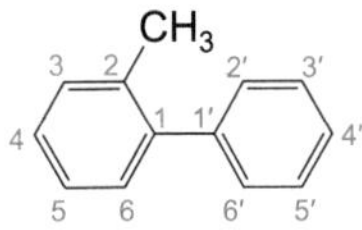

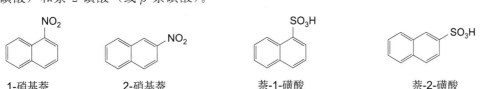

2-甲基联苯
2-methylbiphenyl

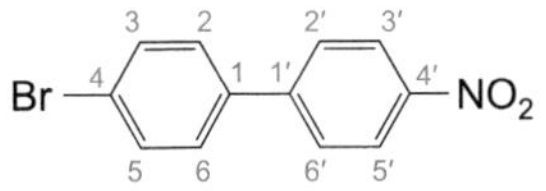

4-溴-4′-硝基联苯
4-bromo-4′-nitrobiphenyl

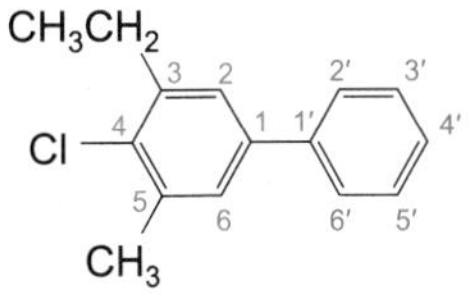

4-氯-3-乙基-5-甲基联苯
4-chloro-3-ethyl-5-methylbiphenyl

（2）萘和联萘

萘的编号是固定的，其中1、4、5和8四个位置是相同的，亦称为α-位，2、3、6和7四个位置是相同的，称为β-位。

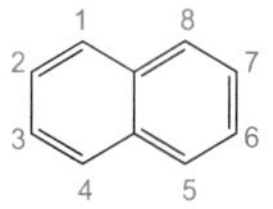

或

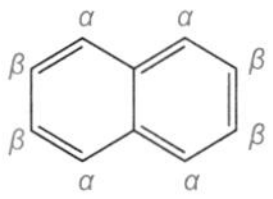

萘的一元取代物只有两种异构体，如1-硝基萘和2-硝基萘，以及萘-1-磺酸（或α-萘磺酸）和萘-2-磺酸（或β-萘磺酸）。

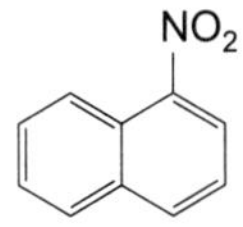

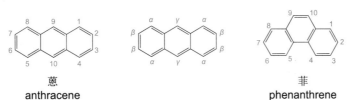

1-硝基萘
1-nitronaphthalene

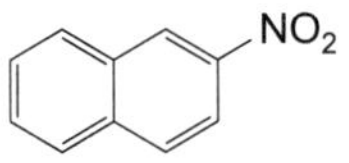

2-硝基萘
2-nitronaphthalene

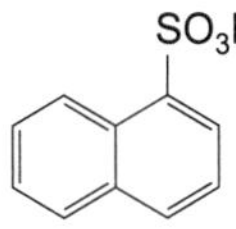

萘-1-磺酸
naphthalene-1-sulfonic acid

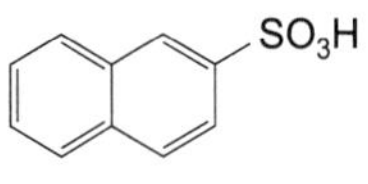

萘-2-磺酸
naphthalene-2-sulfonic acid

对于联萘类化合物，需要标明两个萘环连接处碳原子的编号，以及取代基的位次编号。例如，右侧页边的联萘化合物命名为1,1′-联萘-2,2′-二酚。

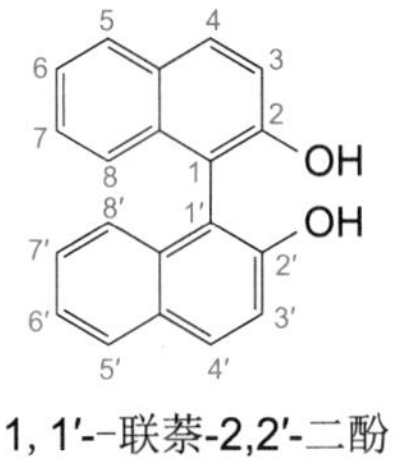

1, 1′-联萘-2,2′-二酚
1, 1′-binaphthyl-
2, 2′-diol

（3）蒽和菲

蒽和菲的分子式都是$C_{14}H_{10}$，互为构造异构体。与萘相似，蒽和菲的编号也都有其固定的顺序。蒽分子的1、4、5和8四个位置等同，称为α-位；2、3、6和7四个位置等同，称为β-位；9和10两个位置相同，则称为γ-位。

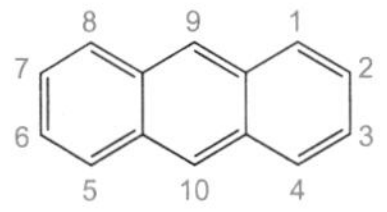

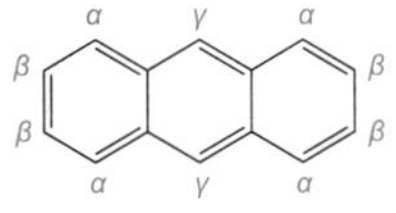

蒽
anthracene

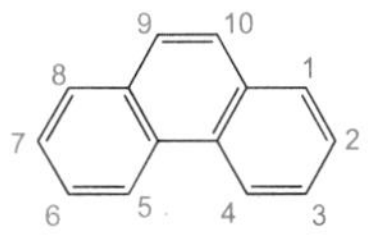

菲
phenanthrene

有取代基的蒽和菲在编号时应首先服从它们的固有编号规定，然后考虑最低位次（组）原则和按取代基名字母顺序排序原则。例如：

CH₃ 和 C₂H₅ 的蒽结构

1-乙基-8-甲基蒽
1-ethyl-8-methylanthracene

2-氯-7-甲基菲
2-chloro-7-methylphenanthrene

★ **问题 6-2** 用系统命名法命名下列化合物：

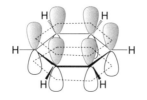

6.2 苯的结构与稳定性

6.2.1 苯分子中的杂化轨道和大 π 键

苯的分子式为 C_6H_6，其碳氢之比为 1∶1。从分子式看，苯的不饱和程度很高，是富电子体系。但在一般情况下，苯并不发生亲电加成反应，而易发生取代反应；苯加氢还原时最终生成具有六元环状的环己烷；苯的一元取代物只有一种，说明六个碳原子和六个氢原子的地位是等同的。根据以上事实，1865 年，德国化学家 Kekulé 提出了苯的环状结构：碳原子首尾相接连成环状，每个碳原子上连一个氢原子。为了满足碳的四价，凯库勒把苯的结构写成：

简写为

1,2-二溴苯

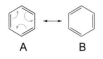

问题是 1,2-二溴苯只有一个，它的结构应该为左侧页边结构中的哪一个呢？

根据杂化轨道理论，苯分子中的碳原子都是 sp^2 杂化，每个碳的 3 个 sp^2 杂化轨道分别与相邻的 2 个碳和 1 个氢形成 3 个 σ 键，因此，构成苯分子的六个氢和六个碳都处于同一平面上。每个碳还有一个未参与杂化的 p 轨道，垂直于苯环平面，这 6 个 p 轨道侧面重叠形成一个闭合的共轭体系，称为大 π 键。现代物理方法证明，苯分子的六个碳原子和六个氢原子在同一平面上，六个碳原子构成平面正六边形，碳碳键长均为 140pm，比一般的碳碳双键键长（134pm）长，但比一般的碳碳单键键长（154pm）短；碳氢键长均为 108pm；所有的键角都为 120°。

6.2.2 苯的共振结构

A B

共振杂化体

苯分子的相对稳定性可由其共振来解释。苯的真实结构是其共振结构 A 和 B 的杂化体（虚实线表示该键处于单、双键之间）。

共振降低了苯分子的能量，增加了它的稳定性。如图 6-1 所示，苯的氢化热为

208kJ/mol，这要比假定的"环己三烯"的氢化热（3×120kJ/mol＝360kJ/mol）低152kJ/mol，称为苯的共振能（resonance energy）。由此，我们说苯具有相对稳定性，这一性质是芳香烃类化合物特有的，是芳香性的重要特征。

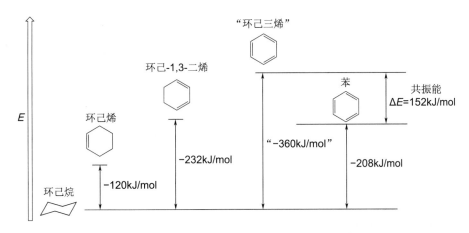

图 6-1　环己烯、环己-1,3-二烯和"环己三烯"的氢化热

6.2.3　苯的分子轨道

分子轨道理论认为，苯分子形成 σ 键之后，苯环 6 个碳原子的 6 个原子轨道线性组合成 6 个 π 分子轨道，分别用 π_1、π_2、π_3、π_4^*、π_5^* 和 π_6^* 表示。组合成的 6 个 π 分子轨道和能级如图 6-2 所示。π_1 没有节面，能级最低；π_2 和 π_3 各有一个节面，能级相同，称为简并轨道（degenerate orbital）。π_1、π_2 和 π_3 的能量都比原来的原子轨道的能量低，故称为成键轨道（bonding orbital），π_4^* 和 π_5^* 有两个节面，能量相同，也为简并轨道，能量较高，π_6^* 有三个节面，能量最高；π_4^*、π_5^* 和 π_6^* 能量都比原来的原子轨道能量高，因此称为反键轨道（antibonding orbital）。参加线性组合的 6 个 p 原子轨道都带有一个电子，形成分子轨道后，6 个电子填充到 3 个能量较低的成键轨道上，较原来 6 个 p 轨道上 6 个单电子的能量低。

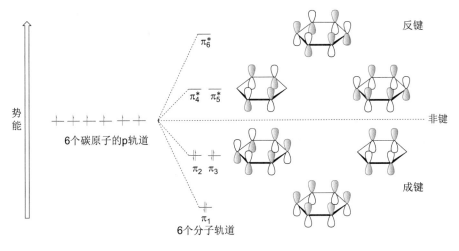

图 6-2　苯的 π 分子轨道和能级

苯的 π 电子云是由 3 个成键轨道叠加而成，这导致了 π 电子在苯环上的均匀分布，形成闭合的环状电子云，如图 6-3 所示。环状电子流是芳香性的另一个重要特征，可通过核磁共振技术观测到，相关内容将在第 7 章中讨论。

萘（naphthalene）是一种白色晶体，分子式为 $C_{10}H_8$。X 射线衍射实验证明，萘是一个平面分子，各键长如下：

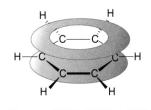

图 6-3　苯环上的环状电子云

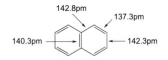

由于萘分子各键键长不同，电子云分布也不均匀，故其芳香性没有苯的芳香性强。萘分子可用如下共振式表示：

共振杂化体

★ 问题 6-3　通过查阅文献，比较苯和己-1,3,5-三烯的共振能，哪一个具有更大的共振能？

6.3　单环芳烃的物理性质

芳香烃一般为无色液体，不溶于水，溶于有机溶剂如乙醚、石油醚等。一般芳香烃的相对密度都小于 1。化合物的沸点随分子量的增大而升高，而熔点除了与分子量有关外，还与结构有关。分子对称性好的，熔点较高。一些常见的单环芳烃的物理常数列于表 6-2。

表 6-2　常见单环芳烃的物理常数

化合物	熔点/℃	沸点/℃	相对密度 d_{20}^4
苯	6.5	80.1	0.879
甲苯	−95	110.6	0.867
乙苯	−95	136.1	0.867
正丙苯	−99.6	159.3	0.862
异丙苯	−96	152.4	0.862
间二甲苯	−47.9	139.1	0.864
对二甲苯	13.2	138.4	0.861
邻二甲苯	−25.2	144.4	0.880
苯乙烯	−31	145	0.907
苯乙炔	−45	142	0.930

6.4　苯环上的亲电取代反应

苯环的 π 电子云暴露在碳链平面的上下两侧，碳原子被电子云包围在内，因此，苯分子容易受亲电试剂（electrophiles）的进攻，发生亲电性质的反应。但是如果亲电试剂加成到苯环上，生成加成产物，势必破坏苯环的共轭结构，使体系能量升高。因此，苯环不易发生加成反应，而易发生亲电取代反应，称为芳香烃亲电取代反应（aromatic electrophilic substitution reactions），简称 $S_E Ar$。

当亲电试剂接近苯的 π 电子云时，首先形成 π 络合物（π complex），此时并没有新键生成，π 络合物仍然保持苯环的结构。

π络合物

π 络合物中的亲电试剂 E^+ 从大 π 键中夺得电子，并与苯上的一个碳形成 σ 键，这个碳由 sp^2 杂化变成了 sp^3 杂化。由于苯环原有的六个 π 电子给出两个电子参与形成 C—E 共价键，所以苯环上只剩下 4 个 π 电子，这 4 个 π 电子离域在五个碳原子所形成的共轭体系中，带一个正电荷。这个不稳定的碳正离子称为 σ 络合物（σ-complex），也称苯鎓离子（benzenium），可用如下共振结构式 A、B 和 C 来表示，或者用共振杂化体来表示。

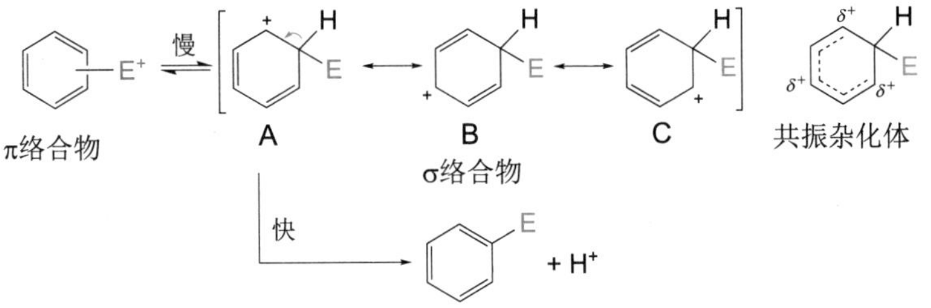

σ 络合物是苯环发生亲电取代反应的活性中间体，与烯烃和 HX 加成生成的碳正离子相类似。但与烯烃亲电加成不同的是：烯烃加成生成了碳正离子后，富电子性基团（亲核试剂）马上与碳正离子结合生成加成产物，而芳烃生成 σ 络合物后，立即消除一个质子，恢复苯环的稳定结构，形成取代产物。

因此，芳烃发生的亲电取代反应实际上经过了一个加成-消除过程，其中加成（即 σ 络合物形成）是决速步。

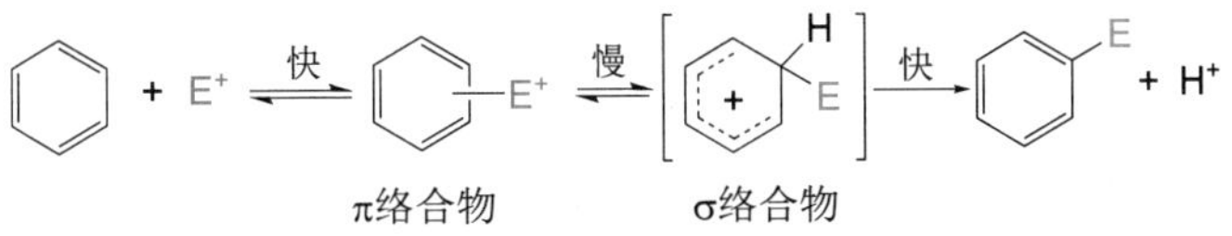

根据亲电试剂的不同，可将芳烃的亲电取代反应分为卤化、硝化、磺化、烷基化、酰基化、氯甲基化等。

★ 问题 6-4 根据芳烃亲电取代反应（S$_E$Ar）的机理，判断下列芳烃进行 S$_E$Ar 反应的相对反应速率：

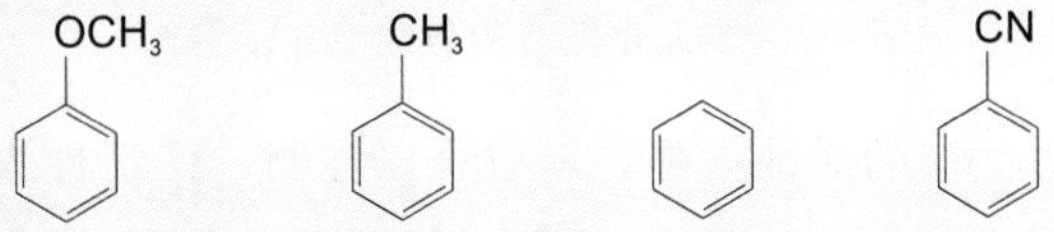

★ 问题 6-5 当下列富电子芳烃和芳香重氮盐作用时，生成的苯鎓离子中间体称为 Wheland 中间体，可以分离得到。（1）试写出 Wheland 中间体的结构，并陈述其稳定存在的理由；（2）当重氮盐上有不同取代基（OCH$_3$、NO$_2$、Br）时，判断生成 Wheland 中间体的相对反应速率。

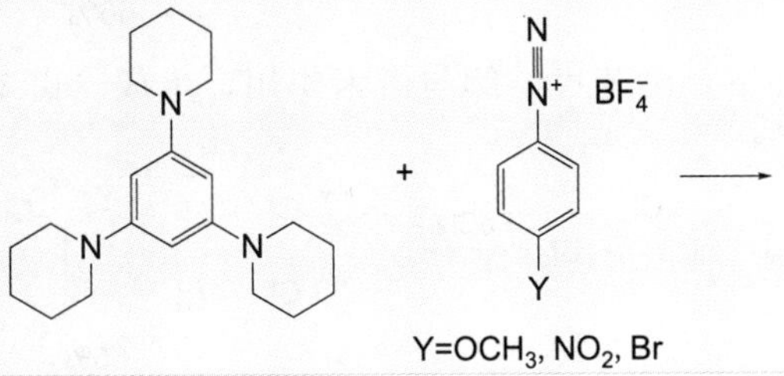

Y=OCH$_3$, NO$_2$, Br

6.4.1 卤化反应

苯与 Cl$_2$ 或 Br$_2$ 在 AlCl$_3$、FeX$_3$、Fe 等 Lewis 酸催化条件下加热，苯环上的氢被卤素取代，生成卤化苯，放出卤化氢，称为卤化反应（halogenation）。例如：

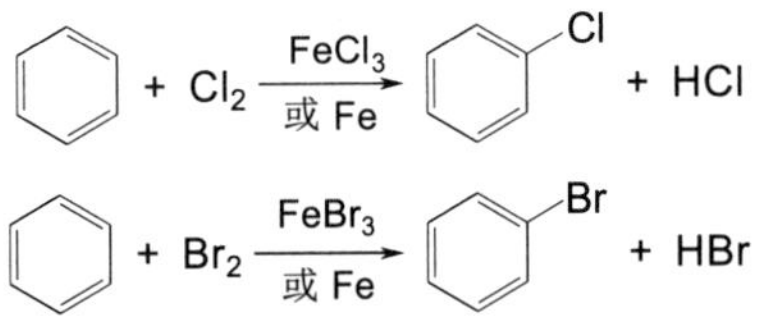

卤化反应的机理如下：在 Lewis 酸 $FeBr_3$ 作用下，Br—Br 键发生极化，导致一个卤原子亲电性增强。然后，苯分子进攻这个亲电的卤原子生成 σ 络合物，同时生成负离子 $FeBr_4^-$。然后，σ 络合物消除一个质子后形成溴苯，$FeBr_4^-$ 与解离出来的质子结合生成 HBr，同时 $FeBr_3$ 催化剂再生。

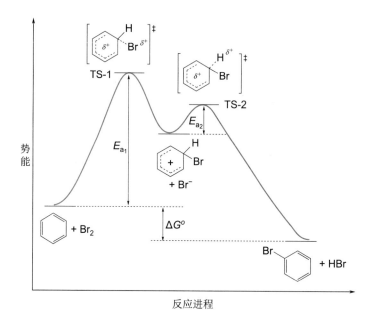

卤化反应的能量变化过程如图 6-4 所示。

图 6-4 苯溴化反应的势能变化示意图

与 Cl_2 和 Br_2 相比，F_2 的活性太强，反应难以控制，I_2 活性太差，一般不能发生碘化反应。但当把 I_2 氧化为 I^+，或使用 ICl 等高活性物种时，碘化可以顺利发生。例如：

$$I_2 + 2Cu^{2+} \longrightarrow 2I^+ + 2Cu^+$$

56%

在比较强烈的条件下，卤苯可继续与卤素作用，生成二卤苯。其中以邻和对二卤苯为主。

35%   55%

常用的亲电卤代试剂有：$(CF_3SO_2)_2NF$、$Cl_2/FeCl_3$、$Br_2/FeBr_3$、BrCl、ICl 等。

烷基苯与卤素可发生类似的反应，反应比苯容易，得到的产物以邻、对位取代为主。例如：

邻溴甲苯   对溴甲苯
33%   66%

6.4.2 硝化反应

浓硝酸和浓硫酸（称为混酸）与苯共热，苯环上的氢被硝基（NO_2）取代，生成硝基苯，称为硝化反应（nitration）。

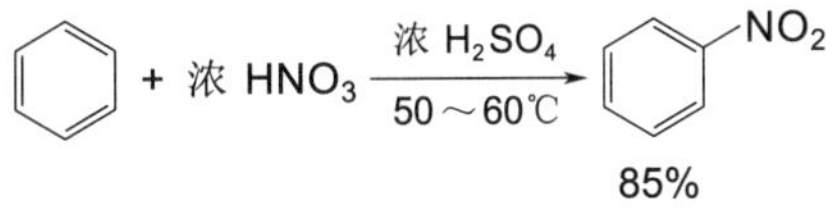

85%

在这个反应中，浓硫酸的作用是促进硝酸解离形成活性亲电物种 NO_2^+，称为硝酰正离子或硝鎓离子（nitronium ion），红外光谱中 $1400cm^{-1}$ 的吸收是 NO_2^+ 存在的有力证据。

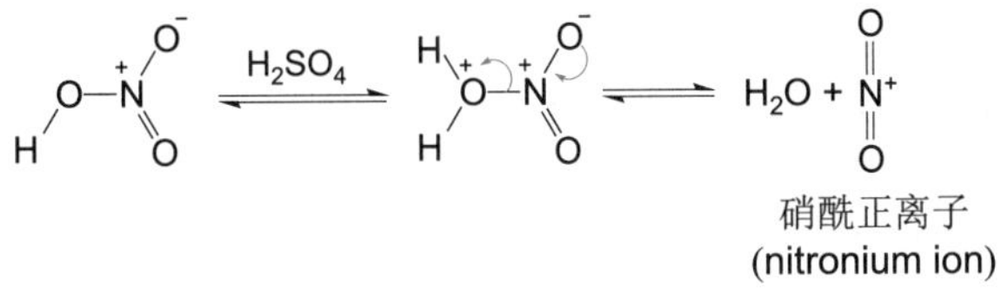

硝酰正离子
(nitronium ion)

接下来的芳香烃亲电取代过程与卤化反应相似：

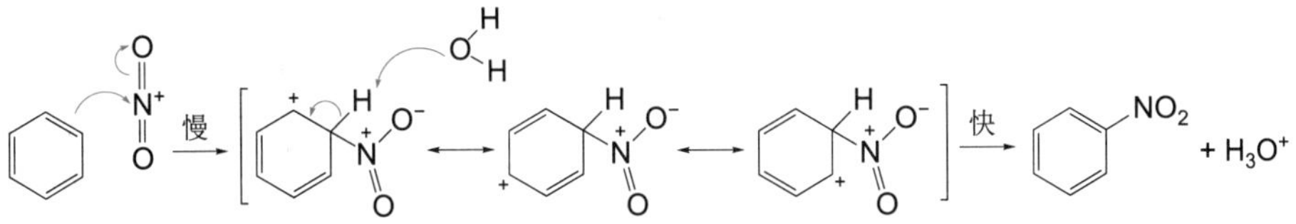

除了混酸作为硝化试剂以外，$NO_2^+ BF_4^-$/FSO_3H、HNO_3/$HOAc$、$AcONO_2$ 和 NH_4NO_3 均是常用的硝化试剂。

硝基为强的吸电子基团，生成的硝基苯的亲电取代反应活性远低于苯，故进一步硝化比较难。但若反应在较高温度下进行，生成的硝基苯还可继续被硝化，生成间二硝基苯：

93%

间二硝基苯
m-dinitrobenzene

烷基苯在混酸的作用下硝化，反应活性比苯高，主要生成邻、对位取代产物。例如：

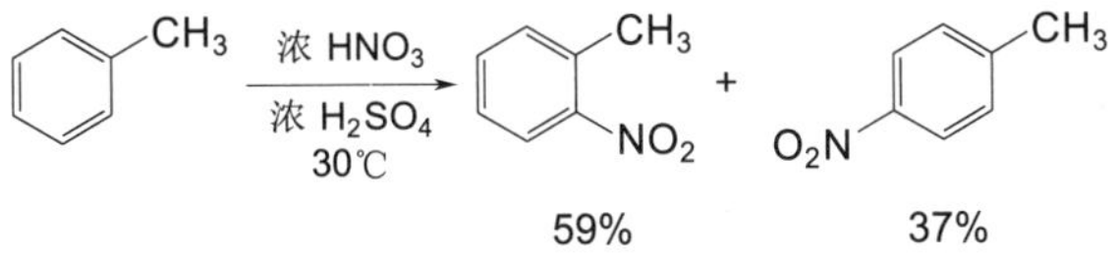

59%　　　　37%

在芳烃上导入硝基，在有机合成中有着重要的应用。硝基在还原条件下可以还原成氨基，用这一方法可以制备芳香胺。

★ 问题 6-6　芳烃上引入亚硝基称为亚硝化反应，常用的亚硝化试剂有：HNO_2、$NOCl$、$NOBr$ 和 N_2O_3 等。亚硝化反应的活性没有硝化反应活性高，并且可逆。试问 N_2O_3 是如何在酸性条件下作为亚硝基化试剂的？

6.4.3 磺化反应

室温下苯与发烟硫酸（约含 8% SO_3）作用，苯环上的氢原子被磺酸基（—SO_3H）取代，生成苯磺酸，称为磺化反应（sulfonation）。较高温度下，苯磺酸可继续被磺化，主要生成间苯二磺酸。

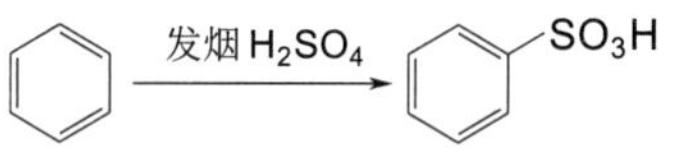

苯磺酸

在用浓硫酸磺化时，反应比较慢，在室温下几乎不反应。一般认为，磺化反应的亲电试剂为三氧化硫。三氧化硫先被硫酸质子化；然后苯分子进攻这个亲电试剂生成σ络合物；最后，σ络合物消除一个质子，形成苯磺酸。这个过程是可逆的。

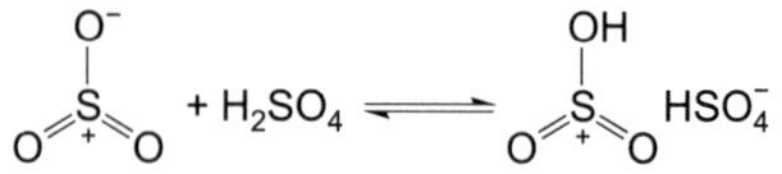

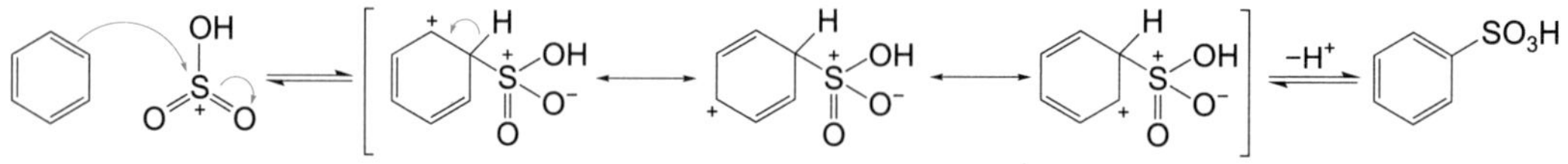

常用的磺化试剂有：SO_3、$ClSO_2OH$ 和 $ClSO_2NMe_2/In(OTf)_3$ 等。

烷基苯的磺化主要得到邻、对位取代产物，反应比苯容易。例如，甲苯的磺化得到对甲基苯磺酸和邻甲基苯磺酸。

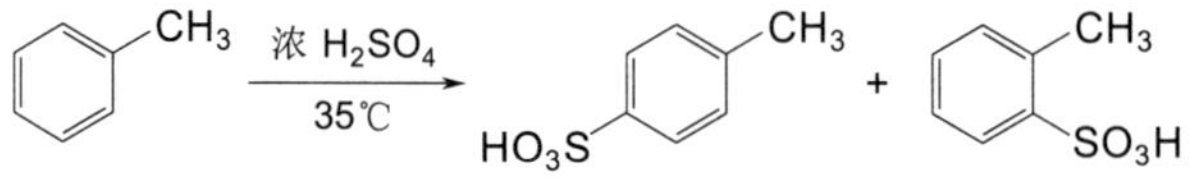

对甲基苯磺酸　　　邻甲基苯磺酸

与卤化和硝化反应不同，磺化反应是可逆的，生成的磺化产物与水共热，磺酸基可以脱掉。

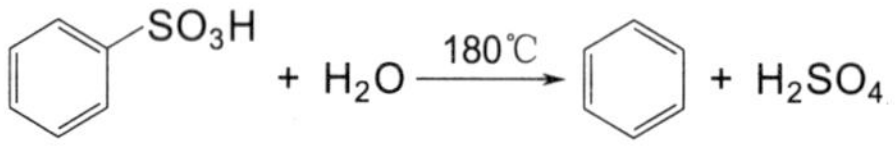

利用这一可逆的特性，在有机合成上，可以用磺酸基来占位，即先在磺化条件下将磺酸基引入苯环，待反应完毕后再脱去磺酸基。例如，在制备 2,6-二硝基甲苯时，先将甲苯磺化制备出 4-甲基苯磺酸，后者经硝化生成 4-甲基-3,5-二硝基苯磺酸，再经逆磺化反应得到 2,6-二硝基甲苯。在这个合成方法中，磺酸基起了"保护基团"的作用，即保护了苯环上甲基对位的 C—H 键。

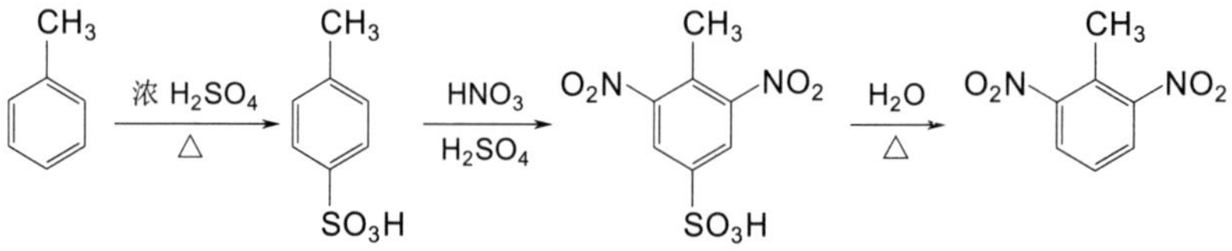

甲苯　　　　4-甲基苯磺酸　　　4-甲基-3,5-二硝基苯磺酸　　　2,6-二硝基甲苯

磺化反应的产物还可用来制备酚。芳基磺酸与氢氧化钠在高温下反应，然后经酸中和得到酚，这是制备酚类化合物的一种方法。

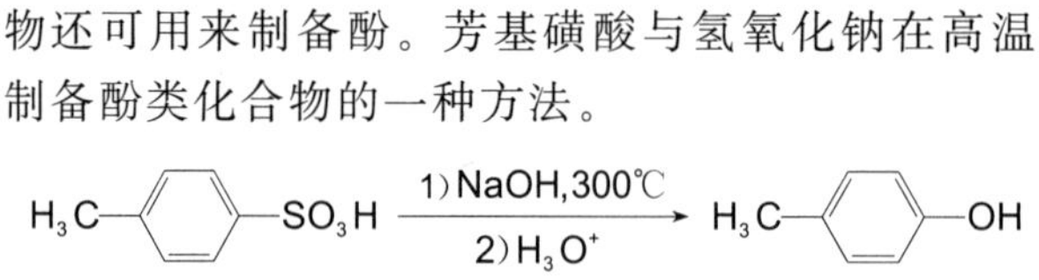

4-甲基苯磺酸　　　　　　　　　　　4-甲基苯酚
　　　　　　　　　　　　　　　　　　　72%

★ 问题 6-7　写出苯磺酸在酸性条件下脱去磺酸基的可能机理；苯磺酸在碱性条件下生成苯酚的机理。

★ 问题 6-8　写出下列反应的机理：

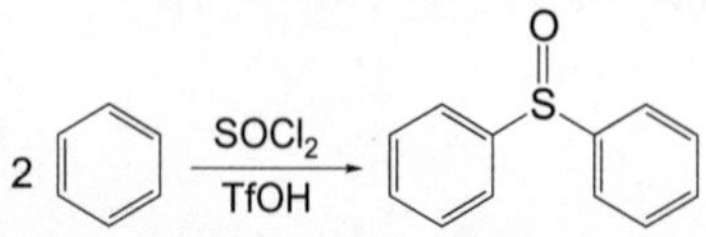

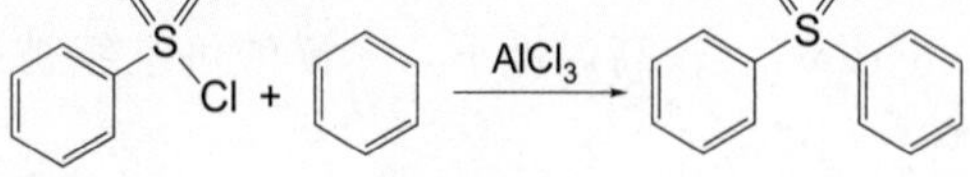

6.4.4 Friedel-Crafts 烷基化反应

1877 年，Friedel 和 Crafts 发现苯与卤代烷在三卤化铝存在下反应生成烷基苯和卤化氢，称为 Friedel-Crafts 烷基化反应（Friedel-Crafts alkylation），简称付-克烷基化反应。常用的三卤化铝催化剂是无水 $AlCl_3$，其它一些 Lewis 酸（如 BF_3、$SbCl_5$ 和 $FeCl_3$ 等）亦可用于催化这个反应。

$$\text{苯} + R-X \xrightarrow{AlX_3} \text{苯}-R + HX$$

例如，在无水 $AlCl_3$ 存在下，苯与氯乙烷作用生成乙基苯：

$$\text{苯} + CH_3CH_2-Cl \xrightarrow{AlCl_3} \text{苯}-CH_2CH_3 + HCl$$

乙基苯

在 Friedel-Crafts 烷基化反应中，Lewis 酸 AlX_3 首先与卤代烷结合形成络合物，从而促进 C—X 键断裂，形成烷基碳正离子（R^+）。然后，苯环进攻烷基碳正离子，形成 σ 络合物；后者脱去一个质子，得到烷基化产物。

$$CH_3CH_2-\ddot{\underset{..}{C}l}: + AlCl_3 \rightleftharpoons CH_3CH_2-Cl-\bar{A}lCl_3 \rightleftharpoons CH_3\overset{+}{C}H_2AlCl_4^-$$

烯烃和醇在酸催化下都能够生成碳正离子，故也可用作 Friedel-Crafts 烷基化反应中的亲电试剂。例如，苯与丙烯在 HF 存在下反应生成异丙基苯，环己醇在三氟化硼催化下生成环己基苯。

丙烯　　　　　　　　　异丙基苯
　　　　　　　　　　　　84%

环己醇　　　　　　　　环己基苯
　　　　　　　　　　　　56%

在 Friedel-Crafts 反应条件下，苯的烷基化通常伴随两个重要的反应：一是碳正离子重排，二是多烷基化。这些副反应往往导致烷基化产物的产率下降和分离纯化困难。

如果烷基化试剂在反应过程中生成的碳正离子稳定性差，将发生重排生成更稳定的碳正离子，再作为亲电试剂与苯反应，得到烷基重排后的烷基化产物，且重排产物为主要产物。例如，1-氯代丙烷与苯反应时只生成异丙苯，而没有正丙苯生成。这是因为 1-氯代丙烷在 $AlCl_3$ 促进下所产生的 1°碳正离子容易发生重排，形成较稳定的 2°碳正离子（异丙基正离子），后者作为亲电试剂与苯反应生成异丙苯。

1°碳正离子　　　　　　　　　2°碳正离子
　　　　　　　　　　　　　　　（较稳定）

异丙基苯

又如 1-氯丁烷与苯反应，生成丁-2-基苯（占 65%）和正丁基苯（占 35%）的混合物：

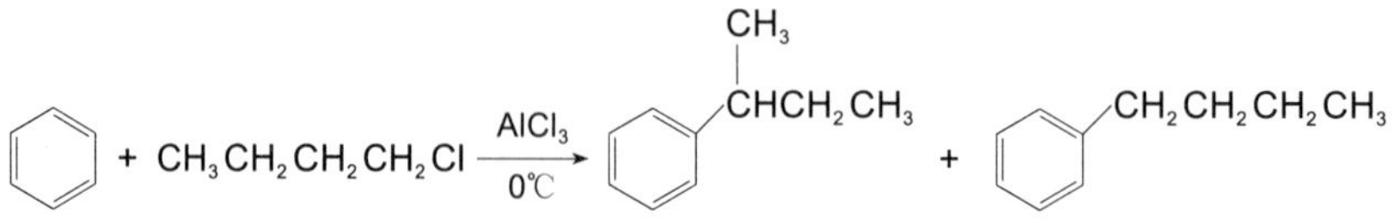

（65%）　　　　　　　（35%）

碳正离子的重排是一个普遍现象，只要重排后的碳正离子更稳定，则重排就能发生。碳正离子重排包括 1,2-氢迁移（1,2-H shift）和 1,2-烷基迁移（1,2-R shift）。例如，用 1-氯-2,2-二甲基丙烷作为烷基化试剂与苯反应时，得到（1,1-二甲基丙基）苯。在这个过程中，由 1-氯-2,2-二甲基丙烷所产生的 1°碳正离子重排为较稳定的 3°碳正离子后再进行亲电取代反应。

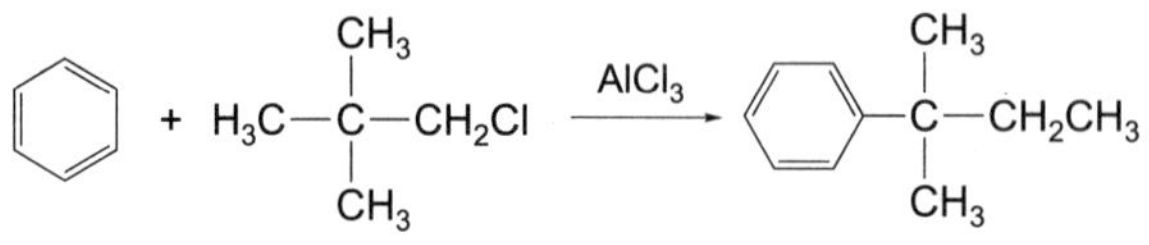

1-氯-2,2-二甲基丙烷　　　（1,1-二甲基丙基）苯

1°碳正离子　　　　3°碳正离子
　　　　　　　　　（较稳定）

由于烷基苯比苯具有较高的反应活性，故烷基化产物可发生二次烷基化，生成多烷基化产物。例如，氯代叔丁烷与苯的烷基化主要得到二次烷基化产物，即 1,4-二叔丁基苯。

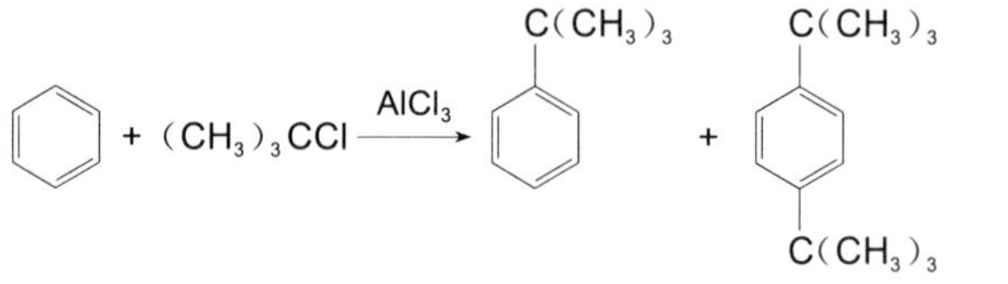

氯代叔丁烷　　叔丁基苯　　1,4-二叔丁基苯
　　　　　　（次要产物）　（主要产物）

碳正离子是比较弱的亲电试剂，故当苯环上连有较强吸电子基团时（如 $^+NR_3$、NO_2、CO_2H、CO_2R、COR、CF_3、SO_3H 等），苯环上的电子云密度大幅度降低，Friedel-Crafts 烷基化反应一般较难发生。苯胺类化合物通常也不能发生 Friedel-Crafts 烷基化反应，因为它们具有碱性，可与 Lewis 酸形成盐，使氨基变成吸电子基团，从而导致苯环电子云密度降低。

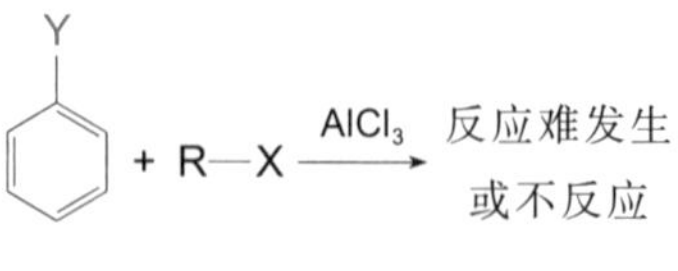

Y= $-\overset{+}{N}R_3$，$-NO_2$，$-CN$，$-SO_3H$，$-CHO$，$-COR$，$-CO_2H$，$-CO_2R$，$-NH_2$，$-NHR$，$-NR_2$

Friedel-Crafts 烷基化反应是可逆的，故常伴随歧化反应发生，即一分子烷基苯增加一个烷基，另一分子脱去一个烷基。目前工业上就是利用甲苯的歧化来生产苯和二甲苯的。

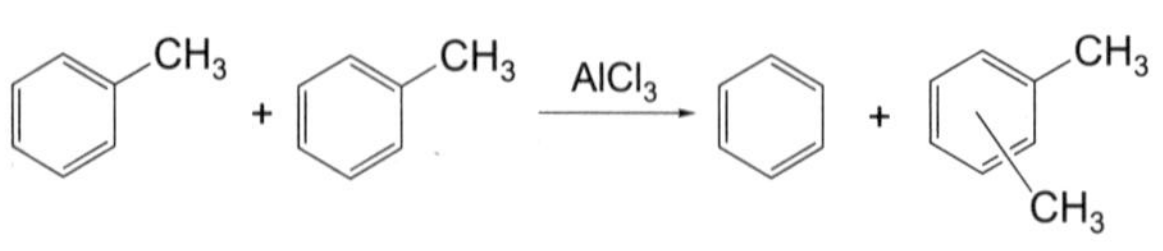

（o-, m-, p-）

★ 问题 6-9 在 Lewis 酸的作用下，氯苯或氯乙烯均不能作为亲电试剂的前体，为什么？

★ 问题 6-10 为什么在下列反应中是 C—F 键发生反应，而不是 C—Cl 键？且没有重排产物生成？

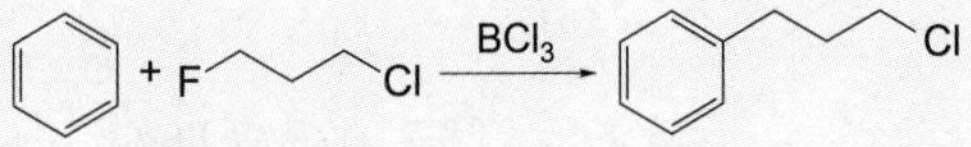

★ 问题 6-11 提出下列反应的可能机理：

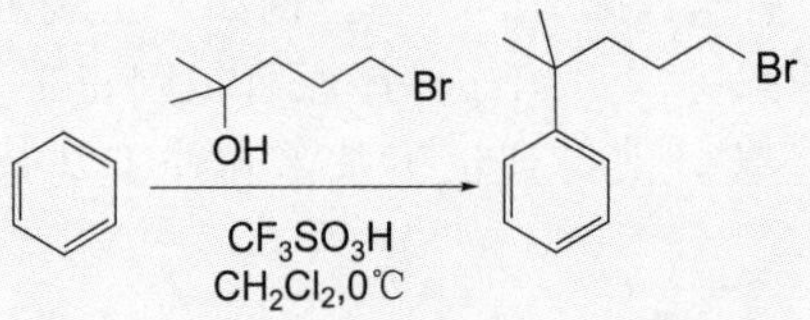

6.4.5 Friedel-Crafts 酰基化反应

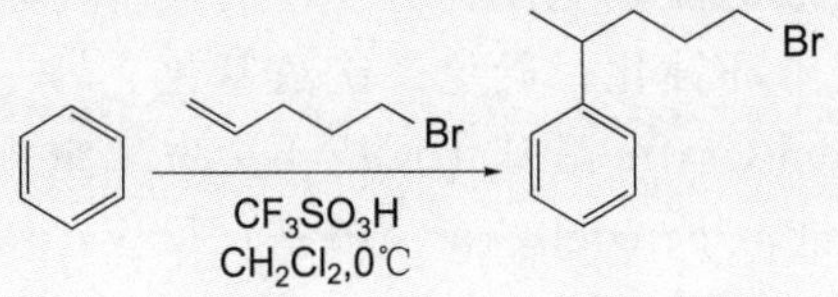

在 Lewis 酸作用下，苯与酰卤（RCOX）作用，在苯环上引入一个酰基，得到芳香酮，称为 Friedel-Crafts 酰基化反应（Friedel-Crafts acylation），简称付-克酰基化反应。例如，在无水 $AlCl_3$ 存在下，苯与乙酰氯作用生成苯乙酮。

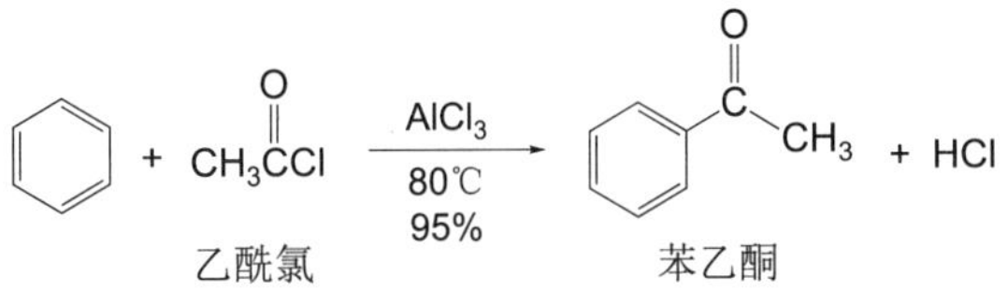

在这个反应中，酰氯首先与 Lewis 酸作用，形成酰基正离子（acyl cation）。然后，苯环进攻酰基正离子，形成 σ 络合物；后者消除一个质子，得到酰基化产物。

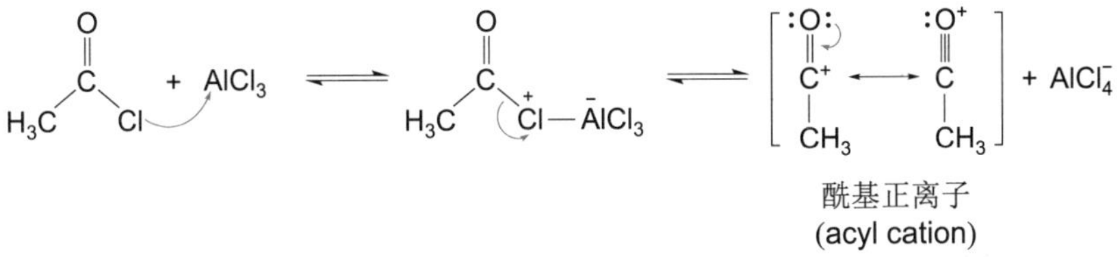

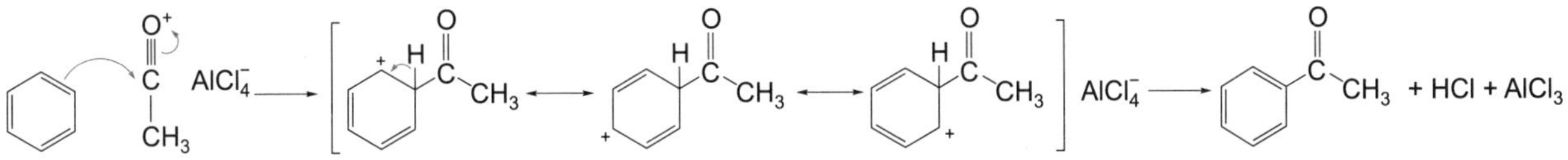

除酰卤外，酸酐（RCO)$_2$O 也是常用的酰基化试剂。例如，苯与乙酸酐反应生成苯乙酮和乙酸。

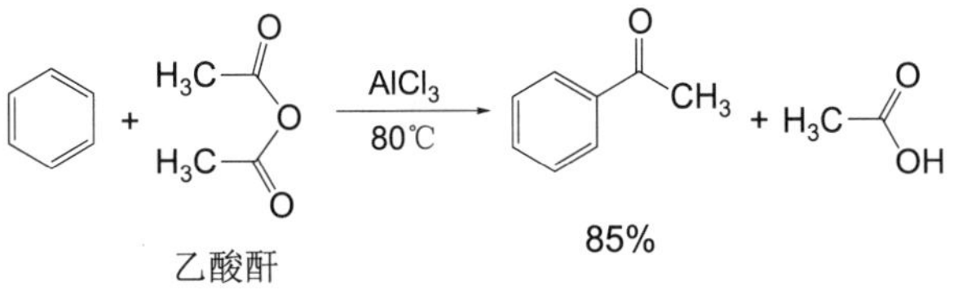

在这个反应中，$AlCl_3$ 亦可活化酸酐，形成酰基正离子：

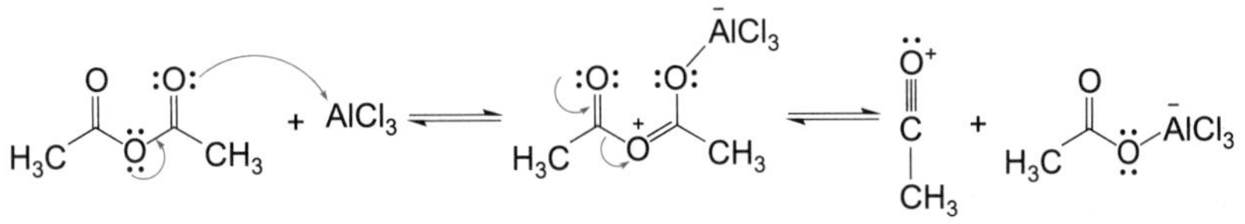

使用适当的催化剂，羧酸亦可作为酰基化试剂。例如，在多聚磷酸（PPA）存在下，3-(3,5-二甲基-2-甲氧基苯基)丙酸可发生分子内的酰基化反应生成环酮。

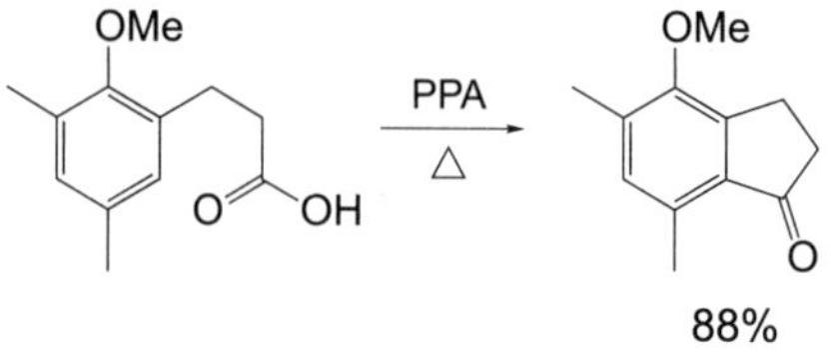

88%

与 Friedel-Crafts 烷基化反应不同，由于生成的酰基化产物分子中的羰基为吸电子基团，它能够降低苯环的电子云密度，从而使苯环钝化，避免二次酰基化。另一个与 Friedel-Crafts 烷基化反应的不同之处是，Friedel-Crafts 酰基化反应不会发生重排。因此，有时为了得到不重排的正烷基苯，可以先进行 Friedel-Crafts 酰基化反应，然后利用 Clemmensen 还原反应将羰基还原，得到正烷基苯（见 10.5 节）。例如，丁酰氯与苯反应得到唯一酰基化产物 1-苯基丁酮，后者用锌汞齐（Zn/Hg）还原可得到正丁基苯。若用 1-氯代丁烷与苯的烷基化反应来制备正丁基苯，则得到正丁基苯和仲丁基苯的混合物，而且后者为主要产物。

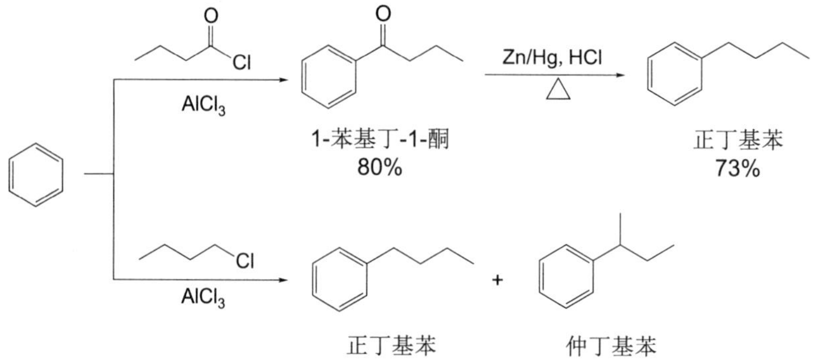

1-苯基丁-1-酮
80%

正丁基苯
73%

正丁基苯 + 仲丁基苯

与烷基化反应相似，由于酰基正离子为弱的亲电试剂，芳环上连有较强吸电子基团（如 $^+NR_3$、NO_2、CO_2H、COR、CF_3、SO_3H 等）时，芳环上的电子云密度大幅度降低，酰基化反应一般产率很低，甚至难以进行。此外，芳胺类化合物能够与 Lewis 酸形成盐，使氨基变成吸电子基团，故反应也难进行。

★ 问题 6-12　写出下列 Friedel-Crafts 酰基化反应的可能机理：

(1)

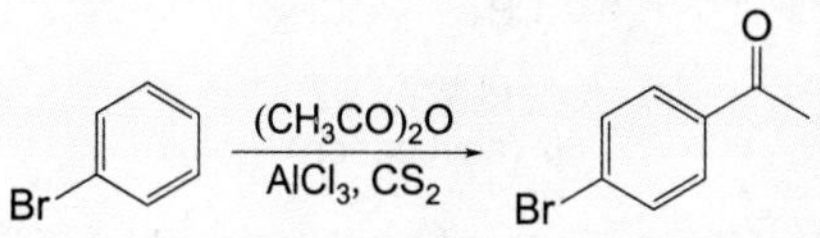

(2)

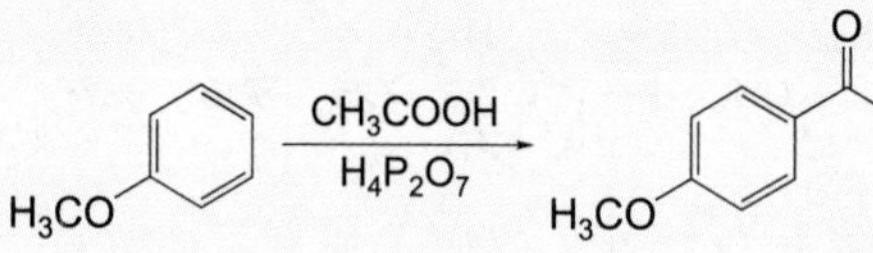

6.4.6 氯甲基化反应

苯与甲醛和氯化氢在 Lewis 酸（如无水氯化锌、四氯化锡）作用下反应生成苄氯。这个反应与 Friedel-Crafts 烷基化反应类似，称为氯甲基化反应（chloromethylation reaction）。

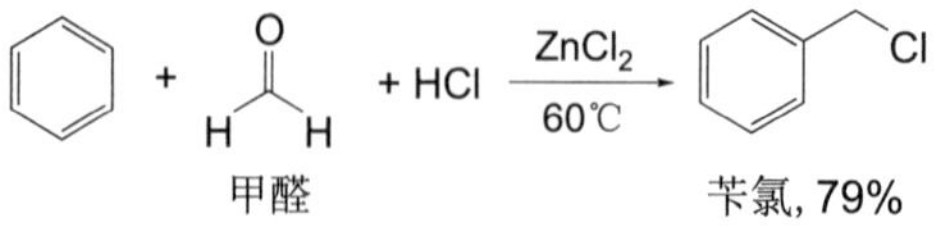

甲醛　　　　苄氯，79%

氯甲基化反应的机理如下：首先，甲醛（或多聚甲醛）作为 Lewis 碱与 HCl 作用，形成质子化的甲醛中间体。然后，质子化的甲醛作为亲电试剂与苯发生 Friedel-Crafts

烷基化反应，生成苄醇（即苯甲醇）。苄醇与反应体系中的 HCl 进一步发生亲核取代反应（见第 9 章），得到最终产物苄氯。

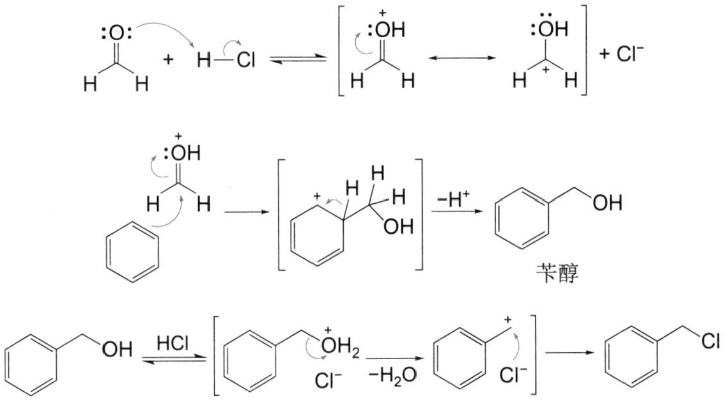

★ 问题 6-13* 通过下列反应可以得到缺电子芳烃的氯甲基化产物，试推测中间体 A 的结构和反应的可能机理。

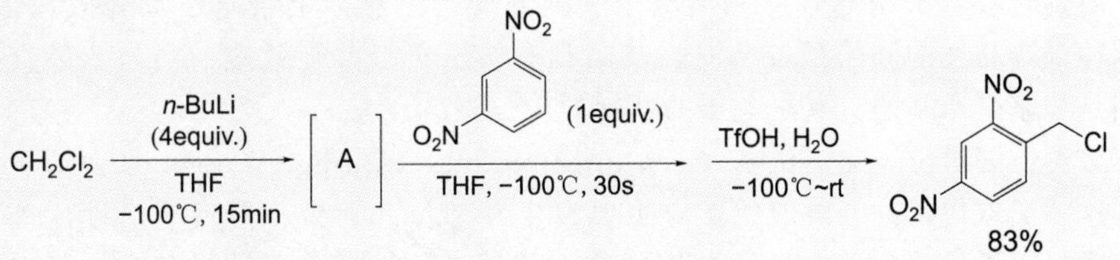

6.5 亲电取代反应的定位规律和反应活性

如上所述，苯与氯代叔丁烷的反应容易发生二次烷基化，因为第二次烷基化比第一次烷基化更容易发生，且第二次烷基化发生在叔丁基的对位，得到 1,4-二叔丁基苯；硝基苯则需要在更苛刻的条件下才能发生第二次硝基化，且第二次硝基化发生在硝基的间位，得到间二硝基苯。

如下所示，溴苯的磺化反应得到对位取代产物，即对溴苯磺酸，而苯磺酸溴化得到间位取代产物，即间溴苯磺酸：

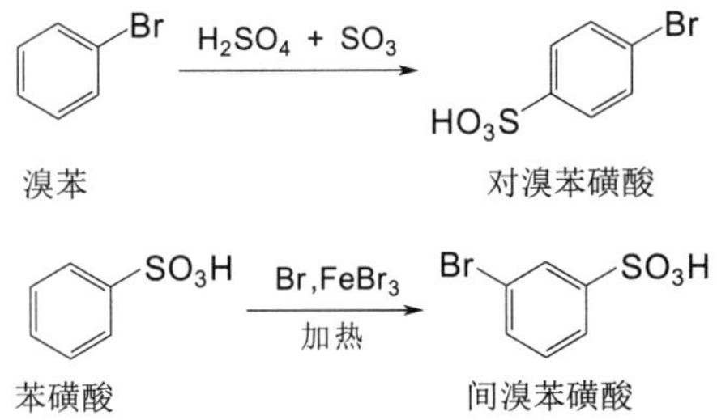

什么原因导致一些基团（或原子）取代的苯反应活性高，且区域选择性地生成邻、对位取代的产物，而另外一些基团（或原子）取代的苯反应活性低，且得到间位取代产物呢？

6.5.1 单取代苯亲电取代反应的反应活性和定位规律

根据取代苯发生亲电取代反应的反应活性（reactivity），以苯为标准，取代基分为两类，一类是致活基团（activator），另一类是致钝基团（deactivator）。根据反应得到的产物结构，取代基也分成两类，一类是邻对位定位基（o,p-director），另一类是间位定位基（m-director），也称反应的区域选择性（regioselectivity）。

将取代苯的反应活性和区域选择性结合在一起，可将取代基分为以下三类（见表 6-3）。

表 6-3　常见取代基的定位规律与反应活性

类别	第一类			第二类	第三类
取代基	O^- NR_2 NHR NH_2 OH OR	$NHCOR$ $OCOR$	Ph R	F Cl Br I CH_2Cl	NH_3^+ NO_2,CN COR,CHO $CO_2R,CONH_2$ CO_2H,SO_3H CF_3,CCl_3
定位作用	邻对位定位基				间位定位基
反应活性	活化基团			钝化基团	
定位强度	强	中	弱	弱	强

第一类：邻对位活化定位基（o,p-director，activating group），如氧负离子、氨基、羟基、烷氧基、烷基、苯基、酰胺基、酰氧基等。含这类取代苯亲电取代反应主要发生在邻位和对位，且反应活性比苯强。当取代基与苯环直接相连的原子为 N 和 O 时，基团具有吸电子诱导效应和给电子共轭效应，但总体上给电子共轭效应占优势；当与苯环直接相连的基团是烷基时，基团具有给电子超共轭效应；当与苯环直接相连的基团是苯基时，基团具有给电子的共轭效应。

第二类：邻对位钝化定位基（o,p-director，deactivating group），如卤原子和卤甲基等。这一类取代苯的亲电取代反应主要发生在邻位和对位，但反应活性比苯弱。卤素具有吸电子诱导效应和给电子共轭效应，其反应活性取决于诱导效应，而定位作用取决于给电子共轭效应。

第三类：间位定位基（m-director，deactivating group），如铵离子、硝基、氰基、磺酸基、酰基、三卤甲基等。若这类基团连在苯环上，亲电取代反应主要发生在间位，且反应活性比苯弱。其中 CF_3、CCl_3 和 NH_3^+ 仅有吸电子诱导效应，其它基团都具有吸电子诱导效应和吸电子共轭效应。

通常可从两个方面来解释苯环上亲电取代反应的反应活性与定位规律：一是反应物的电子效应，二是中间体（即 σ 络合物）的相对稳定性。

6.5.1.1 反应物的电子效应

（1）邻对位活化基团

苯酚的羟基具有给电子共轭效应（$+C$），其共振结构如下：

共振杂化体

虽然羟基氧的电负性大，羟基具有吸电子诱导效应（$-I$），但由于氧与碳处于同一周期，两者体积大小相近，氧与苯环的共轭效应较强，氧和苯环存在 p-π 共轭，氧给出电子后呈正性。结合起来看，羟基的给电子共轭效应大于其吸电子诱导效应，$+C>-I$。

羟基的给电子共轭作用使得苯环的电子云密度增大，接受亲电试剂的能力增强，反应速率加快，因此，羟基为活化基团。另一方面，从苯酚的共振杂化体看，羟基邻、对位碳带部分负电荷，更加容易受到亲电试剂的进攻，故羟基为邻对位定位基。

其它含氧基团如 OR 及含氮基团如 NH_2、$NHCOCH_3$ 等与甲氧基类似，为邻、对位活化基团。氧和氮直接和苯环相连，能够显著增大苯环的电子云密度，使反应容易发生，甚至无需催化剂，且发生邻对位取代反应。例如：

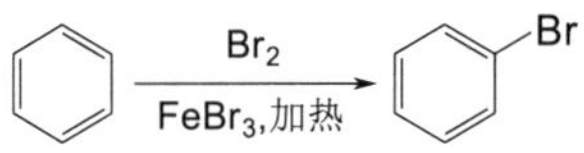

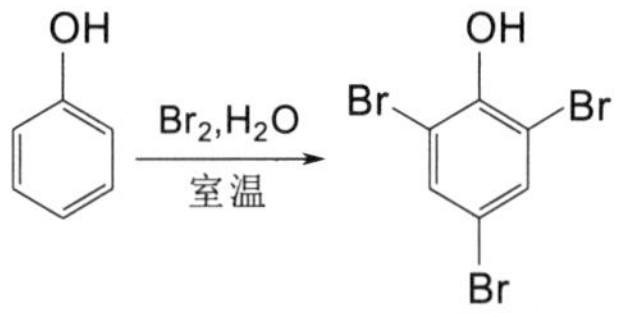

碘化反应一般很难发生，但当苯环上有多个强致活基团时，碘化反应还是有可能发生的。例如，4,6-二叔丁基-1,3-苯二酚在碳酸氢钠存在下可发生碘化反应，生成4,6-二叔丁基-2-碘-1,3-苯二酚：

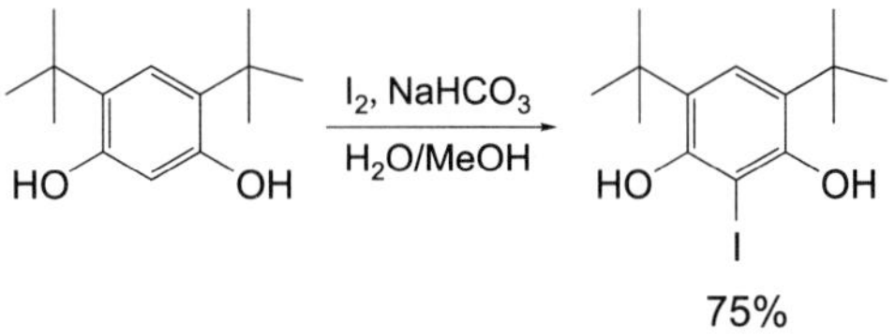

(2) 邻对位钝化基团

卤代苯中卤原子的电负性较强，表现出较强的吸电子诱导效应（$-I$）。卤原子直接与苯环相连，其核外孤对电子也可以与苯环形成 p-π 共轭，具有给电子共轭效应（$+C$）。

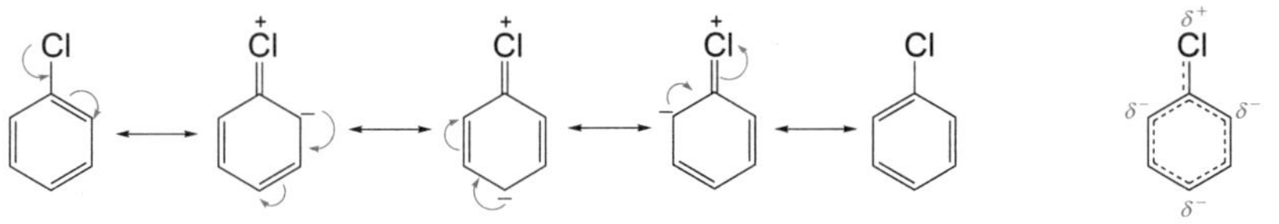

共振杂化体

然而，由于氯、溴、碘的原子半径比碳大，共轭作用较差。总体上看，这些原子的吸电子诱导效应比给电子共轭效应强，$-I>+C$。氯苯的静电势图见彩图 6-1。因此，总体上吸电子效应导致卤代苯的苯环电子云密度降低，从而降低了苯环与亲电试剂反应的能力，故卤素为钝化基团。另一方面，由于卤原子和苯环的共轭作用，使得卤原子邻、对位碳原子的电子云密度比间位大，亲电试剂更容易进攻卤原子的邻、对位，故卤原子为邻对位定位基。

彩图6-1

(3) 间位钝化定位基

以硝基苯为例，其氮和氧的电负性都比碳大，故硝基表现为强的吸电子诱导效应（$-I$）。与此同时，硝基还可与苯环共轭，表现出强的吸电子共轭作用（$-C$）。吸电子诱导效应和吸电子共轭效应的共同作用，导致苯环的电子云密度大大降低，故硝基属于强钝化基团。

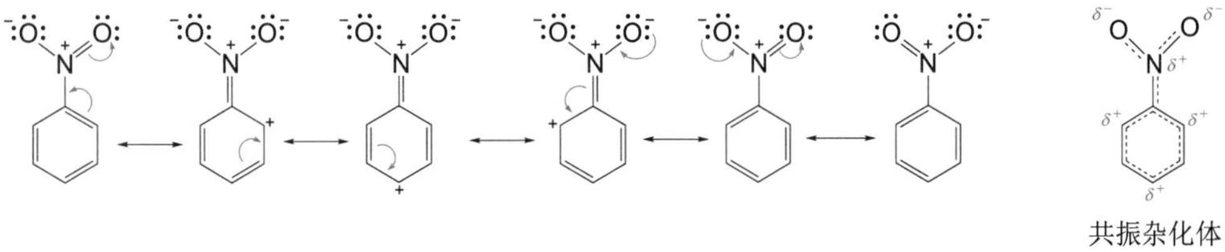

共振杂化体

从硝基苯的静电势图亦可以看出，其电子云密度最大的区域是硝基的两个氧原子，硝基苯的静电势图见彩图 6-1。

π-π 共轭作用使得硝基的邻对位碳原子上的电子云密度降低，邻对位碳原子比间位碳原子更缺电子，带有部分正电荷，当接受外来亲电试剂进攻时，亲电试剂更易进攻间位，故硝基为间位定位基。

苯酚、苯、氯苯和硝基苯发生硝化反应的相对速率如下：

	硝化反应相对速率
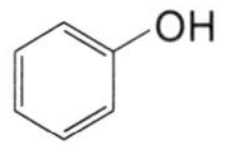	1000
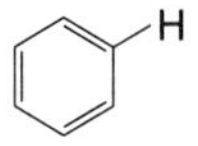	1
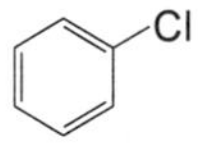	0.033
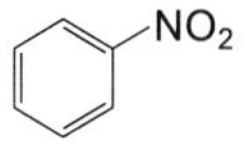	6×10^{-8}

6.5.1.2　**中间体的稳定性**

对定位规律，还可以通过比较中间体的相对稳定性来解释。

当取代基为甲基，亲电试剂（E^+）进攻苯环时，可以有以下三种进攻的方式，生成三种 σ 络合物。

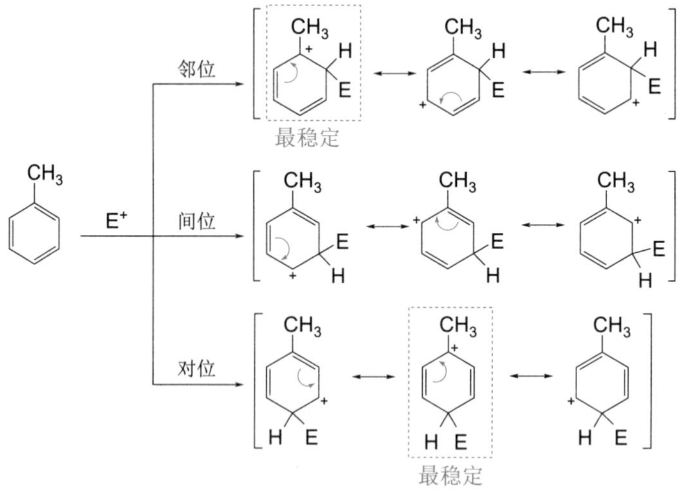

三种 σ 络合物分别可以有三种共振式，在九个共振式中，最稳定的是图中带框的两种。它们不仅具有烯丙基型碳正离子的特征，而且同时拥有叔碳正离子的特征。如 6.4 节所述，芳香烃的亲电取代反应是分步进行的，其中芳香烃接受亲电试剂进攻生成 σ 络合物是反应的决速步骤，因此，这一步所生成的中间体相对稳定性决定了反应的选择性，甲基是邻对位定位基。

当取代基为杂原子取代基时，如—OH、—OR、—OCOR、—NH_2、—NHR、—NR_2、—NHCOR 时，以甲氧基为例，存在三种可能的 σ 络合物，它们所有的共振式如下图所示。在所有共振结构中，带框的两种最稳定。这是因为在这两种氧正离子共振式中共价键最多，而且所有原子均满足八隅体规则。因此，甲氧基为邻对位定位基。

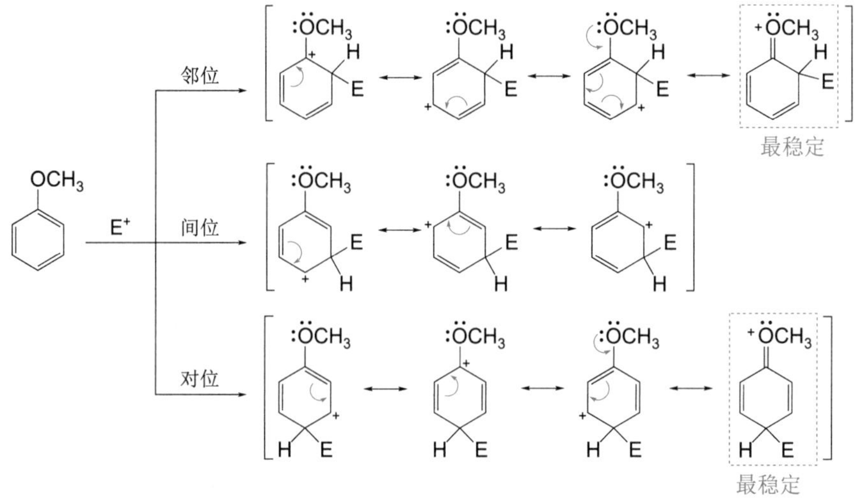

卤素与氧相似，核外都有孤对电子，提供孤对电子给苯环，形成 p-π 共轭：共振式中最稳定的结构为带框的两种，因此，卤素为邻对位定位基。

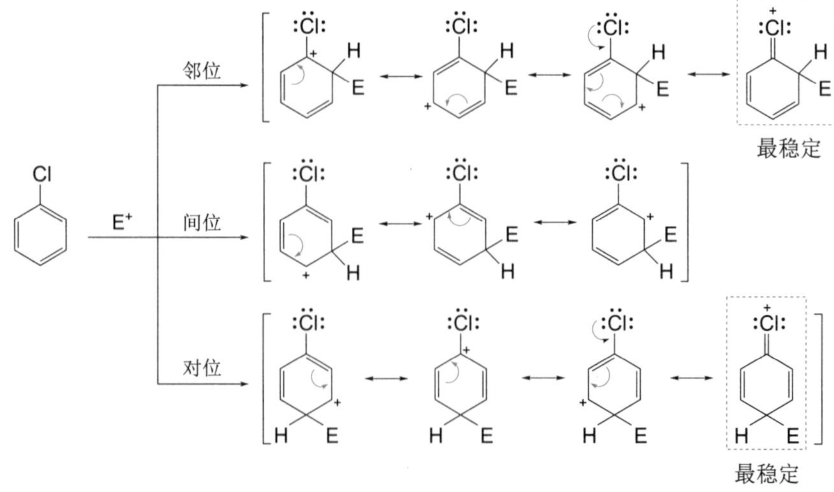

例如，氯苯在发生硝化反应时，主要生成邻氯硝基苯（35%）和对氯硝基苯（64%），而间氯硝基苯为次要产物（1%）：

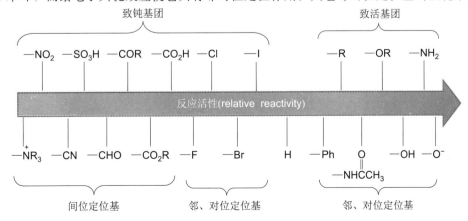

（35%）　　　（1%）　　　（64%）

当取代基为强吸电子基（如—CF$_3$、—CHO、—COR、—COOR、—NO$_2$、—CN等）时，取代主要发生在间位。以 CF$_3$ 为例，邻位和对位取代的中间体的共振结构式中各有一个碳正离子与强吸电子基团直接相连，对碳正离子具有去稳定化作用，从而导致共振杂化体不稳定。相比较而言，进攻间位所形成的 σ 络合物比进攻邻对位所形成的 σ 络合物稳定。因此，—CF$_3$ 是间位定位基。

邻位
最不稳定

间位

对位
最不稳定

实际上，三氟甲苯在发生硝化反应时，间硝基三氟甲苯是唯一的产物：

（唯一产物）

综上所述，活化基团能使取代苯的亲电取代反应的速率比苯大，钝化基团则使取代苯发生亲电取代反应的速率比苯小。活性是针对苯环的电子云密度而言的，而定位规则是对生成产物的不同位置而言的。邻、对位定位基使得同一苯环上邻、对位的亲电取代反应速率比间位快；间位定位基则使间位的亲电取代反应速率比邻、对位快。通常情况下，大多数反应都生成邻、间、对三种异构体的混合物，只不过数量上有一定差别。取代基活化苯环的相对能力也可用下面的示意图来表示。从左至右，单取代苯的亲电取代反应活性增强。取代基的存在使苯环的电子云密度加大，接受亲电试剂的能力增强，换句话说，活化苯环的能力增强。间位定位基均钝化苯环；卤素由于其吸电子诱导效应钝化了苯环，而给电子共轭效应使它具有邻对位定位作用；其它邻对位定位基均活化苯环。

致钝基团　　　　　　　　　　　　　致活基团

—NO$_2$　—SO$_3$H　—COR　—CO$_2$H　—Cl　—I　　　—R　—OR　—NH$_2$

反应活性(relative reactivity)

—$\overset{+}{N}$R$_3$　—CN　—CHO　—CO$_2$R　—F　—Br　　H　—Ph　—OH　—O$^-$
—NHCCH$_3$

间位定位基　　　邻、对位定位基　　　邻、对位定位基

★ 问题 6-14 苯的溴代反应通常用 Lewis 酸作催化剂，如三溴化铝；也可以用吡啶作催化剂。试提出吡啶作催化剂时，苯和溴反应生成溴苯的反应机理。

★ 问题 6-15 如下所示 Kolbe-Schimitt 反应（Kolbe-Schimitt process）是制备乙酰水杨酸的关键步骤，写出反应的机理，解释 NaOH 的作用，并解释反应的邻位选择性。

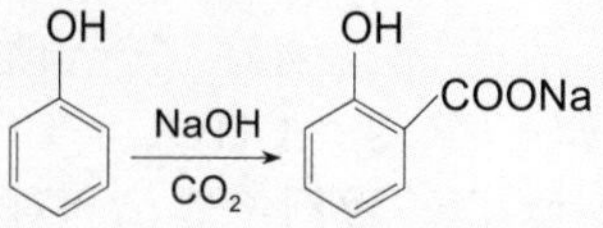

6.5.2 二取代苯的定位规律

苯环上已有两个取代基时，第三个取代基进入苯环的位置受原有两个取代基的控制。一般可能有以下几种情况。

（1）两个取代基的定位效应一致时，仅需考虑立体效应，即位阻较大的位置取代反应不易发生。例如：

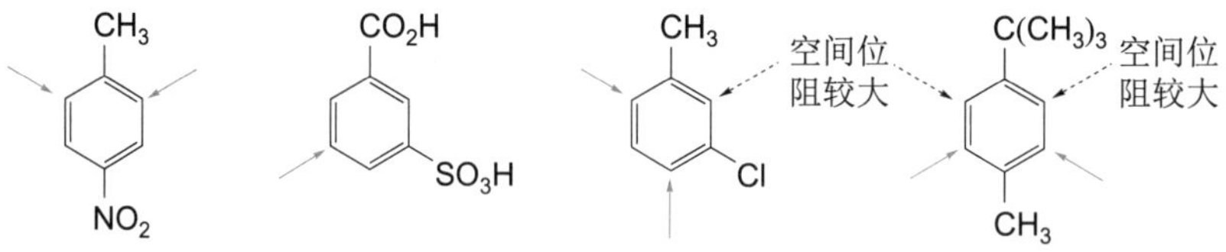

（2）两个取代基定位效应不一致时，有两种情况：①两个取代基属于同一类定位基时，第三个取代基进入苯环的位置主要由定位作用强的定位基（如烷氧基、硝基等）决定；②两个取代基不属于同一类定位基，第三个取代基进入苯环的位置由邻对位定位基决定。例如：

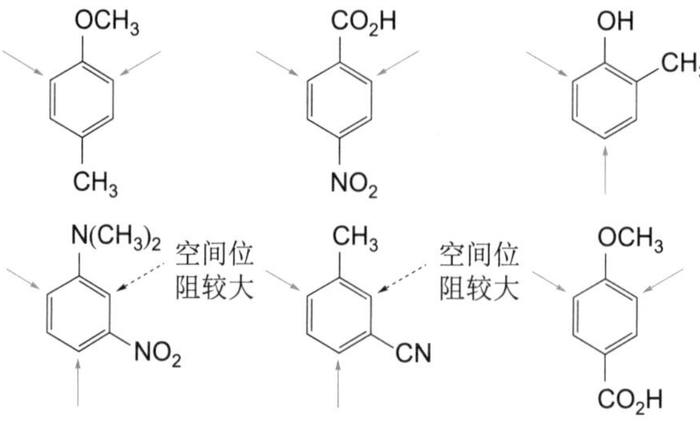

★ 问题 6-16 用箭头表示下列芳烃进行单硝化反应的位点：

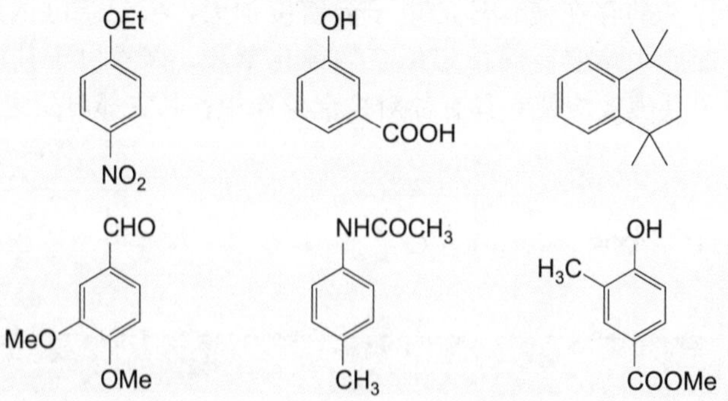

6.5.3 多环芳烃定位规律

联苯在发生亲电取代反应时，可将一个苯环看成为另一个苯环的取代基，苯基为邻对位活化基团。受立体位阻的影响，取代反应主要发生在苯环的对位，邻位产物较少。当联苯的一个苯环上有吸电子基团时，亲电取代主要发生在另一个苯环上，即苯环的电子云密度较大的环上；相反，当一个苯环上有给电子基团时，反应通常发生在同一苯环上：

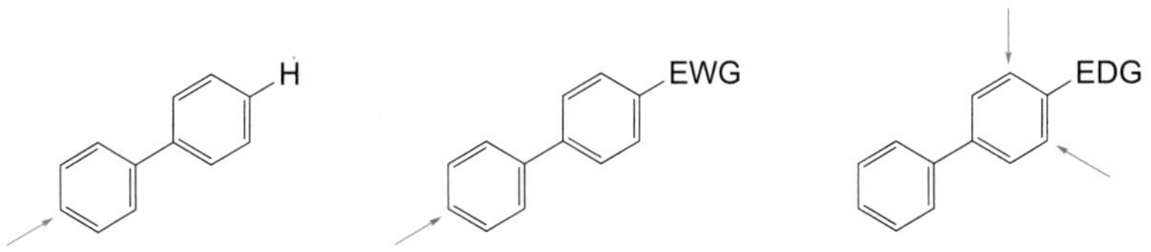

例如，联苯发生硝化，先生成 4-硝基联苯，进一步硝化时反应发生在无硝基（吸电子基）取代的苯环上，即生成 4,4'-二硝基联苯。

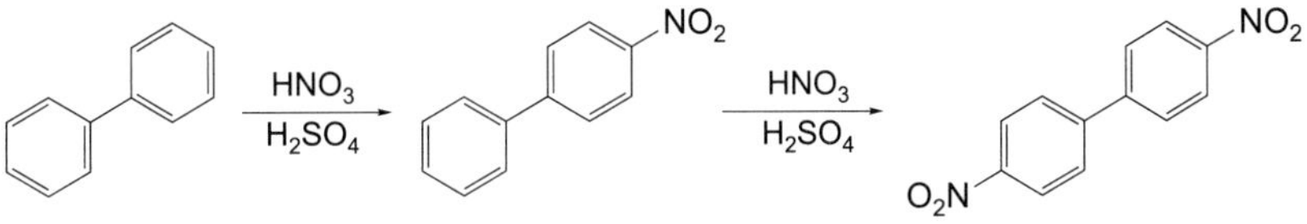

联苯
biphenyl

4-硝基联苯
4-nitrobiphenyl

4, 4'-二硝基联苯
4, 4'-dinitrobiphenyl

对于三联苯的烷基化反应，尽管烷基为致活基团，由于位阻的原因，三个烷基分别取代在三个苯环的对位。

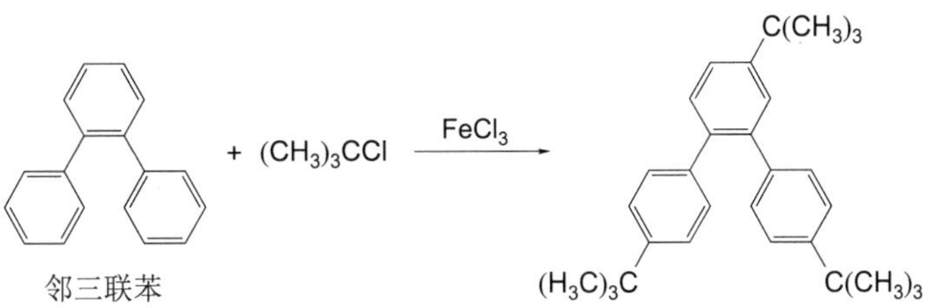

邻三联苯
o-terphenyl

61%

萘的化学性质与苯相似，但比苯活泼，在发生亲电取代反应时，α-位比 β-位活性大，所以一般得到 α-取代产物。这可以从碳正离子中间体的稳定性得以解释。在 α-取代的 σ 络合物中，有 2 个共振结构式保留了芳环，因此较稳定；而在 β-取代的 σ 络合物中，只有一个共振结构式保留了芳环，因此稳定性不如前者。

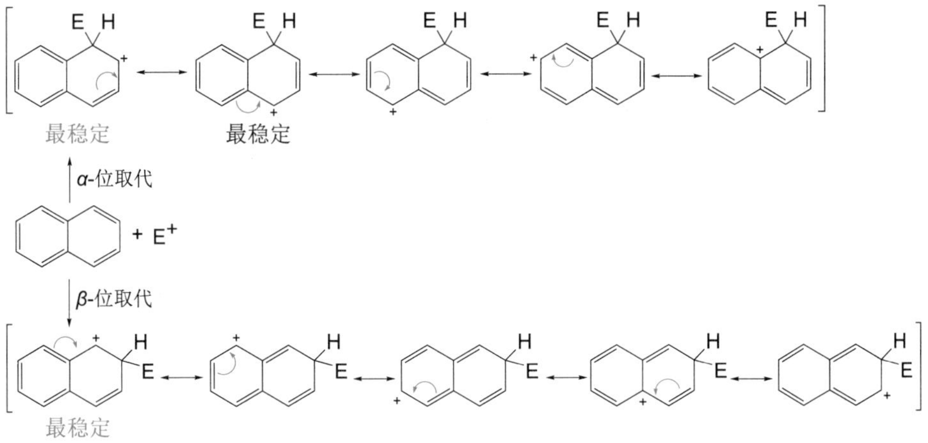

最稳定　　最稳定

α-位取代

+ E$^+$

β-位取代

最稳定

例如：

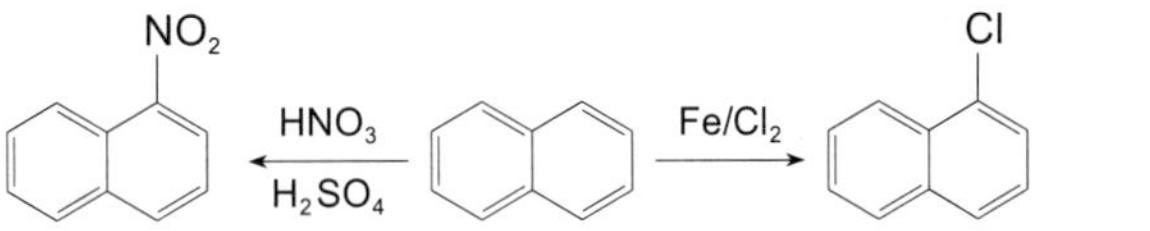

1-硝基萘
1-nitronaphthalene

1-氯萘
1-chloronaphthalene

萘发生磺化反应时，由于磺化反应是可逆的，磺酸基进入萘环的位置和反应温度有关。萘与浓硫酸在 80℃ 以下作用时，主要产物为萘-1-磺酸。在较高温度（165℃）以上时，主要产物为萘-2-磺酸。

磺酸基在 α-位时，由于其体积比较大，和环己烷构象分析中的 1,3-直立键作用类似，与异环 α-位上的氢存在空间位阻，因此萘-1-磺酸稳定性较差，而 β-位取代不存在取代基的空间干扰，所以，萘-2-磺酸稳定，但生成此化合物的速率慢，活化能高。

萘的 α-位被取代的反应速率快，反应的活化能低，故萘-1-磺酸为动力学控制产物；当温度升高时，β-位取代（活化能较高）所需能量能够得到满足，磺酸基主要进入 β-位，生成较稳定的萘-2-磺酸，故萘-2-磺酸为热力学控制产物。

对于卤代和硝化反应来说，由于这两个反应不是可逆的，取代基进入 α-位之后，不能再解脱下来，因此，主要生成 α-位取代产物。

一取代萘进行亲电取代反应时，需要考虑的因素有：两个环的相对反应性、取代基的定位效应和空间位阻。如取代基是给电子基团时，给电子基使同环活化，亲电取代反应发生在同环上。当给电子基在 1-位时，后引入基团可以进入 2,4-位，其中 4-位为萘环的 α-位，净结果是后引入基团主要进入到 4-位。当给电子基在 2-位时，后引入基团可进入 1,6-位，其中 1-位为萘环的 α-位，活性最高，6-位产生的中间体比较稳定。

例如，1-萘酚磺化时生成 4-羟基萘-1-磺酸和 1-羟基萘-2-磺酸，其中前者为主要产物。

当萘环上有吸电子基团时，亲电取代反应发生在异环上。不论原有取代基是在 α-位还是 β-位，第二个取代基进入另一苯环的 α-位（即 5 和 8 位）。对于磺化反应和付-克反应，常在异环的 β-位（即 6 和 7 位）发生，生成热力学稳定产物。

例如：

★ 问题 6-17　用箭头表示下列芳香烃进行单硝化反应的位点：

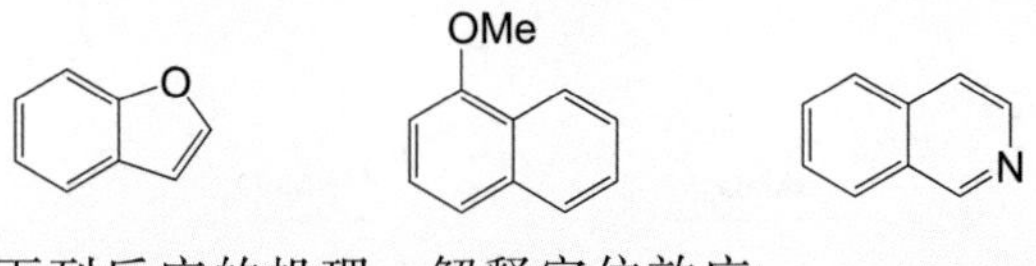

★ 问题 6-18　提出下列反应的机理，解释定位效应。

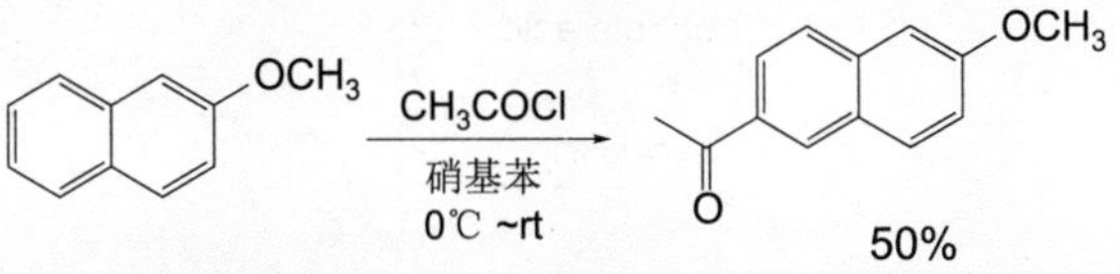

6.5.4　定位规则在有机合成上的应用

苯环上取代反应的定位规则在有机合成上可用来指导多官能团取代苯合成路线的确定。以由苯合成对氯甲苯为例，甲基和氯都是邻、对位定位基，但甲基为活化基团，氯为钝化基团。当活化基团和钝化基团定位相同时，应先在苯环上引入活化基团，后引入钝化基团，反应才容易进行。因此，对氯甲苯的合成顺序为：先烷基化，再氯化。

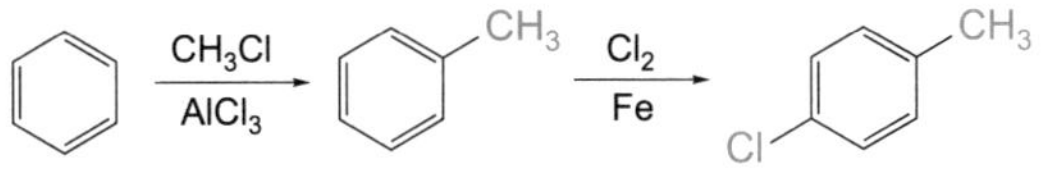

硝基为间位定位基，而氯为邻对位定位基，因此由苯合成 1,2-二硝基-4-氯苯时，应先硝化，然后氯化得到 3-氯-1-硝基苯，再硝化得到目标产物：

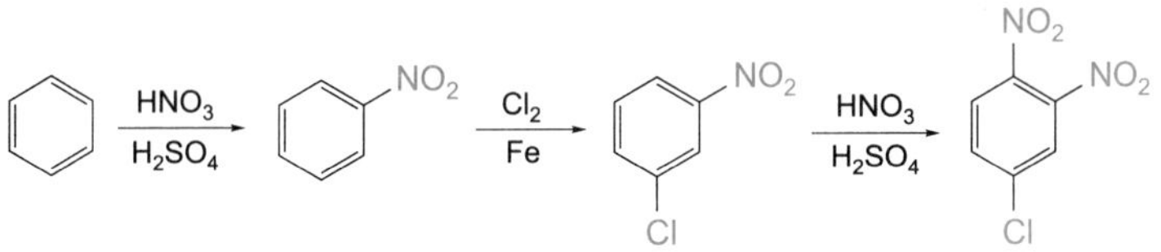

类似的例子还有对溴苯磺酸和间溴苯磺酸的制备。苯经溴化和磺化得到对溴苯磺酸，但若这两步反应顺序颠倒，即先磺化，再溴化，则得到间溴苯磺酸：

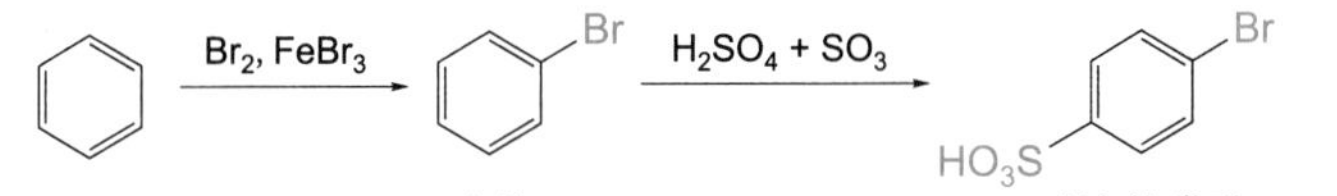

溴苯　　对溴苯磺酸

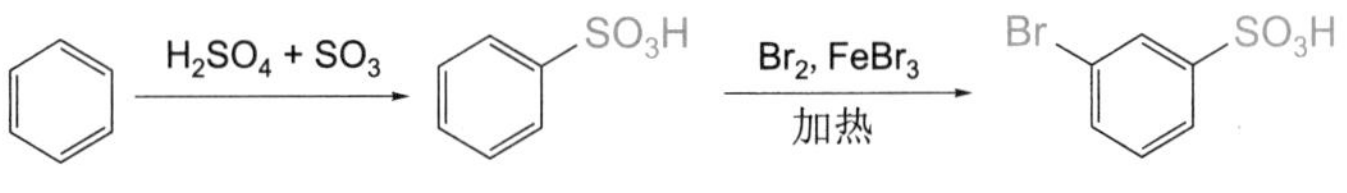

苯磺酸　　间溴苯磺酸

★ 问题 6-19　从苯和必要的试剂合成下列化合物：

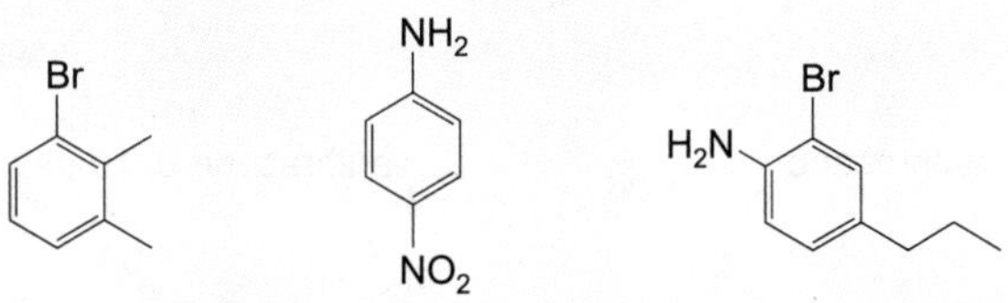

6.6　芳烃的氧化还原反应

6.6.1　氧化反应

芳烃的 α-H 在氧化剂（如 $KMnO_4$、HNO_3 等）存在下，侧链被氧化生成羧基。

在过量的氧化剂存在下，无论侧链长短，只要含有 α-H，芳烃最后都被氧化生成苯甲酸，但没有 α-H 的侧链不被氧化。例如：

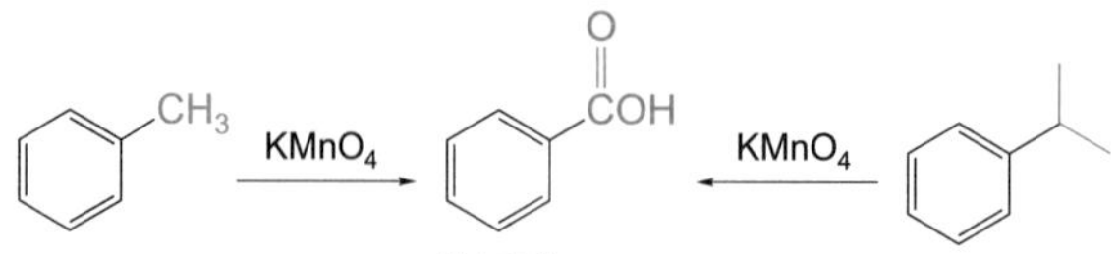

CH3
KMnO4
COH
O
KMnO4

苯甲酸
benzoic acid

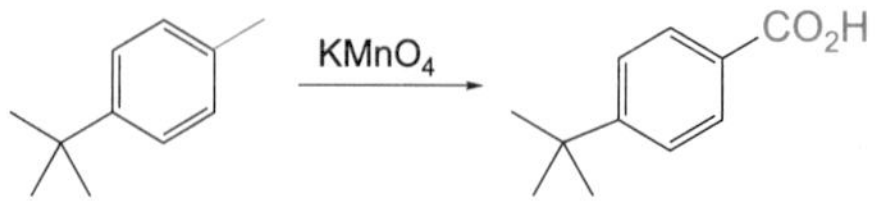

KMnO4
CO2H

1-叔丁基-4-甲基苯
1-*tert*-butyl-4-methylbenzene

4-叔丁基苯甲酸
4-*tert*-butylbenzoic acid

萘比苯的芳香性差，通常会表现出一些烯烃的化学性质（如加成、氧化等），故萘比苯容易氧化。在不同氧化剂作用下，得到不同的产物。例如：在室温时，用三氧化铬的醋酸溶液处理萘，生成萘-1,4-二酮。在高温时，以五氧化二钒为催化剂，用空气氧化萘，生成邻苯二甲酸酐，这是工业上生产邻苯二甲酸酐的方法。

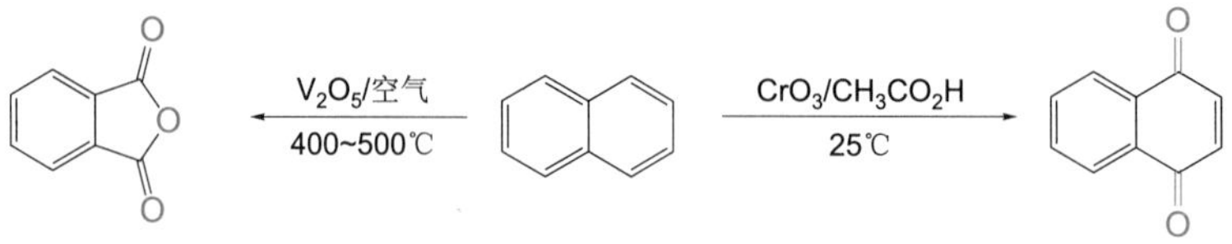

V2O5/空气
400~500℃
CrO3/CH3CO2H
25℃

邻苯二甲酸酐
phthalic anhydride

萘-1, 4-二酮
naphthalene-1, 4-dione

当萘环上连有活化基团时，氧化反应发生在同环上；连有钝化基团，氧化反应发生在异环上。

例如：

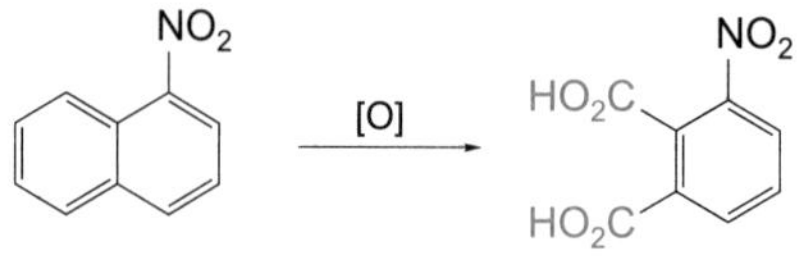

NO2
[O]
HO2C
HO2C
NO2

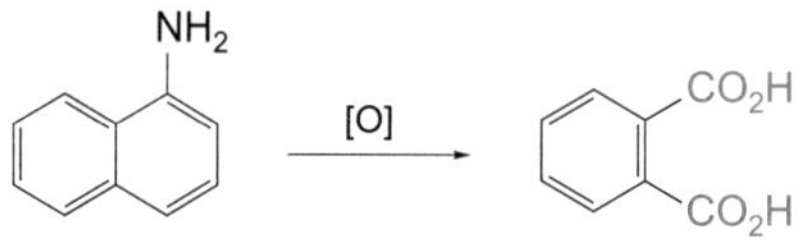

NH2
[O]
CO2H
CO2H

在蒽和菲中，9,10-位都比较活泼，易发生氧化和加成反应。例如：

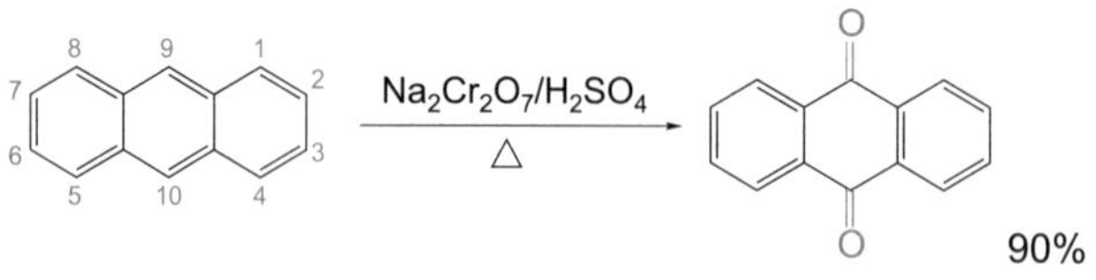

Na2Cr2O7/H2SO4
△
90%

蒽
anthracene

蒽-9, 10-二酮
anthracene-9, 10-dione

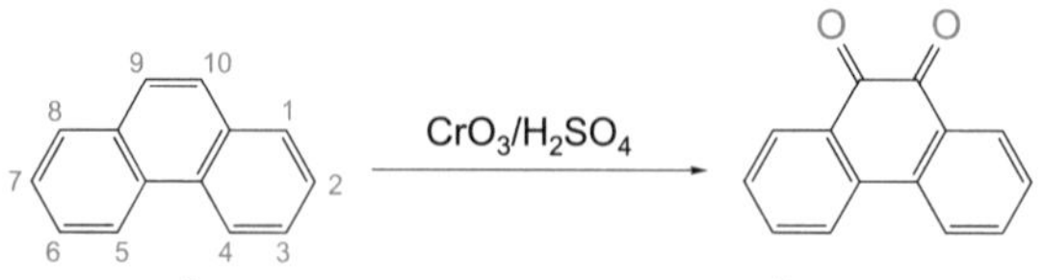

CrO3/H2SO4

菲
phenanthrene

菲-9, 10-二酮
phenanthrene-9, 10-dione

6.6.2 还原反应

由于芳香性的稳定作用，苯环一般不易被还原。例如，当苯环上连有碳碳双键的侧链时，催化氢化优先将侧链还原。

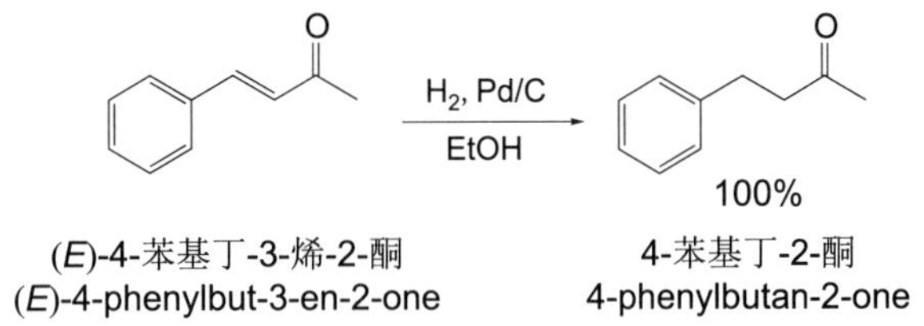

H_2, Pd/C
EtOH
100%
(E)-4-苯基丁-3-烯-2-酮
(E)-4-phenylbut-3-en-2-one
4-苯基丁-2-酮
4-phenylbutan-2-one

萘的芳香性比苯弱，故它比苯容易发生还原反应。不同的条件下得到的还原产物不同。例如：

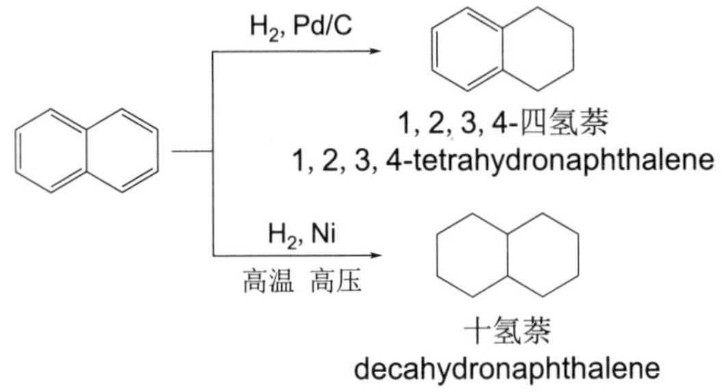

H_2, Pd/C
1, 2, 3, 4-四氢萘
1, 2, 3, 4-tetrahydronaphthalene
H_2, Ni
高温 高压
十氢萘
decahydronaphthalene

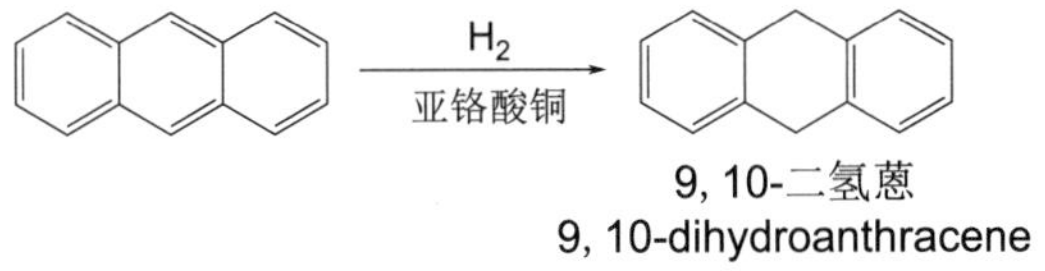

H_2
亚铬酸铜
9, 10-二氢蒽
9, 10-dihydroanthracene

在金属钠（或锂）-液氨-醇的混合溶液中，苯系芳烃可被还原成环己-1，4-二烯类化合物，该反应称为 Birch 还原（Birch reduction）。例如：

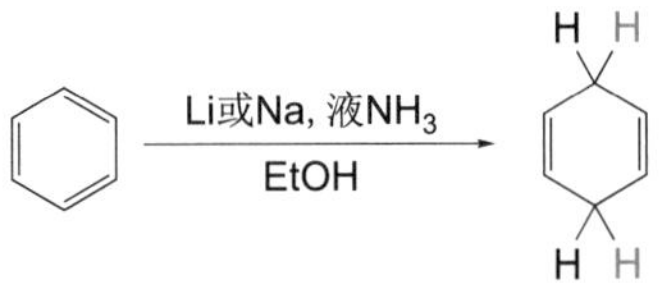

Li或Na, 液NH_3
EtOH

Birch 还原的机理和钠（或锂）在液氨中还原炔烃成烯烃相似。首先，苯分子从金属钠接受一个电子形成负离子自由基 A，并共振为较稳定的形式 B（其中的负离子和自由基中心碳原子距离最远）；然后，B 从醇分子中夺得一个质子形成自由基中间体 C，后者再从金属钠接受一个电子成为负离子 D；最后，D 从醇分子中夺取质子，生成非共轭的环己-1，4-二烯。

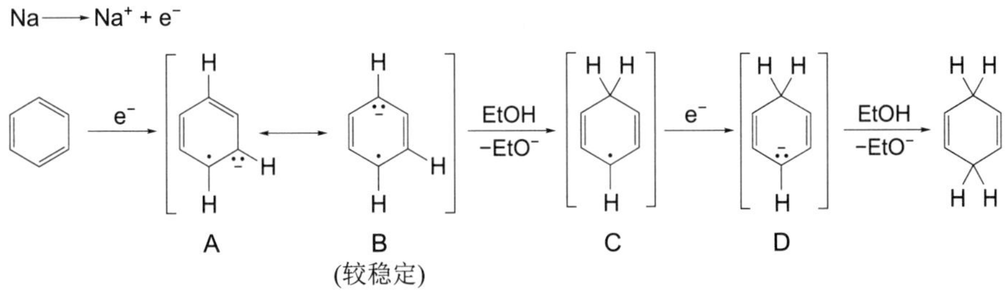

$Na \longrightarrow Na^+ + e^-$
e^-
EtOH
$-EtO^-$
A
B
(较稳定)
C
D

当苯环上有给电子基（如甲氧基）时，反应生成 1-取代的环己-1，4-二烯，但若取代基为吸电子基（如羧基）时，则得到 3-取代的环己-1，4-二烯。

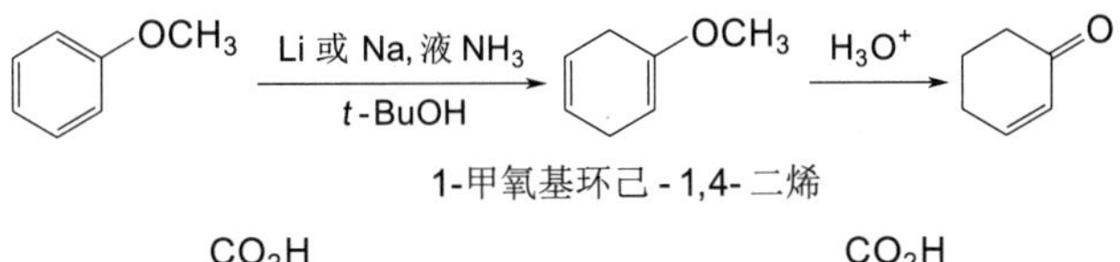

OCH_3
Li 或 Na, 液 NH_3
t-BuOH
H_3O^+
1-甲氧基环己-1,4-二烯

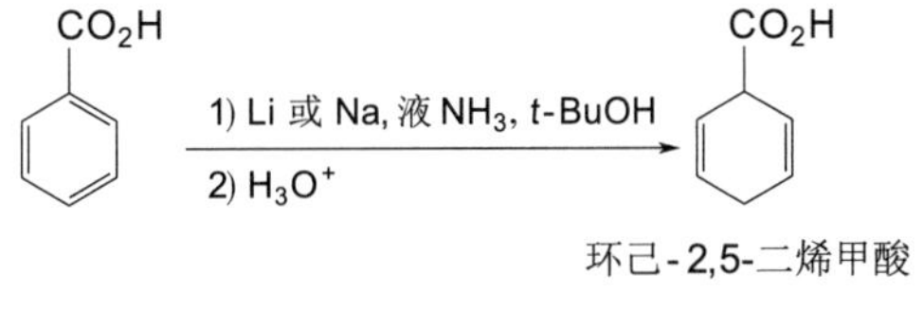

CO_2H
1) Li 或 Na, 液 NH_3, t-BuOH
2) H_3O^+
环己-2,5-二烯甲酸

导致这种区域选择性的原因在于其中间体的稳定性。给电子的甲氧基取代的苯优先形成较稳定的邻位和间位的负离子自由基中间体；羧基则可通过吸电子共轭效应，稳定与其相连的碳负离子中间体。

Birch 还原过程中产生的负离子中间体可被烷基化试剂捕获，生成烷基化产物。例如：

萘的 Birch 还原主要生成 1,4-二氢萘：

1,4- 二氢萘
1,4- dihydronaphthalene

★ 问题 6-20　提出下列反应的机理：

6.7 芳香性

上述苯和稠环芳烃类化合物有两个重要特征：①从结构上来看，构成芳香体系的电子云平均化，键长趋于一致，即键长平均化。电子云平均化程度越大，键长平均化程度越大，化合物的芳香性越强；②从化学性质来看，芳香体系容易发生亲电取代反应，保留芳香体系，而不易发生亲电加成反应。然而，这种由于电子离域所产生的特殊稳定性和反应性并不是苯和稠环芳烃类化合物所特有的，许多含有 $4n+2$ 个 π 电子的环状共轭多烯体系也具有芳香性。休克尔（Hückel）根据分子轨道理论计算，提出了单环化合物具有芳香性的判据，称作 Hückel 规则。

Hückel 规则认为，同时满足以下条件的化合物才具有芳香性：环闭的、单双键交替的、成环原子处于共平面的，且参与共振离域的 π 电子数为 $4n+2$，其中 n 是 0、1、2、3……正整数时，化合物具有芳香性（aromaticity）。如果一个平面的、单双键交替的环闭体系，π 电子数为 $4n$ 个电子时，π 电子不能发生共振而离域，化合物变得特别不稳定，化合物则具有反芳香性（anti-aromaticity）的性质。如果一个单双键交替的环状体系是非平面的，化合物表现出烯烃的性质，这类化合物是非芳香性（non-aromaticity）的。芳香性的进一步学习可观看视频材料 6-1。

视频材料6-1

6.7.1 苯系芳香烃

苯环 6 个碳原子为 sp^2 杂化碳原子，6 个 p 轨道相互平行重叠形成一个平面的、闭环共轭体系，环上 6 个 π 电子数为 $4n+2$，符合 Hückel 规则，具有芳香性，称为苯系芳香烃。

对多环体系芳香烃的判断不能简单使用 Hückel 规则。萘环为双环体系，两个苯环共用两个原子成稠环体系，具有芳香性。蒽和菲也是如此。对于芘而言，是个四环体系，虽然总的 π 电子数为 16，但仍具有芳香性。事实也是如此，芘容易发生亲电取代反应：

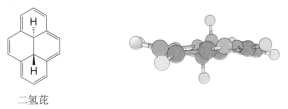

芘的芳香性是由于周边 14 个 π 电子所产生的，和中间的双键没有关系。当中间的两个碳原子成 sp^3 杂化时，这个分子仍有芳香性。

二氢芘

6.7.2 单环体系非苯芳香烃

有些化合物虽然不具有苯环结构，但其化学性质上也表现出容易发生取代反应，而不易进行加成反应，因此这类化合物也具有芳香性，称为非苯芳香烃（nonbenzenoid aromatic hydrocarbons）。

（1）轮烯

轮烯（annulene）是一类单双键交替的环状化合物。命名时，前面的方括号内为 π 电子的数目。如 [8]-轮烯、[10]-轮烯等。

[8]-轮烯，也称环辛四烯，虽然是个单双键交替的环闭体系，但所有碳原子不在同一平面上，是折叠式结构，且 8 个 π 电子不符合 $4n+2$ 规则。分子结构研究表明，环辛四烯是一个"盆形"构象，双键之间几乎是相互垂直的，彼此并不共轭。由此可见，环辛四烯是非芳香性（non-aromaticity）化合物，表现出正常多烯类化合物的性质，如加热聚合，被空气氧化，催化氢化生成环辛烷，容易发生亲电加成和环加成反应。

当非芳香性的环辛四烯用金属钾处理，环辛四烯从金属钾得到 2 个电子，生成环辛四烯双负离子，这个结构是环状平面的，且具有 10 个电子，符合 $4n+2$ 规则，因而具有芳香性。

环辛四烯双负离子

当环辛四烯接受一个质子成阳离子后，七个碳原子处在一个平面上，一个亚甲基处在平面的侧上方，亚甲基中的一个质子处于平面上方的内侧，另一个质子处于平面上方的外侧，在 ^{1}H-NMR 中它们是各向异性的，具有不同的化学位移值。这种有亚甲基介入的共轭离域体系具有一定的芳香性，称为同芳香性（homo-aromaticity）。

[10]-轮烯有 10 个 π 电子，虽然符合 $4n+2$ 规则。但是，1-和 6-位上的两个氢原子受立体位阻的影响，使得组成环的 10 个碳原子不能共平面，p 轨道不能平行重叠，π 电子不能离域，分子是非芳香性的。当 [10]-轮烯 1,6-位上脱氢相连成萘时，萘分子是芳香性的。

[10]-轮烯
[10]-annulene

[14]-轮烯具有 14 个 π 电子，符合 $4n+2$ 规则，且所有成环碳原子都能处于同一平面，分子有芳香性。同样，[18]-轮烯也具有芳香性，很稳定，可通过减压蒸馏进行分离纯化。

[14]-轮烯
[14]-annulene

[18]-轮烯
[18]-annulene

[4]-轮烯，也称环丁二烯，属于 $4n\pi$ 电子体系（$n=1$），虽然所有碳原子处于同一个平面，但 4 个 π 电子并不做离域运动。换句话说，两个 π 键之间不存在共轭作用，电子不发生共振。这个现象可以通过比较丁二烯和环丁二烯的键长得到证明。而且，从几何结构上讲，4 个 sp^2 碳原子很难满足其矩形的结构。因此，环丁二烯能量较高，很不稳定，是一个对空气敏感和极其活泼的分子。环丁二烯的不稳定化能超过 35kcal/mol，它是反芳香性（anti-aromaticity）的。环丁-1,3-二烯-1,2-d_2 和环丁-1,3-二烯-1,4-d_2 并不是通过共振，而是通过一个高能量的正方形过渡态而达到平衡。当环丁二烯上连有叔丁基或给/吸电子基团时，环丁二烯结构得到稳定。

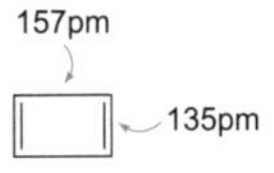

157pm
135pm
环丁二烯

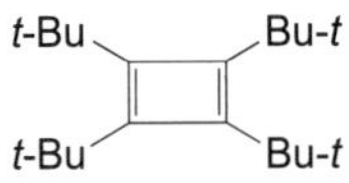

被叔丁基所稳定

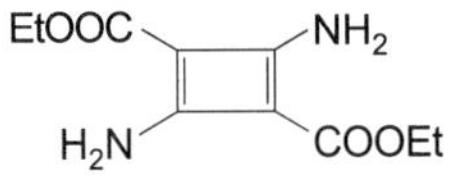

被给/吸电子基所稳定

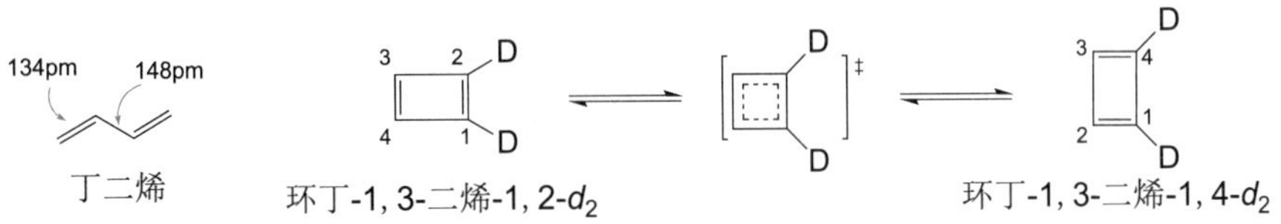

丁二烯 134pm 148pm

环丁-1,3-二烯-1,2-d_2

环丁-1,3-二烯-1,4-d_2

实际上，环丁二烯只有在非常低的温度下才能形成并被观察到。在大于 $-200℃$ 时即可通过 Diels-Alder 反应二聚。

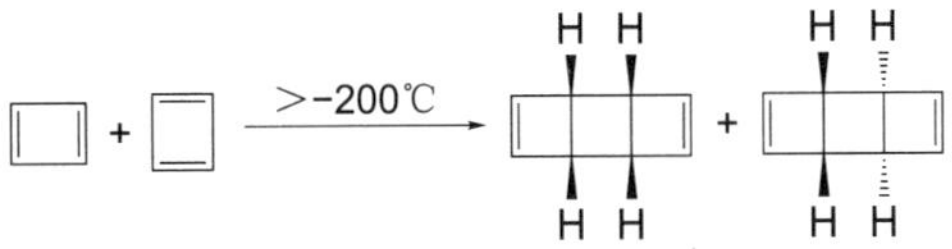

在上述自身二聚反应中，环丁二烯既作为双烯体，也作为亲双烯体。与其它双烯体和亲双烯体的反应进一步证明了环丁二烯的高反应活性。例如：

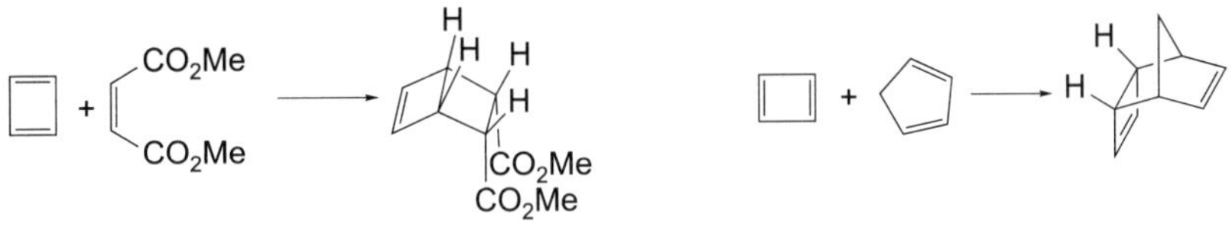

环丁二烯是单环反芳香性化合物中的代表，戊搭烯（pentalene）则是双环反芳香性化合物中的代表，它具有共平面的结构，π 电子数为 8，属于 $4n\pi$ 电子体系。

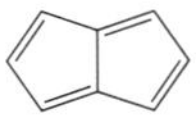

戊搭烯

（2）芳香性离子

环丙烯正离子符合 Hückel 规则，是最小的芳香性离子。

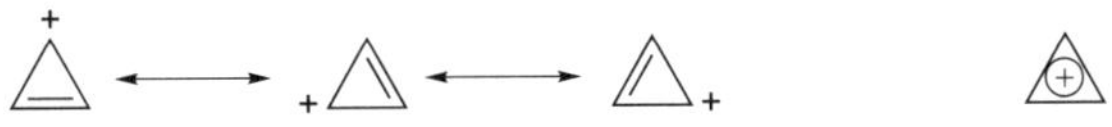

现在已经合成出很多环丙烯正离子型的化合物，它们都具有一定的稳定性。如下含有环丙烯正离子的盐就是一种稳定化合物：

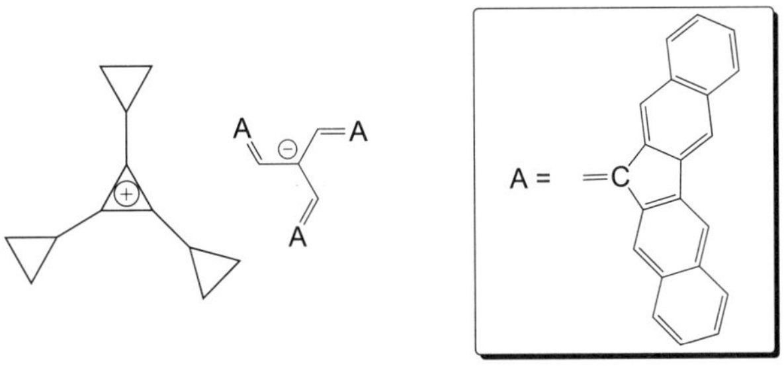

环戊二烯室温下以二聚体形式存在，在高温下解聚成单体：

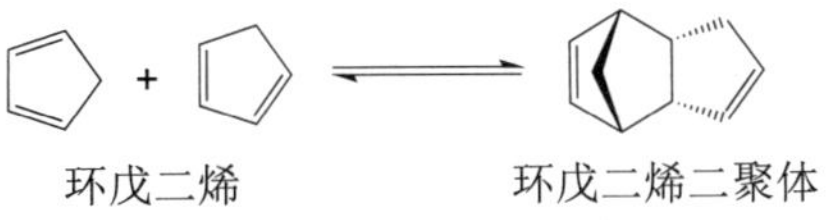

环戊二烯   环戊二烯二聚体

环戊二烯亚甲基碳上的氢具有酸性，$pK_a=16$（乙醇上羟基的 pK_a 为 15.9），和苯基锂反应形成环戊二烯负离子，碳由 sp^3 杂化变为 sp^2 杂化，称环戊二烯负离子：

环戊二烯负离子中 6 个 π 电子在共轭体系上做离域运动，使得 5 个碳原子带有均等的负电荷，键长平均化，其共振式如下：

按 Hückel 规则，环戊二烯负离子的 5 个碳同在一个平面上，形成环状闭合共轭体系，π 电子数符合 $4n+2$ 规则，故环戊二烯负离子具有芳香性。环戊二烯负离子通常的表示方式如页边所示。

环庚三烯醇酸性条件下脱水，生成环庚三烯正离子（称为䓬），所有碳原子均为 sp^2 杂化，成一共平面，环上 6 个 π 电子，符合 $4n+2$ 规则。故环庚三烯正离子具有芳香性。

环庚三烯正离子通常的表示方式如页边所示。

6.7.3 芳香性与反芳香性的分子轨道理论判据

单环化合物的芳香性可以用分子轨道图形进行判断。根据分子轨道理论，多少个原子轨道线性组合成多少个分子轨道，其中成键轨道能量小于原子轨道能量，反键轨道能量大于原子轨道的能量，非键轨道的能量等于原子轨道的能量。图 6-5 列出了 C3—C8 的单环共轭多烯化合物或离子在基态时的 π 分子轨道能级及其电子排布。除了最低成键轨道和最高反键轨道外，其余能级均由能量相等的简并轨道构成。具有 $4n$

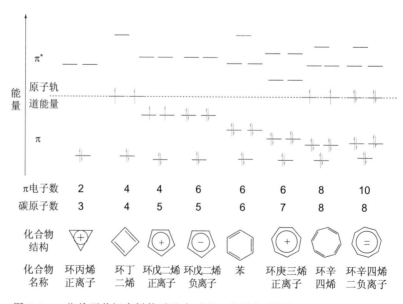

π电子数	2	4	4	6	6	6	8	10
碳原子数	3	4	5	5	6	7	8	8

化合物结构								
化合物名称	环丙烯正离子	环丁二烯	环戊二烯正离子	环戊二烯负离子	苯	环庚三烯正离子	环辛四烯	环辛四烯二负离子

图 6-5　一些单环共轭多烯体系基态时的 π 分子轨道能级及电子排布示意图

个 π 电子的环丁二烯、环戊二烯正离子、环辛四烯的成键轨道或非键轨道中都有未成对电子，这样的电子活性很高，因此它们不具有芳香性。而拥有 $4n+2$ 个 π 电子的环丙烯正离子、环戊二烯负离子、苯、环庚三烯正离子、环辛四烯二负离子的成键轨道或非键轨道都填满了电子，具有稳定的电子结构，因此具有芳香性。

6.7.4　多环体系非苯芳烃

奠（azulene）是一个青蓝色的片状物质，熔点 90℃。由一个五元环和一个七元环稠合而成，其成环原子拥有 10 个 π 电子，与萘相似。所有碳原子均处于同一平面，符合 $4n+2$ 规则，具有芳香性。电子离域的结果，五元环为环戊二烯负离子，具有富电子性；七元环为环庚三烯正离子，具有缺电子性；分子的偶极矩方向由七元环指向五元环。

7-(2,4-环戊二烯-1-亚基)-1,3,5-环庚三烯具有一个由环戊二烯和环庚三烯通过 C=C 键相连的结构，但它比独立的环戊二烯和环庚三烯稳定。从其共振结构可以看出，它是由一个环戊二烯负离子和一个环庚三烯正离子通过 C—C 键相连而成的，两个环各自具有芳香性。分子的偶极矩方向由七元环指向五元环。

二茂铁（ferrocene）是由两个环戊二烯负离子与 Fe^{2+} 形成的夹心面包型配合物。由于环戊二烯负离子具有芳香性，故二茂铁具有芳香性，可发生经典的芳烃亲电取代反应，如 Friedel-Crafts 酰基化：

6.7.5　芳香杂环化合物

呋喃、吡咯、噻吩和吡啶的结构与苯相似，均符合 Hückel 规则，故具有芳香性。在化学反应性上，这些芳香杂环化合物均能够发生亲电取代反应，其中呋喃、吡咯、噻吩发生亲电取代的活性比苯强，吡啶的活性与硝基苯相当。详细情况将在第 14 章介绍。

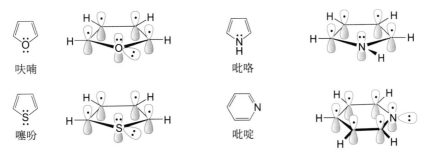

★ 问题 6-21　芳香性和同芳香性的定义和判据，并举例说明。

★ 问题 6-22　下列分子中哪些是有芳香性的，哪些是反芳香性的，哪些是非芳香性的，哪些是同芳香性的？

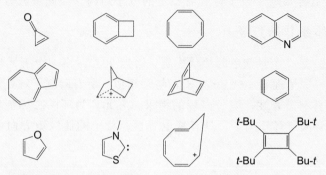

★ 问题 6-23　电荷越分散，结构越稳定。非经典碳正离子和同芳香性等是结构稳定化作用的表现形式，用虚线表示下列碳正离子可能的离域结构。

★ 问题 6-24　亚甲基环丙烯有较大的偶极矩（1.90D），写出它稳定的结构，标明分子偶极矩的方向。

阅读资料6-2

需要指出的是，自从 1825 年 Michael Faraday 从煤焦油中分离出苯以来，芳香化学至今已有近 200 年历史，"芳香性"的定义和内涵不断丰富，新型芳香性化合物不断被发现，人们通过理论和实验研究总结归纳了一些规律，先后提出了 Hückel-π 芳香性（符合 Hückel 规则）、Möbius-π 芳香性、σ 芳香性、γ 芳香性等理论。就 Hückel-π 芳香性而言，Hückel 规则对于单环分子芳香性的判断一般比较适用，但对于多环体系，特别是像富勒烯、碳纳米管和石墨烯这样的非传统芳香体系（见阅读资料 6-2），Hückel 规则就不一定适用了。传统芳香性化合物的方向性特征见阅读资料 6-3。

阅读资料6-3

关键词

芳香烃	aromatic hydrocarbon	Friedel-Crafts 烷基化反应	Friedel-Crafts alkylation
芳香性	aromaticity		
苯系芳烃	benzenoid	1,2-氢迁移	1,2-H shift
非苯芳烃	non-benzenoid	1,2-烷基迁移	1,2-R shift
芳杂环化合物	aromatic heterocycle	Friedel-Crafts 酰基化反应	Friedel-Crafts acylation
共振能	resonance energy		
简并轨道	degenerate orbital	酰基正离子	acyl cation
成键轨道	bonding orbital	氯甲基化反应	chloromethylation
反键轨道	antibonding orbital	反应活性	reactivity
萘	naphthalene	致活基团	activator
亲电试剂	electrophile	致钝基团	deactivator
芳香烃亲电取代	aromatic electrophilic substitution	邻对位定位基	o,p-director
		间位定位基	m-director
π 络合物	π complex	区域选择性	regioselectivity
σ 络合物	σ complex	Birch 还原	Birch reduction
苯鎓离子	benzenium	反芳香性	anti-aromaticity
卤化反应	halogenation	非芳香性	non-aromaticity
硝化反应	nitration	同芳香性	homo-aromaticity
硝鎓离子	nitronium ion		
磺化反应	sulfonation		

习 题

6-1 用系统命名法命名下列化合物：

(1) 苯乙基   (2) 对甲基苯酚 (H₃C—C₆H₄—OH)   (3) 2-氯苯甲酸 (CO₂H, Cl)   (4) 3-羟基苯甲醛 (HO, CHO)

(5)   (6) (H₃C, CH₃)   (7) (SO₃H)

6-2 预测下列苯的衍生物在 Lewis 酸存在下与 Cl₂ 发生一氯代反应的产物：

(1) 乙酰苯胺   (2) 乙酸苯酯 (O—C(=O)—CH₃)   (3) 苯甲酸甲酯 (C(=O)—OCH₃)

(4) 苯磺酸 (S(=O)₂—OH)   (5) 苯甲酸苯酯   (6) 苯甲醚 (OCH₃)

(7) 3-硝基联苯 (NO₂)   (8) 苯甲酰苯胺 (NH—C(=O)—)   (9) 2-氯联苯 (Cl)

(10) 2-甲氧基萘 (OCH₃)

6-3 用箭头标出下列芳香烃发生亲电取代反应的位置：

(1) H₃CO—C₆H₄—OCH₃   (2) (OCH₃, Br)   (3) (OCH₃, Br)   (4) (NH₂, Br)

6-4 完成下列反应：

(1) 甲苯 + (CH₃)₃CCl —AlCl₃→ ?

(2) 苯 —(CH₃)₂CHCH₂C(=O)Cl / AlCl₃→ ? —Zn/Hg, HCl→ ?

(3) (CH₃, 异丙基) —Cl₂/Fe→ ?

(4) (异丁基, CH₃) —KMnO₄ / H₃O⁺,加热→ ?

(5) 苯 + Cl—C(CH₃)₂—CH₂—C(CH₃)₂—Cl —AlCl₃→

(*Org. Process Res. Dev.* 2017，*21*，748)

(6) (CH₃, CH₃) —发烟 H₂SO₄→ ? —Br₂,Fe→ ? —H₂O,加热 / H₂SO₄→ ?

(7) MeO, MeO—C₆H₃—CH₂CH₂OH —NBS / CH₂Cl₂,rt→ ?

(*J. Org. Chem.* 2010，*75*，5289)

(8)

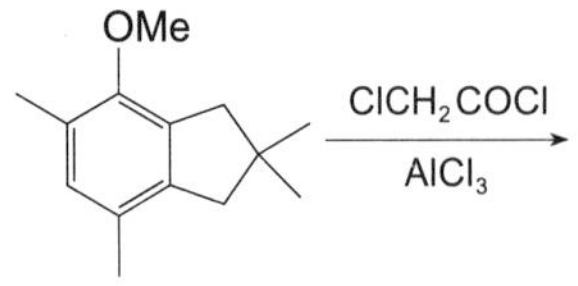

(J. Nat. Prod. 2016，*79*，2740)

(9)

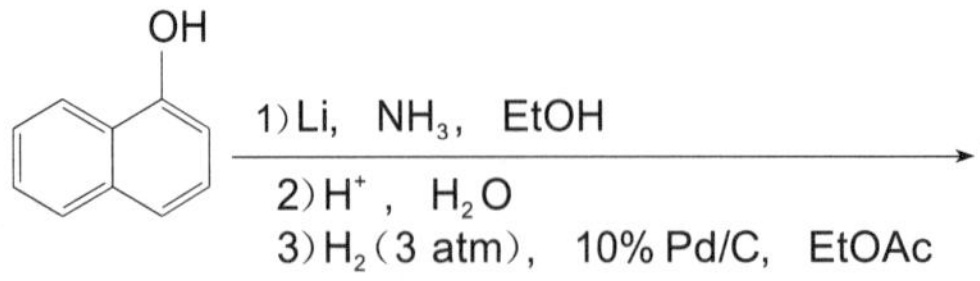

1) Li, NH$_3$, EtOH
2) H$^+$，H$_2$O
3) H$_2$(3 atm)，10% Pd/C，EtOAc

(Org. Synth. 1957，*37*，80，DOI：10.15227/orgsyn.037.0080)

(10)

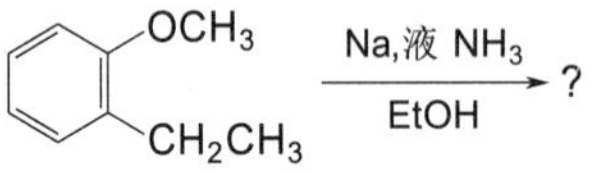

$\xrightarrow[\text{EtOH}]{\text{Na,液 NH}_3}$?

(11)

1) Li,NH$_3$/THF，−78℃
2) ClCH$_2$CN

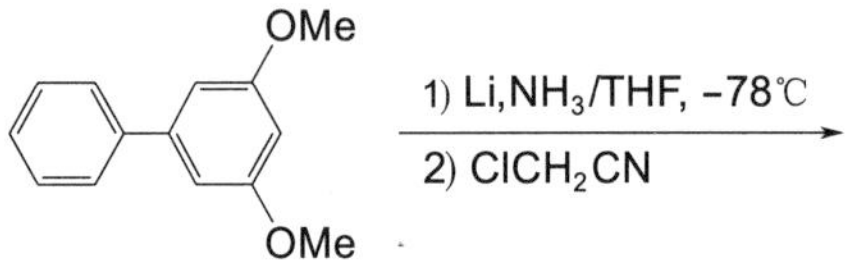

(J. Org. Chem. 2009，*74*，6469−6478)

6-5 以苯为起始原料合成下列化合物：

(1) 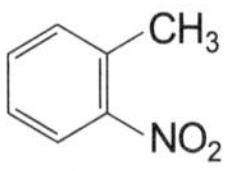 (2) 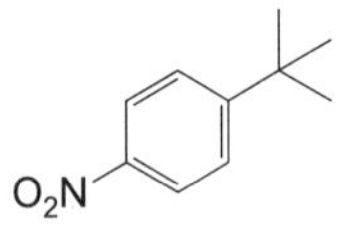 (3) 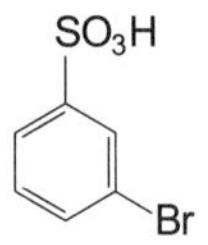 (4)

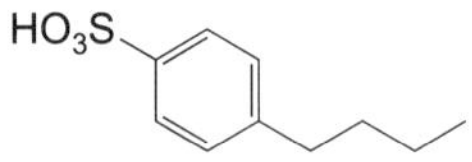

6-6 推测下列反应的机理：

(1)

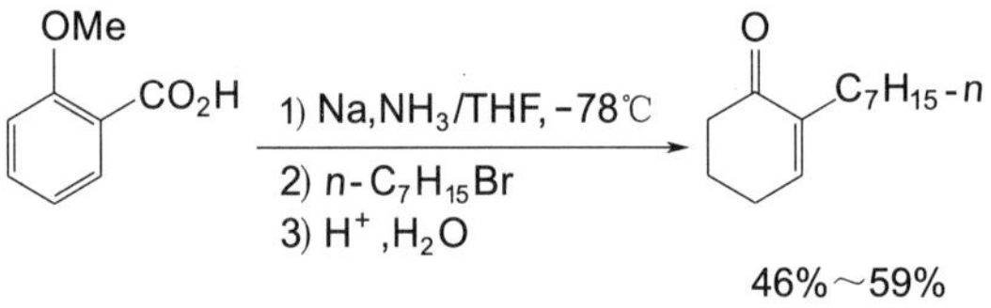

1) Na,NH$_3$/THF，−78℃
2) n-C$_7$H$_{15}$Br
3) H$^+$,H$_2$O

46%～59%

(Org. Synth. 1983，*61*，59. DOI：10.15227/orgsyn.061.0059)

(2)

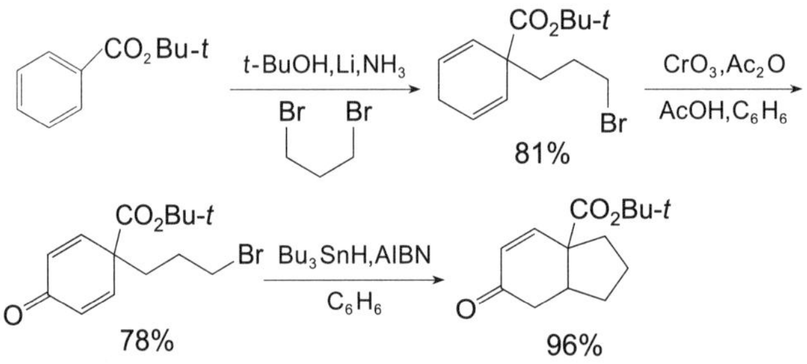

提示：仅考虑第一步和第三步转化的机理

(Org. Lett. 2007，*9*，2677. DOI：10.1021/ol070849l)

(3)

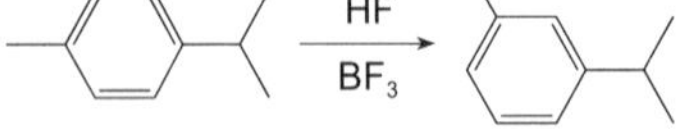

$\xrightarrow[\text{BF}_3]{\text{HF}}$

(Org. Synth. 1967，*47*，40. DOI：10.15227/orgsyn.047.0040)

6-7 由指定的起始原料和适当的试剂合成下列化合物：

(1)

(2)

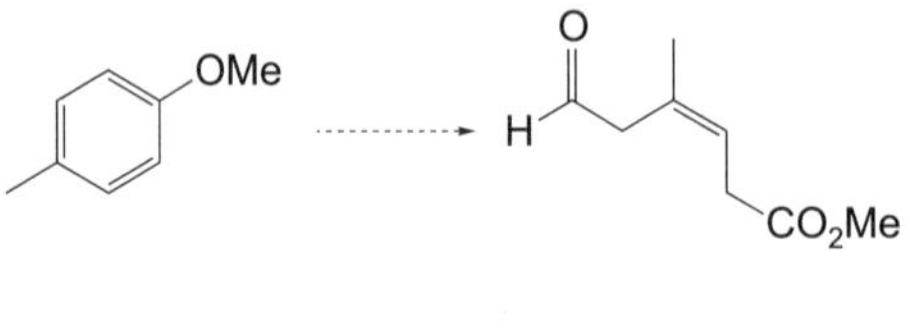

6-8 用 Hückel 规则判断下列分子是否具有芳香性：

（1）   （2）   （3）   （4）

（5）   （6）   （7）   （8）

（9）   （10）   （11）   （12）

（13）   （14）   （15）

第7章

有机波谱分析基础

20 世纪中期发展起来的波谱技术是快速、准确、微量地测定有机化合物结构的强有力手段。目前，常用的波谱技术有红外光谱（infrared spectroscopy，简写为 IR）、紫外-可见光谱（ultraviolet-visible spectrum，用 UV-vis 表示）、核磁共振波谱（nuclear magnetic resonance，简写为 NMR）、质谱（mass spectrometry，简写为 MS）、X 射线单晶衍射（X-ray single crystal diffraction，简写为 X-ray）、顺磁共振波谱（electron spin resonance，简写为 ESR）等，称为波谱分析技术。本章初步介绍红外光谱、核磁共振氢谱、紫外光谱、质谱的基本原理及其在有机化合物结构分析中的应用。

7.1 电磁波谱的概念

光谱研究的是物质和能量之间的相互作用。物质吸收能量（光照射）后会发生变化，用特定的仪器进行跟踪和记录，记录下来的图谱称光谱。

光是一种电磁波，波长范围很广，可以从极短的宇宙射线一直到较长的无线电波，具有波动性：

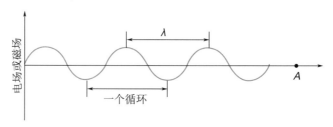

电磁波的波长与频率的关系可用下式表示：

$$\nu = \frac{c}{\lambda}$$

式中，ν 代表频率（frequency），单位为 Hertz（Hz），指每秒通过 A 的波的数目，有时也可用波数（σ，wavenumber）表示，指 1cm 长度中通过的波的数目，单位为 cm^{-1}；c 代表光速（the velocity of light），所有种类电磁波通过真空的速度一致，其数值为 3×10^{10} cm/s，；λ 代表波长（wavelength），单位为 cm，常用单位为 nm（1nm＝ 10^{-7} cm）；波长（cm）和波数（cm^{-1}）成倒数关系。

电磁波具有能量，其能量大小和电磁波的频率有关：

$$E = h\nu$$

式中，E 为电磁波能量，即光子的能量，单位为 J（焦耳）；h 是 Planck 常数（6.62×10^{-34} J·s）。

分子内各种跃迁（transition）都是不连续的，即量子化的，只有当照射的电磁波能量与分子中两个能级之间的能量差相等时，这个电磁波的能量才能被分子吸收，产生分子内跃迁。分子吸收电磁波所形成的光谱叫吸收光谱（absorption spectrum）。由于分子结构不同，各能级之间的能量差不同，因而可形成不同的特征吸收光谱，故可以鉴别和测定有机化合物的结构。电磁波的区域与相应的波谱分析列于表 7-1。

表 7-1　电磁波谱（electromagnetic spectrum）与光谱方法

波长	0.1 nm	10 nm	200 nm	400 nm	800 nm	2.5 μm	15 μm	300 μm	1 m	1000 m
区域	X 射线	远紫 外线	紫外线	可见光	近红外线	中红外线	远红外线	微波		无线 电波
激发类型	内层电子 跃迁	σ电子跃迁	n 及 π 电子跃迁		分子的振动与转动			分子转动 电子自旋		原子核 自旋
光谱方法	X 射线衍射	真空紫外 光谱	紫外-可见光谱		近红外 光谱	红外光谱； 拉曼光谱	远红 外光谱	电子自旋 共振波谱		核磁共 振波谱

7.2　红外光谱

　　用红外线照射样品分子，当光所提供的能量正好与分子的振动（或转动）能级之间的能量差相等时，分子吸收光能，并发生由低振动或转动能级向高能级的跃迁（如图 7-1 所示），由此所产生的吸收光谱称为红外光谱（用 IR 表示）。通常红外光谱图以波数（波长的倒数）为横坐标，表示吸收峰的位置，以透光率（%）为纵坐标，表示吸收强度。图 7-2 是甲苯的红外吸收光谱图。

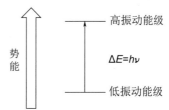

图 7-1　分子振动能级跃迁示意图

　　对于不同类型的有机化合物，由于其结构不同，分子的振动或转动能级跃迁将吸收不同波长的红外线，产生特征红外吸收。因此，根据特征吸收峰的位置、强度以及形状可以判断分子中存在哪些官能团。

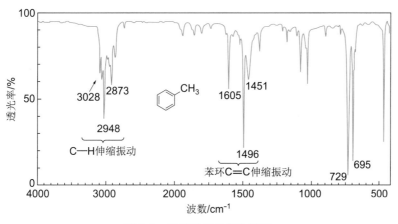

图 7-2　甲苯的红外吸收光谱

7.2.1　简谐振动模型：Hooke's 定律

　　如图 7-3 所示，两个质量为 m 的小球用力常数为 k 的弹簧连接在一起，发生简谐振动（harmonic vibration）时，其振动能和弹簧伸缩的距离有关：

$$E = \frac{1}{2} kx^2$$

　　振动频率取决于力常数大小和小球的折合质量（Hooke 定律）：

$$振动频率：\nu = \frac{1}{2\pi}\sqrt{k/\mu} \quad \mu = \frac{m_1 m_2}{m_1 + m_2}$$

　　力常数（k）越大，折合质量（μ）越小，则频率越快，振动能越高，反之亦然。

　　对双原子分子而言，当两个原子相互靠近（$r < r_c$）时，会产生核与核之间的排斥，当两个原子远离（$r > r_c$）时，会产生键的断裂，两种极端状态，都将偏离简谐振动的模型，

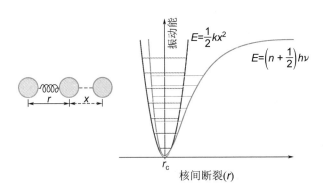

图 7-3　简谐振动模型（对称）和双原子分子振动模型（不对称）

并且能级是量子化的，$E=(n+1/2)h\nu$，$n=0,1,2\cdots$。$n=0$ 时，$E_0=1/2\,h\nu$。

有机化合物以共价键相连，共价键犹如小弹簧，将两个原子连接在一起而发生振动，同样可比作简谐振动。其振动能取决于振动的频率，振动频率和共价键的大小、相连原子的质量有关。

$$\text{波数：}\quad \bar{\nu}=\frac{1}{\lambda}=\frac{\nu}{c}=\frac{1}{2\pi c}\sqrt{k/\mu}\quad \mu=\frac{m_1 m_2}{m_1+m_2}$$

式中，m_1、m_2 为两原子的质量；μ 为折合质量（reduced mass）；k 为共价键的力常数（force constant）。

从上式可以看出，化学键的振动频率与共价键的力常数 k 的平方根成正比，与原子折合质量的平方根成反比。k 越大，μ 越小，振动频率越高。而 k 的大小与键能、键长有关，键长越短，键能越大，k 值就越大。

例如，H—X 键的红外吸收分别为：H—F（3958cm^{-1}）、H—Cl（2885cm^{-1}）、H—Br（2559cm^{-1}）和 H—I（2230cm^{-1}），根据 Hooke 定律，估算 H—X 键强度分别为：H—F（$8.8\times10^5\,\text{Dynes/cm}^{-1}$）、H—Cl（$4.8\times10^5\,\text{Dynes/cm}^{-1}$）、H—Br（$3.8\times10^5\,\text{Dynes/cm}^{-1}$）和 H—I（$2.9\times10^5\,\text{Dynes/cm}^{-1}$）。同样，对于碳碳叁键、双键和单键而言，具有相同的折合质量，但在红外线照射下显示不同的吸收位置：C≡C 键的红外吸收峰在 $2100\sim2250\text{cm}^{-1}$，C═C 键的红外吸收峰在 $1600\sim1680\text{cm}^{-1}$，C—C 键的红外吸收在 $800\sim1200\text{cm}^{-1}$，表明键的强度逐渐减弱。由此可见，红外吸收与键的强度、原子的质量有关。

★ 问题 7-1　根据 Hooke 定律判断 C≡N 键、C═N 键、C—N 键的红外相对吸收峰值。

★ 问题 7-2　当醇中的 ROH 被氘代成 ROD 后，红外光图谱有什么样的变化？

7.2.2　分子的振动形式和选择吸收定律

分子的振动分为两大类：一类是伸缩振动（stretching vibration），即键长改变，键角不变的振动。伸缩振动又分为对称伸缩振动（symmetric stretching）和不对称伸缩振动（asymmetric stretching）两种。另一类是弯曲振动（bending vibration），即键角改变键长不变的振动。弯曲振动又分为面内弯曲振动（in-plane bending）和面外弯曲振动（out-of-plane bending）。各种振动形式如图 7-4 所示。

一般分子有 $3n-6$ 个自由度，也称分子的基本振动模式（fundamental vibrational mode），线性分子有 $3n-5$ 个自由度。对于水分子而言，有 3 个自由度，采用三种振动模式：对称伸缩振动（3652cm^{-1}）、不对称伸缩振动（3756cm^{-1}）和剪式振动（面内弯曲的一种，1596cm^{-1}）。

分子的振动模式很多，但不是所有的振动都能产生红外吸收，只有发生偶极矩改变的振动，才能在红外光谱中出现吸收峰。例如，氢分子的伸缩振动无分子偶极矩的

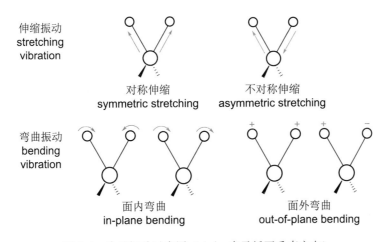

伸缩振动
stretching
vibration

对称伸缩
symmetric stretching

不对称伸缩
asymmetric stretching

弯曲振动
bending
vibration

面内弯曲
in-plane bending

面外弯曲
out-of-plane bending

图 7-4　分子振动示意图（＋/－表示纸面垂直方向）

变化，因此没有红外吸收；二氧化碳分子振动的形式有四种，但只观察到两个吸收。偶极矩变化大的振动，吸收峰强，如醛、酮分子的固有偶极矩较大（如丙酮的 $\mu =$ 2.85D），其 C＝O 的伸缩振动导致偶极矩变化更大，故伸缩振动在 $1725cm^{-1}$ 处出现很强的吸收峰。

此外，由于分子振动和转动能级是量子化的（见图 7-3），跃迁不仅可以从低能级到较高一级的能级（$\Delta E = h\nu$），而且可以跃迁至倍频的能级（$\Delta E = 2h\nu$），在红外光谱中出现倍频峰（overtone）。由于高振动能级的差值比低振动能级的差值通常要小，倍频峰的发生通常略小于 $2h\nu$。

红外图谱中，频率取决于力常数和折合质量，强度取决于偶极矩的变量，峰形取决于分子间的相互作用，如氢键的存在使得峰形变宽。

★ 问题 7-3　写出二氧化碳的四种分子振动模式，为什么在红外图谱中只能观察到两种吸收？

★ 问题 7-4　一般而言，伸缩振动比弯曲振动出现在更高的频率，为什么？

7.2.3　常见基团的红外特征吸收

大量实验表明，在不同的化合物中，同一类型的化学键或官能团的红外吸收频率总是出现在一定的波数范围内。例如，C＝O 键的伸缩振动频率为 $1850\sim1650cm^{-1}$，因此认为这一频率是羰基的特征频率。当然，同一类型的基团在不同物质中所处的化学环境不同，吸收频率在特征频率范围内会有些差别。

红外光谱可分为两个区域：$4000\sim1350cm^{-1}$，是由伸缩振动产生的吸收带，称为官能团区（functional group region）。该区域内出现的吸收峰受分子的化学环境影响较小，只要分子内存在这样的官能团，不管在什么化合物中，在相应的范围内都会出现吸收峰。$1350\sim650cm^{-1}$ 称指纹区（fingerprint region）。该区域内主要出现各种单键（C—C、C—O、C—N 等）的伸缩振动及各种弯曲振动的吸收。该区域内的吸收峰特别密集，分子结构稍有不同，吸收峰就有明显的差别，如同人的指纹一样。除对映异构体外，每个化合物都有自身特有的指纹光谱，这对未知物的鉴定非常重要。如果两个化合物的红外谱图在指纹区的吸收峰位置和形状都相同，那么可以粗略地判断这两个化合物是同一个化合物。表 7-2 列出了一些常见官能团的红外特征吸收。

表 7-2　常见基团的红外特征吸收

键的振动类型	化合物	吸收峰的位置（cm^{-1}）及强度[①]
O—H 伸缩振动	醇、酚	单体 3650～3590(s)；氢键缔合 3400～3200(s,b)
	酸	单体 3560～3500(m)；氢键缔合 3000～2500(s,b)

键的振动类型	化合物	吸收峰的位置(cm⁻¹)及强度①
N—H 伸缩振动	胺	伯胺 3500~3250(m,双峰);仲胺 3500~3300(m,单峰)
	亚胺	3400~3300(m)
	酰胺	3350~3180(m)
C_{sp}—H 伸缩振动	炔烃	~3300(s)
C_{sp^2}—H 伸缩振动	烯烃	3095~3010(m)
	芳烃	~3030(m)
C_{sp^3}—H 伸缩振动	烷烃	2962~2850(m~s)
C≡C 伸缩振动	炔烃	2260~2100(w)
C≡N 伸缩振动	腈	2260~2220(m)
C=O 伸缩振动	酰卤	1815~1770(s)
	酸酐	1850~1800(s);1790~1740(s)
	酯	1750~1730(s)
	醛	1740~1720(s)
	酮	1725~1700(s)
	酸	1725~1700(s)
	酰胺	1690~1630(s)
C=C 伸缩振动	烯	1680~1620(v)
	芳烃	~1600(v),~1580(m),~1500(v),~1450(m)
C=N 伸缩振动	亚胺、肟	1690~1640(v)
	偶氮	1630~1575(v)
C—O 伸缩振动	醇、醚	1275~1025(s)
C—X 伸缩振动	卤代烃	C—F:1350~1100(s);C—Cl:750~700(m) C—Br:700~500(m);C—I:610~485(m)
C_{sp^3}—H 面内弯曲振动	烷烃	CH₃:1470~1430(m),1380~1370(s) CH₂:1485~1445(m);CH:1340(w) CH(CH₃)₂:1385(m),1375(m),两峰强度相等 C(CH₃)₃:1395(m),1365(m),后者强度为前者的两倍
C_{sp^2}—H 面外弯曲振动	烯烃	R—CH=CH₂:995~985(s),920~905(s) R—CH=CH—R(Z):730~650(m) R—CH=CH—R(E):980~950(s) R₂C=CH₂:895~885(s) R₂C=CH—R:830~780(m)
	芳烃	一取代苯:770~730(vs),710~690(s) 1,2-二取代苯:770~735(s) 1,3-二取代苯:950~860(s),810~750(vs),720~680(s) 1,4-二取代苯:860~800(vs) 1,3,5-三取代苯:860~810(s),735~675(s) 1,2,3-三取代苯:780~760(s),725~680 1,2,4-三取代苯:885~870(s),823~805(vs) 四取代苯:870~800(s) 五取代苯:900~850(s)
C_{sp}—H 面外弯曲振动	炔烃	665~625(s)

① 强度符号:vs(很强),s(强),m(中),w(弱),v(可变),b(宽)。

★ 问题 7-5 查阅表 7-2,解释酰氯、酯和酰胺中羰基的伸缩振动峰的规律。

★ 问题 7-6 为什么酸酐中的羰基伸缩振动峰有两个?

7.2.4 常见有机化合物的红外光谱特征

(1) 烷烃、烯烃和炔烃

烷烃分子中只含有 C—C 和 C—H 键，C—H 键伸缩振动频率一般在 $2962 \sim 2850 \mathrm{cm}^{-1}$，$CH_3$ 的 C—H 弯曲振动在 $1470 \sim 1430 \mathrm{cm}^{-1}$ 和 $1380 \sim 1370 \mathrm{cm}^{-1}$，$CH_2$ 的 C—H 弯曲振动在 $1485 \sim 1445 \mathrm{cm}^{-1}$，CH 的 C—H 弯曲振动在 $\sim 1340 \mathrm{cm}^{-1}$。图 7-5 为正己烷的红外光谱图，其 C—H 伸缩振动频率为 $2959 \sim 2862 \mathrm{cm}^{-1}$，C—H 的弯曲振动在 $1466 \mathrm{cm}^{-1}$ 和 $1379 \mathrm{cm}^{-1}$。

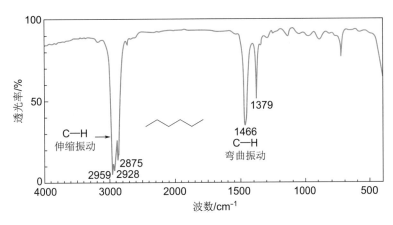

图 7-5 正己烷的红外吸收光谱

与烷烃相比，烯烃和炔烃分别含有碳碳双键和碳碳叁键，C=C 伸缩振动吸收频率一般在 $1680 \sim 1620 \mathrm{cm}^{-1}$ 范围，C≡C 伸缩振动的特征吸收通常在 $2260 \sim 2120 \mathrm{cm}^{-1}$（C≡N 键的吸收也处在这个范围）。烯烃和末端炔烃的 C—H 伸缩特征吸收分别在 $3100 \sim 3020 \mathrm{cm}^{-1}$ 和 $\sim 3300 \mathrm{cm}^{-1}$。例如，在己-1-烯（图 7-6）和己-1-炔（图 7-7）的红外光谱中，C=C 和 C≡C 的伸缩振动分别在 $1642 \mathrm{cm}^{-1}$ 和 $2120 \mathrm{cm}^{-1}$，末端烯烃和末端炔烃的 C—H 伸缩特征吸收分别在 $3080 \mathrm{cm}^{-1}$ 和 $3311 \mathrm{cm}^{-1}$。

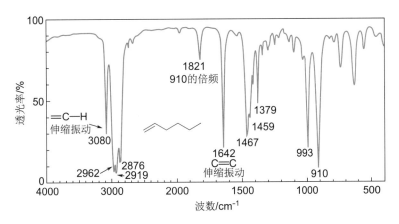

图 7-6 己-1-烯的红外吸收光谱

(2) 芳烃

苯环的 C=C 伸缩振动吸收通常出现在 $\sim 1600 \mathrm{cm}^{-1}$ 和 $\sim 1500 \mathrm{cm}^{-1}$（两个峰），C—H 伸缩振动则在 $\sim 3030 \mathrm{cm}^{-1}$ 处。芳环的 C—H 面外弯曲振动通常在 $950 \sim 650 \mathrm{cm}^{-1}$ 范围内出现 $1 \sim 3$ 个吸收峰，具体频率取决于取代基的数目和取代位置（如表 7-2 所示）。以甲苯的红外光谱（如图 7-2 所示）为例，$3028 \mathrm{cm}^{-1}$ 处的峰归属于苯环 C—H 伸缩振动，$1605 \mathrm{cm}^{-1}$ 和 $\sim 1496 \mathrm{cm}^{-1}$ 的两个峰为 C=C 伸缩振动特征，$729 \mathrm{cm}^{-1}$ 和 $695 \mathrm{cm}^{-1}$ 的两个强吸收峰应是单取代苯的 C—H 面外弯曲振动特征。

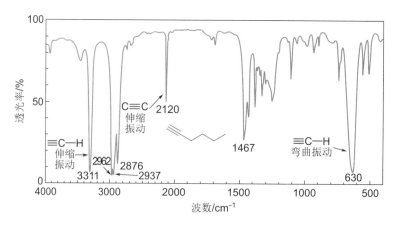

图 7-7 己-1-炔的红外吸收光谱

（3）卤代烃

C—X 伸缩振动的频率一般较小，C—F 键在 1350～1100cm^{-1}，C—Cl、C—Br 和 C—I 键更小，处于指纹区，分别为 750～700cm^{-1}、700～500cm^{-1} 和 610～485cm^{-1}，通常比较难识别。

（4）醇和酚

醇和酚含有羟基，其 O—H 的伸缩振动吸收受氢键的影响很大。在气相或稀的 CCl$_4$ 溶液中，醇和酚的 O—H 的伸缩振动在 3610～3670cm^{-1} 显示出一个尖的吸收。在液态、固态或浓的溶液中，由于羟基形成了不同程度的氢键，O—H 的伸缩振动频率变小（3400～3200cm^{-1}），且吸收峰变宽。例如，对甲苯酚在 CCl$_4$ 稀溶液中的红外光谱（图 7-8）与在 KBr 压片（图 7-9）中的有所不同，前者的 O—H 伸缩振动出现在 3614cm^{-1}，是个尖峰；后者则由于分子间氢键缔合在 3296cm^{-1} 出现了一个宽的 O—H 伸缩振动吸收峰。在己-1-醇的红外吸收光谱（图 7-10）中，3300cm^{-1} 为 O—H 的伸缩振动吸收，其特征是强而宽。

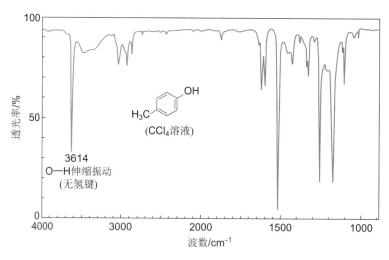

图 7-8 对甲苯酚在 CCl$_4$ 稀溶液中的红外光谱

（5）胺

伯胺（RNH$_2$）的 N—H 伸缩振动吸收一般在 3500～3250cm^{-1}，而且为双峰；仲胺（R$_2$NH）则在 3500～3300cm^{-1} 范围，为单峰。例如，己-1-胺在 3369cm^{-1} 和 3291cm^{-1} 处有一对中等强度的双峰（图 7-11），这是 NH$_2$ 的特征吸收。

胺的 C—N 伸缩振动频率比较小，一般在 1350～1200cm^{-1}（芳香胺）或 1250～1000cm^{-1}（脂肪胺）。例如，苯胺的 N—H 特征吸收为 3429cm^{-1} 和 3354cm^{-1}，C—N 伸缩振动吸收为 1277cm^{-1}。

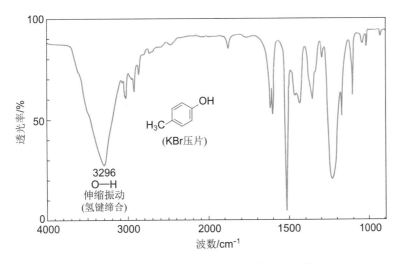

图 7-9　对甲苯酚在 KBr 压片中的红外光谱

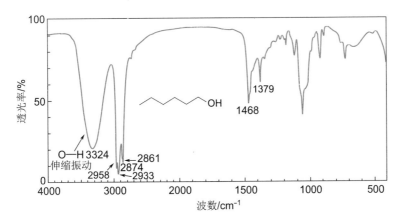

图 7-10　己-1-醇的红外吸收光谱

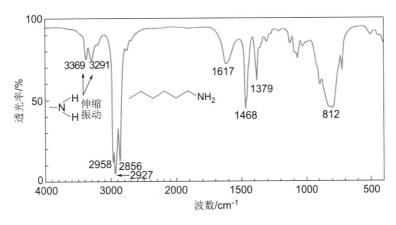

图 7-11　己-1-胺的红外吸收光谱

（6）醛和酮

C＝O 的伸缩振动吸收在 $1850 \sim 1630 cm^{-1}$，不同类型羰基化合物的 C＝O 伸缩振动频率有所不同，但都很强，比较特征，这对羰基化合物的结构鉴定非常有用。醛 C＝O 的伸缩振动吸收一般出现在 $1740 \sim 1720 cm^{-1}$，酮则在 $1725 \sim 1700 cm^{-1}$。如正己醛的红外吸收谱中，$1718 cm^{-1}$ 处的强峰为 C＝O 的伸缩振动特征吸收（图 7-12）。

当羰基与芳环或碳碳双键共轭时，C＝O 伸缩振动频率变小，如环己烯酮 C＝O 的伸缩振动频率（$1685 cm^{-1}$）比环己酮的小 $31 cm^{-1}$；3-苯基丙烯醛的（$1678 cm^{-1}$）比

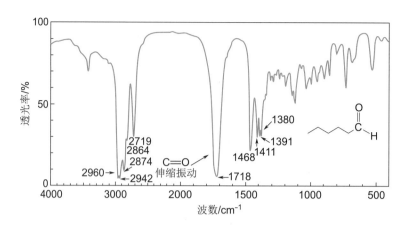

图 7-12　己醛的红外吸收光谱

己醛的小 $40 cm^{-1}$。对于环状的酮，环越小，C=O 伸缩振动频率越大。从六元环到五元环、四元环和三元环，C=O 伸缩振动频率可分别增大 $30 \sim 45 cm^{-1}$、$50 \sim 70 cm^{-1}$ 和 $\sim 130 cm^{-1}$。

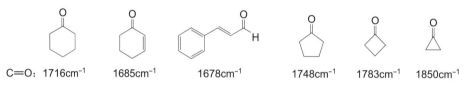

C=O：1716cm^{-1}　　1685cm^{-1}　　1678cm^{-1}　　1748cm^{-1}　　1783cm^{-1}　　1850cm^{-1}

（7）羧酸及其衍生物

与醛、酮相似，羧酸及其衍生物的 C=O 伸缩振动吸收也处在 $1850 \sim 1630 cm^{-1}$ 范围内，但羧酸、酰卤、酸酐、酯和酰胺的红外图谱还是有各自特征的。羧酸除了 $1725 \sim 1680 cm^{-1}$ 处有 C=O 伸缩振动吸收外，在 $3300 \sim 2500 cm^{-1}$ 处有一宽峰，属于 O—H 伸缩振动吸收（氢键缔合导致吸收峰变宽），比较特征。丙酸的 C=O 特征吸收在 $1715 cm^{-1}$，$3300 \sim 2500 cm^{-1}$ 处的宽峰是其 O—H 的特征吸收。苯甲酸的红外光谱在 $1688 cm^{-1}$ 处的强吸收峰和在 $3000 \sim 2500 cm^{-1}$ 处的宽峰也体现了羧基的特征。

伸缩振动 1715cm^{-1}　　　　伸缩振动 3300~2500cm^{-1}　　　　伸缩振动 1688cm^{-1}　　　　伸缩振动 3000~2500cm^{-1}

由于酸酐有两个羰基，通常在 $1850 \sim 1800 cm^{-1}$ 和 $1790 \sim 1740 cm^{-1}$ 处有两个强的 C=O 伸缩振动吸收。如乙酸酐的 C=O 伸缩振动吸收为 $1829 cm^{-1}$ 和 $1760 cm^{-1}$。酰氯和酯的 C=O 伸缩振动吸收分别在 $1815 \sim 1700 cm^{-1}$ 和 $1755 \sim 1717 cm^{-1}$。例如，乙酸乙酯的 C=O 特征吸收在 $1743 cm^{-1}$。酰胺的 C=O 伸缩振动频率较其它羰基化合物的小，一般在 $1680 \sim 1630 cm^{-1}$ 范围，如 N,N-二甲基甲酰胺的 C=O 伸缩振动吸收为 $1680 cm^{-1}$。此外，伯酰胺和仲酰胺在 $3500 \sim 3200 cm^{-1}$ 处还存在 N—H 伸缩振动吸收。

C=O伸缩振动：　1829cm^{-1}，1760cm^{-1}　　　　1743cm^{-1}　　　　1680cm^{-1}

苯甲酸、乙酸酐、乙酸乙酯和 N,N-二甲基甲酰胺的红外光谱图见阅读资料 7-1。

（8）腈、亚胺和肟

腈、亚胺和肟属于常见的具有碳氮重键的化合物。腈的 C≡N 伸缩振动吸收在 $2260 \sim 2240 cm^{-1}$，强度中等或较弱。共轭作用将导致振动频率减小，如芳基腈的 C≡N 伸缩振动吸收范围在 $2240 \sim 2220 cm^{-1}$，且强度增大。如邻甲基苯甲腈的 C≡N 伸缩振动特征吸收 2226cm^{-1}（强）。亚胺和肟的 C=N 伸缩振动吸收一般在 1690~1640cm^{-1} 范围内，强度虽然较 C=C 键的大，但通常是可变的。

伸缩振动：2226cm^{-1}

★ 问题 7-7　为什么随着环逐渐变小，C=O 的伸缩振动频率逐渐变大？
★ 问题 7-8　做红外光谱实验时，干燥和除二氧化碳非常重要，为什么？

7.3 核磁共振谱

7.3.1 核磁共振现象与核磁共振谱

核磁共振（NMR）主要是由原子核的自旋引起的，当无线电波照射处于磁场中的试样分子时，引起原子核自旋能级的跃迁而产生。原子核自旋运动状况可用自旋量子数（spin quantum number, I）表示，自旋量子数与原子的质量和原子序数有一定的关系，当原子的质量数和原子序数两者之一是奇数或均为奇数时，$I \neq 0$，这时，原子核就像陀螺一样绕轴做旋转运动。例如 ^{1}H、^{13}C、^{19}F、^{31}P 等都可以做自旋运动，由于原子核带正电，自旋时产生磁矩，可以产生核磁共振。当质量与原子序数都为偶数时，如 ^{12}C、^{16}O 等，$I = 0$，就不自旋产生磁矩。有机化学中，应用最广泛的是氢原子核（即质子）的核磁共振谱，称为质子核磁共振谱或氢谱，用 ^{1}H-NMR 表示。

质子带正电，其自旋量子数 $I = 1/2$，可以自旋而产生磁矩，相当于一个小磁铁，在无外磁场下，小磁铁的方向是无序的。在外磁场的作用下，小磁矩做定向排列，一种是顺着外磁场方向的，能量低；一种是逆着外磁场方向的，能量高，两者产生能级差 ΔE。如图 7-13 所示。

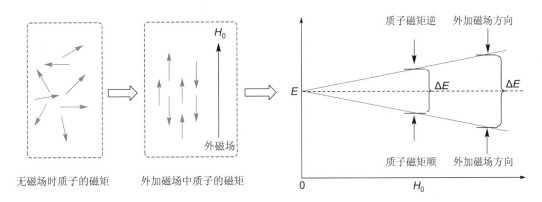

图 7-13　核自旋分裂能级差与外加磁场强度的关系

ΔE 与外加磁场的磁场强度成正比：

$$\Delta E = \gamma \frac{h}{2\pi} H_0 = h\nu, \quad \nu = \frac{\gamma H_0}{2\pi}$$

式中，γ 为磁旋比，是物质的特征常数，对质子而言，$\gamma = 26.753 \text{rad}/(\text{s} \cdot \text{tesla})$；$\nu$ 是照射频率；h 为 Planck 常数。如果没有外加磁场，两种核自旋状态能量差为零。在 2.35T 外加磁场中，两种核自旋状态能量差对应的频率为 100MHz；在 9.37T 外加磁场中，两种核自旋状态能量差增大，对应的频率为 400MHz。

当照射电磁波的能量恰好等于两能级能量之差时，质子吸收电磁波从低能级跃迁到高能级，这时就产生了核磁共振。

核磁共振波谱仪主要由永久磁铁或超导磁体、射频发生器、检测器和放大器、记

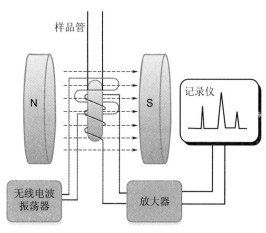

样品管
N
S
记录仪
无线电波
振荡器
放大器

图 7-14　核磁共振仪工作原理示意图

录仪等组成。图 7-14 为核磁共振仪的工作原理图。测量核磁共振谱时，一种方法是固定磁场改变频率，称扫频；另一种是固定频率改变磁场，称为扫场，一般常用扫场。样品放在磁铁两极之间，用固定频率的无线电波照射试样，调节磁场强度达到一定值 H_0，使共振频率 ν 恰好等于照射频率时，试样中的某一类质子发生能级跃迁，检测器检测并放大接收到的信号，由记录器记录下来，就得到核磁共振谱，因此，核磁共振谱也是一种吸收光谱。图 7-15 为对硝基甲苯的核磁共振氢谱，其中横坐标为化学位移（向右为高场，向左为低场），纵坐标为吸收强度。核磁共振氢谱提供了三个信息，称为氢谱的三要素：化学位移（chemical shift）、峰面积（peak area）和分裂类型（splitting pattern）。如图 7-15 所示，对硝基甲苯的氢谱显示有三组峰，分别出现在 8.11、7.32 和 2.47；它们之间的峰面积之比为 2：2：3；其中 8.11 和 7.32 两处的峰互为偶合分裂，均为双重峰，2.47 处的峰为单峰。文献中有关氢谱的描述通常是这样的：^{1}H-NMR δ（CDCl$_3$）：8.11（2H，d，$J = 8$Hz），7.32（2H，d，$J = 8$Hz），2.47（3H，s）。

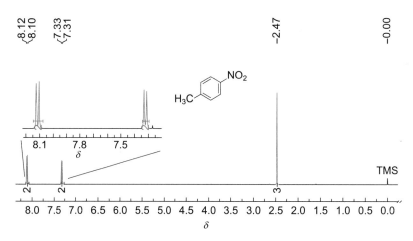

图 7-15　对硝基甲苯的氢谱（400MHz，CDCl$_3$）

7.3.2　化学位移

(1) 化学位移的产生

在一定的外磁场中，核自旋能级差是一定的，因此有机分子中的质子似乎都应在同一照射频率下发生共振，就应该只有一个吸收峰。然而有机分子的核磁共振氢谱能分辨出分子中的各类质子（见图 7-15）。这是因为任何有机分子中的质子周围都有电子，在外加磁场作用下，电子的运动产生感应磁场，而感应磁场的方向与外加磁场的方向相反，所以质子实际感受到的磁场强度并非是外加磁场的强度，而是外加磁场强度减掉感应磁场强度：

$$H_{\text{实}} = H_0 - H' = H_0 - \sigma H_0 = H_0(1 - \sigma)$$

式中，$H_{\text{实}}$ 为质子实际感受到的磁场强度；H_0 为外加磁场强度；H' 为感应磁场强度；σ 为屏蔽常数。核外电子对质子产生的这种作用称为屏蔽效应（shielding effect）。质子周围的电子云密度越大，屏蔽效应越大，只有增加磁场强度才能使质子发生共振。反之，若感应磁场与外加磁场方向相同，质子实际感受到的磁场强度为外加磁场与感应磁场强度之和，这种作用称去屏蔽效应（deshielding effect），只有减小外加磁场强度才能使质子共振。由于分子中每类质子周围的电子云密度各有不同，或者说质子所处的化学环境不同，因此它们发生核磁共振所需的外磁场强度各有不同，即产生了化学位移。

（2）化学位移的表示方法

化学位移绝对值差别很小，要精确测量其绝对数值相当困难，故采用相对数值表示法，即选用一个标准物质，以它的共振吸收峰所处的位置定为零，其它吸收峰的化学位移与标准物质比较来确定。最常用的标准物质是四甲基硅烷 $(CH_3)_4Si$（tetramethylsilane，TMS）。选 TMS 为标准物有两个原因：一是 TMS 为对称分子，四个甲基上的氢所处的化学环境相同，称为化学等价质子（chemically equivalent proton），核磁共振吸收峰只有一个；二是碳和硅的电负性差不多，TMS 中的质子受到的屏蔽作用较大，共振吸收出现在高场。以 TMS 中质子的共振吸收为零（规定化学位移用 δ 来表示，TMS 的 δ 值为零），绝大多数有机化合物中质子的屏蔽效应都比 TMS 小，它们的共振吸收将在低场（downfield），在图谱中 TMS 吸收峰的左侧。

如图 7-15 所示，核磁共振谱通常以 δ 值为横坐标，吸收强度为纵坐标。化合物质子的核磁共振吸收频率与 TMS 相比，共振吸收频率高、在低场的，峰在左边，δ 值为正值；共振吸收频率低、在高场的，峰在右边，δ 值为负值。

由于感应磁场与外加磁场成正比，化学位移的绝对值与外加磁场有关，在实际测定中，为了消除因采用不同磁场强度的核磁共振仪对化学位移变化的影响，将 δ 值定义为：

$$\delta = \frac{\nu_{样} - \nu_{标}}{\nu_{仪}} \times 10^6$$

式中，$\nu_{样}$ 和 $\nu_{标}$ 分别代表样品和标准化合物的共振频率；$\nu_{仪}$ 为操作仪器的频率。这样一来，对于不同磁体的仪器，化学位移的相对值是一样的，不同的是吸收峰被分散在更广的范围，分辨率得到提高。待测样品一般制成溶液，所用溶剂为氘代溶剂，如 $CDCl_3$、CD_3COCD_3 等。

（3）影响化学位移的因素

化学位移取决于核外电子云密度和电子云环流等因素。烷烃的氢化学位移一般在 δ $0 \sim 2$ 范围内。例如：

$$CH_4 \quad (CH_3)_4C$$
$$0.23 \qquad 0.90$$

$$\overset{0.88}{CH_3} - \overset{1.26}{CH_2} - \overset{0.88}{CH_2} - CH_2 - CH_3$$
$$\qquad\quad 1.30 \qquad\quad 1.30$$

$$\overset{0.88}{CH_3} - \overset{1.15}{CH_2} - CH_2 - \overset{\overset{\displaystyle CH_3\; 0.86}{|}}{\underset{\underset{\displaystyle CH_3\; 0.86}{|}}{C}} - H\; 1.54$$
$$\qquad\qquad 1.29$$

$$\triangleright\!-\!H \qquad \square\!-\!H \qquad \pentagon\!-\!H \qquad \hexagon\!-\!H \qquad \heptagon\!-\!H$$
$$0.22 \qquad\;\; 1.96 \qquad\quad 1.51 \qquad\qquad 1.44 \qquad\quad 1.54$$

与 CH_3（δ 0.9）相比，CH_2（$\delta \approx 1.3$）和 CH（$\delta \approx 1.6$）的氢信号出现在较低场，化学位移值约增大 0.4 和 0.7。除环丙烷外，环烷烃的 CH_2 氢化学位移（$\delta 1.44 \sim 1.96$）一般要比开链烷烃的略大一些。与其它环烷烃相比，环丙烷的 CH_2 氢化学位移（δ 0.22）出现在高场（upfield），意味着存在较强的屏蔽作用，这可能与其拥有 σ 芳香性（σ aromaticity）有关，详见阅读资料 2-3（62 页）。

电负性较大的原子（如 F、Cl、Br、I、O、N 等）或吸电子基团（如 C=O、NO_2、CN 等）能够通过诱导效应使邻近质子的核外电子云密度降低，导致屏蔽作用减弱，共振吸收移向低场。例如，CH_3X 中氢化学位移随 X 电负性的增加而移向低场：

	CH_4	CH_3I	CH_3Br	CH_3NH_2	CH_3Cl	CH_3OH	CH_3F
X 的电负性：	2.1	2.5	2.8	3.0	3.0	3.5	4.0
化学位移：	0.23	2.16	2.68	2.7	3.35	3.4	4.26

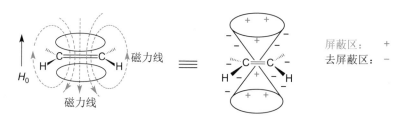

H 1.85
H 3.75
四氢呋喃

H 1.59
H 2.75
H 2.01
四氢吡咯

醇和醚分子中与氧直接相连的 sp^3 杂化碳上的氢（即 α-H）的化学位移一般在 $\delta\,3.0\sim4.0$ 范围，胺分子中 α-H 的化学位移一般在 $\delta\,1.7\sim3.0$ 范围，硝基烷烃分子中 α-H 的吸收峰也出现在低场，化学位移一般在 $\delta\,3.9\sim4.7$ 范围。此外，由于诱导效应随着共价键的增长而迅速减弱，醇、醚、硝基烷烃等分子中 β-H 的化学位移大多在 $\delta\,1.5\sim2.0$ 范围。如四氢呋喃中，2-位 H 受到氧原子电负性影响较大（$\delta\,3.75$），而 3-位氢受氧原子影响较小（$\delta\,1.85$）。类似的现象也出现在四氢吡咯的氢谱中，其中 2-位和 3-位 H 的化学位移分别为 $\delta\,2.75$ 和 $\delta\,1.59$。

上述四氢吡咯的氮原子上 H 的吸收也在较低场（$\delta\,2.01$），这是因为 N 的电负性比氢大，N—H 键电子偏向 N 一端，H 核外电子的屏蔽作用减弱。通常，脂肪族胺分子 NH 中的 H 化学位移分布在 $\delta\,0.5\sim3.5$ 的宽范围中，这是因为氨基能够形成不同程度的氢键（与溶剂、浓度和温度等因素有关），氢键会导致氢核外电子云密度降低，屏蔽作用减弱，从而使化学位移移向低场。同理，醇分子 OH 中的 H 吸收峰出现在一个更大的范围内，即 $\delta\,0.5\sim5.5$（见第 9.1.2 节）。

化学位移除了与邻近原子的电负性因素有关外，还与分子中不饱和官能团的"局部"电子云环流有关。分子中有些基团（如芳环、C=C 键、C=O 键、C≡C 键等）的电子云排布非球形对称时，将产生环电子流，导致各向异性的小磁场形成，从而对邻近不同空间质子的化学位移产生不同的影响，称为磁各向异性效应（magnetically anisotropic effect）。处于屏蔽区的质子，化学位移向高场移；处于去屏蔽区质子的化学位移，则向低场移。

烯烃碳碳双键 π 电子产生的环电子流在外加磁场作用下产生一个与外加磁场相反的感应磁场，该感应磁场在双键平面的上、下方的锥形区与外磁场方向相反，故该区为屏蔽区。由于磁力线的闭合性，在双键平面碳原子的外围，感应磁场的方向与外磁场方向相同，为去屏蔽区，双键碳上的质子正好处于去屏蔽区内，产生去屏蔽效应，如图 7-16 所示。因此，烯烃双键碳上氢的化学位移值较大，一般为 $\delta\,4.5\sim5.7$，而且与双键碳直接相连的 sp^3 杂化碳上氢的吸收峰向低场移动约 1，处于 $\delta\,1.9\sim2.7$ 范围内。如图 7-17 所示，环己烯的两个双键碳上的 H 出现在 $\delta\,5.67$，与双键相连的 3-和 6-位 CH_2 的 4 个 H 出现在 $\delta\,1.99$ 处。

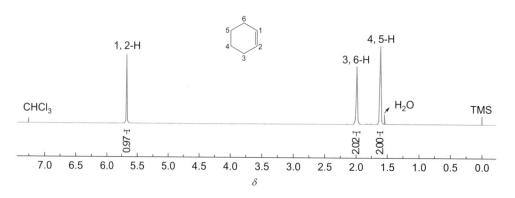

图 7-16 烯基氢的去屏蔽效应和双键的磁各向异性

图 7-17 环己烯的氢谱（400MHz，$CDCl_3$）

与C═C键相似，醛基（—CHO）碳上所连的氢（即醛基氢）也位于C═O键的去屏蔽区（见图7-18），而且羰基氧的电负性较大，具有吸电子作用，使得醛基氢的化学位移移向更低场，一般在δ9～10范围。甲酰胺和甲酸酯类化合物具有与醛基类似的基团，即甲酰基（—CHO），但由于氮或氧原子上的孤对电子与羰基共轭，具有给电子共轭作用，增加了甲酰基的电子云密度，故甲酰基氢的化学位移值比醛基氢的略小一些（δ约8）。与醛或酮羰基相连的sp^3杂化碳上氢的吸收峰向低场移动约1，处于δ1.9～2.7范围内。

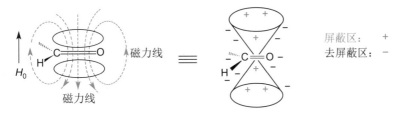

图 7-18　醛基氢的去屏蔽效应和羰基的磁各向异性

苯甲醛、2-甲基丁醛和 *N*,*N*-二甲基甲酰胺（DMF）的醛基或甲酰基氢的化学位移（δ）分别为10.0、9.63和8.02，2-甲基丁醛、丙酮和环戊酮的α-H化学位移（δ）分别为2.35、2.04和2.06。

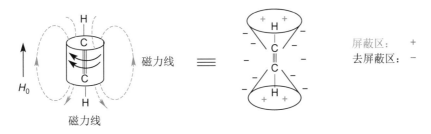

叁键sp杂化碳的电负性比双键sp^2杂化碳的电负性大，似乎叁键碳所连质子的化学位移值应该比双键碳所连质子的化学位移值大，但事实上，叁键上质子的δ值为2～3.1。这是因为炔键氢正好处于碳碳叁键的屏蔽区内（见图7-19），故化学位移移向高场。苯环大π键的环电子流所产生的感应磁场使得苯环内及苯环平面上、下的锥形区为屏蔽区，苯环侧面为去屏蔽区（见图7-20），芳环氢正好处于去屏蔽区内，化学位移值较大。由于苯环π电子云密度比双键大，产生的感应磁场强度也大，故苯环氢的去屏蔽效应比双键强，化学位移值（δ7～8.5）比一般烯烃双键碳上H的化学位移值（δ4.5～5.7）大。

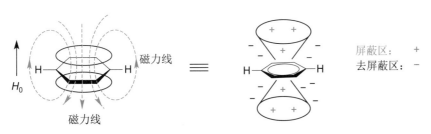

图 7-19　炔基氢的去屏蔽效应和叁键的磁各向异性

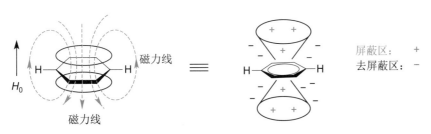

图 7-20　苯基氢的去屏蔽效应和苯环的磁各向异性

例如，苯的6个氢化学位移为7.26；对硝基甲苯的4个苯环氢的化学位移分别为δ7.32和δ8.11；苯乙炔的炔基H出现在δ3.07处，而苯环上的5个H出现在δ7.3～7.5处。

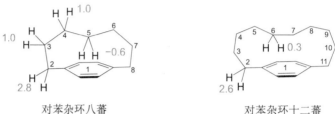

环蕃类化合物（cyclophanes）分子中有些 CH_2 处于屏蔽区，有些则处于去屏蔽区。如下对苯杂环八蕃分子中与苯环直接相连的 2-位 CH_2 处于苯环的去屏蔽区，其化学位移值较大（δ 2.8），5-位的 CH_2 处于苯环的屏蔽区，其化学位移移向高场（δ -0.6）。对苯杂环十二蕃分子中，6-和 7-位的 CH_2 处于苯环的屏蔽区，其化学位移也移向高场（δ 0.3）

对苯杂环八蕃   对苯杂环十二蕃

环电子流是分子具有芳香性的一个重要特征，被称为芳香性的"磁判据"。例如，由于环电子流，[18]-轮烯的 12 个环外氢处于去屏蔽区，化学位移为 δ 9.28，而 6 个环内氢则处于屏蔽区，化学位移值为 -2.99。[18]-轮烯的静电势图见彩图 7-1。

彩图7-1

环外H: 9.28
环内H: -2.99

[18]-轮烯

表 7-3 列出了一些特征氢的化学位移。

表 7-3　特征氢的化学位移

氢的类型	化学位移	氢的类型	化学位移
RCH_3	0.9	ArSH	3～5
R_2CH_2	1.3	ArOH	4.7～7.7
R_3CH	1.5	RCH_2-OH	3.4～4
$R_2C=CH_2$	4.5～5.9	$RO-CH_3$	3.5～4
$R_2C=CRCH_3$	1.7	RCHO	9～10
$RC\equiv CH$	2.0～3.1	$RCO-CH_2R$	2.0～2.6
$Ar-CH_3$	2.2～3	R_3CCOOH	10～13
$Ar-H$	6.4～9.5	RCH_2COOR	2～2.2
RCH_2F	4～4.5	$RCOO-CH_3$	3.7～4
RCH_2Cl	3.6～4	RNH_2, R_2NH	0.5～3.5
RCH_2Br	3.4～3.8	$ArNH_2, ArNHR$	2.9～6.5
RCH_2I	3.1～3.5	$RCONH_2$	5～9
ROH	0.5～5.5	R_2N-CH_3	2.1～3.2
R—SH	0.9～2.5	$R_2CONH-CH_3$	2.7～3.8
$RSCH_2R$	2.4～3.2	$R-SO_3H$	11～12

（4）吸收峰面积

氢谱中，吸收峰的积分面积与产生峰的质子数成正比，因此峰面积比即为不同类型质子数的相对数目比。例如，对硝基甲苯的氢谱中（见图 7-15），δ 2.47、7.32 和 8.11 处三组峰的积分面积比为 3∶2∶2，这正是 H_a、H_b 和 H_c 三种类型质子的数目之比。

（5）重水交换

对于分子中含有活泼氢的基团（如—OH、—COOH、—NH_2、—CONH、—SH 等），如果待测试样中带有少量水，则这些活泼氢与水交换的速率很快，共振吸收往往变为宽的单峰，且与邻近碳上的氢不发生自旋偶合。若在试样中加入重水（D_2O），这些活泼氢的吸收峰则消失，称为重水交换实验。通常用重水交换实验来确认样品分子中是否存在活泼氢。

★ **问题 7-9** 影响化学位移的因素主要有哪些？

★ **问题 7-10** 判断下列单取代苯中邻位氢的相对化学位移？

★ **问题 7-11** 下列单取代苯邻位氢的化学位移如下所示，试解释之。

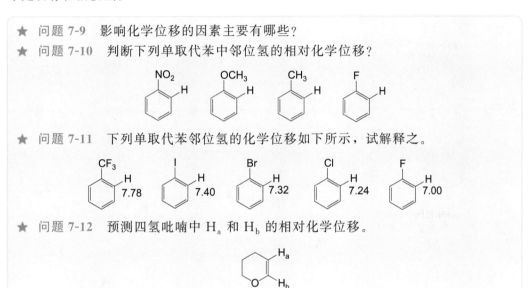

★ **问题 7-12** 预测四氢吡喃中 H_a 和 H_b 的相对化学位移。

7.3.3 偶合裂分和偶合常数

（1）自旋偶合

碘乙烷的氢谱如图 7-21 所示。碘乙烷分子有 CH_3 和 CH_2 两组氢，CH_2 直接与 I 相连，其化学位移受碘原子去屏蔽效应的影响出现在低场（δ 3.20），CH_3 出现在高场（δ 1.85）。从图 7-21 可以看出，CH_2 裂分为四重峰，CH_3 裂分为三重峰，这是因为 CH_3 和 CH_2 之间互相影响的结果，使得谱线增多。这种原子核之间的相互作用称为自旋偶合（spin-spin coupling）。因自旋偶合而引起的谱线增多的现象称为自旋裂分（spin-spin splitting）。

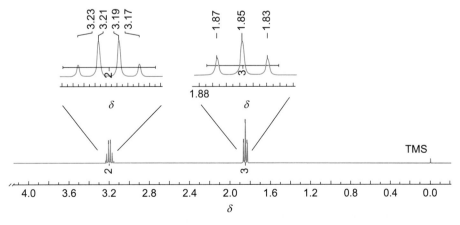

图 7-21　碘乙烷的氢谱（400MHz，$CDCl_3$）

自旋裂分是如何产生的？如图 7-22（a）所示，在外磁场（磁场强度为 H_0）的作用下，邻近质子 H_b 的自旋产生小磁矩（磁场强度为 H'），通过成键电子对 H_a 产生影响。H_b 的自旋有两种取向，自旋取向与外磁场方向相同，使 H_a 感受到的总磁场强度为 H_0+H'，类似于产生去屏蔽效应；自旋取向与外磁场方向相反，使 H_a 感受到的总磁场强度为 H_0-H'，类似于产生屏蔽效应。因此，当发生核磁共振时，H_a 的吸收信号被 H_b 裂分为两个，一个在原来信号的左边，另一个在原来信号的右边，这两个小峰强度相等（即面积比为 1∶1），称为二重峰。这就是自旋裂分，裂分前后峰的总积分面积相等。同理，H_b 受 H_a 的影响，吸收信号也被分裂为两个。

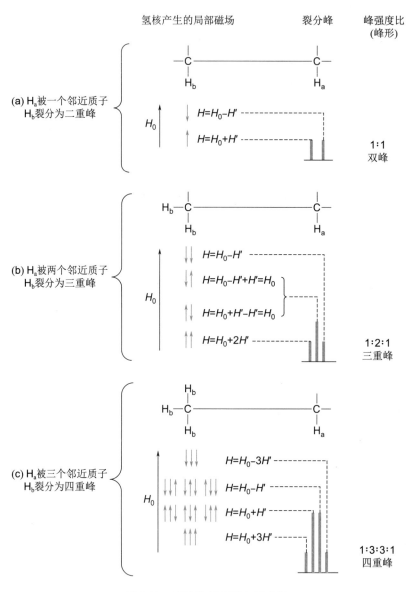

图 7-22　质子的偶合裂分示意图

邻位质子的数目是如何影响质子吸收峰的裂分呢？图 7-22（b）和（c）表示了 H_a 分别被邻近两个和三个质子裂分时的情况。当邻位有 2 个质子时，H_a 被裂分为三重峰，强度比为 1∶2∶1。当邻位有 3 个质子时，H_a 被裂分为四重峰，强度比为 1∶3∶3∶1。以此类推，当邻位有 n 个质子时，H_a 将被裂分为 $(n+1)$ 重峰。这一规律称为"$(n+1)$ 规律"。信号裂分的数目与相对强度比符合杨辉三角（也称为 Pascal's triangle）规律（图 7-23）。

在核磁共振谱中，常以 s 表示单峰（singlet），d 表示双重峰（doublet），t 表示三重峰（triplet），q 表示四重峰（quartet），m 表示其它多重峰（multiplet）。一些常见多重峰的峰形如图 7-24 所示。

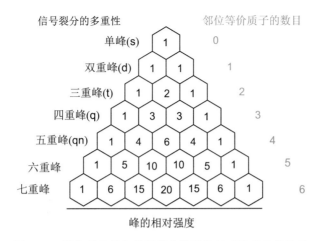

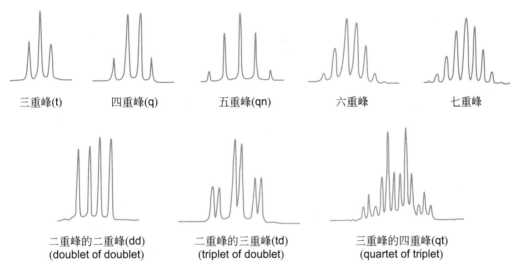

信号裂分的多重性　　　　　　邻位等价质子的数目

单峰(s)	0
双重峰(d)	1
三重峰(t)	2
四重峰(q)	3
五重峰(qn)	4
六重峰	5
七重峰	6

峰的相对强度

图 7-23　邻位质子数与信号裂分数及其相对强度比的关系

三重峰(t)　　四重峰(q)　　五重峰(qn)　　六重峰　　七重峰

二重峰的二重峰(dd)　　二重峰的三重峰(td)　　三重峰的四重峰(qt)
(doublet of doublet)　　(triplet of doublet)　　(quartet of triplet)

图 7-24　一些常见多重峰的峰形

（2）偶合常数

　　自旋偶合的量度称为偶合常数（coupling constant），用符号 J 表示，单位是 Hz。在核磁共振谱图中，J 值就是裂分后的小峰之间的距离，J 值的大小表示偶合作用的强弱。根据偶合质子间相隔的化学键的数目，可将偶合作用分为同位偶合（geminal coupling，$^2J_{ab}$）、邻位偶合（vicinal coupling，$^3J_{ac}$）和远程偶合（long-range coupling）。J 的右下方的字母代表相互偶合的两个核，左上方的数字表示相互偶合的质子相隔的键数，通常可以省略。如 H—C—C—H 中的两个质子相隔 3 个键，其偶合常数可表示为 $^3J_{HH}$。

　　J 值的大小与两个作用核之间的相对位置有关。随着相隔键数的增加，J 值会很快减小，两个质子相隔两个或三个单键可以发生偶合，超过三个单键以上时，偶合常数趋于零。在碘乙烷分子中，H_a 与 H_b 之间相隔 3 个单键，它们之间可以发生偶合裂分。在图 7-21 所示碘乙烷的氢谱中，$^3J_{ab}=8Hz$。由于 H_a 对 H_b 的偶合作用与 H_b 对 H_a 的偶合作用是相等的，故 H_a（三重峰）的偶合常数 $^3J_{ab}$ 和 H_b（四重峰）的偶合常数 $^3J_{ba}$ 均为 8Hz。换句话说，这两组信号中小峰之间是等距的。

　　J 值的大小与 H—C—C—H 中两个 C—H 键之间的二面角有关。相邻碳原子上两个 H 之间的邻碳偶合常数与其二面角之间的关系可用一个方程式和相应的曲线图表示（见图 7-25）。其中 J 是偶合常数 ^3J，ϕ 是 H—C—C—H 中两个 H 之间的二面角，A、B 和 C 是经验常数，其数值大小取决于原子和取代基。这个数学模型是基于大量实验数据建立起来的经验方程，称为 Karplus 方程（Karplus equation）。从曲线图可以看出，当二面角为 90°时，偶合常数最小，而当二面角为 0°或 180°时，偶合常数最大。这个方程可帮助人们利用氢谱确定一些有机化合物的构型。

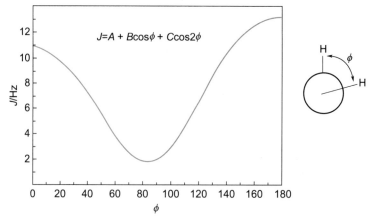

图 7-25 Karplus 方程及相应的曲线图

在开链烷烃中，由于碳碳单键可以自由旋转，观察到的 $^3J_{HH}$ 值为一个平均值，通常在 7Hz 左右。然而，对于构象比较刚性的环烷烃，$^3J_{HH}$ 值一般符合 Karplus 方程。例如，顺-1-叔丁基-4-氯环己烷中 C3 和 C4 上两个质子间的偶合常数 $^3J_{ab}$ 和 $^3J_{ac}$ 分别为 3.5Hz 和 4.0Hz，相当于两个 C—H 键二面角分别为 65° 和 55°。在反式异构体中，C4—H_a 键和 C3—H_c 键的二面角达到 175°，$^3J_{ac}$ 值则增大到 12Hz。

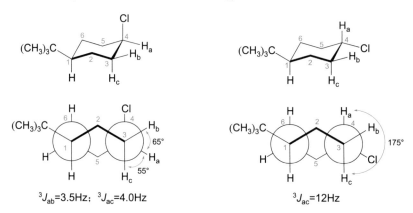

顺式和反式烯烃的双键上两个 H 的 ^3J 值通常是不同的，顺式的一般在 10～12Hz，反式则在 14～18Hz。末端碳上两个 H 的同位偶合 ^2J 值很小，一般为 0～2Hz。苯环上两个邻位 H 的 ^3J 值一般处于 8～10Hz 范围。

图 7-26 是苯乙烯的氢谱，烯基碳上的 H_a（δ 5.24）、H_b（δ 5.75）和 H_c（δ 6.72）均为 dd 峰，末端碳上的 H_a 与 H_b 之间的同位偶合常数 $^2J_{ab}=1Hz$，这个数值很小，表

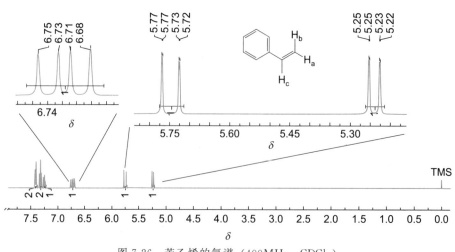

图 7-26 苯乙烯的氢谱（400MHz，CDCl$_3$）

明同碳偶合很弱。顺式的 H_a 与 H_c 之间的偶合常数 $^3J_{ac}=8Hz$，反式的 H_b 与 H_c 之间的偶合常数 $^3J_{bc}=16Hz$。

★ **问题 7-13** 偶合常数除了和共价键的数目、角度相关外，它和键的强度也密切相关，键的强度越大，偶合作用越强。萘分子中，1、2 位上两个 H 的偶合常数为 8Hz，2、3 位上两个 H 的偶合常数为 6.5Hz。比较下列两个分子中的相对偶合常数，并解释之。

★ **问题 7-14** 预测 1-溴丙烷的氢谱。

★ **问题 7-15** 能否用氢谱鉴别下列各组化合物，为什么？

7.3.4 化学等价和磁等价

化合物分子中化学环境（即核周围的电子云密度）相同的质子称为化学等价质子。化学等价质子必然具有相同的化学位移，故也称为化学位移等价质子。判断化学等价的简单方法是，设想分子中两个氢原子分别被一个基团取代，若产生同一化合物，这两个氢核便是化学等价质子。例如，丙酮分子中两个甲基上的任何一个氢被溴取代，均得到同一化合物，即溴丙酮，故这两个甲基上的六个质子为化学等价质子，它们具有相同的化学位移。因此，丙酮的氢谱中只有一个吸收峰信号，其化学位移为 2.17（见图 7-27）。

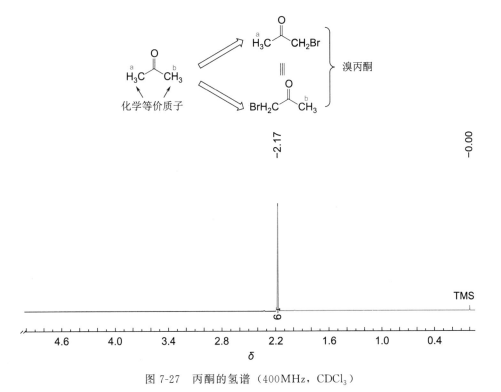

图 7-27　丙酮的氢谱（400MHz，CDCl₃）

2-甲基丙烯中的 H_a 与 H_b 是化学等价的，但苯乙烯中的 H_a 与 H_b 是化学不等价的，因为 H_a 和 H_b 所处的化学环境不同。化学不等价质子产生不同的化学位移，而且相互之间偶合产生自旋裂分。因此，苯乙烯分子中烯基末端两个化学不等价质子具有不同的化学位移，且相互偶合裂分为 dd 峰（见图 7-26）。

2-甲基丙烯　　　　　苯乙烯

分子中一组化学环境相同的质子（即化学等价质子），如果对组外任一个核的偶合常数也相等，则这组核称为磁等价质子（magnetically equivalent protons）。磁等价质子具有相同的化学位移，而且它们之间的偶合作用不产生峰的裂分。例如，1,1-二氯乙烷中甲基的三个质子 H_a、H_b 和 H_c 是化学等价质子，由于碳碳单键自由旋转，它们各自对 H_d 的偶合常数也都相等（即 $J_{ad}=J_{bd}=J_{cd}$），因此 H_a、H_b、H_c 为磁等价质子，相互之间偶合不产生峰的裂分。同理，碘乙烷分子的甲基上三个质子（H_a、H_b 和 H_c）为磁等价质子，化学位移相同，而且它们之间偶合不产生自旋裂分；亚甲基上的两个质子（H_d 和 H_e）也为磁等价质子，化学位移相同，相互之间偶合无自旋裂分（见图 7-21）。

1,1-二氯乙烷　　　　　碘乙烷

有些质子虽然是化学等价的，但却是磁不等价的（magnetically non-equivalent protons）。例如，对硝基甲苯的 H_a 和 H_b 是化学等价的，但对 H_c 和 H_d 的偶合常数是不同的（空间距离不等），即 $J_{ac}\neq J_{bc}$，$J_{ad}\neq J_{bd}$，因此，H_a 和 H_b 虽然是化学等价质子，却是磁不等价质子。同理，H_c 和 H_d 也是磁不等价质子。在对硝基甲苯的氢谱（图 7-15）中，芳环上的 H_a 和 H_b 的化学位移为 8.11，H_c 和 H_d 的化学位移为 7.32，观察到的这两组峰均为双峰，$^3J_{HH}=8Hz$。虽然磁不等价的 H_a 和 H_b 之间也应该产生裂分，但该偶合为四键偶合，$^4J_{ab}$ 值非常小（远程偶合一般很弱），故未能观察到。在 1,1-二氟乙烯中，由于 H 和 F 的核之间存在偶合，而碳碳双键不能自由旋转，两个质子 H_a 和 H_b 对 F_c 和 F_d 的偶合常数是不同的，即 $J_{ac}\neq J_{bc}$，$J_{ad}\neq J_{bd}$，H_a 和 H_b 虽化学等价，但磁不等价。

可用对映异位质子（enantiotopic protons）的概念来判断一组质子是否化学等价。分子中两个氢原子分别被一个基团取代，产生一对对映体，这两个氢核称为对映异位质子。对映异位质子有相同的化学位移（除非在手性溶剂或手性试剂下测定），是化学等价质子。例如，丙-1-醇 2-位的两个质子（H_a 和 H_b）分别被氯原子取代，得到（S）-2-氯丙-1-醇和它的对映体（S）-2-氯丙-1-醇，因此 H_a 和 H_b 属于对映异位质子，是化学等价质子，具有相同的化学位移。

对映异位质子

丙-1-醇

(S)-2-氯丙-1-醇

(R)-2-氯丙-1-醇

如果化合物中两个氢分别被一个基团取代，产生一对非对映异构体，这两个氢核称非对映异位质子（diastereotopic protons）。非对映异位质子化学位移不同（除非正好重叠），因此是化学不等价的。例如，(S)-丁-2-醇的3-位两个氢（H_a 和 H_b）分别被氯原子取代，得到 (2S,3R)-3-氯丁-2-醇和它的非对映异构体 (2S,3S)-3-氯丁-2-醇，H_a 和 H_b 是非对映异位质子，它们给出不同的化学位移，是化学不等价质子，能相互偶合产生峰的裂分。

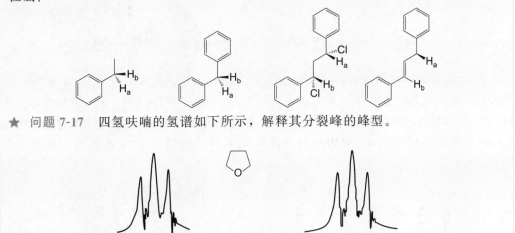

★ 问题 7-16　判断下列化合物中 H_a 和 H_b 的关系，哪些属于化学等价？哪些化学不等价？哪些是磁等价？哪些是磁不等价？哪些是对映异位氢？哪些是非对映异位氢？

★ 问题 7-17　四氢呋喃的氢谱如下所示，解释其分裂峰的峰型。

7.3.5　常见的氢谱偶合裂分类型与实例

(1) A_nB 体系

如果仅两个质子（H_a 和 H_b）之间发生偶合，这个体系称为 AB 体系。AB 体系是最简单的一类偶合裂分体系，其 H_a 和 H_b 的信号分别裂分为双重峰，其相对强度比为 1:1。例如，对硝基甲苯分子的两个 H_a 和两个 H_b 分别为化学等价质子，二者之间的偶合裂分符合 AB 体系的规律，如图 7-9 所示，H_a 和 H_b 分别在 8.11 和 7.32 处呈现出一对双重峰信号（$^3J_{ab}=8Hz$）。虽然两个 H_a 和两个 H_b 是磁不等价的，应该出现进一步的偶合裂分，但由于苯的间位和对位质子之间的偶合常数（即 ^4J 和 ^5J）一般很小，在对硝基甲苯的氢谱（400MHz）中未能观察到。

1,2-二取代的顺式或反式烯烃是典型的 AB 体系，如反，反-1,5-二苯基戊-1,4-二烯-3-酮是一个对称的分子，其氢谱（见图 7-28）中在 δ 7.75 和 δ 7.09 处的两个双重峰信号分别归属于反式双键上的两个氢 H_a 和 H_b，$^3J_{ab}=16Hz$。

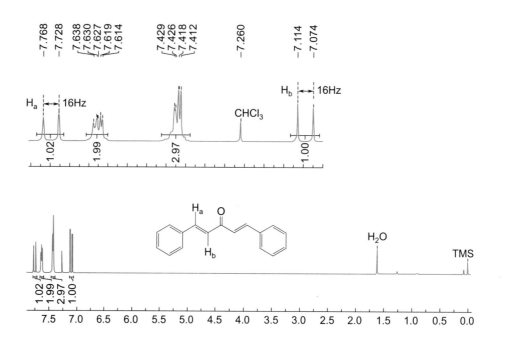

图 7-28　反，反-1,5-二苯基戊-1,4-二烯-3-酮的氢谱（400MHz，CDCl$_3$）

其它 A_nB 体系的 H_a 的信号被 H_b 裂分为双重峰，H_b 的信号则被 H_a 裂分为 $(n+1)$ 重峰。2-氯丙烷是一个典型的 A_6B 体系（图 7-29），其 6 个 H_a（δ 1.52）的信号为二重峰（$^3J_{ab}=8Hz$），相对强度比为 1∶1；H_b 则为七重峰（$^3J_{ab}=8Hz$），相对强度比为 1∶6∶15∶20∶15∶6∶1。异丙醇与 2-氯丙烷类似，也是一个 A_6B 体系，如图 7-30 所示。

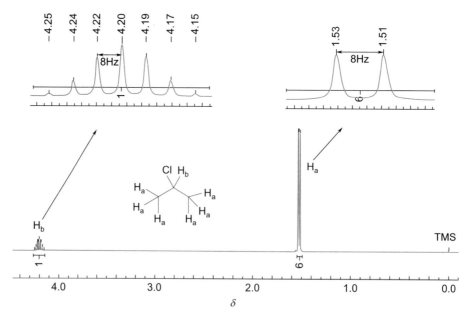

图 7-29　2-氯丙烷的氢谱（400MHz，CDCl$_3$）

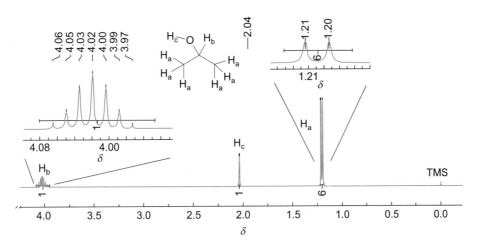

图 7-30　异丙醇的氢谱（400MHz，CDCl₃）

（2）A_nB_2 体系

乙基的 5 个 H 属于 A_3B_2 体系，在有机化合物的结构中很常见。以乙醇的氢谱为例（见图 7-31），其 CH₃ 上的三个 H_a（δ 1.22）受到邻位两个 H_b 的偶合裂分为三重峰（$^3J_{ab}=8Hz$），相对强度比为 1:2:1；CH₂ 上的两个 H_b（δ 3.69）则被三个 H_a 裂分为四重峰（$^3J_{ab}=8Hz$），相对强度比为 1:3:3:1。碘乙烷分子中的乙基也是典型的 A_3B_2 体系（见图 7-21）。

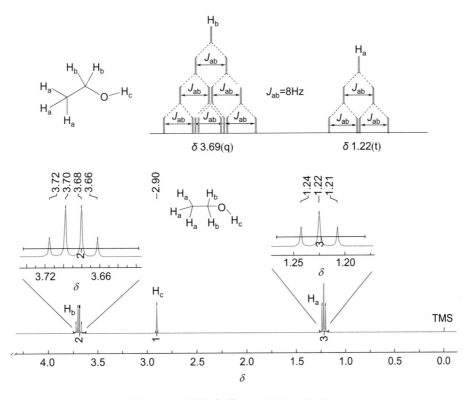

图 7-31　乙醇的氢谱（400MHz，CDCl₃）

（3）ABC 体系

在何种情况下会出现 dd、td 等这样的多重峰呢？以苯乙烯为例（图 7-26），由于双键上的三个氢 H_a、H_b 和 H_c 是不等价的，H_c 被反式的 H_a 裂分为二重峰，每个二重峰再被顺式的 H_b 裂分为二重峰。由于 J_{bc}（18Hz）大于 J_{ac}（10Hz），所以观察到的 H_c 的信号为 dd 峰，其强度比为 1:1:1:1。同理，H_a 和 H_b 的信号也是 dd 峰。

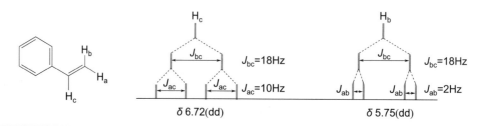

δ 6.72(dd)   δ 5.75(dd)

★ 问题 7-18　下图为苯乙烯环氧化物的部分氢谱，指出环上三个氢的化学位移、偶合常数，并指出这张图谱是用多少兆的核磁共振仪测得的？

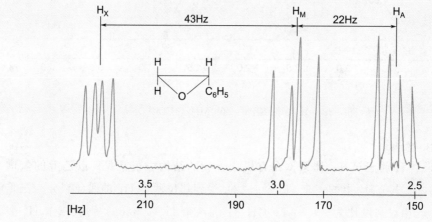

★ 问题 7-19　下图为 90M 氢谱上测得的嘧啶环上 H_a 和 H_b 的分裂峰，指出 H_a 和 H_b 的化学位移和偶合裂分常数。

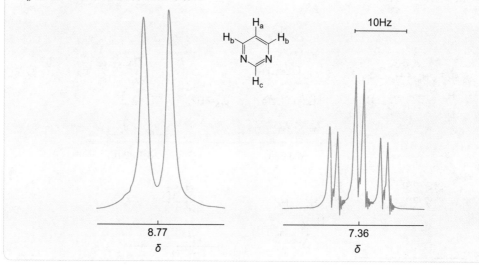

7.3.6　碳-13核磁共振谱简介

　　碳-13核磁共振谱（^{13}C-NMR，简称碳谱）也是测定有机化合物结构的一种常规技术，它能够提供许多 ^{1}H-NMR 无法得到结构信息。^{13}C 与 ^{1}H 一样，具有核磁共振现象，但 ^{13}C 在自然界的丰度只有 1.1%，其灵敏度仅为 ^{1}H 的 1.6%，^{13}C 整个的灵敏度仅是 ^{1}H 的 1/5700。再加上 ^{1}H 与 ^{13}C 的偶合，分裂使得信号变弱，谱图更加复杂。质子去偶又称宽带去偶技术采用双照射法，照射场的频率包括所有共振氢的共振频率，能将所有氢核与 ^{13}C 的偶合作用消除，使得 ^{13}C 的信号都变成单峰，所有不等价的 ^{13}C 核就都有了自己独立的碳谱信号。例如，正戊烷的碳谱（见图 7-32）中仅出现 δ 14.0、22.4 和 34.2 三个单峰，分别归属于 C1/C5、C2/C4 和 C3。

　　甲烷（δ＝2.3）除外，烷烃碳的化学位移值一般处在 0～70 范围，如上述正戊烷的碳谱。烯烃的碳原子为 sp^2 杂化，其化学位移移向低场，一般处在 100～150 范围。如乙烯碳的化学位移为 δ 123.3，丁-1-烯的 C1 和 C2 的分别为 113.3 和 140.2，顺-丁-

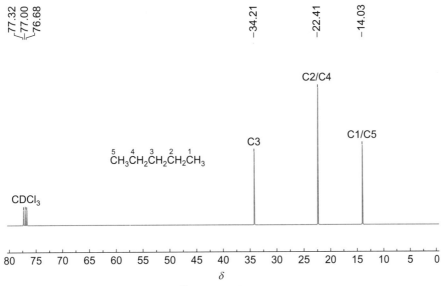

图 7-32　正戊烷的^{13}C质子去偶谱（100MHz，CDCl$_3$）

2-烯的双键上的碳化学位移为124.6，其反式异构体为126.0。苯环上的碳也是 sp^2 杂化的，其吸收峰也出现在低场，在 100～160 范围内，如苯分子的碳为 128.5。炔烃的叁键碳原子为 sp 杂化，其化学位移一般处于 65～90 范围，端基≡CH 的吸收峰一般出现在非端基≡CR 的较高场，与叁键碳直接相连的 sp^3 杂化碳的化学位移通常会向高场移动 5～15（与相应的烷烃相比）。

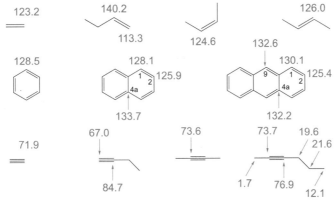

当碳原子上连有电负性较大的原子（如 F、Cl、O 和 N）或吸电子基团时，由于取代基的吸电子诱导效应，其化学位移将移向低场。例如，与正戊烷的碳谱（图 7-32）相比，1-氯戊烷（图 7-33）的 C1（δ 45.1）和 C2（δ 29.0）的化学位移分别向低场移

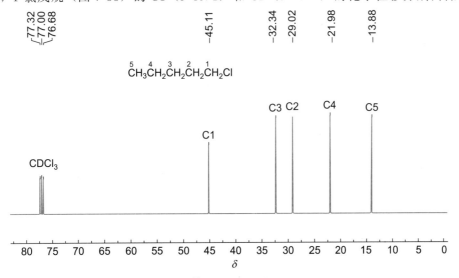

图 7-33　1-氯戊烷的^{13}C质子去偶谱（100MHz，CDCl$_3$）

动了 31.1 和 6.4，C3、C4 和 C5 的化学位移变化则很小。

与氧原子相连的饱和碳的化学位移通常在 40～75 范围。图 7-34 是乙醇的质子去偶谱，其中有两个峰，分别对应两个不同的碳原子：CH_3 碳位于 18.1 处，CH_2 碳位于 57.9 处。与乙烷的碳化学位移（5.7）相比，乙醇中 CH_2 和 CH_3 的碳原子受羟基氧原子吸电子诱导效应的影响，其化学位移分别向低场移动了 52.2 和 12.4。

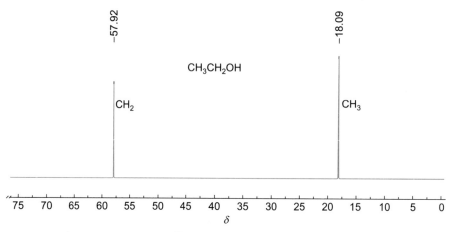

图 7-34　乙醇的 ^{13}C 质子去偶谱（100MHz，$CDCl_3$）

^{13}C 的化学位移比 ^{1}H 的宽得多。^{1}H-NMR 谱中，化学位移值一般在 0～15，而在 ^{13}C-NMR 谱中，化学位移值通常在 0～220。不同类型碳原子的化学位移相差较大，一些羰基化合物的羰基碳化学位移值可达到 200～220（详见第 10.2 节）。表 7-4 列出了一些特征碳的 ^{13}C-NMR 化学位移值。

表 7-4　一些特征碳的 ^{13}C-NMR 化学位移值

碳的类型	δ	碳的类型	δ
$\underline{C}R_4$	0～70	$H_2\underline{C}=CH_2$	123.3
$\underline{C}H_3NR_2$	20～45	$R_2\underline{C}=CHR'$	100～150
$\underline{C}H_3OR$	40～60	$\underline{C}_6H_6$	128.5
$R\underline{C}H_2OR$	40～70	$\underline{C}_6H_5R$	120～160
$>\underline{C}HOR$	60～75	$R\underline{C}OOH, R\underline{C}OOR'$	160～185
$H\underline{C}\equiv CH$	71.9	$R\underline{C}HO$	175～205
$R\underline{C}\equiv \underline{C}R'$	65～90	$R\underline{C}OR$	200～220

由于 ^{13}C 化学位移的范围很广，碳核的化学环境稍有不同，谱图上都会有区别，故很少出现谱峰重叠的现象，通常一个峰代表一个碳或一组等价的碳。例如，对硝基甲苯的碳谱（图 7-35）中仅有五个峰，其中 21.55 处的峰属于甲基碳，芳环上虽有六个

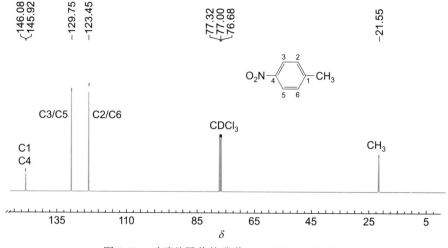

图 7-35　对硝基甲苯的碳谱（100MHz，$CDCl_3$）

碳原子，但其中 C2 与 C6 是化学等价的，化学位移相同（129.75）；C3 与 C5 也是等价的，也只出现一个信号（123.45）；两个季碳 C1 和 C4 则分别出现在 145.92 和 146.08 处。

★ **问题 7-20** 质子宽带去偶碳谱中溶剂 $CDCl_3$ 的峰出现在 77.0，且为等高的三重峰。为什么？

★ **问题 7-21** 当用 CD_3SOCD_3 做溶剂时，碳谱中溶剂峰型是怎么样的？

7.4 紫外吸收光谱

7.4.1 基本原理

紫外线的波长范围是 10～400nm，分为远紫外区（10～200nm）和近紫外区（200～400nm）。远紫外光能被空气中的氮、氧、二氧化碳和水吸收，因此只能在真空中进行操作，故这个区域的吸收光谱称真空紫外。可见光的波长为 400～800nm，常见的分光光度计一般包括紫外及可见两部分，波长在 200～800nm，因此，又称为紫外-可见光谱。

通常情况下，分子处于能量最低态——基态（ground state），用波长短的紫外线照射分子，分子中的价电子可从低能级跃迁到高能级——激发态（excited state），产生的吸收光谱即为紫外光谱。由于紫外光谱涉及的是核外价电子的跃迁而产生的，因此紫外光谱属于电子光谱（electronic spectrum）。

电磁辐射能量 E、频率 ν、波长 λ 符合下面的关系式：

$$E = h\nu = h\frac{c}{\lambda}$$

式中，h 是 Planck 常数，为 6.624×10^{-34} J·s；c 是光速，为 3×10^{10} cm/s。

分子中的价电子主要有三种类型：形成单键的 σ 电子、形成双键的 π 电子、杂原子（如 O、N、S、Cl 等）上未成键的孤对电子，也称 n 电子。通常状况下，各类电子处于基态，受紫外线辐射后，向高一级能级跃迁。有机分子最常见到跃迁有 σ→σ*、π→π*、n→σ*、n→π*，如图 7-36 所示。

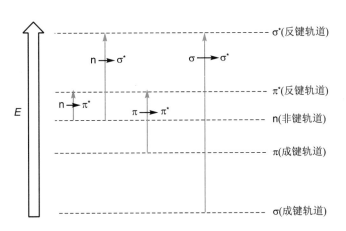

图 7-36　各类电子跃迁所需能量的相对大小

从上图可见，各类跃迁所需能量顺序为：

$$σ→σ^* > n→σ^* > π→π^* > n→π^*$$

σ→σ* 跃迁所需能量最高，在近紫外区无吸收；n→σ* 跃迁所需能量仍较高，大部分吸收在远紫外区；n→π* 跃迁（如 C=O、C=N 中杂原子的 n 电子向 π* 跃迁）所需能量最少，吸收波长在近紫外区，但吸收强度弱；π→π* 跃迁的吸收能量与分子共轭程度有关，孤立双键 $\pi \rightarrow \pi^*$ 跃迁的吸收在远紫外区，随着共轭程度的增加，$\pi \rightarrow \pi^*$ 的能级差变小，$\pi \rightarrow \pi^*$ 跃迁的吸收向近紫外区转移，对研究共轭分子的结构很有意义。

7.4.2 紫外吸收光谱图

（1）紫外吸收光谱图的表示

紫外吸收光谱图的横坐标一般为波长，纵坐标为吸收强度，通常用吸光度（absorptance，A）、摩尔吸光系数（molar absorptivity，ε）或 $\lg\varepsilon$ 表示。吸收强度遵守 Lambert-Beer 定律：

$$A = \lg\frac{I_0}{I} = \lg\frac{1}{T} = \varepsilon c l$$

式中，A 为吸光度；I_0 为入射光强度；I 为透射光强度；$T = I/I_0$ 为透射率或透光率，用百分数表示。$\varepsilon = A/(cl)$，称为摩尔吸光系数，单位是 L/(mol·cm)。表示浓度为 1mol/L 的溶液在 1cm 厚度的吸收池中，于一定波长下测得的吸光度；c 为溶液的摩尔浓度，单位为 mol/L，l 为光通过样品的长度，单位为 cm。图 7-37 是以吸光度和摩尔吸光系数为纵坐标的丁-2-烯醛在己烷溶液中的紫外光谱图。紫外光谱的吸收峰位置通常用吸收曲线的最高峰顶处所对应的波长来表示，称为最大吸收波长（maximum absorption wavelength），用符号 λ_{max} 表示。例如，丁-2-烯醛的 $\lambda_{max} = 213$nm。

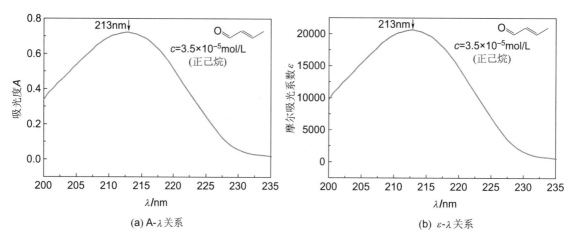

图 7-37　丁-2-烯醛在己烷溶液中的紫外光谱图

（2）生色团和助色团、红移和蓝移

能对某一段光波产生吸收的基团称为生色团（chromophore）。常见的紫外光谱生色团有碳碳共轭结构、含有杂原子的共轭结构、能进行 $n \rightarrow \pi^*$ 跃迁并在近紫外区产生吸收的原子或基团。表 7-5 列出了一些生色团的吸收峰位置、跃迁类型和相应的摩尔吸光系数。

表 7-5　一些生色团的吸收峰

生色团	化合物	λ_{max}/nm	跃迁类型	ε_{max}	溶剂
C=C	乙烯	171	$\pi \rightarrow \pi^*$	15530	气态
	反-己-3-烯	184	$\pi \rightarrow \pi^*$	10000	
C≡C	乙炔	173	$\pi \rightarrow \pi^*$	6000	气态
	辛-1-炔	185	$\pi \rightarrow \pi^*$	2000	
C=O	乙醛	289	$n \rightarrow \pi^*$	12	蒸气
	丙酮	279	$n \rightarrow \pi^*$	15	己烷
COOH	乙酸	204	$n \rightarrow \pi^*$	41	乙醇
COCl	乙酰氯	204	$n \rightarrow \pi^*$	40	己烷
COOR	乙酸乙酯	240	$n \rightarrow \pi^*$	34	庚烷

生色团	化合物	λ_{max}/nm	跃迁类型	ε_{max}	溶剂
$CONH_2$	乙酰胺	204	$n \rightarrow \pi^*$	60	水
NO_2	硝基甲烷	295	$n \rightarrow \pi^*$	160	甲醇
C=N	丙酮肟	270	$n \rightarrow \pi^*$	14	水
		190	$\pi \rightarrow \pi^*$	5000	气态
C=C—C=C	反-戊-1,3-二烯	223	$\pi \rightarrow \pi^*$	23000	乙醇
C=C—C=O	丙烯醛	210	$\pi \rightarrow \pi^*$	25500	水
		315	$n \rightarrow \pi^*$	13.8	乙醇
	丁烯酮	203	$\pi \rightarrow \pi^*$	9600	水
		331	$n \rightarrow \pi^*$	25	乙醇
Ph	苯	210	$\pi \rightarrow \pi^*$	25500	水
		315	$n \rightarrow \pi^*$	14	乙醇
		204	$\pi \rightarrow \pi^*$	7900	正己烷
	甲苯	256	$n \rightarrow \pi^*$	200	水
		206	$\pi \rightarrow \pi^*$	7000	
		261	$n \rightarrow \pi^*$	225	

助色团（auxochromic group）是指本身在紫外区或可见光区不产生吸收，当连接一个生色团后，可使生色团的最大吸收波长（用 λ_{max} 表示）向长波移动，并可能使其吸收强度增加的原子或基团。具有孤对电子的原子，如—OH、—OR、—NR_2、—NH_2、—SR、—X 等都是助色团。

物质的紫外吸收光谱基本上是其分子中生色团及助色团的特征，而不是整个分子的特征。如果物质组成的变化不影响生色团和助色团，就不会显著地影响其吸收光谱，如甲苯和乙苯具有相同的紫外吸收光谱。

紫外吸收光谱都是在溶剂中测定的，而溶剂对吸收峰的位置及形状有明显的影响，会产生红移（bathochromic shift）或蓝移（blue shift）的现象。红移是指由于取代基或溶剂的影响使吸收峰向长波方向移动的现象。蓝移是指由于取代基或溶剂的影响使吸收峰向短波方向移动的现象。

从 3-苯基丙烯醛、3-(4-甲氧基苯基)丙烯醛和 3-(4-硝基苯基)丙烯醛在 THF 溶液中的紫外吸收光谱图（图 7-38）可以看出，在共轭体系的苯环上引入助色基团硝基或甲氧基，导致了最大吸收波长红移，其中 3-(4-硝基苯基)丙烯醛红移了 18nm，而 3-(4-甲氧基苯基)丙烯醛红移了 31nm。

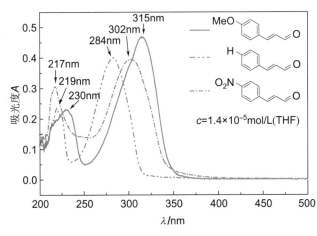

图 7-38　3-苯基丙烯醛、3-(4-甲氧基苯基)丙烯醛和 3-(4-硝基苯基)丙烯醛在 THF 溶液中的紫外吸收光谱

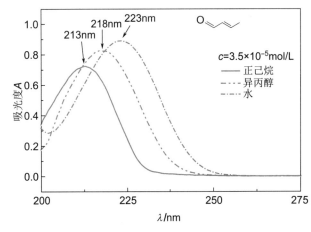

图 7-39　丁-2-烯醛在正己烷、异丙醇和水溶液中的紫外吸收光谱

溶剂对紫外吸收光谱的影响可见图 7-39，丁-2-烯醛在正己烷、异丙醇和水溶液中

的最大吸收波长分别为213nm、218nm和223nm。与正己烷作溶剂相比，异丙醇和水作溶剂导致丁-2-烯醛的最大吸收峰位置发生了红移。

7.4.3 影响最大吸收波长的经验规律

紫外吸收光谱应用广泛，不仅可利用吸收峰的特性进行定性分析和简单的结构分析，还可以进行定量分析，测定一些平衡常数、配合物配位比等。在有机化合物结构分析方面，紫外光谱可以提供分子中生色团和助色团的信息，但不能提供整个分子的结构信息，还必须与红外吸收光谱、核磁共振波谱、质谱以及其它方法共同配合才能得出可靠的结构信息。

由于常见有机化合物的紫外光谱是由分子中电子的 n→π^* 和 π→π^* 跃迁所产生的，分子的共轭体系越大，n-π^* 和 π-π^* 能级间隔越小，能量差越小，发生电子跃迁所需要的光能越小，对应的波长就越大。通常情况下，非共轭的生色团的紫外吸收波长大多在远紫外区，当分子中存在共轭（p-π 共轭和 π-π 共轭）结构时，紫外吸收波长落在近紫外区。共轭的双键越多，吸收波长越长，共轭双键增加到一定程度，吸收波长可进入可见光区。如图7-40中的分子轨道能级所示，一个双键的 π→π^* 跃迁产生的吸收能量较大，波长较短（165nm），当由两个双键组成共轭双键后，π_2-π_3^* 能级间隔变小，吸收光的能量减小，波长变大（217nm）。

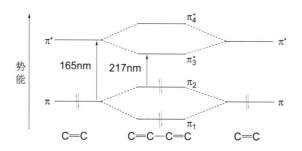

苯（λ_{max}＝204nm）、萘（λ_{max}＝220nm）和蒽（λ_{max}＝251nm）在正己烷溶液中的吸收波长也是随共轭体系的增大而增大的（见图7-40）。

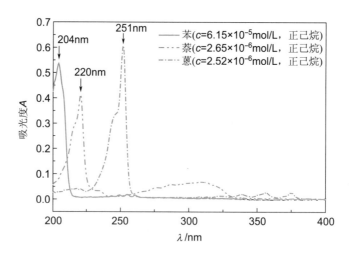

图7-40　苯、萘和蒽在己烷溶液中的紫外吸收光谱

Woodward 和 Fieser 曾经总结了共轭二烯、共轭羰基化合物上取代基对 π-π^* 跃迁的影响规律，称为 Woodward-Fieser 经验规则。对于共轭二烯类化合物，该规则以丁-1,3-二烯和环己-1,3-二烯（即同环二烯）为生色团母核，分别以它们的吸收波长215nm和260nm为基本值，然后加上取代基和其它结构因素的贡献（校正值），从而计算出共轭体系的最大吸收波长。计算共轭二烯或多烯最大吸收波长的 Woodward-Fieser 规则见表7-6。

表 7-6　计算共轭二烯或多烯最大吸收波长的 Woodward-Fieser 经验规则

生色团母核及其吸收波长基本值	取代基或结构因素	吸收波长校正值/nm
	R—	+5
	RO—	+6
	Cl—,Br—	+10
$\lambda_{max}=215nm$	RCO_2—	0
	RS—	+30
$\lambda_{max}=260nm$	R_2N—	+60
	C=C—	+30
	C_6H_5—	+60
	环外双键	+5

这个经验规则可以用来预测共轭分子的最大吸收波长。例如，下面的化合物（Ⅰ）和（Ⅱ）的基本值均为 215nm，（Ⅰ）有 2 个苯基，故吸收波长 +(60×2)，计算值为 335nm，实测值为 328nm。（Ⅱ）有 2 个苯基，并增加 1 个共轭双键，故吸收波长 +30+(60×2)，计算值为 365nm，实测值为 368nm。化合物（Ⅲ）和（Ⅳ）的生色团母核为环己-1,3-二烯，因此基本值为 260nm。（Ⅲ）的双键碳上有 2 个烷基取代基 [+(5×2)]，计算值为 270nm，实测值为 273nm。化合物（Ⅳ）中增加了 2 个双键 [+(30×2)]，此共轭体系存在 3 个环外双键 [+(5×3)]，共轭双键碳上有 3 个烷基 [+(5×3)]，故计算值为 350nm，实测值为 355nm。

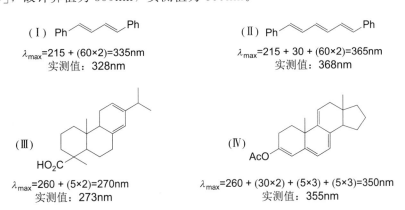

（Ⅰ）Ph⌇⌇⌇Ph
$\lambda_{max}=215 + (60×2)=335nm$
实测值：328nm

（Ⅱ）Ph⌇⌇⌇Ph
$\lambda_{max}=215 + 30 + (60×2)=365nm$
实测值：368nm

（Ⅲ）
$\lambda_{max}=260 + (5×2)=270nm$
实测值：273nm

（Ⅳ）
$\lambda_{max}=260 + (30×2) + (5×3) + (5×3)=350nm$
实测值：355nm

需要指出的是，Woodward-Fieser 规则只能预测共轭分子的最大吸收波长，但不能预测吸收强度。此外，用 Woodward-Fieser 规则预测不多于四个共轭双键的体系比较准确，但多于四个双键时就不准了。在此情况下可以使用 Fieser-Kuhn 规则。Fieser-Kuhn 规则既可以预测最大吸收波长，也可预测吸收强度：

$$\lambda_{max}=114+5M+n(48.0-1.7n)-16.5R_{endo}-10R_{exo}$$
$$\varepsilon_{max}=(1.74×10^4)n$$

式中，n 为共轭双键的数目；M 为共轭体系上烷基或类似取代基的数目；R_{endo} 和 R_{exo} 分别为共轭体系中环内和环外双键的数目。利用此经验规则计算的 β-胡萝卜素的 λ_{max} 和 ε_{max} 均与实测值符合。

β-胡萝卜素

$\lambda_{max}=114+5×10+11×(48.0-1.7×11)-16.5×2=453.3nm$；实测值：452nm（正己烷中）

$\varepsilon_{max}=(1.74×10^4)×11=19.1×10^4$；实测值：$15.2×10^4$

★ 问题 7-22　在水中，异丁醛和异丁醛水合物达到平衡，其平衡常数可以用 UV 来测定，简述测定的原理。

7.5　质谱

7.5.1　基本原理

质谱的原理相对比较简单。以常用的电子轰击电离源质谱仪（electron impact mass spectrometry，EI Mass）为例，化合物在高真空条件下气化，并被能量为 70eV 的高能电子束轰击，从而失去一个电子成为带正电的分子离子，分子离子并不稳定，可被进一步断裂成碎片离子，所有的正离子在电场和磁场的共同作用下，按质荷比（mass to charge ratio，m/z，即质量与所带电荷之比）的大小依次被仪器记录而得到质谱图。

质谱图都用棒图表示，以质荷比为横坐标；把最高峰的高度定为 100%，称为基峰（base peak），其它峰的高度为该峰的相对百分比，称为相对强度，并以此为纵坐标。图 7-41 为苯甲醇的质谱图。

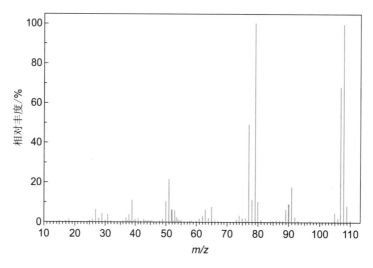

图 7-41　苯甲醇的质谱图

7.5.2　分子离子峰

在质谱仪中，如果分子离子峰（molecular ion peak，用 M^+ 表示）能存在足够长的时间而进入检测器，就可以检测到分子离子峰。分子离子峰的识别很重要，因为它能够直接给出分子量。然而，在 EI 质谱中，许多化合物的分子离子峰可能不出现或相对丰度很低。分子离子峰的强度与分子离子的稳定性有关。由纯芳香族化合物和共轭烯烃产生的分子离子一般比较稳定。

那么如何确定某个离子峰是分子离子峰而不是碎片离子或杂质呢？一般只要根据合理推导，就可将许多非分子离子峰排除。对此，"氮数规则"是很有用的，即分子量为偶数的分子一定不含氮或只含偶数个氮原子；分子量为奇数的分子必含奇数个氮原子。这个规则适用于所有含碳、氢、氧、硫、卤素、磷、硼、硅、砷和碱土金属的化合物。

一些碎片离子峰也有助于识别分子离子峰。例如，M－15 峰（失去 CH_3）、M－18 峰（失去 H_2O）、M－31 峰（失去 OCH_3）等的出现，可用于确定分子离子峰。

质谱可用于测定化合物的分子量。分子离子和碎片离子通常只带有一个电荷，因此，质荷比通常即为分子离子或碎片离子的分子量。

7.5.3 同位素峰和分子式的测定

上述苯甲醇分子离子的 m/z 108 是 C_7H_8O 中丰度最大的同位素的单位质量总和：

$$(7\times12[^{12}C])+(8\times1[^{1}H])+(1\times16[^{16}O])=108$$

此外，苯甲醇分子中低丰度同位素的存在，导致了 M+1、M+2 同位素峰的出现。M+1 峰是同位素 ^{13}C、^{2}H 和 ^{17}O 起的作用。图 7-36 中，M+1 峰的相对强度约为分子离子峰的 8%。C_7H_8O 中对 M+2 峰有贡献的同位素为 ^{18}O，但它的相对丰度很低（0.2），故仪器检测不到 M+2 峰。表 7-7 中给出了常见元素的主要稳定同位素和相对丰度。一个化合物如果只含有 C、H、N、O、F、P、I，它的 M+1 和 M+2 峰的相对强度百分比可用如下公式计算（分子式用 $C_nH_mN_xO_y$ 表示，F、P、I 无同位素，计算时可以忽略）：

$$(M+1)/\% \approx 1.1n+0.38x$$

$$(M+2)/\% \approx (1.1n)^2/200+0.2y$$

表 7-7　常见元素的主要稳定同位素及其相对丰度

元素	同位素	相对丰度	同位素	相对丰度	同位素	相对丰度
碳	^{12}C	100	^{13}C	1.11		
氢	^{1}H	100	^{2}H	0.016		
氮	^{14}N	100	^{15}N	0.38		
氧	^{16}O	100	^{17}O	0.04	^{18}O	0.2
氟	^{17}F	100				
硅	^{28}Si	100	^{29}Si	5.1	^{30}Si	3.35
磷	^{31}P	100				
硫	^{32}S	100	^{33}S	0.78	^{34}S	4.4
氯	^{35}Cl	100			^{37}Cl	32.5
溴	^{79}Br	100			^{81}Br	98
碘	^{127}I	100				

含氯和溴的化合物具有很强的 M+2 同位素峰。一氯化物的 M+2 峰强度约为分子离子峰的三分之一，这是因为 ^{37}Cl 的相对丰度（32.5）约为 ^{35}Cl 的三分之一。同理，一溴化物的 M+2 峰与分子离子峰的强度比约为 1∶1。氯苯和溴代正丁烷的质谱图见图 7-42 和图 7-43 。含有两个或多个卤素的化合物还会出现 M+4、M+6、M+8、M+10 等同位素峰。例如，1,3,5-三氯苯含有三个氯，其质谱（见图 7-44）中分子离子峰为 m/z 180(M，100%)，同位素峰依次为 m/z 181(M+1，7.0%)，182(M+2，96.2%)，183(M+3，6.4%)，184(M+4，31.2%)，185(M+5，2.0%)，186(M+6，3.5%)。

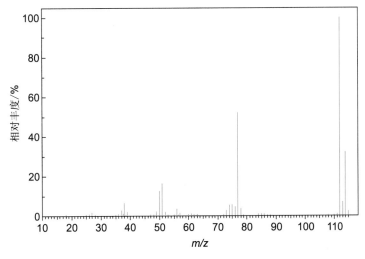

图 7-42　氯苯的质谱图

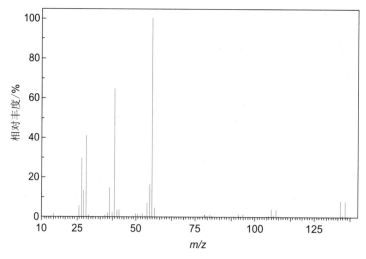

图 7-43 溴代正丁烷的质谱图

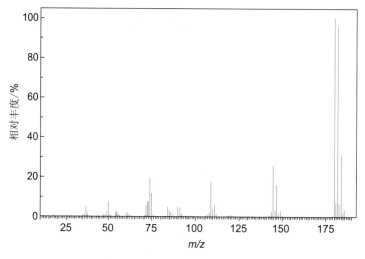

图 7-44 1,3,5-三氯苯的质谱图

高分辨质谱仪能精确测定出百万分之一的质量差别，因此通常用高分辨质谱来测定化合物的分子式。由于原子核的质量不是整数（一些常见元素同位素的精确质量见表 7-8），我们可以将单位质量相同的分子离子或碎片离子区分开。例如，N_2、CO 和 C_2H_4 的单位质量均为 28，但 N_2 的精确质量为 28.0062，CO 的精确质量为 27.9949，而 C_2H_4 的精确质量为 28.0313，因此只要通过高分辨质谱测定出精确分子量，就可以确定这个化合物是 N_2、CO 还是 C_2H_4 了。以 CO 为例，它的分子离子质量是丰度最高的碳和氧同位素质量的加和 [即 $12.0000(^{12}C)+15.9949(^{16}O)=27.9949$]，这不同于基于所有同位素平均质量（即原子量）之和的分子量（即 $12.01115+15.9994=28.01055$）。

表 7-8 一些常见元素同位素的精确质量

元素	原子量	同位素	精确质量	元素	原子量	同位素	精确质量
氢	1.00794	^{1}H	1.00783	磷	30.9738	^{31}P	30.9738
		$D(^{2}H)$	2.01410	硫	32.0660	^{32}S	31.9721
碳	12.01115	^{12}C	12.0000（标准）			^{33}S	32.9715
		^{13}C	13.00336			^{34}S	33.9679
氮	14.0067	^{14}N	14.0031	氯	35.4527	^{35}Cl	34.9689
		^{15}N	15.0001			^{37}Cl	36.9659
氧	15.9994	^{16}O	15.9949	溴	79.9094	^{79}Br	78.9183
		^{17}O	16.9991			^{81}Br	80.9163
		^{18}O	17.9992	碘	126.9045	^{127}I	126.9045
氟	18.9984	^{19}F	18.9984				
硅	28.0855	^{28}Si	27.9769				
		^{29}Si	28.9765				
		^{30}Si	29.9738				

7.5.4　有机化合物的质谱碎裂规律

在 EI 质谱中，气化的样品分子被高能电子束轰击（电离能通常在 70eV 左右），获得能量后释放出一个电子而变为正离子自由基，即分子离子（$M^{\cdot+}$）。由于有机化合物的电离能一般小于 15eV，电子束轰击分子时给予正离子的额外 50eV 的能量使得正离子自由基中的共价键断裂，共价键断裂时一般消耗 3～10eV 的能量，这个过程称为碎裂（fragmentation）。分子离子碎裂后形成碎片离子，后者可进一步碎裂成更小的碎片离子。

通常用离域或定域电荷来表示分子离子，正电荷定域在 π 健（共轭体系除外）或杂原子上。例如，环己烯的分子离子可用如下两种方式来表示，其中（Ⅰ）式为离域电荷表示法（电荷和电子离域于整个分子中），（Ⅱ）式为定域电荷表示法（电荷和电子定域在 π 键）：

含杂原子的分子离子常用定域电荷来表示，如页边所示。

奇电子分子离子的碎裂起因于一个单键的均裂或异裂。均裂时用一个鱼钩箭头来表示一个电子的转移，碎片是一个偶电子正离子和一个奇电子自由基。例如，正丁醇分子离子均裂时可表示如下：

异裂时电子对全部移向正电荷部分，用弯曲箭头表示，碎片同样是一个偶电子正离子和一个奇电子自由基。例如：

一个特定键断裂的可能性与键的强度以及碎片的稳定性有关。一般的化学反应是由化学试剂、催化剂、热能或光促进下发生的。在质谱仪的电离源中，有机分子则是在高真空（10^{-5}mmHg）被电离电子撞击而发生裂解。由于蒸气压极低，分子在质谱仪中不会发生碰撞，故为单分子裂解。

通常，直链化合物的分子离子峰的相对丰度较大，支链越多分子离子峰相对丰度越小。断裂优先发生在支链取代的碳上，支链越多，断裂越容易（这与碳正离子的稳定性有关）。例如，在正己烷的质谱（见图 7-45）中，正己烷的分子离子峰 m/z 86 的相对丰度为 10%，m/z 57 的峰为分子离子打掉 29（$CH_3CH_2\cdot$）后的离子碎片，m/z 43 的峰为分子离子打掉 43（$CH_3CH_2CH_2\cdot$）的离子碎片，按同样道理解析其它的碎片。然而，在正己烷的同分异构体 2,2-二甲基丁烷的质谱（见图 7-46）中，分子离子峰不存在。质荷比最大的 m/z 71 的峰为分子离子打掉 15（$CH_3\cdot$）后的碎片。

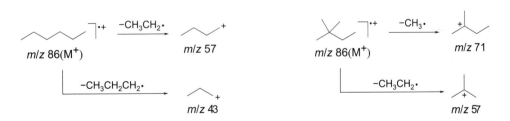

双键和环（特别是芳香环）可使分子离子更稳定，因此烯烃、芳烃和其它一些环状化合物的分子离子峰是很明显的，如环己烯（图 7-47）、环己烷（图 7-48）和乙苯（图 7-49）的分子离子峰相对丰度分别为 44%、71% 和 37%。

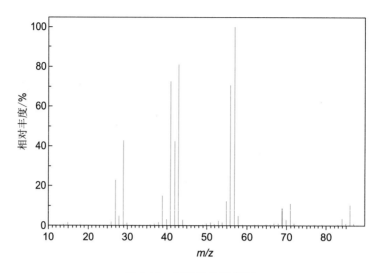

图 7-45　正己烷的质谱图

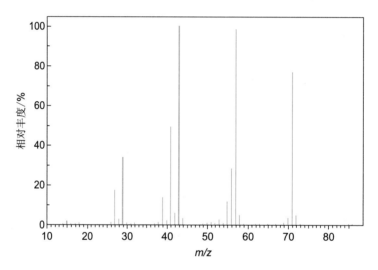

图 7-46　2,2-二甲基丁烷的质谱图

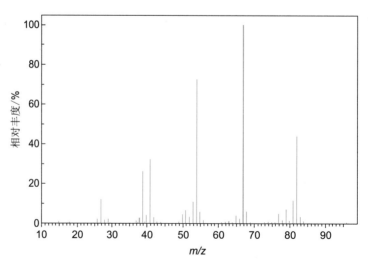

图 7-47　环己烯的质谱图

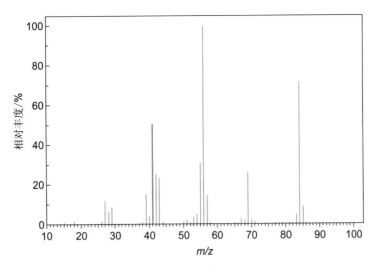

图 7-48　环己烷的质谱图

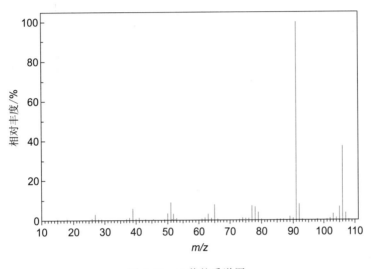

图 7-49　乙苯的质谱图

　　烷基取代的芳香族化合物最易断裂的是侧连的 β-位，形成比较稳定的苄基正离子或直接形成七元环的环庚三烯阳离子，因此，在乙苯的质谱中，m/z 91 的碎片离子峰为基峰。

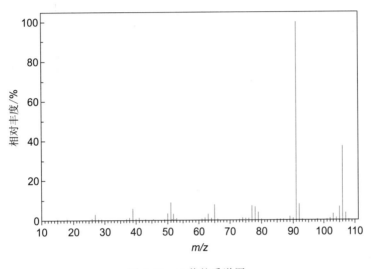

　　环己烯及其衍生物容易发生逆 Diels-Alder 反应断裂，这是环状烯烃的独特裂解方式，裂解的碎片是一个双烯体正离子自由基和一个亲双烯体中性分子。例如，在柠檬烯的质谱中，分子离子峰未出现，但通过逆 Diels-Alder 反应裂解方式产生的 m/z 68 的碎片峰为基峰。

与杂原子相邻的 C—C 键容易断裂，断裂后电荷留在杂原子上，杂原子的未成键电子通过共振而更加稳定。例如，在丁-2-醇的质谱中，m/z 59 和 m/z 45（基峰）的碎片离子就是这样碎裂而形成的：

m/z 59　　　　m/z 45(100%)

断裂常常与失去稳定的中性小分子（如 H_2O、CO、NH_3、H_2S、烯烃等）同时发生。例如，在丁-2-醇的质谱中，m/z 56（M—18）的碎片离子是失去一分子水而形成的：

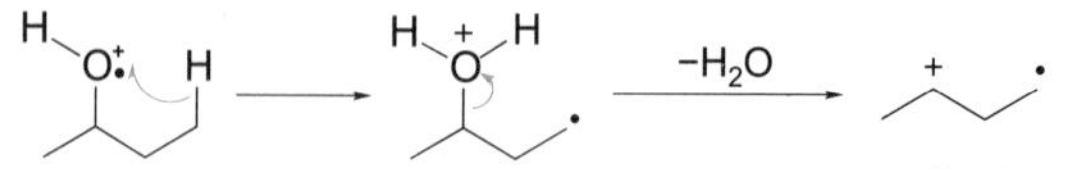

m/z 56

在质谱中，氢原子的重排是最常见的现象，其中最典型的反应就是 McLafferty 重排。羰基化合物（包括醛、酮、羧酸、酯、酰胺等）容易发生这种重排断裂，得到一个含杂原子的自由基正离子和一个中性的烯烃分子：

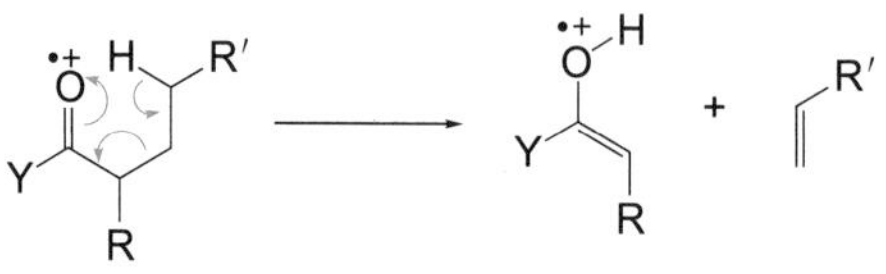

Y=H，R，OH，NH_2，OR″

例如，己酸甲酯通过 McLafferty 重排方式碎裂形成 m/z 74 的碎片离子峰为基峰。

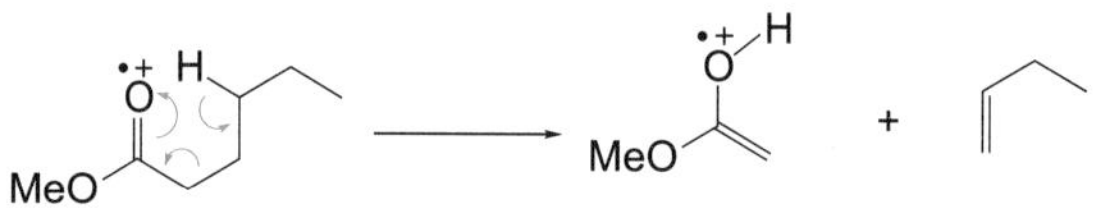

m/z 130(M^+)　　　　m/z 74

在己酸甲酯的质谱中，m/z 99 和 m/z 59 的两个碎片离子峰则是通过与羰基相邻的 C—C 键断裂方式形成的：

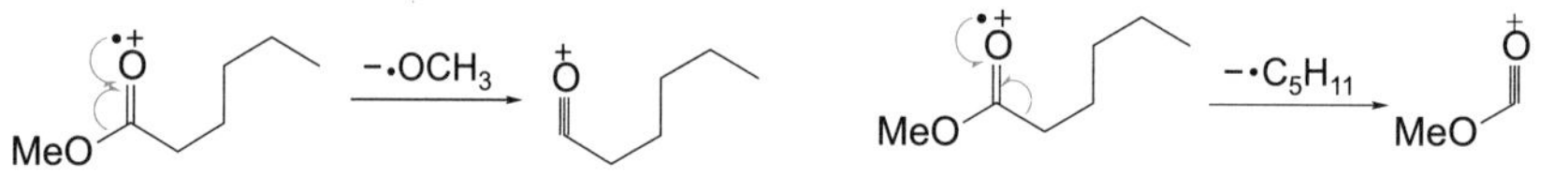

m/z 130(M^+)　　m/z 99　　m/z 130(M^+)　　m/z 59

★ **问题 7-23** 下列各组化合物可用质谱进行鉴别吗？为什么？

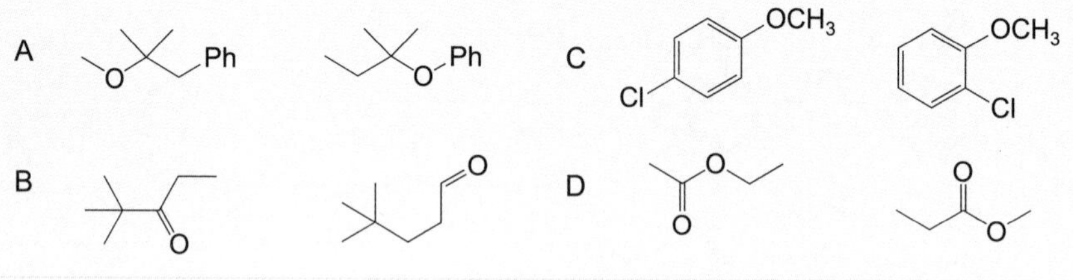

关键词

波谱	spectroscopy	顺磁共振波谱	electron spin resonance
红外光谱	infrared spectroscopy	电磁波谱	electromagnetic spectrum
紫外-可见光谱	ultraviolet-visible spectrum	频率	frequency
核磁共振波谱	nuclear magnetic resonance	波数	wavenumber
质谱	mass spectrometry	光速	the velocity of light
X 射线单晶衍射	X-ray single crystal diffraction	波长	wavelength

跃迁	transition	四重峰	quartet
吸收光谱	absorption spectrum	多重峰	multiplet
简谐振动	harmonic vibration	偶合常数	coupling constant
折合质量	reduced mass	同位偶合	geminal coupling
力常数	force constant	邻位偶合	vicinal coupling
伸缩振动	stretching vibration	远程偶合	long-range coupling
对称伸缩振动	symmetric stretching	Karplus 方程	Karplus equation
不对称伸缩振动	asymmetric stretching	磁等价质子	magnetically equivalent protons
弯曲振动	bending vibration	磁不等价质子	magnetically nonequivalent protons
面内弯曲	in-plane bending	对映异位质子	enantiotopic protons
面外弯曲	out-of-plane bending	非对映异位质子	diastereotopic protons
基本振动模式	fundamental vibrational mode	基态	ground state
倍频峰	overtone	激发态	excited state
官能团区	functional group region	电子光谱	electronic spectrum
指纹区	fingerprint region	吸光度	absorptance
自旋量子数	spin quantum number	摩尔吸光系数	molar absorptivity
化学位移	chemical shift	最大吸收波长	maximum absorption wavelength
峰面积	peak area		
分裂类型	splitting pattern	生色团	chromophore
屏蔽效应	shielding effect	助色团	auxochromic group
去屏蔽效应	deshielding effect	红移	bathochromic shift
化学等价质子	chemically equivalent proton	蓝移	blue shift
低场	downfield	电子轰击电离源质谱仪	electron impact mass spectrometry
高场	upfield		
磁各向异性效应	magnetically anisotropic effect	质荷比	mass to charge ratio
自旋偶合	spin spin coupling	基峰	base peak
自旋裂分	spin spin splitting	分子离子峰	molecular ion peak
单峰	singlet	碎裂	fragmentation
双重峰	doublet		
三重峰	triplet		

习 题

7-1 回答下列问题：

（1）写出分子式为 C_3H_6O 的化合物所有异构体结构式，其中之一的红外光谱在 $1715cm^{-1}$ 处有强的吸收，请指出这个异构体。

（2）写出分子式为 C_5H_{12} 的化合物所有异构体结构式，并指出其氢谱中峰的数目。

（3）下列化合物分子中的 H 哪些是化学等价的，哪些是磁等价的？

（4）在下列化学物的 ^{1}H-NMR 谱中，预期哪些会产生自旋裂分？

（5）写出分子式为 $C_2H_4Cl_2$ 的化合物所有异构体结构式，并指出符合 ^{1}H-NMR 数据 $[\delta\ 2.1(d, 3H), 5.7(q, 1H)]$ 的异构体。

（6）写出分子式为 $C_3H_6Cl_2$ 的化合物所有异构体结构式，其中之一的 ^{1}H-NMR 中在 $\delta\ 3.75$（三重峰，$J = 6.2Hz$，4H）和 2.20（五重峰，$J = 6.2Hz$，2H）处有两个峰，请指出这个异构体。

(7) 下面有 4 个化合物的结构式（A～D）和 4 组红外光谱数据（a～d），请指出与各组红外吸收数据（仅列出主要吸收带）最符合的化合物编号。

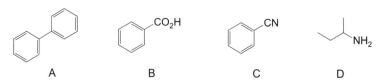

(a) 3080(w)，3000～2800(无吸收)，2230(s)，1450(s)，760(s)，688(s)cm^{-1}

(b) 3200～2400(s)，1685(b，s)，705(s)cm^{-1}

(c) 3380(m)，3300(m)，3200～3000(无吸收)，2980(s)，2870(m)cm^{-1}

(d) 3035(m)，1481(s)，1430(m)，730(s)，700(s)cm^{-1}

(8) 下面有 4 个化合物（A～D）和 4 组 ^{1}H-NMR 数据，请指出与各组氢谱数据最符合的化合物的编号。

(a) δ 6.66(m，1H)，6.01(m，1H)，5.51(m，1H)，5.16(d，$J=16.8$Hz，1H)，5.08(d，$J=10.3$Hz，1H)，1.75(d，$J=7.2$Hz，1H)

(b) δ 2.15(m，2H)，1.94(t，1H)，1.55(m，2H)，1.00(t，3H)

(c) δ 2.13(m，2H)，1.77(m，3H)，1.11(t，3H)

(d) δ 5.73(m，2H)，2.30(m，4H)，1.82(m，2H)

(9) 二氯甲烷、三氯甲烷、环己烷、DMSO 和甲醇是常用的有机溶剂，请从下面 4 个 ^{1}H-NMR 化学位移数据中找出最符合上述各溶剂分子的一个。

(a) δ 3.50；(b) δ 7.27；(c) δ 5.30；(d) δ 1.43；(e) δ 2.62。

(10) 下面有 4 个化合物（A～D）和 4 组紫外最大吸收波长数据，请指出与各最大吸收波长最符合的化合物的编号。

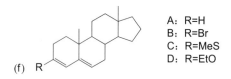

A：R=H
B：R=Br
C：R=MeS
D：R=EtO

(a) $\lambda_{max}=235$nm；(b) $\lambda_{max}=268$nm；(c) $\lambda_{max}=241$nm；(d) $\lambda_{max}=238$nm

7-2　某化合物分子式为 $C_4H_8O_2$，^{1}H-NMR：δ 4.12(q，2H)，2.05(s，3H)，1.26(t，3H)；^{13}C-NMR：δ 171.1，60.3，21.0，14.1。这个未知物的氢谱和碳谱见阅读资料 7-2。试推测这个化合物的结构，并归属化学位移数据。

7-3　某化合物含碳、氢和氧三种元素，其质谱中 m/z 112 的峰为分子离子峰，m/z 28 的峰为基峰；红外光谱中在 2850～2980cm^{-1} 范围有强吸收，在 1717cm^{-1} 处有很强吸收；^{1}H-NMR 中仅有一个单峰（δ 2.7）；^{13}C-NMR 中在 δ 37 和 208 有两个峰。试推测这个化合物的结构，并归属化学位移数据。

7-4　某化合物只含碳和氢两种元素，IR：ν(cm^{-1}) 3086，3060，2976，1630，1602，1496，1444，1376，894；^{1}H-NMR：δ 7.5～7.2(m，5H)，5.3(d，1H)，5.0(d，1H)，2.2(s，3H)；MS：m/z 118(100%)，103，91，78，51，39。试推断其结构，并归属化学位移数据。

7-5　某化合物由碳、氢和一种卤素组成，MS：m/z 138(10%)，136(10%)，57(100%)，41(65%)，29(40%)，27(30%)；^{1}H-NMR：δ 4.41(t，$J=6$Hz，2H)，1.88～1.81(m，2H)，1.51～1.42(m，2H)，0.93(t，$J=6$Hz，3H)；^{13}C-NMR：δ 34.7，33.5，21.2，13.1。氢谱和碳谱见阅读资料 7-3。试推测这个化合物的结构，并归属化学位移和质谱数据。

7-6*　某化合物的红外光谱在 3061～2870、1487(强)、1447 和 801(强)cm^{-1} 有

阅读资料7-2

阅读资料7-3

吸收；MS 中 m/z 170 和 172 的峰分别为分子离子峰和 M+2 峰，m/z 91 的峰为基峰；^{1}H-NMR：δ 7.3(d，2H)，7.0(d，2H)，2.3(s，3H)。试推断其结构，并归属化学位移。

7-7* 某化合物分子式为 $C_{10}H_{13}IO$，^{1}H-NMR：δ 7.76(d，1H)，7.27(dd，1H)，6.79(d，1H)，6.68(dd，1H)，4.00(t，$J=8Hz$，2H)，1.85～1.80(m，2H)，1.60～1.53(m，2H)，0.99(t，3H)；^{13}C-NMR：δ 157.7，139.3，129.3，122.2，112.0，86.7，68.8，31.2，19.3，13.8。氢谱和碳谱见阅读资料 7-4。试推测其结构。

7-8 从下面的反应中得到了一个产物 A，质谱分析表明其质量数符合分子式 $C_{10}H_{14}O$，NMR 氢谱和碳谱分析结果如下，请写出这个产物的结构式，并归属化学位移数据。

^{1}H-NMR：δ 7.18(d，$J=9Hz$，2H)，6.74(d，$J=9Hz$，2H)，3.72(s，3H)，2.83（七重峰，$J=7Hz$，1H)，1.21(d，$J=7Hz$，6H)；^{13}C-NMR：δ 153，141，127，115，59，33，24。

阅读资料7-4

第8章

卤 代 烃

烃分子中的一个或多个氢原子被卤原子取代后的化合物称为卤代烃（halohydro-carbon），一般用通式 RX 表示，其中 X 代表 F、Cl、Br 或 I。二氯甲烷、三氯甲烷、二氯乙烷、氯苯等卤代烃在化学工业和实验室被广泛用作有机溶剂。四氟乙烯是制备聚四氟乙烯塑料的基本原料。氟里昂（几种氟氯代甲烷和氟氯代乙烷的总称）曾是全世界广泛使用的制冷剂，但因其能破坏可以吸收紫外线的大气臭氧层，世界各国都减少了对氟里昂的生产和使用，2010 年后我国已禁止生产和使用。卤代烃是合成许多药物、农药、材料的重要原料，也是有机合成中重要的中间体，是一类重要的有机化合物。本章将着重讨论卤代烃的物理化学性质，卤代烃参与的亲核取代反应和消除反应的机理及其影响因素。

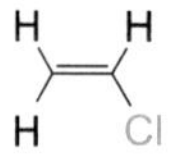

氯乙烯
(聚氯乙烯合成单体)

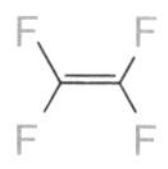

四氟乙烯
(聚四氟乙烯合成单体)

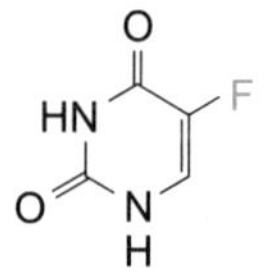

5-氟尿嘧啶
(抗肿瘤药物)

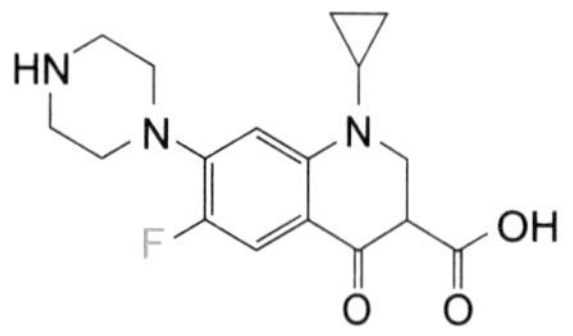

环丙沙星
(抗菌药物)

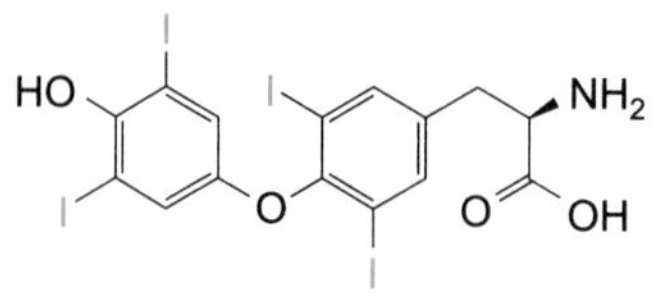

甲状腺素
(治疗甲状腺机能减退药物)

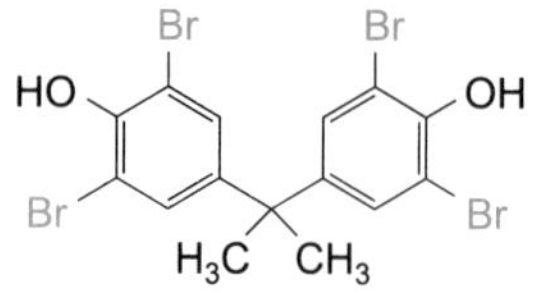

四溴双酚A
(塑料制品的阻燃剂)

8.1 卤代烃的分类和命名

8.1.1 卤代烃的分类

按烃基结构的不同，卤代烃可分为卤代烷烃、卤代烯烃、卤代炔烃和卤代芳烃。例如：

卤代烷烃：CH₃CH₂Br　CH₃CHCH₂Cl（CH₃）　

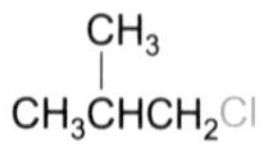

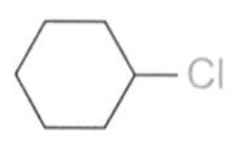

卤代烯烃：H₂C=CHCl 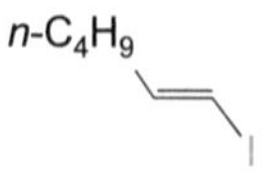　　卤代炔烃：CH₃C≡C—Br

卤代芳烃：

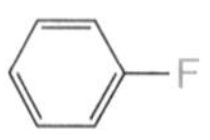

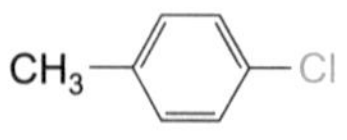

根据卤原子的数目不同，可将卤代烃分为一卤代烃、二卤代烃和多卤代烃。在二卤代烃中，两个卤原子连在相邻碳原子上的又称为连二卤代烃或邻二卤代烃，两个卤原子连在同一个碳原子上的称为偕二卤代烃。例如：

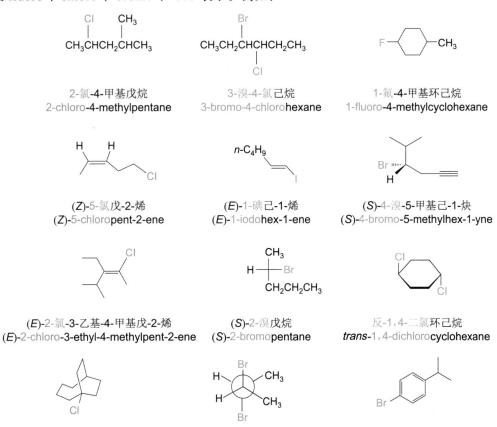

一卤代烃：CH₃CH₂Br

二卤代烃：

（邻二卤代烃）　　（偕二卤代烃）

多卤代烃：CHBr₃　　F₂C＝CF₂

根据卤素所连碳原子类型的不同，可将卤代烷烃分为伯卤代烷（一级卤代烷）、仲卤代烷（二级卤代烷）和叔卤代烷（三级卤代烷）。例如：

伯卤代烷：CH₃CH₂Br

仲卤代烷：

叔卤代烷：

8.1.2　卤代烃的命名

卤代烃是烃的衍生物，用 IUPAC 系统命名法命名时，卤原子作为取代基，烃作为母体。命名的基本原则与烃的命名规则相同。英文命名时，氟、氯、溴和碘原子用前缀 fluoro-、chloro-、bromo-、iodo-表示。例如：

2-氯-4-甲基戊烷
2-chloro-4-methylpentane

3-溴-4-氯己烷
3-bromo-4-chlorohexane

1-氟-4-甲基环己烷
1-fluoro-4-methylcyclohexane

(Z)-5-氯戊-2-烯
(Z)-5-chloropent-2-ene

(E)-1-碘己-1-烯
(E)-1-iodohex-1-ene

(S)-4-溴-5-甲基己-1-炔
(S)-4-bromo-5-methylhex-1-yne

(E)-2-氯-3-乙基-4-甲基戊-2-烯
(E)-2-chloro-3-ethyl-4-methylpent-2-ene

(S)-2-溴戊烷
(S)-2-bromopentane

反-1,4-二氯环己烷
trans-1,4-dichlorocyclohexane

1-氯双环[4.2.2]癸烷
1-chlorobicyclo[4.2.2]decane

(2R,3R)-2,3-二溴丁烷
(2R,3R)-2,3-dibromobutane

1-溴-4-异丙基苯
1-bromo-4-isopropylbenzene

一些简单的卤代烃也常使用其别名或俗名。例如：

$CH_3CH_2CH_2I$

正丙基碘
n- propyl iodide

$CH_3-\underset{\underset{Br}{|}}{CH}-CH_3$

异丙基溴
isopropyl bromide

$CH_3-\underset{\overset{|}{CH_3}}{CH}-CH_2Br$

异丁基溴
isobutyl bromide

$CH_3-\underset{\overset{|}{Cl}}{\overset{\overset{CH_3}{|}}{C}}-CH_3$

叔丁基氯
tert- butyl chloride

CH_3CH_2Br

乙基溴
ethyl bromide

$CH_2=CHCl$

乙烯基氯
vinyl chloride

碘苯
phenyl iodide

苄氯
benzyl chloride

$CH_2=CHCH_2Br$

烯丙基溴
allyl bromide

此外，$CHCl_3$ 常称为氯仿（chloroform），$CHBr_3$ 称为溴仿（bromoform），CHI_3 称为碘仿（iodoform），CCl_4 称为四氯化碳（carbon tetrachloride）。

★ 问题 8-1　写出分子式为 C_4H_7Br 的所有异构体，并用系统命名法命名。

★ 问题 8-2　下列四个结构式中哪个与框内结构式不是同一物质？

（a）　　　　　（b）　　　　　（c）　　　　　（d）

8.2　卤代烃的物理性质及波谱特征

由于卤原子的电负性比碳原子大得多，碳卤键是极性共价键，卤代烃为极性分子。它们的分子之间存在较强的偶极-偶极相互作用，即极性力，因此，卤代烃的沸点比相应烃的沸点高。分子量越大，范德华力也越大，沸点也就越高。除了碘甲烷外，一个碳的卤代烃以及四个碳以下的氟代烃是气体，一般的卤代烃为液体，15 个碳以上的为固体。烃基相同而卤原子不同的卤代烃，沸点随分子量的增加而升高。对于同分异构体，支链越多，沸点越低。

卤素的原子量较大，因此卤代烃的相对密度较大，随着分子中卤原子增多，密度增大。除一氟代烃和一氯代烃外，卤代烃的密度都大于 1。一些常见卤代烷的物理常数见阅读资料 8-1。

几乎所有的卤代烃都不溶于水，但能溶于大多数有机溶剂。一些低级的卤代烃（如二氯甲烷、三氯甲烷、四氯化碳、1,2-二氯乙烷）本身就是良好的有机溶剂。核磁共振实验中，氘代氯仿是最常用的氘代溶剂。

卤代烃的红外特征吸收峰是 C—X 键的伸缩振动吸收，吸收频率随卤素原子量的增加而减小，其中 C—F 键的吸收频率在 $1400\sim1000cm^{-1}$，C—Cl 键为 $800\sim600cm^{-1}$，C—Br 键为 $600\sim500cm^{-1}$，而 C—I 键的吸收频率在 $500cm^{-1}$ 附近。例如，溴乙烷的 C—Br 键伸缩振动吸收峰为 $561cm^{-1}$，碘苯的 C—I 键的吸收峰位于 $500cm^{-1}$。除 C—F 键外，C—X 键的伸缩振动吸收频率都在指纹区，因此用红外光谱确定有机化合物中是否存在 C—X 键是困难的。

由于氯元素（^{35}Cl 和 ^{37}Cl）与溴元素（^{79}Br 和 ^{81}Br）存在同位素，所以在氯代烃和溴代烃的质谱中有非常特征的同位素峰：一氯代烃的 M^+ 峰（^{35}Cl）与 $[M+2]^+$ 峰（^{37}Cl）的丰度比接近 3:1。一溴代烃的 M^+ 峰（^{79}Br）与 $[M+2]^+$ 峰（^{81}Br）的丰度比接近 1:1。因此，可以根据这一特征确定分子中是否含有氯原子或溴原子。

^{1}H-NMR 谱中，卤素电负性较大，受卤原子吸电子诱导效应的去屏蔽作用影响，与卤素直接相连的碳上氢的化学位移移向低场。卤素的电负性越大，去屏蔽作用也越

阅读资料8-1

大，氢的化学位移越向低场移动。例如：

	CH$_3$F	CH$_3$Cl	CH$_3$Br	CH$_3$I	CH$_4$
化学位移	4.26	3.05	2.68	2.16	0.23

由于诱导效应具有叠加性，随着卤原子增多，去屏蔽效应增大，与卤素直接相连的碳上氢的化学位移越移向低场。例如：

	CHCl$_3$	CH$_2$Cl$_2$	CH$_3$Cl
化学位移：	7.26	5.32	3.21

氯仿中氢的化学位移为 7.26，在氘代氯仿（氘代率 99.8%）为溶剂的 ^{1}H-NMR 实验中，常以氘代氯仿中残留的氯仿作内标。

由于每经过一个 σ 键，诱导效应就会急剧减弱，诱导效应传递到第三个碳上已经很弱，对第三个碳原子上氢的化学位移的影响很小。例如，在溴乙烷的 ^{1}H-NMR 谱中，与溴原子相连碳原子上 H 的化学位移出现在低场（δ 3.43），而甲基上的 H 则处于高场（δ 1.68）。在 1-溴丁烷的 ^{1}H-NMR 谱中，1- 到 4-位碳原子上 H 的化学位移由低场到高场依次为 δ 3.41、1.84、1.47 和 0.93。

> ★ 问题 8-3　某有机物的质谱显示有 M 和 M+2 峰，两者丰度比为 1:1，该化合物可能含有哪种元素？若 M 和 M+2 峰的丰度比为 3:1，该化合物可能含有哪种元素？
>
> ★ 问题 8-4　在用 NMR 测定有机反应转化率（即核磁产率）时，常在得到的粗产品中加一定量的 CH$_2$Br$_2$ 或 CH$_3$NO$_2$ 或均三甲苯作为内标，以便计算核磁产率，为什么？

8.3 卤代烃的制备

从自然界中发现的天然卤代烃数目很少，绝大多数卤代烃是通过合成方法得到的。由于卤代烃化学性质活泼，通过化学反应可把卤代烃转化为多种含重要官能团的化合物，卤代烃的制备显得非常重要。

8.3.1 饱和碳原子上氢原子的卤代

在光照或高温条件下，烷烃与卤素发生自由基取代反应生成卤代烷（见 4.1 节），但烷烃中几种不同的氢的反应活性相差不大，卤素的反应活性又高（如氯气）的情况下，常常得到混合物，而且得到的混合产物很难通过化学方法分离，所以一般情况下，通过烷烃的自由基卤代反应制备卤代烃的意义不大。但这种自由基取代反应通常用来制备烯丙型和苄基型卤代烃。工业上，可以通过调节烷烃与卤素的物质的量之比和反应条件，来制备一氯甲烷和四氯化碳。下面这些烃的自由基卤代反应具有较高的选择性，可用于制备卤代烃。

8.3.2 不饱和烃与卤素或卤化氢的加成反应

(1) 不饱和烃与卤素或卤化氢的亲电加成反应

烯烃或炔烃与卤素或卤化氢的亲电加成反应可以制备1,2-二卤代烷和1,1-二卤代烷（见第5.3和5.4节）。例如：

$$CH_2{=}CHCH_3 \ + \ Br_2 \ \longrightarrow \ BrCH_2\underset{\underset{Br}{|}}{C}HCH_3$$

$$CH_2{=}CH{-}CH{=}CH_2 \ + \ Br_2 \ \longrightarrow
\begin{cases}
\xrightarrow{-15℃} \ CH_2{-}CH{-}CH{=}CH_2 \\[2pt]
\qquad\qquad \underset{Br}{|}\quad \underset{Br}{|} \\[6pt]
\xrightarrow{45℃} \ CH_2{-}CH{=}CH{-}CH_2 \\[2pt]
\qquad\quad \underset{Br}{|}\qquad\qquad \underset{Br}{|}
\end{cases}$$

$$CH_3C{\equiv}CH \ + \ 2HCl \ \longrightarrow \ CH_3{-}\underset{\underset{Cl}{|}}{\overset{\overset{Cl}{|}}{C}}{-}CH_3$$

(2) 烯烃与溴化氢的自由基加成反应

在过氧化物存在下，溴化氢与烯烃发生自由基加成反应，也可以制备溴代烃，但不对称烯烃加成的区域选择性与亲电加成不同，生成反马氏加成的产物。例如：

$$CH_3CH_2CH{=}CH_2 \ + \ HBr \ \xrightarrow{\text{过氧化物}} \ CH_3CH_2CH_2CH_2Br$$

8.3.3 芳环上的取代反应

在路易斯酸催化下，芳香烃与卤素发生芳环上的亲电取代反应，这是制备卤代芳烃的常用方法。

此外，芳烃经硝化反应生成硝基芳烃，后者经还原得到芳胺，再通过重氮化反应制备芳基重氮盐。在温和条件下，重氮基可被转化为氟、氯、溴或碘，这是由芳烃制备卤代芳烃的一种间接方法，将在第13.8节中讨论。

8.3.4 卤代烃的卤素交换反应

用通常方法很难制备碘代烷，但可通过氯代烷或溴代烷与碘化钠的交换反应来制备。这个反应属于亲核取代反应，将在第8.4节中详细讨论。

$$R{-}Cl \ + \ NaI \ \xrightarrow{\text{丙酮}} \ R{-}I \ + \ NaCl\downarrow$$

$$R{-}Br \ + \ NaI \ \xrightarrow{\text{丙酮}} \ R{-}I \ + \ NaBr\downarrow$$

8.3.5 由醇制备卤代烃

醇分子中的羟基可被卤原子取代得到相应的卤代烃，由于醇比较容易得到，所以这是制备卤代烃最常用的方法（详见第9.1.4节）。常用的卤化试剂有氢卤酸、三卤化磷、五卤化磷、氯化亚砜和氯化砜。

醇与卤化氢一起回流，可得到相应的卤代烃。例如：

$$CH_3CH_2CH_2CH_2OH \ + \ HBr \ \xrightarrow{\triangle} \ CH_3CH_2CH_2CH_2Br \ + \ H_2O$$

$$3CH_3CH_2CHCH_3 + PBr_3 \longrightarrow 3CH_3CH_2CHCH_3 + P(OH)_3$$

醇与三卤化磷或五卤化磷作用，也能生成卤代烃。

醇与亚硫酰氯（$SOCl_2$，又称氯化亚砜）作用，生成氯代烃，这个反应不仅反应速率快，而且产率高，产生的二氧化硫和氯化氢都是气体，容易纯化。

$$CH_3CH_2CH_2OH + SOCl_2 \longrightarrow CH_3CH_2CH_2Cl + SO_2\uparrow + HCl\uparrow$$

8.4 卤代烷烃的亲核取代反应

有机化合物的化学性质是由分子中的官能团决定的，卤代烃的化学性质主要表现在卤原子上。卤代烃中卤素电负性比碳大，吸引电子的能力比碳强，C—X 键是极性共价键，在一定条件下容易发生异裂。C—X 键中电子对偏向于卤素，使得碳带有部分正电荷，卤素带有部分负电荷，富电子试剂可以进攻带部分正电荷的碳原子发生亲核取代反应。另外，受卤素吸电子诱导效应的影响，β-位 C—H 键的极性增大，β-H 的酸性增强，在碱的作用下容易脱去一分子卤化氢，发生 1,2-消除反应。卤代烃还能与金属反应生成有机金属化合物。这三类反应都涉及 C—X 键的异裂，卤素均以卤素阴离子的形式离去，卤素阴离子越稳定，反应越有利于进行。碘负离子的共轭酸的酸性最大，最稳定，是最好的离去基团。烃基相同而卤素不同的各种卤代烃发生亲核取代反应的活性为：RI＞RBr＞RCl＞RF。氟代烃一般较难发生亲核取代反应。

8.4.1 亲核取代反应

卤素连在饱和碳原子上，碳带有部分正电荷，卤素带有部分负电荷，富电子试剂——亲核试剂（nucleophile，简写 Nu）进攻带部分正电荷的碳原子，亲核试剂与碳原子形成共价键，卤原子则带着一对电子以负离子的形式离去，即卤素被亲核试剂取代，这种有机分子中的原子或基团被亲核试剂取代的反应称为亲核取代反应（nucleophilic substitution reaction），用 S_N 表示，其反应通式表示如下：

$$Nu^- + R{-}X \longrightarrow R{-}Nu + X^-$$
亲核试剂 底物   产物 离去基团

式中，卤代烃 RX 为底物（substrate），常用"S"表示；Nu^- 为亲核试剂；X^- 为离去基团（leaving group），常用"L"表示；与离去基团相连的碳原子称为中心碳原子。亲核试剂属于 Lewis 碱，可以是带负电荷的离子（如 OH^-、RO^-、$RCOO^-$、NO_3^-、NH_2^-、RS^-、HS^-、N_3^-、CN^-、$RC{\equiv}C^-$、R^-、X^- 等），也可以是拥有孤对电子的中性分子（如 H_2O、ROH、H_2S、NH_3、RNH_2、R_2NH、R_3N、PPh_3 等）。如果反应中所用的溶剂同时又作为亲核试剂，这样的亲核取代反应也称为溶剂解（solvolysis），如水解、醇解等。

（1）与氢氧根负离子的反应

卤代烷与水的反应一般很慢或难以发生，但在碱性条件下卤原子可被 OH^- 取代生成醇，这个反应称为卤代烃的水解（hydrolysis）。

$$R{-}X + NaOH \xrightarrow{H_2O} ROH + NaX$$

通常不用卤代烃的水解反应来制备醇，因为醇在自然界中是大量存在的，而卤代烃往往是由醇制得的。但对于某些复杂分子引入羟基要比引入卤素困难，这时可以先引入卤素，然后通过水解引入羟基。在天然产物合成中经常采用这种策略。

（2）与烷氧基/苯氧基负离子的反应

卤代烷与醇钠或酚钠作用生成醚，这是制备非对称醚最常用的一种方法，称为 Williamson 合成法（详见第 9.3.3 节）。反应中所用的卤代烃通常为伯卤代烃。例如：

$$(CH_3)_2CHCH_2ONa + C_2H_5Br \longrightarrow (CH_3)_2CHCH_2OC_2H_5$$
$$CH_3(CH_2)_7ONa + CH_3(CH_2)_3Cl \longrightarrow CH_3(CH_2)_7O(CH_2)_3CH_3$$

（3）与羧酸根负离子反应

羧酸根负离子也属于含氧亲核试剂，它们与卤代烃反应生成酯。常用这种方法把羧酸转化为甲酯或乙酯。例如：

$$CH_3(CH_2)_{16}\overset{O}{\overset{\|}{C}}OK + C_2H_5I \xrightarrow[H_2O]{\text{丙酮}} CH_3(CH_2)_{16}\overset{O}{\overset{\|}{C}}OC_2H_5$$
$$95\%$$

（4）与硝酸银的反应

卤代烷在醇溶剂中与硝酸银作用生成硝酸酯和卤化银沉淀。在这个亲核取代反应中，硝酸根负离子中的带负电荷的氧原子亲核进攻与卤原子相连的碳，卤负离子离去，并生成卤化银沉淀。

$$R-X + AgNO_3 \xrightarrow{EtOH} RONO_2 + AgX\downarrow$$

烃基相同而卤素不同的卤代烃发生这一反应的活性顺序为：RI＞RBr＞RCl。当卤原子相同，烃基结构不同时，其活性顺序为：$R_3CX＞R_2CHX＞RCH_2X＞CH_3X$。

反应过程中生成了卤化银沉淀，有明显的现象，所以该反应曾被用于鉴别卤代烃与其它类型的有机化合物。由于烃基结构不同的卤代烃与 $AgNO_3/C_2H_5OH$ 作用时，叔卤代烃的反应速率最快，最先生成沉淀，其次是仲卤代烃，反应速率最慢的是伯卤代烃，通常要加热才能产生沉淀。烯丙型和苄基型卤代烃非常活泼，与硝酸银的醇溶液能立即反应产生沉淀。而卤素直接连在双键碳原子或苯环上的卤代烃则不发生该反应。一个碳原子上连有两个或多个卤素的多卤代烃也不发生该反应。因此，根据反应条件、沉淀的颜色以及出现沉淀的时间不同，该反应可用于鉴别结构不同的卤代烃。

（5）与氰化物的反应

卤代烷与氰化钠或氰化钾作用，可得到腈（RC≡N），这是制备腈类化合物的常用方法。例如，氯代环戊烷与氰化钾作用，生成环戊烷甲腈：

氯代环戊烷
chlorocyclopentane

环戊烷甲腈
cyclopentanecarbonitrile

2-氯丁烷与氰化钠反应

$$CH_3CH_2\underset{\underset{Cl}{|}}{C}HCH_3 + NaCN \xrightarrow[3h, \triangle]{DMSO} CH_3CH_2\underset{\underset{CN}{|}}{C}HCH_3 + NaCl$$

2-氯丁烷
2-chlorobutane

2-甲基丁腈
2-methylbutanenitrile

（6）与氨和胺的反应

当用氨（NH_3）或胺（RNH_2、R_2NH、R_3N）作亲核试剂时，卤代烷与其作用生成胺或季铵盐（$R_4N^+X^-$）。该反应也称为卤代烷的氨解。例如，在过量的氨气存在下，1-氯丁烷与氨气发生亲核取代反应生成正丁基胺：

$$CH_3CH_2CH_2CH_2Cl \ + \ NH_3(过量) \longrightarrow CH_3CH_2CH_2CH_2NH_2$$

1-氯丁烷　　　　　　　　　　　　正丁基胺
1-chlorobutane　　　　　　　　　butan-1-amine

1,2-二氯乙烷的氨解得到乙二胺，后者可进一步与2-氯乙酸发生亲核取代反应生成乙二胺四乙酸，它的钠盐称为 EDTA，是一种络合剂，在分析化学中用于络合滴定。

$$ClCH_2CH_2Cl \xrightarrow[\triangle]{NH_3（过量）} H_2NCH_2CH_2NH_2 \xrightarrow{ClCH_2COOH} \begin{array}{l} CH_2N(CH_2COOH)_2 \\ | \\ CH_2N(CH_2COOH)_2 \end{array}$$

1,2-二氯乙烷　　　　　　乙二胺　　　　　　乙二胺四乙酸
1,2-dichloroethane　　　ethane-1,2-diamine　　ethylene diamine
tetraacetic acid

（7）与叠氮化钠的反应

卤代烷与叠氮化钠反应生成有机叠氮化合物。例如，1-碘丁烷与叠氮化钠作用生成丁基叠氮：

$$CH_3CH_2CH_2CH_2I \ + \ NaN_3 \longrightarrow CH_3CH_2CH_2CH_2N_3 \ + \ NaI$$

（8）与 NaSH 和 NaSR 的反应

卤代烷与硫氢化钠（或氢硫化钾）反应生成硫醇。在这个反应中，生成的硫醇具有酸性，可与反应体系中的碱（NaSH）反应生成硫醇钠盐（NaSR）；由于烷硫基负离子是良好的亲核试剂，硫醇钠盐可进一步与卤代烃发生亲核取代反应生成硫醚。通常用这种方法来制备硫醇和对称的硫醚，但必须控制好反应时间以及反应物的投料比等反应条件。

$$NaSH + R{-}X \longrightarrow RSH + NaX$$
硫醇

$$RSH + NaSH \longrightarrow RSNa + H_2S$$

$$RSNa + R{-}X \longrightarrow R{-}S{-}R + NaX$$
硫醚

例如，2-溴壬烷与 KSH 在乙醇和水混合溶剂中反应生成壬-2-硫醇：

$$\begin{array}{c} CH_3CH(CH_2)_6CH_3 \ + \ KSH \\ | \\ Br \end{array} \xrightarrow[H_2O]{EtOH} \begin{array}{c} CH_3CH(CH_2)_6CH_3 \ + \ KBr \\ | \\ SH \end{array}$$

2-溴壬烷　　　　　　　　壬-2-硫醇
2-bromononane　　　　　nonane-2-thiol

卤代烷与硫醇钠盐的反应可用于制备不对称的硫醚，如溴代环戊烷与甲硫醇钠作用，生成环戊基（甲基）硫醚：

溴代环戊烷　　　　　　　　环戊基(甲基)硫醚
bromocyclopentane　　　cyclopentyl(methyl)sulfane

（9）卤离子互换反应

由于碘的电负性小，原子半径大，外层电子离原子核远，容易极化，I^- 是很好的亲核试剂。另一方面，碘是第五周期元素，C—I 键易发生异裂，所以它又是一个很好的离去基团，碘代烃发生亲核取代反应的速率比氯代烃快得多。在碘化钠-丙酮溶液中，氯代烷和溴代烷中的卤素可被碘置换，生成碘代烷。碘代烷很难通过烷烃直接碘代获得，所以常用这种方法制备碘代烷：

$$R{-}Cl \ + \ NaI \xrightarrow{丙酮} R{-}I \ + \ NaCl \downarrow$$

$$R{-}Br \ + \ NaI \xrightarrow{丙酮} R{-}I \ + \ NaBr \downarrow$$

卤素相同、烃基结构不同的卤代烷，其反应活性顺序为：$RCH_2X > R_2CHX >$

R_3CX。碘化钠可溶于丙酮，而氯化钠和溴化钠不能溶于丙酮，生成了沉淀。因此，该反应也可用于鉴别卤代烷，反应最快的是烯丙型卤代烷、苄基型卤代烷和伯卤代烷，其次是仲卤代烷，反应最慢的是叔卤代烷。苯基型和乙烯基型卤代烃即使加热也不产生沉淀。

在溴代烃或氯代烃进行亲核取代反应时，如果在反应体系中加入少量碘负离子，利用碘负离子的强亲核性，它与溴代烃或氯代烃发生卤离子交换反应转化为碘代烃，再利用 I^- 易离去的特点，碘代烃与亲核试剂反应后生成取代产物并再生碘负离子。催化反应的循环过程如下：

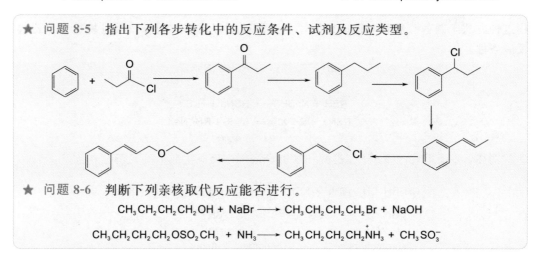

在有机合成中，由于碘代烃的价格一般比氯代烃和溴代烃贵得多，所以在溴代烃或氯代烃的亲核取代反应中，常常加入少量碘化钾作为催化剂，以加快反应速率。例如：

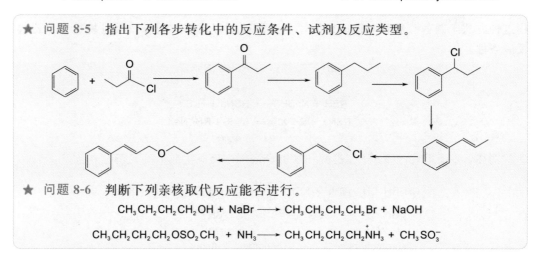

4-氯萘酚	2-氯乙酸	2-(4-氯苯氧基)乙酸
4-chlorophenol	2-chloroacetic acid	2-(4-chlorophenoxy)acetic acid

★ 问题 8-5　指出下列各步转化中的反应条件、试剂及反应类型。

★ 问题 8-6　判断下列亲核取代反应能否进行。

$$CH_3CH_2CH_2CH_2OH + NaBr \longrightarrow CH_3CH_2CH_2CH_2Br + NaOH$$

$$CH_3CH_2CH_2CH_2OSO_2CH_3 + NH_3 \longrightarrow CH_3CH_2CH_2CH_2\overset{+}{N}H_3 + CH_3SO_3^-$$

8.4.2　饱和碳原子上亲核取代反应的机理与立体化学

在上述反应中，亲核试剂是如何取代离去基团的？大量研究表明，有些卤代烃的水解速率仅与底物的浓度有关，而有些卤代烃的反应速率，不仅与底物的浓度有关，而且还与碱的浓度有关。例如，溴甲烷在碱性条件下水解时，反应速率既与溴甲烷浓度成正比，又与碱的浓度成正比，这种反应称为双分子亲核取代反应（bimolecular nucleophilic substitution），用 S_N2 表示。

$$CH_3Br + OH^- \longrightarrow CH_3OH + Br^-$$

$$v = k[CH_3Br][OH^-]$$

在反应动力学研究中，把反应速率方程中所有浓度项指数相加，即为该反应的级数，因此，溴甲烷在碱性条件下水解反应为二级反应。

在研究叔丁基溴水解反应机理时发现其反应速率仅与底物浓度成正比，而与碱的浓度无关，动力学上属于一级反应，称为单分子亲核取代反应（unimolecular nucleophilic substitution），用 S_N1 表示。

$$(CH_3)_3CBr + H_2O \longrightarrow (CH_3)_3COH + HBr$$

$$v = k[(CH_3)_3CBr]$$

不同卤代烷表现出不同的反应速率方程，为了解释这些实验事实，C. K. Ingold 和 E. D. Hughes 等人在研究了不同结构卤代烷亲核取代反应动力学和反应速率的基础上，根据一些立体化学研究结果，提出了单分子和双分子两种亲核取代反应的机理。

（1）双分子亲核取代反应（S_N2）

溴甲烷在碱性条件下水解的反应速率与底物浓度和亲核试剂 OH^- 的浓度都有关，动力学上表现为二级反应，这说明在反应的决速步中，两种反应物都参与了反应，故称双分子亲核取代反应，用 S_N2 表示。该反应一步完成，按协同机理进行，即在反应过程中 C—X 键的断裂和 C—O 键的形成是同时进行的，其反应过程可表示为：

$$OH^- + \overset{H}{\underset{H}{\overset{|}{C}}}{-}Br \longrightarrow \left[HO{\cdots}\overset{\delta^-}{\underset{H}{\overset{H}{C}}}{\cdots}\overset{\delta^-}{Br} \right]^{\ddagger} \longrightarrow HO{-}\overset{H}{\underset{H}{C}} + Br^-$$
过渡态

当亲核试剂进攻碳原子时，由于溴原子带有部分负电荷，带负电荷的 OH^- 从溴的方向进攻受到阻碍，因此，只能从溴的背面进攻碳，随着 OH^- 与碳原子的接近，逐渐形成 C—O 键，C—Br 键逐渐拉长，碳的构型也由伞形趋于平面形。当三个氢原子与碳处于同一个平面时，碳由 sp^3 杂化转变为 sp^2 杂化，进攻基团与离去基团分别处在该平面的两侧，未参加杂化的 p 轨道一瓣与氧形成部分键，另一瓣与溴形成部分键，氧与溴处于同一直线上，中心碳原子形成五配位（即连有五个原子）的过渡态。

$$H{-}\overset{\delta^-}{O}{\cdots}\overset{H\ H}{\underset{H}{C}}{\cdots}\overset{\delta^-}{Br}$$

分子轨道原理认为，反应时 OH^- 的氧原子上孤对电子所处 sp^3 轨道与 C—Br 键空的 σ^* 轨道"头对头"作用。在过渡态中，中心碳原子的 p 轨道与旧的键和新的键共用一对电子，中心碳原子具有平面结构，离去基团和亲核基团之间具有 $180°$ 的夹角。

C—Br 键空的 σ*轨道　　　　　新的σ键

在过渡态中，C—O 键已部分形成，C—Br 键已部分断裂，其键长都比正常的键长长一些，同时由于三个 C—H 键的偏转，引起键角发生改变，也使体系能量升高到最大。然后，OH^- 继续与碳接近，C—O 键进一步形成，此时甲基上的三个氢原子完全转向溴原子这边，C—Br 键进一步拉长直至完全断裂，溴负离子离去，最后生成产物。碳原子的杂化状态又恢复为 sp^3 杂化。整个过程是逐渐变化并连续的，碳卤键的断裂与碳氧键的形成是同步进行、一步完成的，属于 S_N2 反应。溴甲烷碱性水解反应进程势能曲线如图 8-1 所示。S_N2 反应立体电子效应的进一步学习可观看视频材料 8-1。

视频材料8-1

从以上讨论可以看出，S_N2 反应是否容易发生取决于反应中过渡态能量的高低，能量越低，过渡态越容易形成，反应速率越快。在过渡态中，中心碳原子连接了五个基团，空间上比较拥挤，显然，中心碳原子上连接的基团越多，进攻基团的体积越大，形成过渡态的空间位阻越大，形成过渡态的能量越高，对 S_N2 反应越不利。由此可见，对于结构不同的卤代烃，按 S_N2 机理反应的活性顺序为：$CH_3X > RCH_2X > R_2CHX > R_3CX$。

根据 S_N2 反应历程，亲核试剂从离去基团的背面进攻中心碳原子，产物与底物相比，中心碳原子的构型发生了翻转，这种翻转称为 Walden 翻转（Walden inversion）。如果卤素所连的碳即中心碳原子是手性碳，发生 S_N2 反应后，产物中心碳原子的构型

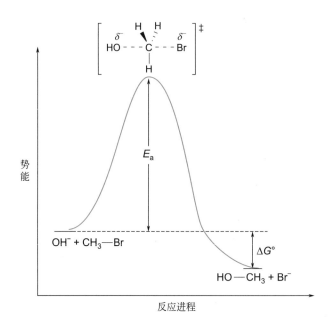

图 8-1　溴甲烷碱性水解反应进程势能曲线图

与反应物的构型应相反，构型 100％ 发生翻转。例如，（S)-2-碘辛烷溶液中加入放射性的 $^{128}I^-$（用 I^{*-} 表示），每间隔一段时间取样测定旋光度和同位素交换速率，发现旋光度逐渐减小，即发生了外消旋化现象，说明反应过程中有 (R)-2-碘（I^*)辛烷生成。实验结果表明外消旋化的速率是同位素交换速率的两倍，可见每一次同位素交换都发生了构型翻转，一个 (S)-2-碘辛烷分子转变为一个 (R)-2-碘（I^*)辛烷分子，不仅减少了一个 (S)-2-碘辛烷分子，生成的那个 (R)-2-碘（I^*)辛烷分子还消旋了一个 (S)-2-碘辛烷分子。由此可以推断亲核试剂 100％ 从离去基团的背面进攻。如果 I^{*-} 从前面和背面进攻的机会相等，则外消旋化的速率应该与同位素交换速率相等。

$$I^{*-} + H^{\cdots\cdots}\overset{n\text{-}C_6H_{13}}{\underset{CH_3}{C}}\!-\!I \longrightarrow I^*\!-\!\overset{C_6H_{13}\text{-}n}{\underset{CH_3}{C}}^{\cdots\cdots}H \;+\; I^-$$

(S)-2-碘辛烷　　　　(R)-2-碘(I^*)辛烷

构型翻转是 S_N2 机理的重要特征之一。如果某一亲核取代反应发生 Walden 翻转，则可以推测该反应是按 S_N2 历程进行的。例如，(S)-(−)-2-溴辛烷与氢氧化钠水溶液发生水解反应后生成辛-2-醇，测得其比旋光度为 $[\alpha]_D^{20}=-9.9°$，由于 (S)-(+)-辛-2-醇的比旋光度为 $[\alpha]_D^{20}=+9.9°$，说明生成的辛-2-醇为 R-构型，即反应过程中发生了 Walden 翻转，该反应是按 S_N2 历程进行的。

$$HO^- + \overset{n\text{-}C_6H_{13}}{\underset{CH_3}{C}}\!-\!Br \longrightarrow \left[HO^{\cdots\cdots}\overset{n\text{-}C_6H_{13}}{\underset{CH_3}{C}}^{\delta}{\cdots\cdots}Br\right]^{\ddagger} \longrightarrow HO\!-\!\overset{C_6H_{13}\text{-}n}{\underset{CH_3}{C}}^{\cdots\cdots}H \;+\; Br^-$$

(S)-(−)-2-溴辛烷　　　　　　　　　　　　(R)-(−)-辛-2-醇

综上所述，S_N2 反应的主要特征是：①反应一步完成；②反应速率与反应物及亲核试剂的浓度都有关，动力学表现为二级反应；③中心碳原子经 S_N2 反应后，构型 100％ 发生翻转；④对不同结构的卤代烷反应活性顺序为：$CH_3X > RCH_2X > R_2CHX > R_3CX$。

（2）单分子亲核取代反应（S_N1）

实验表明，溴代叔丁烷的水解速率只与底物的浓度有关，而与亲核试剂（H_2O）浓度无关。这说明反应是分步进行的。对于多步反应，整个反应速率由反应最慢的一步决定。因此推测决速步中亲核试剂没有参与反应，即在决速步中只涉及 C—Br 键的断裂，而不涉及 C—O 键的形成。由此提出如下溴代叔丁烷水解反应的机理。

第一步：溴代叔丁烷的 C—Br 键发生异裂生成碳正离子中间体和溴负离子。

$$(CH_3)_3C—Br \underset{慢}{\overset{}{\rightleftharpoons}} (CH_3)_3C^+ + Br^-$$
$$叔丁基碳正离子$$

第二步：亲核试剂 H_2O 进攻碳正离子生成质子化叔丁醇。

$$(CH_3)_3C^+ + H_2O \underset{快}{\overset{}{\rightleftharpoons}} (CH_3)_3C—\overset{+}{O}H_2$$

第三步：质子化叔丁醇属于强酸，很容易脱去质子，生成最终产物叔丁醇。

$$(CH_3)_3C—\overset{+}{O}H_2 + H_2O \overset{快}{\longrightarrow} (CH_3)_3C—OH + H_3O^+$$

如图 8-2 所示，在极性溶剂水分子作用下，溴代叔丁烷的 C—Br 键逐渐拉长，体系能量逐渐升高，形成过渡态 TS-1 时能量最高，然后完全异裂形成碳正离子中间体。这一步活化能最高，且高度吸能，故反应很慢，是决速步骤。极性溶剂水对碳正离子的稳定化作用可促进这一步反应。在第二步中，水分子进攻碳正离子，经过过渡态 TS-2 生成质子化叔丁醇。这一步活化能较低，且属于放能过程，因此反应很快。第三步经历过渡态 TS-3 生成叔丁醇，所需活化能很小，反应很容易进行。

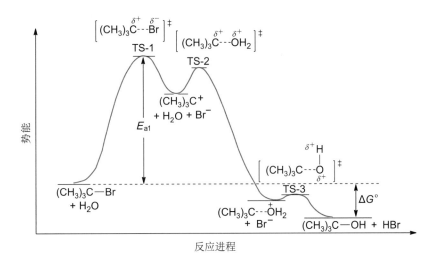

图 8-2　溴代叔丁烷 S_N1 水解反应的势能变化图

生成的碳正离子中间体越稳定，反应的活化能越小，反应越容易进行。根据碳正离子的稳定性顺序，结构不同的卤代烷发生 S_N1 反应的相对活性顺序为：$R_3CX>R_2CHX>RCH_2X>CH_3X$。

S_N1 反应中第一步生成的碳正离子中间体为 sp^2 杂化，中心碳原子具有平面三角形结构，因此，亲核试剂可以从平面的两侧进攻碳正离子，且两侧进攻的概率相同。如果中心碳原子是手性碳，发生 S_N1 反应后，得到构型保持和构型翻转两种产物。

理论上讲，两种产物各占 50%。例如，光学活性的 (S)-α-溴代乙苯，经水解后得到几乎等量的构型保持和构型翻转的外消旋体产物。

(S)-α-溴代乙苯   (S)-1-苯基乙醇   (R)-1-苯基乙醇
                               (49%)   (51%)

产物的外消旋化是 S_N1 机理的立体化学特征。但在多数情况下，构型保持和构型翻转并不完全相等，往往是构型翻转的产物多一些，这可能是因为当亲核试剂进攻时，离去基团尚未完全离去（称为紧密离子对），阻碍了亲核试剂从离去基团一侧进攻，故亲核试剂优先从离去基团的背面进攻，从而使得构型翻转的产物占多数。这种失去部分光学活性的现象称为部分消旋化。例如：

(S)-2-溴辛烷   (S)-辛-2-醇   (R)-辛-2-醇
                                                         (33%)   (67%)

S_N1 反应中生成了碳正离子中间体，经过碳正离子的反应通常有重排产物生成。这是碳正离子的特点：较不稳定碳正离子一旦形成，可经 1,2-烃基（或 H）迁移形成较稳定碳正离子。例如，2,2-二甲基-1-溴丙烷在乙醇中按 S_N1 进行溶剂解反应时，溴负离子离去，首先形成 1°碳正离子；然后，与中心碳相邻碳原子上的甲基发生 1,2-迁移，形成较稳定的 3°碳正离子。亲核试剂进攻 1°碳正离子生成正常产物，而进攻 3°碳正离子则得到重排产物。这两种产物究竟哪种是主要产物，取决于两种碳正离子的稳定性差别。

次要产物   主要产物

上述从 1°碳正离子到 3°碳正离子的 1,2-甲基迁移的过程非常快。这种迁移的驱动力源自形成势能更低、更加稳定的碳正离子，这也是碳正离子发生重排的根本原因。所以重排时，通常由不稳定的碳正离子重排为更加稳定的碳正离子。

2,2-二甲基-1-溴丙烷在碱存在下进行水解，如果反应按 S_N2 机理进行，在此情况下就没有重排产物生成。因此，重排产物生成是 S_N1 反应的特征之一，根据是否有重排产物生成来判断反应按 S_N1 还是 S_N2 机理进行。

卤代烷在醇溶剂中与硝酸银作用生成硝酸酯和卤化银沉淀的反应，属于典型的 S_N1 反应。

综上所述，S_N1 反应的主要特点包括：①反应速率只与底物浓度有关，动力学表现为一级反应；②反应分两步进行；③生成碳正离子活性中间体，碳正离子越稳定，反应速率越快，对不同结构的卤代烷，反应活性相对顺序为：$R_3CX > R_2CHX > RCH_2X$；④碳正离子可能发生重排；⑤如果中心碳为手性碳，经 S_N1 反应后，得到的产物基本上是外消旋化的。

★ 问题 8-7　写出叔丁基溴在乙酸中发生溶剂解反应的机理。

★ 问题 8-8　卤代烃在 NaOH 的水溶液中发生水解反应，请根据观察到的现象判断哪些属于 S_N1 机理，哪些属于 S_N2 机理？

（a）伯卤代烃反应速率比仲卤代烃快
（b）中心碳原子的构型完全翻转
（c）增加 NaOH 浓度可以加快反应速率
（d）降低 NaOH 浓度反应速率不变
（e）有重排产物生成
（f）产物是一对外消旋体
（g）构型翻转的产物多于构型保持的产物
（h）叔卤代烃的反应速率比仲卤代烃快

★ 问题 8-9　比较下列各组反应的速率：

（a）异丙基溴、1-溴丙烷与碘化钠的丙酮溶液反应
（b）2,2-二甲基-1-溴丙烷、叔丁基溴在水/甲酸中的水解反应
（c）3,3-二甲基-2-氯丁烷、2-甲基-2-氯戊烷、1-氯丁烷与硝酸银的乙醇溶液反应
（d）1-溴丁烷与醋酸钠在醋酸溶液中及与甲醇钠在甲醇溶液中反应

★ 问题 8-10　1-溴环己烷与氰化钠在乙醇/水中反应，若在反应体系中加入少量碘化钠，则大大加快反应速率，为什么？

★ 问题 8-11　研究有机化学反应机理的方法（实验技术）有哪些？

★ 问题 8-12　如何测定对映体过量百分比（或 ee 值）。

（3）邻近基团参与

在亲核取代反应中，如果在离去基团的邻近位置（通常是 β-位）有亲核性基团存在时，这些基团在反应过程中通过环状中间体参与亲核取代反应，导致反应速率加快，并使产物具有立体化学专一性。同一分子中一个基团参与并影响亲核试剂发生反应的现象，称为邻基参与（neighboring group participation，NGP）。例如，（S）-2-溴丙酸在稀的 NaOH 水溶液中水解，生成构型保持的（S）-2-羟基丙酸。这个反应的立体化学用上述 S_N1 和 S_N2 机理都无法解释。

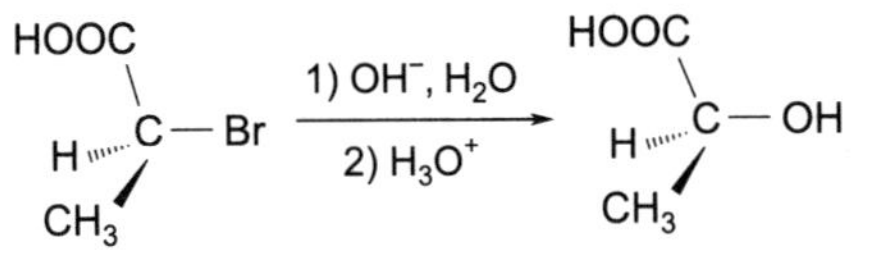

（S）-2-溴丙酸　　　（S）-2-羟基丙酸

这一实验结果可由邻基参与机理进行解释。首先，（S）-2-溴丙酸在 NaOH 作用下生成羧酸根负离子，羧酸根的氧原子从 C—Br 键的反方向进攻 α-碳，溴负离子离去生成环状的不稳定的 α-内酯。这步反应属于分子内的 S_N2 反应，因此构型发生了翻转。

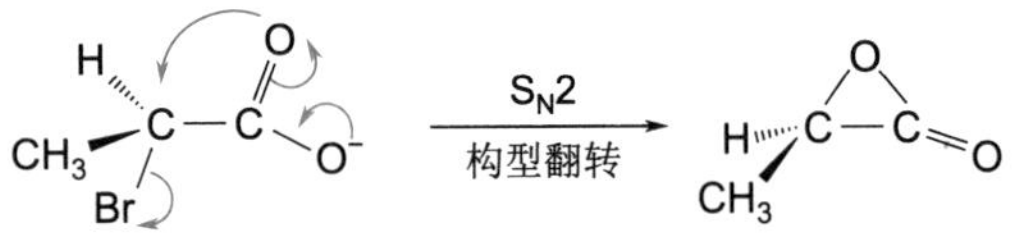

（S）-2-溴丙酸　　　（R）-α-内酯

三元环状结构中间体的生成排除了氢氧根负离子从 C—O 键一侧进攻手性碳的可能，而氢氧根负离子只能从 C—O 键的反方向（即离去基团的背面）进攻手性碳，再发生一次构型翻转。反应经两次 S_N2 过程，发生了两次构型翻转，最终生成构型保持的产物。

（S）-2-羟基丙酸

在这个反应中，羧基作为邻近基团参与了反应，它不仅促进了亲核取代反应（改变了反应历程，降低了活化能），而且决定了反应的立体化学。

邻近基团只有处于离去基团的反位时，才能从离去基团的背面进攻中心碳原子，从而发生邻基参与。例如，反式的乙酸 2-对溴苯磺酰氧基环已酯发生醋酸解的速率比顺式的异构体快 630 倍，生成的产物醋酸酯也是反式的。这是由于反式的乙酸 2-对溴苯磺酰氧基环已酯中羰基的氧原子参与了反应，而顺式异构体不能发生邻基参与。

式中，OBs 为对溴苯磺酸酯基，是良好的离去基团。

除了氧原子能够发生邻基参与作用之外，其它含有孤对电子的原子如硫、卤素和氮原子等都可发生邻基参与。例如，1-苯硫基-2-氯环己烷在 THF 中水解时，反式异构体因具有邻基参与效应，要比顺式异构体的反应快 10^5 倍，且立体选择性地生成反式构型的产物。

具有 π 电子的苯环也容易发生邻基参与作用，而且苯环上的电子云密度越大，邻基参与效应越强。具有 6π 电子体系的苯环是常见的邻基参与基团。苯环的邻基参与经历了苯鎓离子（phenonium ion）中间体，这种苯鎓离子在超酸中相当稳定，以至于可用 NMR 来测定其结构。

苯鎓离子
(phenonium ion)

立体化学研究表明，在 2-苯基-3-对甲苯磺酸酯基丁烷的溶剂解反应中，赤式底物生成了一种赤式的取代产物和少量消除产物，而苏式底物则得到外消旋的苏式产物和少量消除产物。

上式中，OTs 为对甲苯磺酸酯基，是好的离去基团。这组反应的立体化学可通过如下邻基参与机理来解释：

> ★ 问题 8-13　下列两个化合物中哪个化合物容易与 EtONa-EtOH 反应生成 1,2-环氧环己烷？

8.4.3　影响亲核取代反应速率的因素

从上述反应机理可以看出，无论 S_N1 还是 S_N2 反应，底物中的离去基团越容易离去，反应越容易进行。此外，S_N1 反应的速率还取决于碳正离子中间体的稳定性，而 S_N2 反应的速率还取决于过渡态是否容易形成，这与底物的结构、亲核试剂的亲核能力以及溶剂等因素密切相关。

（1）离去基团的离去能力

无论是 S_N1 还是 S_N2 反应，最慢的一步都涉及 C—X 键的断裂。离去基团的离去能力主要决定于 C—X 键的键长和离去基团 X^- 的稳定性。C—X 键的键长越长，越容易发生异裂。X^- 的共轭酸的酸性越强，X^- 越稳定，它离去能力就越强（见第 8.4 节）。所以，卤代烷中卤素的离去能力为：$I^- > Br^- > Cl^-$。氟代烃很难发生亲核取代反应，氯代烃价格便宜，但活性较低，碘代烃反应活性最高，但一般价格较贵，原子经济性也低，因此溴代烃在合成中应用最广。

离去基团除了卤原子外，磺酸根负离子也是良好的离去基团，磺酸酯可由醇与磺酰氯在碱存在下反应来制备。例如：

一些常见离去基团的离去能力大小相对顺序如下：

比较下列各组化合物发生亲核取代反应的活性：
(1) $CH_3CH_2CH_2CH_2Br$ 与 $CH_3CH_2CH_2CH_2Cl$
(2) $CH_3CH_2CH_2CH_2OH$ 与 $CH_3CH_2CH_2CH_2OSO_2CH_3$
(3) $CH_3CH_2CH_2CH_2OH$ 与 $CH_3CH_2CH_2CH_2\overset{+}{O}H_2$

（2）底物中烃基的结构

① α 和 β-碳上的支链对反应速率的影响　烃基的结构对 S_N2 反应的影响很大。溴甲烷、溴乙烷、溴代异丙烷和溴代叔丁烷分别在无水丙酮中与碘化钾反应，生成相应的碘代烷：

$$RBr + KI \xrightarrow{\text{丙酮}} RI + KBr$$

实验表明，上述反应按 S_N2 机理进行，其相对反应速率为：

	CH_3Br	CH_3CH_2Br	$(CH_3)_2CHBr$	$(CH_3)_3CBr$
相对速率:	150	1	0.01	0.001

一般来说，影响反应速率的因素有两个：一是电子效应（包括诱导效应和共轭效应），另一个是空间位阻。对于 S_N2 反应，亲核试剂从离去基团的背面直接进攻中心碳原子（即 α-碳），因而空间位阻是影响反应速率的主要因素。与中心碳原子直接相连的烃基越多，位阻越大，过渡态能量越高，反应越难发生。溴甲烷的中心碳原子受到的空间障碍最小，容易受到亲核试剂的进攻，反应速率最快。从溴甲烷、溴乙烷、溴代异丙烷和溴代叔丁烷，随着中心碳原子上甲基增多，立体位阻迅速增大，故 S_N2 反应速率显著降低。亲核试剂很难接近溴代叔丁烷的中心碳原子，以致反应不能进行。只能在离去基团与中心碳原子的共价键完全断裂形成碳正离子中间体后，亲核试剂才能与其反应，即按 S_N1 机理进行。

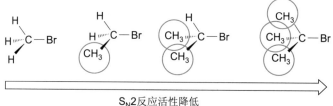

S_N2 反应活性降低

当一级卤代烃的 β-位上连有取代基时，也会影响 S_N2 反应速率。以不同伯溴代烷与乙醇钠反应生成醚的反应为例：

$$RBr + C_2H_5O^- \longrightarrow ROC_2H_5 + Br^-$$

溴乙烷、1-溴丙烷、1-溴-2-甲基丙烷和1-溴-2,2-二甲基丙烷的相对反应速率如下：

	CH_3CH_2Br	$CH_3CH_2CH_2Br$	$(CH_3)_2CHCH_2Br$	$(CH_3)_3CCH_2Br$
相对速率	100	28	3	0.42×10^{-3}

显然，β-碳上的取代基越多，空间阻碍越大，亲核试剂向 α-碳进攻越难，反应速率越慢：

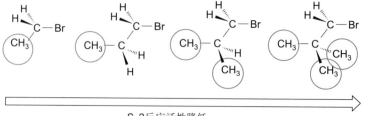

S_N2 反应活性降低

烃基结构对 S_N1 反应速率也有较大影响。S_N1 反应第一步为 C—X 键解离生成碳正离子中间体，这是决定反应速率的一步。正离子中间体越稳定，其反应过渡态的能量越低，活化能越小，反应速率越快。从电子效应（超共轭效应和给电子诱导效应）来看，碳正离子的稳定性顺序为：$(CH_3)_3C^+ > (CH_3)_2CH^+ > CH_3CH_2^+ > CH_3^+$，因此，

叔卤代烃发生 S_N1 反应最快，溴甲烷最慢。从空间效应来看，三级卤代烷中心碳原子连有三个取代基，空间拥挤程度较大，生成碳正离子后，形成平面形结构，解除了空间位阻，故反应速率快。对于 S_N1 反应，电子效应是影响反应速率的主要因素。不同烃基结构的卤代烃发生 S_N1 反应的相对活性顺序为：

$$R_3CX > R_2CHX > RCH_2X > CH_3X$$

溴甲烷、溴乙烷、溴代异丙烷和溴代叔丁烷分别在强极性溶剂中进行水解，生成醇。实验表明，该反应按 S_N1 机理进行的相对反应速率为：

	$(CH_3)_3CBr$	$(CH_3)_2CHBr$	CH_3CH_2Br	CH_3Br
相对速率	10^7	45	1.7	1.0

② 桥头碳原子上的反应　对于桥环卤代烃，如果卤素连在桥头碳上，如 7,7-二甲基-1-氯二环[2.2.1]庚烷在硝酸银的乙醇溶液中回流 48h，没有白色沉淀生成，在碘化钠的丙酮溶液中回流 24h，也没有产物生成。

也就是说 7,7-二甲基-1-氯二环[2.2.1]庚烷的亲核取代反应无论是按 S_N1 还是 S_N2 机理，反应都很慢。如果发生 S_N2 反应，中心碳原子的构型必须发生翻转，而桥的存在使得中心碳的构型翻转不能发生。若按 S_N1 机理进行，卤素离去后生成碳正离子，但由于受到桥环的牵制，桥头碳不能伸展成平面结构，很难形成桥头碳正离子，故反应也难以进行。因此，桥头碳上的卤代烃很难发生亲核取代反应。从下面这些溴原子连在桥头碳原子上的桥环卤代烃发生 S_N1 反应的相对速率可以看出，桥的刚性越强，反应越难发生。

③ 烯丙基型和苄基型氯代烃的反应　烯丙基卤代烃（$RCH=CH-CH_2X$）虽然是伯卤代烃，但容易发生 S_N1 反应。这是因为它们在进行 S_N1 反应时第一步形成的烯丙基碳正离子因 p-π 共轭而稳定。苄基卤代烃（$ArCH_2X$）与此类似，苄基碳正离子同样存在 p-π 共轭，故苄基卤代烃也容易发生 S_N1 反应。

相对速率

结构	10^{-13}
结构	10^{-6}
结构	10^{-3}
$(CH_3)_3CBr$	1

烯丙基和苄基卤代烃发生 S_N1 反应的速率一般较伯卤代烃快。烯丙基卤代烃在发生 S_N1 反应时，由于存在两种碳正离子中间体的共振结构，故可得到两种异构体产物。如 1-溴丁-2-烯在碱性条件下水解反应，得到丁-2-烯-1-醇和丁-3-烯-2-醇的混合物。

丁-2-烯-1-醇　　　　丁-3-烯-2-醇

烯丙基卤代烃和苄基卤代烃也比一般的伯卤代烷容易发生 S_N2 反应。在发生 S_N2 反应时，过渡态的中心碳原子采取 sp^2 杂化，其 p 轨道一瓣与亲核试剂相连，另一瓣与离去基团相连。中心碳原子的 p 轨道可与 π 键共轭，导致过渡态能量降低，从而有利于 S_N2 反应进行。

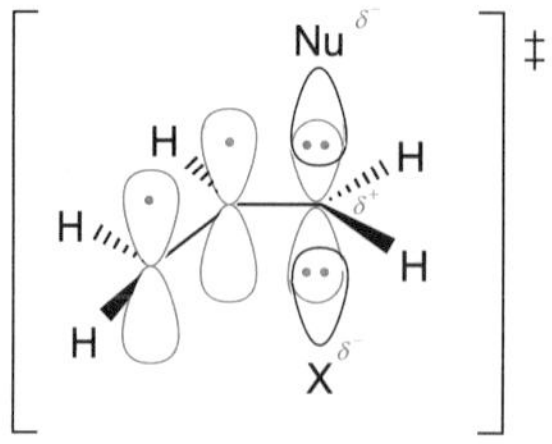

烯丙基型过渡态 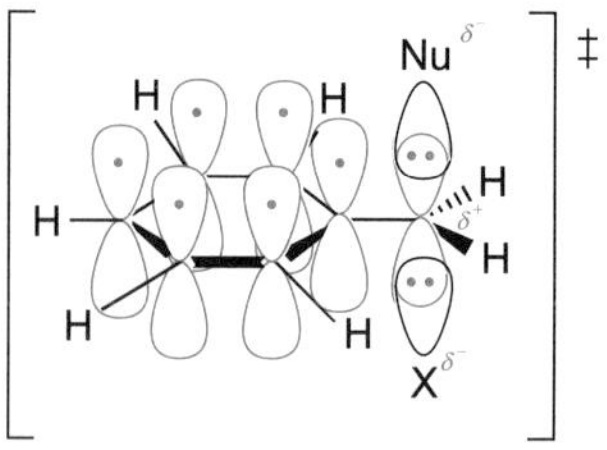　　　　　　苄基型过渡态

当苄基的苯环上有取代基时，苄基卤代烃发生 S_N1 还是 S_N2 反应取决于取代基的电子效应。当苯环上的取代基为给电子基团（如甲氧基）时，由于形成的碳正离子中间体更稳定，优先发生 S_N1 反应。当取代基为吸电子基团（如硝基）时，反应通过 S_N2 机理进行更为有利，这是因为除了苯环的 p-π 共轭作用外，硝基的吸电子作用会导致中心碳原子更缺电子，底物与亲核试剂之间的静电作用增强，从而进一步稳定了 S_N2 反应的过渡态。

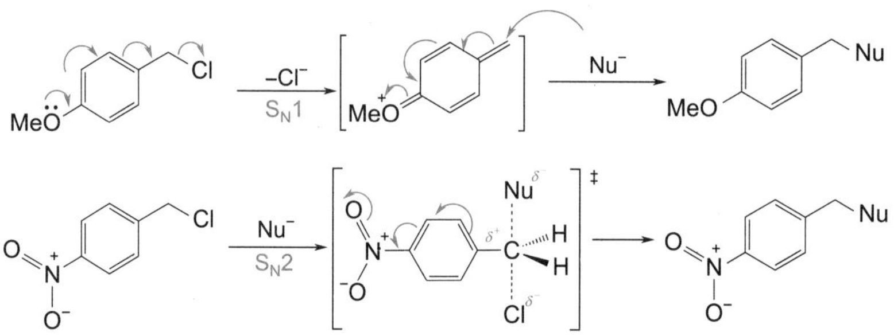

④ α-卤代羰基化合物的反应　　与硝基取代的苄基卤代烃类似，由于羰基的吸电子共轭作用，α-卤代酮也容易发生 S_N2 反应，其反应速率甚至超过简单的烯丙基卤代烃和苄基卤代烃。例如：

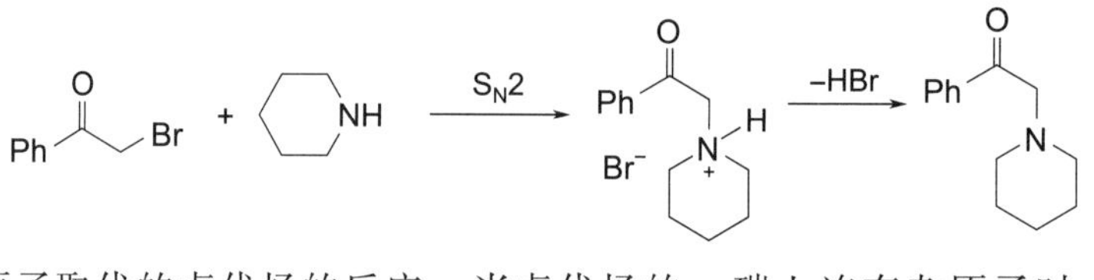

⑤ α-杂原子取代的卤代烃的反应　　当卤代烃的 α-碳上连有杂原子时，由于离去基团离去后形成的碳正离子因 n-p 共轭而稳定，故优先发生 S_N1 反应。例如，尽管氯甲基甲基醚（CH_3OCH_2Cl）属于伯卤代烃，它与醇的亲核取代反应按 S_N1 机理进行。这是因为第一步反应所形成的碳正离子中间体因氧原子上的孤对电子与中心碳原子上空的 p 轨道之间的共轭作用而稳定，即形成较稳定的氧正离子，也称为氧鎓离子（oxonium ion）。

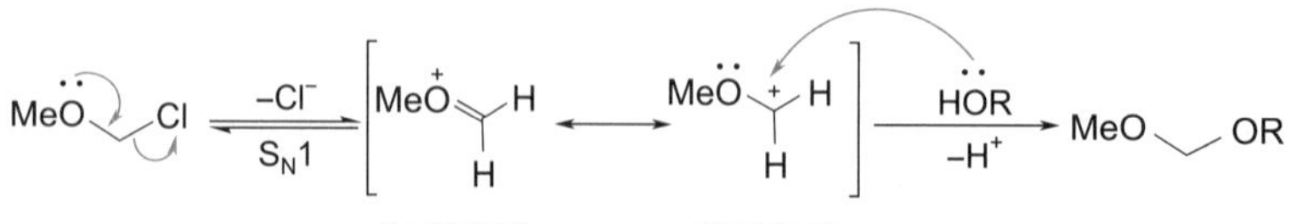

氧正离子　　　　碳正离子

★ 问题 8-15　比较下列卤代烃发生 S_N2 反应的速率大小：

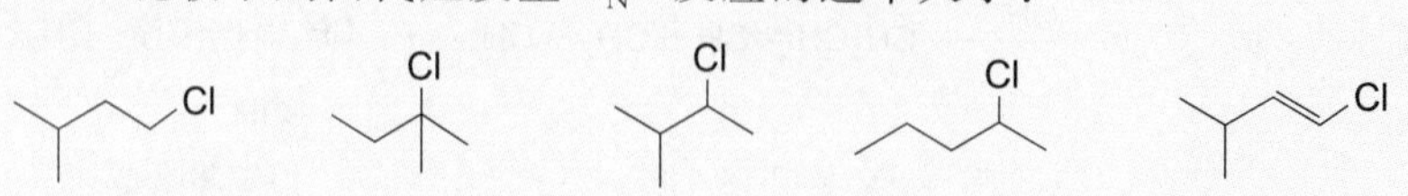

★ 问题 8-16　比较下列各组卤代烃发生 S_N1 反应的活性：

(1)

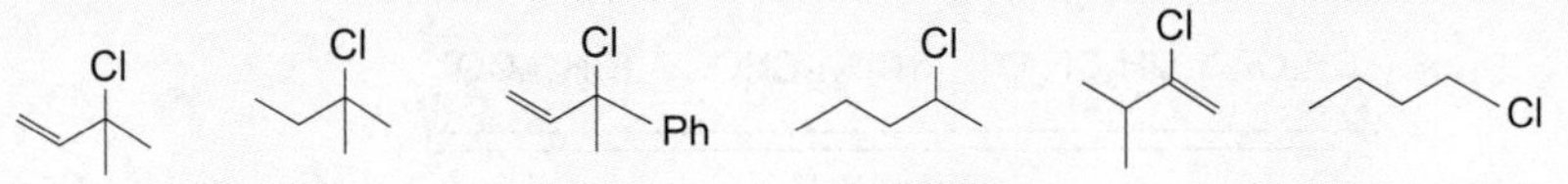

(2)

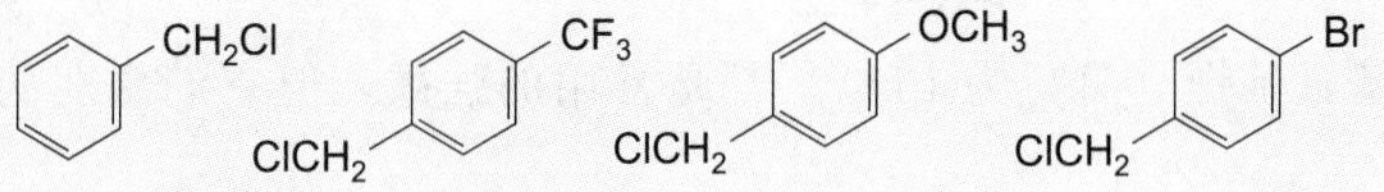

（3）亲核试剂的亲核性

在 S_N1 反应中，速率最慢的一步不涉及亲核试剂，亲核试剂是在碳正离子形成后才参与反应的，因此，亲核试剂的亲核能力强弱对 S_N1 反应速率影响不大。

在 S_N2 反应中，亲核试剂直接进攻中心碳原子形成过渡态，故亲核试剂的亲核性越强，S_N2 反应所需活化能越低，反应速率越快。一般来说，只有较强的亲核试剂才有可能按 S_N2 机理反应。

试剂的亲核性和碱性是其给电子能力的体现，碱进攻（或结合）的是质子，而亲核试剂进攻（或结合）的是带正电荷或部分正电荷的碳原子。很多情况下，试剂的碱性与亲核能力是一致的，但有时也并不完全相同。

亲核试剂的亲核性强弱与诸多因素有关，亲核性和碱性之间的一般规律可归结如下。

① 质子溶剂（如 H_2O、ROH 等）中，中心原子为同种元素的亲核试剂，其亲核性与碱性一致，碱性越强，亲核性也越强。例如，具有氧原子的不同亲核试剂亲核能力大小顺序为：

$$RO^->HO^->ArO^->RCOO^-；ROH>H_2O>ArOH>RCOOH$$

根据酸碱理论很容易判断试剂的碱性强弱：其共轭酸的酸性越强，则其碱性越弱。

② 同种元素带负电荷的基团的亲核性比中性分子强，如 H_2O 和 ROH 是弱亲核试剂，而相应的负离子都是强亲核试剂。

$$HO^->H_2O；RO^->ROH；H_2N^->NH_3；HS^->H_2S$$

③ 中心原子处于同一周期并具有相同电荷的亲核试剂，其碱性与亲核性是一致的。按周期表的位置，从左到右，各原子的碱性逐渐减弱，其亲核性也逐渐减弱。例如：

$$H_2N^->HO^->F^-；R_3C^->R_2N^->RO^->F^-；RS^->Cl^-；R_3P>R_2S；NH_3>H_2O$$

④ 对于同一主族中的各原子形成的负离子或基团、中性分子，按周期表的位置，从上到下其碱性逐渐减弱，但亲核性却逐渐增强，如：

碱性：$I^-<Br^-<Cl^-<F^-；RS^-<RO^-；RSH<ROH$

亲核性：$I^->Br^->Cl^->F^-；RS^->RO^-；RSH>ROH$

这是因为试剂的亲核性与两个因素有关：一个是给电子能力，即碱性；另一个是可极化性，即在外界电场的作用下，电子云的变形性。这两个因素有时碱性是主要的（如上述第①、②和③条），有时可极化性是主要的（如④条）。随原子核外电子层的增加，电负性变小，核对外层电子的束缚力减小，电子云的流动性增强，可极化性增大。在发生 S_N2 反应时，原子的变形能力强，其

图 8-3　可极化性与亲核试剂的亲核能力示意图

电子云就可变为一种有利的形状向中心碳进攻形成过渡态，反应速率加快。如图 8-3 所示，I^- 比 Cl^- 可极化性大，变形容易，亲核性强，反应速率快。

⑤ 试剂的空间体积增大，亲核性降低。例如：

碱性增强 →

$$CH_3O^- \quad CH_3CH_2O^- \quad (CH_3)_2CHO^- \quad (CH_3)_3CO^-$$

← 亲核性增强

叔丁醇钠和二异丙基氨基锂（简写为 LDA）都是常用的强碱，但它们是弱的亲核试剂。

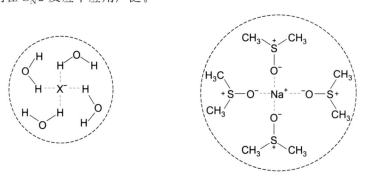

叔丁醇钠　　　　　　　二异丙基氨基锂(LDA)

（4）溶剂的性质对亲核取代反应的影响

不同溶剂在亲核取代反应中的作用是不同的，通常把溶剂分为质子溶剂、非极性溶剂和极性非质子性溶剂三种类型。质子溶剂的极性大，能给出质子，能与负离子（亲核试剂）形成氢键，如 H_2O、ROH、RCOOH 等（如下图左所示）。非极性溶剂的偶极矩小，介电常数小，不能给出质子，如己烷、苯和 CCl_4 等。极性非质子性溶剂的特征是极性大，不易给出质子，溶剂中带部分负电荷的一端裸露在分子外部，溶剂化阳离子（如下图右所示），如丙酮、N,N-二甲基甲酰胺（DMF）和二甲基亚砜（DM-SO）等，它们在 S_N2 反应中应用广泛。

卤离子被水通过氢键溶剂化　　　　　　　　钠离子被DMSO溶剂化

对于 S_N1 反应，第一步反应（决速步骤）过渡态中的正、负电荷分离，质子溶剂中的质子可以与解离过程中生成的负离子通过氢键溶剂化，使负电荷分散，从而稳定负离子，进而促进 C—X 键的断裂，生成的碳正离子也由于溶剂化作用，使碳正离子更加稳定。溶剂极性越大，这种溶剂化稳定作用越大，反应速率越快。

$$RX \longrightarrow \left[\overset{\delta+}{R} \cdots\cdots \overset{\delta-}{X} \right]^{\ddagger} \longrightarrow R^+ + X^-$$

在 S_N2 反应中，反应物的电荷集中，过渡态中负电荷分散在亲核试剂和离去基团上，极性强的质子溶剂对电荷分散的过渡态不利。另一方面，通常只有亲核能力强的亲核试剂才能发生 S_N2 反应，而强的亲核试剂多为负离子，容易被质子溶剂溶剂化，从而使亲核活性降低，对亲核取代反应不利。溶剂极性越大，反应物溶剂化程度越大，对 S_N2 反应越不利。

$$Nu^- + RX \longrightarrow \left[\overset{\delta-}{Nu} \cdots\cdots R \cdots\cdots \overset{\delta-}{X} \right]^{\ddagger} \longrightarrow RNu + X^-$$

然而，使用极性非质子性溶剂，有利于 S_N2 反应。如上所述，极性非质子性溶剂能溶剂化阳离子，使阴离子成"裸露"阴离子，从而增加阴离子的碱性或亲核性。有些情况下，S_N2 反应在极性非质子性溶剂中的反应速率比在质子性溶剂中的反应速率快成千上万倍。

通常情况下，在极性较大的溶剂（如水、甲酸等）中，易进行 S_N1 反应，而在非

亲核试剂被极性
溶剂溶剂化

质子偶极溶剂（如丙酮等）中，易进行 S_N2 反应。对同一反应改变其溶剂的极性，则可能改变其反应历程。如异丙基溴在甲酸或水中主要发生 S_N1 反应，在无水丙酮中则发生 S_N2 反应。此外，叔卤代烷发生 S_N1 反应的倾向性大；伯卤代烷发生 S_N2 反应的倾向性大，仲卤代烷则两种历程的反应都有可能发生，究竟按哪种机理进行取决于亲核试剂的性质和溶剂的性质，溶剂极性小，亲核试剂亲核能力强，则以 S_N2 为主；溶剂极性大，则以 S_N1 为主。各种因素对 S_N1 和 S_N2 反应的影响情况汇总于表 8-1。

表 8-1　各种因素对 S_N1 和 S_N2 反应的影响

影响因素	S_N1	S_N2
底物结构	中间体碳正离子越稳定越有利 $R_3CX>R_2CHX>RCH_2X>CH_3X$ 叔卤代烷一般按 S_N1 机理反应 烯丙基和苄基型卤代烃容易反应	过渡态空间位阻小越有利 $CH_3X>RCH_2X>R_2CHX>R_3CX$ 伯卤代烷一般按 S_N2 机理反应 α-卤代酮、烯丙基和苄基型卤代烃容易反应
亲核试剂	亲核性强弱对反应速率影响不大 亲核能力很弱的试剂一般按 S_N1 反应	亲核能力越强越有利 亲核能力很强的试剂一般按 S_N2 反应
离去基团	离去能力越强越有利	离去能力越强越有利
溶剂	质子性极性溶剂有利	非质子性极性溶剂有利

★ 问题 8-17　比较下列各组亲核试剂在非质子性溶剂中的亲核能力：

（1）CH_3CH_2SNa　　$NaOH$　　CH_3CH_2ONa　　$(CH_3)_3CCOONa$　　$PhONa$

（2）$^-NH_2$　　^-OH　　F^-　　H_2O

★ 问题 8-18　下列关于亲核试剂的描述，哪种说法不正确？

（a）亲核试剂具有向带正电的原子亲近的性质

（b）试剂的碱性越强，则亲核性越强

（c）亲核试剂是路易斯碱

（d）亲核试剂通常是一些负离子或具有未共用电子对的分子

★ 问题 8-19　下列化合物哪些能发生分子内 S_N2 反应？

$BrCH_2CH_2CH_2CH_2NH_2$　　$BrCH_2CH_2CH_2NH_2$　　$BrCH_2CH_2NH_2$　　$BrCH_2CH_2CH_2CH_2CH_2NH_2$

$\underset{\underset{Cl}{|}}{CH_3CH_2CHCH_2OH}$　　$\underset{\underset{Cl}{|}}{CH_2CH_2CH_2CH_2OH}$　　$\underset{\underset{Cl}{|}}{CH_3CHCH_2CH_2OH}$

★ 问题 8-20　2-溴丁烷与 $NaCN$ 在 DMSO 中反应，要比在乙醇中反应快，而且产率高。试解释其原因。

8.5　卤代烷烃的消除反应

受卤素吸电子诱导效应的影响，卤代烃的 β-H 具有弱酸性，强碱可以进攻 β-H，从而脱去一分子卤化氢。例如，卤代烃在氢氧化钠的醇溶液中加热，可发生消除反应（elimination reaction），生成烯烃。由于这种反应是 β-H 与离去基团（卤原子）一起消除，常称为 β-消除。卤代烃的 β-消除反应是制备烯烃的常用方法之一。

$$\underset{\underset{\underset{H\ \ \ Cl}{\lfloor \ \ \ \ \ \rfloor}}{\ }}{R-\overset{\beta}{C}H-\overset{\alpha}{C}H-R} + NaOH \xrightarrow[\triangle]{C_2H_5OH} RCH\!=\!CHR + H_2O + NaCl$$

含有 β-氢的卤代烃在碱的作用下，可能发生亲核取代反应，也可能发生 β-消除反应。亲核试剂通常也是碱，当它进攻 α-碳时，发生亲核取代反应，进攻 β-氢时，则发生消除反应。因此，亲核取代反应和消除反应为竞争反应。与 S_N1 和 S_N2 反应相对应，消除反应也有两种主要的机理，即双分子消除反应（bimolecular elimination reaction，简称 E2 反应）和单分子消除反应（unimolecular elimination reaction，简称 E1 反应）。

此外，单分子共轭碱消除（unimolecular elimination through the conjugate base，简称 E1cb）也是常见的 β-消除反应。下面将分别介绍这三种消除反应。

8.5.1　双分子消除反应

(1) E2 反应的机理

卤代烃在发生 E2 反应时，碱进攻 β-H 并逐渐与之结合，β-碳原子与氢原子之间的共价键部分断裂；与此同时，中心碳原子与卤素之间的共价键也部分断裂，卤素 X 带着一对电子逐渐离开中心碳原子。在此期间电子云也重新分配，α-碳原子与 β-碳原子之间的 π 键已部分形成，经过如下所示过渡态后，反应继续进行，最后生成烯烃。反应过程与 S_N2 反应类似，只形成过渡态，没有中间体生成，反应一步完成，反应速率既与底物卤代烃的浓度成正比，又与碱的浓度成正比，所以称为双分子消除反应。卤代乙烷在 KOH 作用下的消除反应机理表示如下：

$$\begin{array}{c} \underset{\substack{\downarrow \\ \text{HO}^-}}{\overset{\text{X}}{\underset{\text{H}}{\text{CH}_2-\text{CH}_2}}} \longrightarrow \left[\underset{\text{HO}\cdots\text{H}}{\overset{\text{X}^{\delta}}{\text{CH}_2=\!=\!=\text{CH}_2}} \right]^{\ddagger} \longrightarrow \text{CH}_2=\text{CH}_2 + \text{H}_2\text{O} + \text{X}^- \end{array}$$

E2反应的过渡态

由此可见，β-C—H 键和 α-C—X 键越容易断裂，E2 反应越容易进行。反应活性规律总结如下：

(a) 烃基结构不同的卤代烃反应活性顺序为：$R_3CX > R_2CHX > RCH_2X$。这是因为在 E2 反应过渡态中 π 键已部分形成，过渡态具有类烯烃的结构特征，双键上的取代基越多越稳定，反应所需要克服的活化能越低，反应越容易进行。

(b) 试剂的碱性越强，β-C—H 键越容易断裂，反应越容易进行。

(c) 离去基团越容易离去，反应越有利。对于不同卤素取代的卤代烃的反应活性：$RI > RBr > RCl$。

(2) E2 反应的区域选择性

仲卤代烃和叔卤代烃具有两种或两种以上的 β-H 原子，在发生消除反应时，究竟消去哪一种 β-H？俄国化学家 Saytzeff 早在 19 世纪就从大量实验结果中归纳总结出卤代烃消除反应的区域选择性规则：主要消除含氢较少的 β-碳原子上的氢原子，生成双键碳上取代基较多的烯烃。这一规则称为 Saytzeff 规则（Saytzeff 是俄国化学家，其英文名也常翻译为 Zaitsev）。例如：

$$\underset{\substack{|\\ \text{H}}}{\overset{\beta}{\text{CH}_3\text{-CH}}}\underset{\substack{|\\ \text{Br}}}{\text{-CH}}\underset{\substack{|\\ \text{H}}}{\overset{\beta}{\text{-CH}_2}} \xrightarrow[\triangle]{\text{KOH/C}_2\text{H}_5\text{OH}} \text{CH}_3\text{CH}=\text{CHCH}_3 + \text{CH}_3\text{CH}_2\text{CH}=\text{CH}_2$$

2-溴丁烷　　　　　　　　　　　丁-2-烯　　　　丁-1-烯
　　　　　　　　　　　　　　　　(81%)　　　　(19%)

$$\underset{\substack{|\\ \text{H}}}{\overset{\beta}{\text{CH}_3\text{CH}}}\underset{\substack{|\\ \text{Br}}}{\overset{\text{CH}_3}{\text{-C}}}\underset{\substack{|\\ \text{H}}}{\overset{\beta}{\text{-CH}_2}} \xrightarrow[25℃]{\text{C}_2\text{H}_5\text{ONa/C}_2\text{H}_5\text{OH}} \underset{\substack{|\\ \text{CH}_3}}{\text{CH}_3\text{CH}=\text{C}-\text{CH}_3} + \underset{\substack{|\\ \text{CH}_3}}{\text{CH}_3\text{CH}_2-\text{C}=\text{CH}_2}$$

2-溴-2-甲基丁烷　　　　　　　2-甲基丁-2-烯　　2-甲基丁-1-烯
　　　　　　　　　　　　　　　　(80%)　　　　　(20%)

Saytzeff 规则是卤代烃 β-消除反应的区域选择性规律，通常把 β-消除产生的双键碳上连有较多取代基的烯烃称为 Saytzeff 烯烃，而把消除产生的双键碳上连有较少取代基的烯烃产物称为 Hofmann 烯烃。

下面从反应机理和反应进程势能曲线图来解释这一重要规律。

图 8-4 为 2-溴丁烷进行 E2 反应的能量曲线图。在消除 β-H 形成的过渡态中已有部分双键性质，消除含氢较少 β-碳上的氢原子形成的过渡态 TS-Ⅰ中可以形成 6 个 σ-π 超共轭，而消除含氢较多 β-碳上的氢原子生成的过渡态 TS-Ⅱ中只形成 2 个 σ-π 超共轭，TS-Ⅰ能量较 TS-Ⅱ低，故反应活化能低，反应速率快。此外，产物丁-2-烯比丁-1-烯稳定。由此可见，无论从动力学还是从热力学因素考察，结果都是生成丁-2-烯（即 Saytzeff 烯烃）有利。

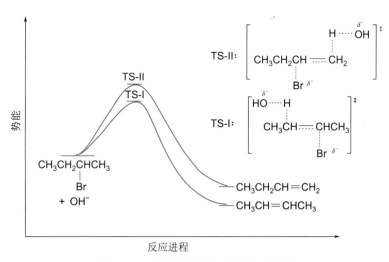

图 8-4　2-溴丁烷 E2 反应的势能变化图

E2 反应的区域选择性本质上是由产物和过渡态的稳定性决定的，因此卤代烷烃的结构是影响反应区域选择性的关键因素。例如，下面的消除反应主要发生在含氢较多的 β-碳上，该反应并未遵循 Saytzeff 规则。这是因为这个碳原子上连有苯基，形成的双键可与苯环共轭，比较稳定，相应的过渡态也较为稳定。

$$\text{C}_6\text{H}_5\text{—CH}_2\text{—}\overset{\text{CH}_3}{\underset{\text{Br}}{\text{CHCH}_3}} \xrightarrow[\triangle]{\dfrac{\text{C}_2\text{H}_5\text{OK}}{\text{C}_2\text{H}_5\text{OH}}} \quad + $$

主要产物

碱的体积大小也会影响 E2 反应的区域选择性。当卤代烃的 β-位空间位阻和碱的体积都比较大时，消除反应不利于 Saytzeff 烯烃的生成，而有利于 Hofmann 烯烃的产生。例如，2-溴-2,3-二甲基丁烷在乙醇钠/乙醇溶液中发生消除反应时，主要得到 Saytzeff 烯烃（占 79%），但使用大体积的叔丁醇钠作碱时，主要得到 Hofmann 烯烃（占 73%）。

$$\xrightarrow{\text{RONa, ROH}}$$

$\text{C}_2\text{H}_5\text{ONa}$:	(79%)	(21%)
$(\text{CH}_3)_3\text{CONa}$:	(27%)	(73%)

（3）E2 反应的立体化学

在 E2 反应的过渡态中，C—H 键和 C—X 键已开始变弱，π 键已部分形成，碳由 sp^3 杂化向 sp^2 杂化转化。只有 H—C—C—X 处于同一平面，才可以使过渡态中的部分双键的 p 轨道达到最大重叠，形成较稳定的过渡态。有两种构象可以保证 H—C—C—X 处于同一平面：一种是交叉式构象，进行反式共平面消除；另一种重叠式构象，进行顺式共平面消除。一方面，交叉式构象比重叠式稳定；另一方面，在重叠式构象中，碱只能从离去基团（卤素）的同侧进攻 β-H，与离去基团之间存在较大的排斥作用，过渡态能量较高。相反，在交叉式构象中，碱从离去基团的另一侧进攻 β-H，与离去基团间不存在排斥作用，过渡态能量最低。所以 E2 消除反应优先采用交叉式构象进行反式共平面消除。E2 反应立体电子效应的进一步学习可观看视频材料 8-2。

视频材料8-2

反式共平面消除过渡态(能量最低，最有利)　　顺式共平面消除过渡态(能量最高，最不利)

例如，2-溴丁烷在强碱性条件下发生消除反应时，主要得到（E)-丁-2-烯，而

（Z）-丁-2-烯和 Hofmann 烯烃很少。这是因为在反应过渡态中 2-溴丁烷的两个甲基处于对位交叉的构象比邻位交叉的构象稳定，为优势构象，经由这种构象反式消除生成的产物（E）-丁-2-烯为主要产物。

对于卤代环烷烃，由于 C—C 单键的旋转受到环的制约，有的 β-H 不可能与 X 处于反式共平面的位置，这种 β-H 就不能消除，只有与 X 处于反式共平面的 β-H 才能发生消除。对于卤代环己烷，反式共平面的构象要求意味着离去基团和消除的质子应处于椅式构象的两个 a 键上。例如，反-1-氯-2-甲基环己烷的 E2 消除生成单一的 3-甲基环己烯，而顺-1-氯-2-甲基环己烷主要生成 1-甲基环己烯，也有少量的 3-甲基环己烯产生。这是因为在前者中只有 H_a 与氯处于反式共平面，故只能得到 3-甲基环己烯；而在后者中，H_a 和 H_b 均能满足反式共平面消除的要求，在此情况下，应考虑生成较稳定的 Saytzeff 烯烃，故 H_b 优先于 H_a 发生消除。

氯代薄荷脑（menthyl chloride）和氯代异薄荷脑（isomenthyl chloride）均为三取代环己烷，两者的差别仅为与氯相连碳的构型不同。氯代薄荷脑的稳定构象是甲基、氯和异丙基都处于 e 键上，在 EtONa/EtOH 中发生消除反应时，必须翻转环己烷的构象，使氯处于 a 键上。由于两个不同 β-H 中只有 H_a 与 Cl 处于反式共平面，故 H_a 被消除生成 3-异丙基-6-甲基环己-1-烯。这是唯一产物，且属于 Hofmann 烯烃。

氯代异薄荷脑分子的稳定构象是甲基和异丙基处于 e 键上，氯处于 a 键上。这种构象中，氯与 H_a 和 H_b 均处于反式共平面，在乙醇钠的作用下它们都可以被消除，主要得到较稳定的 Saytzeff（占 78%），Hofmann 烯烃仅占 22%。

综上所述，E2 消除反应有以下特点：①属于协同反应，即 C—H 键和 C—X 键的断裂与 C=C 键的形成同时进行；②反应在强碱性条件下进行；③有两种不同 β-氢时，主要生成较稳定的烯烃；④被消除的两个基团必须处于反式共平面位置，有两种反式共平面的构象可选择时，优势构象为主要的消除构象；⑤结构不同的卤代烃的消除反应活性顺序为：$R_3CX > R_2CHX > RCH_2X$。

★ **问题 8-21** 下列卤代烷中，哪个不能发生 E2 消除反应？

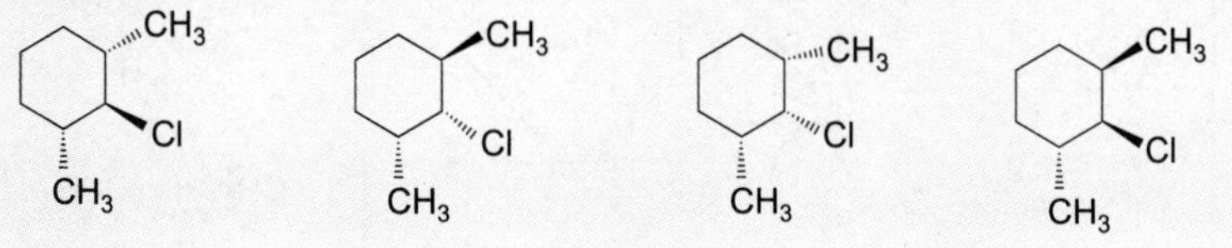

(a)　　　　(b)　　　　(c)　　　　(d)

8.5.2 单分子消除反应

(1) E1 反应的机理

大多数卤代烃在碱存在下的消除反应是按 E2 机理进行的，但在无碱或弱碱存在情况下叔卤代烃的消除一般是按 E1 机理进行的。E1 反应分两步进行。

第一步：与 S_N1 反应相似，生成碳正离子中间体。

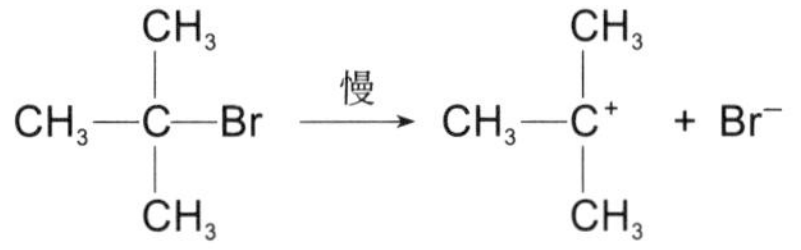

第二步：碱进攻 β-H，发生消除反应。

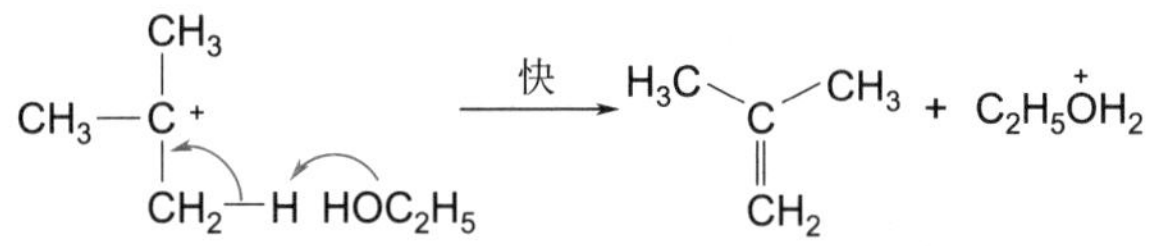

这个反应的决速步是叔卤代烃解离生成碳正离子中间体的一步，消除质子是快的，反应速率只与叔卤代烃的浓度成正比，动力学上属于一级反应，所以称为单分子消除。

由于生成了碳正离子，E1 反应中常有重排产物生成，这也是碳正离子机理的重要证据。例如：

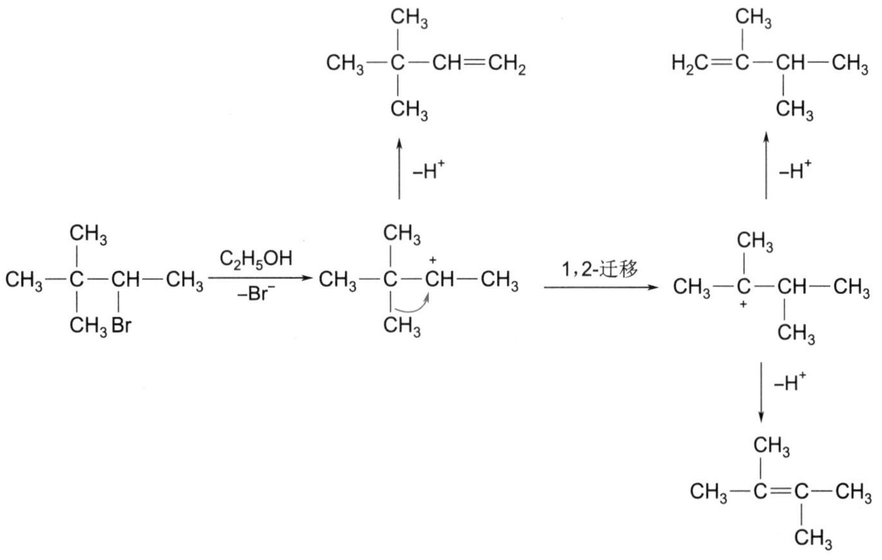

重排产物(主要产物)

(2) E1 反应的区域选择性

E1 反应中第一步（生成碳正离子）是反应的决速步骤，第二步（消去质子）过渡态的稳定性决定了消除反应的区域选择性。以 2-溴-2-甲基丁烷的 E1 反应为例（如图 8-5

所示），消除 β-H 所形成的过渡态中有部分双键形成，消除含氢较少碳上的氢生成的过渡态（TS-2B）比消除含氢较多碳上的氢生成的过渡态（TS-2A）具有较强的超共轭作用，从而能量低，较稳定，反应速率快；此外，生成的产物 Saytzeff 烯烃比 Hofmann 烯烃稳定，因此得到的主要产物为 Saytzeff 烯烃。

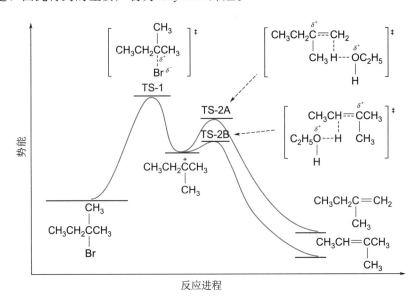

图 8-5　2-溴-2-甲基丁烷 E1 反应的势能变化曲线图

卤代烃消除反应的机理取决于 C—X 键与 C—H 键断裂的相对速率。若两者差别不大，则以 E2 机理为主。若 C—X 键断裂的速率远大于 C—H 键断裂的速率，则以 E1 机理为主。在强碱存在下，多数卤代烃包括叔卤代烃的消除一般按 E2 机理进行，只有叔卤代烃在极性溶剂中溶剂解时才按 E1 机理进行。

8.5.3　单分子共轭碱消除反应

当离去基团的离去能力比较弱（如 F、OH、OR 等），且 β-H 的酸性比较强时，消除反应可能会按照如下两步进行：首先，碱夺取 β-H，形成碳负离子中间体（即共轭碱），这是反应的决速步；然后，在负离子的推动下离去基团离去，生成烯烃。这种消除反应称为单分子共轭碱消除反应。

发生 E1cb 反应的关键是负离子中间体的形成。β-H 的酸性越强，产生的负离子（共轭碱）越稳定，反应越快。所以，一般需要 β-碳上连有吸电子基（如卤原子、羰基等）。例如：

1-氯-2-氟-1,2-二氢苊消除 HF 的反应即通过 E1cb 机理进行。在这个反应中，与 Cl 和 F 相连碳上的 H 均有一定酸性，二者可被碱夺取形成相应的碳负离子中间体 A 和 B，但由于在 A 中存在较强的负的超共轭效应（negative hyperconjugation），即中心碳原子上孤对电子的非键轨道与邻位 C—F 键的 σ 反键轨道之间相互作用，产生 n-σ* 超共轭，使得 A 较比 B 稳定，故反应优先生成较稳定的碳负离子 A，F⁻ 则作为离去基团。

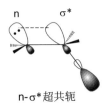

n-σ*超共轭

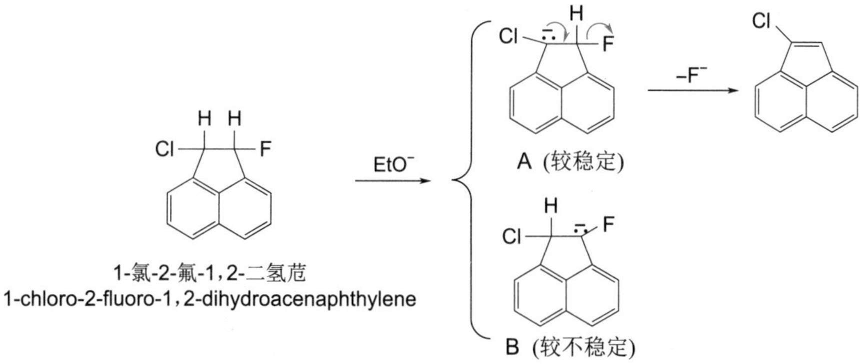

1-氯-2-氟-1,2-二氢苊
1-chloro-2-fluoro-1,2-dihydroacenaphthylene
EtO⁻
A (较稳定)
B (较不稳定)
−F⁻

E1cb 反应常见于 β-羟基羰基化合物脱水生成 α,β-不饱和羰基化合物的转化中，特别是羟醛缩合反应（见第 12.4 节）。在这个过程中，碳负离子的负电荷可共振到羰基氧原子上，形成更稳定的烯醇负离子中间体，因而消除更为容易。

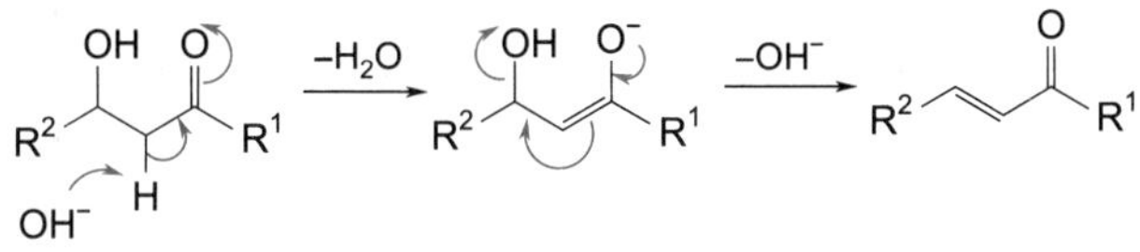

8.5.4 消除反应与取代反应的竞争

消除反应和取代反应通常相伴而生，例如，叔丁基溴在水或乙醇中发生溶剂解反应，在得到取代产物的同时，还有少量消除产物生成。

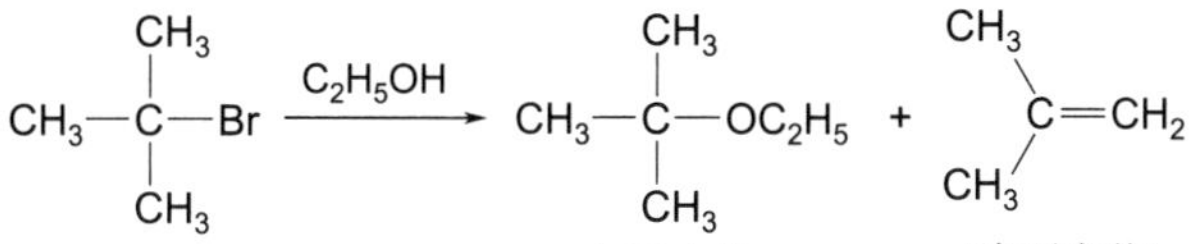

(主要产物)
(次要产物)

取代反应和消除反应两种反应相互竞争，何者为主，取决于反应物的结构、亲核试剂的强弱、溶剂的极性和反应温度等因素。

(1) 烃基结构对反应的影响

烃基结构对取代反应和消除反应的影响可用如下示意图表示：

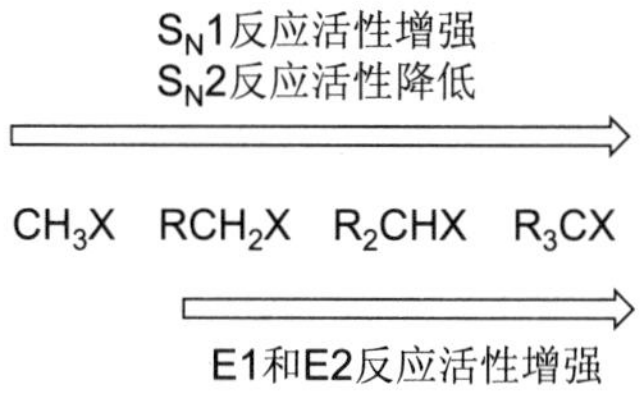

S_N1反应活性增强
S_N2反应活性降低
CH3X RCH2X R2CHX R3CX
E1和E2反应活性增强

叔卤代烃有利于发生消除反应，伯卤代烃特别是直链的伯卤代烃有利于发生取代反应。α-位或 β-位连有取代基越多，空间障碍大，亲核试剂进攻中心碳原子就越困难，而进攻 β-氢相对来说容易一些；另一方面，亲核取代反应前和反应后，中心碳都为 sp^3 杂化，α-位或 β-位连有取代基越多，空间拥挤程度越大。发生消除反应后，中心碳由 sp^3 杂化变为 sp^2 杂化，解除了空间拥挤作用，分子的势能较低。因此，叔卤代烃更容易发生消除反应，直链伯卤代烃更容易发生亲核取代反应。例如，1-溴丁烷在乙醇钠/乙醇中反应主要按 S_N2 机理进行，主要得到醚；而在同样条件下，叔丁基溴则主要按 E2 进行，主要得到消除产物。

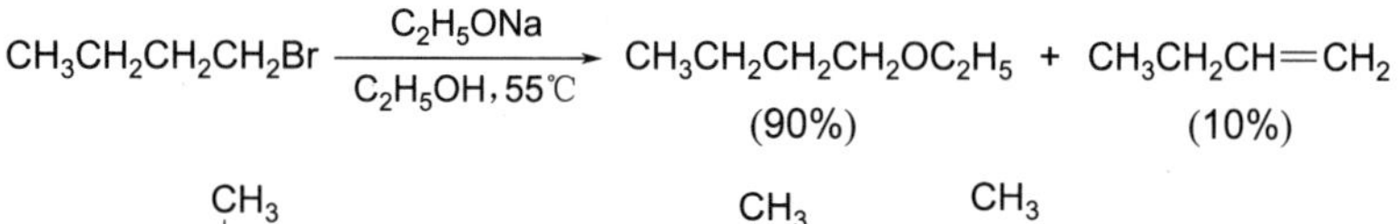

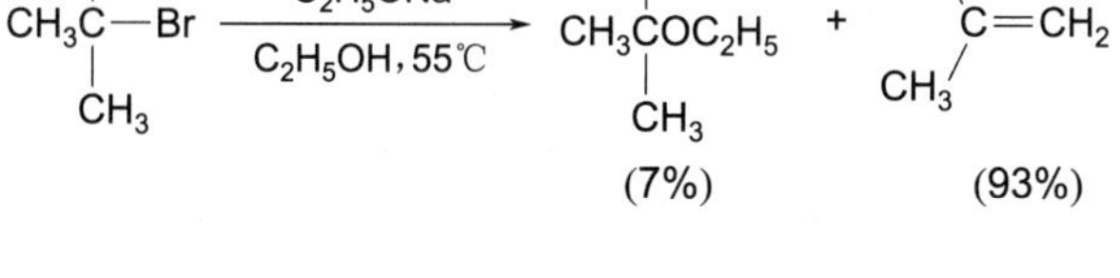

伯卤代烃在强碱条件下主要为 S_N2 和 E2 机理间的竞争，进攻试剂既是亲核试剂又是碱，对于直链的伯卤代烃主要得到取代产物。例如：

$$CH_3CH_2Br \xrightarrow[C_2H_5OH]{C_2H_5ONa} CH_3CH_2OCH_2CH_3 + H_2C{=}CH_2$$
$$\qquad\qquad\qquad\qquad\quad（99\%）\qquad\qquad（1\%）$$

β-碳上有支链时，空间位阻增大，取代产物比例减少，消除产物比例增加。例如：

$$(CH_3)_3CCH_2CH_2Br \xrightarrow[C_2H_5OH]{C_2H_5ONa} (CH_3)_3CCH_2CH_2OC_2H_5 + (CH_3)_3CCH{=}CH_2$$
$$\qquad\qquad\qquad\qquad\qquad\qquad（40\%）\qquad\qquad\qquad（60\%）$$

由于共轭效应，一些卤代烃如果消除后生成较稳定的共轭烯烃，则会大大增加消除的产物。例如，溴乙烷在 55℃ 下在乙醇钠/乙醇中反应，取代产物占 99%，当 β-碳上的一个氢被苯基取代后，在同样条件下反应，取代产物只占 4%，消除产物高达 96%。

$$（96\%）\qquad\qquad\qquad\qquad（4\%）$$

叔卤代烃在没有碱存在的条件下发生溶剂解反应，主要是 S_N1 和 E1 机理间的竞争，S_N1 取代产物与 E1 消除产物的比例取决于空间位阻大小，空间位阻越大越有利于消除。例如：

$$\qquad\qquad\qquad\qquad\qquad\qquad（66\%）\qquad\qquad（34\%）$$

$$\qquad\qquad\qquad\qquad\qquad\qquad\qquad\qquad（100\%）$$

（2）试剂对反应的影响

卤代烃的取代和消除都是在碱性条件下进行的，一般来说，试剂的碱性越强，体积越大，浓度越大，越有利于 E2 反应。而试剂的亲核性越强，体积越小，则越有利于 S_N2 反应。如 RO^-、$(CH_3)_3CO^-$、OH^-、NH_2^- 等试剂的碱性较强，夺质子的能力强，有利于 E2 反应；RS^-、CH_3COO^-、CN^-、I^- 等试剂的碱性较弱，亲核性强，主要发生取代反应。例如，2-氯丙烷与醋酸钠反应，完全得到取代产物，而乙醇钠碱性强，主要得到消除产物。

$$（100\%）\qquad\qquad\qquad\qquad\qquad\qquad\qquad（25\%）\qquad\qquad（75\%）$$

2-溴丙烷在甲醇中与甲硫醇钠反应主要得到亲核取代反应，但与碱性较强、亲核性较弱的甲醇钠反应，则主要得到消除产物。

此外，碱的浓度越大，越有利于 E2 消除反应。下列反应中，随着溶液中 NaOH 的浓度增大，消除反应产率明显提高。

NaOH/(mol/L)	E/%	S_N/%
0	28 (E1)	72
0.05	34 (E1+E2)	66
2.0	93 (E2)	7

试剂的体积越大，空间位阻就越大，进攻 α-碳越困难，有利于选择进攻空间位阻小的 β-氢，故有利于发生消除反应。例如：

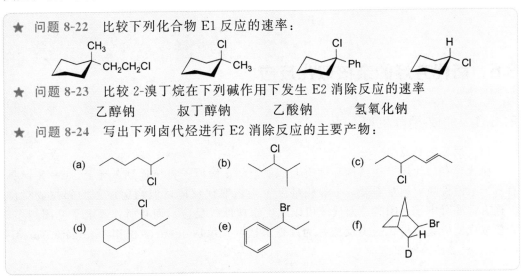

（3）溶剂对反应的影响

溶剂的极性大，有利于电荷集中的过渡态，不利于电荷分散的过渡态，因此增加溶剂的极性，一般有利于取代反应，而不利于消除反应。以卤代烃的 S_N2 和 E2 反应为例，在 S_N2 反应中，过渡态的电荷分布比较集中；E2 反应中，过渡态的电荷分布比较分散，因此极性溶剂有利于亲核取代反应。

$$\text{Nu}\overset{\delta^-}{\cdots}\text{C}\overset{\delta^-}{\cdots}\text{X} \qquad \text{Nu}\overset{\delta^-}{\cdots}\text{H}\cdots\text{C}=\text{C}\overset{\delta^-}{\cdots}\text{X}$$

（Ⅰ）　　　　　　　　　（Ⅱ）

S_N2反应过渡态　　　　E2反应过渡态
的电荷分布　　　　　　的电荷分布

（4）温度对反应的影响

温度高有利于消除反应，而温度低对取代反应有利，这是因为消除反应是熵增加的过程，所需的能量要比取代反应的高。

综上所述，消除反应和亲核取代反应在竞争中以哪个为主，与多种因素有关。一般来说，直链的伯卤代烃 S_N2 反应速率快，主要得到取代产物，常用于制备不对称醚和腈类化合物。β-碳有支链的伯卤代烃和仲卤代烃，在亲核试剂亲核性强、溶剂极性大，特别是偶极非质子溶剂中有利于 S_N2 反应，主要得到取代产物。在极性小的溶剂、强或浓碱条件下有利于 E2 反应，主要得到消除产物。叔卤代烃较易发生消除反应，尤其是在碱性条件下，以消除反应为主。

★ 问题 8-22　比较下列化合物 E1 反应的速率：

★ 问题 8-23　比较 2-溴丁烷在下列碱作用下发生 E2 消除反应的速率

乙醇钠　　　　　　叔丁醇钠　　　　　乙酸钠　　　　　氢氧化钠

★ 问题 8-24　写出下列卤代烃进行 E2 消除反应的主要产物：

(a) 　　　　　(b) 　　　　　(c)

(d) 　　　　　(e) 　　　　　(f)

8.5.5　邻二卤代烷的消除反应

邻二卤代烷在强碱作用下可以脱卤化氢生成共轭烯烃，亦可生成炔烃。例如，2,3-二溴丁烷经历两步 E2 反应，消除两分子 HBr，生成丁二烯。

$$\underset{\underset{Br}{|}}{CH_3CH}\text{—}\underset{\underset{Br}{|}}{CHCH_3} \xrightarrow[\triangle]{KOH/EtOH} CH_2=CH\text{—}CH=CH_2$$

1,2-二溴丁烷在过量强碱 $NaNH_2$ 作用下消除两分子 HBr，生成炔化钠，后者用酸中和后得到丁-1-炔。实现这一转化需要比 KOH 更强的碱，而且需要 3 倍量。强碱不仅能够促进第二步消除（即 1-溴丁-1-烯消除一分子 HBr），而且过量的碱可将产生的末端炔转变为炔化钠，从而避免了叁键的异构化。

$$CH_3CH_2CH=CH_2 \xrightarrow{Br_2} CH_3CH_2\underset{\underset{Br}{|}}{C}H-\underset{\underset{Br}{|}}{C}H_2 \xrightarrow[-HBr]{NaNH_2} CH_3CH_2CH=CH-Br$$

$$\xrightarrow[-HBr]{NaNH_2} CH_3CH_2C\equiv CH \xrightarrow{NaNH_2} CH_3CH_2C\equiv CNa \xrightarrow{H_3O^+} CH_3CH_2C\equiv CH$$

上述反应的第三步消除是卤代烯烃的消除，也属于 E2 反应。通常情况下，（Z）-构型的卤代烯烃要比其（E）-异构体快得多，这是因为反式共平面的 E2 反应要比顺式平面的 E2 反应容易得多。例如：

此外，邻二卤代烷在活泼金属锌或镁的作用下能够脱卤素得到烯烃。例如：

$$CH_3\underset{\underset{Br}{|}}{C}H-\underset{\underset{Br}{|}}{C}HCH_3 \xrightarrow{Zn(Mg)/C_2H_5OH} CH_3CH=CHCH_3$$

在反应中，金属锌或镁被氧化为二价正离子并连上两个基团，即金属插入 C—X 键中间，形成有机金属化合物中间体，然后再消除 $ZnBr_2$ 或 $MgBr_2$ 生成烯烃。邻二溴代烷在金属锌作用下脱溴的过程可表示如下：

除活泼金属外，在碘负离子作用下，邻二卤代烷也可以脱去两个卤原子生成烯烃。

8.6　卤代芳烃的亲核取代反应

8.6.1　加成-消除机理

（1）反应的特点

卤代苯和卤代烯烃在结构和性质上都很类似。卤原子直接连到苯环上，C—X 键具有部分双键性质，很难断裂，一般较难发生亲核取代反应，但当卤原子的邻位或对位上连有强的吸电子基团时，卤代苯可以发生亲核取代反应。而且所连吸电子基团越多，亲核取代反应越容易。这类反应称为芳香亲核取代反应（nucleophilic aromatic substitution，$S_N Ar$）。例如：

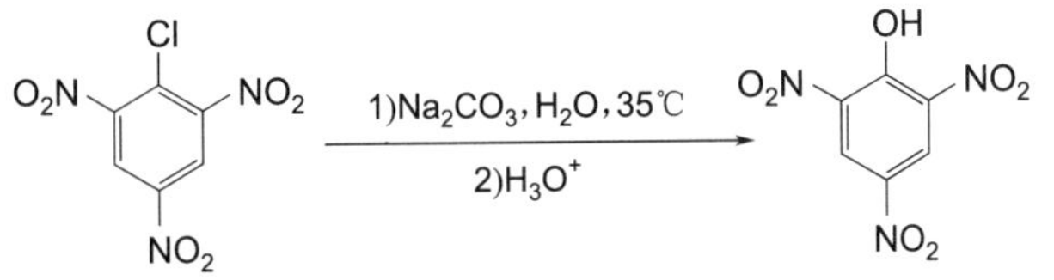

离去基团可以是 F^-、Cl^-、Br^- 或 I^-。例如：

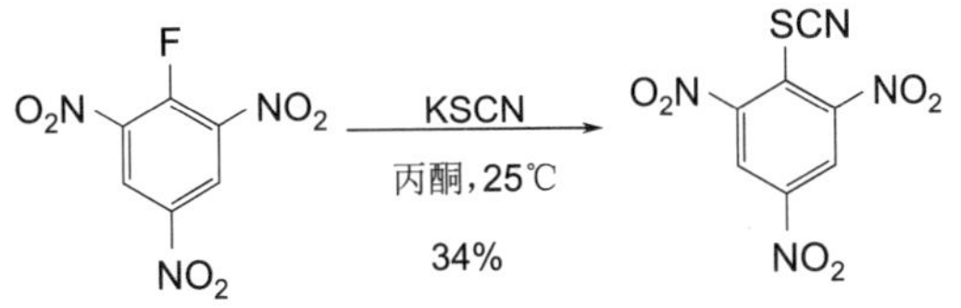

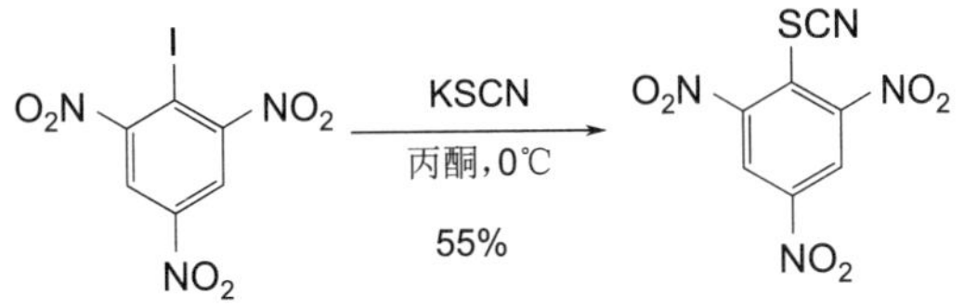

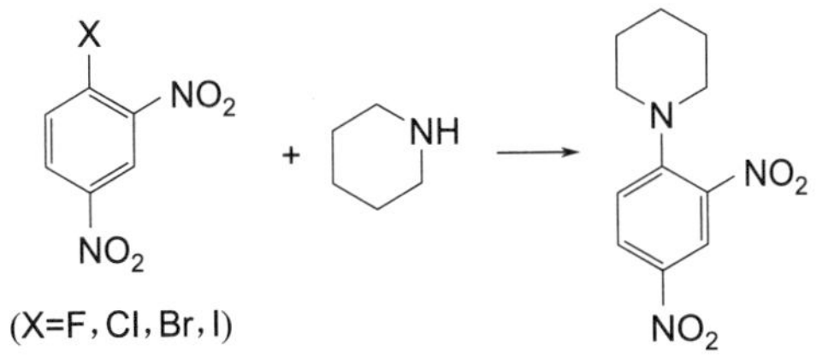

(X=F, Cl, Br, I)

S_NAr 反应最早发现于 19 世纪末，属于百年经典反应，在各种合成领域中均有广泛应用，在药物化学中的使用频率仅次于酰胺键形成和偶联反应，位列第三。

(2) 加成-消除机理

S_NAr 反应经历了加成-消除过程：第一步，亲核试剂进攻与卤素相连的碳原子，形成碳负离子中间体；第二步，X^-离去，恢复芳香体系，生成取代产物。由于这种共振稳定的负离子中间体是 1902 年德国化学家 Meisenheimer 首次提出的，此后被称为 Meisenheimer 络合物。

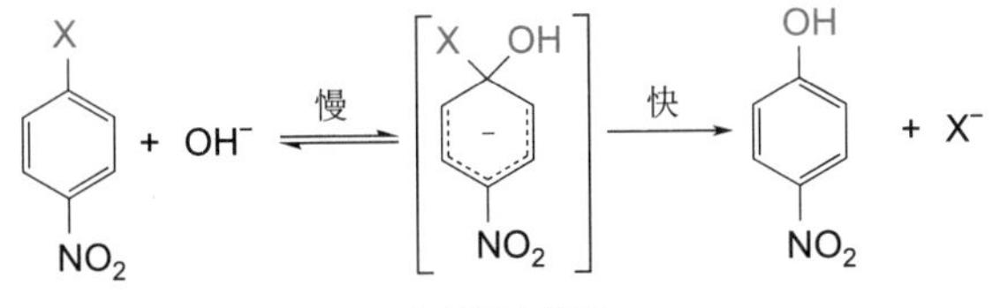

负离子中间体
(Meisenheimer络合物)

第一步反应破坏了苯环的芳香性，需要较高的活化能，通常是整个取代反应的决速步骤。在此过程中，X 的电负性越大，越有利于稳定碳负离子中间体和反应的过渡态，从而有利于反应进行。因此，尽管 C—F 键比 C—I 键强，2,4-二硝基氟苯的反应活性比 2,4-二硝基碘苯大得多。此外，X 的邻位或对位必须有强吸电子基团，它们能有效地稳定碳负离子中间体，从而使反应容易进行。例如，对氯硝基苯和邻氯硝基苯与 OH^- 经历加成-消除机理时，形成的碳负离子中间体的负电荷可通过共振分散到吸电子基团—NO_2 的氧原子上，从而稳定了这个中间体，有利于反应进行。

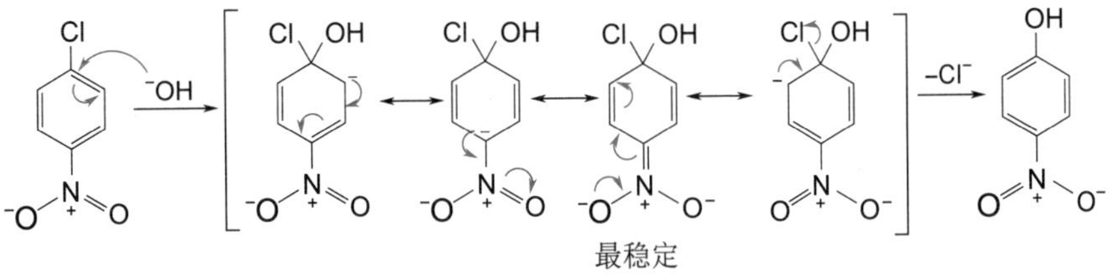

最稳定

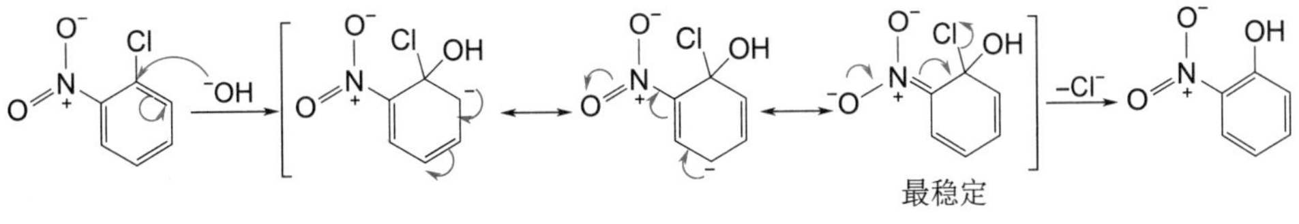

最稳定

然而，当硝基在间位时，负离子中间体的负电荷不能通过共振分散到硝基上，能量较高，不易形成，从而导致反应很难发生。

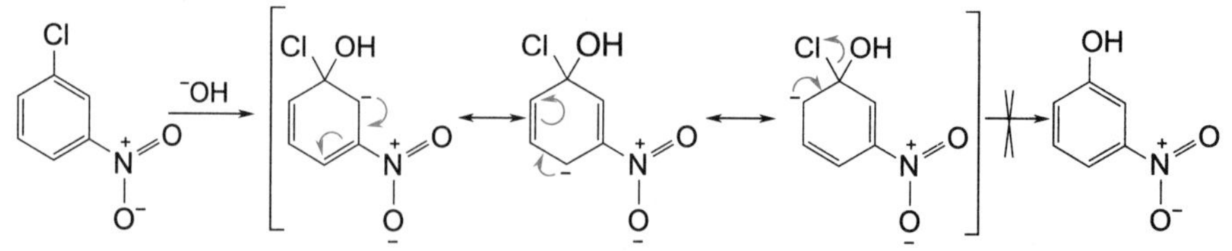

（能量较高，不易形成）

作为加成-消除机理的一个直接证据，人们已经检测或分离到大量的 Meisenheimer 中间体（盐）。例如，有人在研究 2,4,6-三硝基苯基乙基醚与甲醇钠的亲核取代反应时就分离到如下 Meisenheimer 盐，后者能够转变为取代产物。

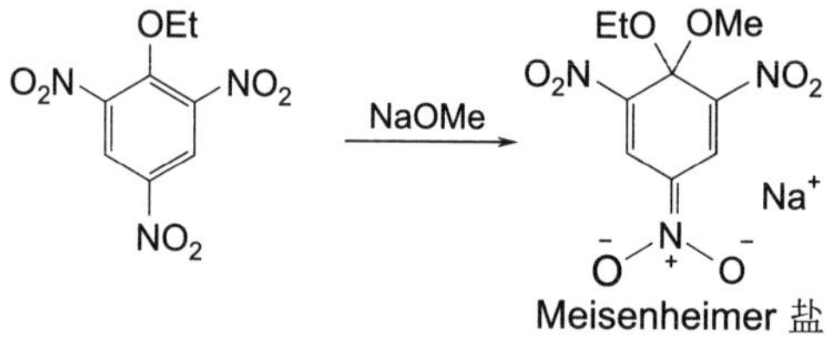

Meisenheimer 盐

8.6.2 苯炔机理

（1）反应的特点

苯环上没有强吸电子基取代的卤代苯难以发生上述 $S_N Ar$ 反应，但用强碱作为亲核试剂时，可发生亲核取代反应。例如，在液氨溶液中，卤代苯可与氨基钾反应生成苯胺：

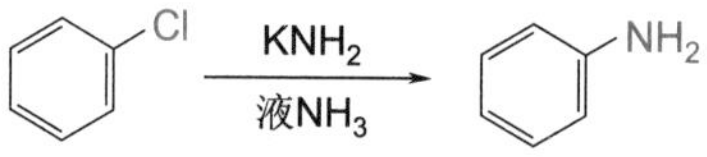

卤代苯在氨基钠/液氨作用下被氨基取代的相对反应速率为：PhBr＞PhI＞PhCl＞PhF。取代的卤代苯与强碱的反应生成两种异构体产物。例如，1-氯-4-甲基苯与 NaOH 在高温下反应得到 4-甲基苯酚和 3-甲基苯酚的混合物，但 1-氯-2-甲氧基苯和 1-氯-3-甲氧基苯与氨基钠反应，得到单一产物 3-甲氧基苯胺。

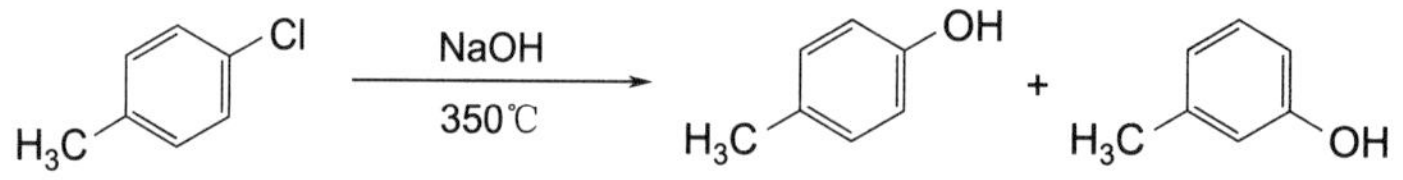

1-氯-4-甲基苯　　　　　　　4-甲基苯酚　　　　3-甲基苯酚

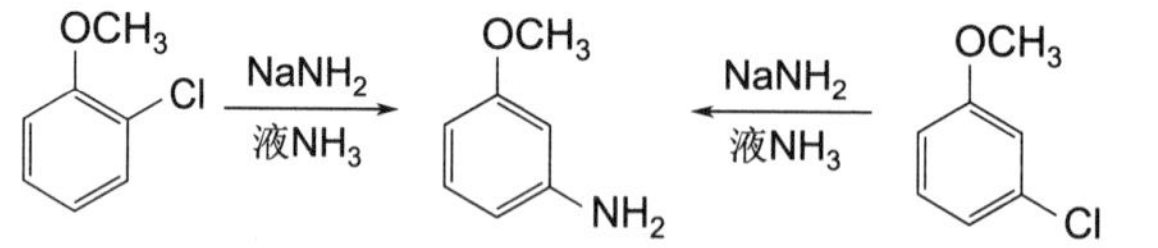

1-氯-2-甲氧基苯　　　3-甲氧基苯胺　　　1-氯-3-甲氧基苯

（2）消除-加成机理

将氯苯用强碱（如 KNH_2）处理，可以生成苯胺。如果氯苯中氯原子所连的碳为标记的 ^{14}C（用"＊"表示），除生成预期的氨基连在 ^{14}C 上的苯胺外，还得到氨基连在 ^{14}C 邻位碳上的苯胺：

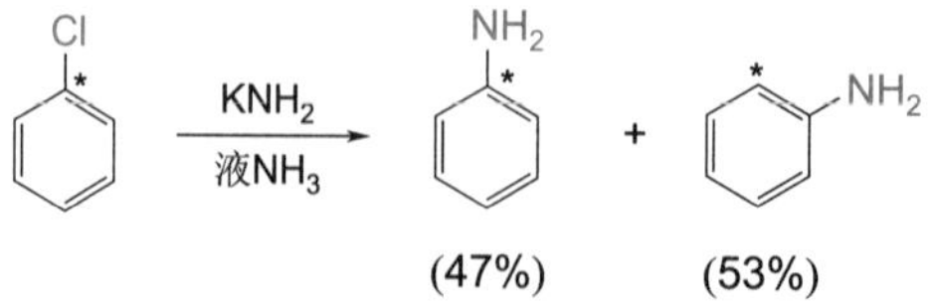

（47%）　　　　（53%）

上述事实显然不能用上述加成-消除机理进行解释。对于这样的反应，一般认为经历了消除-加成机理。在 β-消除一步，氯苯在 NH_2^- 促进下消除一分子 HCl，生成苯炔

（benzyne）活泼中间体。在加成步骤中，NH_2^- 首先进攻缺电子的苯炔叁键碳，生成芳基碳负离子，后者从氨分子中夺取一个质子生成苯胺，这两步相当于加成一个氨分子。由于苯炔叁键的两个碳反应活性相同，所以氨基负离子进攻苯炔时，向两个碳进攻的概率相近，因此可以得到几乎等量的两种产物。

对于氟苯和氯苯，邻位氢的酸性较强，容易被碱夺取，反应的决速步是第二步，即卤素的离去。通常氯较氟容易离去，故氯苯较氟苯容易发生第二步反应。对于溴苯和碘苯，卤素的离去比较容易，反应的决速步是第一步，即碱夺质子。由于溴的吸电子诱导效应比碘强，溴苯较碘苯容易脱去邻位的质子。综合考虑卤代苯的电子效应和卤素的离去能力，卤代苯在液氨中与氨基钠或氨基钾发生亲核取代反应的相对速率顺序为：PhBr＞PhI＞PhCl＞PhF。

消除-加成机理也解释了对氯甲苯在氨基钾作用下得到对甲苯胺和间甲苯胺混合物的结果。

而邻甲氧基氯苯在同样的条件下，只生成单一产物间甲氧基苯胺。这是由于受甲氧基强的吸电子诱导效应和给电子共轭效应的作用，使得苯炔中间体 B 中两个叁键碳原子的电子云密度相差较大，氨基负离子优先进攻位阻较小且电子云密度相对较低的间位碳原子，形成较稳定的邻位碳负离子中间体 C，从而生成间甲氧基苯胺。

苯炔是一个活性很高的中间体，分子中含有一个碳碳叁键，但这个碳碳叁键与乙炔中的不同。构成苯炔叁键的碳为 sp^2 杂化，苯环的大 π 键并没有破坏，第三个键是由两个邻近碳原子用 sp^2 杂化轨道侧面重叠形成的，重叠程度较少，故键的牢固程度很差，活性很高。

苯炔的结构

苯炔是一类很强的亲电试剂，可以与很多亲核试剂发生亲核加成反应。对于没有取代基或对称的苯炔来说，不存在区域选择性问题，但是对于不对称取代的苯炔的亲核加成就存在区域选择性问题。根据苯炔上取代基电子效应和空间位阻作用，可以调控亲核加成的区域选择性，但对于取代基电子效应和位阻影响较小的苯炔，则区域选择性较差。

如下三氟甲基苯炔和甲氧基苯炔的亲核进攻主要发生在电子效应和空间位阻都有利的间位；苯基苯炔和 α-萘炔的亲核进攻分别发生在空间位阻较小的间位和 β-位；氟苯炔亲核进攻主要发生在电子效应有利的对位；甲基苯炔一般得到邻位和间位取代的混合物。

苯炔除了与亲核试剂发生加成反应外，还可作为高度活泼的亲双烯体与共轭烯烃发生 Diels-Alder 反应，也常用这种方法来捕获苯炔。

★ 问题 8-25 比较下列化合物与 $NaOH/H_2O$ 反应的相对活性大小：

★ 问题 8-26 请写出 1,2,4-三氯苯与 $NaOCH_2COONa$ 反应的产物结构。

★ 问题 8-27 邻溴苯甲醚发生如下反应，该反应最可能形成下列哪种中间体？

(a) 苯基正离子　(b) 苯基负离子　(c) 苯炔　(d) 苯基自由基

8.7 卤代烃与金属的反应

卤代烃可以与许多金属反应生成金属原子直接与碳原子相连的一类化合物，称为有机金属化合物（organometallic compounds），常用 R—M 表示，M 代表金属。由于碳原子的电负性比金属原子的电负性大得多，所以碳金属键中的碳原子带有负电荷，金属带正电荷，是一类亲核能力很强的含碳亲核试剂，也是强的碱。金属有机化合物的制备主要有两种途径：一种是通过卤代烃与金属单质直接反应来制备，还有一种是通过金属试剂与另一种金属的盐类化合物发生交换反应来获得。有机金属化合物的种类很多，如 Mg、Li、Na、Cu、Zn、Cd、Hg、Al 等的有机金属化合物，以下仅介绍几种常见有机金属化合物的制备。

8.7.1 有机镁化合物的制备

有机镁化合物又称 Grignard 试剂，简称格氏试剂。它可由卤代烃在无水乙醚（或四氢呋喃）中直接与镁反应来制备：

$$R-X + Mg \xrightarrow{无水乙醚} R-MgX$$

有机镁化合物可与两分子乙醚或四氢呋喃（THF）配位结合，从而形成稳定的格氏试剂，并能溶于醚，所以，制备格氏试剂一般用乙醚或四氢呋喃为溶剂。有关格氏试剂的结构研究表明，在稀的醚溶液中，有机镁化合物以单体形式存在，在浓溶液中则以二聚体形式存在：

格氏试剂与醚配位结合　　　　在醚溶液中格氏试剂形成二聚体

卤代烃与金属镁反应生成格氏试剂的难易程度和烃基的结构及卤素的种类有关。卤代烃的反应活性次序为：RI＞RBr＞RCl＞RF，实验室通常用溴代烃来制备格氏试剂。常见的乙烯基和苯基卤代烃也能与金属镁反应生成格氏试剂，反应活性相对较低，一般需要较高的反应温度，通常选择沸点较高的四氢呋喃为溶剂。

由于碳的电负性比镁大得多，格氏试剂的 C—Mg 键是高度极化的，直接与镁相连的碳原子带部分负电荷，具有显著的碳负离子的性质，所以格氏试剂既是强碱，又是强亲核试剂，是碳负离子的等价试剂。烷烃的 pK_a 为 45～50，为最弱的酸，可以把格氏试剂看作是烷烃的共轭碱，碱性非常强，遇到活泼氢时，立即发生酸碱反应生成烃。例如：

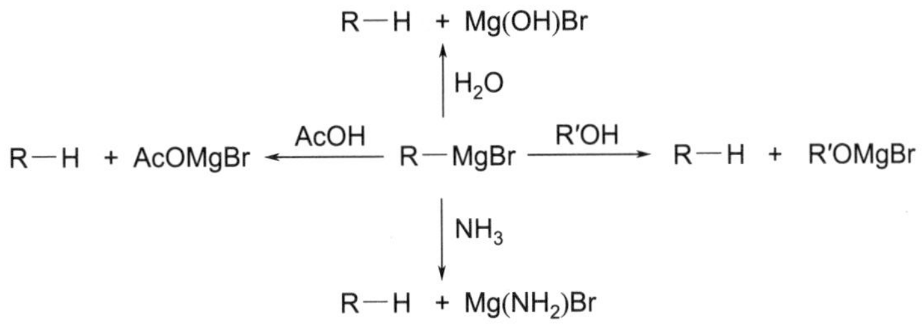

甲基碘化镁格氏试剂与水反应放出甲烷气体，根据甲烷的体积可以测定水的含量。常利用该反应来定量测定体系中水的含量。利用格氏试剂与重水（D_2O）反应可以制备氘代化合物。例如：

$$(CH_3)_3C—MgBr + D_2O \longrightarrow (CH_3)_3C—D + Mg(OD)Br$$

一些烃类化合物（如末端炔烃和烯烃）的酸性比烷烃强（见第 2.8 节），因此可用烷基格氏试剂（即烷烃的共轭碱）与这些烃类化合物之间的酸碱反应来制备其它格氏试剂。实验室一般通过乙基溴化镁格氏试剂与末端炔反应来制备炔基格氏试剂，例如：

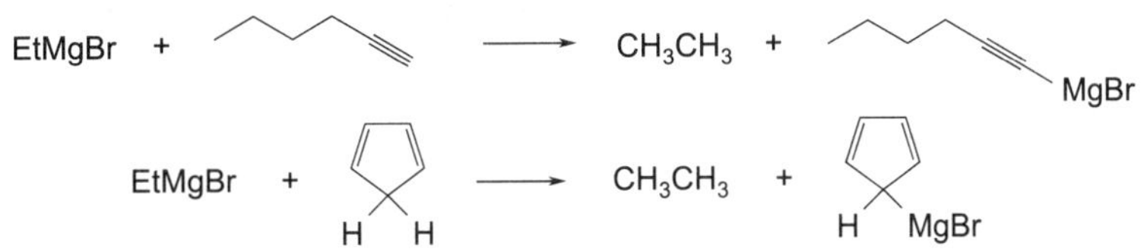

因此，在制备格氏试剂及使用格氏试剂时，体系内绝对不能含有活泼氢，还应避免与空气接触，一般在惰性气体保护下进行，所用溶剂均需无水无氧处理，因为格氏试剂可与氧气、二氧化碳发生如下反应：

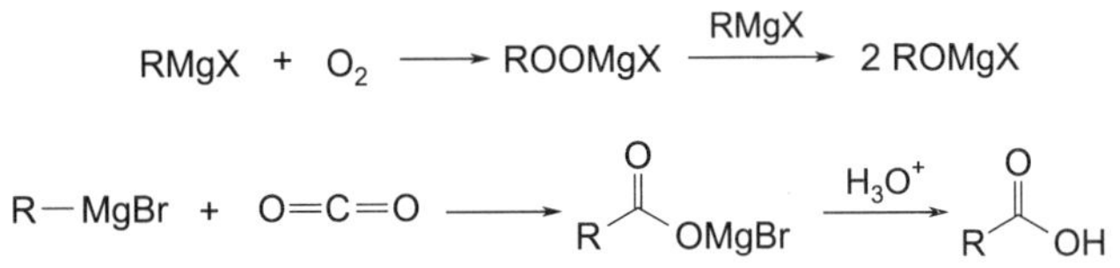

$$RMgX + O_2 \longrightarrow ROOMgX \xrightarrow{RMgX} 2\ ROMgX$$

格氏试剂是一类用途非常广的含碳亲核试剂，它可与卤代烷发生亲核取代，生成 C—C 偶联产物（见第 8.8 节）。格氏试剂与二氧化碳、醛、酮、酯以及酰卤等化合物的亲核加成反应常用于制备羧酸、醇、酮等有机化合物（见第 10 章）。

8.7.2 有机锂化合物的制备

在无水溶剂（如正己烷、苯、无水乙醚等）中，卤代烷与金属锂反应生成有机锂化合物，是常用的金属有机试剂。卤代烯烃也能够发生类似的反应，且生成的烯基锂化合物的双键构型保持。例如：

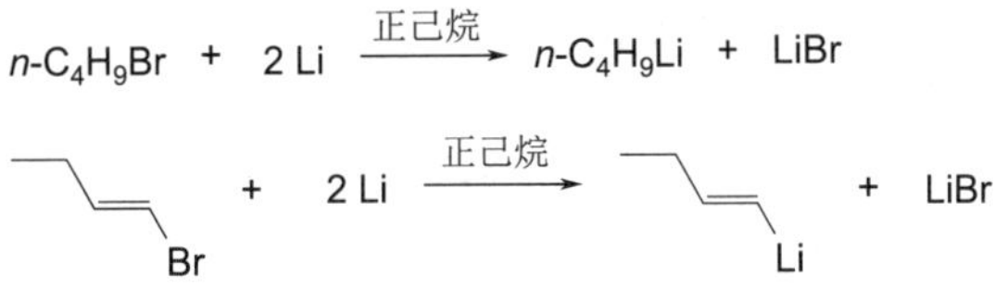

（E）-1-溴丁烯 　　　　　　　　　　　（E）-1-丁烯基锂

苯基、苄基和烯基锂试剂通常用丁基锂（工业产品）与卤代苯、苄基卤化物和卤代烯烃的交换反应来制备。例如：

$$n\text{-}C_4H_9Li + \underset{}{}\text{—I} \xrightarrow{\text{正己烷}} \underset{}{}\text{—Li} + n\text{-}C_4H_9I$$

$$n\text{-}C_4H_9Li + \underset{}{}\text{—CH}_2\text{Br} \xrightarrow{\text{正己烷}} \underset{}{}\text{—CH}_2\text{Li} + n\text{-}C_4H_9Br$$

由 1,4-二碘-1,3-二烯与叔丁基锂的交换反应得到双锂试剂，这类双锂试剂比较稳定，可从正己烷中重结晶，并通过 X 射线单晶衍射分析技术测得它们为二聚体或三聚体结构：

由1,4-二碘-1,3-二烯经 *t*-BuLi(4equiv.)、Et₂O、−78℃,1h 得到双锂试剂及二聚体

1,4-二碘-1,3-二烯　　双锂试剂　　二聚体

有机锂试剂与格氏试剂性质相似，且更为活泼，碱性更强，其中烷基锂的碱性最强。例如，丁基锂与二异丙基胺（有一定酸性）反应，生成丁烷和二异丙基氨基锂试剂（LDA），后者是有机合成中常用的强碱试剂：

丁基锂　　二异丙基胺　　丁烷　　二异丙基氨基锂
lithium diisopropylamide

烷基锂试剂亦可夺取末端炔烃的质子，形成炔基锂试剂，后者也是常用的亲核试剂：

$$RC{\equiv}CH + R'Li \longrightarrow RC{\equiv}CLi + R'H$$

8.7.3　有机铜锂化合物的制备

二烃基铜锂化合物称为 Gilman 试剂，是最有用的有机铜试剂，可以通过有机锂试剂与卤化亚铜反应来制备。

$$2RLi + CuI \longrightarrow R_2CuLi + LiI$$

在这个反应中，有机锂试剂与卤化亚铜发生金属交换反应生成有机铜化合物，有机铜化合物再与有机锂试剂反应生成二烃基铜锂化合物。

$$RLi + CuX \longrightarrow RCu + LiX$$
烃基铜

$$RCu + RLi \longrightarrow R_2CuLi$$
二烃基铜锂

有机铜锂试剂的活性比有机锂试剂弱得多，相对比较稳定，亲核性较弱。

8.7.4　烷基钠的形成及其偶联反应

卤代烷（RX）在金属钠的作用下可以发生亲核取代反应生成烷烃（R—R），称为 Wurtz 反应。通常使用伯卤代烷，在此情况下容易发生 S_N2 反应。若为仲卤代烃和叔卤代烃，在强碱性的烃基钠作用下则容易发生 E2 消除反应。

$$2RX + 2Na \longrightarrow R{-}R + 2NaX$$

反应先生成的烷基钠中碳金属键具有离子键的性质，烷基负离子属于强碱和强亲核试剂，因此烷基钠一旦形成就容易与未反应的卤代烷发生 S_N2 反应，生成 C—C 偶联产物。这类反应常称为偶联反应（coupling reaction）。

$$RX + 2Na \longrightarrow R^-Na^+ + NaX$$

$$R^-Na^+ + R{-}X \longrightarrow R{-}R + NaX$$

Wurtz 反应可用于制备对称的长链烷烃，如 1-溴壬烷与金属钠反应生成十八烷。

$$CH_3(CH_2)_7CH_2Br \xrightarrow{Na} CH_3(CH_2)_{16}CH_3$$

1-溴壬烷   十八烷

8.8 卤代烷与有机金属化合物的偶联反应

金属有机化合物的 C—M 键或为离子型键（如烷基钠和炔化钠化合物），或为极化了的共价键，故与金属相连的碳原子带有负电荷或部分负电荷。

它们既是强碱，也是强的亲核试剂，可与许多亲电试剂作用，如与卤代烷、环氧化合物（见第 9 章）、醛和酮（见第 10 章）、羧酸衍生物（见第 11 章）等发生亲核取代、亲核加成反应。金属有机化合物与伯卤代烷的亲核取代反应能够生成 C—C 偶联产物，这类反应在有机合成中已得到广泛应用。

$$R—M + R'—X \longrightarrow R—R' + MX$$

例如，以乙炔为起始原料，与氨基钠反应生成炔化钠，后者与溴乙烷发生亲核取代，生成丁-1-炔。丁-1-炔进一步与氨基钠作用，生成的炔化钠与 1-碘丙烷发生 S_N2 反应，最终得到非末端炔烃庚-3-炔。这是制备不对称炔烃的常用方法。

$$HC{\equiv}CH \xrightarrow[\text{液 NH}_3]{NaNH_2} HC{\equiv}CNa \xrightarrow{C_2H_5Br} CH_3CH_2C{\equiv}CH \xrightarrow[\text{液 NH}_3]{NaNH_2} CH_3CH_2C{\equiv}CNa \xrightarrow{n\text{-}C_3H_7I} CH_3CH_2C{\equiv}CCH_2CH_2CH_3$$

格氏试剂、有机锂试剂和有机铜锂试剂都是很好的亲核试剂，可与伯卤代烷发生交叉偶联反应。例如：

$$CH_3CH_2CH_2Br + CH_3CH_2C{\equiv}CMgX \longrightarrow CH_3CH_2C{\equiv}CCH_2CH_2CH_3$$

$$CH_3(CH_2)_3CH_2I + (CH_3)_2CuLi \longrightarrow CH_3(CH_2)_3CH_2CH_3 + CH_3Cu + LiI$$

98%

$$\text{⬡—Cl} \xrightarrow{(CH_3)_2CuLi} \text{⬡—CH}_3 + CH_3Cu + LiCl$$

75%

需要指出的是，在有机金属试剂与卤代烷的偶联反应中所用的卤代烷一般为伯卤代烷，仲卤代烷和叔卤代烷在强碱性有机金属试剂作用下则容易发生消除反应。

关键词

卤代烃	halohydrocarbon	芳香亲核取代	nucleophilic aromatic
亲核取代反应	nucleophilic substitution	（S_NAr）	substitution
亲核试剂	nucleophile	加成-消除机理	addition-elimination
双分子亲核取代	bimolecular nucleophilic		mechanism
反应（S_N2）	substitution	消除-加成机理	elimination-addition
单分子亲核取代	unimolecular nucleophilic		mechanism
反应（S_N1）	substitution	苯炔	benzyne
Walden 翻转	Walden inversion	有机金属化合物	organometallic
邻基参与	neighboring group participation		compound
双分子消除反应（E2）	bimolecular elimination reaction	格氏试剂	Grignard reagent
单分子消除反应（E1）	unimolecular elimination reaction	有机锂化合物	organolithium compound
单分子共轭碱消除（E1cb）	unimolecular elimination through the conjugate base		
Saytzeff 规则	Saytzeff rule	Gilman 试剂	Gilman reagent
Saytzeff 烯烃	Saytzeff alkene	偶联反应	coupling reaction
Hofmann 烯烃	Hofmann alkene	Wurtz 反应	Wurtz reaction
		Williamson 合成法	Williamson synthesis

习 题

8-1 写出 1-溴戊烷与下列试剂反应的主要产物：

(1) NaOH（水溶液）

(2) Mg/无水乙醚

(3) $AgNO_3$/醇

(4) $CH_3C\equiv CNa$

(5) NaCN

(6) EtONa/EtOH，加热

(7) NaI（丙酮溶液）

(8) CH_3CO_2Ag

(9) NaN_3

(10) $NaSC_2H_5$

8-2 下列反应哪些按 S_N1 机理进行，哪些按 S_N2 机理进行？

(1) $CH_3I + OH^- \longrightarrow CH_3OH + I^-$

(2)

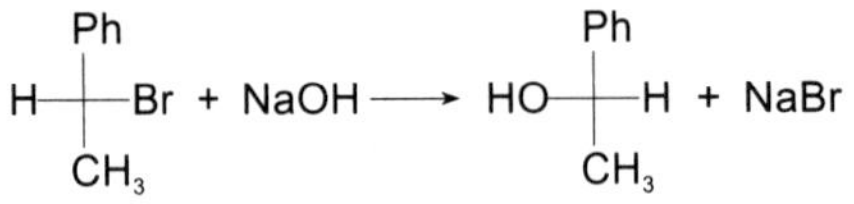

(3)

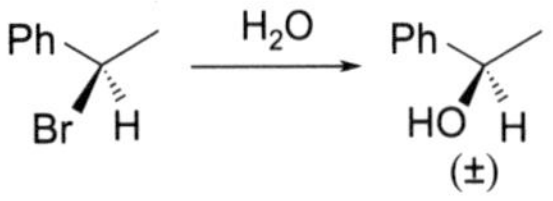

(4)

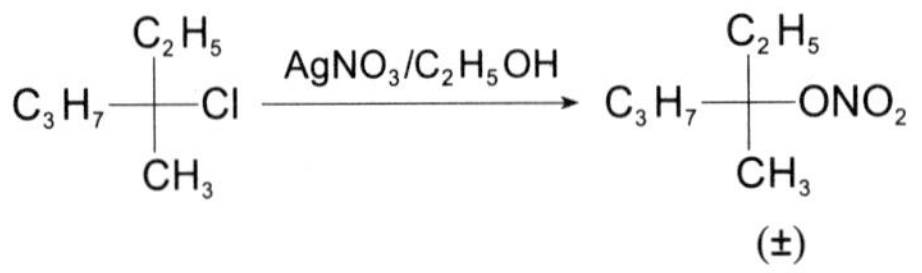

(5)

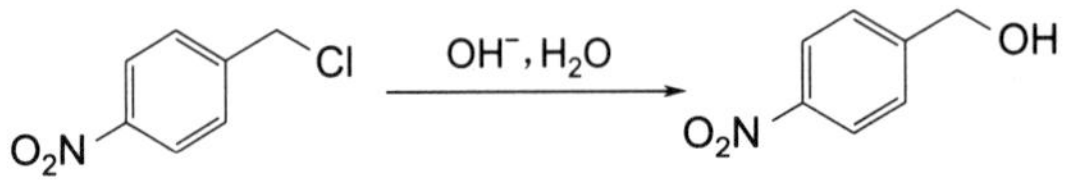

(6)

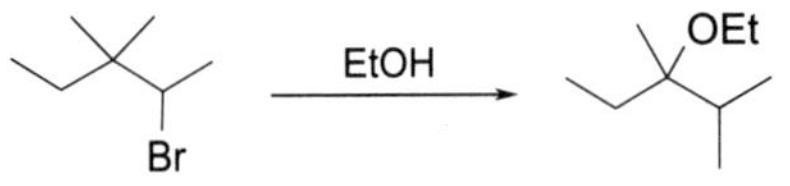

(7)

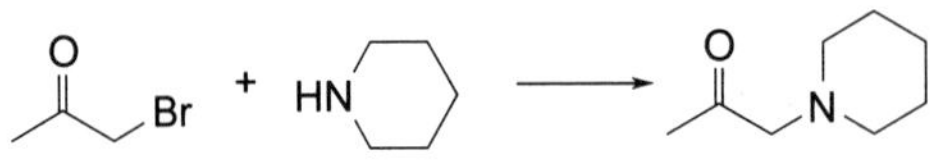

8-3 将下列各组化合物按指定性质排序：

(1) 与 $AgNO_3/C_2H_5OH$ 的反应活性：

a. 1-溴丁烷   b. 2-溴丁烷   c. 2-甲基-2-溴丙烷   d. 3-甲基-3-溴丁-1-烯

(2) 与 NaI/丙酮的反应活性：

a. 3-溴丙烯   b. 2-溴丙烯   c. 1-溴丁烷   d. 2-溴丁烷

(3) 在 KOH/醇溶液中发生消除反应的活性：

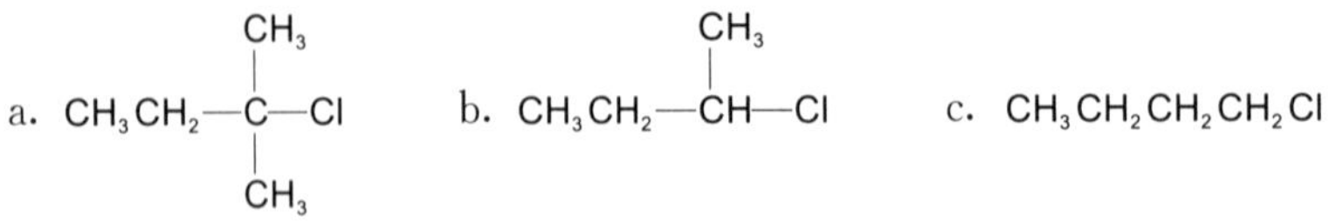

a.   b.   c. $CH_3CH_2CH_2CH_2Cl$

(4) 与 NaCN 反应的活性：

a. $CH_3CH_2CH_2Cl$ b. $CH_3CH_2CH_2Br$ c. $CH_3CH_2CH_2I$

(5) 发生 S_N2 反应的活性：

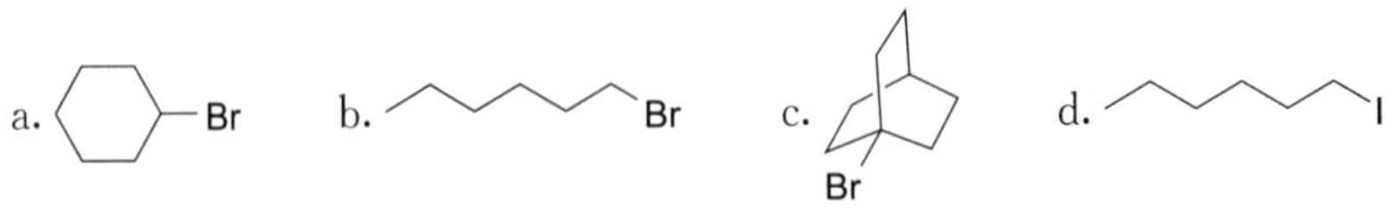

a.   b.   c.   d.

（6）发生 S_N2 反应的活性：

a.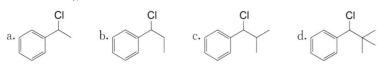

b.
c.
d.

（7）发生 S_N1 反应的活性：

a. ▷—Br   b. ☐—Br   c. ⬠—Br   d. （甲基环戊基 Br）

（8）脱 HBr 反应的活性：

a. $CH_3-\underset{\underset{Br}{|}}{\overset{\overset{CH_3}{|}}{C}}-CH_2CH_3$

b. $CH_3-\underset{\underset{H}{|}\ \underset{Br}{}}{\overset{\overset{CH_3}{|}}{C}}-CHCH_3$

c. $CH_3-\underset{\underset{H}{|}}{\overset{\overset{CH_3}{|}}{C}}-CH_2CH_2Br$

（9）发生 E1 反应的活性：

a. 苯基-$\underset{\underset{Cl}{|}}{CH}CH_3$

b. O_2N-苯基-$\underset{\underset{Cl}{|}}{CH}CH_3$

c. CH_3O-苯基-$\underset{\underset{Cl}{|}}{CH}CH_3$

（10）发生 E2 反应的活性：

a.（叔丁基环己基 Br）   b.   c.   d.

8-4 完成下列反应：

（1） （环己烯） $\xrightarrow[h\nu]{NBS,CCl_4}$ $\xrightarrow{NaCN}$

（2） $CH_2=C(CH_3)_2$ $\xrightarrow[R-O-O-R]{HBr}$ $\xrightarrow[丙酮]{NaI}$

（3） （纽曼投影式 CH_3, C_6H_5, H, C_2H_5, H, Br） $\xrightarrow[\triangle]{KOH/C_2H_5OH}$

（4） （环戊烯） $\xrightarrow[500℃]{Br_2(1equiv.)}$ $\xrightarrow{NaOH/H_2O}$

（5） （环己醇）$-OH$ $\xrightarrow{PCl_3}$ $\xrightarrow[DMSO]{NaCN}$ $\xrightarrow[\triangle]{H_3O^+}$

（6） （手性 CH_3, Cl, H 结构） $\xrightarrow{过量NH_3}$

（7） $CH_3CH_2\underset{\underset{Br}{|}}{CH}-\underset{\underset{CH_3}{|}}{CH}CH_2CH_3$ $\xrightarrow[\triangle]{KOH/EtOH}$

（8） （环己烯醇）$-OH$ $+$ ＝—CH_2Br $\xrightarrow[THF]{n\text{-}Bu_4NI,NaH}$

（J.Org.Chem. 2017，82，12569）

（9） $(CH_3)_3CCH_2I$ $\xrightarrow{CH_3CO_2Ag}$

（10） $CH_3-\underset{\underset{CH_3}{|}}{\overset{\overset{Cl}{|}}{C}}-CH_2CH_2CH_3$ $\xrightarrow[\triangle]{C_2H_5ONa/C_2H_5OH}$

（11） $BrCH_2CH_2CH_2CH_2NHCH_3$ $\xrightarrow[\triangle]{DMF}$

(12) $CH_3C=CHCHCH_3$ (with Cl and Br substituents) $+ NaCN \longrightarrow$

(13) $(CH_3)_3C$ (cyclohexane with CH_3, CH_3, Br) $\xrightarrow[\triangle]{KOH/C_2H_5OH}$

(14) (Fischer projection: H—, CH₃ top, D, H—, Br, CH₃ bottom) $\xrightarrow[\triangle]{C_2H_5ONa/C_2H_5OH}$

(15) O_2N, Cl, Cl (benzene) $+$ Cl, Cl, OH (benzene) $\xrightarrow{KOH/H_2O}$

8-5* 写出下列反应的机理：

(1) $PhCH_2N$ (bicyclic, Br, H) $\xrightarrow[\substack{DMSO,70℃,6h \\ 90\%}]{CsOAc}$ $PhCH_2N$ (bicyclic, OAc, H)

($J.\,Org.\,Chem.\,$2009，74，8232)

(2) (allene-substituted cyclohexanol, HO) $\xrightarrow[\substack{H_2O \\ rt,2h}]{NBS}$ O (cycloheptanone with vinyl-Br) 60% $+$ (spiro epoxide with vinyl-Br) 8%

($J.\,Org.\,Chem.\,$2009，74，8733)

(3) (NC, H) $\xleftarrow{丙酮}$ (H, I) $+ KCN \xrightarrow{甲醇}$ (NC, H) $+$ (H, CN) (1:1)

(4) Cl, OMe, OMe $\xrightarrow{3\,LDA,\,MeI}$ MeO—$\equiv$—Me

(LDA=i-Pr₂NLi)

(5) HO, CO_2Et (methyl) $\xrightarrow[Et_3N]{MeSO_2Cl}$ (diene), CO_2Et (E:Z=2:1)

(6) (bicyclic lactone, O=, Br) $\xrightarrow{MeONa}$ (bicyclic lactone with double bond)

(7) (tetrahydropyran with Cl, Cl) $\xrightarrow{MeOH}$ (tetrahydropyran with Cl, OMe)

(8) (tetrabromobenzene, Br×4) $+$ (furan, O) $\xrightarrow{n\text{-BuLi}}$ (O bridged product) 25% $+$ (O bridged product) 22%

($Org.\,Synth.\,$1998，75，201. DOI：10.15227/orgsyn.075.0201)

(9) MeO, OMe, Cl, Br $\xrightarrow{KNH_2,\,NH_3(l)}$ MeO, OMe (cyclopropane) 50%

($J.\,Org.\,Chem.\,$1972，37，1730)

(10)

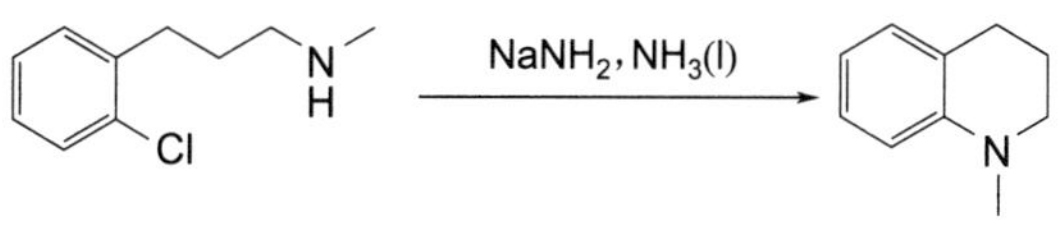

8-6　从简单易得的原料出发，用必要的有机、无机试剂合成下列化合物：

(1)

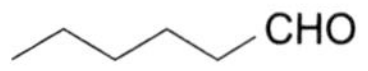

(2)

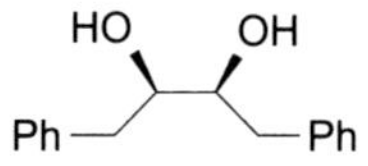

(3)

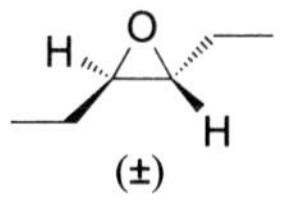

(4)

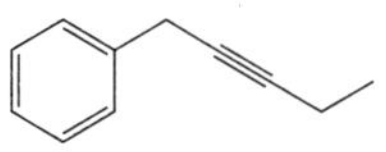

8-7* 　氧氟沙星是一种抗菌药物，其工业化合成路线中的最后三步反应如下，试写出从 A 到 B 和从 B 到 C 两步反应的机理。

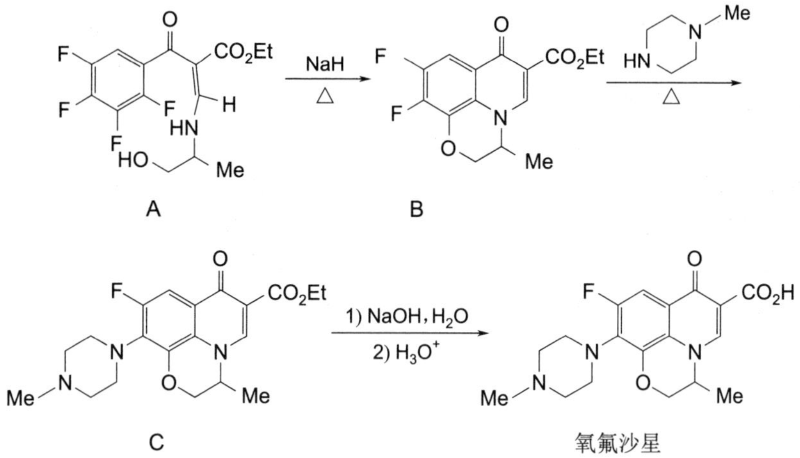

第9章

醇、酚和醚

　　醇（alcohols）、酚（phenols）和醚（ethers）都是烃的含氧衍生物，它们可以看作是水分子中的氢原子被烃基取代而得到的化合物。醇和酚分子中都含有羟基（—OH），酚的羟基直接与苯环相连，醇的羟基则与饱和碳原子相连。醚可以看作是醇或酚羟基上的氢原子被烃基取代的化合物，通常由醇或酚制备。醇、酚、醚是以碳氧单键连接的含氧化合物。

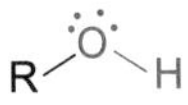

　　醇、酚和醚是一类重要的有机化合物。甲醇、乙醇、乙醚、四氢呋喃等是常用的有机溶剂。一些天然的醇、酚和醚是生命所必需的物质，胆固醇（cholesterol）是人体内合成各种甾体激素的前体，维生素 A（vitamin A）则是一种与视力有关的重要维生素，碳水化合物（多元醇，详见第 14 章）是人体能量的来源；维生素 E 是一种脂溶性维生素，其水解产物称为生育酚（tocopherol），自然界中有 α-、β-、γ-、δ-四种生育酚，它们是人体最主要的抗氧化剂之一，也具有促进生殖的能力。

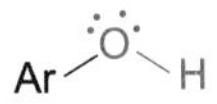

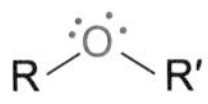

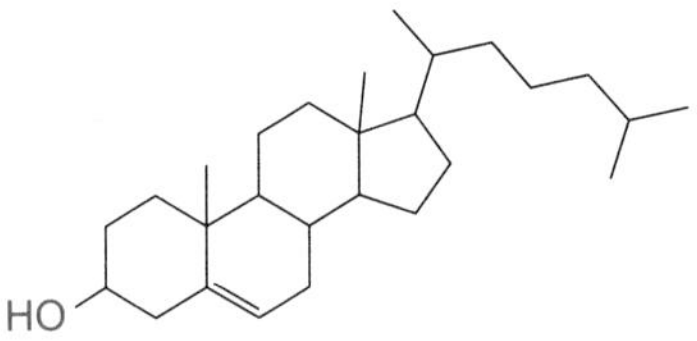

胆固醇 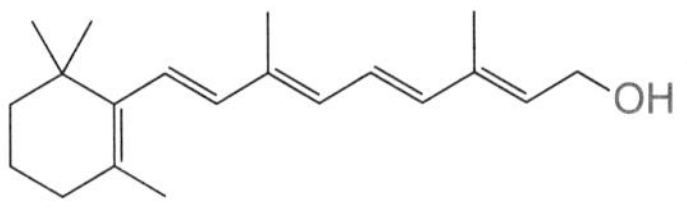　　　　　　　　　　　　　　维生素A

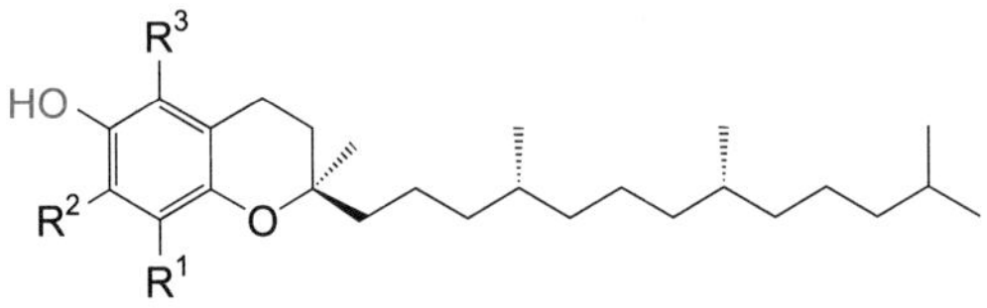

α-生育酚：$R^1=R^2=R^3=CH_3$
β-生育酚：$R^1=R^3=CH_3$，$R^2=H$
δ-生育酚：$R^1=CH_3$，$R^2=R^3=H$
γ-生育酚：$R^1=R^2=CH_3$，$R^3=H$

9.1　醇、酚和醚的结构与命名

9.1.1　醇、酚和醚的结构

（1）醇

　　饱和醇分子中的氧原子和碳原子都为 sp^3 杂化，氧原子用一个 sp^3 杂化轨道与碳原子形成一个 σ 键，还有一个与氢原子形成 σ 键，其余两个 sp^3 杂化轨道被两对孤对电子占据。C—O—H 键角为 $108.9°$，接近正四面体的夹角。甲醇的分子结构如图 9-1 所示。
　　由于氧原子的电负性比碳原子大，氧原子吸引电子的能力比碳原子强，使得碳带有部分正电荷，氧带有部分负电荷，所以醇分子的 C—O 键属于极性共价键。

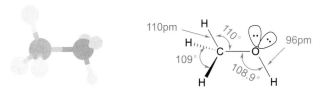

图 9-1　甲醇的分子结构

（2）烯醇

羟基连在烯烃的 sp^2 碳原子上的醇称为烯醇（enols），烯醇很不稳定，容易互变异构为醛或酮。通常只有少数特定结构的烯醇是稳定存在的，如 1,3-二羰基化合物主要以烯醇式存在。

烯醇　　　　　　　酮　　1,3-二羰基化合物

（3）酚

羟基直接与芳环相连的一类化合物称为酚（phenols），常用 ArOH 表示。由于酚羟基与苯环上 sp^2 杂化的碳原子相连，氧原子也主要采取 sp^2 杂化，其 p 轨道上的孤对电子与苯环的 6 个 π 电子共轭，表现出强的给电子共轭效应，从而导致苯环富电子。苯酚的共振结构如下：

（4）醚

醚可以看作是水分子中的两个氢都被烃基取代的衍生物。二烷基醚中的氧为 sp^3 杂化，醚分子中 C—O—C 的键角接近 110°。

二甲醚的球棍模型

9.1.2　醇、酚和醚的分类和命名

（1）醇

根据醇分子中羟基所连碳原子的类型不同，可将醇分为伯醇（一级醇）、仲醇（二级醇）和叔醇（三级醇）。例如：

CH₃CH₂CHCH₂OH　　　CH₃CHCHCH₃　　　CH₃CH₂CCH₃
　　　　｜　　　　　　　　　｜　　　　　　　　　｜
　　　CH₃　　　　　　　　CH₃　　　　　　　　CH₃

2-甲基丁-1-醇　　　　3-甲基丁-2-醇　　　　2-甲基丁-2-醇
2-methylbutan-1-ol　　3-methylbutan-2-ol　　2-methylbutan-2-ol
（伯醇）　　　　　　（仲醇）　　　　　　（叔醇）

根据分子中羟基的数目不同，也可将醇分为一元醇、二元醇、三元醇等多元醇。例如：

CH₃CH₂OH　　　CH₂—CH₂　　　CH₂—CH—CH₂
　　　　　　　　｜　　｜　　　　｜　　｜　　｜
　　　　　　　　OH　OH　　　　OH　OH　OH

乙醇　　　　　　乙二醇　　　　　丙三醇(或甘油)
ethanol　　　ethylene glycol　　　glycerol
（一元醇）　　　（二元醇）　　　（三元醇）

一些结构简单的醇可用普通命名法命名，规则与烷烃类似，例如：

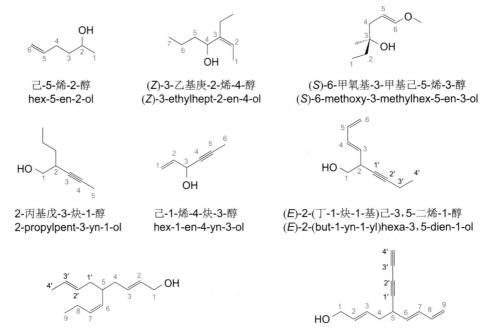

| CH$_3$CH$_2$CH$_2$CH$_2$OH | CH$_3$—CH—CH$_2$OH | CH$_3$—C—CH$_3$ | CH$_3$—C—CH$_2$OH |

| 正丁醇 | 异丁醇 | 叔丁醇 | 新戊醇 |
| butanol | isobutanol | *tert*-butanol | *neo*-pentanol |

　　用系统命名法命名开链醇类化合物时，首先选择含有羟基的最长碳链为主链，并遵循羟基位次最低原则进行编号。系统名由"母体烃名＋醇（后缀）"组成（英文后缀为"-ol"），羟基的位次则置于"醇"字之前。母体为烷烃时，在不致误会的情况下"烷"字省略。例如：

| 4,4-二甲基戊-2-醇 | 4-氯-3-甲基丁-1-醇 | 6-甲基庚-3-醇 |
| 4,4-dimethylpentan-2-ol | 4-chloro-3-methylbutan-1-ol | 6-methylheptan-3-ol |

　　对于含碳碳重键的醇，在遵循上述规则的基础上，再考虑碳链中汇聚最多数量的碳碳重键。编号时优先遵循羟基位次最低原则，然后考虑重键位次（组）最低原则。命名时以"烯醇"或"炔醇"为后缀，将羟基的位次插入"烯"或"炔"与"醇"之间。例如：

| 己-5-烯-2-醇 | (Z)-3-乙基庚-2-烯-4-醇 | (S)-6-甲氧基-3-甲基己-5-烯-3-醇 |
| hex-5-en-2-ol | (Z)-3-ethylhept-2-en-4-ol | (S)-6-methoxy-3-methylhex-5-en-3-ol |

| 2-丙基戊-3-炔-1-醇 | 己-1-烯-4-炔-3-醇 | (E)-2-(丁-1-炔-1-基)己-3,5-二烯-1-醇 |
| 2-propylpent-3-yn-1-ol | hex-1-en-4-yn-3-ol | (E)-2-(but-1-yn-1-yl)hexa-3,5-dien-1-ol |

| (2E,6Z)-5-((E)-丁-2-烯-1-基)壬-2,6-二烯-1-醇 | (2E,6E)-5-(丁-1,3-二炔-1-基)壬-2,6,8-三烯-1-醇 |
| (2E,6Z)-5-((E)-but-2-en-1-yl)nona-2,6-dien-1-ol | (2E,6E)-5-(buta-1,3-diyn-1-yl)nona-2,6,8-trien-1-ol |

　　对于多元醇，首先选择含最多数目羟基的碳链为主链，然后考虑碳链最长原则。编号时优先遵循羟基位次组最低原则。按主链所含羟基的数目，其名称的后缀为"二醇"（-diol）、"三醇"（-triol）等，每个羟基的位次置于母体烃名与后缀之间。支链上的羟基则作为取代基。例如：

| 4-庚基庚-2,5-二醇 | 3-(羟基甲基)庚-1,7-二醇 |
| 4-heptylheptane-2,5-diol | 3-(hydroxymethyl)heptane-1,7-diol |

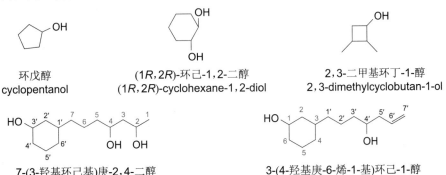

辛-2,4,6-三醇
octane-2,4,6-triol

丙-1,2,3-三醇
propane-1,2,3-triol

乙-1,2-二醇
ethane-1,2-diol

当羟基直接连接在碳环上，以碳环为母体，并从与羟基相连的碳开始编号。对于既有环又有链的醇，则选择含有最多个数羟基的环或链为母体。若环和链所含羟基的数目相同，则环优先于链。例如：

环戊醇
cyclopentanol

(1*R*,2*R*)-环己-1,2-二醇
(1*R*,2*R*)-cyclohexane-1,2-diol

2,3-二甲基环丁-1-醇
2,3-dimethylcyclobutan-1-ol

7-(3-羟基环己基)庚-2,4-二醇
7-(3-hydroxycyclohexyl)heptane-2,4-diol

3-(4-羟基庚-6-烯-1-基)环己-1-醇
3-(4-hydroxyhept-6-en-1-yl)cyclohexan-1-ol

★ 问题 9-1　写出分子式为 $C_5H_{12}O$ 的所有异构体，并用系统命名法命名。

★ 问题 9-2　写出环己-1,3-二醇和环己-1,4-二醇的立体异构体。

（2）酚

根据苯环上羟基的数目，酚可分为一元酚和多元酚。如苯酚、1-萘酚、2-萘酚为一元酚，间苯二酚和均苯三酚为多元酚。

苯酚的名称由"芳烃名＋酚（后缀）"组成，英文后缀同醇，即"-ol"。编号时从与羟基相连的碳原子开始，并遵循位次组最低原则，以及取代基按英文字母顺序排列原则。只有一个羟基时，其位次省略不写。例如：

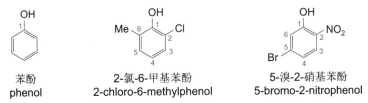

苯酚
phenol

2-氯-6-甲基苯酚
2-chloro-6-methylphenol

5-溴-2-硝基苯酚
5-bromo-2-nitrophenol

当苯环上有两个或三个羟基时，分别命名为"苯二酚"和"苯三酚"，并将两个（或三个）羟基的位次置于"苯"和"二（或三）酚"之间。例如：

苯-1,4-二酚
benzene-1,4-diol
对苯二酚

苯-1,3-二酚
benzene-1,3-diol
间苯二酚

苯-1,3,5-三酚
benzene-1,3,5-triol
均苯三酚

苯-1,2,3-三酚
benzene-1,2,3-triol

萘酚、蒽酚和菲酚等稠环化合物的编号优先遵循母体烃的编号规则，例如：

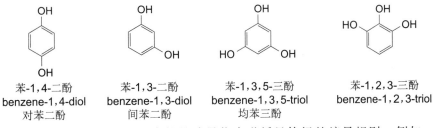

萘-1-酚
naphthalen-1-ol

萘-2-酚
naphthalen-2-ol

8-硝基萘-2-酚
8-nitronaphthalen-2-ol

蒽-1,8-二酚
anthracene-1,8-diol

当芳环上有更优先的官能团（如羧基、磺酸基、酯基等）时，酚羟基则作为取代基。例如：

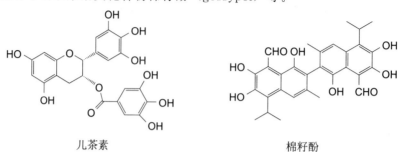

2,5-二羟基苯磺酸
2,5-dihydroxybenzenesulfonic acid

一些结构复杂的酚类化合物一般采用俗名或半俗名的方法来命名。如生育酚（见本章前言部分），以及来自于茶叶中的多酚类化合物儿茶素（epigallocatechin gallate）和来自于棉籽中的联萘酚类化合物棉籽酚（gossypol）等。

儿茶素

棉籽酚

（3）醚

结构比较简单的醚按其烃基来命名。两个烃基相同的醚称为单醚，命名时，称为"二某醚"，"二"字可以省略。例如：

$CH_3CH_2OCH_2CH_3$

乙醚
diethyl ether

$(CH_3CH_2CH_2)_2O$

正丙醚
dipropyl ether

两个烃基不相同的醚称为混合醚。命名这类化合物时，按烃基的英文字母顺序先后列出，称为"某基某基醚"。例如：

$CH_3OCH_2CH_3$

乙基甲基醚
ethyl methyl ether

$CH_3CH_2OCH(CH_3)_2$

乙基异丙基醚
ethyl isopropyl ether

乙基乙烯基醚
ethyl vinyl ether

乙基苯基醚
ethyl phenyl ether

对于烃基结构比较复杂的醚，可将烷氧基作取代基，用取代法来命名。例如：

$CH_3CH_2CH_2CHCH_2CH_3$
　　　　　OCH_3

3-甲氧基己烷
3-methoxyhexane

3-乙氧基-4-甲基苯酚
3-ethoxy-4-methylphenol

亦可将氧原子作为母体烃中的骨架原子，用置换法来命名。例如：

H_3C－O－O－O－O－CH_3

3,6,9,12-四氧杂十四烷
3,6,9,12-tetraoxatetradecane

简单的环状醚一般称为"环氧某烷"，或采用置换法，按脂环烃来命名。例如：

氧杂环丙烷
oxirane
环氧乙烷

氧杂环丁烷
oxetane

氧杂环戊烷
oxolane
四氢呋喃
tetrahydrofuran

1,4-二氧杂环己烷
1,4-dioxacyclohexane
二氧六环

一些环状的多醚称为冠醚（crown ethers）。由 12 或更多个原子组成的大环中含有 4 个或更多个氧原子时，这类大环醚因形状像皇冠，故称为冠醚。通常命名为"n-冠-m"，其中 n 为构成大环的原子总数，m 为构成大环的氧原子数。例如：

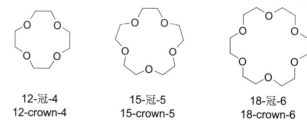

12-冠-4
12-crown-4

15-冠-5
15-crown-5

18-冠-6
18-crown-6

9.2 醇、酚和醚的物理性质及光谱性质

9.2.1 醇、酚和醚的物理性质

（1）醇

含四个碳原子（用"C_4"表示）以下的饱和一元醇为无色的带有酒味的液体，$C_5 \sim C_{11}$ 的醇为具有不愉快气味的液体，C_{12} 以上的醇为无嗅、无味的蜡状固体。

醇的熔点、沸点及密度都随碳原子数的增加呈规律性变化。醇是极性分子，与水相似，羟基可以彼此形成氢键。因此，低级醇的熔点、沸点都比分子量相近的烷烃高得多；密度也比相应烷烃大；在水中溶解度也较大。$C_1 \sim C_3$ 的醇能与水互溶，$C_4 \sim C_9$ 的醇在水中的溶解度降低，C_{10} 以上的醇几乎不溶于水。随着碳原子数的增加，羟基在整个分子中所占的比例减小，氢键的影响也减小了，所以高级醇的物理性质与烷烃相近。

醇分子间氢键

醇分子中羟基的数目越多，分子间形成氢键的数量就越多，分子间作用力越大，因而多元醇的沸点，随着羟基数目的增多而显著升高。多元醇在水中的溶解度随羟基的数目的增加而增大。一些常见醇的物理常数见阅读资料9-1。

阅读资料9-1

（2）酚

大多数酚为固体，纯净的酚是无色的，但由于酚很容易被空气中的氧气所氧化，所以常带有黄色或红色。酚虽然含有羟基，但因羟基所占比例较小，故酚在水中的溶解度较小，微溶于水，易溶于有机溶剂如乙醇、乙醚、苯等。酚分子间也能形成氢键，因而具有较高的熔点和沸点。一些常见酚的物理常数见阅读资料9-2。

阅读资料9-2

（3）醚

醚分子间不能形成氢键，故简单醚的熔点、沸点一般都比相应的醇低。除甲醚和乙基甲基醚外，其余的醚在常温下为无色液体，有特殊气味。由于醚分子的氧原子可以与水分子的氢原子形成氢键，故醚在水中有一定的溶解度。一些常见醚的物理常数见阅读资料9-3。

> ★ **问题 9-3** 比较丁醇、乙醚（$C_2H_5OC_2H_5$）和丁烷的沸点。
>
> ★ **问题 9-4** 比较下列化合物在水中的溶解度相对大小：
>
>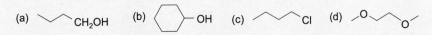

阅读资料9-3

9.2.2 醇、酚和醚的光谱性质

（1）红外光谱

醇和酚游离羟基的 O—H 键伸缩振动吸收峰出现在 $3650 \sim 3600 \text{cm}^{-1}$ 区域内，峰尖锐、强度中等；缔合羟基的吸收峰在 $3400 \sim 3200 \text{cm}^{-1}$ 处，峰强而宽，这是醇和酚的特征峰。醇的 C—O 伸缩振动吸收峰也是醇的特征吸收峰，对于不同结构的醇，其波数也不同，伯醇的 C—O 伸缩振动在 $1085 \sim 1050 \text{cm}^{-1}$，仲醇的 C—O 伸缩振动在 $1125 \sim 1100 \text{cm}^{-1}$，叔醇的 C—O 伸缩振动在 $1200 \sim 1150 \text{cm}^{-1}$；酚的 C—O 的伸缩振动吸收峰在 1230cm^{-1} 附近。醚分子中 C—O 伸缩振动吸收峰出现在 $1200 \sim 1050 \text{cm}^{-1}$ 区域，与

阅读资料9-4

醇的C—O吸收峰出现在同一区域内。己醇的红外光谱图见阅读资料9-4。

（2）核磁共振氢谱

核磁共振氢谱中，醇和酚羟基氢的化学位移受分子间和分子内氢键、温度、溶剂和样品浓度的影响，出现的范围较宽，醇羟基氢一般在 δ 1～5.5 范围内，酚羟基氢则一般在 δ 4～9 范围内。

羟基氢一般不与邻近碳上的氢偶合，加入重水后，羟基氢可被重氢交换掉，吸收峰消失，故常通过重水交换实验来识别。

由于氧的电负性较大，醇和醚分子中与氧相连碳上氢（即 α-H）的化学位移出现在较低场，一般在 δ 3.4～4.0 处。乙醇和异丙醇的核磁共振氢谱见第 7.3.5 节。

（3）质谱

醇的质谱中常见脱水峰 $[M-18]^+$ 和 α-裂解峰，醚的质谱也常见 α-裂解峰。例如：

m/z 84($[M-18]^+$)

$-H_2O$

m/z 73

α-裂解

m/z 102(M$^+$)

α-裂解

m/z 59 (100%)

m/z 74(M$^+$)

α-裂解

m/z 59 (M$^+$−15)

9.3 醇、酚和醚的制备

9.3.1 醇的制备

（1）由烯烃制备醇

烯烃的水合、羟汞化-还原反应、硼氢化-氧化反应等均可将烯烃转变为醇（见第4.2 节）。

85%　　　（±）

（2）由羰基化合物制备醇

格氏试剂、有机锂试剂等金属有机化合物与醛、酮的亲核加成反应是制备碳原子数增加的伯醇、仲醇和叔醇的最常用方法。相关内容将在第 10 章中详细讨论。

$R^1-C(=O)-R^2 + R-MgX \longrightarrow R-C(-OMgX)R^2 \xrightarrow{H_3O^+} R-C(-OH)R^2$

此外，醛、酮、羧酸和羧酸酯的还原反应也是将羰基化合物转变为醇的常用方法。相关内容将在第 10 章和第 11 章中详细介绍。

除以上方法外，环氧化合物的开环也是制备醇的常用方法，特殊情况下也可通过卤代烃在碱性条件下水解（见第 8 章）来制备醇。

★ 问题 9-5 　以苯和不超过两个碳的有机物为原料制备 2-苯基丁-2-醇。
★ 问题 9-6 　分别从下列原料出发（两个碳的有机物和无机试剂任选）合成 $C_6H_5CH(OH)CH_3$：

(a) 溴苯　　　(b) 苯甲醛　　　(c) 苯乙酮　　　(d) 苯乙烯

9.3.2　酚的制备

煤焦油分馏所得的酚油（180～210℃）、萘油（210～230℃）馏分中含有 28%～40% 的苯酚和甲苯酚，但产量有限，不能满足工业需要。现在都用有机合成的方法进行大量生产。

（1）异丙苯氧化重排法

由苯与丙烯的付-克烷基化反应所得异丙苯经空气氧化生成过氧化异丙苯，后者在稀硫酸作用下发生 Hock 重排，得到苯酚和丙酮。这种方法又称为异丙苯氧化重排法，它是工业上生产苯酚的方法之一。

Hock 重排反应的机理如下。

第一步：在强酸存在下，过氧化异丙苯 A 的羟基被质子化，形成氧鎓离子 B。

第二步：B 发生消除脱水，与此同时苯基带着一对电子迁移到缺电性氧原子上，形成碳正离子 C，后者共振为 D。

第三步：水分子亲核进攻 D 中缺电性的碳，形成质子化半缩酮 E。

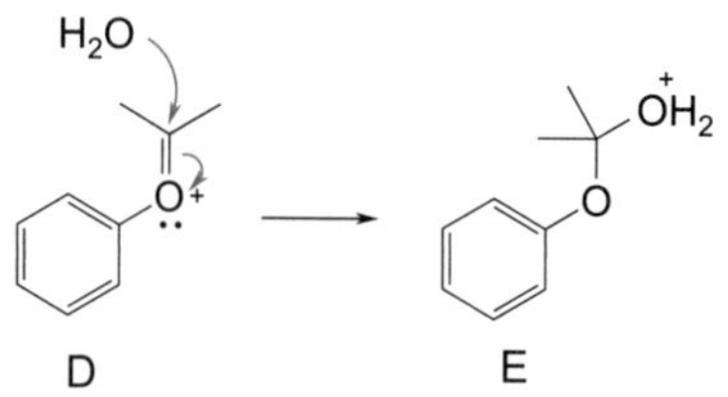

D　　E

第四步：E 经历质子转移，成为质子化的半缩酮 F。

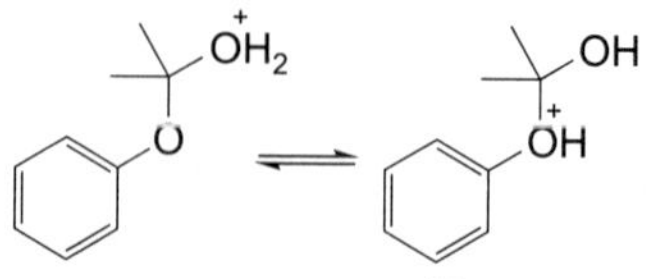

E　　F

第五步：半缩酮 F 发生消除，C—O 键断裂，生成苯酚和丙酮。

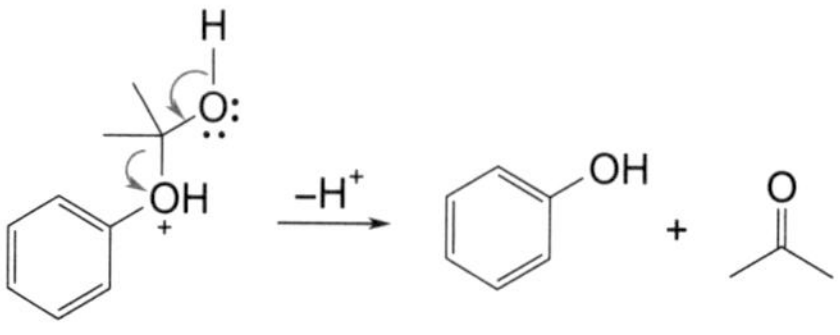

F

异丙苯法的主要优点是原料价廉易得，可连续化生产，且其副产物丙酮也是重要的化工原料。

(2) 碱熔法

芳磺酸钠盐与氢氧化钠共熔可以得到相应的酚钠，再经酸化，得到相应的酚。这种方法称为碱熔法。

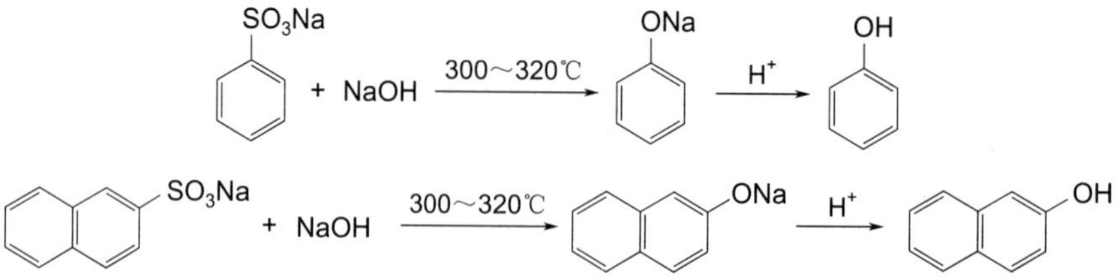

70%～80%

碱熔法是最早用于合成苯酚的一种方法，它的优点是设备简单，产率高，产品容易纯化，缺点是成本高，生产工序多，较难实行自动化生产。强酸、强碱和高温反应条件造成设备的腐蚀等问题使得应用受到一定的限制。

(3) 卤代芳烃的水解

卤代芳烃很难水解，需要高温高压。但当卤原子的邻位或对位连有强吸电子基团时，水解（即芳环上的亲核取代反应）是比较容易进行的（见第 8.6.2 节）。例如，工业上常用此方法生产吸电子基取代苯酚。

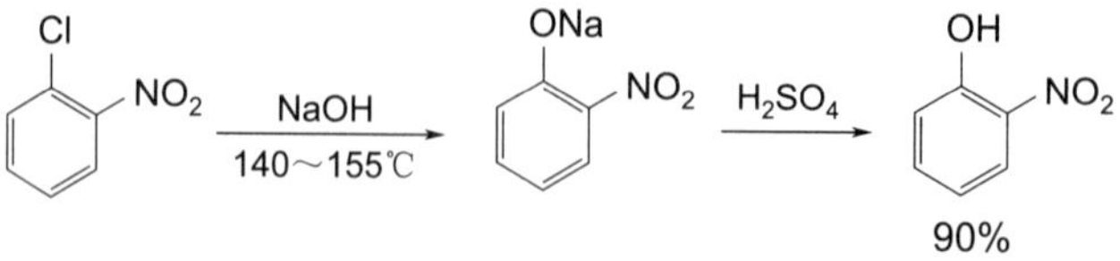

90%

9.3.3 醚的制备

(1) 醇的脱水

在浓硫酸作用下，并控制合适的反应温度的条件下，醇发生分子间脱水生成醚。例如：

$$2ROH \xrightarrow[\triangle]{\text{浓 } H_2SO_4} R{-}O{-}R + H_2O$$

伯醇的分子间脱水反应是通过 S_N2 反应机理进行的，而仲醇分子间脱水一般按 S_N1 反应机理进行。该反应不适用通过叔醇制备醚，因反应过程中生成的叔碳正离子很容易失去一个质子生成烯烃。

工业上制备乙醚一般用 Lewis 酸（如氧化铝）作催化剂，在高温下使乙醇发生分子间脱水生成乙醚。

$$2CH_3CH_2OH \xrightarrow[240℃]{Al_2O_3} C_2H_5OC_2H_5 + H_2O$$

上述方法一般不适用于制备混合醚，因为反应得到混合物，不易分离。

（2）Williamson 反应

醇钠与卤代烷发生 S_N2 亲核取代反应生成醚，称为 Williamson 反应。这是制备混合醚的好方法。例如：

$$C_2H_5I + n\text{-}C_4H_9ONa \longrightarrow n\text{-}C_4H_9OC_2H_5 + NaI$$

醇钠既是亲核试剂，同时又是强碱。因此在制备混合醚时，最好选用伯卤代烷，而醇钠可以是仲或叔醇钠，这样可避免消除反应的发生。例如：制备叔丁基丙基醚时，可选择两条路线①和②，路线①选用叔丁醇钠与 1-氯丙烷反应；路线②选用叔丁基氯与正丙醇钠反应。实验结果，路线①得到 85% 的目标产物——醚；而路线②主要得到消除产物——烯烃。

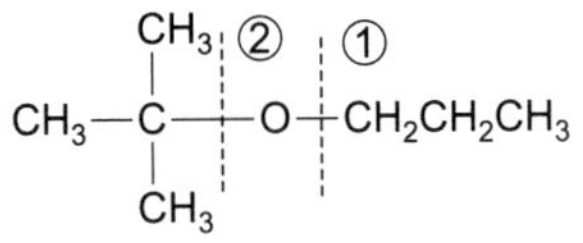

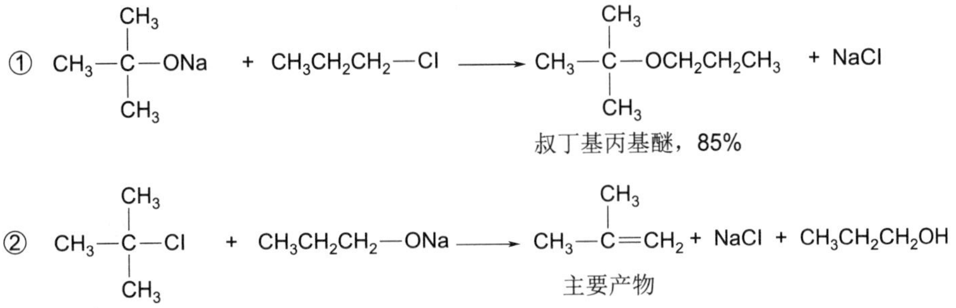

叔丁基丙基醚，85%

主要产物

制备芳醚时，应采用酚钠盐与卤代烷的 S_N2 反应。如在氢氧化钠存在下，苯酚与碘甲烷（或硫酸二甲酯）反应可制备苯甲醚（俗称茴香醚）。苯酚首先转化为苯氧基负离子，然后与碘甲烷发生反应得到苯甲醚：

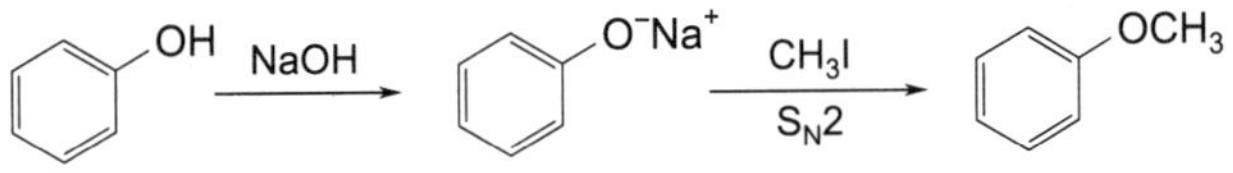

如果反应发生在分子内，则可生成环氧化合物，例如：

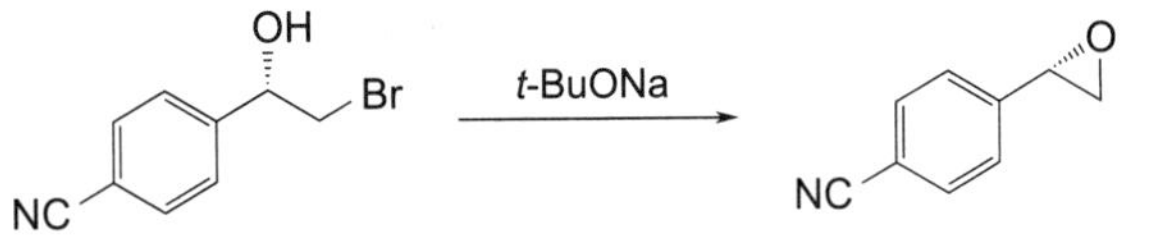

（3）Ullmann 缩合反应

在 Cu、Pd 等过渡金属催化下，卤代芳烃发生偶联生成联苯类化合物的反应称为 Ullmann 反应。在铜盐、亚铜盐催化下加热，酚钠（或钾）可以与芳基卤化物反应生成二芳基醚，这个反应称为 Ullmann 缩合反应。这种方法可用于合成具有较大位阻的二芳基醚。例如：

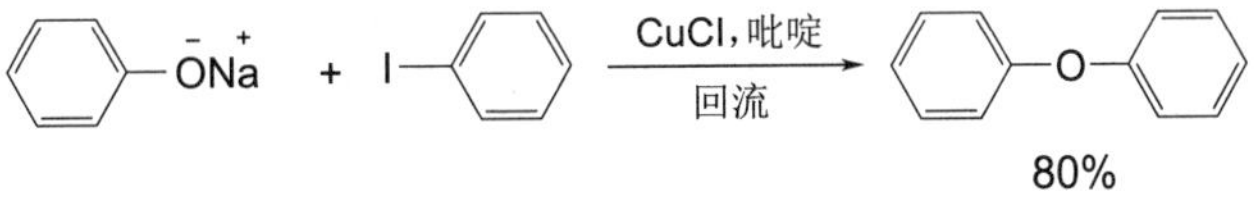

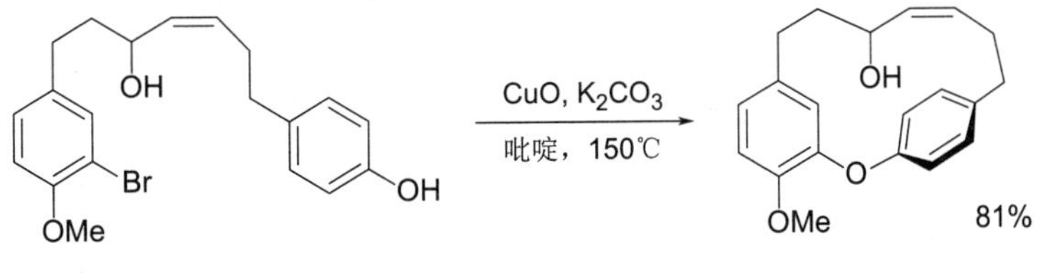

80%

81%

（4）环氧化反应

烯烃的环氧化反应（见 4.6.2 节）是制备环氧化合物的常用方法。

9.4 醇、酚和醚的酸性和碱性

9.4.1 醇和酚的酸性

羟基中的氧电负性较大，O—H 键极性较大，质子易离去，故醇和酚均显示出一定的酸性。

（1）醇的酸性

由于醇分子中 O—H 键极性较大，可解离生成质子和烷氧基负离子，所以醇具有弱酸性。O—H 键的极性越大，质子越容易离去，酸性越强。与水分子相比，醇分子中的烷基具有给电子诱导效应，使得 O—H 键的极性减小，酸性减弱。甲醇的酸性在简单醇类化合物中是最强的（pK_a 15.5），其次是乙醇（pK_a 15.9）。其它醇的 pK_a 在 16～19 范围内。如果烃基中有吸电子诱导效应的基团，则使得 O—H 键的极性增大，酸性增强。吸电子基团可使醇的共轭碱（即烷氧基负离子）的电荷分散，稳定性增加，从而有利于质子解离。如 2-氯乙醇（pK_a 14.3）的酸性比乙醇强，全氟叔丁醇（pK_a 5.4）的酸性比叔丁醇（pK_a 17）强很多。

	H—O—H	CH₃—OH	CH₃—CH(H)—OH	CH₃—CH(CH₃)—OH	CH₃—C(CH₃)(CH₃)—OH
pK_a	15.7	15.5	15.9	16.5	17.0

	ClCH₂CH₂—OH	F₂C(F)—CH₂—OH	(CF₃)CH₂—OH	(CF₃)₃C—OH
pK_a	14.3	12.5	9.3	5.4

立体位阻较小
溶剂化作用较强
较稳定

立体位阻较大
溶剂化作用较小
较不稳定

溶剂化作用能够影响共轭碱的稳定性，故对醇的酸性也有影响。随着 α-碳上支链的增多，醇的酸性减弱，如甲醇、乙醇、异丙醇和叔丁醇的酸性大小顺序为：$CH_3OH >$ $CH_3CH_2OH > (CH_3)_2CHOH > (CH_3)_3COH$。这是因为 α-碳上支链越多，共轭碱的体积越大，溶剂化作用就越弱，稳定性就越小。

醇与水相似，与金属钠或钾发生剧烈反应，生成醇钠，并放出氢气。

$$2ROH + 2Na \longrightarrow 2RONa + H_2\uparrow$$

由于一般醇的酸性比水（pK_a=15.7）弱，所以醇与金属钠的反应不像水与钠的反应那样剧烈，反应较温和。因此，在处理废钠（如干燥溶剂后的废钠丝）时，可在工业酒精中慢慢加入废钠丝，使废钠丝与乙醇反应生成醇钠，以避免引起燃烧和爆炸。其它活泼金属如钾、镁、铝等也能与醇反应，生成相应的醇钾、醇镁、醇铝等金属盐类化合物。不同的醇与金属反应时，醇的酸性越强，反应速率越快。所以醇与金属反应的活性顺序为：甲醇＞伯醇＞仲醇＞叔醇。

醇的酸性还表现在它们能够与强碱（如 NaH、KH、NaNH₂）以及强碱性金属有机化合物（如格氏试剂、烃基锂试剂）等反应生成烷氧基盐。

$$ROH + NaNH_2 \longrightarrow RONa + NH_3$$
$$ROH + EtMgBr \longrightarrow ROMgBr + C_2H_6$$

因为醇的酸性比水弱，故其共轭碱——醇钠的碱性比氢氧化钠或氢氧化钾强，是有机反应中常用的碱。醇钠遇到水即分解为氢氧化钠和醇，存在下列平衡：

$$RONa + H_2O \rightleftharpoons ROH + NaOH$$

不过，工业上还是利用醇与氢氧化钠反应制备醇钠，设法除去反应过程中生成的水，使平衡向生成醇钠的方向移动。

乙二醇和丙三醇比一元醇的酸性强，可以与碱发生反应，甚至与重金属氢氧化物也可以反应。例如：

$$
\begin{array}{c}
\text{CH}_2\text{—OH} \\
| \\
\text{CH}_2\text{—OH}
\end{array}
+ \text{Cu(OH)}_2 \longrightarrow
\begin{array}{c}
\text{CH}_2\text{—O} \\
\quad\quad\quad\text{Cu} \\
\text{CH}_2\text{—O}
\end{array}
+ 2\text{H}_2\text{O}
$$

乙二醇铜

$$
\begin{array}{c}
\text{CH}_2\text{—OH} \\
| \\
\text{CH—OH} \\
| \\
\text{CH}_2\text{—OH}
\end{array}
+ \text{Cu(OH)}_2 \longrightarrow
\begin{array}{c}
\text{CH}_2\text{—O} \\
\quad\quad\quad\text{Cu} \\
\text{CH—O} \\
| \\
\text{CH}_2\text{—OH}
\end{array}
+ 2\text{H}_2\text{O}
$$

甘油铜

醇铜可溶于水，水溶液呈蓝色。具有邻二醇结构的化合物能与氢氧化铜反应生成深蓝色溶液，这是检验具有邻二醇结构化合物的常用方法。

（2）酚的酸性

由于酚羟基的氧接近 sp^2 杂化，有一对孤对电子占据了未杂化的 p 轨道，与苯环的大 π 键形成了 p-π 共轭，降低了氧原子上的电子云密度，使得 O—H 键极化程度更大，有利于质子的离去，酸性增强。此外，酚的共轭碱（即苯氧基负离子）中氧原子上的负电荷可以离域到苯环上，使其更加稳定，故酚比醇具有更强的酸性。如苯酚的 pK_a 为 9.95，而环己醇为 18。

pK_a 18   9.95   7.22   8.39   7.15   4.1   0.3

如表 9-1 所示，苯环上连有不同取代基时，会对酚的酸性产生不同影响。当环上连有吸电子基团硝基时，其强的吸电子诱导效应和吸电子共轭效应使得羟基氧上的电子云密度降低，O—H 键极性增大，酚的酸性增强。苯环上硝基越多，吸电子作用越强，酚的酸性越强。2,4,6-三硝基苯酚（苦味酸）甚至与一些无机酸的酸性相近。

表 9-1　一些取代苯酚的 pK_a 值

取代基	pK_a(25℃)			取代基	pK_a(25℃)		
	邻	间	对		邻	间	对
H	9.95	9.95	9.95	Cl	8.48	9.09	9.38
CH₃	10.29	10.09	10.26	Br	8.42	8.87	9.26
OCH₃	9.98	9.65	10.21	I	8.46	8.88	9.20
F	8.81	9.28	9.81	NO₂	7.22	8.39	7.15

我们可通过比较共轭碱的稳定性来讨论这些化合物的酸性差异。对于邻硝基苯酚和对硝基苯酚，硝基表现出强的吸电子共轭效应和吸电子诱导效应，从而使得共轭碱（苯氧基负离子）中氧原子上的负电荷离域到苯环和硝基上，共轭碱较稳定，故它们的酸性比苯酚强。当硝基处于间位时，共轭碱氧原子上的负电荷只能离域到苯环上，而不能离域到硝基上，稳定性降低，故酸性较邻硝基苯酚和对硝基苯酚弱，但比苯酚强。

（贡献较大）

当苯环上连有甲氧基时，甲氧基的强给电子共轭效应使得芳环电子云密度增加，酚羟基氧上的电子云密度随之增大，O—H 键极性减弱，酚的酸性降低。当甲氧基位于对位时，其给电子共轭效应使 1-位碳带部分负电荷，导致共轭碱特别不稳定。当甲氧基在邻位时，其共轭效应与吸电子诱导效应并存，二者作用几乎相互抵消。当甲氧基在间位时，它没有邻对位那样的给电子共轭作用，但有吸电子诱导效应。因此，间甲氧基苯酚、邻甲氧基苯酚和对甲氧基苯酚的酸性依次降低。

(特别不稳定)

苯酚的酸性使其能与 NaOH 反应生成酚钠。但苯酚的酸性比碳酸（$pK_a = 6.38$）弱，所以将二氧化碳通入酚钠水溶液中，酚即游离出来。由于酚能溶于碱，又能用酸将其游离出来，因此可用此法分离酚类化合物。

9.4.2 醇、酚和醚的碱性

醇不仅具有弱酸性，从醇的结构可以看出，醇羟基上的氧原子为不等性 sp^3 杂化，氧原子的两个 sp^3 杂化轨道上有两对孤对电子，可以与带有正电荷的离子或缺电子的原子或基团结合，所以还表现出弱碱性。醇羟基氧上的孤对电子使得醇可以接受一个质子形成锌盐，后者是强酸（质子化甲醇的 pK_a 为 2.2）。醚与醇相似，具有一定的碱性，醚遇到强酸可接受一个质子，形成锌盐。醚的锌盐只有在浓酸中才稳定，遇到水立即分解出醚。利用这一性质，可将醚从烷烃或卤代烷的混合物中分离出来。

醇和醚作为 Lewis 碱，可与 Lewis 酸（如三氯化铝、三氟化硼）形成配合物。三氟化硼与醚形成配合物后，稳定性增强，故常用的三氟化硼试剂为三氟化硼的乙醚络合物（即 $BF_3 \cdot OEt_2$）。有机镁化合物也能与醚形成络合物，所以制备 Grignard 试剂时常用无水乙醚或四氢呋喃作溶剂。

($BF_3 \cdot OEt_2$)

酚类化合物（Lewis 碱）与三氯化铁（Lewis 酸）发生酸碱反应生成配合物，并产生显色现象。不同的酚与三氯化铁呈现不同的颜色，如苯酚显蓝紫色，邻苯二酚显绿色。这一性质可用于酚及具有烯醇结构化合物的定性鉴定。

$$6C_6H_5OH + FeCl_3 \longrightarrow [Fe(OC_6H_5)_6]^{3-} + 3H^+ + 3HCl$$

★ **问题 9-7** 比较 CF_3OH、CH_3OH、C_2H_5OH、$(CH_3)_2CHOH$、$(CH_3)_3COH$ 的酸性强弱。

★ **问题 9-8** 下面化合物中的三个羟基，哪个羟基氢的酸性最强？

★ **问题 9-9** 比较下列化合物的酸性强弱：

(a) 苯-CH$_2$OH　(b) 苯-OH　(c) CH$_3$-苯-OH　(d) HO-苯-NO$_2$

★ **问题 9-10** 将下列化合物按酸性强弱排序：
(a) 环己醇　(b) 水　(c) 碳酸　(d) 苯酚　(e) 4-甲基苯酚　(f) 4-氯苯酚

★ **问题 9-11** 如何分离对硝基苯酚和苄醇？

9.5　醇、酚和醚的反应

9.5.1　醇的酯化反应

醇与羧酸能够发生酯化反应生成酯（将在第 11 章讨论），也可与含氧无机酸反应脱去一分子水生成无机酸酯。例如，甲醇与浓硝酸反应生成硝酸甲酯，与硫酸反应生成硫酸氢甲酯和硫酸二甲酯：

硝酸甲酯
methyl nitrate

硫酸氢甲酯
methyl hydrogen sulfate

硫酸二甲酯
dimethyl sulfate

在醇与硝酸的反应中，醇首先作为亲核试剂进攻硝酸分子的氮原子，氮-氧双键打开，而后氧正离子上的质子转移（proton transfer，简称 PT）到带负电荷的氧上，再接受质子后脱去一分子水，并解离一个质子，生成硝酸甲酯。

亚硝酸异戊酯在有机合成上常用作亚硝基化试剂，它还是一种能够缓解心绞痛的药物。

$$(CH_3)_2CHCH_2CH_2OH + HONO \longrightarrow (CH_3)_2CHCH_2CH_2ONO + H_2O$$

亚硝酸异戊酯
isopentyl nitrite

甘油与浓硝酸或发烟硝酸反应，即生成甘油三硝酸酯（俗称硝化甘油）。甘油三硝酸酯是烈性炸药，在临床上用于血管舒张、治疗心绞痛和胆绞痛。三位美国科学家因发现硝化甘油及其类似物能治疗心绞痛的原因是它能释放出信使分子"NO"以及阐明了"NO"在生命活动中的作用机制而获得 1998 年诺贝尔生理学和医学奖。

甘油
propane-1,2,3-triol

甘油三硝酸酯
propane-1,2,3-triyl nitrate

含氧无机酸酯用途广泛。甘油磷酸酯与钙反应生成甘油磷酸钙，生命体内通过该反应来控制钙离子的浓度。甘油磷酸钙常用于婴儿食品的钙强化剂。

甘油　　　　　　　　　　　甘油磷酸酯　　　　　　　　甘油磷酸钙

醇与含氧无机酸的酰卤反应也能生成无机酸酯。例如：

$$CH_3CH_2OH + ClSO_2OH \longrightarrow CH_3CH_2OSO_2OH + HCl$$

氯磺酸　　　　　　　　　硫酸氢乙酯
chlorosulfonic acid　　ethyl hydrogen sulfate

对甲苯磺酰氯　　　　　　　　　　　　　对甲苯磺酸乙酯
4-methylbenzene-1-sulfonyl chloride　　ethyl 4-methylbenzenesulfonate

> ★ 问题 9-12　完成如下转化：
>

9.5.2　醇的亲核取代反应

（1）醇与氢卤酸的卤代反应

醇与氢卤酸可发生亲核取代反应生成卤代烷。首先醇羟基接受一个质子形成锌盐，使 C—O 键的极性增大，然后卤负离子取代锌盐中的水分子生成卤代烷。这是由醇制备伯卤代烷的常用方法。

上述反应第一步是可逆的，形成锌盐的难易程度与氢卤酸的酸性强弱有关。第二步反应与卤离子的亲核性强弱有关，还与烃基的结构有关。卤离子的亲核能力为 $I^->Br^->Cl^-$，氢卤酸的酸性强弱顺序为 $HI>HBr>HCl$，故醇与氢卤酸的反应活性为 $HI>HBr>HCl$。各种结构不同的醇的反应活性顺序为：苄醇或烯丙醇$>R_3COH>R_2CHOH>RCH_2OH$。

伯醇与氢碘酸在室温下就能发生反应生成碘代烃，浓盐酸需在无水氯化锌（Lewis 酸）催化下并且加热的条件下才能反应，而叔丁醇与浓盐酸在室温条件下就能生成叔丁基氯。例如：

$$CH_3(CH_2)_3OH + HI(57\%) \longrightarrow CH_3(CH_2)_3I + H_2O$$

$$CH_3(CH_2)_3OH + HBr(48\%) \xrightarrow[\triangle]{H_2SO_4} CH_3(CH_2)_3Br + H_2O$$

$$CH_3(CH_2)_3OH + HCl(36\%) \xrightarrow[\triangle]{ZnCl_2} CH_3(CH_2)_3Cl + H_2O$$

$$(CH_3)_3COH + HCl(36\%) \xrightarrow{室温} (CH_3)_3CCl + H_2O$$

浓盐酸-无水 $ZnCl_2$ 混合溶液称为 Lucas 试剂。C_6 以下的醇可溶于 Lucas 试剂，而反应生成的卤代烃不溶于 Lucas 试剂，溶液出现浑浊或分层。因此，利用 Lucas 试剂与不同类型醇反应时出现浑浊的速率不同，可以区别伯、仲、叔醇。苄醇（在水中的溶解度与正己醇接近）、烯丙醇、叔醇与 Lucas 试剂反应很快出现浑浊，仲醇与 Lucas 试剂反应 10min 后可出现浑浊，伯醇则需加热条件下才可反应。将三种不同类型的醇分别加入盛有 Lucas 试剂的试管中，经振摇后观察是否出现浑浊以及出现浑浊的快慢，可以鉴别醇的类型。C_6 以上的一元脂肪醇由于不溶于 Lucas 试剂，无法用这种方法鉴定结构不同的醇。

值得注意的是，有些伯醇如烯丙醇和苄醇与 Lucas 试剂反应速率也很快。这是由于烯丙型和苄基型碳正离子较稳定，对 S_N1 反应有利。例如：

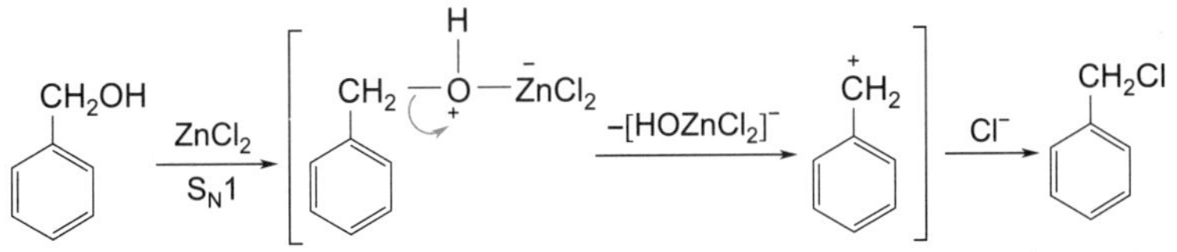

氢卤酸与大多数伯醇的反应按 S_N2 机理进行，但与大多数苄醇、烯丙醇、叔醇、仲醇以及带有支链的伯醇的反应按 S_N1 机理进行。在 S_N1 反应中，生成的碳正离子中间体通常会发生重排，生成更稳定的碳正离子。重排产物与正常产物的比例与醇的结构及碳正离子中间体的稳定性有关。例如，2-甲基丙-1-醇与氢溴酸反应的主要产物为正常产物（占 80%），次要产物为重排产物（占 20%），但在 2,2-二甲基丙-1-醇的反应中，重排产物是唯一产物。

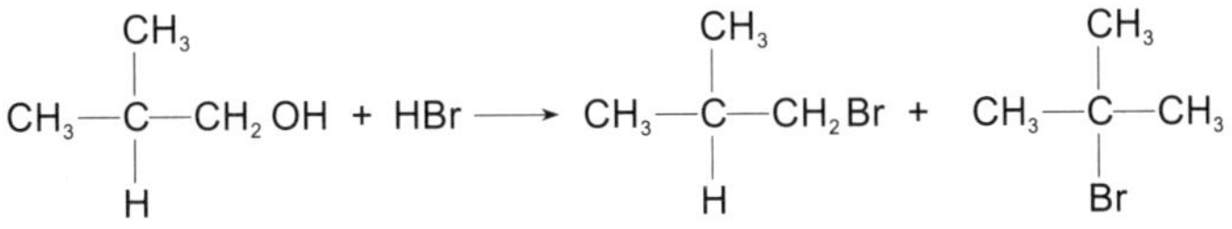

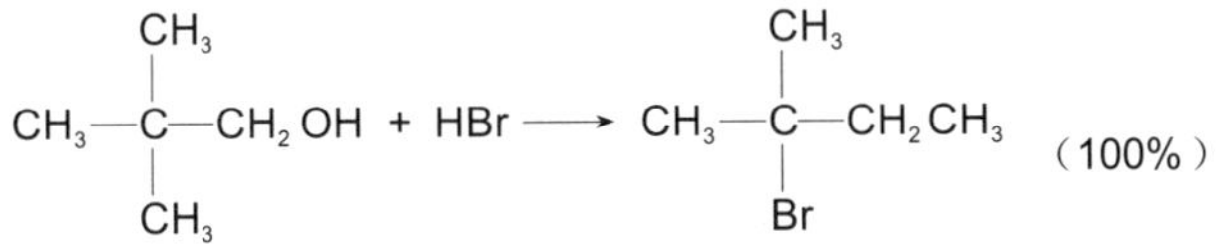

上述 2-甲基丙-1-醇的反应中，生成的一级碳正离子经历 1,2-H 迁移成为较稳定的三级碳正离子；而 2,2-二甲基丙-1-醇的反应则经历了 1,2-甲基迁移：

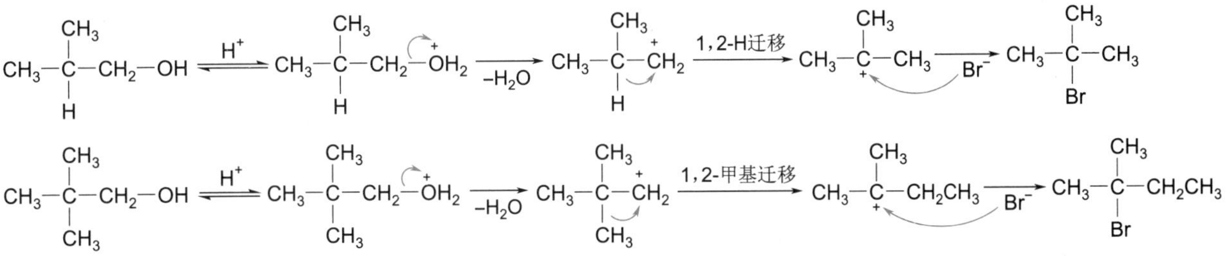

★ 问题 9-13　比较下列醇与卢卡斯（Lucas）试剂反应的速率：

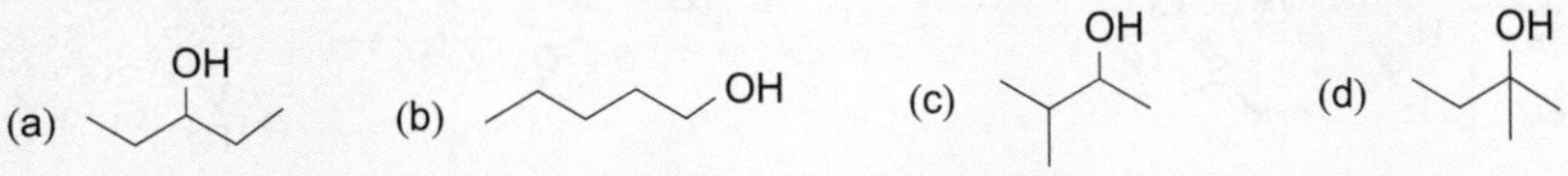

★ 问题 9-14　画出下面反应的机理：

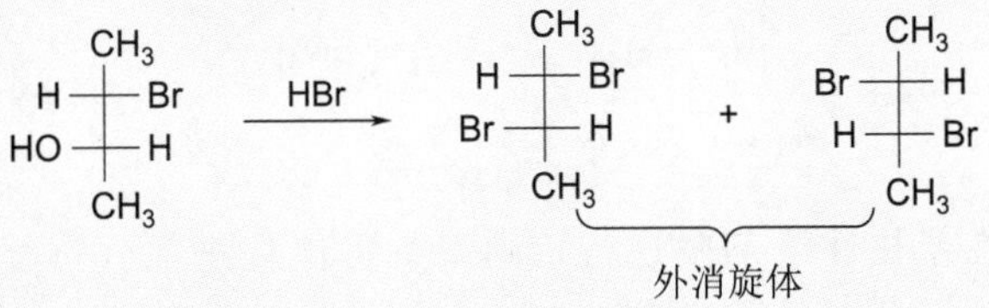

（2）醇与三卤化磷和五卤化磷的卤代反应

伯醇、仲醇可以与三卤化磷（PX_3）或五卤化磷（PX_5）反应生成卤代烷，这是制备卤代烷的重要方法之一。例如：

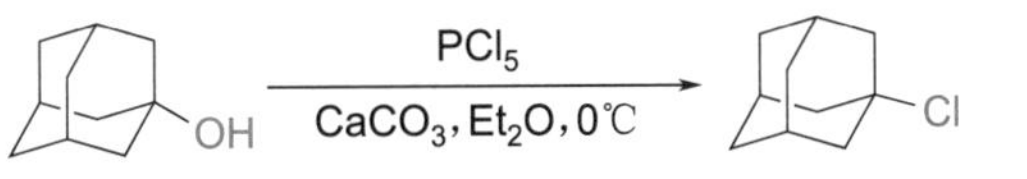

这个过程涉及两步亲核取代反应，第一步为醇与三溴化磷的 S_N2 反应，伯醇的第二步反应按 S_N2 机理进行，叔醇则按 S_N1 机理进行。理论上，由于 PBr_3 中的三个溴可逐个与醇羟基发生取代，故三分子醇可被一分子的三溴化磷溴代。例如：

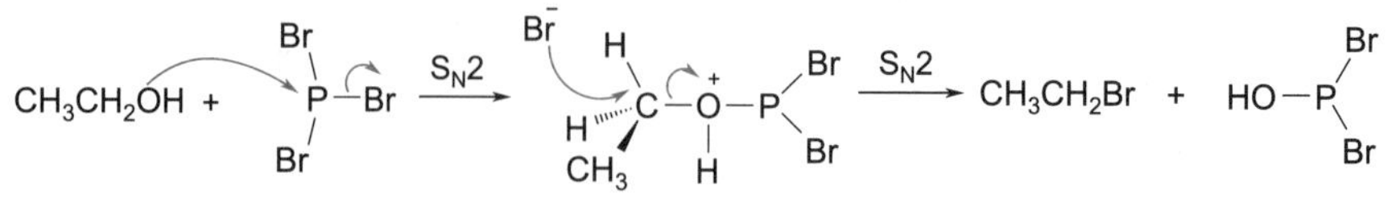

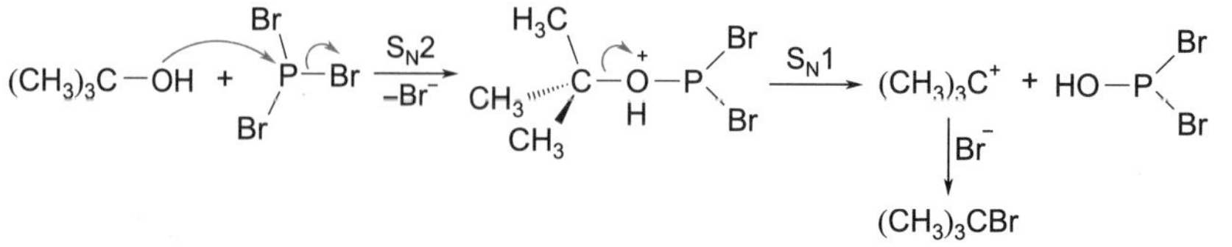

仲醇及 β-位带有支链的伯醇与三溴化磷在较高的温度下反应，可能按 S_N1 机理进行，所以应控制较低的反应温度，避免发生重排。

磷与卤素反应可原位生成三卤化磷，所以在实际操作中，一般醇采用红磷和溴或碘直接与醇放在一起加热，先生成三卤化磷，再与醇反应生成相应的卤代烃。

（3）醇与氯化亚砜的氯代反应

醇与氯化亚砜（$SOCl_2$）反应生成氯代烃，同时放出二氧化硫和氯化氢两种气体。该反应不仅速率快、反应条件温和、产率高，而且无副产物，产物纯化容易，是制备氯代烃的常用方法。例如，3-甲氧基苯甲醇与氯化亚砜共热反应，得到1-氯甲基-3-甲氧基苯。

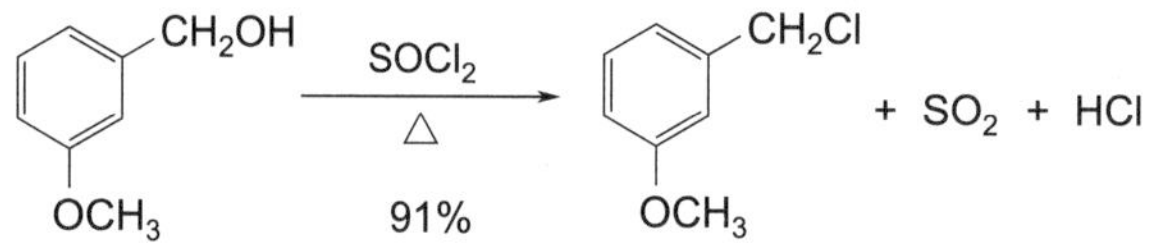

3-甲氧基苯甲醇　　　　　1-氯甲基-3-甲氧基苯

醇与氯化亚砜的反应经历了氯代亚硫酸酯中间体，然后分解为紧密离子对，氯负离子作为离去基团（$ClSO_2^-$）的一部分，进攻紧密离子对中的碳正离子，并占据原来羟基的空间位置，从而生成构型保持的氯代烃。这种机理也被称为分子内亲核取代反应，即 S_Ni 机理。反应过程中生成的 HCl 因亲核能力很弱，不会与氯代亚硫酸酯发生亲核取代反应。

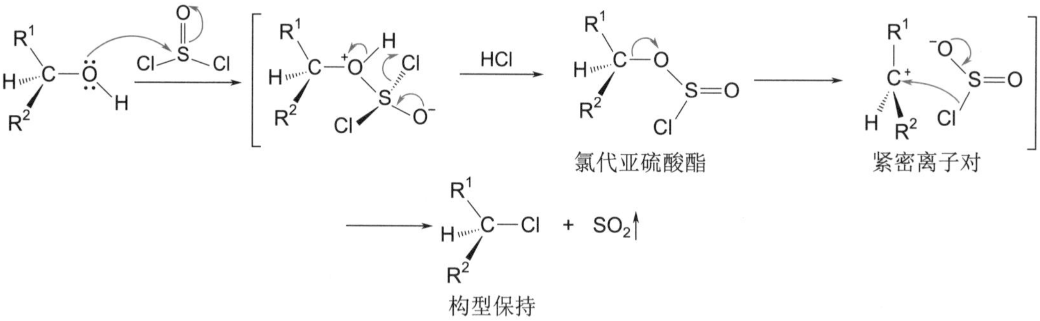

如果上述反应在亲核性溶剂中进行，则溶剂可能促进氯代过程，并调控反应的立体选择性。例如，当溶剂为二氧六环时，反应经历两次 S_N2 反应，发生两次构型翻转，最终得到构型保持产物；若在吡啶中进行反应，则只发生一次 S_N2 反应，故得到构型翻转产物。在这两个例子中，溶剂均作为亲核试剂参与了反应，改变了反应历程。

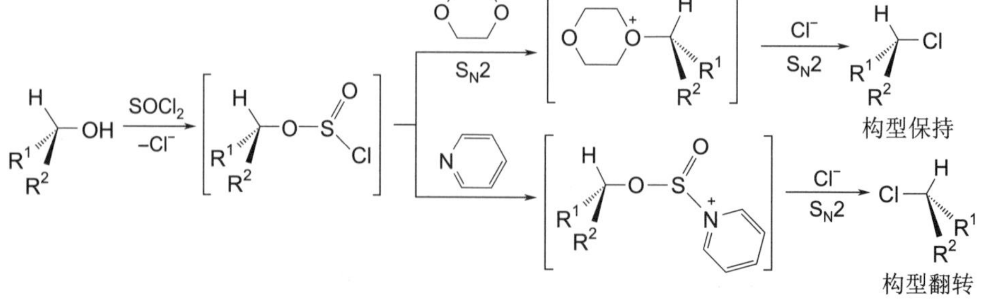

★ 问题 9-15 如何由 (R)-庚-2-醇制备 (R)-2-氯庚烷和 (S)-2-氯庚烷？

★ 问题 9-16 完成下列反应：

(a)
$$
\underset{\substack{C_6H_{13}\text{-}n}}{\overset{CH_3}{HO \underset{|}{\overset{|}{\quad}} H}} \xrightarrow{SOCl_2} (\qquad\qquad)
$$

(b)
$$
\text{（环戊烷结构，Et 和 OH）} + SOCl_2 \xrightarrow{\text{吡啶}} (\qquad\qquad)
$$

9.5.3 醇的消除反应

在质子酸（如 H_2SO_4、H_3PO_4）或 Lewis 酸（如 Al_2O_3）催化下，醇在加热条件下可发生脱水反应。脱水反应有两种方式：一是分子间脱水生成醚，属于亲核取代反应，这是制备醚的常用方法之一（见第 9.3.3 节）；另一种是含有 β-氢的醇发生分子内脱水生成烯烃，属于消除反应。例如，在浓硫酸存在下，乙醇加热到 140℃时发生分子间脱水，生成乙醚。

$$
CH_3CH_2\text{---}OH + H\text{---}O\text{---}CH_2CH_3 \xrightarrow[140℃]{\text{浓}H_2SO_4} CH_3CH_2\text{---}O\text{---}CH_2CH_3 + H_2O
$$

若上述反应在 170℃进行，则发生分子内脱水，生成乙烯。

$$
\underset{\substack{H \quad\ OH}}{CH_2\text{---}CH_2} \xrightarrow[170℃]{\text{浓}H_2SO_4} CH_2{=}CH_2 + H_2O
$$

这种分子内脱水反应是按 E1 机理进行的。首先，羟基氧接受一个质子，C—O 键被活化（质子化导致 C—O 键的极性增大并使羟基转变成好的离去基团）；然后，离去基团（即 H_2O）离去，生成碳正离子中间体；最后，β-碳原子上失去一个质子（带正电荷碳原子的吸电子作用使 β-碳上的 C—H 键极性增大），生成烯烃。这个反应属于 β-消除反应。

$$
\underset{\substack{| \quad\ |\\ H \quad\ OH}}{\overset{\beta \quad\ \alpha}{\text{---}C\text{---}C\text{---}}} \xrightarrow{H^+} \underset{\substack{| \quad\ |\\ H \quad\ \overset{+}{OH_2}}}{\text{---}C\text{---}C\text{---}} \underset{\xleftarrow{}}{\overset{\text{慢}}{\xrightarrow{-H_2O}}} \underset{\substack{|\\ H}}{\overset{|}{\text{---}C\overset{+}{\underset{}{C}}\text{---}}} \xrightarrow[\text{快}]{-H^+} \text{\textbackslash}C{=}C\text{/}
$$

从上述反应机理来看，生成碳正离子这步为整个反应的决速步，碳正离子中间体越稳定，反应越容易进行。所以三种类型的醇发生消除反应的活性顺序为：叔醇＞仲醇＞伯醇。如果含有多个 β-氢时，醇在强酸性条件下发生消除反应的区域选择性遵循 Saytzeff 规律。例如：

$$
\underset{\substack{|\\ OH}}{CH_3CH_2\text{---}CH\text{---}CH_3} \xrightarrow[100℃]{66\%H_2SO_4} CH_3CH{=}CHCH_3 + CH_3CH_2CH{=}CH_2
$$

丁-2-醇 丁-2-烯 (80%) 丁-1-烯 (20%)

$$
\text{（2-甲基环己醇）} \xrightarrow[\triangle]{H_2SO_4} \text{（1-甲基环己烯）} + \text{（3-甲基环己烯）}
$$

2-甲基环己醇 1-甲基环己烯 (84%) 3-甲基环己烯 (16%)

如果醇脱水生成的烯烃有顺反异构体，则主要得到热力学稳定的 E-型产物。有些醇在发生消除反应时，可能发生重排。例如：

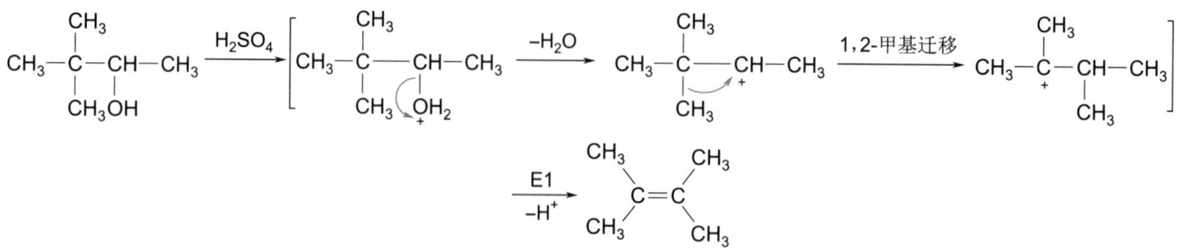

主要产物

> ★ 问题 9-17 画出下列反应的机理： 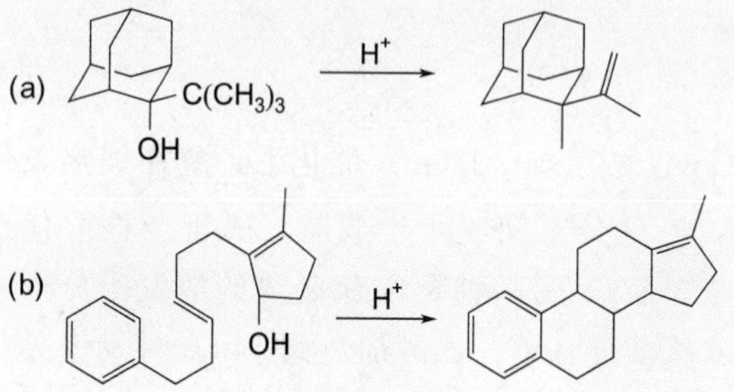
>
> (a)
>
> (b)
>
> ★ 问题 9-18 比较下列化合物在酸性条件下脱水的难易程度：
>
> (a) (b) (c) (d)

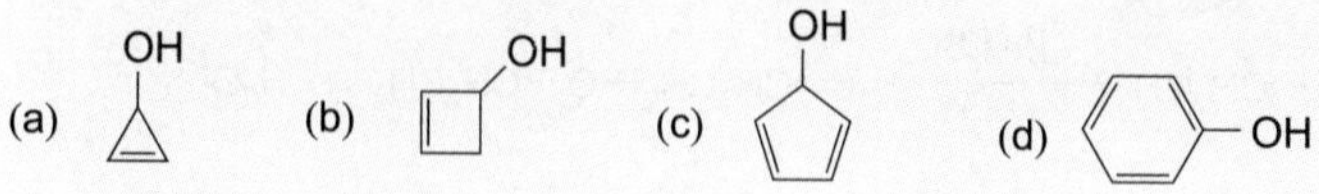

9.5.4 邻二醇的重排反应

2,3-二甲基丁-2,3-二醇（又名频哪醇，pinacol）在硫酸存在下加热生成 3,3-二甲基丁-2-酮（又名频哪酮，pinacolone），这个反应称为频哪醇重排。

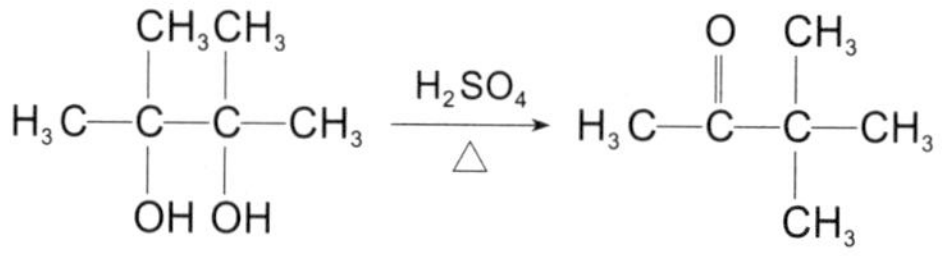

频哪醇　　　　　　　　频哪酮
2,3-二甲基丁-2,3-二醇　　　　3,3-二甲基丁-2-酮

这个反应经历了碳正离子重排过程，反应涉及以下两个步骤。

第一步：在质子酸存在下，频哪醇的一个羟基被质子化，然后水分子作为离去基团离去，形成碳正离子中间体 A。

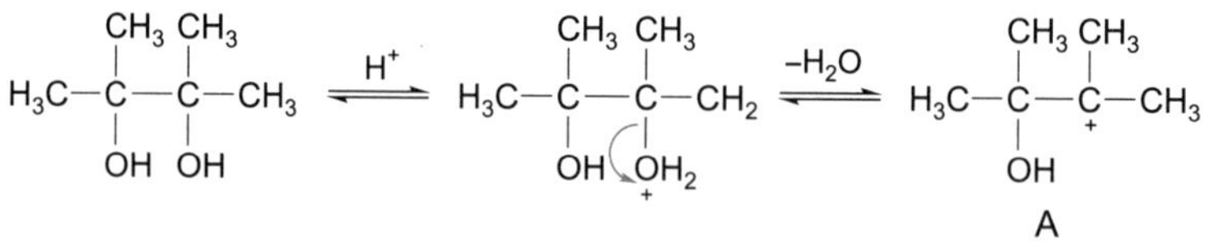

第二步：A 中邻位的甲基发生 1,2-迁移，生成碳正离子 B，并共振为氧正离子，后者解离质子后得到频哪酮。

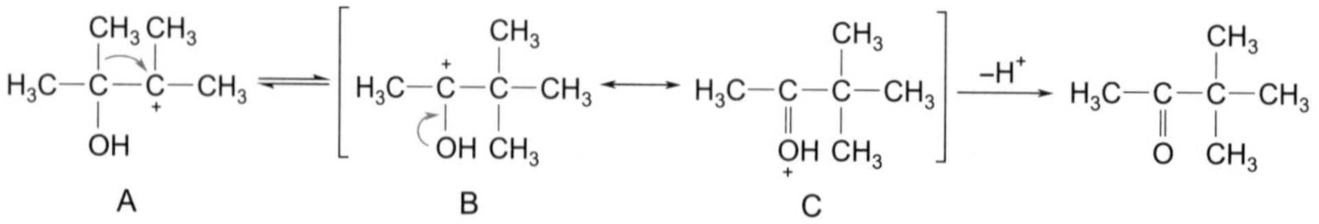

在这个过程中，虽然碳正离子 A 为三级碳正离子，但碳核外只有 6 个电子，而氧正离子 C 中的每个原子都具有八隅体结构，从共振论的观点来看，C 比 A 稳定，故重排反应能够发生。

对于不对称的邻二醇，重排反应的选择性取决于哪个羟基先被质子化，即与羟基接受质子后再脱去一分子水后形成的碳正离子的稳定性有关，一般能形成较稳定碳正离子的碳原子上的羟基先接受质子，脱去水分子后形成的碳正离子再发生 1,2-烷基迁移或1,2-氢迁移生成主要产物。例如，2-甲基-1,1-二苯基丙-1,2-二醇的频哪醇重排反应生成3,3-二苯基丁-2-酮。从反应可能产生的两种碳正离子中间体（Ⅰ）和（Ⅱ）的稳定性来看，由于两个苯环的共轭效应可以分散碳正离子（Ⅰ）中的正电荷，碳正离子（Ⅰ）比（Ⅱ）稳定，（Ⅰ）优先形成，并发生1,2-甲基迁移得到重排产物3,3-二苯基丁-2-酮。

在1,2-迁移过程中，迁移基团带着一对电子迁移到缺电性的碳原子上，迁移基团越富电子，反应越容易。因此，当存在两个不同的迁移基团时，电子云密度较大的基团优先迁移。对甲氧基苯基、对甲基苯基、苯基和对氯苯基的相对迁移速率如下：

相对速率：   500   16   1   0.7

苯基发生1,2-迁移时要经历三元环状苯鎓离子中间体。苯环能够分散正电荷，从而稳定这个中间体以及相应的过渡态。

芳环上电子云密度越大，越有利于稳定过渡态，从而有利于反应进行。故通常情况下苯基比烷基优先发生迁移。例如：

与邻基参与相似，形成三元环过渡态最有利的构象是迁移基团与离去基团处于反式共平面位置。因此，顺-1,2-二甲基环己-1,2-二醇在发生频哪醇重排时生成2,2-二甲基环己酮，而反-1,2-二甲基环己-1,2-二醇重排生成1-(1-甲基环戊基)乙酮。

顺-1,2-二甲基环己-1,2-二醇   2,2-二甲基环己酮

反-1,2-二甲基环己-1,2-二醇   1-(1-甲基环戊基)乙酮

频哪醇重排是一种普遍现象。通常邻二醇类化合物在酸作用下都有可能发生频哪醇重排生成羰基化合物。其特点是产物酮羰基的α-碳通常是一个季碳，这类化合物用一般合成方法难以制备。例如：

★ 问题 9-19 频哪醇重排反应中，下列基团中哪一个最容易迁移？

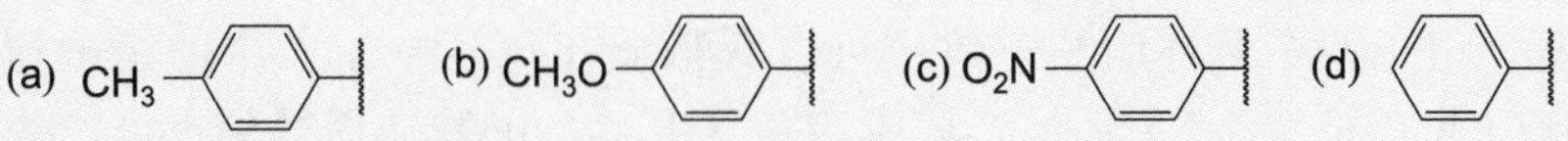

(a) CH_3—⟨benzene⟩—   (b) CH_3O—⟨benzene⟩—   (c) O_2N—⟨benzene⟩—   (d) ⟨benzene⟩—

★ 问题 9-20 预测下列化合物发生频哪醇重排反应的主要产物：
（a）1,2-二苯基-1,2-二(4-甲氧基苯基)乙二醇
（b）1,2-二苯基-1,2-二(4-氯苯基)乙二醇

9.5.5 醇和酚的氧化

由于羟基的吸电子诱导作用，伯醇和仲醇分子的 α-H 比较活泼，容易被氧化剂氧化，或在催化剂存在下脱氢，生成醛或酮，醛可被进一步氧化为羧酸。叔醇没有 α-H，在中性或碱性条件下不易被氧化，若在酸性条件下可脱水生成烯烃，继而发生烯烃的氧化反应。酚氧化生成醌（quinones）。

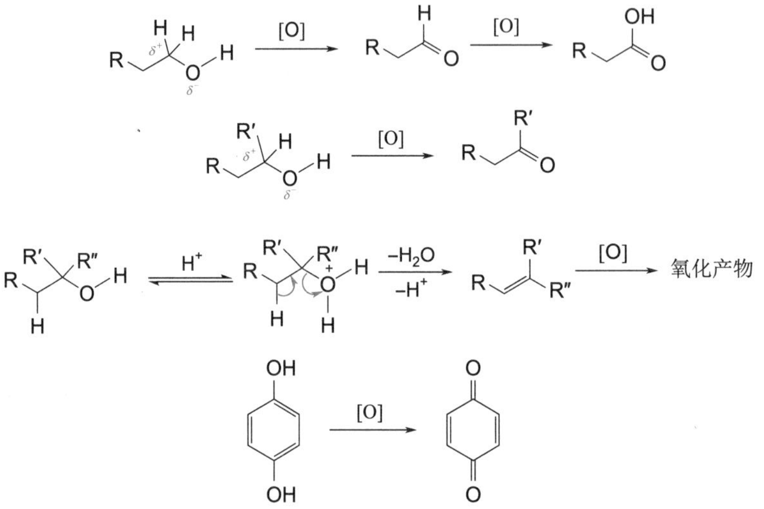

（1）用铬氧化剂氧化

氧化伯醇和仲醇的常用氧化剂为铬（Ⅵ）氧化剂，包括铬酸（H_2CrO_4）、重铬酸盐（$Na_2Cr_2O_7$ 或 $K_2Cr_2O_7$）、三氧化铬吡啶盐（$CrO_3 \cdot Py_2$）和氯铬酸吡啶盐（$ClCrO_3H \cdot Py$）等。铬酸不稳定，一般通过 CrO_3 或 $Na_2Cr_2O_7$ 溶于水或稀硫酸来制备。

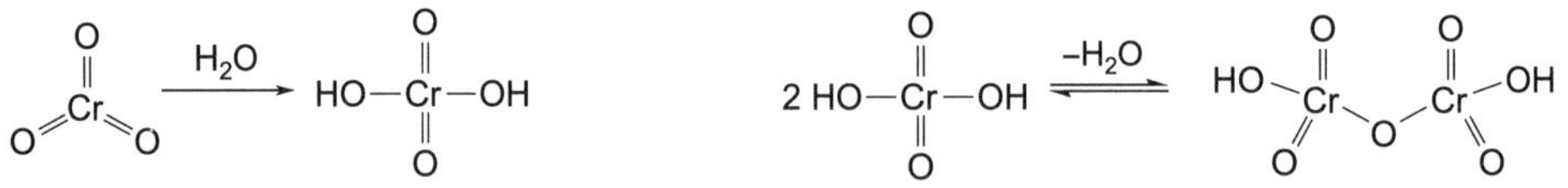

三氧化铬   铬酸   重铬酸

铬酸氧化剂的氧化性较强，可将伯醇氧化成羧酸，仲醇氧化成酮。例如：

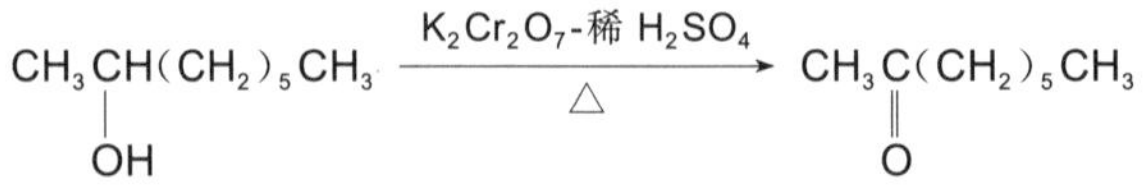

辛-2-醇   辛-2-酮

把 CrO_3 溶于稀硫酸制成的氧化剂称为 Jones 试剂。Jones 试剂一般不影响底物分子中的不饱和键。通常把醇溶于丙酮中，然后滴加 Jones 试剂进行氧化反应。丙酮有两个作用，一是作溶剂，它能够溶解大多数醇，二是能够与过量的氧化剂作用，从而阻止产物过氧化。例如：

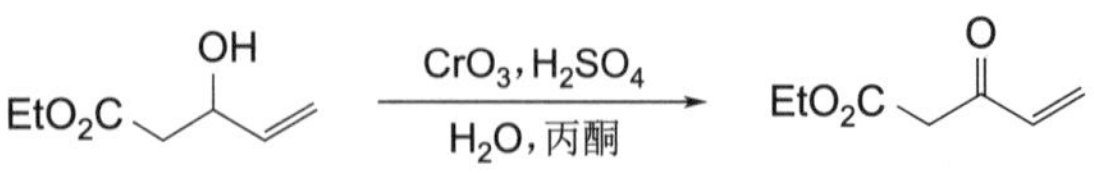

铬酸氧化醇的过程首先是形成铬酸酯中间体，然后发生 E2 消除生成醛或酮。在酸性条件下，伯醇被氧化所生成的醛进一步被氧化成羧酸，因此铬酸氧化伯醇难以停留

在生成醛的阶段。产生的 Cr（Ⅳ）仍然具有氧化活性，可进一步通过单电子转移机理而发挥氧化作用。

铬酸酯

[Cr(Ⅳ)]

质子直接转移到氧原子上也是可能的：

[Cr(Ⅳ)]

PCC

Sarrett试剂
Collins试剂

三氧化铬吡啶络合物和氯铬酸吡啶盐（pyridinium chlorochromate，缩写 PCC）氧化醇的反应是在无水的有机溶剂（如二氯甲烷）中进行的，伯醇的氧化可停留在醛阶段，而不被进一步氧化为酸，且不影响双键或叁键。用三氧化铬溶于吡啶所形成的络合物吡啶溶液作为氧化醇的试剂是由 Sarrett 在 1953 年首次报道的，称为 Sarrett 试剂。Sarrett 氧化是在吡啶溶剂中进行的，对伯醇氧化的效率很低，其产物的分离纯化比较难。1968 年，Collins 通过用二氯甲烷作溶剂改良了这个反应。其方法是，把吡啶溶于二氯甲烷中，室温下缓慢加入三氧化铬，所形成的三氧化铬吡啶络合物的二氯甲烷溶液即为氧化剂，称为 Collins 试剂，氧化反应在二氯甲烷中进行。

Collins 试剂可在室温下将伯醇氧化为醛，仲醇氧化为酮，不饱和键不受影响。不仅反应条件温和，选择性好，而且产率高。例如，辛-2-炔-1-醇被 Sarrett 试剂氧化，生成辛-2-炔醛；PCC 可将正丁醇氧化为丁醛：

$$CH_3(CH_2)_4C{\equiv}CCH_2OH \xrightarrow[\substack{CH_2Cl_2,rt \\ 84\%}]{CrO_3 \cdot Py_2} CH_3(CH_2)_4C{\equiv}CCHO$$

辛-2-炔-1-醇 　　　　　　　　　　　　　　辛-2-炔醛

$$n\text{-}C_4H_9OH \xrightarrow[CH_2Cl_2,rt]{PCC} n\text{-}C_3H_7CHO$$

正丁醇 　　　　　　　丁醛

铬酸类氧化剂亦很容易将酚氧化为醌。例如，对苯二酚被重铬酸氧化生成对苯醌，系统名为 1,4-苯醌（1,4-benzoquinone）：

对苯二酚　　　　　　　　　　　　　　对苯醌
hydroquinone　　　　　　　　　　　benzoquinone

Ag_2O 等氧化剂也可将酚氧化为醌。酚氧化为苯醌的过程涉及自由基中间体，而且是可逆的。首先，酚电离生成酚根离子，接着失去一个电子，生成苯氧基自由基；然后，第二个酚羟基的质子电离，形成半醌自由基阴离子，后者进而失去一个电子得到对苯醌。

酚根离子　　　苯氧基自由基　　半醌自由基阴离子

酚类化合物很容易与自由基反应，常用作自由基抑制剂或清除剂。食品的变质与氧自由基的氧化作用有关，如果在食品中加入酚类化合物，则可以使食品保鲜。维生素 E 和茶多酚就是天然的抗氧化剂。

在逆反应——醌转化为酚的过程中，醌获得两个质子和两个电子。因此，一些对苯醌的衍生物可用作脱氢试剂或氧化剂。例如，2,3-二氯-5,6-二氰基-1,4-苯醌（DDQ）被广泛用于环己烯衍生物的芳构化和苄基氧化等。

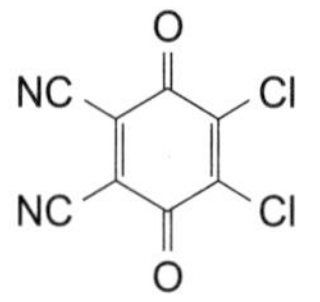

2,3-二氯-5,6-二氰基-1,4-苯醌
2,3-dichloro-5,6-dicyano-1,4-benzoquinone
(DDQ)

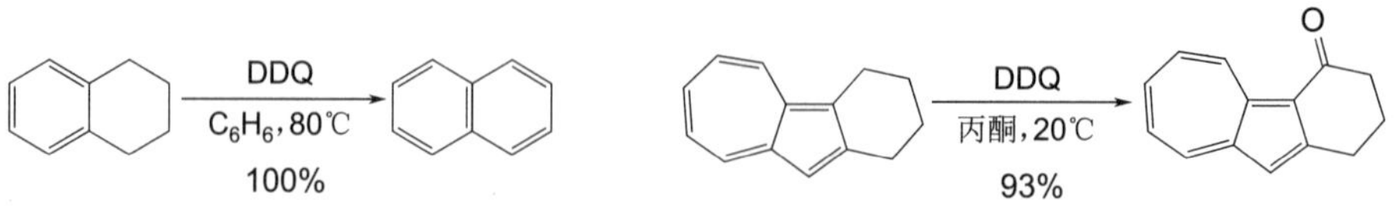

生命体中广泛存在的辅酶Q（又称泛醌）也属于醌类化合物，在生命体的电子传递中起到十分重要的作用。

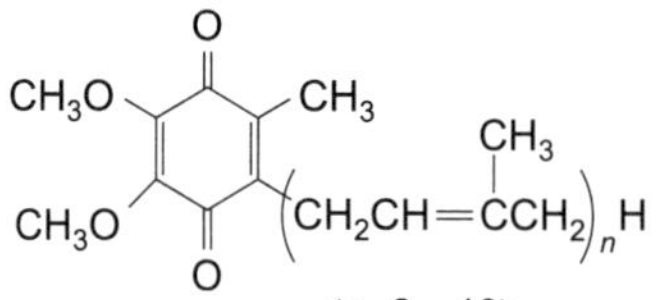

辅酶Q

(n=6~10)

苯醌具有 α,β-不饱和酮结构单元，可发生共轭加成反应。例如，对苯醌与氯化氢发生共轭加成，生成的 6-氯-4-羟基环己-2,4-二烯酮经烯醇化而转化为 2-氯苯-1,4-二酚。

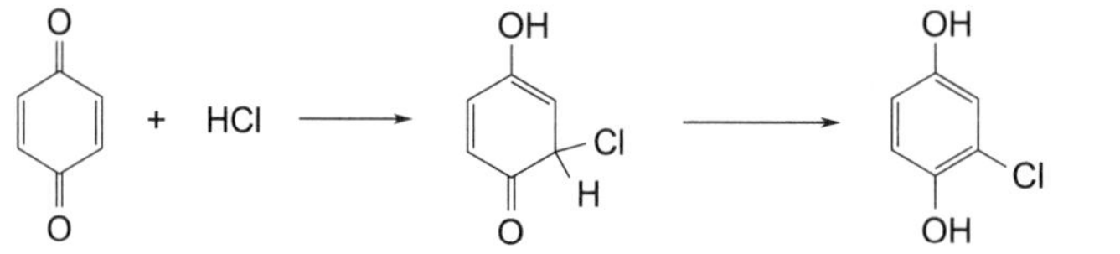

6-氯-4-羟基环己-2,4-二烯酮   2-氯苯-1,4-二酚

对苯醌还是良好的亲双烯体，可以与双烯发生 Diels-Alder 反应，生成的产物经酸处理得到对苯二酚的衍生物。例如：

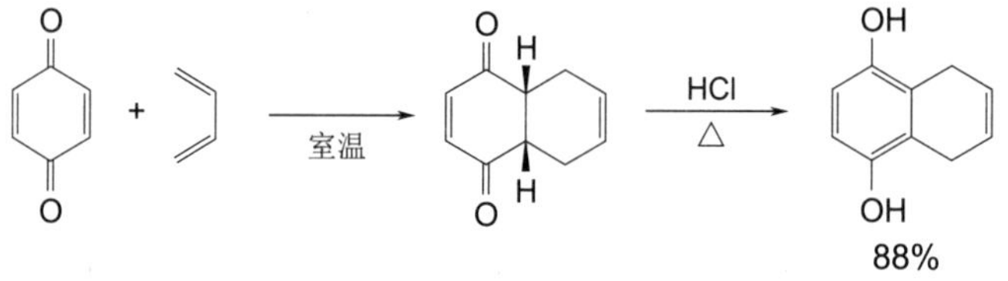

88%

（2）用二甲基亚砜氧化

二甲基亚砜（DMSO）亦可用作氧化剂。二甲基亚砜与草酰氯（或三氟乙酸酐）以及三乙胺组成的"复合"氧化剂，可将伯醇氧化为醛，仲醇氧化成酮，这个方法称为 Swern 氧化。

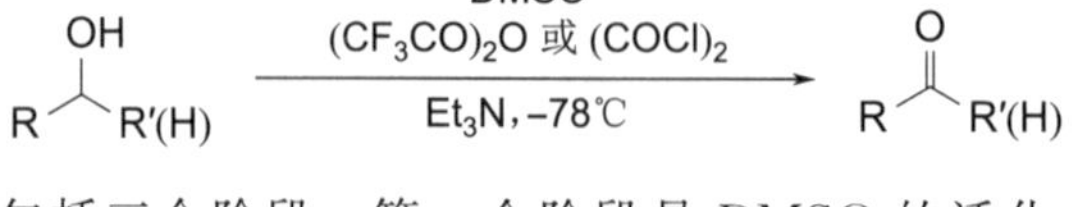

Swern 氧化过程包括三个阶段。第一个阶段是 DMSO 的活化：DMSO 与草酰氯发生两次亲核取代反应后生成活性物种——氯代二甲基硫正离子。

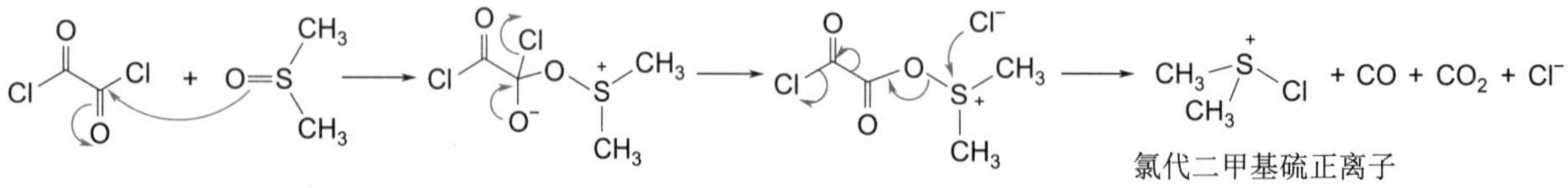

氯代二甲基硫正离子

第二阶段是醇的活化：醇与氯代二甲基硫鎓离子经亲核取代形成烷氧基硫正离子，后者被碱夺取质子，形成烷氧基硫叶立德。

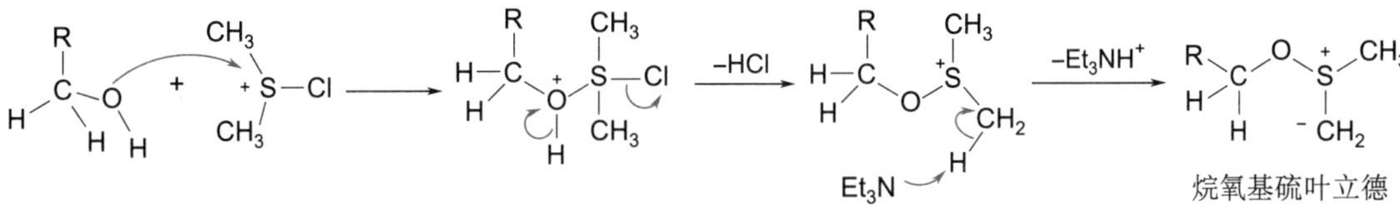

第三阶段是氧化产物的形成：这一步经历了一个类似于上述铬酸酯消除生成醛的过程。

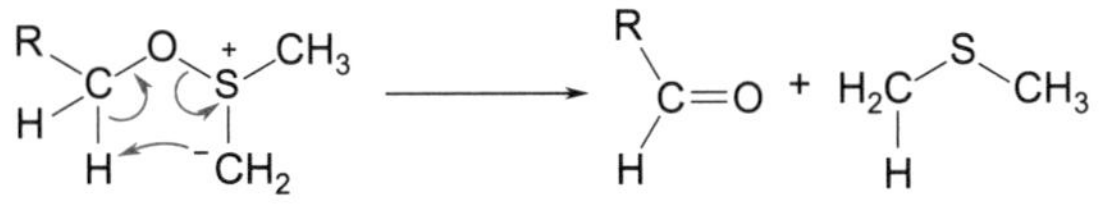

三氟乙酸酐亦可活化 DMSO，并与醇形成烷氧基硫正离子中间体，继而经历类似的过程生成氧化产物：

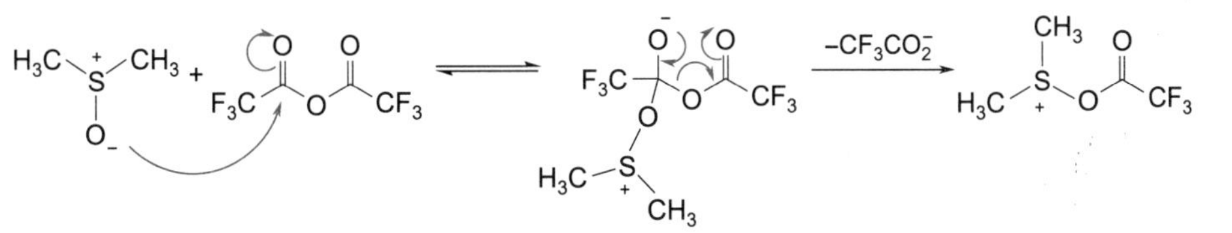

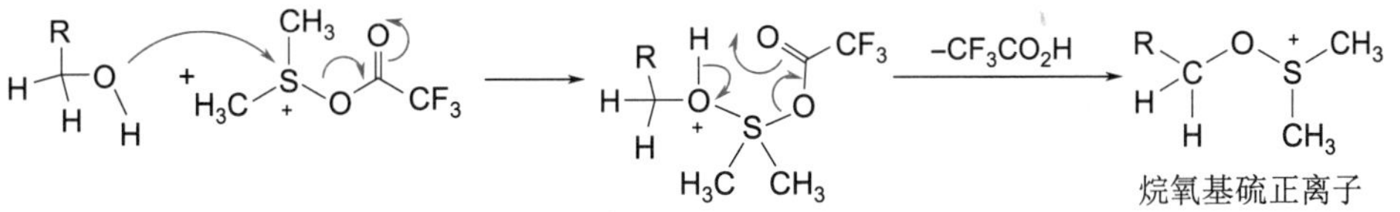

（3）用丙酮氧化

在异丙醇铝 $\left[\text{Al}(\text{OPr-}i)_3\right]$ 存在下，仲醇与丙酮发生氢交换反应，醇把两个氢原子转移给丙酮，仲醇氧化为酮，丙酮则还原为异丙醇。该氧化反应的特点是只在醇和酮之间发生氢原子转移，不影响分子中其它官能团，适用于氧化不饱和醇以及含有对酸不稳定基团的仲醇。这种选择性地氧化醇的方法称为 Oppenauer 氧化。

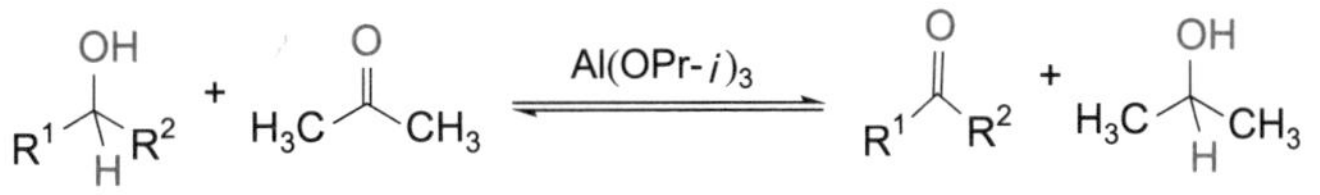

这个氢交换过程是可逆的，分两步进行。

第一步：醇与三异丙氧基铝发生醇交换作用，形成铝配合物 A 和和异丙醇。

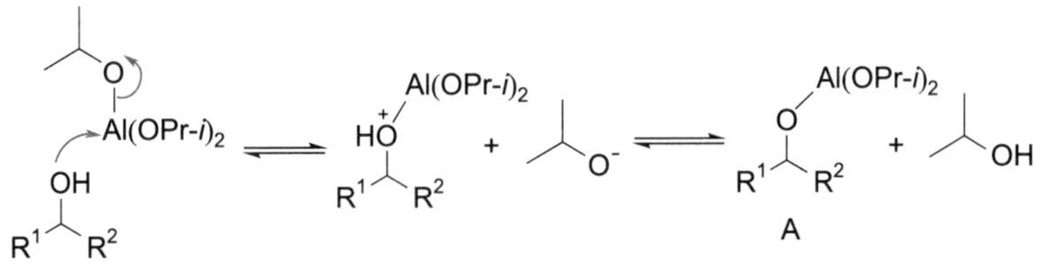

第二步：氧化剂丙酮与 A 配位，形成铝配合物中间体 B，后者的氢从烷氧基转移到酮羰基生成酮，并再生出三异丙氧基铝催化剂。

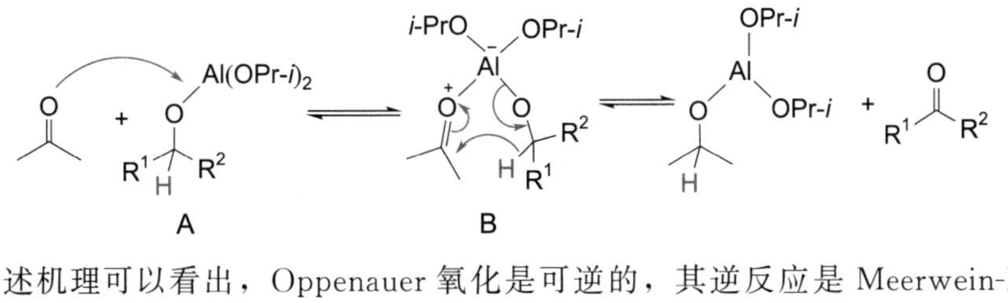

从上述机理可以看出，Oppenauer 氧化是可逆的，其逆反应是 Meerwein-Ponndorf 还原（见第 10 章）。

（4）用高碘酸和四醋酸铅氧化

邻二醇分子中，由于两个羟基的吸电子诱导效应，使得连接羟基的碳碳键容易发生氧化断裂。高碘酸（HIO_4）或偏高碘酸（H_5IO_6）的水溶液可以将邻二醇氧化断裂，生成醛或酮。四醋酸铅 $[Pb(OAc)_4]$ 也有类似的氧化活性。

$$R^1-\underset{\underset{OH}{|}}{\overset{\overset{H}{|}}{C}}-\underset{\underset{OH}{|}}{\overset{\overset{R^2}{|}}{C}}-R^3 \xrightarrow{HIO_4} \underset{H}{\overset{R^1}{>}}C=O \ + \ O=C\underset{R^3}{\overset{R^2}{<}} \ + \ HIO_3 \ + \ H_2O$$

$$R^1-\underset{\underset{OH}{|}}{\overset{\overset{H}{|}}{C}}-\underset{\underset{OH}{|}}{\overset{\overset{R^2}{|}}{C}}-R^3 \xrightarrow[AcOH]{Pb(OAc)_4} \underset{H}{\overset{R^1}{>}}C=O \ + \ O=C\underset{R^3}{\overset{R^2}{<}} \ + \ Pb(OAc)_2 \ + \ 2\,HOAc$$

氧化断裂反应经历了一个五元环状中间体：

五元环状高碘酸酯

五元环状中间体

高碘酸氧化邻二醇生成的碘酸根离子遇到硝酸银后有白色沉淀生成，由此可以判断反应是否发生。另外，该反应通常是定量进行的，可用于邻二醇的定量测定。

高碘酸除能氧化邻二醇生成两分子羰基化合物之外，还能氧化 α-羟基醛、α-羟基酮、α-羟基酸、1,2-二酮等，碳碳键发生断裂，含羰基的一端生成羧基，含羟基的一端生成醛或酮。

$$CH_3\underset{\underset{OH}{|}}{CH}\overset{\overset{O}{\|}}{C}CH_3 \xrightarrow{HIO_4} CH_3CHO \ + \ CH_3COOH$$

对于羟基连在相邻碳原子上的多羟基化合物的氧化，可以简单地看作连有羟基的碳碳键断裂，分别在断裂的碳原子上加上一个羟基，同一个碳原子上连接两个或两个以上羟基的化合物不稳定，很容易脱去一分子水得到最终氧化产物。因此，可根据消耗高碘酸的量及氧化产物来推测多元醇的结构。

$$\underset{\underset{OH}{|}}{CH_2}\Big|\underset{\underset{OH}{|}}{CH}\Big|\underset{\underset{OH}{|}}{CH_2} \xrightarrow{HIO_4} \underset{\underset{OH}{|}}{CH_2}\Big|CHO \ + \ H-\overset{\overset{O}{\|}}{C}-H \longrightarrow 2\,HCHO \ + \ \underset{\text{甲酸}}{HCOOH}$$
$$\longrightarrow CO_2 \ + \ H_2O$$

（甲醛 甲酸）

由于高碘酸和四醋酸铅氧化醇是经过环状中间体完成的，因此如果有限制旋转的因素使得两个邻位羟基相距较远而导致难以形成环状中间体时，则不能被氧化。例如，反-十氢萘-4a,8a-二醇不被高碘酸氧化：

$$\xrightarrow{HIO_4} \text{（不反应）}$$

反-十氢萘-4a,8a-二醇

四醋酸铅氧化顺-1,2-环戊二醇的速率是反-1,2-环戊二醇的 3000 倍。四醋酸铅氧化反-1,2-环戊二醇的过程不经过环状中间体，机理如下：

$$\longrightarrow OHC(CH_2)_3CHO \ + \ Pb(OAc)_2 \ + \ HOAc$$

（5）用锰氧化剂氧化

高锰酸钾是一种比铬酸氧化活性更强的氧化剂，它不仅可以氧化醇，还可以氧化醛和碳碳双键和叁键，一般很少用于醇的氧化。四价的二氧化锰（MnO_2）氧化活性较弱，但选择性较好。用新制的二氧化锰，可将烯丙型的伯醇和仲醇氧化为相应的醛和酮，亦可将邻二醇氧化断裂为醛或酮。由于二氧化锰氧化能力较弱，通常氧化剂需要大大过量。

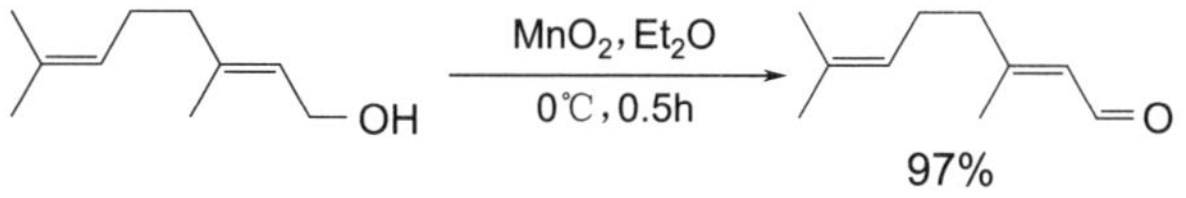

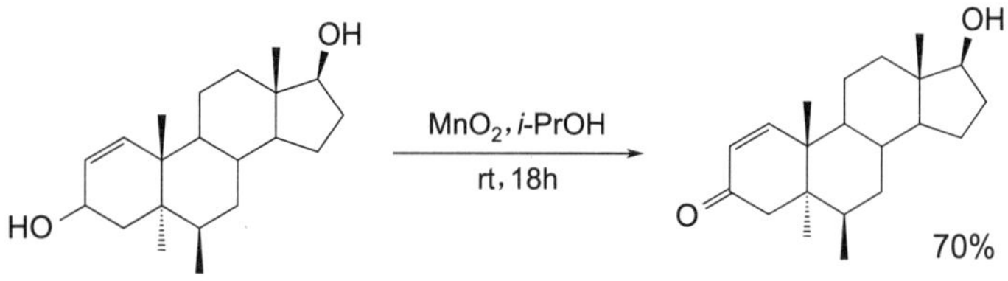

97%

70%

（6）其它氧化反应

低级醚与空气长时间接触，会逐渐生成有机过氧化物，反应发生在 α-碳上，例如：

$$CH_3CH_2OCH_2CH_3 + O_2 \longrightarrow CH_3CH—OCH_2CH_3$$
$$\overset{|}{O—O—H}$$

有机过氧化物不稳定，受热时容易分解而发生爆炸，因此醚类化合物应避免暴露在空气中，最好放在深色玻璃瓶内保存，也可以加入抗氧化剂如对苯二酚，防止过氧化物的生成。醚中是否含有过氧化物可用淀粉-碘化钾试纸检验，若试纸变蓝，说明有过氧化物存在。也可以用 $FeSO_4$-KSCN 进行检验，如果生成血红色的 $[Fe(SCN)_6]^{3-}$，则说明有过氧化物生成。除去过氧化物的方法是加入还原剂（如 $FeSO_4$/稀 H_2SO_4），以破坏过氧化物，然后重新蒸馏。

★ 问题 9-21 完成下列反应：

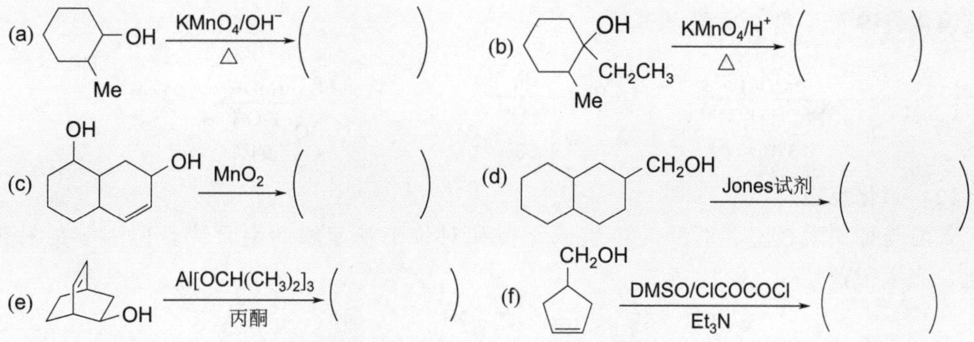

★ 问题 9-22 写出下列化合物用高碘酸氧化生成的主产物：

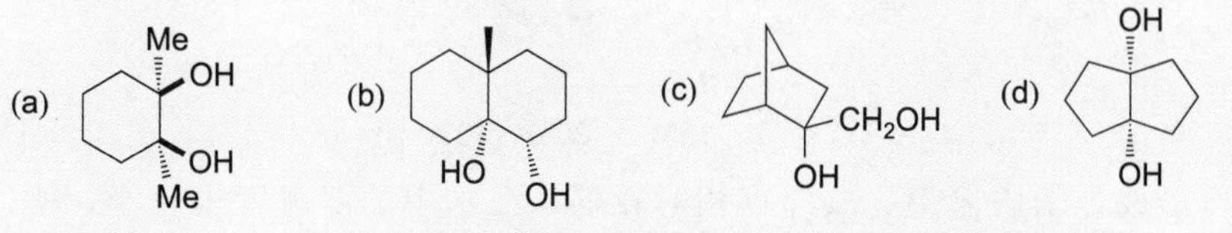

★ 问题 9-23 比较下列各组邻二醇用高碘酸氧化的反应速率：

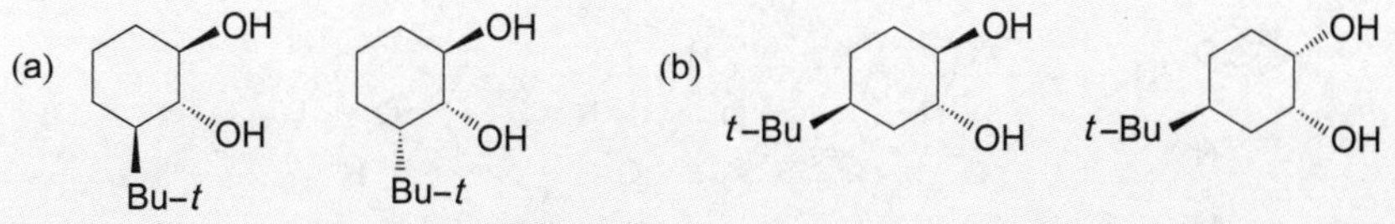

9.5.6 酚的亲电取代反应

由于羟基是强的邻对位活化基团，使得酚类化合物很容易发生亲电取代反应，在多数情况下反应可不用 Lewis 酸催化剂。

（1）卤化反应

苯的卤化反应必须在 Lewis 酸的催化下才能进行，而苯酚在室温下与溴水反应立即生成 2,4,6-三溴苯酚白色沉淀。如溴水过量，则生成 2,4,4,6-四溴环己二烯酮黄色沉淀。

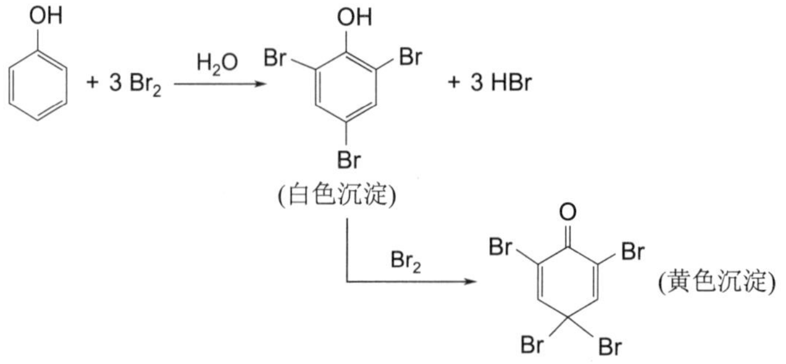

此反应很灵敏，溶液中含有 0.001mg/g 的苯酚都可以检测出来。因此，此反应可用于定性或定量鉴定苯酚。

在低温和弱极性溶剂（如四氯化碳、二硫化碳）中，苯酚的溴代反应可生成一取代产物。

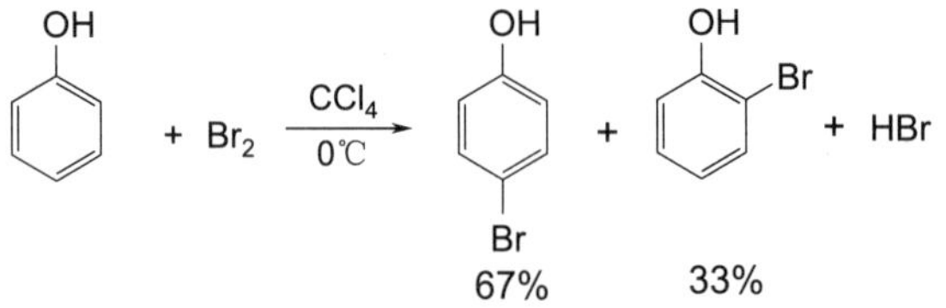

将酚转变为酯，反应活性将有所降低，定位效应不变，可得到较高产率的单取代产物。将酚转变为酯的方法通常是碱性条件下酚与酰卤或酸酐的反应（详见第 11.4.2 节）。在下面的转化中，邻甲氧基苯酚先转化为酯，溴化反应发生在甲氧基的对位，然后酯水解得到 5-溴-2-甲氧基苯酚。如果不将酚转变为酯，由于羟基的定位作用较强，直接溴化将得到 4-溴-2-甲氧基苯酚。

（2）硝化反应

苯酚与稀硝酸在室温下反应可生成邻位和对位硝基苯酚的混合物，但因苯酚易被氧化，产率很低。

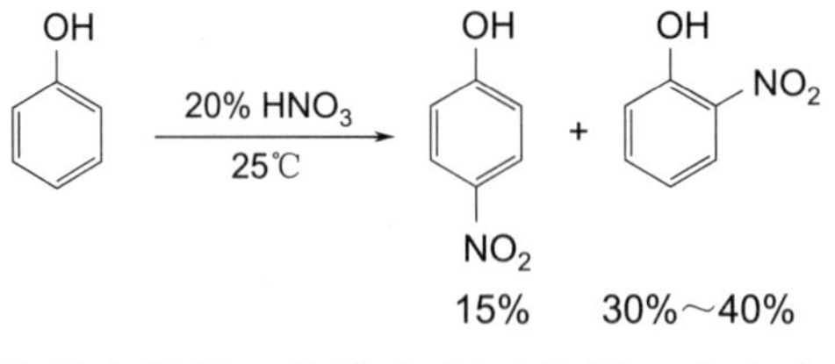

邻硝基苯酚可形成分子内氢键，故沸点相对较低，在水中的溶解度也较小，所以可用水蒸气蒸馏法蒸出，从而与对硝基苯酚分离开。

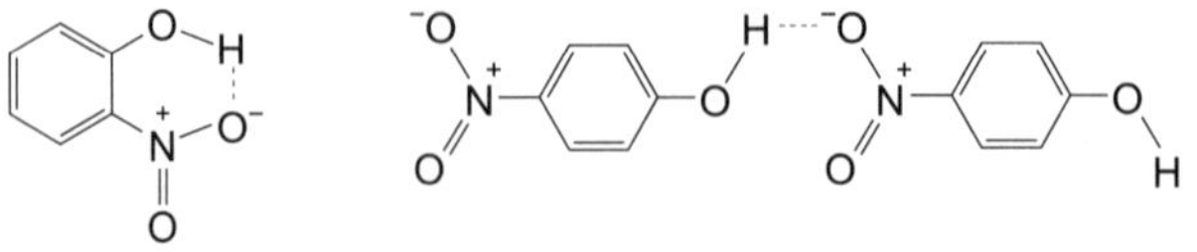

邻硝基苯酚
分子内氢键

对硝基苯酚
分子间氢键

（3）磺化反应

苯酚与浓硫酸在较低的温度（15～25℃）下很容易发生磺化反应。但苯酚的磺化发生在邻位或对位主要受反应温度的影响，随着反应温度的升高，苯酚的磺化反应主要发生在对位，因为 4-羟基苯磺酸比 2-羟基苯磺酸稳定，即高温有利于生成热力学稳定的产物。继续加热磺化，可得到 4-羟基苯-1,3-二磺酸。

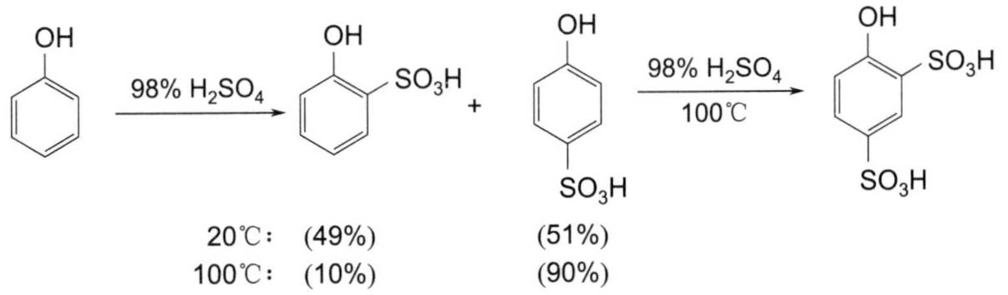

20℃：(49%)　　　(51%)
100℃：(10%)　　　(90%)

磺化反应是可逆反应，在稀硫酸中回流又可脱去磺酸基，因此可用磺酸基来"占位"，这是一种有用的有机合成策略。例如，要制备 2,6-二溴苯酚，苯酚直接溴代是得不到的，但可以先用磺酸基占位，溴代后再将其水解脱去磺酸基。

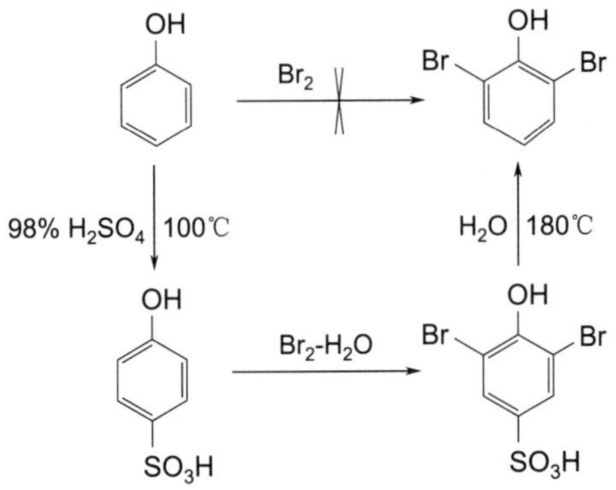

由于苯酚易被硝酸氧化，制备多硝基苯酚不能用直接硝化法。为了得到多硝基苯酚，可采用先磺化再硝化的方法。例如，制备 2,4,6-三硝基苯酚（即苦味酸）时，可将苯酚磺化成 4-羟基苯-1,3-二磺酸，然后再与浓硝酸反应，生成苦味酸，产率较高。

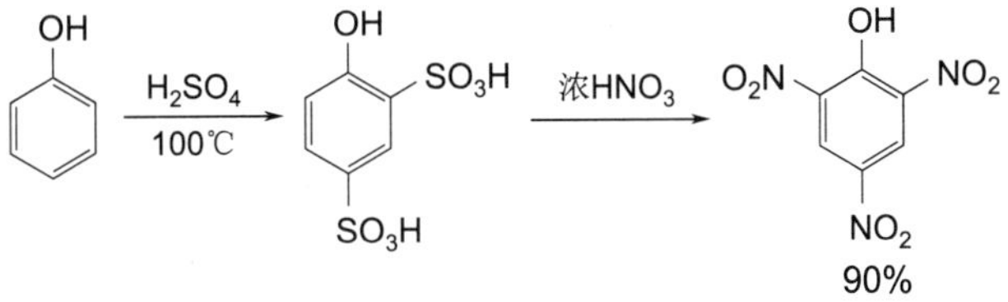

90%

（4） Friedel-Crafts 反应

酚也很容易发生 Friedel-Crafts 反应，在较弱的催化剂作用下就可以进行。例如：

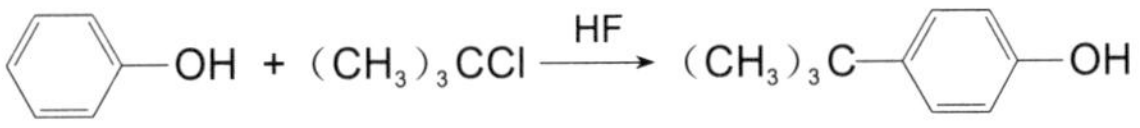

苯酚的 Friedel-Crafts 反应一般不用三氯化铝作催化剂，因为酚可与三氯化铝形成酚盐，催化剂用量较多，且酚盐不溶于有机溶剂，反应很难进行下去。若使用三氟化硼作催化剂，酚和羧酸可直接发生酰基化反应，而且以对位产物为主。

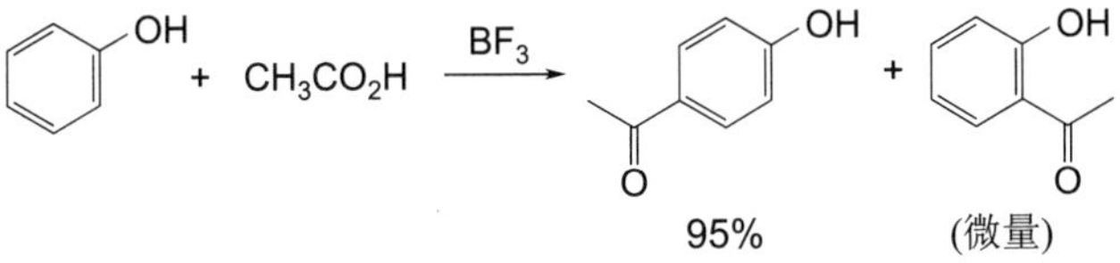

95%　　　　（微量）

（5） Fries 重排反应

酚的羧酸酯在 Lewis 酸或质子酸催化下可发生重排，生成邻位或对位的酰基酚，这个反应称为 Fries 重排，它是由酚制备邻位或对位酰基酚的一种实用方法。

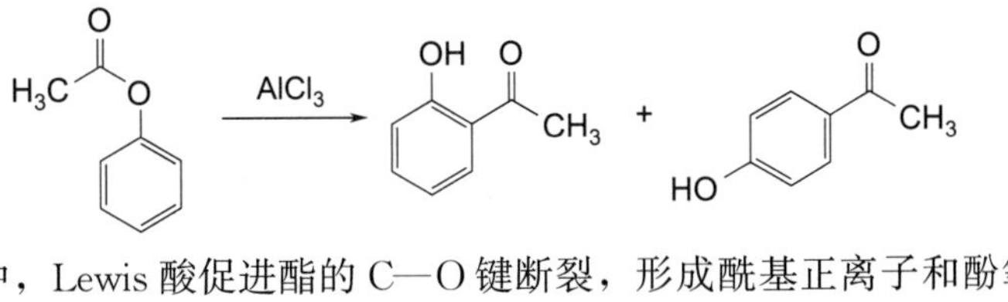

在这个过程中，Lewis 酸促进酯的 C—O 键断裂，形成酰基正离子和酚氧基 Lewis 酸配合物，然后，酰基正离子与酚发生芳香亲电取代反应，生成邻位（或对位）酰基酚：

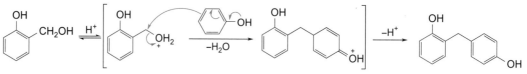

（6）与醛酮的缩合反应

苯酚与甲醛在酸催化下发生亲电取代反应，先在酚羟基的邻位或对位引入羟甲基，所得产物醇进一步与酚发生烷基化反应，得到一系列脱水产物，它们是制造酚醛树脂的重要原料。

这个缩合过程的第一阶段是发生付-克烷基化反应生成邻、对位羟甲基苯酚：

当苯酚过量时，反应可进入第二阶段付-克烷基化反应：

阅读资料9-5

两分子苯酚与一分子丙酮在酸的催化下发生亲电取代反应，脱水生成 2,2-双（对羟基苯基）丙烷，俗称双酚 A，它是一种无色针状结晶，熔点 154℃，是制造环氧树脂（见阅读资料 9-5）、聚碳酸酯、聚砜等的重要原料。

双酚A

★ **问题 9-24** 写出下列反应的主产物结构：

（1）[结构式] $\xrightarrow[0℃]{NBS}$

（2）[结构式] $\xrightarrow{H^+}$

（3）Cl—[结构式]—OH $\xrightarrow{AlCl_3/C_2H_5COCl}$

（4）[结构式] $\xrightarrow{H_2SO_4}$

★ **问题 9-25** 如何区别苯酚、苯甲醇、环己-2-烯-1-醇？

9.5.7 醚键断裂的反应

醚在浓的强酸中形成镁盐后，碳氧键变弱，如果体系中还存在亲核基团（如 X⁻、CH_3O^- 等），则发生醚键断裂并发生亲核取代反应。使醚键断裂最有效的试剂为浓氢卤酸或 Lewis 酸。例如，乙醚在浓氢碘酸中加热会发生 C—O 键断裂。这种断裂反应是醚中的氧原子接受氢碘酸中的质子形成镁盐，然后与碘负离子发生 S_N1 或 S_N2 反应。例如：

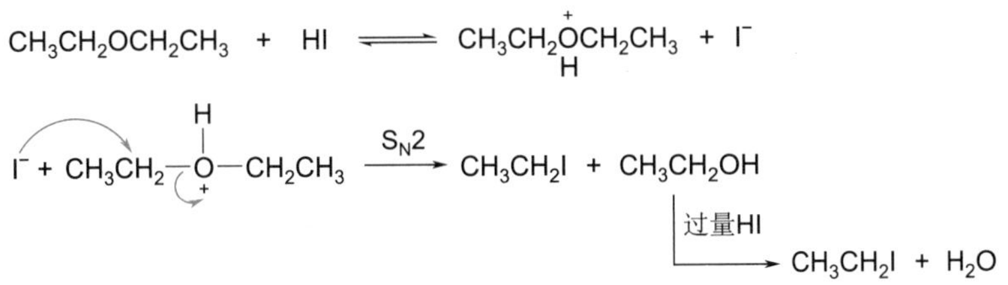

$$CH_3CH_2OCH_2CH_3 + HI \rightleftharpoons CH_3CH_2\overset{+}{\underset{H}{O}}CH_2CH_3 + I^-$$

伯烷基醚在 HX 作用下一般按 S_N2 反应进行，叔烷基醚则按 S_N1 机理进行。例如：

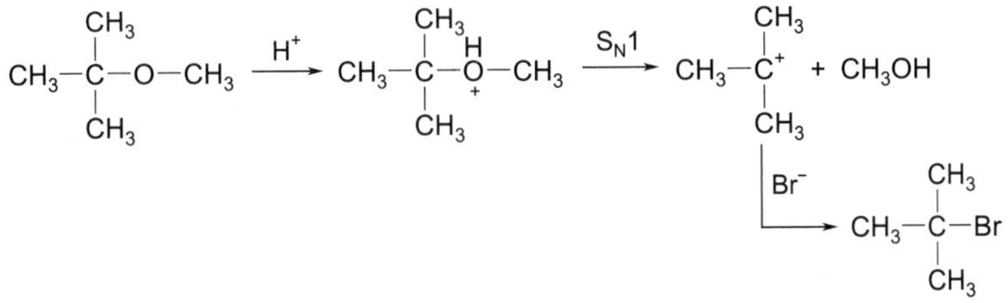

上述反应中生成的碳正离子中间体也可能消除一个质子生成烯烃，所以叔烷基醚在浓硫酸或浓的氢卤酸存在下也可能发生消除反应生成烯烃。如：

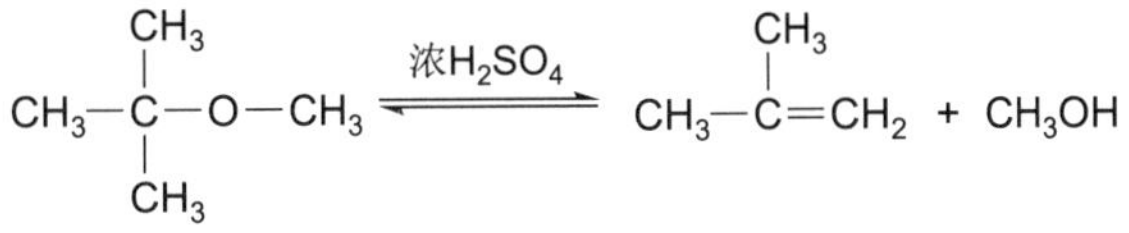

对于芳醚，由于氧与芳环上的碳原子发生 p-π 共轭，C—O 具有部分双键的性质，一般难断裂。因此芳基烷基醚在浓氢卤酸作用下，将发生烷基 C—O 键的断裂，生成相应的酚和卤代烃。例如：

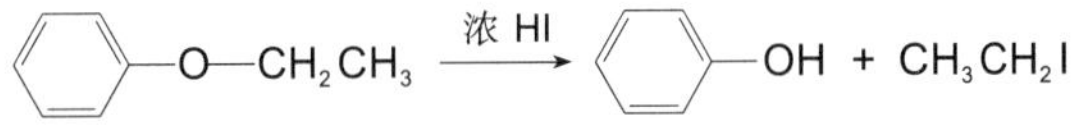

通常情况下，混合醚发生 C—O 键断裂的活性顺序为：三级烷基＞二级烷基＞一级烷基＞芳基。

环醚与氢卤酸反应，C—O 键断裂，醚环打开，生成卤代醇，在过量酸存在下，醇羟基进一步与氢卤酸反应生成二卤代烃。例如：

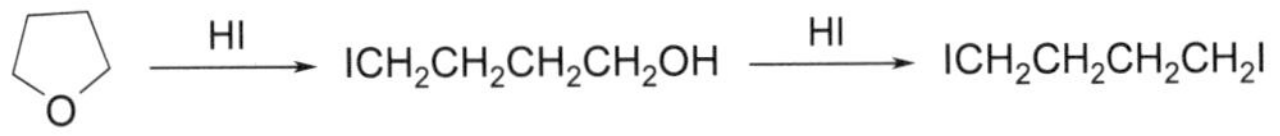

醇在碱性条件下与溴化苄反应形成苄基醚是保护羟基简便有效的方法。苄基醚在碱性和弱酸性条件下是稳定的，但在强酸性条件下接受质子形成镁盐，发生 S_N1 亲核取代反应，从而脱去苄基保护基。此外，亦可通过催化氢化脱去苄基。

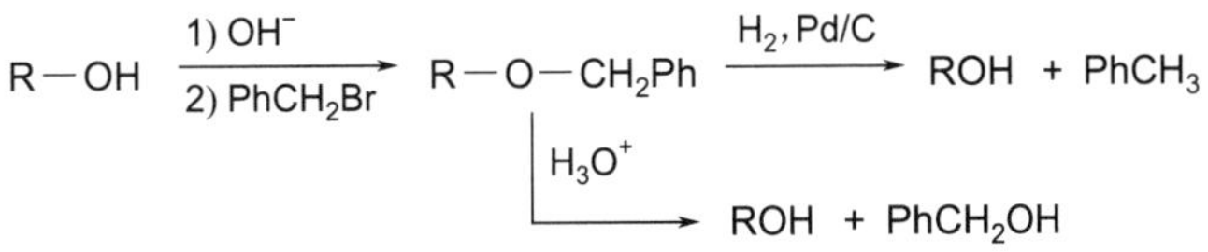

> ★ 问题 9-26　写出下列反应的主产物：
>
> (a) 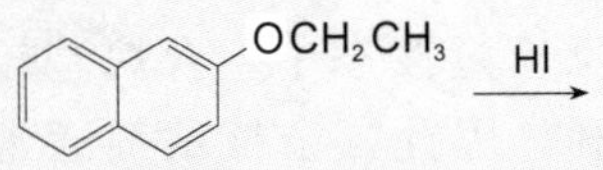 $\xrightarrow{HI}$
>
> (b) 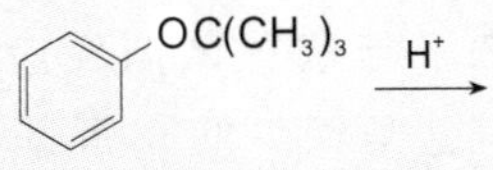 $\xrightarrow{H^+}$
>
> (c) $(CH_3)_3COCH_3 \xrightarrow{HBr}$
>
> (d) $CH_3CH_2CH_2CH_2OCH_3 \xrightarrow{HBr}$

9.5.8 环氧化合物的开环反应

环氧乙烷是最简单和最重要的环醚。它是具有乙醚气味的有毒气体；沸点 11°C，易于液化；可与水混溶，亦溶于有机溶剂如乙醇、乙醚等。环氧乙烷的爆炸极限为 $3.6\%\sim78\%$（体积分数）。在工业上，环氧乙烷是用银催化下的氧气（或空气）直接氧化乙烯来制备的。其它环氧化合物一般通过烯烃的环氧化反应来制备（见第 4.6.2 节）。

由于三元环的张力较大，环氧化合物的化学性质比较活泼，容易开环。环氧化合物分子中的氧原子电负性较大，C—O 键发生极化，碳带有部分正电荷，属于亲电物种。因此，亲核试剂容易进攻环氧化合物中缺电性的碳，从而发生亲核取代反应，三元环开环，生成稳定的开链化合物。开环反应可在酸或碱性条件下发生。

（1）酸催化的开环反应

在酸催化下，环氧化合物与亲核试剂发生开环反应，反应经历质子化-亲核取代机理。

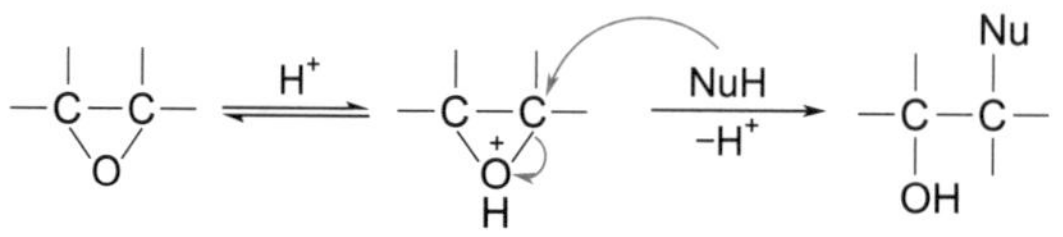

在酸催化下，环氧乙烷发生水解生成乙-1,2-二醇，与甲醇反应生成 2-甲氧基乙醇，与 HBr 反应生成 2-溴乙醇。

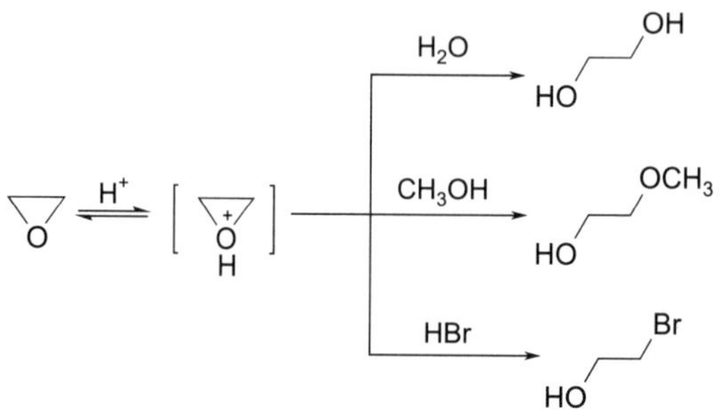

（2）碱性条件下的开环反应

环氧化合物的开环反应也可在碱性条件下进行，此时反应经历亲核取代-质子化机理。

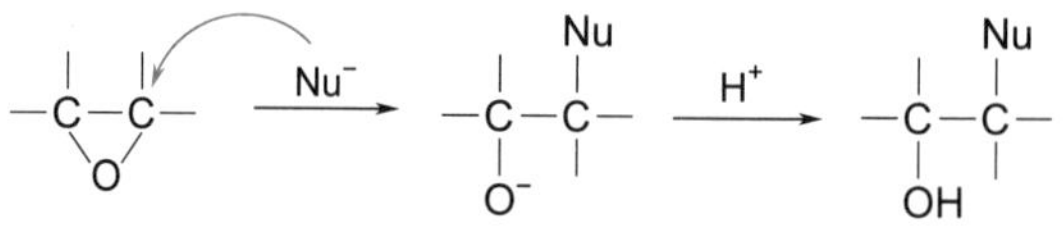

例如：

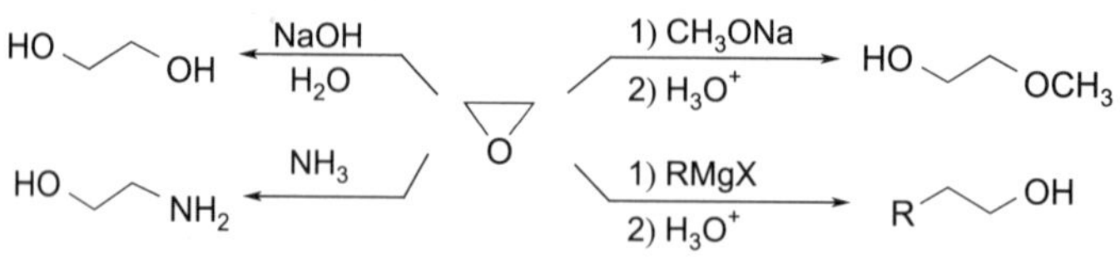

（3）开环反应的区域选择性和立体选择性

对于不对称的环氧化合物，在不同的条件下反应，开环的方向不同，生成的产物也不同。如果反应试剂的亲核能力比较弱，则需要在酸催化下来促进开环。环氧的氧原子质子化形成锌盐，C—O 键进一步极化，三元环碳原子（带部分正电荷）的亲电性增大，从而增加了与亲核试剂反应的能力。在反应过渡态中，含烷基较多的碳带部分正电荷比含烷基基较少的碳带部分正电荷有利，因此，亲核试剂通常进攻连有烷基较多的碳。这与不对称烯烃加溴反应中溴锌离子开环一步的选择性类似。例如：

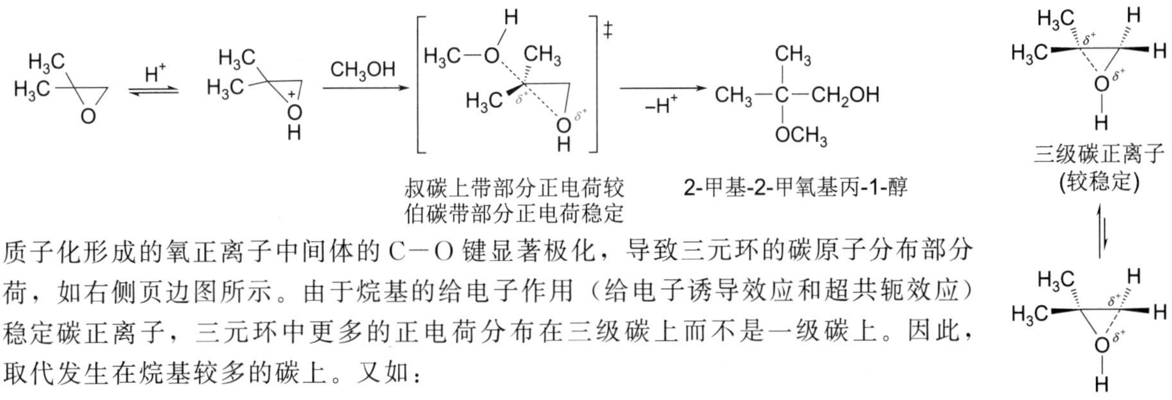

叔碳上带部分正电荷较
伯碳带部分正电荷稳定

2-甲基-2-甲氧基丙-1-醇

三级碳正离子
(较稳定)

质子化形成的氧正离子中间体的 C—O 键显著极化，导致三元环的碳原子分布部分
正电荷，如右侧页边图所示。由于烷基的给电子作用（给电子诱导效应和超共轭效应）
能够稳定碳正离子，三元环中更多的正电荷分布在三级碳上而不是一级碳上。因此，
亲核取代发生在烷基较多的碳上。又如：

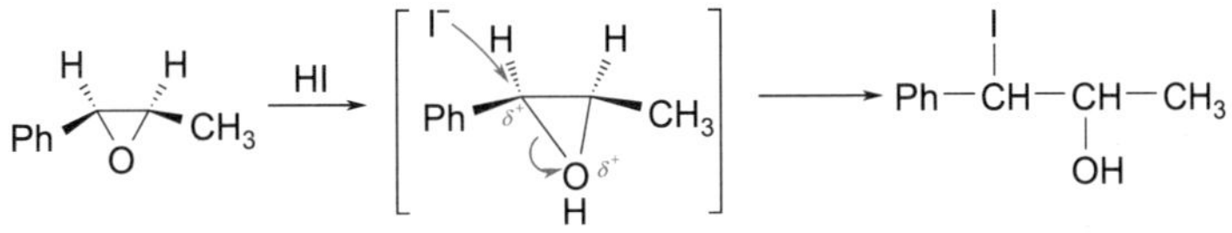

酸催化环氧开环的立体化学是反式开环，亲核试剂从 C—O 键的反面进攻碳原子，
得到构型翻转的取代产物。例如，环戊烯烃氧化得到的环氧化合物经酸催化水解得到
外消旋的反式邻二醇：

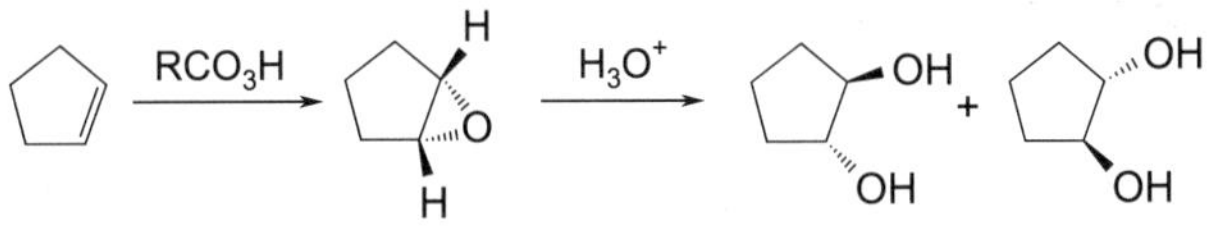

碱性条件下，由于亲核试剂的亲核能力强，试剂直接进攻空间位阻较小（即取代
基较少）的碳原子，这个过程具有 S_N2 反应的特征，反应的区域选择性取决于底物的
空间位阻。例如：

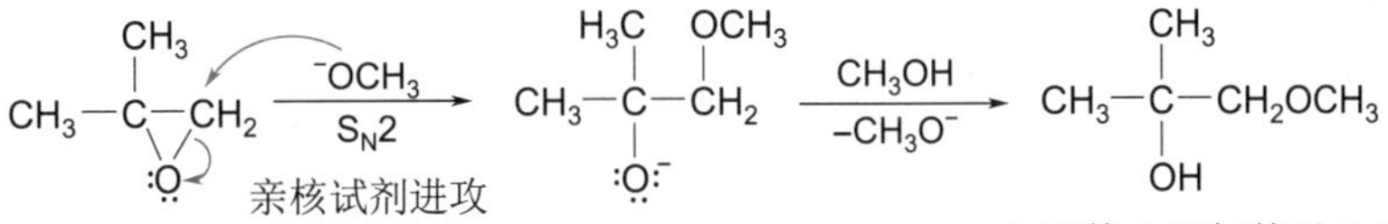

2-甲基-1-甲氧基丙-2-醇

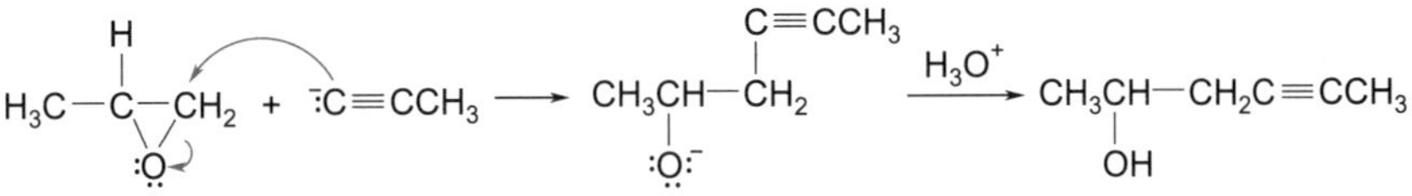

己-4-炔-2-醇

pH 对同一环氧化合物开环的选择性影响是明显的。在 pH=9 的条件下，如下环氧化
物开环时亲核试剂 PhS⁻ 进攻位阻较小的环氧碳原子。但当 pH=4 时，环氧化合物被质子
化，而且亲核试剂为 PhSH，故开环反应以亲核试剂进攻取代较多的碳原子的产物为主。

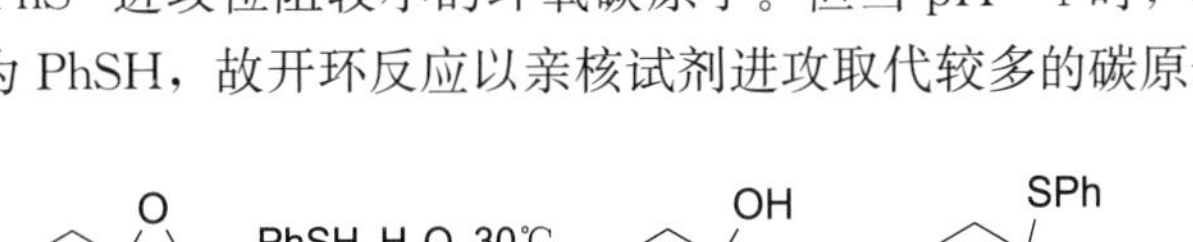

pH=9	99	: 1
pH=4	18	: 82

氢化铝锂也能够打开环氧的环，反应也遵循碱性条件开环的选择性规律。例如：

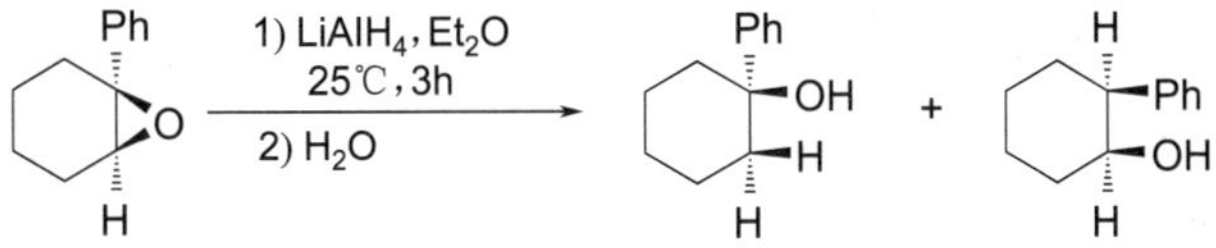

78%   8%

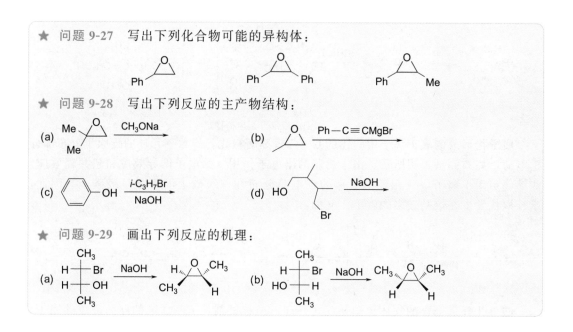

★ 问题 9-27　写出下列化合物可能的异构体：

★ 问题 9-28　写出下列反应的主产物结构：

(a)

$$\underset{Me}{\overset{Me}{\diagdown}}C\underset{O}{\diagup} \quad \xrightarrow{CH_3ONa}$$

(b)

$$\xrightarrow{Ph-C\equiv CMgBr}$$

(c)

$$Ph-OH \quad \xrightarrow[NaOH]{i\text{-}C_3H_7Br}$$

(d)

$$\xrightarrow{NaOH}$$

★ 问题 9-29　画出下列反应的机理：

(a)

$$\xrightarrow{NaOH}$$

(b)

$$\xrightarrow{NaOH}$$

9.6　硫醇、硫酚和硫醚

氧和硫处于同一主族，醇、酚、醚中的氧原子被硫原子取代就形成硫醇（thiols）、硫酚（thiophenols）、硫醚（sulfides）。它们的结构和性质与醇、酚、醚类似。有机硫化物在数量上仅次于含氮和含氧有机化合物。生物体内含有许多有机硫化物，这些硫化物有着多种多样的生理功能，是生命活动不可缺少的部分。如辅酶 A、含巯基的蛋白质等在生物体内都有其不可替代的作用。许多有机硫化物也是重要的药物，如抗生素青霉素、头孢菌素、维生素 B_1 等。有机硫化物可以分为硫醇、硫酚、硫醚、亚砜、砜、磺酸、亚磺酸等，这里只简单介绍硫醇、硫酚和硫醚，以及由它们衍生的亚砜、砜和磺酸。

硫醇	硫酚	硫醚	亚砜	砜

9.6.1　硫醇和硫酚

硫醇和硫酚的命名比较简单，只要在相应的醇或酚名称中的后缀"醇（酚）"字替换为"硫醇（酚）"（-thiol）即可。也可将巯基（mercapto-）作为取代基。例如：

丙-2-硫醇　　　　　　　苯硫酚　　　　　　　2-巯基乙醇
propane-2-thiol　　　benzenethiol　　　2-mercaptoethanol

硫醇、硫酚中都含有巯基。硫与水之间不能形成氢键，故硫醇在水中的溶解度比相应的醇小，例如，乙硫醇在常温下在 100mL 水中的溶解度仅为 1.5g。硫醇和硫酚具有特殊的臭味，例如丙硫醇具有类似新切碎的葱头发出的气味。随着分子量的增加，硫醇的气味逐渐减弱。

硫原子的电负性比氧原子小，硫氢键的解离能比相应的氧氢键的解离能小，因此硫醇、硫酚的酸性比醇和酚的酸性强。例如，乙硫醇的 $pK_a=10.6$，乙醇的 $pK_a=15.9$；苯硫酚的 $pK_a=7.8$，苯酚的 $pK_a=10$。硫醇可溶于稀氢氧化钠中形成稳定的硫醇盐：

$$RSH + NaOH \Longrightarrow RSNa + H_2O$$

硫醇不仅可以与碱金属形成硫醇盐，也可以与重金属离子（如 Hg^{2+}、Cu^{2+}、Pb^{2+}）形成不溶于水的重金属盐，例如：

$$2RSH + HgO \longrightarrow (RS)_2Hg + H_2O$$

$$2C_2H_5SH + Pb(OAc)_2 \longrightarrow Pb(SC_2H_5)_2 + 2CH_3COOH$$

硫醇远比醇易被氧化，氧化反应发生在硫原子上。较温和的氧化剂（如 I_2、O_2、H_2O_2 等）可以把硫醇氧化为二硫化物（disulfides）。强氧化剂（如 HNO_3 和 $KMnO_4$ 等）则将硫醇氧化成磺酸。

9.6.2 硫醚、亚砜和砜

命名硫醚时可将相应的醚名称的后缀"醚"替换为"硫醚"（-sulfide）。例如：

二苯基硫醚
diphenylsulfide

乙基甲基硫醚
ethyl(methyl)sulfide

异丙基苯基硫醚
isopropyl(phenyl)sulfide

对于一些结构复杂的硫醚，亦可采用置换法或取代法来命名。例如：

5-甲基-2,4,7,9-四硫杂十一烷
5-methyl-2,4,7,9-tetrathiaundecane

2-硫杂双环[4.2.0]辛烷
2-thiabicyclo[4.2.0]octane

3-甲硫基吡啶
3-(methylthio)pyridine

亚砜和砜的名称由烃基名加上后缀"亚砜"（-sulfoxides）或"砜"（-sulfones）组成。当采用取代法命名时，RSO—称为"亚磺酰基"（sulfinyl-），RSO_2—称为"磺酰基"（sulfonyl-）。例如：

二苯基亚砜
diphenyl sulfoxide

乙基甲基亚砜
ethyl methyl sulfoxide

甲磺酰基苯
(methylsulfonyl)benzene

亚砜具有四面体结构，孤对电子占据四面体的一个顶点。因此，当两个烃基不同时，亚砜就成为手性分子，如（R）-甲基亚磺酰基苯：

(R)-甲基亚磺酰基苯
(R)-(methylsulfinyl)benzene

RS^- 的亲核性比 RO^- 的强，而碱性比 RO^- 的弱，故硫醇在碱性条件下容易与卤代烃发生 S_N2 反应生成硫醚，这是制备硫醚常用的方法，产率一般较高。

硫原子的空 d 轨道能接受电子，因此，硫醚用适当的氧化剂氧化可分别生成亚砜和砜。例如，二甲硫醚可分别被过氧化氢和过氧酸氧化为二甲基亚砜（DMSO）和二甲基砜。

二甲基亚砜　　　　二甲基砜

硫醚和亚砜分子中的硫原子都具有亲核性，它们可以与卤代烷反应生成锍盐 (sulfonium salts)。例如，二甲基硫醚与碘甲烷反应生成碘化三甲基锍 (trimethylsulfonium iodide)，后者可在碱作用下生成硫叶立德试剂。二甲基亚砜也能发生类似的转化。硫叶立德可与醛、酮等有机化合物发生缩合反应（见第 10.7.2 节），是一类重要的有机合成试剂。

碘化三甲基锍

★ 问题 9-30　制备下列化合物：

(a) PhCH₂SSCH₂Ph　　　(b) PhCH₂SCH₃　　　(c) 环己基-SH　　　(d) 异丙基-S-乙基

关键词

醇	alcohols	Jones 试剂	Jones reagent
酚	phenols	Sarrett 试剂	Sarrett reagent
醚	ethers	Collins 试剂	Collins reagent
硫醇	thiols	氯铬酸吡啶盐	pyridinium chlorochromate(PCC)
硫酚	thiophenols		
硫醚	sulfides	Swern 氧化	Swern oxidation
亚砜	sulfoxides	Oppenauer 氧化	Oppenauer oxidation
砜	sulfones	Hock 重排	Hock rearrangement
锍盐	sulfonium salts	酚的氧化	oxidation of phenols
硫叶立德	sulfur ylides	醚的制备	preparation of ethers
醇的卤代	halogenation of alcohols	Williamson 反应	Williamson reaction
醇的脱水	dehydration of alcohols	Ullmann 反应	Ullmann reaction
频哪醇重排	pinacol rearrangement	醚键的断裂	cleavage of ether bond
醇的氧化	oxidation of alcohols	环氧化合物的开环	ring-opening of epoxides

习　题

9-1　用系统命名法给下列化合物命名（用 R/S、Z/E 标记法表示构型）：

(1) 　(2) 　(3)

(4) 　(5) 　(6)

9-2　比较下列各组化合物的酸性大小：

(1)

(a)　　　(b)　　　(c)　　　(d)

（2）

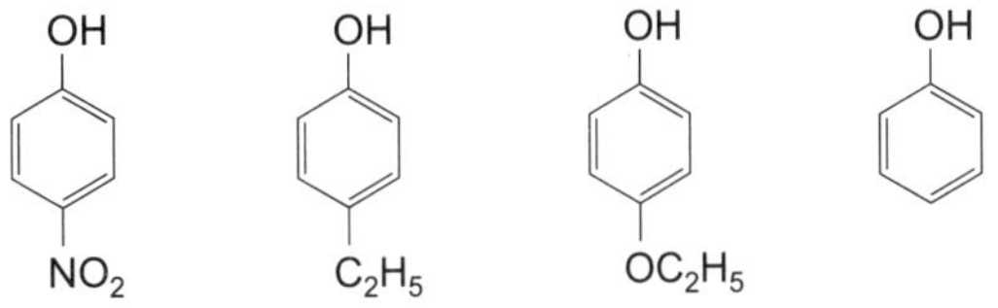

（a） （b） （c） （d）

（3）

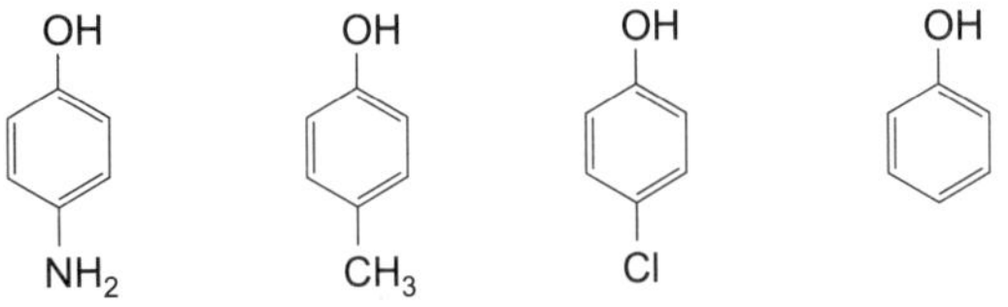

（a） （b） （c） （d）

（4）

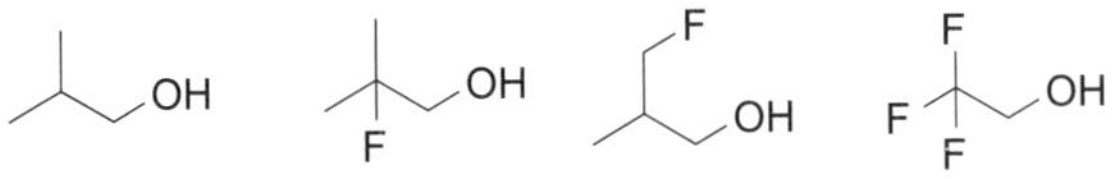

（a） （b） （c） （d）

9-3 比较下列各组化合物与 HBr 反应的相对速率大小：

（1）

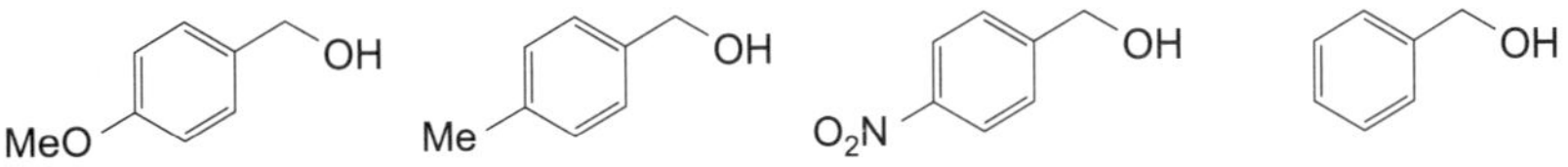

（a） （b） （c） （d）

（2）

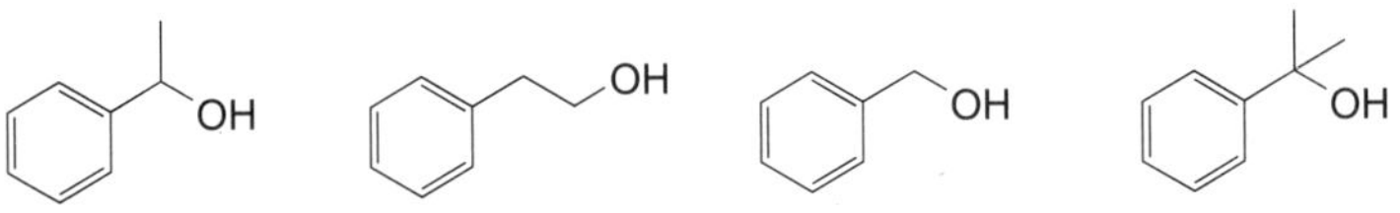

（a） （b） （c） （d）

（3）

（a） （b） （c） （d）

9-4 完成下列反应：

（1）

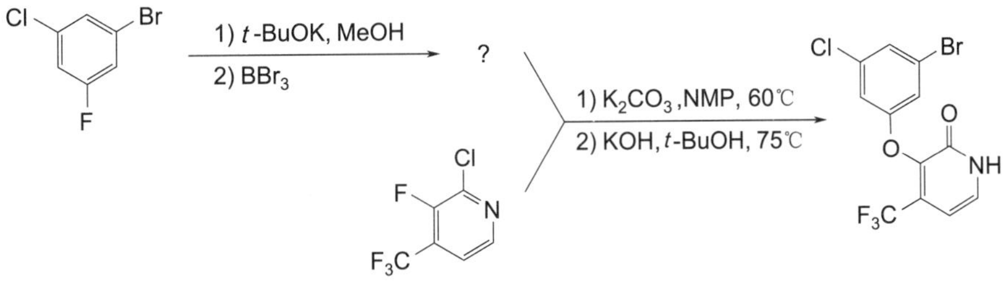

$$\xrightarrow[\text{2) BBr}_3]{\text{1) }t\text{-BuOK, MeOH}} \quad ? $$

$$\xrightarrow[\text{2) KOH, }t\text{-BuOH, 75℃}]{\text{1) K}_2\text{CO}_3\text{, NMP, 60℃}}$$

（*Org. Process Res. Dev.* 2016，*20*，1476－1481）

（2）

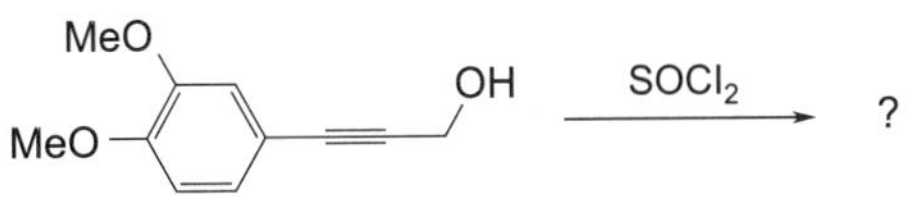

$$\xrightarrow{\text{SOCl}_2} \quad ? $$

（*Green Chem.* 2010，*12*，888）

（3）

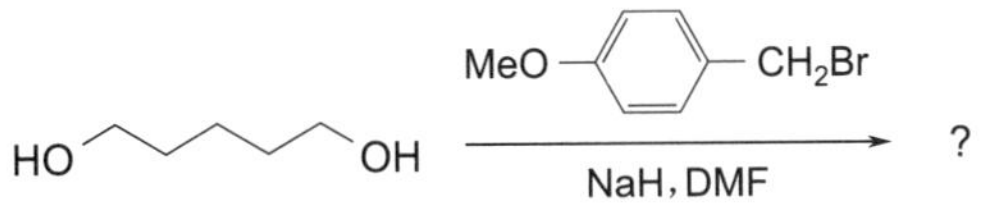

$$\text{HO} \diagup \diagdown \text{OH} \xrightarrow[\text{NaH, DMF}]{} \quad ? $$

（*J. Org. Chem.* 2005，*70*，4207）

（4）

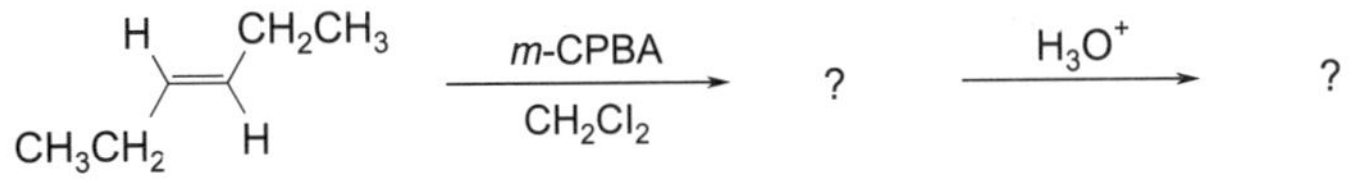

$$\xrightarrow[\text{CH}_2\text{Cl}_2]{m\text{-CPBA}} \quad ? \quad \xrightarrow{\text{H}_3\text{O}^+} \quad ? $$

（5）

$$+ \quad \text{Br} \diagup \diagdown \xrightarrow[\text{NaOH, H}_2\text{O}]{} \quad ? $$

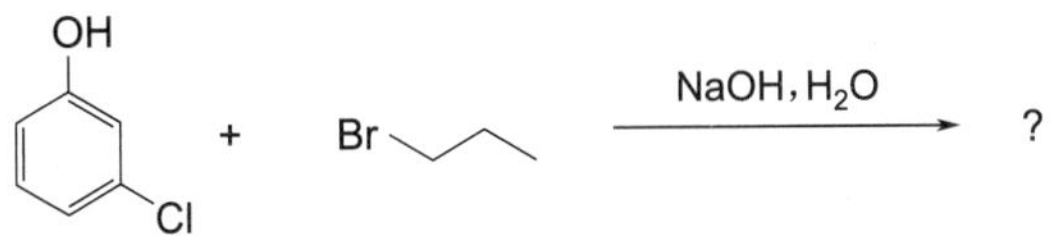

(6) n-C$_6$H$_{13}$ ... OH ... Cl

$$\xrightarrow[\text{THF}]{\text{NaOH}} \quad ?$$

(*J. Org. Chem.* 2005，*70*，4207)

(7)

$$\xrightarrow{\text{SOCl}_2} \quad ?$$

(*J. Org. Chem.* 2003，*68*，2913)

(8) + HI (1equiv.) $\longrightarrow$?

(9) t-Bu—Si(Ph)(Ph)—O ...

$$\xrightarrow[\text{Et}_2\text{O}]{\qquad \text{MgBr}} \quad ?$$

(*J. Org. Chem.* 2012，*77*，4046)

(10)

$$\xrightarrow{\text{HIO}_4} \quad ?$$

(11)

$$\xrightarrow[\text{2) H}_2\text{O}]{\text{1) LiAlD}_4} \quad ?$$

(12)

C$_6$H$_5$ / H—CH$_3$ / Cl—H / C$_6$H$_5$

$$\xrightarrow{\text{C}_6\text{H}_5\text{S Na}} \quad ?$$

(13)

$$+ \quad \text{Br} \xrightarrow{\text{Ag}_2\text{O}} \quad ?$$

(*J. Org. Chem.* 2015，*80*，11806-11817)

9-5　写出下列反应的机理：

(1)

$$\xrightarrow{\text{H}^+}$$

(2)

$$\xrightarrow{\text{AgNO}_3}$$

(3)*

$$\xrightarrow[\text{92\%}]{\text{BF}_3 \cdot \text{OEt}_2}$$

(*J. Org. Chem.* 2000，*65*，4712)

(4)

$$\xrightarrow[\text{150℃}]{\text{HI (2equiv.)}} \quad \text{I} \diagdown\diagup\diagdown\diagup \text{I}$$

(5) 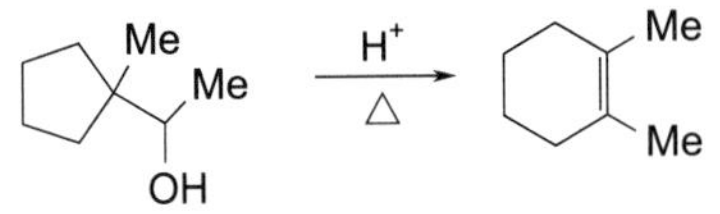

(6) 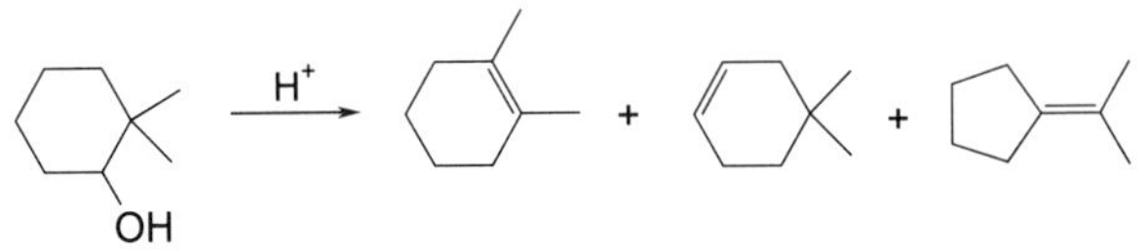

(7)* 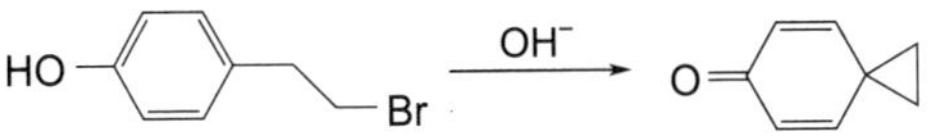

(8)* 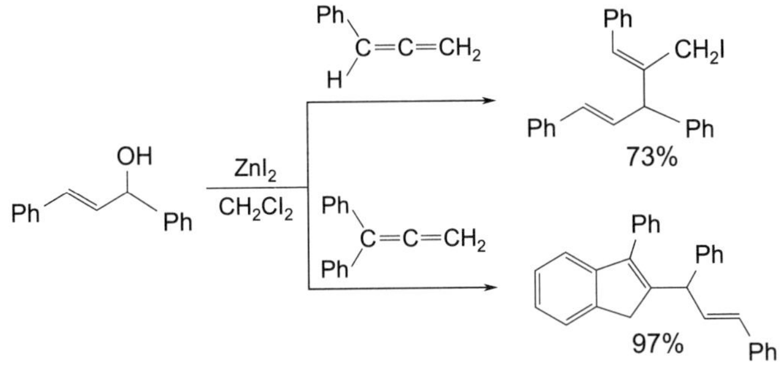

(*Org. Lett.* 2012, *14*, 2674)

(9)* 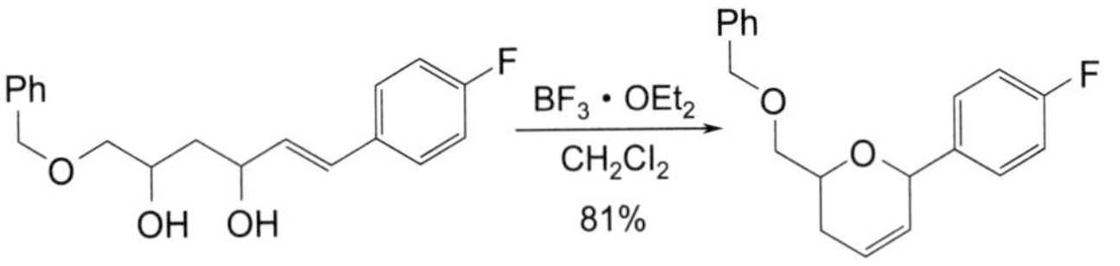

(*Tetrahedron* 2011, *67*, 9870)

(10)* 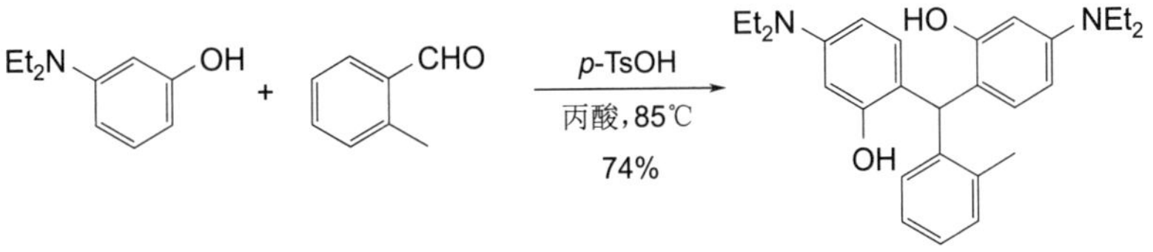

(*Beilstein J. Org. Chem.* 2012, *8*, 2156)

9-6* 化合物 A 的乙醇溶液在 4equiv. 的乙醇钠存在下室温反应 24h 之后，从反应液中检测到 35%的间苯二酚 B、14%的双取代化合物 C 和 50%的原料 C（*Org. Process Res. Dev.* 2017，*21*，631）。试解释 B 和 C 形成的机理。

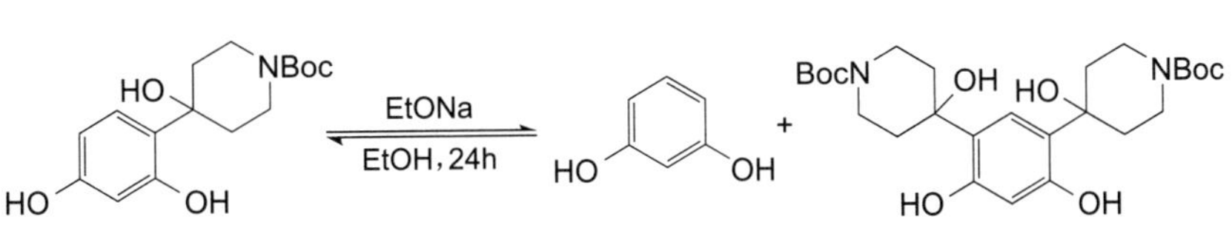

A (50%)　　B (35%)　　C (14%)

9-7* 由乙炔或苯酚为起始原料，用必要的有机或无机试剂合成下列化合物：

(1) 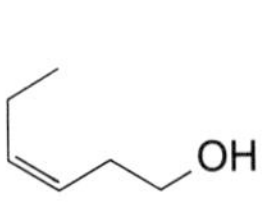　(2) 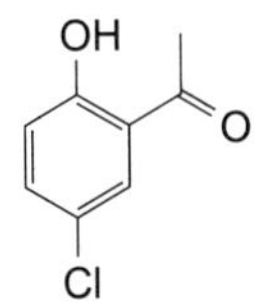　(3) 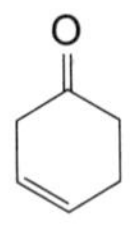

9-8* 以不超过四个碳的有机化合物为原料，用必要的有机或无机试剂合成下列化合物：

(1) 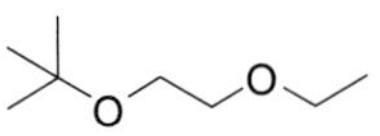　(2) 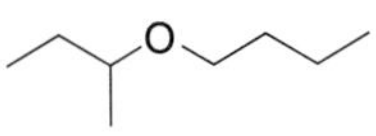

9-9 某化合物经高分辨质谱测得其分子式为 C_7H_5NO，氢谱和碳谱分别见图 9-2 和图 9-3。试推测这个化合物的结构。

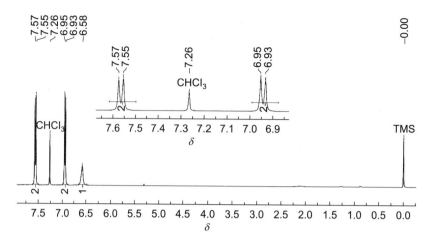

图 9-2 化合物 C_7H_5NO 的氢谱（400MHz，$CDCl_3$）

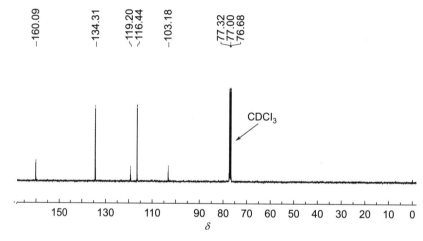

图 9-3 化合物 C_7H_5NO 的碳谱（100MHz，$CDCl_3$）

第10章

醛和酮 亲核加成反应

碳氧双键（C═O）称为羰基（carbonyl group），它是有机化学中最重要的官能团之一。醛（aldehyde）、酮（ketone）、羧酸（carboxylic acid）、酯（ester）、酰胺（amide）、酰卤（acyl halide）和酸酐（carboxylic acid anhydride）等都含有羰基，它们统称为羰基化合物（carbonyl compound）。本章将讨论醛和酮两类羰基化合物。

羰基
carbonyl

醛
aldehyde

酮
ketone

羧酸
carboxylic acid

酯
ester

酰胺
amide

酰卤
acyl halide
(X=F、Cl、Br或I)

醛的羰基碳原子至少与一个氢原子直接相连，它们所构成的"—CHO"基团称为醛基；酮的羰基碳原子则和两个碳原子直接相连。醛和酮广泛存在于自然界中，其中一些与食物的香味有关，有些还能增进酶的生物功能。例如，从薄荷、芳须芒草等植物中提取得到的精油成分薄荷酮（menthone）具有清新的薄荷香气，常用作薄荷、薰衣草、玫瑰等香精的调合香料；存在于柠檬草油、山苍子油等植物精油中柠檬醛（citral）是我国规定允许使用的食用香料，可用于配制草莓、苹果、杏、甜橙、柠檬等水果型食用香精。此外，醛和酮还作为有机合成的试剂和溶剂广泛用于化学工业中。

薄荷酮

反式柠檬醛

顺式柠檬醛

10.1 醛和酮的结构及命名

10.1.1 羰基的结构

羰基的碳和氧以双键结合，结构与碳碳双键相似，碳和氧都采取 sp^2 杂化。如图 10-1(a) 所示，碳原子与氧原子各用一个 sp^2 杂化轨道形成一个 σ 键，碳原子的另外两个 sp^2 杂化轨道分别与其它原子形成两个 σ 键，三个 σ 键处于同一平面，它们之间的键角大约为 120°。未参加杂化的碳原子和氧原子的 p 轨道与三个 σ 键所在的平面垂直，它们彼此侧面重叠形成 π 键。氧原子的另外两个 sp^2 杂化轨道中各有一对孤对电子。图 10-1

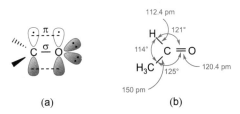

图 10-1 羰基的结构（a）和
乙醛的分子结构（b）

(b) 描述了乙醛的分子结构。乙醛分子中的醛基与甲基碳原子处于同一平面，有一个三角形的羰基碳。碳氧键的键长较短（120.4pm），键能较大（690～750kJ/mol）。

如图 10-2(a) 所示，由于羰基氧原子的电负性比碳原子大，成键电子偏向氧原子一边，其中氧原子带部分负电荷，碳原子带部分正电荷。在羰基的分子轨道中［如图 10-2(b) 所示］，HOMO（π 轨道）/LUMO（π* 轨道）中氧和碳原子的 2p 轨道的贡献是不同的，其相对大小用轨道系数（orbital coefficient）来定量表示。由于电负性较大的氧原子的 2p 轨道势能较碳原子的低，π 轨道中与其能量接近的氧原子 2p 轨道系数超过 50%，而能量相差较大的碳原子 2p 轨道系数小于 50%。在 π* 轨道中，与其能量接近的碳原子 2p 轨道系数大于 50%，而能量相差较大的氧原子 2p 轨道贡献小于 50%。

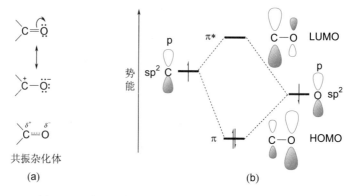

图 10-2　羰基的共振结构（a）和分子轨道示意图（b）

μ 2.33D

2.69D

2.88D

这种结构特征决定了羰基具有较大的极性，偶极矩一般为 2.3～2.9D，甲醛、乙醛和丙酮的偶极矩如页边所示。此外，羰基碳具有相当强的亲电性，容易受到亲核试剂的进攻；羰基的氧原子上带有孤对电子，使得羰基氧具有路易斯碱的性质。

超共轭效应对醛、酮构象的影响可学习视频材料 10-1。

10.1.2　醛和酮的命名

醛和酮的命名通常采用系统命名法。首先选择含有羰基的最长碳链为主链，从醛基一端或从靠近羰基一端开始编号（即羰基位次最低原子），命名为"某醛"或"某酮"。醛羰基的编号固定为 1，命名时不用标出。酮羰基的位次必须标出（个别情况例外），置于后缀"酮"之前。例如：

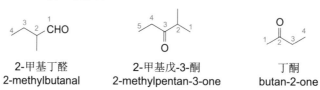

2-甲基丁醛　　　　2-甲基戊-3-酮　　　　丁酮
2-methylbutanal　　2-methylpentan-3-one　　butan-2-one

主链上含有不饱和键时，编号依然从主链上靠近羰基的一端开始，即遵循羰基位次最低原则。命名为"某烯醛"（-enal）、"某炔醛"（-ynal）、"某烯酮"（-enone）或"某炔酮"（-ynone），同时标明双键、叁键以及酮羰基的位次（个别情况例外），分别置于"烯"、"炔"和"酮"之前。例如：

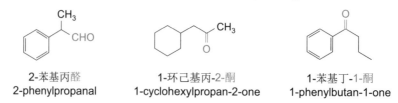

2,3-二甲基戊-4-烯醛　　　4,5-二甲基庚-5-烯-3-酮　　　丁-2-炔醛
2,3-dimethylpent-4-enal　　4,5-dimethylhept-5-en-3-one　　but-2-ynal

如果碳链上连有芳基或环烷基，把它们作为取代基。例如：

2-苯基丙醛　　　　1-环己基丙-2-酮　　　　1-苯基丁-1-酮
2-phenylpropanal　　1-cyclohexylpropan-2-one　　1-phenylbutan-1-one

如果醛羰基直接与碳环相连，这个化合物命名为"环某烷甲醛"或"芳甲醛"，碳环上与羰基相连的碳编号固定为 1，故省略不写。例如：

4-甲基环己烷甲醛
4-methylcyclohexanecarbaldehyde 　　 2-羟基苯甲醛
2-hydroxybenzaldehyde

羰基在环上时，则命名为"环某酮"，羰基的编号固定为 1。例如：

2,2-二甲基环戊酮
2,2-dimethylcyclopentanone　　环己-3-烯酮
cyclohex-3-enone　　3-乙烯基环庚酮
3-vinylcycloheptanone

多元醛、酮编号时，应使羰基的位次尽可能小。若分子中同时含有酮羰基和醛羰基，可将某一个羰基作为取代基，其中酮羰基作为取代基时称为"氧亚基"（oxo-），醛羰基作为取代基时称为"甲酰基"（formyl-）。例如：

己-2,4-二酮
hexane-2,4-dione　　4-氧亚基戊醛
4-oxopentanal　　2-甲酰基环己酮
2-formylcyclohexanone

如果母体上含有比醛羰基和酮羰基优先的官能团，如羧基、酯基、酰胺基等（优先顺序见表 6-1），则按照优先官能团化合物命名。在此情况下，醛和酮的羰基作为取代基。例如：

4-氧亚基丁酸
4-oxobutanoic acid　　3-氧亚基-3-苯基丙酰胺
3-oxo-3-phenylpropanamide　　2-甲酰基苯磺酸
2-formylbenzenesulfonic acid

> ★ 问题 10-1　用系统命名法命名下列化合物。
>
>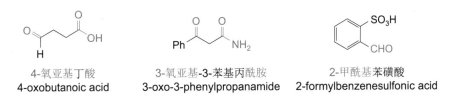
>
>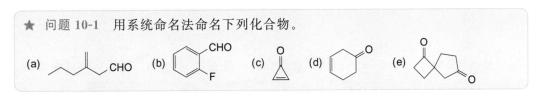

10.2　醛和酮的物理性质及波谱特征

由于羰基的极性较大，醛、酮分子间的作用力增大，所以它们的沸点要比同碳数的烷烃和醚都高，但比相应的醇低得多，这是因为醛、酮分子间不能形成氢键。室温下，除甲醛外其余醛、酮都为液体或固体。

羰基的氧能与水分子形成氢键，故低级醛和酮在水中有一定的溶解度，例如甲醛、乙醛、丙醛和丙酮可与水互溶。但是，随着分子量增大，分子中疏水的碳氢部分增大，醛和酮的水溶性减小。六个碳以上的醛和酮几乎不溶于水。

红外光谱是鉴别羰基最有用的方法之一。在醛和酮的红外光谱中，在 1680 ～

1750cm^{-1} 处有非常强的 C=O 伸缩振动吸收峰，其中醛羰基的吸收一般在 1735cm^{-1} 左右，而酮羰基吸收大约在 1715cm^{-1}，例如戊-3-酮在 1718cm^{-1} 处有强的羰基吸收峰（见图 10-3）。共轭醛、酮的 C=O 伸缩振动吸收通常向短波数方向移动，如苯甲醛的羰基吸收位于 1704cm^{-1}（如图 10-4 所示）。此外，醛基的 C—H 伸缩振动在 2750cm^{-1} 左右有中等强度的吸收峰，此特征可用于鉴别醛的存在。

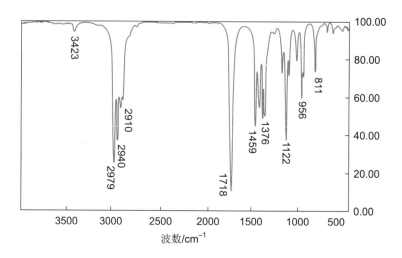

图 10-3　戊-3-酮的红外光谱

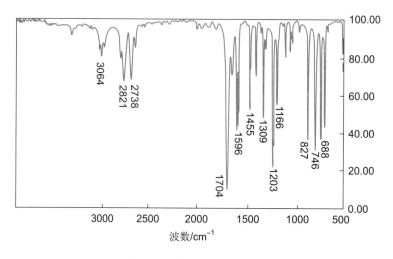

图 10-4　苯甲醛的红外光谱

^{1}H-NMR 谱中，由于羰基的强去屏蔽作用，醛基氢（CHO）的化学位移在低场，在 $\delta 9 \sim 10$ 之间。这个化学位移特征是醛类化合物独有的，常用于鉴别醛。此外，由于羰基的吸电子作用，醛和酮分子中羰基邻位碳上的氢（即 α-H）也稍微去屏蔽化，其化学位移通常出现在 $\delta 2.0 \sim 2.9$ 范围内。图 10-5 为邻羟基苯甲醛的 ^{1}H-NMR 和 ^{13}C-NMR 谱，其中氢谱中醛基氢的化学位移出现在 $\delta 9.90$ 处，酚羟基的氢由于分子内氢键而移向更低场（$\delta 11.02$）；碳谱中，醛羰基很特征，其碳的化学位移处于很低场（$\delta 196.58$），苯环上六个不等价碳处于 $\delta 117 \sim 162$ 范围内。丙酮分子中六个化学等价的甲基质子信号出现在 $\delta 2.17$，而酮羰基碳信号出现在 $\delta 206.85$ 处（见图 10-6）。

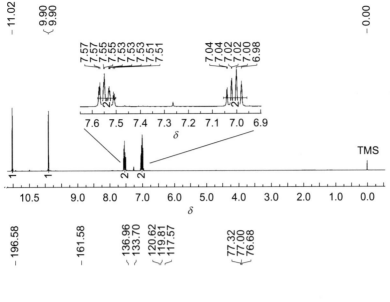

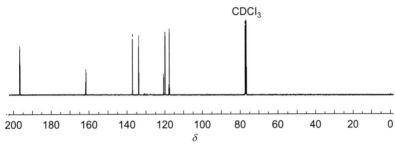

图 10-5 邻羟基苯甲醛的氢谱（上）和碳谱（下）

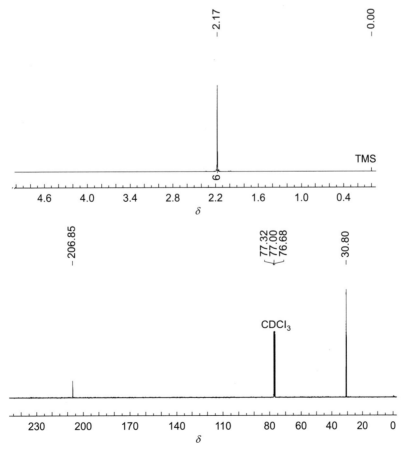

图 10-6 丙酮的氢谱（上）和碳谱（下）

★ 问题 10-2 某化合物分子式为 C_3H_6O，请写出它的所有异构体的结构式，并指出核磁共振氢谱中出现 3 个吸收峰，且积分面积比为 3：2：1 的异构体。

10.3 醛和酮的制备

10.3.1 由醇制备醛和酮

醇的氧化（见第 9.1.4 节）是制备醛和酮最常用的方法。高锰酸钾和铬氧化剂是常用的氧化剂。铬酸适合于将仲醇氧化为酮，氧化伯醇时容易将生成的醛进一步氧化为酸，但若将生成的醛立即从反应体系中蒸出，可避免过度氧化。比较温和的铬氧化剂有 Collins 试剂、氯铬酸吡啶盐（PCC）、重铬酸吡啶盐（PDC）等，它们在有机溶剂中进行氧化，可避免过度氧化，因此能有效地将伯醇氧化为醛，而且底物分子中存在的碳碳双键和叁键不被氧化。例如：

$$\xrightarrow[\text{CH}_2\text{Cl}_2]{\text{CrO}_3 \cdot 2\text{C}_5\text{H}_5\text{N}}$$

92%

二甲基亚砜在一些活化剂存在下可将醇氧化成醛或酮。常用的氧化体系包括二甲基亚砜-二环己基碳二亚胺（DMSO-DCC）、二甲基亚砜-乙酸酐（DMSO-Ac$_2$O）、二甲基亚砜-三氟乙酸酐 [DMSO-(CF$_3$CO)$_2$O]、二甲基亚砜-草酰氯 [DMSO-(COCl)$_2$] 等。这类氧化剂选择性高，反应活性也高，但通常都需要在低温下进行。例如：

1.DMSO，(COCl)$_2$
−60～−50℃
2.Et$_3$N

94%

(E)-3,7-二甲基辛-2,6-二烯-1-醇   (E)-3,7-二甲基辛-2,6-二烯醛
(E)-3,7-dimethylocta-2,6-dien-1-ol   (E)-3,7-dimethylocta-2,6-dienal

以上方法均需要化学剂量的试剂（有时大大过量），使用这些试剂不仅不经济、反应产物分离纯化麻烦，而且产生大量对环境有害的副产物。近年来，随着绿色合成技术的发展，以氧气甚至空气为氧化剂的催化氧化方法已被用来由醇制备醛和酮。用这种方法制备醛和酮时，生成的唯一副产物是水，对环境友好，产物容易分离纯化。

$$\xrightarrow[\text{催化剂}]{\text{O}_2\text{或空气}}$$

10.3.2 由炔烃和烯烃制备醛和酮

炔烃的水合（见第 4.2.5 节）和烯烃的臭氧化-还原水解（见第 4.6.3 节）等都可用于制备醛或酮。例如：

1) O$_3$
2) Zn,AcOH

10.3.3 由芳烃制备醛和酮

(1) 芳烃的酰基化法
Friedel-Crafts 酰基化是制备芳酮的重要方法（见第 6.4.1 节），如工业上利用苯酚

的 Friedel-Crafts 酰基化反应来合成对羟基苯乙酮。

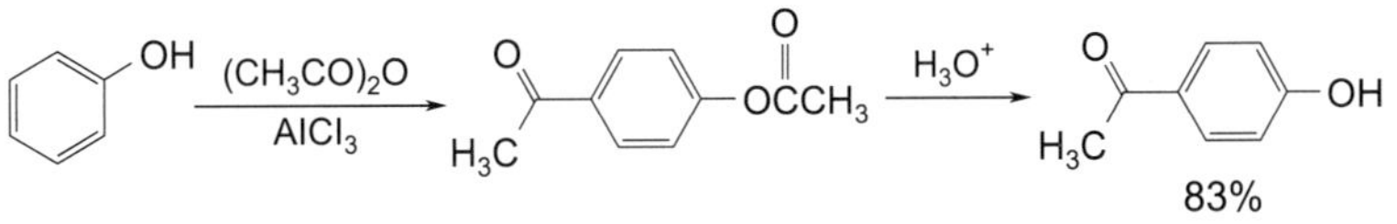

苯酚在氢氧化钠溶液中与氯仿反应可生成邻羟基苯甲醛,即水杨醛,这个反应称为 Reimer-Tiemann 反应。

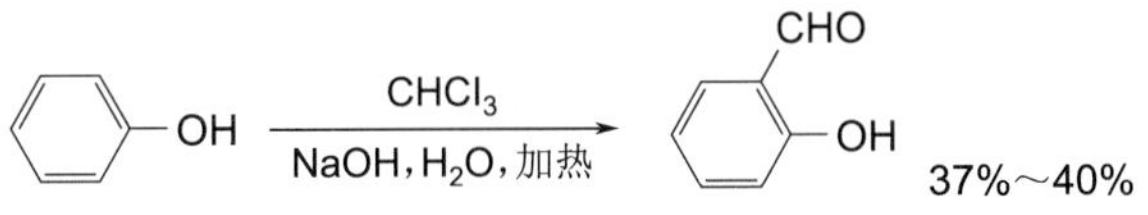

邻羟基苯甲醛
2-hydroxybenzaldehyde

Reimer-Tiemann 反应的机理包括以下五个步骤。

第一步:在强碱作用下,氯仿发生 α-消除反应,生成二氯卡宾。二氯卡宾是一种活泼的中间体,其中心碳原子只有 6 个价电子,属于缺电子的物种。

二氯卡宾　　　　　二氯卡宾的结构

第二步:苯酚在碱性条件下以酚氧负离子的形式存在,它可亲核进攻二氯卡宾形成中间体 A,后者经分子内质子转移形成二氯甲基苯酚氧负离子中间体 B。

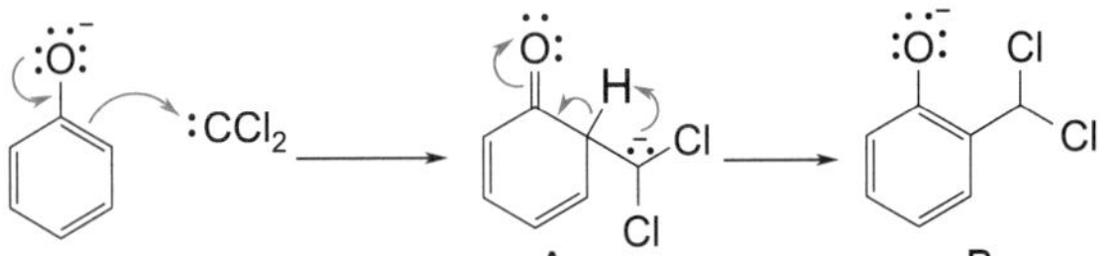

第三步:在氧负离子的强推电子效应促进下,B 发生消除,形成 C。

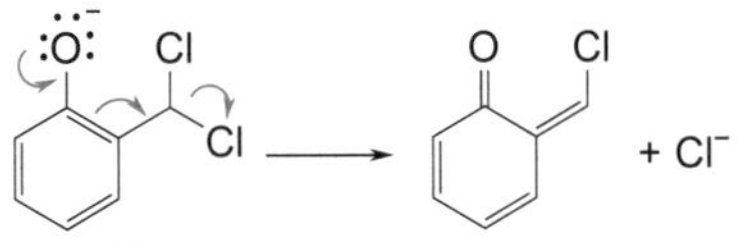

第四步:OH⁻ 亲核进攻中间体 C 中与氯原子相连的碳,发生 1,4-加成,即共轭加成,形成 D。

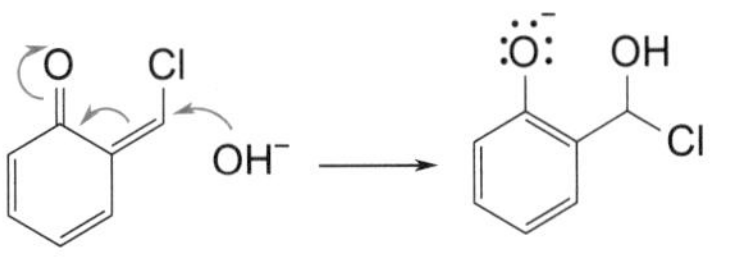

第五步:D 发生消除得到 E,后者互变异构成为甲酰化产物。

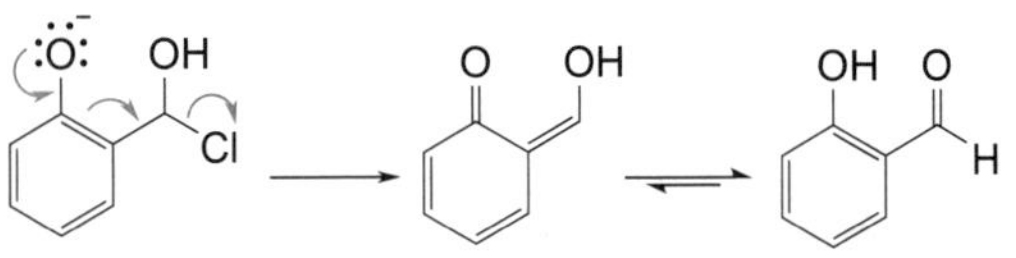

Reimer-Tiemann 反应具有普适性,许多其它的酚类化合物也适用该反应,如用 β-萘酚进行反应,得到相应的萘甲醛产物。

（图：2-萘酚经 CHCl₃, NaOH / EtOH, H₂O 生成 1-醛基-2-萘酚）

（2）酚的氧化去芳构化法

铬酸类氧化剂的活性很强，能将酚氧化为醌。例如，在强酸性条件下重铬酸可将苯酚氧化为对苯二醌；三氧化铬在醋酸中亦可将酚氧化为醌，将稠环芳烃选择性氧化为醌。

（图：2,3,5-三甲基苯酚经 Na₂Cr₂O₇ / H₂O, H₂SO₄ 生成对应的对苯醌）

（图：对苯二酚经 CrO₃ / HOAc 生成对苯醌）

（图：蒽经 CrO₃ / HOAc 生成蒽醌）

（3）芳烃的 Birch 还原法

苯基烷基醚经 Birch 还原（见第 6.6.2 节）和醚键断裂两步反应可生成 α,β-不饱和环己烯酮：

（图：苯基醚 OR 经 Li / 液NH₃, EtOH 生成二氢产物，再经 HCl, −RCl 生成环己-2-烯酮）

上述第二步反应在酸存在下进行，生成的环己-3-烯酮进一步重排为热力学稳定的 α,β-不饱和环己烯酮，即环己-2-烯酮，其机理如下：

（图：反应机理，HCl 质子化醚，−RCl 后生成烯醇，经互变异构生成）

环己-3-烯酮
cyclohex-3-enone

环己-2-烯酮
cyclohex-2-enone

Birch 还原-醚键断裂的两步组合策略已广泛用于构筑含有 α,β-不饱和环己烯酮结构单元的多环体系。在下面的例子中，与苯环共轭的碳碳双键在反应时也一同被还原为碳碳单键。

（图：MeO-取代多环芳烃经 Li / 液NH₃, EtOH，再经 HCl / MeOH 生成甾体类酮）

一些简单醛和酮的性质与工业制备方法见阅读资料 10-1。

阅读资料10-1

10.4 醛和酮的亲核加成反应

羰基作为一种不饱和键，与碳碳双键相似，主要的化学反应是亲核加成（nucleophilic addition）。由于碳氧双键上电子云偏向氧原子，具有极性，羰基碳具有较强的电正性，所以醛、酮不像烯烃那样容易与亲电试剂加成，而容易与 HCN、RMgX、H_2O、ROH、RSH、$NaHSO_3$、RNH_2、R_2NH 等亲核试剂加成。羰基的亲核加成可在碱性或酸性条件下进行。

在酸性条件下，作为 Lewis 碱的羰基氧原子首先被质子化（羰基共轭酸的 pK_a 值为 $-8\sim-7$），从而羰基被活化成为非常活泼的亲电试剂，被亲核试剂进攻，完成亲核加成反应，这个过程称为亲电质子化-加成机理。Lewis 酸也能催化这个过程。按照分子轨道理论，质子酸和 Lewis 酸能够降低羰基的 LUMO 的能量，于是这个 LUMO 与亲核试剂的 HOMO 之间的能量差减小，反应所需活化自由能降低，从而导致反应容易发生。

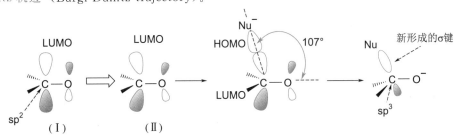

$$质子化的羰基$$
$$pK_a \approx -7$$

在碱性条件下，亲核试剂首先进攻缺电性的羰基碳原子，生成烷氧基负离子，后者经质子化生成加成产物。这个过程称为亲核加成-质子化机理。

烷氧基负离子

发生反应时，亲核试剂的 HOMO 轨道（含有一对电子的 sp^3 或 p 轨道）与羰基 LUMO 轨道中轨道系数较大的碳原子 p 轨道头对头相互作用，形成一个新的 σ 键。虽然习惯上把羰基 LUMO 轨道的两个原子轨道画成平行的（Ⅰ式），但实际上它们并非完全平行，p 轨道上下两瓣的轴线分别与 C—O 键轴呈现约 107° 的夹角。因此，亲核试剂是从 107° 的方向进攻羰基碳原子的。这个角度是由 Bürgi 和 Dunitz 通过实验推断出的，并得到理论计算的支持，故称为 Bürgi-Dunitz 角（Bürgi-Dunitz angle）或 Bürgi-Dunitz 轨迹（Bürgi-Dunitz trajectory）。

视频材料10-2

关于有机反应的非对映选择性，可观看视频材料 10-2。

10.4.1 与含碳亲核试剂的加成

（1）与氢氰酸加成

醛或酮与氢氰酸（HCN）发生亲核加成，生成 α-羟基腈，即 *α-氰醇*（α-cyano-hydrin）。这个反应称为氰醇化反应。

α-氰醇

由于氢氰酸挥发性大（沸点 26.5℃），有剧毒，使用不方便，因此通常将醛或酮与 NaCN（或 KCN）水溶液混合，再慢慢向混合液中滴加浓盐酸或硫酸，氢氰酸一生成便立即与醛、酮作用。例如，在丙酮和氰化钠的水溶液中，慢慢滴加硫酸，可得到 2-羟基-2-甲基丙腈。类似的方法可用于制备 1-羟基环己烷甲基腈。

2-羟基-2-甲基丙腈
2-hydroxy-2-methylpropanenitrile

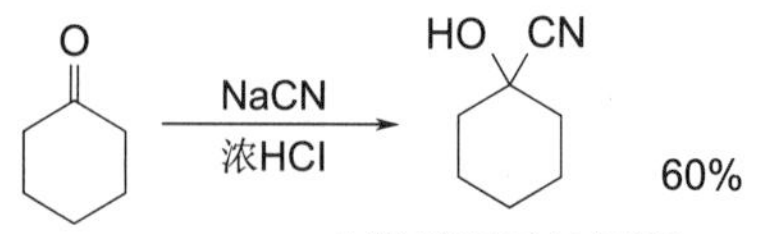

1-羟基环己烷甲腈
1-hydroxycyclohexanecarbonitrile

氰醇化反应按照亲核加成-质子化机理进行。首先，氰根离子（⁻CN）亲核加成到羰基碳上；然后，形成的强碱性的氧负离子被 HCN（$pK_a = 9.2$）质子化，从而使平衡向生成 α-氰醇的方向移动。

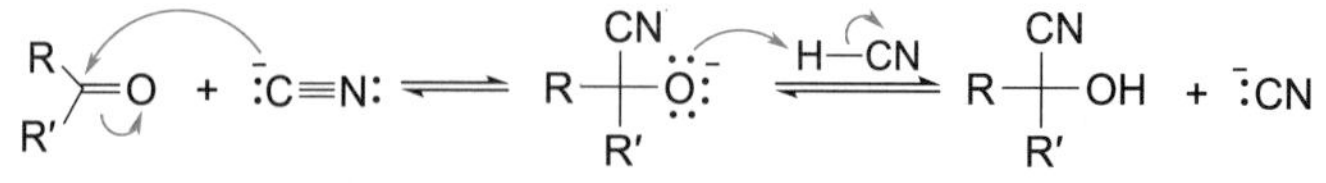

在这个反应中，向氰化物溶液中慢慢滴加酸，以保证反应在偏碱性条件下进行是重要的。在此条件下，⁻CN 和 HCN 同时存在，从而有利于反应进行。然而，氰醇化反应是可逆的，如果加入过量的强碱，则平衡有利于逆反应的发生。

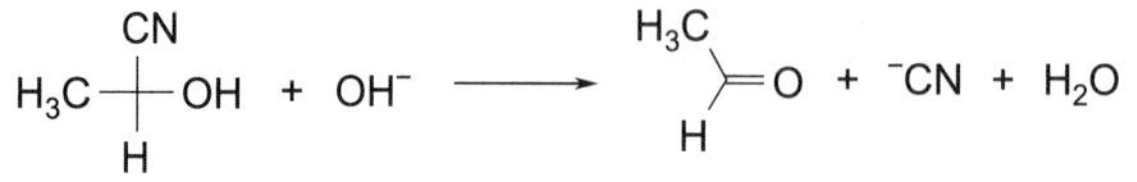

（2）安息香缩合反应

对于芳香醛，在没有酸存在的情况下，⁻CN 对羰基亲核加成所形成的氧负离子中间体 A 可经历质子转移形成碳负离子中间体 B（腈的 α-H 具有一定酸性）；后者进而与另一分子芳香醛发生亲核加成，产生氧负离子中间体 C，经质子转移形成 D；最后，消除 ⁻CN，得到 1,2-二芳基-2-羟基乙酮类化合物。反应只需要催化量的 ⁻CN。

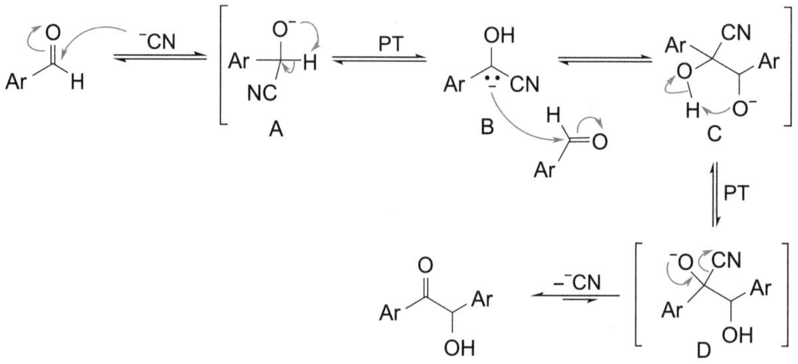

当芳基为苯基时，产物 1,2-二苯基-2-羟基乙酮俗称安息香（benzoin，因天然来源于中药安息香等植物而得名），所以这个反应称为安息香缩合（benzoin condensation）。

两种不同芳香醛之间的交叉安息香缩合也是可以发生的，例如：

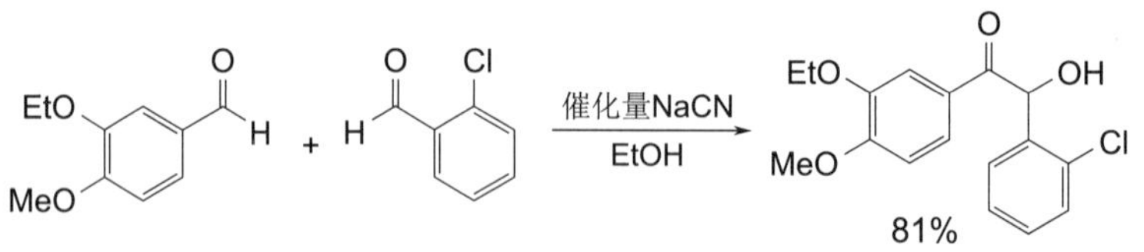

（3）与格氏试剂的加成

金属有机化合物是含碳亲核试剂，如格氏试剂（RMgX）、金属炔化物（RC≡CNa）和有机铜锂（R_2CuLi）等能与绝大多数醛和酮进行不可逆的加成，其中最重要的是格氏试剂与醛或酮的加成，加成物经水解后生成醇，这是由格氏试剂制备醇的重要方法，称为格氏反应（Grignard reaction）。

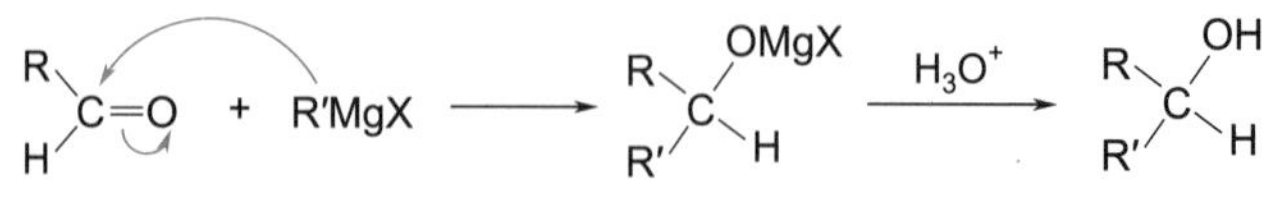

醛的格氏反应生成伯醇或仲醇，酮的格氏反应则得到叔醇：

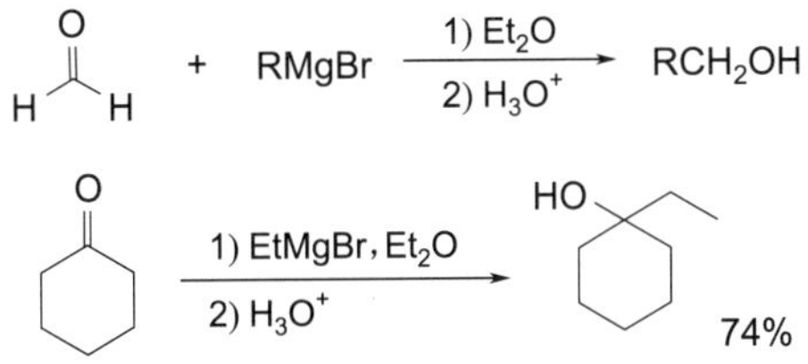

当羰基的 α-碳为手性碳时，格氏反应在产生新的手性中心时将具有非对映选择性。对于这样的不对称反应，可通过构象分析来预测产物的构型。如果将 α-碳上的三个体积不同的基团分别用 L（最大基团）、S（最小基团）和 M（中等大小基团）表示，最稳定的两种构象应该是如下 Newman 投影式（Ⅰ）和（Ⅱ），其中 L 基团垂直于羰基平面。

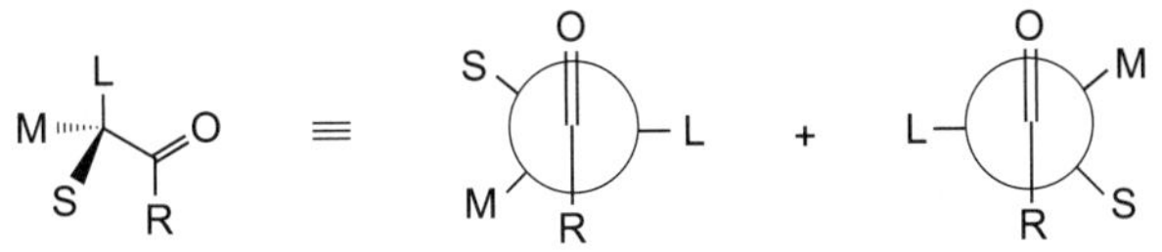

（Ⅰ） （Ⅱ）

亲核试剂在进攻羰基碳时有两种可能的方向：一是从 M 和 S 基团一侧；二是从 L 基团一侧。于是，（Ⅰ）和（Ⅱ）两种构象将有 a、b、c 和 d 四种可能的进攻方式。但考虑到羰基亲核加成最有利的进攻角度为 $107°$（即 Bürgi-Dunitz 角），方式 a（亲核试剂靠近 M 基团）、方式 b 和 c（亲核试剂靠近 L 基团）都存在较大的立体位阻，动力学上是不利的，只有方式 d（亲核试剂靠近 S 基团）在动力学上最有利。故亲核试剂主要通过方式 d 进攻羰基碳，得到立体异构体产物（Ⅲ）。

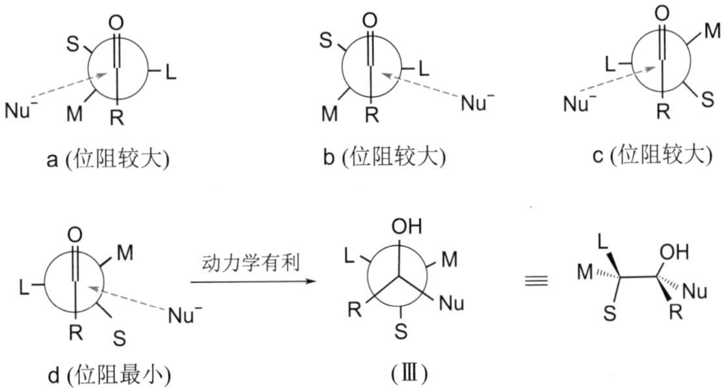

a（位阻较大） b（位阻较大） c（位阻较大）

d（位阻最小） （Ⅲ）

从以上分析可以看出，如 Newman 投影式 d 所示方式，亲核试剂沿着优势构象中位阻最小的 Bürgi-Dunitz 轨迹进行加成是最有利的。这种通过优势构象来预测和解释手性醛和酮的亲核加成反应立体选择性的模型称为 Felkin-Anh 模型（Felkin-Anh model）。按照此模型，(R)-2-苯基丙醛与甲基格氏试剂反应，主要得到（$2R,3R$)-3-苯基丁-2-醇。

(R)-2-苯基丙醛 （$2R,3R$)-3-苯基丁-2-醇

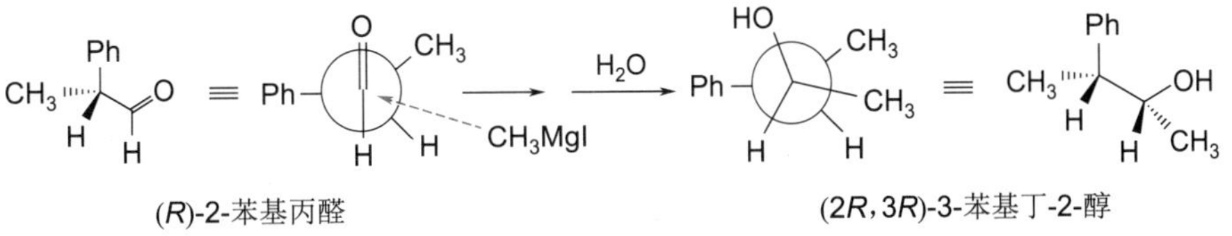

当 α-手性碳上连有氧、硫等杂原子时，醛和酮的优势构象将受到一些金属离子（如 Mg^{2+}、Zn^{2+}、Ce^{3+}、Li^+ 等）或 Lewis 酸螯合作用的控制，故反应的立体选择性将由螯合控制。在此情况下，反应的立体选择性可发生逆转。例如，(S)-2-甲氧基-1-苯基丙-1-酮在与甲基格氏试剂反应时，主要经镁离子螯合控制的优势构象生成（$2R,3S$)-3-甲氧基-2-苯基丁-2-醇（99%），而其（$2S,3S$)-异构体产物的比例仅为 1%。

1) CH₃MgI，THF，−78℃ → 2) H⁺，H₂O

(S)-2-甲氧基-1-苯基丙-1-酮 → *(2R,3S)*-3-甲氧基-2-苯基丁-2-醇（主要产物） + *(2S,3S)*-3-甲氧基-2-苯基丁-2-醇（次要产物）

螯合控制　　　非螯合控制

（4）与炔化钠加成

与格氏试剂相似，炔化钠也能与醛和酮发生亲核加成，生成的钠盐经水解中和后得到炔醇，这是制备炔丙醇型化合物的常用方法。例如，环己酮与乙炔钠的反应生成 1-乙炔基环己醇。

1) HC≡CNa　2) H₃O⁺ → 75%

（5）与有机锌试剂的加成

当醛或酮与 α-溴代酸酯在无水乙醚（或四氢呋喃）中用金属锌处理时，由 α-溴代酸酯原位生成的有机锌化合物与醛或酮进行加成，形成 β-羟基酸酯的溴锌化物，后者经质子化得到 β-羟基酯，这个反应称为 Reformatsky 反应（Reformatsky reaction）。

$$R^1R^2C=O + R^3CHCO_2Et (Br) \xrightarrow{Zn, Et_2O} R^2-C(OZnBr)-CHCO_2Et (R^1 R^3) \xrightarrow{H_3O^+} R^2-C(OH)-CHCO_2Et (R^1 R^3)$$

许多脂肪和芳香醛、酮能够发生 Reformatsky 反应，例如：

$$CH_3CH_2CHO + BrCH_2CO_2Et \xrightarrow[2) H_3O^+]{1) Zn, Et_2O} CH_3CH_2CHCH_2CO_2Et (OH)$$

1) Zn, Et₂O　2) H₃O⁺

这个反应的机理与上述格氏反应相似。首先，金属锌在醚溶剂中与 α-溴代酸酯反应，生成有机锌化合物，并以二聚体形式存在，醚类溶剂作为配体可与有机锌形成络合物 A，从而稳定了有机锌化合物。然后，有机锌化合物 A 与羰基化合物作用形成络合物 B，后者经历亲核加成，生成中间体 C。最后，经质子化得到 β-羟基酯。

A　　　B　　　C

（6）与磷叶立德试剂的加成

由卤代烷与三苯基膦形成的烷基三苯基膦盐在强碱（如苯基锂、丁基锂等）作用下失去一分子卤化氢，形成的阴阳离子型物种称为磷叶立德（ylide），其带负电荷碳原子上孤对电子所在的 p 轨道可与磷上的 3d 轨道重叠形成 π 键，从而使磷叶立德稳定：

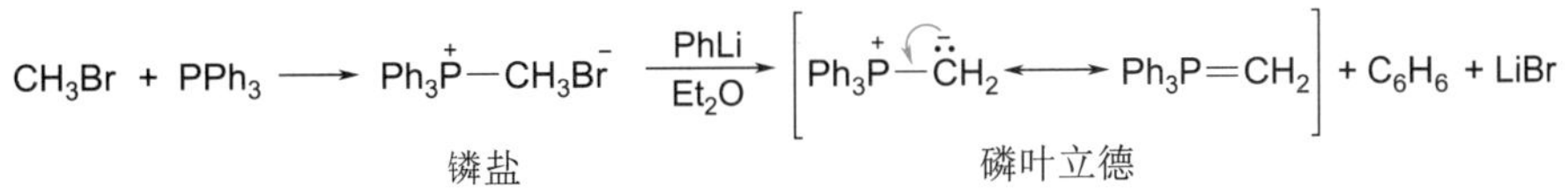

上述由溴甲烷制备的磷叶立德为黄色固体，但它对水或空气都不稳定，因此在合成时一般不将它分离出来，而是直接用于反应。磷叶立德的 π 键具有很强的类似盐的极性，可与醛或酮发生亲核加成，反应生成烯烃，同时产生三苯基氧膦。该反应称为 Wittig 反应，是由醛酮合成烯烃的重要方法之一，其中的磷叶立德也称为 Wittig 试剂。

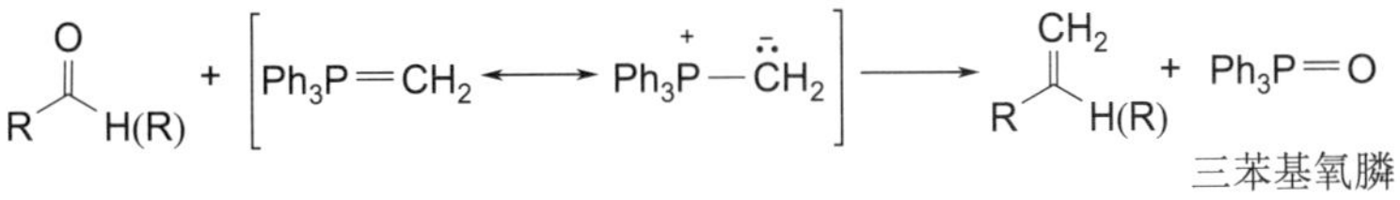

Wittig 反应的机理包括以下三个步骤：首先，磷叶立德与羰基发生亲核加成，形成内盐 A；然后，A 亲电关环形成四元环状中间体 B；最后，不稳定的 B 开环分解为三苯基氧膦和烯烃。

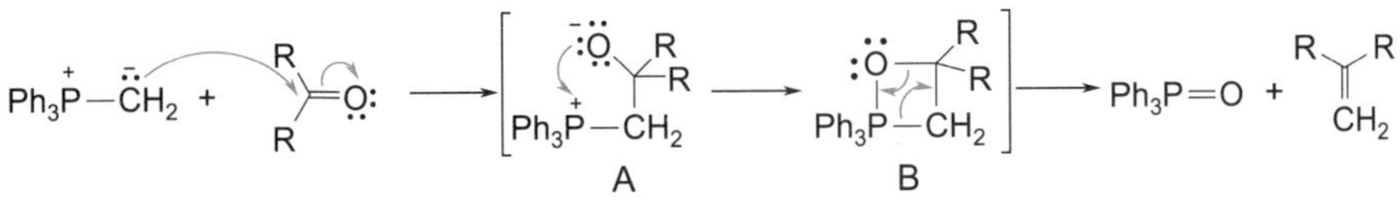

Wittig 反应所形成的 C=C 键的位置相当于底物中 C=O 键的位置，而不会产生双键位置异构体；原料分子中的酯基、烯键、炔键等不受影响。此外，Wittig 反应能够构筑用其它方法（如消除反应）不易合成的环外双键。例如：

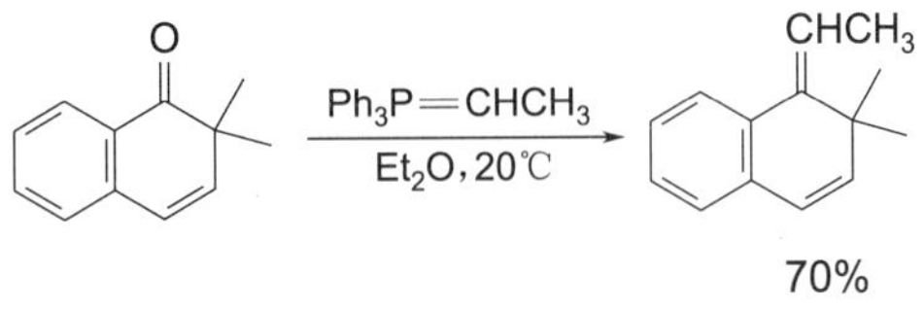

在制备磷叶立德时，对于由活泼卤代烷形成的𬭩盐，可用比较弱的碱将质子夺取，生成的磷叶立德由于吸电子共轭效应和吸电子诱导效应而更加稳定。例如，由溴代丙酮与三苯基膦形成的𬭩盐，用氢氧化钠水溶液处理生成磷叶立德，后者经分离纯化后可在室温下存放。

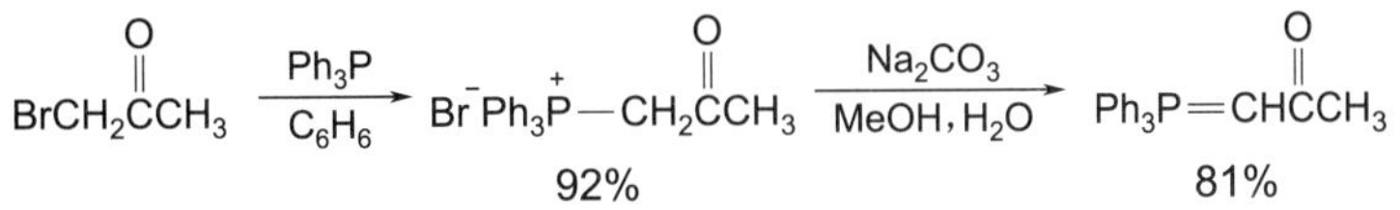

Wittig 反应已广泛应用于有机合成化学和有机合成工业中。例如，在德国 BASF 公司合成维生素 A_1 的路线中，关键的一步就是 Wittig 反应：

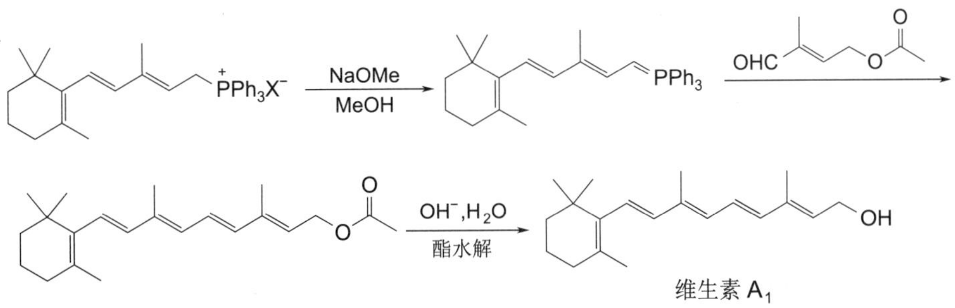

用亚磷酸酯代替三苯基膦与 α-溴代乙酸酯反应制备的磷酰基稳定的负离子亲核试剂比上述磷叶立德稳定，对空气和水不很敏感，能在温和条件下与醛和酮反应生成 α, β-不饱和酸酯，该反应称为 Wittig-Horner 反应。

$BrCH_2CO_2Et \xrightarrow{P(OEt)_3}$ $\left[(EtO)_2 \overset{+}{P}CH_2CO_2Et \cdot Br^- \right] \xrightarrow{-EtBr}$ $(EtO)_2\overset{O}{\overset{\|}{P}}CH_2CO_2Et$ 膦酸酯 $\xrightarrow[-H_2]{NaH}$ $(EtO)_2\overset{O}{\overset{\|}{P}}\overset{-}{C}HCO_2Et$ Na^+

$\xrightarrow{\underset{R}{\overset{R}{>}}C=O}$ $\left[\begin{array}{c} Na^+ \\ :\overset{..}{O}: \quad \overset{O}{\overset{\|}{P}}\overset{OEt}{\underset{OEt}{<}} \\ R \qquad \qquad H \\ R \qquad CO_2Et \end{array} \right]$ $\longrightarrow$ $\underset{R}{\overset{R}{>}}C=CHCO_2Et$ $+$ $Na^+ \overset{-}{O}\overset{O}{\overset{\|}{P}}(OEt)_2$

Wittig-Horner 反应是制备 α,β-不饱和酸酯的常用方法之一，反应一般形成较稳定的反式双键。例如：

$t\text{-BuO}\overset{O}{\overset{\|}{C}}CH_2\overset{O}{\overset{\|}{P}}\overset{OEt}{\underset{OEt}{<}}$ $\xrightarrow[THF]{MeMgBr}$ $\left[t\text{-BuO}\overset{O}{\overset{\|}{C}}CH\overset{O}{\overset{\|}{P}}\overset{OEt}{\underset{OEt}{<}} \atop MgBr \right]$ $\xrightarrow{\text{环己烷甲醛 CHO}}$ (环己烯基)—CH=CH—$CO_2Bu\text{-}t$ 98%

(7) 与硫叶立德试剂的加成

由二甲硫醚或二甲基亚砜与碘甲烷反应生成的离子型化合物称为锍盐，其甲基上的氢具有一定的酸性，用强碱夺去一个质子，可形成类似于磷叶立德的离子型化合物，叫做硫叶立德。

$CH_3SCH_3 + CH_3I \longrightarrow (CH_3)_3\overset{+}{S}\ I^-$ 锍盐 $\xrightarrow[H_2O]{NaOH}$ $(CH_3)_2\overset{+}{S}-\overset{-}{C}H_2$ 二甲基硫叶立德 $\longleftrightarrow (CH_3)_2S=CH_2$

$CH_3\overset{O}{\overset{\|}{S}}CH_3 + CH_3I \longrightarrow (CH_3)_2\overset{O}{\overset{\|}{\underset{+}{S}}}CH_3\ I^-$ 锍盐 $\xrightarrow[H_2O]{NaNH_2}$ $(CH_3)_2\overset{O}{\overset{\|}{\underset{+}{S}}}-\overset{-}{C}H_2$ 二甲基亚砜叶立德 $\longleftrightarrow (CH_3)_2\overset{O}{\overset{\|}{S}}=CH_2$

与磷叶立德相似，硫叶立德也能够对醛或酮进行亲核加成，然后发生分子内亲核取代反应，二甲硫醚离去，生成环氧化合物。例如：

$Ph-CHO + (CH_3)_3\overset{+}{S}I^-$ $\xrightarrow[CH_2Cl_2,55℃,60h]{NaOH,H_2O}$ $\left[\begin{array}{c} :\overset{..}{\overset{-}{O}}: \\ Ph \quad \overset{+}{S}(CH_3)_2 \end{array} \right]$ $\longrightarrow$ $Ph\overset{O}{\triangle}$ $+ (CH_3)_2S$

对于 α,β-不饱和酮，若亲核试剂为二甲基硫叶立德，发生 1,2-加成，生成环氧化合物；但用二甲亚砜叶立德作亲核试剂，则先发生 1,4-共轭加成，然后进行分子内亲核取代，离去二甲基亚砜，生成环丙烷化产物。例如：

实际上，二甲亚砜叶立德与非共轭的酮可发生 1,2-加成，生成环氧产物，与 α,β-不饱和酮、α,β-不饱和酯等则容易发生环丙烷化反应，例如：

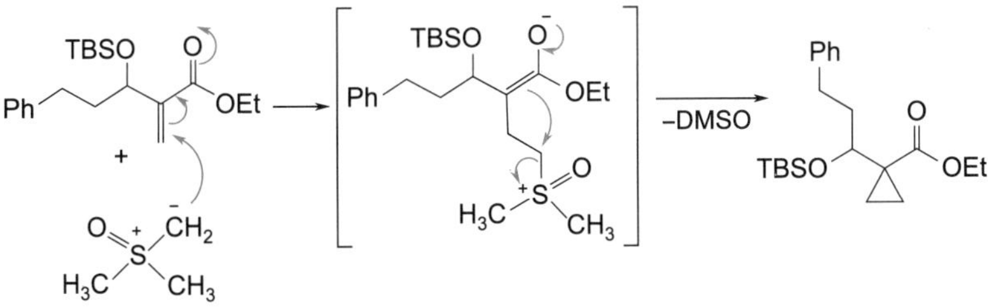

★ **问题 10-3** 比较下列醛和酮与 HCN 亲核加成反应的相对速率：

(a) 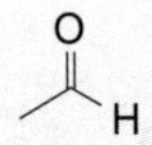 (b) 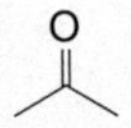 (c) 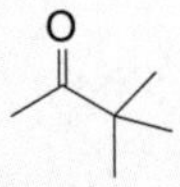 (d) 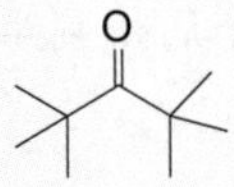

★ **问题 10-4** 用 Newman 投影式表示下列（R)-3,4-二甲基戊-2-酮的构象式 A 和 B，并指出优势构象。

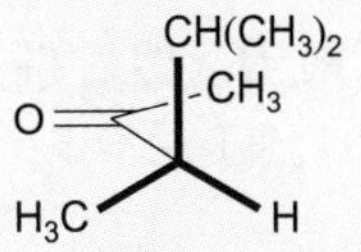

A

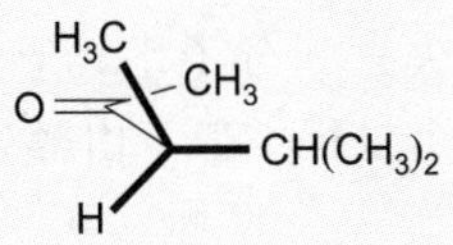

B

★ **问题 10-5** 预测下列反应的主要产物：

（1） 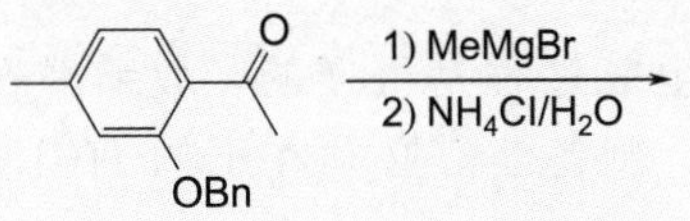

（2） 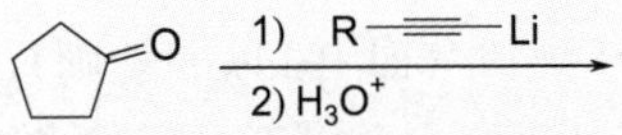

（3） 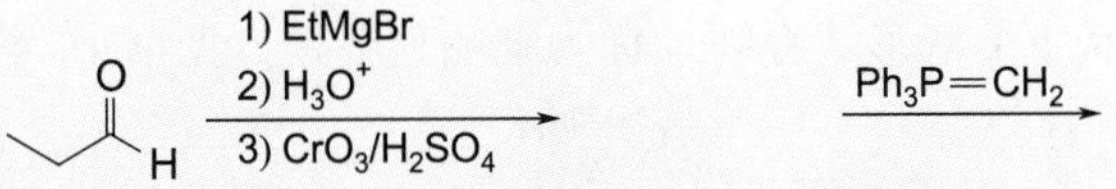

（4） 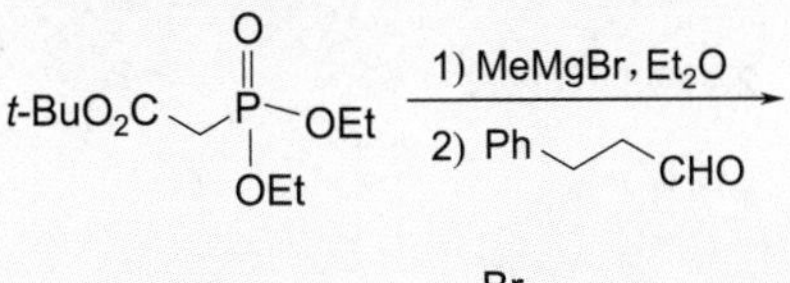

（5） 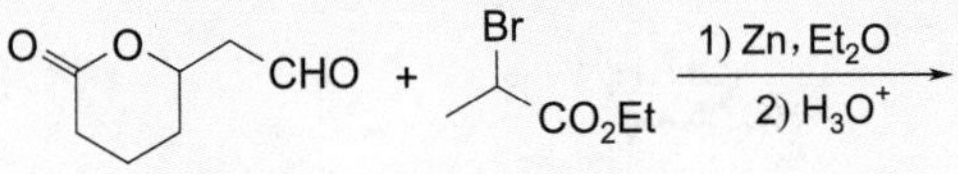

★ **问题 10-6** （R)-2-苯基丙醛与苯基格氏试剂反应，得到 20% 的赤式产物和 80% 的苏式产物。试解释这个反应的立体选择性。

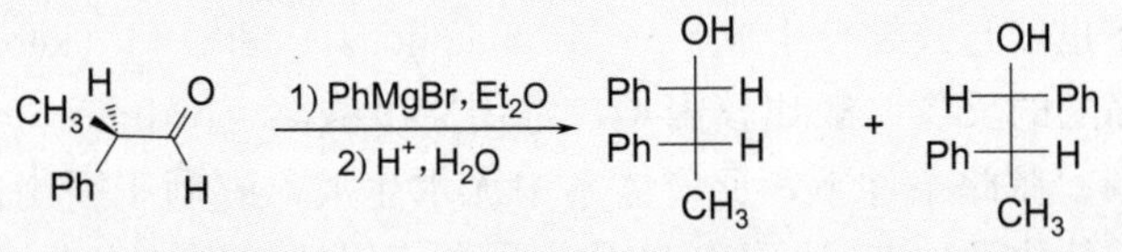

(R)-2-苯基丙醛 (20%) (80%)

10.4.2 与含氧亲核试剂的加成

(1) 与醇的加成

醛在干燥的氯化氢气体或无水强酸催化剂存在下，能与一分子醇发生加成，生成半缩醛（hemiacetal）。半缩醛很不稳定，一般很难分离出来，它可与另一分子醇继续缩合，生成缩醛（acetal）和一分子水。

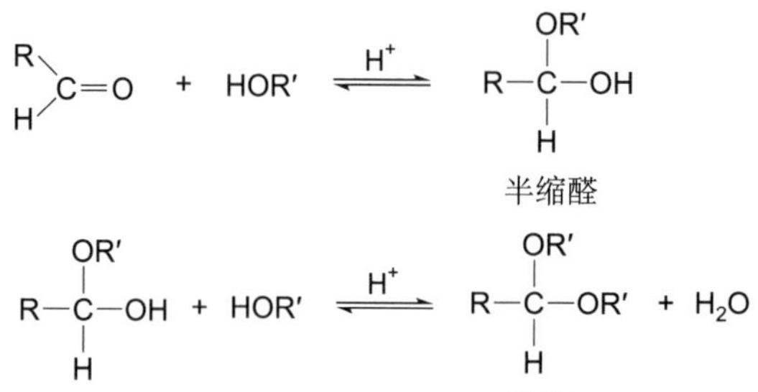

$$R-\underset{H}{\overset{}{C}}=O \ + \ HOR' \ \underset{}{\overset{H^+}{\rightleftharpoons}} \ R-\underset{H}{\overset{OR'}{\underset{|}{C}}}-OH$$

半缩醛

$$R-\underset{H}{\overset{OR'}{\underset{|}{C}}}-OH \ + \ HOR' \ \underset{}{\overset{H^+}{\rightleftharpoons}} \ R-\underset{H}{\overset{OR'}{\underset{|}{C}}}-OR' \ + \ H_2O$$

缩醛

形成半缩醛和缩醛的过程在酸催化下进行，反应是可逆的，属于亲电质子化-加成机理。形成半缩醛反应的第一步是羰基氧被质子化，然后醇亲核进攻活化后的羰基碳，形成质子化的半缩醛，脱去质子后得到半缩醛：

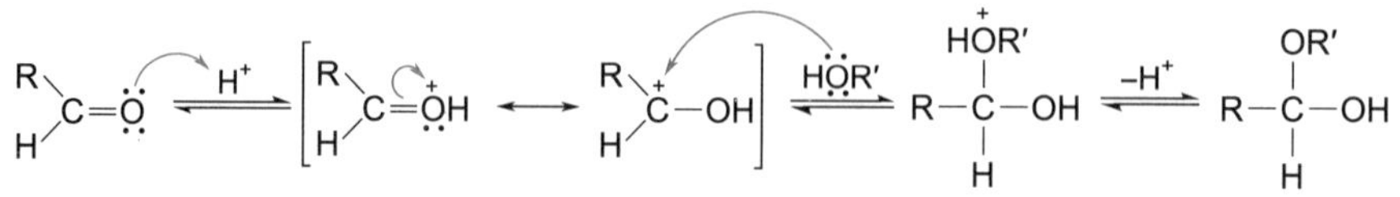

半缩醛在酸催化下失去一分子水，形成碳正离子，然后再与另一分子醇发生亲核取代反应生成缩醛。这个过程类似于由醇生成醚的 S_N1 反应。

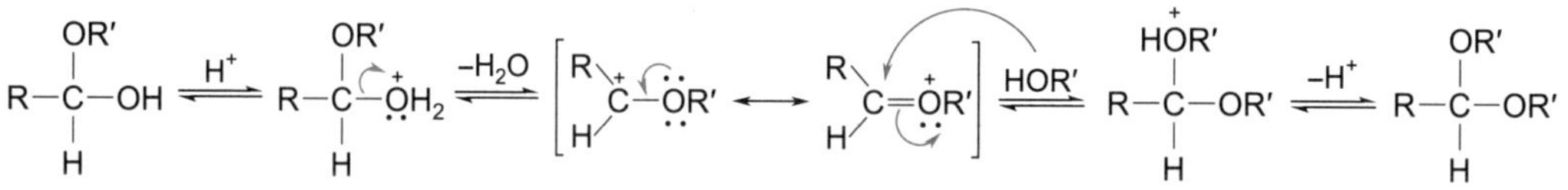

缩醛对碱和氧化剂都相当稳定。但由于缩醛的生成过程是可逆的，故缩醛在稀酸水溶液中，室温下就可水解为原来的醛和醇。因此，制备缩醛必须在干的 HCl（或其它质子酸）催化下进行。

如果一个分子中同时含有羟基和醛基，只要符合成环规律（即 Baldwin 规则），通常可自动生成环状半缩醛，并且能够稳定存在。例如，4-羟基丁醛主要以五元环状半缩醛形式存在，而葡萄糖则主要以六元环状半缩醛形式存在，称为吡喃葡萄糖（见第 15 章）。

4-羟基丁醛   2-羟基四氢呋喃

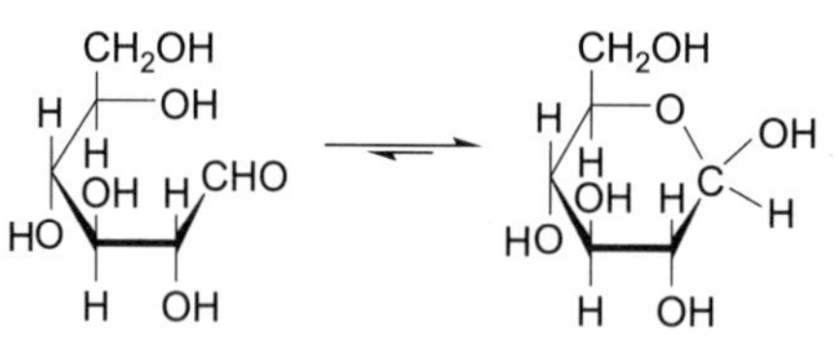

葡萄糖
醛式：0.003%

葡萄糖
环状半缩醛：>99%

酮在酸催化下也能与醇缩合生成半缩酮（hemiketal）和缩酮（ketal）。由于酮的反应活性较低，生成缩酮的反应一般比较困难，常用原甲酸酯（orthoformate）在酸催化下与酮反应来制备缩酮。在此条件下，反应体系中无水生成，有利于平衡向生成缩酮的方向移动。例如，在酸催化下，在甲醇溶液中用原甲酸三甲酯将酮转化为相应的缩酮：

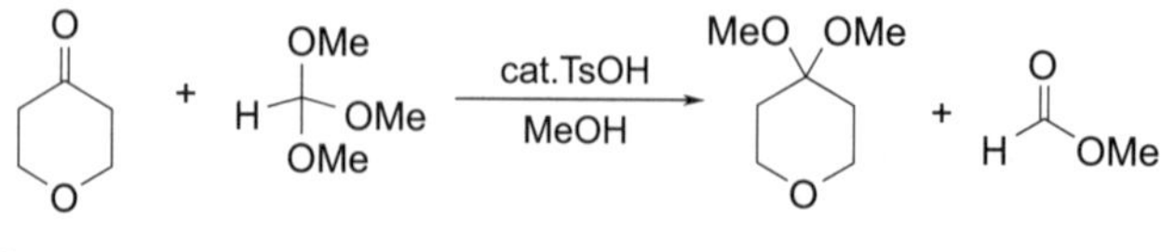

在质子酸催化下，醛和酮很容易与 1,2- 或 1,3- 二醇缩合，生成五元或六元环状缩醛。这是因为从半缩醛到环状缩醛的反应为分子内反应，容易发生。例如，环己酮在酸催化下与 1,2-乙二醇反应，生成 1,4-二氧杂螺[4.5]癸烷。

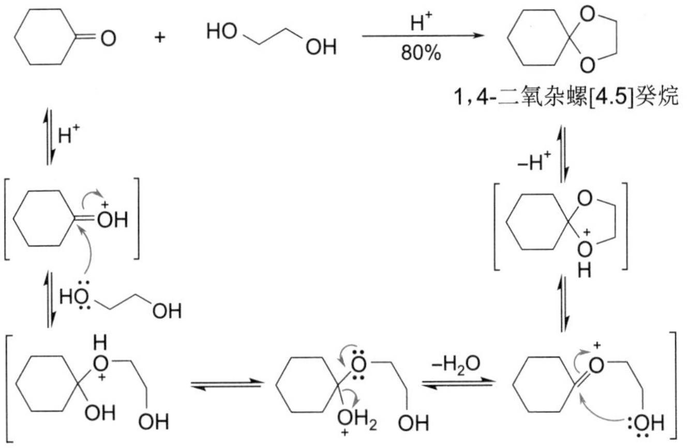

通过简单易得的 2,2-二甲氧基丙烷与酮发生交换反应，可制备新的缩酮，这是一种缩酮交换反应。例如：

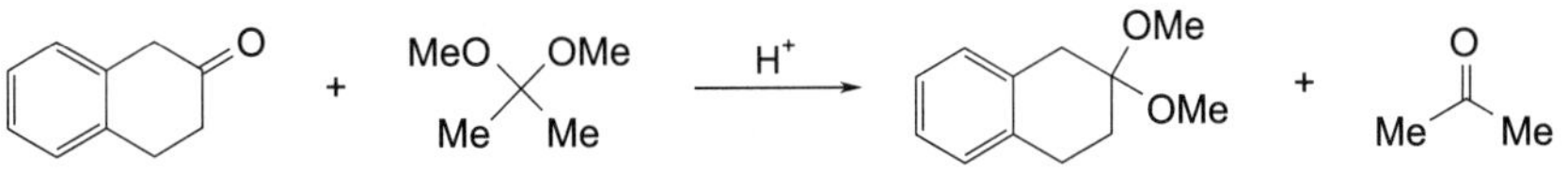

形成缩醛的反应是可逆的，在酸催化下缩醛很容易水解为醛或酮。环状缩醛与非环状缩醛相比，前者较稳定，不易水解。例如：

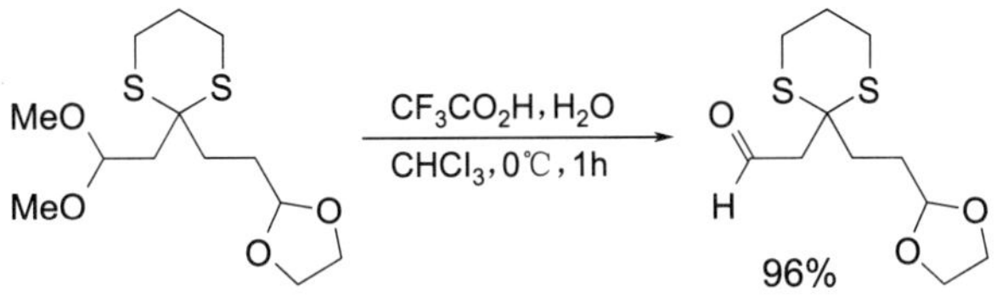

在有机合成中环状的缩醛被用作羰基的保护基团（protection group）。例如，由 6-溴己-2-酮制备 7-羟基庚-2-酮时，先将前者的酮羰基用环状缩酮保护起来，再将其转变为格氏试剂（缩酮对格氏试剂是稳定的），然后加入甲醛，发生亲核加成反应，最后用酸中和，同时水解环状缩酮，得到 7-羟基庚-2-酮。

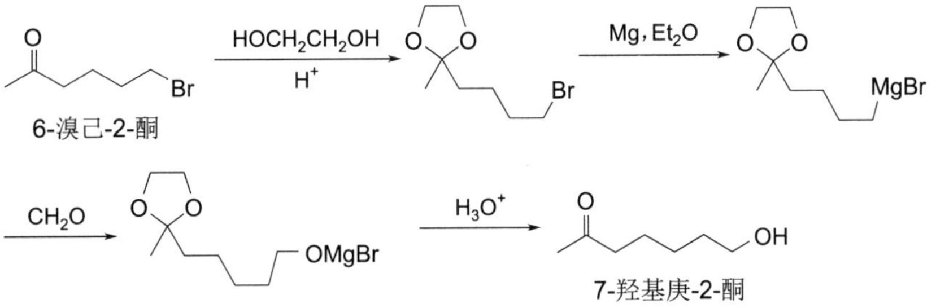

环状缩醛还常用于保护二醇或多醇类化合物的羟基。例如，生物活性天然产物 Sch-725674 的全合成就采用了这一保护策略。

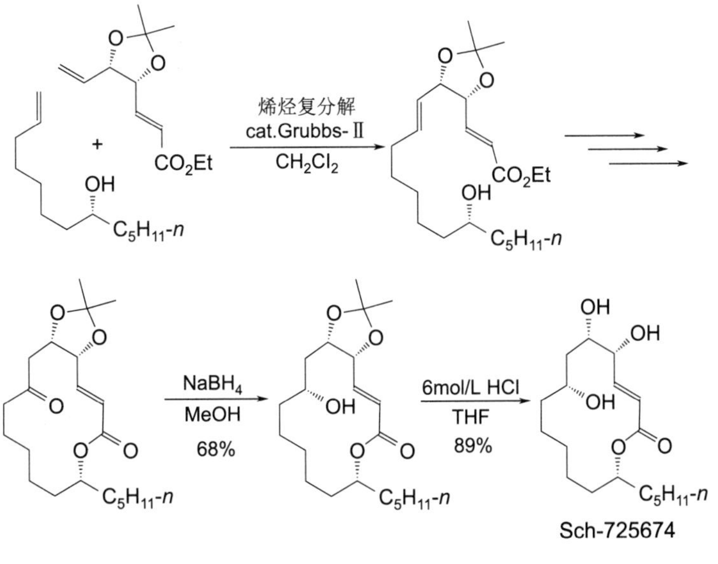

(2) 与过氧酸的加成

过氧酸亦可对酮羰基进行亲核加成。首先，过氧酸的羟基氧亲核进攻羰基碳，生成过氧酸酯中间体，反应遵循酸催化机理。然后，过氧酸酯中间体发生 1,2-迁移，O—O 键断裂，羧酸根负离子离去，烃基迁移到邻位缺电性的氧上，生成酯和羧酸。

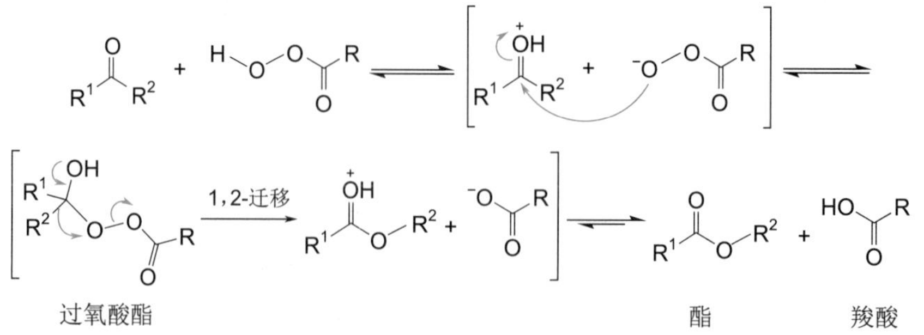

这个反应相当于在酮羰基与 α-碳之间插入一个氧而生成羧酸酯，称为 Baeyer Villiger 反应。例如，环戊酮被过氧苯甲酸氧化为戊-5-内酯。

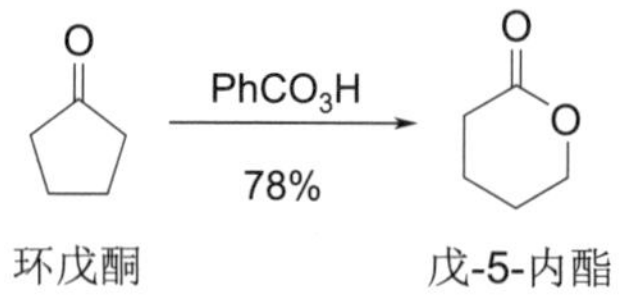

环戊酮　　　戊-5-内酯

对于不对称的酮，R^1 和 R^2 两个不同的基团都可能发生 1,2-迁移，容易得到混合物。然而，由于不同烃基迁移的能力不同，反应有一定的选择性。一般情况下，烃基的迁移能力顺序是：$R_3C > c\text{-}C_6H_{11} \approx R_2CH \approx C_6H_5CH_2 \approx C_6H_5 > CH_2=CH > RCH_2 > c\text{-}C_3H_5 > CH_3$。例如：

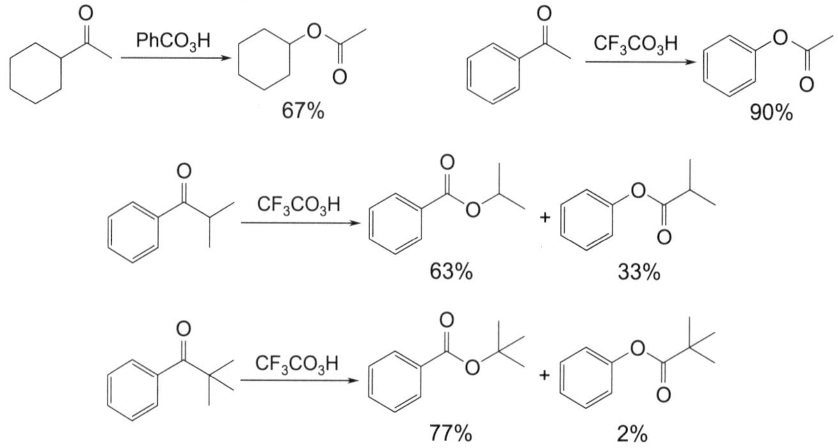

67%　　　　　　　90%

63%　　　　33%

77%　　　　2%

与频哪醇重排等碳正离子的 1,2-迁移类似，当烷基发生 1,2-迁移时，其三元环状过渡态中离去基团（羧酸根阴离子）带部分负电荷，迁移基团则带部分正电荷。因此，迁移碳原子上的烷基越多，迁移基团的给电子作用越强，越有利于稳定过渡态，反应越容易。当迁移基团为苯基时，反应分两步进行：第一步先形成苯鎓离子中间体，同时羧酸根阴离子离去，苯环相当于亲核试剂；然后，三元环开环，苯基完全重排到氧原子上。当苯环的邻对位上带有给电子基团时，所形成苯鎓离子中间体较稳定，反应速率较快。

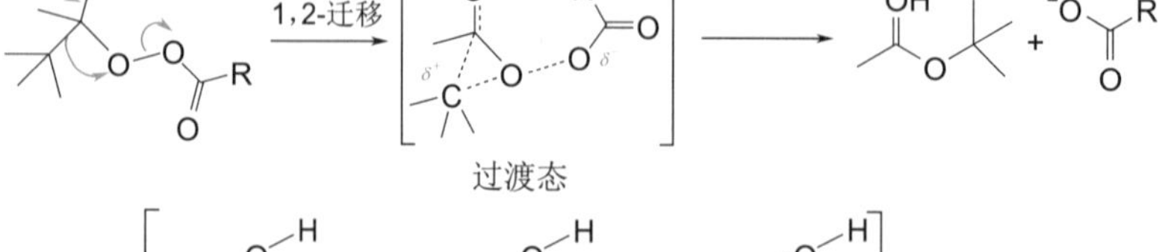

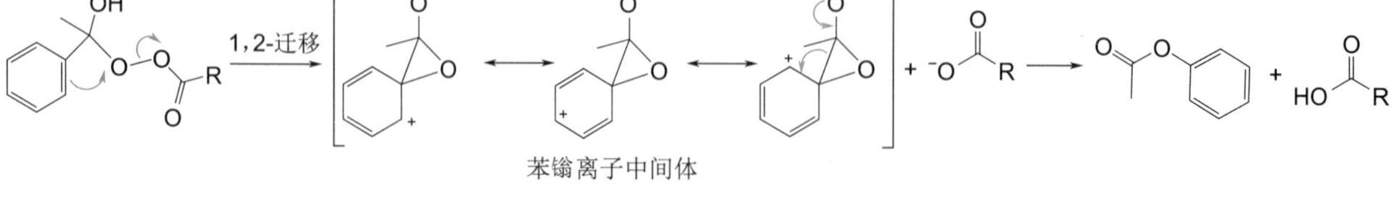

过渡态

苯鎓离子中间体

当迁移的碳是手性碳时，迁移后这个手性中心的构型保持不变，这也是1,2-烷基迁移的共同特征。例如：

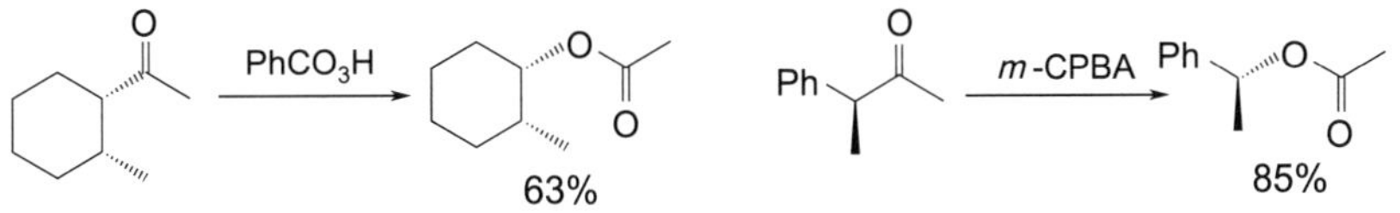

63%　　　　85%

醛也能够与过氧酸发生类似反应，但发生1,2-迁移的基团是H，而不是烃基。因此，反应的产物为酸。由于醛很容易被其它廉价氧化剂（如铬酸、高锰酸钾、Br_2 等无机氧化剂）氧化为羧酸，故一般不用Baeyer-Villiger反应把醛转变为羧酸。

★ 问题10-7　如下所示，甲醛在水溶液中主要以水合物形式存在，而丙酮在水溶液中则主要以丙酮形式存在。试解释其原因。

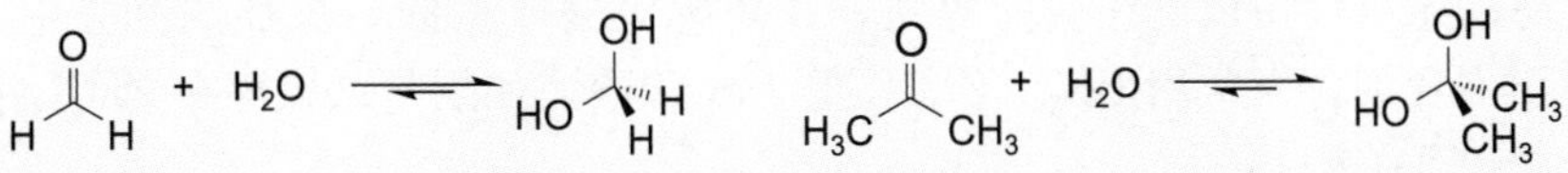

(0.1%)　　(99.9%)　　(99.9%)　　(0.1%)

★ 问题10-8　解释下面一组芳香醛水合反应平衡常数（*k*）的相对大小：

$$ArCHO + H_2O \overset{k}{\rightleftharpoons} ArCH(OH)_2$$

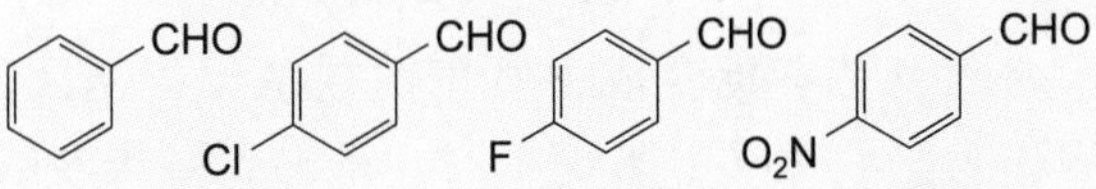

k=　0.008　　0.016　　0.055　　0.17

★ 问题10-9　试写出酸催化下原甲酸三乙酯与酮反应生成缩酮的机理（提示：反应过程中无水生成，即水不是中间体）。

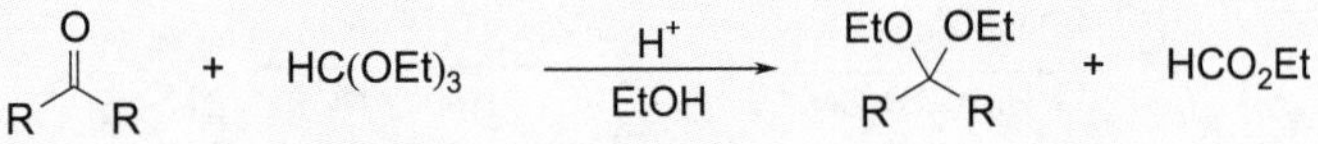

★ 问题10-10　试写出下面缩酮交换反应的机理。

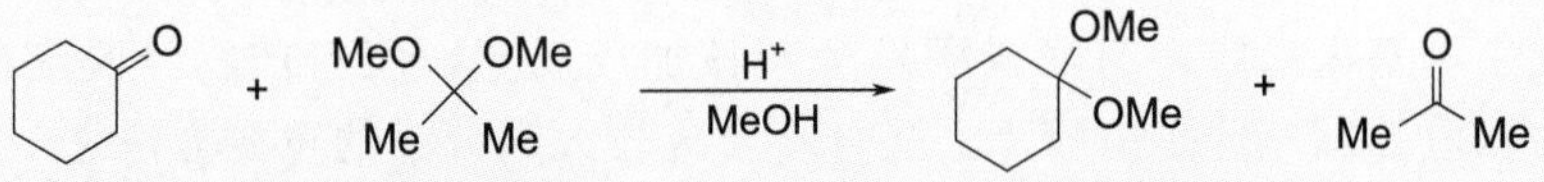

★ 问题10-11　预测下列化合物发生Baeyer-Villiger反应的产物：

（1）3,3-二甲基丁-2-酮　　（2）1-环己基乙酮

（3）(*S*)-4-甲基-4-苯基庚-3-酮　　（4）1-苯基丙-1-酮

10.4.3　与含硫亲核试剂的加成

（1）与亚硫酸氢钠的加成

醛、酮与饱和亚硫酸氢钠溶液（浓度为40%）作用，很快生成α-羟基磺酸钠白色沉淀。亚硫酸氢钠的亲核中心为硫原子。该产物虽然能溶于水，但不溶于饱和亚硫酸氢钠溶液，从而以沉淀析出。

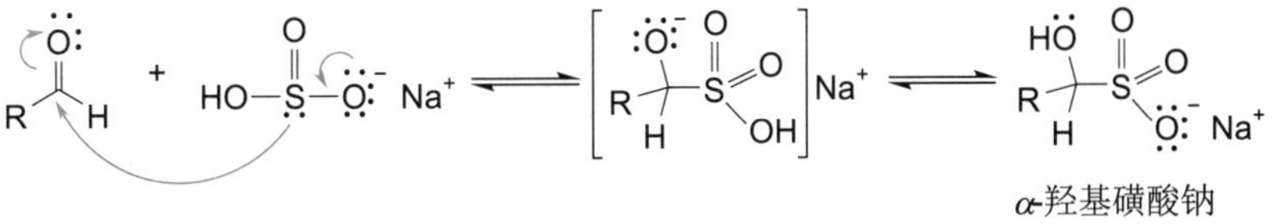

α-羟基磺酸钠
(白色沉淀)

这是一个可逆反应，如果在酸或碱存在下加水稀释，产物又可分解为原来的醛或酮。

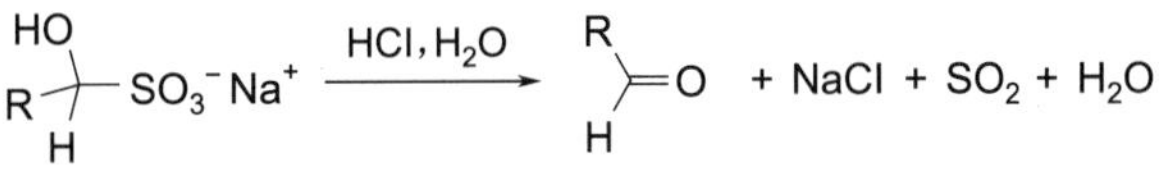

该反应可用来分离提纯醛和酮。具体操作如下：先将醛或酮的混合物与饱和亚硫酸氢钠溶液一起振荡，立即析出沉淀，过滤后用乙醚洗涤，再用稀酸或稀碱分解，即可得到纯的醛或酮。

这个反应还被用于 α-氰醇的合成。α-羟基磺酸钠能与 NaCN 反应生成 α-氰醇，用这种方法制备氰醇可以避免直接使用剧毒的 HCN，比较安全。例如：

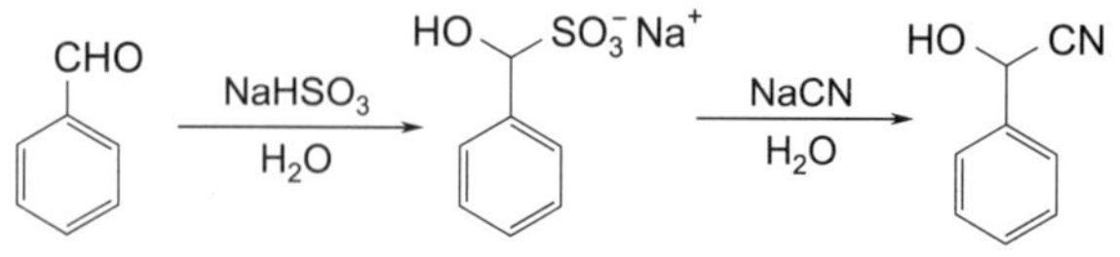

（2）与硫醇的加成

硫醇是醇的硫代类似物，它与醛或酮反应的机理与醇相似，得到硫代缩醛或硫代缩酮。硫醇的亲核性一般比相应的醇强，在硫醇对醛或酮的亲核加成反应中，一般不用质子酸作催化剂，而常用 BF_3、$ZnCl_2$ 等 Lewis 酸，如酮与二硫醇在 $ZnCl_2$ 催化下脱水生成环状硫代缩酮：

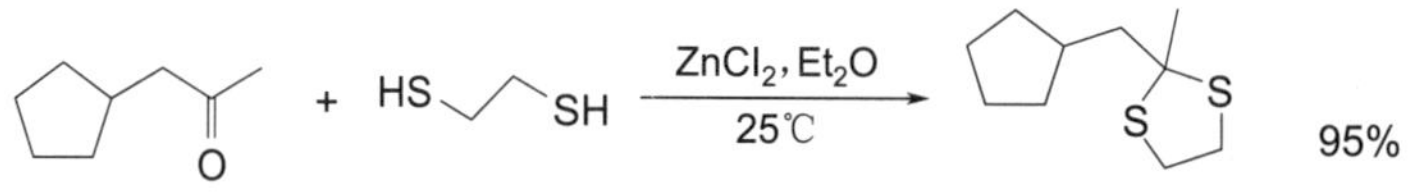

2-(环戊基甲基)-2-甲基-1,3-二硫杂环戊烷
2-(cyclopentylmethyl)-2-methyl-1,3-dithiolane

硫代缩醛和硫代缩酮也是有机合成中常用的羰基保护基团。与缩醛和缩酮相比，硫代缩醛和硫代缩酮在酸性水溶液中比较稳定，在脱去硫代缩醛或硫代缩酮保护基团时，需要在二价汞盐催化下进行水解。硫代缩醛和硫代缩酮经 Raney 镍催化氢化，则发生脱硫反应，原来的羰基转化为相应的亚甲基。这也是将醛、酮的羰基还原为亚甲基的常用方法之一。

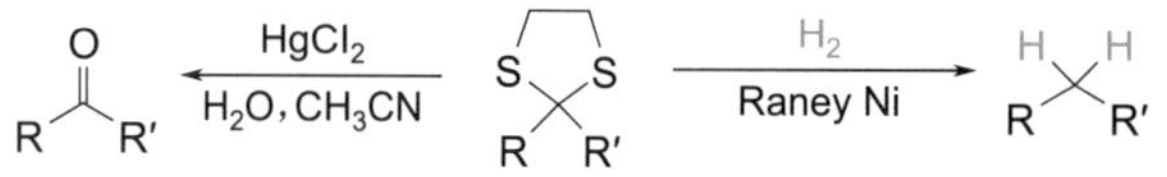

此外，硫代缩醛用强碱（如丁基锂）处理，可转变为强的碳亲核试剂，后者可与伯卤代烷发生烷基化反应，与醛或酮发生亲核加成反应，所得产物经脱缩硫酮保护基团而转变为相应的酮。这是由较小的醛分子合成较大酮分子的重要方法之一。

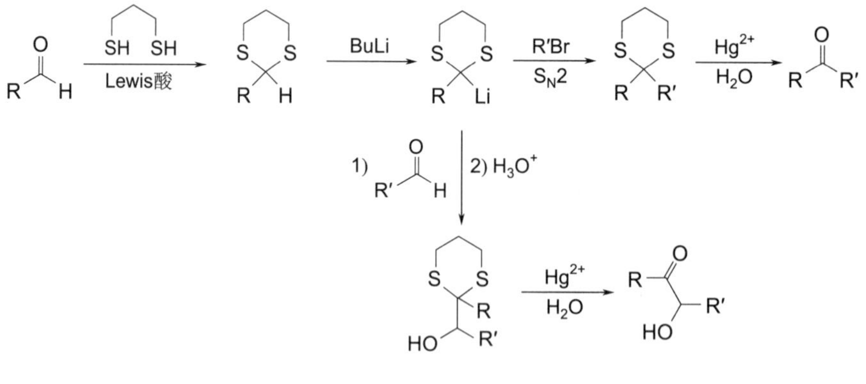

10.4.4 与含氮亲核试剂的加成

（1）与胺的加成

伯胺（RNH_2）、仲胺（R_2NH）、肼（NH_2NH_2）、羟胺（NH_2OH）等含氮亲核试剂可与醛、酮的羰基发生亲核加成反应。醛或酮与伯胺反应，其加成产物脱去一分子水，形成含 C=N 键的产物，称为亚胺（imine）。酸能够催化这一过程。

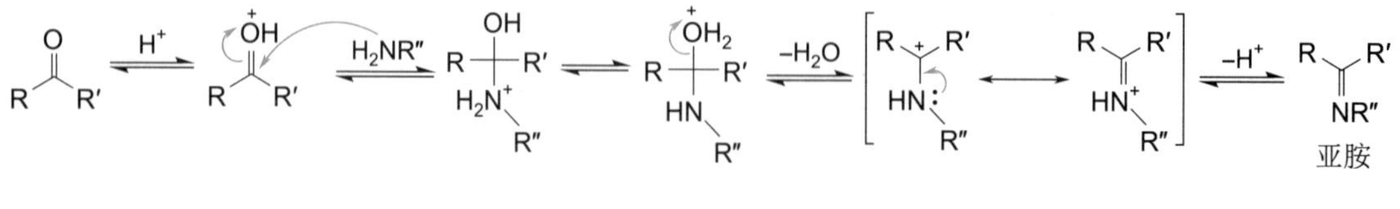

这个反应是可逆的，因此亚胺一般不稳定，对水敏感。通常脂肪族亚胺很容易水解，芳香族亚胺则相对比较稳定，可以分离出来。例如：

环己酮   异丁胺   N-异丁基环己亚胺   79%

对甲氧基苯甲醛   苯胺   N-苯基对甲氧基苯甲亚胺

仲胺（R_2NH）与醛或酮反应时，其加成产物也脱去一分子水，但脱水产物不是亚胺，而是含 C=C 键的**烯胺**（enamine）。与亚胺的形成相似，酸能够催化烯胺的形成，反应经历了一个亚胺阳离子（iminium）中间体。

亚胺阳离子   烯胺的立体异构体

醛和开链酮形成的烯胺可能是顺、反异构体的混合物。此外，这种反应也是可逆的，在稀酸水溶液中，烯胺可水解得到胺和醛或酮。例如：

丁醛   二乙基胺   N,N-二乙基丁-1-烯-1-胺
butanal   diethylamine   N,N-diethylbut-1-en-1-amine

环戊酮   吡咯烷   1-(环戊-1-烯-1-基)吡咯烷
cyclopentanone   pyrrolidine   1-(cyclopent-1-en-1-yl)pyrrolidine   80%~90%

（2）与肼的加成

肼（$RNHNH_2$）与伯胺相似，与醛或酮发生亲核加成-脱水反应，生成**腙**（hydrazone）。例如：

苯乙酮   苯肼   苯乙酮苯基腙   87%~91%

醛酮在 KOH 或 NaOH 存在下与水合肼在高沸点溶剂（常用二缩乙二醇，DEG）中加热，使醛或酮先转变成腙，然后将水和过量的肼蒸出，当达到腙的分解温度（150~200℃）时，再回流 3~4h，羰基最终被还原为亚甲基，该反应称为 Wolff-Kishner-黄鸣龙反应。

$$R^1COR^2 \xrightarrow[\substack{(HOCH_2CH_2)_2O \\ 150\sim200℃}]{NH_2NH_2,\ H_2O,\ KOH} R^1CH_2R^2$$

这个还原过程包括以下三个阶段。

第一阶段：肼与羰基缩合生成腙。

黄鸣龙先生与
Wolff-Kishner-
黄鸣龙还原反应

第二阶段：腙在碱促进下发生互变异构，接着发生消除，脱去氮气，生成碳负离子。腙的互变异构是可逆的，而且热力学上是不利的，但消除氮气一步在热力学上是有利的，从而推动了反应的进行。

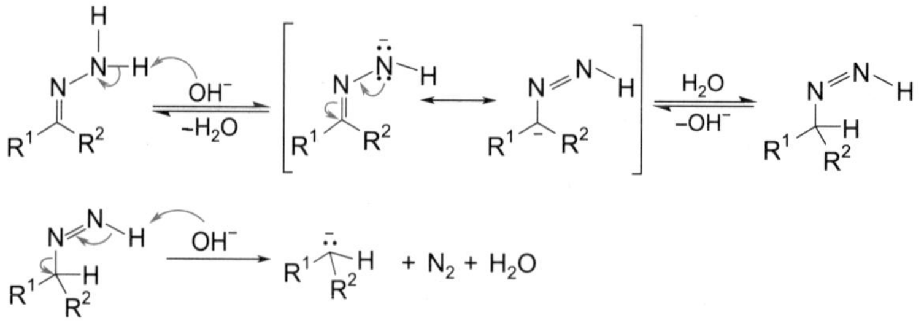

第三阶段：碳负离子从水分子中夺取一个质子，生成还原产物。

Wolff-Kishner-黄鸣龙反应可将 Friedel-Crafts 酰基化反应的产物转化为烷基苯，该方法可适用于对酸敏感而对碱稳定的底物。例如：

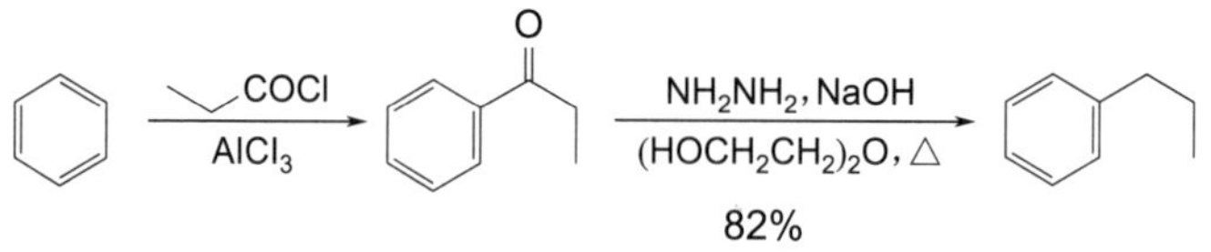

（3）与羟胺的加成

羟胺（NH_2OH）与醛或酮发生亲核加成-脱水反应，生成肟（oxime）。例如：

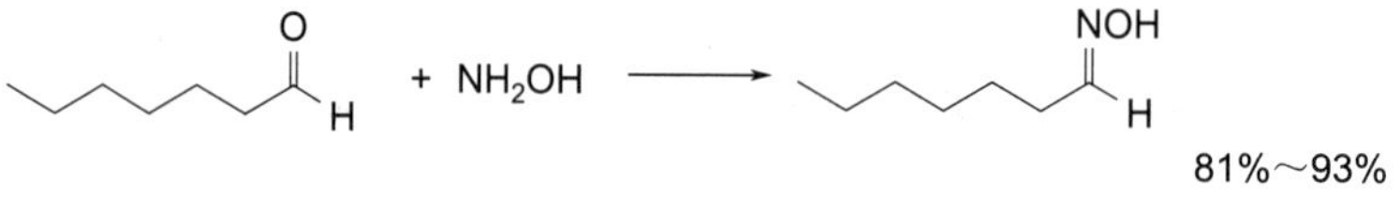

正庚醛　　　　羟胺　　　　　　　正庚醛肟　81%～93%

肟的氮原子上还有一孤对电子，在 C—N 双键的平面上相当于一个取代基。因此肟有 Z、E 两种异构体，Z 构型一般不稳定，容易转化为 E 构型。例如苯甲醛肟的 Z-异构体的熔点为 35℃，在醇溶液中加催化量的酸，可变为 E 构型，后者的熔点为 132℃。

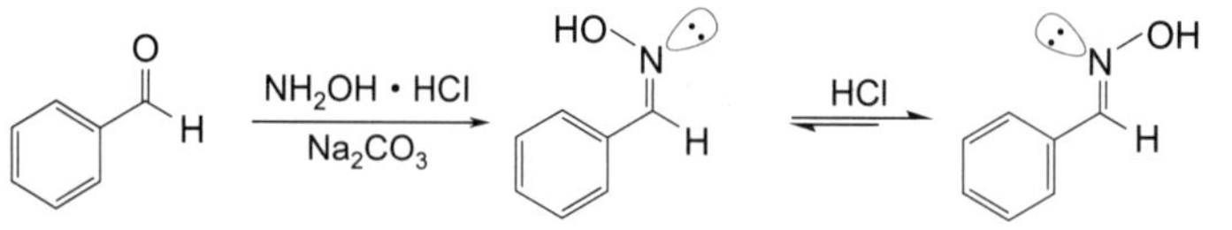

苯甲醛　　　　　　　　　　(Z)-苯甲醛肟　　　　　(E)-苯甲醛肟
　　　　　　　　　　　　　mp 35℃　　　　　　　　mp 132℃

★ **问题 10-12** 选择适当的试剂完成下列转化：

（1）

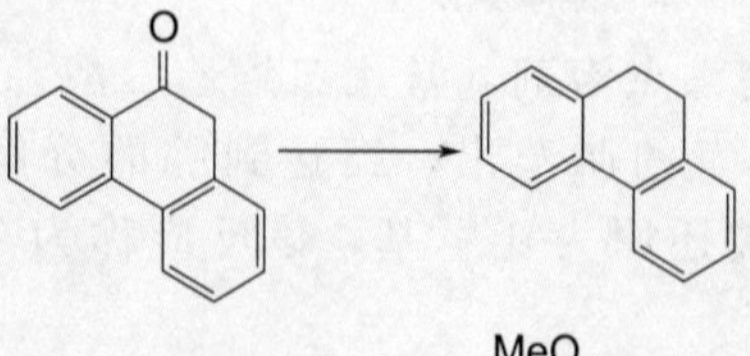

（2）

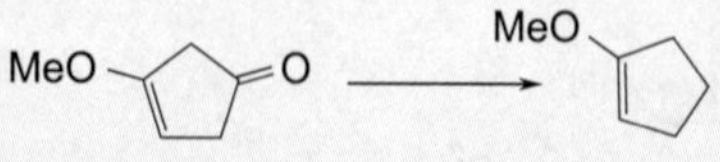

（3）

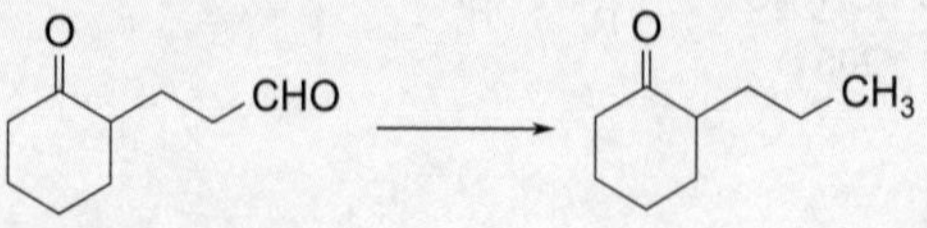

10.4.5 与负氢试剂的加成

(1) 与金属氢化物的加成

"氢负离子"也是一种亲核试剂，可与醛和酮发生亲核加成反应生成醇。常用 $LiAlH_4$ 和 $NaBH_4$ 等复合金属氢化物将醛和酮还原为相应的醇。例如：

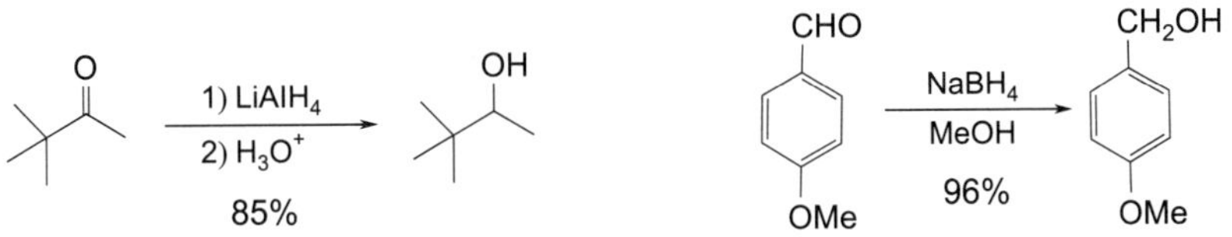

虽然 NaH 能够提供 H^-，但其负电荷过于集中，通常只表现出强碱性，而不具有亲核性。由于 $LiAlH_4$、$NaBH_4$ 这样的复合金属氢化物所含 H^- 的电荷相对分散，能够对羰基进行亲核加成。理论上，一分子 $LiAlH_4$ 可还原四分子的醛或酮。反应机理如下：

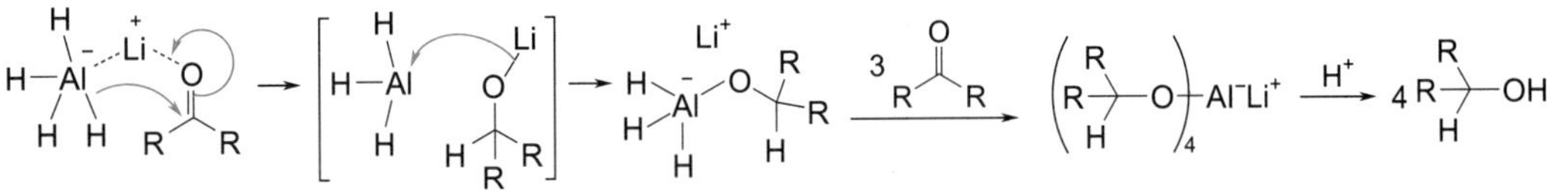

$LiAlH_4$ 的还原能力最强。$NaBH_4$ 的还原能力不如 $LiAlH_4$ 的强，但具有较高的选择性，例如，$NaBH_4$ 还原醛、酮的羰基时，分子中的酯基（$-CO_2R$）、羧基（$-CO_2H$）、氰基（$-CN$）和硝基（$-NO_2$）等基团可不受影响，而这些基团都能被 $LiAlH_4$ 还原。$NaBH_4$ 和 $LiAlH_4$ 一般都不能将分子中的碳碳双键和碳碳叁键还原。例如，下面含有醛基、酯基和炔基三种不同官能团的分子经 $NaBH_4$ 还原，只有醛基被还原。

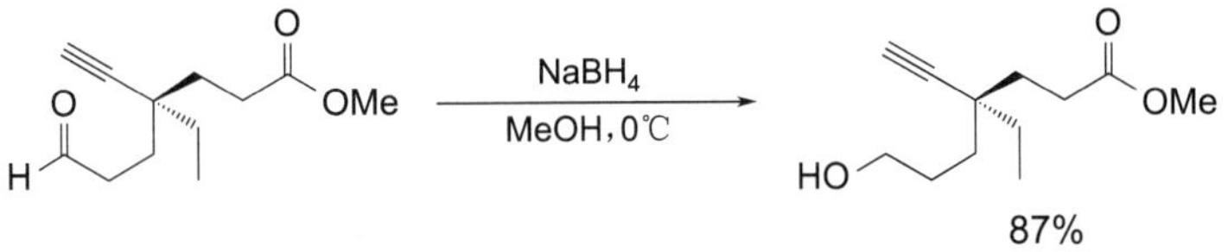

硼氢化钠还原 α,β-不饱和醛和 α,β-不饱和酮时，往往得到 1,2- 和 1,4-还原产物的混合物，选择性取决于底物的结构和反应条件，但选择性不高。如果将硼氢化钠与三氯化铈联合使用，可选择性地得到 1,2-还原产物。

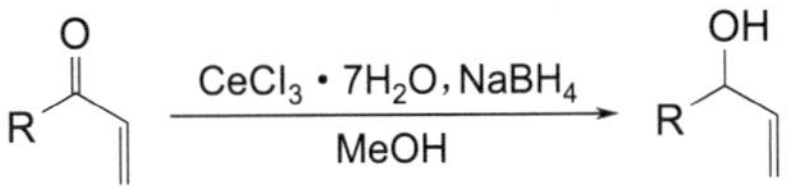

在此反应中，硼氢化钠首先在 $CeCl_3$ 催化下与醇作用形成烷氧基硼氢化物，后者与硼氢化钠相比是较硬的还原剂，故优先与较硬的羰基碳发生 1,2-加成。$CeCl_3$ 的另一个作用是通过与醇配位增强了醇的酸性，从而提高了羰基碳的亲电性。

$$BH_4^- + n\,ROH \xrightarrow[-n\,H_2]{cat.\ CeCl_3} [BH_{(4-n)}(OR)_n]^-$$

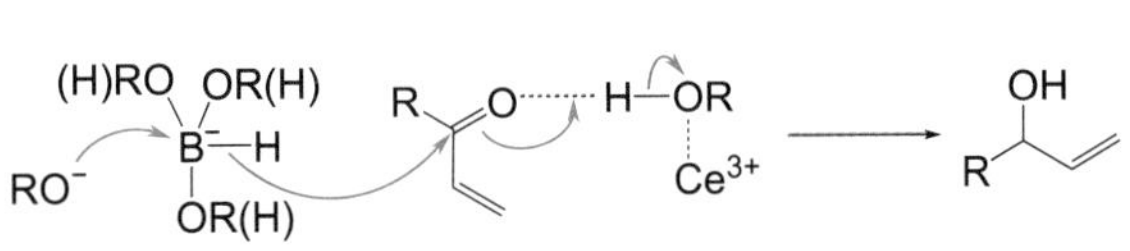

例如，α,β-不饱和环戊烯酮在用 $NaBH_4$ 还原时全部得到环戊醇，而用 $NaBH_4$-$CeCl_3$ 作还原剂，则主要生成羰基还原产物，即环戊烯醇。

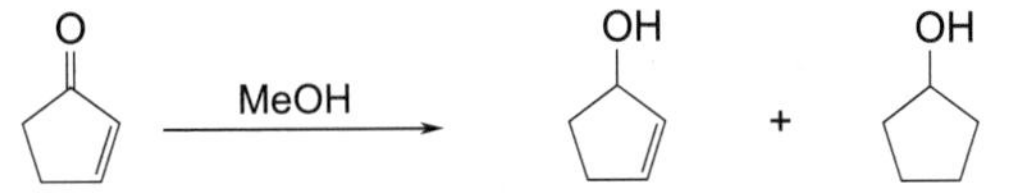

还原剂	产物 I / II 比例
$NaBH_4$	0 : 100
$NaBH_4$-$CeCl_3$	97 : 3

对于手性醛和酮，负氢试剂对其羰基亲核加成的立体选择性也符合 Felkin-Anh 模型。例如，(*R*)-1,2-二苯基丙-1-酮与 $LiAlH_4$ 反应，生成的主要产物为 (1*R*,2*R*)-1,2-二苯基丙-1-醇 (80%)，次要产物为 (1*R*,2*S*)-1,2-二苯基丙-1-醇 (20%)。主要产物的形成可用 Felkin-Anh 模型分析如下：

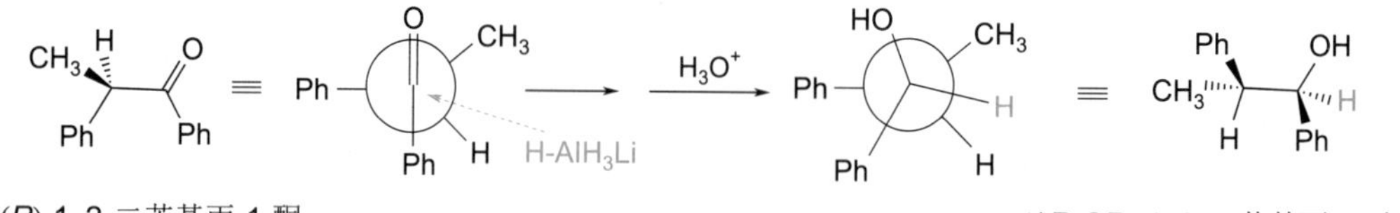

(*R*)-1,2-二苯基丙-1-酮　　(1*R*,2*R*)-1,2-二苯基丙-1-醇

(2) 与氢转移试剂的加成

在异丙醇铝存在下，醛和酮可被异丙醇还原为醇，称为 Meerwein-Ponndorf 还原。该反应是 Oppenauer 氧化（见第 9 章）的逆反应，一般在苯或甲苯溶液中进行，异丙醇把负氢转移给醛或酮，自身则氧化为丙酮，随着反应的进行，把丙酮蒸出来，使反应朝产物方向进行。因此，这个反应的还原剂为异丙醇。

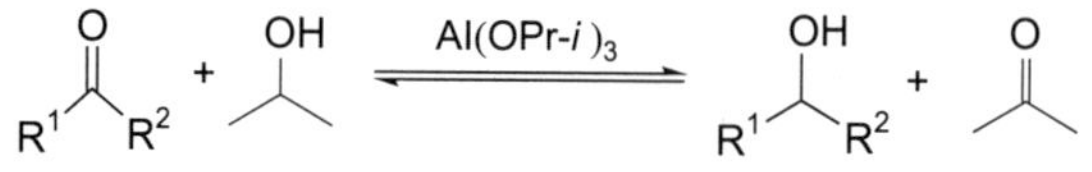

Meerwein-Ponndorf 还原的机理包括以下三个步骤。

第一步：酮作为 Lewis 碱与三异丙氧基铝（Lewis 酸）配位，形成铝配合物。

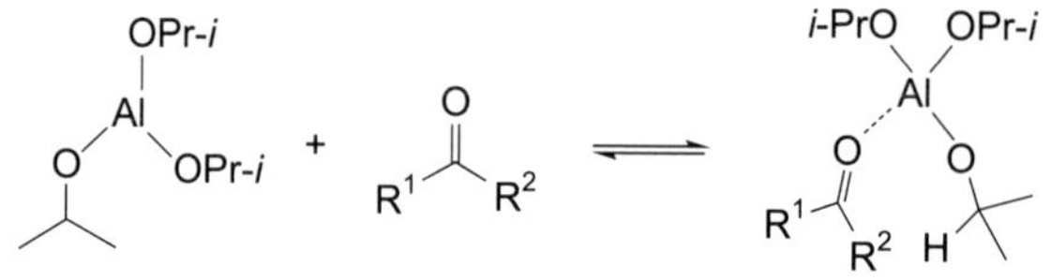

第二步：分子内负氢从烷氧基转移到酮羰基，形成新的三烷氧基铝配合物和丙酮。

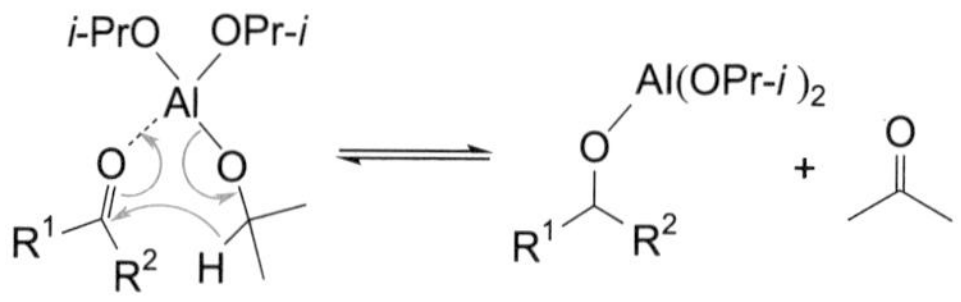

第三步：三烷氧基铝与过量的异丙醇经历醇交换（即配体交换）生成醇，并重新生成三异丙氧基铝催化剂。

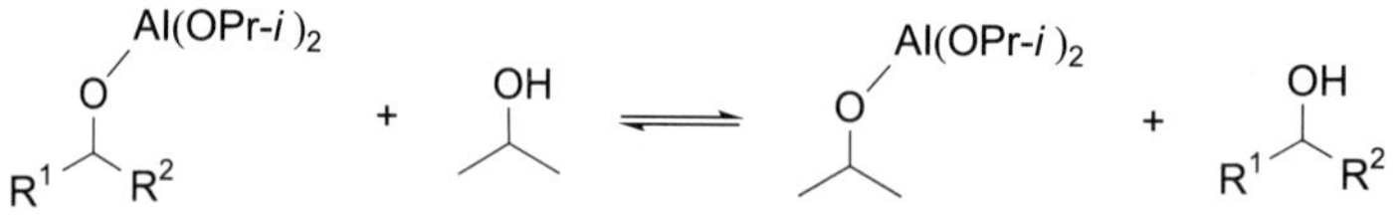

该反应的选择性很高，碳碳双键、叁键或其它容易还原的基团不被还原。例如：

$$PhCH{=}CHCHO \xrightarrow[Me_2CHOH]{Al(OCHMe_2)_3} PhCH{=}CHCH_2OH$$

60%

(3) Cannizzaro 反应

在碱性条件下，无 α-氢的醛可发生歧化反应生成等物质的量的醇和酸。该反应称为 Cannizzaro 反应。例如：

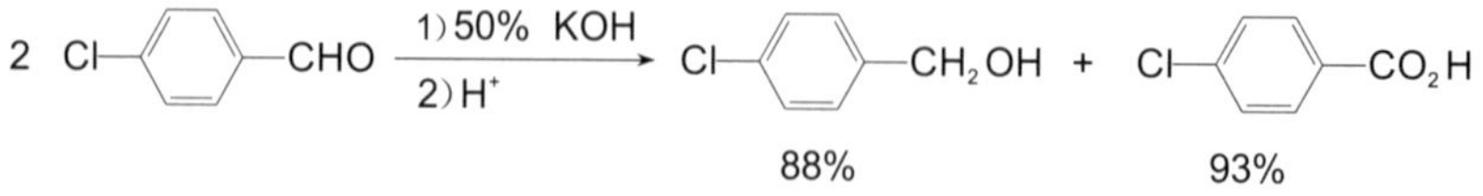

88%　　93%

反应机理如下：首先，OH^- 对羰基亲核加成，所形成的负离子中间体 A 在反应条件下去质子化生成双负离子中间体 B。接着，在双负离子的促进下醛基氢作为负氢离子对另一分子醛羰基进行亲核加成，生成羧酸根负离子 C 和烷氧基负离子 D；后者从溶

剂（H_2O）中获得质子成为伯醇。在此过程中，负氢转移一步为决速步骤。

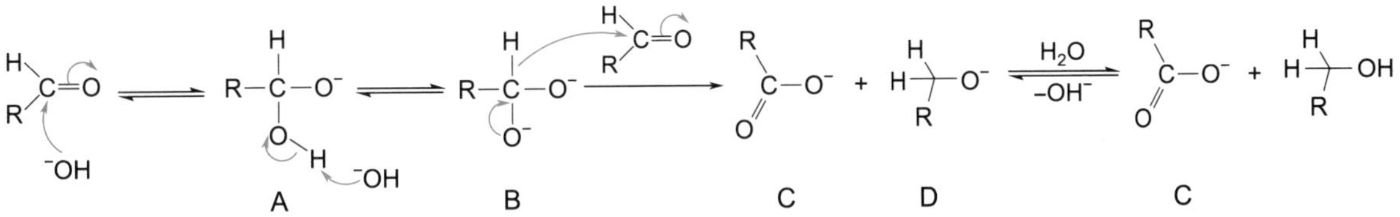

使用两种不同的无 α-氢的醛，可进行交叉的歧化反应。例如，苯甲醛与甲醛的反应生成苯甲醇和甲酸。

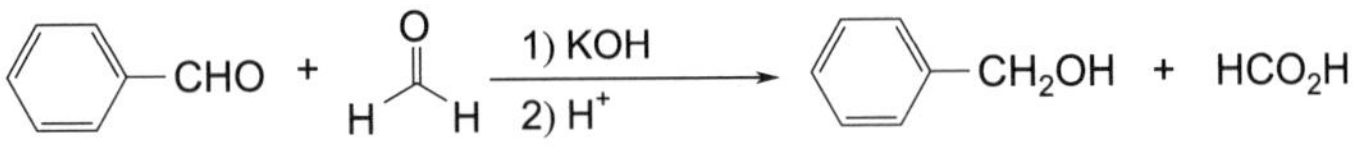

在此反应中，甲醛的羰基比苯甲醛的活泼，因此首先被 OH^- 进攻，从而成为氢的供体，被氧化成甲酸。相反，苯甲醛为氢的接受体，被还原为苯甲醇。这样的交叉歧化反应产物单一，产率较高，在合成上有重要用处。工业上生产季戊四醇，就是利用了这一反应。

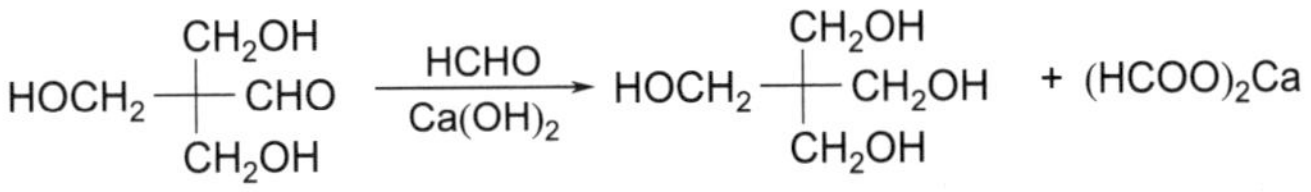

季戊四醇

★ 问题 10-13 试解释下面反应的立体选择性：

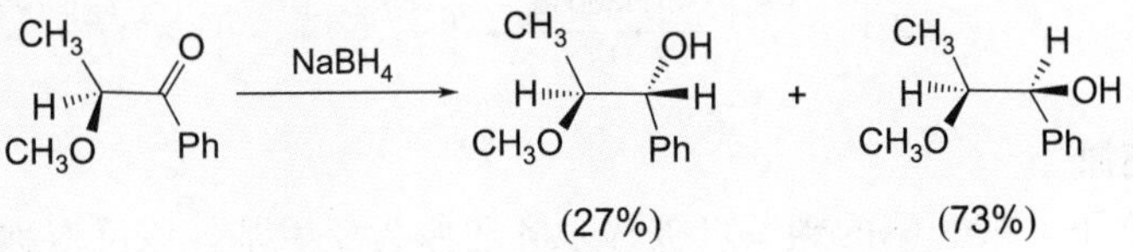

(27%)　　　　(73%)

★ 问题 10-14 预测下列反应的产物结构：

(1)

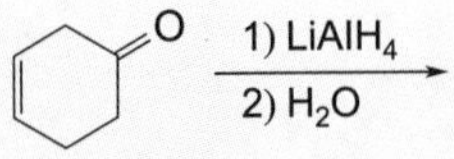

(2)

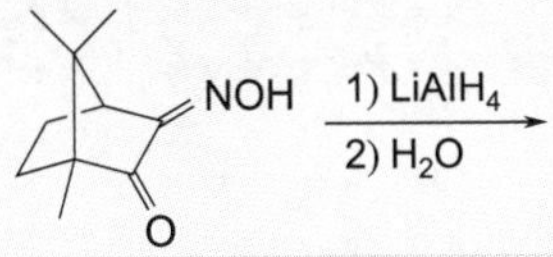

10.5 醛和酮的其它反应

10.5.1 醛和酮的金属还原

还原性金属对不饱和官能团的还原属于经典有机合成反应。炔和苯环在液氨中被碱金属锂、钠和钾还原的反应已分别在第 4.4 节和第 6.6 节讨论过。锌和镁等金属在醛和酮的还原中具有重要应用。根据还原电位大小，一些常用金属还原剂的还原能力强弱顺序为：K＞Na＞Li＞Mg＞Al＞Zn＞Fe。

（1）被碱金属和碱土金属还原

与 Birch 还原相似，在液氨中酮羰基亦可被锂、钠或钾还原为负离子自由基中间体 A（在溶液中呈深蓝色）；在质子源（如氨、乙醇等）存在下，A 获得一个质子形成烷氧基自由基 B，后者进而从金属中获得一个电子形成烷氧基负离子 C，经酸中和后得到还原产物醇。

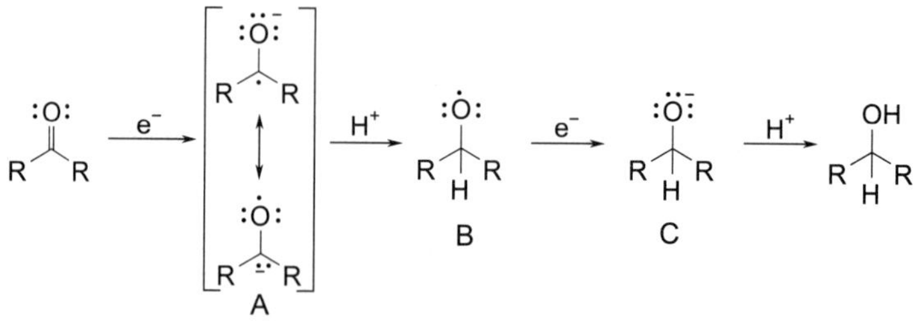

例如：

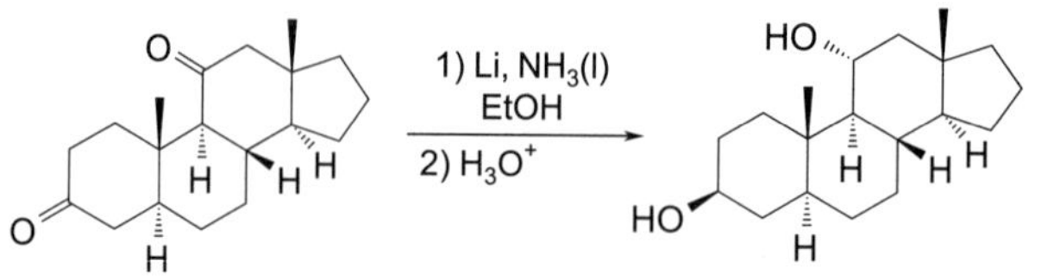

当使用还原能力较弱的 Mg 作还原剂时，形成的负离子自由基中间体 A 则发生二聚，生成邻二醇的镁盐；后者经酸处理，得到对称的邻二醇。该反应称为频哪醇反应（pinacol reactions）。

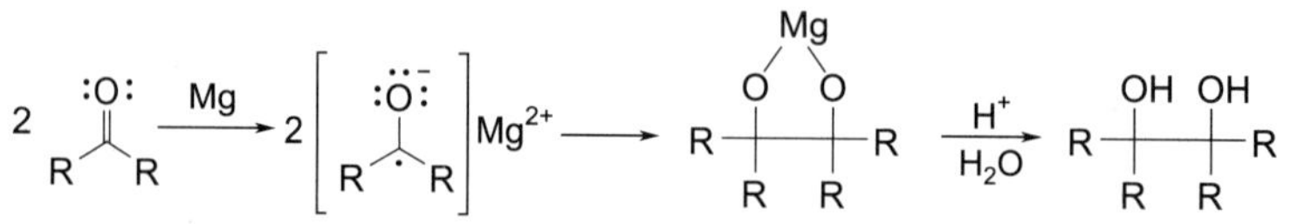

例如：

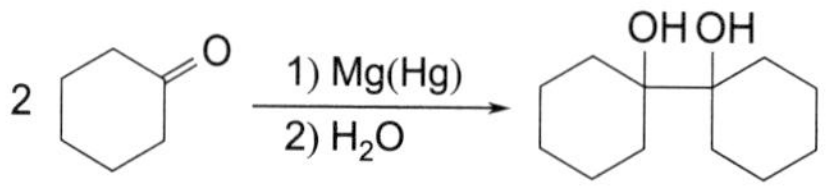

（2）被锌还原

在 HCl 存在下，醛、酮的羰基可被锌汞齐还原为亚甲基，该反应称为 Clemmensen 还原。例如：

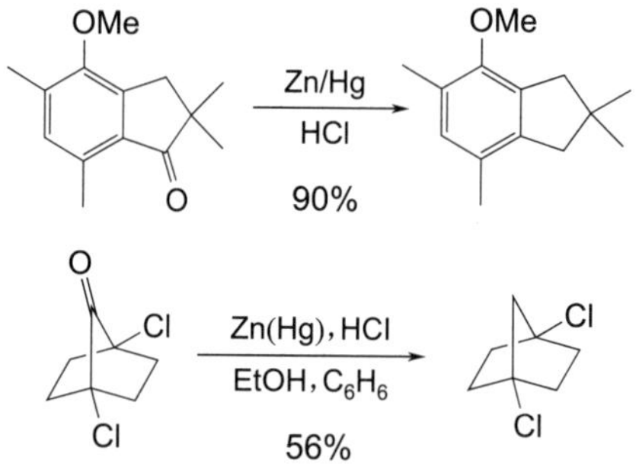

Clemmensen 还原反应的机理目前尚不清楚。有人曾提出卡宾机理，即醛或酮首先通过单电子转移和质子解过程转化为锌卡宾中间体，后者经质子解生成还原产物。

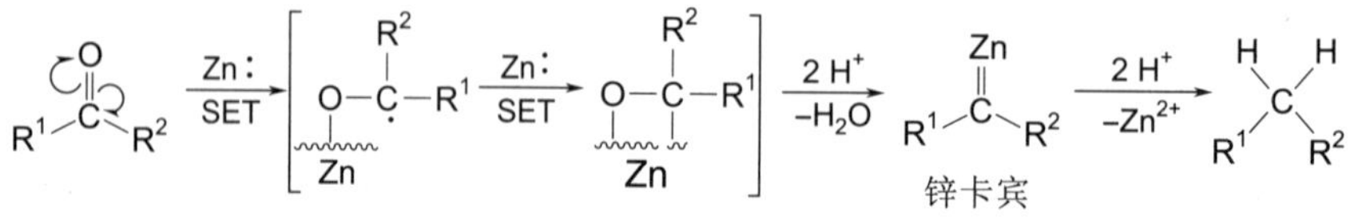

Friedel-Crafts 酰基化反应的产物可通过 Clemmensen 还原法转化为烷基苯。

10.5.2 醛和酮的催化氢化

醛、酮可在铂、镍等催化剂存在下加氢还原为醇。在此条件下，底物分子中的苯环一般不被还原，但碳碳重键、氰基和硝基等基团都容易被还原，如萘-2-甲醛经催化氢化转变为萘-2-基甲基醇。

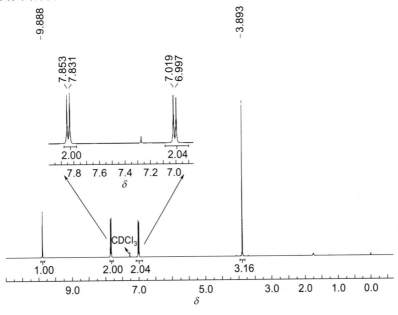

$$\text{(naphthalene-CHO)} \xrightarrow[\text{FeCl}_3, \text{EtOH}]{\text{H}_2, \text{PtO}_2} \text{(naphthalene-CH}_2\text{OH)}$$

80%

关键词

醛	aldehyde	缩酮	ketal
酮	ketone	硫代缩醛	thioacetal
Reimer-Tiemann 反应	Reimer-Tiemann reaction	硫代缩酮	thioketal
		保护基团	protection group
二氯卡宾	dichloro carbene	Baeyer-Villiger 反应	Baeyer-Villiger reaction
亲核加成	nucleophilic addition	1,2-迁移	1,2-shift
Bürgi-Dunitz 角	Bürgi-Dunitz angle	亚胺	imine
Bürgi-Dunitz 轨迹	Bürgi-Dunitz trajectory	烯胺	enamine
α-氰醇	α-cyanohydrin	腙	hydrazone
格氏反应	Grignard reaction	肟	oxime
格氏试剂	Grignard reagent	Wolff-Kishner-黄鸣龙反应	Wolff-Kishner-Huang reaction
Felkin-Anh 模型	Felkin-Anh model		
Reformatsky 反应	Reformatsky reaction	Meerwein-Ponndorf 还原	Meerwein-Ponndorf reduction
叶立德	ylide		
Wittig 试剂	Wittig reagent	Cannizzaro 反应	Cannizzaro reaction
Wittig 反应	Wittig reaction	Clemmensen 还原	Clemmensen reduction
Wittig-Horner 反应	Wittig-Horner reaction	金属氢化物	metal hydride
环丙烷化反应	cyclopropanation	硼氢化钠	sodium borohydride
半缩醛	hemiacetal	氢化铝锂	lithium aluminium hydride
缩醛	acetal	还原性金属	reductive metal
环状缩醛	cyclic acetal	催化氢化	catalytic hydrogenation
半缩酮	hemiketal	频哪醇反应	pinacol reaction

习 题

10-1 某化合物分子式为 $C_8H_8O_2$（分子量为 136），^{1}H-NMR 和 ^{13}C-NMR 图谱如下，试推测其结构。

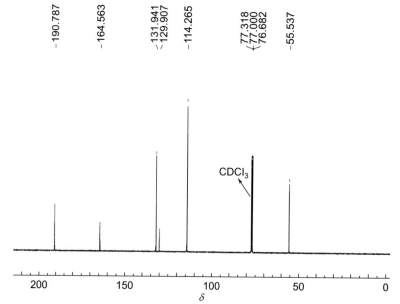

10-2 与烯烃的硼氢化反应类似，乙硼烷亦可还原醛或酮为醇。叔戊醛和 2,2,2-三氯乙醛均可被硼氢化钠和乙硼烷还原为相应的醇，但对于叔戊醛的还原，乙硼烷较硼氢化钠反应快；对于 2,2,2-三氯乙醛的还原，情况正好相反，即硼氢化钠较乙硼烷反应快。试解释其原因。

$$H_3C-\overset{\overset{\displaystyle CH_3}{|}}{\underset{\underset{\displaystyle CH_3}{|}}{C}}-\overset{\displaystyle O}{\overset{\|}{C}}-H \xrightarrow[\text{或 } B_2H_6]{NaBH_4} H_3C-\overset{\overset{\displaystyle CH_3}{|}}{\underset{\underset{\displaystyle CH_3}{|}}{C}}-CH_2OH$$

$$Cl-\overset{\overset{\displaystyle Cl}{|}}{\underset{\underset{\displaystyle Cl}{|}}{C}}-\overset{\displaystyle O}{\overset{\|}{C}}-H \xrightarrow[\text{或 } B_2H_6]{NaBH_4} Cl-\overset{\overset{\displaystyle Cl}{|}}{\underset{\underset{\displaystyle Cl}{|}}{C}}-CH_2OH$$

10-3 预测下列反应的产物：

(1)

$$\xrightarrow[\text{2) Et}_3N]{\text{1) DMSO, (COCl)}_2, -60℃} ?$$

(*J. Org. Chem.* 1985，*50*，3247)

(2)

$$\xrightarrow[\text{2) H}_3O^+]{\text{1) LiAlH}_4} ?$$

(3)

$$\xrightarrow[\text{THF, }-78℃]{i\text{-PrMgCl, LiCl}} ? \xrightarrow[\text{2) H}_3O^+]{\text{1)}} ?$$

(*Org. Lett.* 2016，*18*，5844)

(4)

$$\xrightarrow[\text{TsOH, C}_6H_6]{\text{HO}\frown\text{OH}} ? \xrightarrow[\text{2) MeI}]{\text{1) NaNH}_2} ?$$

(5)

$$\xrightarrow[\text{丙酮}]{\text{CrO}_3, \text{H}_2\text{SO}_4, \text{H}_2\text{O}}$$

(*Org. Lett.* 2010，*12*，3010)

(6) $\xrightarrow[\substack{(HOCH_2CH_2)_2O \\ 155℃, 3.5h}]{NH_2NH_2, KOH}$

(*Organic Process Research & Development* 2009, 13, 576)

(7) $\xrightarrow[Et_2O]{\diagup\!\!\!\diagdown MgBr}$? $\xrightarrow[NaH]{\diagup\!\!\!\diagdown Br}$?

(*Synthesis* 2017, 49, 5339)

(8) $\xrightarrow[2) (CH_3)_2S]{1) O_3}$? $\xrightarrow[\substack{cat. TsOH}]{\substack{HS \diagup\!\!\!\diagdown SH \\ (过量)}}$?

(*Org. Lett.* 2009, 11, 113)

(9) $\xrightarrow{?}$ $\xrightarrow[\substack{cat. TsOH}]{\substack{OCH_3 \\ OCH_3}}$? + 2CH₃OH

(10) $\xrightarrow[2) H_3O^+]{\substack{1) \equiv\!\!-MgBr \\ THF, 0℃}}$?

(*J. Org. Chem.* 2010, 75, 5355)

(11) $\xrightarrow[THF, -78℃]{BF_3 \cdot OEt_2}$? $\xrightarrow[CH_2Cl_2]{PCC}$?

(*J. Org. Chem.* 2005, 70, 6523)

(12) $\xrightarrow{m\text{-CPBA}}$?

(13) $\xrightarrow[2) H_3O^+]{1) n\text{-BuLi}, Et_2O}$?

(*J. Med. Chem.* 2016, 59, 4926)

(14) $\xrightarrow[\substack{cat. TsOH \\ MeCN}]{}$? $\xrightarrow[MeCN]{PPh_3}$? $\xrightarrow[2)]{1) n\text{-BuLi}, LiBr, THF}$?

$\xrightarrow{TsOH, MeOH}$

(*Synthesis* 2016, 48, 4471-4476)

(15)

$$\xrightarrow{\textit{m}\text{-CPBA}} \quad ?$$

（*J. Org. Chem.* 1997，*62*，641）

(16)

$$\xrightarrow[\text{NaH,THF}]{\text{Ph}_3\overset{+}{\text{P}}\text{Me Br}^-}$$

（*Angew. Chem. Int. Ed.* 2017，*56*，6813）

(17)

$$\xrightarrow[\text{THF,0℃}]{\underset{\text{CH}_3}{\overset{\text{O}}{\underset{|}{\overset{||}{\text{CH}_3-\text{S}=\text{CH}_2}}}}}$$

(18)

$$\xrightarrow{\text{Ph}_3\text{P}} \qquad \xrightarrow[\text{NaH,CH}_2\text{Cl}_2]{}$$

（*J. Nat. Prod.* 2015，*78*，1848）

(19)

$$\xrightarrow[\text{THF,}-78℃]{\text{LDA}}$$

（*J. Org. Chem.* 2006，*71*，873-882）

10-4　由指定的原料和必要的有机或无机试剂合成下列化合物：

（1）由 3-氯-2-甲基苯甲醛合成 1-氯-(3-甲氧基甲基)-2-甲基苯

（2）由甲苯合成 3-苯基丙醛

（3）由苯乙炔和丙酮合成 2-甲基-4-苯基丁-3-炔-2-醇

（4）由 1-溴丁烷合成正己醛

（5）由戊醛合成庚-3-酮

10-5*　写出下列反应的机理：

(1)

$$\xrightarrow[\text{浓HCl}]{\text{CH}_2\text{O}}$$

（*J. Org. Chem.* 2007，*72*，386）

(2)

$$\xrightarrow{\text{cat. TsOH}}$$

（*Eur. J. Org. Chem.* 2010，*2*，4365）

(3)

$$\xrightarrow[\text{丙酮-H}_2\text{O}]{\text{cat. TsOH}}$$

90%

（*J. Am. Chem. Soc.* 2013，*135*，9291）

（4）

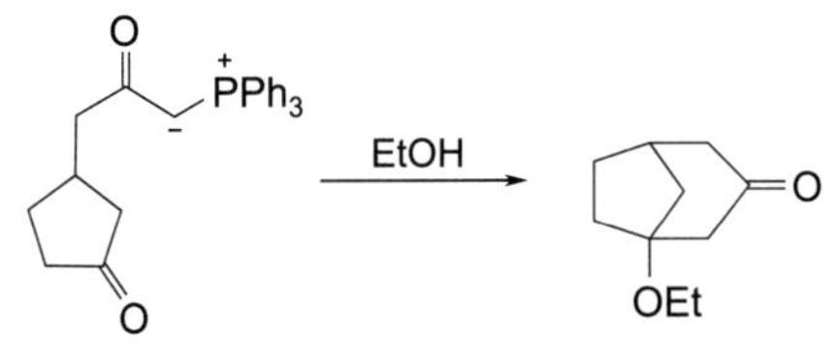

（*Tetrahedron Lett*. 1982，*23*，3543）

（5）

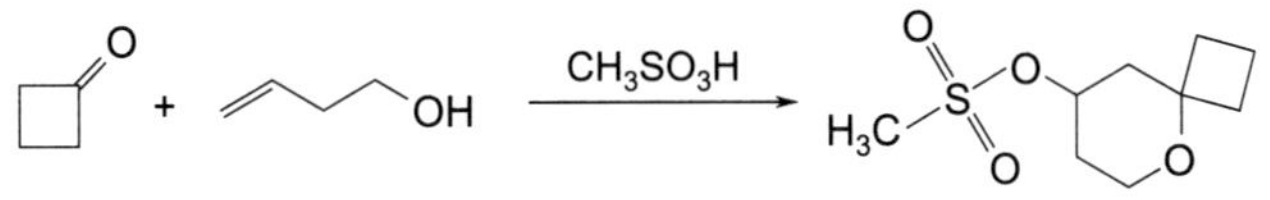

（6）

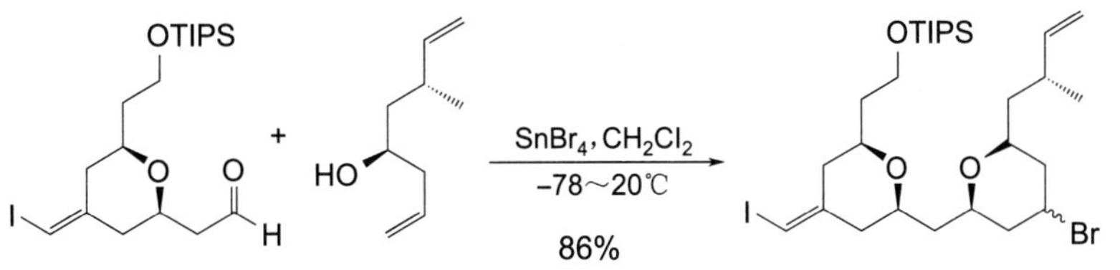

（*Chem*. *Commun*. 2015，*51*，8484）

第11章

羧酸及其衍生物

羧酸（carboxylic acid）是含有羧基（—COOH）的有机化合物。羧酸中的羟基被烷氧基、卤素、氨基等取代形成的化合物统称为羧酸衍生物，包括酯（ester）、酰卤（acyl halide）、酰胺（amide）和酸酐（anhydride）等。羧酸分子中除去羟基后剩下的基团（RCO）称为酰基（acyl），羧酸衍生物也都含有酰基。

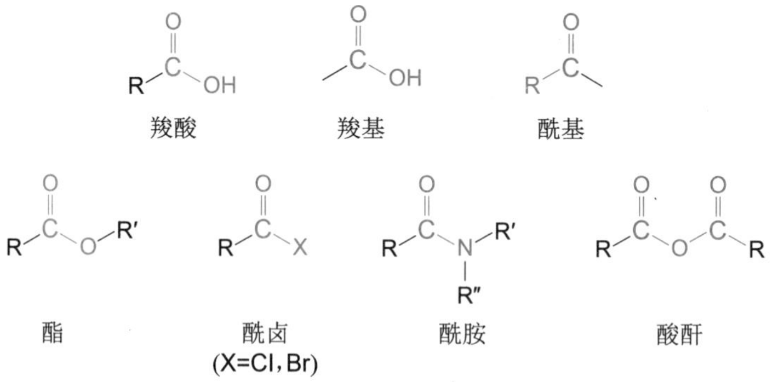

羧酸　　　　羧基　　　　酰基

酯　　　　酰卤　　　　酰胺　　　　酸酐
　　　　(X=Cl,Br)

人们的日常生活离不开羧酸及其衍生物。调味品醋的酸味成分就是含两个碳原子的羧酸——乙酸（又称醋酸）。解热镇痛药物阿司匹林既是羧酸，也是酯（同时含有羧基和酯基）。羧酸、酯和酰胺相对比较稳定，它们广泛存在于自然界，而且大多具有生理功能。酸奶中的酸性成分乳酸是人体新陈代谢的产物，人在剧烈运动时，肌肉中会产生大量的乳酸。动植物中的脂肪酸（fatty acid）是人体的主要能量来源之一。乙酰水杨酸（即阿司匹林）和萘普生（naproxen）分别是常用的解热镇痛药和治疗类风湿性关节炎与痛风的抗炎药。花生四烯酸（arachidonic acid）还是大多数前列腺素（一种人体激素）的生物合成前体，属于必需脂肪酸。羧酸及其衍生物还是很重要的有机合成溶剂、原料和有机合成中间体，广泛用于实验室和工业中。由于羧酸及其衍生物都含有酰基，在性质上有一些共同之处，故本章将它们放在一起讨论。

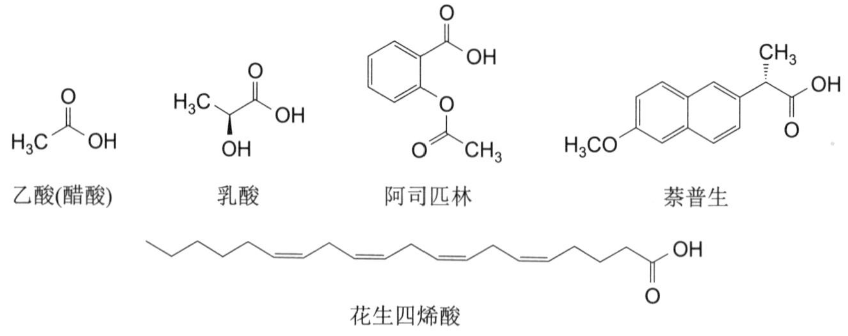

乙酸(醋酸)　　　乳酸　　　阿司匹林　　　萘普生

花生四烯酸

11.1　羧酸及其衍生物的结构和命名

11.1.1　羧酸及其衍生物的结构

与醛酮相似，羧酸及其衍生物分子也含有羰基，羰基碳为 sp^2 杂化，碳氧双键中一

个是 σ 键，一个是 π 键。

与醛酮不同的是，醛酮中羰基碳所连的两个基团都为烃基或氢，而羧酸及其衍生物的羰基碳一端连有一个杂原子（O、N、卤素等），由于这些杂原子上都有孤对电子，可以与羰基形成 p-π 共轭，故这些分子中的 C—Y 键（C—O、C—N 和 C—X）都具有部分双键的性质，键长变短。例如，甲酸甲酯分子中羰基与甲氧基之间的 C—O 键的键长（133.4pm）比甲醇分子中的 C—O 键的键长（143pm）短。

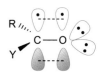

甲酸甲酯   共振杂化体

在酰胺分子中，N 原子接近 sp^2 杂化，它的 p 轨道上的孤对电子与羰基之间的共轭作用更强，从而使得 C—N 键具有很强的双键性质。在甲酰胺分子中，不仅 C—N 键的键长（137.6pm）比甲胺分子中 C—N 键的键长（147.4pm）短，而且两个 N—H 键的键长也有区别，分别为 100.2pm 和 101.4pm。这说明较强的 p-π 共轭致使 C—N 键不能自由旋转。

甲酰胺   共振杂化体

酰氯分子中，羰基与氯的共轭作用很弱，C—Cl 键基本上无双键性质。

11.1.2 羧酸及其衍生物的命名

(1) 羧酸的命名

对于一些常见的羧酸可根据其来源采用俗名来命名。例如，甲酸最初是由蚂蚁中提取得到的，称为蚁酸；乙酸是由食醋中得到的，称为醋酸。一些常见羧酸的俗名如下：

HCO_2H CH_3CO_2H HO_2CCO_2H $CH_3(CH_2)_{16}CO_2H$ $CH_3(CH_2)_{14}CO_2H$
蚁酸   醋酸   草酸   硬脂酸   棕榈酸

马来酸   富马酸   安息香酸   水杨酸   酒石酸

糠酸   烟酸   异烟酸   乳酸   柠檬酸

对于比较复杂的羧酸，则需用系统命名法命名。饱和脂肪酸可看成是相应烷烃的末端甲基被羧基取代，故命名时将相应的"烷"改为"酸"（-oic acid）或"二酸"（-dioic acid）即可。羧基碳原子编号固定为 1。如有取代基，将取代基的位次编号与名称作为前缀。例如：

(S)-3-乙基-4-甲基戊酸
(S)-3-ethyl-4-methylpentanoic acid

2-氯-4-苯基戊二酸
2-chloro-4-phenylpentanedioic acid

如有碳碳双键或叁键，则分别称为"烯酸"（-enoic acid）和"炔酸"（-ynoic acid），并将其位次编号置于"烯"或"炔"之前。例如：

(E)-2-乙基丁-2-烯酸
(E)-2-ethylbut-2-enoic acid

己-5-炔酸
hex-5-ynoic acid

对于含有支链的二元酸，应以含两个羧基的链为主链，支链无论长短均作为取代基。若直链烃直接与两个以上羧基相连，在命名时可看作母体烷烃为羧基所取代，采用诸如"三甲酸"等后缀来命名。编号时应使所有羧基位次组最低。例如：

2-庚基-2-甲基戊二酸
2-heptyl-2-methylpentanedioic acid

庚烷-1,3,7-三甲酸
heptane-1,3,7-tricarboxylic acid
（不能命名为4-羧基壬二酸）

对于环直接与羧基相连的化合物，其名称由母体烃名加后缀"甲酸"（-carboxylic acid）、"二甲酸"（-dicarboxylic acid）等构成，编号从与羧基所连碳原子开始。对于多元酸，羧基的位次编号需置于"二甲酸""三甲酸"等之前。例如：

4-甲基环己烷甲酸
4-methylcyclohexanecarboxylic acid

环戊-2-烯甲酸
cyclopent-2-enecarboxylic acid

顺-环戊烷-1,3-二甲酸
cis-cyclopentane-1,3-dicarboxylic acid

苯系芳香酸则常用苯甲酸作为母体，并加上取代基的名称与位次，例如：

苯甲酸
benzoic acid

2-羟基苯甲酸
2-hydroxybenzoic acid

2-甲基-4-硝基苯甲酸
2-methyl-4-nitrobenzoic acid

当主链或母环上含有羰基时，羰基作为取代基，称为"氧亚基"（oxo-），如：

4-甲酰基-2-氧亚基环己烷甲酸
4-formyl-2-oxocyclohexanecarboxylic acid

2-氧亚基丙酸
2-oxopropanoic acid
（俗名：丙酮酸）

（2）酰基卤化物的命名

酰卤的名称由相应的酰基名加卤素名组成，称为"酰氯""酰溴"等。例如：

丙酰溴
propionyl bromide

4-硝基苯甲酰氯
4-nitrobenzoyl chloride

对苯二甲酰二氯
terephthaloyl dichloride

（3）酯的命名

酯可看作羧基氢被烃基取代的产物，故其名称由"酸名＋烃基名＋酯（后缀）"组合而成，称为"某酸某酯"，烃基的"基"字通常省略。例如：

丙酸叔丁酯
tert-butyl propionate

苯甲酸苄酯
benzyl benzoate

环己-3-烯甲酸甲酯
methyl cyclohex-3-enecarboxylate

当存在比酯基更优先的主官能团时（见表 6-1），酯基只能作取代基。若酯基结构为 ROOC—，可用前缀"烷氧羰基"（alkoxycarbonyl-）或"芳氧羰基"（aryloxycarbonyl）来表示；若酯基结构为 RCOO—，则用前缀"酰氧基"表示。例如：

4-甲氧羰基苯甲酸
4-(methoxycarbonyl)benzoic acid
（俗名：对苯二甲酸单甲酯）

4-乙酰氧基苯甲酸
4-acetoxybenzoic acid

含羟基的羧酸在分子内形成的酯称为"内酯"（lactones），可将其相应的羟基羧酸名称的后缀"酸"改为"内酯"，并将形成内酯的羟基的位次置于"内酯"之前。此外，也可按照氧杂环化合物来命名内酯，其中羰基既可作为"酮"，也可作为"氧亚基"来处理。例如：

丁-4-内酯
butano-4-lactone
二氢呋喃-2(3*H*)-酮
dihydrofuran-2(3*H*)-one

3-羟基己-1,5-内酯
3-hydroxyhexan-1,5-lactone

8-氧亚基-7-氧杂双环[4.2.0]辛-4,5-二甲酸
8-oxo-7-oxabicyclo[4.2.0]octane-4,5-dicarboxylic acid

3-(2-氧亚基四氢吡喃-3-基)丙酸甲酯
methyl 3-(2-oxotetrahydro-2*H*-pyran-3-yl)propanoate

（4）酸酐的命名

酸酐的名称由相应的酸加"酐"组成。一元酸的对称酸酐命名时，只要将相应酸名称中的后缀"酸"换成"酸酐"即可。不同的一元酸形成的不对称酸酐称为混合酸酐，命名时，将形成酸酐的两个酸名称按英文名字母顺序排列，以"酸酐"结尾。例如：

乙酸酐
acetic anhydride

甲酸丙酸酐
formic propionic anhydride

苯甲酸丙酸酐
benzoic propionic anhydride

由二酸形成的环状酸酐命名为"二酸酐"或"二甲酸酐"，也可按照氧杂环化合物来命名。例如：

四氢呋喃-2,5-二酮
tetrahydrofuran-2,5-dione
丁二酸酐

二氢呋喃-2,5-二酮
dihydrofuran-2,5-dione
顺丁烯二酸酐

异苯并呋喃-1,3-二酮
isobenzofuran-1,3-dione
邻苯二甲酸酐
o-phthalic anhydride

（5）酰胺的命名

酰胺也是羧酸的衍生物，命名时将相应羧酸名称中的后缀"酸"或"甲酸"替换

为"酰胺"（-amide）或"甲酰胺"（-carboxamide）即可。如果氮上有取代基，则在取代基名称前加"N-"标出，并一起置于母体名之前。例如：

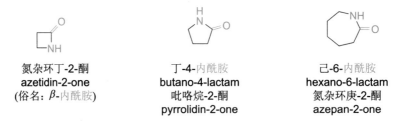

苯甲酰胺
benzamide

N-乙基乙酰胺
N-ethylacetamide

N,N-二甲基甲酰胺
N,N-dimethylformamide
(DMF)

环己烷甲酰胺
cyclohexanecarboxamide

当基团—CONH$_2$ 不作为母体，而作为取代基时，用前缀"甲酰胺基"（car-bamoyl-）表示。当基团 RCONH—作为取代基时，将其原酰胺名称中的后缀"酰胺"（-amide）改为前缀"酰氨基"（amido-）即可。如：

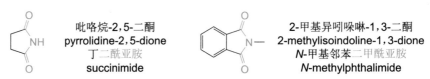

2-甲酰胺基苯甲酸
2-carbamoylbenzoic acid

(E)-3-甲酰胺基己-2-烯酰氯
(E)-3-carbamoylhex-2-enoyl chloride

4-乙酰氨基苯甲酸
4-acetamidobenzoic acid

与内酯相似，环状的酰胺命名为"内酰胺"（lactam）。也可按照氮杂环化合物来命名。例如：

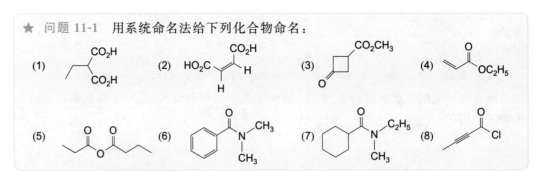

氮杂环丁-2-酮
azetidin-2-one
（俗名：β-内酰胺）

丁-4-内酰胺
butano-4-lactam
吡咯烷-2-酮
pyrrolidin-2-one

己-6-内酰胺
hexano-6-lactam
氮杂环庚-2-酮
azepan-2-one

对于氮原子上有两个酰基的环状酰胺，除了用杂环来命名外，亦可命名为"二酰亚胺"。按照后者方法命名时，将相应的二元酸名称的后缀"二酸"（-dioic acid）或"二甲酸"（-dicarboxylic acid）替换为"二酰亚胺"（-imide）或"二甲酰亚胺"（-dicarboximide）即可。例如：

吡咯烷-2,5-二酮
pyrrolidine-2,5-dione
丁二酰亚胺
succinimide

2-甲基异吲哚啉-1,3-二酮
2-methylisoindoline-1,3-dione
N-甲基邻苯二甲酰亚胺
N-methylphthalimide

> ★ 问题 11-1 用系统命名法给下列化合物命名：
>
> (1) （结构式：CO$_2$H / CO$_2$H）
> (2) （结构式：HO$_2$C—CH=CH—CO$_2$H）
> (3) （结构式：CO$_2$CH$_3$）
> (4) （结构式：OC$_2$H$_5$）
> (5) （结构式）
> (6) （结构式：N(CH$_3$)$_2$）
> (7) （结构式：N(C$_2$H$_5$)(CH$_3$)）
> (8) （结构式：COCl）

11.2 羧酸及其衍生物的物理性质和波谱特征

11.2.1 羧酸及其衍生物的物理性质

羧酸是极性化合物，而且可形成分子间氢键，以二聚体形式存在，所以，羧酸的熔、沸点都很高，其沸点比相应分子量的醇还要高。酰胺亦可形成氢键，因此有较高的沸点。但当氮原子上的氢被烃基取代后，氢键就会减弱或消失，沸点随之降低。例如，乙酰胺的沸点为221℃，而 N,N-二甲基甲酰胺的沸点仅为169℃。酰氯和酯的分子间均不存在氢键，故沸点比相应的羧酸低得多。乙酸、乙酰氯和乙酸乙酯的沸点依次为118℃、51℃和77℃。

羧酸可与水形成氢键，故四个碳以下的羧酸能与水互溶。但从戊酸开始，随分子量的增大，羧基在整个分子中所占的比例减小，羧酸的水溶性显著降低，大于十个碳以上的羧酸不溶于水。羧酸及其衍生物一般可溶于有机溶剂中，如乙醚、乙醇、苯、丙酮、氯仿等。

甲酸、乙酸具有醋的酸味，丙酸、丁酸、戊酸具有令人不愉快的脂肪、牛奶腐败的臭味，高级脂肪酸和其它不易挥发的酸无明显气味。低级的酰氯和酸酐有刺激性气味。挥发性的酯则具有令人愉快的香味，常用作香料。

11.2.2 羧酸及其衍生物的光谱特征

羧酸及其衍生物的羰基在 $1850\sim1630cm^{-1}$ 之间有强的特征吸收峰，属于 $C=O$ 键伸缩振动吸收。表11-1中列出了羧酸及其衍生物的 $C=O$ 伸缩振动吸收范围。酯羰基伸缩振动吸收与醛相似。酰氯中由于氯原子的吸电子诱导效应，使羰基的伸缩振动吸收频率加大，约在 $1800cm^{-1}$ 处。酸酐有两个羰基，故通常有两个羰基伸缩振动吸收峰。酰胺中羰基与氮的共轭程度大，因而 $C=O$ 键伸缩振动吸收频率降低。

表 11-1　羧酸及其衍生物的 C=O 键伸缩振动吸收范围

化合物	C=O 键伸缩振动吸收/cm^{-1}
RCOCl	$1815\sim1770$
(RCO)$_2$O	$1850\sim1800$ 和 $1790\sim1740$
RCO$_2$R	$1755\sim1717$
RCO$_2$H	$1725\sim1680$
RCONRR	$1680\sim1630$

除了 $C=O$ 键伸缩振动吸收外，羧酸在 $3000\sim2500cm^{-1}$ 处有一宽峰，属于 $O-H$ 键的伸缩振动吸收峰，是羧酸的另一特征吸收；羧酸、酯和酸酐在 $1320\sim1050cm^{-1}$ 处有 $C-O$ 键伸缩振动吸收；伯酰胺和仲酰胺在 $3500\sim3200cm^{-1}$ 处存在 $N-H$ 键伸缩振动吸收；$N-H$ 键的弯曲振动吸收在 $1640cm^{-1}$ 和 $1600cm^{-1}$ 处，是伯酰胺的另一特征吸收。苯甲酸、乙酸酐、乙酸乙酯和 N,N-二甲基甲酰胺的红外光谱见第7.2.4节。

羧基上的氢因受羰基的去屏蔽作用以及氧电负性的影响，其化学位移出现在低场 $\delta9\sim12$ 处。伯酰胺和仲酰胺氮上的氢在 $\delta5\sim8$（通常是一个宽峰）。羧酸及其衍生物的 α-氢因受羰基的吸电子作用影响，化学位移稍向低场移动，一般在 $\delta2\sim3$ 处。例如，在乙酸的氢谱（见图11-1）中，α-氢的吸收峰信号出现在 $\delta2.10$ 处，而羧基氢的吸收峰出现在 $\delta9.90$ 处，且由于分子间氢键的作用而变成宽峰。由于只有两个碳原子，乙酸的碳谱（见图11-2）十分简单，$\delta177.81$ 处的吸收峰归属于羰基碳，而 $\delta20.77$ 处的吸收峰归属于甲基碳。

在乙酸乙酯的氢谱中（图11-3），α-H 吸收峰处于 $\delta2.05$ 处（单峰，3H），$\delta4.12$ 处的四重峰（2H）和 1.26（3H）处的三重峰分别归属于乙氧基的亚甲基（CH$_2$）和甲

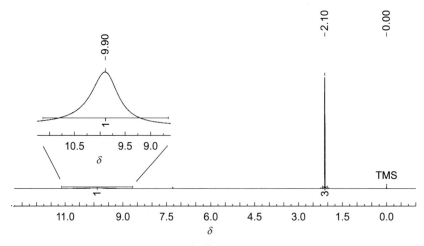

图 11-1　乙酸的氢谱（400 MHz，CDCl$_3$）

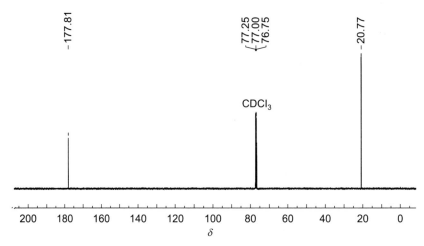

图 11-2　乙酸的碳谱（100 MHz，CDCl$_3$）

基（CH$_3$）的氢。碳谱中（图 11-4）共出现了 4 种碳的吸收信号，即 δ171.06、60.32、20.96 和 14.12，它们依次归属于羰基碳、乙氧基的亚甲基碳、羰基的 α-碳和乙氧基中的甲基碳。

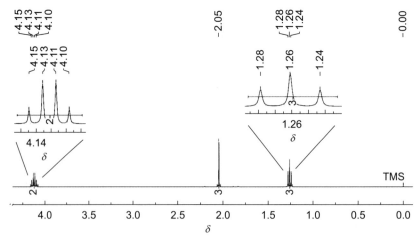

图 11-3　乙酸乙酯的氢谱（400MHz，CDCl$_3$）

　　在 N,N-二甲基甲酰胺的氢谱中（见图 11-5），由于酰胺的 C—N 键具有部分双键的特征，与氮原子相连的两个甲基（α-CH$_3$ 和 β-CH$_3$）上的质子是化学不等价的，它们的化学位移分别为 2.97(3H，单峰) 和 2.89(3H，单峰)；甲酰基（—CHO）的质子则由于位于羰基的去屏蔽区，其化学位移出现在 8.02(1H，单峰)。

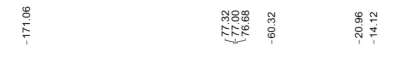

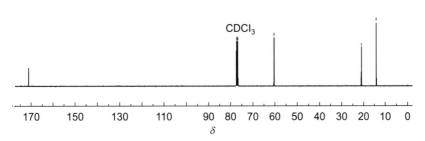

图 11-4 乙酸乙酯的碳谱（100MHz, CDCl$_3$）

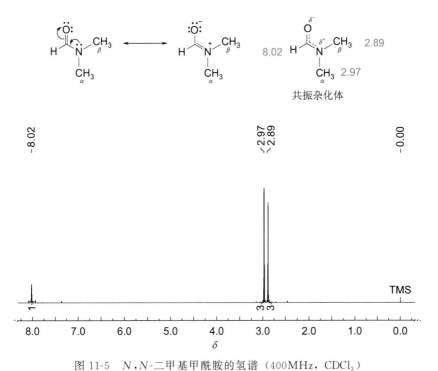

图 11-5 *N*,*N*-二甲基甲酰胺的氢谱（400MHz, CDCl$_3$）

11.3 羧酸的酸性

羧酸呈明显的弱酸性。在水溶液中，羧基中的 O—H 键断裂，解离出的质子与水结合成为水合质子。

$$RCOOH + H_2O \rightleftharpoons RCOO^- + H_3O^+$$

羧酸的 pK_a 在 4～5 之间，属于弱酸，但比碳酸的酸性（pK_{a1}=6.4）要强些，所以它可与 NaHCO$_3$ 作用放出 CO$_2$。

$$RCOOH + NaHCO_3 \longrightarrow RCOO^-Na^+ + CO_2\uparrow + H_2O$$

与醇相比，羧酸具有较强的酸性，这与它的结构有关。羧酸在水中解离产生的酸根负离子较稳定，使平衡向右，显示酸性。但酸根负离子的负电荷并非集中在一个氧原子上，而是平均分散在它的两个氧原子上，两个 C—O 键是等同的。这种结构可用下列共振结构式来描述：

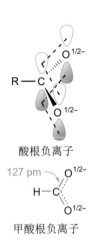

酸根负离子

127 pm
甲酸根负离子

$$R-\overset{\overset{\ddots}{\text{O}}}{\underset{\ddots}{C}}{\overset{\ddots}{\text{O}}} \longleftrightarrow R-\overset{\overset{\ddots}{\text{O}}}{\underset{\ddots}{C}}{\overset{\ddots}{\text{O}}^-} \qquad R-C{\overset{O^{1/2-}}{\underset{O^{1/2-}}{}}}$$

酸根负离子　　　　　　　　共振杂化体

酸根负离子中碳为 sp^2 杂化，所剩 p 轨道可分别与两个氧的 p 轨道交盖形成 π 键，负电荷分散于两个电负性较强的氧上，使能量降低。X 射线衍射实验显示，甲酸根负离子的两个 C—O 键的键长均为 127pm，而正常的 C=O 键的键长为 123pm，C—O 键的键长为 143pm。说明酸根负离子中已没有碳氧双键和碳氧单键之分，由于电子的离域而发生了键长的平均化。

当羧酸的烃基上连有取代基时，羧酸的酸性强度会发生变化。例如，当乙酸的 3 个 α-氢依次被氯原子取代，其酸性增强，三氯乙酸的酸性甚至与一些无机酸接近。这是由于氯原子的吸电子诱导效应使得酸根负离子的稳定性增大，而诱导效应具有加和性，α-位的氯原子越多，吸电子的诱导效应越强，酸性就越强。对于 α-卤代乙酸，随卤原子电负性的降低，吸电子诱导效应减弱，酸性减弱。

	CH$_3$COOH	ClCH$_2$COOH	Cl$_2$CHCOOH	Cl$_3$CCOOH
pK_a	4.74	2.86	1.26	0.64

	FCH$_2$COOH	ClCH$_2$COOH	BrCH$_2$COOH	ICH$_2$COOH
pK_a	2.60	2.86	2.90	3.18

随着卤原子取代位次增大，其吸电子诱导效应显著减小，故 α-氯丁酸、β-氯丁酸和 γ-氯丁酸的酸性依次减弱。

	CH$_3$CH$_2$CHClCOOH	CH$_3$CHClCH$_2$COOH	CH$_2$ClCH$_2$CH$_2$COOH	CH$_3$CH$_2$CH$_2$COOH
pK_a	2.84	4.06	4.52	4.82

甲氧基（CH$_3$O—）、氰基（—CN）和硝基的吸电子诱导效应依次增加，故甲氧基乙酸、腈基乙酸和硝基乙酸的酸性依次增强。

	CH$_3$OCH$_2$COOH	NCCH$_2$COOH	O$_2$NCH$_2$COOH
pK_a	3.6	2.5	1.7

苯甲酸的酸性（pK_a=4.20）比一般的脂肪酸的酸性强，这是因为与烷基相比，苯环具有吸电子诱导作用，从而稳定了苯甲酸根负离子（共轭碱）。当苯甲酸的间位有甲氧基时，甲氧基的吸电子诱导作用有利于稳定酸根负离子，故间甲氧基苯甲酸的酸性（pK_a=4.10）较苯甲酸的强。需要指出的是，酸性与酸和共轭碱之间的平衡相关，有利于稳定共轭碱的因素将增强酸的酸性，而有利于稳定酸的因素将降低酸的酸性。对甲氧基苯甲酸（pK_a=4.47）比苯甲酸的酸性弱，就是因为对位甲氧基强的给电子共轭效应稳定了酸（如页边图所示），从而使酸的电离能力降低。邻甲氧基苯甲酸的酸性（pK_a=4.09）较对甲氧基苯甲酸的强。一方面，邻位甲氧基的吸电子诱导效应较强，有利于稳定酸根负离子；另一方面，邻位的空间位阻抑制了甲氧基的给电子共轭作用，不利于稳定共轭酸，而不共平面的酸根离子却能因张力得到释放而稳定性增加。事实上，无论是吸电子基还是给电子基，邻位取代苯甲酸一般比对位取代苯甲酸的酸性强。

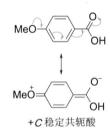

+C 稳定共轭酸

存在空间位阻　　　pK_a=4.09　　　　张力释放

水杨酸（即邻羟基苯甲酸）是法国人在 1829 年首次从柳树皮中提取出的一种可以治病的活性物质，它在治疗发热、风湿和其它一些炎症方面很有效，但它酸性太强，对胃肠道刺激性较大，可使胃部产生灼热感。1859 年，德国化学家 F. Hoffmann 将水杨酸与醋酸酐一起反应，合成出了酸性较弱的乙酰水杨酸，后经临床试验证实其在镇痛和治疗风湿病方面的效果。1899 年，拜耳公司正式以阿司匹林（aspirin）的药名给乙酰水杨酸注册。经过一个世纪的临床应用，证明阿司匹林是一种有效的解热镇痛药，广泛用于治疗伤风、感冒、头痛、神经痛、关节痛、风湿痛等，近年来又发现它还是预防心脑血管疾病的良药。

为什么水杨酸（$pK_a = 2.97$）的酸性比较强？水杨酸的羧基电离出质子后，所形成的酸根负离子可形成分子内氢键，从而稳定了水杨酸的共轭碱，所以它的酸性要比对羟基苯甲酸（$pK_a = 4.58$）和间羟基苯甲酸（$pK_a = 4.08$）强得多。

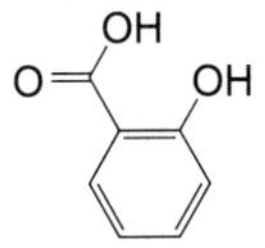

水杨酸根负离子

| pK_a | 4.20 | 4.58 | 4.08 | 2.97 |

水杨酸

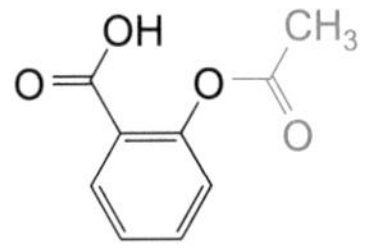

乙酰水杨酸
阿司匹林

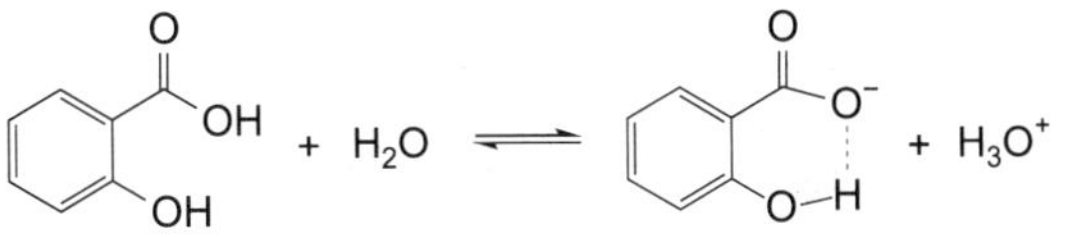

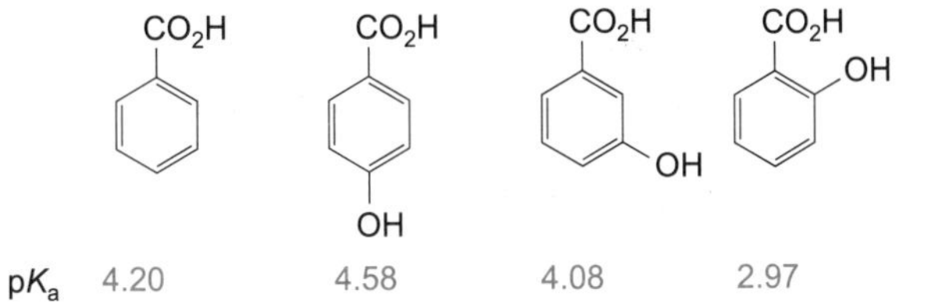

★ 问题 11-2 丙炔酸（$pK_a = 1.90$）比丁-3-炔酸（$pK_a = 3.30$）的酸性强，试解释其原因。

★ 问题 11-3 2,6-二甲基苯甲酸（$pK_a = 3.24$）比 3,5-二甲基苯甲酸（$pK_a = 4.33$）的酸性强，试解释其原因。

★ 问题 11-4 比较下列各组化合物的酸性大小：

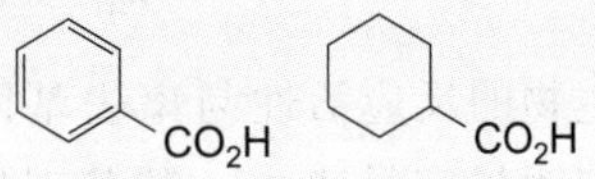

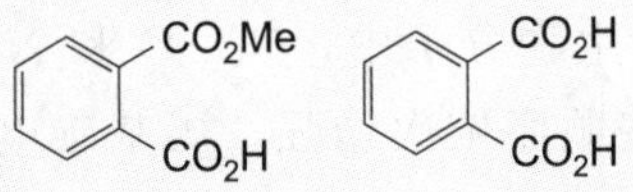

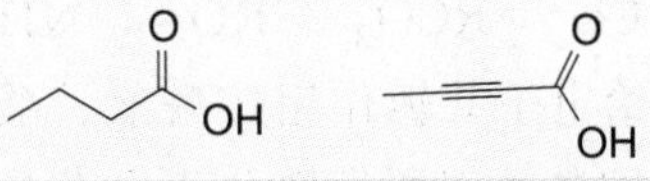

11.4 羧酸及其衍生物的亲核取代反应

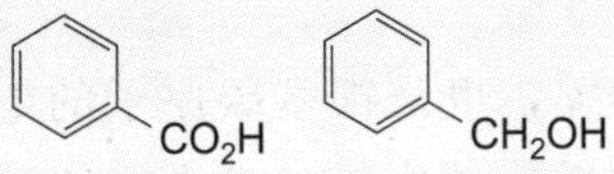

11.4.1 加成-消除机理

羧酸及其衍生物容易发生亲核取代反应，即离去基团（L）被亲核试剂取代。常用亲核试剂有 OH^-、RO^-、R^-、ROH、H_2O、NH_3、H_2NR 等负离子或中性分子。离去基团包括 Cl^-、RCO_2^-、RO^-、OH^-、NH_2^-、RNH^- 等。通常情况下，反应在酸或碱催化下按加成-消除机理进行。

（1）在酸催化下，反应涉及以下五个步骤。

第一步：质子化活化羰基。

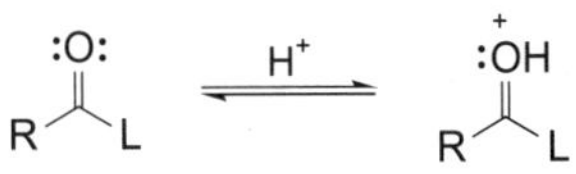

第二步：亲核试剂（HNu）对质子化的羰基进行亲核加成。

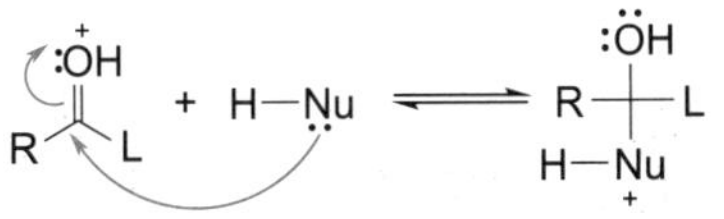

第三步：质子转移至离去基团（L），离去基团被活化。

第四步：离去基团离去。

第五步：脱去质子，得到亲核取代产物。

（2）在碱性条件下，反应经历了加成-消除过程，反应结束后，用酸中和。

第一步：亲核加成。

第二步：消除

羧酸衍生物的反应活性与离去基团的离去能力有关，也与羰基碳原子的电子密度有关。离去基团越容易离去，羰基碳原子越缺电子，反应越容易。离去基团离去的难易次序为：$Cl^- > RCO_2^- > RO^- > NH_2^-$。在羧酸衍生物分子中，Cl、O 和 N 原子对 C＝O 键的给电子共轭作用按酰氯、酸酐、酯、酰胺顺序依次增强，羰基碳电子密度依次增大，即羰基碳所带部分正电荷依次减少。综合考虑离去基团的离去能力和羰基碳的缺电子性两种因素，羧酸衍生物发生亲核取代反应的难易次序为：酰氯＞酸酐＞酯＞酰胺。

11.4.2 醇解反应

羧酸的醇解生成酯，称为酯化反应（esterification reaction）。酯化反应是可逆的，为了反应完全进行，通常采用过量的反应原料（羧酸或醇），加入能与水共沸的溶剂（如苯或甲苯），把水不断地从反应体系中带出，使反应向酯化方向进行。

酯化反应是通过"质子化-加成-消除"机理进行的，包括以下五个步骤。

第一步：羧酸的羰基质子化，从而羰基被活化。

第二步：醇作为亲核试剂进攻羰基碳，生成亲核加成产物，羰基碳随之由 sp^2 杂化变为 sp^3 杂化。

第三步：质子转移，羟基被质子化，变为离去基团。

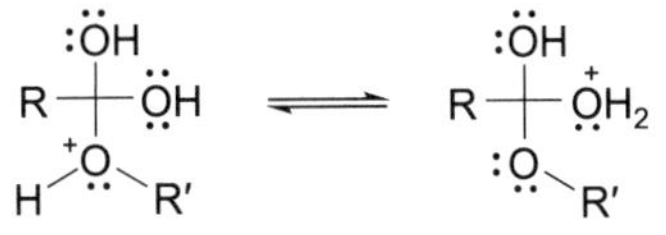

第四步：消除一分子水，形成质子化的酯。

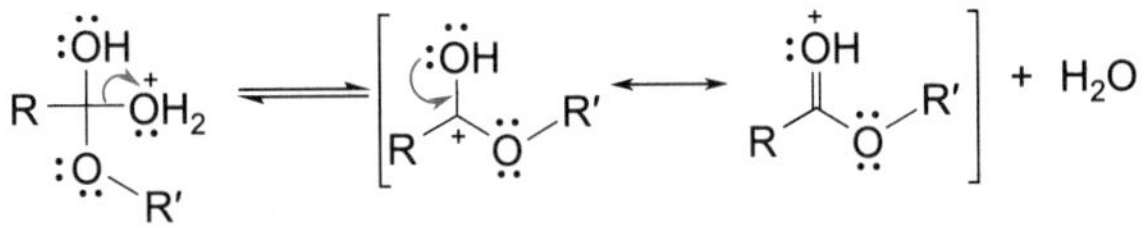

第五步：脱去质子后得到酯。

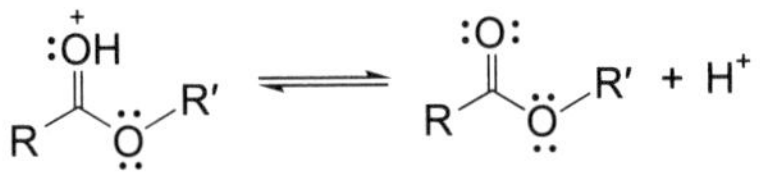

酯化反应常用浓硫酸作催化剂，并用苯或甲苯作溶剂，通过共沸带水方法将反应产生的水不断除去，从而使平衡向酯化方向移动，直至反应完全。例如：

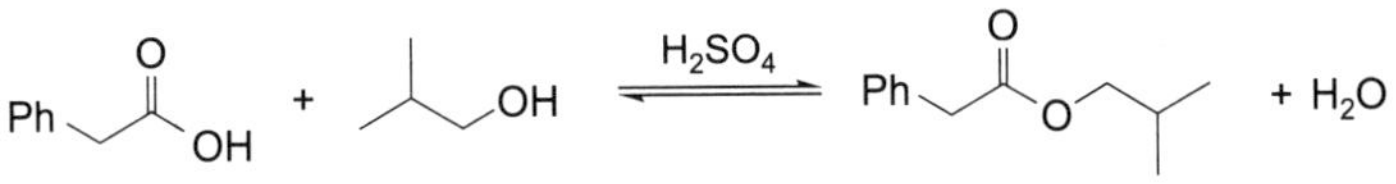

2-苯基乙酸　　　　　　　　　　　　　　　　2-苯基乙酸异丁酯

酯化反应发生在分子内，形成内酯，一般五、六元环内酯比较稳定。例如，在对甲苯磺酸催化下，4-羟基戊酸能够发生分子内酯化，生成戊-4-内酯。

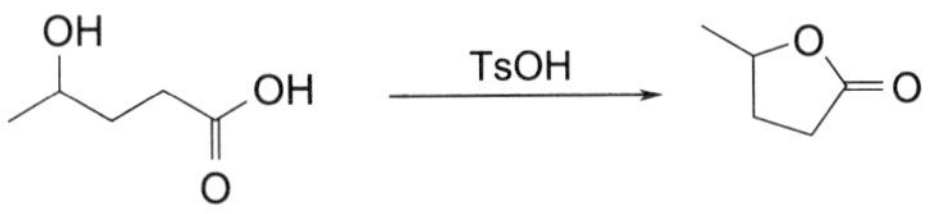

4-羟基戊酸　　　　　　　　　　　戊-4-内酯

酰氯和酸酐的反应活性比较高，容易与醇发生醇解生成酯。反应通常在碱（如三乙胺、吡啶等）存在下进行，以便除去生成的酸。一般来说，难以直接用羧酸和醇发生酯化反应制备的酯常用该方法制备。例如：

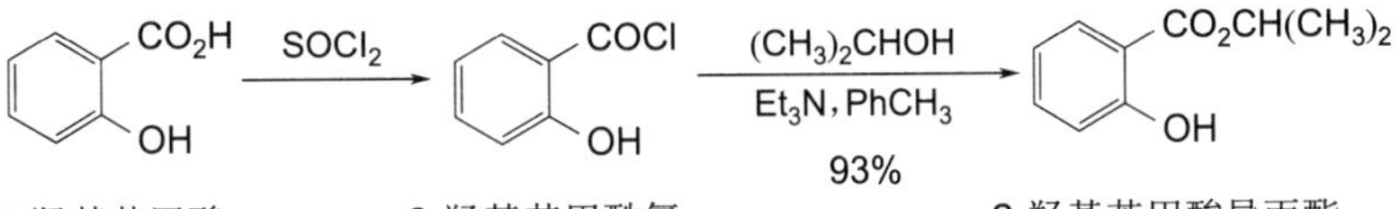

2-羟基苯甲酸　　　　2-羟基苯甲酰氯　　　　　　　2-羟基苯甲酸异丙酯

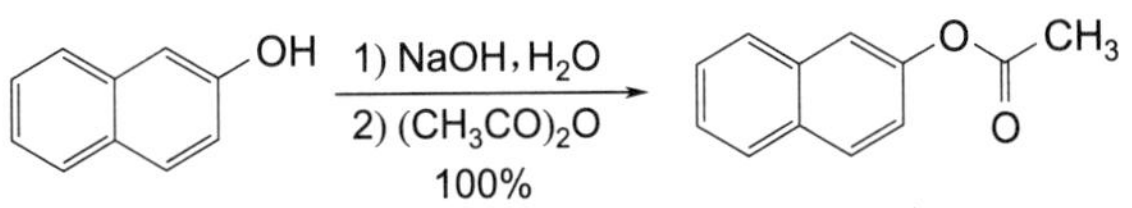

萘-2-酚　　　　　　　　　　　　乙酸萘-2-基酯

在酸或醇钠的存在下，酯的醇解可得到另一种酯和另一种醇，称为酯交换反应。该反应也是可逆的，在工业上常有应用。例如工业上制备用于合成PVC树脂的对苯二甲酸二辛酯就是用酯交换法进行的：

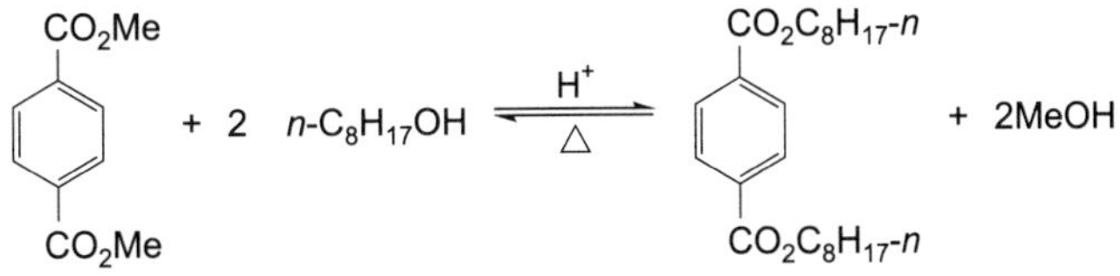

对苯二甲酸二甲酯　　　　　　　　　　　　　对苯二甲酸二辛酯

11.4.3 水解反应

酰氯、酸酐、酯和酰胺均可与水发生水解（hydrolysis），经加成-消除机理生成羧酸，反应活性依次降低。

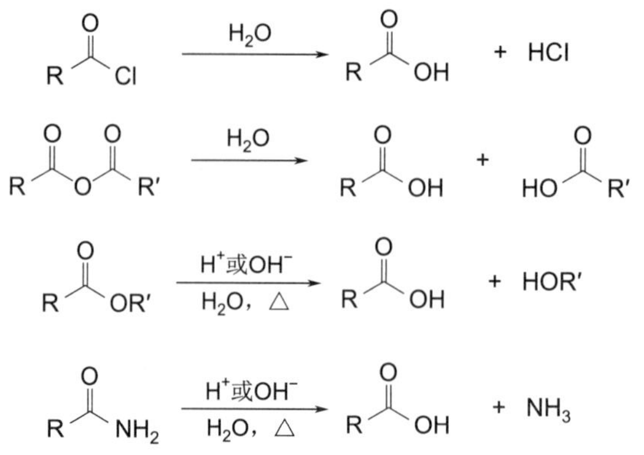

对于反应活性较低的酯和酰胺，水解反应通常需要酸或碱作催化剂。在酸催化下，水解反应一般按照"质子化-加成-消除"机理进行。催化过程第一步是羰基氧原子的质子化，质子化活化了羰基，使羰基碳原子更容易受到弱亲核试剂 H_2O 的进攻。然后，反应依次经历亲核加成、质子交换、消除和脱质子过程，得到水解产物羧酸和醇。这个过程就是酯化反应的逆反应。

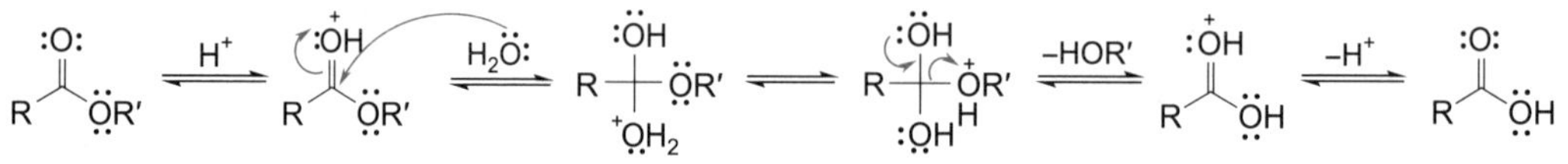

碱催化时，OH^- 是一种强的亲核试剂，容易直接攻击羰基碳原子。反应按照加成-消除机理进行，生成羧酸盐和醇。反应结束后，用酸中和羧酸盐，得到游离的羧酸。

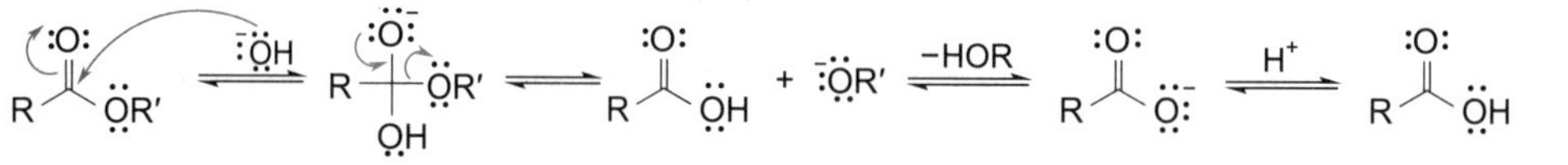

11.4.4 氨解反应

酰氯、酸酐和酯容易与氨或胺发生亲核取代生成酰胺。该反应也称为氨解（ammonolysis），它是制备酰胺的常用方法。例如：

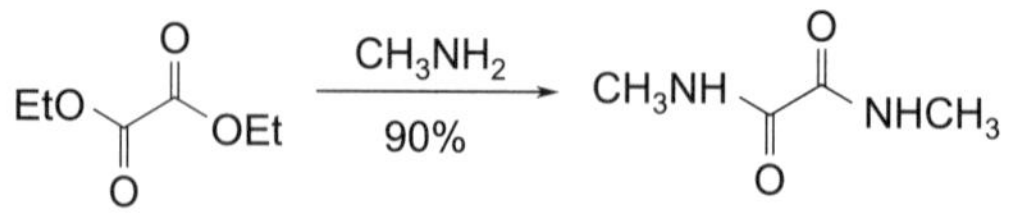

草酸二乙酯　　　　　　　　　　N,N'-二甲基草酸二酰胺

乙酸酐　　　　　　　　　　　　N,N-二甲基乙酰胺

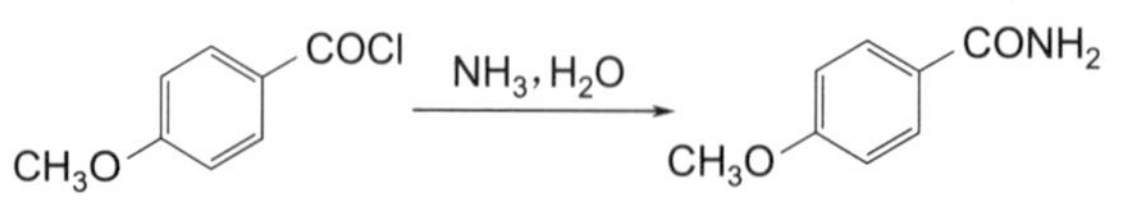

4-甲氧基苯甲酰氯　　　　　　　4-甲氧基苯甲酰胺

羟胺和肼亦可作为亲核试剂发生类似的反应，其中与肼的反应常称为肼解（hydrazinnlysis）。例如：

11.4.5 与金属有机试剂的反应

金属有机试剂如格氏试剂、有机锂试剂（RLi）、有机铜锂试剂（R_2CuLi）等作为亲核试剂，容易与羧酸衍生物发生加成-消除反应。酰氯的羰基非常活泼，与格氏试剂或有机锂试剂反应首先进行加成-消除生成酮，进而再与过量的试剂反应生成叔醇。但因酰氯的反应活性比酮大得多，所以在酰氯过量且反应温度较低时反应可以停留在酮的阶段。

例如，苯甲酰氯与两倍量的乙基格氏试剂反应，生成 3-苯基戊-3-醇；乙酰氯与等量的正丁基格氏试剂反应，得到己-2-酮。

有机铜锂试剂的反应活性不如格氏试剂，与酰氯反应产物一般为酮。反应通常需要在低温下进行。例如，2,2-二甲基丙酰氯（俗名：叔戊酰氯）与二甲基铜锂试剂在低温下反应，生成 3,3-二甲基丁-2-酮。

酯也容易与活泼的格氏试剂和有机锂试剂作用，但酯羰基的活性比酮羰基差，因此反应很难停留在酮阶段，一般生成的酮很快与体系中的金属有机试剂进一步作用生成叔醇。

该反应常用于合成具有两个相同烃基的叔醇，如通过己酸乙酯与过量的甲基格氏试剂反应，可合成 2-甲基庚-2-醇。

★ 问题 11-5　预测下列反应的产物：

(1)

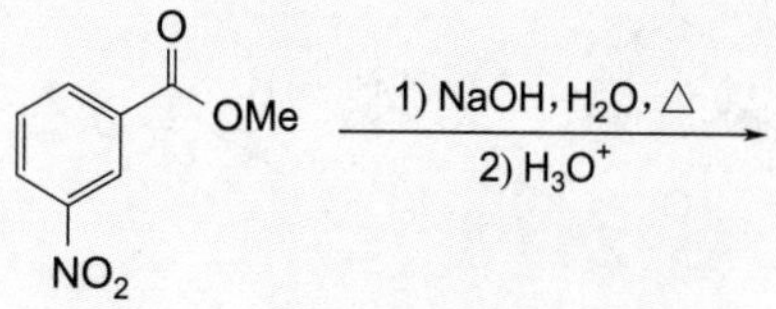

(2)

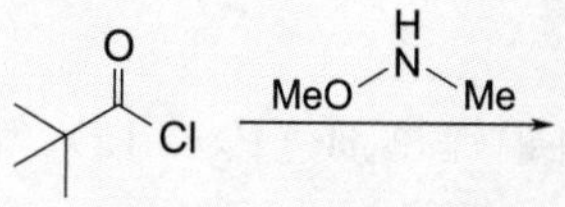

(3)

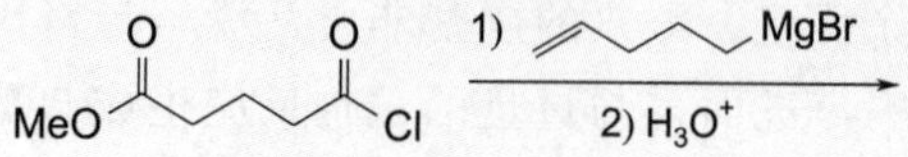

(4)

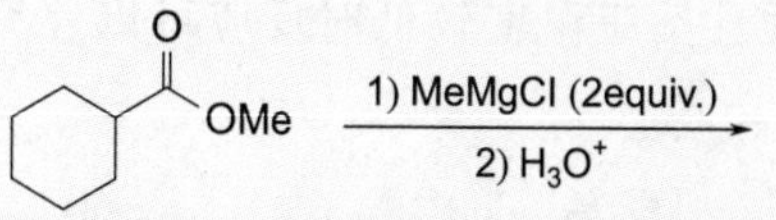

★ 问题 11-6　写出下列反应的机理：

(1)

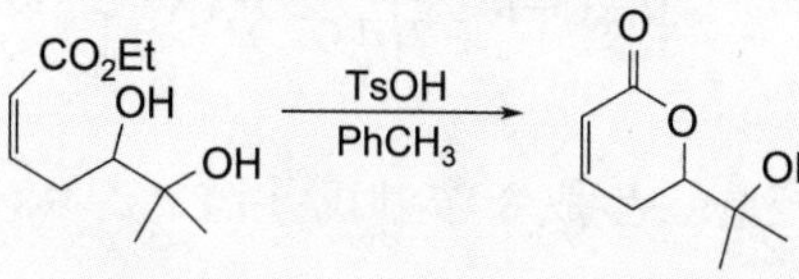

(2)

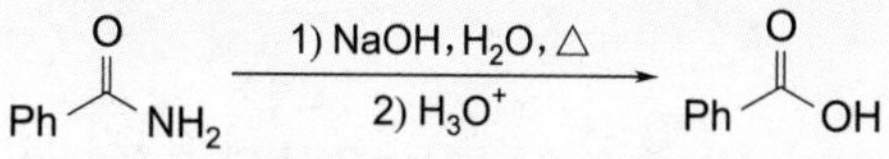

11.5　羧酸及其衍生物的还原反应

11.5.1　催化氢化

　　酰氯容易发生催化氢化反应生成醛，进一步加氢生成醇。如果使用部分中毒的钯催化剂（如 Lindlar 催化剂），可得到高收率的醛。这个反应叫做 Rosenmund 还原，它是制备醛的一个重要方法。

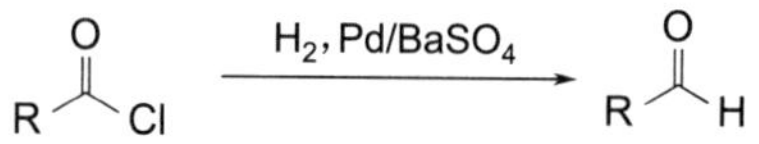

　　例如，萘-2-甲酰氯在 Lindlar 催化剂存在下催化加氢，得到萘-2-甲醛。

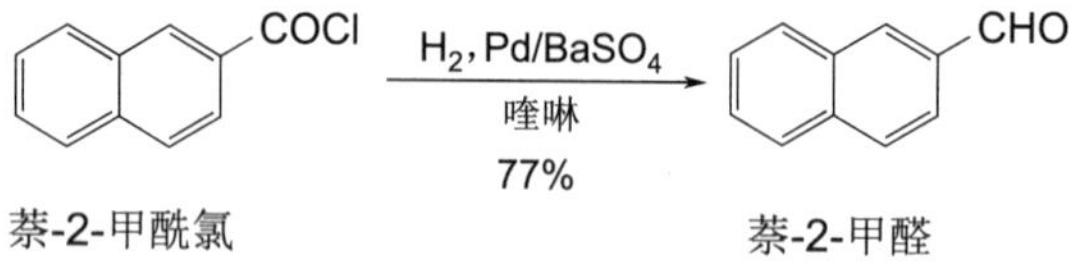

萘-2-甲酰氯　　　　　　　　　　　　　萘-2-甲醛

11.5.2　金属氢化物还原

（1）氢化铝锂还原

　　羧酸及其衍生物可被金属氢化物还原成伯醇、醛或胺。常用的金属氢化物有氢化铝锂（LiAlH₄）、硼氢化钠（NaBH₄）和硼烷（BH₃）。氢化铝锂还原能力很强，它不仅能将醛、酮还原为醇，而且还能将酰氯、酯和羧酸还原为伯醇，将酰胺还原为胺。例如，2,2-二甲基丙酸和 2,2-二甲基丙酸乙酯可被氢化铝锂还原为 2,2-二甲基丙-1-醇；N-甲基十二碳酰胺被氢化铝锂还原为 N-甲基十二烷-1-胺。

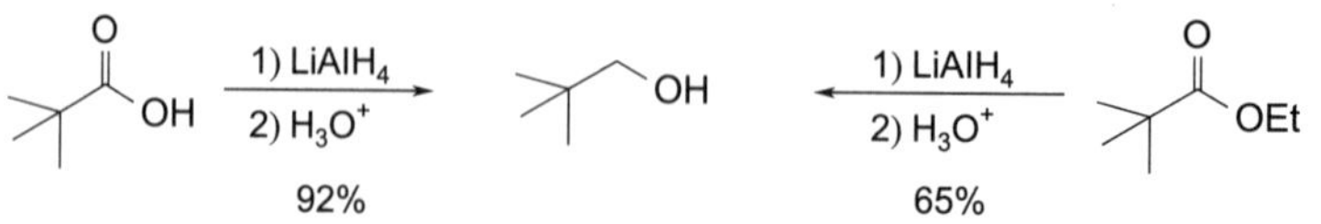

2,2-二甲基丙酸　　　　　　2,2-二甲基丙-1-醇　　　　　　2,2-二甲基丙酸乙酯

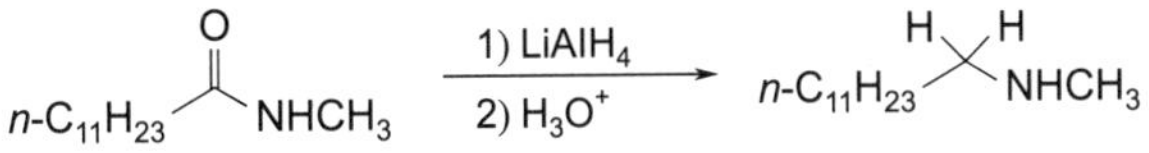

N-甲基十二碳酰胺　　　83%　　　N-甲基十二烷-1-胺

羧酸被氢化铝锂还原时，首先形成羧酸盐，同时放出氢气。接着，羧酸盐被还原为醛，继而按照醛的还原机理还原成烷氧基铝，后者经水解生成伯醇。在此过程中，铝以 $Al(OH)_3$ 的形式生成。

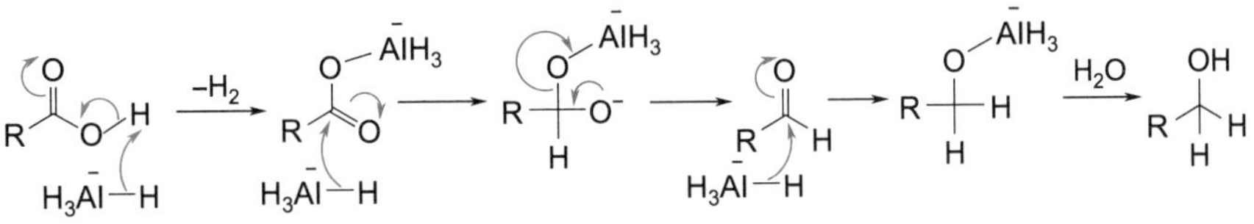

氢化铝锂还原酯时，负氢离子首先对羰基碳进行亲核加成，接着发生烷氧基的消除；生成的醛比酯更活泼，一旦形成即可被进一步还原为醇。

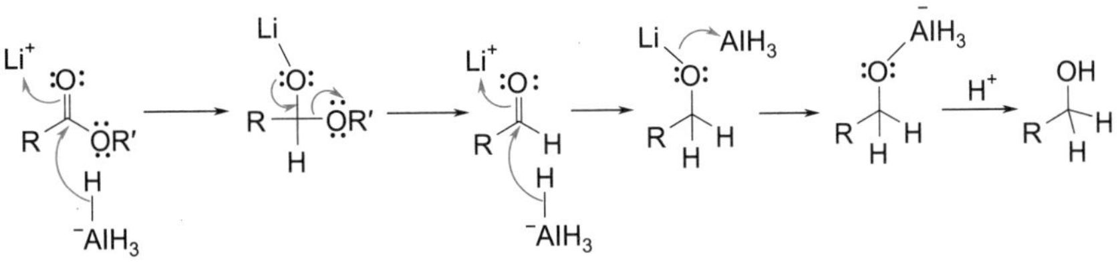

酰胺被氢化铝锂还原的第一步与酯的还原相似，接着发生氧消除（而不是氮消除），生成亚胺阳离子活性中间体，后者继而被还原得到胺。

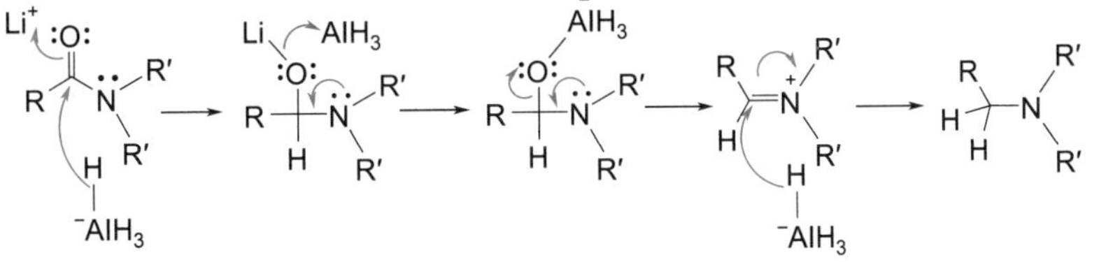

(2) 硼氢化钠还原

硼氢化钠还原能力较差，一般容易还原醛和酮为醇，而不能直接还原羧酸及其衍生物，但在吡啶或二氯化镉存在下，在 N,N-二甲基甲酰胺中反应，可将酰氯选择性还原成醛，分子中存在的卤素、双键、氰基、硝基、酯基等均不受影响。若用 Rosenmund 还原反应，则这些基团往往同时被还原。例如：

$$CH_2{=}CH(CH_2)_8COCl \xrightarrow[\text{DMF-THF}]{NaBH_4,Py} CH_2{=}CH(CH_2)_8CHO$$

十一碳-10-烯酰氯　　　　　　十一碳-10-烯醛

硼氢化钠与羧酸作用也要形成羧酸盐，并放出氢气。硼氢化钠的活性较氢化铝锂弱，不能进一步将羧酸盐还原为醇。然而，在一些亲电试剂（如 I_2、H_2SO_4 或 $AlCl_3$）存在下，硼氢化钠可将羧酸还原为醇，将酰胺还原为胺。

用 $NaBH_4/I_2$ 试剂还原羧酸的过程分为两个阶段：（1）反应先形成羧酸盐 A，A 与 I_2 作用形成活性中间体 B，后者进一步被还原为醛 C；（2）醛被 $NaBH_4$ 还原为醇。

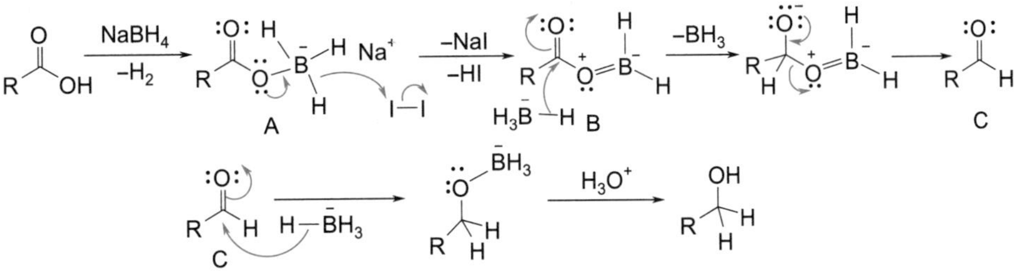

（3）硼烷还原

硼烷的还原能力很强，也能够将羧酸、酯和酰胺还原，如将 N,N-二甲基叔戊酰胺还原为 $N,N,2,2$-四甲基-1-丙胺。

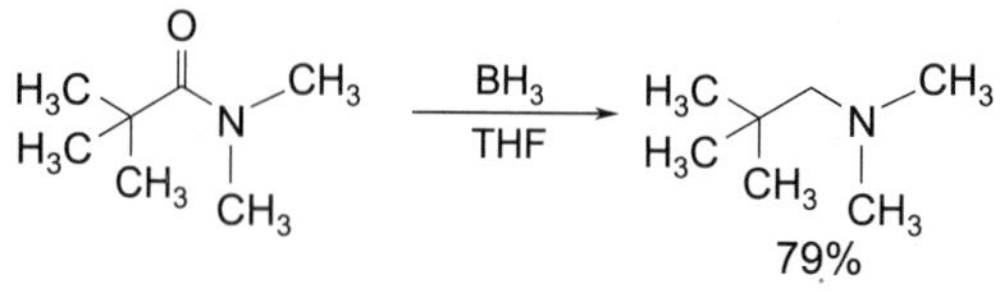

当有多个可还原官能团存在时，硼烷还原羧基的化学选择性一般是很高的。例如：

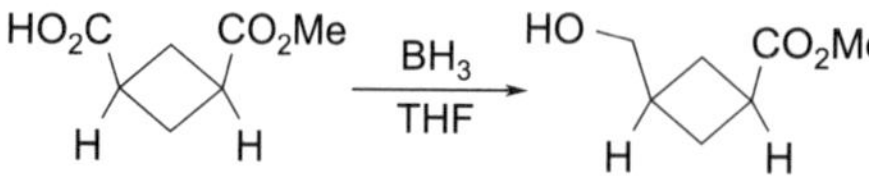

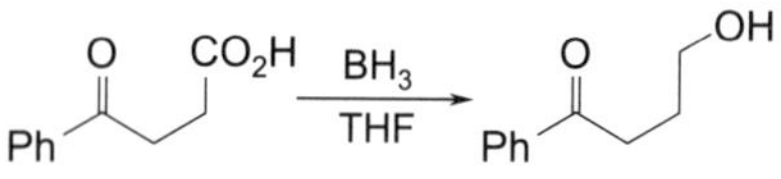

硼烷还原羧酸时首先形成三酰基硼酸酯，并放出氢气，这是反应的决速步骤。然后，三酰基硼酸酯被硼烷还原为三烷基硼酸酯，后者经水解处理得到醇。在三酰基硼酸酯中，硼原子用其空的 p 轨道与酰氧基共轭，导致羰基碳的电子云密度降低，故三酰基硼酸酯比通常的羧酸酯和羧酸的锂盐（由羧酸和 $LiAlH_4$ 作用形成的中间体）更活泼，一旦形成，即可进一步被硼烷还原为醇。

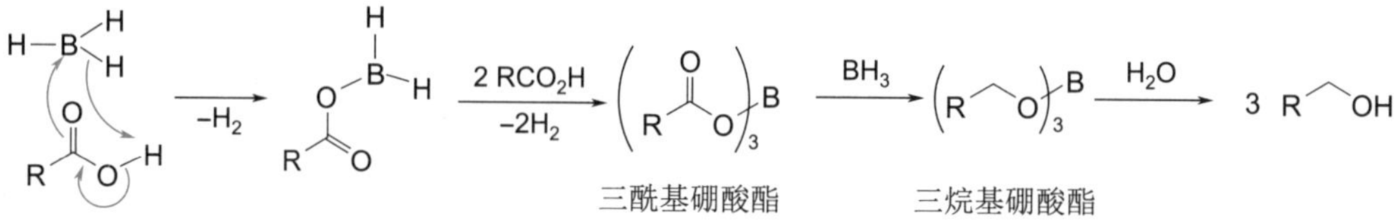

硼烷还原酰胺时，酰胺作为 Lewis 碱与硼烷形成配合物，再经历分子内的加成和消除，形成亚胺阳离子中间体。接着，亚胺阳离子中间体进一步被硼烷还原为胺。

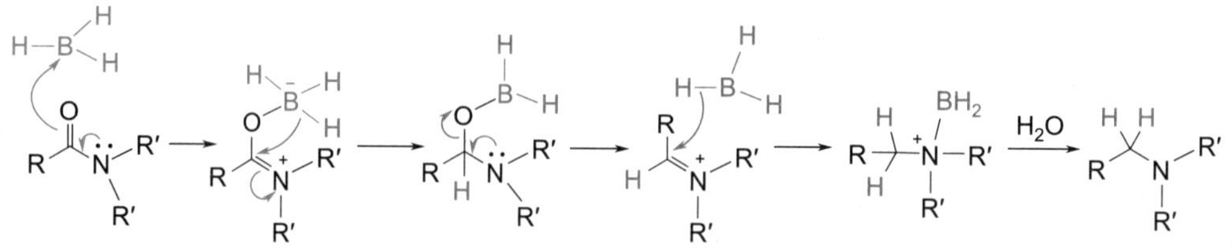

> ★ 问题 11-7　预测下列化合物被 $LiAlH_4$ 还原的产物：
>

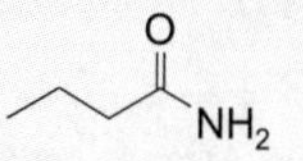

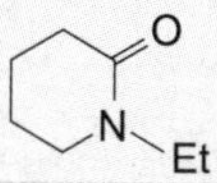

11.6　羧酸及其衍生物的其它反应

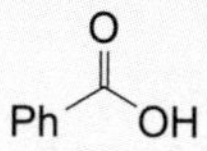

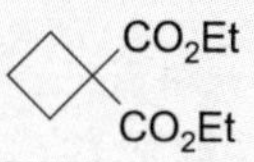

11.6.1　脱羧反应

一些羧酸在加热时容易发生失去二氧化碳的反应，即脱羧反应。最常见的是二元酸的脱羧反应。不同的二元酸受热常得到不同的脱羧产物。例如，草酸和丙二酸加热脱羧，分别生成甲酸和乙酸；己二酸和庚二酸则既脱羧又失水生成环酮。但丁二酸和戊二酸只失水生成酸酐（见第 11.4.4 节），而不发生脱羧。更长碳链的二元酸受热往往生成聚酐。

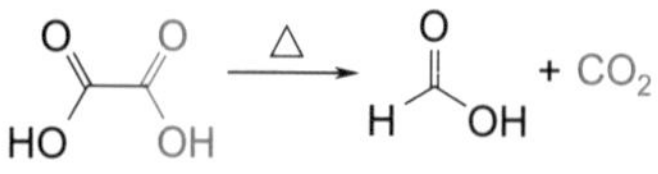

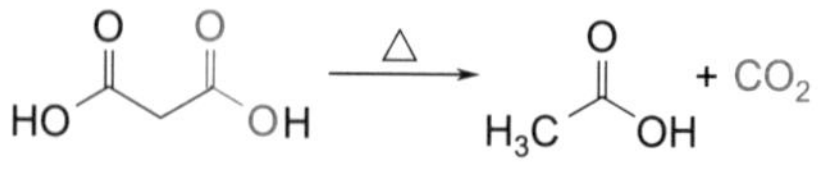

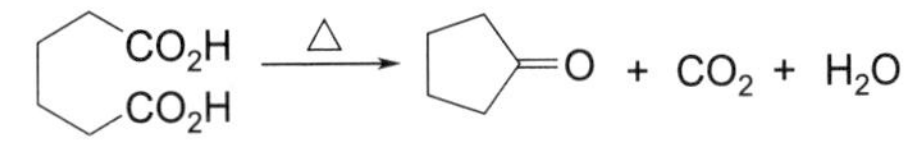

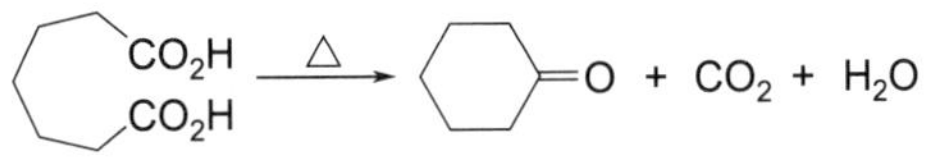

丙二酸的脱羧反应可能经历了一个六元环状过渡态，生成烯醇和二氧化碳，烯醇互变异构为稳定的酮式结构：

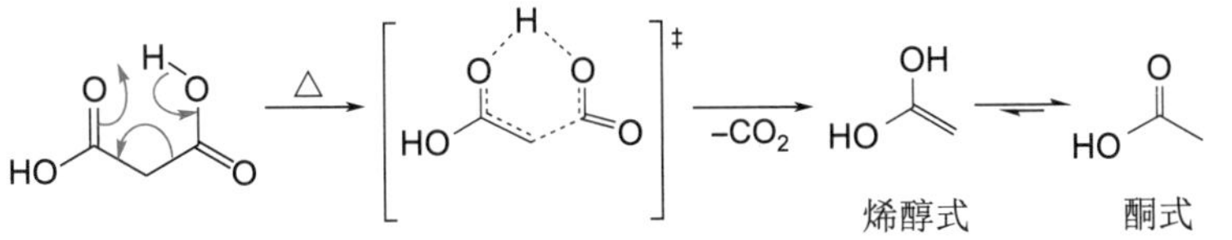

与丙二酸结构相似的 β-酮酸也很容易脱羧。

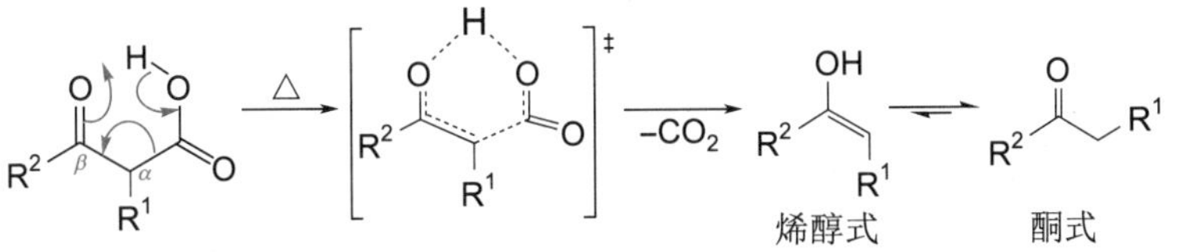

有些 β-酮酸的脱羧反应甚至可在室温下进行，例如：

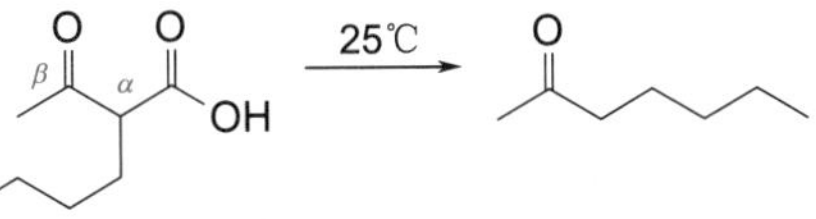

丙二酸和 β-酮酸型化合物的脱羧提供了由丙二酸二乙酯和乙酰乙酸乙酯为起始原料，经烷基化和脱羧反应组合的合成羧酸和酮的重要方法，详细内容见第 12 章。

羧酸盐电解脱羧生成了烷基自由基，经二聚生成烷烃，这个反应称为 Kolbe 反应。通常使用高浓度的羧酸钠盐，在中性或弱酸性溶液中进行电解。多用铂作电极，阳极处生成烷烃和二氧化碳，阴极处则生成氢氧化钠和氢气。电解反应是通过自由基进行的：羧酸根负离子在阳极上失去一个电子，生成羧基自由基，接着脱去二氧化碳，产生烷基自由基，两分子烷基自由基偶联得到烷烃。

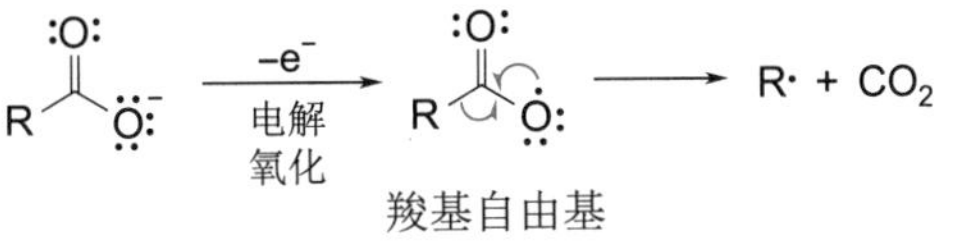

$$2R\cdot \longrightarrow R-R$$

Kolbe 反应可用于由较小的羧酸制备长链烷烃。例如，电解 6-氧亚基辛酸钠，能够合成十四烷-3,12-二酮。

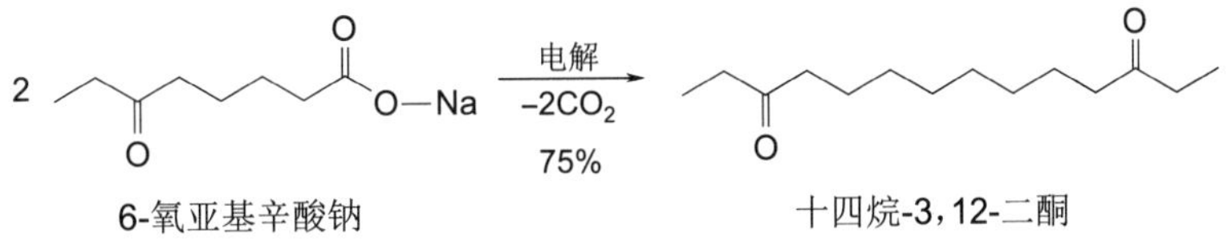

11.6.2 脱水反应

酰胺与氯化亚砜或 P_2O_5 共热时失水生成腈，这是制备腈的常用方法之一。

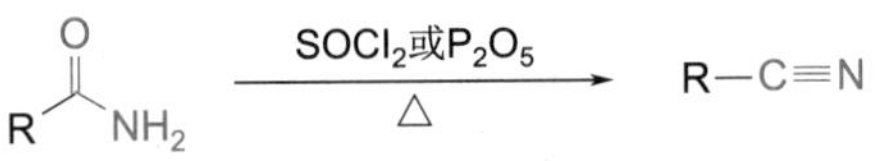

例如，异丁酰胺与五氧化二磷共热生成异丁腈，用氯化亚砜处理己酰胺，则生成己腈。

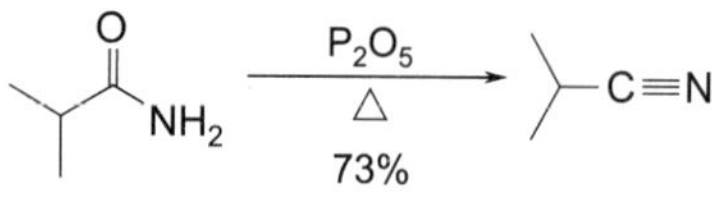

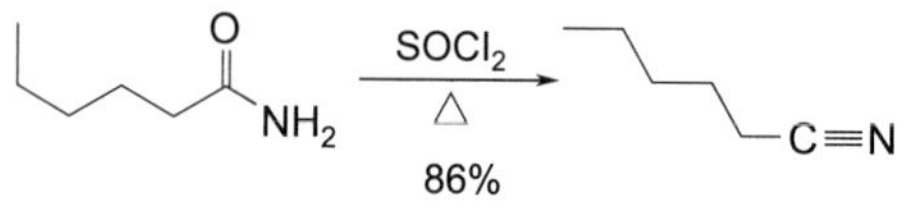

异丁酰胺　　异丁腈　　己酰胺　　己腈

酰胺的羰基氧原子具有亲核性，当用氯化亚砜脱水时，羰基氧与氯化亚砜发生亲核取代，接着经历消除反应历程，生成腈，同时放出二氧化硫和 HCl。

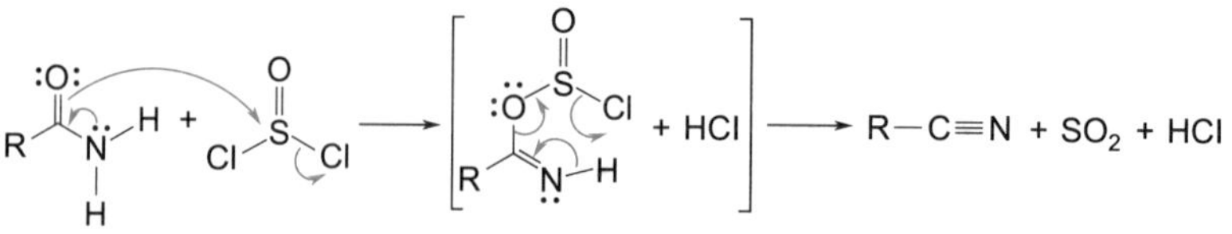

11.7 羧酸及其衍生物的制备

11.7.1 羧酸的制备

(1) 醇和醛的氧化

伯醇或醛氧化生成相应的羧酸（见第 8 章），这是制备羧酸的最常用方法。例如，用硝酸氧化 3-氯丙醛，可得到 3-氯丙酸。

$$ClCH_2CH_2\overset{O}{\overset{\|}{C}}H \xrightarrow{HNO_3} ClCH_2CH_2\overset{O}{\overset{\|}{C}}OH \quad 79\%$$

3-氯丙醛 3-chloropropanal　　3-氯丙酸 3-chloropropanoic acid

工业上常用氧或空气为氧化剂，通过催化氧化的方法由醇或醛来制备一些简单的羧酸，如由丙醇的催化氧化来制备丙酸：

$$CH_3CH_2CH_2OH \xrightarrow[Mn(OAc)_2]{O_2} CH_3CH_2CHO \xrightarrow[Mn(O_2CC_3H_7)_2]{O_2} CH_3CH_2CO_2H \quad 90\%$$

(2) 烃的氧化

烯烃的氧化断裂可用于制备羧酸。不对称的开链烯烃氧化断裂生成两种不同的羧酸，环烯烃则得到单一的二元羧酸。例如：

$$RCH{=}CHR' \xrightarrow{KMnO_4} RCO_2H + R'CO_2H$$

芳烃的侧链氧化也是制备芳酸的重要方法。例如，2-氯甲苯与高锰酸钾在加热条件下氧化，生成 2-氯苯甲酸。

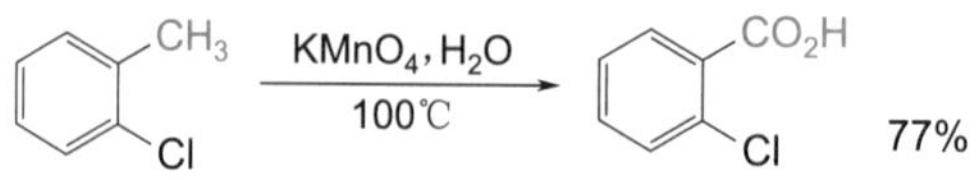

2-氯甲苯 1-chloro-2-methylbenzene　　2-氯苯甲酸 2-chlorobenzoic acid

(3) 腈的水解

腈（nitriles）的结构通式为 R—CN，命名时可看作羧酸的羧基（—COOH）被氰基（—CN）取代，故将相应的羧酸名的后缀“酸”（-oic acid）或“二酸”（-dioic acid）替换为“腈”（-nitrile）或“二腈”（-dinitrile）即可。通常腈由卤代烃与氰化钠或氰化钾的亲核取代反应来制备，并在酸或碱催化下水解生成羧酸。此方法一般适用于伯卤代烃，亲核取代通过 S_N2 机理进行。仲卤代烃和叔卤代烃与氰化钠或氰化钾反应容易生成消除产物。

$$RX \xrightarrow{^-CN} R-C\equiv N \xrightarrow[\text{2) } H_3O^+]{\text{1) } ^-OH} R-CO_2H$$

例如，1-氯-2-氯甲基苯与氰化钾的亲核取代生成 2-(2-氯苯基)乙腈，后者经酸催化水解得到 2-(2-氯苯基)乙酸。氯乙酸钠则可通过类似的方法转化为丙二酸。

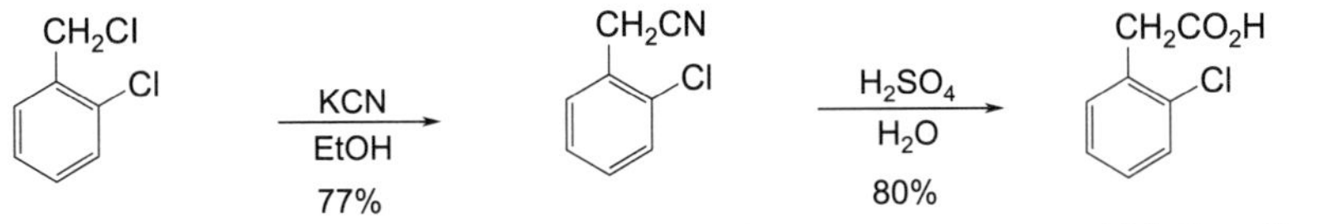

1-氯-2-氯甲基苯
1-chloro-2-chloromethyl benzene

2-(2-氯苯基)乙腈
2-(2-chlorophenyl) acetonitrile

2-(2-氯苯基)乙酸
2-(2-chlorophenyl) acetic acid

$$ClCH_2CO_2Na \xrightarrow{NaCN} NCCH_2CO_2Na \xrightarrow{H_3O^+} HO_2CCH_2CO_2H$$

氯乙酸钠 丙二酸

由伯醇衍生的磺酸酯亦可代替卤代烷作为起始原料来制备羧酸，例如：

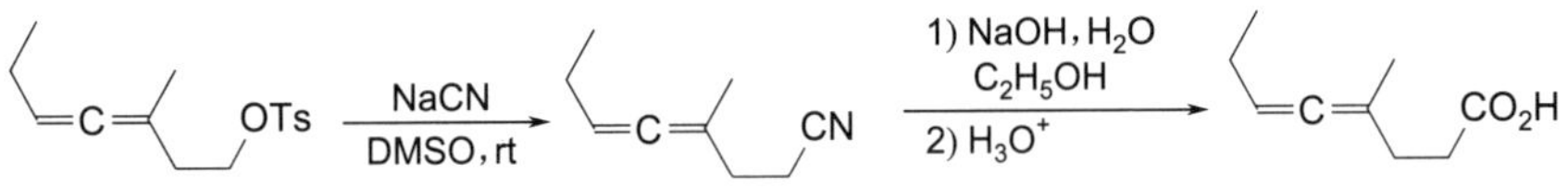

4-甲基辛-4,5-二烯腈
4-methylocta-4,5-dienenitrile

4-甲基辛-4,5-二烯酸
4-methylocta-4,5-dienoic acid

由氢氰酸与醛或酮加成生成的 α-羟基腈（见 10.4.1 节）经水解可制备 α-羟基羧酸。例如，由戊-2-酮氰醇化得到的 2-羟基-2-甲基戊腈经盐酸水解，得到 2-羟基-2-甲基戊酸。

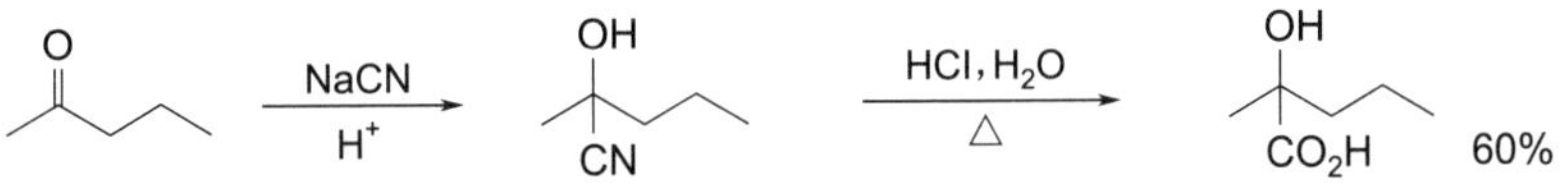

戊-2-酮
pentan-2-one

2-羟基-2-甲基戊腈
2-hydroxy-2-methyl pentanenitrile

2-羟基-2-甲基戊酸
2-hydroxy-2-methyl pentanoic acid

酸催化下腈的水解包括以下两个阶段。

第一阶段：腈经水解生成酰胺。

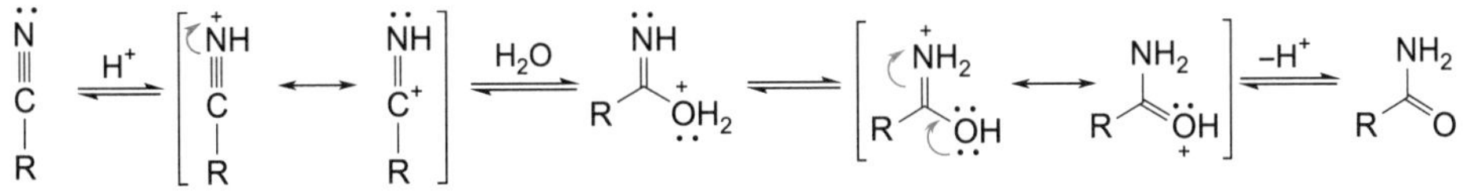

第二阶段：酰胺水解得到羧酸。

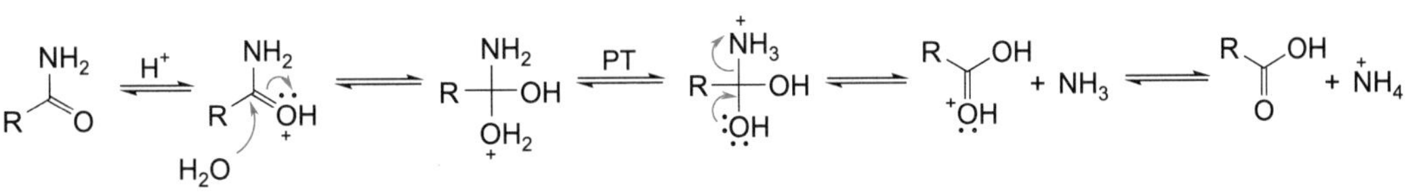

（4）由格氏试剂制备羧酸

在醚溶液中，卤代烃与金属镁反应生成格氏试剂，将格氏试剂倒入干冰，或将 CO_2 气体在低温下通入格氏试剂中，然后用酸中和得到羧酸。用这种方法制备的羧酸比原料卤代烃多一个碳，这是制备羧酸（包括脂肪酸和芳香酸）的一个常用方法之一。

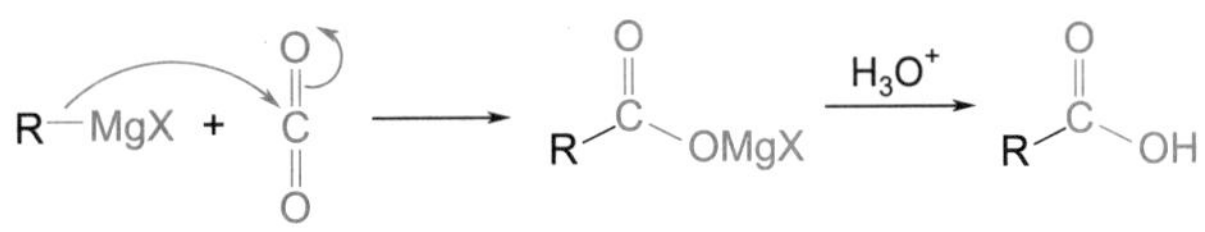

如由 2-氯丁烷制备 2-甲基丁酸：

$$\text{2-氯丁烷} \xrightarrow[\text{Et}_2\text{O}]{\text{Mg}} \text{MgCl} \xrightarrow[\text{2) 25\% H}_2\text{SO}_4]{\text{1) CO}_2,-12℃} \text{2-甲基丁酸}$$

81%

（5）油脂的水解

天然动植物油脂是高级脂肪酸的甘油酯。油脂在碱性条件下水解得高级脂肪酸的盐，酸化后可得不同碳链的高级脂肪酸。

$$\text{甘油酯} \xrightarrow[\text{OH}^-,\text{H}_2\text{O}]{} \text{(OH)} + {}^-\text{O}_2\text{CR}^1 / {}^-\text{O}_2\text{CR}^2 / {}^-\text{O}_2\text{CR}^3 \xrightarrow{\text{H}_3\text{O}^+} \text{HO}_2\text{CR}^1 / \text{HO}_2\text{CR}^2 / \text{HO}_2\text{CR}^3$$

油脂水解得到的高级脂肪酸主要是 12～18 个碳的饱和酸或不饱和酸，并且都含偶数碳原子，如月桂酸、肉豆蔻酸、软脂酸（棕榈酸）、硬脂酸、油酸、亚油酸等。

$$\text{CH}_3(\text{CH}_2)_{10}\text{CO}_2\text{H} \qquad \text{CH}_3(\text{CH}_2)_{12}\text{CO}_2\text{H} \qquad \text{CH}_3(\text{CH}_2)_{14}\text{CO}_2\text{H} \qquad \text{CH}_3(\text{CH}_2)_{16}\text{CO}_2\text{H}$$

月桂酸 　　　　　 肉豆蔻酸 　　　　　 软脂酸 　　　　　 硬脂酸

$$\text{CH}_3(\text{CH}_2)_4 \qquad (\text{CH}_2)_7\text{CO}_2\text{H} \qquad\qquad \text{CH}_3(\text{CH}_2)_7 \qquad (\text{CH}_2)_7\text{CO}_2\text{H}$$

亚油酸 　　　　　　　　　　　　 油酸

油脂用氢氧化钠水解所得到的 C12～C18 羧酸钠盐可用于制作肥皂，它有一个亲水性的酸根负离子和一个亲油性的长链烃基。在水中这些羧酸盐能够自组装成离子胶束，并发挥去污作用。长链脂肪酸盐分子的胶束结构及其去污作用示意见阅读资料 11-1。

阅读资料11-1

11.7.2 酯的制备

酰氯和酸酐的醇解以及酯化反应是制备酯的最常用方法（见第 11.4.2 节）。在很多情况下，羧酸与醇的直接酸催化酯化反应不能得到所需的酯，但在二环己基碳化二亚胺（DCC）存在下，羧酸能够与醇直接反应生成酯和二环己基脲（DCU）。由于 DCU 不溶于常用的有机溶剂（如二氯甲烷），反应结束后可通过过滤除去 DCU。该酯化反应在中性条件下进行，故也适合于对酸敏感的底物。

$$\text{R}^1\text{CO}_2\text{H} + \text{R}^2-\text{OH} + \text{DCC} \xrightarrow{\text{CH}_2\text{Cl}_2} \text{R}^1\text{CO}_2\text{R}^2 + \text{DCU}$$

DCC 　　　　　　　　　　　　　　 DCU

常用 4-(N,N-二甲氨基) 吡啶（DMAP）作催化剂，例如：

$$\xrightarrow[\text{CH}_2\text{Cl}_2,室温]{\text{DCC, DMAP}}$$

94%

DCC 的作用是活化羧基。首先，羧酸与 DCC 进行质子交换（这使得羧酸根阴离子具有更好的亲核性，而 DCC 则具有更好的亲电性）。然后，羧酸根阴离子对质子化的 DCC 进行亲核加成得到活化酯中间体 A。A 的结构类似于酸酐，它受到醇的亲核进攻，发生类似于酸酐的醇解反应，得到 DCU 和酯。

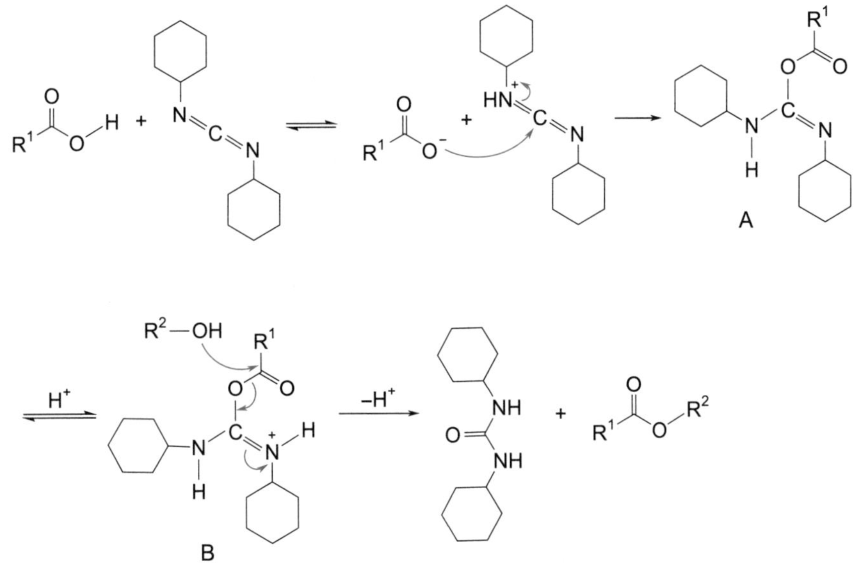

此外，酯还可以通过羧酸钠盐或钾盐与卤代烃或磺酸酯发生亲核取代反应来制备，例如：

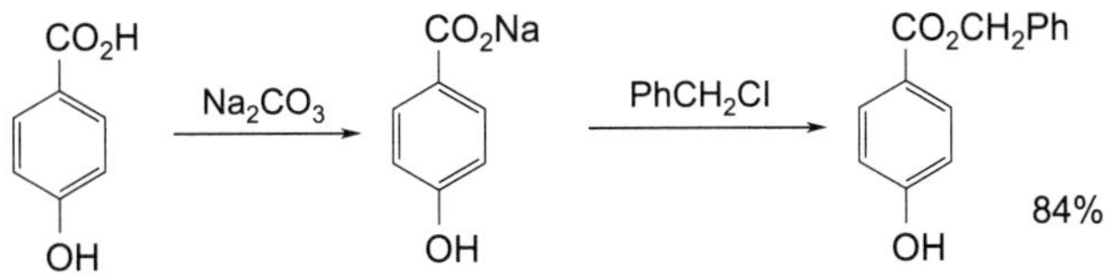

11.7.3 酰卤的制备

$SOCl_2$、PX_3、PX_5 等（其中 X 为 Cl 和 Br）可与羧酸作用生成酰卤，这是制备酰卤的一般方法。

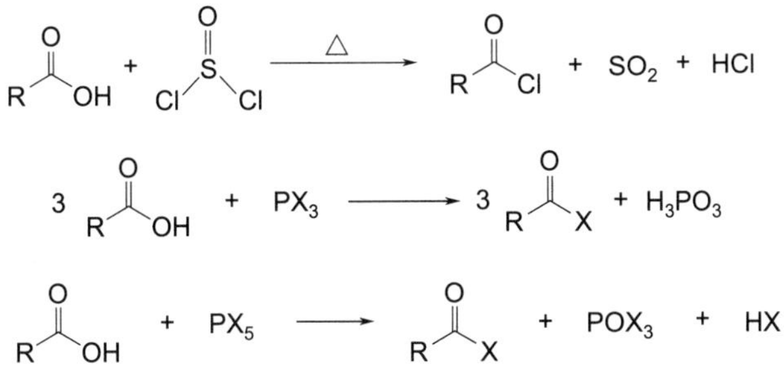

$$R\text{—}CO_2H + SOCl_2 \xrightarrow{\triangle} R\text{—}COCl + SO_2 + HCl$$

$$3\ R\text{—}CO_2H + PX_3 \longrightarrow 3\ R\text{—}COX + H_3PO_3$$

$$R\text{—}CO_2H + PX_5 \longrightarrow R\text{—}COX + POX_3 + HX$$

例如，将丁酸与氯化亚砜一起加热回流，即可得丁酰氯。

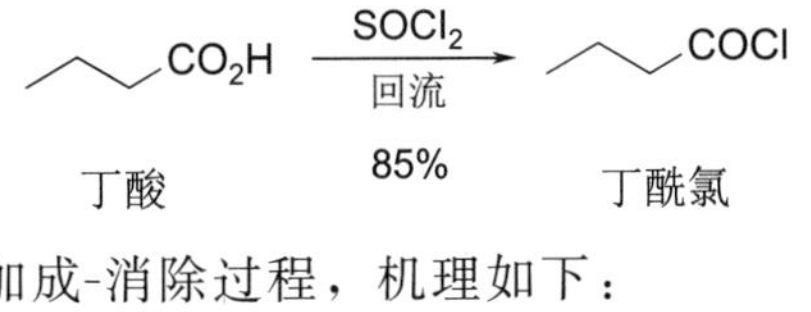

$$\text{丁酸} \xrightarrow[\text{回流}]{SOCl_2,\ 85\%} \text{丁酰氯}$$

这个反应经历了两次加成-消除过程，机理如下：

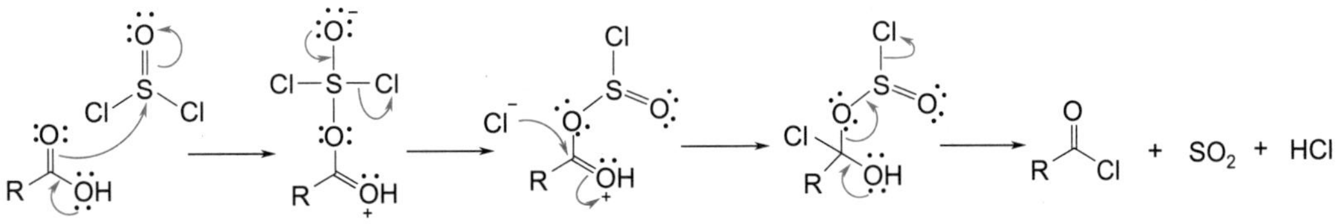

11.7.4 酸酐的制备

酰氯与羧酸钠盐发生亲核取代反应生成酸酐，这是制备对称或不对称酸酐的经典方法，如庚酸钠与庚酰氯作用，得到庚酸酐：

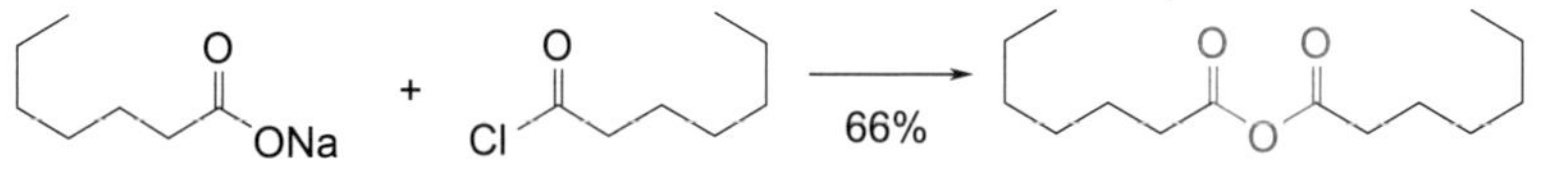

庚酸钠   庚酰氯   庚酸酐

对于分子量较大的酸酐，可用相应的羧酸与醋酸酐的酸酐交换反应来制备。在这个转化中，醋酸酐作为脱水剂生成醋酸，并被立即蒸出，从而使平衡向新的酸酐生成方向移动。酸酐交换法只适合于制备分子量较大的对称的酸酐。

一些二元酸可直接加热脱水生成五元或六元环状酸酐，如丁二酸和戊二酸加热脱水分别生成丁二酸酐和戊二酸酐：

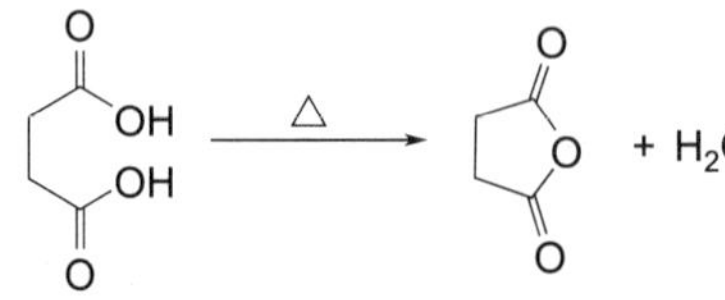

丁二酸   丁二酸酐

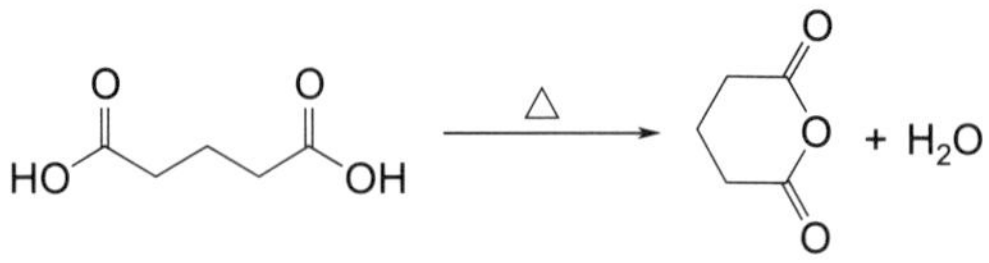

戊二酸   戊二酸酐

工业上制备邻苯二甲酸酐则采用萘氧化法或邻二甲苯氧化法，这些氧化反应一般是在五氧化二钒为主的钒系催化剂催化下进行的。

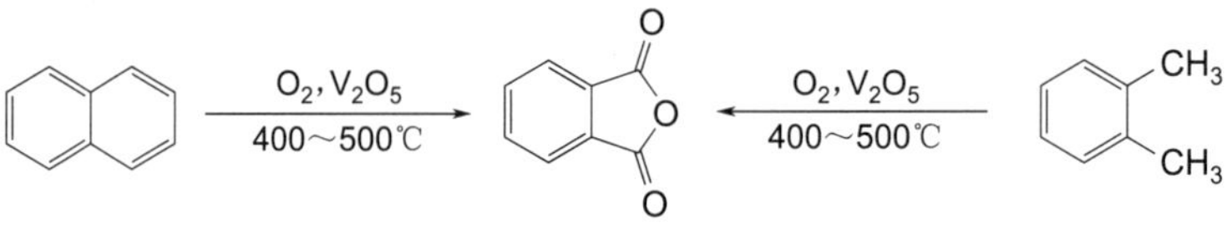

邻苯二甲酸酐

11.7.5　酰胺的制备

酰氯、酸酐和酯的氨解（见第11.4.3节）以及腈的水解（见第11.7.1节）等都是制备酰胺的常用方法。

羧酸直接氨解比较困难，但可先将羧酸转变成铵盐，再通过铵盐加热脱水的方法制备酰胺。工业上制备乙酰胺就采用这种方法：即先向冰醋酸中通入氨，生成乙酸铵，再经热解脱水得到乙酰胺。

$$RCO_2H \xrightarrow{NH_3} RCO_2^- NH_4^+ \xrightarrow{\triangle} RCONH_2 + H_2O$$

与羧酸的直接酯化相似（见第11.4.2节），在脱水剂 DCC 存在下，羧酸可直接与伯胺或仲胺缩合，生成酰胺，常用 DMAP 催化该反应。

$$RCO_2H + H_2NR' + DCC \xrightarrow{DMAP} RCONHR' + DCU$$

此外，肟在酸催化下可发生重排，也能生成酰胺。这个反应称为 Beckmann 重排。

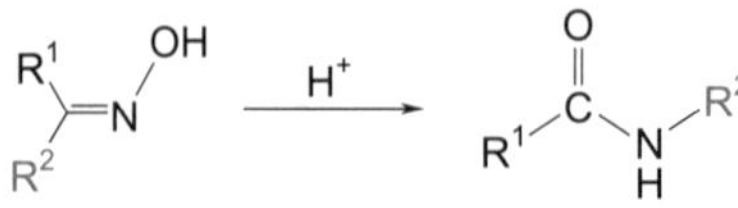

Beckmann 重排反应属于 1,2-重排，反应机理包括以下五个步骤。

第一步：肟的羟基质子化，从而 N—O 键被活化。

$$R^1\!-\!\underset{R^2}{\overset{\text{N}-\text{OH}}{C}} \quad \underset{}{\overset{H^+}{\rightleftharpoons}} \quad R^1\!-\!\underset{R^2}{\overset{\text{N}-\overset{+}{O}H_2}{C}}$$

第二步：水分子作为离去基团离去，与此同时 C=N 双键另一头与羟基处于双键异侧的烃基（即 R^2）带着一对电子迁移至缺电性的氮原子上。这是一个协同的 1,2-迁移，经历三元环过渡态，与碳正离子的 1,2-重排相似，迁移基团的构型将保持。

$$\underset{R^2}{\overset{R^1}{C}}\!\!=\!\!N\!-\!\overset{+}{O}H_2 \longrightarrow \left[\begin{array}{c} R^1 \\ N\!-\!\overset{+}{O}H_2 \\ R^2 \end{array}\right]^{\ddagger} \longrightarrow \left[R^1\!-\!\overset{+}{C}\!=\!\overset{..}{N}\!-\!R^2 \longleftrightarrow R^1\!-\!C\!\equiv\!\overset{+}{N}\!-\!R^2\right] + H_2O$$

第三步：水分子亲核进攻缺电性的碳。

$$R^1\!-\!C\!\equiv\!\overset{+}{N}\!-\!R^2 + H_2O \longrightarrow \underset{R^1}{\overset{\overset{+}{O}H_2}{C}}\!\!=\!\!\overset{..}{N}\!-\!R^2$$

第四步：质子交换。

$$\underset{R^1}{\overset{\overset{+}{O}H_2}{C}}\!\!=\!\!\overset{..}{N}\!-\!R^2 \rightleftharpoons \left[R^1\!-\!\underset{\overset{+}{N}H}{\overset{:\overset{..}{O}H}{C}}\!-\!R^2 \longleftrightarrow R^1\!-\!\underset{\overset{}{N}H}{\overset{\overset{+}{O}H}{C}}\!-\!R^2\right]$$

第五步：脱去质子，得到酰胺。

$$R^1\!-\!\underset{\overset{}{N}H}{\overset{\overset{+}{O}H}{C}}\!-\!R^2 \quad \overset{-H^+}{\rightleftharpoons} \quad R^1\!-\!\underset{\overset{}{N}H}{\overset{O}{C}}\!-\!R^2$$

在这种 1,2-重排中，由于双键碳上与羟基处于反式位置的基团迁移至氮上，对于对称的酮肟，重排后只有一种酰胺，但不对称的酮肟，Z、E 异构体在重排后将得到不同的酰胺。例如：

此外，Beckmann 重排具有立体专一性，迁移基团在反应中构型保持。例如：

Beckmann 重排在工业上的一个重要应用是从环己酮肟制备己内酰胺，后者在酸作用下开环聚合成聚己内酰胺，即尼龙-6（锦纶）。

环己酮　　　　环己酮肟　　　　己内酰胺　　　　尼龙-6 (锦纶)

★ 问题 11-8　用指定的原料和必要的试剂合成下列化合物：

（1）　由烯丙基溴合成丁-3-烯酸；　　（2）　由苯甲醛合成 2-羟基苯乙酰氯；

（3）　由甲苯合成 3-苯基丙酸；　　　（4）　由苯甲酸和环戊醇合成苯甲酸环戊酯。

★ 问题 11-9　预测下列反应的产物：

(1) $\xrightarrow{H_2SO_4}$

(2) $\xrightarrow{NaHCO_3}$

(3) $\xrightarrow[DMAP]{DCC}$

(4) $\xrightarrow[\text{2) Me}_2\text{S}]{\text{1) O}_3}$

11.8　碳酸和原酸的衍生物

碳酸和原酸（包括原碳酸、原甲酸、原乙酸等）是很不稳定的化合物。它们在低温（如 $-70\,^{\circ}\!C$）或压力下能够稳定存在，但温度稍微升高，即可分解为水和二氧化碳。不过碳酸和原酸的一些衍生物还是相当稳定的，并且在有机合成中非常有用。

碳酸	原碳酸	原甲酸	原乙酸
carbonic acid	methanetetraol	methanetriol	ethane-1，1，1-triol

11.8.1　碳酸衍生物

常见的碳酸衍生物有碳酸二酰氯（又名光气 phosgene）、氯甲酸酯（chloroformate）、碳酸二酰胺（如尿素）、碳酸二酯和氨基甲酸酯。例如：

光气	氯甲酸乙酯	尿素	碳酸二乙酯	氨基甲酸乙酯
phosgene	ethyl chloroformate	urea	diethyl carbonate	ethyl carbamate

在实验室，光气可由四氯化碳和 80% 的发烟硫酸（含 80% 游离的 SO_3）制备，工业上则由一氧化碳和氯气在催化剂存在下制备。光气溶于甲苯中，因此通常将制备出的光气用甲苯吸收并储存。

$$CCl_4 + 2SO_3 \longrightarrow COCl_2 + S_2O_5Cl_2$$

光气及氯甲酸酯与一般的酰氯一样，可与多种亲核试剂发生反应。例如，光气氨解可生成脲（如与氨气反应生成尿素），醇解则生成碳酸二酯：

尿素		碳酸二酯

如果使用过量的光气与醇反应，则生成氯甲酸酯。例如，将苄醇倒入过量光气的

甲苯溶液中，即可生成氯甲酸苄酯。后者是一种常用的有机合成试剂，常利用它的醇解或氨解反应来保护反应物分子中的羟基或氨基。常用 Bz（或 Boz）来表示这个保护基团。

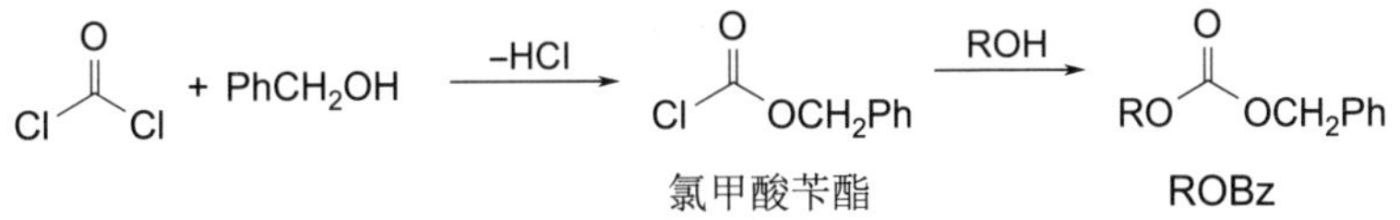

合成反应结束后，可通过催化氢化很方便地除去这个保护基团。

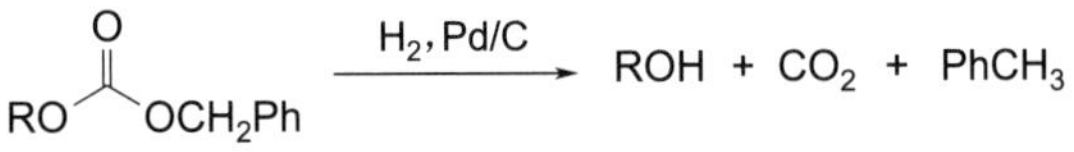

光气和氯甲酸酯是重要的有机合成试剂，已广泛用于许多精细化学品（如染料、农药和医药）的工业生产中。由于光气为剧毒气体，因此在使用时应特别注意安全。目前，在实验室和工业生产中，可以用碳酸双三氯甲酯（简称 BTC，又名三聚光气）来代替光气。三聚光气为白色固体，熔点 $81 \sim 83℃$，可溶于氯仿、二氯甲烷、乙醚等有机溶剂中，可直接或在碱（如三乙胺、吡啶等）催化下与醇、胺等亲核试剂反应。它不仅使用方便，而且也比较安全。例如：

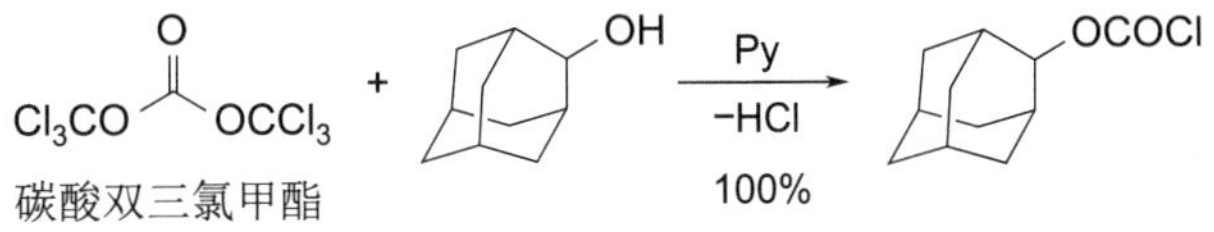

11.8.2 原酸衍生物

原碳酸的四氯化物是常用的有机溶剂，即四氯化碳（CCl_4）。但原碳酸的四氨基化合物不能存在，它失去一分子氨后形成胍（guanidine）。后者是一个重要的化合物，在许多生理活性天然产物（如肌酸、精氨酸、链霉素等）中都含有这个基团。

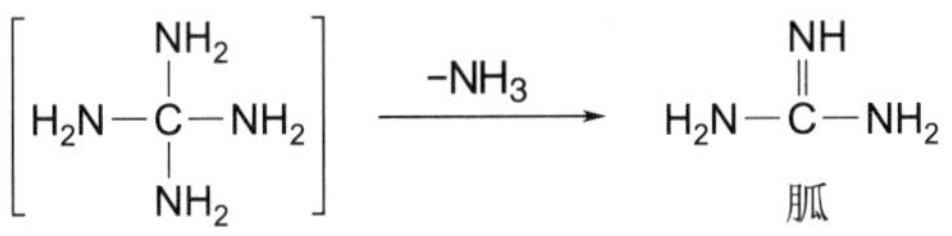

原甲酸酯（即三烷氧基甲烷）是重要的有机合成试剂，可以方便地由醇钠和氯仿制备，例如：

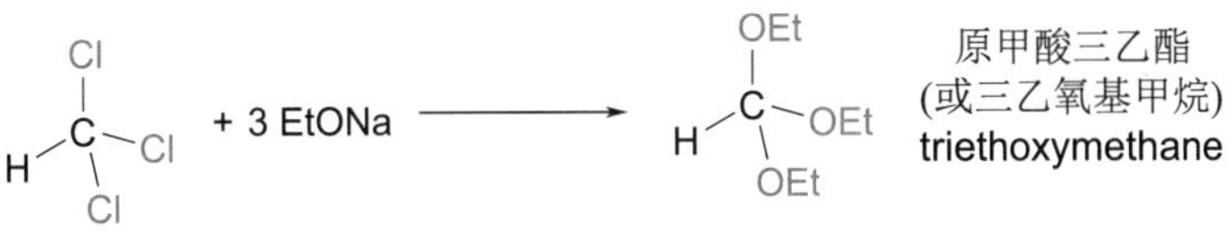

原酸酯（orthoester）反应活性很高，它们同缩醛和缩酮相似，对碱稳定，但在酸性溶液中极易水解成羧酸酯和醇，因此需要在碱性或无水条件下保存原酸酯。

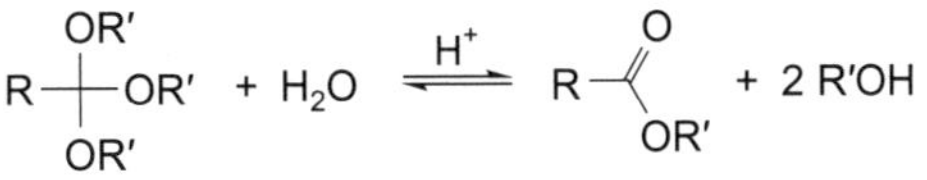

原酸酯水解的机理如下：

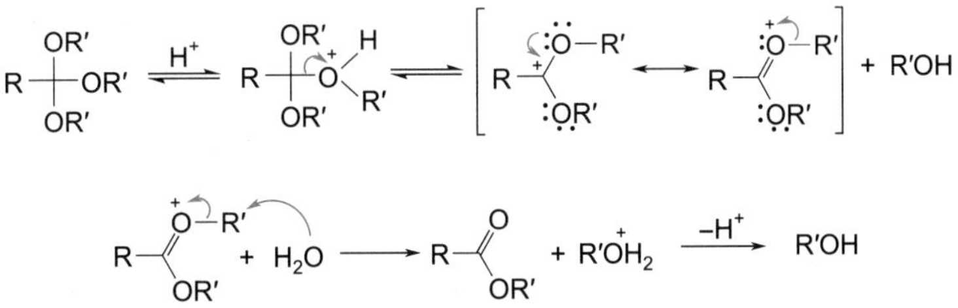

原酸酯可与醛或酮反应生成相应缩醛或缩酮，是制备缩醛和缩酮的常用试剂。反应过程中不会产生水，故该试剂也适合于将反应活性较低的酮转化为缩酮。

$$\underset{\overset{\displaystyle O}{\parallel}}{R} \underset{}{\overset{}{C}} R' \ + \ HC(OC_2H_5)_3 \ \xrightarrow{\ H^+\ } \ \underset{\overset{\displaystyle R}{}\ \underset{}{R'}}{\overset{\displaystyle C_2H_5O \quad OC_2H_5}{\underset{}{C}}} \ + \ HCO_2C_2H_5$$

关键词

羧酸	carboxylic acid	硼氢化钠还原	reduction with sodium borohydride
酰氯	acyl chloride		
酸酐	anhydride	硼烷还原	reduction with borane
酯	ester	催化氢化	catalytic hydrogenation
酰胺	amide	Kolbe 反应	Kolbe reaction
亲核取代反应	nucleophilic substitution	Beckmann 重排	Beckmann rearrangement
酯化反应	esterification reaction	腈	nitrile
水解	hydrolysis	碳酸	carbonic acid
氨解	ammonolysis	原酸	orthoacid
肼解	hydrazinnlysis	原酸酯	orthoester
格氏试剂	Grignard reagent	光气	phosgene
Rosenmund 还原	Rosenmund reduction reaction	胍	guanidine
		氯甲酸酯	chloroformate
氢化铝锂还原	reduction with lithium aluminium hydride	二环己基碳化二亚胺	dicyclohexylcarbodiimide(DCC)

习 题

11-1 用系统命名法给下列化合物命名：

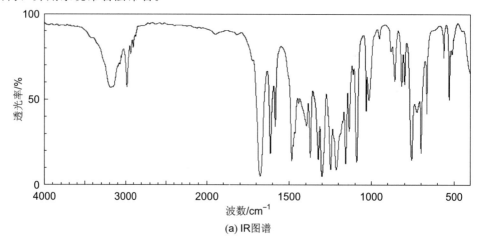

11-2* 某化合物的 IR、^{1}H-NMR、^{13}C-NMR 和 MS 图谱如下。请推测这个化合物的结构，并用系统命名法命名。

(a) IR图谱

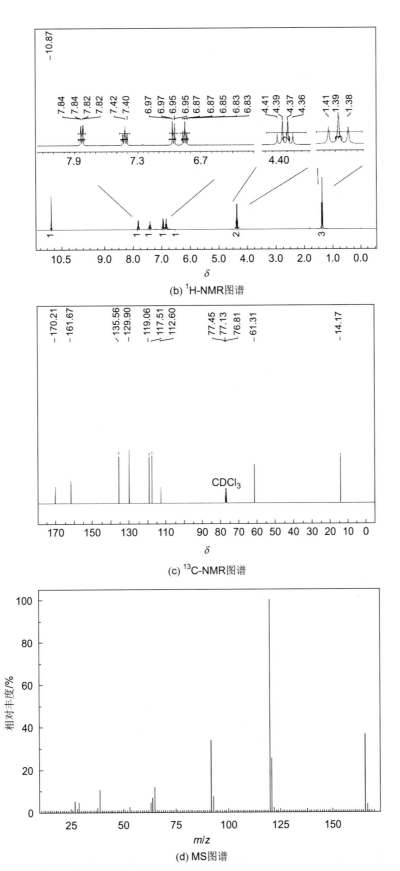

(b) ^{1}H-NMR图谱

(c) ^{13}C-NMR图谱

(d) MS图谱

11-3 回答下列问题：

（1）比较下面化合物的酸性大小：

(a) [环戊烯-1,2-二甲酸结构，CO$_2$H / CO$_2$H]　(b) [环戊烯结构，CO$_2$Me / CO$_2$H]　(c) [环戊烯结构，CO$_2^-$ / CO$_2$H]

（2）写出如下顺-环戊烷-1,3-二甲酸根阴离子的优势构象：

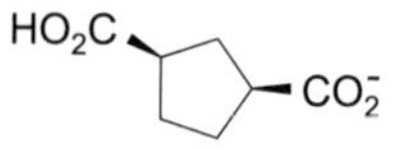

11-4 预测下列反应的产物：

（1）

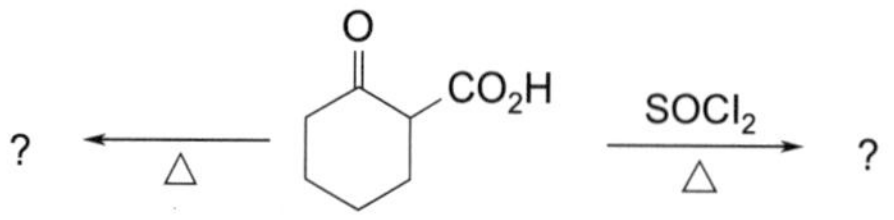

（2）

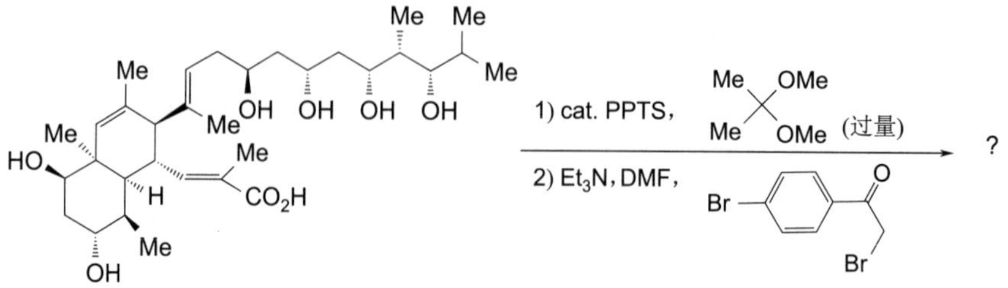

上式中催化剂 PPTS 为对甲苯磺酸吡啶盐（pyridinium *p*-toluenesulfonate）

（*J.Org.Chem.*2016，*81*，1324-1332）

（3）

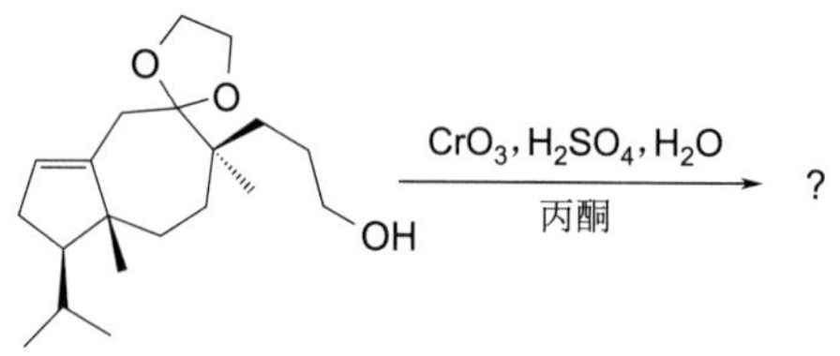

（*J.Org.Chem.*2005，*70*，10619-10637）

（4）

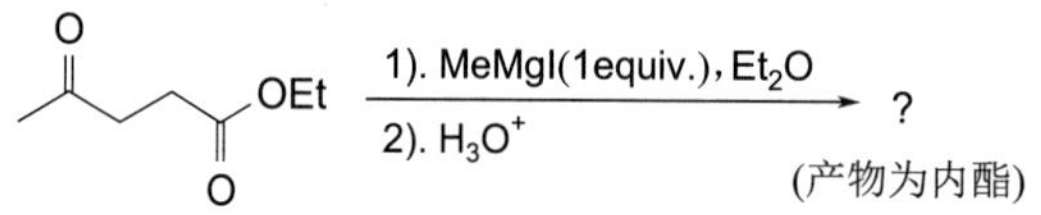

（5）

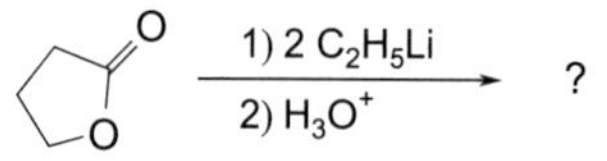

（6）

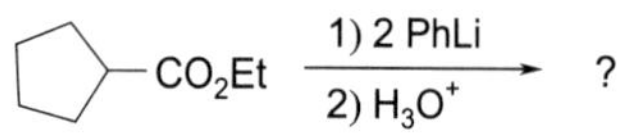

（7）

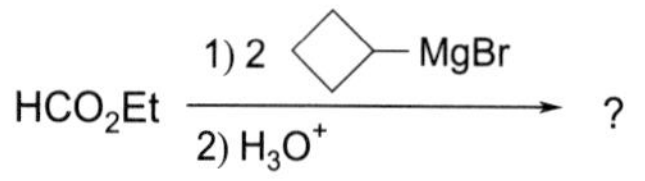

（8）

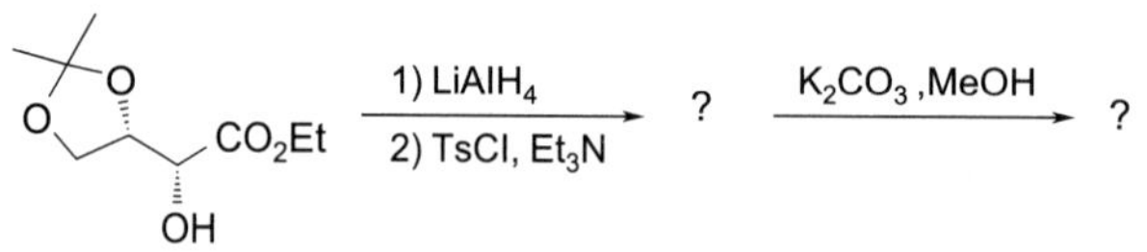

（*Org.Lett.*2007，*9*，3543）

（9）

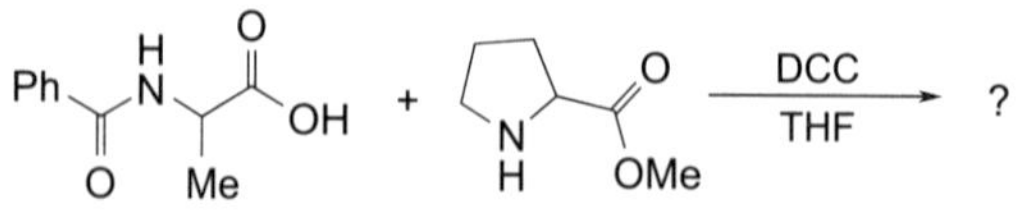

（10）

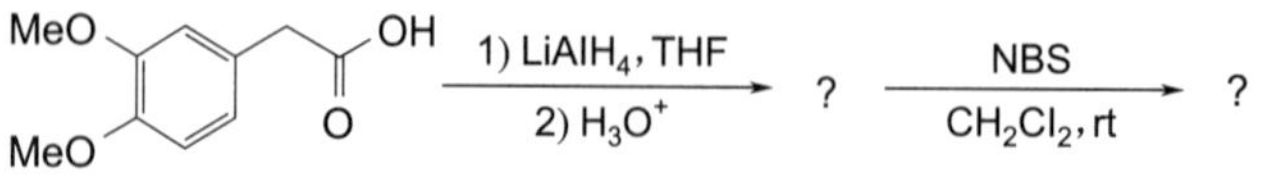

（*J.Org.Chem.*2010，*75*，5289）

（11）

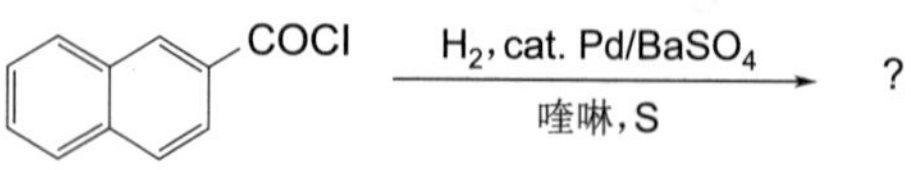

11-5 顺-4-叔丁基环己醇可由它的反式异构体经如下三步反应转化而成，试写出

两个中间体 A 和 B 的结构。

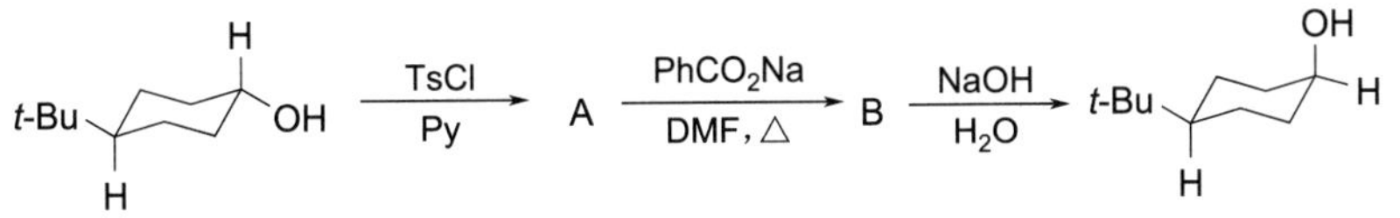

反-4-叔丁基环己醇   顺-4-叔丁基环己醇

11-6 试推测下列反应的可能机理：

（1）

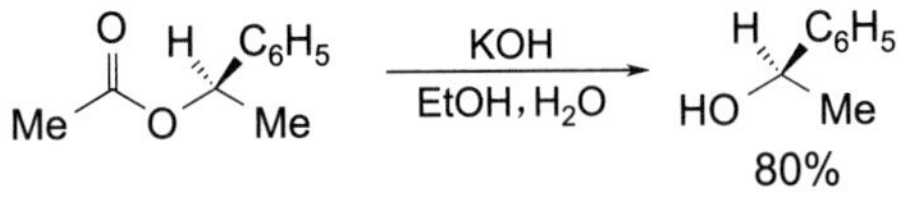

80%

（2）

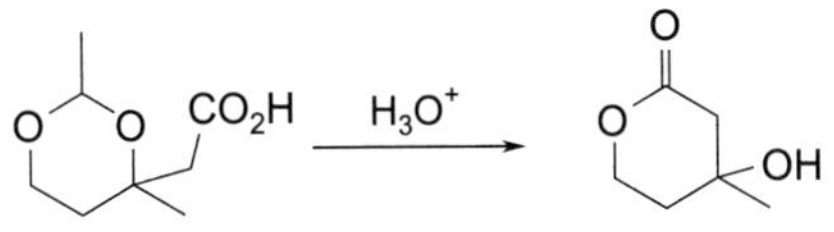

（3）

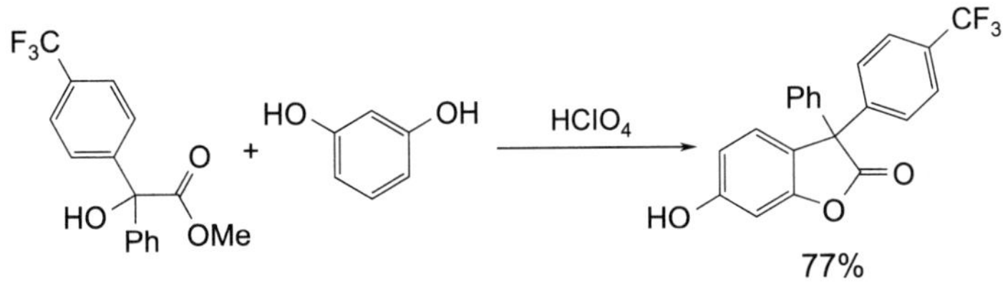

77%

（*J.Org.Chem.* 2012，77，3454）

（4）

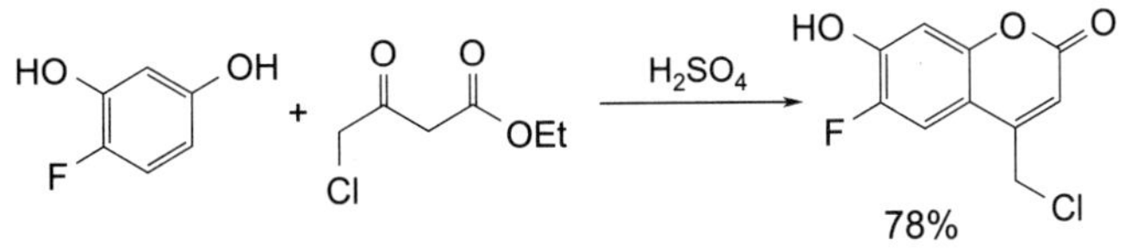

78%

（*Beilstein J.Org.Chem.* 2013，9，254）

（5）

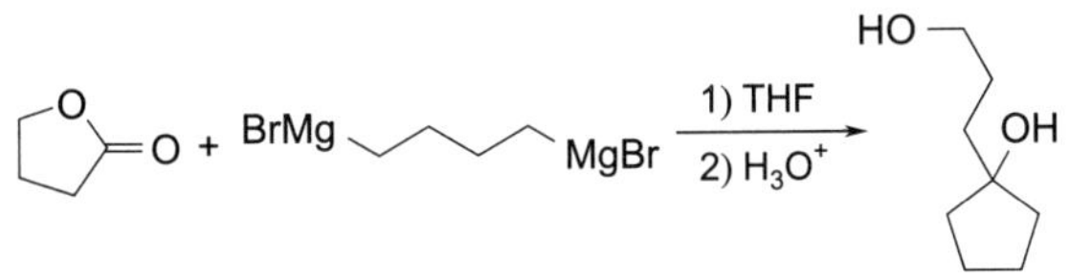

（6）

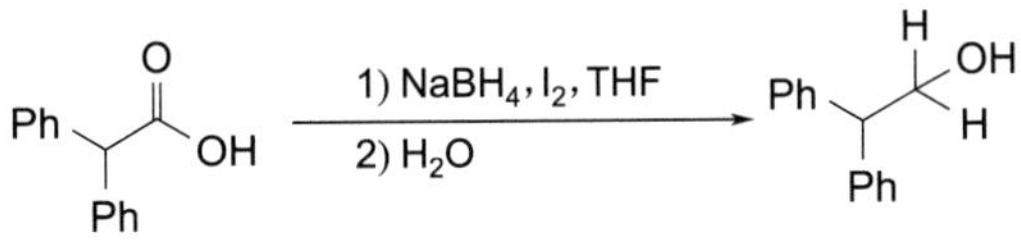

（*J.Chem.Educ.* 1997，74，107）

（7） 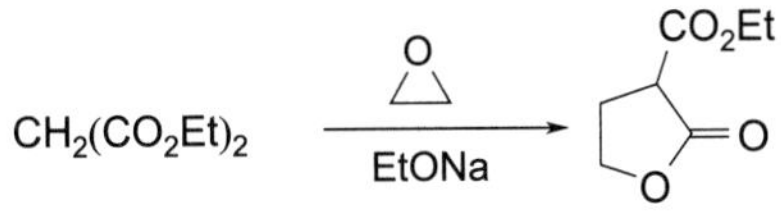 $CH_2(CO_2Et)_2$

11-7 由简单易得的原料和必要的有机、无机试剂合成下列化合物：

（1）

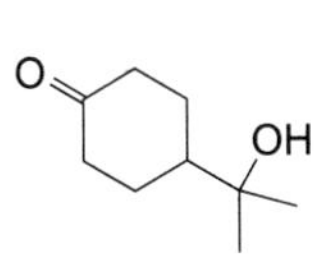

（2）

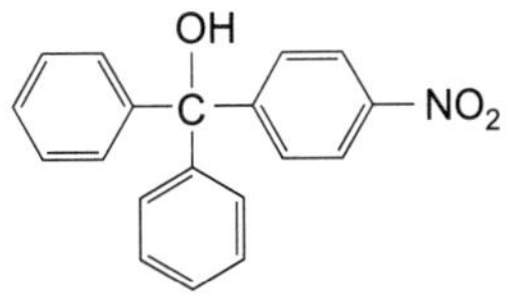

（3）

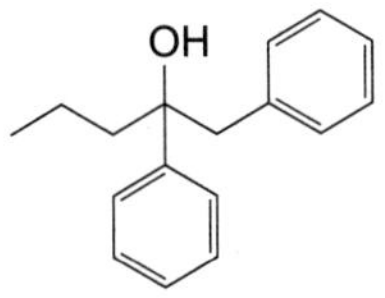

（4） 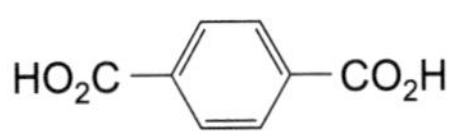 HO_2C —— CO_2H

（5）

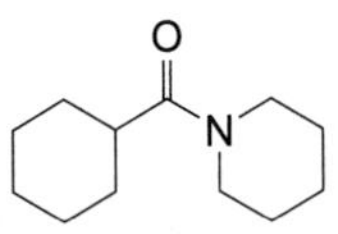

（6）

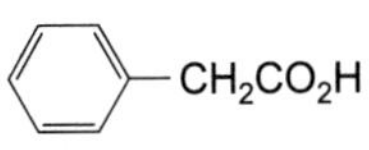

11-8 * Brivaracetam 是一种新的抗癫痫药物，其合成方法之一如下，其中第一步反应属于酶催化的动力学拆分（*Org. Process Res. Dev.* 2016，*20*，1566）。试推测中间体 C、D 和 G 的结构，并写出从 E 到 F 转化的反应机理。

11-9 * 研究发现，三聚氯氰能够催化肟的 Beckmann 重排，$ZnCl_2$ 能够作为共催化剂促进这一转化。请提出这个催化反应的可能机理。

（*J. Am. Chem. Soc.* 2005，*127*，11240；*J. Org. Chem.* 2013，*78*，6782）

第12章

羰基化合物α-碳上的反应

醛、酮、酯和酸酐等化合物除了羰基碳上容易发生亲核加成或亲核取代之外，其α-位 C—H 键容易发生卤代反应、烷基化反应、羟醛缩合、酯缩合反应等多种重要的有机合成反应。

12.1　羰基化合物 α-氢的酸性

12.1.1　酮-烯醇互变异构

受羰基吸电子效应的影响，醛或酮的 α-氢表现出一定的酸性，可解离出一个质子形成碳负离子 A，A 经过共振成为烯醇负离子 B，后者得到一个质子形成烯醇。酮式（keto form）与烯醇式（enol form）之间的相互转化称为互变异构（tautomerization）。

互变异构过程是可逆的，而且平衡通常是偏向酮式的。例如，在液态环己酮的平衡体系中，酮式超过 99.999%，而烯醇式不到 0.001%。

中性条件下，互变异构过程很慢，酸和碱都能够催化互变异构过程。酸催化时，首先羰基氧作为 Lewis 碱接受一个质子，形成质子化的醛或酮 C，后者共振成为 D；D 消除一个质子，形成烯醇。酸催化能够加速互变异构，但不能改变其平衡常数。碱催化时，碱首先夺取 α-碳上的质子，形成碳负离子 A，其共振结构式为烯醇负离子 B，后者获得一个质子，即形成烯醇。

使用较大量的强碱进行催化，平衡向烯醇负离子方向移动。例如，在化学计量的强碱二异丙基氨基锂（LDA，其共轭酸的 $pK_a=35$）促进下，环己酮（$pK_a=17$）几乎定量地转变为相应的烯醇锂盐。

当酮的 α-碳为手性碳时，酮-烯醇的互变异构可导致外消旋化。例如，（－）-薄荷酮在乙醇钠的乙醇溶液中放置一段时间，其溶液的比旋光度（即 $[\alpha]_D$ 值）由 $-32°$ 变为 0，即发生外消旋化。

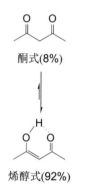

（-）-薄荷酮　　　　（±）-薄荷酮

通过酮-烯醇的互变异构，可进行氢-氘交换。例如，在痕量的 NaOD 或 DCl 催化下，环己酮可与重水发生氢-氘交换，4 个 α-H 可依次被氘交换。

值得指出的是，除了酮-烯醇互变异构外，另一个常见的互变异构现象发生在亚胺（或亚胺盐）和烯胺之间（见 10.4.4 节）。

亚胺　　　　　　烯胺

12.1.2　影响 α-氢酸性的因素

醛、酮、羧酸及其衍生物的 α-氢受到邻位羰基的影响而呈一定的酸性。烯醇化程度越高，α-氢的酸性越强。而烯醇化程度与分子结构有关，例如，丙酮（$pK_a = 20$）在液态时含有 1.5×10^{-4}% 的烯醇式，而戊-2,4-二酮（$pK_a = 9$）由于其烯醇式可形成分子内氢键而较为稳定，在己烷中的烯醇含量高达 92%，酸性较丙酮强得多，与苯酚相近（$pK_a = 9.98$）。

与羧酸（$pK_a = 4.76$）相比，烯醇是较弱的酸。除了含羰基的化合物外，带有氰基、硝基等吸电子基团的化合物，均有不同程度的烯醇化作用，从而表现出一定的酸性。例如，RCH_2NO_2（$pK_a = 10$）和 $NCCH_2CN$（$pK_a = 11$）等均具有较强的酸性。羰基等吸电子基团增强 α-氢酸性的能力强弱大致顺序如下：

$$-NO_2 > -CHO > -COR > -CN > -COX > -CO_2R > -CONR_2 > -CO_2H$$

烯醇互变异构及羰基化合物酸性的进一步学习可观看视频材料 12-1。

酮式(8%)

烯醇式(92%)

视频材料12-1

★　问题 12-1　比较下列各组羰基化合物 α-H 的相对酸性大小：

（1）
t-BuO（a）　　　t-BuO（b）　　　EtO（c）

（2）
Ph CH₃（a）　　　Ph CN（b）　　　Ph NO₂（c）

（3）
（a）H　　　（b）　　　（c）OMe

（4）
（a）　　　（b）　　　（c）

(5) 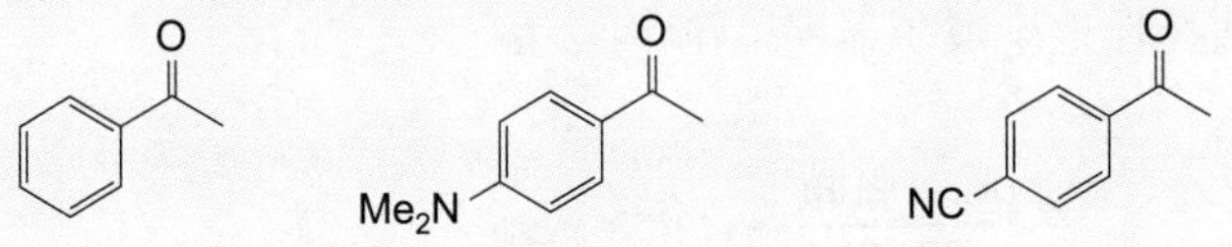 结构式 (a) (b) Me₂N- (c) NC-

(6) 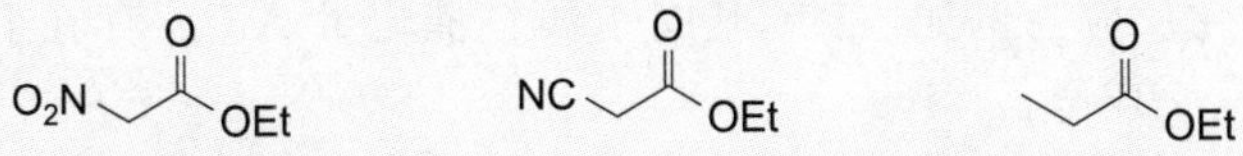 (a) O_2N ...CO₂Et (b) NC ...OEt (c) ...OEt

★ 问题 12-2　写出如下 (S)-2-甲基-3-氧亚基丁酸乙酯在乙醇钠存在下外消旋化的机理。

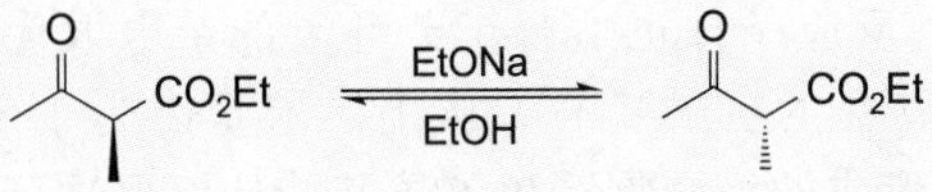

★ 问题 13-3　在痕量的酸或碱存在下，β,γ-不饱和酮会重排为共轭的 α,β-不饱和酮。试写出该重排反应的机理。

12.2　α-卤化反应

12.2.1　酮的 α-卤化反应

(1) 酸催化的反应

含有 α-氢的酮在酸催化下可与卤素作用，发生 α-卤化反应，生成 α-卤代酮和卤化氢：

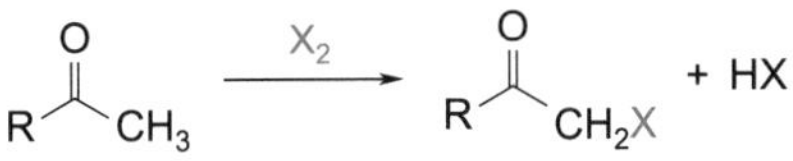

首先，羰基经质子化转变为烯醇式；然后，富电子的烯醇进攻亲电试剂 X_2，生成卤化产物，并产生卤化氢。由于反应过程中能够产生卤化氢，故该反应也可不加酸催化，一旦反应发生了，产生的卤化氢即可自动催化，反应就能很快进行。

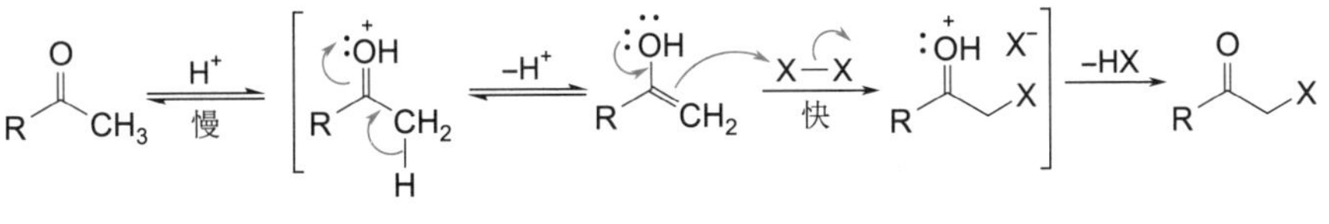

这个反应通常在冰醋酸中进行，也可用 N,N-二甲基甲酰胺或乙醚作溶剂。原料分子中的 α-氢能够逐个被卤素取代，但反应可控制在单取代和双取代阶段。当 α-氢被卤素取代后，卤原子的吸电子效应使羰基氧上的电子云密度降低，羰基氧再质子化形成烯醇要比未卤代的羰基困难一些。因此，只要小心控制卤素的量，可以使反应停留在单取代阶段。该反应主要用于制备单卤代酮，例如苯乙酮在冰醋酸中与溴反应，生成 α-溴代苯乙酮：

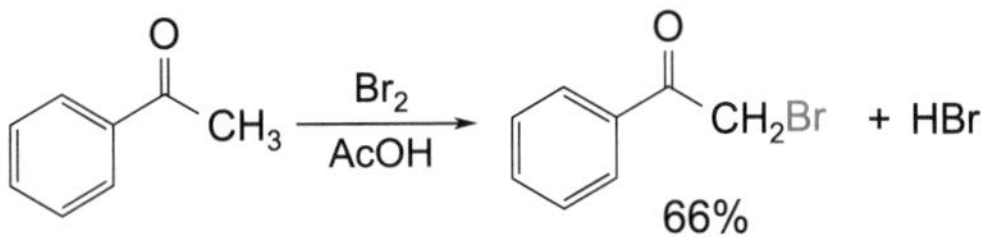

对于不对称的酮，反应的区域选择性取决于所形成的烯醇中间体的稳定性。α-碳上取代基愈多，形成的烯醇中间体愈稳定，这个碳上的氢就更容易被卤素取代。α-氢被卤

素取代的优先次序是：$CH_2Ph > CHR_2 > CH_2R > CH_3$。例如，1-苯基丙-2-酮在痕量 HBr 催化下与溴反应，区域选择性地生成 1-苯基-1-溴丙-2-酮。

Lewis 酸亦能催化酮的卤化反应。例如，1-苯基戊-1-酮在催化量 $AlCl_3$ 存在下与溴反应，定量地生成 1-苯基-2-溴-1-戊酮。

在这个例子中，尽管反应条件也适合于芳环上的亲电取代反应，但溴化没有发生在苯环上，而是选择性地发生在羰基的 α-碳上。这是因为 1-苯基戊-1-酮（Lewis 碱）与 $AlCl_3$（Lewis 酸）所形成的络合物活化了羰基，从而促进了酮的烯醇化，而烯醇对亲电试剂 Br_2 的反应活性高于苯环。

（2）碱性条件下的反应

与酸催化的 α-卤代反应不同，在碱性条件下，甲基酮与卤素反应生成羧酸和卤仿，因此称为卤仿反应（haloform reaction）。

在氢氧化钠水溶液中，OH^- 首先夺取酮的 α-氢，形成烯醇负离子，然后烯醇负离子与卤素反应，生成 α-卤代酮。反应的决速步骤是第一步，即烯醇负离子的形成。

由于卤素的吸电子效应，一卤代产物 α-氢的酸性增强，α-碳上的第二个质子更容易被碱夺取，从而进一步卤化生成二卤代产物。

由于二卤代产物的 α-氢酸性更强，故进一步 α-卤化，生成三卤代产物。因此，只要 α-碳上的第一个氢被卤代，第二个和第三个氢均很快被卤代，反应不能停留在单卤代和双卤代产物阶段。

三卤甲基（$-CX_3$）具有强的拉电子效应，因此上述三卤代产物中的羰基很容易受 OH^- 的亲核进攻，OH^- 亲核加成到羰基碳上，接着三卤甲基负离子作为离去基团离去，生成羧酸和三卤甲基负离子，后者从羧酸中获取一个质子生成卤仿。

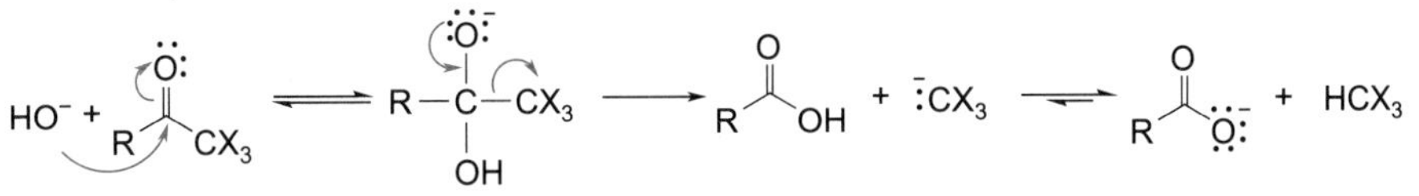

当使用碘的氢氧化钾溶液为卤化试剂时，乙醛和甲基酮能够迅速转化成羧酸和碘仿，其中碘仿以黄色沉淀析出，很容易观察到，故碘仿反应可用于乙醛和甲基酮的鉴定。碘仿反应也适用于鉴定可被碘氧化为甲基酮或乙醛的醇类化合物。

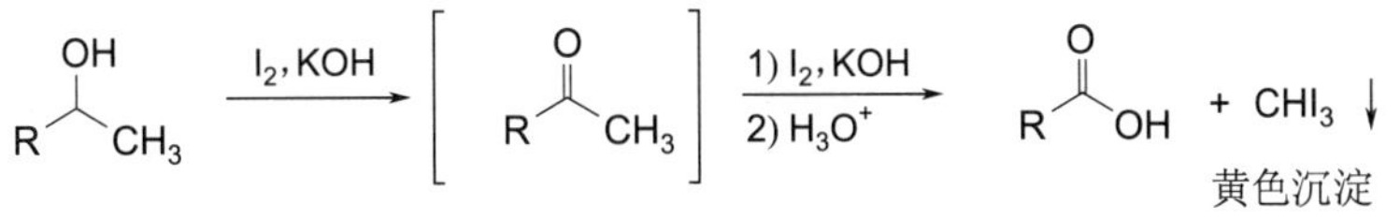

上述转化的第一步为氧化反应，其机理如下：

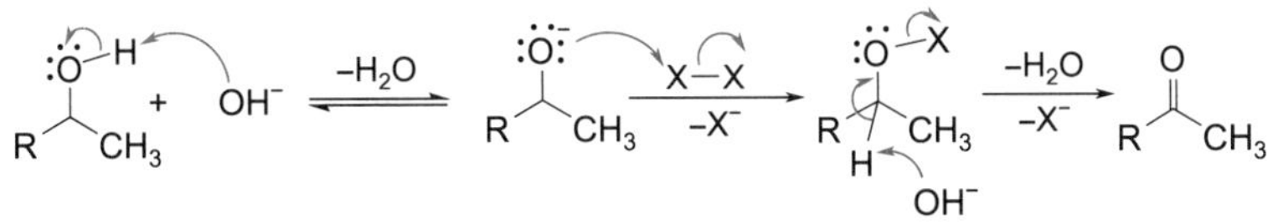

在氢氧化钾溶液中乙醇与碘反应，立即生成碘仿。

$$CH_3CH_2OH \xrightarrow{I_2/KOH} [CH_3CHO] \longrightarrow HCO_2H + CHI_3 \downarrow$$

甲基酮的卤仿反应也提供了一种制备羧酸的方法。例如，利用卤仿反应，可由芳基甲基酮来制备芳基甲酸，前者容易通过付-克酰基化反应来制备。

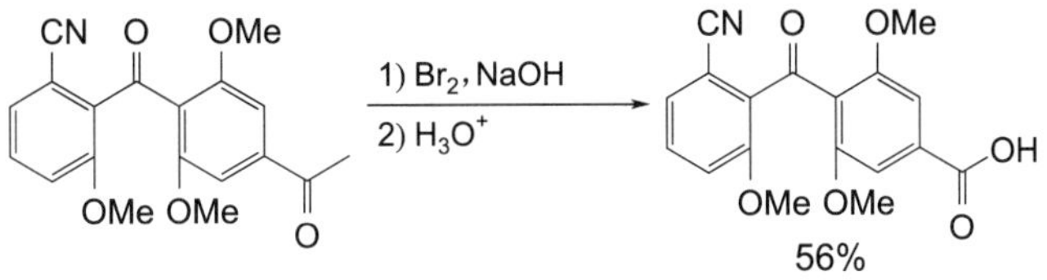

56%

如果羰基化合物的 α-碳上只有一个氢原子，碱催化的反应生成单卤代产物。例如：

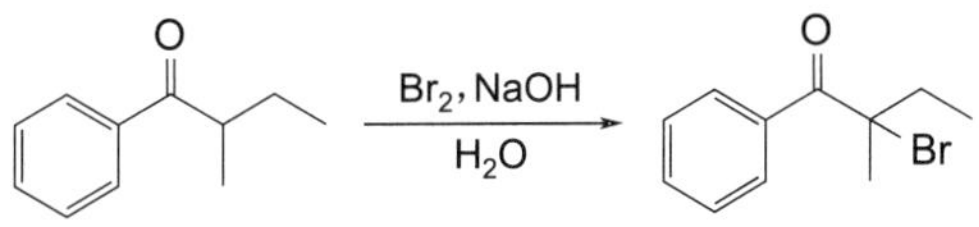

12.2.2 醛的 α-卤化反应

醛不能直接卤化，因为醛容易被氧化成酸。若将醛转化成缩醛后再卤化，然后将缩醛水解，即可间接得到 α-卤代醛。

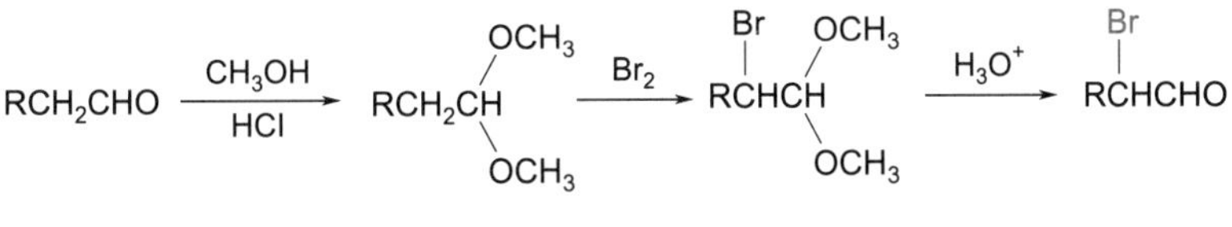

12.2.3 羧酸及其衍生物的 α-卤化反应

在羧酸分子的羧基中，羟基具有较强的给电子共轭效应，这导致羧酸羰基的吸电子作用比醛和酮羰基的弱得多，故羧酸 α-H 的酸性比醛和酮弱，羧酸 α-卤化反应比醛和酮难得多。与羧酸不同，酰卤和酸酐的 α-H 酸性一般较强，容易发生 α-卤化反应。因此，将羧酸先转变为酰卤，然后进行 α-卤化，反应结束后将酰卤水解，即得到 α-卤代羧酸。传统的方法是，在脂肪酸中加入少量红磷并通入氯气或加入溴，卤素能够顺利地取代羧酸的 α-H。例如：

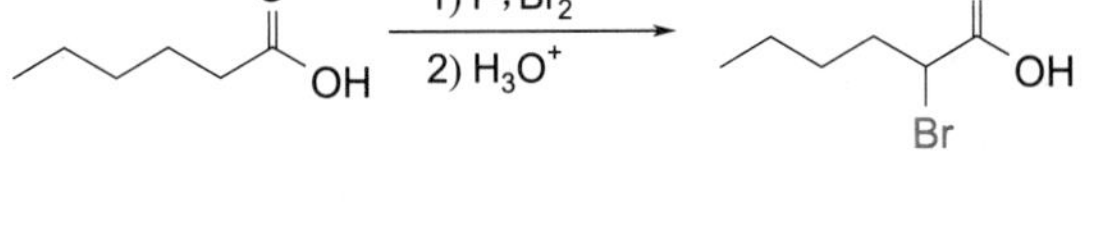

在此反应中，卤化的实际底物是酰溴。首先红磷与溴反应原位产生 PBr_3，后者将羧酸转化为酰溴，然后通过烯醇式发生溴化反应生成 α-溴代酰溴。反应体系中，未反应的羧酸和产生的酰溴之间处于不断地相互转化之中，最终使所有的羧酸转化为酰溴，进而完全溴化。

$$2\,P + 3\,Br_2 \longrightarrow 2\,PBr_3$$

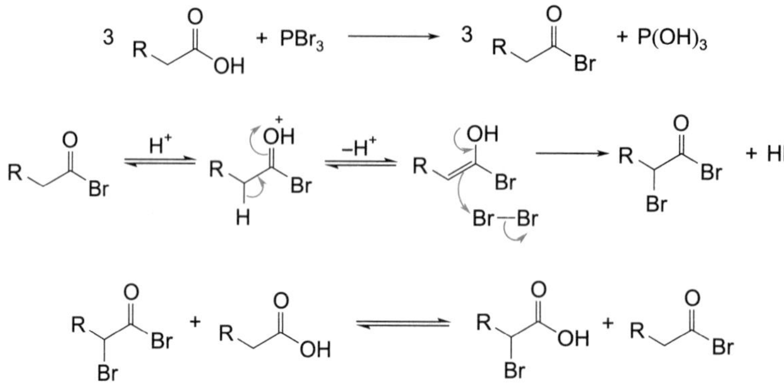

直接使用化学计量的 PBr_3 也是可以的。如果溴化反应结束后不用水处理，而是用醇或硫醇进行醇解，则得到 α-溴代酸酯。例如：

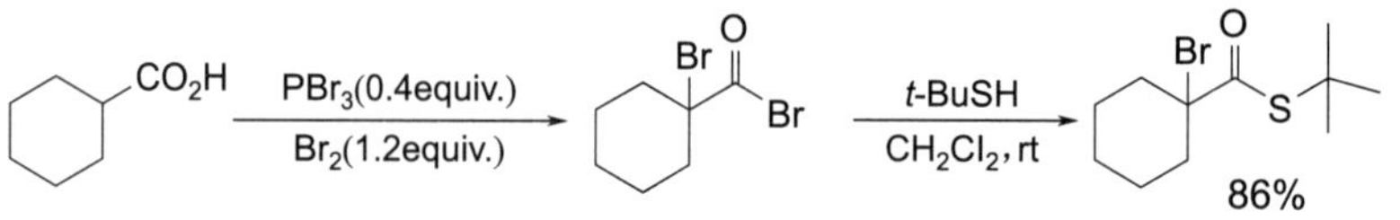

用氯化亚砜将羧酸转变为酰氯，再经烯醇式发生溴化反应，生成的 α-溴代酰氯可不经分离直接与醇反应生成酯。例如：

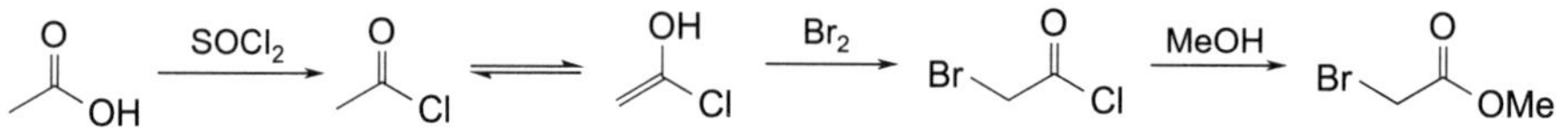

★ 问题 12-4 预测下列反应的产物：

(1) 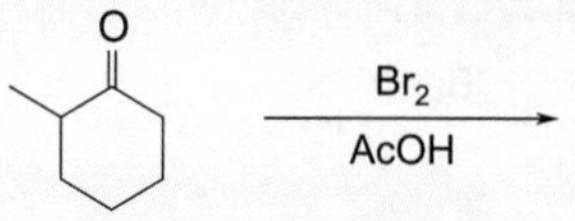
$$\xrightarrow[\text{AcOH}]{Br_2}$$

(2)
$$\xrightarrow[\text{AcOH}]{2\,Br_2}$$

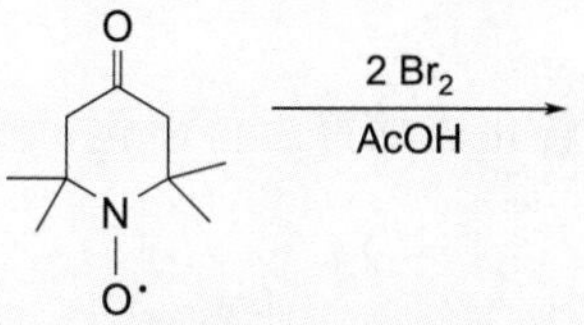

(3)
$$\xrightarrow{\text{1) } Br_2 \quad \text{2) EtOH}}$$

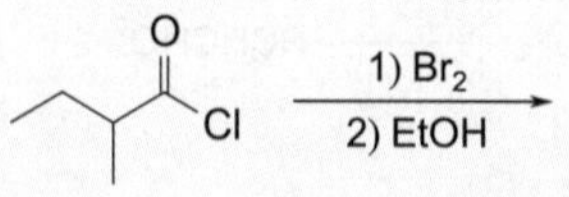

(4)
$$\xrightarrow{\text{1) } Br_2,\ NaOH,\ H_2O \quad \text{2) } H_3O^+}$$

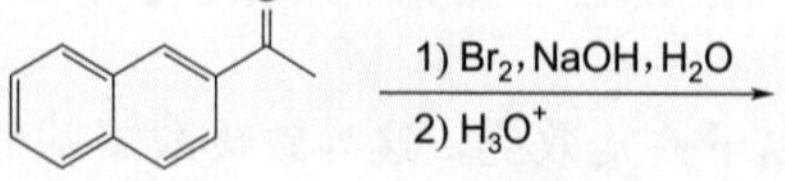

12.3 α-烷基化反应

12.3.1 经由烯醇负离子的烷基化反应

（1）一元酮的 α-烷基化反应

酮在强碱作用下形成的烯醇负离子是强的亲核试剂，能够与卤代烷（或磺酸酯）

发生亲核取代，生成烷基化产物。碱必须足够强，而且是化学计量的，否则只能将酮部分地转变为烯醇负离子后发生羟醛缩合反应（见 12.4.1 节），而不能达到烷基化的目的。

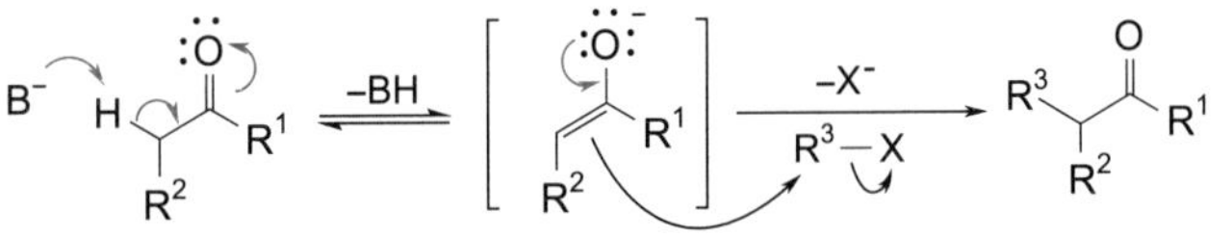

例如，环己酮与氨基钠作用，形成的烯醇负离子可与碘甲烷反应生成 α-甲基环己酮。

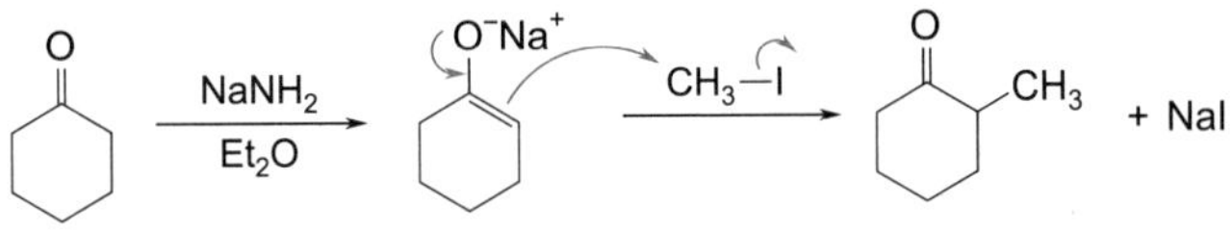

分子内的 α-烷基化比分子间更容易发生，例如：

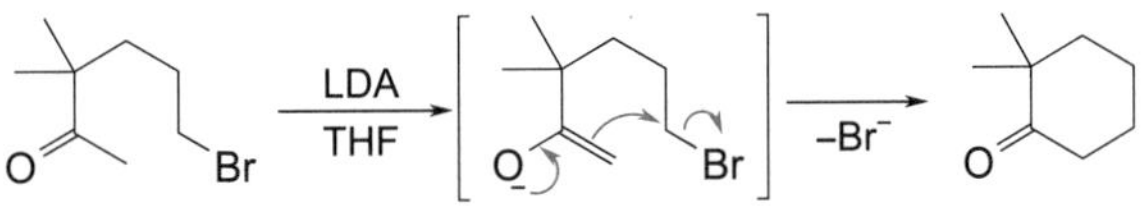

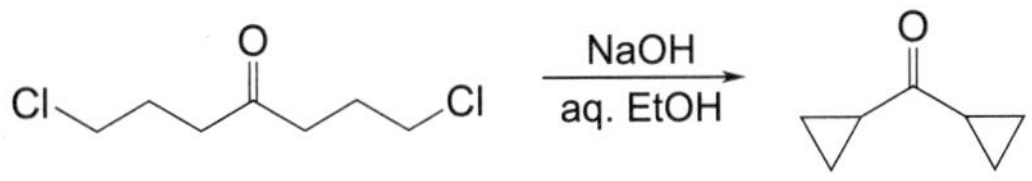

不对称的酮含有两种不同的 α-H，可形成两种烯醇负离子的混合物，因此会得到两种不同的烷基化产物的混合物。例如，2-甲基环己酮可形成如下两种不同的烯醇负离子，其中甲基与双键直接相连的烯醇负离子由于甲基的超共轭效应而具有较好的热力学稳定性，是热力学控制产物，而双键上不含甲基的烯醇负离子则由于 α-H 的位阻较小而容易形成，故属于动力学控制的产物：

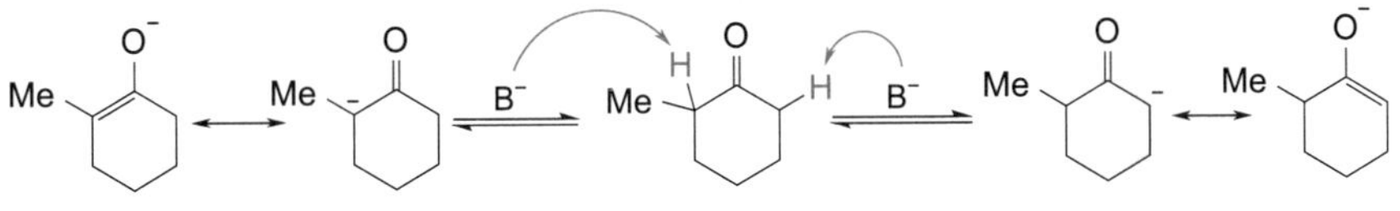

热力学控制产物　　　　　　　　　　　　　　　　动力学控制产物

如果采用适当的反应条件，可选择性地得到其中一个产物。例如，2-甲基环己酮与甲基锂作用，主要形成热力学控制的烯醇负离子，从而得到两个取代基在同一个碳原子上的热力学控制产物；但如果用大位阻的二异丙基氨基锂（LDA）作强碱，则主要形成两个取代基分别处在两个不同 α-碳上的动力学控制产物。

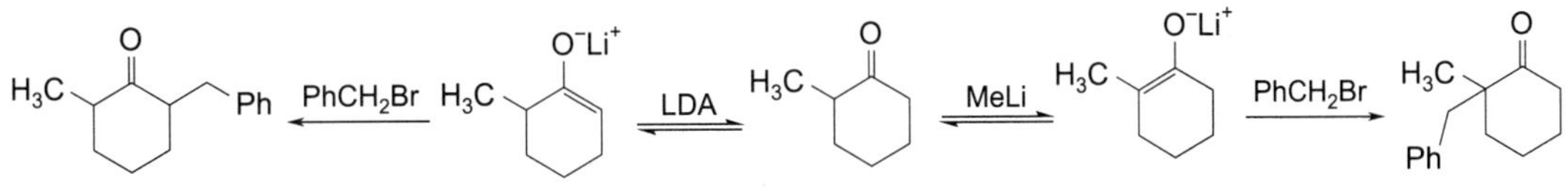

动力学控制产物　　　　　　　　　　　　　　　　　　　　　　　热力学控制产物

又如：

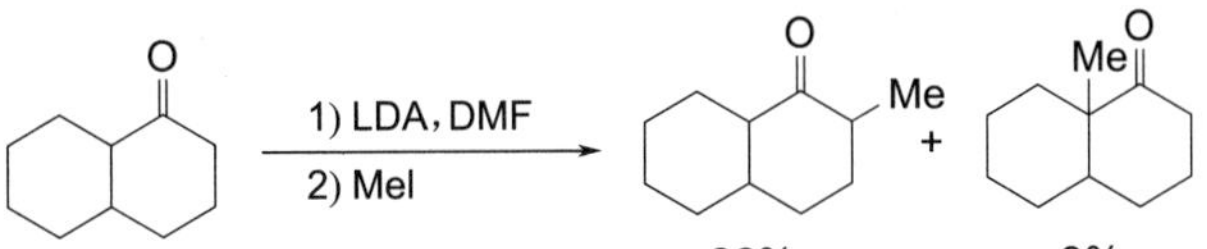

66%　　　　3%

此外，低温有利于形成动力学产物，高温则有利于形成热力学产物；延长反应时间也有利于热力学产物。例如，2-甲基环己酮在 $-78\,^{\circ}\mathrm{C}$ 下与 LDA 作用，形成的动力学控制的烯醇负离子为主要产物（占 95%），但当反应温度升至 $25\,^{\circ}\mathrm{C}$，则热力学控制的烯醇负离子成为主要产物（占 90%）。

$$-78℃: \quad 95\% \qquad 5\%$$
$$25℃: \quad 10\% \qquad 90\%$$

通常情况下，随着不对称酮所形成的两种可能烯醇盐的热力学稳定性差距增大，烷基化反应的区域选择性会显著提高。例如，1-邻硝基苯基-2-丁酮的 α-烷基化反应可高选择性地发生在苄基位（*Angew. Chem. Int. Ed.* 2017，*56*，6980）。

75%

（2）羧酸和酯的 α-烷基化反应

羧酸在强碱（如丁基锂试剂）存在下亦可发生 α-烷基化反应，但需要消耗 2 倍量的碱，反应先形成羧酸根负离子，然后形成烯醇双负离子，后者进而烷基化，反应物经酸中和后得到 α-烷基化的羧酸。

酯形成烯醇负离子时也需要强碱促进，但在强碱存在下简单的酯类化合物容易发生酯缩合反应（见第 12.5 节），故它们的 α-烷基化反应一般很少应用。然而，一些能够形成较稳定烯醇负离子中间体的酯还是容易发生 α-烷基化的，如下 α-芳基乙酸酯可顺利进行 α-烷基化。此外，下面将要讨论的 β-酮酸酯和丙二酸二乙酯类化合物的烷基化反应选择性高，已广泛用于有机合成中。

76%

（3）乙酰乙酸乙酯和丙二酸二乙酯的 α-烷基化反应

烯醇负离子与卤代烷的烷基化反应的主要缺点是：（a）反应一般只适用于易发生 S_N2 反应的卤代烃，如甲基、烯丙基、苄基等伯卤代烃，而仲卤代烃和叔卤代烃易发生消除，而不易被取代；（b）常得到多烷基化和羟醛缩合副产物；（c）不对称酮烷基化反应的区域选择性较差。解决这些问题的方法之一是使用具有较强酸性的 β-酮酸酯作为原料进行烷基化，烷基化结束后将酯水解，然后脱羧，即得到 α-烷基化的酮。

常用的 β-酮酸酯是乙酰乙酸乙酯（即 β-氧亚基丁酸乙酯）。乙酰乙酸乙酯是一个由酮式（A）和烯醇式（B）互变异构体组成的混合物，而在烯醇式中存在分子内氢键。乙酰乙酸乙酯不仅表现出酮和酯的性质，同时还表现出烯醇的特征，如它与溴发生亲电加成反应；与三价铁离子在乙醇中发生紫红色反应（烯醇和酚类化合物的特征显色反应）；与醋酸铜振荡时形成一种能溶于有机溶剂的绿色铜络合物，分子式为 $Cu(C_6H_9O_3)_2$，从苯中得到的结晶熔点为 193℃；能溶于氢氧化钠中，生成烯醇的钠盐 C。因此，乙酰乙酸乙酯的 α-H 酸性（$pK_a=11$）比一元酮强（丙酮的 $pK_a=20$），与苯酚相近（$pK_a=9.98$）。

A   B   C

用醇钠夺取乙酰乙酸乙酯的 α-H，所形成的烯醇负离子与卤代烷发生亲核取代反应，在 α-碳上引入一个烷基。由于这个烯醇负离子中间体比较稳定，容易形成，因此这个反应要比一元酮容易得多，也避免了羟醛缩合等副反应发生。

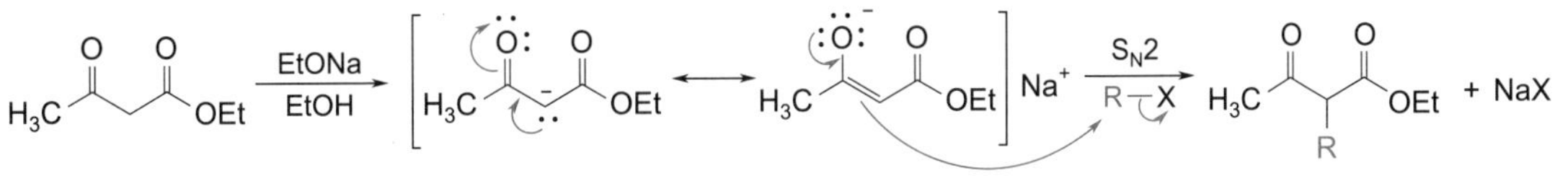

乙酰乙酸乙酯的烷基化常用伯卤代烷作为亲电试剂，通过 S_N2 机理进行。仲卤代烷往往伴随消除反应，而叔卤代烷主要发生消除生成烯烃。如果反应在弱碱性条件下，叔卤代烷也可发生烷基化反应。例如，在硝基甲烷中和高氯酸银存在下，乙酰乙酸乙酯与叔丁基溴反应，生成烷基化产物。

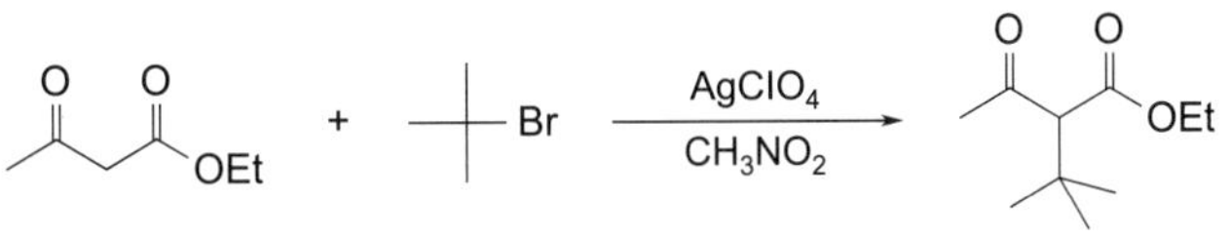

乙酰乙酸乙酯的烷基化产物为 β-酮酸酯，它用冷的、稀的碱溶液水解，经酸化生成 β-酮酸，后者容易在加热条件下脱羧生成 CH_3COCH_2R 型的酮（α-取代丙酮）。这是合成酮的一种经典方法。

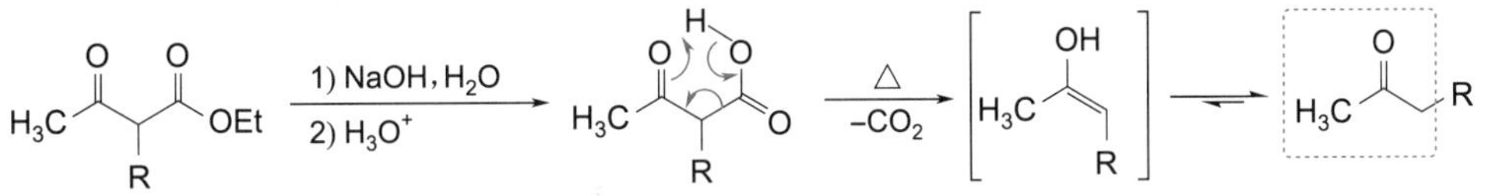

例如，由乙酰乙酸乙酯出发合成庚-2-酮：

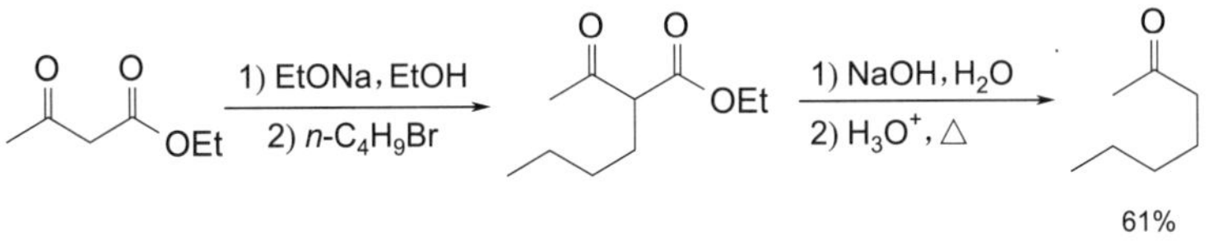

值得指出的是，乙酰乙酸乙酯及其烷基化产物有两种可能的水解产物，即成酮水解（生成酮）和成酸水解（生成酸）。在冷的稀碱溶液中水解，一般发生成酮水解，如上述庚-2-酮的合成。但在浓碱溶液中加热，则一般发生成酸水解，它是 Claisen 缩合的逆反应，如乙酰乙酸乙酯在浓的氢氧化钾甲醇溶液中加热生成乙酸和乙醇：

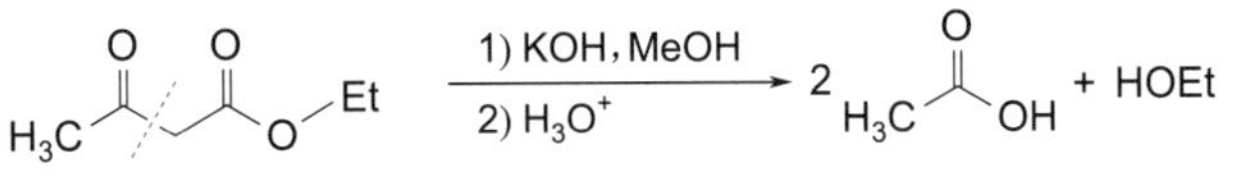

乙酰乙酸乙酯的烷基化产物中还有一个 α-H，因此还可进一步烷基化，在同一个碳上引入第二个烷基，后者经过酯水解和脱酸，可得到 $CH_3COCHR^1R^2$ 型的酮。

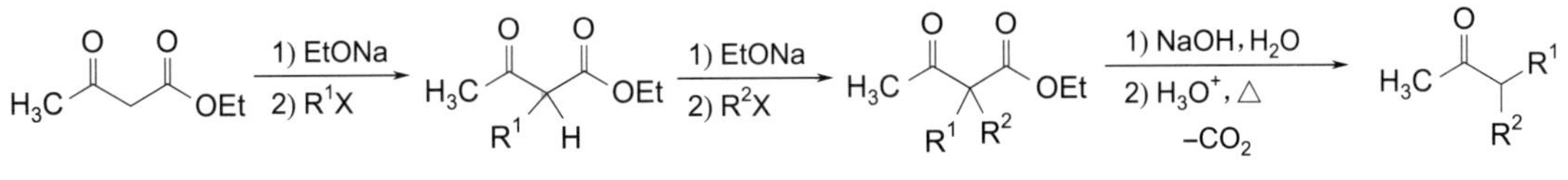

在双烷基化的反应中，由于位阻增加，水解一步需要较强的碱或更高的温度，在这种情况下，很可能发生逆-Claisen 缩合（见 12.5.4 节）等副反应。解决这一问题的方法之一是用乙酰乙酸叔丁酯作原料，经烷基化后，在酸性条件下进行水解和脱羧主要得到酮。

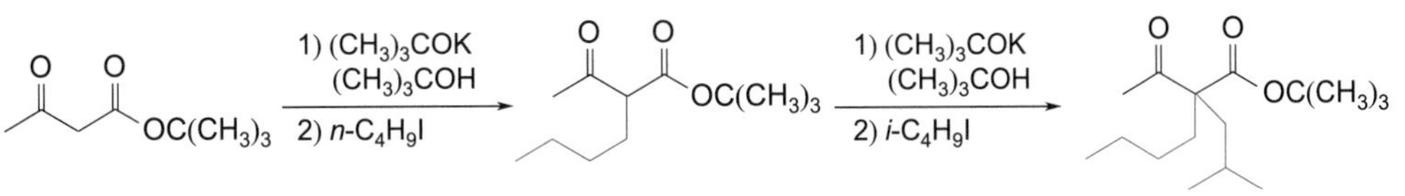

$$\xrightarrow[\triangle]{\text{TsOH}} \quad + \quad + \quad CO_2$$

与乙酰乙酸乙酯酸性相近的丙二酸二乙酯（$pK_a = 13$）可通过烷基化、水解和脱羧反应转化成 α-烷基化的乙酸。这是合成羧酸的经典方法之一。

$$\text{EtO} \cdots \text{OEt} \xrightarrow{\text{EtONa}} \left[\text{EtO} \cdots \text{OEt} \longleftrightarrow \text{EtO} \cdots \text{OEt} \right] \xrightarrow{R^1-X} \text{EtO} \cdots \text{OEt}_{R^1}$$

$$\xrightarrow[\text{2) } H_3O^+]{\text{1) } OH^-, H_2O} \text{HO} \cdots \text{O}_{R^1} \xrightarrow[-CO_2]{\triangle} \left[\text{HO} \cdots R^1 \right] \longrightarrow \text{HO} \cdots R^1$$

丙二酸二乙酯合成法亦可合成 α-双烷基化的乙酸：

$$\text{EtO} \cdots \text{OEt}_{R^1} \xrightarrow[\text{2) } R^2X]{\text{1) EtONa}} \text{EtO} \cdots \text{OEt}_{R^1 \ R^2} \xrightarrow[\text{2) } H_3O^+, \triangle \ -CO_2]{\text{1) } OH^-, H_2O} \text{HO} \cdots R^1_{R^2}$$

例如，丙二酸二乙酯经两次烷基化和酯水解、脱羧后，生成 2-甲基庚酸：

$$\text{EtO} \cdots \text{OEt} \xrightarrow[\text{2) } n\text{-}C_5H_{11}Br]{\text{1) EtONa, EtOH}} \underset{80\%}{\text{EtO} \cdots \text{OEt}} \xrightarrow[\text{2) } CH_3I]{\text{1) EtONa, EtOH}} \underset{80\%}{\text{EtO} \cdots \text{OEt}} \xrightarrow[\text{2) } H_3O^+, \triangle]{\text{1) NaOH, H_2O}} \underset{99\%}{\cdots \text{OH}}$$

用适当的二卤代烷作烷化剂，可以合成三至六元环的脂环族羧酸，例如，用 1,3-二溴丙烷为烷基化试剂，可制备环丁烷甲酸。

$$\text{EtO} \cdots \text{OEt} \xrightarrow[\text{2) } BrCH_2CH_2CH_2Br]{\text{1) EtONa, EtOH}} \text{EtO} \cdots \text{OEt} \xrightarrow[\text{2) } H_3O^+, \triangle \ -CO_2]{\text{1) } OH^-, H_2O} \underset{44\%}{\cdots \text{OH}}$$

12.3.2 经由烯胺的烷基化反应

醛或酮在质子酸催化下与二级胺缩合，形成烯胺，后者与卤代烷发生亲核取代，生成烷基化的亚胺盐中间体，亚胺盐水解即得到 α-烷基化的醛或酮，并回收二级胺原料。

$$R^1 \cdots R^2 + \underset{H}{\text{pyrrolidine}} \xrightarrow[-H_2O]{H^+} R^1 \cdots R^2 \xrightarrow[S_N2]{R^3-I} R^1 \cdots R^2_{R^3} \xrightarrow{H_2O} R^1 \cdots R^2_{R^3} + \underset{H}{\text{pyrrolidine}}$$

$$\qquad\qquad\qquad\qquad\qquad\qquad\text{烯胺}\qquad\qquad\qquad\text{亚胺盐}$$

烯胺的烷基化因条件温和，副反应少，对醛也是适用的。例如：

$$\cdots H + \underset{H}{\text{pyrrolidine}} \xrightarrow[-H_2O]{H^+} \cdots H \xrightarrow[\text{2) } H_3O^+]{\text{1) EtBr}} \underset{67\%}{\cdots H}$$

烯胺的反应具有高区域选择性。不对称的酮首先与二级胺缩合，生成较稳定的烯胺，然后烯基碳亲核进攻卤代烷。2-甲基环己酮与吡咯烷形成烯胺时，生成 A 和 B 两种可能的产物，由于立体位阻的原因，烯胺 A 较 B 稳定，故烷基化反应能够选择性地发生在无甲基取代的 α-碳上。

阅读资料12-1

既然二级胺在上述两步反应中被完全回收，那么就应该可以使用催化量的二级胺来完成这一转化。近年来的研究证实了这一设想，相关知识见阅读资料 12-1。

12.3.3　经由烯醇硅醚的烷基化反应

羰基化合物能够在碱存在下与三甲基氯硅烷（TMSCl）反应生成烯醇硅醚（silyl enol ethers）。烯醇硅醚的结构类似于烯醇和烯胺，故可在 Lewis 酸催化下与卤代烷发生亲核取代反应，生成 α-烷基化的羰基化合物。

与烯醇和烯胺的烷基化不同的是，烯醇硅醚的烷基化反应中所用的卤代烷通常是仲卤代烷和叔卤代烷，反应遵循 S_N1 机理。在 Lewis 酸促进下，仲卤代烷或叔卤代烷发生 C—X 键的异裂，形成的碳正离子中间体被烯醇硅醚捕获，然后脱硅基生成 α-碳烷基化产物。

烯醇硅醚通常很稳定，由不对称酮衍生的烯醇硅醚异构体可通过常规的操作进行分离纯化。纯的烯醇硅醚异构体在发生 α-烷基化时是定向的。例如，2-甲基环己酮能够形成两种烯醇硅醚异构体 A 和 B，它们分别为热力学控制和动力学控制的产物；在较高温度下，A 烷基化生成热力学控制的烷基化产物；在较低温条件下，B 烷基化得到动力学控制的产物，即 α-烷基化发生在取代基少的碳原子上。

★ 问题 12-5 预测下列反应的产物:

(1) CH₃COCH₂CO₂Et + Br(CH₂)₄Br $\xrightarrow{\text{EtONa, EtOH}}$

(2) EtO₂C—CH₂—CO₂Et + (3-氯环戊烯) $\xrightarrow[\text{3) H}^+\text{, H}_2\text{O, }\triangle]{\substack{\text{1) EtONa, EtOH} \\ \text{2) NaOH, H}_2\text{O}}}$

(3) (CH₃)₂CHCOCH₃ + 吡咯烷 $\xrightarrow{\text{1) H}^+}$; $\xrightarrow[\text{2) H}_3\text{O}^+]{\text{1) BrCH}_2\text{COPh}}$

(4) NC—CH₂—CN + PhCH₂Cl $\xrightarrow[\text{DMSO}]{\text{Et}_3\text{N}}$

(5) (1-三甲硅氧基环戊烯) + (CH₃)₃CCH₂Cl $\xrightarrow[\text{CH}_2\text{Cl}_2\text{, 50℃}]{\text{TiCl}_4}$

12.4 羟醛缩合及相关反应

12.4.1 羟醛缩合反应

(1) 醛和酮的自身缩合

醛在催化量氢氧化钠存在下自身缩合,生成 β-羟基醛,即羟醛,这类反应称为羟醛缩合反应(Aldol condensation)。例如,乙醛缩合生成 3-羟基丁醛。

$$2\ CH_3CHO \xrightleftharpoons{\text{5\%NaOH, H}_2\text{O}} CH_3CH(OH)CH_2CHO$$

3-羟基丁醛

羟醛缩合反应的机理涉及以下三步反应。

第一步:乙醛被 OH^- 夺取 α-活泼氢成为烯醇负离子和水。

第二步:烯醇负离子与另一分子乙醛发生亲核加成,形成烷氧基负离子。

第三步:烷氧基负离子从水分子中夺取一个质子,生成羟醛,并再生 OH^-。

这三步反应都是可逆的,但平衡有利于形成羟醛,产率不低于 50%。生成的羟醛(沸点 83℃/20mmHg)在直接蒸馏时,或在少量碘或氯化氢存在下加热,可脱水而形成丁-2-烯醛,即巴豆醛。酸催化下脱水的机理与一般的醇脱水相同(E1 或 E2),但蒸馏条件下的热消除属于非离子型机理。

羟醛缩合是一个相当普遍的反应，多数带有 α-H 的醛和酮都可以缩合形成羟醛，而且在常温下脱水反应往往伴随着羟醛缩合而自发进行，因而通常会直接得到 α,β-不饱和醛或酮。由于醛和酮羰基活化亚甲基的能力比酯基和羧基强，故羟醛缩合可以在比较弱的碱（如 Na_2CO_3 和 AcONa 等）催化下发生，也可以使用少量的强碱（如 NaOH 和 RONa 等）作为缩合剂。例如，苯乙酮在乙醇钠作用下缩合，形成 1,3-二苯基丁-2-烯-1-酮。在强碱存在下，β-羟基羰基化合物的脱水反应一般通过 E1cb 机理进行。

羟醛缩合是形成 C—C 键的重要方法之一，而生成的 α,β-不饱和醛或酮可进一步转化为许多有用的化合物，在有机合成上很有意义。例如，由正丁醛经过羟醛缩合、脱水和还原，生成 2-乙基己醇，后者是合成增塑剂的一种原料。

（2）交叉的羟醛缩合

两种不同的醛或两种不同的酮之间的缩合理论上生成 4 种异构体的混合物，选择性较差，在合成上没有意义。然而，当使用一种不含 α-氢的醛与另一种含有 α-氢的酮进行交叉羟醛缩合反应时，可高选择性地生成一种缩合产物。例如，苯甲醛分别与丙酮和苯乙酮在氢氧化钠作用下生成 4-苯基丁-3-烯-2-酮和 1,3-二苯基丙-2-烯-1-酮，而且这些缩合产物是单一的。在这两个反应中，苯甲醛没有 α-H，只能被丙酮或苯乙酮产生的烯醇负离子亲核进攻，而且由于醛比酮活性高，故还可排除酮的自身缩合。

不含 α-氢的醛或酮与酯之间亦可发生交叉的羟醛缩合。例如，2-乙氧基乙酸乙酯与 4-甲氧基苯甲醛在乙醇钠存在下缩合，生成（Z）-2-乙氧基-3-(4-甲氧基苯基)丙烯酸乙酯。

需要指出的是，在低温下反应时，往往能够分离到未脱水的产物，即 β-羟基酮，后者可通过酸催化消除，或者先转化为磺酸酯再发生消除而生成 α,β-不饱和酮。例如：

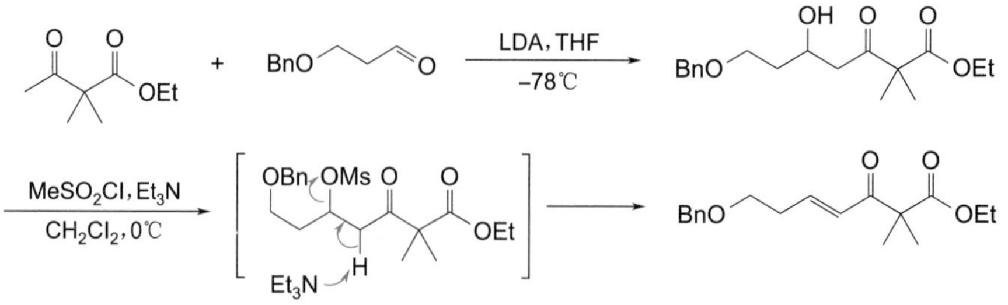

12.4.2 Perkin 反应

1868 年，W. H. Perkin 发现水杨醛与乙酸酐在乙酸钠催化下反应，一步生成香豆素（香豆酸的内酯），后者是一种重要的香料。

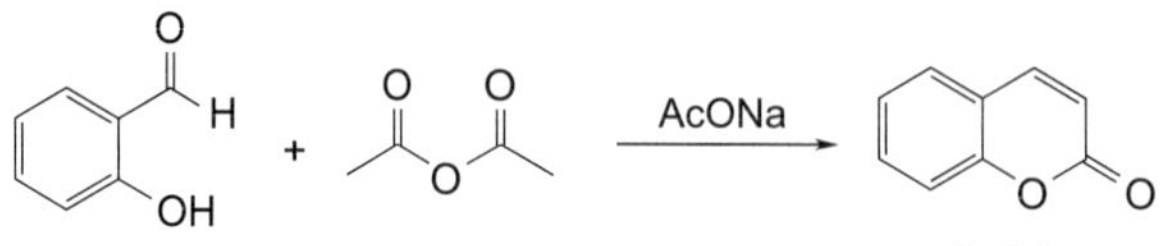

香豆素

后来，进一步发现其它的芳香醛能与乙酸酐在乙酸的钠盐或钾盐存在下缩合，生成 β-芳基-α,β-不饱和羧酸，称为 Perkin 反应。例如，苯甲醛与乙酸酐在乙酸钠催化下缩合得到肉桂酸：

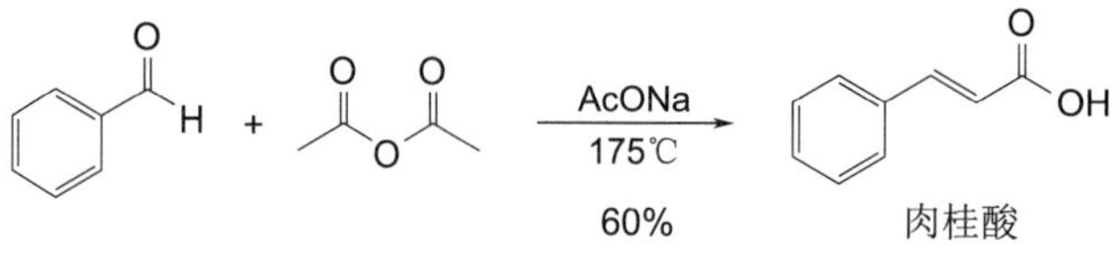

60%   肉桂酸

反应的中间体是 β-羟基羧酸，但在酸酐中和高温下，一般直接得到脱水产物。反应机理如下。

第一步：醋酸酐的 α-H$(pK_a = 25)$ 被醋酸钠夺取，生成烯醇负离子。

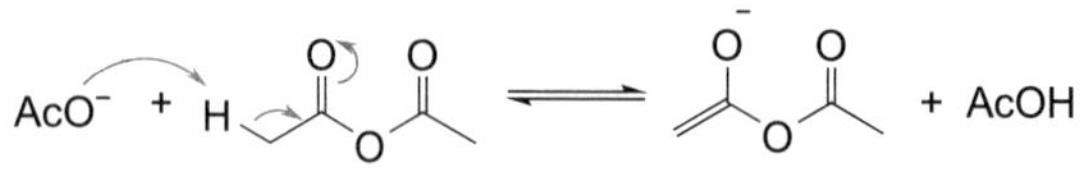

第二步：烯醇负离子亲核进攻醛基碳，形成烷氧基负离子。

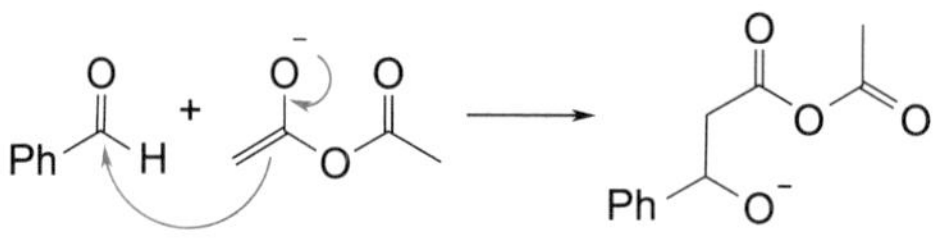

第三步：氧负离子经过六元环状中间体发生分子内的亲核取代，生成 β-苯基-β-乙酰氧基丙酸。这步反应相当于酸酐的醇解。

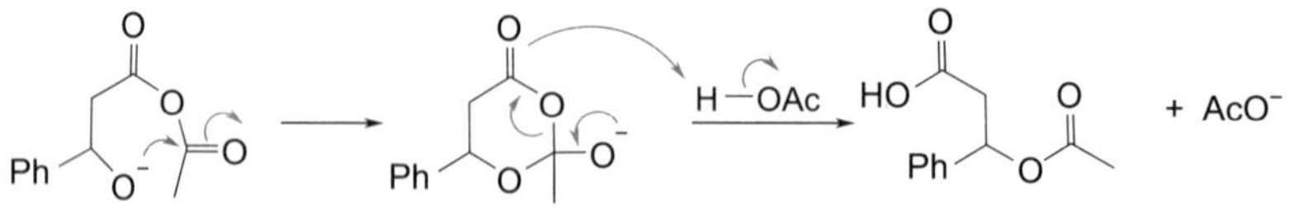

第四步：在高温下乙酸酯发生热消除，得到肉桂酸和醋酸。通常情况下，生成的烯烃以热力学稳定的反式烯烃为主要产物。

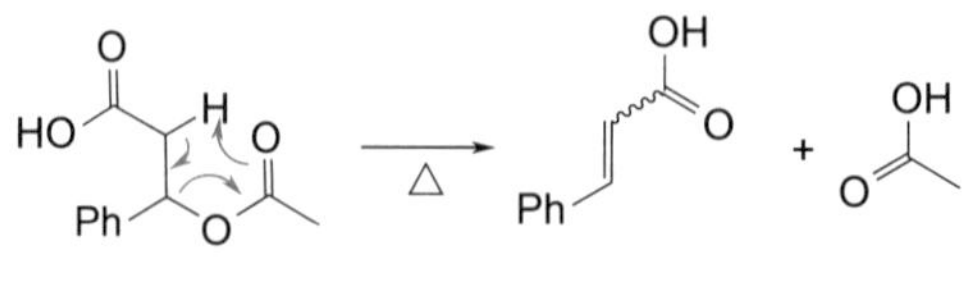

Perkin 反应的主要缺点是反应仅限于芳香醛，而且通常反应温度高、产率比较低，但它所用原料便宜、易得，因而在工业中经常使用。例如，制药工业中在合成治疗血吸虫病的药物呋喃丙胺时，中间体呋喃丙烯酸就是通过 Perkin 反应制备的。

(反应式：糠醛 + 乙酸酐 --AcONa, 150℃--> 呋喃丙烯酸 74%)

12.4.3 Darzens 反应

α-卤代羧酸酯在强碱作用下能够与醛或酮反应，生成 α,β-环氧羧酸酯，这个反应称为 Darzens 反应。例如，α-氯代乙酸乙酯在叔丁醇钾存在下与环己酮的缩合，得到 α,β-环氧丙酸乙酯：

(反应式：环己酮 + ClCH₂CO₂Et --t-BuOK/t-BuOH, 0~10℃, 3h--> 螺环氧化物 CO₂Et 90%)

这个反应机理的第一步和第二步与羟醛缩合相似，但需要化学计量的碱才能促使反应完全。

第一步：α-氯代乙酸乙酯被碱夺取一个 α-H 形成烯醇负离子（卤素的吸电子效应有利于烯醇负离子的形成）。

第二步：烯醇负离子的 α-碳亲核进攻环己酮的羰基碳，得到烷氧基负离子。

第三步：带负电荷的氧进攻 α-碳，氯离子离去，最终生成 α,β-环氧羧酸酯。

α,β-环氧羧酸酯经酯水解后得到的游离酸不稳定，受热容易发生脱羧反应，失去二氧化碳，生成烯醇，后者互变异构为醛或酮。因此，Darzens 反应与酯水解和脱羧反应的组合，提供了由醛（或酮）出发合成新醛（或酮）的一种方法。

例如，以苯乙酮为原料制备 2-苯基丙醛：

(反应式：PhCOMe + ClCH₂CO₂Et --NaNH₂, 65%--> 环氧化物 --1) NaOH 2) H₃O⁺, 70%--> 2-苯基丙醛)

> ★ 问题 12-6 羟醛缩合反应是可逆的，而且这种逆反应很常见。试写出下面逆羟醛缩合反应的机理。
>

★ 问题 12-7 预测下列反应的产物：

(1)
$\xrightarrow[\text{2) Me}_2\text{S}]{\text{1) O}_3}$ $\xrightarrow[\triangle]{\text{NaOH}}$

(2) $\xleftarrow[\triangle]{\text{NaOH, H}_2\text{O}}$ 2 (CH₃)₂CHCHO $\xrightarrow[5℃]{\text{NaOH, H}_2\text{O}}$

(3) + $\xrightarrow[\triangle]{\text{AcONa}}$

(4) + $\xrightarrow[\triangle]{\text{NaOH, H}_2\text{O}}$

(2equiv.)

12.5 酯缩合反应

12.5.1 Claisen 缩合反应

在碱性条件下，含有 α-H 的羧酸酯发生双分子缩合，生成 β-酮酸酯，这个反应称为酯缩合反应，又称 Claisen 缩合 (Claisen condensation)。

$$2 \ R^1\text{CH}_2\text{CO}_2\text{R}^2 \xrightarrow[\text{2) H}_3\text{O}^+]{\text{1) NaOEt}} R^1\text{CH}_2\text{COCH}(R^1)\text{CO}_2\text{R}^2$$

例如，乙酸乙酯在乙醇钠存在下自身缩合生成 3-氧亚基丁酸乙酯（俗称乙酰乙酸乙酯），而丁二酸二乙酯在叔丁醇钾存在下缩合生成 2,5-二氧亚基环己烷-1,4-二甲酸二乙酯。

$$2 \ CH_3CO_2Et \xrightarrow[\text{2) H}_3\text{O}^+]{\text{1) NaOEt}} H_3C-CO-CH_2-CO-OEt$$

乙酰乙酸乙酯

$$2 \ EtO_2C-CH_2CH_2-CO_2Et \xrightarrow[\text{2) H}_3\text{O}^+]{\text{1) }t\text{-BuOK}}$$

从形式上看，乙酰乙酸乙酯是由一分子乙酸乙酯提供一个 α-氢，另一分子乙酸乙酯消除一分子乙氧基而形成的。这个反应的机理如下：首先，一分子的酯被乙醇钠夺取 α-H，形成烯醇负离子；后者作为亲核试剂进攻另一分子酯的羰基碳，形成中间体 A；然后，A 经历消除，乙氧基离去，生成产物。然而，这三步反应都是可逆的，而且平衡倾向于原料。因此，必须使用化学计量的乙醇钠，以使生成的 β-酮酸酯转变为相应的烯醇盐 B 沉淀，从而使平衡完全偏向产物方向。最后，用酸处理得到最终产物。

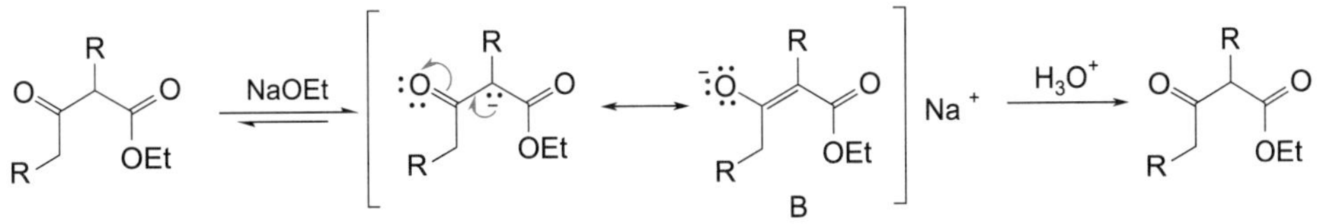

按照这个机理，如果酯的 α-位有两个或三个活泼氢时，缩合反应可以进行，但若只有一个活泼氢，则难以进行缩合。例如，2-苯基乙酸甲酯在甲醇钠作用下能够顺利地缩合为 3-氧亚基-2,4-二苯基丁酸甲酯，而异丁酸甲酯在同样条件下却不发生反应，因为产物 2,2,4-三甲基-3-氧代戊酸甲酯在 α-位上没有氢，酸性较弱，不易形成烯醇盐沉淀。

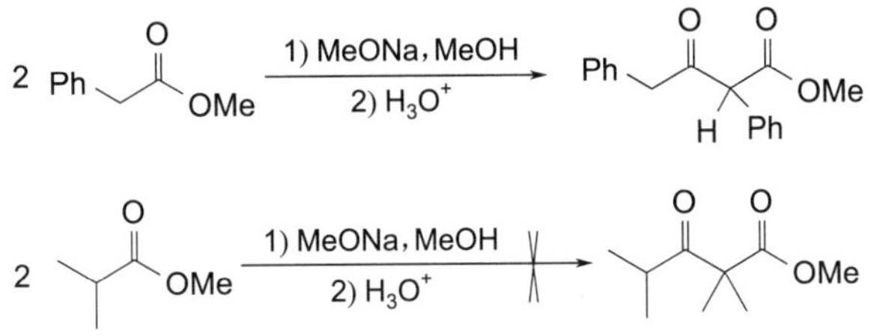

12.5.2　Dieckmann 缩合反应

酯缩合反应不仅可以在分子间进行，也可以在分子内进行，分子内的酯缩合称为 Dieckmann 缩合。这个反应特别适合于合成五元和六元环型的 β-酮酸酯。例如，庚二酸二乙酯缩合，生成 2-氧亚基环己烷甲酸乙酯，而己二酸二乙酯缩合则生成 2-氧亚基环戊烷甲酸乙酯。

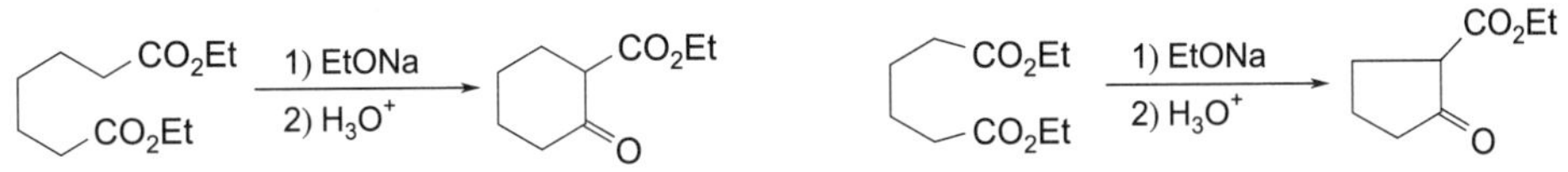

12.5.3　交叉的酯缩合反应

(1) 两种不同酯之间的交叉酯缩合反应

两种不同的酯亦可发生交叉的酯缩合反应。如果两种酯都有 α-H，发生交叉的酯缩合发应后可能有四种不同的产物，没有合成价值。但一种酯中没有 α-H，另一种酯中含有 α-H 时，它们的缩合反应还是相当有用的。甲酸酯、碳酸酯、草酸酯、苯甲酸酯等可与另一种有 α-H 的酯进行交叉酯缩合反应，如 3-氧亚基丙酸乙酯和 2-苯基丙二酸二乙酯的合成：

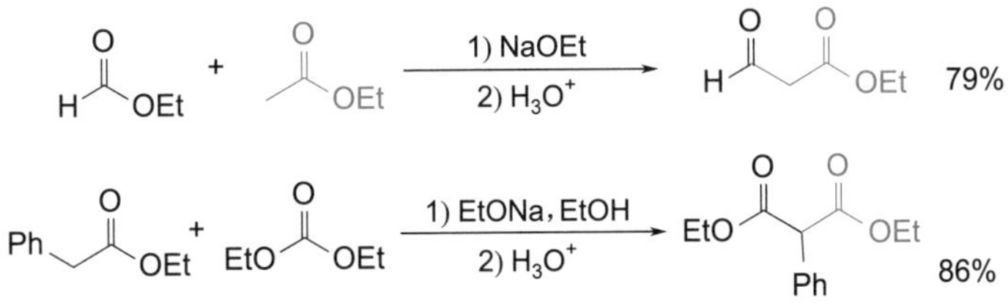

(2) 酮与酯或酸酐之间的交叉酯缩合反应

含有 α-H 的酮与酯之间亦可发生交叉缩合反应，生成 β-酮酸酯或 β-二酮，如下 1,3-二苯基丙-1,3-二酮、戊-2,4-二酮和 4-(呋喃-2-基)-2,4-二氧亚基丁酸乙酯的合成均可通过交叉酯缩合实现。

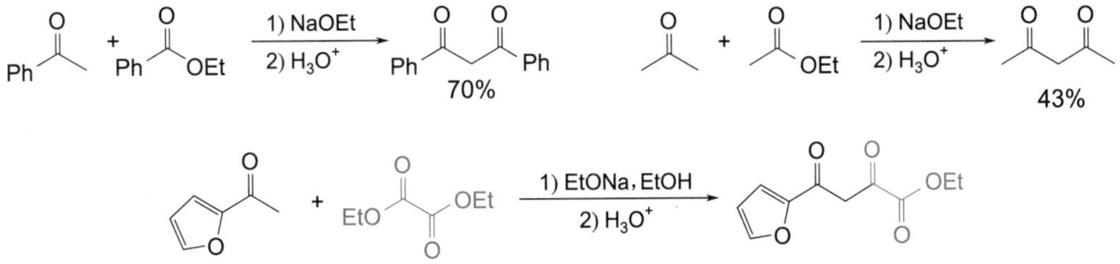

戊-2,4-二酮亦可通过丙酮与乙酸酐在三氟化硼催化下制备，产率比较高：

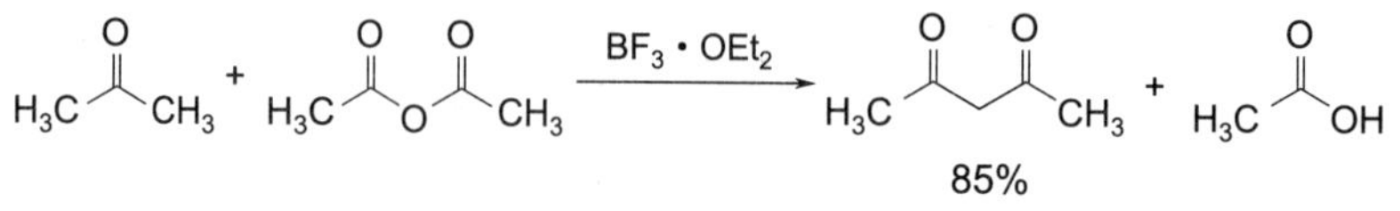

在 Lewis 酸催化下，反应经烯醇中间体进行，Lewis 酸促进了酰基正离子的形成：

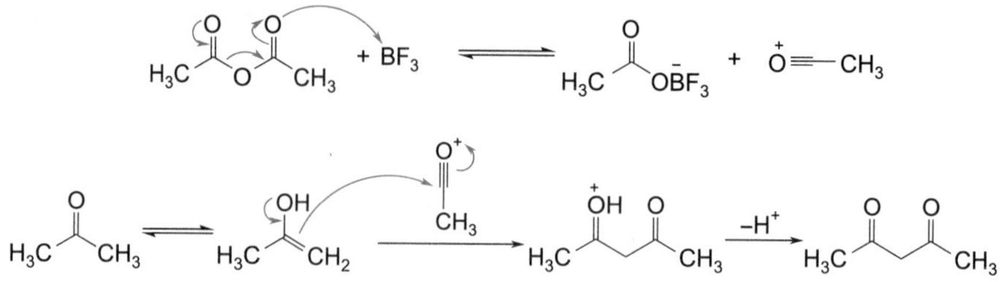

12.5.4　逆的酯缩合反应

酯缩合反应是可逆的，逆反应称为逆-Claisen 缩合（retro-Claisen condensation）。例如，1,2-二苯基乙酮与三氟乙酸乙酯在氢化钠作用下反应生成 3-苯基-1,1,1-三氟丙-2-酮和苯甲酸乙酯。

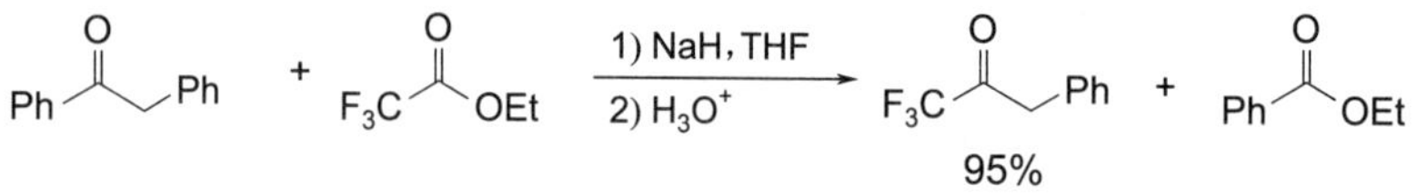

这个反应分为两个阶段，第一个阶段为交叉的酯缩合反应，形成烯醇负离子：

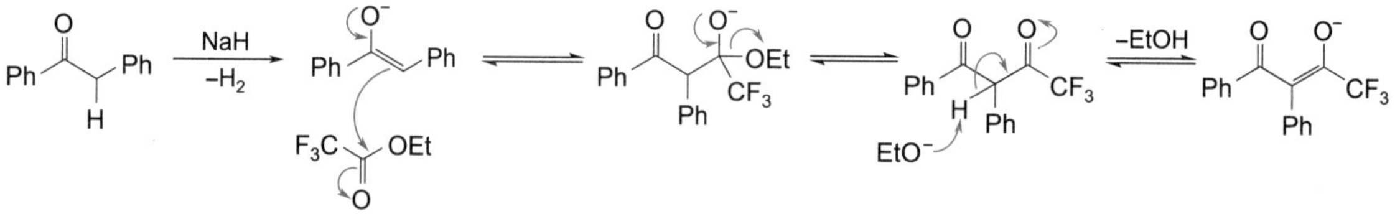

第二个阶段为逆的酯缩合：

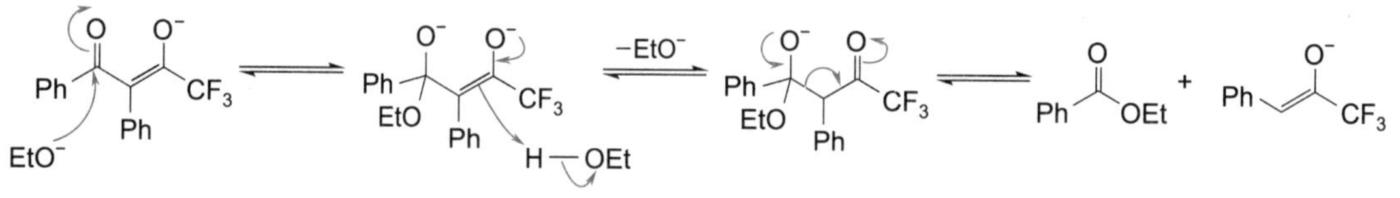

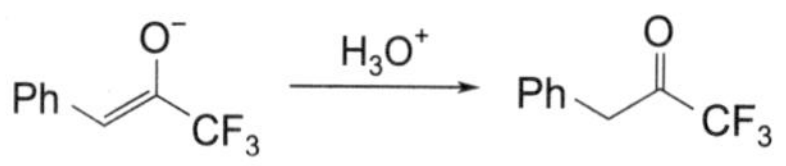

★ 问题 12-8　预测下列反应的产物：

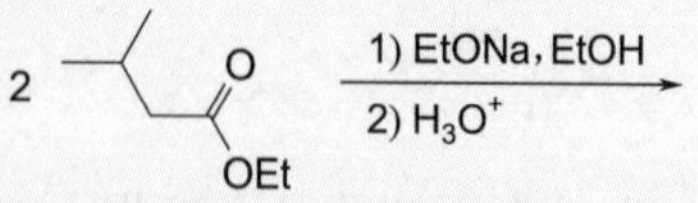

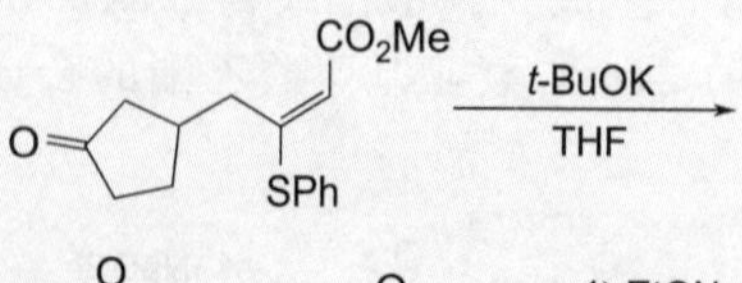

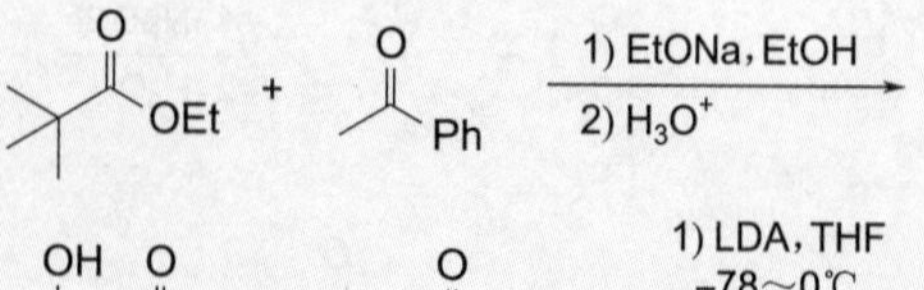

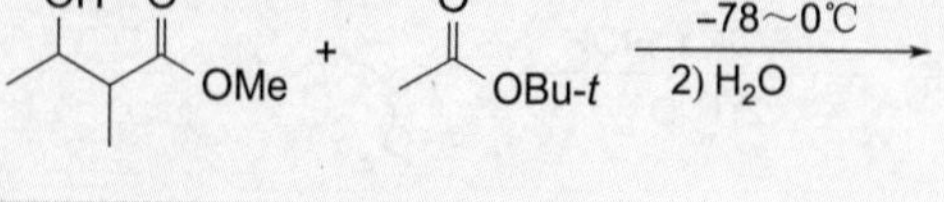

(5)

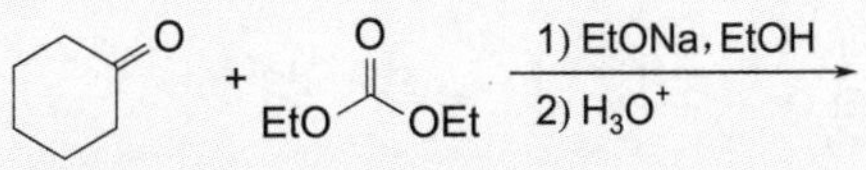

★ 问题 12-9 写出下列转化的机理：

(1)

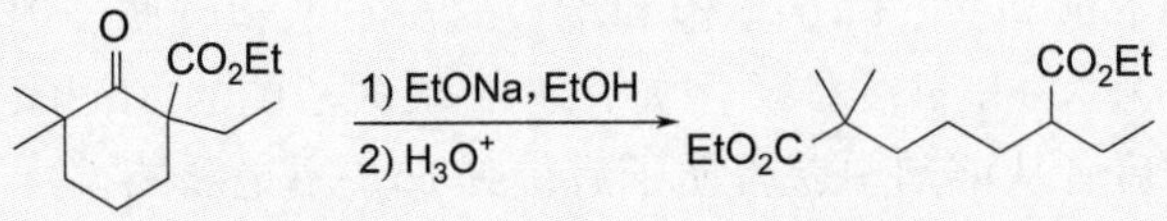

(2)

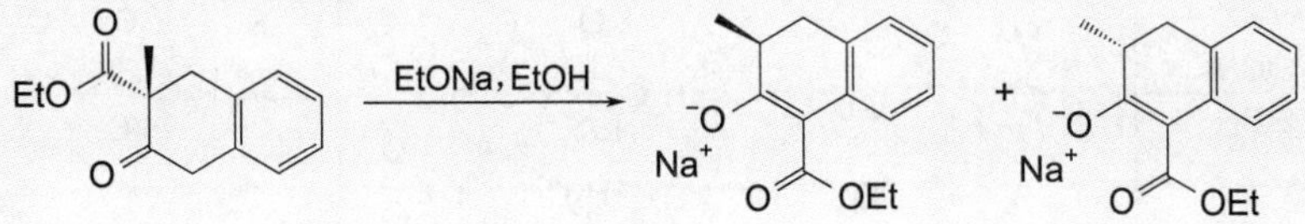

12.6 Michael 加成反应

α,β-不饱和羰基化合物受烯醇负离子等亲核试剂进攻时，容易发生 1,4-共轭加成，称为 Michael 加成。Michael 加成反应中的亲核试剂称为 Michael 供体，α,β-不饱和羰基化合物称为 Michael 受体。Michael 加成是一类应用非常广泛的反应，除了 α,β-不饱和酮外，α,β-不饱和醛、α,β-不饱和酯、丙烯腈、硝基烯烃等均可作为 Michael 受体，许多含碳、氮、氧或硫的亲核试剂可作为 Michael 供体。

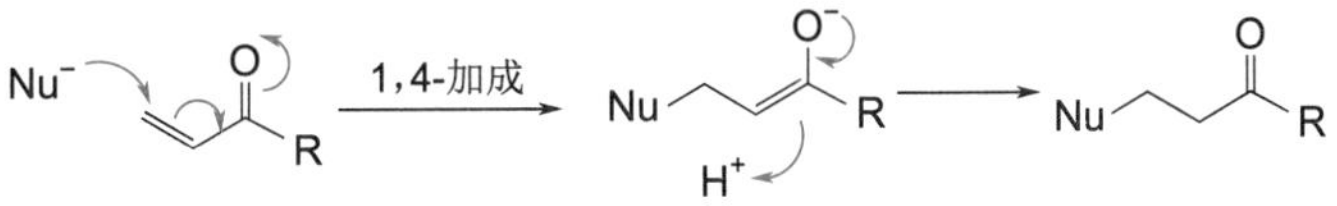

12.6.1 烯醇负离子的 Michael 加成反应

烯醇负离子作为亲核试剂可与 α,β-不饱和酮发生 Michael 加成反应。由于该反应形成了碳碳键，因此可看作是酮的 α-烷基化。Michael 加成反应的适用范围很广，常用的亲核试剂包括丙二酸二乙酯、氰基乙酸酯、丙二腈等活泼亚甲基化合物。在碱存在下，由乙酰乙酸酯或丙二酸酯所形成的烯醇负离子作为亲核试剂与 α,β-不饱和羰基化合物发生 Michael 加成，生成 1,5-二羰基化合物。此反应是乙酰乙酸乙酯和丙二酸二乙酯的另一种烷基化方法，在有机合成中广泛用于制备 1,5-酮酸酯或 1,5-二酸酯。从反应机理可以看出，这个反应只需要催化量的碱即可进行。例如：

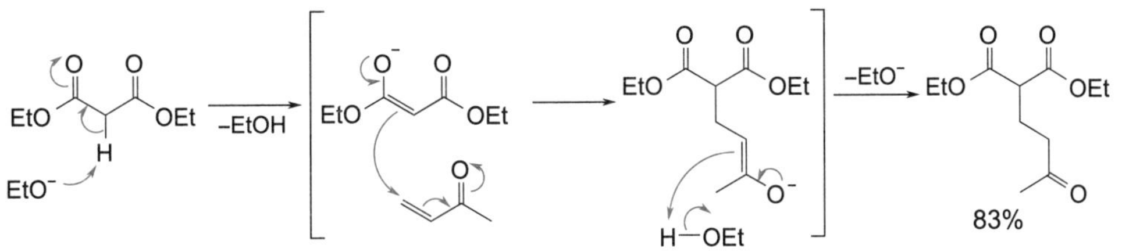

乙酰乙酸酯与 α,β-不饱和酮的 Michael 加成产物经酯水解和脱羧，得到 1,5-二酮，这是合成 1,5-二酮的常用方法，例如：

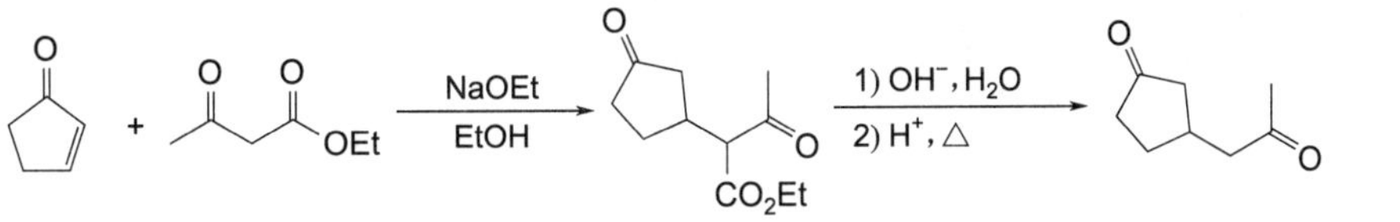

简单的酮与 α,β-不饱和羰基化合物的 Michael 加成也是合成 1,5-二羰基化合物的常用方法，例如：

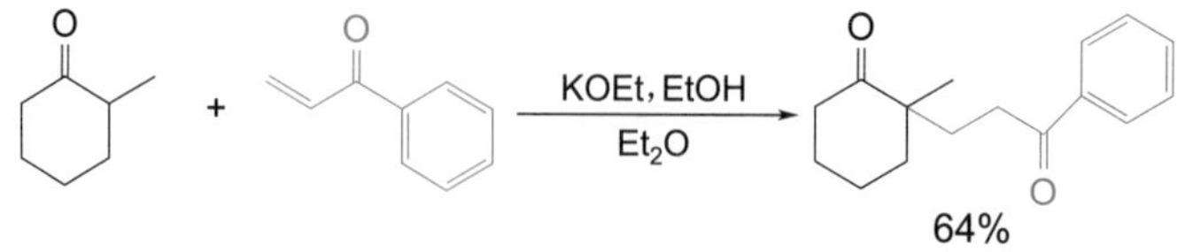

除了 α,β-不饱和酮外，α,β-不饱和醛、α,β-不饱和酯、α,β-不饱和酰胺、丙烯腈、硝基烯烃以及丙炔酸酯等均可作为 Michael 受体。例如，丁-2-炔酸乙酯的 Michael 加成首先生成联烯醇负离子中间体，后者从溶剂中获得质子后得到 α,β-不饱和酯。

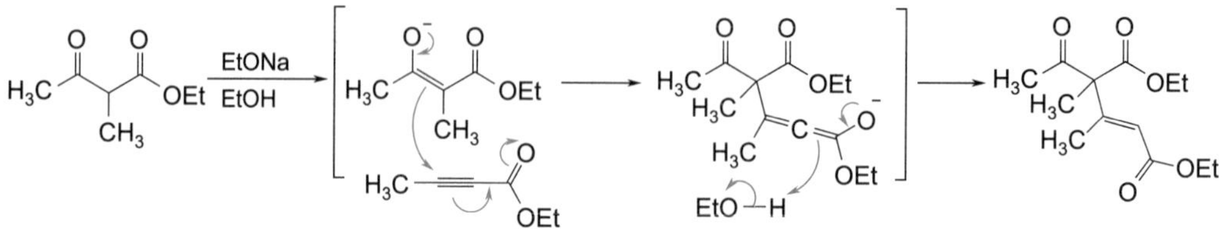

戊-2,4-二酮与丙烯腈加成，生成 4-乙酰基-5-氧亚基己腈：

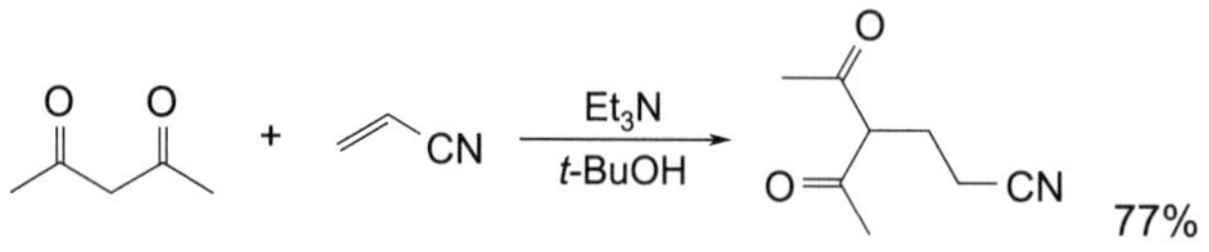

将 Michael 加成反应与分子内的羟醛缩合反应组合在一起，可形成一种构筑双环化合物的合成策略，称为 Robinson 并环反应（Robinson annulation）。碱和酸均可催化这一过程。例如，2-甲基环己酮在乙醇钠催化下与丁-3-烯-2 酮反应，先生成 Michael 加成产物，后者进一步在氢氧化钠催化下发生羟醛缩合，环化生成 β-羟基羰基化合物，经脱水生成最终产物。

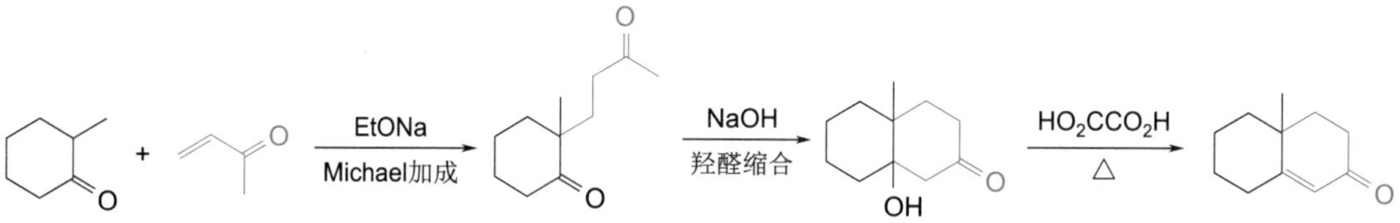

虽然上述 Robinson 并环反应是分步进行的，但通常发生"一锅"串联反应。例如，在乙醇钠催化下，2-氧亚基环己基甲酸乙酯与丁-3-烯-2 酮反应，一步生成如下 Robinson 并环产物。

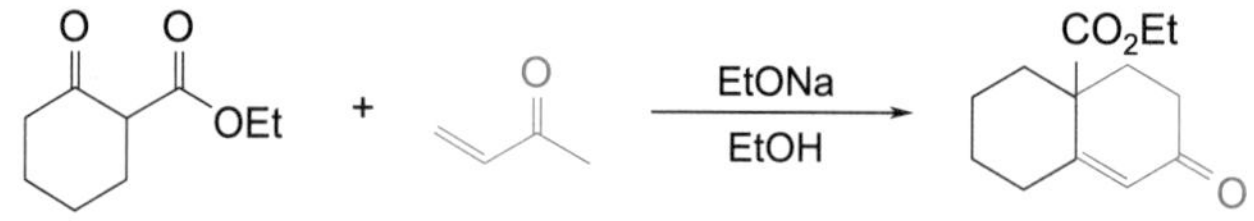

酸亦可催化 Michael 加成，同时还可以催化羟醛缩合。例如，在催化量的对甲苯磺酸存在下，2-甲基-3-烯丙基环己酮与丁-3-烯-2-酮在甲苯中加热回流，生成 Robinson 并环产物。

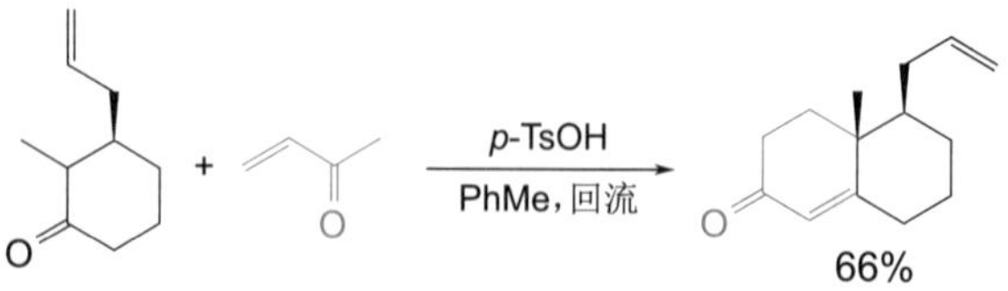

12.6.2　金属有机试剂的 Michael 加成反应

金属有机试剂与 α,β-不饱和羰基化合物反应时，既可发生 1,2-加成，又可发生 1,4-加成。有机铜锂试剂（R_2CuLi）主要发生 1,4-加成，但一般的格氏试剂（RMgX）和有机锂试剂（RLi）主要发生 1,2-加成。例如，(E)-2-甲基辛-2-烯醛与二甲基铜锂试剂反应，生成 1,4-加成产物 2,3-二甲基辛醛。

由于有机铜锂试剂可由格氏试剂与 CuX 和 LiX 作用原位产生，例如在 CuI-2LiCl 存在下，下面的 Michael 受体与格氏试剂能够发生 1,4-加成。

12.6.3 氢氰酸的 Michael 加成反应

氢氰酸与醛或酮加成，生成 α-氰醇（见 10.4.1 节），但与 α,β-不饱和羰基化合物反应，则发生 1,4-加成。例如，在酸存在下，用氰化钾处理 1-苯基丙烯酮，主要生成 4-氧亚基-4-苯基丁腈：

实际上，α,β-不饱和醛酮与 CN^- 发生亲核加成时，低温下反应生成动力学有利的 1,2-加成产物，即 α-氰醇，升高温度则生成热力学有利的 1,4-加成产物。例如，丁-3-烯-2-酮在氢氰酸存在下与氰化钠反应，若在 5~10℃下反应进行，主要得到 1,2-加成产物，若在 80℃反应，则主要得到 1,4-加成产物：

1,4-加成产物　　　　　丁-3-烯-2-酮　　　　　1,2-加成产物

除了上述含碳亲核试剂外，许多含氮、硫和氧的亲核试剂也能够作为 Michael 供体参与反应，相关知识介绍见阅读资料 12-2。

阅读资料12-2

★ 问题 12-10 预测下列反应的产物：

（1）
$$\text{（酮酯）} + \text{（烯酮 Ph）} \xrightarrow{\text{EtONa, EtOH}}$$

（2）
$$\text{Ph—CH(CO}_2\text{Et)(CN)} + \text{（CN）} \xrightarrow[t\text{-BuOH}]{\text{KOH}}$$

（3）
$$\text{MeO}_2\text{C}\text{（不饱和二酯 CO}_2\text{Me）} + \text{（NO}_2\text{）} \xrightarrow{\text{K}_2\text{CO}_3}$$

（4）
$$\text{（2-甲基环戊烷-1,3-二酮）} + \text{（烯醛）} \longrightarrow$$

（5）
$$\text{（十氢萘烯酮体系）} \xrightarrow[\text{EtOH}]{\text{KCN, AcOH}}$$

★ 问题 12-11 推测下面反应的机理：

$$\text{（丙烯酸乙酯）OEt} + \text{Cl—CH}_2\text{—C(O)—OBu-}t \xrightarrow[t\text{-BuOH}]{t\text{-BuOK}} \text{（环丙烷二酯 CO}_2\text{Et / CO}_2\text{Bu-}t\text{）}$$

互变异构	tautomerism	羟醛缩合反应	aldol condensation
α-氢的酸性	acidity of α-hydrogen	Perkin 反应	Perkin reaction
α-卤化反应	α-halogenation	Darzens 反应	Darzens reaction
卤仿反应	haloform reaction	酯缩合反应	ester condensation reaction
α-烷基化反应	α-alkylation	Claisen 缩合	Claisen condensation
乙酰乙酸乙酯的烷基化	alkylation of ethyl acetoacetate	Dieckmann 缩合	Dieckmann condensation
丙二酸二乙酯的烷基化	alkylation of diethyl malonate	逆-Claisen 缩合	retro-Claisen condensation
烯胺的烷基化	alkylation of enamine	Michael 加成	Michael addition
烯醇硅醚的烷基化	alkylation of silyl enol ethers	Robinson 并环反应	Robinson annulation

习 题

12-1 预测下列每步反应的主要产物结构：

(1)

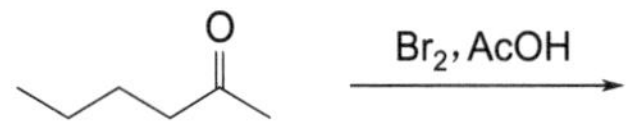

(2)

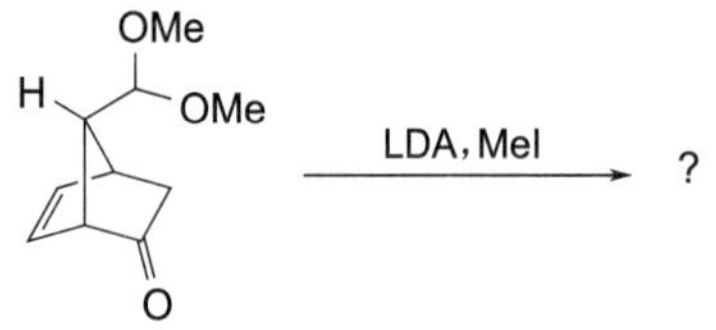

（*J. Org. Chem.* 1997，*62*，641）

(3)

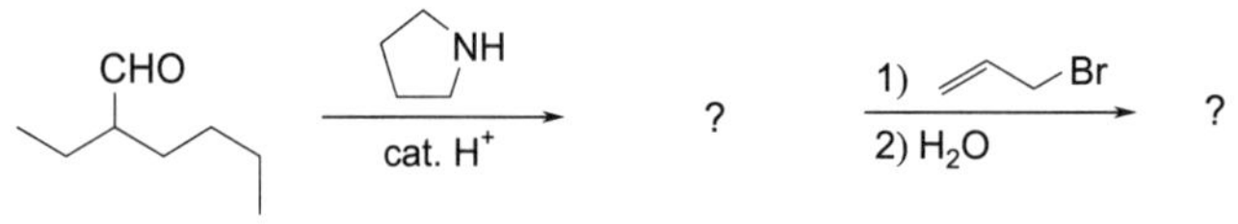

(4)

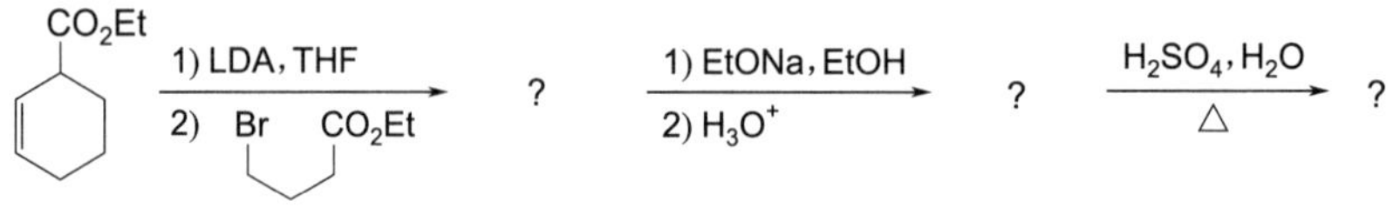

（*Tetrahedron Lett.* 1975，4343）

(5)

(6)

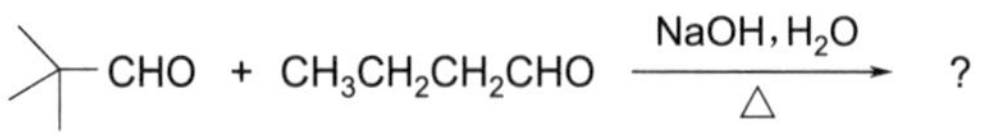

(7)

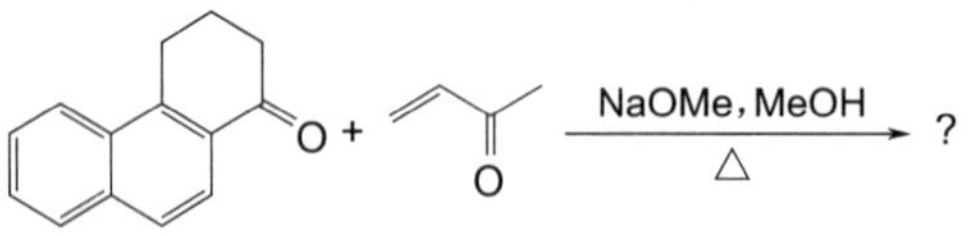

(8)

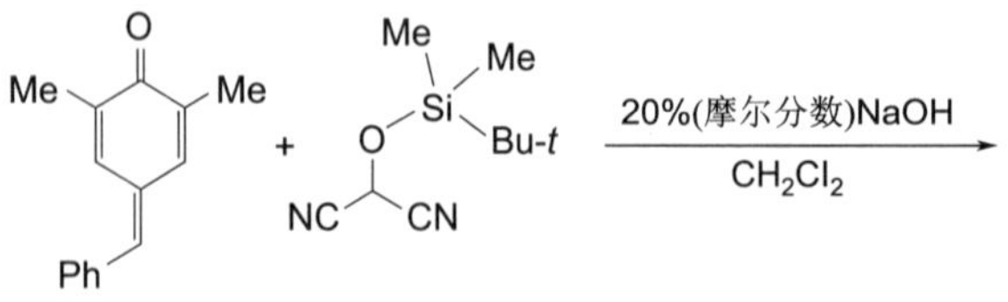

（*Synthesis* 2018，*50*，872）

(9)

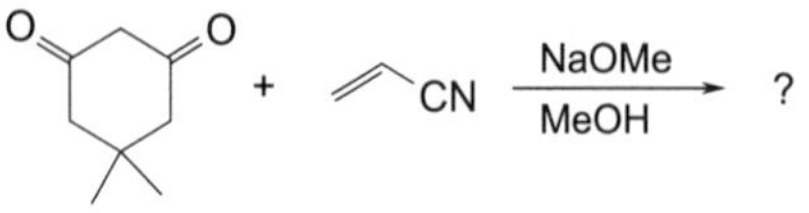

（10）

MeO₂C CO₂Me

$$\xrightarrow[\text{NaH, THF}]{\text{CH}_2(\text{CO}_2\text{Me})_2}$$?

（11）

$$\xrightarrow{\text{KOH}}$$?

（12）

$$\xrightarrow[\text{NaOH}]{\text{CH}_2\text{O}}$$?

（13）

$$\xrightarrow[\text{MeOH}]{\text{K}_2\text{CO}_3}$$?

（*J. Org. Chem.* 2008，*73*，3212）

（14）

$$\xrightarrow[\text{THF}]{t\text{-BuOK}}$$

（*Org. Lett.* 2017，*19*，2785）

（15）

$$\xrightarrow[\text{2）} \diagup\diagdown\text{CO}_2\text{Me}]{\text{1）Li, NH}_3(l)，-78℃}$$

（*Chem. Commun.* 1980，315）

12-2* 具有 α-手性碳的酮与其烯醇式之间的互变异构可导致手性酮外消旋化，这是因为烯醇式的质子化可发生在 C＝C 键的两侧，且概率相等。如果烯醇的 C＝C 键两侧立体位阻不同，则质子化可能具有立体选择性。下面的双环烯醇硅醚 A 在脱硅醚保护基团的条件下质子化时，质子化主要发生在 e 键，生成较不稳定的异构体 B；但结构类似的醇硅醚 C 在相同条件下的质子化则主要发生在 a 键，生成较稳定的异构体 D。此外，这两个反应的立体选择性均不依赖于酸的浓度大小。试解释其原因。

$$A \xrightarrow[\text{THF}]{\text{Bu}_4\text{N}^+\text{F}^-, \text{AcOH}} B$$

$$C \xrightarrow[\text{THF}]{\text{Bu}_4\text{N}^+\text{F}^-, \text{AcOH}} D$$

（*J. Org. Chem.* 2006，*71*，873）

12-3* 1-邻硝基苯基丁-2-酮（A）在二异丙基胺存在下与过量的氘代甲醇发生氢-氘交换，生成的产物 C 中苄基位的氢有 97％被氘代，而羰基的另一个 α-碳上的氢几乎未被氘代。然而，当结构类似的 4-邻硝基苯基辛-3-酮（B）在相同条件下进行氢-氘交换，即使延长反应时间，生成的产物 D 中苄基位氢的氘代率下降到 24％，而另一 α-位氢的氘代率上升至 19％（*Angew. Chem. Int. Ed.* 2017，*56*，6980）。试解释其原因。

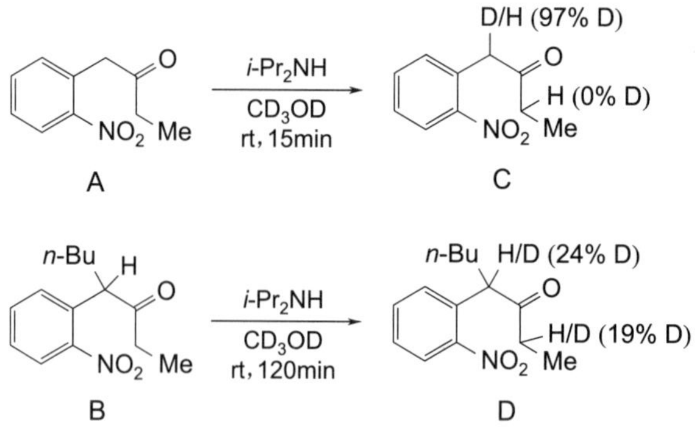

A → C (top reaction)
i-Pr₂NH, CD₃OD, rt, 15min
D/H (97% D), H (0% D)

B → D (second reaction)
i-Pr₂NH, CD₃OD, rt, 120min
n-Bu H/D (24% D), H/D (19% D)

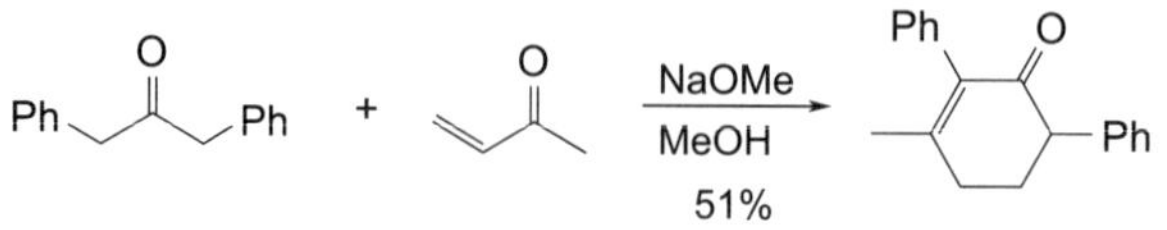

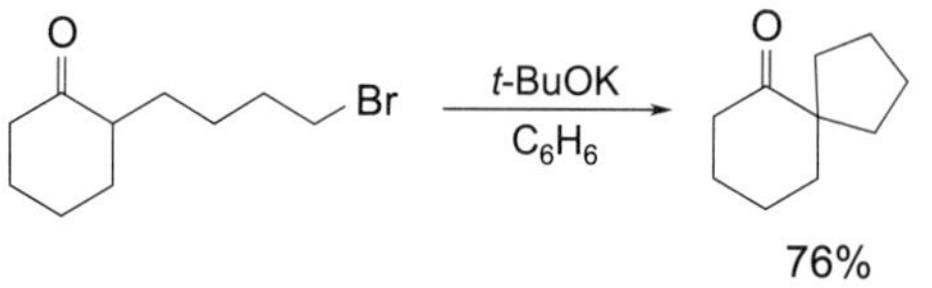

12-4* 试推测下列反应的机理：

（1）Ph—CO—CH₂Ph + methyl vinyl ketone NaOMe / MeOH 51%

（2） t-BuOK / C₆H₆ 76%

（3） TsOH / MeCN, 55℃ 68%

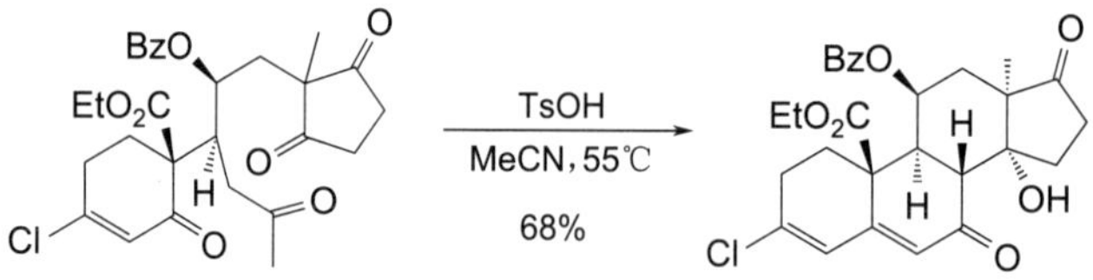

（*J. Am. Chem. Soc.* 2016，*138*，7194）

（4） 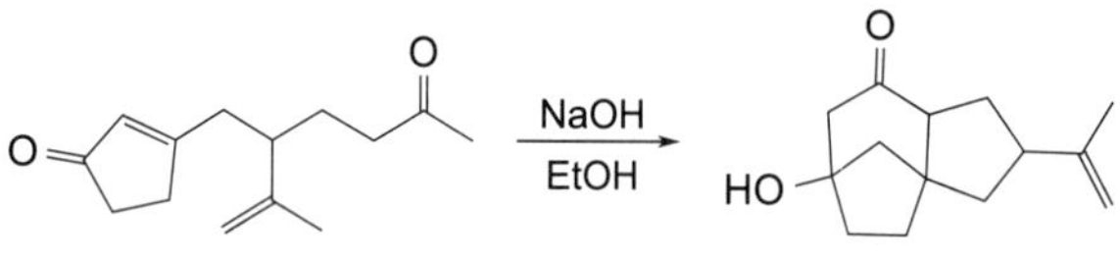 NaOH / EtOH

（5） 1) HCl, MeOH, rt, 1h 2) TsOH, 丙酮/H₂O(1∶1) 回流 83%

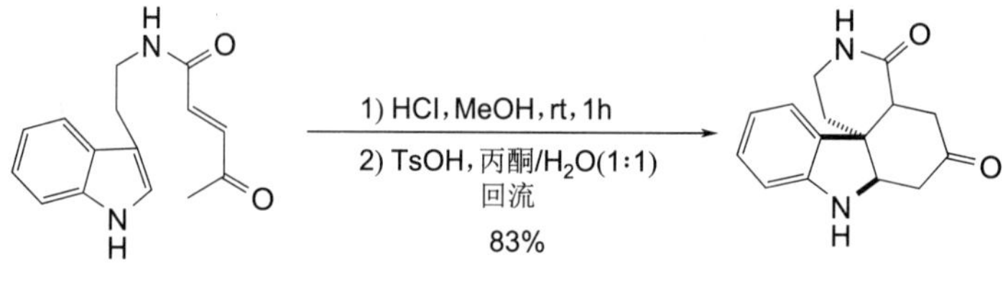

（*Tetrahedron Lett.* 2014，*55*，761）

（6）PhCH₂CO₂Me + CH₂=CHCO₂Me (2equiv.) (CH₃)₃COK (3equiv.) / THF, rt, 1h 89%

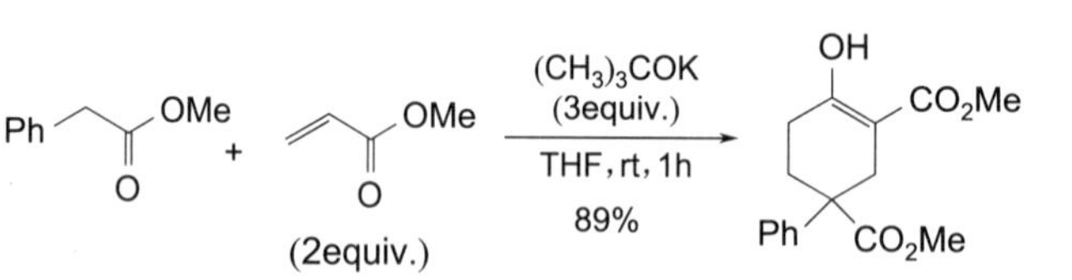

（*J. Org. Chem.* 2007，*72*，7455）

（7） 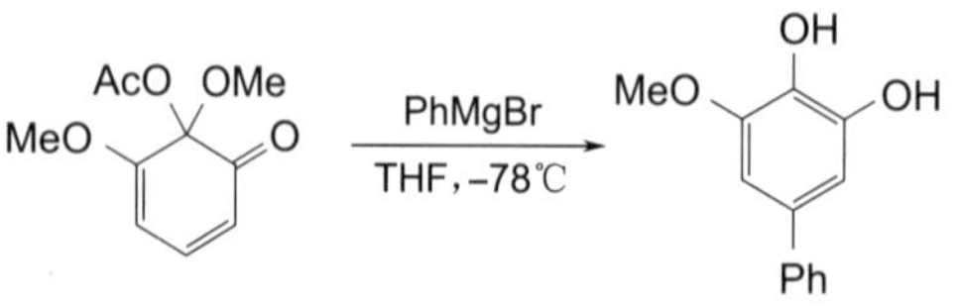 PhMgBr / THF, −78℃

PhMgBr / THF, −78℃

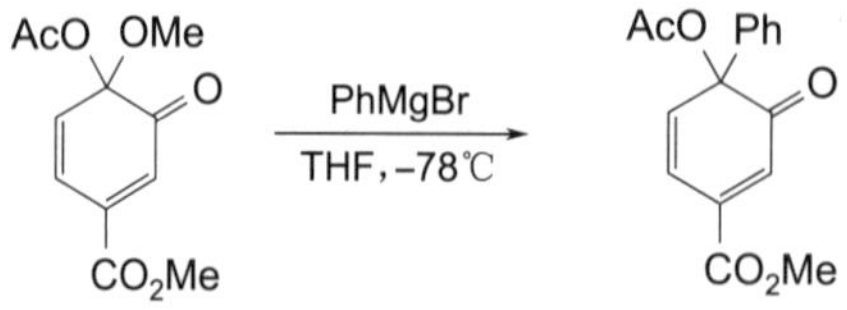

（*J. Org. Chem.* 2017，*82*，3990）

(8)

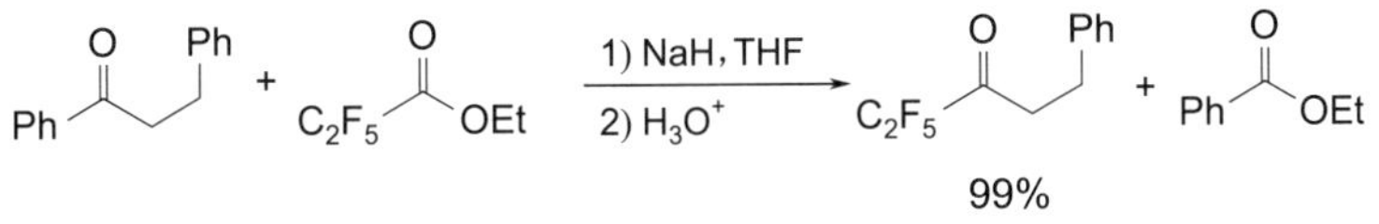

99%

(J. Org. Chem. 2013，78，4171)

(9)

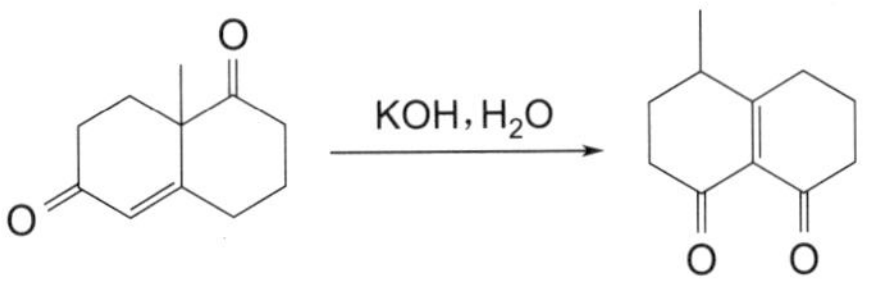

(10)

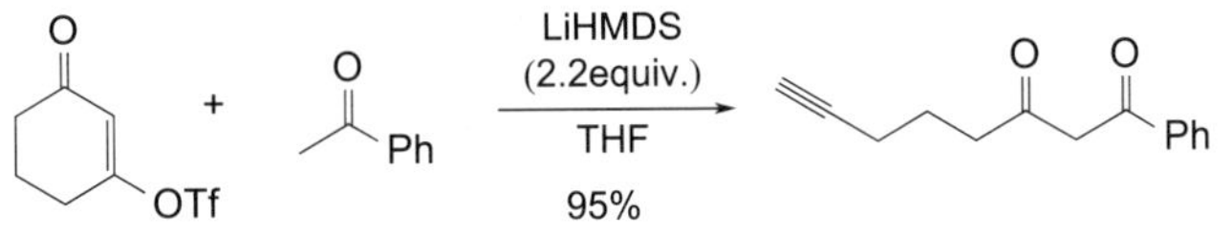

95%

(Org. Lett. 2006，8，175)

12-5　20 世纪 70 年代我国科学家从民间治疗疟疾草药黄花蒿中分离出一种含有过氧桥结构的倍半萜内酯化合物，称为青蒿素。青蒿素是我国自主研发并在国际上注册的药物之一，也是目前世界上最有效的抗疟疾药物之一。我国著名有机合成化学家、中国科学院院士周维善教授在青蒿素的全合成方面做出了开创性的工作，他领导的研究小组于 1983 年完成了青蒿素的首次全合成。他所采用的合成路线如下：

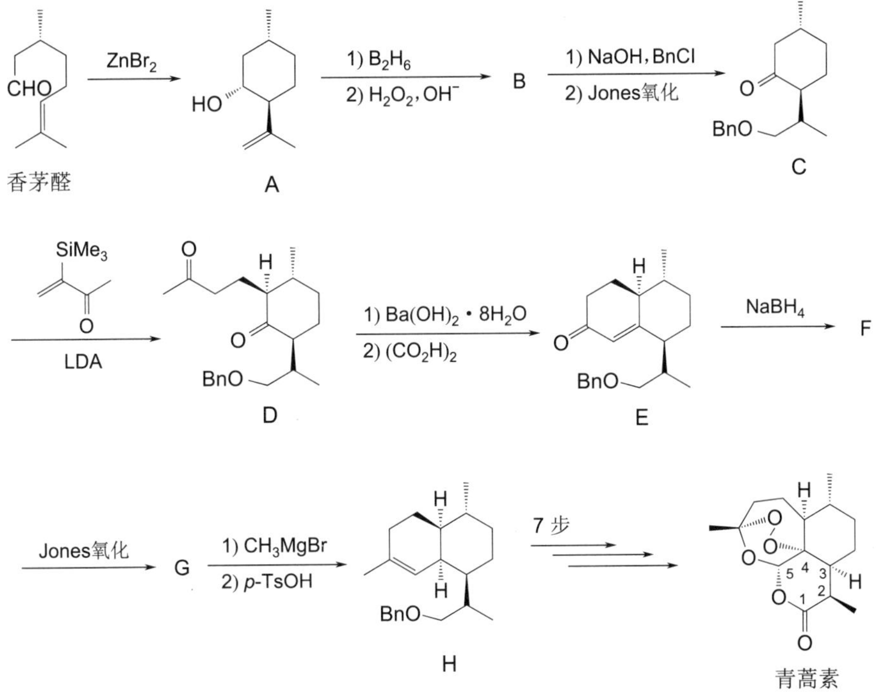

[Bn = 苄基；LDA=[(CH₃)₂CH]₂NLi（二异丙基氨基锂）；*p*-TsOH = 对甲苯磺酸]

（1）写出中间体 B、F 和 G 的立体结构式。

（2）中间体 C 在 LDA 存在下与 3-三甲基硅基丁-3-烯-2-酮反应时，除了得到中间体 D 之外，还可能产生 2 种副产物，它们是 D 的异构体。试写出这 2 种可能副产物的结构式。

（3）写出由中间体 D 到中间体 E 转化的机理。

12-6* 　化合物（-）-A 与戊 1-烯-3-酮在 NaOMe/MeOH 中加热回流 12h，生成主要产物 B 和少量的 C，并以 33% 收率回收得到外消旋化的原料（±）-A（*J. Org. Chem.* 2006，71，416）。试推测 B、C 和（+）-A 形成的可能机理。

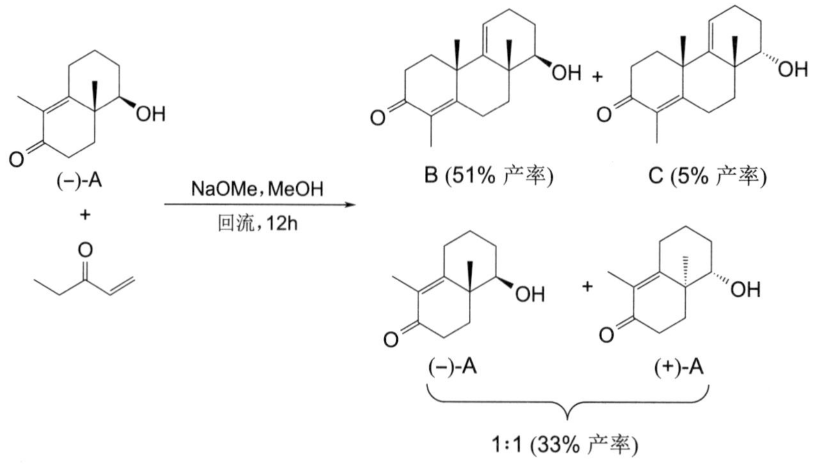

12-7 以乙酰乙酸乙酯或丙二酸二乙酯为起始原料，用必要的试剂合成下列化合物：

（1）

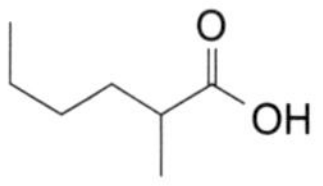

（2）

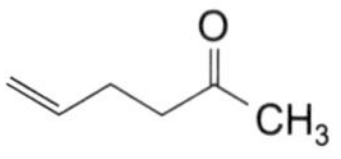

（3）

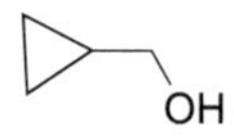

（4）

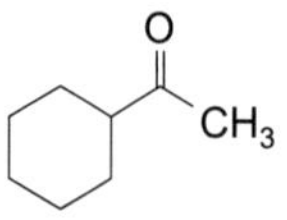

（5）

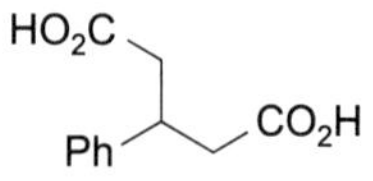

第13章

胺及其衍生物

含氮化合物广泛存在于自然界中，大气中的氮气是这些含氮化合物的起始原料，在自然界中氮气能够通过生物固氮作用被还原成氨（合成氨技术亦能实现这一转化），后者进一步被转化为各种含氮化合物。胺（amine）是最重要的含氮化合物，如普瑞巴林（Pregabalin）是治疗带状疱疹后神经痛的药物，氯吡格雷（Clopidogrel）是治疗冠心病、脑血管病、外周动脉血栓性疾病的药物，文拉法辛（Venlafaxine）为抗抑郁药物，而金刚胺是抗禽流感病毒药物。有些胺是维持生命活动所必需的，如 20 种构成蛋白质的氨基酸（见第 16 章）、维生素 B_1、人类大脑中的多巴胺（Dopamine）是形成和保持记忆所必需的化学物质，也是一种神经传导物质，与人的情感有关。然而，也有不少的胺对健康十分有害，有些是致癌物质，如 N,N-二甲基亚硝胺和一些芳香胺类化合物；还有一些是全世界禁止的毒品，如吗啡（morphine，一种来自于罂粟果实的天然叔胺）及其衍生物海洛因（Heroin）。

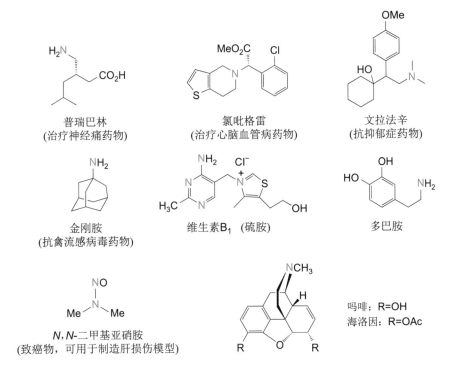

普瑞巴林
(治疗神经痛药物)

氯吡格雷
(治疗心脑血管病药物)

文拉法辛
(抗抑郁症药物)

金刚胺
(抗禽流感病毒药物)

维生素B_1 (硫胺)

多巴胺

N,N-二甲基亚硝胺
(致癌物，可用于制造肝损伤模型)

吗啡：R=OH
海洛因：R=OAc

胺的许多化学性质与醇和醚相似，如所有的胺都是碱，并具有亲核性，伯胺和仲胺含有 N—H 键，具有酸的性质。然而，由于氮的电负性比氧小，它的反应活性与氧有些不同，如伯胺和仲胺的酸性比醇弱，形成的氢键也比醇弱，但碱性和亲核性却比醇强。本章将着重介绍胺的化学性质以及制备胺的常用方法。此外，由胺衍生出的重氮化合物、重氮盐是重要的有机活性中间体，在有机合成中有广泛应用，而偶氮化合物则是一类重要的有机染料，本章也将对这两类化合物进行讨论。

13.1 胺的分类、命名和结构

13.1.1 胺的分类

胺可看作是氨的烃基取代物，根据氮原子上烃基取代的数目，可将胺类化合物分为伯胺（一级胺）、仲胺（二级胺）、叔胺（三级胺）和季铵盐（四级铵盐）：

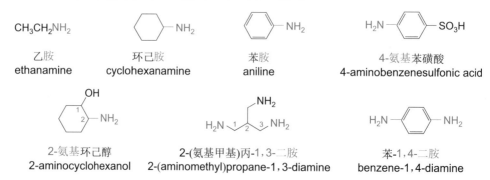

| 氨 | 伯胺 | 仲胺 | 叔胺 | 季铵盐 |
| ammonia | primary amine | secondary amine | tertiary amine | quaternary ammonium |

根据胺分子中与氮原子相连的烃基种类的不同，胺可以分为脂肪胺和芳香胺。例如，乙胺和环己胺属于脂肪胺，而苯胺属于芳香胺：

CH₃CH₂—NH₂ 　　 乙胺（脂肪胺）

环己胺（脂肪胺）

苯胺（芳香胺）

如果胺分子中含有两个或两个以上的氨基，则根据氨基数目的多少，可以分为二元胺、三元胺等。如下乙-1,2-二胺和环己-1,2-二胺为二元胺，3,4-二氨基六氢吡啶为三元胺。

H₂NCH₂CH₂NH₂

乙-1,2-二胺（二元胺）

环己-1,2-二胺（二元胺）

3,4-二氨基六氢吡啶（三元胺）

13.1.2 胺的命名

(1) 伯胺的命名

首先确定母体，即选择一条连有—NH₂的最长碳链为主链，或者选择连有—NH₂的环为母体。然后给母体（链或环）编号，编号时应首先遵循主官能团（氨基）位次最低原则。伯胺的名称由"母体烃名＋胺（后缀）"组成，并在不致混淆时省略烷烃的"烷"字，命名为"某胺"，如"乙（烷）胺"、"环己（烷）胺"。也可由"烃基名＋胺（后缀）"组成，并省略"基"字，如"乙（基）胺"、"环己（基）胺"。英文中还保留了一些俗名，如苯胺英文名"aniline"等。当—NH₂不是主官能团时，或者当不是所有的—NH₂都能用后缀表达时，这个氨基则作为取代基，用前缀"氨基"（amino-）来命名，如"4-氨基苯磺酸"、"2-氨基环己醇"。当母体烃上有多个氨基时，在后缀"胺"之前加上"二""三"等氨基的数目（即称为"二胺""三胺"），并标出其位次编号即可，如"2-(氨基甲基)丙-1,3-二胺"、"苯-1,4-二胺"。

CH₃CH₂NH₂

乙胺
ethanamine

环己胺
cyclohexanamine

苯胺
aniline

H₂N—⟨⟩—SO₃H

4-氨基苯磺酸
4-aminobenzenesulfonic acid

2-氨基环己醇
2-aminocyclohexanol

2-(氨基甲基)丙-1,3-二胺
2-(aminomethyl)propane-1,3-diamine

苯-1,4-二胺
benzene-1,4-diamine

（2）仲胺和叔胺的命名

对于对称的仲胺（R₂NH）和叔胺（R₃N），命名时在烃基名前分别加上"二"和"三"构成前缀，并以"胺"为后缀。例如：

(CH₃CH₂)₃N

二异丙胺
diisopropylamine

三乙胺
triethylamine

三苯胺
triphenylamine

对于不对称的仲胺（RR'NH）和叔胺（RR'R"N 或 R₂R'N），可看作伯胺（RNH₂）或仲胺（R₂NH）的 N-取代衍生物。命名时首先选择连有氨基的最长碳链为主链，或者有氨基的环为母体，其它烃基作为 N-取代基，置于母体名之前；在后缀"胺"之前加上氨基的位次。有不同取代基时，按英文字母顺序先后列出。例如：

N-乙基-3-甲基戊-1-胺
N-ethyl-3-methylpentan-1-amine

N-乙基-*N*-甲基苯胺
N-ethyl-*N*-methylaniline

N-乙基二异丙胺
N-ethyldiisopropylamine
N-乙基-*N*-异丙基丙-2-胺
N-ethyl-*N*-isopropylpropan-2-amine

对于二胺，则用 N 和 N' 来表示两个不同的氮原子，其中位次较小的氨基氮原子用 N 表示，位次较大的则用 N' 来表示。也可将氨基的位次（n）以上标方式表示，用"N^n-取代基名"作为前缀来命名。例如：

N-乙基-*N'*,*N'*-二甲基丁烷-1,2-二胺
N^1-乙基-N^2,N^2-二甲基丁烷-1,2-二胺
N^1-ethyl-N^2,N^2-dimethylbutane-1,2-diamine

对于结构比较复杂的胺，当氨基不是主官能团时，把主官能团作为后缀，把氨基作为取代基（前缀）。当 N 上的两个取代基不同时，按英文名字母顺序列出，后者需加上圆括号。需要指出的是，当氨基作为取代基时，无论是—NH₂ 基还是—NHR 或—NR₂ 基，都只能称为"氨基"（英文前缀 amino-）或"烃基氨基"，而不能写成"胺基"或"烃基胺基"。例如：

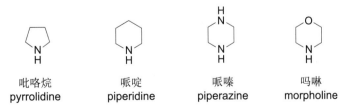

3-(二甲基氨基)丙酸
3-(dimethylamino)propanoic acid

3-[环己基(甲基)氨基]苯酚
3-(cyclohexyl(methyl)amino)phenol

（3）采用俗名或半系统命名法命名的胺

对于环状的胺，虽然名可采用杂环命名方法进行系统命名，但由于历史原因，一些环状的胺较多采用俗名来命名，如

吡咯烷
pyrrolidine

哌啶
piperidine

哌嗪
piperazine

吗啉
morpholine

对于一些结构比较复杂的胺，常采用俗名来命名，其衍生物则采用半系统命名法命名，如金刚胺、金刚乙胺、鞘氨醇（系统名为 2-氨基十八碳-4-烯-1,3-二醇）等。

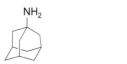
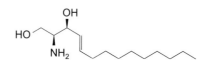

金刚胺(amantadine)　　　金刚乙胺(rimantadine)　　　　　鞘氨醇(sphingosine)

（4）羟胺和肼的命名

羟胺和肼是特殊的胺类化合物。通式为 R—NH—O—R′ 的化合物常称为"羟胺"（hydroxylamine），命名时将相应的烃基取代基加上其位次码（N-或 O-）一起作为前缀即可。另一种方法是将此官能团作为取代基，以前缀"羟基氨基"（hydroxylamino-）、"烷氧基氨基"（alkoxyamino-）或"苯氧基氨基"（phenoxyamino-）等的方式加在母体名之前。例如：

N-异丙基羟胺　　　　　　　O-甲基-N-苯基羟胺　　　　　　　N-甲氧基乙酰胺
N-isopropylhydroxylamine　　O-methyl-N-phenylhydroxylamine　　N-methoxyacetamide

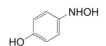

2-(乙氧基氨基)环丁烷甲酸　　　　　　　　4-(羟基氨基)苯酚
2-(ethoxyamino)cyclobutanecarboxylic acid　　4-(hydroxyamino)phenol

通式为 R—NH—NH—R′ 的化合物常称为"肼"（hydrazine）。与羟胺类似，命名时将相应的烃基取代基加上其位次编号一起作为前缀即可。也可将此官能团作为取代基，以前缀"肼基"（hydraziny-）的方式加在母体名之前。例如：

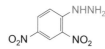　　　　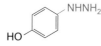

(2,4-二硝基苯基)肼　　　　　1-异丙基-2-甲基肼　　　　　4-肼基苯酚
(2,4-dinitrophenyl)hydrazine　　1-isopropyl-2-methylhydrazine　　4-hydrazinylphenol

13.1.3　铵盐和季铵盐的命名

胺类化合物与酸所形成的盐称为铵盐（ammonium salt）。氮原子上连有四个烃基的铵盐称为季铵盐（quaternary ammonium salt），又称四级铵盐。铵盐和季铵盐中的四价阳离子部分称为"铵"（英文后缀为-ammonium 或-aminium），它们的名称有两种组成方法：（1）由"阴离子名＋化＋阳离子名"组成，英文名由"阳离子名＋阴离子名"组成，且两部分是分开的；（2）由"胺名＋酸名＋盐"组成，英文名则是由"胺名-酸名"两部分组成，两部分之间通过连字符连接。例如：

H₃C—⁺NH₃ Cl⁻　　　　　　⟋⟍N⁺(CH₃)₂H Cl⁻　　　　　　(CH₃CH₂)₄NBr

氯化甲铵　　　　　　　　氯化N,N-二甲基丙-1-铵　　　　　　溴化四乙铵
methanaminium chloride　　N,N-dimethylpropan-1-aminium chloride　　tetraethylammonium bromide

苯-1,4-二胺硫酸盐　　　　　　　　N-乙基-N-甲基环戊胺盐酸盐
benzene-1,4-diamine-sulfate　　　　N-ethyl-N-methylcyclopentanamine-hydrogen chloride

13.1.4　胺的结构

氨和脂肪胺分子的结构相似，其氮原子均采取 sp³ 杂化。四个 sp³ 杂化轨道中，有

三个与氢原子或碳原子形成 σ 键，剩下的一个则被孤对电子占据。这样，氨和胺的空间排布与碳的四面体结构相似，是四面体构型，氮在四面体的中心，孤对电子处在四面体的一个顶端，相当于第四个"基团"，如图 13-1 所示。

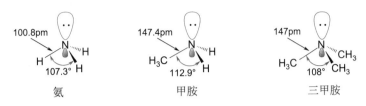

图 13-1　氨、甲胺和三甲胺的结构

在芳香胺（如苯胺）分子中，氮原子虽然采取 sp³ 杂化，但却接近于平面构型。苯胺氮上的孤对电子所处杂化轨道比甲胺分子中氮上的 sp³ 杂化轨道具有更多的 p 轨道成分，可以与苯环中 π 电子的轨道重叠，当这两种轨道接近平行时重叠最有效，共轭也最有效。如图 13-2 所示，在苯胺分子中苯环平面与 NH_2 的三个原子所在平面的夹角（142.5°）要比甲胺分子中 C—N 键与 NH_2 所在平面之间的夹角（125°）大得多，而且苯胺的 C—N 键具有部分双键的性质，键长（140pm）要比甲胺和三甲胺的 C—N 键长（147pm）短。由此推测苯胺氮原子的杂化状态处于 sp³ 和 sp² 之间，且更接近 sp² 杂化。

在仲胺和叔胺中，如果与氮相连的三个基团不同时，氮原子是一个手性中心，孤对电子相当于第四个"基团"，故应该存在两个具有光学活性的对映体。但这种胺的对映体却未分离得到过，原因是它们之间很容易相互转化（如图 13-3 所示），这种转化就像雨伞在大风中由里向外翻转一样，所需活化能很低（一般为 6～37.6kJ/mol），在室温下就能够快速地相互转化。

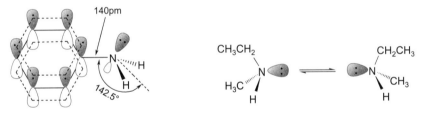

图 13-2　苯胺的结构　　　　图 13-3　N-甲基乙胺对映体之间的相互转化

有人曾设计合成了具有刚性环状结构的三级胺——Tröger 碱，并成功地分离得到其光学活性的对映体：

(5R,11R)-Tröger 碱　　　　　　　　(5S,11S)-Tröger 碱

在季铵盐分子中，氮的四个 sp³ 杂化轨道均用于成键，这与碳的四面体相似，不能发生上述对映体的构型转化，因此，当氮上的四个基团不同时，可分离出其对映异构体。例如：

(S)　　　　　　　　　　(R)

13.2 胺的物理性质和波谱特征

13.2.1 熔点、沸点和溶解度

低级脂肪胺是气体或易挥发的液体，气味与氨相似，有的具有鱼腥味；高级脂肪胺为固体。芳香胺为高沸点的液体或固体，有特殊气味。芳香胺的毒性很大，液体芳胺能通过皮肤吸收而中毒。苯胺、α-和β-萘胺、联苯胺等有致癌作用。

伯胺和仲胺的 N—H 键是极化的，但极化的程度比 O—H 键弱，分子间形成的氢键 N—H····N 要比醇的氢键 O—H····O 弱，因此伯胺的沸点高于分子量相近的烷烃，而低于醇。N 上氢的数目减少，氢键作用减弱，故伯胺的分子间氢键比仲胺强；叔胺分子间不能形成氢键，因此，在含有相同碳原子数的胺中，伯胺的沸点最高，仲胺次之，叔胺最低。表 13-1 中列举了一些常见胺的熔点和沸点数据。

表 13-1 一些常见胺的名称与物理性质

化合物	英文名称	熔点/℃	沸点/℃
甲胺	methylamine	−92	−7.5
二甲胺	dimethylamine	−96	7.5
三甲胺	trimethylamine	−117	3
乙胺	ethylamine	−80	17
二乙胺	diethylamine	−39	55
三乙胺	triethylamine	−115	89
正丙胺	propylamine	−83	48.7
正丁胺	butylamine	−50	77.8
苯胺	aniline	−6	184
二苯胺	diphenylamine	53	302
三苯胺	triphenylamine	127	365
N-甲基苯胺	N-methylaniline	−57	196
N,N-二甲基苯胺	N,N-dimethylaniline	3	194
邻硝基苯胺	o-nitroaniline	71	284
间硝基苯胺	m-nitroaniline	114	307(分解)
对硝基苯胺	p-nitroaniline	148	332

胺分子中氮原子上的孤对电子能接受水分子上的氢而形成分子间氢键，因此含 6～7 个碳原子的低级胺能溶于水中，其溶解度略大于相同碳数的醇；但高级胺与烷烃相似，不溶于水。

13.2.2 红外光谱

大多数伯胺的 N—H 伸缩振动在 $3400\sim3300\text{cm}^{-1}$ 和 $3300\sim3200\text{cm}^{-1}$ 处有两个中等强度的吸收峰，芳香族伯胺则在 $3500\sim3390\text{cm}^{-1}$ 和 $3420\sim3300\text{cm}^{-1}$ 区域。仲胺的 N—H 伸缩振动在 $3500\sim3300\text{cm}^{-1}$ 处有一个吸收峰。此外，伯胺的 N—H 弯曲振动吸收在 $1650\sim1590\text{cm}^{-1}$（面内变形振动）和 $900\sim650\text{cm}^{-1}$（宽，面外变形振动）有特征吸收，可用于伯胺的鉴定。丁胺、二丁胺和苯胺的红外光谱图见阅读资料 13-1。

13.2.3 核磁共振谱

氨基质子的化学位移由于氢键缔合的程度不同而有较大的变化，一般在 0.5～5 范

阅读资料13-1

围内，峰形较宽，加入 D_2O 后峰消失，可用于鉴定氨基的存在。例如，对氨基苯甲腈的氢谱中，$\delta 4.18$ 处的宽峰归属于 NH_2 的两个氢，两个化学等价的 H_a 出现在 $\delta 7.42$ 处（双峰），两个 H_b 则出现在 $\delta 6.65$ 处（双峰）。对氨基苯甲腈的氢谱见阅读资料 13-2。

与氨基相连的饱和碳原子（即 α-碳）上氢的化学位移一般出现在 2～4 范围内，而 β-H 的化学位移处于 1.0～2.0 之间。例如，在三乙胺的氢谱中，六个等价 α-H 吸收峰出现在 $\delta 2.53$ 处（四重峰），而九个等价的 β-H 出现在 $\delta 1.03$ 处（三重峰）。三乙胺的氢谱见阅读资料 13-3。

在 N-乙基吲哚啉的氢谱中，$\delta 7.06$、6.64 和 6.48 处的三组峰（4H）属于苯环上的 4 个氢；与氮原子直接相连的两个 CH_2 的氢均在较低场（和其它的脂肪烃上氢相比），其中乙基中 CH_2 上的两个氢裂分为四重峰，化学位移为 3.13，五元环的 α-位两个氢裂分为三重峰，化学位移为 3.32；五元环上 β-位两个氢也裂分为三重峰，化学位移为 2.94；$\delta 1.18$ 处三重峰则归属于甲基的三个氢。N-乙基吲哚啉的氢谱见阅读资料 13-4。

阅读资料13-2

阅读资料13-3

阅读资料13-4

13.3 胺的碱性和酸性

13.3.1 胺的碱性

胺中氮原子上的孤对电子使它能够接受质子而显碱性，能进攻缺电子中心而显亲核性。例如，胺的水溶液呈碱性，胺与酸作用生成铵盐，铵盐用碱处理又释放出游离的胺。

$$RNH_2 + H_2O \rightleftharpoons RNH_3^+ + OH^-$$

碱   共轭酸

$$RNH_2 + HCl \rightleftharpoons RNH_3^+Cl^-$$

$$RNH_3^+Cl^- + NaOH \rightleftharpoons RNH_2 + H_2O + NaCl$$

胺的碱性通常用它的共轭酸（即烃基取代的铵离子）的 pK_a 值大小来表示。胺的碱性越强，越容易接受质子，其共轭酸则越不容易失去质子，因此共轭酸的酸性越弱，pK_a 值就越大。反之，胺的碱性越弱，其共轭酸的 pK_a 值就越小。表 13-2 中列举了一些常见胺的共轭酸的 pK_a 值。

在脂肪胺中，烷基是给电子基团，氮上所连的烷基能使氮上孤对电子的电子云密度增大，有利于结合质子，使其形成的共轭酸——铵正离子的正电荷容易得到分散而稳定，因此脂肪胺的碱性比氨强。例如，在气相中测定的乙胺、二乙胺、三乙胺和氨的碱性强弱次序为：$(C_2H_5)_3N > (C_2H_5)_2NH > C_2H_5NH_2 > NH_3$，这说明氮上的烷基越多，给电子作用越强，越有利于稳定铵正离子，因而碱性越强。但在水溶液中测定的乙胺、二乙胺、三乙胺和氨的碱性强弱次序为：$(C_2H_5)_2NH > (C_2H_5)_3N > C_2H_5NH_2 > NH_3$，即从二乙胺到三乙胺，随着烷基增加，碱性反而降低，这说明溶剂对胺的碱性有一定影响。在水溶液中，水能够与铵离子形成氢键，氢键的生成使铵离子更加稳定，从而使碱性增强。乙胺的铵离子中有三个氢可参与形成氢键，而二乙胺和三乙胺的铵离子中分别有两个和一个氢参与形成氢键。

氢键的生成稳定了胺的共轭酸，从而增加了它的碱性。因此，随着所形成氢键数目的增多，三乙胺、二乙胺、乙胺和氨水溶液的碱性依次增强，这与它们在气相中的碱性强弱次序正好相反。因此，烷基给电子能力对碱性的影响与氢键对碱性的影响是不一致的，综合这两种因素的共同作用，在水溶液中碱性顺序为 $(C_2H_5)_2NH > (C_2H_5)_3N > C_2H_5NH_2 > NH_3$。

表 13-2　一些常见胺的共轭酸的 pK_a 值

胺	共轭酸 pK_a(25℃,H_2O)	胺	共轭酸 pK_a(25℃,H_2O)
NH_3	9.24	$C_6H_5CH_2NH_2$	9.34
CH_3NH_2	10.62	$C_6H_5NH_2$	4.60
$(CH_3)_2NH$	10.73	$(C_6H_5)_2NH$	1.20
$(CH_3)_3N$	9.79	$C_6H_5NHCH_3$	4.40
$CH_3CH_2NH_2$	10.64	$o\text{-}NO_2C_6H_4NH_2$	-0.26
$(CH_3CH_2)_2NH$	10.94	$m\text{-}NO_2C_6H_4NH_2$	2.47
$(CH_3CH_2)_3N$	10.75	$p\text{-}NO_2C_6H_4NH_2$	1.00

在非质子溶剂（如苯、氯苯等）中测定胺的碱性，可以避免氢键因素的影响。例如，在氯苯中测定的丁胺、二丁胺和三丁胺的碱性强弱次序为：$(C_4H_9)_3N > (C_4H_9)_2NH > C_4H_9NH_2$，但在水中，碱性次序变为：$(C_4H_9)_2NH > C_4H_9NH_2 > (C_4H_9)_3N$。

如果胺分子中连在氮原子上的取代基团为吸电子基，则吸电子诱导效应可使胺的共轭酸的正电荷更集中，铵离子的稳定性降低，从而使胺的碱性降低。如三(三氟甲基)胺，即 $(CF_3)_3N$ 几乎没有碱性。

从表 13-2 中可以看出，芳香胺的碱性明显比氨弱，这是因为芳环与 N 上孤对电子形成 p-π 共轭效应所致。氮上的孤对电子离域到苯环上，氮原子上分布了部分正电荷，电子云密度降低，氮原子结合质子的能力下降，从而导致芳胺的碱性降低。如果苯胺的苯环上有其它取代基时，取代基的诱导效应和共轭效应可协同影响胺的碱性。例如，对甲氧基苯胺的碱性比苯胺强，而间甲氧基苯胺的碱性则弱于苯胺。

相对碱性大小：

这是因为甲氧基同时具有吸电子的诱导效应和给电子的共轭效应，甲氧基在对位时，给电子的共轭效应大于吸电子的诱导效应，总的结果是给电子效应占优势，因此对甲氧基苯胺比苯胺的碱性增强。当甲氧基在间位时，因给电子的共轭效应通过共轭体系交替传递不到与氮相连的碳原子，间位主要是吸电子的诱导效应，故碱性减弱。

负电荷有利于稳定铵正离子

同理，对硝基苯胺的碱性则比间硝基苯胺的弱，但两者的碱性都远远小于苯胺。

相对碱性大小：

共轭酸的pK_a值：　　　4.58　　　　　2.47　　　　1.00

胺的碱性还受到立体效应的影响，如 1,8-二(二乙基氨基)-2,7-二甲氧基萘是一个很强的碱（共轭酸的 $pK_a = 16.3$），碱性比 N,N-二甲基苯胺（共轭酸的 $pK_a = 5.1$）强得多，被称为"质子海绵"。在 1,8-二（二乙基氨基）-2,7-二甲氧基萘分子中，由于 4 个乙基的空间位阻，两个氮原子上的孤对电子被迫靠近，导致整个分子是高度张力的。接受一个质子之后，形成的共轭酸比较稳定，因为分子内氢键的形成使其张力得到缓解。

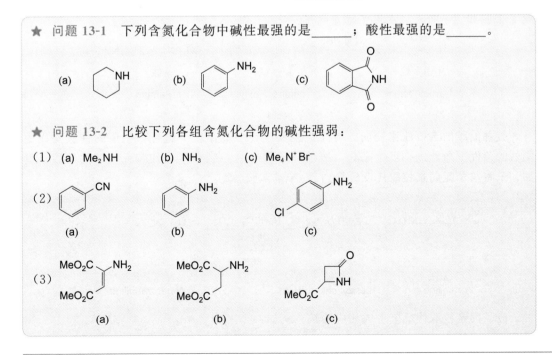

13.3.2 胺的酸性

伯胺和仲胺氮原子上的孤对电子能结合质子，体现出碱性，而氮上所连的氢原子有一定的酸性，可解离或被强碱夺取，生成氨基负离子。因此，伯胺和仲胺具有弱酸性（$pK_a \approx 36$），其共轭碱则为强碱。

$$R\!-\!\overset{..}{N}H_2 + B^- \rightleftharpoons R\!-\!\overset{..}{\underset{..}{N}}H + BH$$

$pK_a \approx 36$ 氨基负离子

胺的酸性比醇弱得多，因此要从伯胺和仲胺的氮上夺取质子，需要比醇钠还要强的碱。正丁基锂是最常用的强碱（其共轭酸的 $pK_a > 50$），用正丁基锂处理二异丙基胺，所得产物二异丙基氨基锂（lithium diisopropylamide，LDA）是有机合成中常用的强碱。

二异丙基氨基锂 + n-BuH $pK_a > 50$

★ 问题 13-1 下列含氮化合物中碱性最强的是_____；酸性最强的是_____。

(a)   (b)   (c)

★ 问题 13-2 比较下列各组含氮化合物的碱性强弱：

（1）(a) Me_2NH (b) NH_3 (c) $Me_4N^+Br^-$

（2）(a)   (b)   (c)

（3）(a)   (b)   (c)

★ 问题 13-3 DBN 和 DBU 比一般胺的碱性强得多,是有机合成中广泛使用的有机碱,试指出 DBN 和 DBU 分子中哪一个氮原子最容易被质子化,并解释它们比简单胺碱性强的原因。

DBN   DBU

13.4 胺的制备

13.4.1 氨和胺的烃化

作为亲核试剂,氨和胺可以与卤代烷进行亲核取代反应,生成 N-烷基化产物。氨与卤代烷发生 S_N2 反应先生成伯胺盐,生成的伯胺盐立即与未反应的氨发生质子转移而释放出游离的伯胺,伯胺的亲核性比氨更强,故可继续与卤代烷反应生成仲胺盐、叔胺盐和季铵盐。

$$NH_3 + CH_3Br \longrightarrow CH_3NH_3^+Br^-$$

$$CH_3NH_3^+Br^- + NH_3 \rightleftharpoons CH_3NH_2 + NH_4^+Br^-$$

$$CH_3NH_2 + CH_3Br \longrightarrow (CH_3)_2NH_2^+Br^-$$

$$(CH_3)_2NH_2^+Br^- + NH_3 \rightleftharpoons (CH_3)_2NH + NH_4^+Br^-$$

$$(CH_3)_2NH + CH_3Br \longrightarrow (CH_3)_3NH^+Br^-$$

$$(CH_3)_3NH^+Br^- + NH_3 \rightleftharpoons (CH_3)_3N + NH_4^+Br^-$$

$$(CH_3)_3N + CH_3Br \longrightarrow (CH_3)_4N^+Br^-$$

反应结束后加碱,将生成的铵盐转化为游离的胺,但得到的是多种产物的混合物,通常很难使反应停留在某一阶段。如果用过量的氨或胺作原料,可以使主要产物为伯胺或仲胺,但仍为混合物,分离纯化有一定的困难。如过量氨与 1-溴代辛烷反应,生成辛-1-胺和二辛胺,二者几乎是等量的。

$$CH_3(CH_2)_6CH_2Br \xrightarrow{\text{过量 } NH_3} CH_3(CH_2)_6CH_2NH_2 + [CH_3(CH_2)_6CH_2]_2NH$$

1-溴辛烷	辛-1-胺	二辛胺
1-bromooctane	octana-1-mine	dioctylamine
	45%	43%

芳香伯胺的亲核性比较弱,与卤代烷反应在较高温度下进行,生成的仲胺要在更剧烈的条件下才能进一步烷基化,故反应比较容易控制在生成仲胺或叔胺的阶段。例如,苯胺与苄氯的亲核取代反应得到 N-苄基苯胺。

苯胺 + 苄氯 $\xrightarrow[95℃, 4h]{NaHCO_3, H_2O}$ N-苄基苯胺

86%

苯胺	苄氯	N-苄基苯胺
aniline	benzyl chloride	N-benzylaniline

分子内亲核取代反应生成相应的胺。例如:

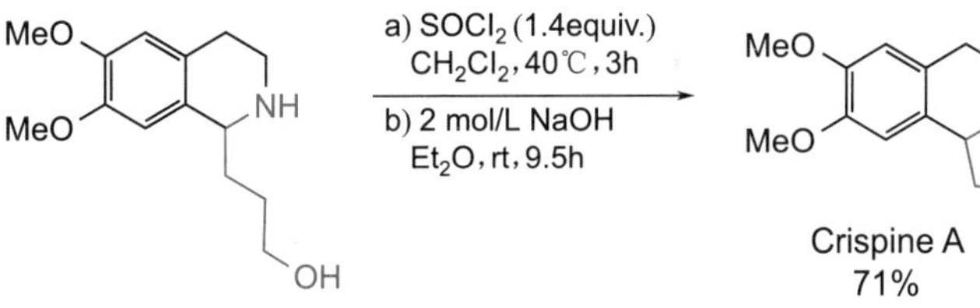

Crispine A
71%

芳卤化物不活泼，通常不能够与氨或胺进行芳基化反应。但如果芳卤的邻对位有强的吸电子基团存在时，芳卤可被活化，从而发生芳环上的亲核取代反应，生成芳胺。例如：

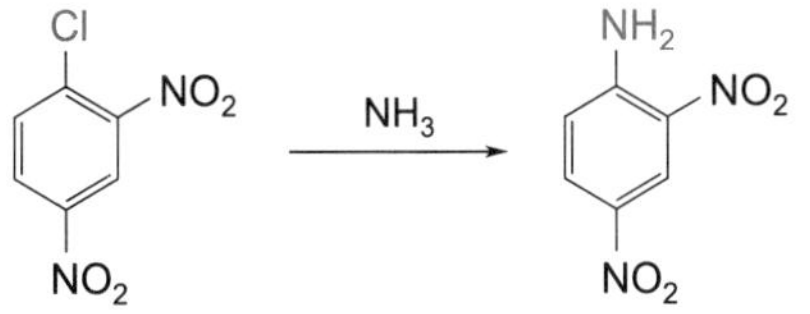

除卤代烃外，环氧化合物也容易与氨或胺作用，生成烷基化产物。例如，将环氧乙烷通入二乙胺的乙醇溶液中，可得到 2-(二乙基氨基)乙醇，后者是一种重要的药物中间体和化工原料。

2-(二乙基氨基)乙醇
2-(diethylamino)ethanol

磺酰胺氮原子上的氢具有较强的酸性，在碱存在下磺酰胺所形成的氮负离子亦具有亲核性，可与卤代烷或环氧发生烷基化反应。例如：

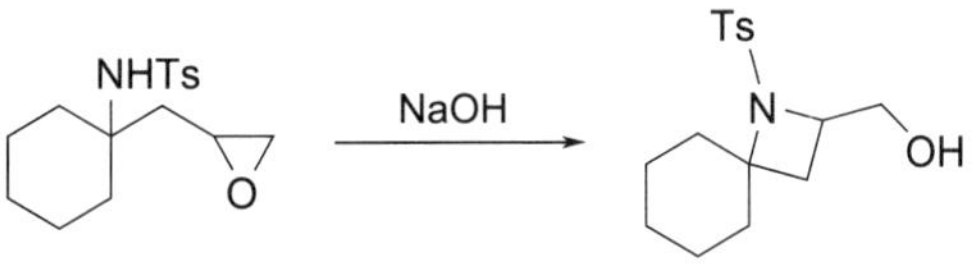

13.4.2 Gabriel 合成法

利用氨和胺的烷基化法制备胺，通常得到混合物，产物的分离纯化比较困难。但如果以邻苯二甲酰亚胺的钾盐为亲核试剂，与卤代烷或烷基磺酸酯进行烷基化反应，只能在氮原子上引入一个烷基。所得到的 N-烷基邻苯二甲酰亚胺经水解或肼解得到伯胺，这个方法称为 Gabriel 反应，它是选择性制备伯胺的经典方法。

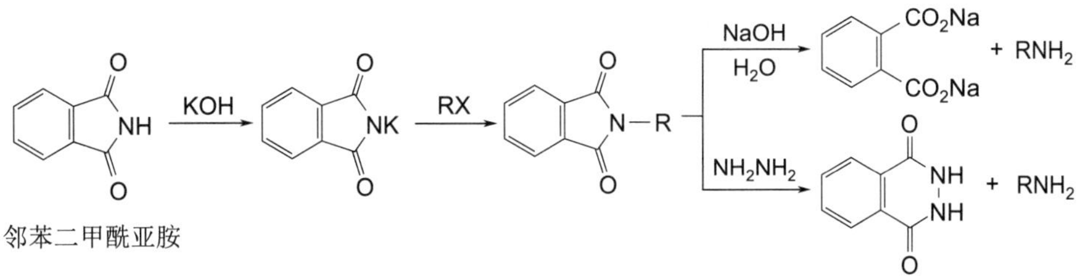

邻苯二甲酰亚胺

例如，邻苯二甲酰亚胺钾盐与苄氯反应，取代产物经肼解后得到纯的苄胺。

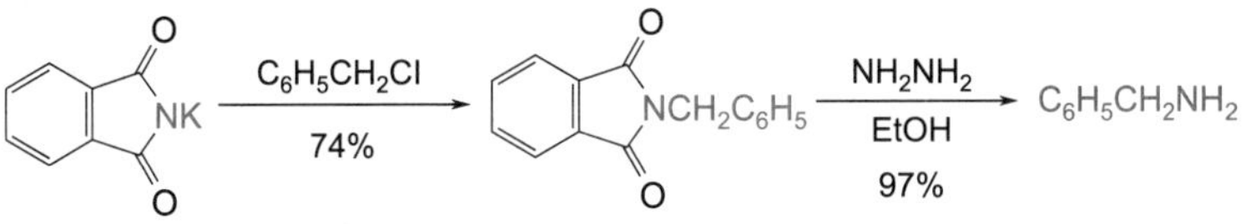

邻苯二甲酰亚胺钾盐与卤代烷或磺酸酯的反应属于 S_N2 反应，故如果与卤原子或磺酸酯基连接的碳原子为手性碳，则反应时构型发生翻转。例如：

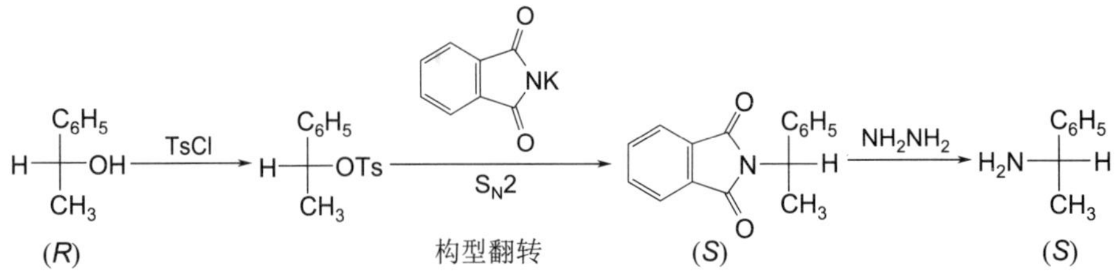

13.4.3 含氮化合物的还原

(1) 硝基化合物的还原

硝基化合物还原生成伯胺。由于芳香族硝基化合物容易由芳烃硝化得到，芳香族硝基化合物的还原已广泛用于芳香伯胺的制备。将硝基还原为氨基可采用化学还原法和催化氢化法。常用的还原剂是金属锡、铁和锌、氯化亚锡等，反应一般在酸性溶液中进行（常用盐酸）。氯化亚锡比较温和，用它作还原剂可以避免分子中的醛基被还原，但用锌还原，醛基可被还原为甲基。例如：

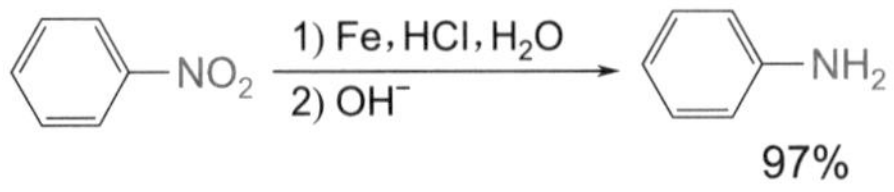

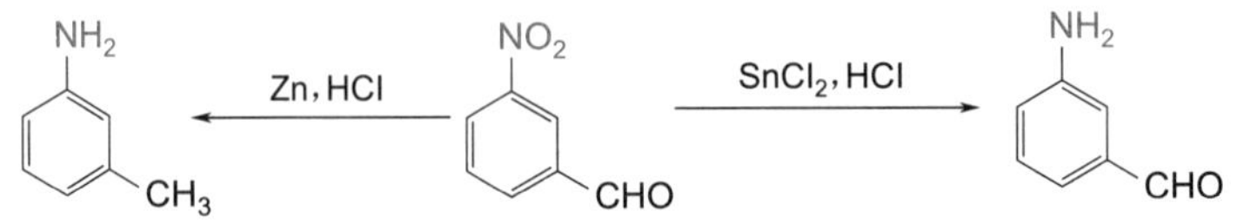

硫氢化钠、硫氢化铵、硫化钠等则是比较温和的还原剂，反应在中性条件下进行，且可通过控制还原剂的用量来选择性地还原二硝基化合物分子中的一个硝基。例如：

与上述还原剂还原相比，催化氢化法是将硝基化合物转化为伯胺的一种清洁方法。常用的催化剂有镍、铂和钯，其中工业中常用 Raney 镍在加压下氢化，反应在中性条件下进行，因此对于带有对酸或碱敏感基团的硝基化合物，可用此法还原。例如：

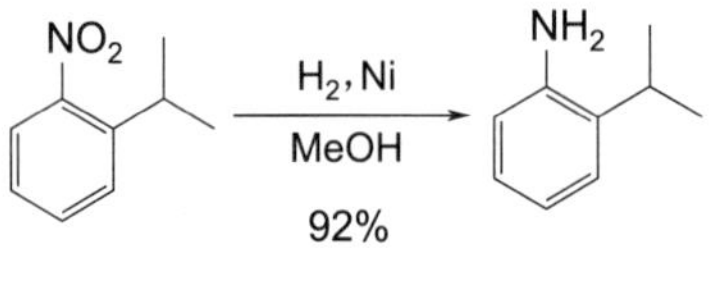

(2) 酰胺的还原

酰胺的还原是制备胺的常用方法，前者可由酰氯或酯的氨解以及腈的水解等方法来合成。常用的还原剂是还原能力比较强的氢化铝锂，硼烷亦可实现这一转化，伯、仲和叔酰胺分别被还原成伯、仲和叔胺。反应的相关机理见第 11.6.2 节。例如：

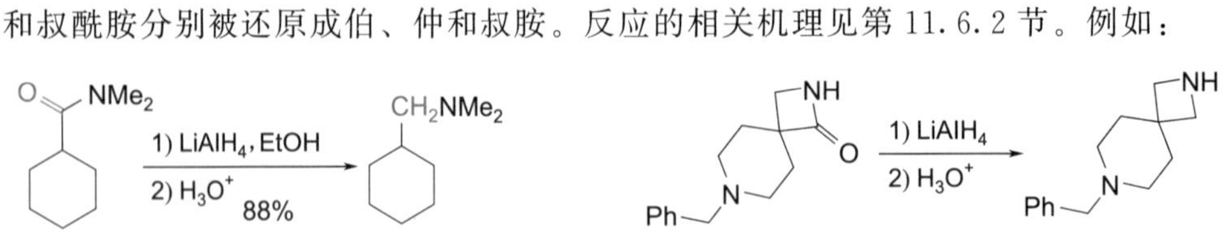

(3) 肟的还原

醛、酮与羟胺缩合生成的肟可被还原为伯胺，这是由醛酮制备伯胺的一种方法。常用的还原剂有金属钠/乙醇、氢化铝锂，也可用催化氢化法还原。例如：

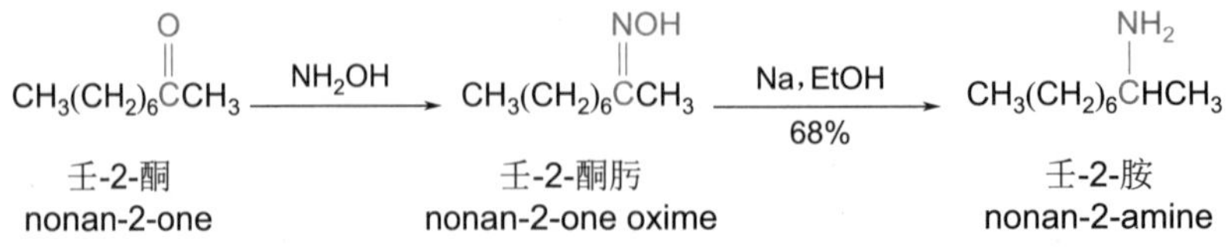

壬-2-酮　　　　　　　　壬-2-酮肟　　　　　　　　壬-2-胺
nonan-2-one　　　　nonan-2-one oxime　　　　nonan-2-amine

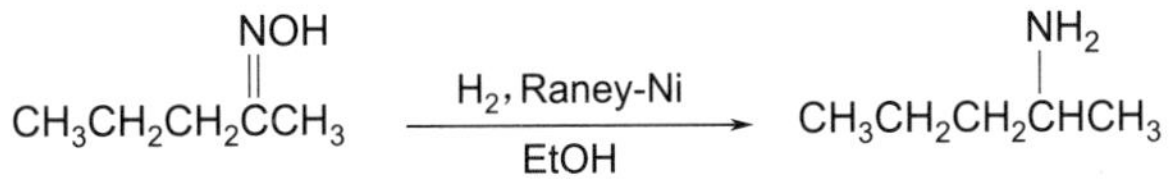

戊-2-酮肟
pentan-2-one oxime

戊-2-胺
pentan-2-amine

（4）腈的还原

腈可用氢化铝锂或催化氢化法还原为伯胺。前者常由卤代烷或烷基磺酸酯与氰化钠的亲核取代反应来制备。例如：

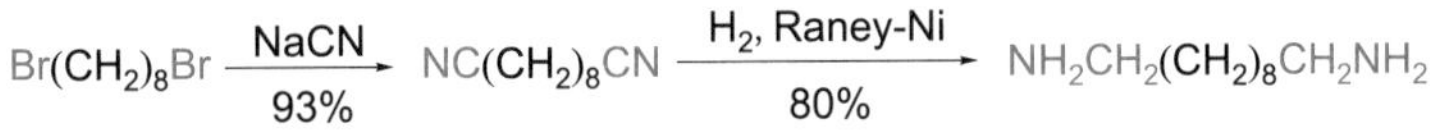

1, 8-二溴辛烷
1, 8-dibromooctane

癸二腈
decanedinitrile

癸-1,10-二胺
decane-1,10-diamine

（5）叠氮的还原

有机叠氮化合物（azides）可用氢化铝锂或催化氢化法还原为伯胺。叠氮化合物一般是通过卤代烷与叠氮化钠的亲核取代反应来制备，环氧化合物与叠氮化钠的亲核开环也可得到叠氮化合物。例如：

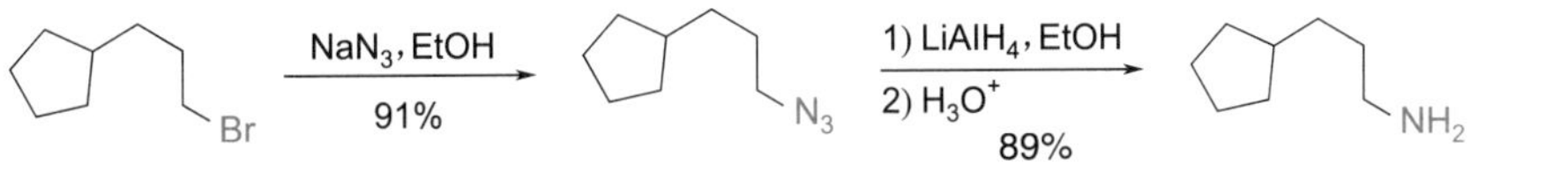

(3-溴丙基)环戊烷
(3-bromopropyl)cyclopentane

(3-叠氮丙基)环戊烷
(3-azidopropyl)cyclopentane

3-环戊基丙-1-胺
3-cyclopentylpropan-1-amine

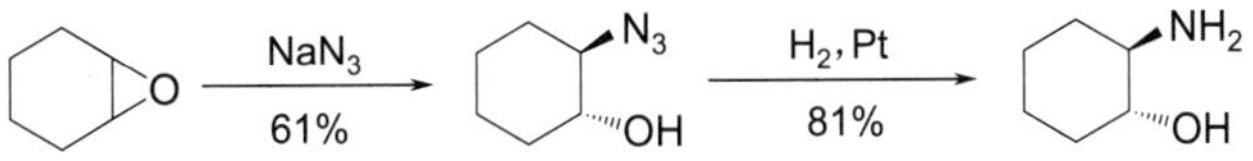

(±)-2-叠氮环己醇
(±)-2-azidocyclohexanol

(±)-2-氨基环己醇
(±)-2-aminocyclohexanol

（6）亚胺的还原（醛酮的还原氨化）

亚胺容易被还原剂还原为胺，$NaBH_3CN$ 是常用的还原剂。例如：

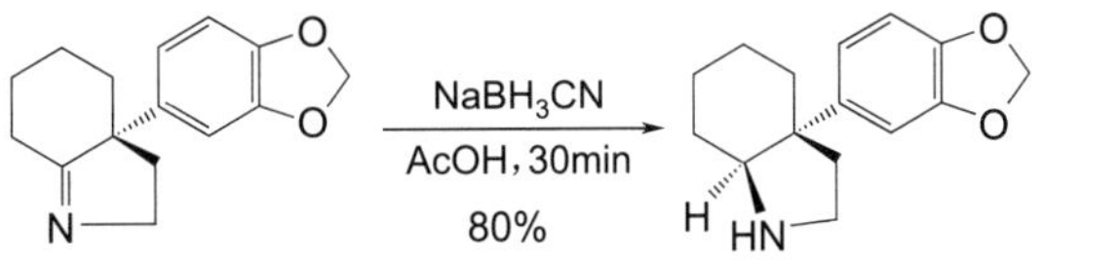

在还原条件下（如催化氢化或还原剂存在下），由醛、酮与氨或胺缩合生成的亚胺或亚胺盐可立即被还原为胺，这个反应称为还原氨化反应（reductive amination）。

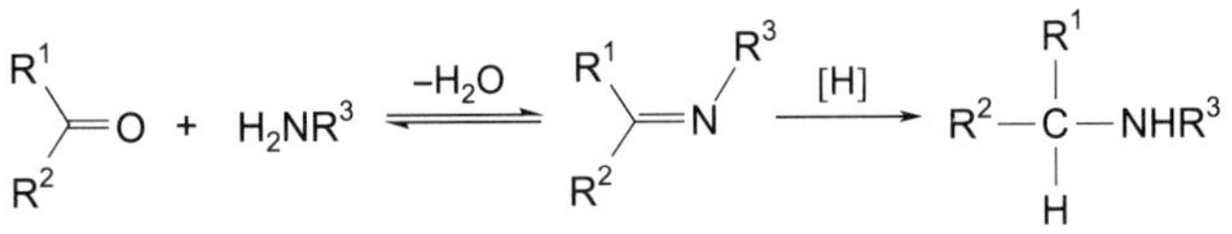

还原氨化反应中常用的还原剂为氰基硼氢化钠，催化氢化也是常用的方法。伯胺与醛酮反应得到仲胺，仲胺的反应则生成叔胺。例如：

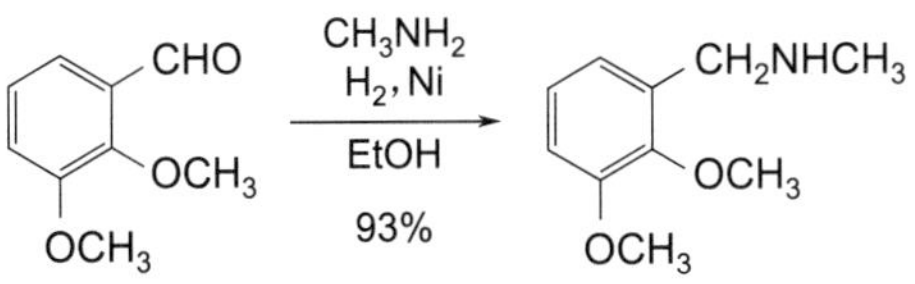

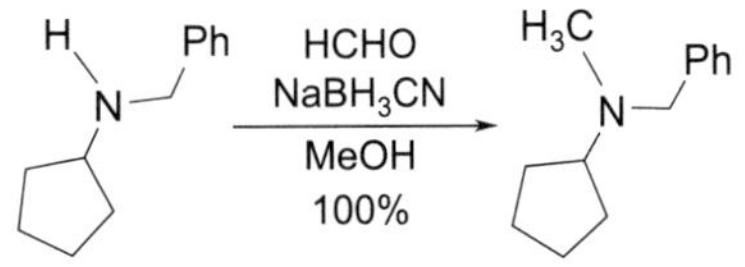

甲酸亦可作为还原氨化的还原剂，类似的试剂甲酸铵既作还原剂，又作氨源，这样的反应称为 Leuckart 反应。例如，将丁-2-胺与甲醛和甲酸共热，得到 N,N-二甲基丁-2-胺；若将苯乙酮与甲酸铵共热到 185℃，得到 1-苯基乙胺。

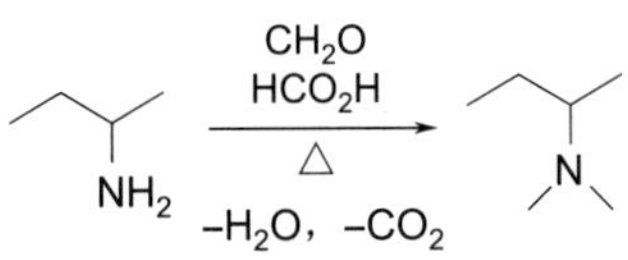

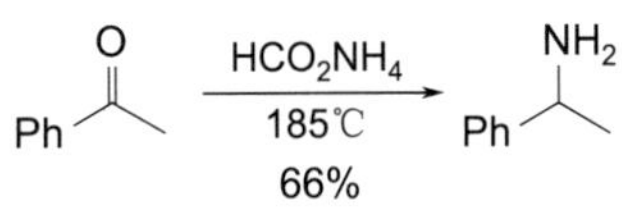

13.4.4 Hofmann 重排和 Curtius 重排反应

（1）Hofmann 重排

酰胺与氯或溴在碱溶液中反应，生成少一个碳原子（羰基碳）的伯胺，称为 Hofmann 重排。例如：

$$CH_3(CH_2)_6CH_2CONH_2 \xrightarrow[H_2O]{NaOH, Cl_2} CH_3(CH_2)_6CH_2NH_2$$

66%

Hofmann 重排的过程涉及以下步骤。

第一步：碱夺取酰胺氮原子上的一个质子形成酰胺负离子。

$$R-\overset{O}{\overset{\|}{C}}-\overset{..}{N}H_2 + {}^-OH \rightleftharpoons \left[R-\overset{:O:}{\overset{\|}{C}}-\overset{..}{N}H \longleftrightarrow R-\overset{..}{\overset{\overset{..}{:O:}}{C}}=NH \right] + H_2O$$

第二步：酰胺负离子氮上发生卤代反应，这个过程与醛酮的 α-卤代相似。

$$R-\overset{O}{\overset{\|}{C}}-\overset{..}{N}H + X\!-\!X \longrightarrow R-\overset{O}{\overset{\|}{C}}-\overset{..}{N}H + X^- \\ \overset{}{\underset{X}{|}}$$

第三步：过量的碱进一步夺取氮原子上的第二个质子（N-卤代酰胺 N—H 的酸性更强），生成 N-卤代酰胺负离子。

$$R-\overset{O}{\overset{\|}{C}}-\overset{..}{N}H + {}^-OH \rightleftharpoons R-\overset{O}{\overset{\|}{C}}-\overset{..}{N}-X + H_2O \\ \overset{}{\underset{X}{|}}$$

第四步：N-卤代酰胺负离子脱卤，转变为酰基氮烯，氮烯又称为乃春（nitrene）；氮烯中间体的氮原子最外层只有 6 个电子，很不稳定，会立即发生 1,2-迁移，与羰基相连的烃基带着一对价电子转移到氮原子上，生成异氰酸酯（isocyanate）。由于缺少酰基氮烯存在的证据，故也有人认为，这个重排是一步完成的，即共振式 B 中的离去基团的离去与 R 的迁移是同时发生的。

$$R-\overset{O}{\overset{\|}{C}}-\overset{..}{N}\frown X \xrightarrow{-X^-} \left[R-\overset{O}{\overset{\|}{C}}-\overset{..}{N} \right]$$

A 　　　　　酰基氮烯

$$R-\overset{:\overset{..}{O}:}{\overset{\|}{C}}=\overset{..}{N}\frown X \xrightarrow[-X^-]{1,2\text{-迁移}} O=C=N-R$$

B 　　　　　异氰酸酯

$$\downarrow 1,2\text{-迁移}$$

第五步：异氰酸酯与水反应，先生成不稳定的取代氨基甲酸，进而脱羧得到伯胺。

$$R-N=C=O + H_2O \longrightarrow R-\underset{H}{N}-\overset{O}{\overset{\|}{C}}-OH \longrightarrow RNH_2$$

在 Hofmann 重排反应中，如果发生迁移的烃基碳原子为手性碳，迁移时其构型保持。例如：

$$C_6H_5CH_2-\overset{H}{\underset{CH_3}{C}}-CONH_2 \xrightarrow{Br_2, NaOH, H_2O} C_6H_5CH_2-\overset{H}{\underset{H_3C}{C}}-NH_2$$

（2）Curtius 重排

酰基叠氮在惰性溶剂（如苯、环己烷等）中加热分解，失去氮气，也发生类似的重排，生成异氰酸酯，这个反应称为 Curtius 重排。酰基叠氮通常由酰氯或酸酐与叠氮化钠反应得到。

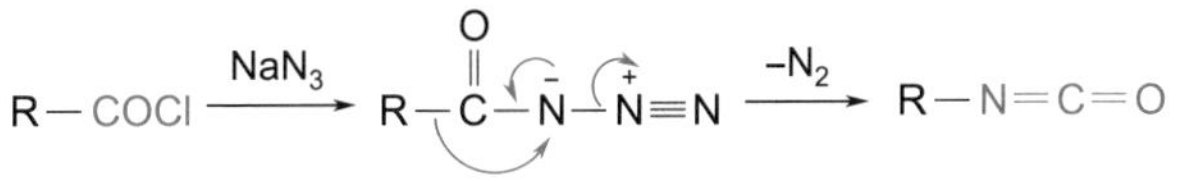

在无水溶剂中进行 Curtius 重排，可得到异氰酸酯。异氰酸酯遇水，水解为伯胺，与醇和胺反应，则分别得到氨基甲酸酯（carbamates）和脲类化合物（ureas）。例如：

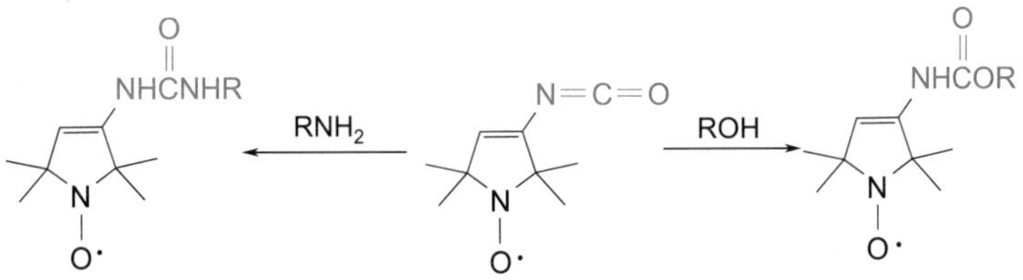

13.4.5 Mannich 反应

与羟醛缩合反应相似，一种羰基化合物的烯醇亲核进攻由另一种羰基化合物原位形成的亚胺阳离子（iminium ion），生成 β-氨基羰基化合物，该反应称为 Mannich 反应。这个三组分反应的 3 个组分通常是反应活性较低的酮（或醛）、较活泼的醛和仲胺（或伯胺）。反应通常需要酸催化。在盐酸存在下反应得到的是胺的盐酸盐，用碱处理得到游离胺。如果较活泼的羰基化合物为甲醛，则相当于第一个羰基化合物的 α-氢被氨甲基取代，故又称为胺甲基化反应。例如：

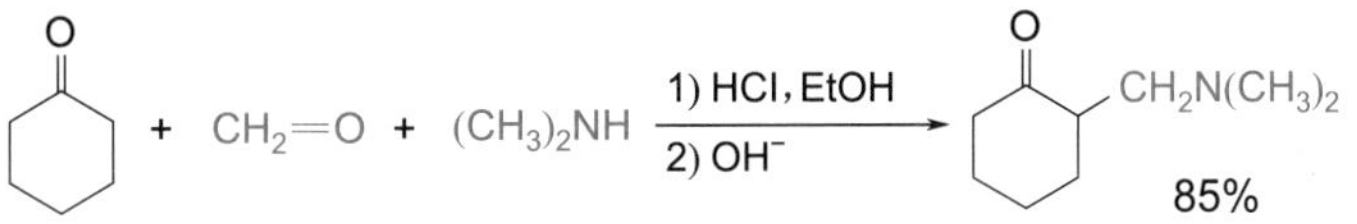

这种三组分 Mannich 反应的过程包括如下两个阶段。

第一阶段：在酸催化下醛与胺缩合，形成亚胺阳离子中间体。

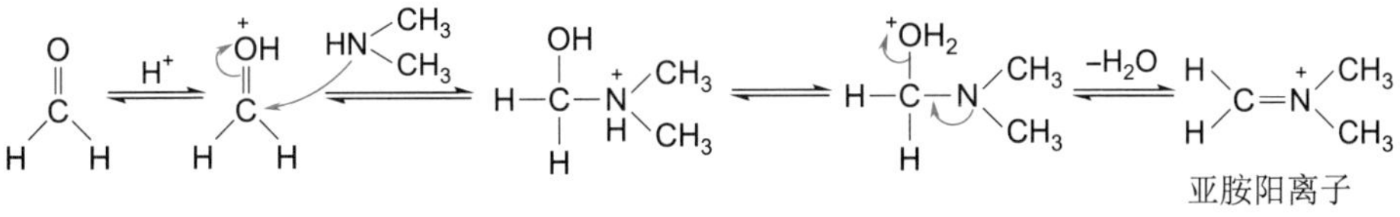

第二阶段：酮互变异构形成的烯醇与亚胺阳离子发生亲核加成，进而质子转移成铵盐。

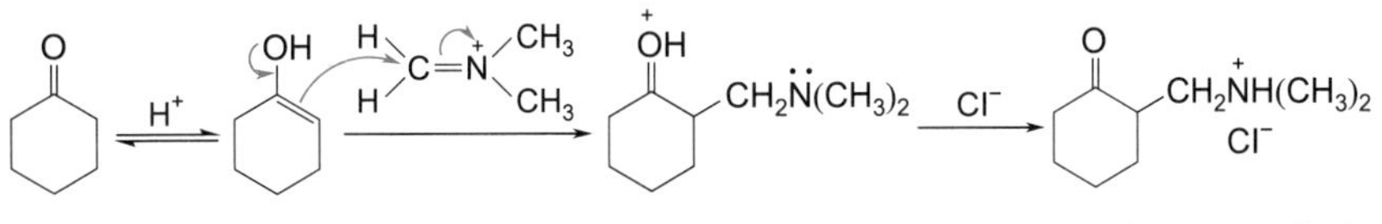

利用 Mannich 反应，可以合成环系胺类化合物，如药物颠茄醇的工业合成方法：

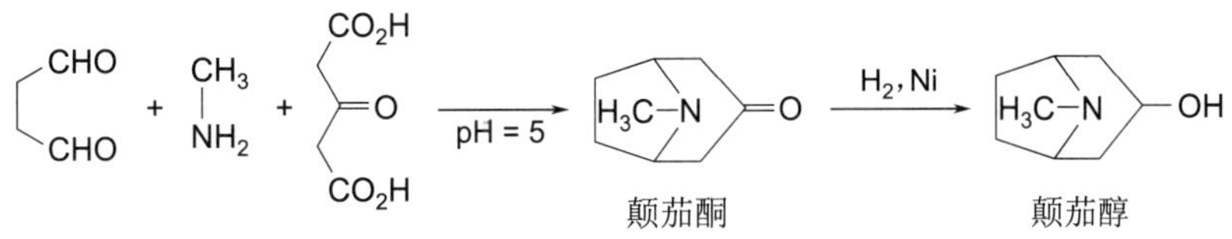

Mannich 反应在分子内更容易发生，例如：

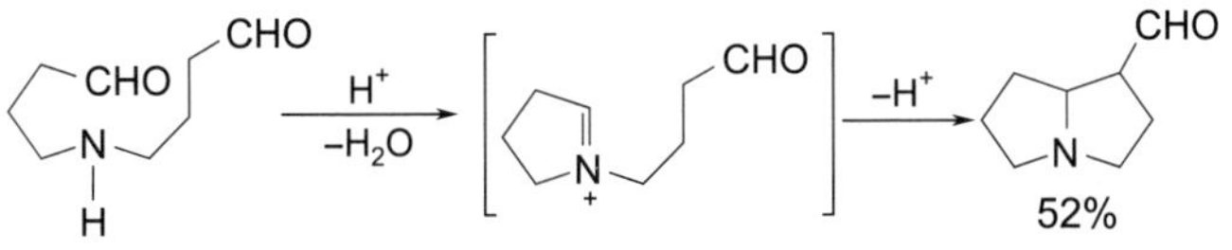

当然，如果能够获得稳定的亚胺，也可直接使用亚胺进行双组分的 Mannich 反应。例如：酚与烯醇相似，它的邻位和对位电子云密度较大，有足够的亲核性，故亦容易发生 Mannich 反应，生成酚的胺甲基化产物，而且两个邻位都有可能发生反应。例如：

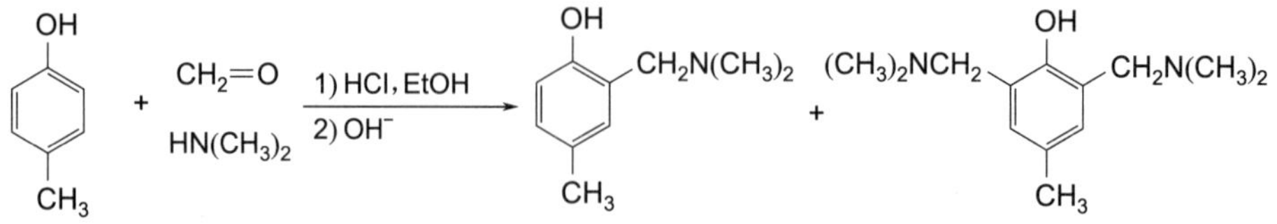

★ 问题 13-4　下列制备胺的方法中哪些是合理的，哪些是不合理的？若不合理，请说明原因。

(1)

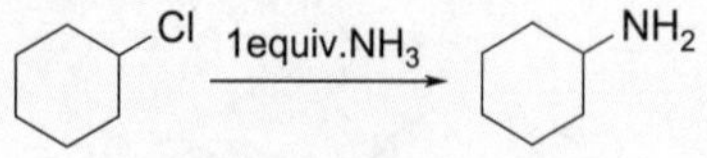

(2)

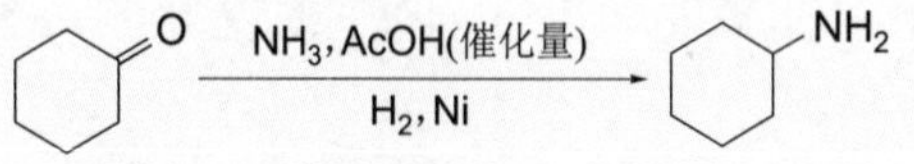

(3)

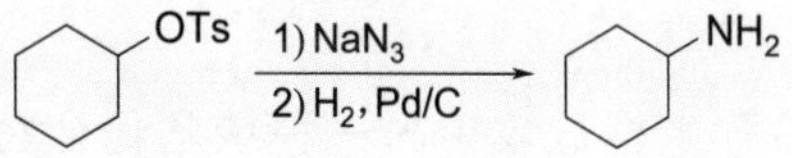

(4)

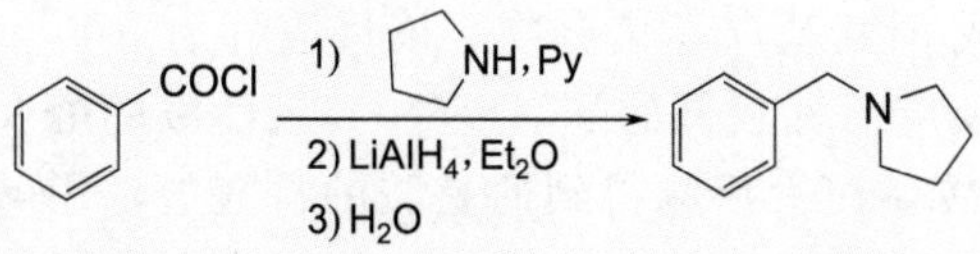

(5)

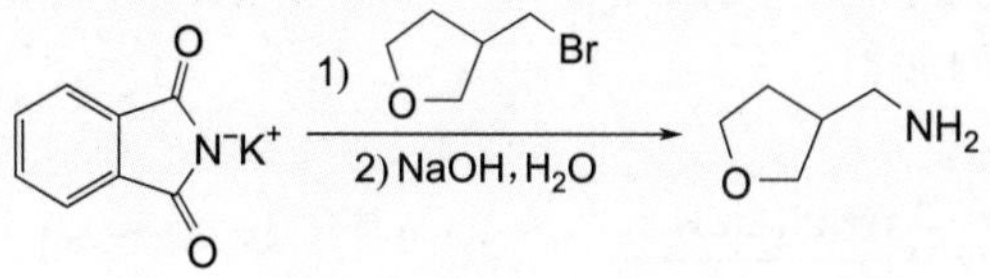

(6)

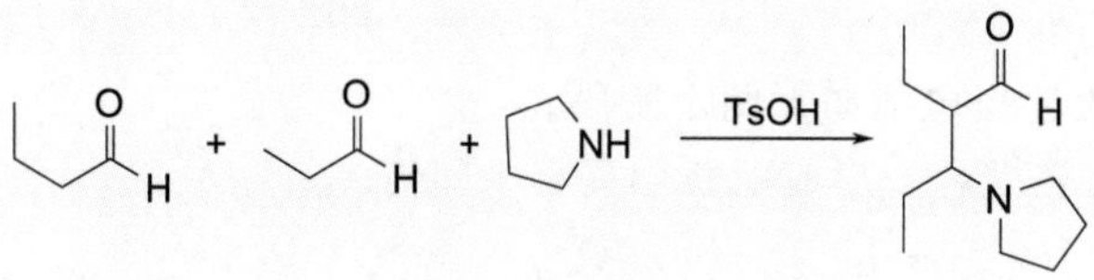

(7)

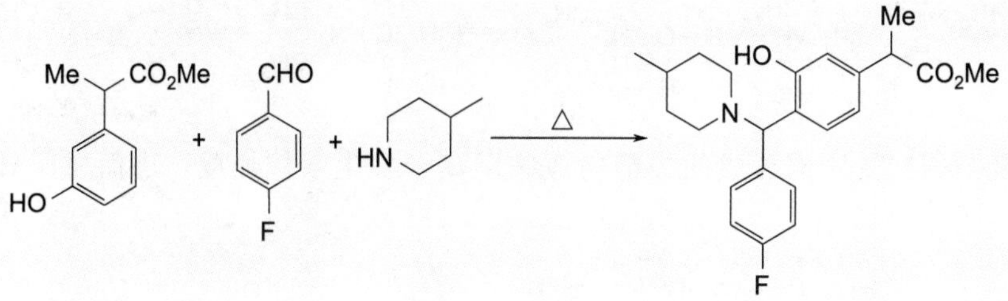

13.5　胺的反应

13.5.1　胺的烷基化反应

　　胺是亲核试剂，它与伯卤代烷反应通常得到仲胺、叔胺和季铵盐的混合物；使用过量的卤代烷，则主要生成季铵盐；控制反应条件，有可能使反应停留在主要生成仲胺或叔胺一步（见 13.4.1 节）。例如：

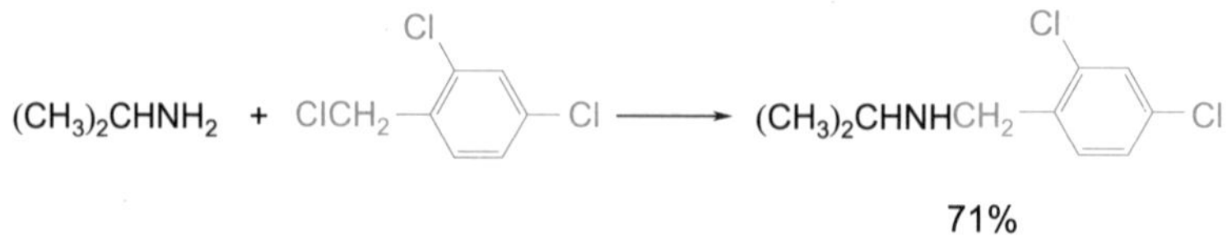

71%

　　胺与仲卤代烷、α-卤代酸和环氧化物也可发生烃化反应，但叔卤代烷反应主要生成消除产物。此外，伯胺和仲胺可与 α,β-不饱和羰基化合物发生 Michael 加成反应，生成

N-烷基化产物（见 12.6 节）。

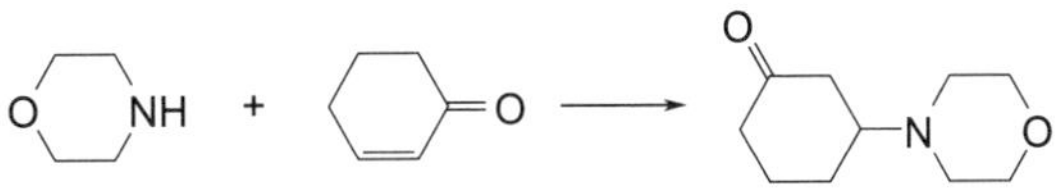

13.5.2 胺的酰化和磺酰化反应

伯胺和仲胺容易与酰氯或酸酐作用，分别生成 N-烃基酰胺和 N,N-二烃基酰胺（见 11.5.4 节）。这是制备酰胺的重要方法。叔胺的氮原子上没有氢，则不能生成酰胺。例如，丙胺与苯甲酰氯反应生成 N-丙基苯甲酰胺：

$$CH_3CH_2CH_2NH_2 + C_6H_5COCl \longrightarrow CH_3CH_2CH_2NHCOC_6H_5$$

在有机合成中，经常将氨基酰化后，再进行其它反应，最后将酰基脱去，从而起到保护氨基的作用。例如，在苯胺的硝化反应中，先用乙酰基将氨基保护起来，既可避免氨基被硝化试剂氧化，又可降低苯环的反应活性，使反应主要生成一硝化产物，最后将乙酰基水解脱去。

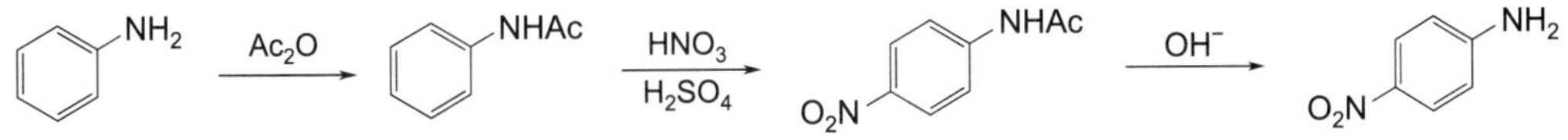

磺酰氯与伯胺和仲胺的反应与酰氯相似，分别生成 N-烃基磺酰胺和 N,N-二烃基磺酰胺，其中 N-烃基对甲苯磺酰胺因氨基上的氢原子受磺酰基的影响呈弱酸性，因此能溶于氢氧化钠水溶液中：

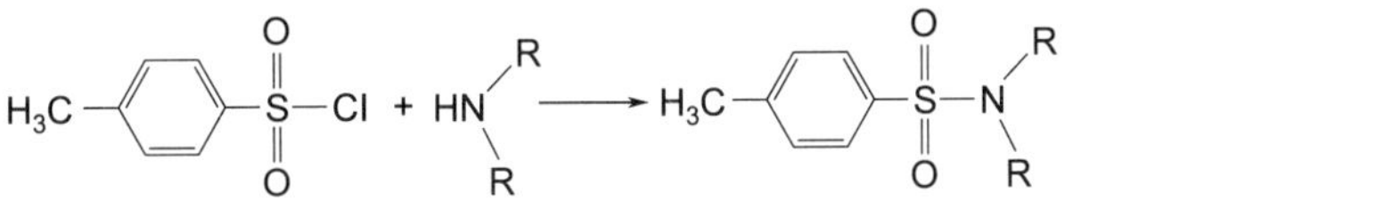

(不溶于水)

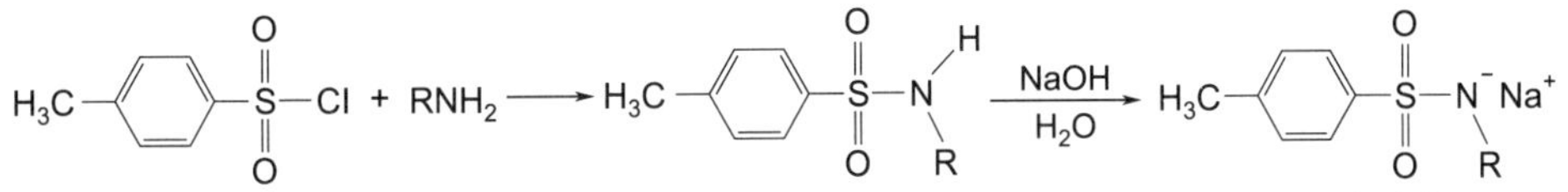

(不溶于水)　　　　　　　(溶于水)

叔胺与磺酰氯作用先生成盐，进而被氢氧化钠水解，释放出游离的叔胺：

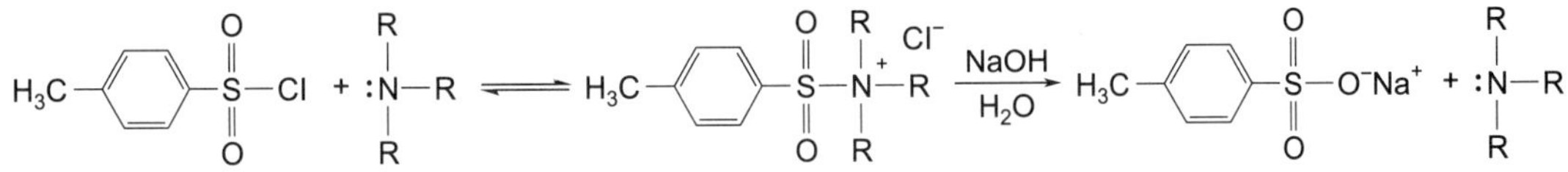

曾经利用伯、仲、叔胺与对甲苯磺酰氯反应的现象不同来鉴别它们：伯胺先反应生成苯磺酰胺沉淀物，然后溶于碱液成为钠盐。二级胺所生成的苯磺酰胺的氨基上没有氢原子，不能生成盐，故是不溶于碱液的沉淀物。三级胺与苯磺酰氯作用无明显现象。这个鉴别反应称为 Hinsberg 反应。

13.5.3 胺的氧化与 Cope 消除反应

铵盐很稳定，但胺很容易被氧化，包括氧气在内的大多数氧化剂可将胺氧化成焦油状的复杂物质，因而在合成上无实用价值。用过氧化氢或过氧酸氧化三级胺，可得到氧化叔胺，如 N,N-二甲基苯胺被过氧化氢氧化，生成 N,N-二甲基苯胺-N-氧化物：

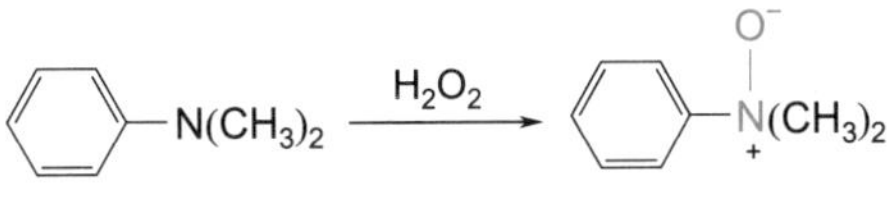

N,N-二甲基苯胺-N-氧化物
N,N-dimethylaniline oxide

含有 β-氢的氧化叔胺在加热到 150～200℃时可发生热分解反应，生成烯烃和羟胺，这个反应称为 Cope 消除。Cope 消除按协同机理进行，经历了一个五元环状过渡态。例如：

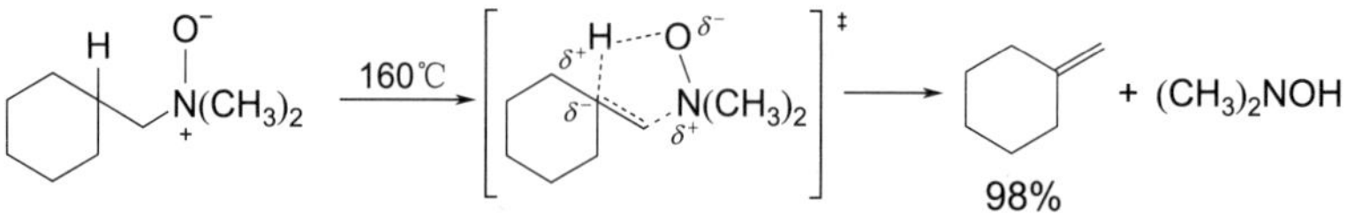

当氧化叔胺有两种或三种不同的 β-氢时，热分解反应往往生成两种或三种烯烃的混合物，反应的区域选择性取决于 β-氢的个数和产物的热力学稳定性。此外，由于这个热消除过程经历了一个五元环状过渡态，离去基团与 β-氢应处于顺式共平面构象，发生顺式消除，故反应具有立体专一性。例如：

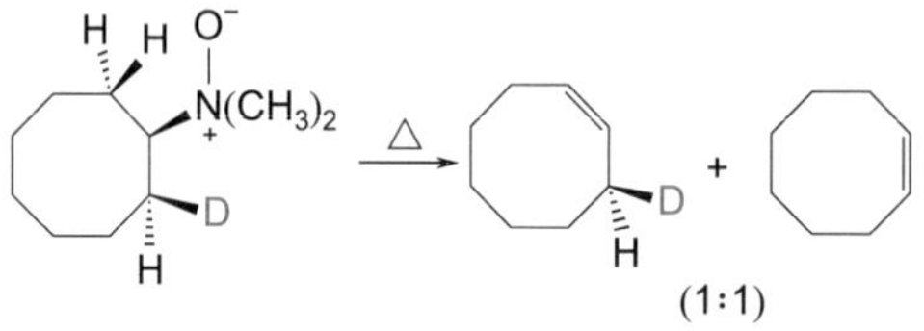

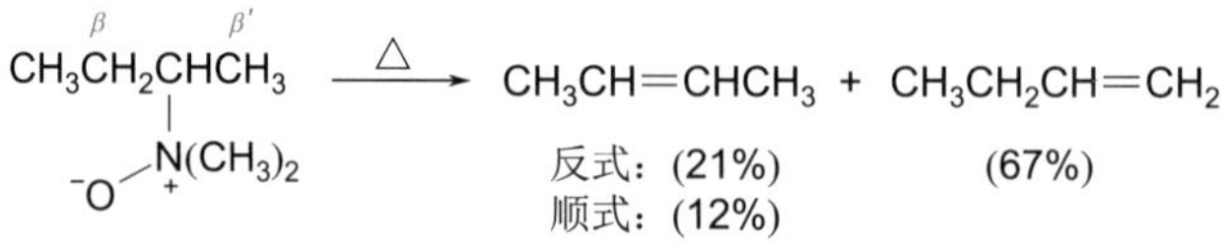

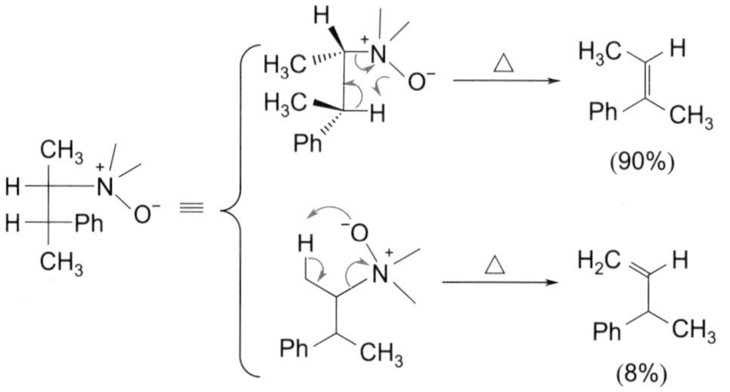

★ 问题 13-5　预测下列反应的产物：

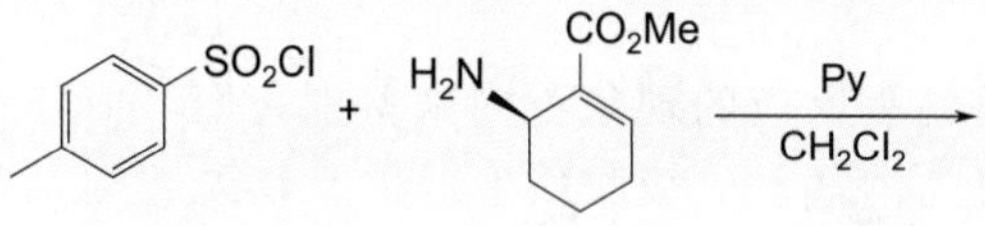

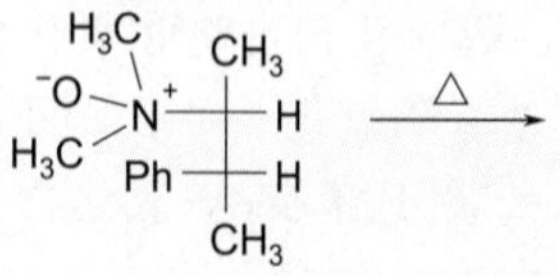

13.5.4　胺与亚硝酸的反应

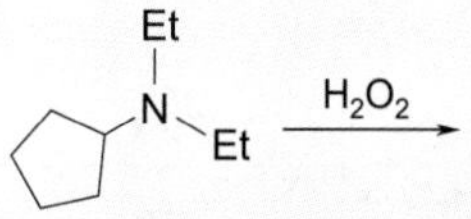

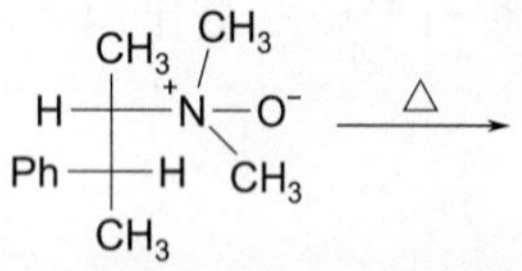

（1）仲胺与亚硝酸的反应

脂肪族和芳香族仲胺与亚硝酸反应，均生成 N-亚硝基胺。例如，二甲胺与亚硝酸反应，生成 N-亚硝基二甲胺：

二甲胺 N-亚硝基二甲胺

（反应式：H₃C—NH—CH₃ + NaNO₂, HCl / H₂O → N-亚硝基二甲胺）

在这个反应中，由亚硝酸钠与盐酸产生的亚硝酸不稳定，在酸性溶液中产生亚硝酰阳离子，并达到以下平衡：

$$HO{-}N{=}O + H^+ \rightleftharpoons H_2O{\overset{+}{N}}{=}O \rightleftharpoons H_2O + :N{\equiv}{\overset{+}{O}}:$$

亚硝酰阳离子

然后，亚硝酰阳离子受到亲核试剂二甲胺的进攻，生成 N-亚硝基胺：

$$H_3C{-}\overset{..}{\underset{CH_3}{N}}{-}H + :N{\equiv}{\overset{+}{O}}: \longrightarrow H_3C{-}\underset{H}{\overset{+}{N}}{-}N{=}{\overset{..}{O}}: \xrightarrow{-H^+} \underset{H_3C}{\overset{H_3C}{N}}{-}N{=}O$$

需要特别指出的是，大多数 N-亚硝基胺类化合物具有致癌作用，详见阅读资料13-5。

（2）伯胺与亚硝酸的反应

伯胺用亚硝酸处理也生成 N-亚硝基胺，但它不稳定，能进一步转化为重氮阳离子：

$$\underset{H}{\overset{R}{N}}{-}N{=}O \underset{}{\overset{H^+}{\rightleftharpoons}} R{-}\underset{H}{\overset{..}{N}}{-}\overset{..}{N}{-}OH \rightleftharpoons R{-}\underset{H}{\overset{+}{N}}{=}N{-}OH \rightleftharpoons R{-}\underset{H}{\overset{}{N}}{=}N{-}\overset{+}{O}H_2 \xrightarrow{-H_2O} R{-}\overset{+}{N}{\equiv}N$$

重氮阳离子

由于氮气的离去能力很强，脂肪族伯胺生成的烷基重氮盐在低温下也会放出氮气生成碳正离子，并按碳正离子的机理继续进行亲核取代、消除或重排反应。例如，亮氨酸与亚硝酸反应，生成的重氮盐立即与溴负离子发生亲核取代反应，由于羧基的邻基参与，最终生成构型保持的溴代产物：

（反应式：亮氨酸 + NaNO₂, NaBr / H₂SO₄ → ... → 溴代产物 70%）

邻氨基醇与亚硝酸反应生成的重氮盐可发生类频哪醇重排的反应，称为 Tiffeneau-Demjanov 重排。

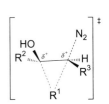

（反应式：R²—C(OH)—C(NH₂)—R³ → HNO₂, 0℃ → R²—C(OH)—C(N₂⁺)—R³ → −N₂, −H⁺ → 酮产物）

与频哪醇重排反应不同，这个 1,2-迁移按照协同机理进行，即氮气的离去与迁移基团的迁移是同时发生的，反应经历了一个三元环过渡态，迁移基团（R¹）与离去基团（N₂）应满足反式共平面的立体化学要求。由于这种重氮盐通常存在如右侧页边图所示的分子内氢键，其优势构象相对比较固定，故处于反式共平面位置的基团 R¹ 优先发生迁移，反应具有选择性。

此外，当迁移的碳原子具有手性时，这个手性碳原子在迁移过程中构型保持不变，例如：

（反应式）

(R)-1-氨基-2,3-二甲基戊-2-醇
(3R)-1-amino-2,3-dimethylpentan-2-ol

→ HNO₂, pH = 3.5～4.0 →

(R)-4-甲基己-2-酮
(R)-4-methylhexan-2-one   87%

三元环过渡态

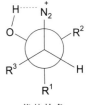

优势构象

在有机合成中，Tiffeneau-Demjanov 重排反应常用于环酮类化合物的扩环。

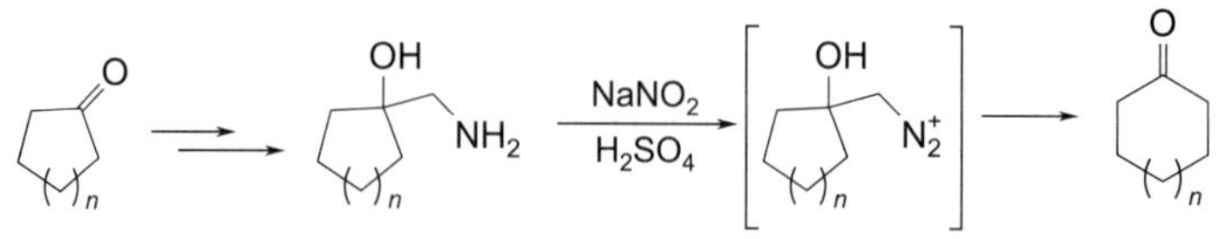

芳香族伯胺与亚硝酸反应生成的芳香重氮盐比烷基重氮盐稳定得多，可在 $0\sim10\,^\circ\!C$ 下保存一段时间，并用于多种芳香族化合物的合成中。例如，苯胺与亚硝酸在低温下反应，生成氯化重氮苯，其应用见第 13.8 节。

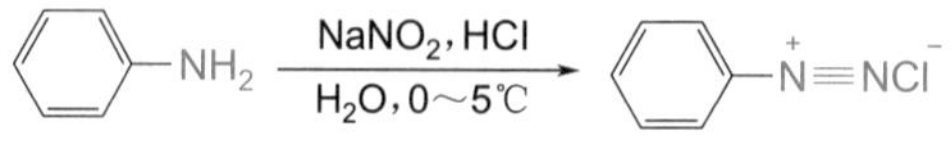

氯化重氮苯
benzenediazonium chloride

（3）叔胺与亚硝酸的反应

叔胺氮上没有氢，因此不能发生亚硝化反应。但由于氨基强的致活作用，芳香族叔胺与亚硝酸能够发生芳环上的亲电取代反应。

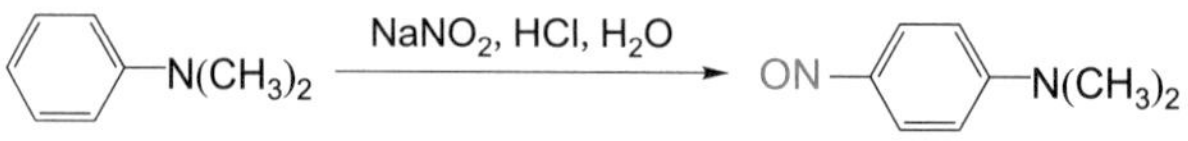

N,N-二甲基苯胺 N,N-二甲基-4-亚硝基苯胺

13.5.5 芳胺的亲电取代反应

芳胺的芳环上可发生各种亲电取代反应。由于芳胺的氨基具有强的给电子共轭效应，使芳环电子云密度增大，因此芳胺很容易发生芳环上的亲电取代反应。例如，芳胺与溴或氯反应，甚至不需要 Lewis 酸催化，即可生成多溴化物，反应难以停留在一溴化阶段。

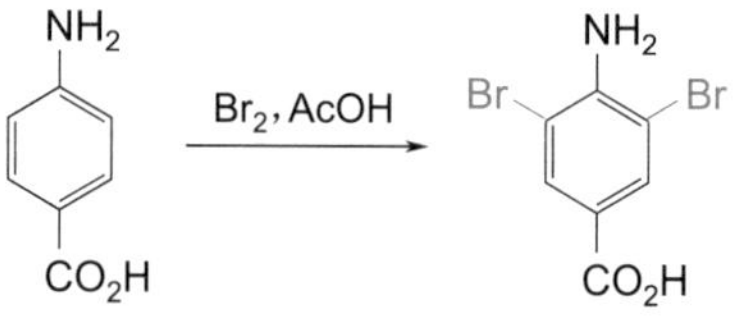

82%

若将氨基转化为酰胺基，则可大大降低反应活性，从而得到一取代产物。反应结束后，水解酰胺，得到游离的胺。例如：

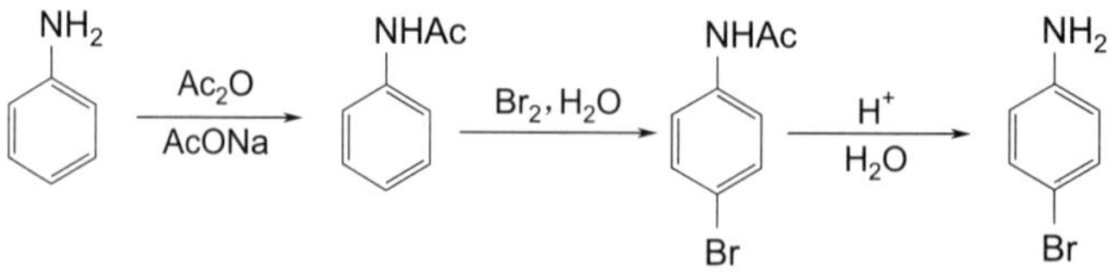

芳香族伯胺和仲胺可与酰氯反应生成酰胺，故在进行付-克酰基化前可先将胺转化为酰胺，付-克反应完成后再将 N 上的酰基去除。例如：

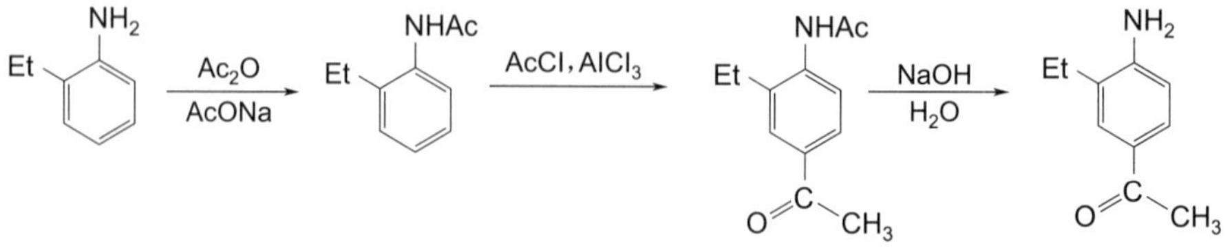

芳香族伯胺容易氧化，不能直接用硝酸硝化，若将氨基用酰基保护起来，则可顺利进行硝化，例如：

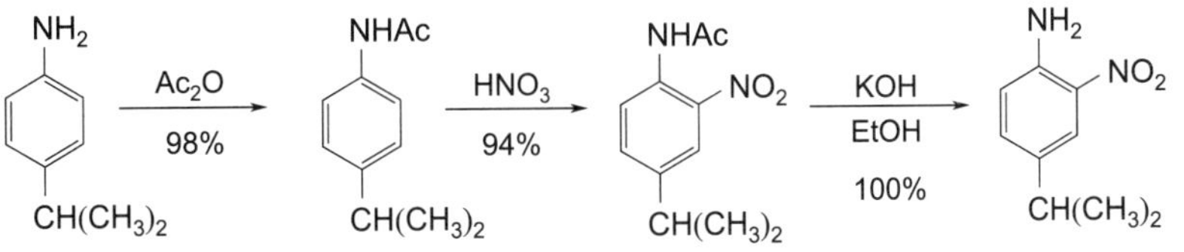

芳胺也可进行磺化反应。例如，苯胺在磺化时首先与硫酸形成盐，然后在高温下脱水形成 N-磺酸基苯胺，这个中间体经分子内重排，得到对氨基苯磺酸。

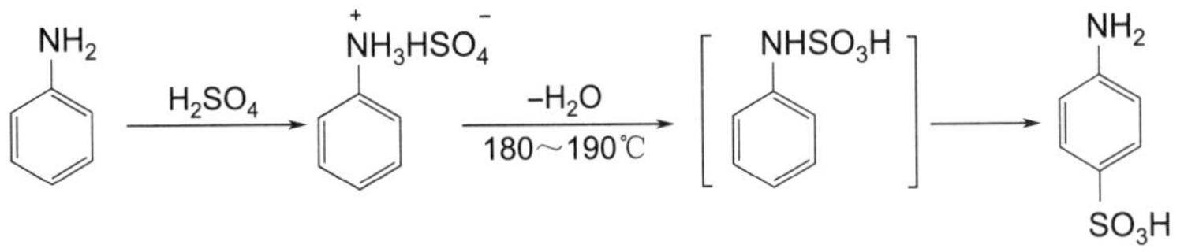

★ 问题 13-6 预测下列反应主要产物的结构：

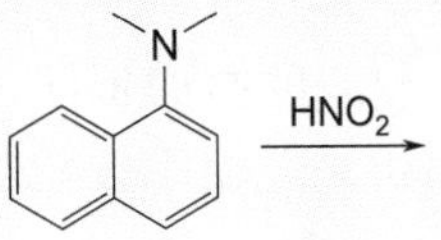

13.6 季铵盐和季铵碱

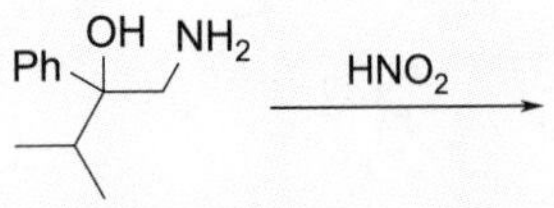

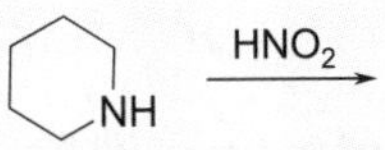

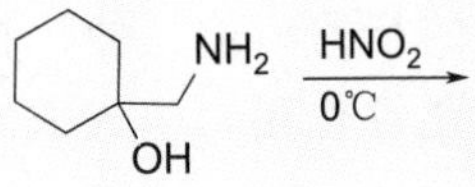

13.6.1 季铵盐与相转移催化

叔胺与卤代烷加热反应，生成季铵盐。例如：

$$PhCH_2Br + Et_3N \xrightarrow{\triangle} PhCH_2\overset{+}{N}Et_3Br^-$$

溴化三乙基苄基铵

季铵盐为离子型化合物，它们易溶于水，并具有较高的熔点，常常在熔点分解，这些性质与无机盐有些类似。季铵盐在有机溶剂中的溶解度与其四个烃基有关。季铵盐虽然带有正电荷，但四个烃基可以把正电荷包围起来，使铵离子具有与烃相似的亲脂性，如带有长链烷基的氯化甲基三辛基铵能溶于苯、癸烷等极性很小的有机溶剂中。

$$(CH_3CH_2CH_2CH_2CH_2CH_2CH_2CH_2)_3\overset{+}{N}CH_3Cl^-$$

氯化甲基三辛基铵

无机盐一般不溶于有机溶剂，但在某些季铵盐存在下，它们的负离子可以同季铵正离子结合成离子对，这样便可在亲脂的铵离子帮助下进入有机溶剂中。例如，高锰酸钾溶于水，但不能溶于有机溶剂二氯甲烷，如果在高锰酸钾的水溶液中加入少量溴化四丁基铵，然后用二氯甲烷萃取，则高锰酸根负离子（MnO_4^-）可被四丁基铵离子带入有机相中，得到紫色二氯甲烷溶液。利用这一原理，对于不溶于水的有机化合物十八碳-9-烯，加入少量季铵盐，就能够在水中用高锰酸钾进行氧化。

$$CH_3(CH_2)_7CH=CH(CH_2)_7CH_3 \xrightarrow[\text{2) } H_3O^+]{\text{1) } n\text{-Bu}_4\overset{+}{N}Br^-, KMnO_4, H_2O} CH_3(CH_2)_7CO_2H$$
                                                                        80%

在这个例子中，季铵盐的作用是将高锰酸根负离子从水相转移到有机相，从而使氧化反应能够顺利进行，而它的用量只需催化量，故被称为相转移催化剂（phase transfer catalyst，PTC）。

卤代烷一般不溶于水，因此它与醋酸钠水溶液作用，生成亲核取代反应产物的速率非常慢，但在反应混合物中加入少量溴化四丁基铵，则反应可顺利进行，产率几乎是定量的。

$$R-Br + NaOAc \xrightarrow{n\text{-}Bu_4\overset{+}{N}\overset{-}{Br},\,H_2O} R-OAc$$

若以 Nu^- 表示亲核试剂负离子，Q^+ 表示季铵阳离子，则卤代烷 RX 与 Nu^- 的相转移催化反应过程可表示如下：

有机相　　　$RX + Q^+Nu^- \longrightarrow RNu + Q^+X^-$

水相　　　　$X^- + Q^+Nu^- \longleftarrow Nu^- + Q^+X^-$

季铵盐用作相转移催化剂，在有机合成中已得到广泛应用。此外，含有长链烷基的季铵盐也是一类表面活性剂，用作乳化剂、分散剂以及浮选剂等。

13.6.2　季铵碱及 Hofmann 消除反应

季铵盐与伯、仲、叔胺的盐的不同之处在于它们对碱的行为，伯、仲、叔胺的盐与碱作用，可使胺游离出来，而季铵盐与氢氧化钠或氢氧化钾作用，生成季铵碱，并达到以下平衡。

$$\underset{\text{季铵盐}}{R-\overset{\overset{R}{|}}{\underset{\underset{R}{|}}{N^+}}-R \;\; X^-} + KOH \rightleftharpoons \underset{\text{季铵碱}}{R-\overset{\overset{R}{|}}{\underset{\underset{R}{|}}{N^+}}-R \;\; OH^-} + KX$$

季铵碱的碱性与氢氧化钠和氢氧化钾相当，故用氢氧化钠和氢氧化钾来制备纯的季铵碱是相当困难的。如欲制取纯的季铵碱，常用湿的氧化银与季铵盐反应，由于卤化银沉淀下来，因此反应可进行到底。反应结束后，过滤除去卤化银沉淀，将滤液蒸干，即可得到季铵碱固体。

$$R-\overset{\overset{R}{|}}{\underset{\underset{R}{|}}{N^+}}-R \;\; X^- + AgOH \longrightarrow R-\overset{\overset{R}{|}}{\underset{\underset{R}{|}}{N^+}}-R \;\; OH^- + AgX\downarrow$$

季铵碱受热时容易发生分解，如氢氧化四甲基铵受热分解为三甲胺和甲醇。对于含有 β-氢的季铵碱，在受热时则分解为烯烃、叔胺和水，这是一个消除反应，称为 Hofmann 消除。例如：

$$CH_3CH_2\overset{+}{N}(CH_3)_3OH^- \xrightarrow{\triangle} CH_2{=}CH_2 + (CH_3)_3N + H_2O$$

Hofmann 消除具有高区域选择性：当与氮原子相连的烷基上有两种不同的 β-氢时，反应通常以生成含烷基较少的烯烃（即 Hofmann 烯烃）为主。这一规律称为 Hofmann 规则。例如：

$$\underset{\underset{\beta}{CH_3CH_2}}{\overset{\overset{\overset{+}{N}(CH_3)_3}{|}}{\underset{\underset{\beta'}{CH_3}}{CH}}} OH^- \xrightarrow{\triangle} \underset{(95\%)}{CH_3CH_2CH{=}CH_2} + \underset{(5\%)}{CH_3CH{=}CHCH_3}$$

Hofmann 规则与卤代烷消除取向的 Saytzeff 规则相反。为什么会出现这种区域选择性？一般认为，Hofmann 消除反应按 E2 机理进行，即氢氧负离子夺取 β-H 而生成一分子水，同时三甲氨基带着一对电子离去生成三甲胺。在这个过程中，铵离子强的吸电子诱导效应导致 β-H 的酸性增加，从而容易受到碱的进攻。

$$H_3C \xrightarrow{\quad} \overset{+}{N}(CH_3)_3 \quad \xrightarrow[\triangle]{E2} \quad CH_2=CH_2 + N(CH_3)_3 + H_2O$$

如果在 β-碳上连有一个或两个烷基，一方面烷基有一定的空间位阻，影响 OH^- 对 β-氢的进攻，另一方面由于烷基的给电子诱导效应，降低了 β-氢的酸性，两方面的因素均使 β-氢不易受到进攻，动力学上是不利的。因此，β-氢原子的消除由易到难顺序一般为：$CH_3 > CH_2R > CHR_2$。如果四个烷基中有一个为乙基，则主要的烯烃产物为乙烯。例如：

$$CH_3CH_2CH_2 \overset{H_3C \quad CH_3}{\underset{CH_2CH_3}{\overset{|}{\underset{|}{\overset{+}{N}}}}} OH^- \xrightarrow{\triangle} CH_2=CH_2 + CH_3CH_2CH_2N(CH_3)_2 + H_2O$$

由此可见，Hofmann 消除是一种动力学控制的反应。与所有的经验规律相同，Hofmann 规则也是有例外的，当生成的双键能被其它基团所稳定时，消除的方向不再符合 Hofmann 规则，而是得到热力学稳定的烯烃，即发生热力学控制的反应。例如：

$$\xrightarrow{\triangle} Ph\text{—}CH=CH_2 + \overset{|}{N}\text{—}CH_2CH_3 + H_2O$$

对于伯、仲、叔胺，可用碘甲烷将它们彻底甲基化为季铵盐，再用湿的氧化银处理为季铵碱，然后加热消除得到烯烃。例如：

$$\xrightarrow[AgOH]{2MeI} \quad \xrightarrow{\triangle} \quad \xrightarrow[\triangle]{MeI,\,AgOH}$$

由于季铵碱的热消除的区域选择性很有规律，过去人们利用这一系列转化，根据产物烯烃的结构，来推测胺的结构。

★ 问题 13-7 Physostigmine 是从西非的一种植物中提取得到的生物碱，现被用于治疗青光眼。用碘甲烷处理 Physostigmine 得到一种季铵盐。试写出这个季铵盐的结构。

Physostigmine

★ 问题 13-8 预测下列 Hofmann 消除反应主要产物的结构：

(1) $\xrightarrow[\substack{2)\ AgOH \\ 3)\ \triangle}]{1)\ 2\ MeI,\ NaOH}$

(2) $\xrightarrow[\substack{2)\ AgOH \\ 3)\ \triangle}]{1)\ 3\ MeI,\ NaOH}$

(3) $\xrightarrow[\substack{2)\ AgOH \\ 3)\ \triangle}]{1)\ 3\ MeI,\ NaOH}$

(4) $\xrightarrow[\substack{AcOEt,\ \triangle}]{\substack{1)\ MeI \\ 2)\ 20\%\ NaOH}}$

13.7 重氮化合物及其合成应用

13.7.1 重氮化合物的命名与结构

重氮化合物（diazo compounds）的通式为 R_2CN_2，命名时，在母体名前加上前缀

"重氮"（diazo-）即可，如重氮甲烷、2-重氮乙酸乙酯、2-重氮环戊酮。

重氮甲烷
diazomethane

2-重氮乙酸乙酯
ethyl 2-diazoacetate

2-重氮环戊酮
2-diazocyclopentanone

重氮甲烷是最简单的重氮化合物，其分子式为 CH_2N_2，其共振结构如下：

$$CH_2=\overset{+}{N}=\overset{-}{N}: \longleftrightarrow \overset{-}{C}H_2-\overset{+}{N}\equiv N: \longleftrightarrow \overset{-}{C}H_2-\overset{+}{N}=\overset{-}{N}:$$

从共振结构可以看出，重氮甲烷是一个电中性的偶极化合物（dipolar compound），拥有 3 个原子和 4 个 π 电子，共轭体系电荷分离跨越三个原子。具有这种结构特征的分子称为 1,3-偶极子（1,3-dioplar）。上述叠氮化合物也属于 1,3-偶极子。

重氮甲烷是黄色有毒气体（沸点 $-24℃$），容易爆炸。它能溶于乙醚中，其乙醚溶液比较稳定。重氮乙酸酯为黄色液体，也溶于乙醚，由于其重氮基与 α-位上羰基形成共轭体系，故较重氮甲烷稳定。

13.7.2 重氮化合物的制备

（1）由 N-烷基-N-亚硝基对甲苯磺酰胺制备

制备重氮甲烷的常用方法是用氢氧化钾分解 N-甲基-N-亚硝基对甲苯磺酰胺，得到的重氮甲烷乙醚溶液与水相分离后，可以直接用于各种反应。例如：

如果将上式中氮上的甲基换成其它烃基，则可制备其它重氮化合物。

（2）由磺酰腙制备

酮与对甲苯磺酰肼缩合生成的腙在强碱促进下，脱去一分子对甲苯亚磺酸根负离子，生成重氮化合物，这个反应称为 Bamford-Stevens 反应。这是由酮出发制备重氮化合物的常用方法。

（3）用重氮转移反应制备

具有 α-活泼亚甲基的羰基化合物可通过 Regitz 重氮转移（Regitz diazo transfer）来制备 α-重氮羰基化合物。常用的重氮转移试剂为磺酰基叠氮类化合物，如对甲苯磺酰基叠氮（TsN_3），反应需要在碱促进下进行。α-重氮酸酯、α-重氮酮等化合物都可通过这个方法制备。例如：

反应机理如下：

（4）通过伯胺的亚硝化反应制备

脂肪族伯胺与亚硝酸的反应可制备一些 α-重氮酯类化合物，如 2-重氮乙酸乙酯的制备。

$$NH_2CH_2CO_2Et \xrightarrow[0\,℃]{NaNO_2, HCl} \bar{N}=\overset{+}{N}=CHCO_2Et$$
$$85\%$$

13.7.3　重氮化合物的反应

（1）作为卡宾前体的反应

重氮化合物在光照、加热条件下，或者在铜（Ⅰ）、银（Ⅰ）等金属催化剂存在下，能够形成卡宾类化合物（carbenes），同时释放出氮气。如重氮甲烷转化为卡宾，这是最简单的卡宾，也称为亚甲基卡宾（methylene）。

$$\overset{..}{\bar{C}}H_2-\overset{+}{N}\equiv N: \xrightarrow[\text{或 Cu}]{h\nu\ \text{或}\ \triangle} :C\overset{H}{\underset{H}{<}} + N_2$$
$$\text{卡宾}$$

卡宾是一类活性物种，可用通式 $R_2C:$ 来表示，其中心碳原子以 σ 键与两个原子或基团相连，另外还有两个未共享的电子。大多数碳氢卡宾（即 R＝H 或烷基）的中心碳原子采取 sp^2 杂化结构，但两个未共享的电子有两种不同的存在方式：第一种方式是两个电子成对处于一个 sp^2 杂化轨道，且自旋相反，而未杂化的 p 轨道是空的；第二种方式是两个电子分别处于 sp^2 杂化轨道和 p 轨道，自旋平行。后者相当于双自由基，是顺磁性物种（总自旋数为 1，可用 ESR 波谱来检测），称为三线态卡宾。前者的总自旋数为零，无顺磁性，称为单线态卡宾。对于简单的卡宾，三线态比单线态稳定（能量差约为 33kJ/mol）。重氮甲烷通常在光照条件下产生能量较高的单线态卡宾，而在加热条件下产生能量较低的三线态卡宾。其它类型卡宾的结构除了与产生的条件有关外，还与取代基 R 有关，而且还存在 sp 杂环的三线态结构，情况比较复杂。卡宾结构与稳定性的进一步学习可观看视频材料 13-1。

单线态

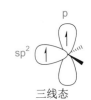

三线态

由重氮化合物所产生卡宾的重要合成应用就是与烯烃发生环丙烷化反应（cyclo-propanation），例如：

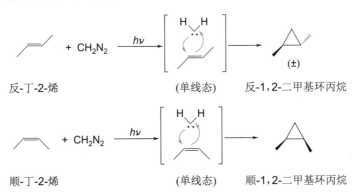

视频材料13-1

反应的立体化学与卡宾的结构有关。对于单线态的卡宾，由于其具有空的 p 轨道，相当于碳正离子，具有亲电性，环丙烷化反应按协同机理进行，立体化学为顺式加成，故具有立体专一性。例如：

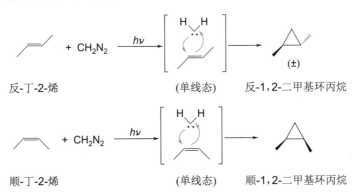

反-丁-2-烯　　　　　（单线态）　　　　反-1,2-二甲基环丙烷

顺-丁-2-烯　　　　　（单线态）　　　　顺-1,2-二甲基环丙烷

三线态的卡宾相当于一个双自由基物种，环丙烷化反应按自由基机理分步进行。在此过程中由于 C—C 键可自由旋转，立体专一性因此而消失。

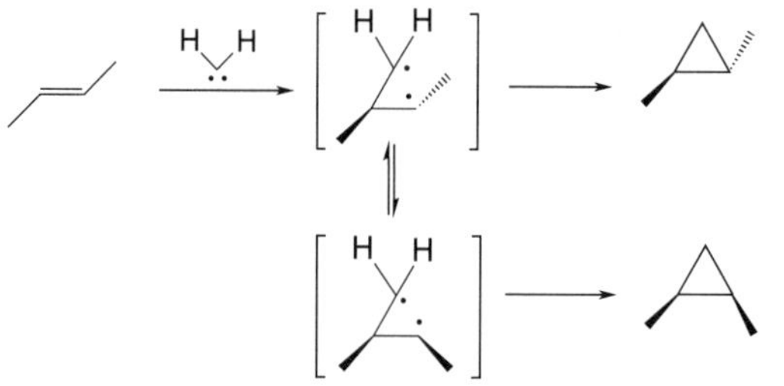

重氮化合物产生的卡宾还能够与许多含羟基的化合物（如醇、酚、羧酸等）发生 O—H 插入反应，从而使羟基烷基化。重氮甲烷就是常用的甲基化试剂之一，它通过 O—H 插入，与羧酸作用生成甲酯，与酚作用生成甲基芳基醚，与 β-二酮或 β-酮酸酯的烯醇作用则生成甲基烯基醚。这类反应一般操作简便，产率高，副产物仅为氮气。例如：

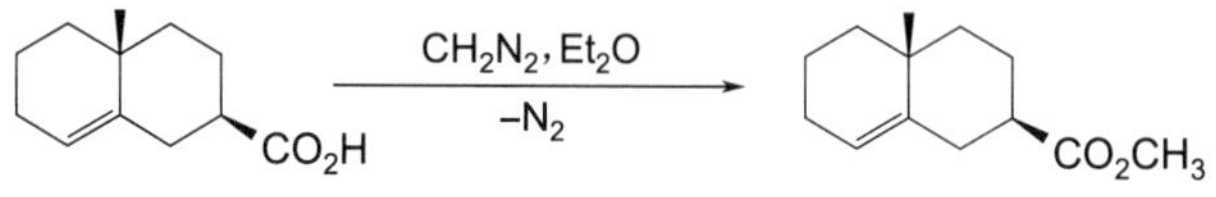

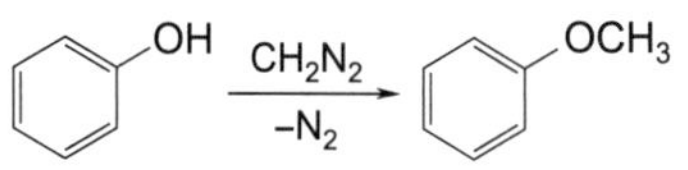

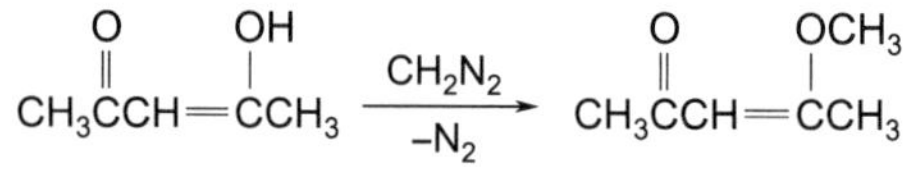

需要指出的是，卡宾除了能发生上述反应之外，还常发生 C—H 插入和二聚等反应，此处不再赘述。

（2）氮气作为离去基团的反应

α-重氮酮能够在加热、光照或银（Ⅰ）催化下发生重排，生成烯酮。该反应称为 Wolff 重排，它是合成烯酮类化合物的常用方法。

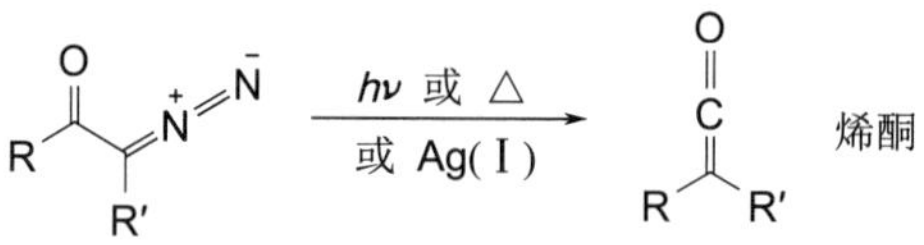

Wolff 重排经历了一个 1,2-迁移过程，反应可能是协同进行的，也可能是分步进行的。协同过程中氮气的离去和烷基的 1,2-迁移是同时发生。分步反应中，首先离去氮气生成卡宾中间体，然后发生 1,2-迁移。

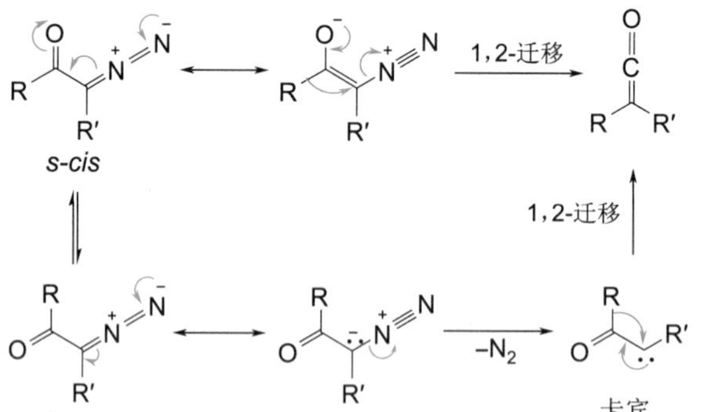

与酮相似，烯酮也是亲电试剂，容易与水、醇、胺等亲核试剂发生亲核加成反应，分别生成羧酸、酯和酰胺。例如：

$$RCH_2CO_2H \xleftarrow{H_2O} RCH{=}C{=}O \xrightarrow{R'OH} RCH_2CO_2R'$$

（3）作为亲核试剂的反应

重氮甲烷也具有亲核性，它与酰氯或酸酐发生亲核取代生成 α-重氮酮。

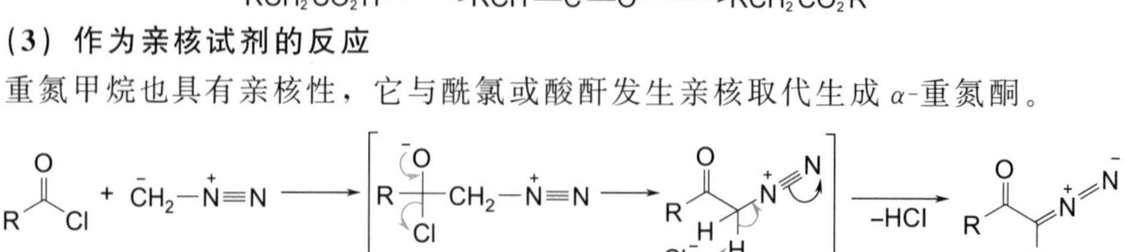

然而，这个反应产生了 HCl，导致生成的 α-重氮酮不稳定，故用此方法制备 α-重氮酮时需要加入三乙胺或过量的重氮甲烷，以除去反应产生的 HCl。

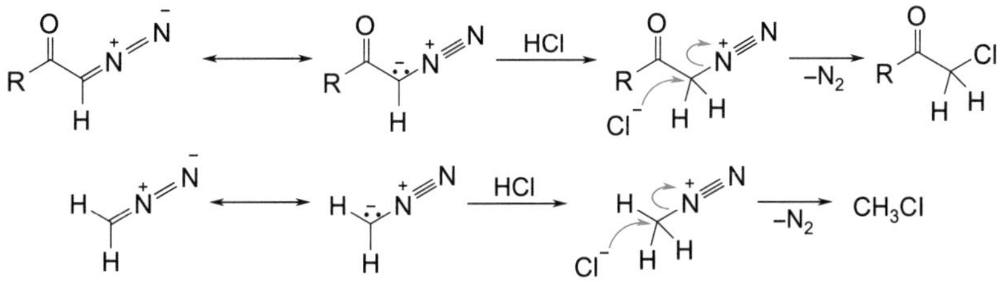

若这个反应在 Ag(Ⅰ)（如 Ag$_2$O、CF$_3$CO$_2$Ag 等）存在下进行，则形成的 α-重氮酮可立即发生 Wolff 重排生成烯酮，后者进而与亲核性溶剂水或醇反应，最终转化为羧酸或酯。这个串联反应称为 Arndt-Eistert 反应。由于酰氯或酸酐是由羧酸转化而来的，Arndt-Eistert 反应提供了一种由羧酸合成多一个碳原子（α-亚甲基）羧酸的方法。

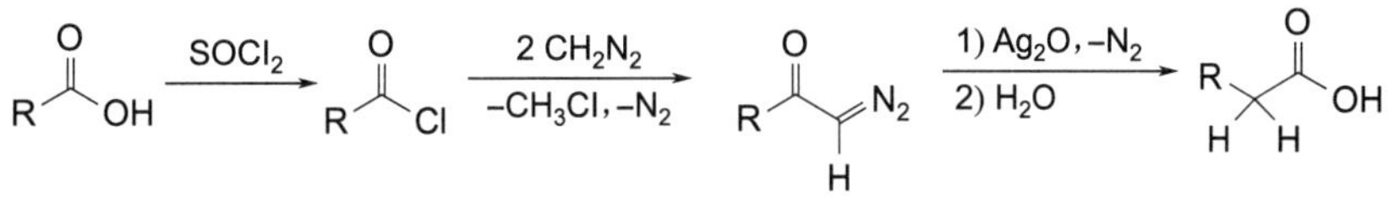

在 Lewis 酸催化下，重氮化合物可对环酮的羰基进行亲核加成，形成的重氮盐中间体进一步发生 Tiffeneau-Demjanov-型重排（见第 13.5.4 节），生成扩环产物。这个方法在环酮的扩环中已得到广泛应用。

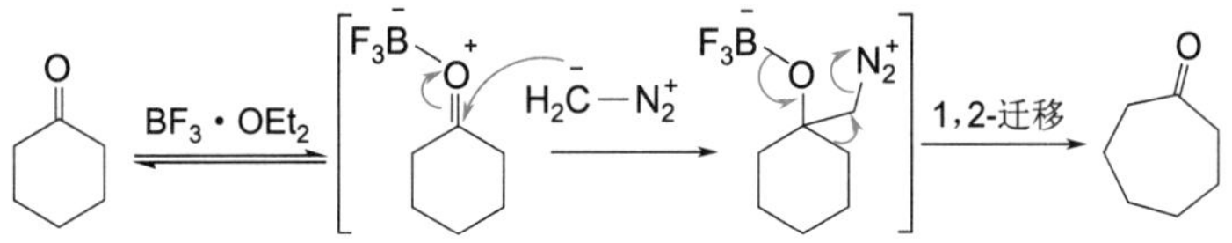

（4）1,3-偶极环加成反应

重氮化合物具有 4π 电子共轭体系，因此与共轭二烯类似，可与烯烃（亲双烯体）发生类似 Diels-Alder 反应的环加成反应，即 1,3-偶极环加成（1,3-dipolar cycloaddition），生成二氢吡唑类杂环化合物。这是合成二氢吡唑和吡唑类化合物的常用方法。例如：

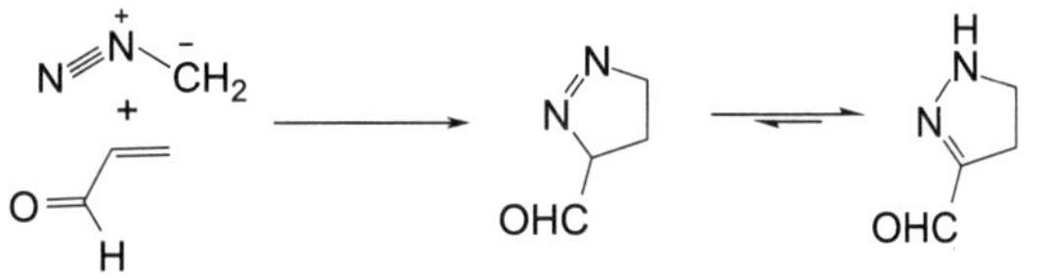

★ **问题 13-9** 预测下列反应的产物结构：

(1) $\xrightarrow{\text{1) SOCl}_2 \atop \text{2) CH}_2\text{N}_2, \text{Et}_3\text{N}}$

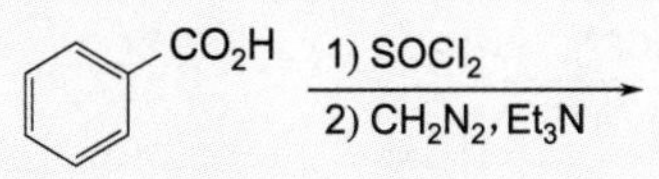

(2) $\xrightarrow{\text{CH}_2\text{N}_2}$

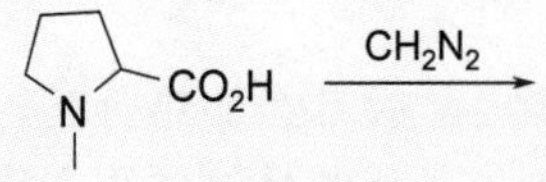

(3) $\xrightarrow[\triangle]{t\text{-BuOH}}$

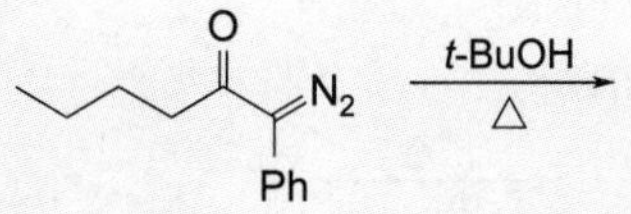

(4)

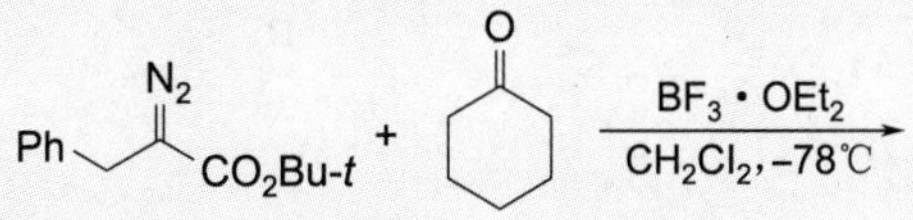

13.8　芳基重氮盐的反应

芳香族伯胺与亚硝酸在低温（一般为 0～10℃）下作用，生成芳基重氮盐（aryldi-azonium salt），这个反应称为重氮化反应（diazotization）。纯的芳基重氮盐是无色结晶，易溶于水，但不溶于有机溶剂，在干燥情况下极不稳定，容易发生爆炸，所以通常都不将它从溶液中分离出来，而是直接用于下一步反应。在 0℃ 下，一般的重氮盐水溶液只能保持数小时。芳基重氮盐的重氮基可被转化为卤素、氰基、羟基和氢等，因而在有机合成中具有重要用途。

13.8.1　重氮基被卤素和氰基取代

（1）被碘取代

氮气是很好的离去基团，所以重氮盐的水溶液与碘化钠或碘化钾一起加热，重氮基可被碘取代，生成碘代芳烃。

（2）被氯、溴和氰基取代

氯离子和溴离子的亲核能力比较弱，因此用上述方法将重氮基团转化为氯和溴的效率很低。但在相应的卤化亚铜盐存在下，在氢卤酸溶液中加热相应的重氮盐，重氮基团可被氯或溴取代，这个反应称为 Sandmeyer 反应。反应的机理比较复杂，涉及单电子转移（SET）过程，中间体可能是芳基自由基。

若用氰化亚铜作催化剂，过量的氰化钾或氰化钠与芳基重氮盐的 Sandmeyer 反应可制备芳甲腈。此外，Sandmeyer 反应亦适用于三氟甲基化等反应。

（3）被氟取代

芳基重氮盐与氟硼酸钠作用，生成溶解度较小的氟硼酸盐，后者经加热分解，生成氟代芳烃，这个反应称为 Balz-Schiemann 反应，它是由芳胺制备氟代芳烃的常用方法。

13.8.2　重氮基被硝基和亚磺酸基取代

将芳基重氮盐悬浮于亚硝酸盐或亚硫酸盐的水溶液中，在金属铜催化下，重氮基可被转化为硝基或磺酸基。例如，邻硝基苯胺与亚硝酸反应生成的重氮盐，经阴离子交换生成氟硼酸盐，后者在铜促进下与亚硝酸钠反应得到邻二硝基苯；将氯化重氮苯在铜存在下与亚硫酸钠反应，则得到苯磺酸钠。

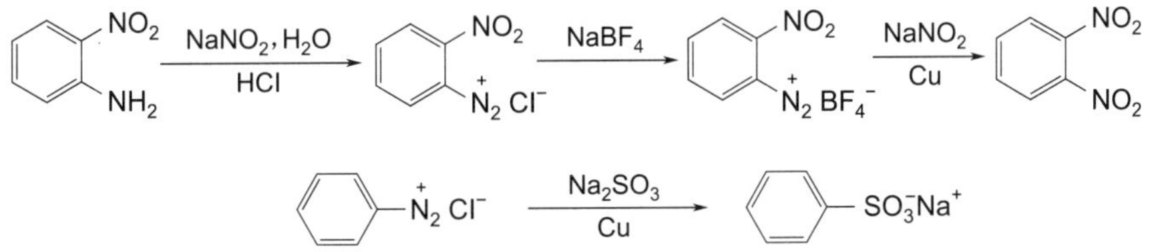

13.8.3　重氮盐的还原

芳基重氮盐在一些还原剂存在下，能够发生重氮基被氢原子取代的反应。这是一种还原脱胺反应，常用的还原剂为次磷酸（H_3PO_2）、乙醇和硼氢化钠。在这个反应中，次磷酸和乙醇被分别氧化为亚磷酸和乙醛。

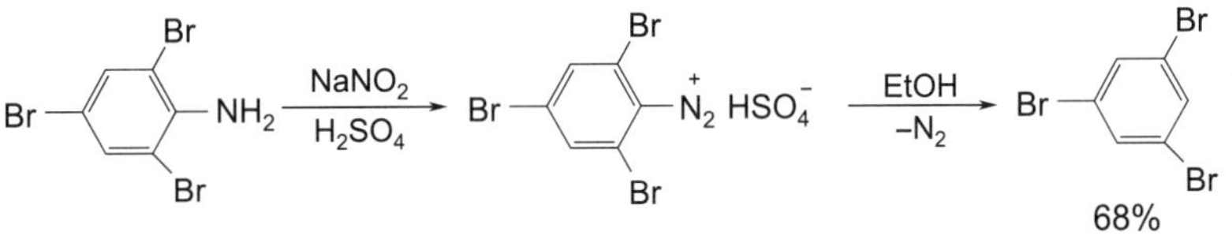

利用这个反应，可由芳胺出发合成一些用一般方法难以得到的多取代芳烃，如由对甲苯胺合成间溴甲苯：

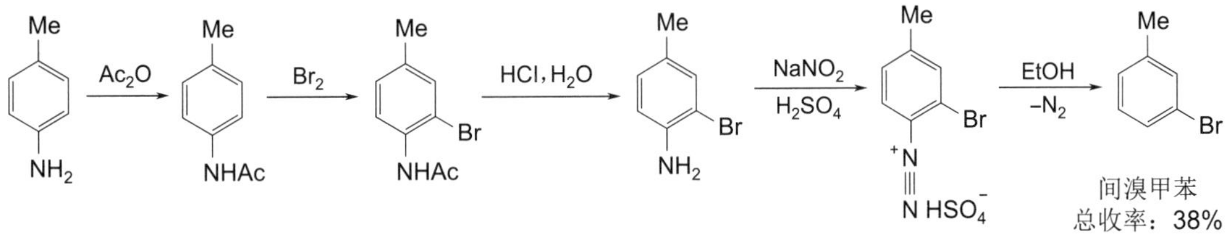

如果用锌/盐酸、氯化亚锡/盐酸、亚硫酸钠、亚硫酸氢钠、硫代硫酸钠等作还原剂，产物为氮原子保留的芳肼。这是实验室和工业制备苯肼的方法之一。

$$C_6H_5\overset{+}{N}_2Cl^- + Na_2S_2O_3 + NaOH + 2H_2O \longrightarrow C_6H_5NHNH_2 + NaCl + 2NaHSO_3$$

13.8.4　重氮盐的水解

冷的芳基重氮盐在水溶液中也会慢慢分解，形成芳基碳正离子并放出氮气，加热可加快分解。生成的芳基碳正离子是非常活泼的中间体，能够立即与水作用生成酚。

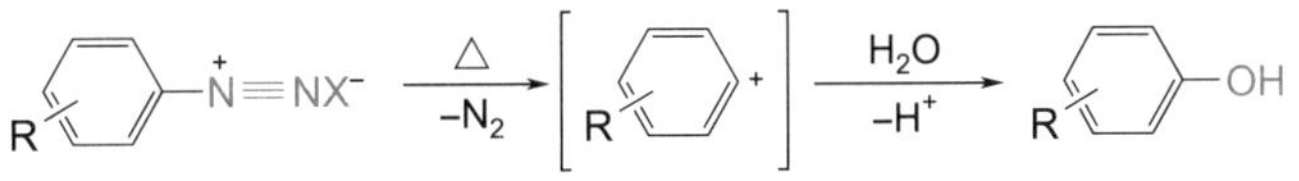

芳基碳正离子

芳基重氮盐的水解反应可用来由芳胺合成酚，为了减少其它亲核试剂（如氯负离子）的干扰，重氮化反应在硫酸中进行，因为 HSO_4^- 的亲核性比水分子和氯离子弱，因而不会与水竞争参与反应。通常重氮化结束后加热即可得到酚。例如：

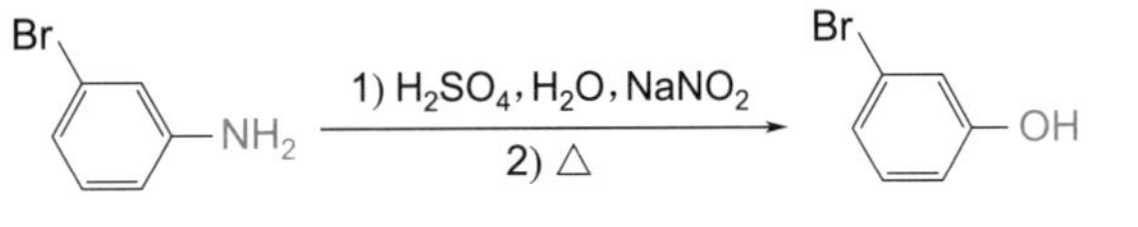

13.8.5　重氮盐的亲电取代反应

重氮盐具有缺电子性，是一类亲电试剂，可在碱性条件下与酚、芳胺等富电子的芳香化合物发生亲电取代反应，生成偶氮化合物（azo compounds）。

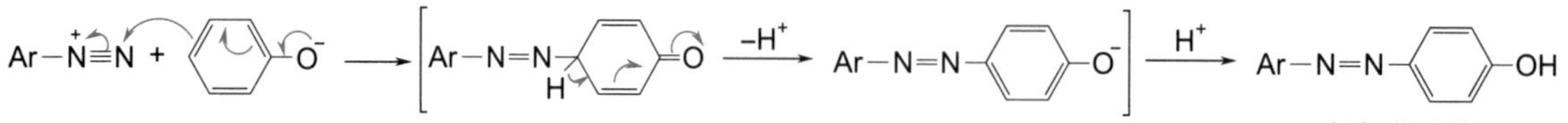

$$Ar-N\overset{+}{\equiv}N + \bigcirc-O^- \longrightarrow \left[Ar-N=N-\bigcirc=O \atop H \right] \xrightarrow{-H^+} Ar-N=N-\bigcirc-O^- \xrightarrow{H^+} Ar-N=N-\bigcirc-OH$$

偶氮化合物

苯酚和苯胺的反应主要发生在对位，萘酚的反应一般发生在动力学有利的 α-位。例如：

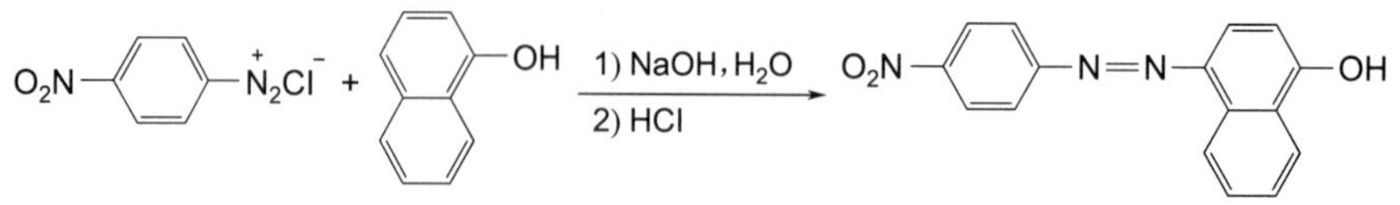

由 4-氨基苯磺酸钠衍生的重氮盐在氢氧化钠存在下与 N,N-二甲基苯胺发生亲电取代反应，生成偶氮化合物甲基橙。

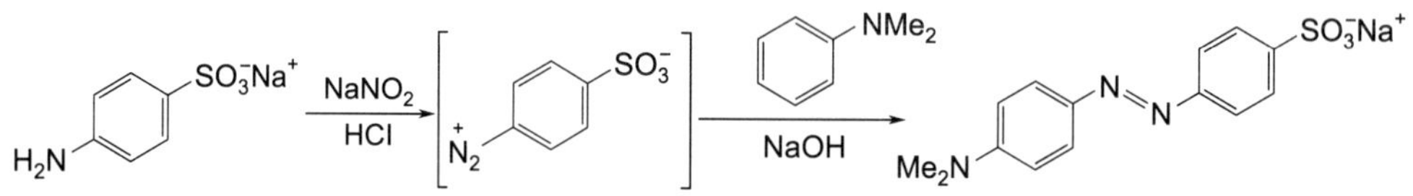

4-氨基苯磺酸钠

甲基橙，80%

甲基橙是一种常用的酸碱指示剂，它的变色范围为 pH＝3.1～4.4，水溶液呈黄色。当溶液的 pH 值小于 3.5 时，其结构发生如下可逆变化，从而导致颜色由黄色变为红色：

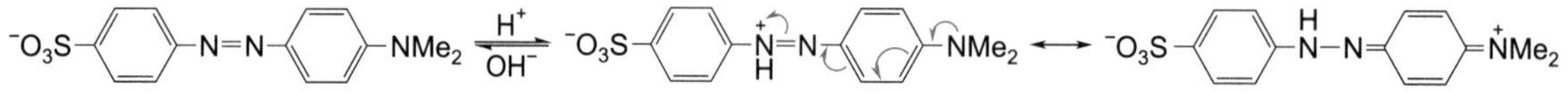

黄色　　　　　　　　　　　　　　　　　　　　　　　红色

在冷的酸性溶液中，伯芳胺和仲芳胺与重氮盐的偶联首先发生在氮上，属于亲核加成，生成重氮氨基化合物。后者在酸性条件下重排生成氨基取代的偶氮化合物。重排时氨基通常进入对位，若对位被其它基团占据，则进入邻位。例如：

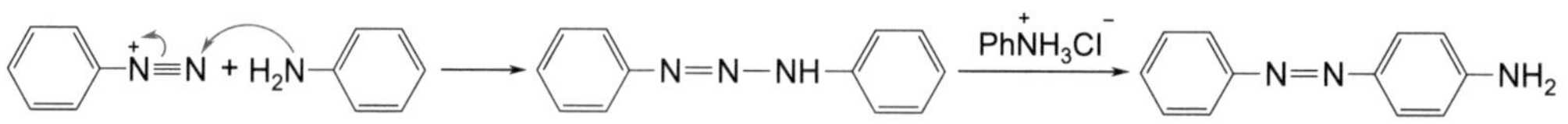

芳香族偶氮化合物具有高度的热稳定性，有不同的颜色，故被广泛用作指示剂或染料。偶氮染料是品种最多的一类合成染料，约有几千个化合物。它们的分子结构是通过一个或几个偶氮基团（—N＝N—）连接起来的大共轭体系，π 电子有较大的离域范围，能吸收一定波长的可见光，故显示出颜色。例如：

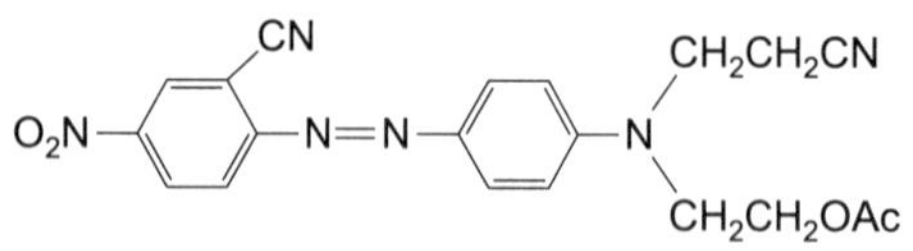

分散红S-FL：主要用于涤纶和乙酸
纤维的染色

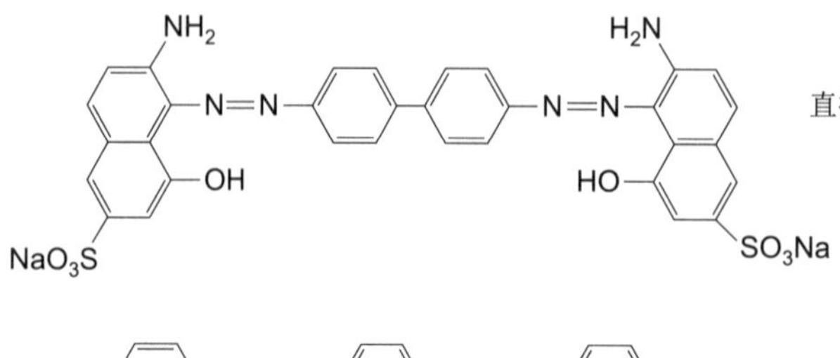

直接紫N：主要用于棉、黏胶等纤维素、
纤维的染色

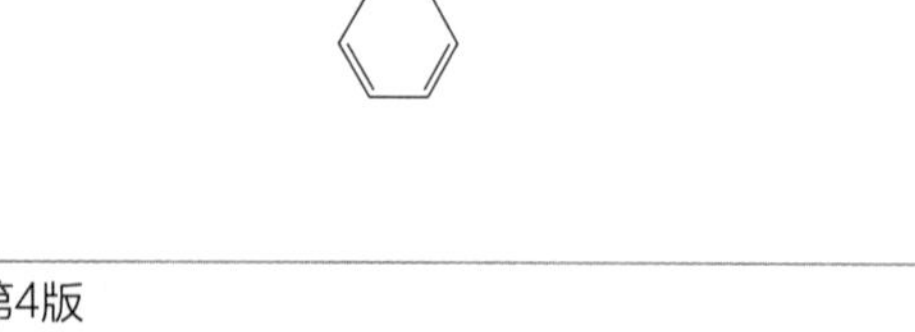

分散橙SE-B：主要用于涤纶及其
混纺织物的染色

★ 问题 13-10 下列化合物合成方法中哪些是合理的，哪些是不合理的？若不合理，请提出合理的合成方法。

(1) 苯甲酸 $\xrightarrow[\text{2) } H_2, \text{Ni}]{\text{1) } HNO_3/H_2SO_4}$ 3-氨基苯甲酸 $\xrightarrow[\text{2) } KCN, CuCN]{\substack{\text{1) } NaNO_2 \\ H_2SO_4, 0℃}}$ 3-氰基苯甲酸

(2) 硝基苯 $\xrightarrow[\substack{\text{3) } HNO_3/H_2SO_4 \\ \text{4) } NaOH, H_2O, \triangle}]{\substack{\text{1) } H_2, \text{Ni} \\ \text{2) } Ac_2O, Py}}$ 4-硝基苯胺 $\xrightarrow[\text{3) } KI]{\substack{\text{1) } ICl \\ \text{2) } NaNO_2, H_2SO_4}}$ 2,6-二碘-4-硝基苯

(3) 苯乙酮 $\xrightarrow{HNO_3/H_2SO_4}$ 2-硝基苯乙酮

(4) N,N-二甲基对苯二胺 $\xrightarrow[\text{2) } \text{对硝基苯}]{\text{1) } NaNO_2, H_2SO_4}$ 偶氮化合物

关键词

胺	amine	胺的反应	reaction of amine
铵盐	ammonium salt	Cope 消除	Cope elimination
季铵盐	quaternary ammonium salt	Tiffeneau-Demjanov 重排	Tiffeneau-Demjanov rearrangement
羟胺	hydroxylamine	相转移催化剂（PTC）	phase transfer catalyst
肼	hydrazine	Hofmann 消除	Hofmann elimination
胺的碱性	basicity of amine	Hofmann 规则	Hofmann rule
胺的酸性	acidity of amine	重氮化合物	diazo compounds
胺的制备	preparation of amine	Bamford-Stevens 反应	Bamford-Stevens reaction
Gabriel 反应	Gabriel reaction	Regitz 重氮转移	Regitz diazo transfer
硝基化合物的还原	reduction of nitro compound	卡宾	carbene
酰胺的还原	reduction of amide	环丙烷化反应	cyclopropanation
肟的还原	reduction of oxime	Wolff 重排	Wolff rearrangement
腈的还原	reduction of nitrile	Arndt-Eistert 反应	Arndt-Eistert reaction
叠氮的还原	reduction of azide	1,3-偶极环加成	1,3-dipolar cycloaddition
亚胺的还原	reduction of imine	芳基重氮盐	aryldiazonium salt
还原氨化反应	reductive amination	Sandmeyer 反应	Sandmeyer reaction
Leuckart 反应	Leuckart reaction	Balz-Schiemann 反应	Balz-Schiemann reaction
Hofmann 重排	Hofmann rearrangement	偶氮化合物	azo compounds
Curtius 重排	Curtius rearrangement	偶氮染料	azo dyes
Mannich 反应	Mannich reaction		

习 题

13-1 用系统命名法命名下列化合物（用 R/S 或 Z/E 标记构型）。

（1）$CH_3NHCH_2CH_2CH(CH_3)_2$

（2）$(CH_3)_3\overset{+}{N}CH_2CH_3Cl^-$

（3）
CH_2NH_2
(naphthalene ring)

（4）H_3C —(benzene ring with NH_2)— CH_3

（5）$Ph-N$ (pyrrolidine ring) $NHCH_3$, H

（6）H_2N—$\overset{CH_3}{\underset{C_2H_5}{\overset{|}{C}}}$—$H$

（7）(diphenyl with $N-CH_3$)

（8）(cyclopentane)—NHC_2H_5

（9）
H —(chain)— $\overset{CO_2H}{\underset{NH_2}{}}$

（10）H—$\overset{CH_3}{\underset{}{C}}$—$NH_2$, H—C—NH_2, CH_3

13-2 比较下列各组化合物的碱性强弱：

（1）（benzene）NH_2　　（cyclohexane）NH_2　　（cyclohexane）$NHAc$

（2）（benzene）H_2N　　H_2N—（benzene）—OMe　　H_2N—（benzene）—Cl　　H_2N—（benzene）—Me

（3）$FCH_2CH_2NH_2$　　$F_2CHCH_2NH_2$　　$F_3CCH_2NH_2$

（4）
NH_2 (benzene)　　NH_2 (benzene with CN)　　NH_2 (benzene with CN)　　NH_2 (benzene with F and CN)

（5）(isoindoline NH)　　(indoline $N-H$)　　(phthalimide with O, NH, O)

（6）(quinuclidine type)　　(quinuclidine type, N)

（7）$\diagup NH_2$　　$H_2N\diagdown NH_2$

（8）H_2NOH　　H_2NNH_2　　NH_3

（9）
NH_2 (naphthalene with Cl)　　NH_2 (naphthalene with NO_2)　　NH_2 (naphthalene with Me)

13-3　理论研究表明，叔丁基环己烷的优势构象为叔丁基处于 e 键的椅式构象，而质子化的 3-氟六氢吡啶的优势构象为 F 处于 a 键的椅式构象。试解释其原因。

13-4 完成下列反应：

(1) cyclopentyl-CH₂Cl $\xrightarrow[\text{2) LiAlH}_4,\text{Et}_2\text{O}]{\text{1) NaN}_3,\text{DMSO}}$?

(2) $\xrightarrow{\text{Fe,AcOH}}$?

(*Tetrahedron* 2016，*72*，7025)

(3) O_2N—⬡—CO_2H $\xrightarrow[\text{2) NaNO}_2,\text{HCl}]{\text{1) Zn,HCl}}$? $\xrightarrow[\triangle]{\text{CuCN}}$?

(4) （4-methylbenzaldehyde）CHO + H_2N—CH₂—Ph $\xrightarrow{\text{NaBH}_4,\text{TsOH}}$?

(*J.Chem.Educ.*2015，*92*，1214)

(5) + HN⟩O $\xrightarrow{}$?

(6) $\xrightarrow{\triangle}$?

(7) + $\xrightarrow[\text{DMSO,rt,3 h}]{\text{K}_2\text{CO}_3\text{(2equiv.)}}$?

(*Org.Biomol.Chem.*2016，*14*，7114)

(8) $\xrightarrow[\text{AcOH}]{\text{HNO}_3}$? $\xrightarrow[\text{2) KI}]{\text{1) HNO}_2}$?

(9) ^-O_3S—⬡—N_2^+ + ⬡—NMe_2 $\xrightarrow{}$?

(10) Cl—⬡—N_2^+ + $\xrightarrow{}$?

(11) $\xrightarrow[\text{MeOH,pH=6}]{\text{NH}_3,\text{NaBH}_3\text{CN}}$?

(*J.Am.Chem.Soc.*1971，*93*，2897)

(12) $\xrightarrow[\text{EtOH}]{\text{H}_2,\text{Raney-Ni}}$? $\xrightarrow[\text{AcOH}]{\text{NaBH}_3\text{CN}}$?

(*J.Org.Chem.*2005，*70*，6523)

(13) $\xrightarrow[\text{2) H}_3\text{O}^+]{\text{1) LiAlH}_4,\text{THF,60℃}}$?

(*J.Org.Chem.*2005，*70*，6523)

(14) [structure: 2-acetylnaphthalene] + HN（O morpholine）$\xrightarrow[\triangle]{HCO_2H}$?

(15) [nitrobenzene, NO$_2$] + [cyclohexene oxide] $\xrightarrow{\text{Fe, NH}_4\text{Cl}}_{\text{EtOH-H}_2\text{O}}$?

(*Tetrahedron* 2016，*72*，3839)

(16) [1,1,4,4-tetramethyltetralin] $\xrightarrow{\text{HNO}_3,\text{H}_2\text{SO}_4}$? $\xrightarrow{\text{H}_2,\text{Pd/C}}$?

(*Org. Process Res. Dev.* 2017，*21*，748)

(17) MeO$_2$C—[cyclohexanone]—CO$_2$Me $\xrightarrow[2\,\text{CH}_2\text{O}]{2\,\text{Me}_2\text{NH}\cdot\text{HCl}}$?

(*J. Org. Chem.* 1959，*24*，1069-1076)

13-5　曲马多（Tramadol），是系统名为 2-[（二甲氨基）甲基]-1-（3-甲氧基苯基）环己醇的立体异构体中（1*R*,2*R*）-和（1*S*,2*S*）-异构体的外消旋体，是一种合成的镇痛药，主要用于中度和严重急慢性疼痛和手术后的止痛，也具有减轻抑郁症和焦虑症病人痛苦的作用。最近在植物中也发现了天然的曲马多（*Chem. Commun.*，2015，*51*，14451-14453）。写出这个药物的分子结构，并以环己酮、1-溴-3-甲氧基苯为主要原料，用必要的有机和无机试剂合成这个药物分子（不考虑立体选择性）。

13-6　由指定原料和必要的试剂合成下列化合物：

(1) [H$_2$N-cyclopentane] ⟶ [benzyl-N（Me）-cyclopentyl amine]

(2) [benzene] ⟶ [O$_2$N-benzene-NH-C(=O)-CH$_2$CH$_3$]

(3) [toluene, CH$_3$] ⟶ [HO, OH substituted benzoic acid CO$_2$H]

(4) [PhCH$_2$CH(CH$_3$)CO$_2$H] ⟶ [PhCH$_2$CH(NHC$_2$H$_5$)CH$_3$]

(5) [HO—CH(CH$_3$)—Ph (*R*)] ⟶ [H—C(CH$_3$)(NH$_2$)—Ph (*S*)]

(6) [benzene] ⟶ [3,5-dichlorophenol, Cl, OH, Cl]

(7)

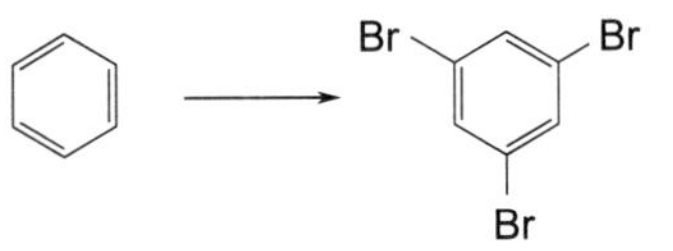

(8)

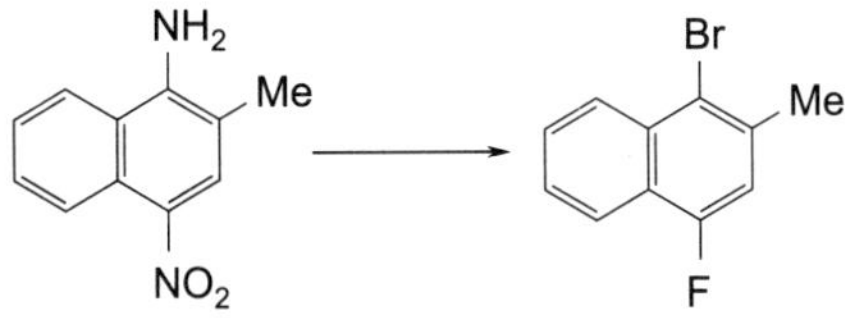

(9)

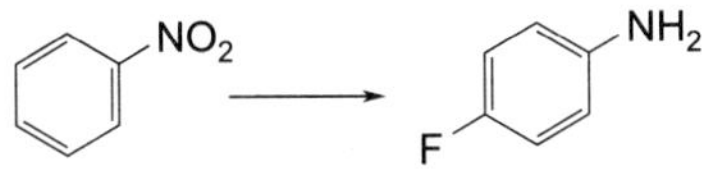

13-7　写出下列反应的机理：

(1)

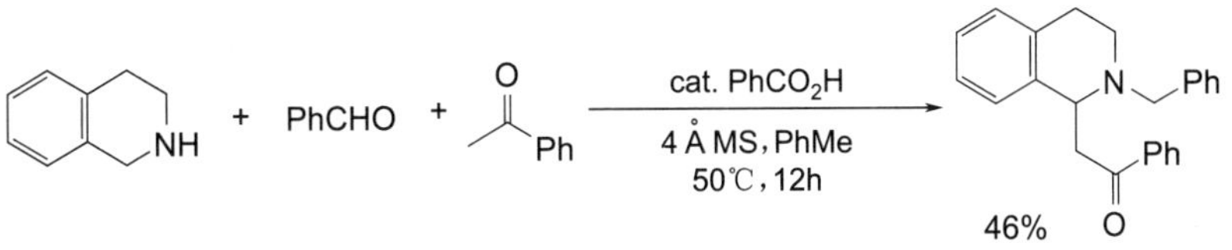

（*Org. Lett.* 2014，*16*，3158）

(2)

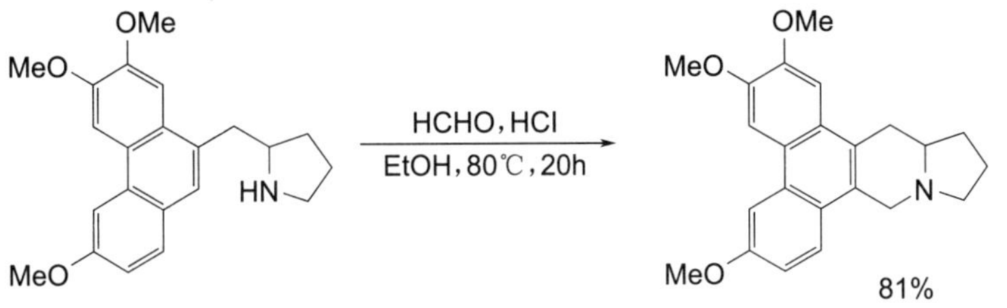

（*Org. Lett.* 2014，*16*，4936）

(3)

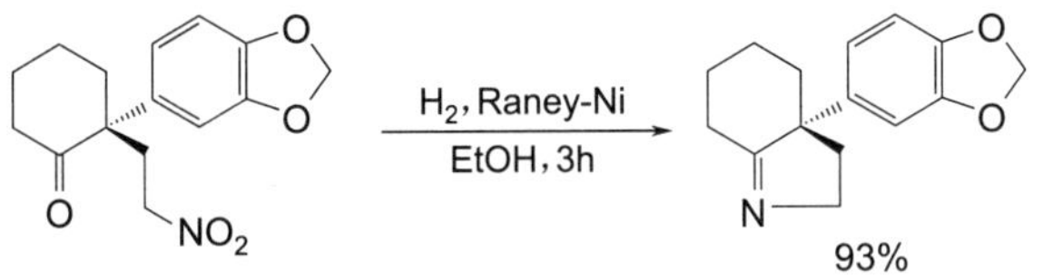

（*J. Org. Chem.* 2005，*70*，6523）

(4)

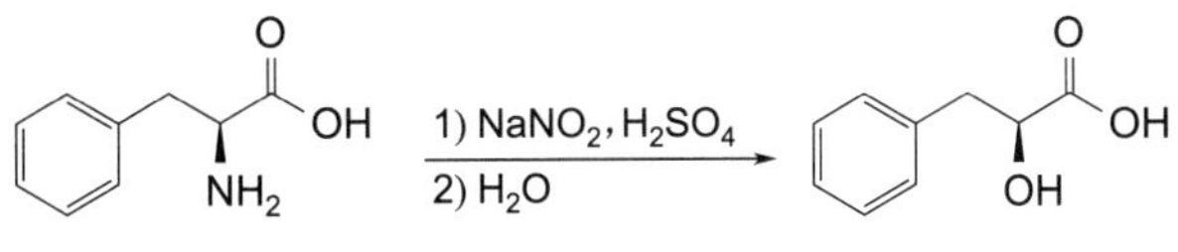

（*J. Chem. Educ.* 2010，*87*，623）

(5)

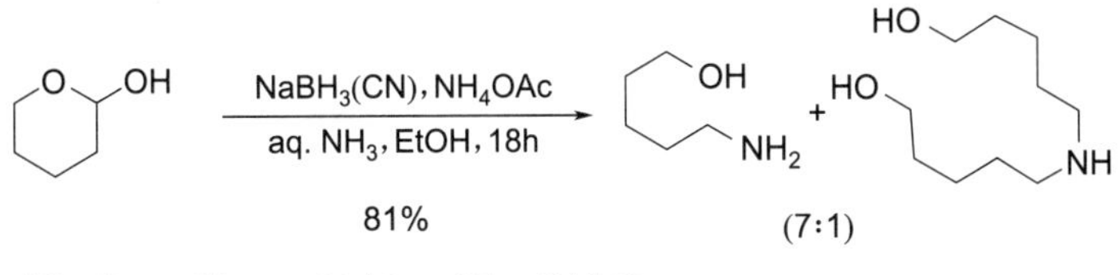

（*J. Org. Chem.* 2010，*75*，5470）

13-8 *　解释下列反应的选择性：

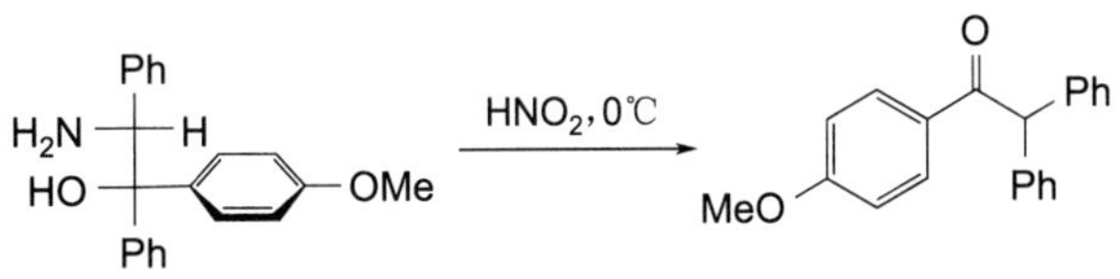

13-9 从以下信息推测毒芹碱（一种从植物中提取到的胺）的结构。IR：$3330cm^{-1}$；^{1}H-NMR：$\delta 0.91$(t，$J=7Hz$，3H)，1.33(s，1H)，1.52(m，10H)，2.70(t，$J=6Hz$，2H)，3.0(m，1H)；MS m/z（相对丰度）：127(M^+，43)，84(100)，56(20)。

13-10 某化合物 A（分子式为 $C_{10}H_7NO_2$），在水、稀酸和碱中都不溶，但与锌及盐酸共热时，则逐渐溶解，然后向此溶液中加入氢氧化钠使其呈碱性反应后，再用乙醚提取，可得化合物 B。将 A 和 B 分别氧化则得 3-硝基邻苯二甲酸和邻苯二甲酸。试推测 A 和 B 的结构式。

第14章

杂环化合物

在环状化合物中，参与成环的原子除碳以外还有其它原子（即杂原子），这样的化合物称为杂环化合物（heterocyclic compound），常见的杂原子有氧、硫和氮。这类化合物不仅数目庞大，种类繁多，而且用途广泛。目前临床上使用的绝大多数药物为杂环化合物，多种维生素属于杂环化合物，许多杂环化合物还被用作功能材料、农药、染料等。杂环化合物广泛存在于自然界，而且大多具有重要的生物活性或生理功能。例如，叶绿素为植物提供绿色，是植物进行光合作用不可缺少的物质；血红素赋予血液以红色，负责高等动物体内氧的输送；碳水化合物为生命提供能量；核酸（含有嘧啶和嘌呤类杂环）则携带着生命体的全部遗传信息。有些杂环化合物属于非芳香族化合物，其性质与带有杂原子的非环状化合物类似，所以把它们放在一般的非环状化合物中介绍。本章将要介绍的是具有芳香性的杂环化合物，即芳杂环化合物，它们在性质上与一般的醚、胺有较大的区别。

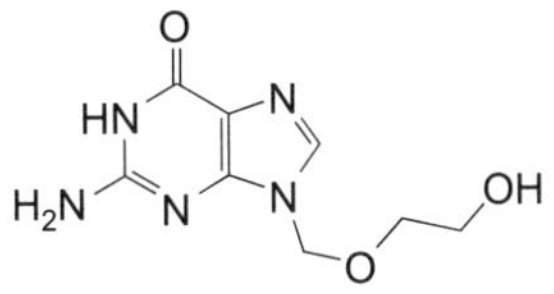

阿昔洛韦
(抗病毒药物)

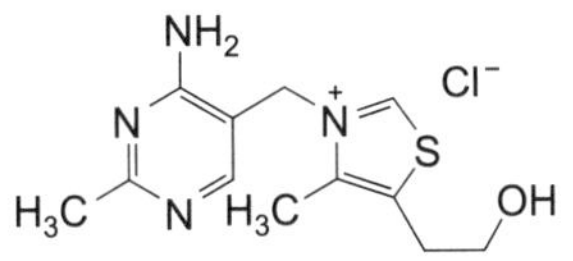

维生素B$_1$

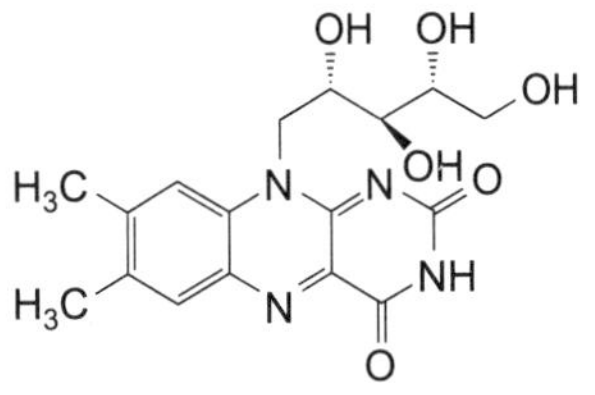

维生素B$_2$

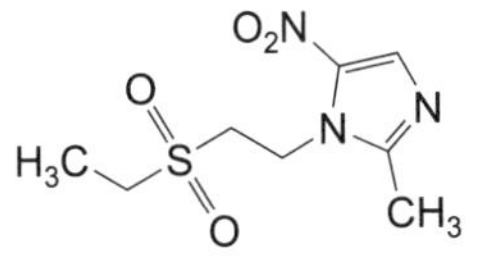

替硝唑
(抗厌氧菌药物)

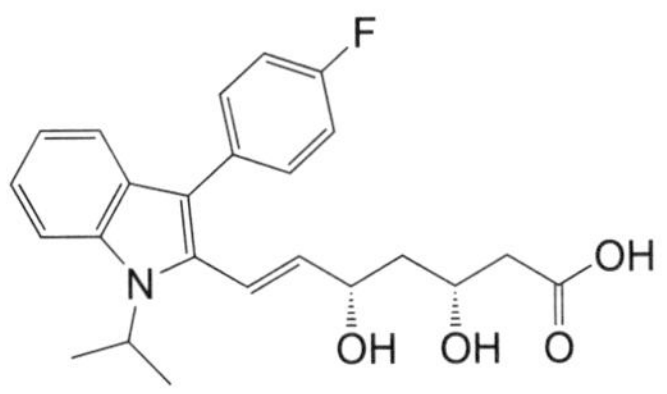

氟伐他汀(Fluvastatin)
(治疗高胆固醇血症药物)

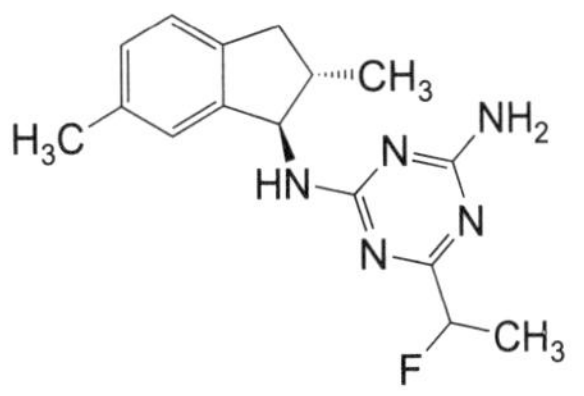

茚嗪氟草胺(Indaziflam)
(除草剂)

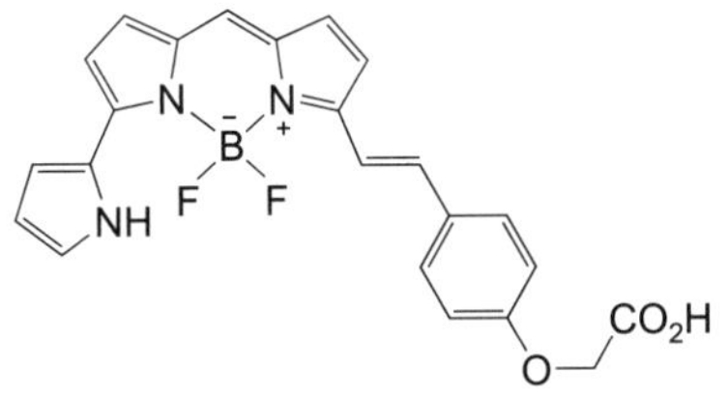

BODIPY 650/665
(荧光染料)

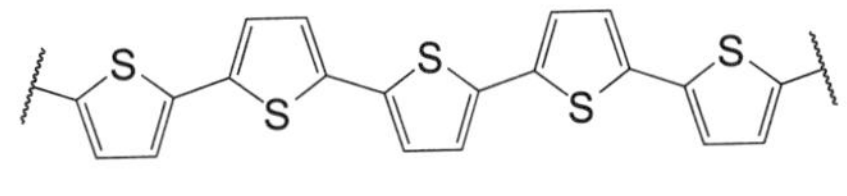

聚噻吩(polythiophene)
(光电材料，可用于太阳能电池和电致发光器件等)

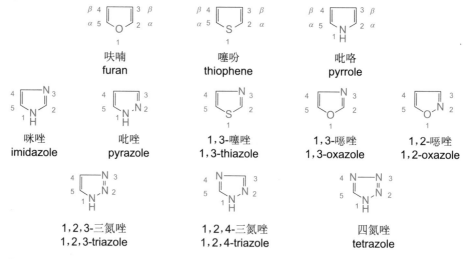

叶绿素a：R=CH₃
叶绿素b：R=CHO

血红素

14.1 杂环化合物的分类与命名

　　根据环的大小，可将杂环化合物分为三元、四元、五元、六元和七元杂环等类型。此外，杂环化合物还有单杂环和稠杂环之分；稠杂环是由苯环（或单杂环）与一个（或多个）单杂环共用两个相邻原子稠合而成的。最常见的杂环化合物是五元和六元单杂环和稠杂环化合物。

　　杂环化合物的命名采用英文俗名的译音，用带"口"字旁的同音汉字表示。环上的编号都是固定的。含有多个杂原子时，应使杂原子所处位次组最低，并按氧、硫、氮的顺序依次编号。对于含一个杂原子的杂环，也可将杂原子旁的碳原子依次用 α、β、γ 表示。常见的五元单杂环化合物有：

呋喃 furan	噻吩 thiophene	吡咯 pyrrole

咪唑 imidazole	吡唑 pyrazole	1,3-噻唑 1,3-thiazole	1,3-噁唑 1,3-oxazole	1,2-噁唑 1,2-oxazole

1,2,3-三氮唑 1,2,3-triazole	1,2,4-三氮唑 1,2,4-triazole	四氮唑 tetrazole

常见的六元单杂环化合物有：

吡啶 pyridine	哒嗪 pyridazine	嘧啶 pyrimidine	吡嗪 pyrazine

1,2,3-三嗪 1,2,3-triazine	1,2,4-三嗪 1,2,4-triazine	1,3,5-三嗪 1,3,5-triazine	2*H*-吡喃 2*H*-pyran	4*H*-吡喃 4*H*-pyran

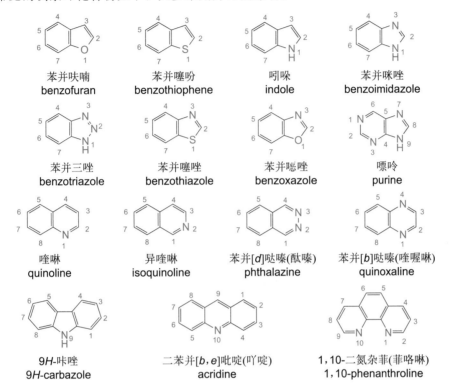

| 4H-1,4-噁嗪
4H-1,4-oxazine | 2H-1,3-噁嗪
2H-1,3-oxazine | 4H-1,4-噻嗪
4H-1,4-thiazine | 2H-1,3-噻嗪
2H-1,3-thiazine |

常见的稠杂环化合物如下，大多采用并环法命名：

苯并呋喃
benzofuran

苯并噻吩
benzothiophene

吲哚
indole

苯并咪唑
benzoimidazole

苯并三唑
benzotriazole

苯并噻唑
benzothiazole

苯并噁唑
benzoxazole

嘌呤
purine

喹啉
quinoline

异喹啉
isoquinoline

苯并[d]哒嗪(酞嗪)
phthalazine

苯并[b]哒嗪(喹喔啉)
quinoxaline

9H-咔唑
9H-carbazole

二苯并[b,e]吡啶(吖啶)
acridine

1,10-二氮杂菲(菲咯啉)
1,10-phenanthroline

环上有取代基时，以杂环为母体，并在遵守杂环固定编号的前提下使取代基位次最低。命名时，取代基及其位次编号置于母体名之前。例如：

2-甲基咪唑
2-methylimidazole

4-乙基-5-甲基噁唑
4-ethyl-5-methyloxazole

2-氨基吡啶
2-aminopyridine

8-甲基喹啉
8-methylquinoline

★ 问题 14-1　写出下列化合物的结构式：
(1)　2,4-二甲基呋喃　　(2)　5-溴-1-甲基吡咯-2-甲酸
(3)　吡啶-3-甲酰胺　　(4)　5-甲氧基异喹啉　　(5)　2-烯丙基苯并噻吩

14.2　呋喃、噻吩和吡咯

14.2.1　呋喃、噻吩和吡咯的结构和物理性质

最常见的含一个杂原子的五元杂环化合物是呋喃、噻吩和吡咯，它们都是无色的液体，其物理性质和波谱数据如表 14-1 所示。这三个化合物分子中，所有碳和杂原子均为 sp^2 杂化。成环时，这些原子先以 sp^2 杂化互相连接形成 σ 键，构成平面环状结构。每个碳原子和杂原子上均有一个 p 轨道，每个碳原子上的 p 轨道中有一个电子，杂原子的 p 轨道中有两个电子。p 轨道之间互相平行重叠，形成一个环形封闭的 6 个 π 电子的共轭体系，符合 Hückel 规则，所以这三个杂环化合物均具有芳香性。呋喃、噻

呋喃

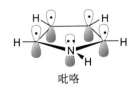
噻吩

吡咯

呋和吡咯环上的氢原子受 π 电子环流的影响，它们的 ^{1}H-NMR 信号都出现在低场 $\delta 7$ 左右（见表 14-1），这是其芳香性的一个重要标志。由于杂原子的吸电子诱导效应，α-H 的化学位移较 β-H 大。

与四氢呋喃和四氢噻吩相比，由于杂原子的给电子共轭效应，呋喃和噻吩的偶极矩变小，方向未变。然而，吡咯分子中氮原子的给电子共轭作用比氧和硫原子强，因此吡咯分子偶极矩的方向与吡咯烷相反，前者指向 3 和 4 位碳原子，后者指向氮原子。呋喃、噻吩和吡咯的静电势图见彩图 14-1。

表 14-1　呋喃、噻吩和吡咯的物理性质

化合物	熔点/℃	沸点/℃	偶极矩/D	^{1}H-NMR(δ)
呋喃	−86	31	0.7	6.37(β-H),7.42(α-H)
噻吩	−38	84	0.5	7.10(β-H),7.30(α-H)
吡咯	—	131	1.8	6.20(β-H),7.68(α-H)

14.2.2　呋喃、噻吩和吡咯的化学性质

(1) 酸性和碱性

虽然吡咯氮原子上具有孤对电子，但与普通的胺如吡咯烷相比，其碱性极弱（共轭酸无芳香性，$pK_a \approx -4$），且质子化发生在 α-碳原子上。

与此相反，吡咯氮原子上的氢呈弱酸性（$pK_a = 16.5$），且较吡咯烷（$pK_a = 35$）强，与一般的醇（$pK_a = 16 \sim 19$）相似。因此，在液氨中用强碱（如 $NaNH_2$、NaH）可将吡咯完全转化为其钠盐，在惰性溶剂中用金属钠或钾亦可将它转变为相应的盐：

吡咯盐作为亲核试剂可与卤代烷发生亲核取代反应，生成 N-烷基吡咯；与酰氯生成 N-酰基吡咯衍生物。由吡咯制备 N-烷基吡咯衍生物时，不需要将吡咯完全转化为盐，只要反应体系中有一定浓度的吡咯负离子即可，因此可用比氨基钠较弱的碱。

呋喃和噻吩的杂原子上没有氢，但与杂原子相连的 sp^2 杂环碳原子上的氢（即 C2—H 或 C5—H）具有弱酸性，可被强碱 BuLi 夺取，从而生成呋喃基锂和噻吩基锂，后者可作为亲核试剂进行烷基化、酰基化等转化。例如：

★ 问题 14-2 预测下列反应的主要产物：

(1) $\xrightarrow{\text{BuLi}}$ $\xrightarrow{\text{MeI}}$

(2) $\xrightarrow{\text{BuLi}}$ $\xrightarrow[\text{2) } H_3O^+]{\text{1) PhCHO}}$

(3) $+$ Ph $\diagdown$ Cl $\xrightarrow{\text{NaH}}$

（2）亲电取代反应

呋喃、噻吩和吡咯具有芳香性的一个重要特征是它们都容易发生芳烃亲电取代反应，如硝化、卤化、磺化和 Friedel-Crafts 反应。与苯相比较，由于杂原子上的孤对电子使芳杂环上的电子云密度升高（5 个原子上有 6 个 π 电子），所以在发生亲电取代反应时它们都比苯活泼，反应活性与苯酚、苯胺相似。这些化合物的亲电取代反应活性次序为：吡咯＞呋喃＞噻吩＞苯。

噻吩在室温下用 95% 的浓硫酸即可磺化，吡咯、呋喃、噻吩的氯代、溴代和碘代以及吡咯的酰基化可不用催化剂。例如：

吡咯甚至可直接与羧酸在质子酸催化下进行酰基化反应，例如：

呋喃、吡咯等化合物的化学性质活泼，在无机强酸中不稳定，例如，呋喃、吡咯遇到强酸或氧化剂容易开环或聚合成高聚物。

因此，呋喃、吡咯的亲电取代反应通常需要在比较温和的条件下进行，以减少副反应的发生。在对它们进行磺化时不能用浓硫酸，通常采用吡啶与三氧化硫的加合物；硝化时，为避免氧化，一般采用硝酸乙酸酐（AcONO$_2$）作硝化试剂。例如：

对于呋喃和噻吩，酰基化时用比三氯化铝较温和的三氟化硼、四氯化锡为催化剂。例如：

$$\text{H}_3\text{C}\text{—噻吩} \xrightarrow[\text{SnCl}_4]{\text{CH}_3\text{COCl}} \text{H}_3\text{C}\text{—噻吩—COCH}_3$$
64%

　　呋喃、噻吩和吡咯都有两种不同的取代位置，通常以 α-取代为主。无论是 α-位还是 β-位，其亲电取代反应的活性均比苯大。如噻吩硝化，β-位的活性为苯的 1.9×10^4 倍，α-位的活性为苯的 3.2×10^7 倍。比较两种位置取代反应的中间体稳定性，有助于我们更好地理解反应的区域选择性。

　　以吡咯的亲电取代反应为例，α-位取代时形成的 σ 络合物有三个共振结构，正电荷分散在三个原子上；β-位取代时则只有两个共振结构，正电荷分散在两个原子上。可见，α-位取代所形成的中间体要比 β-位的稳定，故反应以 α-位取代为主。

（α-取代 ... 最稳定）
（β-取代）

　　与苯酚相似（见第 9.5.6 节），吡咯亦可在酸催化下与醛缩合。例如，在质子酸（如三氟乙酸，TFA）催化下，两分子的 2,4-二甲基吡咯与芳甲醛缩合，得到的亲电取代产物经氧化和与三氟化硼配位，形成的配合物——硼-二吡咯甲川（boron-dipyrromethene，缩写 BODIPY）是一类应用广泛的荧光染料。

$$2\,\text{(二甲基吡咯)} + \text{RCHO} \xrightarrow{\text{TFA}} \cdots \xrightarrow[\text{氧化}]{\text{DDQ}} \cdots \xrightarrow[\text{Et}_3\text{N}]{\text{BF}_3\cdot\text{OEt}_2} \text{BODIPY}$$

　　酸催化三分子缩合反应的机理如下：

$$\text{RCHO} \xrightarrow{\text{H}^+} \cdots \xrightarrow{-\text{H}_2\text{O}} \cdots \xrightarrow{-\text{H}^+} \cdots$$

　　与上述反应类似，在质子酸或 Lewis 酸催化下，4 分子吡咯与 4 分子醛缩合生成卟啉（porphyrin），这是制备卟啉环系化合物的经典方法。自然界中的叶绿素、血红素、胆红素等含有这类特殊的吡咯衍生物，相关介绍见阅读资料 14-1。

$$4\,\text{(吡咯)} + 4\,\text{RCHO} \xrightarrow{\text{H}^+ \text{ 或 LA}} \text{卟啉}$$

卟啉 (porphyrin)

吡咯和呋喃还能够与弱的亲电试剂芳基重氮盐发生亲电取代生成偶氮化合物，可发生 Michael 加成和 Mannich 反应，反应均遵循 2/5 位优先的选择性规律，但当 2- 和 5- 位被占时，反应亦可发生在 3- 位。例如：

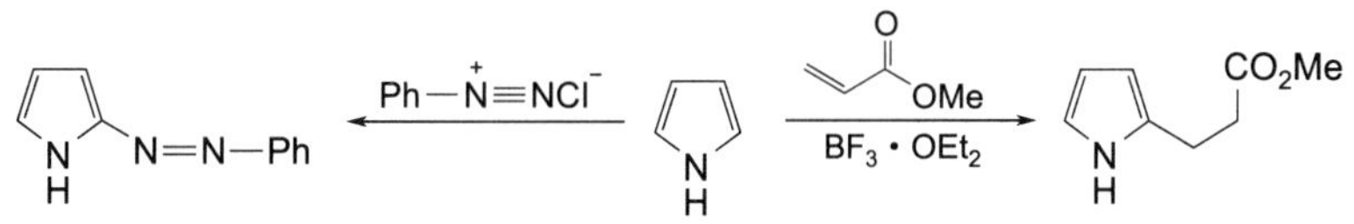

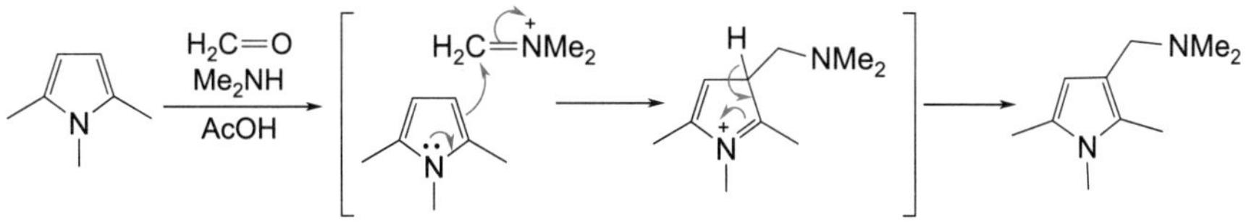

吡咯和呋喃亦可发生 Vilsmeier 反应。从下面的例子可以看出，1- 位氮原子上取代基的立体位阻也可影响亲电取代反应的区域选择性。

R	2-/3-取代产物的比例
H 或 CH$_3$	>99:1
C$_2$H$_5$	12:1
C(CH$_3$)$_3$	1:14

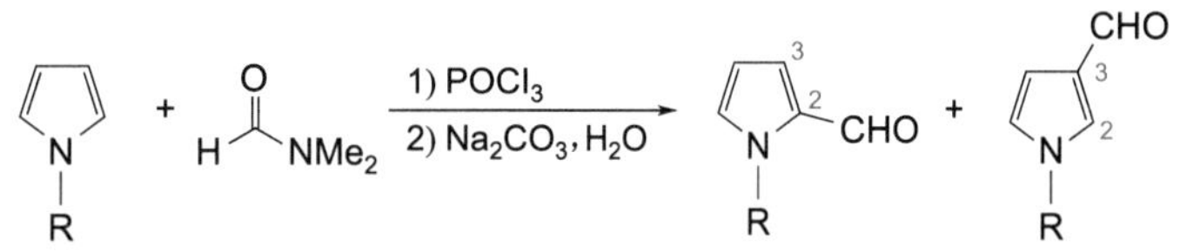

（3）还原反应

五元杂环化合物的化学性质活泼，芳香性比苯差，常显示出不饱和化合物的性质。如呋喃和吡咯在镍催化下加氢分别生成四氢呋喃和四氢吡咯，若用锌还原吡咯则生成二氢吡咯。噻吩在镍催化下加氢主要产物是正丁烷；若要得到四氢噻吩，需用其它催化剂。

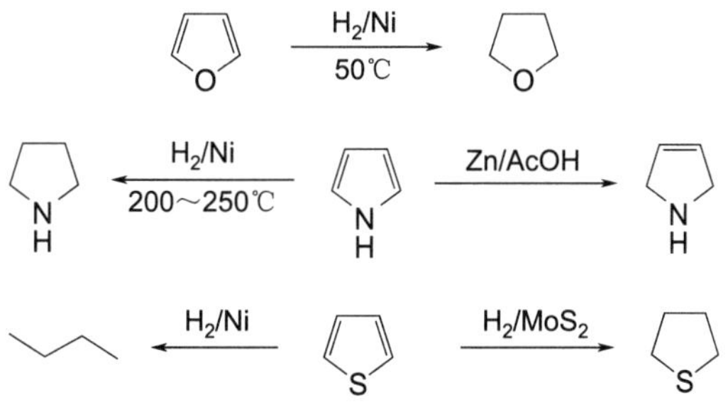

（4）共轭加成和 Diels-Alder 反应

呋喃、噻吩和吡咯还可以发生共轭双烯的反应。例如，呋喃与溴在甲醇中发生 1,4- 加成，加成产物迅速与甲醇作用生成亲核取代产物。

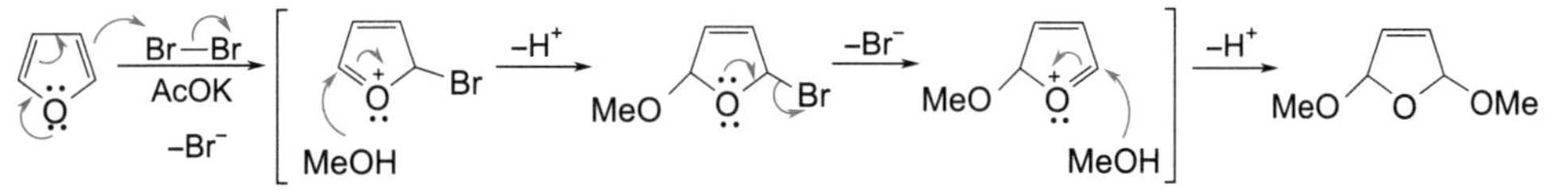

呋喃容易发生 Diels-Alder 反应，呋喃与乙炔类亲双烯体加成，得到的产物用酸处理转化为 2,3- 二取代苯酚。若进行选择性催化氢化，还原产物经逆向 Diels-Alder 反应可转化为呋喃-3,4-二甲酸酯，这是一个制备呋喃-3,4-二甲酸酯的简便方法。

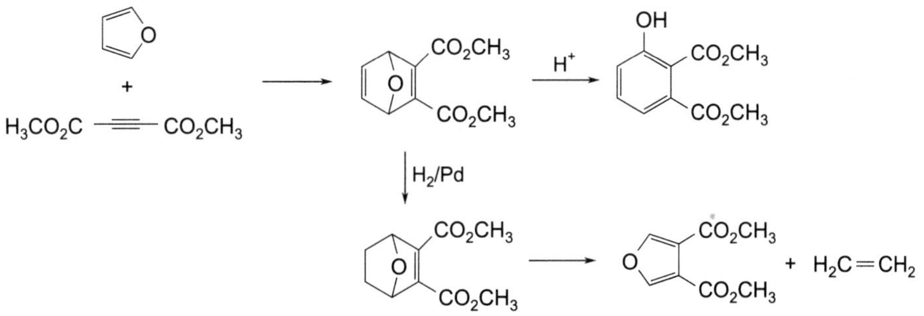

呋喃-3,4-二甲酸酯

吡咯的亲核性较强，一般不能作为双烯体参与 Diels-Alder 反应，但 N-取代的吡咯可与活泼的亲双烯体发生这一反应。噻吩能与活泼的亲双烯体在加压下发生 Diels-Alder 反应。例如：

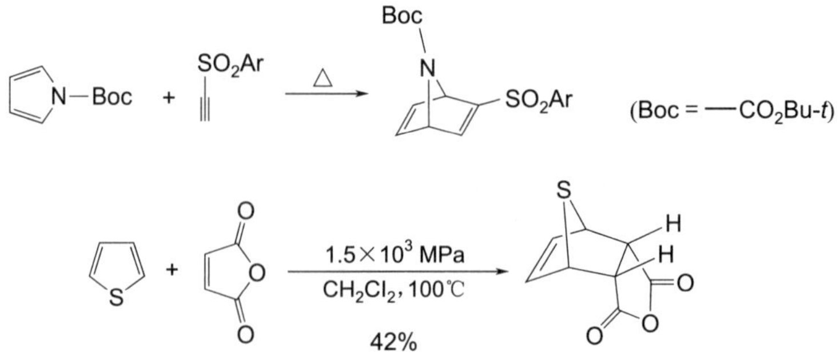

14.2.3　呋喃、噻吩和吡咯的制备

糠醛（呋喃甲醛）脱羰基是工业上制备呋喃的方法之一。糠醛可用稻糠、玉米芯等含有多聚戊醛糖的农副产品以热酸处理制得。多聚戊醛糖水解成戊醛糖，然后脱水、环化成糠醛。

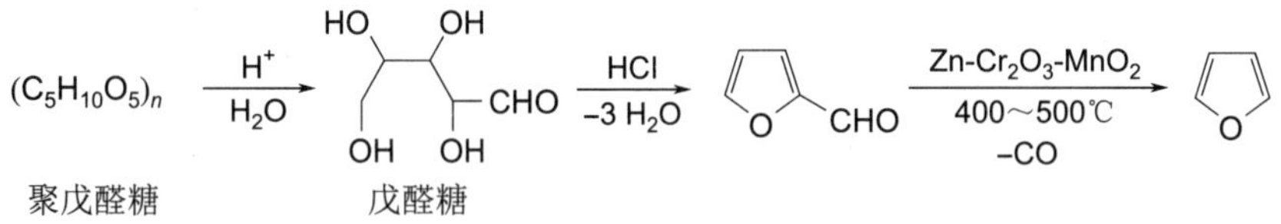

噻吩是由丁烷与硫，或丁二烯与二氧化硫在高温下反应制备。吡咯则由丁-2-炔-1,4-二醇或呋喃与氨反应来合成。

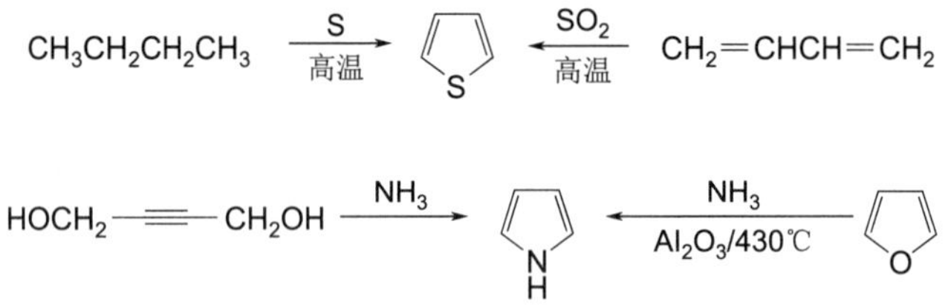

1,4-二酮与适当的试剂缩合环化是制备取代呋喃、噻吩和吡咯的经典方法，称为 Paal-Knorr 合成法，又称 Paal-Knorr 反应。取代呋喃环由 1,4-二酮在酸催化或脱水剂（如 P_2O_5）存在下脱水合环而成；取代的吡咯和噻吩可分别由 1,4-二酮与氨（或胺）和硫化物缩合而成。例如：

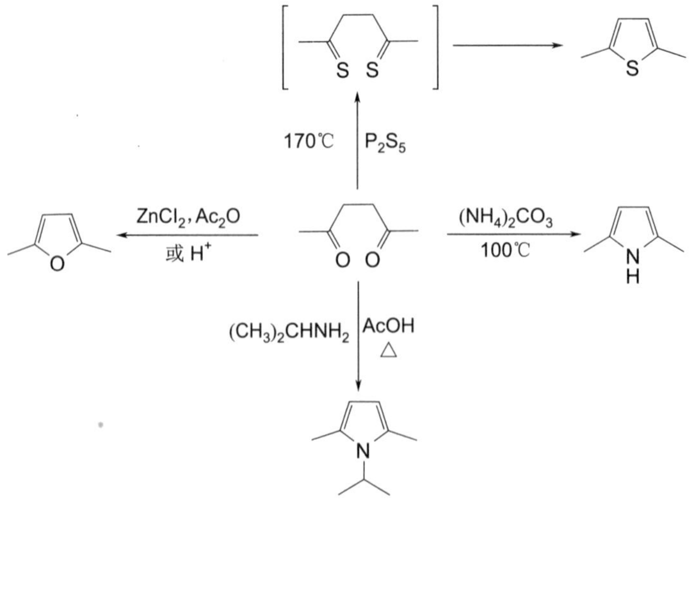

★ **问题 14-3** 预测下列反应的主要产物：

(1)

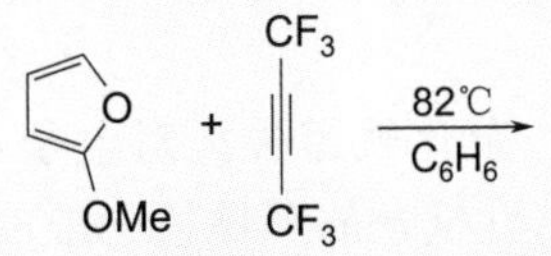

(2)

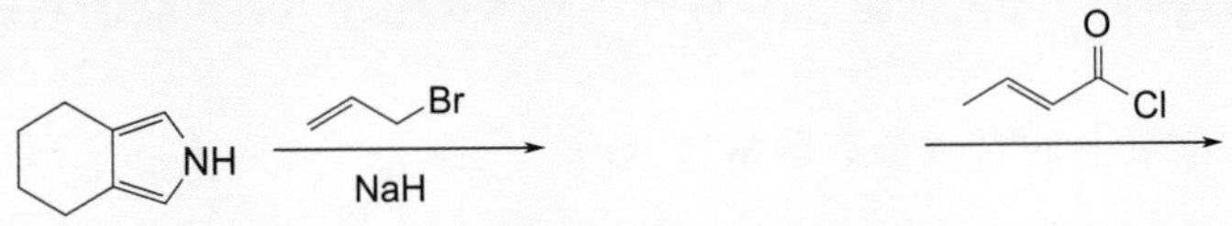

(3)

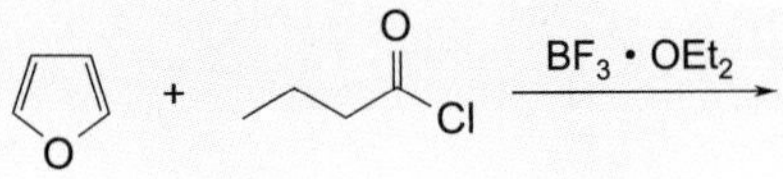

★ **问题 14-4** 利用噻吩在 Raney-Ni 催化下的开环脱硫反应，以噻吩为起始原料，合成辛-2,7-二酮。

14.3 咪唑、噻唑和噁唑

咪唑、噻唑和噁唑是常见的含两个杂原子的五元杂环。咪唑、噻唑和噁唑杂环广泛存在于天然产物、药物和一些有机功能材料分子中。例如，含有咪唑环的组氨酸是 20 种常见氨基酸之一，甲氰咪胍为治疗胃溃疡和十二指肠溃疡的药物，磺胺甲噁唑和头孢克肟分别为磺胺类抗菌药和第三代头孢类抗生素。而青霉素 G、羟氨苄青霉素（又名阿莫西林）等一系列抗生素分子的母核则是由 β-内酰胺和四氢噻唑环组成的多环体系。

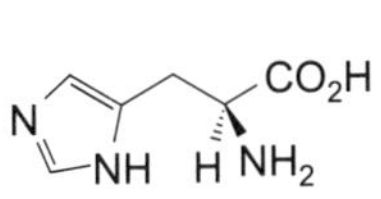

组氨酸
histidine

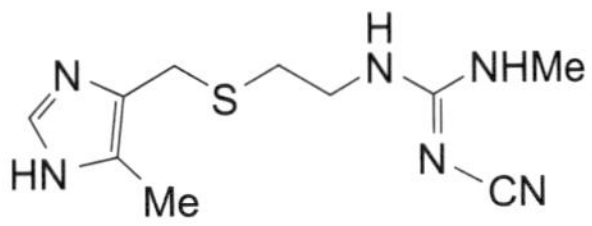

甲氰咪胍(Tagamet)
(治疗溃疡药物)

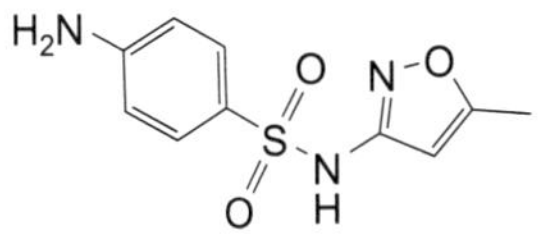

磺胺甲噁唑(Sulfamethoxazole)
(抗菌药物)

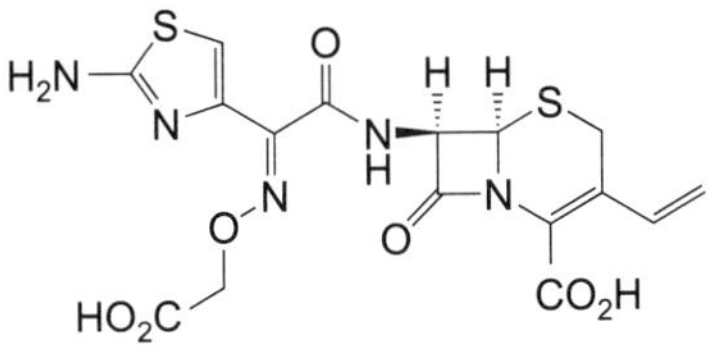

头孢克肟(Cefixime)
(抗生素)

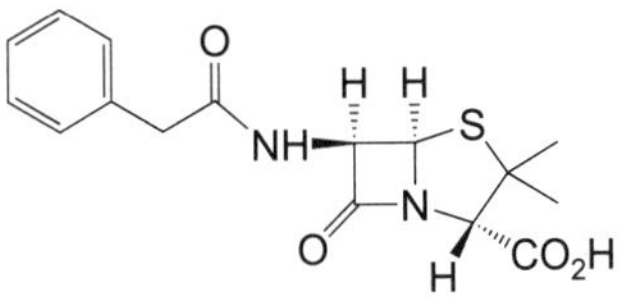

青霉素G
(抗生素)

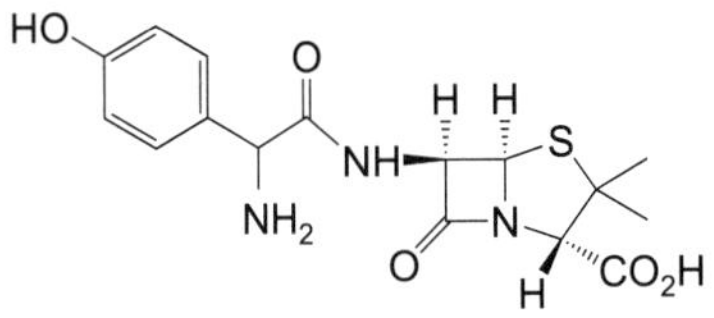

羟氨苄青霉素(阿莫西林)
(抗生素)

14.3.1 咪唑、噻唑和噁唑的结构和物理性质

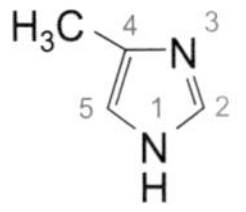

咪唑、噻唑和噁唑可以看作是吡咯、噻吩和呋喃环上 3-位的 CH 换成了氮原子，这个氮原子用两个 sp^2 杂化轨道分别与两个碳原子的 sp^2 杂化轨道形成两个 σ 键，第三个 sp^2 杂化轨道被两个电子占据，未参与成键；还有一个 p 轨道被一个电子占据，并参与共轭。这种结构符合 $4n+2$ 规则，所以咪唑、噻唑和噁唑具有一定程度的芳香性。

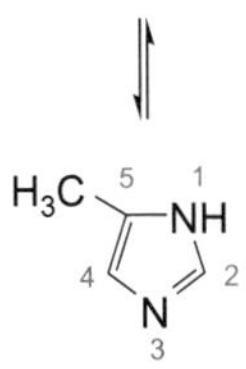

咪唑环上 NH 的氢可以迁移，存在互变异构现象，故 C4 位和 C5 位是相同的。但如有取代基，两个异构体就有区别了，例如 4-甲基咪唑与 5-甲基咪唑属于互变异构体，但这对异构体是不能分离的，因此常用 4(或 5)-甲基咪唑来命名。

咪唑为固体，熔点 90℃，沸点 263℃，噻唑和噁唑为液体，沸点分别为 70℃ 和 117℃。

4-甲基咪唑

5-甲基咪唑

14.3.2 咪唑、噻唑和噁唑的化学性质

（1）酸性和碱性

咪唑、噻唑和噁唑的 3-位氮原子有一未参与成键的 sp^2 杂化轨道被孤对电子占据，可结合质子，所以具有碱性。这对孤对电子 s 成分较多，靠近核，故碱性比一般的胺弱（一般胺氮上的孤对电子处在 sp^3 杂化轨道上）。咪唑、噻唑和噁唑与三甲胺的共轭酸的 pK_a 值如下：

与吡咯相似，咪唑 1-位氮上的氢也具有弱酸性（$pK_a = 14.5$）：

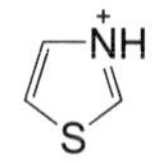

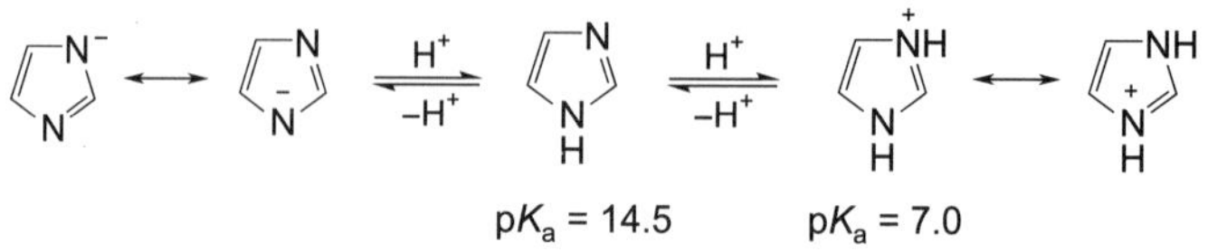

	pK_a
$(CH_3)_3\overset{+}{N}H$	10
噁唑	1.3
噻唑	2.4
咪唑	7.0

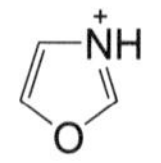

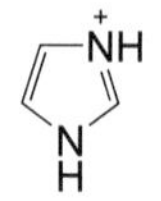

$pK_a = 14.5$ $pK_a = 7.0$

★ **问题 14-5** 比较下列各组化合物氮原子上氢的酸性强弱：

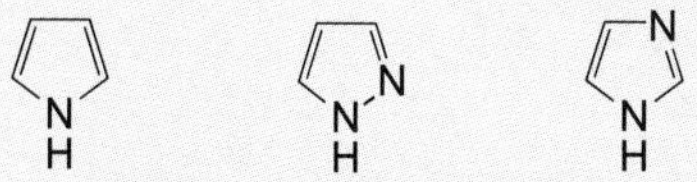

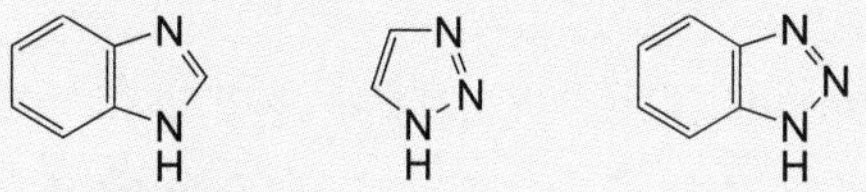

（2）烷基化反应

在碱存在下咪唑可与卤代烷发生 N-烷基化反应。当咪唑环的 4-位上有取代基时，将得到 1,4-和 1,5-二取代两种异构体，但由于空间位阻原因，主要生成 1,4-二取代产物。例如：

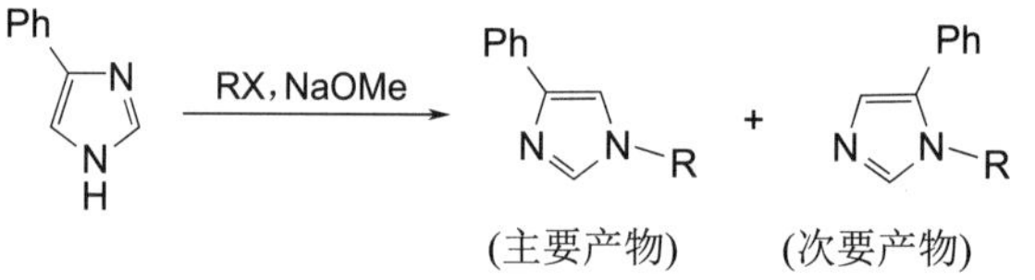

（主要产物）   （次要产物）

（3）亲电取代反应

咪唑能进行亲电取代反应，噻唑和噁唑则较难反应，但环上有活化基团时，反应也容易进行。取代主要发生在 5-位或 4-位，但 5-位更优先。例如：

当咪唑环上有取代基时，产物可能是互变异构体的混合物，例如：

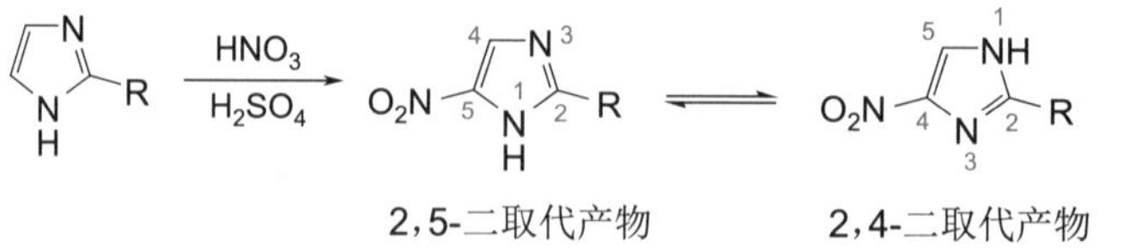

2,5-二取代产物   2,4-二取代产物

制药工业中抗厌氧菌药物甲硝唑（Metronidazole）就是用此方法合成的。

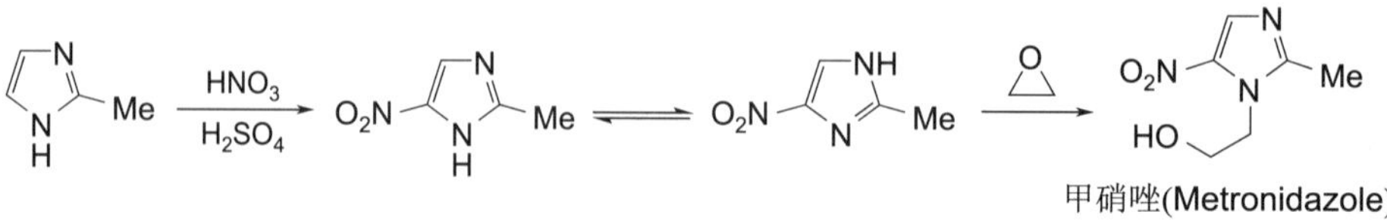

甲硝唑(Metronidazole)

（4）亲核取代反应

由于 3-位上氮原子的吸电子作用，2-卤代的咪唑、噻唑和噁唑可发生亲核取代反应。例如：

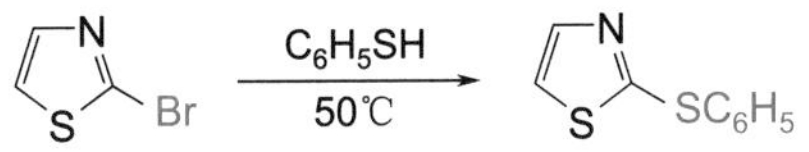

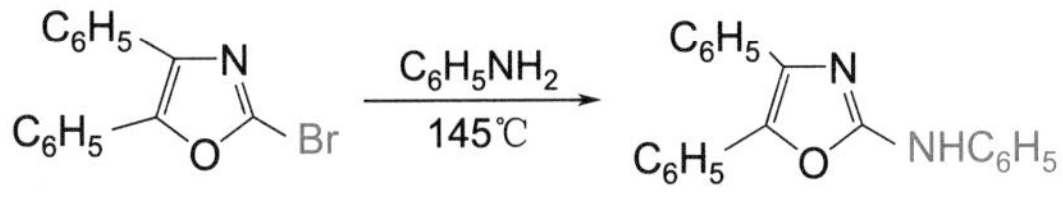

(5) Diels-Alder 反应

与呋喃相似，噁唑可发生 Diels-Alder 反应，所得产物不稳定，可转化为取代的吡啶或其它化合物。例如：

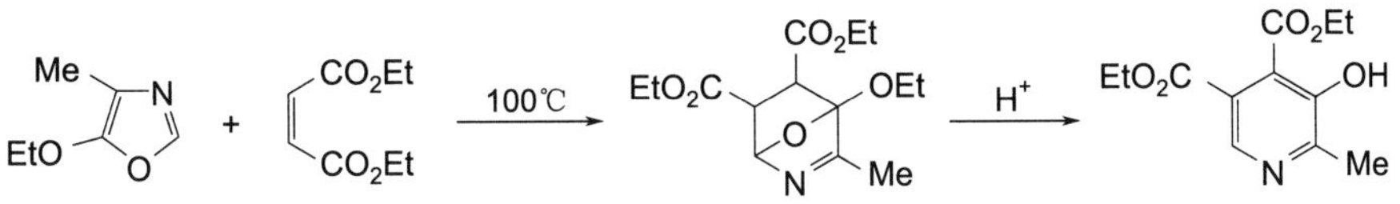

★ 问题 14-6 写出咪唑硝化反应的机理。

14.3.3 咪唑、噻唑和噁唑的制备

(1) 由氮杂-1,4-二羰基化合物制备

咪唑、噻唑和噁唑环的制备方法之一是用链中带有杂原子的 1,4-二羰基化合物在适当条件下环化得到。例如：

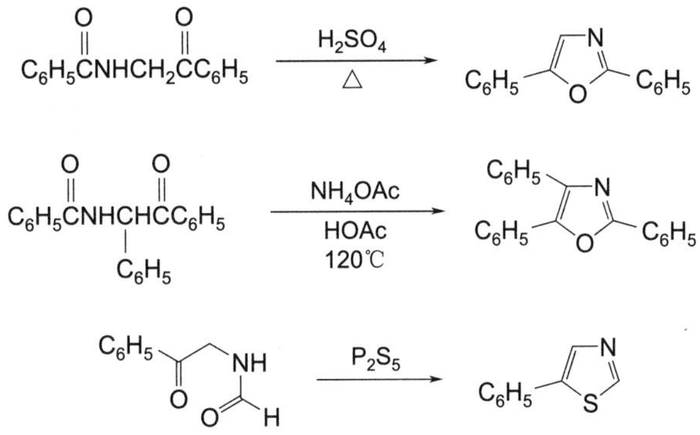

(2) 由 1,2-二羰基化合物制备

咪唑类杂环化合物可用 1,2-二羰基化合物、氨（或胺）与醛缩合来制备，如 2-甲基咪唑和 4(5)-甲基咪唑的工业合成方法：

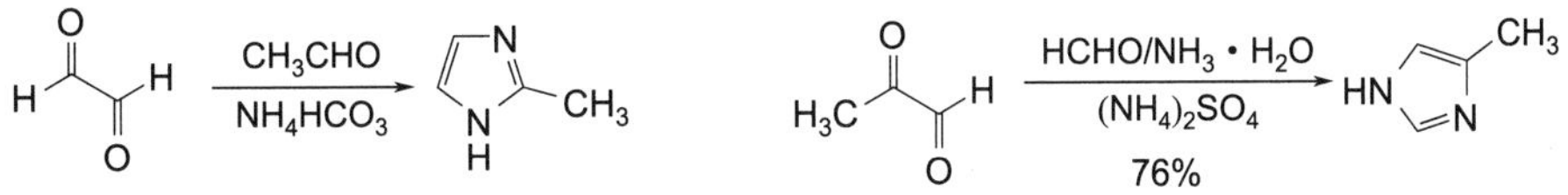

(3) 由 α-卤代酮制备

噻唑可由硫代酰胺与 α-卤代酮缩合来合成，前者由酰胺与 P_2S_5 反应生成。如消炎镇痛药芬替酸的合成：

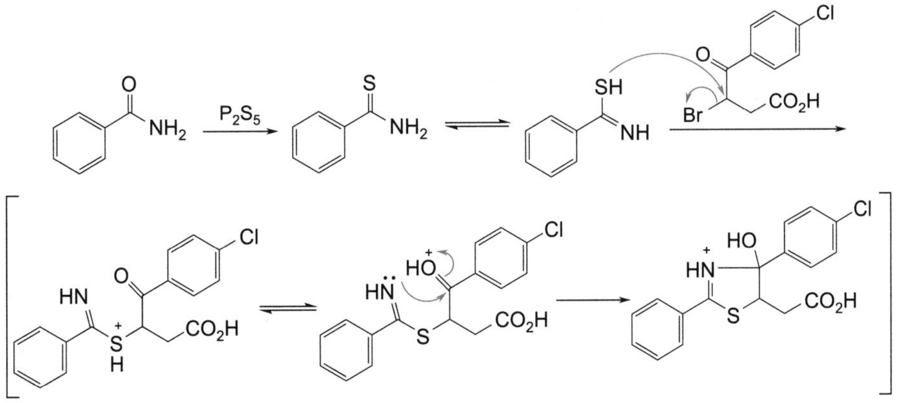

芬替酸(Fentiazac)

类似的方法可用于由脒和 α-卤代酮来合成取代的咪唑类化合物：

14.4 吡啶和嘧啶

吡啶和嘧啶衍生物在自然界分布很广，如烟酸（即吡啶-3-甲酸）和烟酰胺是维生素 B 族的成员，它们能促进新陈代谢，烟酸还有扩张血管的作用，可由烟碱（又称尼古丁，nicotine）氧化而得。吡哆醛、吡哆胺和吡哆醇统称为维生素 B_6。它们在动植物中分布很广，谷类外皮中的含量尤为丰富。缺乏维生素 B_6 可导致呕吐、中枢神经兴奋等不良生理反应。一些吡啶衍生物还是重要的农药和医药，如吡氯灵和病定清为植物杀菌剂，用于防治植物疫霉病和腐霉病等多种病害；5-氟尿嘧啶是一种抗肿瘤药物。嘧啶类碱基是构成核酸的重要组成部分（见第 16 章）。

烟碱 $\xrightarrow[90\%]{HNO_3}$ 烟酸 $\xrightarrow{NH_3}$ 烟酰胺

吡哆醛　　　吡哆胺　　　吡哆醇

吡氯灵　　　病定清　　　5-氟尿嘧啶

14.4.1 吡啶和嘧啶的结构与物理性质

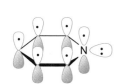

δ 7.36
δ 6.98
δ 8.50
吡啶

吡啶的结构与苯相似，环上的氮原子以 sp^2 杂化轨道成键，一个 p 电子参与共轭，形成具有 6 个 π 电子的闭合共轭体系，具有芳香性。^{1}H-NMR 数据也证实它的芳香性。嘧啶的结构与吡啶相似。

从共振结构可以看出，氮原子上电子云密度较大（带部分负电荷），而碳原子上的电子云密度较低，且 2-、4- 和 6-位碳（带部分正电荷）的电子云密度比 3- 和 5-位碳更低。由于氮原子的强吸电子作用，吡啶的偶极矩方向朝向氮原子，其数值较大（2.26 D）。吡啶的静电势图见彩图 14-1。

2.26D

共振杂化体

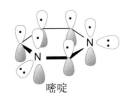
嘧啶

吡啶存在于煤焦油和骨焦油中，工业上用无机酸从煤焦油的轻油部分中提取。吡啶是有恶臭味的无色液体，沸点115℃，可与水、乙醇、乙醚等混溶，是一种良好的溶剂和重要的化工原料。嘧啶的熔点为22℃，沸点124℃，易溶于水和醇。嘧啶衍生物广泛存在于自然界，并有重要的生物学功能。例如尿嘧啶、胞嘧啶和胸腺嘧啶，它们是核酸的重要组成部分，被称为碱基（bases）。

尿嘧啶
Uracil

胞嘧啶
Cytosine

胸腺嘧啶
Thymine

它们是羟基嘧啶的互变异构体，但平衡状态下以酮式（即酰胺型）为主：

14.4.2　吡啶和嘧啶的化学性质

（1）碱性与亲核性

吡啶氮上的孤对电子未参与共轭，因此具有碱性（共轭酸的 $pK_a = 5.32$），其碱性比脂肪胺如六氢吡啶（共轭酸的 $pK_a = 11$）弱，但比苯胺（共轭酸的 $pK_a = 4.58$）强，比吡咯强得多（吡咯环上氮原子的孤对电子参与共轭），是常用的有机碱之一。它可与酸作用生成盐，如盐酸盐。当吡啶环上带有给电子基团时，碱性增强。例如，4-甲基吡啶、4-甲氧基吡啶和4-(二甲基氨基)吡啶（DMAP）的碱性都比吡啶强，其中 DMAP 是常用的有机碱催化剂。

共轭酸的 pK_a

| 11 | 5.32 | 6.0 | 6.5 | 9.7 |

吡啶能作为亲核试剂与卤代烷进行亲核取代反应生成季铵盐，例如与碘甲烷反应生成季铵盐，季铵盐加热至290～300℃，失去碘化氢生成 2- 和 4- 甲基吡啶。

由酰氯或酸酐与醇反应合成酯时，吡啶常作为催化剂。在这个催化过程中，吡啶先作为亲核试剂进攻酰氯，发生亲核取代形成酰基吡啶阳离子中间体；然后，醇（或胺）作为亲核试剂进攻酰基吡啶阳离子中间体，吡啶作为离去基团，生成酯（或酰胺）和吡啶盐酸盐。

酰基吡啶阳离子

吡啶作为 Lewis 碱能与一些金属（Lewis 酸）配位，形成配合物。例如，吡啶与三氧化铬形成一种容易燃烧的配合物，但用 HCl 处理之后生成的氯铬酸吡啶盐（pyridinium chlorochromate，PCC）比较安全，它是将伯醇氧化为醛、将仲醇氧化为酮的温和氧化剂（$pK_a = 5$）。

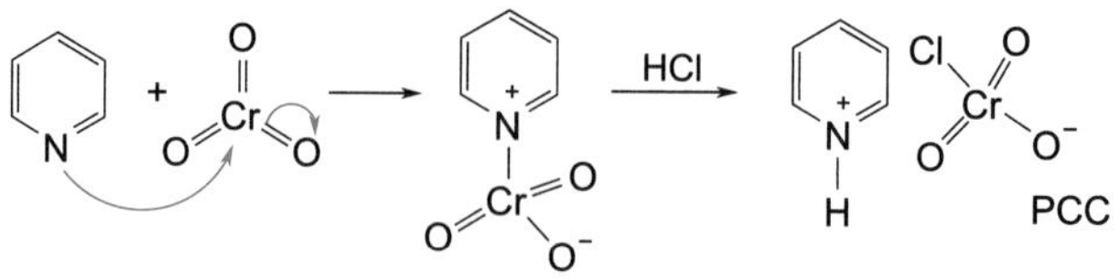

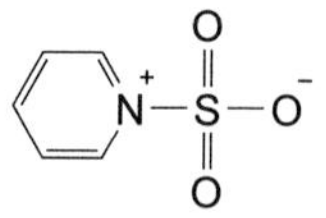

三氧化硫与吡啶形成的配合物是稳定的固体（熔点约 160℃），这种温和的商业化试剂可用于呋喃等对酸敏感或反应活性较低的芳（杂）烃的磺化。

三氧化硫吡啶络合物

★ 问题 14-7　比较下列各组化合物的碱性大小：

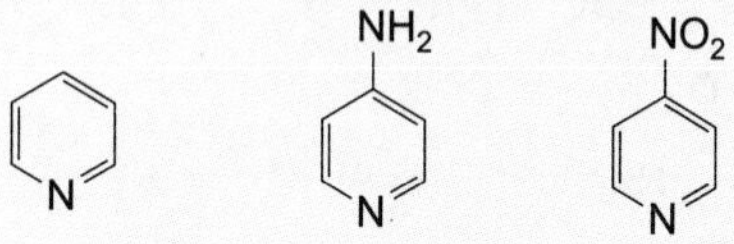

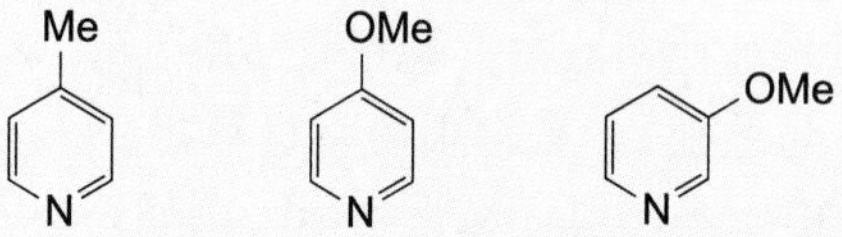

★ 问题 14-8　氯喹是临床上用于治疗疟疾的一种药物，其分子结构中具有 3 个氮原子，试指出哪一个氮原子碱性最强，哪一个碱性最弱？

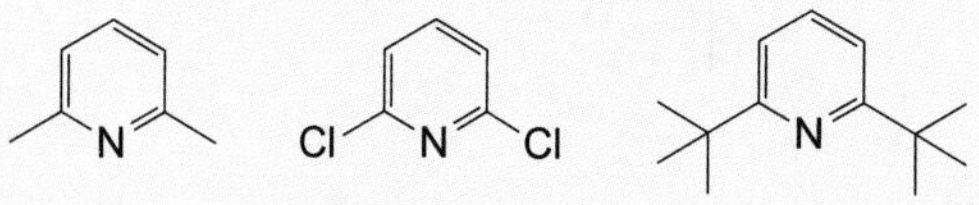

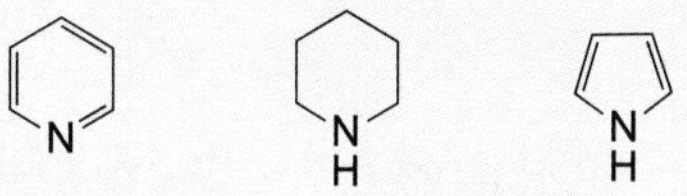

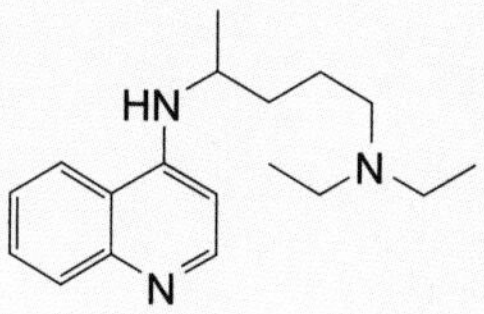

氯喹 (chloroquine)

（2）亲电取代反应

吡啶可以发生亲电取代反应，但由于氮的电负性比碳大，吡啶环上的电子云密度比较低，其亲电取代反应活性与硝基苯相似，不能进行 Frieldel-Crafts 反应，硝化、磺化和卤化反应一般要在强烈条件下才能发生，而且主要在 3-位进行。例如：

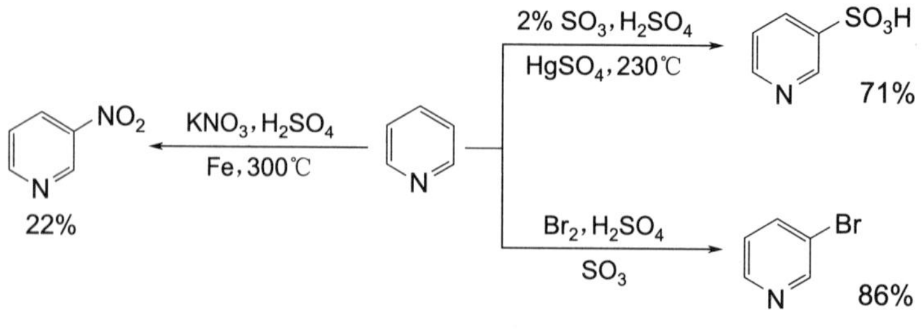

吡啶环上若有活化基团，反应则较容易进行，例如：

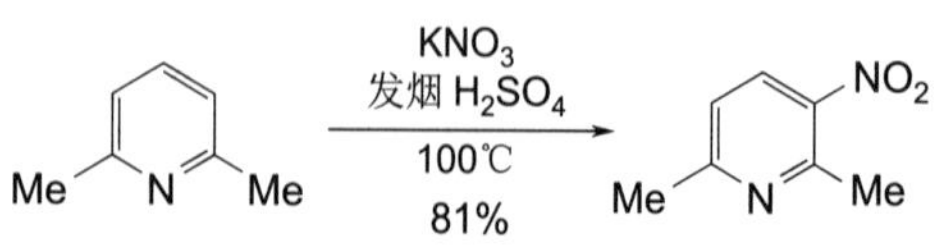

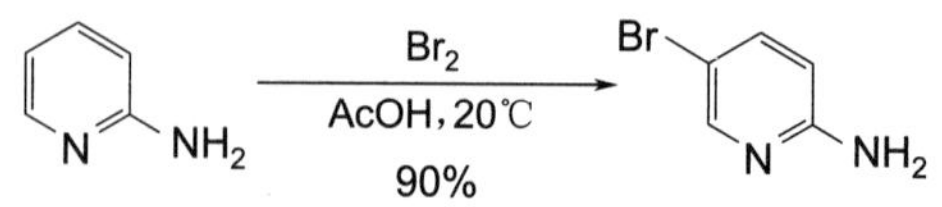

从亲电试剂进攻不同位置形成的正离子中间体可以看出，进攻 3（或 5）-位要比 2（或 6）-位及 4-位形成的中间体稳定，因为进攻 2-、6-、4-位所形成的中间体有特别不稳

定的六电子氮正离子存在，因此亲电取代反应主要发生在 3（或 5）-位上。

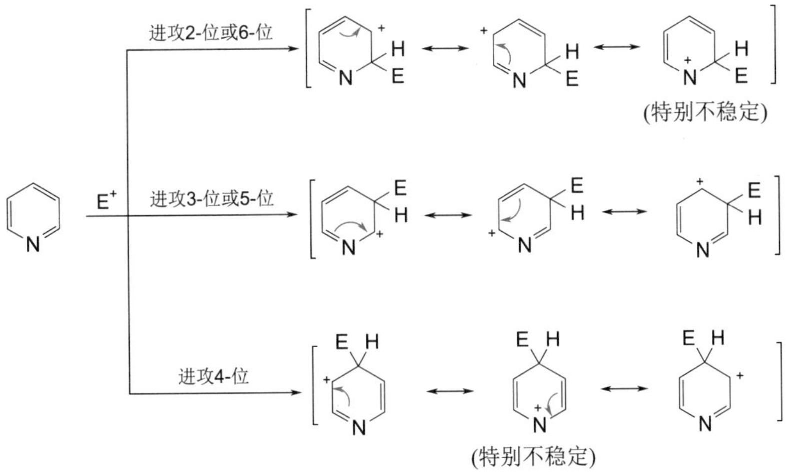

吡啶与过氧化氢作用生成吡啶 N-氧化物（pyridine N-oxide）。与吡啶相比较，吡啶-N-氧化物的芳环亲电取代反应活性增强，且取代位置发生变化，主要得到 4-取代产物。吡啶-N-氧化物很容易与 PCl_3 反应脱去氧，这是合成 4-取代吡啶的一种简便方法。

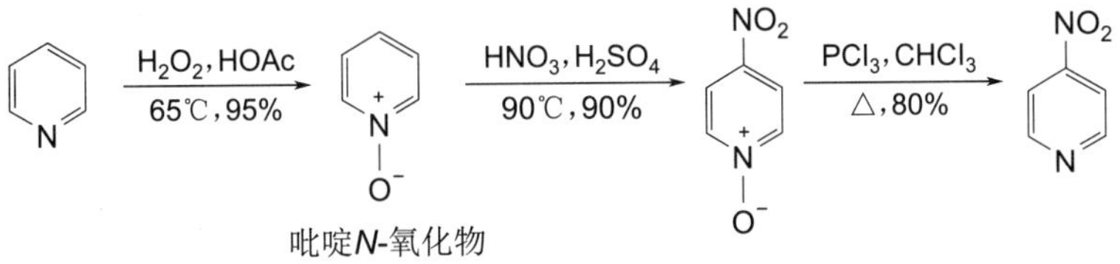

吡啶 N-氧化物

三氯化磷在脱去吡啶氮原子上的氧后生成三氯氧磷，机理如下：

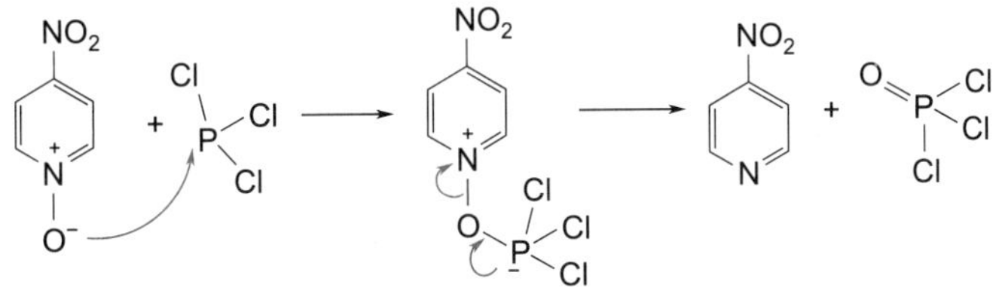

由于在 1,3-位有两个氮，嘧啶比吡啶更难发生亲电取代反应。当嘧啶环上有给电子的活化基团（如 NH_2、OH 等）时，亲电取代较容易进行。例如：

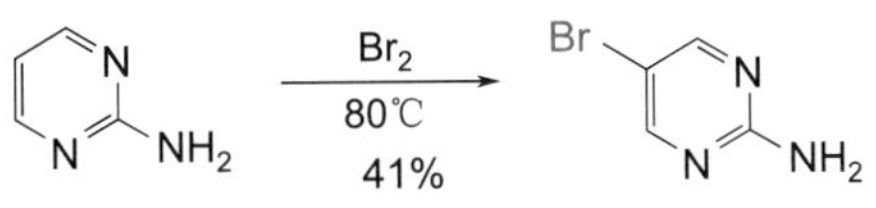

（3）亲核取代反应

吡啶虽然不易进行亲电取代，但由于氮的吸电子作用使环上的电子云密度降低，有利于亲核取代。与硝基苯类似，吡啶的 2-、4-和 6-位上的卤素很容易被亲核试剂取代。例如：

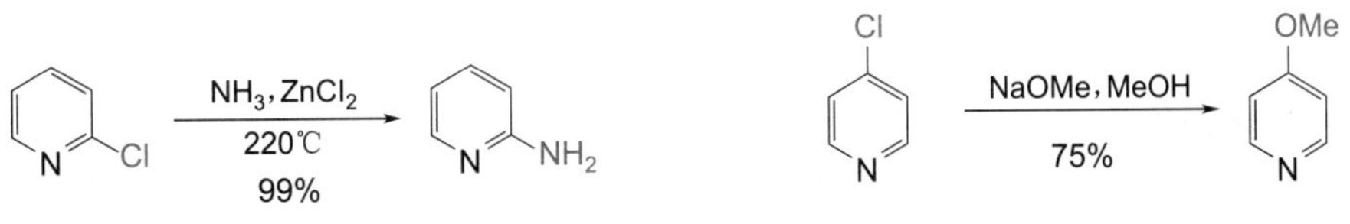

决定吡啶亲核取代反应速率的是负离子中间体的形成。从亲核试剂进攻不同位置形成的中间体可以看出，进攻 2（或 6）-位及 4-位比进攻 3（或 5）-位形成的中间体稳定，因为前者有特别稳定的八电子氮负离子（八隅体）。因此，亲核取代反应主要发生在 2-、4-、6-位上，通常主要是 2（或 6）-位，4-位的产物很少。

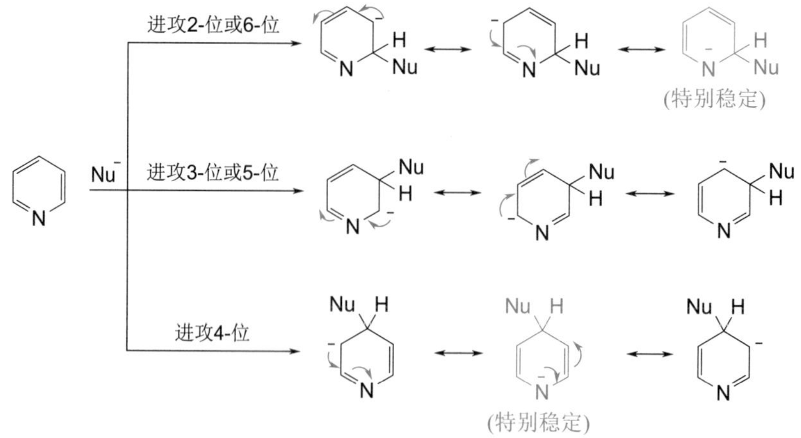

吡啶的亲核取代反应活性很高，以至于吡啶环上的氢也能被取代。例如，吡啶与强碱性的氨基钠作用生成 2-氨基吡啶，与烷基锂或芳基锂反应，可使吡啶直接烃基化。这个反应称为 Chichibabin 反应。

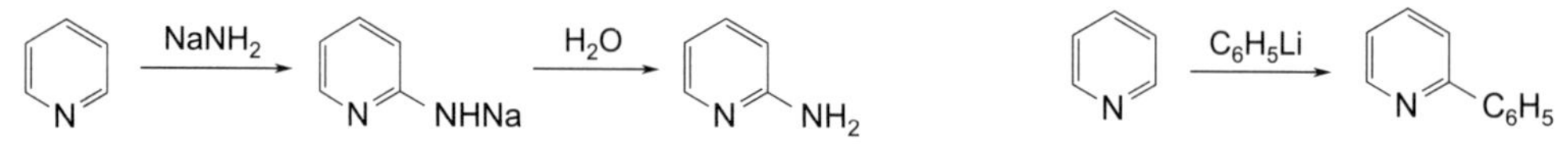

Chichibabin 反应一般认为是通过加成-消除机理进行的，反应产生一分子氢气：

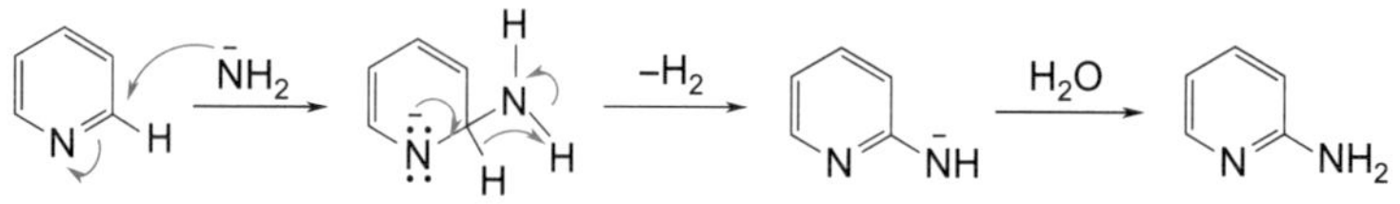

嘧啶也容易发生类似的亲核取代，与氨基钠反应可引入氨基，如用氨基取代环上的卤素，反应更易进行。

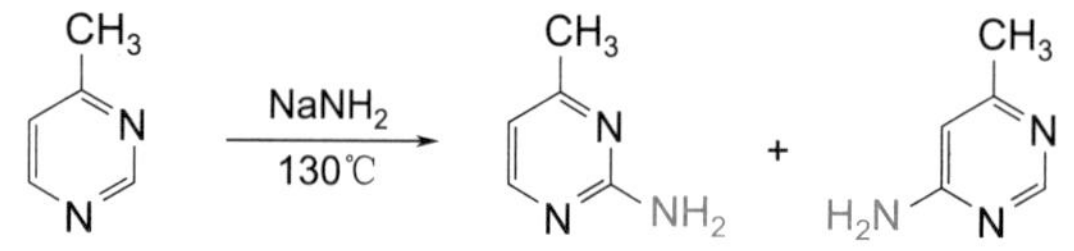

卤代吡啶在强碱性条件下亦可经过消除-加成机理，经芳炔中间体发生亲核取代，如：

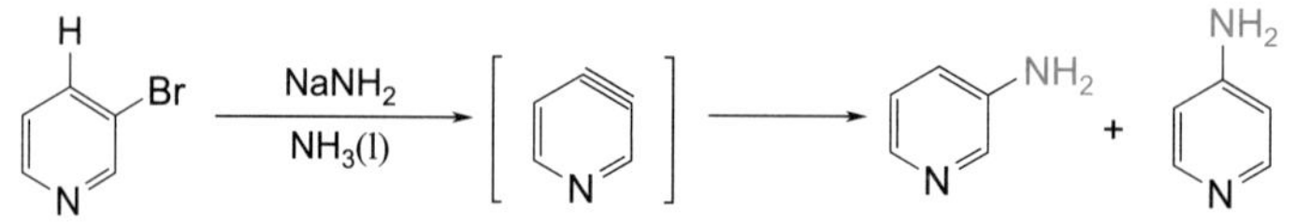

吡啶 N-氧化物亦可在 Lewis 酸存在下与亲核试剂发生亲核取代，反应机理为加成-消除机理。例如：

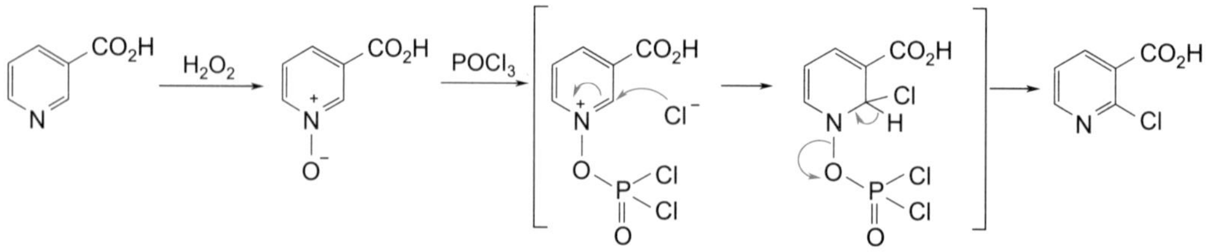

（4）氧化还原反应

由于具有芳香性，除容易形成吡啶 N-氧化物外，吡啶环一般不易被氧化。烷基吡啶可发生侧链氧化，生成吡啶甲酸。例如：

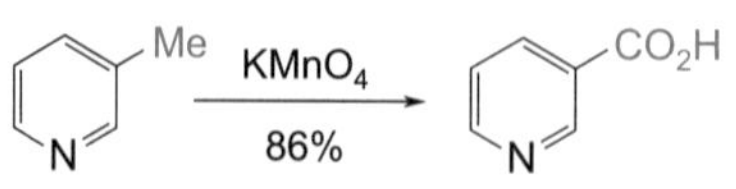

与苯环相比较，吡啶环更容易被催化加氢成六氢吡啶环。例如，N-（3-吡啶基）-3，

4,5-三甲氧基苯甲酰胺可催化氢化为相应的六氢吡啶衍生物，后者为治疗消化道溃疡药物，商品名为曲昔派特。

14.4.3 吡啶的制备

吡啶和一些简单的烷基吡啶可从煤焦油中获得。亲核和亲电取代反应是制备吡啶衍生物的常用方法。两分子 β-二羰基化合物与醛和氨缩合为二氢吡啶，后者经氧化脱氢生成多取代吡啶，这是合成吡啶的经典方法之一，称为 Hantzsch 吡啶合成法。例如，β-酮酸酯与醛和氨反应，首先生成 1,4-二氢吡啶衍生物，用硝酸氧化即生成吡啶-3,5-二甲酸双酯，后者经酯水解和脱羧可进一步转化为其它的取代吡啶：

二氢吡啶的形成经历了以下两个阶段。

第一阶段：1,3-二羰基化合物与氨缩合，生成烯胺 A；同时，另一分子 1,3-二羰基化合物与醛发生 Knoevenagel 缩合，生成 α,β-不饱和羰基化合物 B。

第二阶段：烯胺 A 对 α,β-不饱和羰基化合物 B 进行 Michael 加成，生成烯胺 C，后者经历分子内的亲核加成和脱水，缩合生成最终产物 1,4-二氢吡啶衍生物。

氧化脱氢一步反应亦可由 DDQ 来实现：

在实际应用中，也可分步反应来实现二氢吡啶环的合成，如降压药物非洛地平的工业化合成：

★ 问题 14-9　写出吡啶 *N*-氧化物硝化反应的机理。

★ 问题 14-10　在少量吡啶（摩尔分数约 1%）存在下，芳烃（如苯）可与 Br_2 发生亲电取代反应，生成溴代芳烃。试解释吡啶的作用，并阐明这个催化反应的机理。

14.5　吲哚

吲哚-3-乙酸

吲哚环系化合物在自然界广泛存在，已发现的吲哚类生物碱就有上千种，其中大多数具有重要的生理作用。一些天然的吲哚环系化合物是简单的单取代吲哚，如吲哚-3-乙酸和色氨酸，前者是一种植物生长调节剂，是引起植物（如向日葵）向光性的有机化合物，后者则是一种必需氨基酸。有关生物碱的简介见阅读资料 14-2。

14.5.1　吲哚的结构与物理性质

色氨酸(tryptophan)

阅读资料14-2

吲哚可看作苯并吡咯，是具有 10 个 π 电子的芳香体系，其中 8 个来自双键，2 个是氮原子上的孤对电子。吲哚的共振结构如下。吲哚环的电子云密度比苯大，属于富电子的芳香化合物，静电势图见彩图 14-1。吲哚为白色片状结晶，熔点 52℃，有臭味，但在极稀薄的浓度时则有香味，可作香料。

（贡献最大）　　（贡献较大）　　　　　　　　　　　　　　　（贡献较大）　（贡献最大）

14.5.2　吲哚的碱性与亲核性

吲哚为苯并吡咯，与吡咯相似，碱性极弱（其共轭酸的 $pK_a = -3.63$），且 3-位碳易获得质子而不是 1-位氮原子。吲哚不仅碱性极弱，而且具有弱酸性（$pK_a = 16.97$），与强碱作用可生成盐，亦可在碱性条件下与卤代烷发生 *N*-烷基化反应。

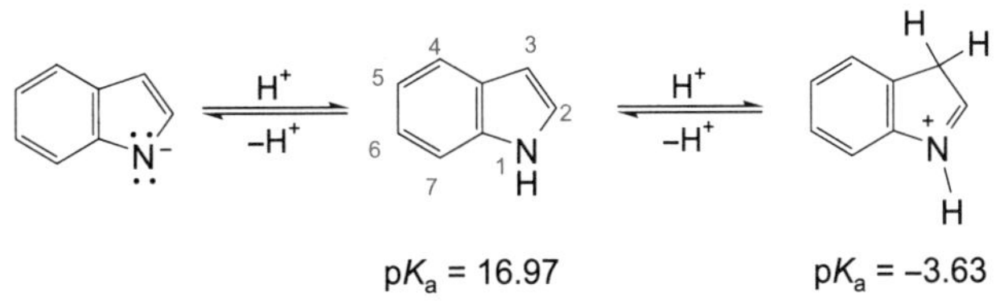

$$pK_a = 16.97 \qquad pK_a = -3.63$$

吲哚在强碱作用下能与卤代烃发生亲核取代反应。例如，伊普吲哚（Iprindole）是一种抗抑郁症药物，其合成路线中的最后一步是吲哚中间体的 N-烷基化反应：

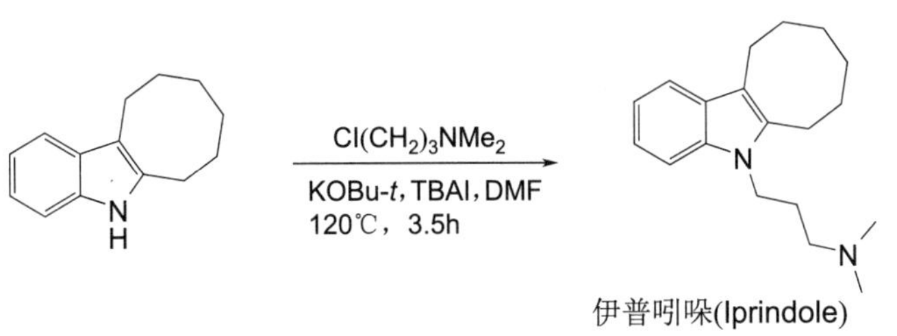

伊普吲哚(Iprindole)

14.5.3　吲哚的亲电取代反应

由于吲哚是富电子的芳香化合物，其 3-位带部分负电荷（见上述共振结构），故吲哚容易发生亲电取代反应，且反应主要发生在较活泼的 3-位上。为避免上述 N-烷基化的发生，3-位碳的烷基化常用卤代烷作亲电试剂，在中性或 Lewis 酸催化下进行；也可用醇作亲电试剂，在质子酸或 Lewis 酸催化下进行。例如：

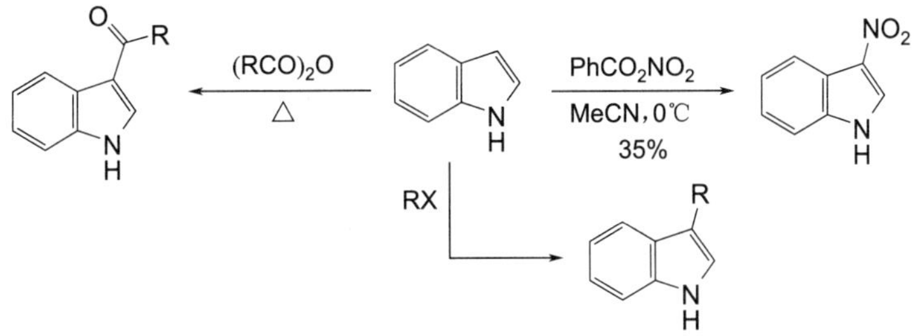

3-取代吲哚的选择性也可通过分析其中间体的相对稳定性得到解释。生成 3-取代吲哚的 σ 络合物中间体保留了苯环的芳香性，较稳定；相比之下，2-取代吲哚的中间体破坏了苯环的芳香性，较不稳定，故反应优先通过前者进行，生成 3-取代产物。

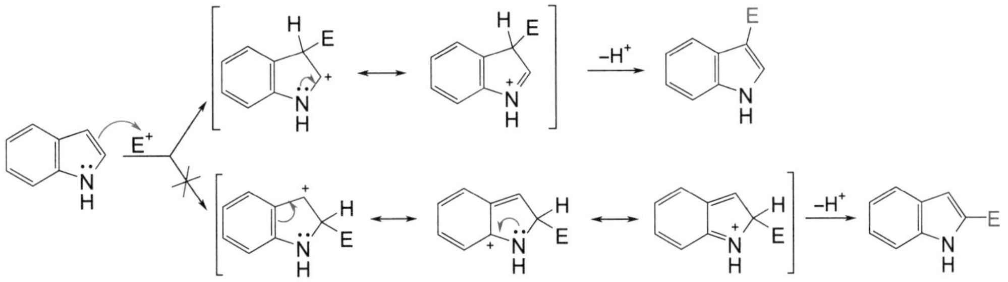

如果吲哚的 3-位上有取代基，亲电取代反应先发生在 3-位上，然后重排至 2-位。例如：

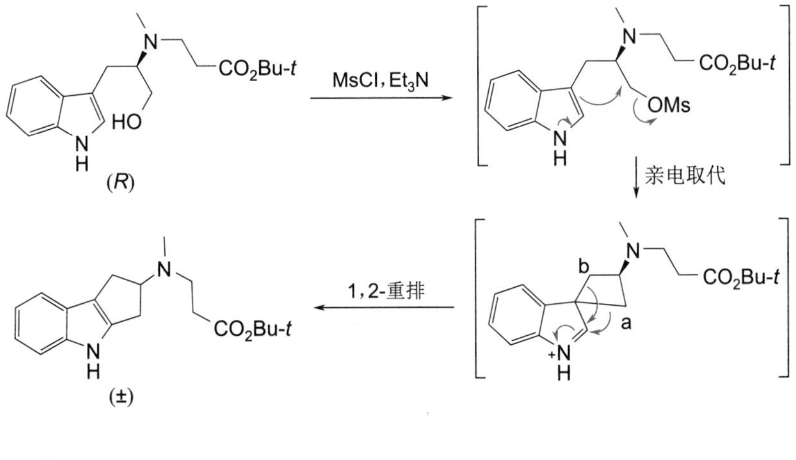

在上述反应中，尽管起始原料为旋光纯的手性化合物，由于螺环中间体在扩环重排时，其 a 和 b 两个碳均可进行重排，故最后得到外消旋化的产物。

与苯酚、吡咯和呋喃等富电子的芳（杂）环相似，吲哚容易发生 Mannich 反应，生成 3-(氨基甲基) 取代的衍生物，也容易发生 Vilsmeier 反应，生成 3-甲酰基吲哚。例如：

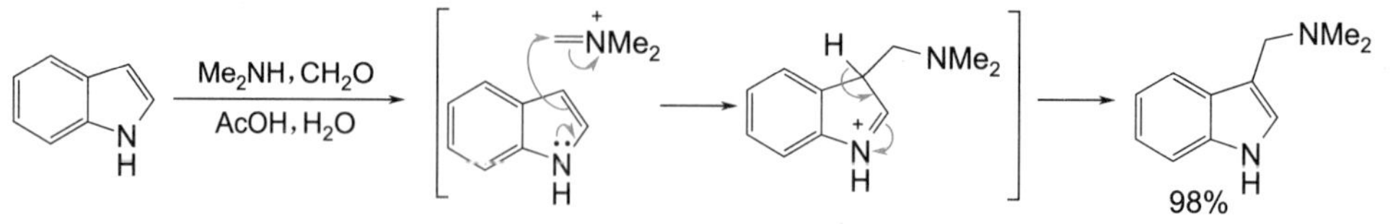

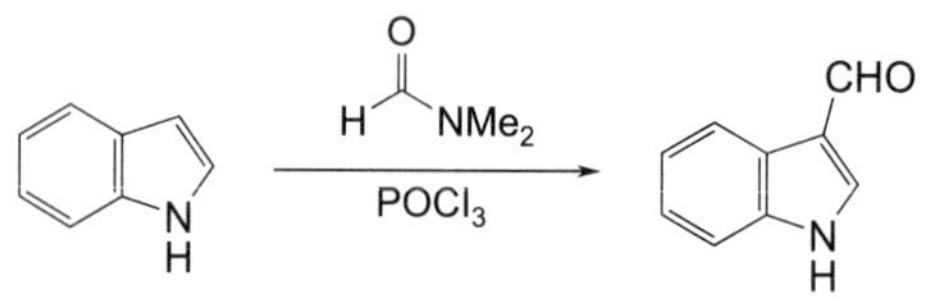

14.5.4　吲哚的合成

吲哚环的合成方法很多，其中 Fischer 吲哚合成法是最为广泛使用的方法之一。该方法是苯腙在酸催化下加热重排、消除一分子氨得到取代吲哚的环化反应。实际上常用醛（或酮）与苯肼（或取代苯肼）在醋酸中加热回流得苯腙，苯腙不经分离立即在酸催化下进行环化而得吲哚环系。最常用的催化剂是氯化锌、三氟化硼、多聚磷酸。这个反应经历了以下三个阶段。

第一阶段：在酸催化下苯肼与醛或酮缩合形成腙 A。

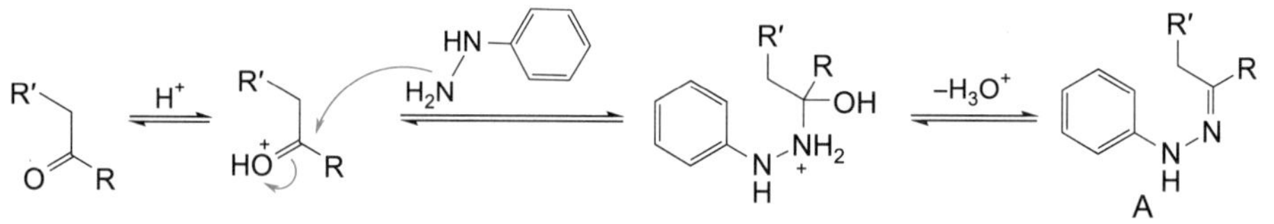

第二阶段：A 在酸催化下异构化成烯胺，接着发生 [3,3] 重排（详细机理见第 17.3.3 节），形成亚胺阳离子 B。

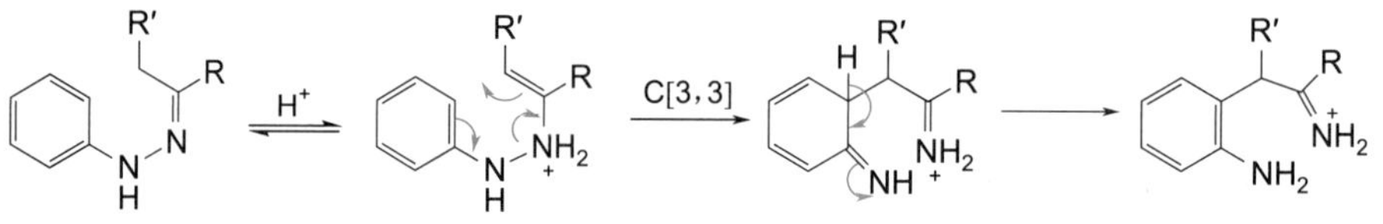

第三阶段：B 经历分子内亲核加成，生成环状中间体 C，后者消除一分子 NH_3 和质子后得到更稳定的吲哚环。

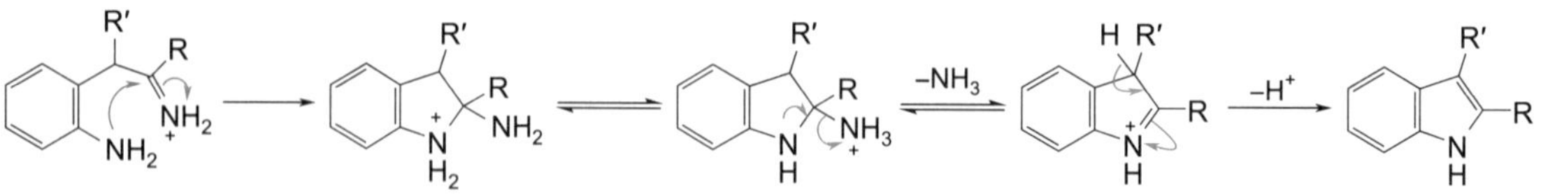

工业制备 2-苯基吲哚（一种阳离子染料的中间体），用的就是这一方法：

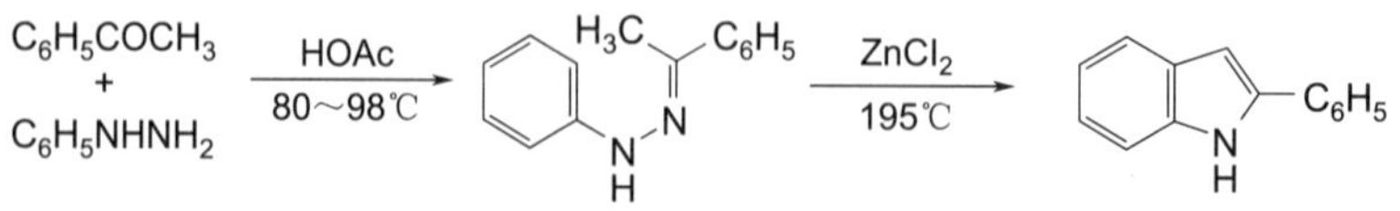

醛容易自身缩合或发生歧化反应，不宜直接用于 Fischer 吲哚合成反应，但缩醛和环状烯醚等醛的前体可用于这一转化，如在抗偏头痛药物阿莫曲坦（Almotriptan）的合成中使用了 1,1-二乙氧基-4-氯丁烷作为 4-氯丁醛的前体：

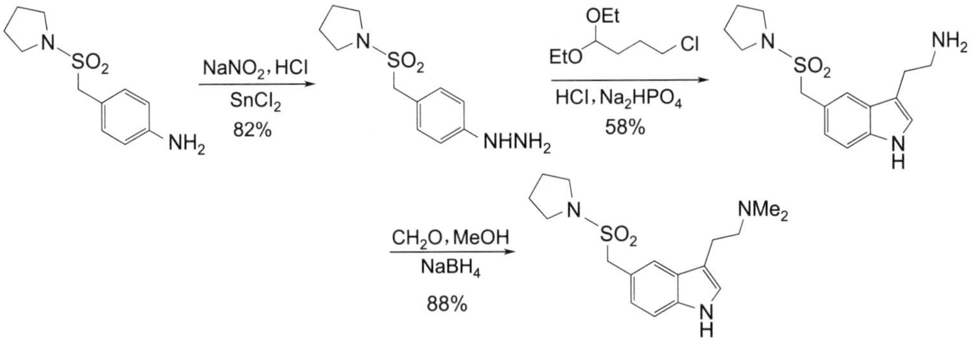

阿莫曲坦(Almotriptan)

★ 问题 14-11　苯并三氮唑的酸性（$pK_a \approx 11.9$）较吲哚（$pK_a = 16.97$）强。请用这两种化合物的共轭碱的共振结构来解释其酸性大小的原因。

$pK_a = 16.97$　　　　$pK_a \approx 11.9$

★ 问题 14-12　下列吲哚衍生物的合成是否合理？若不合理，请说明原因。

(1)

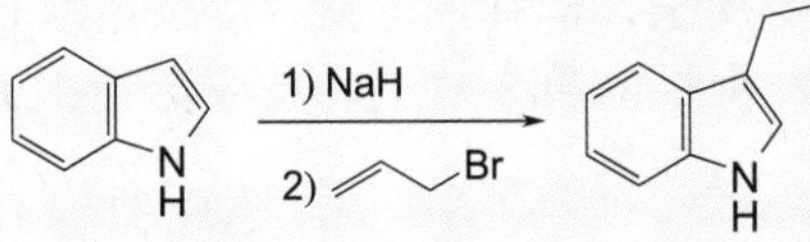

(2)

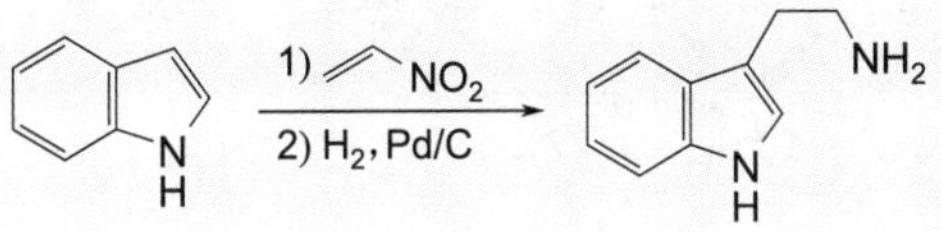

(3)

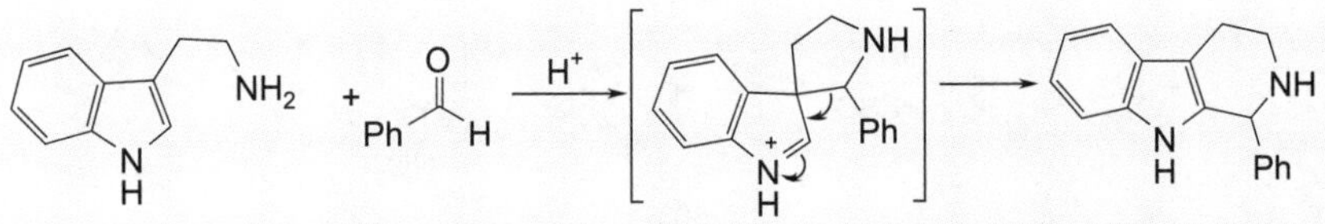

(4)

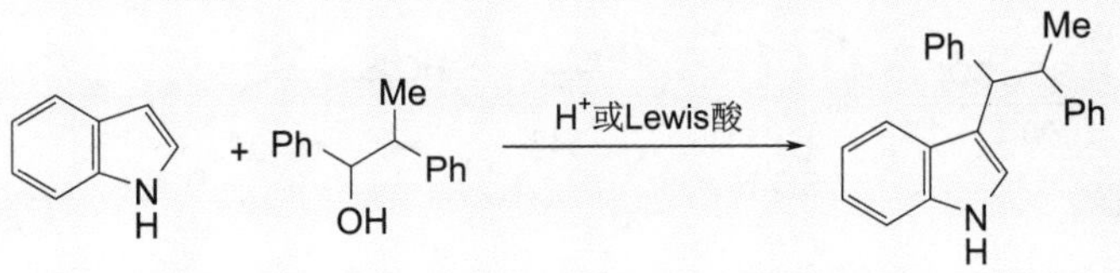

★ 问题 14-13　吲哚容易与 DMF 在 POCl₃ 促进下发生 Vilsmeier 反应生成 3-甲酰基吲哚，试解释这个反应的机理。

14.6　喹啉和异喹啉

14.6.1　喹啉和异喹啉的结构与物理性质

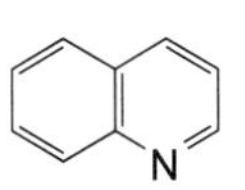

喹啉和异喹啉也称为苯并吡啶、氮杂萘，是常见的芳香性稠杂环化合物。喹啉为一种具有强烈臭味的无色吸湿性液体，沸点 237℃，能溶于醇、醚等有机溶剂中，但微溶于水。异喹啉的熔点 26.5℃，沸点 243℃。

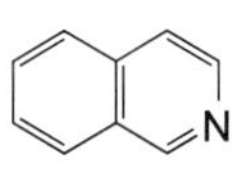

喹啉和异喹啉都是具有 10 个 π 电子的芳香性体系，氮原子上还有一对孤对电子，故具有碱性和亲核性。从喹啉的共振结构可以看出，由于氮原子的吸电子作用，吡啶环和苯环上的电子云密度都比苯环有所降低，其中吡啶环的电子云密度更低。故亲电取代反应活性较苯低，且发生在苯环上。

喹啉

异喹啉

（本页顶部为喹啉共振结构式图）

14.6.2 喹啉和异喹啉的碱性

与吡啶相似，喹啉和异喹啉有一定碱性，其中喹啉（共轭酸的 $pK_a = 4.94$）的碱性比吡啶（共轭酸的 $pK_a = 5.23$）弱，而异喹啉（共轭酸的 $pK_a = 5.40$）的碱性稍强于吡啶。当芳环上有给电子基团时，碱性有所增加，如 8-羟基喹啉（共轭酸的 $pK_a = 5.13$）的碱性较喹啉强。

共轭酸 $pK_a = 4.94$

共轭酸 $pK_a = 5.13$

共轭酸 $pK_a = 5.40$

> ★ 问题 14-14 为什么异喹啉的碱性较喹啉强？

14.6.3 喹啉和异喹啉的化学性质

（1）亲电取代反应

喹啉和异喹啉在酸作用下，杂环氮上能接受质子，带有正电荷，故亲电取代反应在吡啶环上难以发生，在苯环上可以发生，主要在 5-位和 8-位上，反应活性也低于苯和萘。例如：

（2）亲核取代反应

与吡啶相似，喹啉和异喹啉亦可通过加成-消除机理或芳炔机理发生亲核取代反应，且比吡啶还要容易。反应时喹啉主要在 2-位发生，4-位较少，2-位被烃基占据，反应发生在 4-位；异喹啉主要在 1-位发生，几乎没有 3-位产物。例如：

喹啉 N-氧化物在酰基化试剂存在下与亲核试剂反应，亦可得到亲核取代产物。其机理与吡啶 N-氧化物的反应类似。

（3）氧化还原反应

一些强的氧化剂可将喹啉和异喹啉氧化断裂为单环，氧化优先发生在较富电子的环，即苯环上，因而吡啶环保留。例如：

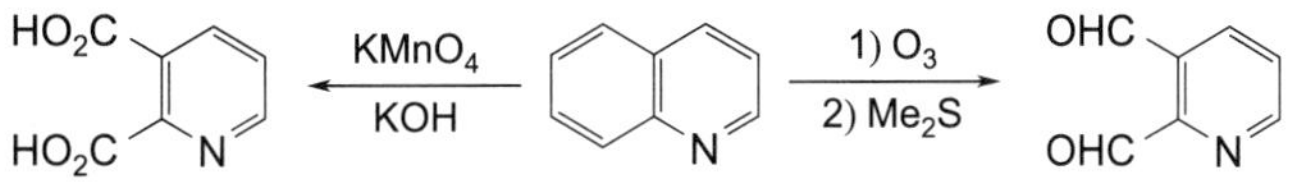

喹啉和异喹啉也可被还原，反应条件不同，产物亦不同。反应优先还原相对缺电子的环，即吡啶环。例如：

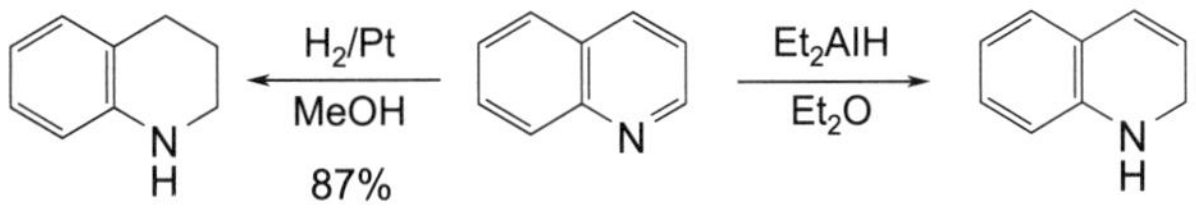

14.6.4 喹啉和异喹啉的合成

合成喹啉环的经典方法为 Skraup 喹啉合成法。苯胺、甘油、硫酸和硝基苯（或其它氧化剂）的混合物通过"一锅"反应，生成喹啉。在此过程中，甘油受硫酸作用脱水而成丙烯醛，然后丙烯醛与苯胺发生 Michael 加成生成 3-苯氨基丙醛，后者在酸作用下合环、脱水、氧化脱氢得到喹啉。此反应实际上是一步操作完成的，产率很高。

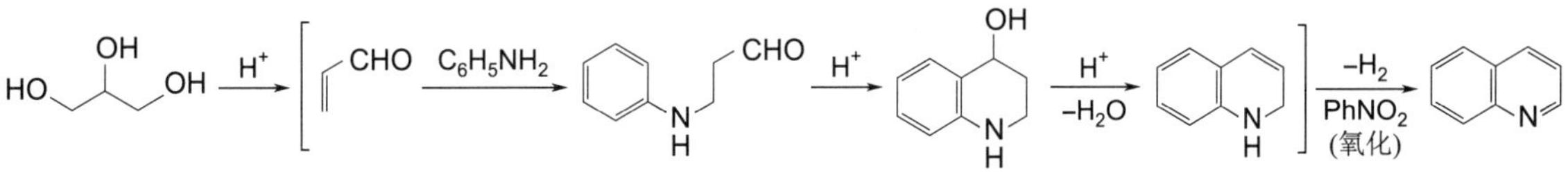

若用 α,β-不饱和醛或酮代替甘油，可直接进行反应。例如：

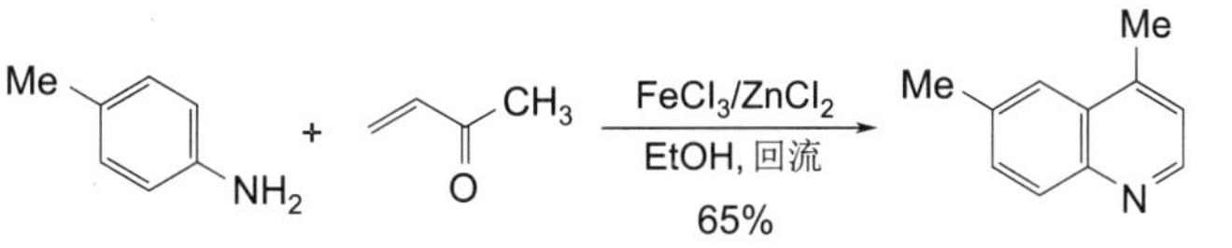

合成异喹啉的经典方法是 Pomeranz-Fritsch 反应。即苯甲醛与 2,2-二烷氧基乙胺（即 α-氨基乙醛的缩醛）之间的缩合。反应经历亚胺的形成、分子内的付-克反应和消除过程。硫酸和一些 Lewis 酸可用作催化剂。

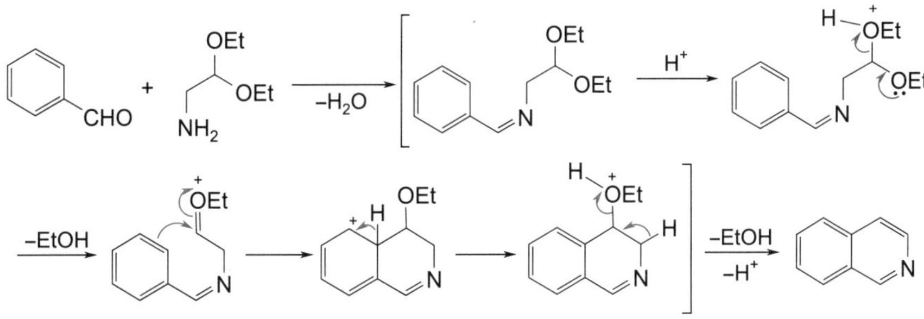

★ 问题 14-15 写出异喹啉-4-甲酸发生 Chichibabin 反应的机理：

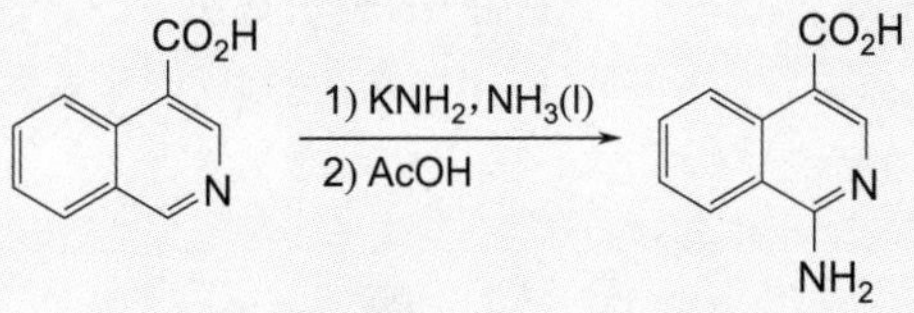

14.7 嘌呤

嘌呤（purine）为无色晶体，熔点 212℃，有弱碱性。它是由咪唑环和嘧啶环稠合而成的杂环，存在两个互变异构体的平衡，但平衡偏向 9H-嘌呤一边

腺嘌呤
Adenine

鸟嘌呤
Guanine

咖啡因
caffeine

$9H$-嘌呤 $7H$-嘌呤

嘌呤的衍生物广泛存在于自然界。例如，尿酸（uric acid）是鸟类和爬虫类的蛋白质代谢产物，人的血液和尿液中也含有少量尿酸，但人类的蛋白质代谢产物是尿素，若尿酸含量过多，则会导致痛风病。尿酸的结构为 2,6,8-三羟基嘌呤（Ⅰ），有两个互变异构体，主要以酮式（Ⅱ）存在。

（Ⅰ）   （Ⅱ）

腺嘌呤和鸟嘌呤是嘌呤的重要衍生物，它们是核酸的两种碱基，与另外三种碱基——尿嘧啶、胞嘧啶和胸腺嘧啶一起，构成了对生命的遗传和蛋白质合成起决定性作用的 DNA 和 RNA。

咖啡因也是一种天然的嘌呤衍生物，存在于可可豆和茶叶里。少量咖啡因可刺激神经，振奋精神，消除疲劳，是一种多用途的药物。

关键词

杂环化合物	heterocyclic compound	苯并咪唑	benzoxazole
呋喃	furan	吲哚	indole
噻吩	thiophene	喹啉	quinoline
吡咯	pyrrole	异喹啉	isoquinoline
咪唑	imidazole	嘌呤	purine
吡唑	pyrazole	尿嘧啶	uracil
噻唑	thiazole	胞嘧啶	cytosine
噁唑	oxazole	胸腺嘧啶	thymine
三氮唑	triazole	生物碱	alkaloid
四氮唑	tetrazole	Vilsmeier 反应	Vilsmeier reaction
吡啶	pyridine	Diels-Alder 反应	Diels-Alder reaction
吡啶 N-氧化物	pyridine N-oxide	Hantzsch 吡啶合成法	Hantzsch pyridine synthesis
嘧啶	pyrimidine	Fischer 吲哚合成法	Fischer indole synthesis
苯并呋喃	benzofuran	Paal-Knorr 合成法	Paal-Knorr synthesis
苯并噻吩	benzothiazole	Paal-Knorr 反应	Paal-Knorr reaction

习 题

14-1 预测下列反应的主要产物：

（1） Ph—S—CHO $\xrightarrow[\text{CHCl}_3,\ 25℃]{\text{Br}_2}$

（*Synthesis* 2016，48，4423）

（2） （呋喃）—CO_2CH_3 $\xrightarrow{\text{Cl}_2}$

(3)

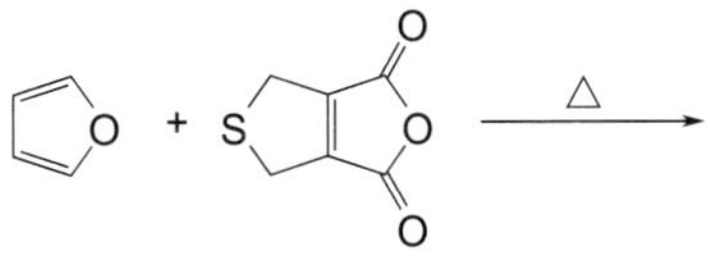

(4)

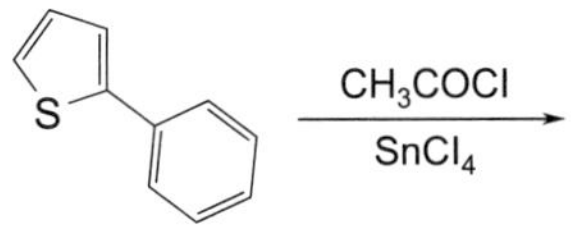

(5)

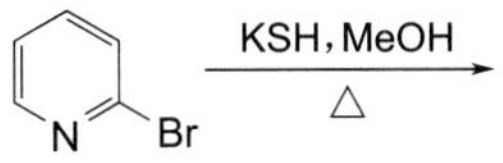

(6)

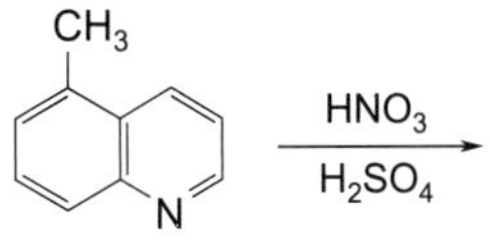

(7)

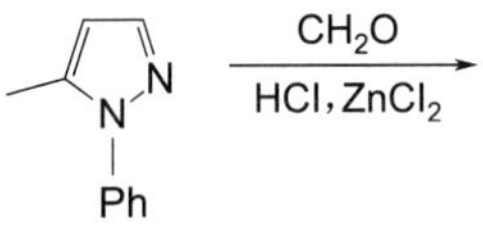

(8)

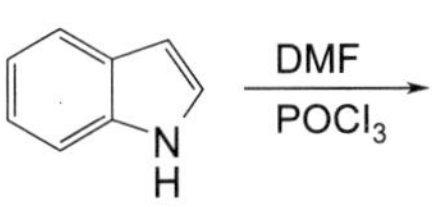

(9)

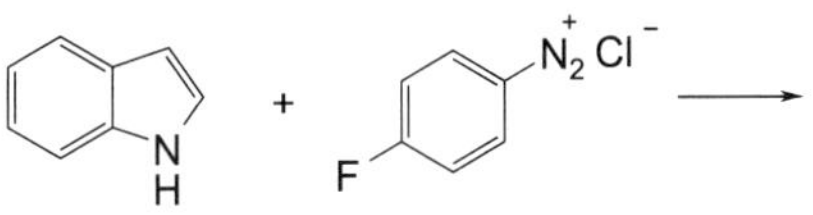

(10)

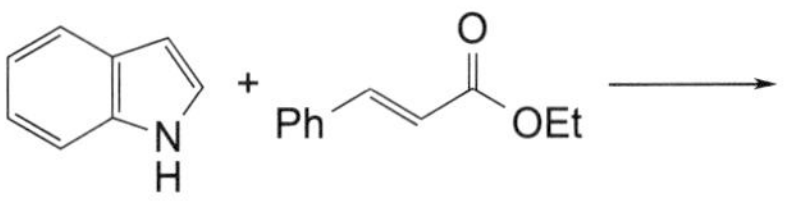

(11)

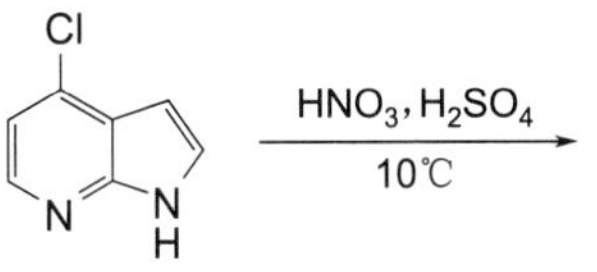

（*Org. Process Res. Dev.* 2017，*21*，664）

(12)

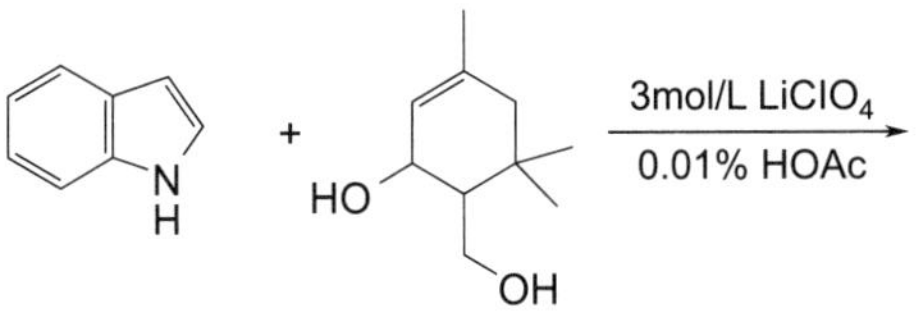

14-2　4*a*,8*a*-氮杂硼杂萘在与卤素发生亲电取代反应时得到 1-取代和 1,8-二取代的产物，而没有得到其它位置取代的产物（*Org. Lett.* 2014，*16*，5024）。试解释其原因。

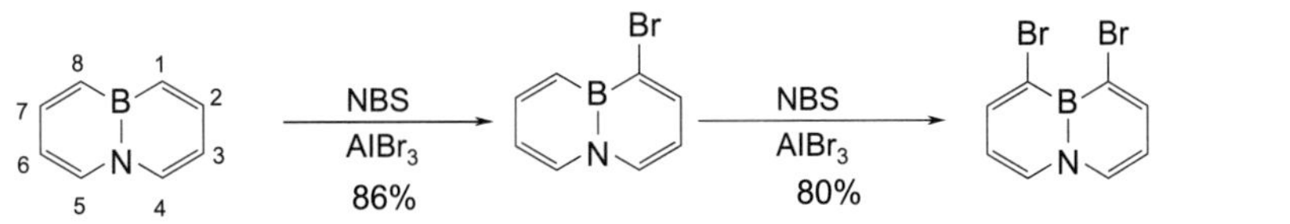

4*a*,8*a*-氮杂硼杂萘　　　　1-溴-4*a*,8*a*-氮杂硼杂萘　　1,8-二溴-4*a*,8*a*-氮杂硼杂萘
4*a*,8*a*-azaboranaphthalene

14-3 用简单易得的原料合成下列化合物：

（1）[structure: pyridine with NC, t-Bu, CN, Me, Me substituents] （2）[structure: 2,6-diethyl-4-methylpyridine] （3）[structure: pyridine with HO, OH, and bis(dicarboxymethylamino)methyl groups]

(*Org. Lett.* 2004，6，1201)

（4）[structure: 3-(dimethylaminomethyl)indole] （5）[structure: tryptamine derivative with NH₂]

14-4 某杂环化合物 $C_5H_4O_2$ 经氧化后生成羧酸 $C_5H_4O_3$，把此羧酸的钠盐与碱石灰作用，转变为 C_4H_4O，后者与金属钠不反应，也不具备醛和酮的性质。试推测该杂环化合物的结构。

14-5 吡喃-2-酮与 Br_2 反应主要生成取代产物，而不是 C=C 加成产物，试写出取代产物的结构和反应的机理。

[structure: pyran-2-one]

吡喃-2-酮(pyran-2-one)

14-6* 生物碱（－）-205B 是一种来自于新热带毒蛙的天然产物，最近有人报道了这个天然产物外消旋体的全合成（*J. Org. Chem.* 2014，79，9074），路线如下：

[reaction scheme: from 4-methoxypyridine and Ph-O-CO-Cl in THF, -40℃ giving A; then 1) butenyl MgBr, -78℃, 2) 10% HCl giving (±)-B; then (a)]

[reaction scheme: (±)-C with K₂CO₃, MeOH giving (±)-D; 5步 giving (±)-E; 3步 giving (±)-205B]

（1）推测合成路线中第一步反应产物 A 的结构。

（2）写出第二步反应（从 A 到 B）的机理（用弯箭头表示电子对移动的方向）。

（3）实现第三步反应所需要的合理的试剂和反应条件（a）是什么？

（4）中间体（±）-E 经 $NaBH_4/CeCl_3$ 还原，得到 4 种产物，它们均为立体异构体，试写出这 4 种立体异构体的结构式。

14-7* 提出下列反应的可能机理：

（1）[reaction scheme: indole derivative with R², Ts, R¹ + sulfonium bromide, K₂CO₃, i-PrOH/EtOH giving cyclopropane-fused product]

(*Org. Lett.* 2014，16，2578)

（2）

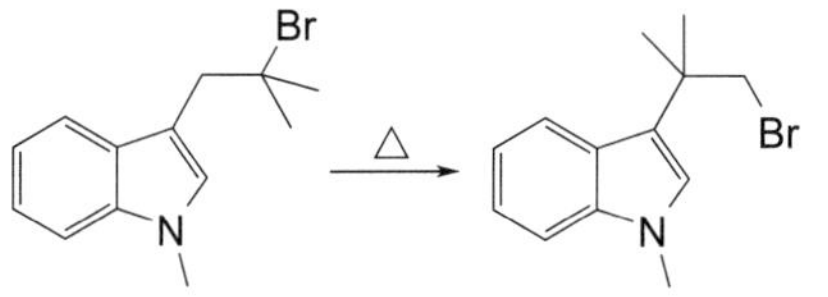

（3）

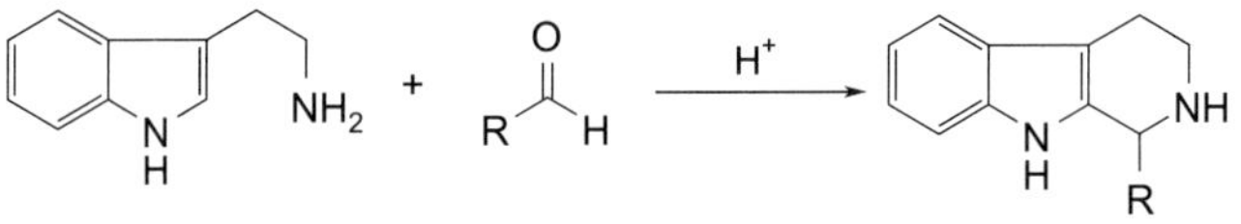

（4）

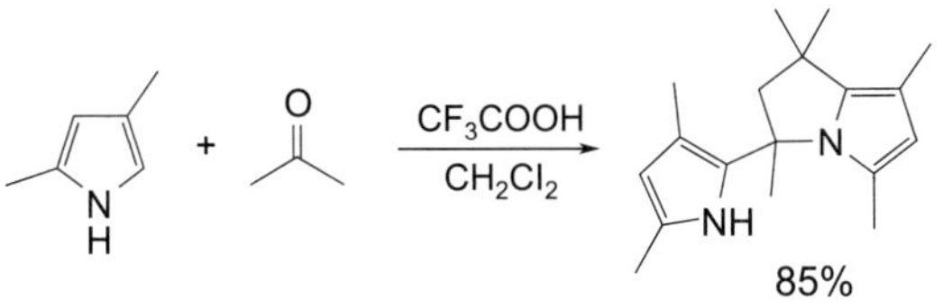

（*Org. Lett.* 2011，*13*，5846-5849）

（5）

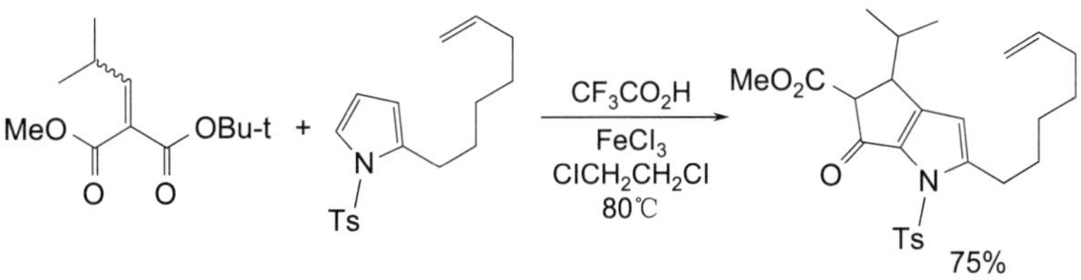

（*J. Org. Chem.* 2012，*77*，704-706）

（6）

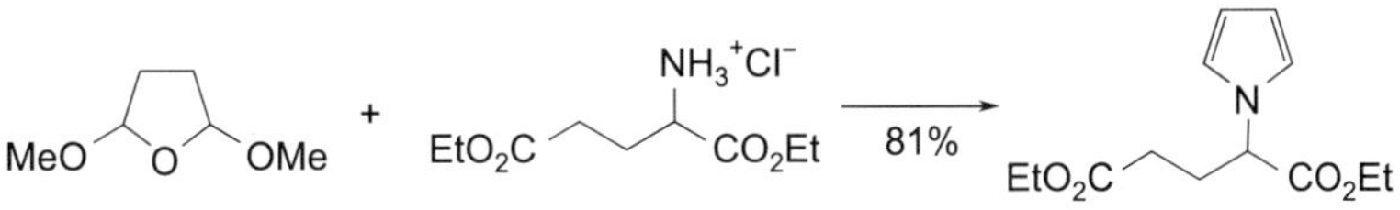

14-8* 富电子的芳香化合物（如苯酚、苯胺及其衍生物）具有亲核反应活性。然而，它们经氧化活化之后可转化为亲电的反应活性中间体，后者能够与适当的亲核试剂反应。例如，苯酚类化合物能够与醋酸碘苯（DIB，一种常用的高价碘试剂）作用，所形成的亲电中间体能够被三甲基烯丙基硅烷捕获，生成去芳构化的环己二烯酮类产物。在此过程中，原来富电子的苯环表现出亲电性，故这种去芳构化的过程涉及"芳环极性反转"（aromatic ring umpolung）的概念。

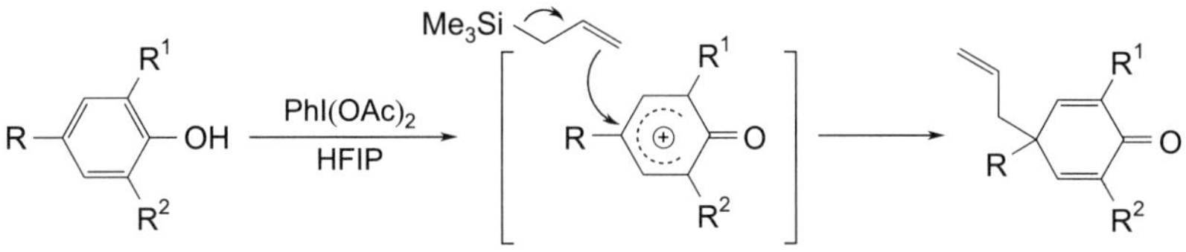

2009 年，Canesi 等人利用这一氧化去芳构化反应，从 4-乙基-2-三甲基硅基-6-溴苯酚出发，经过 12 步反应，完成了 Aspidospermidine（一种生物活性吲哚生物碱）外消旋体的全合成，合成路线如下（*Chem. Commun.* 2009，2941）：

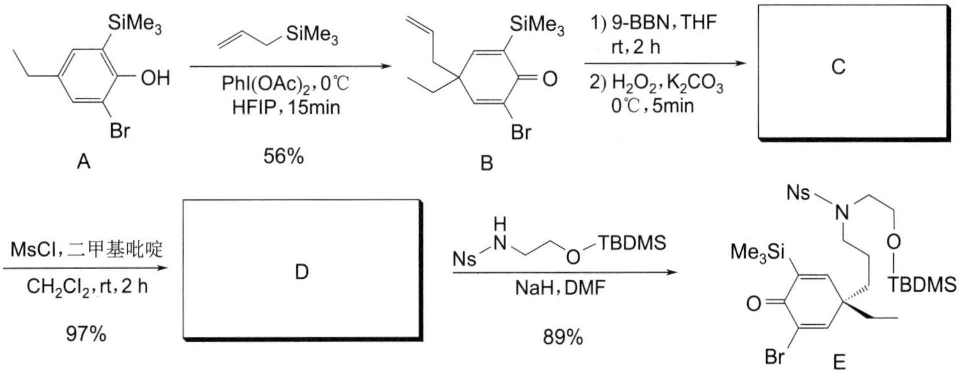

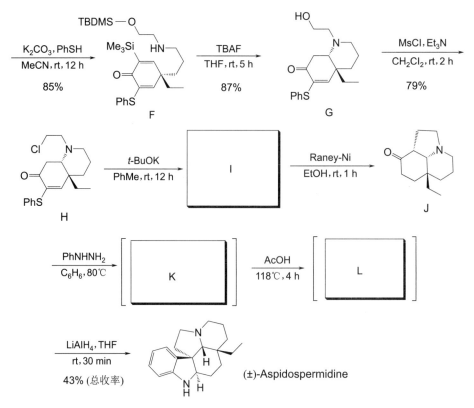

（1）推测中间体 C、D、I、K 和 L 的结构。

（2）写出从 E 到 F 的转化反应机理。

（3）写出从 G 到 H 的转化反应机理。

第15章

碳水化合物

植物通过光合作用将从空气中吸收的二氧化碳还原为碳水化合物（carbohydrate），同时水被氧化，放出氧气。碳水化合物把化学能储存在分子结构中，被人类和动物的机体消化吸收后代谢为水、二氧化碳、热量或其它能量。

$$6CO_2 + 12H_2O \xrightarrow[\text{叶绿素}]{\text{光}} C_6H_{12}O_6 + 6H_2O + 6O_2$$

植物的光合作用过程

碳水化合物又称为糖（saccharide 或 sugar），它们是一类与人们的日常饮食密切相关的多官能团天然化合物，我们每天所摄取的糖、纤维和淀粉都是碳水化合物。碳水化合物是植物的主要结构成分，占植物干重的 80% 左右，也是脂肪和核酸的组成单位。葡萄糖是我们熟悉的最简单的碳水化合物之一，其分子式 $C_6H_{12}O_6$ 亦可写为 $C_6(H_2O)_6$。果糖、核糖、蔗糖、纤维素和淀粉等所有碳水化合物的经验式也都符合通式 $C_n(H_2O)_n$。早期，由于人们不知道这些化合物的结构，于是把它们看成是碳的水合物，碳水化合物因此而得名。

15.1 单糖的分类、结构和命名

通常可根据碳水化合物的结构和性质将它们分为三大类：即单糖（monosaccharide）、寡糖（oligosaccharide）和多糖（polysaccharide）。单糖是简单糖，不能水解成更简单的糖，如葡萄糖、果糖、阿拉伯糖等。它们是结晶性固体，能溶于水，大多具有甜味。寡糖是指水解时能够生成 2~10 个单糖的化合物，它们也被称为低聚糖。如蔗糖水解能生成一分子葡萄糖和一分子果糖，被称做二糖。水解时生成 10 个以上单糖的化合物称为多糖，淀粉和纤维素都属于多糖，它们没有甜味。

根据分子中碳原子的数目，可将单糖分为丙糖（triose）、丁糖（tetrose）、戊糖（pentose）、己糖（hexose）等，或分别称为三碳糖（C_3 sugar）、四碳糖（C_4 sugar）、五碳糖（C_5 sugar）、六碳糖（C_6 sugar）等。有些单糖含有醛官能团，称为醛糖（aldose），有些则含有酮官能团，称为酮糖（ketose）。通常将这两种分类方法合并使用，并用俗名来命名单糖。例如，葡萄糖含有 6 个碳和一个醛官能团，属于己醛糖（aldohexose）；果糖是葡萄糖的异构体，含有 6 个碳和一个酮官能团，故属于己酮糖（ketohexose）。

D-葡萄糖　　　　D-果糖

15.1.1 单糖的开链式结构

甘油醛和 1,3-二羟基丙酮属于丙糖，是分子量最小的单糖，其中前者为醛糖，后者则为酮糖。

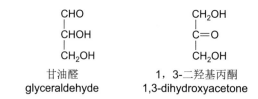

甘油醛
glyceraldehyde

1, 3-二羟基丙酮
1,3-dihydroxyacetone

甘油醛分子中有一个手性碳原子，故存在两种对映异构体：

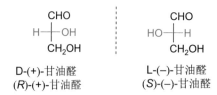

D-(+)-甘油醛
(R)-(+)-甘油醛

L-(–)-甘油醛
(S)-(-)-甘油醛

由于单糖分子中常有多个手性碳原子，立体异构体的数目很多，故常以它们的来源命名，并以 Fischer 投影式来表示它们的结构。按规定，糖分子的羰基必须写在投影式的上端，碳链的编号从羰基一端开始。单糖的构型常用 D/L 来表示，这样可以将单糖分为 D-型系列和 L-型系列。由 D 构型甘油醛经递升得到的一系列糖属于 D-型糖；由 L 构型甘油醛经递升得到的一系列糖属于 L-型糖。在递升过程中，由于与甘油醛相关的手性碳的构型没有改变，单糖分子中编号最大的手性碳构型与甘油醛构型相同，故 D-型糖的最高编号的手性碳为 R 构型，L-型糖的最高编号的手性碳为 S 构型。例如，D-（－）-赤藓糖中的 C3、D-（－）-核糖中的 C4 和 D-（＋）-葡萄糖中的 C5 与 D-（＋）-甘油醛的构型一致，因此这些糖都是 D-型糖。大多数天然的糖都是 D-型糖。

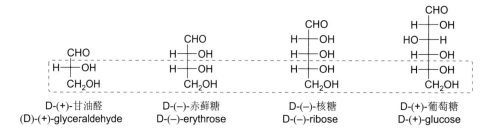

D-(+)-甘油醛
(D)-(+)-glyceraldehyde

D-(–)-赤藓糖
D-(–)-erythrose

D-(–)-核糖
D-(–)-ribose

D-(+)-葡萄糖
D-(+)-glucose

有 4 种丁醛糖，即 D-（－）-赤藓糖和 D-（－）-苏阿糖，以及它们的对映体：

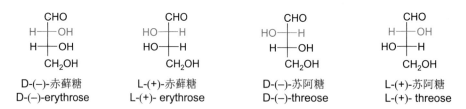

D-(–)-赤藓糖
D-(–)-erythrose

L-(+)-赤藓糖
L-(+)- erythrose

D-(–)-苏阿糖
D-(–)-threose

L-(+)-苏阿糖
L-(+)- threose

戊醛糖含有 3 个手性碳，因此共有 8 种立体异构体，它们依次为 D-（－）-核糖、D-（－）-阿拉伯糖、D-（＋）-木糖和 D-（－）-来苏糖，以及它们的对映体，其中 4 种 D-型五碳醛糖结构如下：

D-(–)-核糖
D-(–)-ribose

D-(–)-阿拉伯糖
D-(–)-arabinose

D-(+)-木糖
D-(+)-xylose

D-(–)-来苏糖
D-(–)-lyxose

己醛糖含有 4 个手性碳，应有 16 种立体异构体，它们分别为 D-（＋）-阿洛糖、D-

（＋）-阿卓糖、D-（＋）-葡萄糖、D-（＋）-甘露糖、D-（－）-古罗糖、D-（－）-艾杜糖、D-（＋）-半乳糖、D-（＋）-塔罗糖，以及它们的对映体。8 种 D-型六碳醛糖结构如下：

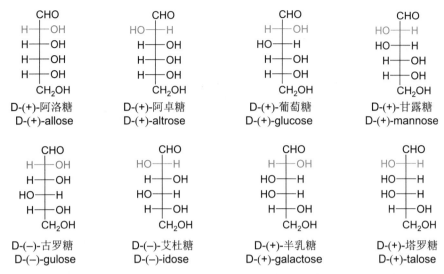

二羟丙酮（丙酮糖）、赤藓酮糖（丁酮糖）、核酮糖（戊酮糖）、木酮糖（戊酮糖）、果糖（己酮糖）和山梨糖（己酮糖）等是常见的酮糖，它们的 D-型异构体结构如下：

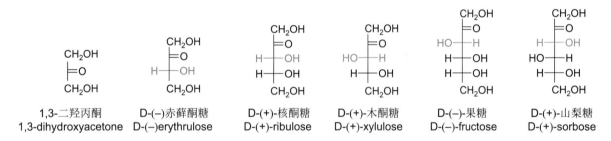

15.1.2 单糖的环状结构

上述单糖的开链式结构尚不能够解释它们的一些物理化学性质。例如，D-葡萄糖从 50℃ 以下的水溶液中结晶时，得到熔点为 146℃ 的 α 型晶体，但在 98℃ 以上的水溶液中结晶时，则得到熔点为 150℃ 的 β 型晶体。将 α 型晶体配制成水溶液，最初的比旋光度为 ＋112°，放置后逐渐降至 ＋52.7°；β 型晶体配成溶液，最初的比旋光度为 ＋18.7°，放置后逐渐升至 ＋52.7°。这种旋光度改变的现象称为变旋现象（mutarotation）。葡萄糖的变旋现象无法用开链式结构来解释。

糖是同时含有羟基和羰基的化合物，它们能够形成分子内的半缩醛。实际上，葡萄糖以及其它的己糖和戊糖主要以环状半缩醛形式而存在。葡萄糖分子中有 5 个羟基，不是所有的羟基都能和羰基形成半缩醛。三元环和四元环的张力太大，不易形成；虽然五元环也能够形成，但六元环的葡萄糖更容易形成。

既然葡萄糖的开链式结构不能代表其分子的实际存在形式，我们就应该把它改写成环状结构。改写时首先将开链式结构（ⅰ）转 90°，并将碳链卷成环状（ⅱ）；接着绕 C4—C5 键将 C5 旋转 120°，使 C5 上的羟基与羰基碳（即 C1）靠近（ⅲ）；然后 C5 上的羟基与羰基加成，生成两种六元环状半缩醛（ⅳ）和（ⅴ）。其中羰基碳也称为异头碳或端基碳（anomeric carbon），（ⅳ）和（ⅴ）两种异构体称为端基异构体（anomers）。在（ⅳ）式中，异头碳上的半缩醛羟基与 C5 上的 CH_2OH 在环的异侧，相对构型用 α 表示；在（ⅴ）式中，C1 上的羟基与 C5 上的 CH_2OH 在环平面的同侧，相对构型用 β 表示。α/β 是与决定构型的手性碳——最高编号手性碳（即 C5）的构型相比而言的，在 D-葡萄糖中，最高编号手性碳的构型为 R，若异头碳具有与此相同的构型（即 R），则用 β 表示相对构型；若异头碳为 S 构型，则用 α 表示相对构型。

像（iv）和（v）式这种表示单糖环状结构的方法称为 Haworth 式（Haworth formula）。在 Haworth 式中的六元环具有水平面的视觉效果，距离观察者近的一侧（即外侧）的键通常加粗，以更清晰地表示透视效果。然而，Haworth 式的六元环并非平面，而是与环己烷类似以椅式构象存在。因此，常把 Haworth 式用椅式构象来表示，与环上碳原子相连接的氢原子及其连键可以省去。例如：

六元环结构的单糖称为吡喃糖（pyranose），五元环则称为呋喃糖（furanose），因为它们分别拥有吡喃和呋喃环系。用 α/β 表示的异头碳相对构型的判断也可采用如下简单方法。

① Haworth 式中环内氧原子置于环的后方（即内侧），异头碳置于环的右侧。

② 对于 D 构型的糖，若 Haworth 式中异头碳上的羟基（或环外 C—O 键）向上为 β 构型，向下则为 α 构型。

③ 对于 L 构型的糖，Haworth 式中异头碳上的羟基（或环外 C—O 键）向上为 α 构型，向下则为 β 构型。

命名时，将 α/β 作为词头，置于 D/L 之前，并以短线相连。例如，上述（iv）和（v）式分别命名为 α-D-（＋）-吡喃葡萄糖 [α-D-（＋）-glucopyranose] 和 β-D-（＋）-吡喃葡萄糖 [β-D-（＋）-glucopyranose]。D 型系列的呋喃葡萄糖是由 C4 位羟基与醛基加成得到的，在异头碳上同样产生 β 和 α 两种立体异构体，异头碳羟基向上的异构体命名为 β-D-呋喃葡萄糖（β-D-glucofuranose），羟基向下的命名为 α-D-呋喃葡萄糖（α-D-glucofuranose）。在 L 型系列的呋喃阿拉伯糖中，羟基向上的异构体命名为 α-L-呋喃阿拉伯糖（α-L-arabinofuranose），羟基向下的异构体则命名为 β-L-呋喃阿拉伯糖（β-L-arabinofuranose）。

β-D-呋喃葡萄糖
β-D-glucofuranose

α-D-呋喃葡萄糖
α-D-glucofuranose

α-L-呋喃阿拉伯糖
α-L-arabinofuranose

β-L-呋喃阿拉伯糖
β-L-arabinofuranose

除了 Haworth 式之外，也使用 Fischer 投影式和 Mills 式来表示糖的环状结构。在 Fischer 投影式中，常用延长的线来表示醇羟基与端基碳之间环化所形成的键。例如：

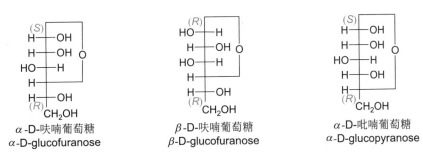

α-D-呋喃葡萄糖
α-D-glucofuranose

β-D-呋喃葡萄糖
β-D-glucofuranose

α-D-吡喃葡萄糖
α-D-glucopyranose

Mills 式（Mills formula）是将主要的半缩醛环画在纸平面上，虚线键所连取代基表示指向纸面里的基团，实的楔形键所连基团则指向纸平面外。如下是用 Haworth 式、Fischer 投影式和 Mills 式分别表示的 α-D-吡喃葡萄糖。

Haworth式　≡　Fischer投影式　≡　Mills式

吡喃葡萄糖环上的六个原子并不在同一平面上，而是与环己烷一样，具有椅式构象，其中 α-D-(＋)-吡喃葡萄糖的最稳定构象是 C1 位上的羟基占直立键，CH_2OH 和其它羟基均处于平伏键上，而 β-D-(＋)-吡喃葡萄糖的最稳定构象是 CH_2OH 和所有的羟基均处于平伏键上，可见 β-D-(＋)-吡喃葡萄糖要比 α-D-(＋)-吡喃葡萄糖稳定。

（37.3%）
α-D-(+)-吡喃葡萄糖
α-D-(+)-glucopyranose
（mp146℃，[α]=+112°）

（0.002%）
开链式葡萄糖

（62.6%）
β-D-(+)-吡喃葡萄糖
β-D-(+)-glucopyranose
（mp150℃，[α]=+18.7°）

α-D-(＋)-吡喃葡萄糖和 β-D-(＋)-吡喃葡萄糖的结晶都已经获得，测得它们在水溶液中的比旋光度值分别为＋112°和＋18.7°。由于尚未拿到纯的 α 和 β-D-呋喃葡萄糖的结晶，故迄今未测定其比旋光度。在葡萄糖的水溶液中，这四种立体异构体之间通过开链式结构相互转变，并在一定条件下达到动态平衡。达到平衡时，较稳定的 β-D-(＋)-吡喃葡萄糖占 62.6%，α-D-(＋)-吡喃葡萄糖占 37.3%，而 α 和 β-D-呋喃葡萄糖不到 1%，开链式结构则不到 0.002%，此时溶液的比旋光度为＋52.7°。这个数值正是上述两种异构体按照各自的比旋光度和所占比例加权平均之后的结果。这就是变旋现象的本质。

与葡萄糖不同，在水溶液中，D-果糖以 α-D-呋喃果糖（α-D-fructofuranose）和 α-D-吡喃果糖（α-D-fructopyranose）两种形式存在，达到平衡后二者的比例为 32∶68。

α-D-吡喃果糖
α-D-fructopyranose
（68%）

D-果糖
D-fructose

α-D-呋喃果糖
α-D-fructofuranose
（32%）

大多数己醛糖的稳定构象式中 CH_2OH 都处于平伏键位置，但在 α-D-吡喃艾杜糖（α-D-idopyranose）的构象式中，CH_2OH 占据直立键，因为只有这样，其它的羟基才能全部处于平伏键上，结构更稳定。呋喃艾杜糖则主要以信封式和扭式构象存在，并在溶液中相互迅速转化。

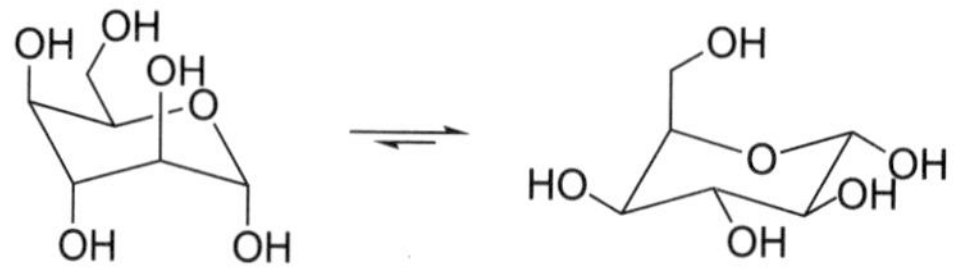

α-D-呋喃艾杜糖(α-D-idopyranose)

★ 问题 15-1　画出 α-D-吡喃甘露糖和 β-D-吡喃山梨糖的 Fischer 投影式、Haworth 式和 Mills 式。

15.2　单糖的化学性质

15.2.1　氧化反应

Tollens 试剂、Fehling 试剂和 Benedict 试剂可将醛糖和酮糖分别氧化为糖酸和 α-二酮：

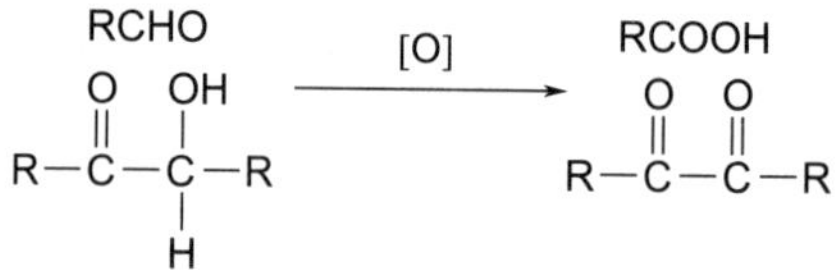

Tollens 试剂（即银氨溶液）与醛糖和酮糖反应产生银镜。Fehling 试剂是由硫酸铜溶液与酒石酸钾和氢氧化钠的溶液在使用时混合而成的蓝色溶液，Benedict 试剂则是由硫酸铜、柠檬酸和碳酸钠配制成的蓝色溶液，它们与醛糖或酮糖一起加热时，生成砖红色的氧化亚铜沉淀，同时溶液的蓝色消失。这些反应虽无合成价值，但可用于糖的鉴定。通常将与这些试剂能发生反应的糖称为还原糖（reducing sugar），不能反应的则称非还原糖（non-reducing sugar）。单糖都能被这些试剂氧化，故都是还原糖。

溴水只能氧化醛糖，不能氧化酮糖。在 pH=5~6 的缓冲溶液中用溴水氧化醛糖，可将醛糖转化为糖酸（aldonic acid），但在加热蒸除溶剂的过程中，糖酸脱水形成 γ-内酯。例如，D-甘露糖经溴水氧化，生成的 D-甘露糖酸在加热过程中脱水酯化，得到五元环状 D-甘露糖酸-γ-内酯。糖酸类化合物的名称由相应糖的名称加后缀"糖酸"（-onic acid）组成。

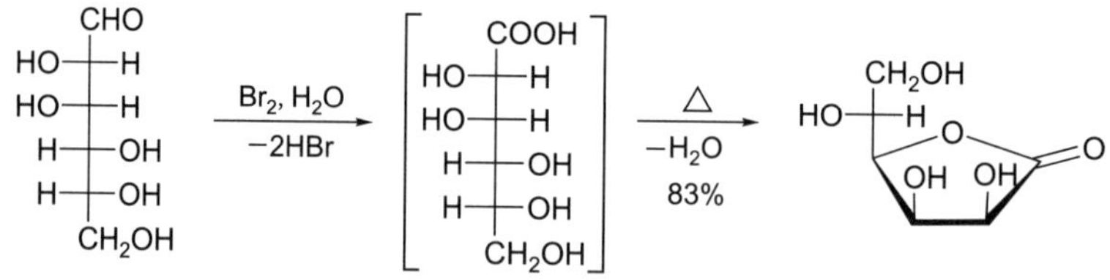

D-甘露糖　　　　　　　　D-甘露糖酸　　　　　　　D-甘露糖酸-γ-内酯
D-mannose　　　　　　　D-mannonic acid

工业上常用电解氧化使醛糖转化为糖酸。例如，在碳酸钙和少量溴化钙存在下，电解 D-葡萄糖，可生成 D-葡萄糖酸钙（calcium gluconate），后者是活性钙保健品（钙片）的主要成分。

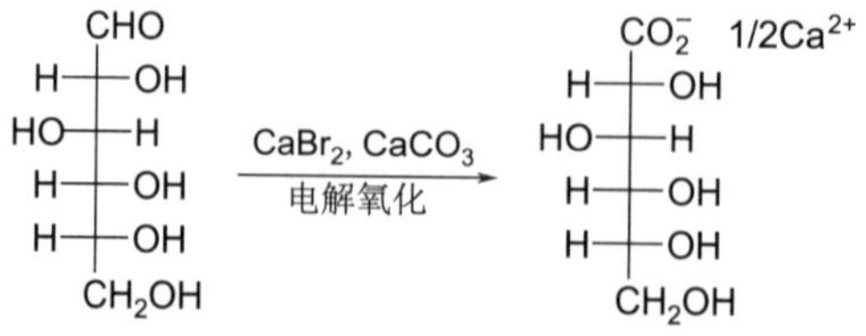

D-葡萄糖　　　　　　　　　　　D-葡萄糖酸钙

稀硝酸和亚硝酸的氧化作用比溴水强，可使醛糖的醛基和末端的羟甲基同时氧化生成糖二酸（aldaric acid or saccharic acid），其名称的后缀为"糖二酸"（-aric acid）。例如，D-甘露糖被硝酸氧化为 D-甘露糖二酸（D-mannaric acid），而 D-半乳糖被亚硝酸氧化为 D-半乳糖二酸（D-galactaric acid）。

D-甘露糖 D-mannose → D-甘露糖二酸 D-mannaric acid（HNO₃, H₂O，60℃，44%）

D-半乳糖 D-galactose → D-半乳糖二酸 D-galactaric acid（NaNO₂, HNO₃，0℃, 4 h，89%）

如果醛糖的末端羟基被氧化成羧基，而醛基或其半缩醛基团保留，则这种氧化产物称为糖醛酸（uronic acid），其名称的后缀为"糖醛酸"（-uronic acid），如 α-D-吡喃甘露糖醛酸（α-D-mannopyranuronic acid）。

高碘酸可使糖的所有邻二醇和 α-羟基醛（或酮）结构的 C—C 键断裂，反应几乎是定量的，每断一个 C—C 键，需消耗一分子高碘酸。例如，一分子葡萄糖可被五分子高碘酸氧化为五分子甲酸和一分子甲醛，而一分子果糖可被五分子高碘酸氧化为三分子甲酸、二分子甲醛和一分子二氧化碳：

α-D-吡喃甘露糖醛酸
α-D-mannopyranuronic
acid

葡萄糖 + 5 HIO₄ → 5 HCOH（来自于 C1~C5）+ HCH（来自于 C6）

果糖 + 5 HIO₄ → 3 HCOH（来自于 C3~C5）+ 2 HCH（来自于 C1和C6）+ CO₂（来自于 C2）

15.2.2 还原反应

能够将醛和酮还原为醇的还原剂也可将醛糖和酮糖还原为相应的多元醇。例如，工业上用镍催化氢化法还原 D-葡萄糖，得 D-葡萄糖醇（D-glucitol），又名山梨醇（sorbitol），它无毒，有轻微的甜味和吸湿性，用于化妆品，也是合成维生素 C、硝酸异山梨醇酯（一种治疗心绞痛的药物）等的原料。实验室一般用硼氢化钠作还原剂。

D-葡萄糖 → 山梨醇（H₂, Raney-Ni 或 NaBH₄, MeOH）

15.2.3 酯化、醚化和糖苷化反应

常用的酯化方法也能够将单糖上的羟基全部或部分酯化。过量的试剂可将所有的羟基（包括半缩醛上的羟基）酯化。例如，在吡啶中用过量的乙酸酐可将 β-D-吡喃葡萄糖转化为五乙酰化的衍生物，命名为 1,2,3,4,6-五-O-乙酰基-β-D-吡喃葡萄糖（1,2,3,4,6-penta-O-acetly-β-D-glucopyranose）。

β-D-吡喃葡萄糖
β-D-glucopyranose

$\xrightarrow[91\%]{Ac_2O, Py, 0℃}$

1,2,3,4,6-五-O-乙酰基-β-D-吡喃葡萄糖
1,2,3,4,6-penta-O-acetyl-β-D-glucopyranose

同样，一些常用的醚化方法也适合于单糖羟基的醚化。例如，在氢氧化钠存在下，用硫酸二甲酯可将 β-D-吡喃核糖上的所有羟基甲基化（经历 S_N2 反应），生成相应的缩醛衍生物，命名为甲基 2,3,4-三-O-甲基-β-D-吡喃核糖苷。

β-D-吡喃核糖
β-D-ribopyranose

$\xrightarrow[70\%]{\overset{\text{MeOSOMe}}{\underset{\text{NaOH}}{}}}$

甲基 2,3,4-三-O-甲基-β-D-吡喃核糖苷
methyl 2,3,4-tri-O-methyl-β-D-ribopyranoside

用选择性的烷基化方法可将醛糖异头碳的半缩醛转化为缩醛，糖的缩醛衍生物称为糖苷（glycoside），形成糖苷的反应称为糖苷化（glycosidation）。在酸催化下，醛糖或酮糖与醇反应形成糖苷，称为 Fischer 糖苷化法（Fischer glycosidation），如甲基 D-葡萄糖苷的合成：

D-吡喃葡萄糖
D-glucopyranose

$\xrightarrow[\text{0.25\%HCl, }H_2O]{\text{MeOH}}$

甲基 α-D-吡喃葡萄糖苷
methyl α-D-glucopyranoside
（66%）

+

甲基 β-D-吡喃葡萄糖苷
methyl β-D-glucopyranoside
（34%）

异头碳上的环外 C—O 键称为糖苷键或苷键（glycoside bond），与相应半缩醛前体类似，苷键也存在 α 和 β 两种端基异构体，分别称为 α-苷键和 β-苷键。两种异构体产物形成的机理如下：

虽然 β-D-吡喃葡萄糖看起来比 α-D-吡喃葡萄糖稳定，但 α-或 β-D-吡喃葡萄糖与甲醇的糖苷化反应均主要得到 α-D-吡喃葡糖苷（占 66%），即体积较大的甲氧基处于 a 键，而不是 e 键。由于这一"反常"现象发生在糖的异头碳上，故称为端基效应或异头效应（anomeric effect）。异头效应是一普遍现象，自从 1955 年 Edward 发现吡喃葡萄糖糖苷的异头效应以来，已在许多糖和非糖化合物中发现了这种效应。端基效应的进一步学习可观看视频材料 15-1。

一般认为取代环己烷的优势构象是较大基团在 e 键上，以尽量减小空间位阻的影响。然而，当有电负性较大的元素存在时，情况有所不同，如反-1,2-二氯环己烷的优势构象是两个氯原子均处于 a 键，而不是 e 键。

视频材料15-1

（优势构象）

对于甲基 D-吡喃葡萄糖苷，在酸性甲醇溶液中，甲氧基处于 a 键的 α-吡喃葡萄糖苷为优势构象：

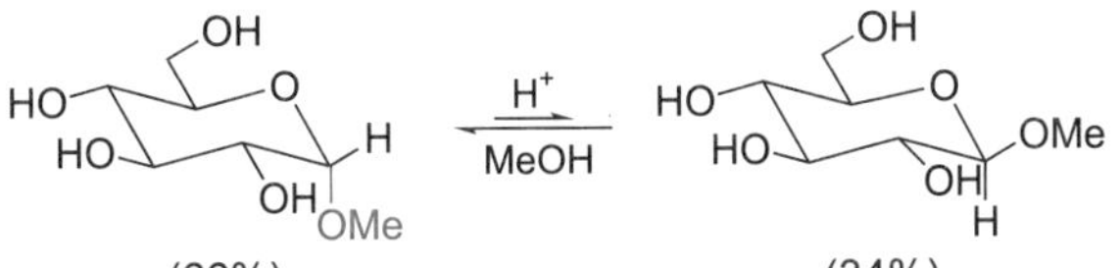

(66%) ⇌ [H^+ / MeOH] (34%)

当异头碳上的取代基电负性增大时，端基效应更加明显。例如，当五乙酰基葡萄糖异头碳上的取代基由乙酰氧基改变为氯时，取代基占 a 键构象的比例由 86% 增大到 94%。

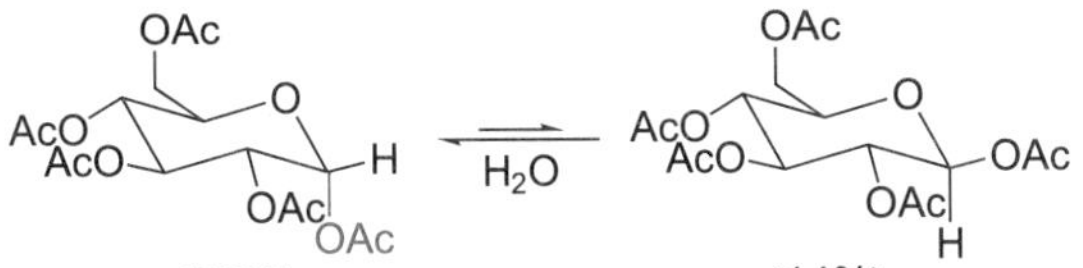

(86%) ⇌ [H_2O] (14%)

(94%) ⇌ [H_2O] (6%)

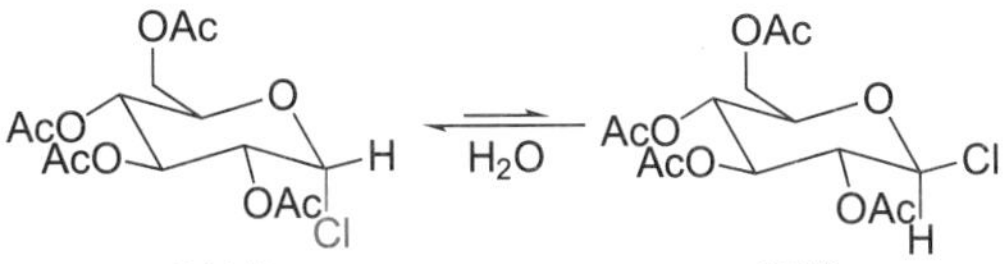

4,4,5,5-四氘代-2-甲氧基四氢吡喃在氘代氯仿中的优势构象也是甲氧基处于 a 键，而不是 e 键：

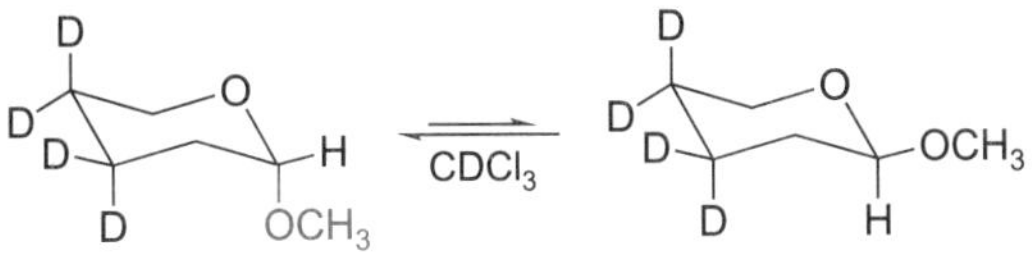

(71%) ⇌ [$CDCl_3$] (29%)

显然，用构象分析中常用的空间位阻无法解释上述异头效应。一种比较容易理解的解释是氧原子上的孤对电子对极性 C—O 键的静电排斥作用。在用 Newman 投影式表示的甲基 D-吡喃葡萄糖苷构象中（异头碳在前，氧原子在后），虽然构象（Ⅰ）中存在两个由基团之间邻位交叉所引起的立体位阻，但构象（Ⅱ）中存在极性 C—O 键与两对孤对电子邻位交叉引起的静电排斥作用，这种静电排斥作用对分子构象的影响要比立体位阻强，故（Ⅰ）式为分子的优势构象。

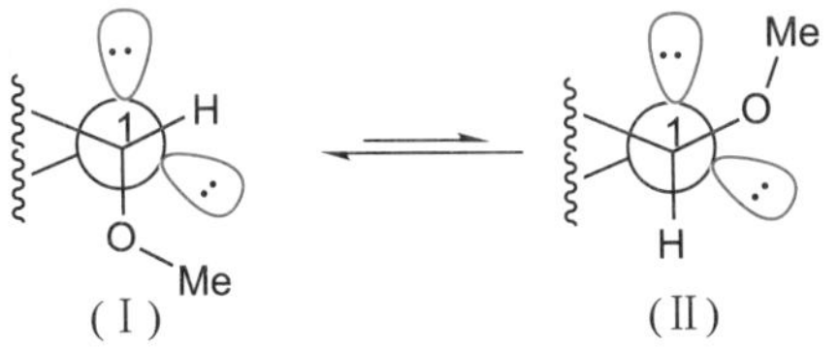

(Ⅰ) ⇌ (Ⅱ)

2个n-σ*(C—O)超共轭

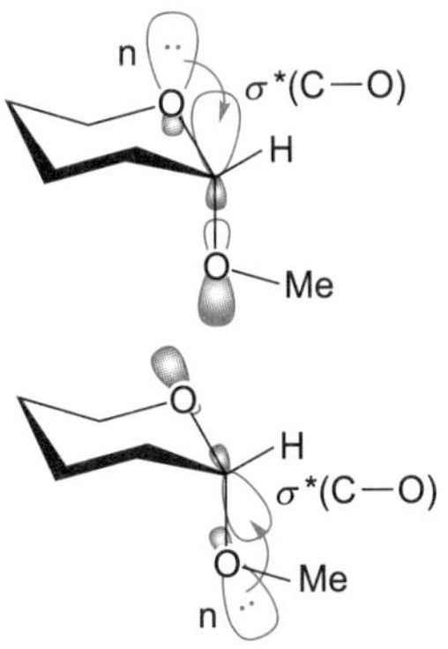

分子轨道理论认为，（Ⅰ）式中氧原子上孤对电子所处轨道与处于反式共平面的极性 C—O 键的 σ^* 反键轨道之间存在 2 个 n→σ^* 超共轭效应，导致这种结构能量下降，稳定性增大。

葡萄糖的糖苷化反应一般需要强烈的酸性反应条件。因而，通常先将异头位的羟基转化为更容易离去的基团（如溴或氯），制成糖基给体，再在促进剂作用下与醇（糖基受体）反应生成糖苷。若利用 2-位酯基的邻基参与效应，还可高选择性地获得 β-吡喃葡萄糖苷。例如：

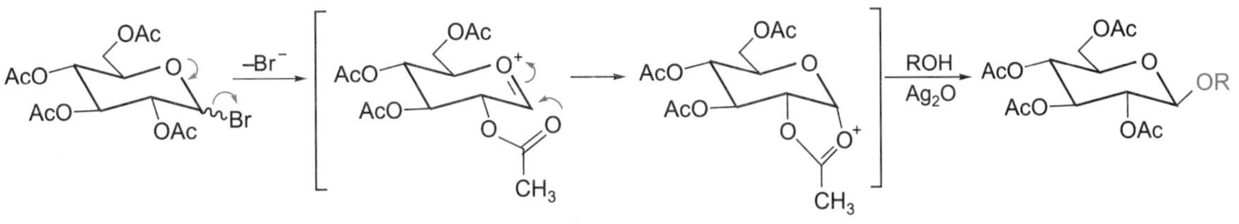

[反应式：AcO...Br →(−Br⁻) 中间体 → 中间体 →(ROH / Ag₂O) AcO...OR]

葡萄糖的半缩醛结构在碱性溶液中能开环成为含醛基或酮基的开链式结构，从而对 Tollens 试剂和 Benedict 试剂呈正反应，但糖苷在碱性溶液中则不能够开环，因此对 Tollens 试剂和 Benedict 试剂呈负反应，故糖苷是非还原糖。

★ 问题 15-2　下列葡萄糖衍生物的合成是否合理？若不合理，请说明理由。

(1)

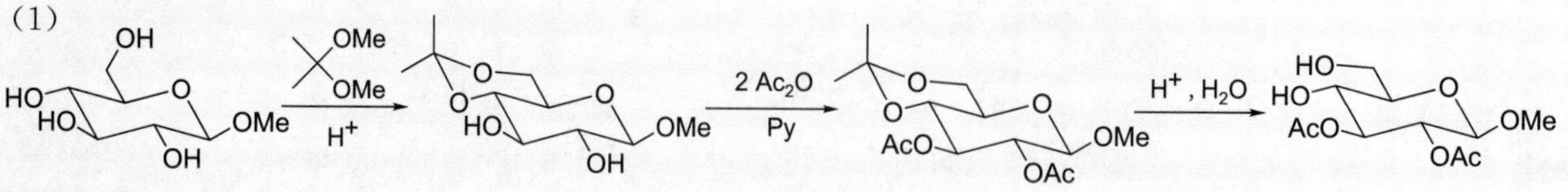

(2)

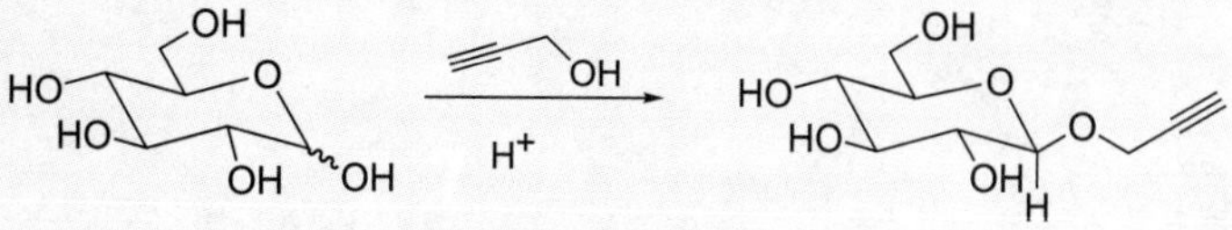

15.2.4　差向异构化

在含有多个手性碳的分子中，只有一个手性碳的构型呈对映关系，其它手性碳的构型都相同，这样的两个分子称为差向异构体（epimer），如 D-葡萄糖与 D-甘露糖互为 C2 差向异构体。在弱碱性条件下，单糖分子中与羰基相邻的手性碳的构型可发生差向异构化（epimerization），通过差向异构化，可进一步发生醛糖与酮糖之间的相互转化。这些转化是通过羰基的烯醇化进行的。例如，D-葡萄糖在稀氢氧化钠水溶液中，于 35℃ 下放置 4 天，溶液中除了 D-葡萄糖外，还检测到 3% 的 D-甘露糖和 28% 的 D-果糖。

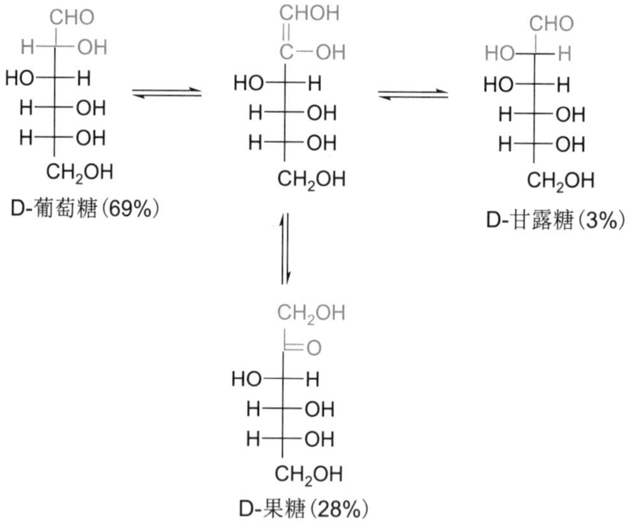

D-葡萄糖(69%)　　　　　　　　　　D-甘露糖(3%)

D-果糖(28%)

★ 问题 15-3　如下所示醛糖在生物催化剂存在下发生 C2 差向异构化，提出的机理属于碱催化机理，经历一个酮糖中间体（*Tetrahedron Lett.* 2009，65，1937）。画出这两步转化的机理（用 B⁻ 表示碱，用 BH 表示其共轭酸）。

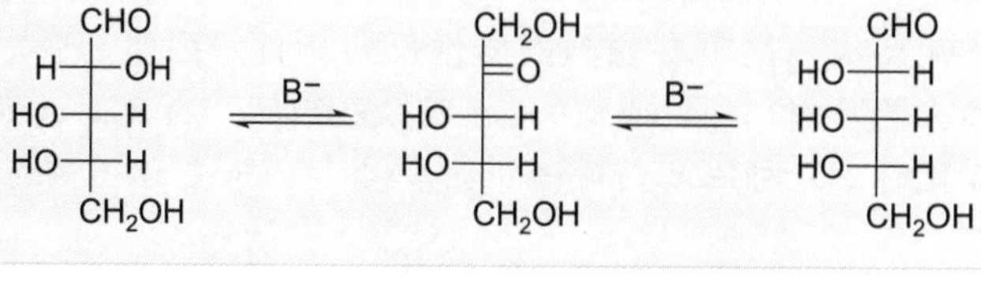

15.2.5　醛糖的递升和递降

醛糖与 HCN 发生亲核加成生成 α-氰醇，从而使醛糖的碳链增加了一个新的碳原子；生成的 α-氰醇在水中加热水解，并发生分子内环化成为内酯；最后，用钠汞齐或 $NaBH_4$ 将内酯还原，得到高一级的醛糖。这种将较小的醛糖转变为较大醛糖的方法称为 Kiliani-Fischer 合成法（Kiliani-Fischer synthesis）。例如，用 D-阿拉伯糖作原料，通过该反应可以得到 D-葡萄糖和 D-甘露糖的混合物，总产率约为 30%。

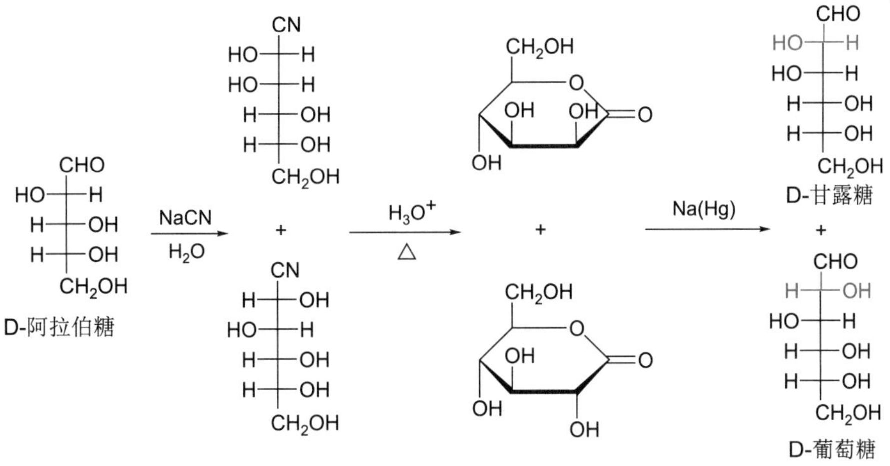

反应中产生的内酯是两种差向异构体的混合物，可以通过色谱等方法分离，并分别还原，制取单一构型的产物。对经典 Kiliani-Fischer 合成法的一个重要改良是用催化氢化法将 α-氰醇还原为亚胺，进而水解为醛糖。例如，D-核糖与氢氰酸作用，产生一个新的手性中心，得到两种 α-氰醇 A 和 B，将这两种差向异构体分离后，分别在酸性水溶液中用催化氢化法还原，即可生成碳链延伸了一个碳原子的新醛糖，即 D-阿卓糖和 D-阿洛糖。

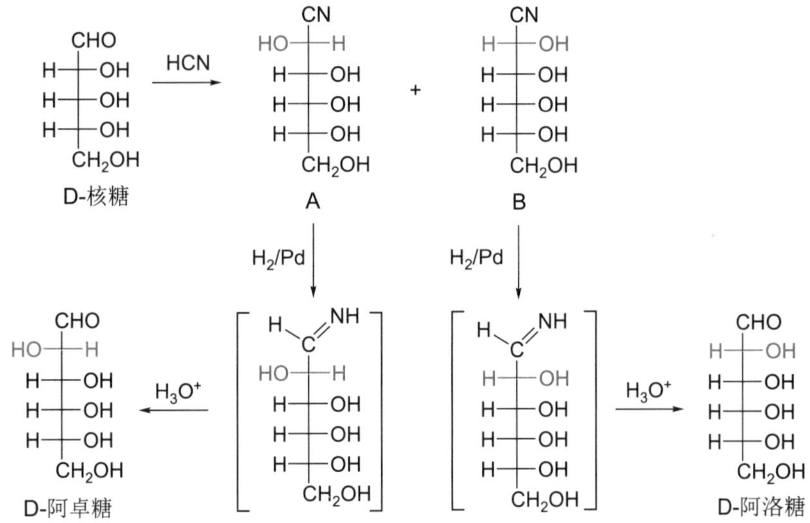

上述将一种醛糖变为高一级醛糖的过程称为递升（chain lengthening）。相反，由一种醛糖转变为低一级醛糖的过程称为递降（degradation）。常用的 Ruff 递降（Ruff degradation）是一个氧化脱羧过程：首先用溴水或其它方法将醛糖氧化为糖酸，然后在铁盐存在下用过氧化氢处理糖酸，脱去羧基，得到少一个碳的醛糖。例如：

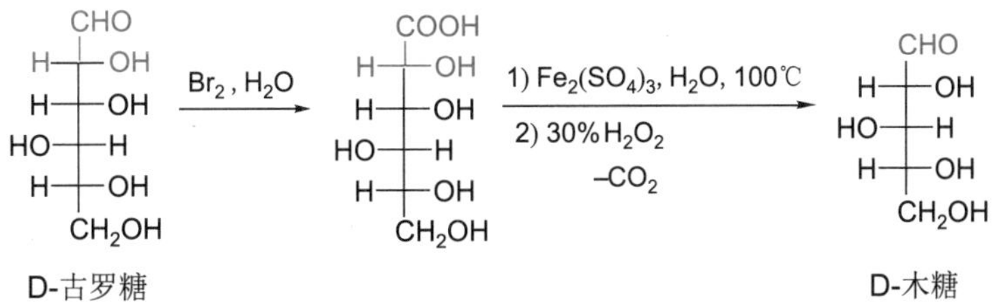

利用这种方法可将由 D-葡萄糖电解氧化得到的 D-（＋）-葡萄糖酸钙递降为 D-（－）-阿拉伯糖，进一步递降和氧化后，得到内消旋的酒石酸：

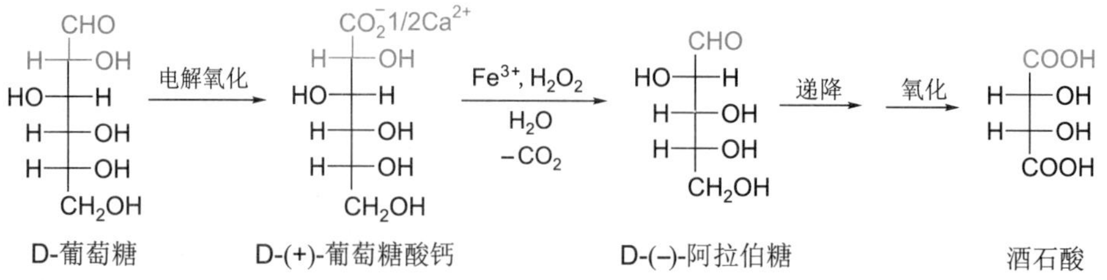

CHO 电解氧化 CO₂⁻1/2Ca²⁺ Fe³⁺, H₂O₂ CHO 递降 氧化 COOH

$CO_2^-1/2Ca^{2+}$ Fe^{3+}, H_2O_2 H_2O $-CO_2$

D-葡萄糖　　　　D-(+)-葡萄糖酸钙　　　　D-(−)-阿拉伯糖　　　　酒石酸

15.2.6　形成糖脎

醛糖或酮糖与苯肼作用，在 C1 和 C2 位形成双苯腙，称为糖脎（osazone）。由于糖脎的 C2 位是无手性的，而糖脎形成时苯肼只与 C1 和 C2 作用，因此，C3、C4 和 C5 构型相同的 D-葡萄糖、D-甘露糖和 D-果糖与苯肼作用，得到同一种糖脎，即 D-葡萄糖脎。

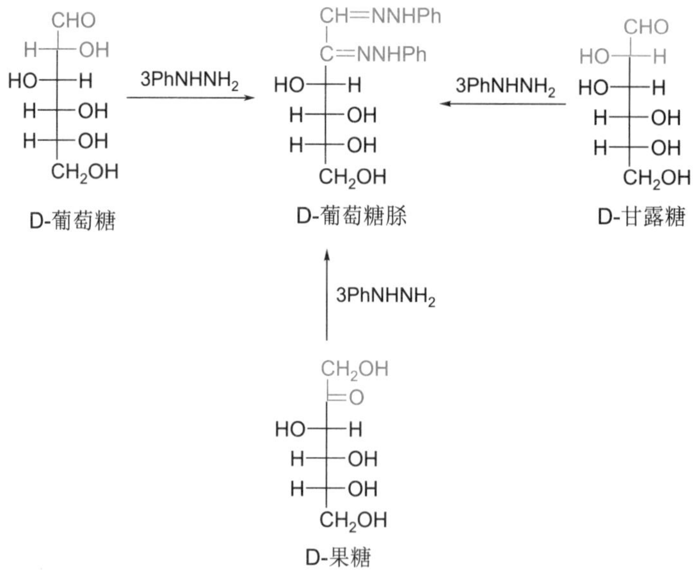

$3PhNHNH_2$

D-葡萄糖　　　　　D-葡萄糖脎　　　　　D-甘露糖

$3PhNHNH_2$

D-果糖

在这个反应中，一分子糖需要消耗三分子苯肼。糖首先与一分子苯肼缩合，得到苯腙，而后经互变异构和 1,4-消除，转化为 α-酮亚胺；最后，α-酮亚胺与两分子苯肼缩合成为脎。

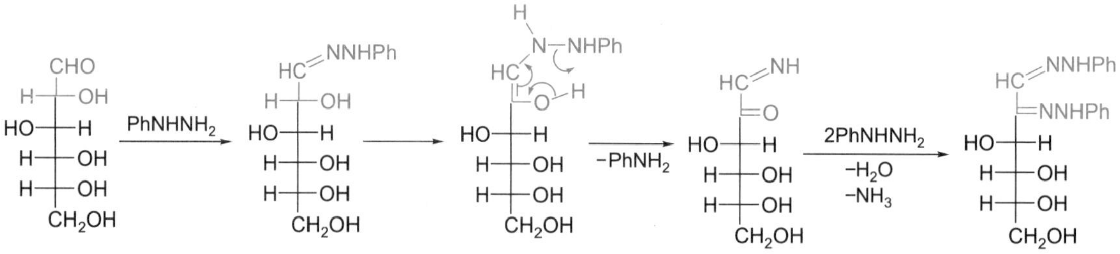

$PhNHNH_2$　　　　　　$-PhNH_2$　　　　　$2PhNHNH_2$　$-H_2O$　$-NH_3$

早期在研究糖时遇到的最大困难是糖很难结晶。Fischer 发现糖与苯肼反应生成的糖脎都是不溶于水的黄色结晶，不同的糖脎具有不同的结晶形状和不同的熔点；不同的糖即使能生成相同的糖脎（如 D-葡萄糖、D-甘露糖和 D-果糖），但生成的速度也不同，因此可以根据这些性质来鉴别糖，这在早期测定糖的结构方面起了重要作用。

15.3　寡糖

由 2～10 个相同或不同的单糖通过苷键连接起来的化合物称为寡糖。最重要的寡糖是蔗糖、麦芽糖、乳糖、棉籽糖和环糊精等。以下仅对这几种寡糖作简单介绍。

15.3.1 蔗糖

蔗糖（sucrose）是由一分子 α-D-吡喃葡萄糖和一分子 β-D-呋喃果糖组成的二糖，其中葡萄糖分子的半缩醛氧与果糖的 C2 连接。换言之，蔗糖是由葡萄糖和果糖的两个半缩醛（酮）羟基缩合脱水得到的二糖。二糖的 IUPAC 半系统名的命名方法是将其中的一个糖作为母体，另一个糖作为取代基来命名，像蔗糖这样的由两个糖的半缩醛（半缩酮）羟基缩合而成的二糖命名为"糖基糖苷"。例如，可将蔗糖命名为 β-D-呋喃果糖基-α-D-吡喃葡萄糖苷（β-D-fructofuranosyl α-D-glucopyranoside）。如果由一个糖的半缩醛（半缩酮）羟基与另一个糖的非半缩醛羟基缩合的二糖，则命名为"糖基糖"，糖与糖之间的连接方式用阿拉伯数字和箭头表示，并用括号括起来置于两个糖名称之间。下述麦芽糖就属于这样的二糖，故用此方法命名（见第 15.3.2 节）。

俗名：蔗糖
β-D-呋喃果糖基-α-D-吡喃葡萄糖苷
β-D-fructofuranosyl α-D-glucopyranoside

蔗糖的比旋光度为 $+66.5°$，用酸或转化酶水解后，其比旋光度降至 $-20°$，由右旋变为左旋，这种现象称为糖的转化，所得产物称为转化糖。转化过程涉及三个反应：①二糖水解为 α-D-吡喃葡萄糖和 β-D-呋喃果糖；②α-D-吡喃葡萄糖变旋为 α- 和 β-D-吡喃葡萄糖的平衡混合物；③β-D-呋喃果糖变旋为 β- 和 α-D-呋喃果糖的平衡混合物。由于 D-呋喃果糖（$-92°$）的比旋光度比 D-吡喃葡萄糖（$+52.7°$）负得多，所以转化糖混合物的比旋光度为负值。

由于蔗糖分子中的葡萄糖和果糖残基上的半缩醛或半缩酮的羟基都形成了苷键，故不能够产生游离的醛基和酮基。因此，蔗糖是一种非还原性糖，它不能生成糖脲，在溶液中也不会发生变旋。

蔗糖是用量最大的食用糖，全世界每年的产量约 1 亿吨，是生产数量最大的一种天然有机化合物。蔗糖在甘蔗中含量为 $16\%\sim26\%$，在甜菜中为 $12\%\sim15\%$，工业上主要由这两种植物制取蔗糖。另外，由于转化糖中含有最甜的糖——果糖，所以通常也可将由转化酶水解蔗糖所产生的转化糖用于食品和饮料中。1976 年，在对蔗糖的化学转化研究中发现了三氯蔗糖，其甜度为蔗糖的约 600 倍，现已作为蔗糖替代品而广泛用于饮料与食品中。有关三氯蔗糖的相关介绍见阅读资料 15-1。

阅读资料15-1

15.3.2 麦芽糖

麦芽糖（maltose）是淀粉在淀粉糖化酶作用下的部分水解产物，植物组织（如麦芽）中的麦芽糖也是淀粉水解的中间产物。它由两分子葡萄糖组成，其中一个分子的半缩醛羟基与另一分子 C4 位羟基脱水形成 α-1,4-苷键。此外，含有半缩醛羟基的葡萄糖有 α 和 β 两种构型，其比旋光度值分别为 $+168°$ 和 $+112°$，在溶液中有变旋现象。它们可分别命名为 α-D-吡喃葡糖基-$(1\rightarrow4)$-β-D-吡喃葡糖和 α-D-吡喃葡糖基-$(1\rightarrow4)$-α-D-吡喃葡糖。

俗名：β-麦芽糖
α-D-吡喃葡糖基-$(1\rightarrow4)$-β-D-吡喃葡萄糖
α-D-glucopyranosyl-$(1\rightarrow4)$-β-D-glucopyranose

俗名：α-麦芽糖
α-D-吡喃葡糖基-$(1\rightarrow4)$-α-D-吡喃葡萄糖
α-D-glucopyranosyl-$(1\rightarrow4)$-α-D-glucopyranose

由于麦芽糖中的一个葡萄糖残基含有半缩醛，可开环形成醛，故麦芽糖是一个还原性糖，能使吐伦试剂和本尼迪特试剂呈正反应，也能与苯肼作用形成糖脎，用溴水氧化生成麦芽糖酸。

15.3.3　乳糖

乳糖（lactose）是仅次于蔗糖的第二丰产天然二糖，主要存在于人和哺乳动物的乳汁中（平均含量5%左右）。它由D-半乳糖和D-葡萄糖组成，其中葡萄糖基以C4的羟基与半乳糖半缩醛上的羟基形成β-1,4-苷键。含有半缩醛羟基的葡萄糖具有α和β两种构型，在溶液中有变旋现象，从水中结晶只得到α-型异构体，即β-D-吡喃半乳糖基-(1→4)-α-D-吡喃葡萄糖（β-D-galactopyranosyl-(1→4)-α-D-glucopyranose）。

俗名：乳糖
β-D-吡喃半乳糖基-(1→4)-α-D-吡喃葡萄糖
β-D-galactopyranosyl-(1→4)-α-D-glucopyranose

由于葡萄糖部分有半缩醛结构，故乳糖也是一种还原性糖，与苯肼作用能形成糖脎，用溴水氧化则得到乳糖酸，后者水解生成半乳糖和葡萄糖酸。在牛奶中乳糖约占牛奶质量的2%～8%。在乳酸杆菌作用下，乳糖可以氧化为乳酸，牛奶变酸就是由于其中所含乳糖转变的乳酸。

15.3.4　棉籽糖

棉籽糖（raffinose）是由D-半乳糖和一分子蔗糖通过α-1,6-苷键组成的三糖，是一种非还原糖。棉籽糖主要存在于甜菜中，含量为0.01%～0.02%，是由甜菜生产蔗糖过程中得到的副产品。这个三糖可用上述半系统名的命名方法称为α-D-吡喃半乳糖基-(1→6)-α-D-吡喃葡萄糖基-(1→2)-β-D-呋喃果糖［α-D-galactopyranosyl-(1→6)-α-D-glucopyranosyl-(1→2)-β-D-fructofuranose］。

俗名：棉籽糖
α-D-吡喃半乳糖基-(1→6)-α-D-吡喃葡萄糖基-(1→2)-β-D-呋喃果糖
α-D-galactopyranosyl-(1→6)-α-D-glucopyranosyl-(1→2)-β-D-fructofuranose

15.3.5　环糊精

环糊精（cyclodextrin）是通过用一种特殊的酶水解淀粉而得到的含6～12个D-葡萄糖单位的环状寡糖，其中的1,4-糖苷键均为α-型。含6、7、8个葡萄糖单位的环糊精分别称为α-、β-和γ-环糊精。

环糊精具有筒形结构，筒中间有一孔穴。由于组成环糊精的葡萄糖是手性分子，环糊精也具有手性，其圆筒的一头口径较大，另一头则较小。这种结构使得环糊精具有刚性，不易发生反应，在热的碱性水溶液中很稳定，在酸中慢慢水解。

环糊精圆筒中的不对称孔穴可以选择性地容纳水分子、金属离子或一些小分子有机化合物，形成包合物。利用环糊精这一性质可分离、分析金属离子和手性化合物，也可催化某些有机反应。环糊精与一些药物分子形成的包合物能够改善药物的稳定性，提高药物的水溶性。在食品、医药、农业、化工和轻工业等领域，环糊精被广泛用作稳定剂、乳化剂、抗氧剂等。

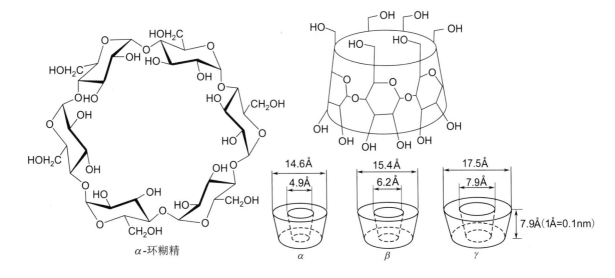

α-环糊精

15.4 多糖

多糖是由许多单糖分子通过苷键连接起来的聚合物，它们一般含 80~100 个单糖结构单位，但纤维素中平均含 3000 个单糖结构单位。几乎所有的生物体内都含有多糖，其中纤维素和淀粉在自然界中分布最广，是最重要的多糖。

15.4.1 纤维素

纤维素（cellulose）是由平均 3000 个葡萄糖结构单位在 C4 位通过 β-苷键连接起来的线形生物大分子，分子量为 50000~2500000。

纤维素

纤维素广泛存在于植物中，是构成植物结构的主要成分。它在树木中含 40%~60%，亚麻中约含 80%，棉花中则高达 90% 以上。纤维素分子之间可通过氢键作用紧密地结合在一起，形成纤维束，几个纤维束绞在一起形成绳索状结构，这种绳索状结构再排列起来就形成肉眼能看得见的纤维。

人和高等动物体内没有可使纤维素水解为葡萄糖的酶。然而，食草动物的消化道中孳生着一些微生物，它们产生的纤维素酶能将纤维素水解为葡萄糖，因此食草动物能以纤维素为食。

15.4.2 淀粉

与纤维素类似，淀粉（starch）也是一种多聚葡萄糖，但它的苷键都是 α-型，而且分为直链淀粉（amylose）和支链淀粉（amylopectin）两种类型。直链淀粉由 300~3000 个葡萄糖结构单位组成，分子量为 150000~600000，相邻的葡萄糖结构单位之间在 C4 位通过 α-苷键相连而成直链形。

麦芽糖单元
直链淀粉

直链淀粉有一种特殊的性质，就是在中性溶液中遇到碘时，其构象能够由无规则线团状变为螺旋状，螺旋的每一圈约有 6 个葡萄糖单位，碘则被包在螺旋之中，形成一种蓝色的复合物。利用这一性质可以方便地鉴别淀粉。

支链淀粉是通过 1,6-糖苷键形成支链的，每条链的长度约 20～25 个葡萄糖单位，分子量达数百万。

支链淀粉

淀粉是植物的主要能量储备，在玉米、土豆、小麦和大米中含量超过 75%，植物的种子、果实、叶、茎中也都含有淀粉。淀粉为粒状，在冷水中膨胀，干燥后又收缩为粒状，工业上利用这一性质来分离淀粉。淀粉粒由直链淀粉和支链淀粉组成，其中直链淀粉占 15%～35%。

人和动物吃了淀粉后，体内的 α-葡萄糖苷酶可将淀粉水解为葡萄糖，从而提供生命活动所需要的能源。多余的葡萄糖则转化为糖元（glycogen），其结构与支链淀粉相似，但有更多的支链（每 10 个葡萄糖单位有一个支链），而且分子很大（分子量可达 1 亿）。糖元是人和动物体内的储备糖，能够在肌肉和肝脏中积蓄。在机体紧急需要高能量时（如剧烈运动时），糖元能够立即提供所需的葡萄糖。

15.5 氨基糖

在自然界中还存在一类糖，其中的一个或多个羟基被氨基取代，称为氨基糖（amino sugar）。N-乙酰基-D-氨基葡萄糖是最著名的氨基糖之一，它是甲壳质（chitin）中多糖的主要组成成分。

N-乙酰基-D-氨基葡萄糖　　　　甲壳质

自然界中，甲壳质存在于低等植物菌类、藻类的细胞，甲壳动物虾、蟹、昆虫的外壳，高等植物的细胞壁等，其含量不低于丰富的纤维素，是除纤维素以外又一大类重要多糖。据估计，在自然界中每年生物合成的甲壳质多达 1000 亿吨。甲壳质的化学结构和植物纤维素非常相似，它是由 1000～3000 个 N-乙酰基-D-氨基葡萄糖残基通过 β-1,4-糖苷键相互连接而成的聚合物，分子量在 100 万以上。甲壳质应用范围很广泛，在工业上可作布料、衣物、染料、纸张和水处理等，在农业上可作杀虫剂、植物抗病毒剂、养鱼饲料，还被用作保湿剂、隐形眼镜、人工皮肤、缝合线、人工透析膜和人工血管等。此外，甲壳质还被用作机能性健康食品。

迄今发现的氨基糖已超过 60 种，其中许多与非糖成分共价结合，且具有生物活性。例如，抗癌药物柔红霉素中就含有氨基糖柔红霉糖结构单元：

柔红霉素 ⟹ 柔红霉糖

在自然界中，以游离形式存在的单糖和寡糖很少，它们主要以与其它非糖成分（或非糖配基）共价结合成缀合物的形式存在，如上述柔红霉素分子。许多多糖分子中也含有非糖成分。阅读资料 15-2 简单介绍了三类具有生理活性的糖缀合物，包括皂苷、糖脂和糖蛋白。

阅读资料15-2

关键词

碳水化合物	carbohydrate	变旋现象	mutarotation
糖	saccharide or sugars	Haworth 式	Haworth formula
单糖	monosaccharide	Mills 式	Mills formula
寡糖	oligosaccharide	还原糖	reducing sugar
多糖	polysaccharide	非还原糖	non-reducing sugar
丙糖	triose	糖的氧化	oxidation of sugar
丁糖	tetrose	糖的还原	reduction of sugar
戊糖	pentose	糖苷化	glycosidation
己糖	hexose	Fischer 糖苷化	Fischer glycosidation
醛糖	aldose	异头效应	anomeric effect
酮糖	ketose	糖的递升	chain lengthening of sugar
甘油醛	glyceraldehyde	糖的递降	degradation of sugar
赤藓糖	erythrose	Kiliani-Fischer 合成法	Kiliani-Fischer synthesis
核糖	ribose	Ruff 递降	Ruff degradation
葡萄糖	glucose	糖脎	osazone
苏阿糖	threose	蔗糖	sucrose
阿拉伯糖	arabinose	麦芽糖	maltose
木糖	xylose	乳糖	lactose
来苏糖	lyxose	棉籽糖	raffinose
甘露糖	mannose	环糊精	cyclodextrin
半乳糖	galactose	纤维素	cellulose
果糖	fructose	淀粉	starch
山梨糖	sorbose	氨基糖	amino sugar

习 题

15-1 推测下列每一步转化的产物结构：

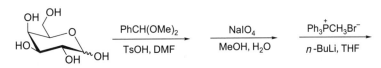

(*Chin. J. Org. Chem.* 2019，39，390～396)

15-2 在水中用硼氢化钠还原 D-阿卓糖得到一旋光活性分子 D-阿卓糖醇，但用同样的方法还原 D-阿洛糖，却得到一非旋光活性的六醇。试解释其原因。

15-3 利用 Kiliani-Fischer 合成法将 D-赤藓糖递升为两种五醛糖 A 和 B，A 经硝酸氧化得到一非旋光活性的糖二酸 C，B 经硝酸氧化得到一旋光活性的糖二酸 D。推测 A～D 的开链式结构（用 Fischer 投影式表示）。

15-4 D-果糖、乙基 α-D-吡喃葡萄糖苷和蔗糖能否分别与下列试剂反应？若能反应，请写出产物结构。

(1) Tollen 试剂（银氨溶液）；(2) Ac$_2$O，Py；(3) NH$_2$OH；(4) NaBH$_4$。

15-5* 写出下列反应的可能机理：

(1)

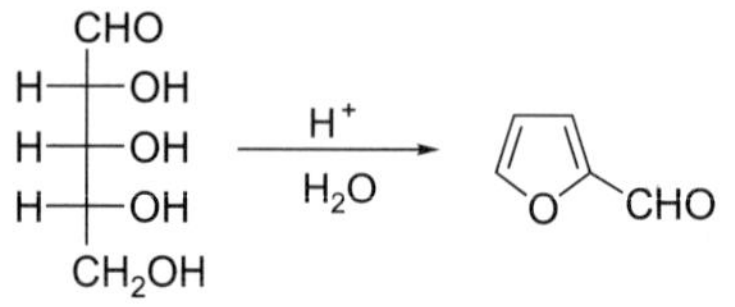

(2)

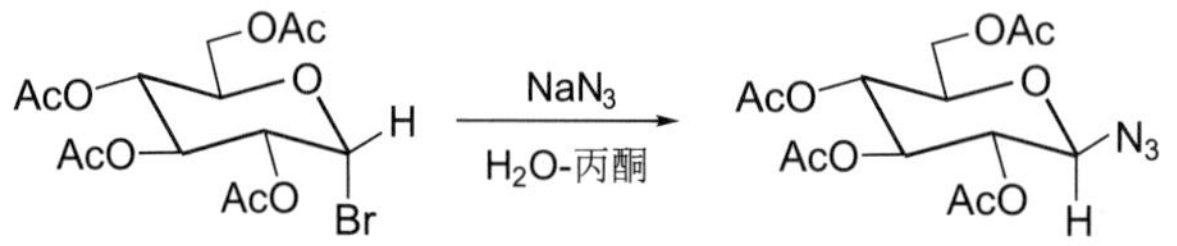

(*J. Chem. Educ.* 2012，943)

(3)

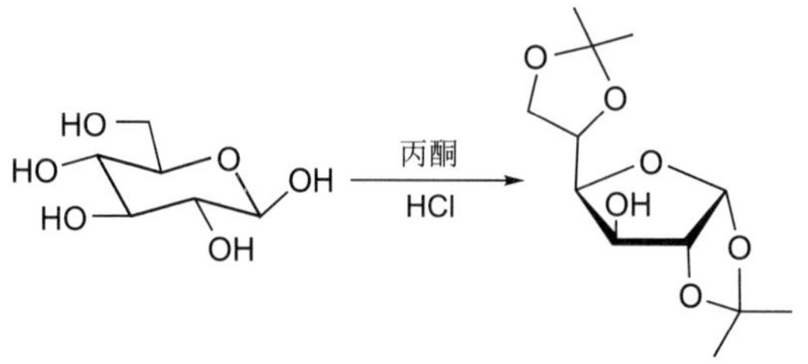

(4)

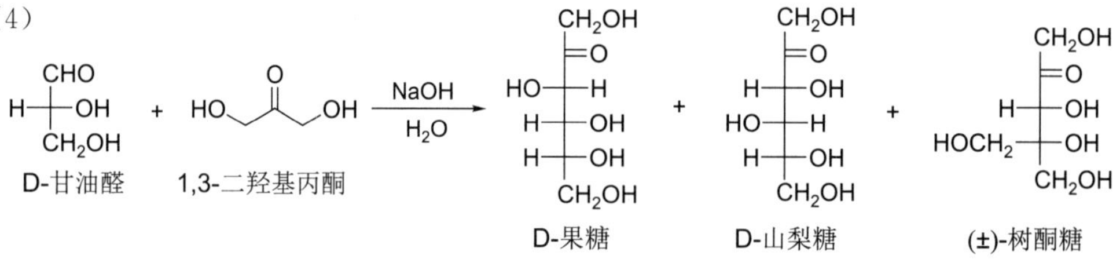

D-甘油醛　　1,3-二羟基丙酮　　　　　　D-果糖　　D-山梨糖　　(±)-树酮糖

15-6 甲基 β-D-吡喃葡糖苷与高碘酸反应得到甲酸和 A。一种未知的五醛糖甲基呋喃糖苷与高碘酸反应，只生成 A，而无甲酸产生。试推测这个未知物的结构。

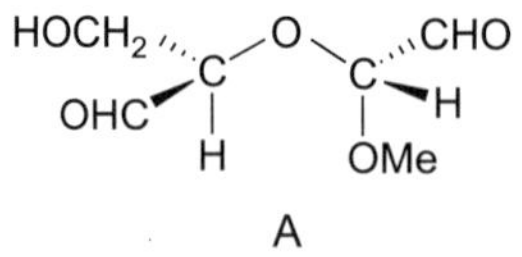

A

15-7 下面的合成方法称为 Weerman 递降法，试写出所空缺的试剂 (a) 和 (b)，以及中间体 A～D 和产物 E 的结构。

15-8 维生素 C 广泛存在于动植物中，动物的肝脏中通过四步反应由 D-葡萄糖合成维生素 C：D-葡萄糖→D-葡糖醛酸→D-葡糖醛酸-γ-内酯→L-古罗糖醛酸 γ-内酯→维生素 C。人类、猴、猪和鸟类缺乏催化最后一步反应的酶——L-古罗糖酸内酯氧化酶，这可能是由于在六千多万年以前突变而产生的缺陷基因所致。因此，人类必须从食物中或者通过人工合成来获取维生素 C。实际上，几乎所有的维生素营养品中维生素 C 都是合成的。下面是以 D-葡萄糖为起始原料的维生素 C 工业合成路线。试写出中间体 A、B 和 C 的结构式，以及所空缺的试剂 (a～d)。

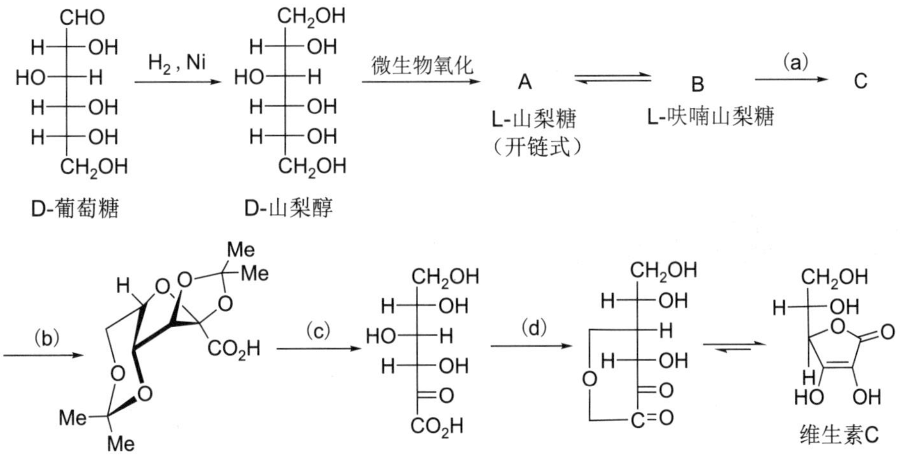

CHO → CH₂OH

D-葡萄糖 →(H₂, Ni)→ D-山梨醇 →(微生物氧化)→ A ⇌ B →(a)→ C

L-山梨糖
（开链式）

L-呋喃山梨糖

→(b)→ [结构] →(c)→ [结构] →(d)→ [结构] ⇌ 维生素C

15-9 异山梨醇二硝酸酯（isosorbide dinitrate）和异山梨醇单硝酸酯（isosorbide mononitrate）是一类治疗心绞痛的药物，其工业合成方法如下。试写出中间体 A 和 B 的结构式，以及所空缺的试剂（a～c），并解释从 A 到 B 转化的区域选择性。

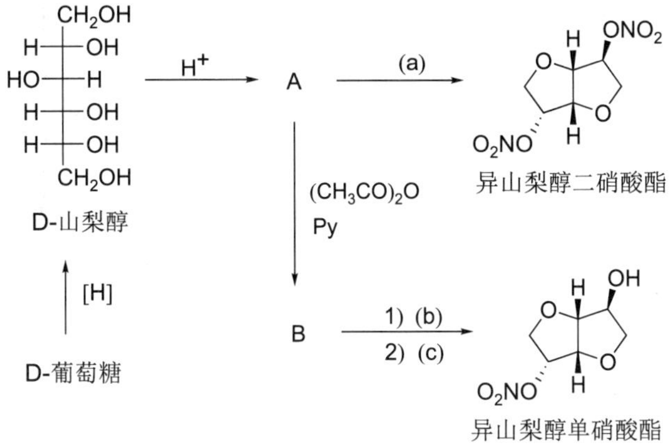

D-山梨醇 →(H⁺)→ A →(a)→ 异山梨醇二硝酸酯

D-山梨醇 →((CH₃CO)₂O, Py)→ B →(1) (b), 2) (c))→ 异山梨醇单硝酸酯

D-葡萄糖 →[H]→ D-山梨醇

15-10 写出下列寡糖的 Haworth 式：

（1）β-D-吡喃葡萄糖基-(1→4)-β-D-吡喃葡萄糖

（2）β-D-呋喃果糖基-(2→1)-β-D-呋喃果糖

第 **16** 章

氨基酸、肽、蛋白质及核酸

组成生命体系的物质很多，如激素、维生素、氨基酸、磷脂、单糖等生物小分子，以及蛋白质、核酸、多糖等生物大分子，但最基本的物质是蛋白质（protein）和核酸（nucleic acid）。蛋白质是一切生命活动的承担者，从二氧化碳的水合（即光合作用）到核酸的复制，无一不是在酶（enzyme）的催化下进行的，迄今发现的酶除极少数是具有催化活性的核酸外，绝大多数都是蛋白质。蛋白质含一条或多条多肽（polypeptide）链，它们都是由 20 种不同的氨基酸（amino acid）组成的。核酸则是遗传信息的承担者，生物体在什么部位产生什么蛋白质，在什么部位形成什么样的形状，什么植物开什么花，什么植物接什么果，所有这些信息都是由脱氧核糖核酸（DNA）分子中核苷酸的连接顺序（遗传密码）决定的。本章将主要讨论氨基酸和多肽的结构、性质和制备，并简要介绍蛋白质和核酸的结构。

16.1 氨基酸

16.1.1 氨基酸的结构与命名

氨基酸是带有氨基的羧酸。绝大多数天然氨基酸为 α-氨基酸，它们的通式为 $RCH(NH_2)CO_2H$，其中 R 基团可以是 H、烷基或芳基，它可以含有羟基、巯基、氨基、羧基、脒基或咪唑等基团。自然界中至少存在 500 种氨基酸，但从细菌到人，构成生物蛋白质的氨基酸仅有 20 种。除甘氨酸外，其它 19 种氨基酸的 α-碳均为手性碳，因此它们都是光学活性化合物。对于氨基酸构型的表示方法，与碳水化合物类似，迄今人们仍习惯用 D 或 L 表示，当然也可以用 R 或 S 表示。除半胱氨酸外，其余 18 种 L 构型氨基酸均为 S 构型。由蛋白质水解得到的手性天然氨基酸都为 L 型，它们与 L-甘油醛的构型之间的关系如下：

L-氨基酸　　　　　L-甘油醛

虽然可以用系统命名法给氨基酸命名，但通常习惯用俗名。20 种常见氨基酸的结构和中、英文俗名及缩写列于表 16-1 中。在这些氨基酸中，有 8 种人体不能合成，必需从食物中得到，如果缺少它们，会发生由于缺乏营养而引起的病症，因此这些氨基酸称为必需氨基酸（essential amino acid），在表 16-1 中用 * 号表示。人食用蛋白质后，蛋白质在消化道内全部水解为氨基酸，然后被各组织吸收，并用来合成各组织自身的蛋白质。人们可以从不同的食物中摄取不同的必需氨基酸，但并不能从同一种食物中得到所有的必需氨基酸，因此平衡饮食是非常重要的。

表 16-1　20 种常见氨基酸的结构和名称

结构式	中文名	英文名	三字符	单字符
$H_2N\text{—}\overset{CO_2H}{\underset{H}{\text{—}}}\text{—}H$	甘氨酸	glycine	Gly	G
$H_2N\text{—}\overset{CO_2H}{\underset{CH_3}{\text{—}}}\text{—}H$	丙氨酸	alanine	Ala	A
$H_2N\text{—}\overset{CO_2H}{\underset{CH(CH_3)_2}{\text{—}}}\text{—}H$	缬氨酸*	valine	Val	V
$H_2N\text{—}\overset{CO_2H}{\underset{CH_2CH(CH_3)_2}{\text{—}}}\text{—}H$	亮氨酸*	leucine	Leu	L
$H_2N\text{—}\overset{CO_2H}{\underset{CH(CH_3)CH_2CH_3}{\text{—}}}\text{—}H$	异亮氨酸*	isoleucine	Ile	I
$H_2N\text{—}\overset{CO_2H}{\underset{CH_2Ph}{\text{—}}}\text{—}H$	苯丙氨酸*	phenylalanine	Phe	F
$HN\text{—}\overset{COOH}{\text{—}}\text{—}H$ (环)	脯氨酸	proline	Pro	P
$H_2N\text{—}\overset{CO_2H}{\underset{CH_2\text{—}C_6H_4\text{—}OH}{\text{—}}}\text{—}H$	酪氨酸	tyrosine	Tyr	Y
$H_2N\text{—}\overset{CO_2H}{\underset{CH_2\text{—indole}}{\text{—}}}\text{—}H$	色氨酸*	tryptophan	Trp	W
$H_2N\text{—}\overset{CO_2H}{\underset{CH_2OH}{\text{—}}}\text{—}H$	丝氨酸	serine	Ser	S
$H_2N\text{—}\overset{CO_2H}{\underset{CH(OH)CH_3}{\text{—}}}\text{—}H$	苏氨酸*	threonine	Thr	T
$H_2N\text{—}\overset{CO_2H}{\underset{CH_2CO_2H}{\text{—}}}\text{—}H$	天冬氨酸	aspartic acid	Asp	D

结构式	中文名	英文名	三字符	单字符
H_2N—$CH(CO_2H)$—H, $CH_2CH_2CO_2H$	谷氨酸	glutamic acid	Glu	E
H_2N—$CH(CO_2H)$—H, CH_2CONH_2	天冬酰胺	asparagine	Asn	N
H_2N—$CH(CO_2H)$—H, $CH_2CH_2CONH_2$	谷氨酰胺	glutamine	Gln	Q
H_2N—$CH(CO_2H)$—H, CH_2SH	半胱氨酸	cysteine	Cys	C
H_2N—$CH(CO_2H)$—H, $CH_2CH_2SCH_3$	甲硫氨酸*	methionine	Met	M
H_2N—$CH(CO_2H)$—H, $CH_2CH_2CH_2CH_2NH_2$	赖氨酸*	lysine	Lys	K
H_2N—$CH(CO_2H)$—H, $CH_2CH_2CH_2NHCNH_2$ ($=NH$)	精氨酸	arginine	Arg	R
H_2N—$CH(CO_2H)$—H, CH_2— (咪唑环)	组氨酸	histidine	His	H

* 必需氨基酸。

　　自然界中存在很多非蛋白氨基酸，它们不参与蛋白质的合成，如 β-丙氨酸（即 3-氨基丙酸，缩写 β-Ala）、γ-氨基丁酸（即 4-氨基丁酸，缩写 GABA）、甲状腺素（thyroxine，缩写 Thx）等，其中大多具有重要的生理作用。β-丙氨酸是二肽类化合物肌肽（carnosine，即 β-丙氨酰-L-组氨酸）和鹅肌肽（anserine）以及维生素 B_5（vitamin B_5）分子的组成部分。GABA 是哺乳动物中枢神经系统中重要的抑制性神经递质，在人体大脑皮质、海马、丘脑、基底神经节和小脑中起重要作用，并对机体的多种功能具有调节作用。当人体内 GABA 缺乏时，会产生焦虑、不安、疲倦、忧虑等情绪，一般长久处于高压力族群的人很容易缺乏 GABA，需要及时补充，以便舒缓情绪。甲状腺素包括四碘甲状腺原氨酸（T_4）和三碘甲状腺原氨酸（T_3），其生理作用是促进体内物质和能量代谢。它能促进小肠对糖的吸收，促进肝糖元分解为葡萄糖，提高血糖浓度；还可使胆固醇加速转变为胆酸，胆酸盐具有帮助脂肪消化的作用，可使血清胆固醇含量降低。甲状腺功能亢进（俗称"甲亢"）患者由于甲状腺素分泌过多，机能代谢旺盛，加速了体内能源物质氧化分解，释放出过多热量。

β-丙氨酸
β-alanine

γ-氨基丁酸(4-氨基丁酸)
γ-aminobutyric acid

甲状腺素T_4: R = I
甲状腺素T_3: R = H

一些组成蛋白质的氨基酸还能够在体内代谢为生理活性物质。例如，L-多巴（L-dopa）就是从L-酪氨酸到儿茶酚胺的生化代谢过程中产生的一种重要中间体（详见阅读资料16-1 人脑中儿茶酚胺及一些痕量胺类化合物的生物合成途径）。在临床上，L-多巴是一种治疗帕金森综合征的药物，还可用于神经性厌食和控制痴呆等疾病。L-多巴能够通过血脑屏障从而进入脑细胞，并在脱羧酶的促进下转化为多巴胺（dopamine），后者是人脑内的一种神经递质，属于儿茶酚胺类化合物，主要负责传递情欲、兴奋及开心等信息，且有助于提高记忆力，而多巴胺不足则会令人失去控制肌肉的能力，严重者会导致帕金森症，但它不能通过血脑屏障，故直接给病人服用多巴胺是无效的。临床上常将L-多巴和一些L-氨基酸脱羧酶抑制剂联合使用，多巴脱羧酶抑制剂可在脑外抑制L-多巴脱羧成多巴胺，从而保证有更多的L-多巴进入大脑内脱羧成多巴胺。

阅读资料16-1

L-多巴 L-dopa → (L-氨基酸脱羧酶) → 多巴胺 dopamine

16.1.2 氨基酸的性质

(1) 氨基酸的酸性和碱性

氨基酸同时含有氨基和羧基，既是酸又是碱，是两性化合物。氨基酸既能与碱作用，又能与酸作用生成盐，在中性条件下则形成内盐，因此氨基酸在加热时分解而不是熔融，而且不溶于有机溶剂中。在水中的溶解度以及分解温度列于表16-2中。

表16-2 20种常见氨基酸的物理性质

氨基酸	溶解度(25℃)/(g/100mL H_2O)	分解温度/℃	pK_{a1}	pK_{a2}	pK_{a3}	pI
甘氨酸	25.0	233	2.34	9.60		5.97
丙氨酸	16.7	297	2.34	9.69		6.00
缬氨酸	8.9	315	2.32	9.62		5.96
亮氨酸	2.4	293	2.36	9.60		5.98
异亮氨酸	4.1	284	2.36	9.60		6.02
甲硫氨酸	3.4	280	2.28	9.21		5.74
脯氨酸	162.0	220	1.99	10.60		6.30
苯丙氨酸	3.0	283	1.83	9.13		5.48
色氨酸	1.1	289	2.83	9.39		5.89
天冬酰胺	3.5	234	2.02	8.80		5.41
谷氨酰胺	3.7	185	2.17	9.13		5.65
丝氨酸	5.0	228	2.21	9.15		5.68
苏氨酸	易溶	225	2.09	9.10		5.60
天冬氨酸	0.54	270	1.88	3.65	9.60	2.77
谷氨酸	0.86	247	2.19	4.25	9.67	3.22
酪氨酸	0.04	342	2.20	9.11	10.07	5.66
半胱氨酸	—	—	1.96	8.18	10.28	5.07
赖氨酸	易溶	225	2.18	8.96	10.53	9.74
精氨酸	15.0	244	2.17	9.04	12.48	10.76
组氨酸	4.2	287	1.82	6.00	9.17	7.59

在水溶液中，氨基酸的结构（存在形式）取决于 pH 值大小。例如，甘氨酸在中性溶液中的主要形式是两性离子（Ⅰ），但在强酸性（pH<1）溶液中主要以阳离子（Ⅱ）形式存在，在强碱性（pH>13）溶液中则主要为阴离子（Ⅲ），这些形式通过酸碱平衡相互转化：

$$H_3\overset{+}{N}CH_2COOH \underset{H^+}{\overset{OH^-}{\rightleftharpoons}} H_3\overset{+}{N}CH_2COO^- \underset{H^+}{\overset{OH^-}{\rightleftharpoons}} H_2NCH_2COO^-$$
$$(Ⅱ) \qquad\qquad (Ⅰ) \qquad\qquad (Ⅲ)$$

甘氨酸的盐酸盐在用碱滴定时，得到两个 pK_a 值：$pK_{a1}=2.34$，$pK_{a2}=9.60$。pK_{a1} 对应于如下电离平衡：

$$H_3\overset{+}{N}CH_2COOH \overset{K_{a1}}{\rightleftharpoons} H_3\overset{+}{N}CH_2COO^- + H^+ \qquad K_{a1}=\dfrac{[H^+][H_3\overset{+}{N}CH_2COO^-]}{[H_3\overset{+}{N}CH_2COOH]}$$

这个羧基的解离常数 K_{a1} 比醋酸（$pK_a=4.76$）大，是因为 H_3N^+ 基团强的吸电子诱导效应所致。pK_{a2} 则对应于如下电离平衡：

$$H_3\overset{+}{N}CH_2COO^- \overset{K_{a2}}{\rightleftharpoons} H_2NCH_2COO^- + H^+ \qquad K_{a2}=\dfrac{[H^+][H_2NCH_2COO^-]}{[H_3\overset{+}{N}CH_2COO^-]}$$

在滴定过程中，当碱的用量达到 0.5 倍量时，甘氨酸盐酸盐的一半被中和，这时甘氨酸盐酸盐与甘氨酸两性离子的浓度相等，溶液的 pH 值正好等于 pK_{a1}。继续滴定，当碱的用量达到 1 倍量时，溶液中甘氨酸两性离子的浓度达到极大值，分子的净电荷为零，称为等电点（isoelectric point），此时溶液的 pH 值相当于甘氨酸在纯水中的 pH 值，用 pI 表示。甘氨酸的 pI=5.97。氨基酸在等电点的溶解度达到极小值，可以结晶出来。当碱的量进一步增加到 1.5 倍量时，两性离子的一半被中和，此时两性离子与 $NH_2CH_2CO_2^-$ 的浓度相等，溶液的 pH 值正好等于 pK_{a2}。碱达到 2 倍量时，甘氨酸全部转化为 $NH_2CH_2CO_2^-$。

表 16-2 中列出了 20 种常见氨基酸的 pK_a 值数据。从表中可以看出，只含有一个氨基和一个羧基的氨基酸的 pK_{a1} 及 pK_{a2} 值都大致相近，pI 值约为 $(pK_{a1}+pK_{a2})/2$，都略偏酸性（5.41～6.30）。

有些氨基酸含有两个羧基或两个氨基，因此有三个 pK_a 值。例如，在天冬氨酸中，由于正离子基团（H_3N^+）的强吸电子诱导效应，距正离子基较近的羧基酸性较强；同样，在赖氨酸中，由于羧酸根负离子的吸电子诱导效应，距羧基较近的氨基的碱性较弱：

天冬氨酸   赖氨酸

在 pH=5.5 的水溶液中，赖氨酸、苯丙氨酸和谷氨酸以左侧页边图所示三种不同的形式存在。

（2）酯化反应

氨基酸分子中有羧基，可发生酯化反应。例如，将氨基酸悬浮于甲醇或乙醇中，通入氯化氢气体至饱和后，加热回流，可得到氨基酸甲酯或氨基酸乙酯的盐酸盐：

$$\begin{array}{c} RCHCO_2^- \\ | \\ \overset{+}{N}H_3 \end{array} \xrightarrow[HCl,\ \triangle]{EtOH} \begin{array}{c} RCHCO_2Et \\ | \\ \overset{+}{N}H_3\ Cl^- \end{array}$$

（3）酰基化反应

氨基酸的氨基可以与酸酐、酰氯等发生 N-酰基化反应。例如：

（左侧页边图）

$$\begin{array}{c} \overset{+}{N}H_3 \\ | \\ H_3\overset{+}{N}(CH_2)_4CHCO_2^- \end{array}$$
带一个正电荷

$$\begin{array}{c} \overset{+}{N}H_3 \\ | \\ PhCH_2CHCO_2^- \end{array}$$
电中性

$$\begin{array}{c} \overset{+}{N}H_3 \\ | \\ {}^-O_2CCH_2CH_2CHCO_2^- \end{array}$$
带一个负电荷

478   有机化学 第4版

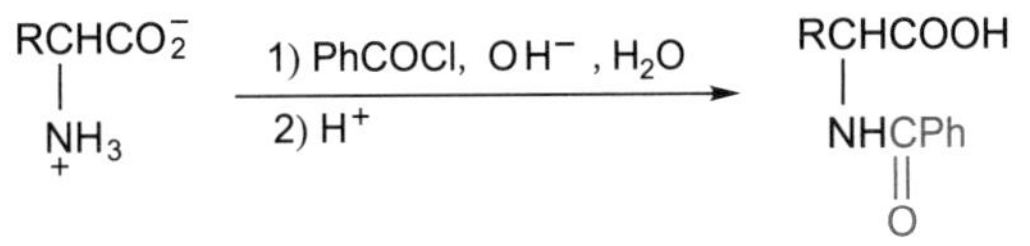

酰基化反应也是鉴定氨基酸的方法之一。例如，氨基酸与丹磺酰氯（dansyl chloride，DNS-Cl）反应得到的磺酰胺产物具有很强的荧光，可用于氨基酸的鉴定：

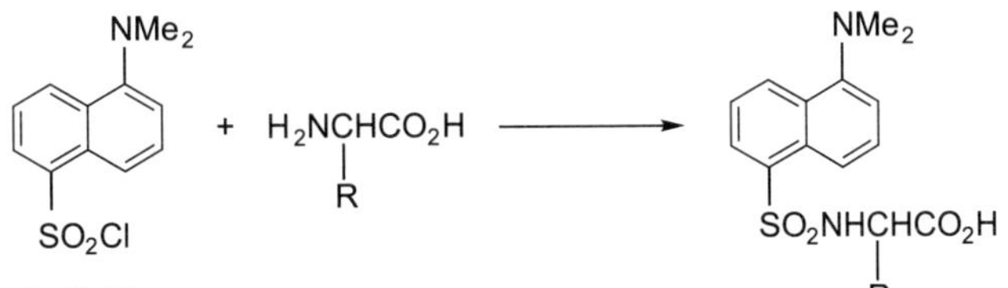

（4）亲电取代和氧化反应

中性的亲电试剂 I_2 能够选择性地与一些氨基酸侧链发生亲电取代反应，例如，酪氨酸中的苯环、色氨酸和组氨酸中的芳杂环。此外，半胱氨酸和甲硫氨酸（别名蛋氨酸）中的含硫基团也可被 I_2 氧化。因此，通过定量测定碘的消耗可以推测肽链中这些氨基酸残基的数目。

含有巯基的半胱氨酸很容易氧化为胱氨酸（cystine），这也是硫醇的特性。

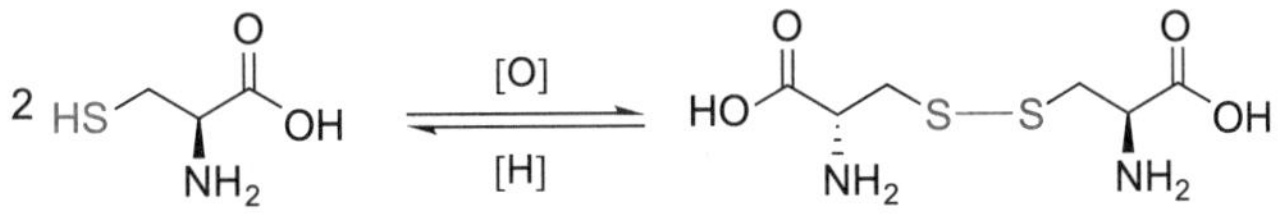

半胱氨酸　　　　　　　　　胱氨酸
(cysteine)　　　　　　　　　(cystine)

（5）水合茚三酮反应

氨基酸水溶液可与水合茚三酮（ninhydrin）反应，生成一种紫色物质，反应非常灵敏，是鉴定 α-氨基酸最简便、最迅速的方法。在这个反应中，氨基酸脱羧变为亚胺，水解后转化为醛：

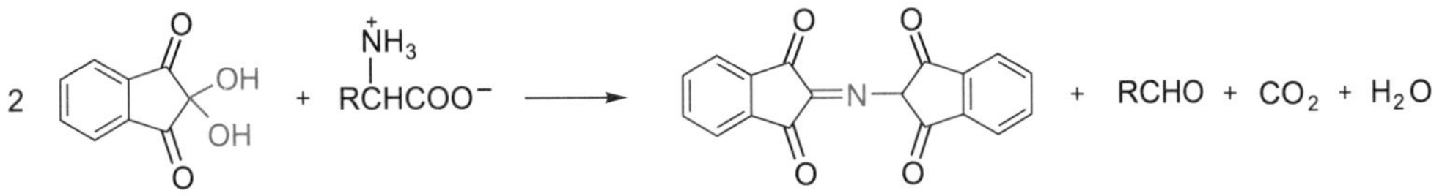

水合茚三酮　　　　　　　　　　　紫色物质

这个缩合反应的机理如下：

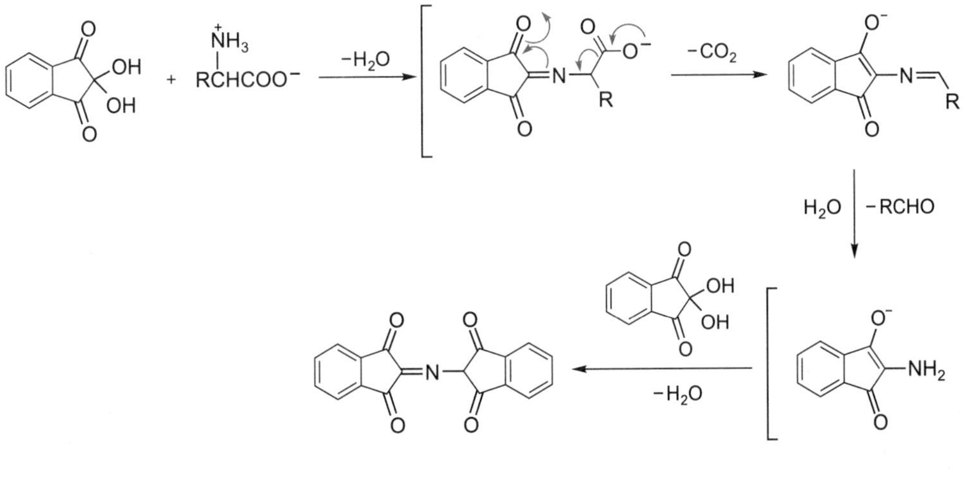

16.1.3　氨基酸的合成

（1）α-卤代酸的氨解

制备 α-氨基酸的一个简便方法是 α-卤代酸与过量氨的 S_N2 反应，例如，α-氯乙酸与过量的氨反应，生成甘氨酸：

$$ClCH_2COOH \xrightarrow[25℃,\ 48h]{NH_3,\ H_2O} H_3\overset{+}{N}CH_2CO_2^-$$

65%

利用卤代烷的氨解制备胺通常很难控制在生成伯胺一步，而得到伯、仲、叔胺和季铵盐的混合物。但 α-卤代酸氨解生成的伯胺则由于其羧酸根负离子强的吸电子诱导效应，降低了氨基的碱性和亲核性，氨基进一步烷基化的倾向较小，故反应可顺利得到 α-氨基酸。

（2）Gabriel 反应

Gabriel 反应是制备纯伯胺的重要方法，利用该方法可制备纯的氨基酸。以溴代丙二酸二乙酯为原料，可用 Gabriel 法合成多种氨基酸。例如，溴代丙二酸二乙酯与邻苯二甲酰亚胺的钾盐首先发生亲核取代，然后进行烷基化、酯水解、酰胺水解和脱羧后得到蛋氨酸：

（3）Strecker 反应

醛与氢氰酸反应生成 α-氰醇（见 10.4.1 节），如果在氨存在下，这个反应的产物为 α-氨基腈，其中间体是亚胺，α-氨基腈水解则得到 α-氨基酸。这个方法称为 Strecker 反应（或 Strecker 法）。例如：

$$CH_3CHO \xrightarrow[-H_2O]{NH_3} CH_3CH=NH \xrightarrow{HCN} CH_3-\underset{H}{\overset{NH_2}{C}}-CN \xrightarrow[\triangle]{H_3O^+} CH_3\overset{\overset{+}{N}H_3}{CH}CO_2^-$$

55%

在生命过程中，氨基酸的生物合成是以 α-酮酸为原料，在转氨酶的促进下和两种辅酶的协助下进行的，详见阅读资料 16-2。

阅读资料 16-2

★ 问题 16-4 下面是合成外消旋丝氨酸的一种方法，请推测第一步反应所用试剂 A 和中间体 B 的结构。

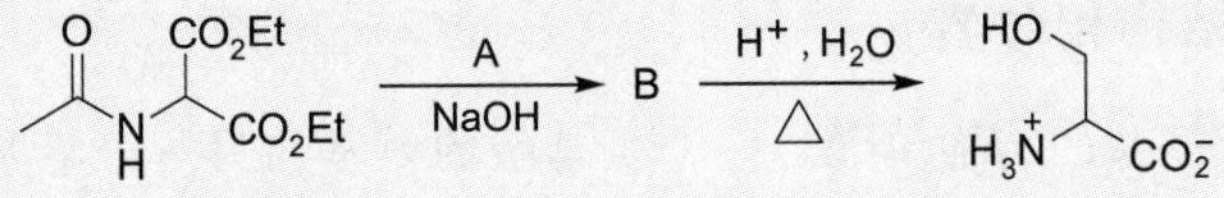

16.1.4 氨基酸的拆分

由上述氨基酸合成法得到的是外消旋的 D/L-氨基酸。然而，天然的氨基酸绝大多数是 L-型，在多肽和蛋白质以及一些药物的合成中需要光学纯的 L-氨基酸，因此需要将外消旋的氨基酸拆分成纯的对映体，或者用立体选择性方法直接合成出光学纯的氨基酸。拆分法通常是将外消旋的氨基酸的氨基用酰化的方法保护起来，生成的 N-酰基-氨基酸外消旋体与一种光学活性的胺或生物碱（如马钱子碱、麻黄碱等）作用，生成两种非对映体盐的混合物，然后用分步结晶的方法将两种盐分开，再分别脱去酰基和手性胺，可得到光学纯的 D-和 L-氨基酸。以缬氨酸的拆分为例，一般拆分过程如下：

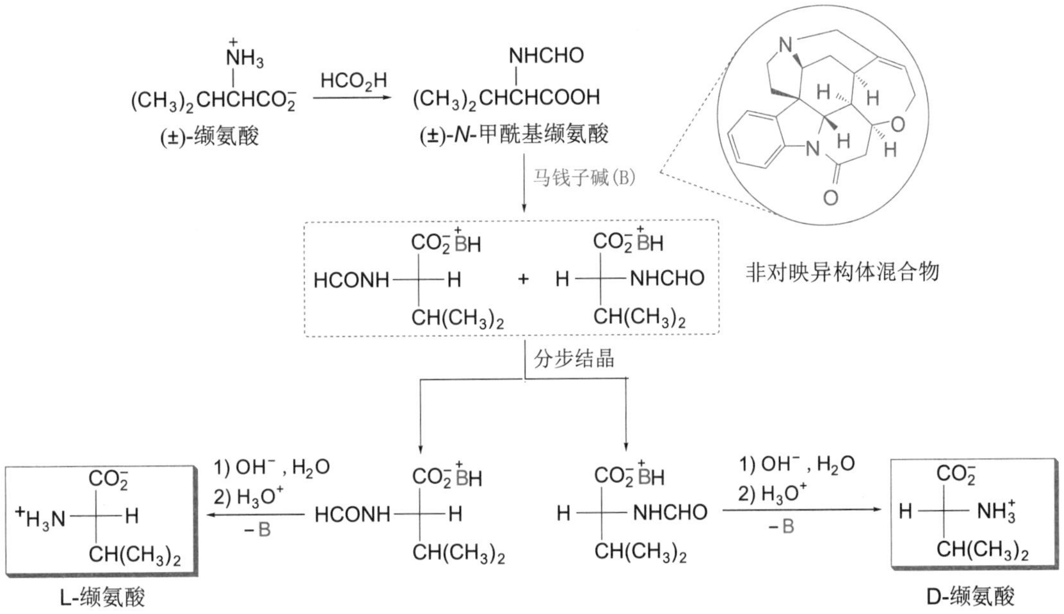

工业上有多种途径生产 L-氨基酸。例如，L-胱氨酸和 L-半胱氨酸由头发或羽毛的水解产物中分离得到，从明胶的水解液中可得到 L-脯氨酸；通过发酵的方法可生产出 L-苯丙氨酸、L-脯氨酸、L-精氨酸、L-组氨酸等许多氨基酸；还有一些氨基酸可用酶法生产，如在色氨酸酶催化下，由吲哚、丙酮酸和氨生产 L-色氨酸：

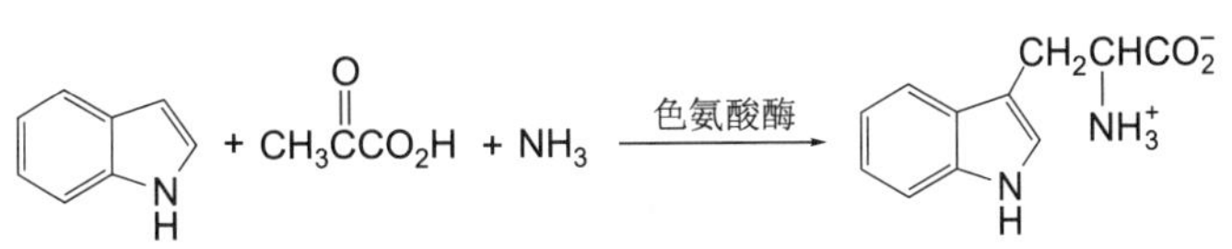

16.2 肽和蛋白质的结构

蛋白质是复杂的生物大分子，分子量通常都在 10000 以上。从化学结构上讲，肽与蛋白质之间没有严格的区别，它们都是由 20 种 L-氨基酸通过酰胺键连接而成的，它们同样具有较稳定的空间结构，只不过肽分子较蛋白质小。目前，习惯的区分是将分子量小于 10000（约含 100 个氨基酸残基结构单元）的称为肽，大于此值则称为蛋白质。肽也具有复杂的和多样的生理功能，它们在生物体内传递信息、调节细胞代谢活动和协调各机体的生理过程，在生命活动中起着非常重要的活动。

16.2.1　一级结构和命名

氨基酸是构成多肽的结构单元。一个氨基酸的氨基与另一个氨基酸的羧基失去一分子水而形成的酰胺键称为肽键，由 2～50 个的氨基酸通过肽键连接起来的多聚氨基酸称为多肽。例如，由一分子甘氨酸的羧基与一分子丙氨酸的氨基脱水缩合得到一个二肽，命名为甘氨酰-丙氨酸（glycyl-analine），可用符号表示为 Gly-Ala。这是将两种氨基酸的符号通过短线连接而成的表示方法，其中短线代表了肽键，当写在某个氨基酸符号的右侧时，意味着从该氨基酸的羧基（—COOH）去掉羟基后的残基；当写在某个氨基酸符号的左侧时，意味着从该氨基酸的氨基（—NH$_2$）去掉一个氢原子后的残基。同样，由甘氨酸、苯丙氨酸和丙氨酸形成的三肽命名为甘氨酰-苯丙氨酰-丙氨酸（glycyl-phenylalanyl-analine），用符号表示为 Gly-Phe-Ala。

甘氨酰-丙氨酸　　　　　　甘氨酰-苯丙氨酰-丙氨酸
Gly-Ala　　　　　　　　　Gly-Phe-Ala

在肽的名称和相应的分子式中，总是用左边的氨基酸的羧基酰化右边氨基酸的氨基。换言之，通常将肽链的 N-端（即游离或保护的氨基一端）写在左边，C-端（即游离或保护的羧基一端）写在右边。对于 L 构型的氨基酸残基，用符号表示肽的结构时不出现"L"字符；但对于 D 构型的氨基酸（属于稀有氨基酸），则需要在氨基酸的符号前加上"D-"，如二肽 Gly-D-Ala 中的丙氨酸残基为 D 构型。环肽（cyclic peptide）的名称由肽的名称（放在括号内）加前缀"环（cyclo-）"构成，如天然环肽 Yunnanin A 的名称可表示为环-(Gly-Gly-Pro-Phe-Pro-Gly-Tyr-)。如果肽链的 N-端或 C-端是被衍生化了的，在用符号表示时则需要写出取代的基团。例如，合成甜味剂阿斯巴甜（aspartame）是一个天冬氨酸和苯丙氨酸构成的二肽的甲酯，C-端是酯基，命名为天冬氨酰-苯丙氨酸甲酯（methyl aspartyl-phenylalaninate），用符号表示为 Asp-Phe-OMe。

Gly-D-Ala　　　　环-(Gly-Gly-Pro-Phe-Pro-Gly-Tyr-)　　　Asp-Phe-OMe
　　　　　　　　　　　　（俗名：Yunnanin A）　　　　　　　（俗名：阿斯巴甜）

多肽与蛋白质之间没有明显的界限，因为一些蛋白质只含一条多肽链。一种区分方法是看其分子量，一般将分子量大于 10000 的称为蛋白质（约含 100 个氨基酸的多肽），10000 以下的称为多肽。蛋白质部分水解时，常有几个肽键断裂，形成若干个多肽的混合物。蛋白质具有生理功能，一些内源性的多肽也具有重要的生理功能。例如，存在于血浆中的舒缓激肽（kallidin）是一种九肽，与血压的调节有关，它能增加毛细血管的通透性而引起白细胞渗出。

Arg-Pro-Pro-Gly-Phe-Ser-Pro-Phe-Arg
舒缓激肽

催产素（oxytocin）和后叶加压素（vasopressin）也是内源性九肽，产生于下丘脑。在它们的分子中，C-端的羧基以酰胺形式存在，故 C-端用"-Gly-NH$_2$"表示；N-端（1-位）的半胱氨酸残基和 6-位的半胱氨酸残基上的两个巯基氧化成二硫键（—S—S—键），在分子中形成一个环。催产素是一种肽类激素，具有促进子宫收缩和乳腺排乳等生理作用，医学上用于引产。后叶加压素是另一种肽类激素，具有调节细胞进水量的作用，还能够刺激毛细血管收缩，医学上用于心脏骤停病人的心脏复苏。

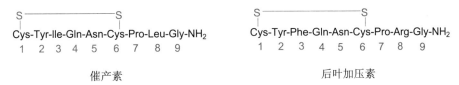

牛胰岛素（bovine insulin）是一种 51 肽，它有两条肽链：A 链为 21 肽，其中含 4 个半胱氨酸残基，B 链为 30 肽，含 2 个半胱氨酸残基，它们通过两个二硫键"桥"连接起来。

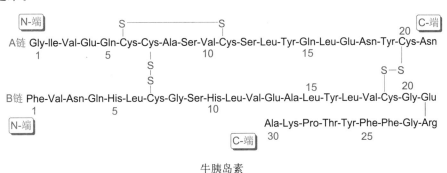

牛胰岛素

人胰岛素（human insulin）与牛胰岛素的结构非常相似，肽链中只有三个氨基酸不同：A 链 8 位由苏氨酸（Thr）代替丙氨酸（Ala），10 位由异亮氨酸（Ile）代替缬氨酸（Val）；B 链的 30 位由苏氨酸（Thr）代替丙氨酸（Ala）。胰岛素是人和动物胰脏中分泌出来的一种激素，它能够增加肝、肌肉和脂肪细胞膜的通透性，促进葡萄糖等物质从细胞外向细胞内转运，加速了葡萄糖的代谢，使血糖水平降低，因此胰岛素已被用来治疗糖尿病。胰岛素的分子量约为 6000，属于多肽，但也被认为是最小的蛋白质。

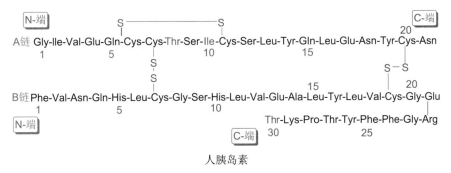

人胰岛素

肽链中氨基酸的连接顺序称为蛋白质的一级结构。它决定着蛋白质的高级结构、蛋白质的性质及生物功能。

16.2.2 二级和高级结构

多肽的酰胺键中，氮原子上的孤对电子可与羰基的 π 电子形成 p-π 共轭，X 射线衍射实验也表明酰胺键在同一平面上，而且 C—N 键长（132pm）要比一般的 C—N 单键（147pm）短一些，具有双键的特点。因此，C—N 键的自由旋转受到限制。但与酰胺键相连的其它基团可以绕键轴自由旋转，因此可以设想每个多肽链有无穷多个构象异构体。但实际上由于一些弱的化学键（如氢键、配位键等）的作用，使得某些构象更稳定，因而存在的可能性更大。

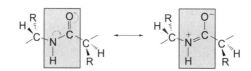

由于酰胺键的刚性以及氢键等其它非共价键作用，氨基酸残基在空间排列时，多肽链可以折叠形成二级结构。两种重要的二级结构为α-螺旋（α-helix）和β-折叠片（β-sheet）。

在蛋白质的肽链中，一些氨基酸残基上的羰基能与另一些氨基酸残基上的氨基形成氢键。如图 16-1(a) 所示，如果同一条肽链的第 n 个氨基酸残基的氨基能够与第 $(n-4)$ 个氨基酸残基的羰基之间形成氢键，则这段肽链就可以卷曲成一个上下内径大小相等的螺旋状结构，称为α-螺旋。沿着该螺旋每上升 540pm，可旋转一圈（相当于 3.6 个氨基酸残基）。在人胰岛素分子中，至少有四段以α-螺旋结构存在（见图 16-2，彩图可扫二维码查看）。羊毛中的α-角蛋白肽链大部分以α-螺旋结构存在，羊毛纤维拉伸时，α-螺旋区域的氢键断裂，但由于—S—S—桥的存在，限制了拉伸的程度，除去外力后氢键重新生成，纤维又恢复原状，显现出弹性。

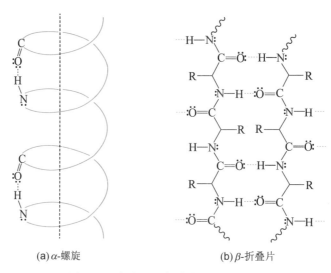

(a) α-螺旋　　　　　　(b) β-折叠片

图 16-1　多肽和蛋白质分子的二级结构

图16-2和图16-3(彩色)

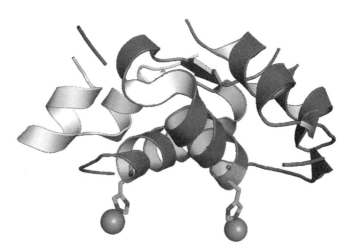

图 16-2　人胰岛素分子中的α-螺旋结构

β-折叠片的特征是肽链伸展成锯齿形，相邻的肽链平行排列，它们之间通过氢键结合。许多肽链排列成与扇面相似的折叠面，氨基酸残基中的侧链 R 交替伸向面上和面下，如图 16-1(b) 所示。蚕丝的主要成分丝心蛋白所含氨基酸大部分为甘氨酸、丝氨酸和丙氨酸等，它们的侧链都很小，有利于β-折叠片结构的形成，故丝心蛋白几乎完全以β-折叠片结构存在。

根据构象的不同，可将蛋白质分为纤维状蛋白和球状蛋白，前者一般是结构蛋白（如毛发等），后者则执行着多种多样的生理功能（如肌红蛋白、血红蛋白、酶和受体等）。对于球状蛋白，肽链在二级结构的基础上进一步沿着多个方向盘绕成近似球状结构，称为蛋白质的三级结构。

在脊椎动物中有两种天然的多肽具有载氧功能，即肌红蛋白（myoglobin，Mb）和血红蛋白（hemoglobin，Hb），它们的一级结构都含有 8 个 α-螺旋。肌红蛋白在肌肉中起作用，它储存氧并在需要时将氧释放出来。血红蛋白则存在于红细胞中，并负责传输氧。几乎所有的血红蛋白分子都由 4 个多肽亚基组成，分别为 2 个 α-亚基和 2 个 β-亚基。如图 16-3(a) 所示，血红蛋白分子的 α-链和 β-链的三级结构近似球形，每个亚基都有一个辅基血红素（heme）和一个氧结合部位，肽链在三维空间的折叠形成了一个疏水的孔穴，正好容纳一个血红素分子，而且在血红素辅基的附近有一个组氨酸残基，其咪唑环的氮能与血红素中的亚铁配位，而血红素的卟啉环上的两个羧基侧链可与附近肽链上的官能团形成氢键（图 16-4）。血红素的亚铁原子有 6 个配位的位置，其中 5 个与卟啉环和咪唑环上的氮原子配位，另一个位置则可与氧分子配位，这一结构特征赋予血红蛋白传输氧的生理功能。无氧存在时，血红蛋白血红素 Fe 原子的第 6 个配位位置是空着的，生成去氧血红蛋白；当有氧存在时，这个位置能够与氧结合形成氧合血红蛋白。

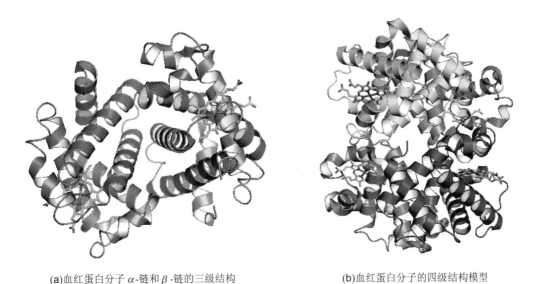

(a)血红蛋白分子 α-链和 β-链的三级结构　　　　(b)血红蛋白分子的四级结构模型

图 16-3　血红蛋白分子的三级结构和四级结构

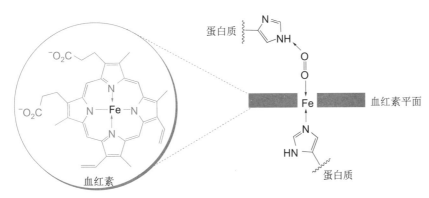

图 16-4　血红蛋白中的血红素辅基放大图

蛋白质还有四级结构，它是由两条或两条以上具有特定构象的肽链（即亚基）组成的，各亚基之间通过特定的方式相互结合。图 16-3(b) 是由 4 条肽链（即 2 条 α 链和 2 条 β 链）和 4 个血红素分子组成的血红蛋白四级结构，4 条肽链通过肽链上侧链基团之间的作用力自组装成 $\alpha2\beta2$ 形式的聚集体，分子式为 $C_{3032}H_{4816}O_{812}N_{780}S_8Fe_4$。

16.3 氨基酸序列测定

肽链上氨基酸的组成及其连接顺序，即氨基酸序列，决定了多肽和蛋白质的三维结构和生物学功能，因此氨基酸序列测定是一项重要工作。

16.3.1 氨基酸分析

用传统的方法测定氨基酸序列，首先需要知道肽链上含有哪些氨基酸以及它们的含量。通常，将纯化后的多肽用 6mol/L HCl 在 110℃加热 24h，使其完全水解，生成各种游离氨基酸的混合物，然后用离子交换色谱分析氨基酸混合物中各氨基酸的品种及其相对含量。离子交换色谱的色谱柱中装有含羧酸根或磺酸根离子的离子交换树脂，将氨基酸混合物装在色谱柱上端，用不同 pH 值的弱酸性缓冲溶液洗脱，不同结构的氨基酸以不同的速度从色谱柱下端流出，流出液经水合茚三酮显色后用分光光度计检测，自动记录得到色谱图，根据色谱图上各吸收峰的相对位置和面积，可确定出氨基酸的品种和相对含量。目前使用的氨基酸自动分析仪就是根据这一原理设计的。

16.3.2 N-端氨基酸的测定

异硫氰酸苯酯能够与多肽 N-端的氨基反应，生成苯基硫脲衍生物。该化合物在无水氯化氢、溴化氢或三氟乙酸作用下，发生一种关环反应，生成苯基硫代乙内酰脲（phenylthiohydantoin，PTH）衍生物，使 N-端氨基酸从肽链上断裂下来，肽链中的其它肽键不受影响。产生的 PTH 衍生物经鉴定即可推知 N-端原来的氨基酸。反应中同时产生的 N-端少一个氨基酸的多肽经分离后，可以继续与异硫氰酸苯酯反应，并用同样的方法测定其 N-端的氨基酸。重复这一循环，就可以测定出肽链中 N-端氨基酸的排列顺序，这种方法称为 Edman 降解，目前已实现自动化。

除了 Edman 降解法，N-端氨基酸分析还有其它方法，如 Sanger 法也是常用的一种方法。

★ 问题 16-5 Edman 降解反应经历了如右侧杂环化合物中间体，该中间体在酸性条件下重排为更稳定的苯基硫代乙内酰脲衍生物（PTH）。试写出 Edman 降解反应的机理。

$$Ph-N=\underset{\underset{O}{\overset{S}{\bigwedge}}}{\overset{\overset{H}{N}}{\bigvee}}R$$

PTH

16.3.3 C-端氨基酸的测定

C-端氨基酸可用羧肽酶选择性地从肽链上水解下来。羧肽酶只能切断与游离羧基相邻的肽键，因此，在多肽和羧肽酶的水溶液中，首先出现的游离氨基酸就是 C-端的第一个氨基酸。去掉一个氨基酸后剩下的多肽可继续水解，依次产生出 C-端的第二、第三和第四个氨基酸。这样根据氨基酸出现的时间，即可推断 C-端氨基酸的顺序。实际上，此方法最多只能测定 3～4 个 C-端氨基酸。

16.3.4 肽链的部分水解

在酶催化下，肽链可在特定的位置断裂，生成部分水解产物，从而使一个长的肽链分解为许多小的短肽。例如，胰蛋白酶是胰岛分泌出的一种促进消化的酶，它能够选择性地水解肽链上赖氨酸和精氨酸之间的肽键。糜蛋白酶则能够选择性地水解苯丙氨酸、酪氨酸和色氨酸的羧基处的肽键。使用不同的酶，将长的肽链部分水解为不同的小肽，然后分离这些小肽，再进行上述的氨基酸分析、N-端分析和 C-端分析，这样多次地重复分析，并对获得的结果进行"拼接"，可以得到整个肽链的氨基酸顺序。

16.4 多肽的合成

两种不同的氨基酸脱水缩合，可得到含有 4 种二肽以及三肽、四肽等多肽的复杂混合物，例如由甘氨酸和丙氨酸缩合能生成甘氨酰-丙氨酸、丙氨酰-甘氨酸、甘氨酰-甘氨酸、丙氨酰-丙氨酸、甘氨酰-丙氨酰-甘氨酸、甘氨酰-丙氨酰-丙氨酸等。因此由不同的氨基酸合成具有一定序列的多肽，必须对氨基和羧基分别保护起来，使肽键只能在指定的羧基和氨基之间生成；其次对羧基也要进行适当的活化，使肽键能够顺利生成，最后脱去保护基团。

16.4.1 氨基的保护与脱保护

氨基通常用苄氧羰基（$C_6H_5CH_2OCO—$，用符号 Cbz 或 Z 表示）来保护。氨基酸与氯甲酸苄酯在碱性条件下反应，生成 N-苄氧羰基氨基酸。苄氧羰基可用催化氢化法在很温和的条件下脱去。

$$H_3\overset{+}{N}CH_2CO_2^- + PhCH_2O\overset{\overset{O}{\|}}{C}Cl \xrightarrow[\text{2) } H_3O^+]{\text{1) NaOH, } H_2O} PhCH_2O\overset{\overset{O}{\|}}{C}NHCH_2CO_2H$$

N-苄氧羰基甘氨酸

$$PhCH_2O\overset{\overset{O}{\|}}{C}NHCH_2CO_2H \xrightarrow[\text{Pd/C}]{H_2} H_3\overset{+}{N}CH_2CO_2^- + CO_2 + PhCH_3$$

叔丁氧羰基（用符号 Boc 表示）是另一常用的氨基保护基团。引入这个保护基团的试剂是二碳酸双叔丁酯，称为 Boc 试剂。用 Boc 基团保护的氨基酸或多肽可在无水条件下用酸处理脱去保护基团，在此条件下肽键不受影响。

$$H_3\overset{+}{N}\overset{\overset{R}{|}}{C}HCO_2^- + (CH_3)_3CO\overset{\overset{O}{\|}}{C}O\overset{\overset{O}{\|}}{C}OC(CH_3)_3 \xrightarrow[\substack{-CO_2 \\ -(CH_3)_3COH}]{NEt_3} Boc NH\overset{\overset{R}{|}}{C}HCO_2H$$

Boc试剂

$$Boc NH\overset{\overset{R}{|}}{C}HCO_2H \xrightarrow[25℃]{H^+} H_3\overset{+}{N}\overset{\overset{R}{|}}{C}HCO_2^- + CO_2 + H_2C=C(CH_3)_2$$

16.4.2　羧基的保护与脱保护

保护羧基的方法是将氨基酸的羧基转化为简单的酯，如甲酯、乙酯，用碱处理可脱去保护基团。但用碱处理有可能导致产物的消旋化，故最常用的保护基团为叔丁酯和苄酯。叔丁酯在酸性条件下即可水解；若用苄酯保护，可在温和的中性条件下用催化氢化法脱去苄基。如苯丙氨酰甘氨酸（Phe-Gly）的合成。

$$PhCH_2OCNHCHCNHCH_2COCH_2Ph \xrightarrow[Pd/C]{H_2} H_3\overset{+}{N}CHCNHCH_2CO_2^- + 2\,PhCH_3 + CO_2$$

$$\underset{CH_2Ph}{|} \qquad\qquad \underset{CH_2Ph}{|}$$

Phe-Gly

16.4.3　肽键的生成

要使一种氨基保护的氨基酸与另一种羧基保护的氨基酸缩合形成肽键，必须对后者的游离羧基进行活化，以便在温和的条件下与游离氨基反应生成酰胺。最常用的活化羧基的试剂为 DCC。DCC 与羧基作用生成 O-酰基异脲，这种活化了的羧基与酸酐和酰氯相似，能够与胺发生亲核取代反应，生成酰胺和 DCU（详见 11.4.2 节和 11.4.5 节）。

$$R-C\overset{O}{\underset{OH}{\|}} \xrightarrow{DCC} \left[\begin{array}{c} O \\ \| \\ R-C-O \end{array} \right] \xrightarrow[-DCU]{R'NH_2} R-C\overset{O}{\underset{H}{\|}}N-R'$$

O-酰基异脲

在 DCC 存在下，氨基保护的氨基酸与羧基保护的氨基酸在有机溶剂中缩合生成 C-端和 N-端保护的二肽，脱去两个保护基团后得到二肽。如果选择性地脱去二肽中的一个保护基团，如 C-端保护基团，则可接着与羧基保护氨基酸缩合，脱去保护基团后得到三肽，以此方式能够合成更大的多肽。例如：

$$BocNHCH_2CO_2H + H_2NCHCO_2CH_2Ph \atop CH_3 \xrightarrow{DCC} BocNHCH_2CONHCHCO_2CH_2Ph \atop CH_3$$

$$\xrightarrow[2)\ H_2,\ Pd/C]{1)\ H_3^+O} H_3\overset{+}{N}CH_2CONHCHCO_2^- \atop CH_3$$

Gly-Ala

$$\Big\downarrow H_2,\ Pd/C$$

$$BocNHCH_2CONHCHCO_2H \atop CH_3 \xrightarrow[\substack{2)\ H_3O^+ \\ 3)\ H_2,\ Pd/C}]{1)\ H_2NCH_2CO_2CH_2Ph,\ DCC} H_3\overset{+}{N}CH_2CONHCHCONHCH_2CO_2^- \atop CH_3$$

Gly-Ala-Gly

合成长链多肽时，通常先合成出几种较小的多肽，然后将它们连接起来，脱去保护基团后，即得到所需要的长链多肽。1965 年，我国化学家利用这种方法首次成功地合成了由 51 个氨基酸残基组成的牛胰岛素，其生物活性与天然牛胰岛素相似。

人工合成牛胰岛素
的中国故事

16.4.4　多肽的固相合成

在多肽合成中，每生成一个肽键，都需要经过官能团保护、缩合、去保护等操作步骤，加上每一步产物的分离纯化，操作相当复杂而且费时。为此，1962 年 Merrifield 发明了固相多肽合成技术：即多肽合成的每一步反应都是在固相载体上进行的，而每一步产物的分离纯化只需要用溶剂洗涤固相载体即可。

固相多肽合成中所用的固相载体为珠状的苯乙烯与二苯乙烯的交联共聚物经氯甲基化后得到的氯甲基化树脂，称为 Merrifield 树脂：

$$\equiv \text{ClH}_2\text{C}-\bigcirc$$

Merrifield 树脂

固相多肽合成的基本步骤为：（1）将用 Boc 保护的氨基酸在碱性溶液中连接到 Merrifield 树脂上；（2）用酸处理脱去上步产物中氨基上的保护基团 Boc；（3）上步产物与 Boc 保护的氨基酸在 DCC 存在下缩合；（4）用酸处理脱去上步产物中的保护基团 Boc；（5）用氢氟酸将得到的二肽从树脂上切割下来。以上每步反应结束后，用溶剂洗涤树脂，可除去多余的试剂和副产物，达到纯化产物的目的。例如：

$$\text{BocNHCHCO}_2^- + \text{ClH}_2\text{C}\bigcirc \xrightarrow{(1)} \text{BocNHCHCO}_2\text{CH}_2\bigcirc \xrightarrow[\text{CF}_3\text{COOH, CH}_2\text{Cl}_2]{(2)} \text{H}_2\text{NCHCO}_2\text{CH}_2\bigcirc \xrightarrow[\substack{\text{R}_2 \\ \text{BocNHCHCO}_2\text{H} \\ \text{DCC}}]{(3)}$$

$$\text{BocNHCHCONHCHCO}_2\text{CH}_2\bigcirc \xrightarrow[\text{CF}_3\text{COOH,CH}_2\text{Cl}_2]{(4)} \text{H}_2\text{NCHCONHCHCO}_2\text{CH}_2\bigcirc \xrightarrow[\text{HF}]{(5)} \text{H}_2\text{NCHCONHCHCO}_2\text{H} + \text{FCH}_2\bigcirc$$

如果循环上述（3）、（4）两步操作，最后将产物从树脂上切下，可得到更长的多肽。这种固相合成法的优点是：①可以用过量的试剂，从而使反应能够更快和更有效地进行；②多余的试剂、副产物和溶剂容易洗涤除去，因此合成操作简便、省时；③可实现自动化合成。1969 年，Merrifield 用自动化的多肽合成仪合成了一种 124 肽——核糖核酸酶，整个过程含 369 个反应和 11391 步操作，只用了 6 周时间。

★ 问题 16-6　下列化合物中哪些可用作合成异亮氨酰-甘氨酸的起始原料？请写出实现这一合成的路线。

(a) (b) (c)

(d) (e) (f)

★ 问题 16-7　下列化合物中哪些可用作合成甜味剂阿斯巴甜（Asp-Phe-OMe）的起始原料？请用这些原料和适当的试剂合成阿斯巴甜。

(a) (b) (c) EtOH

(d) (e) (f) MeOH

16.5　核酸

核酸分为核糖核酸（ribonucleic acid，RNA）和脱氧核糖核酸（deoxyribonucleic acid，DNA）两大类。所有生物的细胞都含有这两类核酸，它们占细胞干重的 5%～15%。DNA 主要存在于细胞核中，线粒体、叶绿体也含 DNA；RNA 则主要分布于细胞质中。对于病毒来说，要么只含 RNA（称为 RNA 病毒），要么只含 DNA（称为 DNA 病毒），还没有发现同时含 DNA 和 RNA 的病毒。

就像氨基酸组成多肽和蛋白质一样，核酸是由核苷酸（nucleotide）聚合而成的生物大分子。核苷酸是核苷（nucleoside）与磷酸形成的磷酸酯，核苷由一个碱基和一个戊糖（核糖或脱氧核糖）结合而成。核酸的基本化学组成见表 16-3。

表 16-3　DNA 和 RNA 的基本化学组成

核酸	DNA				RNA			
碱基	腺嘌呤(A)	鸟嘌呤(G)	胸腺嘧啶(T)	胞嘧啶(C)	腺嘌呤(A)	鸟嘌呤(G)	尿嘧啶(U)	胞嘧啶(C)
戊糖	脱氧核糖				核糖			
酸	磷酸				磷酸			

16.5.1　碱基与戊糖

DNA 彻底水解后得到脱氧核糖、磷酸以及四种碱基：腺嘌呤、鸟嘌呤、胞嘧啶和胸腺嘧啶；而 RNA 彻底水解后得到核糖、磷酸以及四种碱基：腺嘌呤、鸟嘌呤、胞嘧啶和尿嘧啶。这些碱基的结构如下：

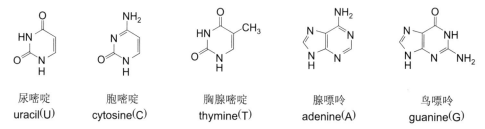

尿嘧啶	胞嘧啶	胸腺嘧啶	腺嘌呤	鸟嘌呤
uracil(U)	cytosine(C)	thymine(T)	adenine(A)	guanine(G)

在核酸中，核糖和脱氧核糖均以五元环的呋喃糖形式存在：

核糖　　　　　　　　2-脱氧核糖
ribose　　　　　　　2-deoxyribose

16.5.2　核苷和核苷酸

核苷由戊糖和碱基缩合而成，并以苷键相连。戊糖的 C1 与嘧啶碱基的 N1 或嘌呤碱基的 N9 之间形成连键，称为 N-苷键。N-苷键有 α-和 β-两种可能的构型，但在核酸分子中均为 β-型。核苷分为核糖核苷和脱氧核糖核苷两大类。例如，胞嘧啶核苷（简称胞苷）属于核糖核苷，而腺嘌呤脱氧核苷（简称脱氧腺苷）属于脱氧核糖核苷：

胞嘧啶核苷(胞苷)　　　　腺嘌呤脱氧核苷(腺苷)
cytidine　　　　　　　　deoxyadenosine

在给核苷编号时，以碱基作为母核，碱基环的编号用 1、2、3……表示，戊糖环的编号则用 $1'$、$2'$、$3'$……表示。

核苷分子中戊糖上的羟基被磷酸酯化，就形成核苷酸。磷酸酯基可在 $3'$-位形成，也可在 $5'$-位形成，例如，$3'$-胞嘧啶脱氧核苷酸（简称 $3'$-脱氧胞苷酸）和 $5'$-腺嘌呤核苷酸（简称 $5'$-腺苷酸）。生物体中存在的游离核苷酸多是 $5'$-核苷酸。

3'-胞嘧啶脱氧核苷酸(3'-脱氧胞苷酸)
3'-deoxycytidine monophosphate(3'-dCMP)

5'-腺嘌呤核苷酸(5'-腺苷酸)
5'-adenosine monophosphate(5'-AMP)

与核苷相对应，核苷酸也有两大类，即核糖核苷酸和脱氧核糖核苷酸。常见核苷和核苷酸的中英文名称列于表 16-4 中。

表 16-4　常见的核苷和核苷酸中英文名称

碱　基	核糖核苷和核糖核苷酸	脱氧核糖核苷和脱氧核糖核苷酸
腺嘌呤	腺嘌呤核苷（腺苷） adenosine 腺嘌呤核苷酸 adenosine monophosphate（AMP）	腺嘌呤脱氧核苷（脱氧腺苷） deoxyadenosine 腺嘌呤脱氧核苷酸（脱氧腺苷酸） deoxyadenosine monophosphate（dAMP）
鸟嘌呤	鸟嘌呤核苷（鸟苷） guanosine 鸟嘌呤核苷酸（鸟苷酸） guanosine monophosphate（GMP）	鸟嘌呤脱氧核苷（脱氧鸟苷） （deoxyguanosine） 鸟嘌呤脱氧核苷酸（脱氧鸟苷酸） deoxyguanosine monophosphate（dGMP）
胸腺嘧啶		胸腺嘧啶脱氧核苷（脱氧胸苷） deoxythimidine 胸腺嘧啶脱氧核苷酸（脱氧胸苷酸） deoxythimidine monophosphate（dTMP）
尿嘧啶	尿嘧啶核苷（尿苷） uridine 尿嘧啶核苷酸（尿苷酸） uridine monophosphate（UMP）	
胞嘧啶	胞嘧啶核苷（胞苷） cytidine 胞嘧啶核苷酸（胞苷酸） cytidine monophosphate（CMP）	胞嘧啶脱氧核苷（脱氧胞苷） deoxycytidine 胞嘧啶脱氧核苷酸（脱氧胞苷酸） deoxycytidine monophosphate（dCMP）

当腺嘌呤核苷的 5'-位连有一个三磷酸基团时，这个化合物称为腺嘌呤核苷-5'-(三磷酸酯)，俗称腺苷三磷酸酯（adenosine triphosphate，ATP）。ATP 是高能化合物，在所有生物的生命活动中都起着重要作用，相关生化知识介绍见阅读资料 16-3 高能磷酸化合物 ATP。

阅读资料16-3

ATP

16.5.3　核酸的一级结构

不同的核苷酸按一定的顺序通过 3'-和 5'-位的磷酸酯键连接成一条很长的链，构成了核酸。核酸有酸性，在中性水溶液中以多价负离子形式存在，在活细胞中则与碱性蛋白、多元胺或碱土金属离子（如 Mg^{2+}）结合。图 16-5 是 DNA 和 RNA 分子一级结构（单链）的一个片段。

DNA 和 RNA 的一级结构指的是其分子中核苷酸的连接顺序。由于在 DNA 或 RNA 链中，每个核苷酸残基的戊糖部分都是相同的，不同的只在于碱基部分，因此核苷酸的连接顺序也可以说成是碱基的顺序。核酸的一级结构可用碱基的缩写字母加连字符表示，

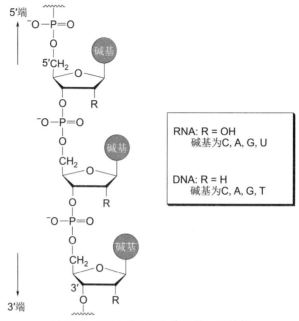

图 16-5　DNA 和 RNA 分子的一级结构

如-A-A-T-C-G-T-G-G-G-（片段），也可以不用连字符，如 AATCGTGGG （片段）。

从生物学功能上讲，由 20 种不同的氨基酸组成的蛋白质所发挥的作用种类繁多，如各种各样的结构蛋白、酶和激素等，而由五种不同的碱基组成的核酸的功能则比较单一，其中 DNA 只起到储存遗传信息的作用。除了极少数具有催化功能的 RNA 外，RNA 仅负责合成蛋白质。

16.5.4　DNA 双螺旋结构

核酸（特别是 DNA）能够形成非常长的链，其分子量可高达 1500 亿。与蛋白质一样，核酸也有二级和三级结构。早期研究 DNA 的成分时发现，DNA 水解后得到的四种碱基的含量随 DNA 的来源不同而有很大差异，但所有的 DNA 都有一个共同的特点：即鸟嘌呤（A）和胞嘧啶（T），腺嘌呤（G）和胸腺嘧啶（C）的含量比均为 1:1。在此基础上，J. D. Watson 和 F. H. C. Crick 根据 X 射线衍射研究数据，于 1953 年提出了 DNA 双螺旋（DNA double helix）结构模型（见图 16-6）。在双螺旋结构中，DNA 以双股核苷酸链的形式存在，在双链之间，根据其碱基的性质，存在着严格的碱基两两配对的关系，即一条链上的碱基 A 与另一条链上的碱基 T 通过两个氢键配对，称为碱基对（base pair），同样 G 和 C 之间通过三个氢键配对，而且只能是 A-T 和 G-C 配对，而不会是 A-G 和 T-C 配对，这一规律称为碱基配对原则（base pairing rules）。

如果一条 DNA 链的一个片段具有-A-T-T-T-T-G-G-C-C-的碱基顺序，则这个片段一定与互补链上的-T-A-A-A-A-C-C-G-G-序列通过氢键结合：

```
~~~~A-T-T-T-T-G-G-C-C~~~~
        ┊ ┊ ┊ ┊ ┊ ┊ ┊ ┊ ┊
~~~~T-A-A-A-A-C-C-G-G~~~~
```

能够使 DNA 双链间的氢键作用最强、而空间排斥力最小的空间排列是两条链绕同一轴盘绕，形成右手双螺旋，碱基对被裹在螺旋的内部，其平面与中心轴垂直，脱氧核糖基和磷酸酯基在螺旋外。

DNA 双螺旋结构在生理状态下是很稳定的。维持这种稳定性的主要因素包括碱基

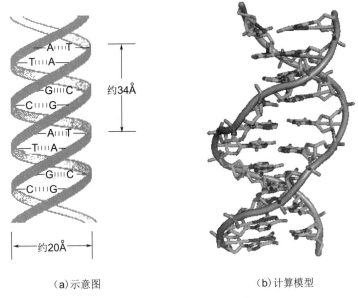

(a)示意图　　　　　　　　　(b)计算模型

图 16-6　DNA 双螺旋结构模型（1Å＝0.1nm）

堆积作用、疏水作用、氢键等。嘌呤和嘧啶碱基形状扁平，呈疏水性，分布于双螺旋结构内侧。大量碱基层层堆积，两相邻碱基的平面非常接近，从而使双螺旋结构内部形成一个强大的疏水区，与介质中的水分子隔开。此外，各碱基对之间的氢键对 DNA 双螺旋结构稳定也有较大的贡献。

DNA 分子往往很长，可用电镜直接测量其长度。大肠杆菌染色体 DNA 的长度为 1.4mm，由 4×10^6 个碱基对组成。人的 DNA 分子长度为 0.99m，由 2.9×10^9（约 30 亿）个碱基对组成。有人做了一个有趣的统计，若把组成我们每一个人体的约 3×10^{14} 个细胞中的 DNA 长度加和，其长度可自地球到太阳来回一百次以上。这是多么惊人的天文数字。然而，当这么长的 DNA 云梯分散在一个人体的几千亿个细胞中时，非借助电镜是无法找到它们的。

DNA 双螺旋结构的发现是生命科学发展的一个里程碑，它揭开了分子生物学研究的序幕，奠定了分子遗传学的基础。DNA 双螺旋的解聚、复制、再聚合，是基因重组技术的基础。在双螺旋结构基础上发现的由三个核苷酸的序列决定一个氨基酸的编码，又使基因复制和蛋白质的生物合成联系起来。这些生命科学研究领域的重大突破，从分子水平上揭示了生命现象的部分奥秘。

关键词

蛋白质	protein	α-螺旋	α-helix
肽	peptide	β-折叠片	β-sheet
氨基酸	amino acid	肌红蛋白	myoglobin
核酸	nucleic acid	血红蛋白	hemoglobin
核糖核酸	ribonucleic acid(RNA)	血红素	heme
脱氧核糖核酸	deoxyribonucleic acid(DNA)	Edman 降解法	Edman degradation
氨基酸的酸性	acidity of amino acid	多肽合成	synthesis of polypeptide
氨基酸的碱性	basicity of amino acid	固相合成	solid phase synthesis
等电点	isoelectric point	Merrifield 树脂	Merrifield resin
氨基酸的合成	synthesis of amino acid	核苷酸	nucleotide
Gabriel 反应	Gabriel reaction	核苷	nucleoside
Strecker 反应	Strecker reaction	碱基	base
氨基酸的拆分	resolution of amino acid	DNA 双螺旋结构	DNA double helix
胰岛素	insulin	碱基配对原则	base pairing rules

习 题

16-1 用系统命名法命名下列氨基酸：

(1)

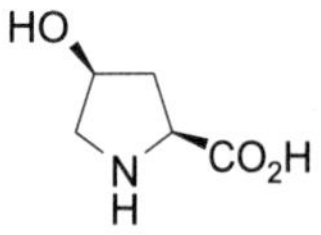

(2)

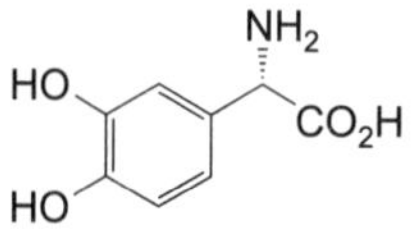

(3)

(4)

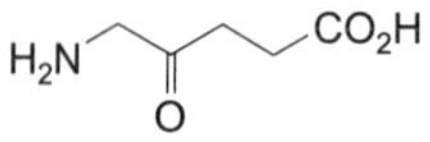

(5)

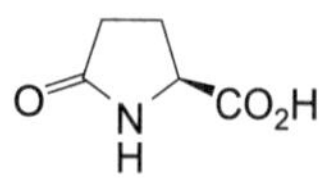

16-2 完成下列反应：

(1)

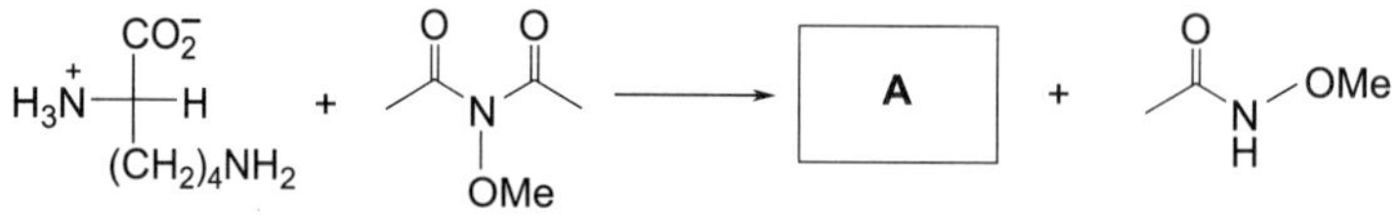

（*Tetrahedron Lett.* 1990，*31*，243）

(2)

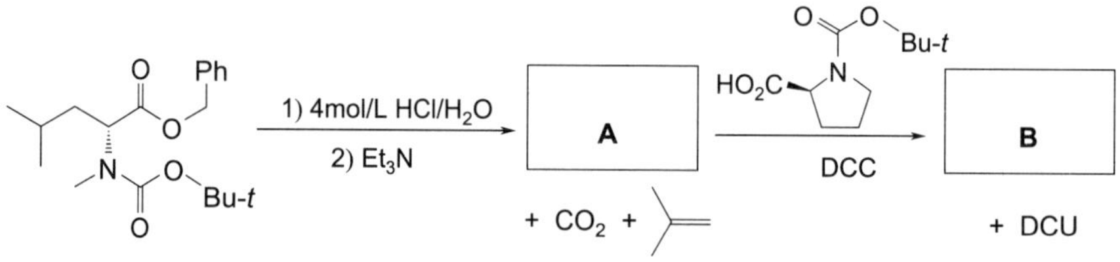

（*J. Org. Chem.* 2010，*75*，3027）

(3) 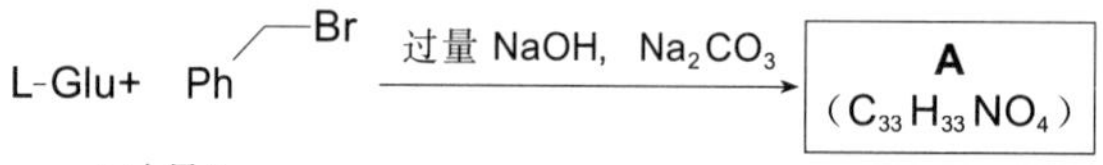 L-Glu + Ph—CH₂—Br

过量 NaOH，Na₂CO₃ → A（C₃₃H₃₃NO₄）

（过量）

（*Tetrahedron Lett.* 2009，*65*，844）

(4)

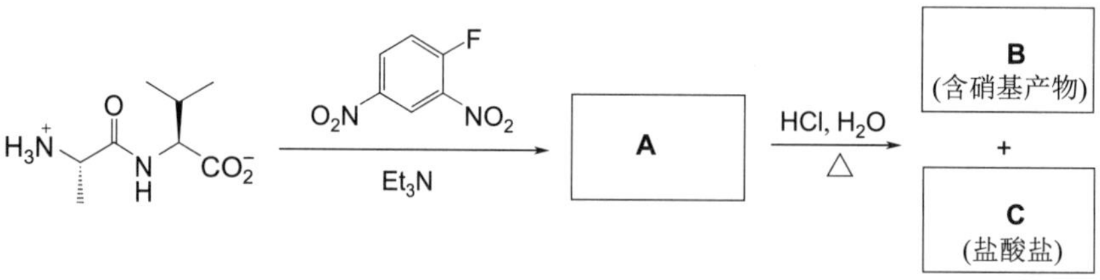

(5)

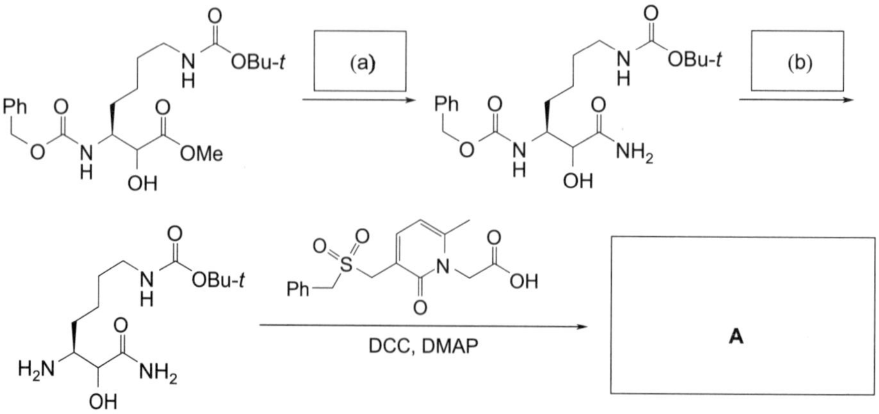

（*Tetrahedron Lett.* 2009，*65*，2689）

16-3　用简单易得的原料和必要的试剂合成下列天然和非天然氨基酸（外消旋体）：

（1）缬氨酸　　　（2）苯丙氨酸　　　（3）4-氨基丁酸

（4）普瑞巴林（Pregabalin，一种抗癫痫药）：

16-4　外消旋异亮氨酸可通过下列多步反应制备，试写出中间体 A～D 的结构。

16-5　写出下列多肽或多肽衍生物的结构式：

（1）Pro-Gly；　　　（2）Ac-D-Ala-D-Ala-Gly；　　　（3）Boc-Val-Gly-Ser-Ala-OMe；

（4）Asp-Val-Pro-Lys-Ser-Asp-Gln-Phe-Val-Gly-Leu-Met-NH$_2$（英文俗名为 Kassinin）；

（5）环（-Leu-Ser-Phe-Leu-Pro-Val-Asn-）（英文俗名为 Evolidine）。

16-6　促生长素抑制素是下丘脑分泌的一种十四肽，它能够抑制垂体生长激素的释放。它的氨基酸顺序是通过 Edman 降解并结合酶水解实验确定的。请根据以下实验结果推测促生长素抑制素的一级结构。

（1）Edman 降解给出 PTH-Ala（即丙氨酸的苯基硫代乙内酰脲衍生物）。

（2）选择性水解得到下列肽：Phe-Trp，Thr-Ser-Cys，Lys-Thr-Phe，Thr-Phe-Thr-Ser-Cys，Asn-Phe-Phe-Trp-Lys 和 Ala-Gly-Cys-Lys-Asn-Phe。

（3）促生长素抑制素有一个二硫桥。

16-7　写出下列反应产物的结构：

（1）Ile-Glu-Phe 与 PhN＝C＝S 反应，接着在硝基甲烷中用溴化氢处理；

（2）Asn-Ser-Ala 与氯甲酸苄酯反应；

（3）上述（2）中的产物与对硝基苯酚和 DCC 反应；

（4）上述（3）中的产物与缬氨酸苄基酯反应；

（5）上述（4）中的产物在钯催化下氢解。

16-8　肌苷的结构如下，它的 $5'$-核苷酸衍生物称为肌苷酸（inosinic acid，分子式为 $C_{10}H_{13}N_4O_8P$），又名次黄嘌呤核苷酸或次黄苷酸，被用作食品增鲜剂，其二钠盐与谷氨酸钠（味精）混合使用，其呈味作用比单用味精高数倍，有"强力味精"之称。此外，在医疗方面，肌苷酸被用于治疗白细胞减少症、血小板减少症、肝炎、肝硬化、中心视网膜炎、视神经萎缩等。试写出肌苷酸的结构式。

肌苷

16-9*　齐多夫定（Zidovudine）是世界上第一个获得美国 FDA 批准生产的抗艾滋病药物，其工业合成方法之一是以胸腺嘧啶脱氧核苷（A）为原料（它可通过发酵法大规模生产），合成路线如下。试推测中间体 C 的结构，并写出第一步转化的机理。

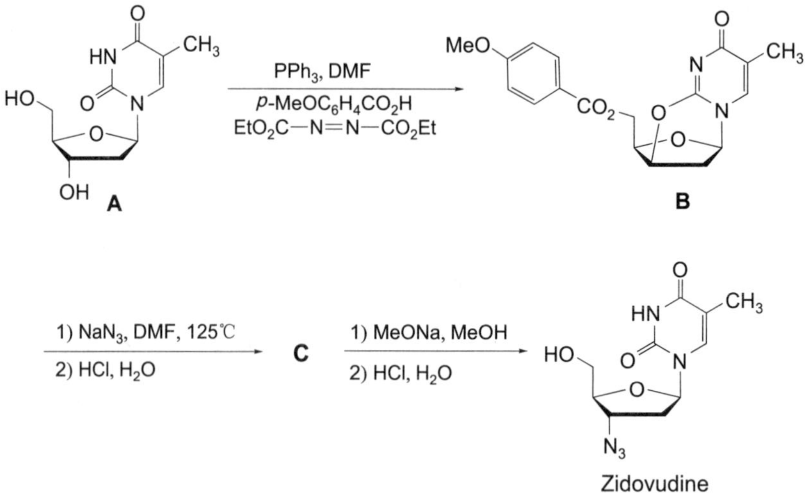

16-10* 写出下列反应的机理:

(1)

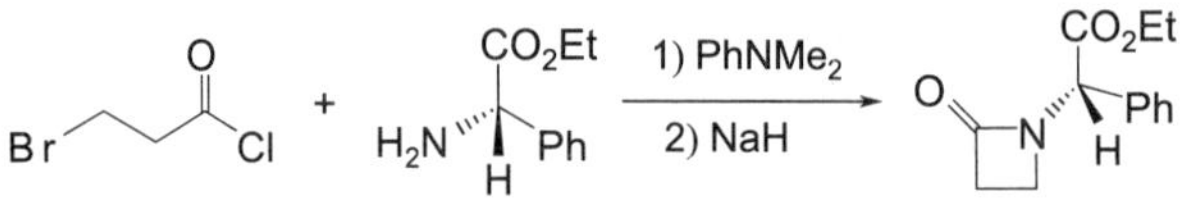

(2)

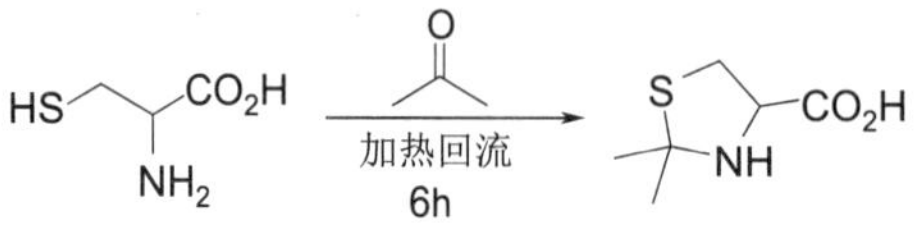

($J.\,Am.\,Chem.\,Soc.\,1958,\ 80,\ 1158$)

第**17**章

周环反应

在众多有机反应中，有一大类反应是通过协同机理并通过环状过渡态进行的，它们被称为周环反应（pericyclic reaction）。前面章节讲述的 Diels-Alder 反应就是一种典型的周环反应。周环反应一般受反应条件加热或光照的制约，而且热反应和光反应的产物也是不同的；此外，周环反应具有高度的立体专一性。1965 年，R. B. Woodward 和 R. Hoffmann 在总结了大量反应规律的基础上，把分子轨道理论引入周环反应的机理研究中，提出了分子轨道对称守恒原理，并推导出一系列选择规律，用于推测周环反应能否进行及其立体化学，这是近代有机化学最大成就之一。常见的周环反应类型包括电环化反应（electrocyclic reaction）、环加成反应（cycloaddition reaction）和 σ-迁移反应（sigmatropic shift reaction）。

Diels-Alder 反应：

环状过渡态

17.1 电环化反应

17.1.1 电环化反应的基本特征

链状的共轭多烯在加热或光照下，通过分子内的环化，在共轭体系两端形成 σ-键而关环，同时减少一个双键而生成环烯烃的反应及其逆反应都称为电环化反应。己-1,3,5-三烯与环己-1,3-二烯之间相互转化的反应就属于电环化反应：

6π电子　　　离域的环状过渡态　　　4π电子

这样的反应实际上是一个共轭体系重新改组的过程，在这个过程中电子围绕着环发生离域，电环化反应因此而得名。电环化反应是可逆的，正反应称为电环化关环（electrocyclic ring closing），用 "ERC" 表示；逆反应称为电环化开环（electrocyclic ring opening），用 "ERO" 表示。

电环化反应的一个显著特征是具有高度的立体专一性，在一定的反应条件下，一定构型的反应物只能生成特定构型的产物。例如，反,反-己-2,4-二烯在光照下只生成顺-3,4-二甲基环丁烯，但在加热条件下，则只生成反-3,4-二甲基环丁烯。对于顺,反-己-2,4-二烯，则结果恰恰相反，光照生成反-3,4-二甲基环丁烯，而加热生成顺-3,4-二甲基环丁烯：

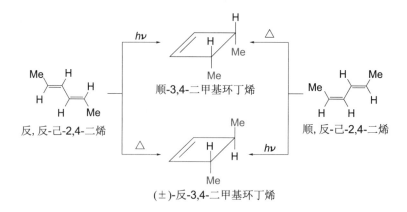

反,反-己-2,4-二烯　　　　　　　　　　　　　　　　　　　　　　顺,反-己-2,4-二烯

（±）-反-3,4-二甲基环丁烯

（2E,4Z,6E)-辛-2,4,6-三烯在光照条件下关环生成反-5,6-二甲基环己-1,3-二烯，但在加热条件下则生成顺-5,6-二甲基环己-1,3-二烯；而（2Z,4Z,6E)-辛-2,4,6-三烯在加热条件下生成反-5,6-二甲基环己-1,3-二烯，在光照条件下则关环生成顺-5,6-二甲基环己-1,3-二烯。

（2E,4Z,6E)-辛-2,4,6-三烯　　　　　　　　　　　　　　　　　　（2Z,4Z,6E)-辛-2,4,6-三烯

顺-5,6-二甲基环己-1,3-二烯

17.1.2　Woodward-Hoffmann 规则和前线轨道理论

为何己-2,4-二烯和辛-2,4,6-三烯的立体异构体在加热和光照条件下的反应具有上述立体专一性？1965 年，著名有机化学家 R. B. Woodward 和量子化学家 R. Hoffmann 在总结大量周环反应立体化学选择性规律的基础上，共同提出了 Woodward-Hoffmann 规则，并用分子轨道对称守恒原理（principle of conservation of molecular orbital symmetry）给予解释。

分子轨道对称守恒原理认为，化学反应是分子轨道重新组合的过程，在一个协同反应中，分子轨道的对称性是守恒的，即反应物的分子轨道具有什么样的对称性，产物的分子轨道也应具有什么样的对称性，从原料到过渡态，再到产物，分子轨道的对称性始终不变。因为只有反应物和产物的分子轨道对称性一致（或匹配）时，轨道叠加、相互接近所形成的过渡态活化能较低，反应容易进行。相反，若反应物和产物的轨道对称性不匹配，轨道叠加、相互接近所形成的过渡态活化能较高，反应就难以发生，或以非协同的机理进行。轨道对称性匹配的反应是对称性允许的（symmetry-allowed）；反之，则是对称性禁阻的（symmetry-forbidden）。

分子轨道对称守恒原理能够很好地解释和预测周环反应发生的条件和立体化学，但它需要分析所有反应物和产物的分子轨道的对称性。1952 年，日本化学家福井谦一提出的前线轨道理论（frontier orbital theory）能够简单而形象地解释 Woodward-Hoffmann 规则。下面以共轭二烯和共轭三烯为例，介绍这一重要原理。

图 17-1 是具有 4 个 π 电子共轭体系的 4 个分子轨道及其能级示意图。4 个 π 分子轨道分别为 ψ_1、ψ_2、ψ_3 和 ψ_4，它们是由 4 个碳原子的 p 轨道线性组合而成的，并按能级升高的次序排列，轨道中的不同相位用 "+" 和 "-" 表示，也常用不同颜色来表示。分子轨道的对称性用 S 和 A 表示，其中 S 表示对称（symmetry），A 表示反对称（antisymmetry）。对称性所根据的对称因素是通过碳链中点并与分子所在平面垂直的对称面（σ），因此属于面对称。ψ_1、ψ_2、ψ_3 和 ψ_4 的对称性依次为 S、A、S 和 A。其它的 π 电子共轭体系也是如此，能级最低的分子轨道的对称性总是 S，相邻能级两个分子轨道的对称性总是相反的。

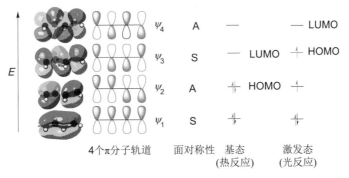

图 17-1　4π 电子体系的分子轨道能级示意图

在基态下，4 个 π 电子首先占据能级最低的两个分子轨道，即 ψ_1 和 ψ_2，ψ_2 是能级最高的已占轨道，称为最高已占轨道（the highest occupied molecular orbital，简称 HOMO），ψ_3 是能级最低的未占轨道或空轨道，称为最低空轨道（the lowest unoccupied molecular orbital，简称 LUMO）。化学反应是 HOMO 和 LUMO 相互作用的结果，它们称为前线轨道理论。

在电环化反应中，共轭多烯的一个 π 键变成了环烯的一个 σ 键。由于电环化是单分子反应，反应过程中起主要作用的是 HOMO，它相当于原子中的价电子，当分子的几何形状改变时，HOMO 的能量变化最大，因此作为一种最简化的处理方法，我们可以通过分析反应物 HOMO 的对称性来预测反应的立体化学和反应条件。

在过渡态中，为了形成 σ 键，多烯的 HOMO 两端的 p 轨道必须沿 C—C 键轴旋转 90°，以便重叠成键。如果 HOMO 的面对称性为 S，其两端 p 轨道相同相位的一叶在分子平面的同侧，只有对旋（disrotatory）才能使相同相位的叶瓣重叠成键，这种操作是对称性允许的；相反，顺旋（conrotatory）导致不同相位的叶瓣进行重叠，因对称性不匹配而不能重叠形成 σ 键，这种操作是对称性禁阻的。

如果多烯体系的 HOMO 的面对称性为 A，其两端相同相位的叶瓣在分子平面的异侧，惟有顺旋才能使相同相位的叶瓣重叠成键，这种操作是对称性允许的；相反，对旋导致不同相位的叶瓣进行重叠，因对称性不匹配而不能重叠成键，这是对称性禁阻的。

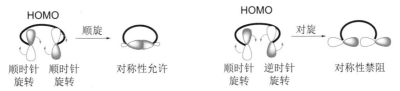

丁二烯及其它具有 $4n$ 个 π 电子的体系，其 HOMO 的对称性为 A。但在激发态，由于一个 π 电子由 ψ_2 跃迁至 ψ_3，故 HOMO 变为 ψ_3 轨道，其面对称性为 S，而 LUMO 是 ψ_4 轨道。热反应只与分子的基态有关，在基态下，顺,反-己-2,4-二烯的 HOMO 面对称性为 A，共轭体系两头的两个甲基的存在并不改变 π 轨道的对称性。己-2,4-二烯要变成 3,4-二甲基环丁烯，必须在 C2 和 C5 之间生成一个 σ 键，这就要求己-2,4-二烯分子两端分别绕 C2—C3 和 C4—C5 键轴旋转，同时 C2 和 C5 上的 p 轨道逐渐变成 sp³ 轨道，并相互重叠生成 σ 键。根据前线轨道理论，反应过程中 p 轨道相位为（＋）的一叶应变为 sp³ 轨道相位为（＋）的一叶，那么 C2—C3 和 C4—C5 键向同一个方向旋转，即顺旋，可使得 C2 上的 p 轨道能够与 C5 上 p 轨道相同相位的一叶接近，并重叠成键，随着 p 轨道逐渐变成 sp³ 轨道，重叠程度逐渐加大，最终形成 σ 键，生成

顺-3,4-二甲基环丁烯。如果 C2—C3 和 C4—C5 键是对旋，则 C2 上 p 轨道能够只与 C5 上 p 轨道相位相反的一叶接近，故不能重叠成键而生成反-3,4-二甲基环丁烯。

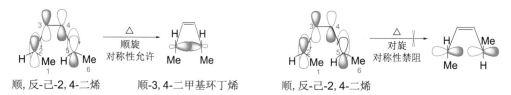

在光照下，电环化反应在激发态进行，4π 体系的 HOMO 是面对称的，因此顺，反-己-2,4-二烯的 C2—C3 和 C4—C5 键对旋时，C2 和 C5 的两个 p 轨道相位相同的一叶可以重叠成键，生成反-3,4-二甲基环丁烯。顺旋则是轨道对称性禁阻的，因此光照下不能生成顺-3,4-二甲基环丁烯。

具有 6 个 π 电子共轭体系的分子轨道及其能级图如图 17-2。6 个分子轨道 $\psi_1 \sim \psi_6$ 按能级升高的次序排列。在基态，ψ_3 为 HOMO，面对称性为 S；ψ_4 为 LUMO，面对称性为 A。在激发态，ψ_4 为 HOMO，其对称性为 A；ψ_5 为 LUMO，其对称性为 S。其它具有 $4n+2$ 个 π 电子体系的 HOMO 和 LUMO 的对称性也与 6π 体系相同。

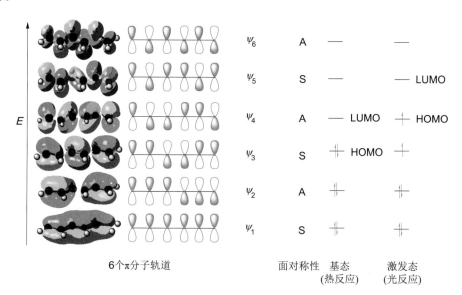

图 17-2　6π 电子体系的分子轨道能级示意图

(2E,4Z,6E)-辛-2,4,6-三烯是有 6 个 π 电子的共轭体系，其热电环化反应在基态进行，因 HOMO 是面对称的，故对旋关环成键，生成顺-5,6-二甲基环己-1,3-二烯，这是对称性允许的，顺旋则是对称性禁阻的。

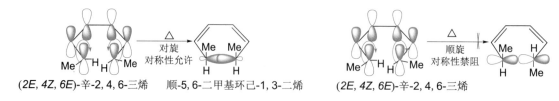

光照下电环化反应在激发态进行，其 HOMO 是面对称的，故顺旋关环成键，生成反-5,6-二甲基环己-1,3-二烯，是轨道对称性允许的，对旋则是禁阻的。

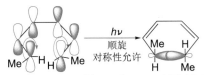

(2E, 4Z, 6E)-辛-2, 4, 6-三烯　　反-5, 6-二甲基环己-1, 3-二烯　　(2E, 4Z, 6E)-辛-2, 4, 6-三烯

对于其它 π 体系的电环化反应，根据 Woodward-Hoffmann 规则，共轭多烯环化成键的旋转方式与其所含 π 电子的数目和反应条件有如下规律：

π 电子数	热反应	光反应
4n	顺旋	对旋
4n+2	对旋	顺旋

17.1.3　电环化关环和电环化开环的驱动力

电环化反应是可逆的，根据微观可逆性原则，正反应（即电环化关环）和逆反应（即电环化开环）所经过的途径是相同的，因此轨道对称守恒原理和前线轨道理论也适用于电环化开环反应。例如，3,4-二甲基环丁烯的热开环反应生成反,反-己-2,4-二烯：

反-3, 4-二甲基环丁烯　　　　过渡态　　　　反,反-己-2, 4-二烯

反应向哪一个方向进行取决于共轭多烯和环烯烃的热力学稳定性。上述环丁烯与丁-1,3-二烯相比，前者的环张力较大，是不稳定的体系，故在热反应中通常只观察到环丁烯的开环。然而，(1Z,3E)-环辛-1,3-二烯则由于含有环内反式双键，张力很大，因此加热到 80℃ 即可发生电环化关环反应：

(1Z, 3E)-环辛-1, 3-二烯

共轭二烯要比环丁烯能够更有效地吸收光能，所以利用光反应可顺利地将共轭二烯转变为环丁烯。例如，环庚-1,3-二烯在光照下生成的双环[3.2.0]庚-6-烯因共轭链太短而对于照射的光吸收甚少，故不易发生逆反应；另一方面，双环产物在加热条件下对旋开环生成原料的过程是对称性禁阻的，倘若顺旋开环，产生的顺,反-环庚-1,3-二烯则因环张力太大而几乎不能存在，所以产物不会通过逆反应变回原料。这是合成高张力环的有效方法。

环庚-1, 3-二烯　　　　双环[3.2.0]庚-6-烯

环辛-1,3,5-三烯在加热时与环化产物达成平衡，其中平衡偏向环辛三烯一边：

环辛-1, 3, 5-三烯　　　　双环[4.2.0]辛-2, 4-二烯
(85%)　　　　　　　　　(15%)

癸-2,4,6,8-四烯属于 8π 电子体系，在较低温度下容易发生热环化反应，顺旋关环生成 7,8-二甲基环辛-1,3,5-三烯，后者为 6π 电子体系，在 20℃ 以上可继续发生热的电环化反应，对旋关环生成 7,8-二甲基双环[4.2.0]辛-2,4-二烯：

(2E, 4Z, 6Z, 8E)-癸-2,4,6,8-四烯

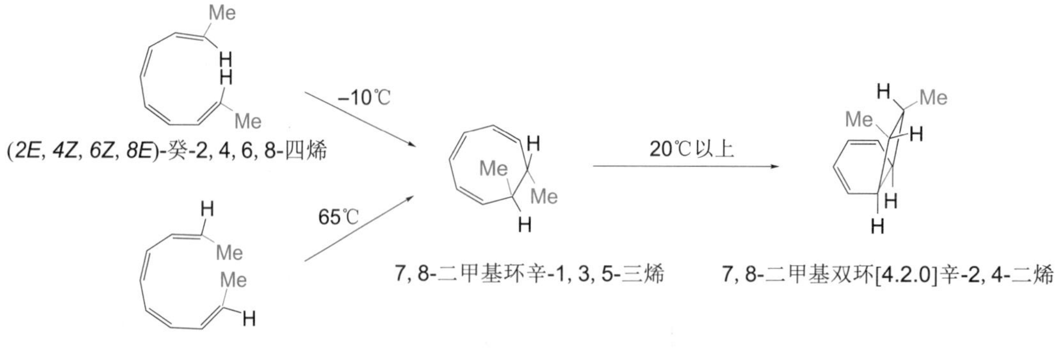

(2Z, 4Z, 6Z, 8Z)-癸-2,4,6,8-四烯

7,8-二甲基环辛-1,3,5-三烯

7,8-二甲基双环[4.2.0]辛-2,4-二烯

1,8a-二氢薁-1,1-二甲腈（1,8a-dihydroazulene-1,1-dicarbonitrile，DHA）是一个光致变色分子，用作分子光开关材料。它在光照下开环变成其同分异构体 VHF（vinylheptafulvene），亚稳的 VHF 在微热条件下关环回到热稳定的 DHA 异构体。DHA 开环反应具有较高的光化学量子产率，并伴随着物理性质（如分子的偶极矩、紫外-可见吸收光谱和单分子电阻率）的显著改变。DHA 和 VHF 之间的相互转化符合 10π 电子体系（即 $4n+2$ 电子体系）的电环化规律，这个可逆过程可通过紫外-可见光谱或 NMR 进行跟踪。

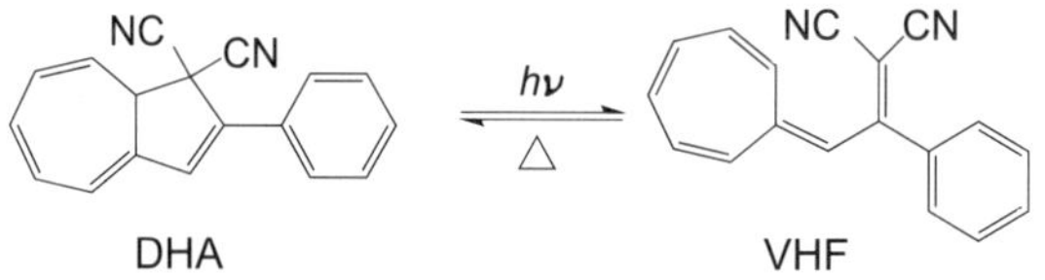

DHA

VHF

★ 问题 17-1　预测下列电环化反应的产物结构：

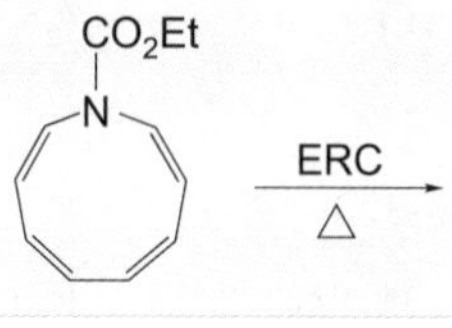

17.2　环加成反应

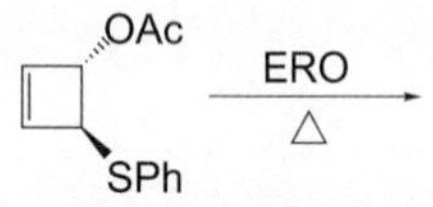

两个烯烃或其它 π 电子体系之间，经双键相互作用，通过协同的环状过渡态，形成两个新的 σ 键，从而连成环状化合物的反应称为环加成反应。Diels-Alder 反应（见第 4.3 节）就是一种环加成反应。根据加成时每个分子所提供的 π 电子的数目，可将环加成反应分为 [2+2] 环加成、[4+2] 环加成等。在 Diels-Alder 反应中双烯体提供 4 个 π 电子，亲双烯体提供 2 个 π 电子，故该反应属于 [4+2] 环加成。在乙烯二聚中，两个乙烯分子各提供 2 个 π 电子，反应属于 [2+2] 环加成。根据前线轨道理论，两个 π 体系发生双分子反应时，两个分子逐渐接近，达到一定距离后，它们的分子轨道之间相互作用产生新轨道。两个分子面对面相互接近，如果两个分子的前线轨道对称性相匹配（即两端 p 轨道的相位相同），它们可以在两端同时重叠成键，反应为轨道对称性允许的；反之，则不能重叠，反应是轨道对称性禁阻的。在这种加成反应中，共轭体系分子轨道的同侧叶瓣与另一共轭体系的分子轨道重叠成键，这种方式称为"同面"（suprafacial），用符号"s"表示；反之，称为"异面"（antarafacial）成键，用符号"a"表示。当两个分子轨道同时采取同面的方式加成时，称为"同面-同面加

成"。在一些文献中用符号"$_\pi n_s + _\pi m_s$"表示这种加成方式，其中 n 和 m 分别代表两个分子的 π 电子数。理论上，同面-异面加成（用符号 $_\pi n_s + _\pi m_a$ 表示）也是对称性允许的过程，但对于一般的 π 体系，由于碳链较短，环张力极大，故异面的反应通常是困难的。

对称性允许的同面-同面加成

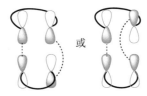
对称性允许的同面-异面加成

17.2.1 ［2+2］环加成反应

两分子乙烯在光照下，通过一个四元环过渡态生成环丁烷：

$$\| + \| \xrightarrow{h\nu} \left[\begin{array}{c} \vdots \\ \end{array} \right]^{\ddagger} \longrightarrow \square$$

下面以此为例讨论［2+2］环加成反应的条件和立体选择性规律。乙烯的 π 分子轨道如图 17-3 所示。在激发态，ψ_1 的一个电子被激发进入 ψ_2，ψ_2 成为 HOMO，这个 HOMO 中只有一个电子，故称为单占轨道（singly occupied molecular orbital），简称 SOMO，它也属于前线轨道。根据前线轨道理论，两个分子能级相近的 SOMO 之间相互作用亦可导致体系能量降低，从而形成新的 σ 键。

图 17-3　2π 电子体系的分子轨道能级示意图

对于乙烯的［2+2］环加成反应，基态下的反应必须是一个分子的 LUMO 与另一分子的 HOMO 之间的作用。然而，一个基态乙烯分子的 LUMO 与另一个基态乙烯分子的 HOMO 的对称性不同，不能两端同时重叠成键，因此热反应条件下的同面-同面加成是轨道对称性禁阻的。但在光反应中，一分子激发态乙烯的 HOMO 与另一分子基态乙烯的 LUMO 相互重叠，这两个分子轨道的对称性匹配，因而同面-同面加成是对称性允许的。这个过程也可解释为两个处于激发态乙烯分子的 SOMO 之间重叠成键，因为两个较高能级 SOMO 和两个较低能级 SOMO 都是对称性匹配的。

根据上述原理，烯烃在光照下的［2+2］环加成反应是立体专一性的，其立体化学特征是面对面的顺式加成。因此，顺式烯烃得到顺式环丁烷产物，反式烯烃得到反式产物；若产物为手性分子，则一般得到外消旋体产物，这是因为烯烃分子平面的两侧均能发生加成，而且概率相等（手性环境下的反应除外）。例如：

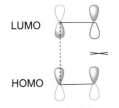
热反应
同面-同面加成
对称性禁阻

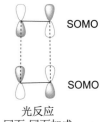
光反应
同面-同面加成
对称性允许

（反应式）

当参与反应的两个组分均为不对称烯烃时，反应可能具有区域选择性，例如：

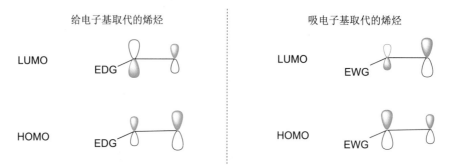

[2+2]环加成的区域选择性是由两个不对称烯烃的 HOMO 和 LUMO 的不对称性所致。当烯烃双键的一端连有给电子基团时，其 HOMO 中与取代基相连碳轨道的系数较小，而另一端的较大，LUMO 轨道中两个碳的轨道系数大小则相反。当烯烃双键一端连有吸电子基团时，其情况与给电子基取代的烯烃正好相反。

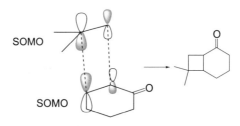

| 给电子基取代的烯烃 | 吸电子基取代的烯烃 |

发生反应时，新生成键的两个碳原子的轨道相位和轨道系数大小应符合匹配原则。以上述区域选择性 [2+2] 环加成反应为例，异丁烯属于给电子基取代的烯烃，而环己烯酮属于吸电子基取代的烯烃，在激发态两个分子的 SOMO（即基态的 LUMO）相互作用时，相位相同且轨道系数较大的两个碳原子结合作用最强，故反应具有如下区域选择性。

如下所示，对一些 α,β-不饱和内酰胺与不对称烯烃的 [2+2] 环加成反应研究表明，当吸电子基取代的烯烃（如丙烯腈）与 α,β-不饱和内酰胺反应时，主要产物为（Ⅱ），但当给电子基取代的烯烃（如乙基乙烯基醚）反应时，则主要产物为（Ⅰ）。上述轨道系数匹配原则能够很好地解释这一区域选择性。

R=CN, Ⅰ/Ⅱ=18:82
R=OEt, Ⅰ/Ⅱ=95:5

[2+2] 的光反应亦可发生在分子内，但其区域选择性很少取决于上述电子因素，而主要取决于形成双环或多环体系的立体因素。一般情况下，分子内 [2+2] 环加成按照过渡态有利构象的五、六元环成环方式进行，遵守五元环优先规则。例如：

需要指出的是，光反应条件下的 [2+2] 环加成并非都按照协同机理进行，在很多情况下反应经历双自由基中间体，按双自由基机理分步进行，属于形式［2＋2］（formal［2＋2］）反应。有关形式［2＋2］光反应简介见阅读资料17-1。［2＋2］环加成反应的区域选择性的进一步学习可观看视频材料17-1。

阅读资料17-1

视频材料17-1

★ **问题 17-2** 预测下列［2＋2］环加成反应的产物结构（注意区域选择性和立体选择性）：

(1)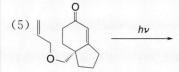

(*Tetrahedron Lett.* 1998，*39*，5481)

(2)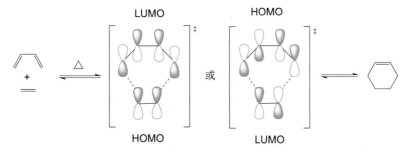

(*Chem. Eur. J.* 2004，*10*，283)

(3)

(*Tetrahedron Lett.* 1982，*23*，2651)

(4)

(*Helv. Chim. Acta* 2010，*93*，17)

(5)

(*Chem. Rev.* 2016，*116*，9748)

17.2.2　［4＋2］环加成反应

（1）基本原理

Diels-Alder 反应已在第 4.3 节中给予初步介绍，这是被广泛应用的一类［4＋2］环加成反应。在这个反应的过渡态中，4π 体系与 2π 体系面对面地接近，基态下参与成键的 4π 体系的 LUMO（或 HOMO）与 2π 体系的 HOMO（或 LUMO）具有相同的对称性，可以同面-同面方式重叠成键，因此［4＋2］的热反应是轨道对称性允许的。反应具有立体专一性，其特征为顺式加成。此外，Diels-Alder 反应是可逆的。

LUMO　　　　　HOMO

HOMO　　　　　LUMO

热反应, 同面-同面加成
对称性允许

通常情况下，亲双烯体的双键碳原子上连有吸电子基团，双烯体上有给电子基团时，反应容易进行。在此情况下，双烯体采用 HOMO 轨道，亲双烯体采用 LUMO 轨道进行反应。由于 HOMO$_{双烯体}$ 与 LUMO$_{亲双烯体}$ 的能量差要比 LUMO$_{双烯体}$ 与 HO-MO$_{亲双烯体}$ 的能量差小，因此 HOMO$_{双烯体}$-LUMO$_{亲双烯体}$ 两组轨道相互作用更强，在过渡态中起主导作用。

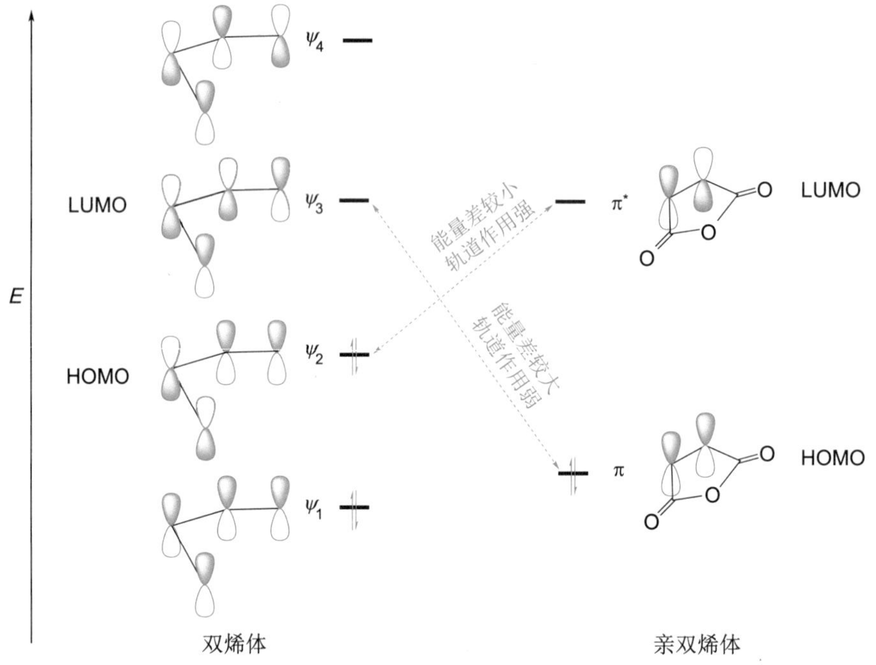

α,β-不饱和醛、酮、酯、酸酐、腈等都是好的亲双烯体，吸电子基团降低了它们 LUMO 的能量。例如：

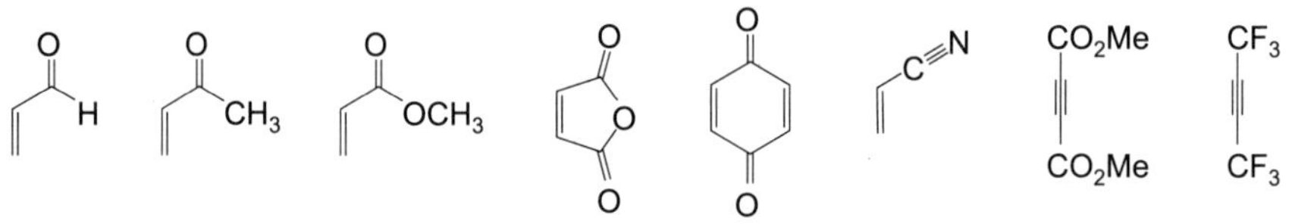

此外，一些由芳香性前体原位产生的活泼中间体（如苯炔等）也是好的亲双烯体。例如，由邻氨基苯甲酸原位产生的苯炔可被蒽捕获，生成三蝶烯（triptycene）。

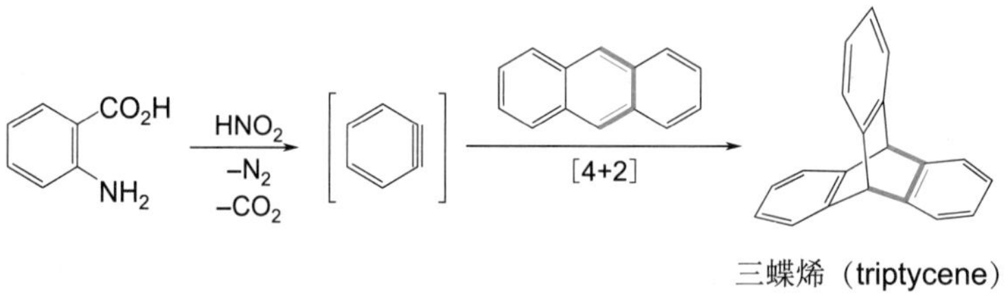

三蝶烯（triptycene）

环戊二烯、烷氧基或硅氧基取代的共轭二烯、呋喃、噻吩等都是好的双烯体。例如，2-甲氧基呋喃与六氟丁-2-炔反应，生成的桥环化合物不稳定，开环后芳构化为苯酚衍生物。

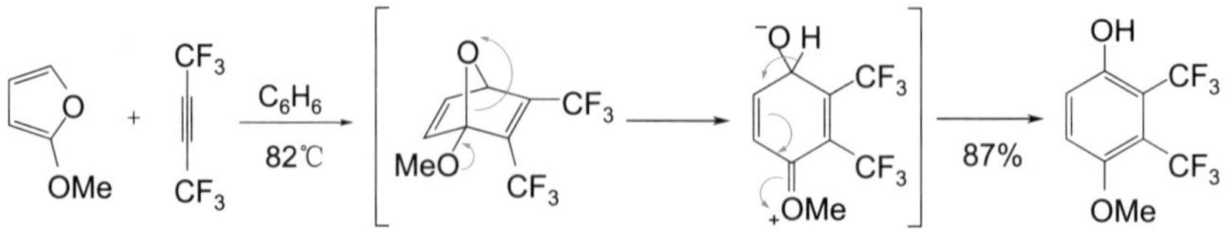

蒽的芳香性比较差，且 9,10-位比较活泼，因此蒽可作为 Diels-Alder 反应的双烯体。例如：

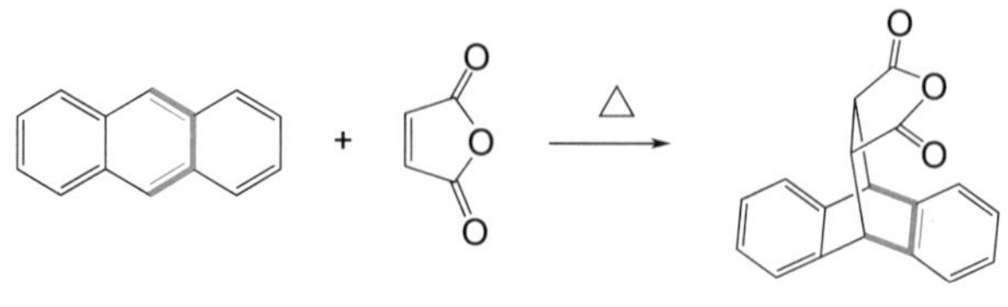

由双环 [4.2.0]辛-1,3,5-三烯在高温下的逆-电环化开环产生的高活性双烯体可被顺丁烯二酸酐捕获，生成 [4+2] 环加成产物。

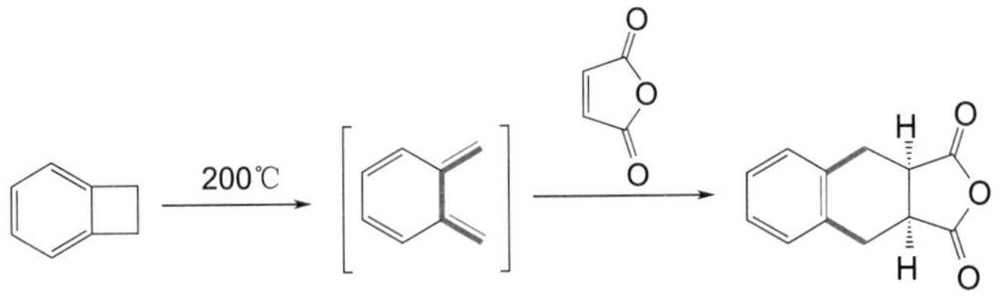

通常的 Diels-Alder 反应中，双烯体越富电子，亲双烯体越缺电子，反应越容易发生。然而，如上所述，HOMO$_{亲双烯体}$-LUMO$_{双烯体}$ 相互作用也是对称性允许的，所以反电子要求的 Diels-Alder 反应（inverse electron-demand Diels-Alder reaction）也是可以发生的，只是比较少见。在此情况下，双烯体是缺电性的，而亲双烯体是富电性的。例如，缺电性的六氯环戊二烯与双环 [2.2.1]庚-2,5-二烯反应，生成氯甲桥萘，又名艾氏剂（Aldrin），它是一种杀虫剂，但由于环境问题目前已被禁止使用了。

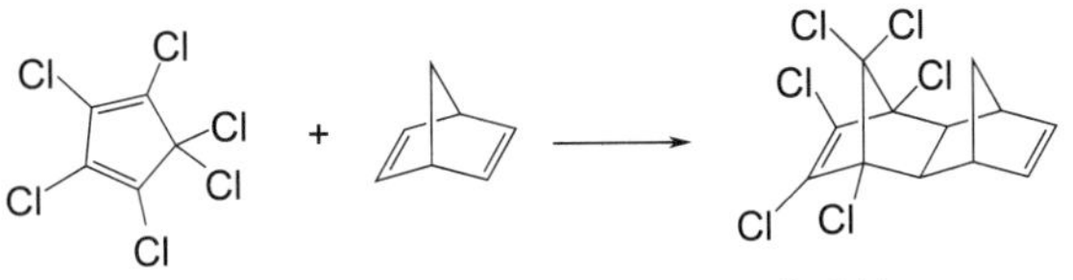

艾氏剂(Aldrin)

（2）立体化学

由于双烯体和亲双烯体面对面进行加成，Diels-Alder 反应是立体专一性的同面-同面加成反应，反应前后亲双烯体的构型保持不变。例如：

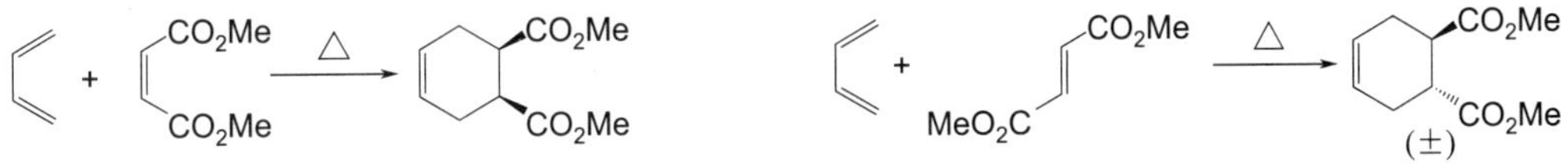

对于 (Z,E)-、(Z,Z)-和 (E,E)-构型的 1,4-二取代双烯体，如果亲双烯体是炔，则产物分别为反式、顺式和顺式 1,4-二取代产物。

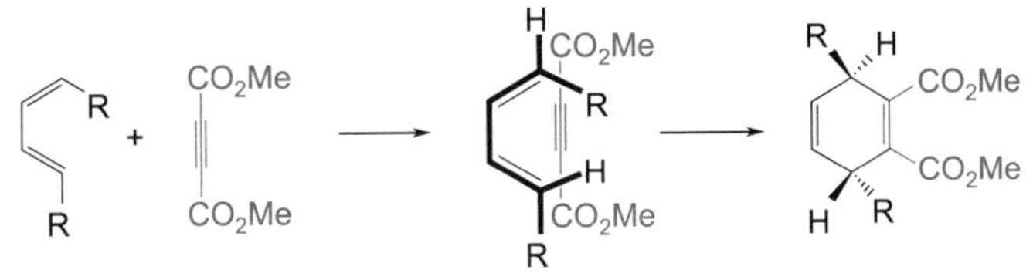

(Z, E)-　　(R和H将在同侧)　　反式产物

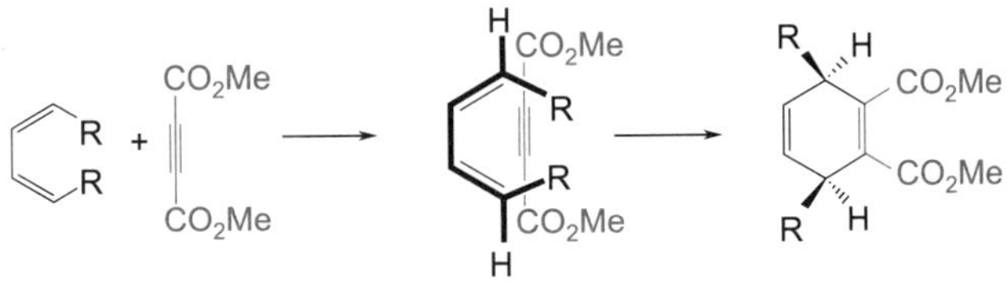

(Z, Z)-　　(R和R将在同侧)　　顺式产物

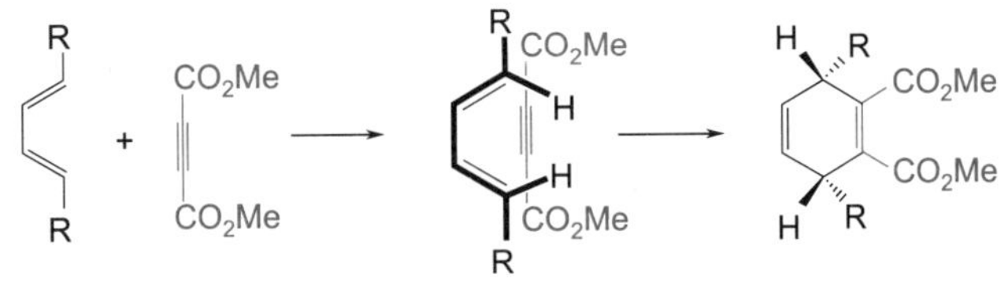

(E, E)-　　(R和R将在同侧)　　顺式产物

如果亲双烯体也是取代的烯烃，则两个组分中的取代基在产物中也存在顺反异构的问题。例如，(E,E)-构型的 1,4-二取代双烯体与单取代的乙烯反应，可得到顺式和

反式构型的产物。

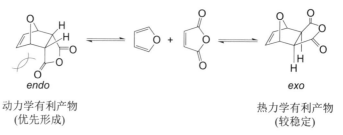

我们可将上述立体化学用下式表示（暂不考虑区域选择性问题），其中"O"表示在 *s-cis*-双烯体外侧（*out*）的基团，"I"表示在 *s-cis*-双烯体内侧（*in*）的基团，"C"、"T"和"G"分别表示亲双烯体中与基团 Z 处于顺式（*cis*）、反式（*trans*）和同碳位置（*gem*）的基团。可以看出，反应可能会生成（±）-A 和（±）-B 四种立体异构体产物，但在这些立体异构体中两个 O、两个 I、Z 与 C、T 与 G 之间总是顺式的。

虽然反应可能生成（±）-A 和（±）-B 两对对映体产物，但当双烯体为环状化合物时，反应往往选择性地得到其中的内型（*endo*）产物（主要产物或唯一产物）。如第 4.3 节所述，环戊二烯与顺丁烯二酸酐的加成优先得到内型产物。然而，由于外型（*exo*）产物较内型产物稳定，是热力学有利的产物，而且 Diels-Alder 反应是可逆的，故在热力学控制条件下，内型产物是可以转化为外型产物的。

ΔΔG‡ = 0.0 kcal/mol

ΔΔG‡ =1.6 kcal/mol

endo

动力学有利产物
（优先形成）

exo

热力学有利产物
（较稳定）

对于这种内型优先的选择性，一般认为是由于内型的过渡态较外型过渡态稳定，前者在动力学上比较有利。在内型过渡态中，存在一种具有次级轨道相互作用（secondary orbital interaction）——亲双烯体的缺电性羰基与双烯体中正在形成的 C=C 键 π 轨道之间的相互作用，而外型无此作用。次级轨道相互作用降低了内型过渡态的能量。理论计算表明，内型过渡态比外型过渡态能量低 1.6 kcal/mol。

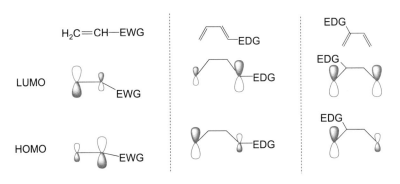

次级轨道相互作用 　　　　　　　　　　　　　　　　　内型产物　　　　　　　　　　　无次级轨道相互作用　　　　　　　　　　　外型产物

内型优先规律的一个应用实例是对苯二醌与环戊二烯的双加成反应，两次加成均得到内型产物。

需要指出的是内型优先规律并不总是存在的，随着反应物结构的变化和反应条件的改变，内型的选择性可能会消失，甚至逆转，即变为外型优先。例如，苯并呋喃与环丙烯酮在低温下反应（动力学控制条件），生成的产物主要为外型产物，内型和外型产物比例约为 1∶50。

(endo/exo = 1:50)

理论研究表明，在这种反应的外型过渡态中，氧桥上的氧原子与环丙烯酮的羰基碳之间的静电作用可能发挥了稳定化作用（*J. Org. Chem.* 1995，*60*，4395；*J. Org. Chem.* 2018，*83*，3164）。由此可见，内型和外型的选择性是由多种因素决定的。

需要指出的是，分子内的 Diels-Alder 反应也不一定遵循内型优先规律，其内型和外型的选择性主要取决于所形成的双环体系的立体因素。相关讨论见阅读资料 17-2。

（3）区域选择性

与［2＋2］环加成相似，［4＋2］环加成的区域选择性也是由取代烯烃分子前线轨道的不对称性所决定的。吸电子基取代的亲双烯体和 1- 和 2- 位给电子基取代的双烯体前线轨道的末端轨道系数示意图如下：

当 1- 位给电子基取代的双烯体与吸电子基取代的亲双烯体反应时，按照轨道相位和轨道系数大小匹配的原理，反应应该主要得到 1,2- 二取代产物；若使用 2- 位给电子基取代的双烯体进行反应，则应主要得到 1,4- 二取代产物。

阅读资料17-2

Lewis酸能够降低亲双烯体的LUMO能量，不仅使反应变得容易，而且选择性进一步提高。例如，异戊二烯与丙烯酸甲酯的环加成需要在120℃下进行，1,4-和1,3-取代产物的比例为70∶30；在三氯化铝存在下，反应可在室温下进行，两种产物的比例提高到95∶5。

反应条件	1,4-取代产物	1,3-取代产物
120℃	70%	30%
AlCl₃, 20℃	95%	5%

（4）逆-Diels-Alder 反应

Diels-Alder 反应是可逆的，而且逆-Diels-Alder 反应（retro-Diels-Alder reaction）也是很常见的。正反应是将两个 π 键转化为 2 个 σ 键，故热力学上是有利的，逆反应则是不利的。例如，常用的化工原料环戊二烯（沸点42.5℃）在室温下储存时就能发生Diels-Alder 反应生成二聚体，俗称二聚环戊二烯（沸点170℃，分解），工业品也是二聚体。二聚环戊二烯加热时则发生逆-Diels-Alder 反应，部分分解成环戊二烯，在常压下进行蒸馏时，使分馏柱顶上的温度保持在41～42℃，即可安全转变为环戊二烯。

当逆反应产生的双烯体为呋喃、吡咯、苯等芳环，或亲双烯体为 N₂、CO₂ 等气体时，逆反应很容易发生。例如，吡喃-2-酮与丁炔二酸二甲酯反应，生成的环加成产物在加热时通过逆-Diels-Alder 反应生成更稳定的邻苯二甲酸二甲酯和二氧化碳气体，而非起始原料（即吡喃-2-酮与丁炔二酸二甲酯）。显然，第二步反应是不可逆的。

1,2,4,5-四嗪类化合物是缺电性的双烯体，它能够与富电子的亲双烯体发生反电子需求的 Diels-Alder 反应，但生成的环加成产物立即经历逆-Diels-Alder 反应生成芳杂环哒嗪，并释放出氮气。

17.2.3 环加成反应的立体选择性规律

环加成反应的立体选择性规律（Woodward-Hoffmann 规则）如下：

参与反应的 π 电子数之和	$4n+2$		$4n$	
同面-同面	热反应	光反应	热反应	光反应
	对称性允许	对称性禁阻	对称性禁阻	对称性允许
同面-异面	热反应	光反应	热反应	光反应
	对称性禁阻	对称性允许	对称性允许	对称性禁阻

尽管两个共轭体系的同面-异面环加成由于过渡态环张力的原因一般比较困难，但若设计出一些具有合适立体结构的体系，同面-异面的环加成反应还是有可能发生的。下面的 [4+2] 环加成就是同面-异面加成的。

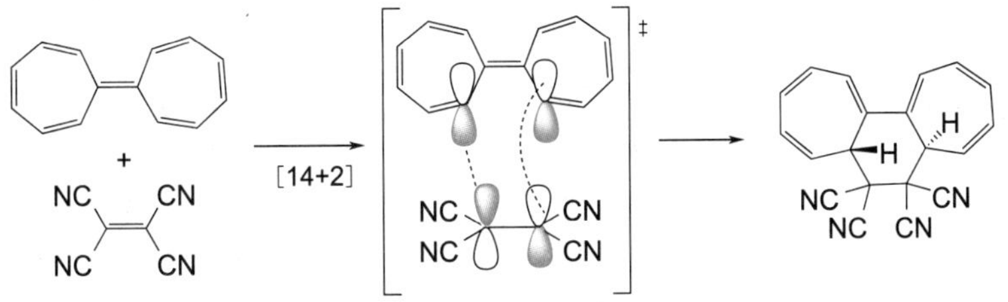

★ 问题 17-3 预测下列 [4+2] 环加成反应或逆反应的产物结构（注意区域选择性和立体选择性）：

（1）

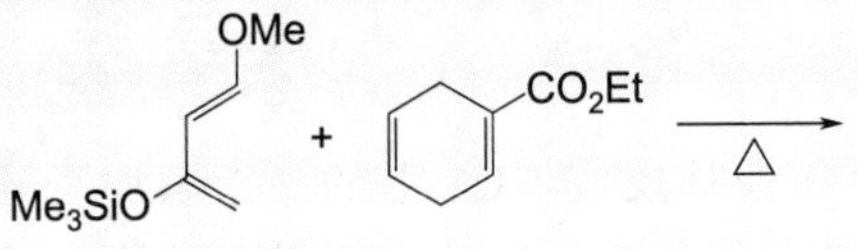

（*J. Am. Chem. Soc.* 1976，*98*，3028）

（2）

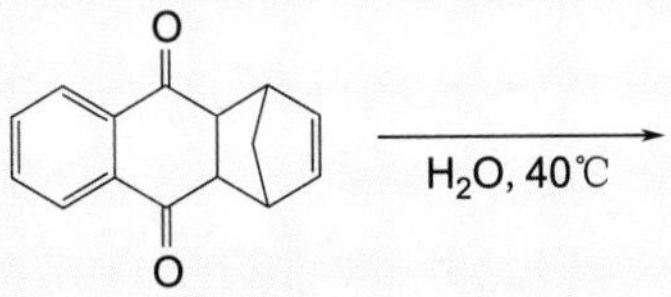

（*J. Org. Chem.* 1997，*62*，2039）

★ 问题 17-4 推测下列反应中间体 A～C 和副产物 D 和 E 的结构：

（1）

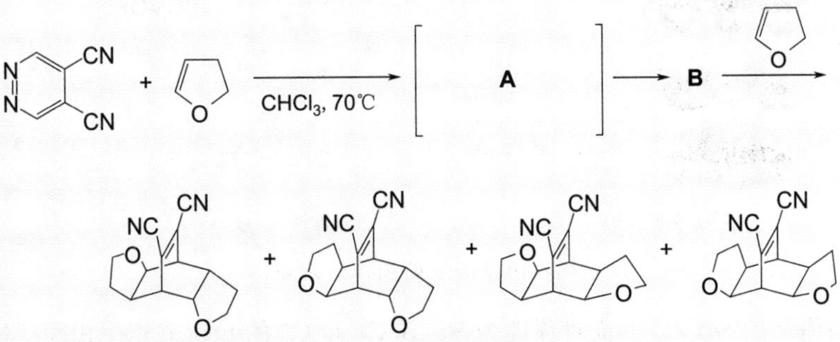

（*J. Org. Chem.* 2003，*68*，3340-3343）

（2）

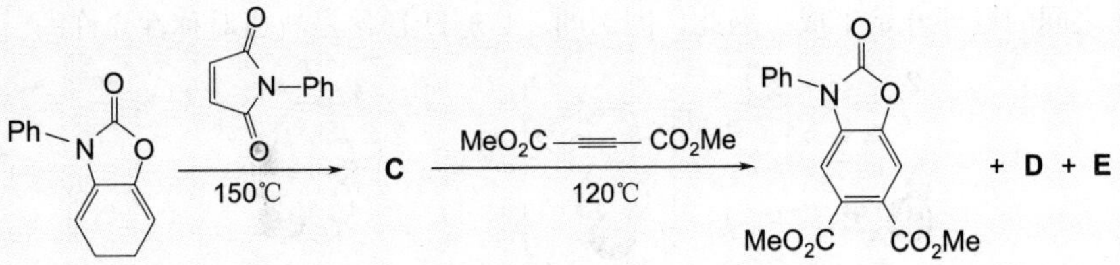

（*Tetrahedron* 2003，*59*，481-492）

17.3   σ-迁移反应

用氘标记的戊二烯在加热时 C1 上的一个氢原子迁移到 C5 上，π 键也随着移动：

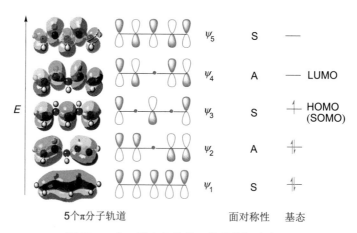

在这个反应中，一个 σ 键迁移到了新的位置，故称为 σ-迁移。碳碳或碳氧之间的 σ 键也可以发生迁移，例如：

这些反应都是协同反应，旧的 σ 键断裂与新的 σ 键的生成以及 π 键的移动是同时进行的。反应在加热或光照下进行，不需加催化剂。σ-迁移的系统命名是以反应物中发生迁移的 σ 键为标准，从它的两端开始分别编号，把新生成的 σ 键所连接的两个原子的位置 i 和 j 写在方括号中，叫做 $[i,j]$ 迁移。如果发生迁移的原子是氢，则称为氢原子参加的 $[1,j]$ 迁移，用 $[1,j]$H 迁移表示；若迁移的原子是碳，则称作碳原子参加的 $[i,j]$ 迁移，用 $[i,j]$C 迁移表示。上述两个反应可分别表示为 $[1,5]$H 迁移和 $[3,3]$C 迁移。

17.3.1 $[1,j]$H 迁移

上面提到的氘标记的戊二烯在加热时发生 σ-迁移反应，C1 上的一个氢原子迁移到 C5 上。假定 C—H 键断裂后生成一个氢原子和一个含 5 个碳的自由基，这个自由基是一个共轭体系，有 5 个 π 电子，其分子轨道能级如图 17-4 所示。

图 17-4   戊二烯自由基的 π 轨道能级示意图

由于戊二烯自由基的 SOMO 的面对称性为 S，其 C1 和 C5 的 p 轨道相位相同。过渡态中氢原子的 1s 轨道可以同时与 C1 和 C5 的 p 轨道重叠，当氢原子与 C1 之间的键开始断裂时，它与 C5 之间的键即开始生成。因此，同面的 $[1,5]$H 迁移是轨道对称性允许的。

同面的$[1,5]$H迁移
对称性允许

$(S,2E,4Z)$-2-氘-6-甲基庚-2,4-二烯在加热时发生 [1,5]H 迁移，生成两种立体异构体产物 A 和 B，而未发现其它立体异构体产物。这一事实证实 [1,5]H 迁移是同面迁移，是立体专一性的。$(S,2E,4Z)$-2-氘-6-甲基庚-2,4-二烯在反应时可采用两种构象，即（Ⅰ）式和（Ⅱ）式，（Ⅰ）式经同面 H 迁移得到产物 A，（Ⅱ）式则得到 B。

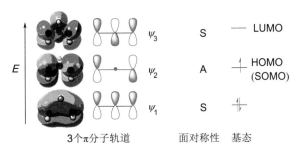

5-取代的环戊二烯可发生 [1,5]H 迁移。在如下分子内 Diels-Alder 反应中，除了得到 54% 的直接分子内环加成产物 A 之外，还得到了 39% 的异构体产物 B。后者是 5-取代的环戊二烯先发生 [1,5]H 迁移，继而经历分子内 Diels-Alder 反应而形成的。

对于 [1,3]H 迁移，假定 C—H 键断裂后生成一个氢原子和一个烯丙基自由基，这个含三个碳原子的 3π 电子体系的分子轨道如图 17-5 所示。

图 17-5　烯丙基自由基的 π 轨道能级示意图

烯丙基自由基的 SOMO 是反对称的，其 C1 和 C3 的 p 轨道在同一边的一叶位相相反，氢原子的 1s 轨道不能同时与 C1 和 C3 的 p 轨道在同侧重叠，因此同面的 [1,3]H 迁移是对称性禁阻的。虽然氢原子的 1s 轨道与 C3 的 p 轨道在反面的一叶位相相同，可以重叠，但由于 1s 轨道太小，过渡态因环张力很大，不利于协同反应进行，故氢原子的异面迁移是困难的。

热反应条件下 [1,j]H 迁移的立体选择性规律 （Woodward-Hoffmann 规则）如下：

	[1,3]H 迁移	[1,5]H 迁移	[1,7]H 迁移
立体化学	异面	同面	异面
难易度	不可能	容易	可发生

光反应条件下 [1,j]H 迁移遵循相反的规则。例如，1-乙烯基环戊-1,3-二烯在

同面的[1,3]H迁移
对称性禁阻

异面的[1,3]H迁移
对称性允许
但空间上不允许

热反应条件下的异面 [1,7]H 迁移不能发生，这是因为五元环分子的结构是刚性的，异面迁移比较困难。但是，在光反应条件下，同面的 [1,7]H 迁移是能够顺利进行的。

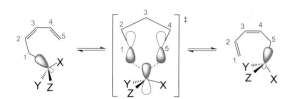

17.3.2 [1,j]C 迁移

常见的 [1,j]C 迁移为 [1,3]C 迁移和 [1,5]C 迁移，它们可分别看作是烷基自由基在烯丙基自由基和戊二烯自由基 π 体系两端的迁移。在 [1,3]C 迁移中，由于迁移的碳原子上 p 轨道的另一叶与 C3 上 p 轨道的同面的一叶位相相同，可以重叠，迁移后碳原子的构型发生翻转。

同面的[1,3]C迁移
构型翻转,对称性允许

例如，5-甲基双环[2.1.1]己-2-烯在加热到 120℃ 时，发生 [1,3]C 迁移，生成 6-甲基双环[3.1.0]己-2-烯：

5-甲基双环[2.1.1]己-2-烯　　　6-甲基双环[3.1.0]己-2-烯

在 [1,5]C 迁移中，碳原子的构型保持不变，是轨道对称性允许的，但如果碳原子的构型转化，则是对称性禁阻的。

同面的[1,5]C迁移
构型保持,对称性允许

常见的 [1,j]C 迁移的选择性规律总结如下：

[1,3]C迁移　　　[1,3]C迁移　　　[1,5]C迁移　　　[1,5]C迁移
同面,构型翻转　　同面,构型保持　　同面,构型保持　　同面,构型翻转
对称性允许　　　对称性禁阻　　　对称性允许　　　对称性禁阻

在周环反应条件下，有时 σ-迁移反应会连续发生。例如，(5R,6R,9S)-6,9-二甲基螺[4.4]壬-1,3-二烯在加热时经 [1,5]C 迁移和 [1,5]H 迁移串联过程，生成 (4R,7S)-4,7-二甲基-4,5,6,7-四氢茚：

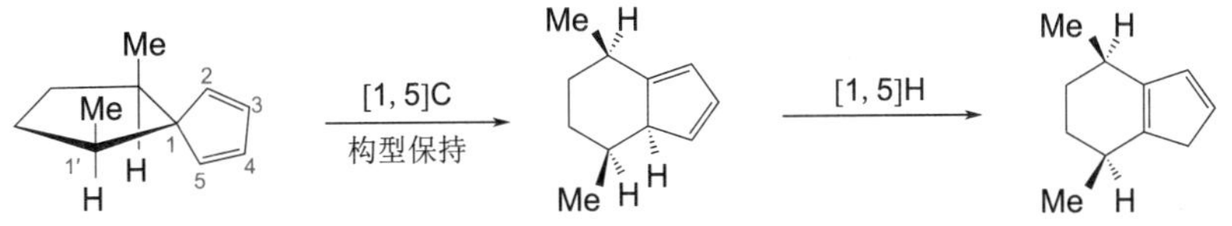

(5R,6R,9S)-6,9-二甲基螺[4.4]壬-1,3-二烯　　　(±)　　　(±)-(4R,7S)-4,7-二甲基-4,5,6,7-四氢茚

17.3.3　[3,3]C迁移

(1) Cope重排

1,5-二烯类化合物在加热时碳骨架发生 [3,3]C 迁移的反应称为 Cope 重排。

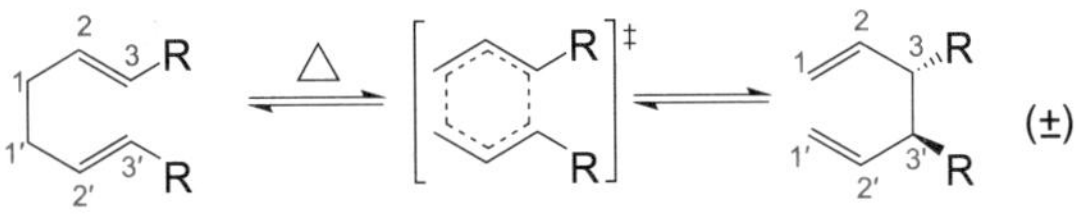

这个反应可看作两个烯丙基自由基之间的反应，六元环过渡态采用椅式构象，通过 SOMO-SOMO 相互作用重叠成键，这样的过渡态是对称性允许的，空间上也是有利的。

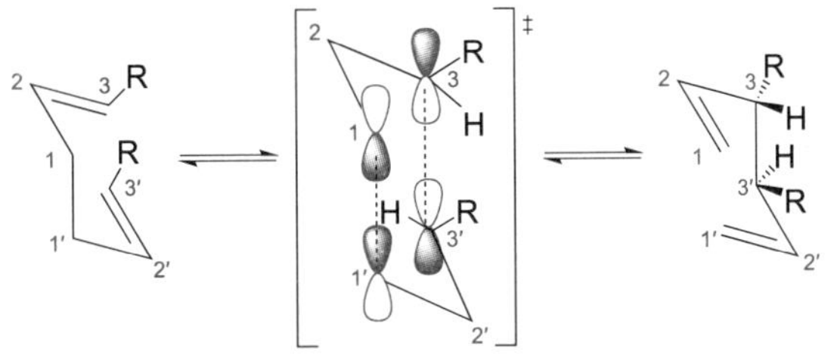

C[3.3]迁移,对称性允许

Cope 重排的立体化学取决于椅式构象的六元环过渡态。例如，内消旋的 3,4-二甲基己-1,5-二烯在加热时生成的辛-2,6-二烯中，99.7％的产物为 (Z,E) 构型，(E,E) 构型的产物只占 0.3％。

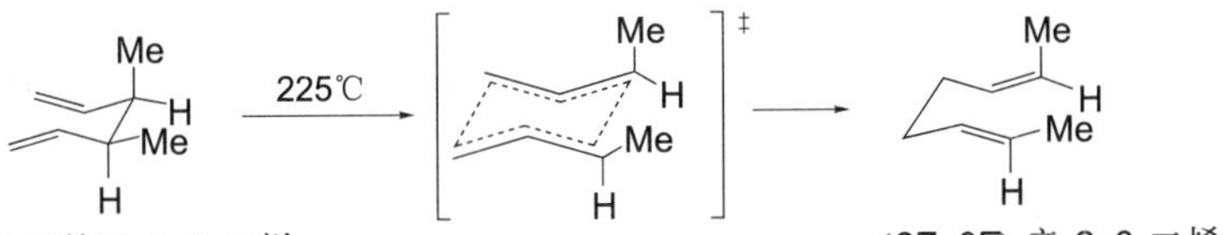

3,4-二甲基己-1,5-二烯　　　　　　　　　　　　　　　(2Z,6E)-辛-2,6-二烯

又如，(3E,7E)-3,7-二甲基-10-异丙亚基环壬-3,7-二烯酮在加热到 165℃ 时主要生成反式产物：

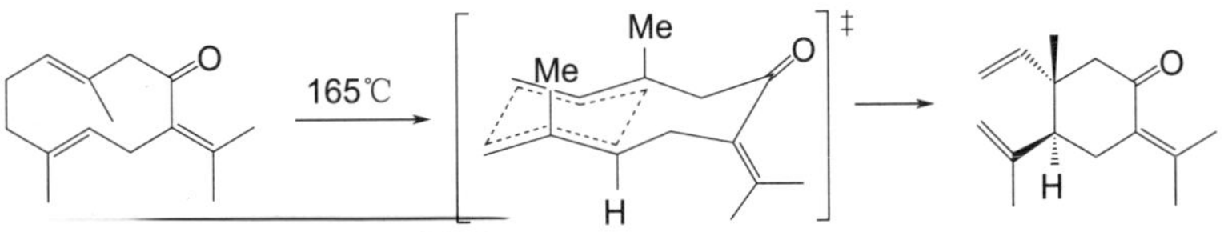

(3E,7E)-3,7-二甲基辛-10-异丙亚基环壬-3,7-二烯酮

3-或4-位上取代基的电性对 Cope 重排反应有显著影响。如取代基与新生成的双键可形成共轭体系，则反应可以在较低的温度下进行。例如：

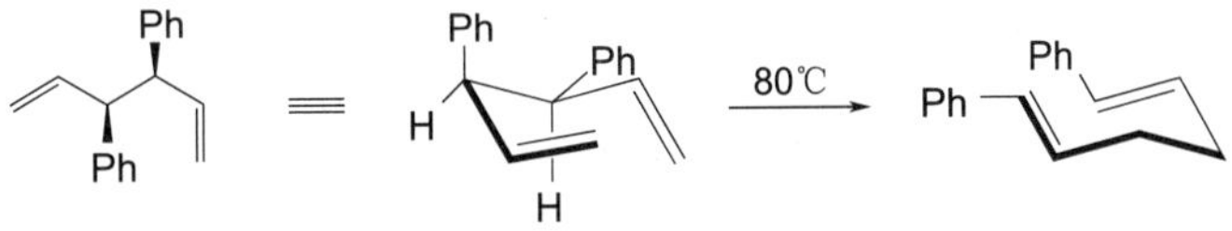

能够与新生成的双键共轭的烯醇亦可促进 Cope 重排反应。例如，化合物 A 在 180℃ 加热 18h，经 Cope 重排产物 B 生成化合物 C，产率只有 45％。在 25℃ 时用氟化物处理 8h，则以 92％ 的产率转化为化合物 C。在氟负离子促进下，化合物 A 首先形成烯醇负离子 D（其中的烯醇与二烯共轭），后者进而发生 Cope 重排。

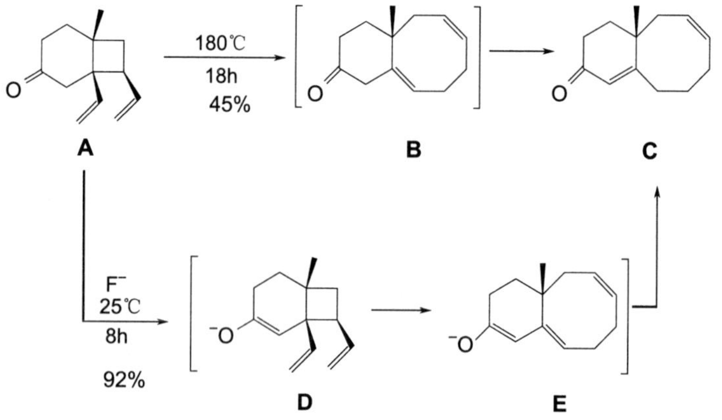

★ 问题 17-5 预测下列 Cope 重排反应的产物结构：

(1)

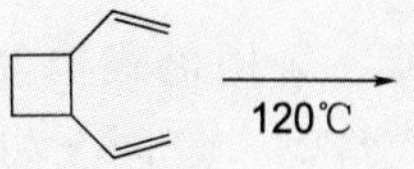

(2)

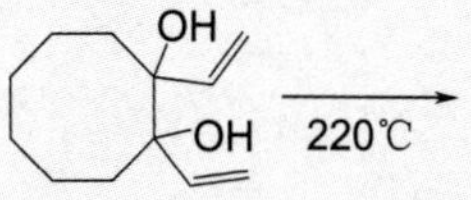

(3)

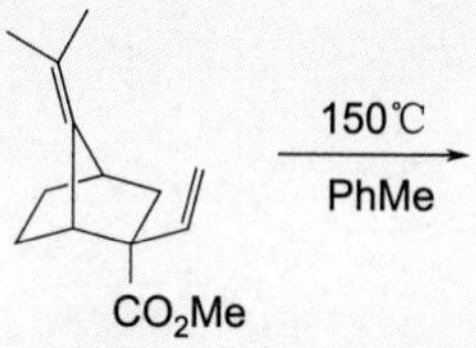

(*Org. Lett.* 2010，*12*，3472-3475)

（2）Claisen 重排

Claisen 重排也属于[3,3]迁移，它与 Cope 重排的不同之处在于 1,5-二烯的 3-位碳原子换成了氧，即烯丙基烯基醚的重排，产物为 4-烯醛。例如：

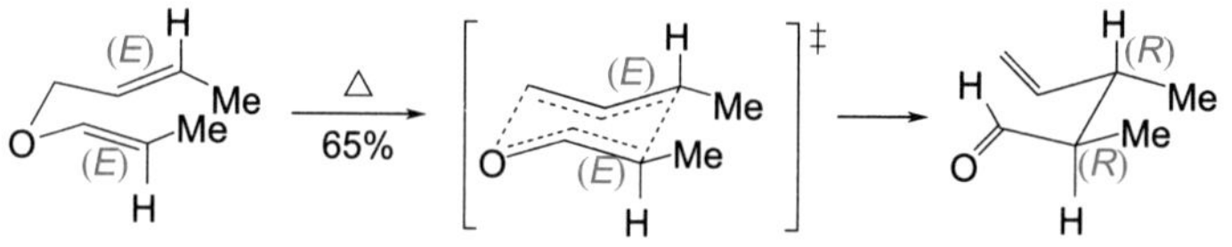

制备烯丙基烯基醚的方法之一是酸催化的烯基醚与烯丙醇的反应，但这种醚通常分离不到，因为在反应条件下它很容易进一步发生 Claisen 重排反应生成烯醛。

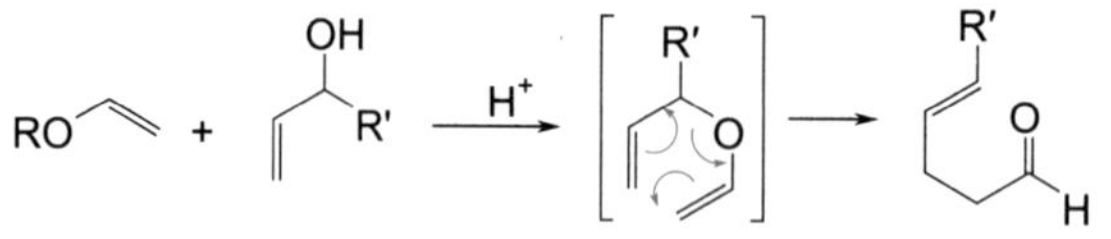

在下面的反应中，连续两次[3,3]迁移导致了柠檬醛的生成：

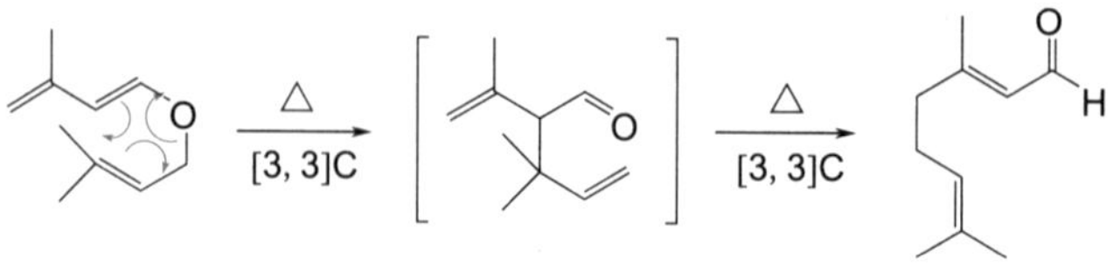

柠檬醛

除了烯丙基烯基醚以外，烯丙基芳基醚也容易发生 Claisen 重排，生成邻烯丙基酚：

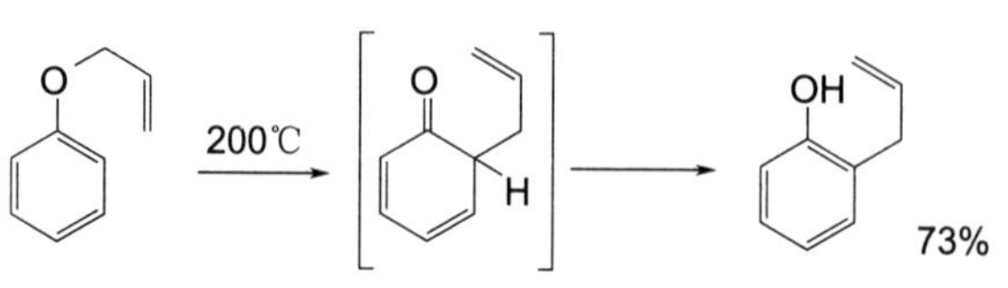

同位素标记研究证明，这个反应是经过环状过渡态进行的：

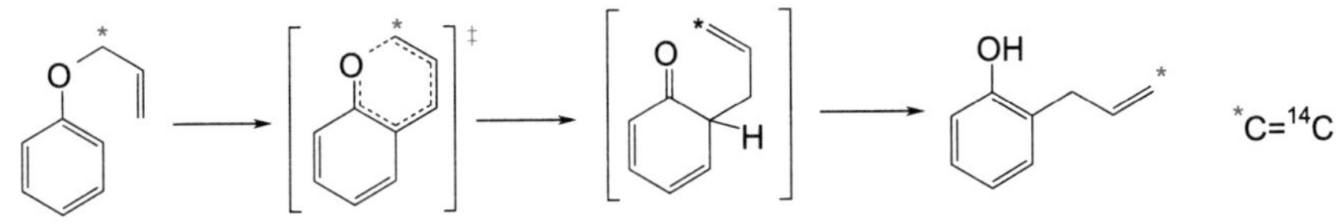

$^*C = {}^{14}C$

当两个邻位都被占据时，烯丙基迁移至对位，这个反应经历了两次 [3,3]C 迁移：

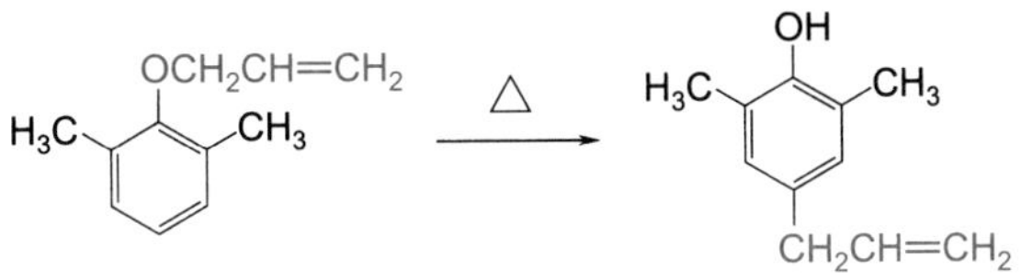

炔丙基烯基醚亦可发生 Claisen 重排反应。如下炔丙基烯基醚在微波辐射加热的条件下在甲苯中反应，发生 Claisen 重排，产生的联烯中间体进一步重排为 5-苯基-2-甲氧羰基-2,4-二烯醛：

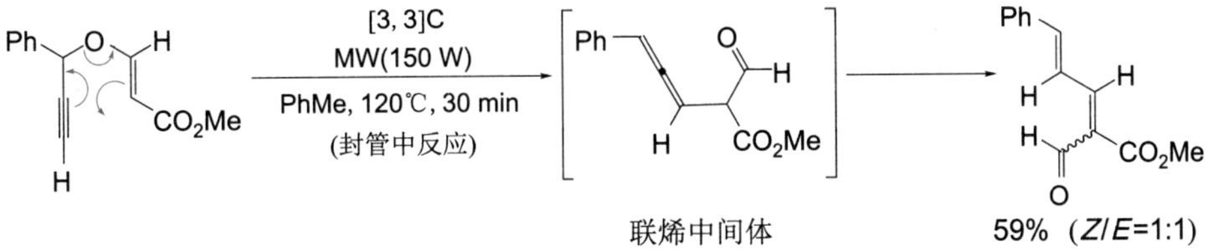

联烯中间体　　　59%（Z/E=1:1）

★ 问题 17-6　预测下列 Claisen 重排反应的产物结构：

(1)

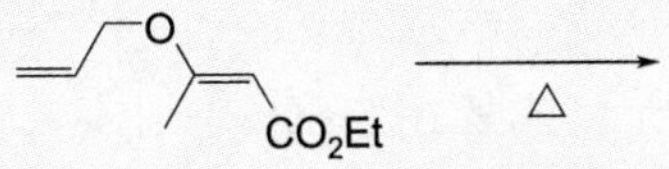

(2)

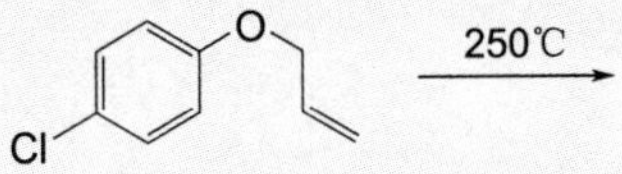

(3)

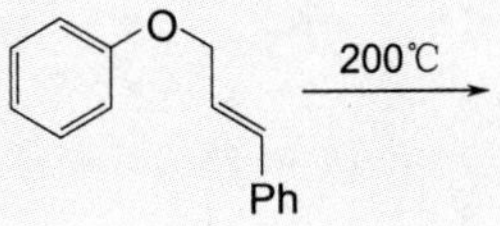

关键词

周环反应	pericyclic reaction	对旋	disrotatory
电环化反应	electrocyclic reaction	顺旋	conrotatory
环加成反应	cycloaddition reaction	电环化关环	electrocyclic ring closing(ERC)
σ-迁移反应	sigmatropic shift reaction	电环化开环	electrocyclic ring opening(ERO)
Woodward-Hoffmann 规则	Woodward-Hoffmann rules	Diels-Alder 反应	Diels-Alder reaction
		逆-Diels-Alder 反应	*retro*-Diels-Alder reaction
前线轨道理论	frontier orbital theory		
最高已占轨道	the highest occupied molecular orbital（HOMO）	反电子要求的 Diels-Alder 反应	inverse electron-demand Diels-Alder reaction
最低空轨道	the lowest unoccupied molecular orbital（LUMO）	Cope 重排	Cope rearrangement
		Claisen 重排	Claisen rearrangement
单占轨道	singly occupied molecular orbital（SOMO）		

17-1 预测下列反应的产物：

(1)

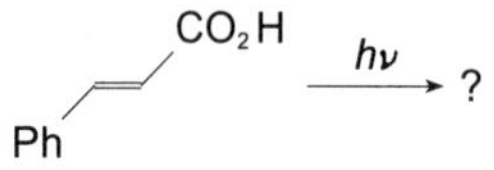

（*J. Chem. Educ.* 2006，*83*，940）

(2)

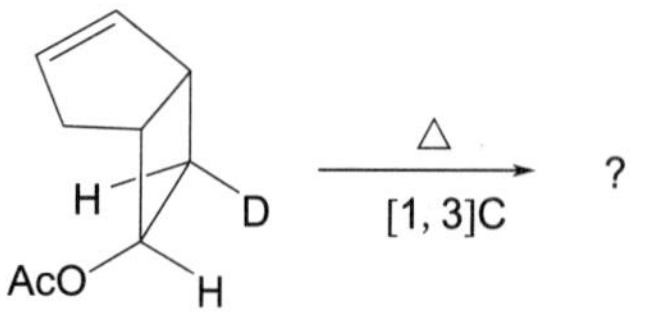

(3)

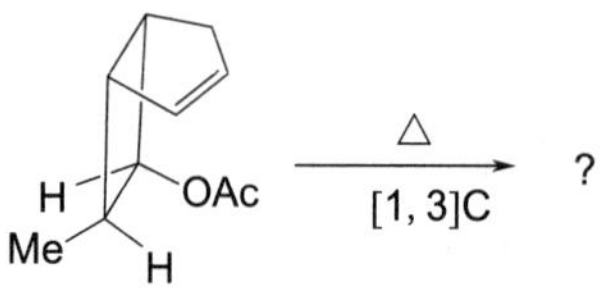

(4)

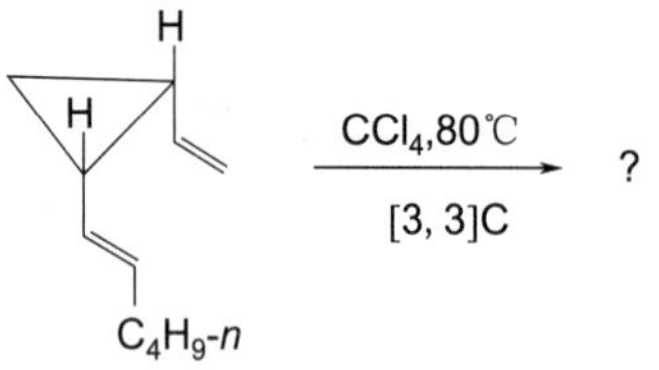

(5)

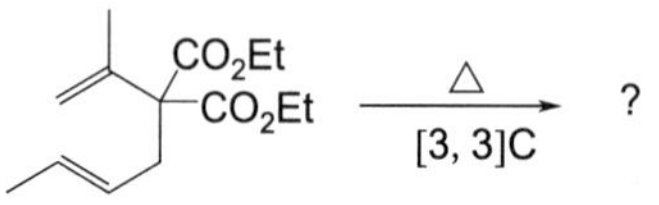

(6)

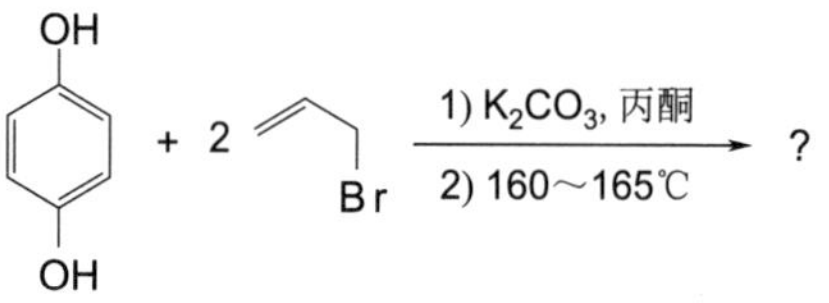

（*Synthesis* 2017，*49*，5339）

(7)

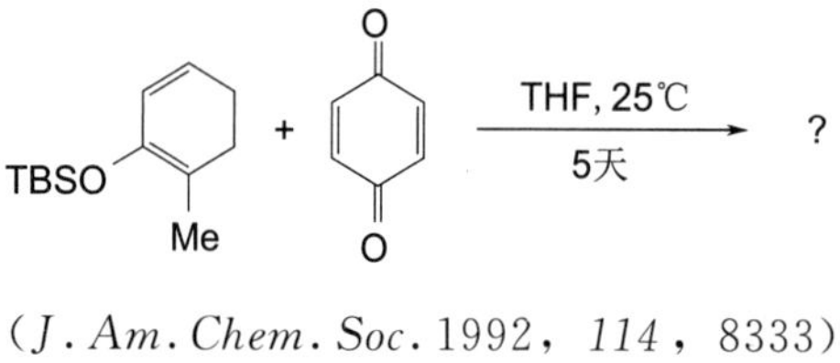

（*J. Am. Chem. Soc.* 1992，*114*，8333）

(8)

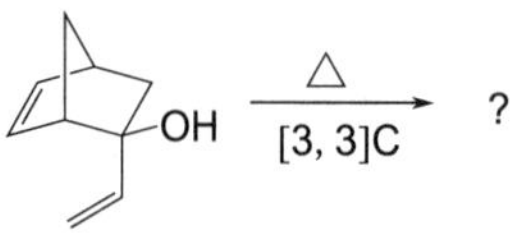

(9)

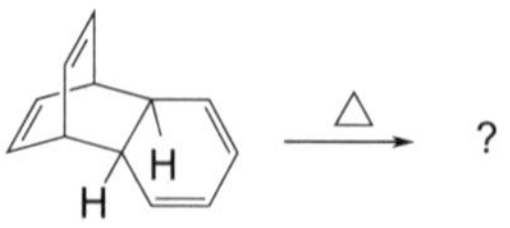

(10)

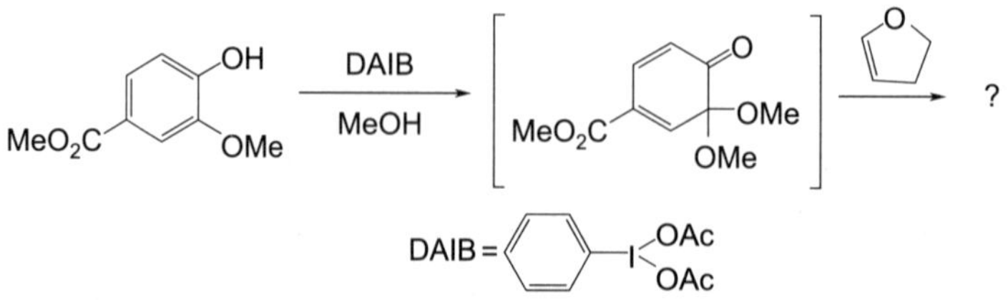

DAIB =

(一种高价碘氧化剂)

（*Tetrahedron* 2001，*57*，297）

(11)

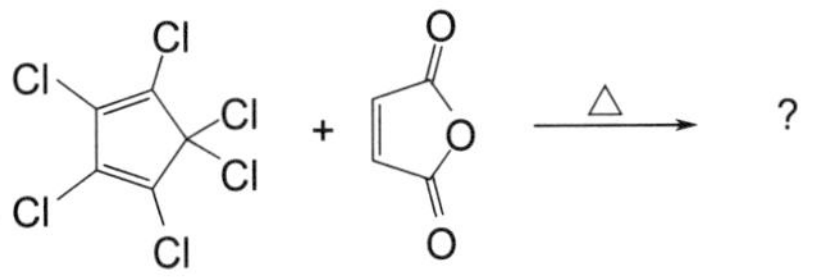

(12)

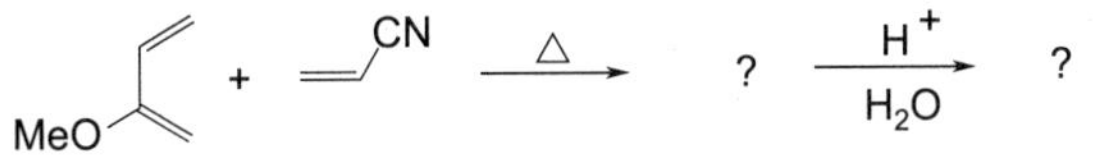

(13)

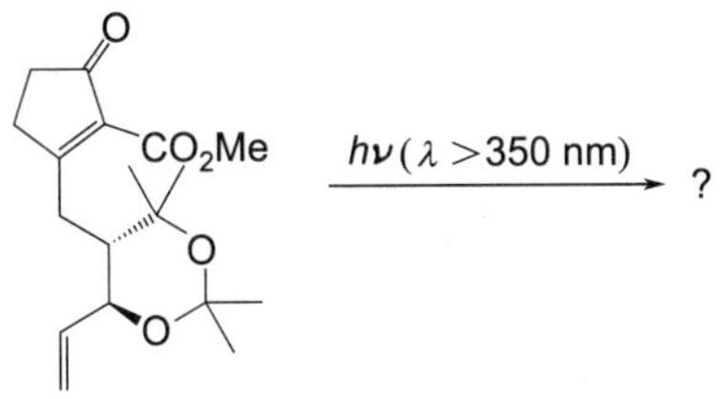

$$(J.Am.Chem.Soc.1998，120，1747-1756)$$

17-2　人的皮肤中含有的维生素原为 7-脱氢胆固醇，经阳光中的紫外线照射激活为维生素 D_3，这个反应的中间体为前维生素 D_3。维生素 D_3 又称为胆钙化醇，它与人体中钙的运输和吸收有关。试指出这两步反应的机理。

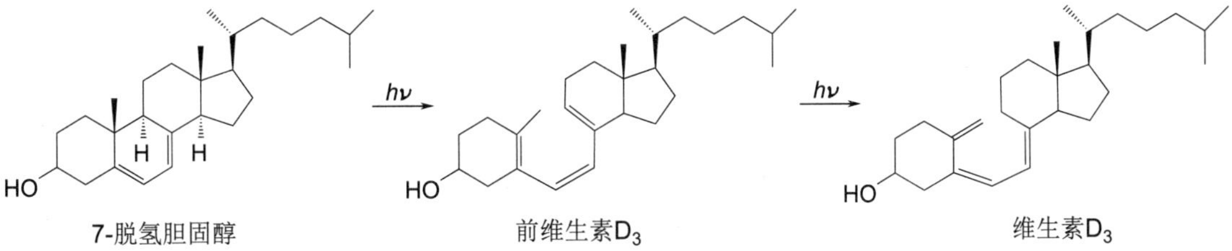

7-脱氢胆固醇　　　　前维生素D_3　　　　维生素D_3

17-3　顺-1,2-二烯丙基环丙烷可发生 Cope 重排生成环庚-1,4-二烯，而反-1,2-二乙烯基环丙烷不能发生这种反应，为什么？

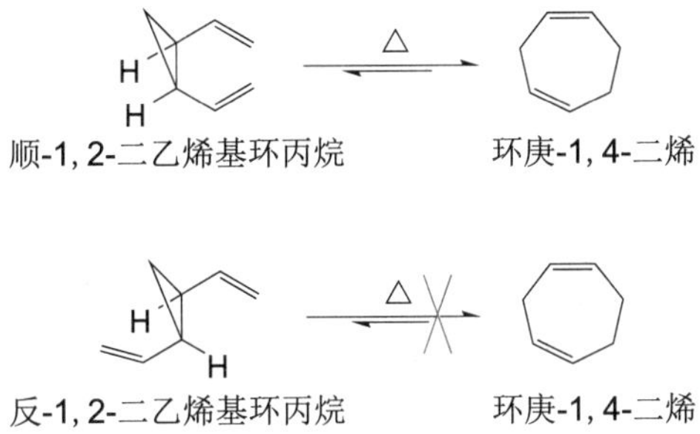

顺-1,2-二乙烯基环丙烷　　　环庚-1,4-二烯

反-1,2-二乙烯基环丙烷　　　环庚-1,4-二烯

17-4　2005 年诺贝尔化学奖授予在烯烃复分解反应研究方面做出杰出贡献的 Y. Chauvin、R. H. Grubbs 和 R. R. Schrock 三位化学家。烯烃复分解反应已被广泛用于有机合成和化学工业，特别是药物和先进塑料材料的研发，如天然产物（＋)-An-gelmarin 的对映选择性全合成。（＋)-Angelmarin 是中草药独活中的有效成分之一，1971 年 Franke 小组（*Chem.Ber.*1971，*104*，3229）报道了它的关键中间体 E 的非对映选择性合成［见合成路线（一）］。2009 年 Coster 小组（*J.Org.Chem.*2009，*74*，5083）用廉价易得的烯丙基溴代替 Franke 方法中较贵的 3-甲基-3-氯丁-1-炔，合成出中间体 G，再用烯烃复分解反应得到 D，继而通过对映选择性环氧化等四步反应得到光学纯的（＋)-Angelmarin［见合成路线（二）］。

合成路线（一）：

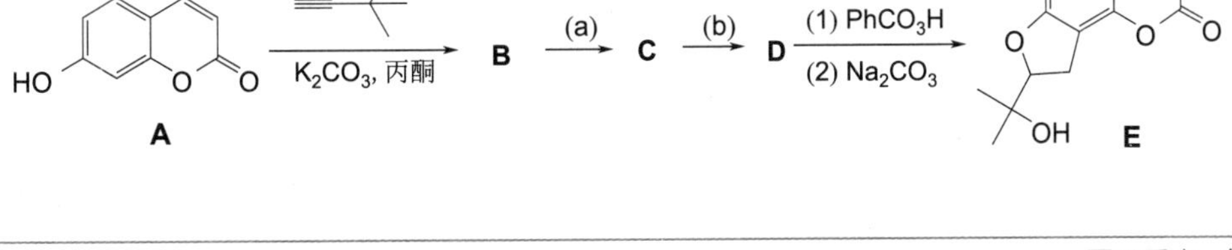

合成路线（二）：

（1）写出中间体 B、C、D 和 F 的结构式。

（2）试为合成路线（一）中第二、第三步反应和合成路线（二）中的第二步反应建议合理的试剂（a～c）。

（3）试解释合成路线（一）中从 D 到 E 转化（即第三步反应）的历程（用反应方程式表示）。

（4）合成路线（二）中第二步反应（从 F 到 G 的转化）还观察到了一种副产物，它是 G 的同分异构体，试写出这个副产物的结构式。

17-5* 试写出下列反应的机理：

（*J. Am. Chem. Soc.* 2011，*133*，12285-12292）

17-6* Honokiol 和 Magnolol 是从木兰植物中分离到的天然产物，具有广谱的抗菌和抗炎作用。2014 年，B. V. Subba Reddy 等人报道了以 2,4′-双(烯丙氧基)联苯为原料制备这两种天然产物的方法（*Tetrahedron Lett.* 2014，55，1049），反应式如下，请写出该反应的机理。

参 考 文 献

[1] 中国化学会有机化合物命名审定委员会.有机化合物命名原则.北京：科学出版社，2018.
[2] Smith M B，March J. March's Advanced Organic Chemistry：Reactions，Mechanisms，and Structure. 6th Edition. New York：Wiley Interscience，2007.
[3] Clayden J，Greeves N，Warren S. Organic Chemistry. 2nd Edition. Oxford：Oxford University Press，2012.
[4] Grossman R B. The Art of Writing Reasonable Organic Reaction Mechanisms. 2nd Edition. Berlin：Springer-Verlag，Inc，2003.
[5] Kürti L，Czakó B. Strategic Applications of Named Reactions in Organic Synthesis. Amsterclam：Elsevier Academic Press. 2005.
[6] Wade L G. Organic chemistry，8th Edition. San Antonio：Pearson Education Inc. ，2013.
[7] 邢其毅，裴伟伟，徐瑞秋，裴坚.基础有机化学（上、下）.第 4 版.北京：北京大学出版社，2019.
[8] McMurry J. Organic Chemistry，7th Edition. Singapore：Thomson Brooks，2008.
[9] Miller B. Advanced Organic Chemistry：Reaction and Mechanisms. 2nd Edition. Upper Saddle River：Pearson-Prentice Hall，2003.
[10] Ahluwalia V K，Parashar R K. Organic Reaction Mechanisms. 4th Edition. Oxford：Alpha Science International Ltd. ，2011.
[11] 华煜晖，张弘，夏海平，芳香性：历史与发展，有机化学，2018，38，11～28.
[12] Castro A M M. Claisen Rearrangement over the Past Nine Decades，Chem. Rev. ，2004，104，2939～3002.
[13] 吕萍，王彦广.超共轭效应对有机化合物结构和反应性的影响.大学化学，2020，35，151～165.
[14] 吕萍，王彦广.基础有机化学中的立体电子效应.大学化学，2018，33，113～120.
[15] 吕萍，王彦广.经典有机反应中的极性反转.大学化学，2016，31，49～59.
[16] 吕萍，王彦广.有机反应中的亲核性和碱性.大学化学，2014，29，40～47.
[17] 吕萍，王彦广.糖类化合物的端基效应.大学化学，2012，27，41～48.